U0191169

Abaqus 用户手册大系

Abaqus/CAE用户手册

下册

王鹰宇　编著

机械工业出版社

《Abaqus/CAE 用户手册》包含上、下两册，全面系统地介绍了 Abaqus/CAE 的各项功能、操作技巧和相关步骤，配合《Abaqus 分析用户手册》五卷本（分析卷，材料卷，单元卷，介绍、空间建模、执行与输出卷，指定条件、约束与相互作用卷），以及《Abaqus GUI 工具包用户手册》，可为 Abaqus 用户提供完备的知识体系和技能指导。本书为下册，包括 62 章 5 个部分，详细阐述了建模技术、显示结果、使用工具集、定制模型显示、使用插件，并在附录中对关键字、单元类型、图形符号、可以使用的单元和输出变量进行了说明。本书内容详尽，叙述完整，指导详细，用户在仿真过程中遇到的与软件操作有关的各类问题都可以从中找到答案和操作帮助，是使用 Abaqus 进行计算仿真分析的各领域技术人员的必备工具书。

本书可供航空航天、机械制造、石油化工、精密仪器、汽车交通、土木工程、水利水电、电子工程、能源、船舶、生物医学、日用家电等领域的工程技术人员，以及高等院校相关专业教师、高年级本科生、研究生使用，也可供使用其他工程分析软件的人员参考。

图书在版编目（CIP）数据

Abaqus/CAE 用户手册. 下册/王鹰宇编著. —北京：机械工业出版社，2024.7

（Abaqus 用户手册大系）

ISBN 978-7-111-75926-3

Ⅰ.①A… Ⅱ.①王… Ⅲ.①有限元分析-应用软件-手册 Ⅳ.①O241.82-39

中国国家版本馆 CIP 数据核字（2024）第 105946 号

机械工业出版社（北京市百万庄大街 22 号 邮政编码 100037）

策划编辑：孔 劲 责任编辑：孔 劲 李含杨
责任校对：樊钟英 张昕妍 张亚楠 封面设计：张 静
责任印制：刘 媛

涿州市京南印刷厂印刷

2024 年 9 月第 1 版第 1 次印刷

184mm×260mm · 76.75 印张 · 2 插页 · 1911 千字

标准书号：ISBN 978-7-111-75926-3

定价：289.00 元

电话服务 网络服务

客服电话：010-88361066 机 工 官 网：www.cmpbook.com
 010-88379833 机 工 官 博：weibo.com/cmp1952
 010-68326294 金 书 网：www.golden-book.com
封底无防伪标均为盗版 机工教育服务网：www.cmpedu.com

前 言

Abaqus 作为专业的、功能强大且知名的仿真平台，自从由清华大学庄茁教授引入中国以来，获得了广泛的好评和应用。Abaqus/CAE 作为 Abaqus 的前、后处理模块，可以实现 Abaqus 绝大部分的功能。用户可以在 Abaqus/CAE 模块中建立模型、定义属性、施加载荷、划分网格、建立优化过程、提交计算并进行后处理、完成实际科学工程计算中涉及的方方面面的操作。Abaqus/CAE 界面布局合理，逻辑合理清晰，人机交互友好，为便捷建立计算模型、高效完成分析奠定了坚实的基础。可以毫不夸张地说，如果没有如此好的 Abaqus/CAE 前、后处理模块，尽管 Abaqus 具有强大的求解器，也不会被广大工业界接受并得到如此广泛的应用。所以说，为了高效合理地进行仿真研究，充分了解 Abaqus/CAE 提供的建模工具，熟知建模设置技巧是非常必要的。

为了帮助广大 Abaqus 用户方便地获知 Abaqus/CAE 的功能，迅速入门 Abaqus/CAE 操作并在短期内将操作技能水平提高，在《Abaqus 分析用户手册》各卷（分析卷，材料卷，单元卷，介绍、空间建模、执行与输出卷，指定条件、约束与相互作用卷）出版的基础上，对《Abaqus/CAE 用户手册》（上、下册）进行了出版。相信将本书与《Abaqus 分析用户手册》相结合，用户可以建立系统的仿真知识体系，建立对于分析问题的深刻洞察力，保障分析结果的合理性和可靠性。

《Abaqus/CAE 用户手册》（上、下册）总计 82 章，以网页版本的帮助手册内容为基础，提供详细完整的 Abaqus/CAE 说明和操作步骤指导。上册共三部分，其中第 I 部分与 Abaqus/CAE 交互，包括第 1~8 章；第 II 部分使用 Abaqus/CAE 模型数据库、模型和文件，包括第 9~10 章；第 III 部分使用 Abaqus/CAE 模块创建和分析模型，包括第 11~20 章。下册共五部分，其中第 IV 部分建模技术，包括第 21~39 章；第 V 部分显示结果，包括第 40~56 章；第 VI 部分使用工具集，包括第 57~75 章；第 VII 部分定制模型显示，包括第 76~80 章；第 VIII 部分使用插件，包括第 81~82 章，以及附录关键字、单元类型、图形符号、可以使用的单元和输出变量。

建议用户首先浏览目录，大致了解手册内容。如果在建模过程中碰到疑惑，可以阅读手册的相关部分。

本手册篇幅巨大，内容详尽，完整地介绍了 Abaqus/CAE 的功能，很多功能虽然一般问题的仿真不会常用，但是在对问题进行细致优化与探讨时，这些功能却能起到事半功倍的作用。笔者的亲身经历足以证明，"工欲善其事，必先利其器"对于学习掌握 Abaqus/CAE，将其熟练运用到实际科学工程问题上是再贴切不过了。

在提笔开始本手册的出版工作时，就深知工作量的巨大，工作量实际上是《Abaqus 分析用户手册——分析卷》的 2~3 倍。但是想到本手册出版后，可以为广大的仿真工作者提供便利，帮助他们更快、更好地在不同领域开展仿真工作，为我国的数字化仿真事业尽一点微薄之力，我就感觉到有动力，有决心，有毅力。在写作过程中，得到了诸多鼓励与帮助。

特别感谢我的家人：3M 技术专家陈菊女士的关怀和鼓励，甚至是容忍迁就；我的孩子，此套 8 部书籍开始写作时他还是一个牙牙学语的婴儿，现在已经是位少年了，对他的陪伴因为写作而少了许多，心中倍感愧疚。

特别感谢 SIMULIA 中国的白锐总监、用户支持经理高祎临女士和 SIMULIA 中国南方区资深经理及技术销售高绍武博士，在写作过程中给予笔者的鼓励和支持。

特别感谢 3M 中国的总经理熊海锟、主任专家工程师徐志勇、资深专家工程师张鸣，以及资深技术经理金舟、周杰、唐博对于我和我夫人工作的支持。

特别感谢 3M 亚太中心工程设计部的经理朱笛，在我职业发展中给予的关键指导和帮助。

虽然笔者尽心尽力，力求行文流畅，但由于语言能力有限，又囿于技术能力，因此书中难免出现不当之处，希望读者和同仁不吝赐教，共同促进此系列书的完善。意见和建议可以发送至邮箱 wayiyu110@ sohu. com。笔者将进行汇总，在将来的版本中给予更新完善，不胜感激！

目 录

目录

第 IV 部分　建模技术

21　胶接和胶粘界面

本节提供了有关如何模拟胶接和胶粘界面的信息，包括以下主题：

- 21.1 节 "胶接和胶粘界面模拟概览"
- 21.2 节 "在现有的三维网格中嵌入胶粘单元"
- 21.3 节 "使用几何和网格划分工具创建具有胶粘单元的模型"
- 21.4 节 "在胶粘层与周围块材料之间定义绑定约束"
- 21.5 节 "赋予胶粘模拟数据"

21.1　胶接和胶粘界面模拟概览

用户可以创建一个使用胶粘单元的模型来模拟下面的情况：

- 胶接——两个构件通过具有有限厚度的胶水类型的材料连接到一起。
- 在胶粘界面处断裂——非常薄的胶水材料中的裂纹扩展，为了实用的目的，可以认为是零厚度的。
- 垫片（能力有限）——两个构件之间的密封。没有可以使用的特定垫片行为（以压力对比闭合的方式进行特别的定义）。如果用户想要模拟特殊的垫片行为，使用如第 32 章"垫片"中所描述的特殊目的的垫片单元。

更多信息见《Abaqus 分析用户手册——单元卷》的 6.5.1 节"胶粘单元：概览"。

用户可以使用两个主要方法在模型中包括胶粘单元：

- 在现有模型网格中嵌入一层或者多层胶粘单元。
- 使用几何和网格划分工具创建分析模型。

用户可以通过共享节点，或者通过定义一个绑定约束，来模拟胶粘层与周围块材料之间界面的连接。在特定的模拟情形中，绑定约束方法允许用户使用比块材料更加细化的离散化来模拟胶粘层，可能更加可取。对于更多的信息，见 21.4 节"在胶粘层与周围块材料之间定义绑定约束"。

就像垫片单元那样，胶粘单元具有一个与垫片单元关联的方向。此方向定义了单元的厚度方向，并且此厚度方向应当在整个胶粘层上一致。应当使用扫掠或者偏置网格技术来生成胶粘层中的网格，因为这些工具生成网格的方向是一致的。用户也可以使用自下而上的扫掠网格划分方法，但用户必须沿单元厚度的方向扫掠，以此来保持正确的方向。用户应当创建一个单层的实体单元来模拟胶粘区域。在厚度上使用多层可能会产生不稳定的结果，因而不推荐使用。用户可以在周围的块材料中使用任意网格划分工具来生成网格，因为这些单元不需要定向。

模拟胶接和胶粘界面的一般过程包含以下步骤：

1. 创建模型，并在网格划分模块中使用以下方法之一来对胶粘区域赋予胶粘单元类型：
- 21.2 节 "在现有的三维网格中嵌入胶粘单元"
- 21.3 节 "使用几何和网格划分工具创建具有胶粘单元的模型"

2. 在属性模块中，定义一个材料和一个引用该材料的胶粘截面，并对胶粘区域赋予胶粘截面。更多信息见 21.5 节"赋予胶粘模拟数据"。

3. 要模拟胶粘层的渐进损伤和失效，如"使用牵引-分离描述定义胶粘单元的本构响应"，见《Abaqus 分析用户手册——单元卷》的 6.5.6 节，其中包括了所需材料中的损伤初始化和损伤扩展信息（选择 Mechanical→Damage for Traction Separation Laws→损伤类型）。对于更多的信息，见 12.9.3 节"定义损伤"。

21.2　在现有的三维网格中嵌入胶粘单元

用户可以使用以下过程来嵌入一层胶粘单元：

1. 在网格划分模块中，使用 Edit Mesh 工具集中的实体偏置网格划分工具在一个现有的网格中嵌入单元（见 64.7 节"编辑整体网格"）。此方法可以生成与周围块材料共享节点的一个六面体或者楔形单元层。偏置网格划分工具生成与偏置方向对齐的、与层叠方向走向一致的单元。当提示选择单元面来生成偏置网格时，使用 6.2.12 节"选择内部面"中描述的过程来选择内部单元面。

注意：当生成一个嵌入单元层时，其厚度应当远小于毗邻的单元，因为生成偏置层时节点会发生位移。

用户可以仅从三维单元面创建偏置网格。因此，用户也仅可以使用偏置网格来仅创建六面体和楔形的胶粘单元。例如，用户不可以从单元边偏置来创建四边形胶粘单元。

2. 在网格划分模块中，使用单元类型赋予工具为胶粘区域赋予胶粘单元。更多信息见 17.5.3 节"单元类型赋予"。

如果用户现有的网格是一个本地网格，则用户应当在添加胶粘单元之前创建一个网格零件。对于更多的信息，见 17.20 节"创建网格划分零件"。

如果用户想要在胶粘层使用更加细化的网格，则应当将胶粘层构建成一个单独的部分。用户应当将周围的块材料分隔成具有合适间隔的两个网格区域来容纳胶粘层。用户可以使用 21.3 节"使用几何和网格划分工具创建具有胶粘单元的模型"中描述的方法来网格划分胶粘层，并将胶粘层绑定到周围的块材料。对于更多的信息，见 21.4 节"在胶粘层与周围块材料之间定义绑定约束"。

21.3 使用几何和网格划分工具创建具有胶粘单元的模型

用户可以通过以下过程，使用几何和网格划分工具来创建具有胶粘单元的模型：

1. 在零件模块中，定义模型的几何形体。用户应当将代表胶粘层的几何区域定义成一个实体，即使胶粘层的厚度接近于零。为了避免数值问题，推荐用户使用 10^{-4} 或者更大的厚度值来建模几何形体。如果胶粘层的实际厚度小于此值，则用户应当在胶粘截面编辑器的 Initial thickness 区域中指定实际的厚度，如 12.13.16 节 "创建胶粘截面" 中描述的那样。

2. 在网格划分模块中，网格划分周围的块材料。用户可以使用任意的网格划分工具来网格划分周围的块材料。更多详细情况见 17.3.3 节 "网格生成"。

3. 在网格划分模块中，使用以下方法之一对胶粘区域进行网格划分：

二维和三维模型

自上而下扫掠网格划分技术或者自下而上网格划分技术。用户可以指定自上而下扫掠网格划分技术或者自下而上网格划分技术来网格划分胶粘区域。自下而上的网格划分技术仅适用于三维模型（对于更多的信息，见 17.11 节 "自下而上的网格划分"）。不管用户所选择的网格划分技术是什么，用户都必须在单元的厚度方向上扫掠、拉伸，或者旋转网格，以生成正确的单元方向。对于复杂的胶粘区域，用户可能需要分割模型来创建一组可以一致对齐的扫掠区域。对于更多的信息，见 17.18.3 节 "选择一个网格划分技术"，以及 17.18.6 节 "指定扫掠路径"。

三维模型

将胶粘区域转化成一个壳区域，并使用偏置网格划分技术。

a. 在零件模块中使用 From solid 壳工具将实体零件转化成壳。

b. 使用 Geometry Edit 工具集中的 Remove face 工具，将代表零件理想化壳面的集合分离出来。

c. 使用壳单元来网格划分简化的模型，并创建网格零件。

d. 使用网格零件来生成六面体或者楔形实体单元的偏置网格。单元将通过零件的厚度来定向，并且用户可以使用查询工具集来确认。

详细介绍见 64.7.1 节 "从现有网格偏置生成实体单元层"。

4. 在网格划分模块中，使用单元类型赋予工具将胶粘单元类型指定到胶粘区域。更多信息见 17.5.3 节"单元类型赋予"。

例如，图 21-1 说明了在基准问题"层状复合材料的分层分析"(《Abaqus 基准手册》2.7.1 节）中使用的层状复合材料试样。提供有此问题的一个 Abaqus 脚本界面脚本程序，此脚本程序使用 Abaqus/CAE 脚本来再现复合材料样品模型。

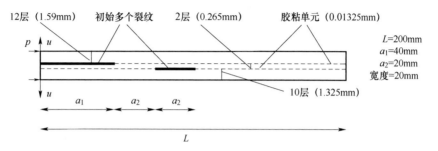

图 21-1 Alfano 分层问题的几何模型

21.4　在胶粘层与周围块材料之间定义绑定约束

　　如果用户想要使用一个比毗邻的块材料网格更加细化的网格来模拟胶粘层，则胶粘层应作为单独的网格生成，并使用绑定约束绑定到块材料（见 15.15.1 节 "定义绑定约束"）。用户应当创建一个壳几何模型来表示胶粘层一侧的面，并使用想要的网格密度来网格划分该模型。用户可以使用此网格来创建一个网格零件，并从中生成偏置网格。对于更多的信息，见《Abaqus 分析用户手册——单元卷》的 6.5.3 节 "使用胶粘单元模拟"。

　　将零厚度的胶粘层绑定到周围的块材料网格时，用户应当谨慎。用户可以通过以下过程来避免问题：

　　1. 使用实体偏置网格划分工具沿着顶部和底部的面来共同创建胶粘单元层。当 Abaqus/CAE 在整个胶粘单元层的两侧创建面时，应在面名称前面附加 TopSurf 和 BottomSurf 的前缀。

　　2. 使用堆叠方向查询工具来区分胶粘单元的顶部（棕色）和底部（紫色）面。

　　3. 将周围块材料网格的面绑定到合适的顶部和底部胶粘面。当系统提示用户从胶粘面选择一个面时，单击提示行右侧的 Surface，并选择合适的面。例如，选择 surface name-BottomSurf 将胶粘层的底部（紫色）面绑定到块材料网格的毗邻面。

21.5　赋予胶粘模拟数据

在属性模块中，用户可以按以下方式赋予胶粘模拟数据：

1. 创建一个胶粘截面来定义两个粘接的零件之间界面处的胶粘层的截面属性。用户可以通过将胶粘截面的本构行为分别选择成 Traction Separation、Continuum 或 Gasket，来模拟一个可忽略厚度的胶粘层、一个有限厚度的胶粘层，或者一个垫片。更多信息见 12.13.16 节"创建胶粘截面"。

2. 为胶粘区域定义一个材料。如果用户在胶粘截面编辑器中选择 Continuum 或者 Gasket 响应，则用户可以使用属性模块中的材料模型来定义连续体材料属性。Abaqus/CAE 不支持 Traction Separation 响应的材料模型。在这种情况中，用户必须使用 Keywords Editor 来添加材料定义，如 9.10.1 节"对 Abaqus/CAE 模型添加不支持的关键字"。

3. 给胶粘区域赋予胶粘截面。更多信息见 12.15.1 节"赋予一个截面"。

22　螺栓载荷

本节介绍如何模拟螺栓或者紧固件中的紧固力或者长度调整，包括以下主题：

- 22.1 节 "理解螺栓载荷"
- 22.2 节 "创建和编辑螺栓载荷"

22.1　理解螺栓载荷

螺栓载荷模拟螺栓或者紧固件中的紧固力或者长度调整。例如，图22-1所示为一个通过拧紧盖子的紧固螺栓来密封的容器（A），此盖子将垫片置于压力之下。

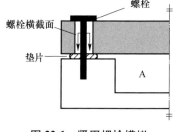

图 22-1　紧固螺栓模拟

用户可以通过在分析的第一步中对每一个螺栓施加螺栓载荷来模拟紧固螺栓中的拉伸。用户可以以集中力或者规定的长度变化来定义载荷，并且用户可以施加穿过其指定螺栓横截面的载荷。在后面的分析步中，用户可以更改载荷来防止进一步的长度变化，这样螺栓就会作为一个响应其他装配载荷的标准的、可变形的构件。

当用户创建一个螺栓载荷时，必须指定以下内容：

一个定义螺栓横截面的面

Abaqus/CAE 在用户指定的横截面上施加螺栓载荷。定义螺栓横截面的面必须穿过螺栓的几何形体。Abaqus/CAE 在该位置创建一个"内部"面。

如果用户操作来本地或者导入的几何形体零件实例，则在想要定义横截面的地方分割螺栓通常是必要的。例如，在图22-2中，选择一个分割区域作为螺栓的横截面。

如果用户使用孤立的网格单元，则用户必须通过选择单元面来指定横截面。例如，图22-3中所示为单元面为网格零件定义了一个横截面。

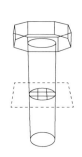

图 22-2　使用分割来指定螺栓的横截面

图 22-3　使用单元面来指定螺栓横截面

单元面只需从预拉伸截面的一侧单元中选择。用户可以使用显示组从视口中删除所选的单元来显示横截面的单元面。对于选择面的更多信息，见第6章"在视口中选择对象"。对于在线框零件实例上选择面的详细信息，见 73.2.5 节"指定区域的特定侧面或者端部"。

注意：用户仅可以将螺栓载荷施加到三维实体、二维实体和三维线框零件实例。不支持二维和轴对称线框零件实例上的螺栓载荷。

一个螺栓轴

如果用户要在实体区域上定义螺栓载荷，则用户必须选择指示螺栓轴方向的一个基准轴或者一个基准坐标系的坐标轴（不需要垂直于横截面）。如果用户在线框区域上定义螺栓载荷，则总是假定螺栓轴方向为螺栓横截面处框架的切线方向。

Abaqus/CAE 使用用户指定的横截面和螺栓轴来定义预拉伸的截面数据，以及 Abaqus/Standard 使用的预拉伸参考节点。更多信息见《Abaqus 分析用户手册——指定条件、约束与相互作用卷》的 1.5 节"指定装配载荷"。

施加载荷的方法

当用户创建一个螺栓载荷时，必须选择以下加载方法之一：
- 施加一个力到螺栓。此方法用于模拟紧固螺栓，使螺栓承受一个载荷值。
- 调整螺栓长度。此方法用于模拟紧固螺栓，直到指定值改变它的自由长度。
- 将螺栓固定在当前长度。只有用户已经在第一个分析步中创建了载荷并且现在在一个后续的分析步中编辑它时，此方法才可用。此方法允许螺栓长度保持不变，以便螺栓中的力可以根据模型的响应来变化。

所选方法的大小

如果用户对螺栓施加一个力，则用户必须输入力的大小。如果用户调整螺栓长度，则用户必须输入长度变化。

虽然用户仅可以在第一个分析步中创建螺栓载荷，但用户可以在后续的分析步中更改加载方法或者载荷大小。例如，用户可以在第一个分析步中施加指定的拉伸，然后在第二个分析步中将方法改变成固定螺栓的长度。

对于创建螺栓载荷的详细情况，见 22.2 节"创建和编辑螺栓载荷"。

22.2　创建和编辑螺栓载荷

从主菜单栏选择 Load→Create 来模拟螺栓或者紧固件中的紧固力或者长度调整。用户可以通过使用分析步模块中的场和历史输出请求编辑器，以得到来自螺栓载荷的数据。在编辑器的 Domain 部分中，选择 Bolt load，然后从出现的菜单中选择想要的螺栓载荷。更多信息见 14.12.1 节"创建输出请求"。

要定义螺栓载荷，执行以下操作：

1. 如果用户正在操作本地或者导入的几何形体，则应创建一个分割来说明想要的螺栓载荷位置。更多信息见第 70 章"分割工具集"。

2. 如果用户正在操作实体零件实例，则应创建一个基准轴来说明想要的螺栓轴方向。用户也可以创建一个基准坐标系，然后使用此坐标系的一个坐标轴来说明想要的螺栓轴方向。更多信息见 62.7 节"创建基准轴"。

3. 从主菜单栏选择 Load→Create。

Abaqus/CAE 显示 Create Load 对话框。

4. 在 Create Load 对话框中进行以下操作。

a. 从 Category 列表选择 Mechanical。

b. 从 Types for Selected Step 列表选择 Bolt Load，然后单击 Continue。

5. 选择说明螺栓载荷位置的内部面或者线框分段。

● 如果用户正在操作本地或者导入的几何形体，则使用鼠标在视口中选择内部面或者线框分段。用户可以使用拖拽选择、按［Shift］键+单击、按［Ctrl］键+单击和角度方法来选择多个面或者边。更多信息见 6.2 节"在当前视口中选择对象"。

技巧：如果用户无法选择想要的面或者边，则可以使用 Selection 工具栏来改变选择行为。更多信息见 6.3 节"使用选择选项"。

● 如果用户正在使用孤立的网格单元，则用户必须选择单元面来指定内部的面。用户可以使用显示组从视口删除选中的单元，以便显示横截面的单元面。更多信息见第 78 章"使用显示组显示模型的子集合"。

当用户完成了选择时，单击鼠标键 2。

6. 选择方向侧，在此方向侧上使用 73.2.5 节"指定区域的特定侧面或者端部"中描述的技术来定义面。用户选择的方向侧确定了要调整哪些单元来产生期望的拉伸载荷或者长度调整（详细情况见《Abaqus 分析用户手册——指定条件、约束与相互作用卷》的 1.5 节"指定装配载荷"）。

如果使用线框零件实例模拟螺栓，则当用户已经完成了侧面选择时，Abaqus/CAE 会显示螺栓载荷编辑器。如果使用实体零件实例来模拟螺栓，则系统会提示用户选择一个基准轴。

7. 如果使用实体零件实例来模拟螺栓，则应选择一个基准轴来说明想要的螺栓轴方向。用户也可以选择一个基准坐标系的轴。

Abaqus/CAE 显示螺栓载荷编辑器。

8. 单击 Method 域右侧的箭头，然后从出现的列表选择用户所需的加载方法。

9. 在 Magnitude 域中，输入力大小（对于 Apply force 方法）或者改变长度（对于 Adjust length 方法）。

注意：如果用户在创建载荷之后的分析步中编辑载荷，则 Fix at current length 方法变得可用。当编辑载荷时，如果用户将方法更改为 Fix at current length，则 Magnitude 域变得不可用。

10. 如果需要，指定一个幅值（更多信息见第 57 章"幅值工具集"）。

11. 如果用户正在第一个分析步中的实体零件实例上创建螺栓载荷，或者如果用户正在实体零件实例上编辑一个螺栓载荷，则在编辑器的底部处出现 Edit axis 按钮。如果用户想要改变基准轴的选择，则单击 Edit axis。

12. 单击 OK 来创建载荷，并关闭 Create Bolt Load 对话框。

箭头出现在视口中，表示用户刚刚创建的螺栓载荷。更多信息见 16.5 节"理解表示指定条件的符号"。

23　复合材料铺层

本节提供了使用 Abaqus/CAE 模拟复合材料铺层的信息，包括以下主题：

- 23.1 节 "复合材料铺层概览"
- 23.2 节 "创建复合材料铺层"
- 23.3 节 "理解复合材料铺层和方向"
- 23.4 节 "理解复合材料铺层和分布"
- 23.5 节 "从复合材料铺层中请求输出"
- 23.6 节 "查看复合材料铺层"

23.1 复合材料铺层概览

图 23-1 所示为一个包含三层的复合材料铺层。每层都由厚度均匀的均质材料组成，纤维沿着单一方向排列。然而，一个层也可以是各向同性材料，如泡沫芯。

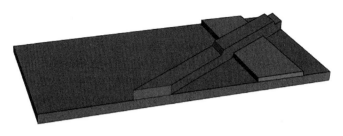

图 23-1 一个复合材料铺层

一个层代表一个在复合材料制造过程中放置在一个模具中的单张材料。一个复合材料铺层可以在不同的区域包含不同数量的层。例如，图 23-1 中的复合材料铺层包含了单独的层，两个层叠加的区域，以及三层叠加的区域。

图 23-2 所示为与图 23-1 中描述的相同模型，但它使用复合壳截面进行定义。层的数量在一个复合壳截面中不能改变。因此，需要四个复合壳截面来定义这一简单模型，且每一个壳截面的层的数量不变。截面 1 包含一个层，截面 2 和截面 3 均包含两个层，截面 4 包含三个层。

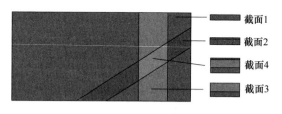

	截面1
	截面2
	截面4
	截面3

图 23-2 复合壳截面

Abaqus/CAE 中的复合材料铺层旨在帮助用户管理典型复合材料模型中的大量层。相比之下，复合材料截面是有限元分析的产物，可能难以应用到现实世界的应用上。除非用户的模型相对简单，并且所有层包含在同一个区域，否则用户将会发现随着层的数量增加，使用复合材料截面来定义模型会变得越来越困难。添加新的层或者删除或重新定位现有的层也会很麻烦。

使用 Abaqus/CAE 创建复合材料铺层的过程，反映了创建真实复合材料零件的过程——用户从一个基本形状开始，然后给所选择的区域添加不同材料和厚度的层，并将层定向以提供特定方向上的最大强度。Abaqus/CAE 复合材料铺层编辑器允许用户轻松地添加一个层，选择应用层的区域，指定材料属性，并定义层的方向。用户必须指定整个模型中唯一的辅层名称，以确保正确显示基于铺层的结果；用户也可以从一个文本文件的数据中读取铺层的定义。当数据存储在电子表格中，或者通过第三方工具生成时，是十分方便的。用户也能够在铺层中抑制层，并尝试添加和删除不同方向的层的效果。

指定一个层中纤维的正确方向是很重要的。Abaqus/CAE 允许用户定义铺层的一个参考方向，以及铺层中每一层的参考方向。此外，用户可以在一个层中相对于层的参考方向指定纤维方向。默认情况下，一个铺层的坐标系与零件的坐标系是一样的；类似地，一个层的坐标系与铺层的坐标系也是一样的。方向定义在 23.3 节"理解复合材料铺层和方向"中进行了更加详细的描述。

Abaqus 例题手册的 1.1.24 节"使用复合材料层来模拟一个游艇船体"，说明了用户如何使用 Abaqus/CAE 中的复合材料铺层功能来分析复杂的三维模型。

23.2　创建复合材料铺层

Abaqus/CAE 允许用户为三个类型的单元定义复合材料铺层：传统壳、连续壳，以及实体。对于详细的介绍，见以下章节：

- 12.14.2 节　"创建传统壳复合材料铺层"
- 12.14.3 节　"创建连续壳复合材料铺层"
- 12.14.4 节　"创建实体复合材料铺层"

用户可以在属性模块中创建一个复合材料铺层。复合材料铺层编辑器提供一个用来定义铺层中的层列表。对于每一层，用户需要指定层的名称、材料、厚度、方向，以及积分点的数量和赋予层的模型区域。图 23-3 所示为复合材料铺层编辑器的层列表。

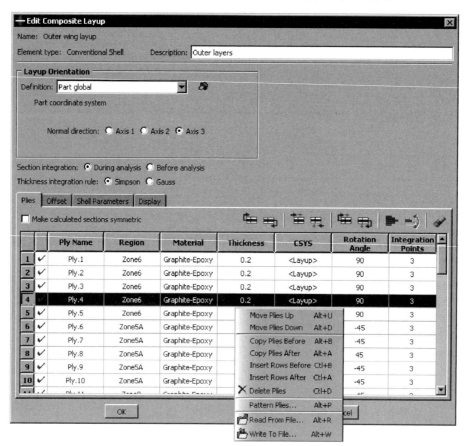

图 23-3　复合材料铺层编辑器的层列表

层列表提供了几个选项来让用户更加容易地定义包含许多层的铺层；例如，层列表允许用户进行以下操作：

- 在列表中向上或者向下移动或者复制所选的层。
- 抑制或者删除所选的层。
- 矩阵排列一组选中的层。
- 从 ASCII 文件读取层数据或者写入数据。数据可以定义铺层中的所有层，或者铺层中层的一个子集。

抑制层的功能使用户可以简单地试验复合材料铺层中不同的层构型，并观察对模型分析结果的影响。对于更多的信息，见 12.14.1 节"当定义一个复合材料铺层时使用层列表"。

如果用户定义的复合材料铺层关于一个中心核对称，则用户仅需要在层列表中输入下半部分的铺层。当用户应用对称选项时，Abaqus 以相反的次序重复地输入层（包括中间层），来自动地在生成的截面中创建其他的层。

用户可能需要分割模型来创建将赋予层的区域。用户应当在创建铺层和开始定义层之前创建分割。用户可以直接在当前视口中从零件选择一个区域，或者用户可以创建一个指向该区域的名称集合，然后选择该名称集合。如果用户决定在定义复合材料铺层后添加分割和层，则 Abaqus/CAE 会保留任何现有的层区域；例如，用户可以将层添加到铺层来模拟给区域提供额外刚度的一个肋。用户可以在单独的复合材料铺层中组合赋给几何形体的层和赋给本地网格的层。

连续壳和实体复合材料铺层在整个厚度方向上只有一个单元，跨越复合材料铺层中指定的所有区域的组合。厚度方向上的每一个这类单个单元都包含用户在层列表中定义的多个层。如果赋予连续壳或者实体单元铺层的区域在厚度方向上包含多个单元，则每一个单元都将包含用户在层列表中定义的所有层，分析结果将不符合预期。

如果用户模拟区域的厚度方向上包含多个连续壳或者实体单元，则用户可以通过为每一层单元定义各自的复合材料铺层来得到正确的结果。用户可以通过选择一个本地 Abaqus/CAE 网格的单元，或者孤立的单元，来为每一个层定义复合材料铺层。用户必须为每一层单元创建铺层。

如果用户的复合材料铺层中存在重叠铺层，则用户必须在铺层列表中，以重叠铺层在重合区域中出现的次序输入铺层。图 23-4 所示为重叠区域的一个简单例子，以及层列表中层的对应次序。层列表中的第一个层代表铺层中的底层。

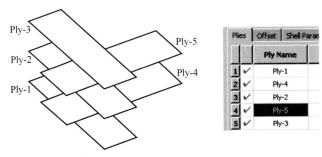

图 23-4 层列表中层的对应次序

在特定的环境中，Abaqus 不能为传统的壳确定复合层的方向。例如，如果用户的层进行了一个 90°角的剧烈过渡，并且/或者零件与整体坐标系的一个或者多个平面对齐，就会发生这样的问题。为了帮助用户诊断问题区域，Abaqus/CAE 为了达到显示的目的，绘制了一个折叠坐标系来说明用户选择的坐标系和几何法向不能导出有效方向的区域。如果出现这种情况，则需要通过在过渡区将层分割成多个层，并给每一个新的层赋予方向，让用户能够完成分析。

如果用户对同一个区域既应用一个复合材料铺层又赋予一个截面，则 Abaqus/CAE 在分析中仅使用复合材料铺层的属性来进行分析。如果用户重复应用两个或者更多的复合材料铺层，则 Abaqus/CAE 使用最后的铺层属性，其中"最后的"指复合材料铺层名称的字母顺序。在属性模块中默认使用黄色着色代码来说明具有复合材料铺层和截面赋予的重叠区域，或者说明具有多个重叠复合材料铺层的区域。

23.3　理解复合材料铺层和方向

每一个复合材料铺层中的层纤维方向都在确定用户的模型物理质量中扮演重要角色；然而，以真实世界的应用为基础在一个模型中定义此方向并不简单。Abaqus/CAE 中的复合材料铺层通过从彼此关联的三个参数来推导纤维的方向——铺层方向、层方向以及额外的转动——使这个过程更加容易管理，如图 23-5 所示。

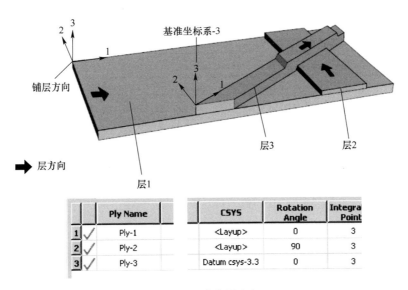

		Ply Name		CSYS	Rotation Angle	Integra Point
1	✓	Ply-1		\<Layup\>	0	3
2	✓	Ply-2		\<Layup\>	90	3
3	✓	Ply-3		Datum csys-3.3	0	3

图 23-5　确定层方向

铺层方向

铺层方向定义了铺层中所有层的基准方向或者参考方向。在传统的和连续的壳铺层中，Abaqus 在壳的面上投影指定的方向，使用户选择的铺层方向与壳法向一致。在实体复合材料铺层中不投影方向。

Abaqus/CAE 提供定义铺层方向的几个选项如下：

- Part global（零件整体）。默认情况下，铺层方向与零件的方向相同。
- Coordinate system（坐标系）。用户可以创建并选择定义方向的基准坐标系。
- Discrete orientation（离散方向）。用户可以创建离散方向来为每个网格单元提供一个方向值来定义方向。
- Discrete field（离散场）。用户可以创建并选择一个定义空间变化方向的方向离散场。

- User-defined（用户定义的）。用户可以在用户子程序 ORIENT 中定义方向。此选项仅对 Abaqus/Standard 分析有效。
- Normal direction（法向）。对于所有的选项，除了 User-defined，用户可以选择的轴定义复合材料铺层的大致法向。
- Additional rotation（额外的转动）。如果用户选择 Coordinate system、Discrete orientation 或者 Discrete field 来定义铺层方向，则用户可以指定一个额外的转动角（度）指定整个铺层的法向。用户可以使用一个标量离散场来指定空间变化的额外转动角。

层方向

层方向定义了每一层的相对方向。在传统的和连续的壳铺层中，Abaqus 将指定的方向投影到壳的表面上，这样层的法向与壳法向和层堆叠方向是一致的。在实体复合材料铺层中，层是相对于铺层堆叠方向创建的，并且未投影的层方向定义了层内的材料方向（见图23-6）。

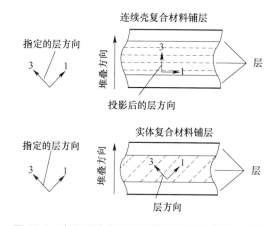

图 23-6　壳和实体复合材料铺层的多个层和层方向

Abaqus/CAE 可以从用户指定的两个变量的组合来计算层方向——坐标系（CSYS）和关于法向的转动角。

如果 Abaqus/CAE 试图在系统的奇异点（即用户选择的坐标系和几何形体法向或者单元法向无法解析为有效的显示方向的点）为复合材料铺层中的层方向绘制坐标系，坐标系统将崩溃。

如果使用一个离散的场来指定铺层方向，则铺层方向是相对于零件的基础坐标系来显示的。对于连续壳单元，Abaqus/CAE 不将显示的方向投影到中间面上。在这两种情况中，用户可以执行一个数据检查并在显示模块中查看输出数据库来确认方向。更多信息见 19.7.3 节"对模型进行数据检查"。

坐标系

Abaqus/CAE 为定义层的坐标系提供了以下选项：
- Layup。默认情况下，层的坐标系与铺层的坐标系是相同的。
- CSYS。用户可以创建并选择一个定义层坐标系的基准坐标系。如果用户选择为一个层使用一个坐标系，则此坐标系将覆盖该层的铺层坐标系。

　　用户也可以选择定义层法向的坐标系轴。用户选择的轴显示为铺层列表中 CSYS 列的最后一个数字。例如，Datum csys1.3 表示用户选择 Datum csys-1 来定义层的坐标系，并且用户选择 3-axis 来定义法向。

转动角

　　转动角定义了每一个层中的纤维相对于层坐标系的方向。例如，在一个典型的复合材料中，纤维可能以相对于坐标系 -45° 或者 +90° 来定向。用户也可以使用一个标量离散场来指定在整个层空间上变化的纤维方向。如果用户指定一个转动角，则层会围绕坐标系法线逆时针转动，并且转动角是相对于 1-轴来测量的。

　　图 23-7 所示为一个复合材料铺层中的四个层方向，以及层列表中的对应输入。Abaqus/CAE 确定层方向的方法如下：

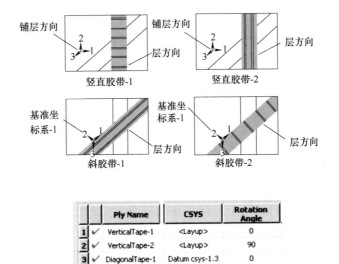

		Ply Name	CSYS	Rotation Angle
1	✔	VerticalTape-1	\<Layup\>	0
2	✔	VerticalTape-2	\<Layup\>	90
3	✔	DiagonalTape-1	Datum csys-1.3	0
4	✔	DiagonalTape-2	Datum csys-1.3	90

图 23-7　确定每一层的方向

　　• 用户选择铺层方向来定义 VerticalTape-1 的坐标系，并输入一个 0° 的转动角。由此产生的层方向沿着铺层方向的 1-轴。

　　• 用户选择铺层方向来定义 VerticalTape-2 的坐标系，并输入一个沿着铺层方向的 3-轴（法向）逆时针转动 90°。转动角是相对于 1-轴测量的。

　　• 用户选择 Datum csys-1 来定义 DiagonalTape-1 的坐标系，并输入一个 0° 的转动角。由此产生的层方向沿着 Datum csys-1 的 1-轴。

　　• 用户选择的 Datum csys-1 来定义 DiagonalTape-2 的坐标系，并输入一个 90° 的转动角。由此产生的层方向围绕基准坐标系的 3-轴（法向）逆时针转动 90°。转动角是相对于 1-轴测量的。

23.4 理解复合材料铺层和分布

离散场是一个空间变化的场，其值与节点或者单元相关。离散场工具集允许用户在 Abaqus/CAE 中创建并管理离散场。由复合材料铺层使用的一个离散场称为一个分布。因为分布是应用于特定的单元和节点的，所以用户仅可以对零件进行网格划分后才能使用分布。在大部分情况中，用户将使用第三方前处理器来操作网格化的零件，以创建可以应用于复合材料铺层的分布。更多信息见第 63 章"离散场工具集"。

用户可以在以下情况中使用分布：

- 定义一个指定复合材料铺层整体方向的空间变化的局部坐标系。
- 为在铺层空间上变化的铺层方向定义一个附加的转动。
- 为在层空间上变化的层方向定义一个附加的转动。用户仅可以在 Abaqus/Standard 分析中使用分布来定义层方向。
- 定义一个在传统壳复合材料铺层空间上变化的整体壳厚度。
- 在传统壳复合材料铺层中定义在层空间上变化的层厚度。用户仅可以在 Abaqus/Standard 分析中使用分布来定义层厚度。
- 定义一个在传统壳复合材料铺层空间上变化的节点厚度。
- 定义在传统壳复合材料铺层上空间变化的偏置。用户仅可以在 Abaqus/Standard 分析中使用分布来定义偏置。

23.5 从复合材料铺层中请求输出

当用户创建一个将在分析过程中进行积分的复合材料铺层时，可以指定铺层的每一层中积分点的数量。默认情况下，对于分析过程中的壳截面积分，Abaqus/CAE 为壳或者连续的壳复合材料铺层的每一层创建三个积分点，并为实体复合材料铺层的每一层创建一个积分点。对于预积分的壳截面，Abaqus/CAE 为铺层中的每一层创建三个积分点，并且用户不能改变此值。图 23-8 所示为一个具有三层，并且每层有三个积分点的复合材料铺层的积分点数量。

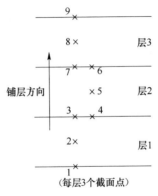

图 23-8 具有三层的复合材料铺层的积分点数量

如果用户不创建输出请求，则 Abaqus 仅从复合材料铺层的顶部和底部（最高和最低的积分点）写入场输出数据，而不从其他层生成数据。因此，如果用户的模型包含复合材料铺层，并且用户想从单个层或者内部积分点获取数据，则用户必须创建新的输出请求，或者编辑默认的输出请求，并且指定将会输出变量的复合材料铺层。

当用户创建一个输出请求时，默认情况下，Abaqus/CAE 仅将复合材料铺层每一层中的中间截面点处的场和历史数据写入输出数据库。要改变默认的行为，用户可以使用场和历史输出要求编辑器来编辑输出请求，并改变复合材料铺层的区域。然后，用户可以从每一层的顶部、中部和/或底截面点处，从所有的截面点或者指定的截面点处请求场或者历史数据。对于更多的信息，见 14.12.2 节"更改场输出请求"，以及 14.12.3 节"更改历史输出请求"。用户可以请求以下内容：

Selected（选中的）

Abaqus/CAE 从所选的每一层的截面点（顶部、中部和/或底部）将场数据写入输出数据库。如果一个层具有偶数个截面点，并且用户要求从中间截面点输出，则 Abaqus/CAE 会从跨越层中间的两个截面点中较高的一个截面点生成数据。例如，如果一个层具有四个截面点，并且用户要求从中间截面点输出，则 Abaqus/CAE 从第三个截面点生成数据。

ALL（所有）

Abaqus/CAE 从所有层的所有截面点处将场数据写入输出数据库。

Specify（指定的）

Abaqus/CAE 从指定的截面点处将场数据写入输出数据库。截面点从底层的点到顶层的点顺序编号，其中底层是铺层中的第一层。例如，如果用户想要从图 23-8 中所示的每一个层的中间截面点输出，则可以输入 2、5、8。

更多信息见 14.4 节"理解输出请求"。

23.6 查看复合材料铺层

用户可以在创建复合材料铺层时或分析完复合材料铺层后查看复合材料铺层。Abaqus/CAE 为基于层的复合材料铺层的显示提供了以下工具。

层堆叠显示

层堆叠显示是复合材料铺层选中区域或者复合材料截面的图形表示。图 23-9 所示为一个层堆叠显示。阶梯外观并不表示铺层中的层陡坡，它只是一个简单的图形表示，使用户了解铺层中的层数量，如一个层的相对厚度、构成层的材料，以及层纤维的方向。如果用户的复合材料铺层包含许多层，则层堆叠显示可能会变得混乱，难以解释。为了使层堆叠显示更加合理，Abaqus/CAE 提供了一些选项来允许用户仅查看有意义数量的层。

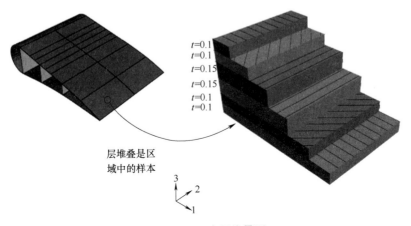

图 23-9 一个层堆叠图

层堆叠图中的三轴标识表示单元方向坐标系，并且它显示了壳法向或者层的堆叠方向（方向 3）、方向 1 和方向 2。纤维总是在 1-2 平面上，以关于方向 1 的一个角度绘制。在实体复合材料堆叠中，一个层中的纤维并不总是平行 1-2 平面（例如，如果层方向的方向 3 和单元堆叠方式不对齐）。在此情况中，层堆叠图中的纤维不是铺层中纤维的真实描述，也不表示铺层定义中的转动角：层堆叠图中绘制的角是在层列表中关于单元堆叠方向的轴测量的指定转动角。对于更多的信息，见 23.3 节"理解复合材料铺层和方向"。

层堆叠图不以用户定义的坐标系或者转动角分布为基础来为铺层绘制纤维。Abaqus/CAE 在这样的层上显示一个星号（对于坐标系）或者一个圆点（对于转动角分布）来标注它不能在 1-2 平面上绘制精确表示层纤维方向的线。类似地，如果用户使用离散场分布来定义一个层的厚度，则 Abaqus/CAE 在层堆叠图中以其他均匀层的平均厚度为基础来绘制层，并在图旁边显示离散场的名称（如果切换打开了厚度标签）。

用户可以在创建复合材料铺层之后，在属性模块中查看层堆叠图。用户也可以在使用复合材料铺层分析之后，在显示模块中查看层堆叠图。对于更多的信息，见第 53 章"查看铺层图"。

基于层的结果

用户在使用复合材料铺层分析了一个模型之后，可以查看来自铺层各层的结果云图，或者用户可以通过包络云图来查看所有铺层中的最大或者最小搜寻值。

来自单个层的结果

基于层的结果显示了复合材料铺层中所选层的数据。对于一个给定的层，用户可以查看来自层的底部、中部或者顶部的数据，或者用户可以查看顶层和底层的数据。图 23-10 所示为一个复合材料铺层的选中层的应变（E11）云图。

如果在一个模型中的多个复合材料铺层定义中使用了相同的层名称，则查看该层的数据会显示所有包含该层名称的铺层结果。要将结果限制到某个复合材料铺层中的单个层，则用户必须首先使用显示组将显示限制到单个复合材料铺层（见 78.2.2 节"创建或者编辑显示组的选择方法"），然后才能查看所需层中的截面点结果（见 42.5.9 节"选择截面点数据"中的"按层选择截面点数据"）。

显示复合材料铺层顶层或者底层处的输出云图，在外观上取决于铺层的类型。在传统的壳复合材料铺层中，两个云图显示成一个双侧的壳，并且在每一侧都有不同的云图。在连续的壳复合材料铺层中，或者实体复合材料铺层中，这两个云图在每个截面点位置上显示为不同的单侧云图。图 23-11 说明了传统壳与连续壳复合材料铺层云图之间的不同。

每一个铺层都包含三个层，并且每一个图都显示了来自顶层的顶部和来自底层的底部的输出。应力（S11）在两种情况下都被绘制出来。更多信息见 42.5.9 节"选择截面点数据"中的"按类型选择截面点数据"。

图 23-10　来自所选层的云图

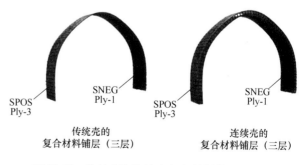

图 23-11　传统壳和连续壳复合材料铺层的云图

包络显示

包络显示允许用户查看模型中某一变量的最高或者最低值的云图，而不考虑其发生的层数。包络显示中与极端值相对应的层被称为临界层。用户可以选择 Abaqus/CAE 应用的标准（绝对最大值、最大值或者最小值）以及 Abaqus/CAE 检查值的层位置（积分点、质心、单元节点）。

例如，即使用户的复合材料铺层可以包括大量的层，但用户可以仅查看临界层，并确定模型的每一个单元中发生的最高应变。用户可以决定是否想要通过增加特定区域中的层数量，或者通过重新定向现有的层来降低临界层中的应变。图 23-12 所示为模型临界层中的应变（E11）值。此外，用户可以使用云图选项来显示一个补丁云图，以及其中每一个单元的颜色说明哪一个层是临界层，如图 23-13 所示。

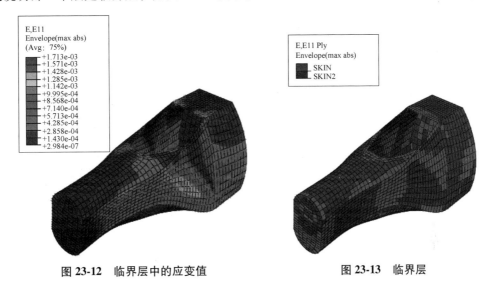

图 23-12　临界层中的应变值　　　　　　　图 23-13　临界层

使用图 23-12 和图 23-13 中的显示组合，用户可以确定临界层中的应变值和铺层中的临界层位置。更多信息，见 42.5 节"选择要显示的场输出"，以及 44.1.1 节"理解如何计算云图值"。

如果用户不创建输出请求，则 Abaqus/CAE 仅从复合材料铺层的顶部和底部写入场输出数据，并且不会从其他铺层生成数据。要创建一个检查用户模型中所有层的包络显示，用户必须创建一个新的输出请求，或者编辑默认的输出请求，并指定复合材料和铺层，以及输出变量的截面点。

在许多情况中，即使用户改变了 Abaqus/CAE 检查值的层的位置，同一个层也会出现极端值，且云图不会改变。但是，在下列情况中，云图可能会因为临界层的改变而改变。

- 用户具有少量的层，并且结果在层的厚度上快速变化。
- 材料是非线性的，并且在某些情况下，刚度发生突然的变化。

厚度方向上的 *X-Y* 图

在分析了复合材料铺层且确定了哪一个区域包含临界层之后，用户可以使用厚度方向上

的 *X-Y* 图来查看铺层厚度上的行为。用户可以通过从模型的壳区域的一个选中单元中的截面点读取场输出结果，来创建一个 *X-Y* 数据目标。如果用户选择复合材料铺层中的一个单元，则 Abaqus/CAE 会在整个层的厚度上为每个层的每一个截面点绘制数据。图 23-14 所示为一个纤维方向中，复合材料铺层厚度方向上的 13 个层的应变与厚度关系。因为纤维的方向在层之间变化，所有应变是不连续的。

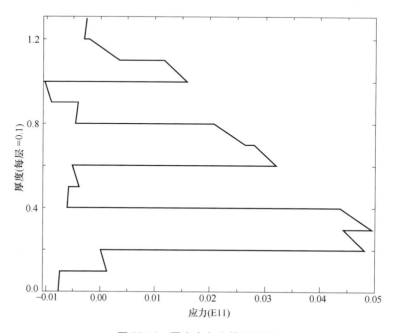

图 23-14　厚度方向上的 *X-Y* 图

对于更多的信息，见 47.2.3 节"从整个壳厚度上读取 *X-Y* 数据"。

彩色编码

用户可以在 Abaqus/CAE 所有的模块中使用彩色编码来改变单个复合材料和铺层的颜色。如果用户选择按层来着色，则 Abaqus/CAE 在一个区域中仅显示的一个层，默认情况下是最后一个层（按字母顺序）。要查看不同的层，用户可以抑制所选的层。对于更多的信息，见 77.4 节"着色几何形体和网格单元"。

显示组

在显示模块中，用户可以使用显示组来查看只选择铺层或者层中的单元。对于更多的信息，见 78.2.2 节"创建或者编辑显示组的选择方法"。

Abaqus 例题手册的 1.1.24 节"使用一个复合材料铺层来模拟一个游艇船体"，说明了用户如何创建并分析一个复杂的三维复合模型，以及用户如何使用 Abaqus/CAE 来查看铺层中各层的行为。

24 连接器

本节提供了如何模拟连接器的信息，包括以下主题：

- 24.1 节 "连接器模拟概览"

- 24.2 节 "什么是连接器？"

- 24.3 节 "什么是连接器截面？"

- 24.4 节 "什么是 CORM？"

- 24.5 节 "什么是连接器行为？"

- 24.6 节 "创建连接器几何形体、连接器截面和连接器截面赋予"

- 24.7 节 "参考点与连接器之间的关系是什么？"

- 24.8 节 "在连接器截面赋予中定义连接器方向"

- 24.9 节 "请求连接器的输出"

- 24.10 节 "施加连接器载荷和连接器边界条件"

- 24.11 节 "在显示模块中显示连接器和连接器输出"

24.1 连接器模拟概览

在 Abaqus/CAE 中模拟和使用连接器的一般步骤如下：

1. 创建模拟连接器时要使用的参考点和基准坐标系。

2. 创建装配层级的线框特征。

3. 创建连接器截面来定义连接类型、连接器行为和截面数据。

4. 创建一个连接器截面赋予，将连接器截面与用户选择的线框进行关联，并指定所选线框的第一点和第二点方向。

5. 在载荷模块中，规定连接器的载荷和边界条件来仿真连接器激励，以及约束材料流动。

6. 在分析步模块中，创建连接器的场和历史输出请求。

7. 在显示模块中显示连接器输出结果；控制连接器截面赋予、线框端点、连接类型和当前局部方向的显示，以及动画显示线框端点和局部方向的时间历史。

24.2 什么是连接器?

连接器允许用户模拟装配中两个点之间的机械关系。连接可以是简单的,如胶接;或者可以给连接器施加更加复杂的约束,如恒速连接。连接器几何形体使用包括一个或者多个线框的装配层级的线框特征来进行模拟。此线框可以连接装配中的两个点或者将一个点接地。用户创建一个连接器截面来指定连接类型和连接器行为,如弹簧类型的弹性行为。要完成连接器模拟,用户需要创建连接器截面赋予,来将连接器截面与用户选择的线框进行关联,并指定用户所选线框的第一点和第二点方向。对于更多的连接器信息,见《Abaqus 分析用户手册——单元卷》的 5.1.1 节"连接器:概览"。

例如,图 24-1 所示为在《Abaqus 例题手册》的 4.1.2 节"连杆机构"中的连杆机构。

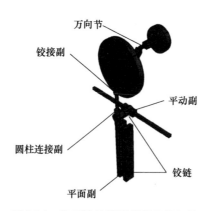

图 24-1 使用连接器模拟的连杆机构

该模型通过两个万向节传递旋转运动,然后将转动转化成两个滑块的平动。该示例提供了使用 Abaqus/CAE 重建连杆机构模型的 Abaqus 脚本接口程序。连杆机构模型使用九个零件实例,通过 Abaqus/CAE 中建模的八个连接器相互连接。

24.3　什么是连接器截面?

连接器截面定义了连接类型，包括连接器行为和截面数据。Abaqus 提供了几种连接器类型——基本类型、装配类型、复杂类型和 MPC 类型。

基本类型

基本连接器类型包括平动类型和转动类型。平动类型影响线框的两个赋予了连接器截面的端点处的平动自由度，并可能影响线框的第一个端点或者两个端点处的转动自由度。转动类型仅影响线框两个端点处的转动自由度。

装配类型

装配连接类型是基本连接类型的预定义组合。例如，HINGE 连接类型结合了 JOIN 连接类型（平动）和 REVOLUTE 连接类型（转动）来连接两个点的位置，并在它们的转动自由度之间提供一个转动约束。

复杂类型

复杂连接类型影响连接中的自由度组合，并且不能与其他连接类型结合。它们通常模拟高度耦合的物理连接。

MPC 类型

MPC 连接类型用于定义两个点之间的多点约束。

注意：仅当连接器截面在模型数据库中具有连接器截面赋予时，Abaqus/CAE 才会将完整的连接器截面数据写入输入文件。如果用户计划从一个输入文件导入模型并获得连接器截面，则用户必须确保在模型数据库中所有的连接器截面都有赋予。

对于 Abaqus/CAE 中可用连接类型的概览，见 15.8 节"理解连接器截面和功能"。对于每种连接器类型和定义装配类型连接的运动约束的等效基本连接器类型的描述，见《Abaqus 分析用户手册——单元卷》的 5.1.5 节"连接类型库"和《Abaqus 分析用户手册——指定条件、约束与相互作用卷》的 2.2.2 节"通用多点约束"。

24.4 什么是 CORM？

CORM 是相对运动分量 component of relative motion 的英文首字母缩写：连接器的局部相对位移和转动。可用的相对运动分量没有运动约束的相对位移和转动。根据连接类型的不同，有些分量是可用的，有些是受约束的。当用户创建或者更改连接器截面时，Abaqus/CAE 会在指定连接类型的编辑器中显示相对运动的可用分量和受约束分量。除了对相对运动分量施加行为之外，用户还可以对连接器可用的相对运动分量指定载荷和连接器边界条件（见 24.10 节 "施加连接器载荷和连接器边界条件"）。对于创建连接器截面的更多信息，见 15.9.7 节 "连接器截面编辑器"。

24.5 什么是连接器行为?

在为连接器截面指定连接类型之后,用户可以为相对运动分量定义行为。用户可以指定以下连接器行为:

- 弹性
- 阻尼
- 摩擦
- 塑性
- 损伤
- 截止
- 锁定
- 失效
- 参考长度
- 积分(仅限 Abaqus/Explicit 分析)

对于行为的更多信息,见 15.8.2 节"连接器行为"和《Abaqus 分析用户手册——单元卷》的 5.2.1 节"连接器行为"。

24.6　创建连接器几何形体、连接器截面和连接器截面赋予

　　用户在相互作用模块中创建装配层级的线框特征、连接器截面和连接器赋予来模拟一个连接器。Abaqus/CAE 为模拟连接器提供了两种方法：用户可以使用 Connector Builder 来执行创建一个连接器所包括的所有步骤，包括创建线框特征、连接器截面、连接器截面赋予和任何所需的参考点以及基准坐系；或者用户可以在相互作用模块中的单独对话框中，通过创建线框、连接器截面和连接器截面赋予来创建多个连接器。如果用户选择后者的技术，则应当在开始模拟连接器之前，创建所需的参考点和基准坐标系。

　　图 24-2 所示的模型树，有助于用户理解在装配相关的模块中创建的参考点、基准坐标

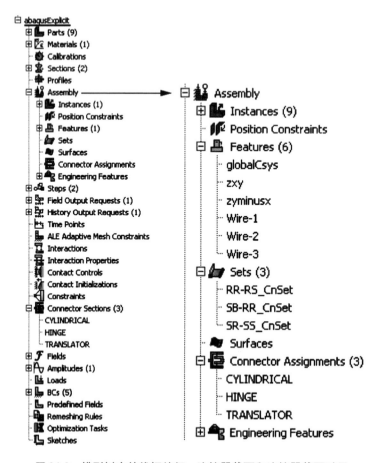

图 24-2　模型树中的线框特征、连接器截面和连接器截面赋予

系和线框特征，以及用户在相互作用模块中创建的连接器截面和连接器截面赋予。用户可以在相互作用模块中使用 Query（查询）工具集来获得所选线框的连接器赋予信息。

更详细的介绍，见以下章节：

- 15.12.7 节 "选择一个定义连接器几何形体的过程"
- 15.12.8 节 "创建单独的连接器"
- 15.12.9 节 "为多个连接器创建或者更改线框特征"
- 15.12.11 节 "创建连接器截面"
- 15.12.12 节 "创建和编辑连接器截面赋予"
- 15.18 节 "使用查询工具集获取连接器赋予的信息"

24.7　参考点与连接器之间的关系是什么?

用户可以用以下点之一来定义装配层级的线框特征:

- 一个零件实例的顶点或者节点
- 一个零件实例或者一个装配的参考点
- 地

使用参考点通常比使用装配上的点或者节点更加方便,因为刚体或者耦合约束可以使用同一个参考点。在零件模块中,用户可以使用参考点工具集在每个零件上创建一个参考点;额外的参考点可以在装配模块、相互作用模块和载荷模块中创建。

用户可以使用模型树,用更多的描述性特征名称对参考点进行重新命名。描述性名称使用户更加容易地在复杂的模型中管理参考点和线框,如图24-3所示。

如果用户想要在相同零件的多个实例上为一个参考点使用不同的特征名称和标签,则用户必须在一个装配相关的模块中创建参考点。用户可以使用编辑网格工具集在网格上创建一个节点,然后选择该节点来定义装配层级线框的端点;然而,该节点不会在模型树中列出,并且在视口中没有标签。对于创建和重新命名参考点的更多信息,见第72章"参考点工具集"。对于在网格上创建节点的更多信息,见64.1.1节"操控节点"。

每一个定义装配层级线框端点的参考点或者节点,都需要与模型的几何形体相关联,即使它们是在零件模块中创建的。在许多情况中,用户将在参考点或者节点和零件实例之间创建一个刚体约束或者耦合约束(将力分布到一个面上,而不是施加到单独的点上)。因此,线框端点的运动将被约束在零件实例的运动中。用户在相互作用模块中创建约束。更多信息见15.5节"理解约束"。

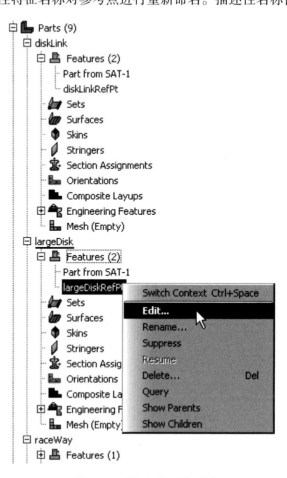

图24-3　连杆机构的模型树

24.8　在连接器截面赋予中定义连接器方向

　　当用户为一个连接器建模时，需要指定连接器的方向。根据连接类型的不同，连接器的方向可能是必须的、可选的或不适用的。在大部分情况中，方向将不与整体坐标系一致，并且用户必须在创建连接器截面赋予之前，创建一个定义了连接器局部方向的基准坐标系。连接器方向的要求在《Abaqus 分析用户手册——单元卷》的 5.1.5 节"连接类型库"中进行了描述。

　　用户可以在零件模块、属性模块、装配模块、相互作用模块、载荷模块和网格划分模块中创建基准坐标系。用户可以在创建一个基准坐标系时为其命名。当用户创建一个连接器赋予时，可以从当前视口或一个对话框中的坐标系名称列表中选择一个基准坐标系。同样，模型树对于理解基准坐标系的组织是有帮助的。基准坐标系在 62.5.4 节"创建基准坐标系的方法概览"中进行了描述。

24.9 请求连接器的输出

用户可以通过选择包含线框的集合作为生成输出的区域，来请求连接器的场和历史输出。在分析步模块中，在场输出请求编辑器或者历史输出请求编辑器中选择 Sets 作为区域类型；然后从可用集合的列表中选择一个包含线框的集合。更多信息见 14.4.5 节"创建和更改输出请求"。

24.10 施加连接器载荷和连接器边界条件

在载荷模块中，用户可以对连接器相对运动的可用分量施加一个连接器力或者连接器力矩来仿真连接器作动。类似地，用户可以为连接器相对运动的可用分量规定一个连接器位移、连接器速度或者连接器加速度。创建连接器载荷或者边界条件时，用户需要选择施加规定条件的线框。选择线框的最佳方法是使用线框特征的默认几何集合名称（更多信息见15.12.9节"为多个连接器创建或者更改线框特征"）。用户选择的线框必须与一个连接器截面赋予相关联。如果用户选择了多个线框，则用户必须确保在连接器截面赋予中赋予的线框连接器截面具有想要定义的力或者力矩的可用相对运动分量。如果没有足够的连接器力或者连接器力矩的相对运动的可用分量，则会出现一个要求用户选择不同线框，或者更改连接类型的消息。

用户也可以将连接器材料流动边界条件施加到与连接器截面赋予相关联的线框端点。更多信息见16.8.1节"创建载荷"和16.8.2节"创建边界条件"。

24.11 在显示模块中显示连接器和连接器输出

Abaqus/CAE 在显示模块中显示使用连接器截面赋予进行模拟的连接器。用户可以使用显示组来控制连接器的显示。在输出数据库中，每个连接器都作为一个单元集合列出。对于显示组的更多信息，见 78.2.1 节"创建或者编辑显示组"。

用户也可以在 ODB Display Options 对话框中使用 Entity Display 选项来控制代表连接器的符号显示。用户可以控制以下内容：

- 线框端点的高亮显示
- 连接器局部方向轴的显示
- 连接器类型标签的显示
- 显示的符号大小

对于在 Abaqus/CAE 中模拟的连接器的符号信息，见 15.10 节"理解表示相互作用、约束和连接器的符号"。对于控制符号显示的更多信息，见 55.10 节"控制模型实体的显示"。

例如，用户可以使用显示组来显示连杆机构的四个零件实例和三个连接器单元组，如图 24-4 所示。

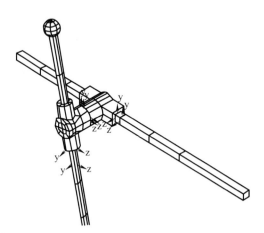

图 24-4 连杆机构在显示模块中选中的零件实例、连接器和连接器符号显示

线框端点的高亮显示和连接器类型标签的显示已经被关闭了，因此只显示局部连接器方向。用户可以制作一个时间历史动画来显示机构运行过程中的连接器方向的变化。更多信息见 49.1.1 节"时间历史动画"。

对于显示连接器输出结果的信息，见第 47 章"X-Y 图"。

连接类型的运动学使用的是固有坐标系。固有坐标系的基本向量与相对运动分量的关联方向一致。对于一些连接类型（如 CARTESIAN 连接类型），固有坐标系与节点 a 处的方向一致（有关连接器方向的更多信息，见《Abaqus 分析用户手册——单元卷》的 5.1.5 节"连接类型库"）。

连接器向量输出的分量是相对于不同坐标系来求解的，这取决于所要求的输出是场输出还是历史输出。对于连接器场输出，向量的分量是相对于节点处的方向求解的；对于连接器历史输出，分向量是相对于固有坐标系求解的。因此，除了固有坐标系与节点 a 处方向一致的连接类型，场输出图（符号图和云图）和历史图显示所要求的连接器分向量的不同值；用来求解分量的坐标系选择不会影响结果。

25　连续壳

本节提供了如何模拟连续壳的信息，包括以下主题：

- 25.1 节 "连续壳模拟概览"
- 25.2 节 "使用连续壳单元来网格划分零件"

25.1 连续壳模拟概览

用户使用传统的壳零件来模拟厚度显著小于其他尺寸的结构，并在创建截面时，在属性模块中定义厚度。相反，用户将连续壳单元赋予实体零件时，Abaqus 将根据零件的几何形状来确定厚度。从模拟的角度来看，连续壳单元看上去像三维连续实体，但它们的运动和本构行为与传统的壳单元类似。例如，传统的壳单元具有位移和转动自由度，而连续的实体单元和连续壳单元仅有位移自由度。更多信息见《Abaqus 分析用户手册——单元卷》的3.6.1 节"壳单元：概览"，以及《Abaqus 分析用户手册——单元卷》的 3.6.2 节"选择壳单元"。图 25-1 所示为传统壳单元与连续壳单元之间的不同。

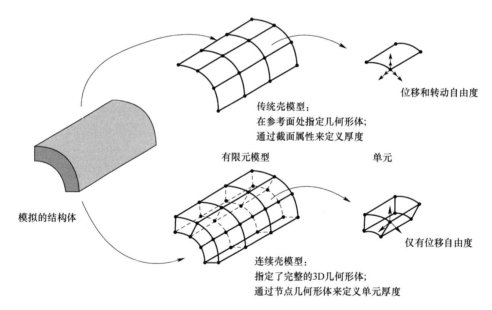

图 25-1 传统壳单元与连续壳单元之间的不同

在三维空间中模拟连续壳的一般过程包括以下步骤：

1. 在零件模块中，定义实体几何形体。

2. 在属性模块中，将一个壳截面赋予到任何用户将在网格划分模块中赋予连续壳单元的实体区域。用户必须指定一个壳截面的厚度；然而，Abaqus 仅使用此厚度来估计特定的截面属性，如沙漏刚度。Abaqus 在分析过程中，基于单元节点几何形体来使用实际的厚度。如果实体区域的厚度沿着实体的长度方向变化，则用户应当提供一个近似的厚度值。对于更多的信息，见《Abaqus 分析用户手册——单元卷》的 3.6.5 节"使用分析中积分的壳截面定义截面行为"。

3. 在网格划分模块中，查询网格堆叠方向。如果必要的话，赋予一个堆叠方向，这样连续单元从堆叠的底部到顶部是一致的。对于更多的信息，见 17.18.8 节"赋予网格堆叠方向"。

4. 在网格划分模块中，为区域赋予一个连续壳单元类型，并使用六面体或者楔形单元对该区域进行划分网格。只有这些单元才可以堆叠形成连续壳网格。

25.2　使用连续壳单元来网格划分零件

用户使用连续壳单元来模拟壳类型的实体，比传统的壳单元具有更高的精度，如《Abaqus 分析用户手册——单元卷》的 3.6.1 节"壳单元：概览"中所描述的那样。此外，虽然用户使用六面体或者楔形单元来模拟壳单元，但这些单元方程依然比实体连续单元计算更加有效。

当用户生成将赋予连续壳单元的单元时，网格中的单元必须方向一致。例如，图 25-2 所示为一个在扫掠路径方向上生成的扫掠网格。生成的单元是在扫掠路径的方向上堆叠的；然而，如果用户计划使用连续壳单元，则单元应当通过它们的厚度进行堆叠。用户可以使用查询工具集来确定将哪一个面确定成底面和顶面，并寻找单元之间不一致的方向。在一些情况中，用户可以分割模型并改变扫掠路径的方向来得到正确的方向。或者，用户可以赋予一个与扫掠路径无关的方向。对于更多的信息，见 17.18.8 节"赋予网格堆叠方向"。

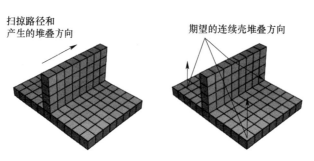

图 25-2　对于连续壳单元，产生的堆叠方向是不正确的

26 协同仿真

本节介绍如何在 Abaqus/CAE 中模拟并运行协同仿真，
包括以下主题：

- 26.1 节 "协同仿真概览"
- 26.2 节 "什么是协同仿真？"
- 26.3 节 "链接和排除协同仿真的零件实例"
- 26.4 节 "确保界面区域处的节点匹配"
- 26.5 节 "指定界面区域和耦合方案"
- 26.6 节 "确定涉及的模型并指定作业参数"
- 26.7 节 "显示协同仿真的结果"

26.1 协同仿真概览

在 Abaqus/CAE 中模拟和运行一个协同仿真包括以下一般步骤：

1. 在单独的模型数据库中创建多个模型。

2. 可选的，在多个模型之间链接零件实例，并从分析中排除链接的实例。

3. 可选的，确保界面区域处的节点匹配。

4. 在每个模型中创建一个协同仿真相互作用来指定界面区域和耦合方案。

5. 创建一个协同执行来确定包含的两个模型，并为每一个分析指定作业参数。

6. 提交协同执行来执行协同仿真。

7. 使用叠加图来查看协同仿真的结果。

在《Abaqus 例题手册》的 6.1.1 节"一个组件安装的电路板的共轭热传导分析"中显示了一个 Abaqus/CFD 到 Abaqus/Standard 的协同仿真例子。

26.2 什么是协同仿真?

协同仿真技术是一种提供了 Abaqus 分析程序运行期间耦合的多物理场功能。用户可以将一个模型分成多个区域,并使用不同的分析程序来得到每一个区域的解。对于 Abaqus/Standard 到 Abaqus/Explicit 的协同仿真,每一个 Abaqus 分析程序都在模型区域的互补部分进行操作,此区域有望提供更加有效的解决方案。例如,Abaqus/Standard 对轻型和刚性构件提供更加有效的解决方案,而 Abaqus/Explicit 对求解复杂的接触相互作用更加有效。

用户定义场相互交互穿过的界面区域和耦合方案。对于更多的信息,见《Abaqus 分析用户手册——分析卷》的 12.3.1 节"结构-结构的协同仿真",以及《Abaqus 分析用户手册——分析卷》的 12.3.2 节"流体-结构的协同仿真和共轭热传导"。

26.3　链接和排除协同仿真的零件实例

　　对于一个协同仿真，用户可能想在单独的视口上看到"整个"包括在协同仿真中的模型。要达到这个目的，用户可以在一个模型中链接零件实例到其他模型中的零件实例。例如，用户可以将 Abaqus/Standard 模型的零件实例链接到 Abaqus/Explicit 模型的零件实例。在这种情况中，Abaqus/Standard 模型中链接的零件实例不能进行编辑，它们的位置仅通过 Abaqus/Explicit 中的零件实例位置来确定，并且它们只能用于显示目的。任何对 Abaqus/Explicit 中零件实例的改动都会在链接的零件实例中自动进行更新。用户必须从合适的分析中排除链接的零件实例；例如，链接到 Abaqus/Standard 模型的 Abaqus/Explicit 模型中的零件实例，必须从 Abaqus/Explicit 分析中排除。对于更多的信息，见 13.3.5 节"在模型之间链接零件实例"和 13.3.6 节"从分析中排除零件实例"。

26.4　确保界面区域处的节点匹配

用户可以在模型定义的共享区域中设置不一样的网格。对于 Abaqus/Standard 到 Abaqus/Explicit 的协同仿真，用户可以通过确保在界面上有匹配的节点（见《Abaqus 分析用户手册——分析卷》的 12.3.1 节"结构-结构的协同仿真"中的"与不类似网格相关的限制"）来改善求解稳定性和精度。本节描述了推荐的建模实践，以在界面区域确保节点匹配。

通常情况下，在 Abaqus/Explicit 模型中，用户将在包含界面区域的零件上创建蒙皮或者加强筋（取决于界面区域是一个面还是一条边），执行不同的建模技术，然后得到一个零件实例，用来在 Abaqus/Standard 模型中定义绑定约束。下面的过程提供了详细的指令。

若要确保界面区域处的节点匹配，执行以下操作：

1. 在 Abaqus/Explicit 模型中

a. 在属性模块中显示包含界面区域的零件。如果界面区域是一个面，则在面上创建一个蒙皮。如果界面区域是一条边，则在边上创建一条加强筋。对于更多的信息，见第 36 章"蒙皮和桁条加强筋"。

b. 如果零件是以几何形体为基础的，则网格划分此零件。

c. 创建一个网格零件（即使用户正在操作一个网格零件）。

d. 删除新创建网格零件中的所有单元，但不删除蒙皮或者加强筋上的单元。此外，使用编辑网格工具集来删除相关联的非参考节点。

2. 在 Abaqus/Standard 模型中

a. 从 Abaqus/Explicit 模型中复制包含蒙皮或者加强筋的网格零件，并创建一个新复制零件的实例。

b. 要简化区域选择过程，创建一个包含该网格零件的命名的集合或者面。

c. 在相互作用模块中，创建一个绑定约束来指定复制的网格零件（使用命名的集合或者面）作为主区域，并指定 Abaqus/Standard 模型上的界面区域作为从属区域。

d. 在相互作用模块中，定义一个 Standard-Explicit 协同仿真相互作用，并指定网格零件（使用命名的集合或者面）作为界面区域。对于更多的信息，见 26.5 节"指定界面区域和耦合方案"。

3. 在 Abaqus/Explicit 模型中

a. 删除包含蒙皮或者加强筋的网格零件。

b. 从零件几何形体中删除蒙皮或者加强筋。

c. 如果零件是以几何形体为基础的，则重新网格划分零件。

d. 在相互作用模块中，定义一个 Standard-Explicit 协同仿真相互作用，并在原始的 Abaqus/Explicit 零件中将界面区域指定成界面区域。

4. 如 26.1 节"协同仿真概览"中描述的那样继续使用协同仿真过程。

26.5　指定界面区域和耦合方案

　　在每个模型中，用户都需要定义一个协同仿真相互作用来指定界面区域（交互数据的区域），以及耦合协同仿真的方案。每个模型中只有一个协同仿真相互作用是有效的，并且每一个协同仿真相互作用中的设置必须在每一个模型中是一样的。对于更多的信息，见15.13.14节"定义Standard-Explicit协同仿真相互作用"，以及15.13.15节"定义流体-结构协同仿真相互作用"。

26.6　确定涉及的模型并指定作业参数

对于协同仿真，分析是相互同步执行的，使用的功能与执行单个分析作业的功能相同。在作业模块中，用户创建一个协同执行来确定包括在协同仿真中的两个分析作业，并为每个分析指定作业参数，然后用户提交协同执行以提交两个作业进行分析。对于更多的信息，见19.11节"创建、编辑和操控协同执行"。

26.7　显示协同仿真的结果

要从协同仿真中显示结果，用户可以使用叠加显示功能，在同一个视口中显示来自两个输出数据库的数据。更多信息见第 79 章"叠加多个图"。

27 显示体

本节提供了如何模拟显示体的信息，包括以下主题：

- 27.1 节 "什么是显示体?"
- 27.2 节 "用户应当网格划分显示体吗?"
- 27.3 节 "在显示模块中显示显示体"

27.1　什么是显示体？

显示体是只用来显示的零件实例。该零件实例可以是任何包含几何形体、网格单元，或者几何形体和网格组合的实例。用户不需要网格划分零件，并且零件不包括在分析中；然而，当用户查看分析结果时，显示模块会将该零件与模型的其他部分一起显示。实际上，显示体在显示模块中为用户的模型提供了更加真实的视图，且在分析中不用包括零件实例的计算成本。显示体的行为就像刚体那样，不会发生变形。用户不能对显示体施加指定的条件，如约束、载荷或者边界条件。

用户可以将显示体的运动与所选的控制点（一个点或者三个点）相关联，或者用户可以指定显示体在分析中保持固定。如果显示体跟随一个点，则显示体将根据单个点的平动和转动进行平动和转动。如果显示体跟随三个点，则显示体将根据三个点的平动和转动进行平动和转动。对于更多的信息，见《Abaqus 分析用户手册——介绍、空间建模、执行与输出卷》的 2.9 节"显示体定义"。

例如，图 27-1 所示为使用连接器模拟的挖掘臂。

感兴趣的区域是挖掘臂的主臂。铲斗与挖掘臂模型的剩余部分仅通过连接器和铲斗的质量及惯性进行相互作用。因此，可以将铲斗模拟成一个显示体。

用户可以通过对零件实例应用显示体约束来创建显示体。对于挖掘臂模型，用户需要首先在零件模型中创建铲斗零件实例。此外，用户要创建一个点零件，并将它定位在装配中的铲斗中心处，如图 27-2 所示（见 11.8.2 节"点零件"）；然后将为点零件自动创建一个参考点。

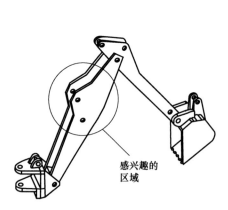

图 27-1　使用连接器模拟的挖掘臂

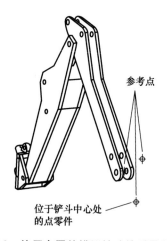

图 27-2　使用点零件模拟铲斗的质量和惯性

装配中的另外两个参考点作为 HINGE 和 AXIAL 连接器的端点使用；对于连接器的更多的信息，见第 24 章"连接器"。在相互作用模块中，用户将创建一个刚体约束来约束端点和点零件，使它们作为单独的刚性实体来运动，如图 27-3 所示；见 15.15.2 节"定义刚体约束"。此外，用户应当创建一个显示体约束来将铲斗零件实例约束到点零件；见 15.15.3 节"定义显示体约束"。

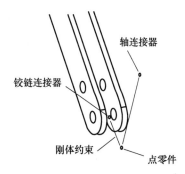

图 27-3　刚体约束将点零件约束到端点

用户不需要网格划分铲斗零件实例，并且铲斗零件实例不包括在挖掘臂模型的分析中。然而，当用户在显示模块中查看分析结果时，铲斗仍然出现，如图 27-4 所示。

如果用户的模型包含一个无法网格划分且不需要分析的零件，则显示体就变得非常有用。通常情况下，Abaqus/CAE 不能使用一个包含无效几何形体的导入零件，除非用户选择忽略零件的无效性（更多信息见 10.2.3 节"使用无效零件"）。如果用户对无效零件施加一个显示体约束，虽然在分析中将不包括此零件，但用户依然可以继续在模型中使用此零件。对于更多的信息，见 10.2.1 节"什么是有效和精确的零件？"。

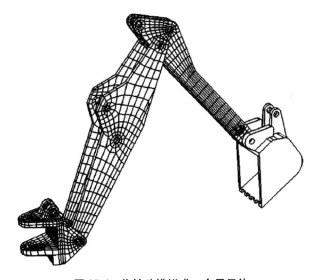

图 27-4　将铲斗模拟成一个显示体

27.2 用户应当网格划分显示体吗?

用户不必网格划分一个显示体。然而,为了在显示模块中显示零件实例,Abaqus/CAE计算了一个模拟零件实例表面的三角形网格。此内部网格是写入输入文件和输出数据库的;但它仅用来渲染显示,并不会包括在数值分析中。默认情况下,显示模块仅显示网格划分的显示体零件实例的自由边,即使用户可以改变显示的可见边。

类似地,如果用户确实网格划分了一个显示体,或者如果用户使用网格划分的零件来创建一个显示体,则当生成输入文件时,Abaqus/CAE 会保留用户的网格;然而,它通常也仅在显示模块中渲染显示,并不会包括在数值分析中。

27.3　在显示模块中显示显示体

　　用户可以在显示模块中使用 Display Body Options 来自定义显示体的外观。显示体可以使用的选项类似于 Abaqus/CAE 中常见的和叠加的显示：渲染类型；边可视性、颜色和类型；填充颜色；比例；透视性都可以进行自定义。类似地，显示体选项是与显示状态无关的，即施加到显示体的选项会反映在所有的显示状态中。对于更多的信息，见 55.8 节 "定制显示体的外观"。

　　显示体选项适用于模型中的所有显示体；要自定义单个显示体的外观，用户可以以零件实例为基础来创建显示组（见 78.2.1 节 "创建或者编辑显示组"）。用户也可以对单个显示体零件实例应用单独的着色，来覆盖指定成通用显示体选项的边着色和/或填充着色；对于更多的信息，见 77.8 节 "定制单个对象的显示颜色"。

28 欧拉分析

本节介绍如何在 Abaqus/CAE 中创建欧拉模型，包括以下主题：

- 28.1 节 "欧拉分析概览"
- 28.2 节 "在 Abaqus/CAE 中装配耦合的欧拉-拉格朗日模型"
- 28.3 节 "定义欧拉-拉格朗日模型中的接触"
- 28.4 节 "为欧拉零件实例赋予材料"
- 28.5 节 "体积分数工具"
- 28.6 节 "欧拉网格运动"
- 28.7 节 "显示欧拉分析的输出"

28.1 欧拉分析概览

纯粹的欧拉分析是允许材料流过刚性网格中的单元边界的有限元技术。在更传统的有限元公式中（也称为拉格朗日技术），材料与单元紧密相关，且材料仅随着网格的变形而移动。因为在欧拉分析中不会出现与可变形的网格相关联的单元质量问题，因此欧拉技术在处理非常大的变形、材料损伤或者流体材料问题上非常有效。欧拉分析仅可以在 Dynamic（动力学）、Explicit（显式）分析步中实施。对于欧拉功能和应用的详细讨论，见《Abaqus 分析用户手册——分析卷》的 9.1 节 "欧拉分析：概览"。

在 Abaqus/CAE 中，模拟纯粹欧拉分析的技术与用于模拟纯粹拉格朗日分析的技术是截然不同的。值得注意的是，代替定义几个零件并将它们组装成一个完整的模型，欧拉模型通常由一个单独的欧拉零件组成。这个零件的形状可以是任意的，表示欧拉材料可以在其内部流动的区域。模型中的实体形状不一定由欧拉零件来定义；相反，是通过在欧拉零件实体内对不同区域赋予材料来定义实体几何形状。

图 28-1 对比了分别使用拉格朗日技术和欧拉技术创建的相同模型。在拉格朗日模型中，模拟了两个零件，并且每一个零件都被赋予了一个唯一的、参考一种材料的截面。在欧拉模型中，模拟了单一的欧拉零件，并且被赋予了一个欧拉截面。欧拉截面定义了可能在零件中存在的材料。然后，材料被赋予实体零件中的不同区域；任何没有材料赋予的区域都被视为没有材料属性的空域。

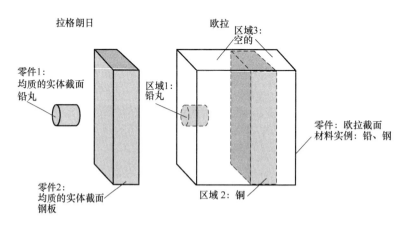

图 28-1 使用拉格朗日技术和欧拉技术的两个实体

欧拉分析技术可以与传统的拉格朗日技术耦合，以扩展 Abaqus 中的仿真功能：

● 任意的拉格朗日-欧拉（Arbitrary Lagrangian-Eulerian，ALE）自适应网格划分是在一个相同的零件网格内，结合拉格朗日和欧拉分析特征的技术。ALE 自适应网格划分通常用来对承受大变形的拉格朗日零件中的单元扭曲进行控制，如在一个成型分析中。大部分 ALE 自适应网格划分分析也可以作为纯粹的欧拉分析来实施，但将失去某些与拉格朗日网格相关联的特征；更多详细对比见《Abaqus 分析用户手册——分析卷》的 7.2.1 节 "ALE 自适应网格划分：概览"。

- 耦合的欧拉-拉格朗日（Coupled Eulerian-Lagrangian，CEL）分析允许同一模型中的欧拉实体和拉格朗日实体相互作用。耦合的欧拉-拉格朗日分析通常用于模拟固体实体与易弯曲的或者流体材料之间的相互作用，如拉格朗日钻头通过欧拉土壤，或者欧拉气体膨胀一个拉格朗日气囊。欧拉-拉格朗日分析在 28.2 节 "在 Abaqus/CAE 中装配耦合的欧拉-拉格朗日模型" 中进行了讨论。

显示欧拉分析的结果可能需要某些显示模块中的特殊技术。这些技术在 28.7 节 "显示欧拉分析的输出" 中得到讨论。

在 Abaqus/CAE 中创建欧拉模型的过程涉及以下通用步骤：

1. 在零件模块中，创建一个欧拉类型的零件，定义可以流动欧拉材料的几何区域。更多信息见 11.19.3 节 "选择新零件的类型"。

2. 在零件模块中，用户可能想要在零件中创建代表不同材料之间初始边界的分区。分区将影响零件的网格划分，并且只有在均匀赋予材料时才需要分区。更多有关在欧拉零件中赋予材料的信息，见 28.4 节 "为欧拉零件实例赋予材料" 以及 16.11.10 节 "定义材料赋予场"。

3. 在属性模块中，定义模型中的材料。

4. 在属性模块中，为模型定义并赋予一个欧拉截面。欧拉截面决定了在欧拉零件中可以存在哪一种材料。零件中材料的拓扑将在载荷模块中定义，如步骤 7 中所讨论的那样。更多信息见 12.13.3 节 "创建欧拉截面"。

5. 在装配模块中，创建一个欧拉零件的实例。

6. 在分析步模块中，为输出变量 EVF 创建一个场输出请求。这个输出对于显示欧拉模型中的材料变形是必要的。更多详细信息见 28.7 节 "显示欧拉分析的输出"。

7. 在载荷模块中，创建一个在欧拉零件实例的初始构型中定义材料拓扑的材料赋予预定义场。更多信息见 28.4 节 "为欧拉零件实例赋予材料" 以及 16.11.10 节 "定义材料赋予场"。

8. 在载荷模块中，定义作用在模型上的任何载荷或边界条件。因为欧拉零件中的网格是刚性的，所以传统的拉格朗日规定条件在欧拉网格中并不随材料的变形而移动；载荷和边界条件施加在任何占据（或者移动到）规定条件区域的材料上。可以沿着欧拉零件实例的边使用零位移边界条件，来防止欧拉材料进入或者离开零件。在欧拉零件实例中，忽略了非零节点位移的边界条件和约束；通常，使用速度边界条件或者预定义场来指定欧拉模型中的初始运动。用户也可以定义特定的欧拉边界条件来控制材料在欧拉零件边界的流动（见 16.10.21 节 "定义欧拉边界条件"）。有关给欧拉模型施加载荷和边界条件的更多信息，见《Abaqus 分析用户手册——分析卷》的 9.1 节 "欧拉分析：概览" 中的 "边界条件"。

9. 在网格划分模块中，为欧拉零件创建一个六面体网格。默认情况下，为网格赋予 EC3D8R 单元。在创建了规则网格之后，用户可以修剪任何不希望出现材料流动的单元，以减小模型尺寸并提高分析的性能。

　　在《Abaqus 基准手册》的 1.7.1 节"一个崩塌水柱的欧拉分析"中提供了在 Abaqus/CAE 中创建一个基础欧拉模型的例子。更复杂的欧拉模拟过程，包括复杂的材料赋予和耦合的欧拉-拉格朗日相互作用，在《Abaqus 例题手册》的 2.3.2 节"装水的瓶子的冲击"中进行了说明。

28.2 在 Abaqus/CAE 中装配耦合的欧拉-拉格朗日模型

Abaqus 允许用户创建既包括欧拉零件实例，又包括拉格朗日零件实例的模型。在耦合的欧拉-拉格朗日分析中，拉格朗日网格与欧拉零件中的材料相互作用。耦合的欧拉-拉格朗日分析通常提供比纯粹的欧拉分析更好的接触条件描述，特别是对于流体和固体材料之间的相互作用。在后处理中，耦合的欧拉-拉格朗日分析中的固体拉格朗日实体，比纯粹的欧拉分析中的类似实体能更好地保持形状。

图 28-2 比较了一个钢块通过一个水柱的纯粹的欧拉分析（顶部）和一个耦合的欧拉-拉格朗日分析（底部）。在欧拉分析中，水趋向于粘在块的面上，并且钢块在最后的状态中表现出变形。这种明显的变形是使用欧拉材料体积分数计算出的结果，如《Abaqus 分析用户手册——分析卷》的 9.1 节 "欧拉分析：概览" 中的 "材料界面" 中所讨论的那样。另一方面，拉格朗日块在通过欧拉水时保持它的形状，并且水围绕块流动。

耦合的欧拉-拉格朗日分析也允许用户充分利用这两种分析技术的优势。例如，用户可以利用拉格朗日体在欧拉材料中移动的载荷来驱动拉格朗日体的详细子模型。

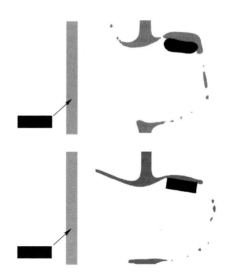

图 28-2 纯粹的欧拉分析（顶部）和耦合的欧拉-拉格朗日分析（底部）之间的比较

在 Abaqus/CAE 中装配一个耦合的欧拉-拉格朗日模型，只需在同一个装配中实例化欧拉和拉格朗日零件。耦合的欧拉-拉格朗日分析仅可以在 Dynamic（动力学）、Explicit（显式）分析步中进行。用户必须创建一个通用接触定义来实现拉格朗日零件与欧拉零件之间的接触。通用接触定义了允许模型中拉格朗日面和欧拉材料实例之间的相互作用（更多信息见 28.3 节 "定义欧拉-拉格朗日模型中的接触"）。其他的相互作用、载荷、边界条件以及预定义的场都以通常的方式应用于拉格朗日和欧拉零件。

在大部分情况中，拉格朗日零件在欧拉零件实例内部进行装配。拉格朗日和欧拉的单元和节点可以重叠，但三维拉格朗日单元不能占据与欧拉材料实例相同的空间。因此，拉格朗日零件必须在欧拉零件实例中的空材料区域（即没有赋予材料的区域）创建实例。为模拟一个完全被欧拉材料包围的三维拉格朗日零件实例，可以使用体积分数工具来创建一个欧拉材料赋予区域，此区域包括一个与拉格朗日零件实例相对应的空材料区域（详情见 28.5 节 "体积分数工具"）。

28.3 定义欧拉-拉格朗日模型中的接触

耦合的欧拉-拉格朗日分析中的接触必须使用通用接触来定义。通用接触定义使得拉格朗日零件表面与欧拉材料实例的表面之间能够相互作用；也激活了模型中不同的拉格朗日零件之间的相互作用。

在 Abaqus/CAE 中，用户可以使用全局 All * with self 接触域来实现模型中所有拉格朗日零件和所有欧拉材料实例之间的接触；或者，也可以包括或者排除拉格朗日面和特定的欧拉材料实例之间的接触。欧拉材料实例出现在 Include Pairs 和 Exclude Pairs 对话框中的面列表中，如图 28-3 所示。在 Individual Contact Property Assignments 对话框中，用户也能为特定的拉格朗日面和特定的欧拉材料实例赋予独特的接触属性。

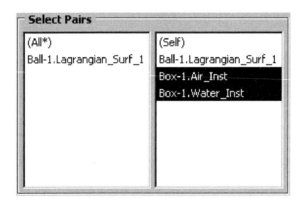

图 28-3 Edit Excluded Pairs 对话框中的欧拉材料实例

在不同的欧拉材料实例之间不能定义真实的接触。由于材料实例不能彼此穿透，因此强制执行基本接触条件。然而，材料实例一旦接触就不会分离，这会阻止对滑动或者反弹行为进行模拟。接触输出不适用于欧拉材料实例。欧拉分析接触公式的详细讨论，参考《Abaqus 分析用户手册——分析卷》的 9.1 节 "欧拉分析：概览" 中的 "相互作用"。如果两种材料之间的接触条件对于用户的分析非常重要，则至少应将其中一种材料建模成拉格朗日零件。

28.4 为欧拉零件实例赋予材料

在纯粹的拉格朗日分析中，截面定义包括对单一材料的引用。当用户在拉格朗日零件中为一个区域或者单元赋予截面时，该区域或者单元就完全被所引用的材料进行填充。可以说，区域或者单元的几何形状，定义了材料的几何形状。

在纯粹的欧拉分析中，截面定义和材料之间的关系完全不同。欧拉截面定义可以参考一个材料列表。当用户为一个欧拉零件赋予欧拉截面时，用户就定义了分析过程中在零件中可能存在的材料。然而，该零件最初是没有材料的。为了将材料引入欧拉零件的初始状态，用户必须使用一个材料赋予的预定义场。

材料赋予预定义场依赖于材料体积分数的概念。在欧拉分析中，Abaqus 采用赋予每一个材料实例体积分数的方式来追踪每个单元中存在的材料；体积分数体现了材料实例所占据的单元体积的百分比。对于部分填充或者填充了多个材料的单元，单元中材料的精确几何组成是未知的；Abaqus 从毗邻的单元内插材料体积分数来估计单元内的材料边界。这些计算在《Abaqus 分析用户手册——分析卷》的 9.1 节"欧拉分析：概览"中的"材料界面"中得到了更加详细的讨论。

在 Abaqus/CAE 中，欧拉零件中的初始材料体积分数是通过在载荷模块中创建一个材料赋予预定义场来指定的。该预定义场将欧拉零件实例中的每个区域与每个材料实例的体积分数相关联。赋予体积分数的区域可以是体积（几何形体）、网格单元或者单元组。如果用户选择了一个体积或者一个单元组，则体积分数值就会传递到单元或者组中的每一个基本欧拉单元中。

材料赋予预定义场中的体积分数表示成 0 和 1 之间的数字；为 1 的体积分数说明此区域是完全充满指定材料的。小于 1 的体积分数说明此区域只是部分充满所指定的材料；例如，一个 0.25 的体积分数意味着所指定的材料实例占据 25% 的区域。如前面所提到的，Abaqus 为部分填充的单元，基于毗邻单元中的体积分数来确定材料的边界；为了更大地控制一个区域中的材料边界，用户必须细化零件的网格或者重新定义区域边界。

如果没有为欧拉零件实例的某个区域定义材料体积分数，则该区域将被赋予一个空材料。类似地，如果一个区域中所有材料体积分数的和不为 1，则该区域中剩下的体积分数将赋予空材料。空材料区域没有材料属性，但在一个分析中，其他材料可以流入并通过一个空材料区域。

在用户模型的初始构型中，材料赋予预定义场有效地定义了材料的拓扑结构。欧拉零件通常是任意形状的；材料赋予预定义场为该零件添加了具体分析中将相互作用的欧拉材料。例如，图 28-4 中模拟的耦合的欧拉-拉格朗日横截面。欧拉零件是一个简单的空立方体。零件上定义的四个区域确定了地面的倾斜和罐中的水量，材料也相应地被分配到这些区域。

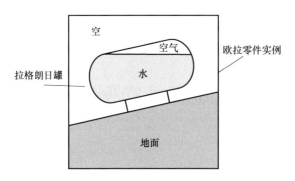

图 28-4　欧拉-拉格朗日模型中的材料赋予

　　材料赋予预定义场仅可以在欧拉分析的初始分析步中创建。在随后的分析步中，材料根据模型中存在的力从其初始构型开始变形，并在欧拉网格中流动。

　　Abaqus/CAE 提供了两种定义材料赋予预定义场的技术：

均匀定义

　　均匀材料赋予场定义是通过从欧拉零件实例中选择区域，然后直接指定这些区域中每一种材料实例的体积分数创建的。必须将几何形状划分成代表材料区域的独立体积。在包含孤立单元的零件实例中，用户可以选择单个单元作为区域。

　　图 28-5 所示为使用均匀定义创建的材料赋予场。欧拉零件被划分成三个区域，每个区域都定义了材料的体积分数；每个区域完全由一个材料实例填充。空材料区域没有定义体积分数，因为空材料是默认的材料赋予。

　　均匀材料赋予定义应仅用于均匀填充材料的相对简单区域。创建复杂区域的分割可能会对欧拉网格的质量造成负面影响，并且部分填充区域很难定义和说明，特别是与几何实体一起工作时。

　　在 Abaqus/CAE 中创建一个均匀材料赋予场的详细信息，见 16.11.10 节"定义材料赋予场"。

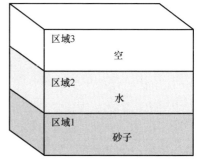

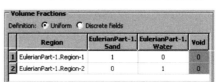

图 28-5　均匀材料赋予场

《Abaqus 基准手册》的 1.7.2 节"在水压力下的弹性坝变形"中提供了一个以 Python 脚本说明的均匀材料赋予定义的例子。

离散场定义

　　可以使用标量离散场来定义网格划分后的几何形体和孤立网格的材料。对于零件中的每一个材料实例，用户都可以创建一个离散场来将单个单元与材料实例的体积分数相关联。创建离散场的更多信息，见第 63 章"离散场工具集"。

当用户使用离散场来赋予材料时，用户仍然必须选择施加离散场所适用的零件实例区域。如果离散场包括所选区域以外的单元数据，则忽略这些数据。把与离散场相关联的默认值赋给离散域中没有明显列出的选中区域内的任何单元。

图 28-6 所示为一个非常简单的，使用离散场定义的材料赋予。欧拉零件由四个单元和两个材料实例组成。两个离散场，如表 28-1 中所定义的那样，用来指定单元中的材料组成。水和沙子之间的边界是一个以毗邻单元中的材料体积分数为基础的内插估计。

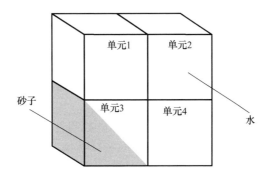

图 28-6 一个离散场材料赋予

注意：在任何给定单元中，所有材料体积分数的总和不应大于 1。Abaqus/CAE 通过从右到左读取 Volume Fractions 表中的离散场来递增赋予体积分数；一旦单元的体积分数达到 1，则将忽略赋予该单元的其他体积分数。

因为离散场可以给每一个单独的单元赋予特定的体积分数，所以它允许比均匀定义方法更加复杂的材料边界，而不需要过多的分割。Abaqus/CAE 中的体积分数工具创建了专门用于材料赋予预定义场的离散场。通过此工具，用户可以使用 Abaqus/CAE 中的零件建模技术来定义复杂的欧拉材料区域。更多信息见 28.5 节"体积分数工具"。

在 Abaqus/CAE 中创建一个离散场材料赋予的详细情况，见 16.11.10 节"定义材料赋予场"。《Abaqus 例题手册》的 2.3.1 节"铆钉成型"中提供了一个离散场材料赋予定义的例子（包括体积分数工具的使用），它以 Python 脚本的形式进行说明。

表 28-1 在离散场中定义的体积分数

离散场	单元 3	默认
Water_Field	0.5	1
Sand_Field	0.5	0

28.5 体积分数工具

体积分数工具通过在欧拉零件实例和另外一个与欧拉实例相交的零件实例（参考零件实例）之间实施一个布尔比较来创建标量离散场。这一比较确定了两个零件实例重叠的位置，然后根据参考实例所占据的单元的百分比，来为欧拉实例中的每个单元赋予一个体积分数。将体积分数指定成0与1之间的十进制数。

通过体积分数工具创建的离散场，可以用来为欧拉零件实例赋予材料（见28.4节"为欧拉零件实例赋予材料"）。赋予欧拉材料实例的拓扑结构，对应欧拉零件实例中参考零件实例的形状。

图28-7和下面的4个操作总结了使用体积分数工具的过程。

1. 使用 Abaqus/CAE 中的任意建模工具和技术，创建一个参考零件来对应所需欧拉材料区域的几何形状。

2. 在欧拉零件实例中实例化该参考零件。参考零件实例应当在空间上对应所期望的欧拉材料区域。

3. 使用体积分数工具在比较参考零件实例和欧拉零件实例的基础上创建一个离散场。

4. 使用体积分数工具创建的离散场，为欧拉实例零件定义了一个材料赋予预定义场。

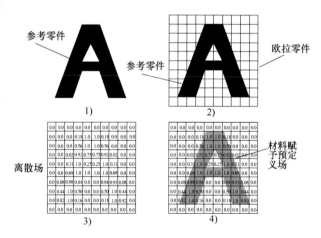

图 28-7 使用体积分数工具的过程

体积分数工具的一个选项控制计算得到的离散场是代表参考实例内部的空间（重叠参考实例的单元内的体积分数是非零的），还是代表参考示例外部的空间（与参考实例不重叠的或者部分重叠的单元中的体积分数是非零的），如图28-8所示。

通常，在耦合的欧拉-拉格朗日分析中，计算参考实例的外部体积分数，是用来创建围绕拉格朗日零件实例的欧拉材料赋予。计算参考实例内部的体积分数通常用来模拟一个纯粹的欧拉零件实例中的复杂材料赋予场；在这种情况中，参考实例在欧拉材料赋予后被抑制。在耦合的欧拉-拉格朗日分析中，用户也可以计算参考实例内部的体积分数来创建一个封闭的拉格朗日壳内部的欧拉材料赋予。

要使用体积分数工具，从主菜单栏选择 Tools→Discrete Field→Volume Fraction Tool。对于使用工具的分析步的说明，参考63.4节"为材料体积分数创建离散场"。

0.0	0.0	0.0	0.0	0.0	0.0
0.0	0.32	0.91	0.91	0.32	0.0
0.0	0.91	1.0	1.0	0.91	0.0
0.0	0.91	1.0	1.0	0.91	0.0
0.0	0.32	0.91	0.91	0.32	0.0
0.0	0.0	0.0	0.0	0.0	0.0

1.0	1.0	1.0	1.0	1.0	1.0
1.0	0.68	0.09	0.09	0.68	1.0
1.0	0.09	0.0	0.0	0.09	1.0
1.0	0.09	0.0	0.0	0.09	1.0
1.0	0.68	0.09	0.09	0.68	1.0
1.0	1.0	1.0	1.0	1.0	1.0

图 28-8　表示阴影参考区域内部（左）和外部（右）体积分数的离散场

体积分数工具的要求

体积分数工具使用的欧拉零件实例，必须与赋予材料的实例是同一个。必须在使用体积分数工具前对欧拉零件进行网格划分。用户不应当在创建离散场之后编辑零件网格，因为离散场内的单元编号可能与更新后的网格中的单元编号不一致。

体积分数工具使用的参考零件实例可以包括未网格划分的几何形体、本地网格或者孤立单元；可变形的、欧拉的或者离散的刚性零件都是允许的。计算离散场时，体积分数工具总是使用参考零件实例的网格表示（如果有的话）；如果参考实例是部分网格划分的，则在体积分数计算中只考虑实例的网格划分部分。参考实例上的网格应当足够细化，以捕捉后续材料赋予中所有重要的几何细节。

参考零件实例必须是三维实体，或者完全封闭的三维壳。封闭壳外壳的面必须定义成一个单一的连续面；不允许采用与表面的面片形成 T 形相交的特征（如肋或者内部分割面，见图 28-9）。如果欧拉单元位于由壳表面封闭的体积内，则认为它位于壳参考实例的内部。

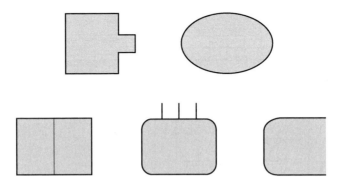

图 28-9　可接受的参考壳零件横截面（上）和不可接受的参考壳零件（下）

28.6　欧拉网格运动

欧拉网格运动是一种允许用户减小某些模型的欧拉网格尺寸的技术，以提高分析的性能。在某些情况中，分析开始时的欧拉域并不足以捕捉分析结束时模型中的变形。一些典型的例子包括：

- 将内部的膨胀气体模拟成欧拉材料的安全气囊：气体最初占据一个小区域，但随着安全气囊的膨胀，区域迅速扩展。
- 在弹射体冲击分析中，将弹射体模拟成欧拉材料；弹射体最初占据的区域离其最终目的地很远。

在这种情况中，有可能会在分析中调整欧拉区域的大小和位置，以便它总是能够捕捉感兴趣的零件或者材料。默认情况下，欧拉网格是刚性的、固定的；但如果启动欧拉网格运动，就会允许欧拉单元在分析中缩放和移动。欧拉网格可以跟随一个欧拉材料实例或者一个拉格朗日面的变形（见图 28-10 和图 28-11）。欧拉网格运动的行为在《Abaqus 分析用户手册——分析卷》的 9.3 节"欧拉网格运动"中进行了详细的描述。

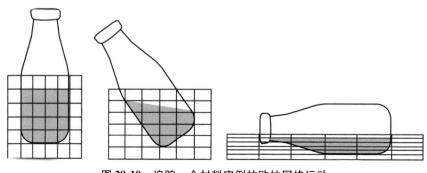

图 28-10　追踪一个材料实例的欧拉网格运动

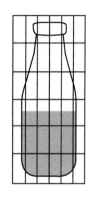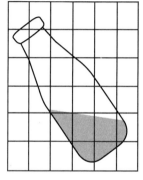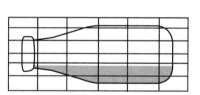

图 28-11　追踪一个拉格朗日面的欧拉网格运动

在 Abaqus/CAE 中，将网格运动定义成载荷模块中的边界条件。对欧拉网格的缩放和移动限制，可以作为边界条件定义的一部分。有关创建欧拉网运动边界条件的更多信息，见 16.10.22 节"定义欧拉网格运动边界条件"。

28.7　显示欧拉分析的输出

欧拉分析的结果必须与拉格朗日分析的结果进行不同的解读。特别是任何基于节点位移的结果，在欧拉模型中是没有意义的，因为欧拉零件是固定的和刚性的。欧拉结果写入输出数据库的细节，见《Abaqus 分析用户手册——分析卷》的 9.1 节"欧拉分析：概览"中的"输出"。

必须在 Abaqus/CAE 的显示模块中采用特殊的步骤来显示欧拉零件中的材料实例。默认情况下，Abaqus/CAE 在未变形和变形的图形状态下显示完整的欧拉零件网格，但不显示网格内的材料实例边界。

材料实例的显示以输出变量 EVF 为基础，EVF 是欧拉材料体积分数。输出变量 EVF 以相对分数的形式测量单元中特定材料实例的数量。EVF 值为 1 表示单元完全填充了指定的材料实例；EVF 值为 0 表示单元完全不含指定的材料实例。

对于部分填充或者采用多种材料填充的单元，Abaqus 通过在毗邻单元中进行 EVF 值插值来估计材料之间的简单边界。这些简单的边界在单元之间可能是轻微不连续的。为了改善欧拉材料的显示，用户应指示 Abaqus/CAE 使用 100% 的结果平均阈值，或者在平均结果后计算标量；Abaqus/CAE 重新映射材料的边界，使其在单元之间显得光滑和连续。更多有关结果平均的信息，见 42.6.6 节"控制结果平均"；有关 Abaqus 如何计算欧拉材料边界的更多详细讨论，见《Abaqus 分析用户手册——分析卷》的 9.1 节"欧拉分析：概览"中的"材料界面"。

如果用户在场输出请求编辑器中请求了 Preselected defaults，则输出变量 EVF 将被写入输出数据库（见 14.12.2 节"更改场输出请求"）。当用户请求输出 EVF 时，Abaqus 为模型中的每个材料实例创建一个单独的材料体积分数输出变量；例如，EVF_WATER 是命名为 Water 的材料实例的体积分数。一个命名为 EVF_VOID 的输出变量被创建，用来测量欧拉零件中空区域的体积分数。

在显示模块之中可以使用以下技术来显示欧拉零件中材料的初始和变形后的状态：

等值线显示

一个具体材料实例的输出变量 EVF 的等值线显示，允许用户直观地分析模型中的哪个区域是由材料占据的。被材料（EVF=1）占据的区域显示为色谱顶端的均匀颜色，而没有被材料占据的区域显示为色谱底部的不同颜色；根据用户的等值线显示设置，材料实例的边界会随着 EVF 从 1 到 0 的转变以一系列颜色显示（见图 28-12）。

当显示欧拉材料时，等值线显示的作用有限，因为等值线显示在欧拉零件的表面。用户不能有效地将欧拉零件内部的材料体积分数等值线可视化。

图 28-12　欧拉材料实例的等值线显示

在显示模块中使用等值线显示的进一步细节，见第 44 章 "云图显示分析结果"。

切开显示

为了显示欧拉零件内部的材料行为，可以沿着与材料实例相关联的 EVF 变量的等值面激活切开显示。Abaqus/CAE 自动在模型中为每一个材料实例创建这些等值面切开显示，但用户必须在 View Cut Manager 中激活它们。使用切开显示功能，用户可以通过渲染单元未填充的部分，渲染单元半透明的部分，或者将单元从显示中去除的方法来消除零件中不包括所选材料的部分（见图 28-13）。

如果用户的欧拉零件包括没有赋予材料的区域，则激活基于 EVF_VOID 输出变量的等值面切开显示可能会有帮助。通过切除 EVF_VOID 大于 0.5 的区域，用户能够看到零件中材料的形状。

在激活基于 EVF 变量的等值面切开显示后，用户可以改变主要的场输出变量，而不影响切开显示。这使用户可以沿着材料实例的边界来可视化结果等值线，而不是在欧拉零件表面上进行显示（见图 28-14）。

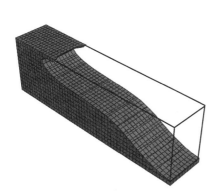

图 28-13　沿着欧拉材料实例
等值面的切开显示

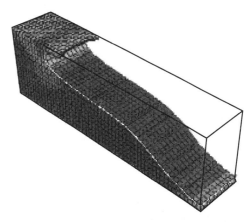

图 28-14　在切开的欧拉零件中以等值线显示应力

基于输出变量 EVF 的等值面切开显示不影响耦合的欧拉-拉格朗日模型中的拉格朗日零件实例。拉格朗日零件在激活切开显示时依然可见。因此，这种技术对于可视化拉格朗日零件和欧拉材料实例之间的相互作用非常有用。

在显示模块中使用切开显示的进一步细节，见第80章"割开一个模型"。

组合切开显示和等值线显示

在一个包含三个材料实例的欧拉零件中，用户可以使用切开显示和等值线显示的组合来区分未变形和变形模型状态下的材料实例。首先，使用一个等值面切开显示，从显示中去除一个材料实例。然后，为剩下的一个材料实例创建一个输出变量 EVF 的等值线显示。模型中产生颜色将两种材料区分开来。为了在材料之间产生更明确的边界，用户可以将等值线间隔的数量减少到两个。

例如，图 28-15 所示为一个铅弹冲击铜板的欧拉模型。欧拉零件的空材料区域被切掉了。该模型应用了两个间隔的等值线显示，用一种颜色渲染铜，用另一种颜色渲染铅（即非铜）。显示结果提供了对铅弹和铜板变形形状的有用概括。

图 28-15　在铅弹冲击分析中使用等值线显示来区分两种欧拉材料

目前，使用 Abaqus/CAE 无法同时直观地区分三种以上的欧拉材料实例。

彩色编码

在欧拉零件中，不能使用彩色编码来可视化材料行为。Abaqus/CAE 中的彩色编码工具不能识别欧拉截面或者材料赋予。基于单元集的彩色编码，对于变形的形状显示也是无效的，因为欧拉单元不随材料变形。

然而，在耦合的欧拉-拉格朗日模型中，彩色编码可以区分欧拉和拉格朗日零件实例，或者欧拉和拉格朗日单元类型。当使用上面讨论的可视化技术时，彩色编码有助于从模型中的欧拉材料中区分出拉格朗日实体。

将彩色编码应用到模型的进一步细节，见第77章"彩色编码几何形体和网格单元"。

显示组

某些类型的耦合的欧拉-拉格朗日模型，涉及整个欧拉零件的单一欧拉材料实例；例如，一个拉格朗日穿甲弹通过一个均匀的欧拉材料。在这些分析中，欧拉材料的变形并不像欧拉材料与拉格朗日实体之间的相互作用那么重要。用户可以使用一个显示组将欧拉单元从显示中移除，仅显示拉格朗日实体上的结果（如接触压力或者应力）。

使用显示组的进一步细节，见第78章"使用显示组显示模型的子集合"。

29 紧固件

本章介绍如何模拟紧固件，包括以下主题：

- 29.1 节 "关于紧固件"
- 29.2 节 "管理紧固件"
- 29.3 节 "创建基于点的紧固件"
- 29.4 节 "创建离散的紧固件"
- 29.5 节 "创建装配的紧固件"

29.1 关于紧固件

用户可以使用紧固件来模拟两个或者更多的面之间的点到点的连接，如点焊、螺栓或者铆钉。用户可以使用连接工具集来帮助创建紧固件的连接定义，更多信息见 59.1 节 "理解附着点和线"。用户可以创建基于点的紧固件、离散的紧固件或者装配的紧固件。下面的主题提供不同紧固件的概览：

- 29.1.1 节 "关于基于点的紧固件"
- 29.1.2 节 "关于离散的紧固件"
- 29.1.3 节 "关于装配的紧固件"

基于点的和离散的紧固件可以使用连接器或者梁 MPC 来模拟。如果用户定义使用基本的、装配的，或者复杂的连接类型的连接器，则用户可以通过连接器输出变量请求基于点的或者离散的紧固件。然而，如果用户使用梁 MPC，则基于点的或者离散的紧固件将无法提供输出。

29.1.1 关于基于点的紧固件

基于点的紧固件利用定位点，可以在 Abaqus/Standard 和 Abaqus/Explicit 中创建与网格无关的紧固件，如《Abaqus 分析用户手册——指定条件、约束与相互作用卷》的 2.3.4 节 "网格无关的紧固件"中所描述的那样。定位点可以是连接点、参考点，或者孤立网格中的节点。图 29-1 中显示的是模拟围绕支架边的点焊，是基于点的紧固件。用户首先围绕支架的边，以相等的空间间隔创建连接点，然后使用连接点来定义紧固件定位点的位置。

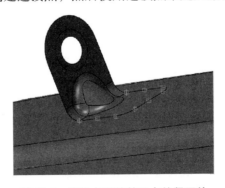

图 29-1 模拟点焊的基于点的紧固件

基于点的紧固件可以使用连接器或者刚性（梁）多点约束来连接所选的面。如果用户想要模拟一个刚性连接，则用户可以使用刚性连接器或者刚性多点约束。

连接器

如果用户使用连接器来连接面，则用户可以通过使用连接器行为定义的共性来模拟刚性、弹性或者非弹性连接。用户可以使用一个刚性连接器来模拟刚性连接。然而，如果用户使用刚性连接器，并且 Abaqus 发现两个相邻的基于点的紧固件共享节点，则用户必须通过定义一些连接器行为中的弹性来降低刚性，以避免过约束用户的模型。

用户可以要求来自连接器的输出。

刚性（梁）多点约束

刚性多点约束比连接器计算成本更低，并且当两个靠近的紧固件共享节点时，不容易产生过约束的模型。当 Abaqus 发现两个靠近的紧固件共享节点，并使用刚性多点约束时，会使用罚分布耦合方程减轻紧固点的运动与其耦合节点之间的约束，来避免过约束。

用户不能请求来自多点约束的输出。

基于点的紧固件使用分布耦合约束来连接面，而不管用户如何网格划分面。当用户为分析递交一个作业时，Abaqus 会使用用户的紧固点定义，将面与耦合件和连接器连接到一起。在显示模块中打开输出数据库文件时，可以显示耦合件和连接器；然而，在显示模块之外，仅为基于点的紧固件的定位点显示符号。

如果用户的模型包含许多紧固件（多于 1000 个），则基于点的紧固件比离散的紧固件提供更好的性能。此外，如果用户有一个来自 CAD 系统的，定义每一个定位点坐标的文件，则用户可能想要使用基于点的紧固件。基于点的紧固件仅对三维模型是可用的。使用基于点的紧固件来模拟与网格无关的紧固件，如《Abaqus 分析用户手册——指定条件、约束与相互作用卷》的 2.3.4 节"网格无关的紧固件"中所描述的那样。

用户可以使用下面的两个方法来创建基于点的紧固件，如图 29-2 所示。

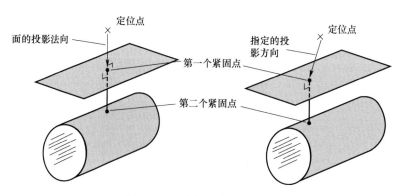

图 29-2　创建基于点的紧固件

● 选择一个定位点，然后允许 Abaqus/CAE 沿着一个面的法向投影此点到最近的面。在垂直方向上与最近的面相交的地方创建第一个紧固点。

● 选择一个定位点，然后指定点投影的方向向量。在向量与最近的面相交的地方创建第一个紧固点。

当用户递交分析的作业时，Abaqus 通过沿着相距最近的面的法向，将第一个紧固点投影到其他要被连接的面上，来创建第二个（及后续的）紧固点。

29.1.2　关于离散的紧固件

离散的紧固件利用附着线来创建 Abaqus/Standard 与 Abaqus/Explicit 中选中面之间的连接器和耦合件。图 29-3 所示为使用附着线和连接器（Beam 连接类型）的离散紧固件，来模拟一个穿过三个面的点焊。用户首先在点焊的位置创建附着线，然后使用附着线来定义离散紧固件的位置。

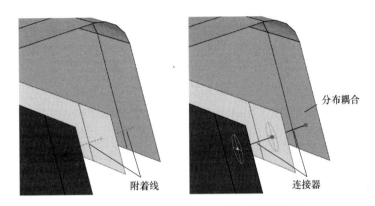

图 29-3　使用附着线和连接器的离散紧固件

创建附着线的过程与创建基于点的紧固件过程类似。用户首先选择一个起始点，并且指定 Abaqus/CAE 将使用两个方法中的哪一个来在最近的面上投影点。图 29-4 所示为创建用来定义离散紧固件连接线的两个方法。

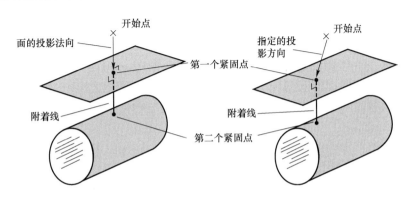

图 29-4　创建用来定义离散紧固件连接线的两个方法

Abaqus/CAE 沿着一个最近面的法向投影连接线。用户可以使用下面的两个方法来确定通过连接线连接的面数量。

- 指定投影或者层的数量。
- 指定投影的最大长度。

对于每一条连接线，Abaqus/CAE 先确定紧固点，然后在每一个紧固点与它的对应面之间施加一个分布耦合。在用户为连接线赋予一个连接器截面后，Abaqus/CAE 会创建一个连接器，并且认为离散的紧固件是完全定义的。用户可以通过在零件模块和属性模块中指定曲线细化的程度，来控制连接线在一个零件实例的面片化表示上的定位精度。更多信息见76.4 节 "控制曲线细化"。

如果用户的模拟是复杂的，则 Abaqus/CAE 可以创建一连串的连接多个面的连接线，手动创建会很耗时。与基于点的紧固件相比，用户可以在显示模块的之外查看连接线和离散紧固件及其连接器和耦合。

如果两个连接线使用两个面，并且共享一个公共面，则当用户为分析提交模型时，Abaqus/CAE 将两个面合并为一个面。这会使 Abaqus/Standard 或者 Abaqus/Explicit 具有更好的性能，尤其当紧固件连接节点穿过一个细化的孤立网格面时。

当用户为分析递交一个包含使用离散紧固件的模型作业时，Abaqus/CAE 在输出文件中写入特殊的注释行。这些被 Abaqus/CAE 忽略的特殊注释行，允许 Abaqus/CAE 在导入 Abaqus/CAE 时重新创建完全定义的离散紧固件。更多信息见 10.5.2 节 "从 Abaqus 输入文件导入模型" 中的 "导入相互作用、约束和紧固件"。

创建离散紧固件的示例，在《Abaqus 例题手册》的 1.2.3 节 "一个具有点焊的柱子屈曲" 中包括的 Python 脚本中进行了说明。

29.1.3 关于装配的紧固件

装配的紧固件可以让用户在大量的模型位置中有效地赋予复杂的紧固件行为。使用装配的紧固件方法，用户可以从一个模板模型读入连接器和约束行为，并在主模型中的多个位置赋予这些属性。对于一个大的系统，例如一个机身或者汽车，装配紧固件允许用户定义紧固件模板一次，然后在主模型中赋予它很多次。耦合约束的合适使用和调整点约束，使得模板模型中的从属节点可以在主模型中自动地调整尺寸，来适应实际的面间隔。

如下建立装配紧固件的整个过程：

1. 建立包含用户所需紧固件类型构造的模板模型：紧固件截面赋予、绑定约束、耦合约束和固体或者梁截面赋予。用户必须将名称赋予到所有包含在约束中的面。用户也必须定义一个单独点的集合来作为控制点，将使用此单独点的集合来在主模型中定位模板模型。

2. 建立主模型，在用户想要复制模板紧固件的地方安放附着点。将会把模板模型控制点映射到主模型中的附着点位置上（见图 29-5）。

3. 在主模型中工作，使用 Create Fasteners 和 Edit Fasteners 对话框来定义将如何读入、赋予和定向模板模型。

4. 另外，使用一个或者多个属性生成脚本程序来更改复制进入主模型的模板模型属性。多个属性生成脚本程序可以与同一个模板模型一起使用，来达到在不同的装配紧固对象中不同的结果。例如，用户将使用两个脚本程序对同一个紧固件模板应用不同的材料。用户可以使用 Abaqus 脚本接口来书写用户的属性生成脚本程序；见 9.5.4 节 "创建和运行用户自己的脚本" 和《Abaqus 脚本用户手册》。

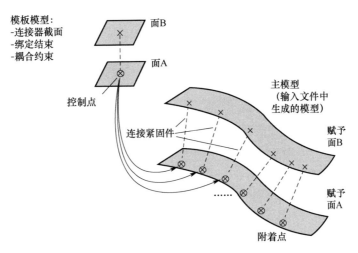

图 29-5   在主模型中复制模板

模板模型使用整体坐标系，并且紧固件构造的正 Z 轴将与主模型中所选的法向对齐。

在 Abaqus/CAE 中，装配的紧固件与以点为基础的（网格无关的）和离散的紧固件不同。装配紧固件不像以点为基础的和离散的紧固件那样创建单个的紧固件目标，相反，它们允许用户在许多地方复制紧固件型的行为。当在 Abqus/CAE GUI 中工作时，用户不能显示或者操纵主模型中的个别紧固件（在每一个附着点处）；它们仅在由 Abaqus/CAE 生成的输入文件中产生。模板模型集合是在 Abaqus/CAE 生成的输入文件中的产生的，来帮助用户管理包含大量装配紧固件的模型。

装配紧固件模板模型仅是为了模拟紧固件型的构造，并且不提供通用的子组件能力。在模板模型中只支持一点点 Abaqus/CAE 特征，例如连接器和质量惯性。在模板模型中不允许其他的 Abaqus/CAE 特征。

表 29-1 列出了装配紧固件模板模型中支持的特征。

表 29-1   装配紧固件模板模型中支持的特征

梁和实体零件（梁、实体和胶粘单元）
梁和实体截面赋予（但是没有分布或者复合材料铺层）
连接器截面赋予
绑定约束和耦合约束（除了由于非协调网格生成的绑定约束）
调整点约束
质量惯性

特别地，装配紧固件不支持表 29-2 中列出的 Abaqus/CAE 特征和属性，并且不从模板模型中读入。

表 29-2　装配紧固件模板模型中不支持的特征

基于点的（网格无关的）和离散的紧固件
附着点
分析刚性面
独立的网格面
由不匹配网格内部生成的绑定约束
不是绑定、耦合或者调整点的任何约束类型

此外，存在下面的限制：

- 在模板模型中允许实体零件，但是不允许材料方向。
- 在模板模型中允许梁零件，但是必须使用与梁截面赋予一样的区域来对梁赋予方向。
- 允许实体零件和梁零件，但是复杂的零件或者装配体可能不起作用。
- 允许模板模型中未网格划分的约束面。
- 在模板模型中不支持壳零件，除了作为约束的参考面。当通过 Abaqus/CAE 生成输入文件时，这些约束面将使用主模型面来进行有效的替换。为了装配紧固件的正确行为，所有约束面应当使用主模型面进行替换。
- 当通过 Abaqus/CAE 生成输入文件时，没有复制模板模型面进入主模型。模板模型中仅允许那些可以让主模型面取代的面。
- 约束面不能是孤立的网格面。
- 在模板模型中允许参考点，但是不允许附着点。
- 模板模型的模拟空间必须匹配主模型的模拟空间（见 11.4.1 节 "零件模拟空间"）。
- 模板模型中的耦合约束必须约束所有的自由度，并且必须不指定局部坐标系。
- 模板模型中的绑定约束必须使用一个通用的主面和一个从属节点区域，而不是一个从属面。
- 模板模型中允许点质量和转动惯量特征。然而，对于转动惯量，将忽略局部坐标系；因此，仅有的有用方案是 $I_{11}=I_{22}=I_{33}$ 和 $I_{12}=I_{13}=I_{23}=0$。本质上，转动惯量特征是必须具有转动对称性的。

控制点必须是一个预定义集合，包含用户的模板模型中的一个单独顶点或者节点。用户必须在主模型中创建装配紧固件之前，在模板模型中创建此集合。当读入模板模型时，控制点将安放在主模型中的附着点位置上。

必须对模板模型中的约束面进行映射来对应主模型中的面，以启用主模型中的约束行为。当用户在主模型中定义装配紧固件时，Edit Fastener 对话框将自动为面赋予表填充绑定约束中，耦合约束或者调整点约束中包含的模板模型面。模板面最初是以模板模型整体坐标系的 Z 轴升序列出的。用户可以改变次序来与模板紧固件设计一致；然而，面的次序在第一个面的选择上是不重要的，因为使用对应的赋予面法向来定向装配紧固件。在主模型中，用户必须为包括在装配紧固件约束中的面赋予名称。

在主模型中的每一个附着点处定位并且平动模板模型，这样模板模型控制点与附着点重合。转动模板模型到主模型内，并且进行定向，这样模板模型整体坐标系的正 Z 轴与用户指定的坐标系对齐（在 Edit Fasteners 对话框的 Orientations 标签页上）。默认是在主模型中根据第一个面的法向向量来定向模板模型副本。第一个面法向的默认方向在每一个附着点处与 Z 轴对齐。然后，X 轴通过在面上投影整体 X 轴进行计算。

对于任何用户在模板模型中创建的集合，主模型都会将所有集合的对象聚集到每一个装配紧固件的一个单独的集中。当输入文件是通过 Abaqus/CAE 生成时，将把模板模型集合集中来穿过所有装配紧固件的附着点。例如，考虑包含一个命名成 Wire-1-Set-1 的线框集合的连接器截面赋予和包含一个单独线框的集合。如果接下来在主模型的 10 个附着点上放置装配紧固件，则主模型将具有一个包含 10 个框的，命名成 TM-1_Wire-1-Set-1 的集合。然而，Abaqus/CAE 仅在 Abaqus/CAE 创建输入文件时才生成这些集中的集合。集中的集合在 Abaqus/CAE 中不直接可见。

注意：Adjust control point to lie on surface 选项在用户装配紧固件模板模型中创建的耦合约束时，可以是有用的；见 15.15.4 节 "定义耦合约束"。更加一般目的的调整点约束，在装配紧固件模板模型中也可以是有用的；见 15.15.5 节 "定义调整点约束"。

当主模型附着点位于螺栓孔中心点处时，在装配紧固件模板模型中不能使用调整点功能。任何沿着螺栓孔中心线的点将被移动到（不正确的）沿着孔周边的随机位置上，代替沿着面法向投影到孔的中心。

注意：模板模型面的大小和形状并不重要，除了从 Edit Fasteners 对话框渲染模板模型过程中显示这些面。推荐的最好的行为是让用户的模板模型面在形状上呈正方或者长方，这样有利于渲染速度和主模型中的精度。圆形模板模型面或者具有任何弯曲的面，将以一个粗略的近似方式在主模型中进行渲染。

装配紧固件的属性生成脚本

每一个装配紧固件可以选择性地参考一个将更改模板模型属性的脚本程序；例如，在装配紧固件中使用不同的材料。这些属性生成脚本可以用来校准或者调整紧固件属性。在 Abaqus/CAE 中，属性定义包括材料、轮廓、截面和连接器截面定义。

用户可以使用 Abaqus 脚本接口来写用户的属性通用脚本程序；见 9.5.4 节 "创建和运行用户自己的脚本程序" 和《Abaqus 脚本用户手册》。

此特征让用户多次使用相同的模板模型，而具有不同的属性生成脚本。把来自模板模型的属性定义复制到主模型中，并且给出基于原始的名称加上一个前缀的名称。对于用户创建的第一个装配紧固件，默认的前缀是 TM-1，后面的紧固件可依次为 TM-2、TM-3 等。例如，模板模型中的一个命名成 BoltSection 的连接器截面，在主模型中将被命名成 TM-1_BoltSection。用户可以在 Edit Fasteners 对话框的 Properties 标签页中改变前缀。属性前缀字符串对于用户创建的所有的装配紧固件必须是独一无二的。

图 29-6 显示了两个示例，在其中使用了具有三个不同属性生成脚本的两个模板模型。

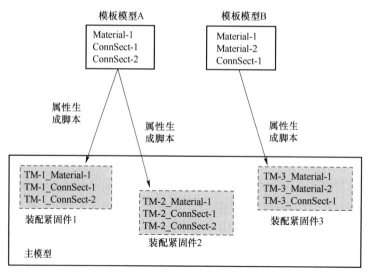

图 29-6　使用多属性生成脚本

属性生成脚本程序示例

在 SIMULIA 学习社区中的博客文章 "Abaqus/CAE 中装配紧固件的属性生成脚本程序" 中的一个属性生成的复杂例子。此脚本程序使用对于装配紧固件属性脚本有用的，命名为 getSurfaceSections 的方法。此方法接受一个表面名称，并且返回一个在命名面区域下面的几何形体上找得到的所有截面名称的列表；见《Abaqus 脚本参考手册》的 6.1.12 节 "getSurfaceSections"。可以使用 getSurfaceSections 方法来得到材料名称和厚度等的截面信息，如下面的程序片段所显示的那样。

```python
def __init__(self, scriptName, modelName, fastenerName):
    self.scriptName  = scriptName
    self.modelName   = modelName
    self.fastenerName = fastenerName
    print 'Running script "%s" for "%s"' % (scriptName,
      fastenerName)
    assy = mdb.models[modelName].rootAssembly
    eo = assy.engineeringFeatures.fasteners[fastenerName]
    print eo.assignedSurfaces
    diameter = getInput('Enter %s bolt diameter:' % scriptName)
    print '  Bolt diameter: %s' % diameter
    for aSurf in eo.assignedSurfaces:
        sectNames = assy.getSurfaceSections(aSurf)
        print '  %s: %s' % (aSurf, sectNames)
        # No section assigned
        if (len(sectNames) > 0 and sectNames[0] == ''):
            continue
        for section in sectNames:
            sectObj = mdb.models[modelName].sections[section]
        if (type(sectObj) == HomogeneousShellSectionType):
            print '    %s: mat=%s, thk=%s' % \
                (section, sectObj.material, sectObj.thickness)
```

注册属性生成脚本

用户在 Edit Fasteners 对话框的 Properties 标签页上提供属性生成脚本的名称。仅当用户单击 Edit Fasteners 对话框中的 OK 时，才执行此脚本，而不是在 Abaqus/CAE 创建输入文件的时候。属性生成脚本仅在装配紧固件上的主模型中运行，而不是在模板模型中。

要使得从 Edit Fasteners 对话框可以使用用户的属性生成脚本程序，用户必须以注册 Abaqus/CAE 插件的类似方法来注册每一个脚本。此脚本必须在用户启动 Abaqus/CAE 之前进行注册。任何已经注册的脚本，将可以从 Edit Fasteners 对话框中的下拉菜单中使用。

要注册一个属性生成脚本，用户必须写一个包含下面行的小注册脚本：

```
from abaqusGui import *
toolset = getAFXApp().getAFXMainWindow().getPluginToolset()
toolset.registerAsmbdFastenerScript('filename')
```

此注册脚本文件必须命名成 registerAsmbFstnrScripts_plugin.py。在程序中，以用户的属性生成脚本的名称来替换 filename。注册脚本程序通知 Abaqus/CAE，用户有一个命名成 filename.py 的属性生成脚本，希望与装配紧固件一起使用。

用户的属性生成脚本和注册脚本必须放置在用户的 abaqus_plugins 目录中；对于可能的 abaqus_plugins 目录位置，见 81.6.1 节"插件文件存储到哪里？"。对于与注册脚本有关的更多详细情况，见 81.6.2 节"什么是内核和 GUI 注册命令？"。

装配紧固件的输出请求

用户可以在用户的主模型中，从装配紧固件得到场输出和历史输出。输出必须从用户已经在模板模型中定义的已命名集合上要求。

为装配紧固件请求输出：

1. 在载荷步模块中，在用户的主模型中工作（不是模板方法），显示 Edit History Output Request 对话框，或者 Edit Field Output Request 对话框；见 14.4.5 节"创建和更改输出请求"中的说明。

2. 从 Domain 列表选择 Assembled fastener set。

3. 从 Fastener 列表选择用户想要输出的装配紧固件的名称。

4. 在 Set 列表中，从模板模型选择任何集合。用户主模型中的装配紧固件参考模板模型中定义的集合。

5. 继续选择输出变量和其他选项，并且单击 OK 来保存用户的要求。

对于相关主题的信息，参考下面的部分：

- 29.5 节 "创建装配的紧固件"
- 14.4 节 "理解输出请求"

装配紧固件与以点为基础的紧固件

当用于同一个紧固件模型时，装配紧固件与以点为基础的（网格无关的）紧固件产生略微不同的分析结果。装配紧固件与以点为基础的紧固件将生成不同的耦合节点和耦合权重，导致不同的解。装配紧固件与以点为基础的紧固件之间的不同在下面和图 29-7 以及图 29-8 中进行了描述。

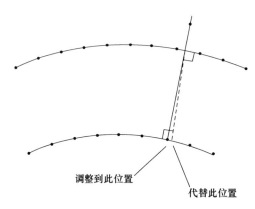

图 29-7　装配紧固件与以点为基础的紧固件的调整

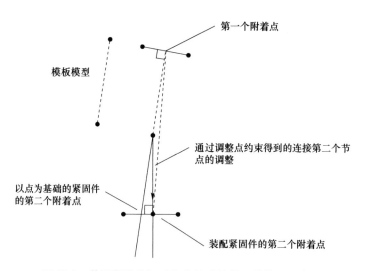

图 29-8　装配紧固件与以点为基础的紧固件的附着点位

以点为基础的紧固件

Abaqus 观察连接器的第一个节点，并且在第一个面上投影它（给出数据行）。然后 Abaqus 移动法向到面片，在那里 Abaqus 找到第一个投影点并且在第二个面上找到后续的投影点。

装配紧固件

当装配紧固件是主模型中的实例时，Abaqus 放置紧固件的第一个节点在以点为基础的紧固件模型的第一个投影点处。两个紧固件类型使用法向投影来完成此放置。然而，对于装配紧固件，在紧固件的第二个节点上执行一个点约束调整；即，第二个面上的法向投影。此行为与移动第一个投影点面片的法向是不一样的，除非两个法向完美对齐。这样，第二个（后续的）附着点对于装配紧固件，不同于以点为基础的紧固件，这将在分析求解中导致差异。

在理想情况下，两个面是恰好如模板模型紧固件那样的分开距离进行安放，并且彼此相互平行，Abaqus 将为装配紧固件和以点为基础的紧固件得到相同的投影点。然而，通常将不是这样的情况。

29.2 管理紧固件

Fasteners Manager 允许用户创建和管理紧固件。管理器包括用户已经定义的紧固件名称和类型的列表。管理器中的 Create、Edit、Copy、Rename 和 Delete 按钮允许用户创建一个新紧固件或者编辑、复制、重命名和删除现有的紧固件。沿着管理器的左面列中的图标允许用户抑制和恢复现有的紧固件。用户也可以从相互作用模块中的主菜单栏使用 Special→Fasteners 菜单初始这些过程。用户从主菜单条选择一个管理操作，此过程等同于用户单击了管理器对话框内部的相应按钮。

29.3 创建基于点的紧固件

用户可以通过从视口拾取每一个定位点，或者通过从文件读取定位点的位置，来在相互作用模块中创建基于点的紧固件。用户可以允许 Abaqus/CAE 将定位点沿着面的法向投影到最近的面上，或者可以指定沿着方向向量将点投影到最近的面上。更多信息见 29.1 节"紧固件"。

若要创建以点为基础的紧固件，执行以下操作：

1. 从相互作用模块的主菜单栏选择 Special→Fasteners→Create。

Abaqus/CAE 显示 Create Fasteners 对话框。

技巧：用户也可以使用相互作用模块对话框中的 🖝 工具来创建以点为基础的紧固件。

2. 从出现的 Create Fasteners 对话框选择 Point-based 紧固件，然后单击 Continue。

3. 选择定位点，然后单击 Done。用户可以选择附着点、参考点或者从孤立网格选择节点。更多信息见 59.3 节"通过拾取或者从文件读取来创建附着点"，59.4 节"通过选择方向和间距来创建附着点"，以及 59.5 节"以边为基础来创建附着点的排列样式"。

Abaqus/CAE 显示 Edit Fasteners 对话框。

4. 在 Domain、Criteria、Property、Formulation 和 Adjust 标签页上，构建下面过程中描述的将在哪里创建点的区域、连接器截面、耦合类型和影响半径。

- 29.3.1 节 "定义将连接紧固件的面"
- 29.3.2 节 "定义紧固件连接区域"
- 29.3.3 节 "定义紧固件属性"
- 29.3.4 节 "定义紧固件方程"
- 29.3.5 节 "调整紧固件定义"

5. 单击 OK 来创建点为基础的紧固件。

在视口中出现代表用户刚刚创建的以点为基础的紧固件定位点符号。

29.3.1 定义将连接紧固件的面

用户可以使用 Domain 标签页来编辑定位点，并且选择 Abaqus/CAE 投影点的目标面和投影点所沿的向量。

若要定义紧固件将连接到哪里，执行以下操作

1. 从 Edit Fasteners 对话框中选择 Domain 标签页。

2. 选择定位点投影到目标面所沿的向量方向。

● 默认情况下，Abaqus/CAE 创建的方向向量将定位点沿着最近面的法向来投影。

● 要改变方向向量，切换选中 Specify，单击 ，然后选择代表方向向量开始和结束的点。Abaqus/CAE 显示方向向量。

3. 选择目标面的方法。

● 选择 Whole model 来将模型中的所有面用作目标面。

● 选择 Fasten specified surfaces by proximity 来指定要连接的面。通过沿着方向向量的面对相对位置来定义紧固件点连接顺序。

● 选择 Fasten in specified order 来指定目标面的次序。通过方向向量来确定紧固点连接次序。

4. 双击目标面表格中的第一行，并且在视口中选择面。单击提示区域中的 Done 来说明用户已经完成了面选择。

用户可以从视口选择多个面来定义一个面区域。

5. 在目标面表格上的任何地方右击鼠标来编辑选中的面、添加一个新面或者删除一个面。

29.3.2　定义紧固件连接区域

用户可以使用 Criteria 标签页来指定参数，在分析模型时，Abaqus 使用这些参数确定在哪里投影紧固件。

若要定义紧固件连接区域，执行以下操作：

1. 从 Edit Fasteners 对话框显示 Criteria 标签页。

2. 选择 Attachment method。通常，一个定位点应当尽可能地靠近要连接的面。Abaqus 通过首先将定位点投影到最近的面，来确定紧固件连接到面的实际紧固点。用户可以从下面的投影方法中选择。

● 面到面。

● 面到边。

● 边到面。

● 边到边。

用户应当选择的方法取决于面如何相对于彼此来定向。更多信息见《Abaqus 分析用户手册——指定条件、约束与相互作用卷》的 2.3.4 节"网格无关的紧固件"中的"指定定位点、投影方法和紧固点"。

3. 选择指定到定位点距离的方法，紧固点必须位于此距离内。

- 选择 Facet-based default 来允许 Abaqus 以面厚度为基础来计算每一个定位点相邻区域中的默认搜索半径（对于壳单元），或者特征面片的长度（对于非壳单元）。

- 选择 Specify，然后输入到定位点的最大距离，紧固点将位于其中。

更多信息见《Abaqus 分析用户手册——指定条件、约束与相互作用卷》的 2.3.4 节"网格无关的紧固件"中的"在用户指定的搜寻区域中的面上形成紧固连接"。

4. 选择紧固点将投影的最大数量层。

- 选择 All 来允许 Abaqus 使用可能的最大层数量。

- 选择 Specify，然后输入层的数量。

29.3.3　定义紧固件属性

用户可以使用 Property 标签页来定义紧固件的半径和质量。用户也可以在连接器的每一个端部指定连接器截面和每一个端部处的局部方向。取决于连接器类型，要求连接器第一个节点的局部方向，或者不能在第一个节点上施加局部方向。取决于连接类型，连接器的第二个节点可以施加的或者不能施加局部方向。对于每一个连接类型的局部方向要求，见《Abaqus 分析用户手册——单元卷》的 5.1.5 节"连接类型库"中的汇总表。

对于用户如何可以组合连接器方向和紧固件方向的描述，见《Abaqus 分析用户手册——指定条件、约束与相互作用卷》的 2.3.4 节"网格无关的紧固件"中的"定义紧固件方向"。

若要定义紧固件属性，执行以下操作：

1. 从 Edit Fasteners 对话框显示 Property 标签页。

2. 输入紧固件的 Physical radius 来定义连接面上紧固件的圆投影半径。Abaqus 使用此信息来定义紧固件的几何截面属性。

3. 输入紧固件添加到模型的任何 Additional mass。此质量赋予到每一个紧固件，并且集总到紧固点上。

4. 显示 Section 标签页，然后选择将用来模拟每一个紧固件的方法。

- 选择 Connector section，然后选择一个连接器截面来模拟使用点到点连接的连接器。就像 Abaqus/CAE 中的其他连接器用法，连接器可以是完全刚性的，或者允许局部连接器分量方向上的未约束相对运动。此外，用户可以指定可变形行为，使得所使用的连接器行为定义包括有效弹性、阻尼、塑性、损伤和摩擦。

- 选择 Rigid MPC 来模拟使用刚性或者梁、多点约束（MPC）的完美刚性紧固件。

如果用户选择具有基本的、装配的或者复杂连接器类型的连接器截面来模拟紧固件，则用户可以要求连接器单元输出变量。然而，如果用户使用 MPC 来模拟紧固件，则紧固件没有可以输出的变量。

5. 显示 Connector Orientation 1 标签页来定义连接器第一个节点的局部方向。仅当用户使用连接器截面来模拟紧固件时，才可以使用 Connector Orientation 1 标签页。

a. 在大部分的情况中，Abaqus/CAE 将使用整体坐标系来定向连接器的两个端部处的节点；然而，连接截面参考的一些连接类型要求局部方向。单击 ⬚ 来选择一个基准坐标系来指定连接器第一个节点处的局部方向。如果还没有基准坐标系，则单击 人 来创建基准坐标系。

b. 进行下面的一个操作。

—选择 No modifications to CSYS 来使用选中的基准坐标系。

—如果需要，选择 Additional rotation angle，然后指定一个额外的转动角和 Abaqus/CAE 将施加额外转动的轴。额外的转动（以度为单位）施加到与选中轴垂直的两个方向上。

6. 显示 Connector Orientation 2 标签页来定义连接器的第二个节点处的局部方向。仅当用户选择指定连接器第一个节点局部方向的基准坐标系后，才可以使用 Connector Orientation 2 标签页。

a. 单击 ⬚ 来选择一个基准坐标系，来指定连接器第二个节点的局部方向。单击 人 来创建还不存在的基准坐标系。

b. 进行下面的一个操作。

—选择 Use orientation 1 来定义一个与用户在 Connector Orientation 1 标签页中指定的一样的局部方向。

—选择 No modifications to CSYS 来使用选中的局部坐标系。

—如果需要，选择 Additional rotation angle，然后指定一个附加的转动角度，并且选择一个 Abaqus/CAE 将施加附加转动的轴。对与选中轴垂直的两个方向施加附加的转动（以度为单位）。

29.3.4 定义紧固件方程

用户可以使用 Formulation 标签页来选择一个方法，Abaqus/CAE 使用此方法来将紧固件的运动与选中的面进行耦合。用户也可以约束选中的自由度转动并且选择加权方法。

若要定义紧固件方程，执行以下操作：

1. 从 Edit Fasteners 对话框显示 Formulation 标签页。

2. 选择一个方法来将紧固件点的运动与面上落在影响半径内的节点平均运动进行耦合。

● 选择 Continuum distributing（默认的）来将紧固件点的位移和转动与节点的平均位移进行耦合。

● 选择 Structural distributing 来将紧固件点的位移和转动，与多个节点的平均位移和转动进行耦合。

更多信息见《Abaqus 分析用户手册——指定条件、约束与相互作用卷》的 2.3.2 节"耦合约束"中的"定义面耦合的方法"。

3. 如果需要，切换不选转动自由度来删除它的约束。Abaqus/CAE 总是约束紧固件中的所有平动自由度。

4. 选择加权方法，Abaqus 将用此方法来更改影响半径内多个耦合节点处的默认加权分布。

- 选择 Uniform（默认的）来选择均匀的，并且等于 1.0 的加权分布。
- 选择 Linear 来选择线性加强分布，随着到紧固点距离而线性下降的加权分布。
- 选择 Quadratic 来选择一个加权分布，到紧固点的距离呈现二次多项式降低的加权分布。
- 选择 Cubic 来选择一个加权分布，到紧固点的距离呈现三次多项式单调降低的加权分布。

更多信息见《Abaqus 分析用户手册——指定条件、约束与相互作用卷》的 2.3.2 节"耦合约束"中的"加权方法"。

29.3.5　调整紧固件定义

用户可以使用 Adjust 标签页来指定紧固件的方向。对于用户如何可以组合连接器方向和紧固件方向的描述，见《Abaqus 分析用户手册——指定条件、约束与相互作用卷》的 2.3.4 节"网格无关的紧固件"中的"定义紧固件方向"。用户也可以指定 Abaqus 如何计算影响半径，来确定会与每一个紧固点关联的一组节点。

若要调整紧固件定义，执行以下操作：

1. 从 Edit Fasteners 对话框显示 Adjust 标签页。

2. 默认情况下，Abaqus 从最接近紧固点的面的默认局部方向，来确定每一个紧固件的方向。单击 ![cursor] 来选择一个基准坐标系（CSYS）来指定紧固件的方向。如果还没有创建的话，就单击 ![axes] 来创建基准坐标系。CSYS 的 Z 轴应当与要连接的面近似的垂直，并且局部 X 轴和 Y 轴应当与要连接的面近似相切。

3. 默认情况下，Abaqus 调整用户指定的方向，这样每一个紧固件的局部 Z 轴与最接近紧固点的面垂直。切换不选 Adjust CSYS to make Z-axis normal to closest surface，来使用选中的坐标系来精确地定义局部方向。

4. 每一个紧固点与紧固点紧邻面范围内的一组节点关联，此紧邻范围中的面区域称为影响区域。然后紧固点的运动以加权的方法，通过分布的耦合约束来将节点的运动耦合到此区域中。每一个影响区域最小包含三个节点。选择下面的一个方法来定义影响区域。

- 选择 Facet-based default 来允许 Abaqus 以紧固件的几何形体属性、连接面片的特征长度和用户选择的加权方法为基础，来计算影响的内半径。总是将影响内部计算半径、物理紧固件半径和投影点到最近节点的距离中的最大值，选择成默认的影响半径。

- 选择 Specify，并且输入影响半径。如果用户指定的影响半径小于计算得到的默认影响半径，则 Abaqus 使用计算得到的值。

更多信息见《Abaqus 分析用户手册——指定条件、约束与相互作用卷》的 2.3.4 节"网格无关的紧固件"中的"定义影响半径"。

29.4　创建离散的紧固件

　　用户可以在相互作用模块中，通过选择想要连接面的线来创建离散紧固件。对于每一个连接线，Abaqus/CAE 都确定紧固件点，并且在紧固件点与它们的对应面之间施加分布耦合。

　　用户必须对用户选择的每一个附着线赋予一个连接器截面。用户可以使用任何 Abaqus 连接类型来模拟复杂的用户紧固件行为，例如包括弹性、损伤、塑性和摩擦影响的可变形连接器。此外，用户可以对不同的连接线赋予不同的连接器截面。

若要创建离散的紧固件，执行以下操作：

　　1. 从相互作用模块中的主菜单栏选择 Special→Fasteners→Create。

　　Abaqus/CAE 显示 Create Fasteners 对话框。

　　技巧：用户也可以使用相互作用模块工具箱中的 工具来创建离散的紧固件。

　　2. 从出现的 Create Fasteners 对话框选择 Discrete 紧固件，然后单击 Continue。

　　3. 选择表示离散紧固件位置的连接线，然后单击 Done。更多信息见 59.6 节"通过投影点创建附着线"。

　　Abaqus/CAE 显示 Edit Fasteners 对话框。

　　4. 选择方法来将紧固点的运动，与落入影响半径内部的面上节点的平均运动进行耦合。

　　● 选择 Continuum distributing（默认的）来将每一个紧固点的位移和转动耦合到多个节点的平均位移。

　　● 选择 Structural distributing 来将每一个紧固点的平移和转动耦合到多个节点的平均位移和转动。

　　更多信息见《Abaqus 分析用户手册——指定条件、约束与相互作用卷》的 2.3.2 节"耦合约束"中的"定义面耦合的方法"。

　　5. 如果需要，切换不选转动自由度来删除它的约束。Abaqus/CAE 总是约束分布耦合中的所有平动自由度。

　　6. 选择加权方法来让 Abaqus 更改耦合节点处的默认加权分布。

　　● 选择 Uniform（默认的）来选择均匀的，并且等于 1.0 的加权分布。

　　● 选择 Linear 来选择随着到紧固点距离呈现线性下降的加权分布。

　　● 选择 Quadratic 来选择一个加权分布，到紧固点的距离呈现二次多项式的降低的加权分布。

　　● 选择 Cubic 来选择一个加权分布，到紧固点的距离呈现三次多项式的单调降低的加权分布。

更多信息见《Abaqus 分析用户手册——指定条件、约束与相互作用卷》的 2.3.2 节 "耦合约束" 中的 "加权方法"。

7. 如果需要，选择或者创建一个基准坐标系来指定局部坐标系的初始方向，在此初始方向上定义受约束的自由度。默认情况下，通过整体坐标系来定义受约束自由度的方向。

8. 指定关于紧固点为圆形的影响半径。用户可以输入一个值或者允许 Abaqus 使用整个面来定义耦合约束。

9. 单击 OK 来关闭 Edit Fasteners 对话框。

Abaqus/CAE 显示紧固点与被连接面之间的离散紧固件所具有的分布耦合。圆的半径反映影响的指定半径。如果耦合约束定义中使用整个面，则到紧固点的距离将延伸通过圆。对于孤立的网格模型，用户可以通过改变装配显示选项中的面和边密度，来更改分布耦合的外观；更多信息见 76.15 节 "控制属性显示"。

10. 通过将连接器截面赋予连接线来完成离散紧固件的定义，如 15.12.12 节 "创建和编辑连接器截面赋予" 中描述的那样。

Abaqus/CAE 为离散紧固件显示连接器符号。

29.5 创建装配的紧固件

用户可以在建立了模板模型之后，在相互作用模块中创建装配紧固件。更多信息见29.1 节"关于紧固件"。

若要创建装配紧固件，执行以下操作：

1. 从相互作用模块中的主菜单栏选择 Special→Fasteners→Create。

Abaqus/CAE 显示 Create Fasteners 对话框。

技巧：用户也可以使用相互作用模块工具箱中的 工具来创建装配紧固件。

2. 从出现的 Create Fasteners 对话框选择 Assembled 紧固件，然后单击 Continue。

3. 在用户的主模型中选择一组附着点（或者参考点），将在这些附着点上映射模板模型的控制点。使用下面的一个方法。

a. 使用现有的集合来定义一个点或者多个点。此方法让用户简单地使用预定义的附着点集合来选择大量的点。在提示区域的右侧，单击 Sets。从出现的 Region Selection 对话框选择一个现有的点集合。

注意：默认的选择方法基于用户最近使用的方法。若要变化成其他的方法，单击提示区域右侧的 Select in Viewport 或者 Sets。

b. 在视口中选择一个或者多个点。

技巧：默认切换不选 Selection 工具栏中的 Select the Entity Closest to the Screen。如果用户进行模糊选择，则 Abaqus/CAE 高亮显示点，并且在视口的左下角中显示点的描述。使用 Next 和 Previous 按钮来在可能的选择之间循环，并且单击 OK 来确认用户的选择。

单击鼠标键 2 来说明用户已经完成选择。更多信息见 6.2 节"在当前视口中选择对象"。

如果模型包含孤立网格实例和本地几何零件实例的组合，则从提示区域单击下面的一个选项。

- 如果用户想要从本地几何零件实例，或者从一个或者多个参考点选择多个点，则单击 Geometry。

- 如果用户想要从孤立网格实例选择多个点，则单击 Mesh。

4. 当用户已经完成附着点的选择时，单击 Done。

Abaqus/CAE 显示 Edit Fasteners 对话框。

5. 选择要使用的模板模型。模板模型应当包含用户想要在主模型中进行替换的紧固件构型。模板模型必须包含在当前的模型数据库（.cae 文件）中，并且模板模型必须包含参考命名面对一个或者多个绑定，耦合或者调整点约束。

6. 从模板模型选择控制点集合。此集合必须包括紧固件构型的控制点。

7. 在 Surfaces、Orientations 和 Properties 标签页中,如下面过程中描述的那样为紧固件构建设置。

- 29.5.1 节 "将模板模型面映射到主模型面"
- 29.5.2 节 "定向从模板模型读入的几何形体"
- 29.5.3 节 "在主模型中更改紧固件属性"

8. 单击 OK 来创建装配紧固件。

亮绿色的小正方形出现在视口中,为用户显示装配紧固件的位置。

在创建装配紧固件之后,用户可以使 Re-run 标签页来重新运行属性生成脚本。见 29.5.4 节 "重新运行一个属性生成脚本"。

29.5.1 将模板模型面映射到主模型面

用户可以使用 Surfaces 标签页将来自模板模型的约束面,赋予到对应的目标面,Abaqus 将在用户的主模型中紧固此目标面。必须将约束面映射到主模型中,来激活主模型中的约束行为。

必须对模板模型约束中包括的所有面赋予名称。主模型中的对应目标面必须也具有名称。

若要将模板模型面映射到主模型面,执行以下操作:

1. 从 Edit Fasteners 对话框显示 Surfaces 标签页。

2. 在 Constraint Surface Substitutions 表中,将每一个 Template Surface 赋予到主模型中的 Assignment Surface。

将对 Template Surface 列预先填充绑定约束、耦合约束或者调整点约束中包含的任何模板模型面的名称。如果正确的排序模板面,用户就可以简单地在表的 Assignment Surface 列中选择主模型面名称。如果用户需要改变将赋予的模板模型面的次序,单击每一个标签页单元格,然后单击出现的箭头来显示可以使用的面名称列表。最初将模板面以 Z 轴的升序来排列,但是用户可以改变此次序来与模板紧固件设计重合。然而,超出第一个选中面的面排序不是很重要,因为使用对应的赋予面法向来定位装配紧固件。

要为每一个模板面选择主模型赋予面,在对应的标签页单元格中单击,然后单击出现的箭头来从主模型中可使用面的列表来进行选择。如果用户还没有对用户需要使用的任何面赋予名称,则单击 ✎ (Create Assignment Surface) 来定义新面,并且将此面添加到列表中。

3. 如果需要,用户可以切换选中 Render template surfaces 来显示主模型中的面。

29.5.2 定向从模板模型读入的几何形体

用户可以使用 Orientations 标签页来指定如何在每一个附着点处定向模板紧固件构型。

在主模型中，对模板模型进行转动和定向，这样模板模型的整体坐标系与用户指定的坐标系对齐。默认是定向模板模型副本，这样模板模型的整体坐标系正 Z 轴与每一个附着点处的第一个面的法向向量对齐。来自第一个面法向的默认方向，在每一个附着点处创建一个 Z 轴对齐。然后通过将整体 X 轴投影到此面来计算 X 轴。当整体 X 轴平行法向时，或者平行 Z 轴时，然后通过在面上投影整体 Y 轴来计算 X 轴。进一步，通过法向和计算得到的 X 轴的叉积来计算得到 Y 轴。

若要在主模型中定向装配紧固件，执行以下操作：

1. 从 Edit Fasteners 对话框显示 Orientations 标签页。

2. 选择 Abaqus/CAE 将在每一个附着点上定向紧固件模板的定向选项。

● 选择 Compute orientation based on first surface normal（默认的）来定向紧固件几何形体，这样模板模型的整体坐标系与主模型中的第一个赋予面的法向向量对齐。

如果需要，用户可以切换选中 Flip normal direction 来反转方向。

● 选择 Specify uniform CSYS 来使用用户选择的坐标系，来定向紧固件几何形体。单击 ⊾（Edit）来从用户的主模型中选择现有的基准坐标系。默认是使用主模型的整体坐标系。单击 ⅄（Create Datum CSYS）来创建一个新的坐标系。

3. 如果需要，切换选中 Display orientation direction at attachment points，来在每一个装配紧固件的附着点处显示三轴方向标识。除非用户已经选择控制点集合，并且进行了第一个面赋予，否则不能使用这些显示选项。选择下面的一个子选项：

● 切换选中 Display only the normal direction 来从方向三轴标识中删除 1-轴和 2-轴，仅保留面法向向量。

● 切换选中 Include template model surfaces every X points 来显示来自模板模型的约束面草图线框。调整 X 数量增大或者减小，来显示每一个附着点、其他点、第三点等处的面。将根据此标签页和 Surfaces 标签页上的 Constraint Surface Substitutions 表中显示的颜色的来对面进行颜色编码。

此选项对于正确地定位和定向模板模型是有帮助的。然而，如果用户的模板模型面过大（相对于主模型维度），则产生的显示将过于拥挤。如果实际情况如此，则用户可能希望返回用户的模板模型，并且重新确定面的大小。

29.5.3　在主模型中更改紧固件属性

用户使用 Properties 标签页来指定属性生成脚本，来更改从模板模型复制到主模型的属性。仅当用户单击 Edit Fasteners 对话框中的 OK 时，而不是在 Abaqus/CAE 创建输入文件时，Abaqus/CAE 才执行此脚本。完整的信息见 29.1.3 节"关于装配的紧固件"中的"装配紧固件的属性生成脚本"。

用户的属性生成脚本必须在启动 Abaqus/CAE 之前进行注册；见 29.1.3 节"关于装配的紧固件"中的"注册属性生成脚本"。Properties 标签页上的选择将可以使用已经注册的任何脚本。

若要更改模板模型中的属性，执行以下操作：

1. 从 Edit Fasteners 对话框显示 Properties 标签页。

2. 默认情况下，从模板模型复制到主模型的属性，使用前缀 TM-1 来为用户创建第一个装配紧固件名称。例如，在模板模型中命名成 BoltSection 的连接器截面，将在主模型中命名成 TM-1_BoltSection。后续的装配紧固件将使用前缀 TM-2、TM-3 等。

如果需要，用户可以改变用在 Property prefix string 域中的名称前缀。对于每一个装配紧固件，属性前缀字符串必须是唯一的。

3. 切换选中 Specify a property generation script，并且从列表中选择脚本的文件名。

29.5.4　重新运行一个属性生成脚本

用户使用 Re-run 标签页来让 Abaqus/CAE 重新复制来自模板模型的属性，然后重新运行属性生成脚本。Abaqus 运行当前在 Properties 标签页上指定的脚本。当用户单击 OK 来关闭对话框时，发生此运行。

仅当用户正在编辑已经创建的装配紧固件时，才可以使用 Re-run 标签页。

注意：任何时候用户对 Edit Fasteners 对话框进行更改，当用户单击 OK 时，Abaqus 都自动重新运行。当没有进行其他更改时，用户仅需要使用 Re-copy template model properties and re-run script 选项。

若要重新运行属性生成脚本，执行以下操作：

1. 从 Edit Fasteners 对话框找到 Re-run 标签页。
2. 切换选中 Re-copy template model properties and re-run script。
3. 单击 OK 来关闭对话框。

30　流体动力学分析

本章介绍如何在 Abaqus/CAE 中创建流体模型，包括以下主题：

- 30.1 节 "流体动力学分析概览"
- 30.2 节 "模拟流体区域"
- 30.3 节 "定义流体材料属性"
- 30.4 节 "为流体模型指定规定条件"
- 30.5 节 "网格划分流体模型"
- 30.6 节 "运行流体分析"
- 30.7 节 "使用 Abaqus/CFD 进行协同仿真"
- 30.8 节 "显示流体分析结果"

30.1 流体动力学分析概览

Abaqus/CFD 提供执行流体动力学分析的先进计算流体动力学（CFD）能力，并且可以用来解决不可压缩的流体问题。不可压缩的流体动力学分析可以包括层流或者湍流、热对流问题以及动网格分析。更多信息见《Abaqus 分析用户手册——分析卷》的 1.6.2 节"不可压缩流体的动力学分析"。

在 Abaqus/CAE 中创建流体模型的过程包括下面的一般步骤：

1. 当用户创建一个新模型数据库时，选择一个 CFD 模型类型来模拟 Abaqus/CFD 分析。然后，Abaqus/CAE 界面中出现的大部分功能被过滤，仅显示对 Abaqus/CFD 分析有效的功能。更多信息见 9.8.4 节"指定模型属性"。

2. 在零件模块中，创建一个定义流体区域的流体零件（流体的几何形体区域）。更多信息见 30.2 节"模拟流体区域"。

3. 在属性模块中，在模型中定义流体材料属性。更多信息见 30.3 节"定义流体材料属性"。

4. 在属性模型中，创建并且为模型赋予一个流体截面。此流体截面确定在流体零件中可以存在哪一种材料。更多信息见 12.13.13 节"创建均质流体截面"以及 12.13.14 节"创建多孔介质的流体截面"。

5. 在装配模块中，创建一个流体零件的实例。

6. 在分析步模块中，定义一个流体分析步，求解控制和湍流模型。更多信息见 14.11.1 节"构建通用分析过程"中的"构建一个流动过程"。

7. 在分析步模块中，创建场和历史输出要求。更多信息见《Abaqus 分析用户手册——介绍、空间建模、执行与输出卷》的 4.2.3 节"Abaqus/CFD 输出变量标识符"。

8. 在载荷模块中，定义作用在流体模型中的任何载荷、边界条件或者预定义的场（见 30.4 节"为流体模型指定规定条件"）。

9. 在网格划分模块中，为流体零件创建一个网格。更多信息见 30.5 节"网格划分流体模型"。

10. 在作业模块中，创建一个新的作业并且递交流体分析。更多信息见 30.6 节"运行流体分析"。

30.2　模拟流体区域

　　对于一个流体零件，用户可以仅模拟三维零件。用户可以使用一个三维扇形来表示一个轴对称的模型，以及使用一个通过厚度只有一个单元的三维零件来表示一个二维模型。对于流体分析，可以使用几何形体创建的所有特征。用户可以引入一个孤立的 CFD 网格来模拟流体区域。

30.3 定义流体材料属性

流体材料和它们的物理属性定义了流场响应。用户在属性模块中创建流体材料。根据分析，用户可能想要知道以下属性：

密度

在 Abaqus/CFD 分析中，必须为流体定义流体密度；对于瞬态列维-斯托斯克计算是要求的。对于不可压缩流动，认为流体密度是不变的。

黏度

用户必须为黏性流动指定黏度，并且仅支持恒定黏度。

比热

对于一个包括能量方程的不可压缩的流体动力学分析，用户必须定义比热和热传导性。要求一个等压比热；用户可以定义等压比热，或者用户可以定义等容比热，并且指定理想气体常数。

热传导性

仅支持一个不变的各向同性热传导。

热膨胀系数

热膨胀系数是与自然对流的 Boussinesq 近似一起使用的。

渗透性

用户可以指定各向同性渗透性（仅对孔隙度相关）或者使用一个 Carman-Kozeny 关系的渗透性。

30.4 为流体模型指定规定条件

用户在载荷模块中为流体模型指定规定的条件。用户可以在一个流体分析的初始步中指定流体预定义的场，并且用户可以在流体分析步中为一个流体模型指定载荷和边界条件。取决于分析，用户可能需要指定下面的规定条件：

预定义的场

流体分析可用的预定义场类型包括流体密度、流体热能、流动湍流和流速。对于更多的信息，见《Abaqus 分析用户手册——指定条件、约束与相互作用卷》的 1.2.2 节 "Abaqus/CFD 中的初始条件"。

- 要求一个密度值；然而，如果用户不指定初始流体密度，则假定材料密度定义。
- 对于一个包括能量方程的不可压缩流体动力学分析，用户必须定义初始流体温度。
- 对于一个指定湍流模型的不可压缩的流体动力学分析，用户必须定义初始流体湍流值，例如湍流的涡黏度。
- 如果没有指定值，则假定初始速度是零。

载荷

对于流体分析可用的载荷类型，包括体力、重力、体热流量和孔隙拖拽体力。如果没有规定压力边界条件，则可以使用流体参考压力来指定不可压缩流动的静水压水平。更多的信息，见下面的部分：

- 《Abaqus 分析用户手册——指定条件、约束与相互作用卷》的 1.4.2 节 "集中载荷"
- 《Abaqus 分析用户手册——指定条件、约束与相互作用卷》的 1.4.3 节 "分布载荷"
- 《Abaqus 分析用户手册——指定条件、约束与相互作用卷》的 1.4.4 节 "热载荷"

边界条件

流体分析的可用边界条件包括位移/转动，流动入口/出口和流动壁条件。更多信息见《Abaqus 分析用户手册——指定条件、约束与相互作用卷》的 1.3.2 节 "Abaqus/CFD 中的边界条件"。

- 用户指定边界条件，在流动区域边界上定义流动和热条件。
- 用户可以指定压力或者速度边界条件。
- 对于一个包括能量方程的不可压缩流体动力学分析，用户可以定义温度或者热流量。

30.5　网格划分流体模型

　　一个流动分析中有效的场不是通过单元类型来确定的，而是通过分析过程和它的功能来确定的。单元类似的唯一目的是定义用来离散化连续体的单元形状。可以使用三种流体类型单元。默认情况下对网格赋予流体单元。更多信息见《Abaqus 分析用户手册——单元卷》的 2.2 节"流体连续单元和流体单元库"。

30.6　运行流体分析

当用户递交一个与分析的流体模型相关联的作业时，Abaqus/CAE 首先生成一个表示用户模型的输入文件，然后 Abaqus/CFD 使用此文件的内容执行分析。随着分析进行，Abaqus/CFD 创建一个数据（. dat）文件和一个状态（. sta）文件。Abaqus/CFD 使用通过共享内存和分布式内存的计算机的显式信息来实现的以区域为基础的并行。更多信息见《Abaqus 分析用户手册——介绍、空间建模、执行与输出卷》的 3.2.2 节 "Abaqus/Standard、Abaqus/Explicit 和 Abaqus/CFD 执行"，以及《Abaqus 分析用户手册——介绍、空间建模、执行与输出卷》的 3.5.1 节 "并行执行：概览"。

30.7　使用 Abaqus/CFD 进行协同仿真

用户可以使用协同仿真技术来耦合 Abaqus/CFD 与 Abaqus/Standard 和 Abaqus/Explicit，来求解复杂的流体-结构相互作用和共轭的热传导问题。更多信息见《Abaqus 分析用户手册——分析卷》的 12.1.1 节"协同仿真：概览"。

30.8　显示流体分析结果

　　用户可以在显示模块中显示流场分析的结果。动画、线类型的云图显示、各向同性类型的云图显示，以及沿着一个路径显示的结果，对于显示流体分析结果是特别有用的。此外，用户可以显示来自协同仿真分析的结果，例如一个使用 Abaqus/CFD 和 Abaqus/Standard 的共轭热传导分析，如图 30-1 所示。

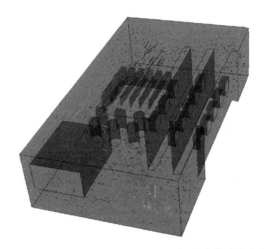

图 30-1　表示一个电路板模型周围空气流动的速度向量图

31 断裂力学

用户可以使用 Abaqus/CAE 进行如下的断裂力学建模：

• 创建一个裂缝来定义具有重合节点的，在分析中可以分离的一条边或者一个面。

• 使用围线积分评估来研究准静态问题中开裂的发生；然而，一个围线积分评估不会预测裂纹将如何扩展。用户可以为二维或者三维模型计算围线积分。

• 使用扩展有限元法（extended finite element method，XFEM）来研究裂纹的初始化，以及沿着一个任意的，求解相关的路径扩展，而不需要重新划分用户的模型。XFEM 仅对三维实体和平面模型及孤立网格才可以使用。

• 使用虚拟裂纹闭合技术（virtual crack closure technique，VCCT）来研究裂纹沿着一个已知开裂面的初始和扩展。

• 使用 Crack Manager 来创建并管理用户的裂纹。

本章包括以下主题：

• 31.1 节 "缝裂纹"

• 31.2 节 "使用围线积分来模拟断裂力学"

• 31.3 节 "使用扩展有限元法来模拟断裂力学"

• 31.4 节 "使用虚拟裂纹闭合技术来模拟裂纹扩展"

• 31.5 节 "管理裂纹"

31.1 缝裂纹

一条缝定义在分析中可以分离的，具有重合节点的一个边或者一个面。用户可以在用户的模型中包括一条缝裂纹。另外，用户在创建一个围线积分时，可以参照缝；然而，用户不能使用具有扩展有限元法（XFEM）的一条缝。本节包括以下主题：

- 31.1.1 节 "什么是缝？"
- 31.1.2 节 "创建一条缝"

31.1.1 什么是缝？

一条缝在用户的模型中定义原来是闭合的一个边或者一个面，但是可以在分析中打开。当生成网格时，Abaqus/CAE 沿着一条缝放置重合复制的节点。一条缝不能沿着零件的边界扩展，并且必须嵌入一个二维零件的面中，或者在一个实体零件的空间内。在用户创建一条缝后，用户可以使用围线积分分析来确定它的裂纹属性。因为一条缝改动了网格，用户因此不能在一个相关的零件实例上创建一条缝。

图 31-1 所示为一个平面零件表面上的一条缝，以及给模型施加一个拉载荷的效果。沿着缝的复制节点是彼此相互独立的，并且自由的移动。

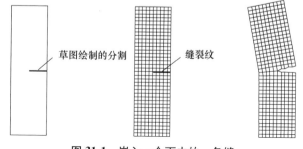

图 31-1 嵌入一个面中的一条缝

图 31-2 所示为一个嵌入实体零件的缝的类似分析。通过一个画在基准平面上的草图对固体进行分割来创建缝。

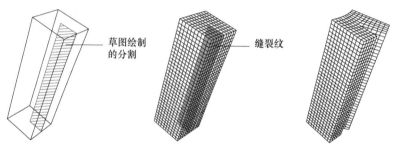

图 31-2 嵌入在一个空间内的缝

详细的介绍，见 31.1.2 节"创建一条缝"。

31.1.2　创建一条缝

用户使用相互作用模块中的 Special 菜单来定义模型中的一条缝。缝定义了在分析过程中，在用户模块中可以打开的区域。在生成网格时，Abaqus/CAE 沿着缝放置重叠复制的节点。缝不能沿着零件的边界延伸，并且必须嵌入二维零件的面内，或者嵌入实体零件的单元体内。在选择将会用于围线积分分析中的裂纹前缘和裂纹尖端时，用户可以使用缝。更多信息见 31.1.1 节"什么是缝?"。

若要创建一个缝，执行以下操作：

1. 在相互作用模块中的主菜单中选择 Special→Crack→Assign seam。

2. 从视口中选择表示缝的对象。对象必须嵌入在二维零件的面中，或者嵌入在实体零件的单元体中；用户不能选择任何位于零件边界上的对象。

3. 单击鼠标键 2 来说明用户已经完成缝的选择。

　Abaqus/CAE 创建缝。

4. 要在围线积分分析中包括缝，在 31.2.9 节"创建一条围线积分裂纹"制描述了接下来的过程。

31.2 使用围线积分来模拟断裂力学

用户可以通过从将用来计算围线积分评估的模型中选择区域，来在准静态模型中研究裂纹的开始。在分析中，Abaqus/Standard 将围线积分的值以历史输出的方式写入输出数据库中。围线积分的详细描述，见《Abaqus 用户手册——分析卷》的 6.4.2 节"围线积分评估"。如何在 Abaqus/CAE 中定义一个裂纹，见以下主题：

- 31.2.1 节 "围线积分分析概览"
- 31.2.2 节 "定义裂纹前缘"
- 31.2.3 节 "定义裂纹尖端或者裂纹线"
- 31.2.4 节 "定义裂纹扩展方向"
- 31.2.5 节 "控制小应变分析裂纹尖端处的奇点"
- 31.2.6 节 "围线积分输出"
- 31.2.7 节 "网格划分裂纹区域并赋予单元"

此外，可以访问下面的章节：

- 31.2.8 节 "控制裂纹尖端上的奇点"
- 31.2.9 节 "创建一条围线积分裂纹"
- 31.2.10 节 "改动围线积分的数据"
- 31.2.11 节 "请求围线积分输出"

31.2.1 围线积分分析概览

用户可以使用围线积分评估来研究准静态问题中的开裂开始；然而，一个围线积分评估不能预测裂纹将如何扩展。用户可以为二维或者三维模型计算围线积分，并且用户可以选择执行下面的一种围线积分计算类型：

- J—积分。
- C_t—积分（对于蠕变）。
- T—应力（对于线性材料）。
- 线性均质材料的和位于两个线性均质材料之间的界面开裂的应力强度因子。

更多信息见《Abaqus 分析用户手册——分析卷》的 6.4.2 节"围线积分评估"。

用户在相互作用模块中定义开裂。为执行一个围线积分分析，用户必须选择裂纹前缘、裂纹尖端或者开裂线，以及裂纹开裂方向，如下面所描述的那样。用户可以选取的物体取决于零件是二维的还是三维的，以及用户是否使用几何或者使用孤立网格中的单元和节点来定义零件。在一些情况中，裂纹尖端或者裂纹线与用户选取的裂纹前缘是相同的，并且 Abaqus/CAE 为用户选取裂纹尖端或者裂纹。

一个二维模型中的裂纹是一个包含自由移动分开边缘的区域。一个三维模型中的一个裂纹是一个包含自由移动分开面的区域。执行围线积分分析的最简单的方法所使用的区域，已经包含的边或者面会随着裂纹分离而自由移动分开。此外，用户可以将裂纹模拟成嵌入进二维模型面的一条线，或者嵌入进三维模型空间的一个面。将嵌入的线或者面称为一条缝，并且用户可以使用一条缝来执行围线积分分析。当用户网格划分模型时，Abaqus/CAE 在缝上创建复制重叠的节点；这些重合节点随着缝分开而自由的移动分开。在 31.1.1 节"什么是缝？"中对缝进行了更加详细的描述。图 31-3 显示的二维模型中，现有的两个边可以自由移动分开，以及一个类似的模型，具有自由移动分开的嵌入缝。

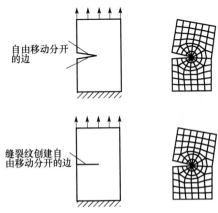

图 31-3 用户可以使用一个现有的区域或者使用一条缝来定义一条裂缝

用户可以在一个对称平面上指定裂纹前缘，在其中用户只需要建立半个结构。Abaqus 将通过围线积分计算得到的值进行加倍来产生正确的值。在大部分的情况中，用户需要细化裂纹周围的网格。在用户创建一个裂纹后，用户必须使用 History Output Request 编辑器来要求 Abaqus 将围线积分的信息写到输出数据库中。更多信息见 31.2.6 节"围线积分输出"。

详细的说明见 31.2.9 节"创建一条围线积分裂纹"。

31.2.2 定义裂纹前缘

构建一个围线积分过程中的第一步是通过从装配选择对象来定义裂纹前缘。裂纹前缘是裂纹的前面部分。Abaqus 使用裂纹前缘来计算的第一围线积分使用裂纹前缘内部的所有单元和裂纹前缘外部的一层单元。用户可以要求多个围线积分，在此情况中，Abaqus/CAE 对计算先前围线积分的单元组添加单层单元。图 31-4 说明了 Abaqus/CAE 如何通过添加单元层来计算二维模型的连续围线积分。

如果用户的零件是三维的，则 Abaqus 沿着裂纹线在每一个节点上计算围线积分，如图 31-5所示。更多信息见《Abaqus 分析用户手册——分析卷》的 6.4.2 节"围线积分评估"中的"定义裂纹前缘"。

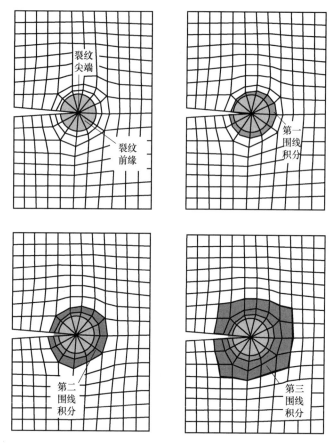

图 31-4　通过添加单元层来计算连续的围线积分

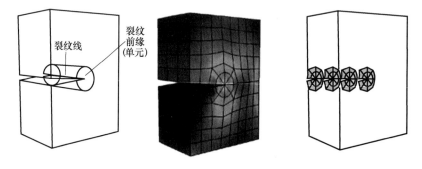

图 31-5　Abaqus 沿着裂纹线在每一个节点上计算围线积分

　　用户可以选择的实体，取决于裂纹前缘是否位于几何形体中，或者在一个独立网格中，并且在零件的建模空间上。

几何形体

　　当用户在几何形体上定义裂纹前缘时，用户可选择的实体取决于零件的建模空间。

二维几何形体

如果用户在二维几何形体上定义裂纹前缘，则用户可以选择下面的对象：

- 一个单独的顶点。
- 连接的边。
- 连接的面。

图 31-6 显示了当在二维几何形体上定义一个裂纹前缘时，用户可以从中选取的实体。

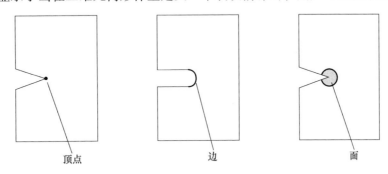

图 31-6　从二维几何形体中选择裂纹前缘

三维几何形体

如果用户在三维几何形体上定义裂纹前缘，则用户可以选项下面的对象：

- 连接的边。
- 连接的面。
- 连接的单元体。

图 31-7 显示了当在三维几何形体上定义一个裂纹前缘时，用户可以从中选择的实体。

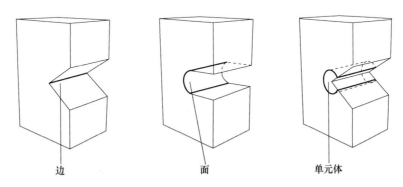

图 31-7　从三维几何形体中选择裂纹前缘

网格

当用户从孤立的网格上定义裂纹时，用户可以选择单元或者单元边，或者面来定义裂纹前缘。另外，用户可以从对应的区域中选择节点。当用户在一个孤立的网格上定义裂纹前缘时，用户可以选择的实体取决于零件的建模空间。

二维孤立网格

如果用户在二维孤立网格上定义裂纹前缘，则用户可以选择下面的对象：

- 一个单独的节点。
- 连接的单元边。
- 连接的单元。

图 31-8 显示了当在一个二维孤立网格上定义一个裂纹前缘时，用户可以从中选择的实体。

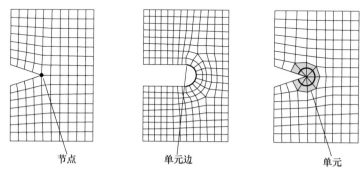

节点　　　　　单元边　　　　　单元

图 31-8　从一个二维孤立网格中选取裂纹前缘

三维孤立网格

如果用户在一个三维孤立网格上定义裂纹前缘，则用户可以选择下面的对象：

- 连接的单元边。
- 连接的单元面。
- 连接的单元。

图 31-9 显示了当在一个三维孤立网格上定义一个裂纹前缘时，用户可以从中选择的对象。

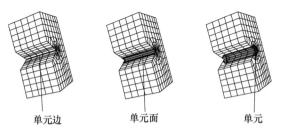

单元边　　　　　单元面　　　　　单元

图 31-9　从一个三维孤立网格中选取裂纹前缘

31.2.3　定义裂纹尖端或者裂纹线

在用户定义裂纹前缘后，配置围线积分过程中的下一步是通过从装配中选择实体来定义裂纹尖端和裂纹线。用户的装配的建模空间控制用户是需要定义围线积分分析的裂纹尖端，还是裂纹线。

二维的

如果用户的装配是二维的，则用户必须通过选择一个顶点或一个节点来定义裂纹尖端。裂纹尖端是用户定义裂纹扩展方向 q 的裂纹前缘上的点。在某些情况中，不存在期望的顶点或者节点，应此用户必须通过分割裂纹前缘来创建它。

如果用户选择一个顶点或者一个节点来定义裂纹前缘，则同一个顶点或者节点定义裂纹尖端。

三维的

如果用户的零件是三维的，则用户必须通过选择组成一个连续线的边缘或者单元边来定义裂纹线。裂纹线是一系列沿着用户定义裂纹扩展方向 q 的裂纹前缘的连接边缘。在某些情况中，不存在期望的边缘，应此用户必须通过分割裂纹前缘来创建它们。

如果用户选择边或者单元边缘来定义裂纹前缘，则同一个边定义裂纹线。

所选的边必须是连接在一起的，必须将裂纹前缘的一边与另外一边相连接，并且必须包括在裂纹前缘中。

31.2.4　定义裂纹扩展方向

在定义裂纹前缘和裂纹尖端，或者裂纹线之后，Abaqus/CAE 提示用户在裂纹尖端处，或者沿着裂纹线来指定裂纹扩展方向。用户可以指定裂纹平面的法向 n；或者用户可以直接指定裂纹扩展方向 q。Abaqus 如何使用 n 或者 q 来计算裂纹扩展方向的详细讨论，见《Abaqus 分析用户手册——分析卷》的 6.4.2 节"围线积分评估"中的"指定虚拟裂纹扩展方向"。

法向裂纹平面

如果用户选择 Normal to crack plane，则用户可以通过从模型中指定代表裂纹法向平面的起点和终点来定义法向。裂纹平面包含 q 向量，Abaqus 需要它来计算围线积分。在许多情况中，裂纹平面表示裂纹的对称平面。

仅当沿着裂纹线的所有点上的方向相同时，用户才可以定义裂纹平面的法向。如果裂纹平面的法向沿着裂纹线变化，则用户不能选择一个单独的法向来定义沿着裂纹线的所有点上的裂纹扩展方向。

为定义裂纹平面的法向，用户可以选择来自几何形体的点（例如顶点、平面点或者中点），或者用户可以选择孤立的网格节点。另外，用户可以在提示区输入点坐标。如果用户选择来自几何形体的点，并且在后面改动了零件，则 Abaqus/CAE 重新生成点，并且相应地对法向进行更新。如果用户使用孤立的网格节点来操作，则用户必须选择代表法向起点和终点的节点。

Abaqus 计算一个裂纹扩展方向 q，它是与裂纹前缘切向 t 以及法向 n 垂直的。

q 向量

如果用户选择 q vectors，则用户可以通过选择来自模型的，代表 q 向量起点和终点的点来直接定义裂纹扩展方向 q。如果用户使用孤立网格节点来工作，用户必须选择代表 q 向量起点和终点的节点。另外，用户可以在提示区中输入点的坐标。

图 31-10 显示了通过一个圆弧的裂纹前缘，沿着此圆弧，q 向量的方向是不断变化的。相反，裂纹平面的法向是不变的。因此，对于此种情况，用户应当通过指定裂纹平面的法向来定义裂纹扩展方向。图 31-11 显示了通过截锥形的边形成的一个裂纹前缘，沿着此裂纹前缘，q 向量的方向和裂纹平面的法向是变化的。对于此情况，用户应当如下操作：

1. 定义围线积分，并且使用一个单独的 q 向量来指定裂纹扩展方向。

2. 网格划分零件，创建一个作业，并且将模型写入到一个输入文件。

3. 导入输入文件，它将创建零件的孤立网格表示。

4. 编辑随模型一起导入的裂纹。每一个沿着裂纹前缘的节点，将具有通过用户在第 1 步中指定的 q 向量来定义的裂纹扩展方向。

5. 使用查询工具集来确定每一个节点上的 q 向量的起点和终点坐标，并且在沿着裂纹前缘的每一个节点上编辑定义 q 向量的数据。

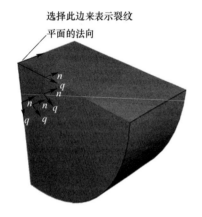

图 31-10　q 向量的方向是变化的，
但是法向是不变的

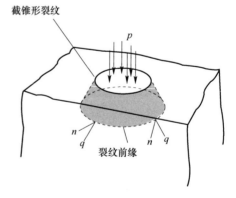

图 31-11　q 向量和法向的方向都
沿着裂纹前缘变化

此技术如图 31-12 所示。图 31-12 来自《Abaqus 例题手册》的 1.4.2 节"一个线性弹性无限半空间中的一个锥形裂纹的围线积分"。提供此例的一个 Abaqus 脚本界面程序，说明用户如何可以在沿着裂纹前缘的每一个节点上输入 q 向量的值。

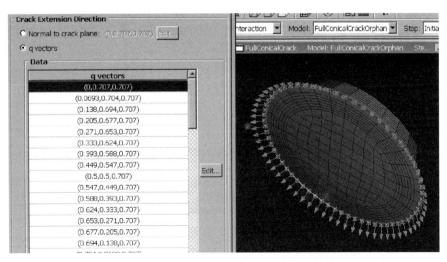

图 31-12　在沿着裂纹前缘的每一个节点上输入 q 向量

31.2.5　控制小应变分析裂纹尖端处的奇点

如果裂纹区域的几何形体定义一个尖锐的裂纹，则应变场在裂纹尖端处变成奇点，如《Abaqus 分析用户手册——分析卷》的 6.4.2 节 "围线积分评估" 中的 "为使用常规有限元法的小应变分析构造一个断裂力学网格"。在用户的模型中包括小应变的奇点，改进了围线积分和应力及应变计算的精度。

在用户的围线积分评估中包括奇点，单击 Crack 编辑器中的 Singularity 表，并且选择期望的中节点位置和抑制单元控制。详细的介绍见 31.2.8 节 "控制裂纹尖端上的奇点"。

此外，用户必须在网格划分模块中如下操作：

● 如果装配或者零件是二维的，则用户必须使用三角形的环来建模裂纹前缘，并且对围线积分区域的剩余部分赋予四边形单元。

● 如果装配或者零件是三维的，用户必须使用楔形的环来建模裂纹前缘，并且对围线积分区域的剩余部分赋予六面体单元。

当用户网格划分裂纹前缘时，Abaqus 如下操作：

● 将裂纹前缘中的单元转换成退化的四边形或者六面体单元。

● 如果用户使用二阶三角或者楔形单元来模拟裂纹前端，则 Abaqus 将中间节点沿着从裂纹尖端或者裂纹线辐射出去的单元边，移动到指定的位置（如果用户使用一阶的或者楔形的单元模拟裂纹前缘，则 Abaqus 忽略用户为中节点所指定的位置）。

一个包含孤立网格单元的零件实例，总是一个相关实例。结果，用户不能在装配中调整这些实例的节点。更多的信息，见 64.2 节 "编辑孤立网格、网格划分零件和装配中网格划分零件实例之间的区别是什么？"。用户必须显示原始的孤立网格，并且使用 Edit Mesh 工具集来调整中间节点的位置。更多信息见 64.5.7 节 "调整中节点的位置"。此外，用户不能从孤立网格的三角和楔形单元创建退化的单元。

31.2.6　围线积分输出

在定义了裂纹之后，用户必须使用载荷步模块中的 History Output Request 编辑器，在由分析生成的输出数据库中包括围线积分数据。编辑器允许用户配置下面的项目：

- 输出频率。
- 执行的围线积分类型（J-积分、C_t-积分、应力强度因子或者 T-应力）。
- 评估的围线数量。

Abaqus 将历史输出变量写到每一个计算得到的围线积分输出数据库中。图 31-13 显示了表示一个围线积分的输出变量名称的格式。

图 31-13　输出数据库中的围线积分名称格式

详细的说明见 31.2.11 节"请求围线积分输出"。更多信息见 14.12.3 节"更改历史输出请求"，以及《Abaqus 分析用户手册——分析卷》的 5.4.2 节"围线积分评估"。

31.2.7　网格划分裂纹区域并赋予单元

在裂纹尖端发生大应力奇点。作为结果，用户应当在裂纹尖端创建一个细化的网格，来得到应力和应变的精确结果。相反，因为 J-积分是一个能量度量，用户可以使用相对粗糙的网格来得到精确的 J-值。然而，如果材料变得更加的非线性，则用户必须在裂纹尖端创建更加细化的网格来保持 J-值的精度。用户可以通过分割区域，并且给结果边界赋予网格种子点来控制裂纹尖端处的网格密度。更多信息见 17.4 节 "理解布置种子"。

对于将允许 Abaqus 几何非线性的大应变分析，用户应当使用四边形或者六面体单元来网格划分围线积分区域。更多信息见《Abaqus 分析用户手册——分析卷》的 6.4.2 节 "围线积分评估" 中的 "为使用常规有限元法的小应变分析构造一个断裂力学网格"。

然而，对于一个不允许几何非线性的小应变分析，用户必须通过使用三角形环或者楔形环来划分定义裂纹前缘的区域，在裂纹尖端或者裂纹线上允许奇点。更多信息见 31.2.5 节 "控制小应变分析裂纹尖端处的奇点"。

用户必须使用扫掠网格划分技术来创建楔形单元；然而，Abaqus/CAE 可以使用扫掠网格划分技术进行网格划分的区域存在局限性，如 17.9.3 节 "三维实体的扫描网格划分" 中所描述的那样。结果，如果用户不能使用扫描网格划分技术，用户就不能创建楔形单元，并且用户不能允许裂纹线上的奇点。在大部分情况中，如果用户的网格细化得足够来模拟裂纹尖端或者裂纹线周围的变形及所产生的高应变梯度，则用户可以忽略奇点。如果用户仅对围线积分输出感兴趣，则用户也可以忽略奇点。

31.2.8 控制裂纹尖端上的奇点

如果裂纹区域的几何形体定义一个尖锐的裂纹，则在裂纹尖端处应变场变为奇点，如《Abaqus 用户分析手册——分析卷》的 6.4.2 节 "围线积分评估" 中的 "为使用常规有限元法的小应变分析构造一个断裂力学网格"。为小应变分析在模型中包括奇异会改善围线积分和应力应变计算的精度。

若要控制裂纹尖端上的奇点，执行以下操作：

1. 使用下面的一个方法来显示 Crack 编辑器。
• 要构建一个新的围线积分，采用 31.2.9 节 "创建一条围线积分裂纹" 中的介绍。
• 要编辑一个现有的围线积分，从相互作用模块中的主菜单栏选择 Special→Crack→Edit→ *crack name*。

2. 要在用户的围线积分评估中包括应变奇点，单击 Crack 编辑器中的 Singularity 标签页，然后进行下面的一个操作。

1）为弹性断裂力学应用创建一个 $1/\sqrt{r}$ 应变奇点。

a. 在 Second-order Mesh Options 域中为 Midside node parameter 输入 0.25 的值来将中节点朝点移动 1/4。

b. 从 Degenerate Element Control at Crack Tip/Line 域选择 Collapsed element side, single node。

2）要为完全塑性断裂力学应用创建 $1/r$ 应变奇点。

a. 在 Second-order Mesh Options 域中为 Midside node parameter 输入 0.5 的值来将中节点

保持在中点位置。

b. 在 Degenerate element control at Crack Tip/Line 域中选择 Collapsed element side，duplicate nodes。

3）要为幂律硬化材料创建 $1/\sqrt{r}$ 和 $1/r$ 的组合应变奇点。

a. 在 Second-order Mesh Options 域中为 Midside node parameter 输入值 0.25。

b. 在 Degenerate element control at Crack Tip/Line 域中选择 Collapsed element side，duplicate nodes。

3. 单击 OK 来在围线积分评估中包括奇点并关闭编辑器。

注意：在大部分的情况中，用户必须对裂纹的前缘区域赋予二阶三角形或者楔形单元来在用户的围线积分评估中包括奇点。如果用户赋予一阶单元，则 Abaqus 忽略在 Singularity 标签页中的中节点设置值。然而，如果用户赋予一阶单元，并且从 Degenerate Element Control at Crack Tip/Line 域中选择 Collapsed element side，duplicate nodes，用户将创建一个 $1/r$ 应变奇点。

31.2.9　创建一条围线积分裂纹

用户可以使用相互作用模块中的 Special 菜单来创建一个围线积分裂纹。更多信息见《Abaqus 分析用户手册——分析卷》的 6.4 节"断裂力学"。

用户定义围线积分所选择的对象取决于零件是二维的还是三维的，以及用户是使用几何形体还是孤立网格单元和节点来定义零件。

若要创建一条围线积分裂纹，执行以下操作：

1. 从相互作用模块中的主菜单栏选择 Specia→Crack→Create。

2. 从出现的 Create Crack 对话框中选择 Contour integral。

3. 输入裂纹的名称，然后单击 Continue 来关闭对话框。

4. 从视口中的模型选择代表裂纹前缘区域的对象。对于要选择对象的描述，见 31.2.2 节"定义裂纹前缘"。

5. 单击鼠标键 2 来说明用户已经完成裂纹前缘区域的选择。

6. 从视口中的模型选择代表裂纹尖端区域的对象。在一些情况中，取决于用户模型的模拟空间和用户选择来定义裂纹前缘的对象，Abaqus/CAE 为用户选择裂纹尖端，然后跳到步骤 7。更多信息见 31.2.3 节"定义裂纹尖端或者裂纹线"。

在提示行中切换选中 Select mesh entities 来从孤立网格中选择对象。

7. 单击鼠标键 2 来说明用户已经完成裂纹尖端区域的选择。

8. 从提示区域选择定义裂纹扩展方向的方法。

1）Normal to crack plane（与裂纹平面垂直）。选择 Normal to crack plane 来指定垂直于裂纹平面，然后选择代表法向起点和终点的点。

2）q vectors（q 向量）。选择 q vectors 来直接地指定裂纹扩展方向，然后选择代表向量起点和终点的点。

更多信息见 31.2.4 节"定义裂纹扩展方向"。

Abaqus/CAE 显示一个蓝色的箭头来说明裂纹扩展方向,并且如果有指定,一个红色的箭头说明裂纹平面的法向,并且显示 Edit Crack 对话框。

9. 使用 Edit Crack 对话框来构建控制围线积分分析的参数。

● 单击对话框的 General 标签页来进行下面的操作。

—指定在对称平面上定义裂纹前缘来仅模拟半个结构。

—改变定义裂纹前缘或者裂纹尖端/线段对象。

—改变定义裂纹扩展方向的方法。用户也可以改变定义裂纹扩展方向的对象,以及反转裂纹扩展方向(q 向量)。

更多信息见 31.2.10 节"改动围线积分的数据"。

● 单击对话框的 Singularity 标签页来模拟裂纹尖端处应变场的奇点。更多信息见 31.2.8 节"控制裂纹尖端上的奇点"。

10. 单击 OK 来构建围线积分并且关闭编辑器。

Abaqus 在区域上显示绿色的叉来表示裂纹前缘。

用户必须使用分析步模块中的 History Output Request 编辑器来在输出数据库中包括分析生成的围线积分数据。更多信息见 31.2.6 节"围线积分输出",以及 14.12.3 节"更改历史输出请求"。

31.2.10 改动围线积分的数据

如果需要,用户可以更改选取用来定义围线积分、定义裂纹前缘、裂纹尖端和裂纹扩展方向的对象。用户也可以指定裂纹前缘是定义在对称平面上的,仅模拟半个结构,并且如果需要,反转要计算的裂纹扩展方向。更多信息见《Abaqus 分析用户手册——分析卷》的 6.4.2 节"围线积分评估"中的"使用常规有限元法的对称"。

若要定义用在围线积分分析中的裂纹,执行以下操作:

1. 使用下面的一个方法来显示 Crack 编辑器。

● 要构建一个新的围线积分,采用 31.2.9 节"创建一条围线积分裂纹"中的介绍。

● 要编辑一个现有的围线积分,从相互作用模块中的主菜单栏选择 Special→Crack→Edit→裂纹名称。

2. 切换选中 On symmetry plane(half-crack model)来指定在对称平面上定义裂纹前缘,仅模拟半个结构。Abaqus 将来自虚拟裂纹前缘推进计算得到的势能加倍来计算正确的围线积分值。

3. 如果需要,单击 ⍖ 来更改用户定义裂纹前缘、裂纹尖端或者裂纹线段对象选择。如果 Abaqus/CAE 选中的裂纹尖端或者裂纹线区域与裂纹前缘一样,则用户不能编辑选择。

4. 如果需要，改变定义裂纹扩展方向的方法。用户也可以单击 ▷ 来更改定义裂纹扩展方向的选择。

5. 如果需要，用户可以单击 ↰ 来确认或者反转计算得到的扩展方向。在提示区域中单击 Yes 来确认 q 向量方向或者单击 Flip 来反转方向。

6. 单击 OK 来更改围线积分并关闭编辑器。

Abaqus 在区域上选择绿色的叉来表示裂纹前缘。

用户必须使用分析步模块中的 History Output Request 编辑器来在输出数据库中包含分析生成的围线积分数据。更多信息见 31.2.6 节 "围线积分输出" 和 14.12.3 节 "更改历史输出请求"。

31. 2. 11　请求围线积分输出

用户使用分析步模块中的 History Output Request 编辑器来从围线积分分析中请求输出。用户必须从 Domain 域选择 Crack。然后编辑器允许用户选择输出频率和要执行的围线积分分析类型。更多信息见 14.12.3 节 "更改历史输出请求" 和《Abaqus 分析用户手册——分析卷》的 6.4.2 节 "围线积分评估"。

用户也可以为 XFEM 断裂分析请求围线积分输出。更多信息见 31.3.7 节 "请求 XFEM 的围线积分输出"。

若要请求围线积分输出，执行以下操作：

1. 进入分析步模块。

2. 从主菜单栏选择 Output→History Output Request→Create。

Abaqus/CAE 显示 Create History 对话框。

3. 在 Create History 对话框中输入请求输出的名称，以及将创建输出的步名称。单击 Continue 来关闭此对话框。

Abaqus/CAE 显示 History Output Requests 编辑器。

4. 在 Domain 域中选择 Crack，然后选择想要的围线积分。

5. 在 History Output Requests 编辑器中出现的文本域中输入输出频率。

6. 输入要评估的围线数量。Abaqus/CAE 通过对之前区域定义的区域添加一层单元来计算下一个围线积分，如图 31-4 中描述的那样。每一个围线为围线积分生成一个值或者一组值。

7. 如果需要，切换选中 Step for residual stress initialization values，然后选择分析步，从中 Abaqus 将读取最后可用增量中的应力数据，并且使用此数据来计算残余应力。如果用户选择初始步，则通过指定的初始条件来定义残余应力。用户不能选择创建历史输出请求的步后面的那个步。更多信息见《Abaqus 分析用户手册——分析卷》的 6.4.2 节 "围线积分评估" 中的 "在 J-积分评估上包括残余应力场的影响"。

8. 选择要执行的围线积分计算类型。用户可以从下面选择。

1）J-integral（J 积分）。用户在率相关的准静态裂纹分析中使用 J 积分来特征化与裂纹增长关联的能量释放。如果材料响应是线性的，则 J 积分可以与应力强度因子关联。更多信息见《Abaqus 分析用户手册——分析卷》的 6.4.2 节"围线积分评估"中的"J-积分"。

2）C_t- integral（C_t 积分）。用户为时间相关的蠕变行为使用 C_t 积分，此积分表征特定蠕变条件下的蠕变裂纹变形，包括瞬态裂纹增长。更多信息见《Abaqus 分析用户手册——分析卷》的 6.4.2 节"围线积分评估"中的"C_t-积分"。

3）T-stress（T 应力）。用户使用 T 应力分量来表示平行裂纹前缘的应力。更多信息见《Abaqus 分析用户手册——分析卷》的 6.4.2 节"围线积分评估"中的"T-应力"。

4）Stress intensity factors（应力强度因子）。用户在线弹性断裂力学中使用应力强度因子 K_I、K_{II} 和 K_{III} 来表征局部裂纹尖端应力和位移场。更多信息见《Abaqus 分析用户手册——分析卷》6.4.2 节"围线积分评估"中的"应力强度因子"。

如果用户使用应力强度因子请求一个围线积分计算，Abaqus 还会计算初始处的裂纹扩展方向。用户必须选择下面的一项来说明裂纹初始准则。

- Maximum tangential stress
- Maximum energy release rate
- $K_{II} = 0$

更多信息见《Abaqus 分析用户手册——分析卷》的 6.4.2 节"围线积分评估"中的"裂纹扩展方向"。

9. 单击 OK 来构建围线积分分析并关闭编辑器。

Abaqus 为每一个围线积分的输出数据库中的历史输出变量命名的例子，见 31.2.6 节"围线积分输出"。

31.3 使用扩展有限元法来模拟断裂力学

用户可以使用扩展有限元法（extended finite element method，XFEM）来研究裂纹沿着求解相关的任意路径的初始和扩展，而不需要重新网格划分用户的模型。XFEM 可以用于三维实体和二维平面模型。不支持三维壳模型。本节包括以下主题：

- 31.3.1 节 "扩展有限元法（XFEM）概览"
- 31.3.2 节 "选择 XFEM 分析的类型"
- 31.3.3 节 "显示 XFEM 裂纹"
- 31.3.4 节 "创建 XFEM 裂纹"
- 31.3.5 节 "抑制和激活 XFEM 裂纹生长"
- 31.3.6 节 "指定 XFEM 的接触相互作用属性"
- 31.3.7 节 "请求 XFEM 的围线积分输出"

31.3.1 扩展有限元法（XFEM）概览

用户可以在准静态问题中使用扩展有限元法（XFEM），来研究裂纹的开始和扩展。XFEM 允许用户研究裂纹沿着任意的、求解相关的路径的生长，而不需要重新网格划分用户的模型。XFEM 仅对三维实体和二维平面模型是有效的；不支持三维壳模型。用户可以使用 XFEM 来研究一个包含几何形体、孤立网格单元，或者二者组合的零件中的裂纹。用户可以选择研究一个任意扩展穿过模型的裂纹，或者研究一个静态裂纹。用户在相互作用模块中定义 XFEM 裂纹。用户可以指定裂纹的初始位置。另外，用户可以允许 Abaqus 在分析过程中，基于裂纹区域中计算得到的最大主应力或应变的值来确定裂纹的位置。更多信息见《Abaqus 分析用户手册——分析卷》的 5.7 节 "使用扩展的有限元方法将不连续性模拟成一个扩展特征"。《Abaqus 基准手册》的 1.19 节 "使用 XFEM 模拟不连续性" 提供了 Abaqus/CAE 中创建 XFEM 的例子。

要执行 XFEM 裂纹分析，用户必须指定如下项目：

裂纹区域

要定义裂纹区域，用户可以从三维零件中选择一个或者多个空间，或者从二维平面零件中选择多个面。如果用户在一个孤立网格上，或者在一个包含孤立网格单元和本地网格单元的零件上定义裂纹区域，则用户可以选择单元。裂纹区域包括任何已经存在裂纹和可以初始裂纹的区域，以及裂纹可以扩展到的区域。

裂纹生长

用户可以允许裂纹沿着任意的、求解相关的路径进行扩展，或者指定裂纹是静态的。

初始裂纹位置

要定义初始裂纹位置，用户可以从三维实体选择面，或者从一个二维平面模型中选择边。初始裂纹位置必须包含在裂纹区域内。一个所选的面可以是实体的一个面，通过分割创建的一个面，或者一个平面零件实例。类似地，一个所选的边可以是实体的边，通过一个分割创建的一条边，或者一个线框零件实例；用户不应当选择缝裂纹。用户不应当网格划分选择用来定义初始裂纹位置的面或者边。图 31-14 的例子显示了裂纹区域，以及二维或者三维几何形体和孤立网格的裂纹位置。

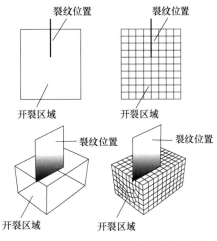

图 31-14 定义 XFEM 的一个裂纹

另外，用户可以选择不定义初始裂纹的位置。无论用户是否定义初始裂纹位置，通过寻找经历的主应力和/或应变大于牵引-分离规律设定的最大损伤值的区域，Abaqus 都会在仿真中启动裂纹的创建。

充实半径

充实半径是一个从裂纹尖端开始的小半径，在其中，单元将用于静态裂纹的裂纹奇点计算。充实半径中的单元必须包含在用户选择用来表示裂纹区域的空间或者面中。用户可以让 Abaqus 计算此半径（充实区域中的典型单元特征长度的三倍），或者用户可以指定一个值。

接触相互作用属性

用户可以选择将接触相互作用属性与定义开裂后单元面间接触的 XFEM 裂纹进行关联。详细信息见 31.3.6 节"指定 XFEM 的接触相互作用属性"。

损伤初始化

用户必须通过在材料定义中指定损伤初始化准则，来指定初始裂纹的条件。用户可以指定基于最大主应力，或者最大主应变的准则。更多信息见 12.9.3 节"定义损伤"中的"最大主应力或者应变损伤"。

分析过程

用户可以在一个静态分析过程中包括一个 XFEM 裂纹。另外，用户可以在一个隐式动力学分析过程中包括一个 XFEM 裂纹来仿真高速冲击载荷下结构中的开裂恶化失效。在一个隐式动力学过程中仿真的基于 XFEM 的裂纹扩展，在其前面和后面可以执行一个静态过程，来建模整个加载历史过程中的损伤和失效。

详细的说明见 31.3.4 节"创建 XFEM 裂纹"。

31.3.2 选择 XFEM 分析的类型

Abaqus 提供下面的方法来使用 XFEM 研究裂纹初始化和扩展：

牵引-分离黏结行为

牵引-分离黏结行为方法在《Abaqus 分析用户手册——分析卷》的 5.7 节"使用扩展的有限元方法将不连续性模拟成一个扩展特征"中的"使用胶粘片段方法和虚拟节点法来模拟移动的裂纹"中进行了详细的讨论。用户可以指定材料属性，此材料属性定义导致最终失效的损伤演化。用户将材料应用给赋有裂纹区域的截面。用户可以选择将接触相互作用属性的正常行为与定义开裂单元面接触的 XFEM 裂纹相关联。详细信息见 31.3.6 节"指定 XFEM 的接触相互作用属性"。要辅助随着材料失效的收敛，用户可以引入使用黏性归一化技术的局部阻尼。更多信息见 12.9.3 节"定义损伤"中的"损伤稳定性"。

线性弹性断裂力学

线性弹性断裂力学（linear elastic fracture mechanics，LEFM）方法使用改进的虚拟裂纹闭合技术（virtual crack closure technique，VCCT）来计算裂纹尖端的应变能释放速率。此方法对于脆性断裂问题是更加适合的，在《Abaqus 分析用户手册——分析卷》的 5.7 节"使用扩展的有限元方法将不连续性模拟成一个扩展特征"中的"基于线性弹性断裂力学（LEFM）和虚拟节点模拟移动裂纹"中进行了详细的介绍。要使用此方法，用户必须创建一个断裂准则接触相互作用属性，如 15.14.1 节"定义接触相互作用属性"中的"指定裂纹扩展的裂纹准则属性"中所描述的那样。如果用户在接触相互作用属性中指定局部阻尼，则 Abaqus 将使用黏性归一化技术来辅助随材料失效的收敛性。更多信息见 15.14.1 节"定义接触相互作用属性"中的"指定裂纹扩展的断裂准则属性"。

31.3.3 显示 XFEM 裂纹

当用户创建模型时，必须要求符合距离函数的场输出 PHILSM。当用户打开一个包含 PHILSM 输出变量的输出数据库文件时，Abaqus/CAE 创建沿着 XFEM 裂纹切开的显示（符号距离函数的值是零的地方）。这样，当用户查看一个变形的或者云图时，可以看到扩展区域中的开裂单元，如图 31-15 所示。用户可以执行一个云图，并且查看由 XFEM 计算得到的裂纹初始的时间历史动画。动画也允许用户显示随着分析的执行，损伤扩展通过扩展区域。切换打开透明，允许用户观察裂纹通过内部单元的过程。更多信息见 77.3 节"改变半透明度"。

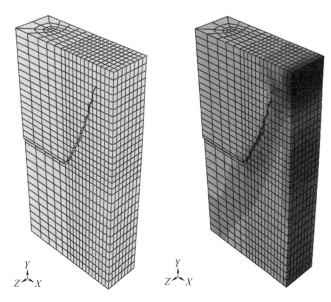

图 31-15 显示一个 XFEM 裂纹

要显示初始裂纹前缘，用户可以使用 PSILSM 创建一个等轴面切开形状，选取作为当前主要场输出的变量。更多信息见 80.2.1 节"创建或者编辑显示切割"。

如果用户想要更加详细地观察裂纹，可以创建符号距离函数（PHILSM）的云图，并且确定在哪一个单元中，符号距离值是负的或者正的。裂纹面位于 PHILSM 值从一个负值转变到一个正值的单元中。此外，用户可以使用 View Cut Manager 中的 功能来只显示符号距离函数的值是零的面，它对应 XFEM 开裂的面。更多信息见 80.1 节"理解视图切割"。

31.3.4 创建 XFEM 裂纹

用户可以在相互作用模块中使用 Special 菜单来创建一个扩展有限元单元法（XFEM）裂纹。更多信息见《Abaqus 分析用户手册——分析卷》的 5.7 节"使用扩展的有限元方法将不连续性模拟成一个扩展特征"。

若要创建一个 XFEM 裂纹，执行以下操作：

1. 从相互作用模块中的主菜单栏选择 Special→Crack→Create。

2. 从出现的 Create Crack 对话框选择 XFEM。

3. 输入裂纹的名称，然后单击 Continue 来选择对话框。

4. 从视口中的模型选择表示裂纹区域的对象。用户可以从三维零件实例选择单元实体，或者二维零件实例选择单元实体。如果有孤立网格或者包含孤立网格和本地网格单元的实例，则用户可以选择单元来表示裂纹区域。用户应当选择包含现有裂纹的对象，以及裂纹将扩展进入的对象。

5. 单击鼠标键 2 来说明用户已经完成开裂区域的选取。

出现 Edit Crack 对话框。

6. 进行下面的任意操作。

• 切换选中 Allow crack growth 来定义随着求解的进程，沿着通过模型的任何路径生长的裂纹。

• 切换不选 Allow crack growth 来定义一个不能生长的静态裂纹。

7. 如果用户选择允许裂纹生长，用户可以进行下面的操作来指定裂纹位置。

• 切换不选 Crack location，说明用户将允许 Abaqus 以用户指定的损伤初始准则为基础来确定裂纹的位置。

• 切换选中 Crack location，然后单击 ⬉ 来通过从三维模型选择内部面，或者从二维平面零件选择边来指导裂纹位置。用户不应当选择一个缝裂纹。

8. 如果用户选择防止裂纹增长，进行下面的操作。

a. 单击 ⬉ 来通过从三维模型选择内部面，或者从二维平面零件选择边来指定裂纹位置。用户不应当选择一条缝裂纹。

b. 指定富集半径，进行下面的任意操作。

• 选择 Analysis default 来允许 Abaqus 确定富集半径。默认的半径是富集区域中典型单元特征长度的三倍。

• 选择 Specify，然后输入一个值。此值应当是距离裂纹尖端的半径，使用半径中的单元来计算裂纹奇异。

9. 选择 XFEM 分析的类型。

• 默认情况下，Abaqus 将使用拉伸-分离胶粘行为方法。用户可以选择或者创建一个接触相互作用属性，基于小滑动接触方程，指定开裂面对压缩和摩擦行为。更多信息见15.13.7 节"定义面-面接触"。

• 如果用户创建一个断裂准则接触相互作用属性，Abaqus 将使用线性弹性断裂力学（LEFM）方法。更多信息见 15.14.1 节"定义接触相互作用属性"中的"为裂纹扩展指定断裂准则属性"。

10. 单击 OK 来构建 XFEM 裂纹并关闭编辑器。

Abaqus 显示绿色的叉来表示裂纹区域和裂纹位置。

要在显示模块中显示裂纹生长，用户必须使用分析步模块中的 Field Output Request 编辑器，并且请求 Abaqus 将有符号的距离函数 PHILSM 在分析过程中写到输出数据库。更多信息见 31.3.3 节"显示 XFEM 裂纹"和 14.12.2 节"更改场输出请求"。

31.3.5　抑制和激活 XFEM 裂纹生长

默认情况下，XFEM 裂纹在所有分析步中是激活的。然而，如果包括 XFEM 裂纹生长的分析不能收敛，则用户可以在选中的分析步中抑制裂纹，然后允许此分析在后续分析步中再次激活裂纹之前到达平衡。

若要在一个分析步过程中抑制和激活 XFEM 裂纹生长，执行以下操作：

1. 在初始步中创建一个相互作用。更多信息见 15.12.1 节"创建相互作用"。
2. 选择 XFEM crack growth 的一个相互作用类型，然后单击 Continue。
3. 从 Edit Interaction 对话框选择想要激活或者抑制的 XFEM 裂纹。用户可以选择仅允许裂纹生长的裂纹。
4. 单击 OK 来创建相互作用。
5. 打开 Interaction Manager。更多信息见 15.9.1 节"在相互作用模块中管理对象"。
6. 在期望的分析步中选择 XFEM 裂纹生长相互作用，然后单击 Edit。
7. 在 Edit Interaction 对话框中切换不选（或者选中）Allow crack growth 来抑制（或者激活）选中分析步中的 XFEM 裂纹生长，然后单击 OK。

Interaction Manager 显示 Modified 来说明分析步中 XFEM 裂纹生长的状态。Abaqus 将 XFEM 裂纹生长的状态传递到后续的分析步。

31.3.6　指定 XFEM 的接触相互作用属性

用户在构建一个 XFEM 分析时，可以选择接触相互作用属性来定义裂纹面的压缩行为。本节介绍接触相互作用属性值的设置来施加 XFEM 裂纹生长。更多信息见 15.4 节"理解相互作用属性"。

若要指定一个接触相互作用属性，执行以下操作：

1. 从主菜单栏选择 Interaction→Property→Create。
2. 在出现的 Create Interaction Property 对话框中进行下面的操作。
- 正确地命名相互作用。
- 选择相互作用属性的 Contact 类型。

3. 单击 Continue 来关闭 Create Interaction Property 对话框。

4. 从接触属性编辑器中的主菜单栏选择 Mechanical→Normal Behavior。

5. 从 Constraint enforcement method 域选择 Penalty（Standard），使用罚方法来实施接触约束。

6. 如果用户想要防止面接触后再分离，就切换不选 Allow separation after contact。

7. 选择 Behavior 域中的 Linear 强制行为来为接触约束的实施使用线性罚方法。

8. 指定 Stiffness value 域中的接触刚度。

● 选择 Use default 来让 Abaqus 自动地计算罚接触刚度。

● 选择 Specify，然后为线性罚刚度输入一个正值。

9. 指定一个因子来乘以 Stiffness scale factor 域中的选中罚刚度。

10. 指定 Clearance at which contact pressure is zero。默认值为 0。

11. 单击 OK 来创建接触属性并退出 Edit Contact Property 对话框。

31.3.7　请求 XFEM 的围线积分输出

用户使用分析步模块中的 History Output Request 编辑器来从 XFEM 裂纹中请求围线积分输出。用户必须从 Domain 域选择 Crack。然后编辑器允许用户选择输出频率和要执行的围线积分分析类型。更多信息见 14.12.3 节“更改历史输出请求”和《Abaqus 分析用户手册——分析卷》的 6.4.2 节“围线积分评估”。

若要请求围线积分输出，执行以下操作：

1. 进入分析步模块。

2. 从主菜单栏选择 Output→History Output Request→Create。

Abaqus/CAE 显示 Create History 对话框。

3. 在 Create History 对话框中输入请求输出的名称，以及将创建输出的步名称。单击 Continue 来关闭此对话框。

Abaqus/CAE 显示 History Output Requests 编辑器。

4. 在 Domain 域中选择 Crack，然后选择想要的围线积分。

5. 选择将生成历史输出的频率。

6. 输入要评估的围线数量。Abaqus/CAE 通过对之前区域定义的区域添加一层单元来计算下一个围线积分，如图 31-4 中描述的那样。每一个围线为围线积分生成一个值或者一组值。

7. 如果需要，切换选中 Step for residual stress initialization values，然后选择分析步，从中 Abaqus 将读取最后可以使用增量中的应力数据，并且使用此数据来计算残余应力。如果用户选择初始步，则通过指定的初始条件来定义残余应力。用户不能选择创建历史输出请求的步后面的那个步。更多信息见《Abaqus 分析用户手册——分析卷》的 6.4.2 节“围线积分评估”中的“在 J-积分评估上包括残余应力场的影响”。

8. 选择要执行的围线积分计算类型。用户可以从下面选择。

1) J-integral（J 积分）。用户在率相关的准静态裂纹分析中使用 J 积分来特征化与裂纹增长关联的能量释放。如果材料响应是线性的，则 J 积分可以与应力强度因子关联。更多信息见《Abaqus 分析用户手册——分析卷》的 6.4.2 节"围线积分评估"中的"J-积分"。

2) C_t- integral（C_t 积分）。用户为时间相关的蠕变行为使用 C_t 积分，此积分表征特定蠕变条件下的蠕变裂纹变形，包括瞬态裂纹增长。更多信息见《Abaqus 分析用户手册——分析卷》的 6.4.2 节"围线积分评估"中的"C_t-积分"。

3) T-stress（T 应力）。用户使用 T 应力分量来表示平行裂纹前缘的应力。更多信息见《Abaqus 分析用户手册——分析卷》的 6.4.2 节"围线积分评估"中的"T-应力"。

4) Stress intensity factors（应力强度因子）。用户在线弹性断裂力学中使用应力强度因子 K_{I}、K_{II} 和 K_{III} 来表征局部裂纹尖端应力和位移场。更多信息见《Abaqus 分析用户手册——分析卷》6.4.2 节"围线积分评估"中的"应力强度因子"。

如果用户使用应力强度因子请求一个围线积分计算，Abaqus 也计算初始处的裂纹扩展方向。用户必须选择下面的一项来说明裂纹初始准则。

- Maximum tangential stress
- Maximum energy release rate
- $K_{\mathrm{II}} = 0$

更多信息见《Abaqus 分析用户手册——分析卷》的 6.4.2 节"围线积分评估"中的"裂纹扩展方向"。

9. 单击 OK 来构建围线积分分析并且关闭编辑器。

Abaqus 为每一个围线积分的输出数据库中的历史输出变量如何命名的例子，见 31.2.6 节"围线积分输出"。

31.4　使用虚拟裂纹闭合技术来模拟裂纹扩展

用户可以使用虚拟裂纹闭合技术（the virtual crack closure technique，VCCT）来研究裂纹沿着一个已知的开裂面的初始和扩展。使用 VCCT 模拟裂纹扩展，仅对 Abaqus/Standard 模型是可用的（三维实体、壳，以及二维平面及轴对称模型）。本节包括以下主题：
- 31.4.1 节　"虚拟裂纹闭合技术概览"
- 31.4.2 节　"创建 Abaqus/Standard 的 VCCT 裂纹"

31.4.1　虚拟裂纹闭合技术概览

用户可以在准静态问题中，使用虚拟裂纹闭合技术（VCCT）来研究裂纹的开始和扩展。VCCT 使用线性弹性断裂力学（LEFM）原理，所以它适合于沿着预定义的面发生脆性裂纹扩展的问题。VCCT 以当一个裂纹扩展一定量时所释放的应变能，等同于裂纹闭合相同量时所要求的能量的假设为基础。

用户可以在一个静态或者准静态分析过程中包括一个 VCCT 裂纹。另外，用户可以在一个隐式动力学分析过程中包括 VCCT 裂纹，来仿真高速冲击载荷下，一个结构中的断裂和失效。VCCT 仅对 Abaqus/Standard 是有用的（三维实体和壳，以及二维平面及轴对称模型）。用户可以使用 VCCT 来研究一个包含几何形体，孤立网格单元，或者二者组合的零件中的一个裂纹。用户在相互作用模块中定义一个 VCCT 裂纹。用户可以指定最初是粘接在一起的表面的位置。更多信息见《Abaqus 分析用户手册——分析卷》的 5.7 节 "使用扩展的有限元方法将不连续性模拟成一个扩展特征"。

创建收敛到成功解的 VCCT 或增强的 VCCT 裂纹扩展模型，要求理解一些 VCCT 后面的原理。对于帮助用户创建可以成功进行分析的模型的信息，见《Abaqus 分析用户手册——分析卷》的 6.4.3 节 "裂纹扩展分析" 中的 "在 Abaqus/Standard 中使用 VCCT 或者增强的 VCCT 准则的技巧"。

对于详细的说明，见 31.4.2 节 "创建 Abaqus/Standard 的 VCCT 裂纹"。

31.4.2　创建 Abaqus/Standard 的 VCCT 裂纹

用户进行下面的操作就可以创建一个 Abaqus/Standard 可以分析的虚拟裂纹闭合技术（VCCT）裂纹。

● 创建一个指定开裂准则的接触相互作用属性。开裂准则相互作用属性指定沿着初始部分粘接面对裂纹扩展准则。用户可以在下面的裂纹扩展准则中选择：

—虚拟裂纹闭合技术（VCCT）准则，使用的是线性弹性断裂力学的原理。更多信息见《Abaqus 分析用户手册——分析卷》的 6.4.3 节"裂纹扩展分析"中的"VCCT 准则"。

—增强的虚拟裂纹闭合技术（Enhanced VCCT）准则，用户可以使用两个不同的裂纹断裂能释放率来控制裂纹的开始和扩展。仅在 Abaqus/Standard 分析中才可以使用增强的虚拟裂纹闭合技术。更多的信息见《Abaqus 分析用户手册——分析卷》的 6.4.3 节"裂纹扩展分析"中的"增强的 VCCT 准则"。

● 使用主接触面和从接触面来创建一个面到面的接触相互作用来模拟潜在的裂纹面。初始粘接的区域定义与主面初始粘接的从属面区域。从属面的未粘接部分表现成常规的接触面。详细信息见《Abaqus 分析用户手册——分析卷》的 6.4.3 节"裂纹扩展分析"中的"在 Abaqus/Standard 中定义初始粘接的裂纹面"。

● 激活裂纹扩展功能来指定在两个初始部分粘接的面之间可以发生裂纹扩展。裂纹在主面和从属面之间沿着界面连续扩展。虚拟裂纹闭合技术不能模拟没有开裂的面上的裂纹初始化；因此，用户必须在裂纹面的开始处，在从属面与主面之间指定一个缝隙来模拟预先存在的裂纹瑕疵。

更多信息见《Abaqus 分析用户手册——分析卷》的 6.4.3 节"裂纹扩展分析"。

若要创建一个 VCCT 裂纹，执行以下操作：

1. 创建一个接触相互作用属性来定义力学断裂准则，如 15.14.1 节"定义接触相互作用属性"中的"为裂纹扩展指定开裂准则属性"。

a. 选择裂纹开裂准则（VCCT 或者 Enhanced VCCT）。

注意：Direction of crack growth relative to 1-direction 功能仅可以施加到扩展区域，扩展有限元法（XFEM）将使用此扩展区域来进行裂纹扩展。

b. 为裂纹开始和扩展指定临界能量释放率。

2. 创建一个面到面的接触相互作用，来指定主面和从属面（包含潜在裂纹面的区域），如 15.13.7 节"定义面-面接触"中的"在 Abaqus/Standard 分析中定义面到面的接触"。

a. 选择 Surface to surface 的离散方法。

b. 在 Bonding 标签页中切换选中 Limit bonding to slave nodes in subset，并且选择集合来指定从属面已经初始粘接的节点。从属面的未粘接部分像常规的接触面一样。

c. 选择定义力学断裂准则的接触相互作用属性。

3. 激活 VCCT 裂纹扩展功能。

a. 从相互作用模块的主菜单栏选择 Special→Crack→Create。

b. 从出现的 Create Crack 对话框中选择 Debond using VCCT。

c. 输入裂纹的名称，然后单击 Continue 来关闭对话框。

出现 Edit Crack 对话框。

d. 在 Edit Crack 对话框中进行下面的操作。

i. 选择初始裂纹扩展到分析步。

ii. 选择面到面的接触相互作用来指定主面和从属面。

iii. 指定在接触对相互作用中定义的面之间的拉力在发生脱胶后如何释放。

- 选择 Step（默认的）来在脱胶后的增量过程中释放拉力。

- 要避免突然的不稳定，选择 Ramp 来在脱胶后的增量中逐步地释放拉力。

iv. 用户可以指定将裂纹扩展信息写到数据（.dat）文件的速度。如果分析步使用自动的时间增量，则建议的时间增量值是脱胶开始后第一个增量使用的时间增量。如果分析步使用固定的时间增量，并且如果 Abaqus/Standard 发现需要比当前增量值更小的增量值时，则增量值是脱胶发生后的时间增量。

e. 单击 OK 来构建 VCCT 裂纹，并且关闭编辑器。

4. 如果希望的话，编辑通用求解控制并且调整 VCCT Linear Scaling 来加速收敛。对于使用 VCCT 或者增强的 VCCT 准则的大部分裂纹扩展，到裂纹扩展点变形可以是近似线性的；超过此点，分析变得强非线性。在此情况中，可以使用线性缩放来有效地降低求解时间来到达裂纹扩展的开始。更多信息见 14.15.1 节"定制通用的求解控制"。

31.5 管理裂纹

Crack Manager 允许用户创建并且管理裂纹。管理器包括用户已经定义的裂纹名称和类型的列表。管理器中的 Create、Edit、Copy、Rename，以及 Delete 按钮允许用户创建一个新的裂纹，或者编辑、复制、重命名，以及删除一个现有的裂纹。沿着管理器左边一列的图标允许用户抑制或者恢复裂纹。用户也可以在相互作用模块中，从主菜单栏中使用 Special→Crack 菜单来开始这些过程。从主菜单栏中选择管理操作后，过程与用户在管理器对话框中单击对应的按钮是完全一样的。

32 垫片

本章介绍如何模拟垫片行为的信息，包括以下主题：

- 32.1 节 "垫片模拟概览"

- 32.2 节 "定义垫片材料"

- 32.3 节 "对区域赋予垫片单元"

32.1　垫片模拟概览

垫片是薄密封组件，位于两个结构组件之间（垫片理论的详细信息，见《Abaqus 分析用户手册——单元卷》的 6.6 节"垫片单元和垫片单元库"）。

在三维空间中建模垫片的一般过程，包括下面的步骤：

1. 在零件模块中，定义实体几何模型。垫片零件通常是非常薄的扁平的实体。

2. 在属性模块中，定义垫片材料。材料可以是常规材料或者包括特殊垫片性能的材料。更多信息见 32.2 节"定义垫片材料"。

3. 在属性模块中，定义一个参照垫片材料的垫片截面。然后对垫片区域赋予垫片截面。

4. 在相互作用模块中，建立合适的绑定约束或者垫片面与相邻区域的面之间的接触相互作用。

5. 在网格模块中，对垫片区域赋予自上而下的扫掠网格划分技术，或者自下而上的网格划分技术。无论用户选择哪一种网格划分技术，用户必须垂直垫片平面来扫掠、拉伸或者旋转网格，来生成具有正确方向的垫片单元。更多信息见 17.18.6 节"指定扫掠路径"，或者 17.11 节"自下而上的网格划分"。

6. 在网格划分模块中，对垫片区域赋予一个垫片单元类型，并且网格划分此区域。

当用户使用实体来建模垫片时，可以使用下面的一个技术或者组合来定义垫片和周围区域之间的相互作用：

● 用户可以创建一个单独的垫片零件，并且使用绑定约束或者接触相互作用来将垫片零件实例与其他零件实例耦合。

● 用户可以在一个零件内部创建一个区域，并且对其赋予一个垫片截面和单元类型。如果垫片网格和附近区域的网格兼容性是重要的话，推荐此方法。

如果垫片模型是由一些层和嵌入组成的，则额外的步骤是必要的。例如，图 32-1 所示为理想化的垫片模型，显示了将垫片建模成具有嵌入式壳状嵌入的固体层。

如果用户使用由一些层和嵌入组成的垫片，则必须执行下面的附加任务：

1. 使用分割工具集分割实体垫片区域，以便在嵌入的位置处创建一个内部面。

2. 在属性模块中，在表示嵌入的内部面上定

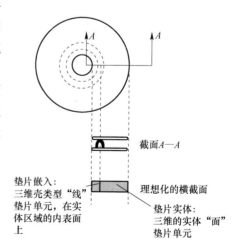

图 32-1　理想化的垫片模型

义蒙皮加强（更多信息见 36.1 节"定义蒙皮加强筋"）。用户赋给实体和嵌入的垫片截面通常是不同的，它们的材料也不同。

3. 不要求（或者不允许）嵌入蒙皮的网格划分，但是用户必须在网格划分模块中给蒙皮赋予一个三维"线"垫片单元类型。更多信息见 36.5 节"对蒙皮或者桁条加强筋赋予单元类型"。

垫片模型及单元三维显示如图 32-2 所示。

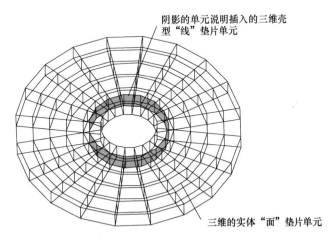

阴影的单元说明插入的三维壳
型"线"垫片单元

三维的实体"面"垫片单元

图 32-2 垫片模型及其单元三维显示

32.2 定义垫片材料

用户可以在垫片截面定义中创建两种类型的材料：具有垫片指定行为的材料和通常使用的材料。用户所创建的材料类型取决于用户对垫片行为的要求。

• 如果用户想让厚度方向、横向剪切和模型行为是非耦合的，则创建使用特别垫片行为的材料。垫片行为材料仅对垫片截面是有效的。定义垫片行为的方法的详细信息，见《Abaqus 分析用户手册——单元卷》的 6.6.6 节"使用垫片行为模型直接定义垫片行为"。

• 如果用户只想考虑厚度方向的行为，则创建一个通常使用的材料。通常使用的材料在垫片截面以及其他类型的截面中是有效的。定义垫片行为的方法的详细信息，见《Abaqus 分析用户手册——单元卷》的 6.6.5 节"使用材料模型定义垫片行为"。

用户通过为一个或多个 Other→Gasket 子菜单中建立的行为输入数据，来创建一个垫片专用的材料。在材料编辑器中忽略为任何其他行为输入的数据，但以下内容除外：

• 用户在垫片行为材料定义中包括 Expansion 行为（位于 Mechanical 菜单中）。

• 用户在垫片行为材料定义中包括 Creep 行为（位于 Mechanical→Plasticity 菜单中）。

• 用户在垫片行为材料定义中包括 Depvar 和 User Output Variables 行为（位于 General 菜单中）。

用户通过输入对垫片截面行为有效的数据来创建一个通常使用的材料，但是不包括在 Other→Gasket 子菜单中建立的垫片截面行为（如果用户为一个在 Other→Gasket 子菜单中建立的行为输入数据，则 Abaqus 自动创建一个垫片行为材料）。垫片截面定义中包括的通常使用的材料中，哪些材料行为是有效的信息，见《Abaqus 分析用户手册——单元卷》的 6.6 节"垫片单元和垫片单元库"。

32.3　对区域赋予垫片单元

　　如果区域是一个壳，则用户必须赋予扫掠网格划分技术；如果区域是一个实体，则用户可以赋予任何网格划分技术。对于实体区域，用户可以定义一个独立于网格划分技术的堆叠方向（更多信息见 17.18.8 节"赋予网格堆叠方向"）。扫掠网格划分技术确保单元采用适合于垫片建模的方式来堆叠。当用户对没有赋予堆叠方向的壳区域或者实体区域进行扫掠网格划分时，每一个垫片单元的轴与扫描路径方向是一致的；这样，用户可以通过指定一个合适的扫掠路径来控制垫片单元对齐。

　　例如，图 32-3 中显示的零件实例具有三个可能的扫描路径，并且每一个路径具有两个可能的扫掠方向。如果用户使用垫片单元划分此零件实例，则用户可以从六个可能的垫片轴方向中选择。更多信息见 17.9 节"扫掠网格划分"，以及 17.18.6 节"指定扫掠路径"。

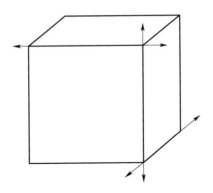

**图 32-3　对于壳区域，用户必须为模型选择一个提供合适
垫片轴方向的扫掠路径和方向**

　　此外，用户可以给孤立的网格单元赋予垫片单元。用户可以使用查询工具集来确认垫片单元已经在区域中正确对齐，此区域的垫片轴具有多个可能的方向。如果有必要，用户可以使用编辑网格工具集来改变网格划分的堆叠方向。更多信息见 64.6.4 节"确定堆叠方向"。用户可以对六面体、楔形和四边形单元使用这些工具，因为只有这些单元可以堆叠成一个连续壳或者垫片网格。如果用户对区域赋予了二阶垫片，则用户必须首先在重新定向堆叠方向前，改变对传统单元的赋予。然后，用户可以通过重新赋予二阶垫片单元来将区域转化回一个垫片网格。

33 惯量

本章介绍如何为一个零件或者装配体上的区域模拟不同类型惯量的信息，用户可以在属性模块或者相互作用模块中定义惯量，包括以下主题：

- 33.1 节 "定义惯量"
- 33.2 节 "管理惯量"
- 33.3 节 "定义点质量和转动惯量"
- 33.4 节 "定义非结构质量"
- 33.5 节 "定义热容"
- 33.6 节 "编辑施加惯量的区域"

33.1　定义惯量

用户可以在属性模块中为一个零件，或者在相互作用模块中为一个装配体定义惯量。用户可以指定下面的类型：

- Point mass/inertia。点质量或惯量，用户可以在一个点、一个零件或者一个装配体上定义块质量和转动惯量。用户也可以定义质量和惯量比例阻尼。在一个 Abaqus/Standard 分析中，用户可以定义复合阻尼。更多信息见《Abaqus 分析用户手册——单元卷》的 4.1.1 节"点质量"，以及《Abaqus 分析用户手册——单元卷》的 4.2.1 节"转动惯量"。

- Nonstructural mass。非结构质量，用户可以为一个零件或者一个装配体上的区域定义非结构质量。更多信息见《Abaqus 分析用户手册——介绍、空间建模、执行与输出卷》的 2.7 节"非结构质量定义"。

- Heat capacitance。热容，用户可以在一个点、一个零件或者一个装配体上定义集中热容。更多信息见《Abaqus 分析用户手册——单元卷》的 4.4.1 节"点容量"。

从属性模块或者相互作用模块中的主菜单栏中选择 Special→Inertia→Create：type 来定义惯量。从同一个菜单中选择 Edit 来对现有的定义进行更改。

惯量定义显示在 Engineering Features 中的模型树中，位于零件（如果在属性模块中创建）或者装配体（如果在相互作用模块中创建）下方。

用户定义惯量时，可以从视口中选择对象来确定要施加惯量的区域。默认情况下，创建一个包括有所选对象的集合或者面。用户可以通过关闭此选项来在命令提示区创建一个集合或者面来改变此行为。命令提示符中提供一个默认的名称，但用户也可以创建一个新名称。

用户将惯量施加到模型的区域时，可以选择在视口中显示符号来说明已经在某处施加了惯量。如果用户对区域施加惯量，则在顶点上出现符号。如果用户对一个孤立的网格施加惯量，则符号出现在节点上。有关图像符号类型的信息，见 C.3 节"用来表示特殊工程特征的符号"。关于控制这些符号可见性的信息，见 76.15 节"控制属性显示"。

对于创建此类型的工程特征的详细操作指南，见以下章节：

- 33.3 节　"定义点质量和转动惯量"
- 33.4 节　"定义非结构质量"
- 33.5 节　"定义热容"

33.2　管理惯量

　　Inertia Manager 允许用户创建并管理惯量定义。管理器包括用户已经定义的惯量名称和类型的列表。管理器中的 Create、Edit、Copy、Rename 和 Delete 按钮允许用户创建新的惯量定义或者编辑、复制、重命名以及删除现有的惯量定义。管理器左侧列中的图标允许用户抑制并恢复现有的惯量定义。用户也可以从属性模块或者相互作用模块的主菜单中使用 Special→Inertia 菜单开始这些过程。在用户从主菜单栏中选择一个管理操作后，过程与用户单击管理器对话框中的相应按钮一样。

33.3　定义点质量和转动惯量

用户可以在零件或者在装配体上的一个点处定义集中质量和转动惯量。用户也可以定义质量和惯量比例阻尼。在 Abaqus/Standard 分析中，用户可以定义复合阻尼。更多信息见《Abaqus 分析用户手册——单元卷》的 4.1.1 节"点质量"，以及《Abaqus 分析用户手册——单元卷》的 4.2.1 节"转动惯量"。

若要定义点质量和转动惯量，执行以下操作：

1. 从属性模块或者相互作用模块中的主菜单栏选择 Special→Inertia→Create。

2. 在出现的 Create Inertia 对话框中对惯量进行命名，选择 Point mass/inertia，然后单击 Continue。

3. 使用下面的一个方法来选择想要定义质量和转动惯量的点。

1）在视口中选择点。当用户完成选择时，单击鼠标键 2。

如果模型包含孤立网格单元和几何形体的组合，则从提示区域选择下面的一个选项。

—选择 Geometry 来为零件或者装配的几何部分或者参考点定义点质量和转动惯量。

—选择 Mesh 来为孤立网格构件定义点质量和转动惯量。

用户可以使用角度方法来从孤立网格选择一组节点。更多信息见 6.2.3 节"使用角度和特征边方法选择多个对象"。

2）要从现有集合的列表中选择，进行下面的操作。

a. 单击提示区域右侧的 Sets 来显示包含可用集合列表的 Region Selection 对话框。

b. 选择感兴趣的集合，并且单击 Continue。

注意：默认的方法基于用户最近使用的方法。要返回到其他方法，单击提示区域右侧的 Select in Viewport 或者 Sets。

出现 Edit Inertia 对话框。用户施加点质量和转动惯量的区域高亮显示在视口中。

4. 从 Magnitude 标签页的 Mass 部分进行下面的操作。

- 对于各向同性质量，切换选中 Isotropic 并指定质量的大小。
- 对于各向异性质量，切换选中 Anisotropic 并指定质量分量 M_{11}、M_{22} 和 M_{33}。

5. 在标签页的 Rotary Inertia 部分中，指定惯性矩（单位为 ML^2）。

a. 如果用户想要指定惯量叉积，则切换选中 Specify off-diagonal terms。

b. 为转动惯量输入值。

I11

关于局部 1 轴的转动惯量 I_{11}。

I22

关于局部 2 轴的转动惯量 I_{22}。

I33

关于局部 3 轴的转动惯量 I_{33}。

c. 如果可以施加的话，输入惯量叉积的值。

I12

惯性的叉积 I_{12}。

I13

惯性的叉积 I_{13}。

I23

惯性的叉积 I_{23}。

6. 如果用户想要改变转动惯量的坐标系（CSYS），则单击 ▷ 并且使用下面的一个方法。

1）在视口中选择现有的基准坐标系。

2）通过名称选择现有的基准坐标系。

a. 从提示区域单击 Datum CSYS List 来显示基准坐标系的列表。

b. 从列表选择名称并且单击 OK。

3）从提示区域单击 Use Global CSYS 来返回成整体坐标系。

默认情况下，使用整体坐标系来定义转动惯性矩。

7. 使用 Damping 标签页来定义质量或者惯量比例阻尼。对于 Abaqus/Standard 分析，用户也可以定义复合阻尼。用户为质量比例阻尼和复合阻尼指定值，或者为惯量比例阻尼和复合阻尼指定值；然而，Abaqus 仅使用与执行的特定动力学分析过程有关的阻尼。如果质量和转动惯量需要不同的阻尼值，则用户必须创建各自的惯量定义。

• 在 Alpha 域中，输入 α_R 因子来为直接积分的动力学分析和显式动力学分析创建质量或者惯量比例阻尼。默认值为 0.0。

• 在 Composite 域中，输入在模态动力学分析中，为模型计算复合阻尼因子所使用的临界阻尼的分数 ξ_α。默认值为 0.0。

8. 单击 OK 来保存用户的数据并关闭对话框。

在视口中出现表示用户刚创建的点质量和转动惯量的符号。

33.4　定义非结构质量

用户可以为零件或者装配体上的一个区域定义非结构质量。更多信息见《Abaqus 分析用户手册——介绍、空间建模、执行与输出卷》的 2.7 节"非结构质量定义"。

若要定义非结构质量，执行以下操作：

1. 从属性模块或者相互作用模块中的主菜单栏选择 Special→Inertia→Create。

2. 在出现的 Create Inertia 对话框中对惯量进行命名，选择 Nonstructural mass，然后单击 Continue。

3. 使用下面的一个方法来选择想要定义非结构质量的区域。

1）在视口中选择区域。当用户完成选择时，单击鼠标键 2。

如果模型包含孤立网格单元和几何形体的组合，则从提示区域选择下面的一个选项。

—选择 Geometry 来为零件或者装配的几何部分或者参考点定义非结构质量。

—选择 Mesh 来为孤立网格部件定义非结构质量。

用户可以使用角度方法来从孤立网格选择一组节点。更多信息见 6.2.3 节"使用角度和特征边方法选择多个对象"。

2）要从现有集合的列表选择，进行下面的操作。

a. 单击提示区域右侧的 Sets 来显示包含可用集合列表的 Region Selection 对话框。

b. 选择感兴趣的集合，并且单击 Continue。

注意：默认的方法基于用户最近使用的方法。要返回到其他方法，单击提示区域右侧的 Select in Viewport 或者 Sets。

出现 Edit Inertia 对话框。用户施加非结构质量的区域高亮显示在视口中。

4. 选择 Units 类型（将用来指定非结构质量大小）。可以使用的类型取决于用户选择的区域类型。

- 选择 Total Mass 来以总质量值的形式指定大小。
- 选择 Mass per Volume 来以每单位体积质量的形式来指定大小。
- 选择 Mass per Area 来以每单位面积质量的形式来指定大小。
- 选择 Mass per Length 来以每单位长度质量的形式来指定大小。

5. 在 Magnitude 域中以用户在之前步中选择的单位来输入非结构质量大小。

6. 如果以总质量值的形式指定质量和将区域指定成集合，则用户可以为区域上的分布质量选择 Distribution 方法。

- 选择 Mass Proportional 来将总质量以结构质量为比例分布在集合的成员中。在区域上均匀的缩放基底结构密度；这样不改变质心。

● 选择 Volume Proportional 来将总质量，以体积为比例分布在集合的成员中。对区域上的基底结构密度添加均匀的值；这样，如果区域有非均匀的结构密度，可能改变质心。

7. 单击 OK 来保存用户的数据并关闭对话框。

在视口中出现表示用户刚创建的非结构质量的符号。

33.5 定义热容

用户可以在零件或者装配体上的一个点处定义集中热容。更多信息见《Abaqus 分析用户手册——单元卷》的 4.4.1 节"点容量"。

若要定义热容，执行以下操作：

1. 从属性模块或者相互作用模块中的主菜单栏选择 Special→Inertia→Create。

2. 在出现的 Create Inertia 对话框中对惯量进行命名，选择 Heat capacitance，然后单击 Continue。

3. 使用下面的一个方法来选择用户想要定义热容的点。

1）在视口中选择点。当用户完成选择时，单击鼠标键 2。

如果模型包含孤立网格单元和几何形体的组合，则从提示区域选择下面的一个选项。

—选择 Geometry 来为零件或者装配的几何部分或者参考点定义热容。

—选择 Mesh 来为孤立网格部件定义热容。

用户可以使用角度方法来从孤立网格选择一组节点。更多信息见 6.2.3 节"使用角度和特征边方法选择多个对象"。

2）要从现有集合的列表选择，进行下面的操作。

a. 单击提示区域右侧的 Sets 来显示包含可用集合列表的 Region Selection 对话框。

b. 选择感兴趣的集合，并且单击 Continue。

注意：默认的方法基于用户最近使用的方法。要返回到其他方法，单击提示区域右侧的 Select in Viewport 或者 Sets。

出现 Edit Inertia 对话框。用户施加热容的区域高亮显示在视口中。

4. 如果需要，切换选中 Use temperature-dependent data 并输入温度。

5. 如果需要，指定 Number of field variables 并为第一个场变量、第二个场变量等输入值。

6. 在 Data 表中输入下面的参数。

Capacitance

输入热容大小 $\rho c V$（密度×比热×体积）。

7. 单击 OK 来保存用户的数据并关闭对话框。

在视口中出现表示用户刚刚创建的热容的符号。

33.6　编辑施加惯量的区域

用户可以编辑施加惯量的区域。

若要编辑施加惯量的区域，执行以下操作：

1. 从属性模块或者相互作用模块中的主菜单栏选择 Special→Inertia→Edit→惯量名称来显示 Edit Inertia 对话框。

2. 在对话框的顶部单击 ⌖ 。

3. 使用下面的一个方法来编辑区域。

1）在视口中选择和不选对象。当用户编辑完区域后，单击鼠标键 2（更多信息见第 6 章 "在视口中选择对象"）。

2）要从现有集合的列表中选择，进行下面的操作。

a. 单击提示区域右侧的 Sets。

Abaqus/CAE 显示包含可用集合列表的 Region Selection 对话框。

b. 选择感兴趣的集合，然后单击 Continue。

注意：默认的选择方法基于用户最近使用的选择方法。要变成其他方法，单击提示区域右侧的 Select in Viewport 或者 Sets。

4. 在对话框中，按照想要的那样完成惯量定义的编辑，然后单击 OK。

视口中表示惯量的符号发生改变，出现在新编辑的区域上。

34 载荷工况

本章介绍如何使用载荷工况的信息，包括以下主题：

- 34.1 节 "什么是载荷工况?"
- 34.2 节 "管理载荷工况"
- 34.3 节 "载荷工况编辑器"
- 34.4 节 "显示载荷工况输出"
- 34.5 节 "定义载荷工况"

34.1　什么是载荷工况？

载荷工况是用来定义特定载荷条件的一组载荷和边界条件。用户可以使用一个或者多个载荷工况来研究下面类型的分析中，承受不同载荷条件的结构的线性响应：静态摄动、直接稳态动力学、基于 SIM 的稳态动力学（基于模态的和基于子空间的），以及子结构生成。一个载荷工况分析通常比等效的多步分析更加有效，因为它利用了线性叠加的原理。

用户可以采用载荷和边界条件的方式直接地定义载荷工况，或者以之前定义的载荷工况的组合方式来定义载荷工况。用户使用载荷模块，以载荷和边界条件的方式来直接定义载荷工况。用户使用显示模块，在后处理过程中定义之前定义的载荷工况的载荷工况组合。载荷工况输出是存储在输出数据库（.odb）中的单个帧中的，并且用户可以将来自多个帧的结果进行组合，来为载荷工况组合创建结果。

用户使用载荷模块中的 Load Case 菜单来创建包括之前定义的载荷和边界条件的载荷工况。用户可以使用非零的比例因子，在一个载荷工况中缩放单个载荷和边界条件的大小。如果一个分析步包含载荷工况，则用户必须在一个或者多个载荷工况中的步中包括每一个载荷和边界条件。默认情况下，Abaqus/CAE 包括从用户创建的每一个载荷工况中衍生出来的或者经过更改的所有边界条件，但是允许用户更改这些单个载荷工况的行为。用户可以在一个包含载荷工况的步中使用边界条件管理器来抑制不使用的衍生边界条件。

在包含载荷工况的步中，Abaqus 仅支持场输出要求。在分析步模块中创建的场输出要求应用到步中的所有载荷工况。用户可以使用显示模块来显示并且操作载荷工况结果（见34.4 节"显示载荷工况输出"）。

对于更多的载荷工况信息，见《Abaqus 分析用户手册——分析卷》的 1.1.4 节"多载荷工况分析"。对于在载荷模块中创建载荷和边界条件的更多信息，见 16.4 节"创建和更改指定条件"。

34.2　管理载荷工况

Load Case Manager 允许用户组织并且控制与一个给定的模型相关联的载荷工况。用户在载荷模块中，通过 Load Case→Manager 从主菜单栏访问管理器。Load Case Manager 如图 34-1所示。

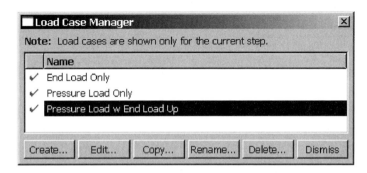

图 34-1　Load Case Manager

管理器的左侧列中的图标允许用户抑制和恢复现有的载荷工况。管理器中的 Create、Edit、Copy、Rename 或者 Delete 按钮允许用户创建新的载荷工况或者编辑、复制、重命名以及删除现有的载荷工况。用户也可以通过使用主菜单栏中的 Load Case 菜单来初始创建、编辑、复制、重命名以及删除过程。在用户从主菜单栏中选择一个管理操作后，过程与用户好像已经在管理器对话框内部单击了对应的按钮是一样的。

对于创建并且编辑载荷工况的详细用法说明，见 34.5 节"定义载荷工况"。

34.3　载荷工况编辑器

在用户进入载荷模块并且创建载荷和边界条件之后，用户可以使用 Load Case→Create 来从主菜单栏创建一个载荷工况。出现一个 Create Load Case 对话框，在其中用户可以提供载荷工况的一个名称，并且选择将在其中创建载荷工况的步。当用户单击 Create Load Case 对话框中的 Continue 时，出现载荷工况编辑器。

载荷工况编辑器的顶部面板显示载荷工况的名称和当前的分析步名称。载荷工况编辑器包含两个标签页，允许用户选择定义载荷工况的载荷和边界条件的表。默认情况下，Abaqus/CAE 包括用户创建的每一个载荷工况中的基本状态，衍生的或者更改的所有边界条件。用户可以在 Boundary Contition 标签页中关闭此行为。

单击每一个标签页底部的 ✚，从一个列表中选择载荷和边界条件。用户可以输入一个比例因子来缩放单个载荷和边界条件的大小。如果用户为一个载荷输入负的比例因子，则载荷将施加在相反的方向上。用户也可以在表中直接的输入载荷和边界条件的名称和比例因子。在载荷工况创建过程中，Abaqus/CAE 按照字母顺序排序载荷和边界条件的名称，并且在载荷工况编辑器中列出名称。用户可以在视口中高亮显示所选的载荷和边界条件。

例如，用户可以定义一组载荷工况来分析一个承受端载荷和均匀压力载荷的悬臂梁响应。此悬臂梁模型如图 34-2 所示。

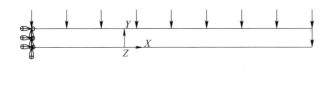

图 34-2　具有端载荷、压力载荷以及端部固定边界条件的悬臂梁模型

一个端部固定的边界条件是在初始步中施加的，而端部载荷和压力载荷是在一个静态、线性摄动步中施加的。

用户可以创建一个仅包含端载荷的载荷工况，以及另外一个仅包含压力载荷的载荷工况。此外，用户可以创建一个包含压力载荷和施加在相反方向上的（-1 的比例因子值）端部载荷的载荷工况，如图 34-3 所示。默认情况下，每一个载荷工况包含从基本状态衍生出来的端部固定边界条件，如图 34-4 所示。图 34-1 中的 Load Case Manager 显示为悬臂梁模型创建的三个载荷工况。

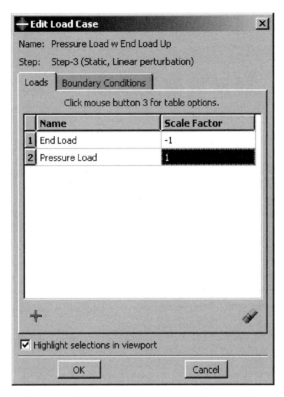

图 34-3　包括悬臂梁模型载荷的载荷工况定义

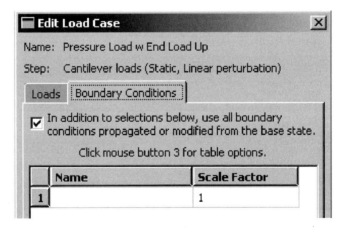

图 34-4　包括从悬臂梁模型的基本状态所衍生出来的
边界条件的载荷情况定义

34.4 显示载荷工况输出

载荷工况输出是存储在输出数据库（.odb）中的各自帧中的。用户使用显示模块来显示和控制载荷工况输出。载荷工况名称显示在包含载荷工况输出的每一帧的状态区中。例如，图 34-5 显示悬臂梁模型的 Pressure Load w End Load Up 的变形图（见 34.3 节"载荷工况编辑器"）。

图 34-5 来自一个载荷工况分析的结果

在显示模块中，用户可以线性的组合来自几个载荷工况的输出，来代表实际的加载环境。用户也可以得到在一些或者所有载荷情况上所选场变量的最小或者最大值。

例如，用户可以组合来自悬臂梁模型的 End Load Only 和 Pressure Load Only 载荷工况输出，来创建具有一个 Both loads 载荷工况名称的新的场输出，如图 34-6 所示。

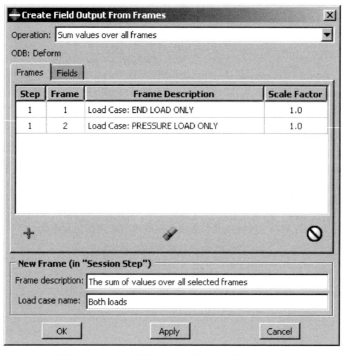

图 34-6 通过组合来自两个载荷工况（帧）的输出来创建新的场输出

新场输出包含在一个程序会话步的帧中，并且可以从 Field Output 对话框得到。图 34-7 显示了组合的变形结构图。

图 34-7　来自两个载荷工况的组合的变形结果

对于操纵载荷工况输出的详细信息，见 42.7.3 节"组合来自多个帧的结果"。

34.5　定义载荷工况

　　用户使用载荷模块中的 Load Case 菜单来定义一个载荷工况。用户可以在静态摄动、直接地稳态动力学、SIM 为基础的稳态动力学（模态为基础的和子空间为基础的）和子结构生成分析中创建载荷工况。在创建载荷工况之前必须先在载荷模块中创建单个的载荷和边界条件。更多信息见 16.8.1 节"创建载荷"和 16.8.2 节"创建边界条件"。

若要定义一个载荷工况，执行以下操作：

　　1. 从载荷模块中的主菜单栏选择 Load Case→Create。

　　技巧：用户也可以使用载荷模块工具箱中的 ⛏ 工具来创建一个载荷工况。

　　2. 在出现的 Create Load Case 对话框中进行下面的操作：

　　a. 命名载荷工况。有关命名对象的更多信息，见 3.2.1 节"使用基本对话框组件"。

　　b. 选择步。用户仅可以在下面的步中定义载荷工况：静态、线性摄动；稳态动力学、直接动力学；SIM 为基础的稳态动力学（模态和子空间）和子结构生成。

　　c. 单击 Continue。

　　出现载荷工况编辑器。

　　3. 如果用户想要在载荷工况中包括多个载荷，则单击 Loads 标签页。使用下面的一个方法来指定多个载荷。

　　1）单击标签页底部的 + 来显示选中步可以使用的载荷列表。

　　a. 从 Load Selection 对话框中，在列表中选择多个载荷（更多信息见 3.2.11 节"从列表和表格中选择多个项"）。在视口中高亮显示选中的多个载荷。

　　b. 在 Scale factor 域中，输入非零的值来缩放选中载荷的大小。输入负值来在相反的方向上施加选中的载荷。每一个载荷的默认比例因子是 1.0。

　　c. 单击 OK 来保存用户的选择并关闭 Load Selection 对话框。

　　2）使用键盘在表中输入值。

　　a. 输入之前定义载荷的名称。

　　b. 输入的非零值缩放载荷的大小。输入负值来在相反的方向上施加选中的载荷。每一个载荷的默认比例因子是 1.0。

　　c. 重复之前的多个步骤来指定载荷工况中包括的所有载荷。

　　载荷工况编辑器显示载荷工况中包括的载荷和比例因子。要在视口中高亮显示载荷，在编辑器中单击表行表头来选择载荷（更多信息见 3.2.11 节"从列表和表格中选择多个项"）。切换选中 Highlight selections in viewport。在视口中不显示被抑制的载荷。要从表中删除载荷，单击表行表头来选择载荷，然后单击 。

4. 如果用户想要在载荷工况中包括多个边界条件，则单击 Boundary Conditions 标签页来显示边界条件页。Abaqus/CAE 将会包括从用户创建的每一个载荷工况中传递的或者更改的所有边界条件。用户可以在边界条件页的顶部切换不选此行为。使用下面的一个方法来指定多个边界条件。

1）单击标签页底部的 ✚ 来显示选中步可以使用的边界条件列表。

a. 从 Boundary Condition Selection 对话框的列表中选择多个边界条件（更多信息见 3.2.11 节"从列表和表格中选择多个项"）。在视口中高亮显示选中的边界条件。

b. 在 Scale factor 域中，输入非零的值来缩放选中的边界条件大小。每一个边界条件的默认比例因子是 1.0。

c. 单击 OK 来保存用户的选择，并关闭 Boundary Condition Selection 对话框。

2）在表中输入值。

a. 输入之前定义的边界条件名称。

b. 输入的非零值缩放边界条件的大小。默认的比例因子是 1.0。

c. 重复之前的多个步骤来指定载荷工况中包括的所有边界条件。

载荷工况编辑器显示载荷工况中包括的边界条件和比例因子。比例因子仅与具有非零值的边界条件有关。要在视口中高亮显示边界条件，在编辑器中单击表行表头来选择边界条件（更多信息见 3.2.11 节"从列表和表格中选择多个项"）。切换选中 Highlight selections in viewport。在视口中不显示被抑制的载荷。要从表中删除边界条件，单击表行表头来选择边界条件，然后单击 ✎ 。

5. 单击 OK 来保存用户的载荷工况定义并关闭编辑器。

35　中面模拟

本章介绍中面模拟以及用户可以如何使用中面来为分析
简化薄实体模型，包括以下主题：

35.1　理解中面模拟

中面模拟是一个用来创建实体模型简化壳表示的技术。当具有一个定义有厚度的和更少细节的壳模型，对于所要求的分析合适时，中面模拟可以降低分析一个完整的实体模型所需要的计算成本。

中面模型过程依赖一个精确的实体模型作为起点。中面模拟对于薄实体，或者壁厚度是不变的薄壁的实体，或者在每一个点处可以容易的制定壁厚度来合理近似的薄壁实体，是最适合的。用户可以对一个模型内的任何实体单元应用中面模拟；用户不需要对整个模型应用中面模拟。如果用户仅对一个实体模型的一部分应用中面模拟，则 Abaqus/CAE 自动创建壳-实体的耦合，来将中面壳边的运动耦合到余下实体模型面的运动。如果壳面与实体面之间的角度从 90°显著偏离，则将不创建壳-实体的耦合约束。

除了降低费用，用户可以在一个实体模型的地方使用一个中面模型来更好的考虑模型的薄截面中的弯曲响应。将壳单元设计来管理单个单元厚度内的弯曲载荷，而单独的实体单元将对弯曲具有较小的或者没有阻抗。

在 Abaqus/CAE 中创建一个中面模型是一个手动过程。下面展现的过程提供一个涉及一般步骤的概览。每一个步骤中的任务可以取决于复杂性，以及原始实体模型的完整度和分析要求而发生变化。一些步骤，例如下面的步骤 4，可能不要求或者可以采用与这里展现的不同次序来完成。

若要创建一个中面模型，执行以下操作：

1. 在实体模型上赋予中面区域。使用 Assign Midsurface Region 工具，从实体零件中选择一个或者多个单元体来创建中面模型。更多信息见 35.5.1 节"赋予一个中面区域"。

Abaqus/CAE 从有效的表示中删除所选的单元体，并且创建一个包含所选单元体的参考表示。

2. 创建新的壳面来替代用户移动到参考表示的实体几何形体。

用户可以使用几何形体编辑工具集中的工具，或者壳特征创建工具来将壳特征添加到中面模型。对于更多的信息，分别见第 69 章"几何形体编辑工具集"和 11.22 节"添加壳特征"。几何形体工具集中的偏移面，对于中面模型是最常见的创建面方法。偏移过程基于所选的几何形体创建新的面，并且自动基于偏移参数赋予一个壳厚度。

3. 对新的壳特征赋予厚度。

Assign Thickness and Offset 工具集允许用户对新的中面几何形体（对于更多的信息，见 35.5.2 节"赋予厚度和偏置"）赋予壳厚度。工具允许用户对单独的面赋予厚度，并且用户也可以使用此工具来编辑 Abaqus/CAE 使用偏置过程创建面时自动赋予的厚度。用户必须仍然在属性模块中对新面赋予一个截面。在截面赋予过程中，用户可以做一个最后的决定，即是使用截面属性定义的厚度，还是使用来自几何形体的厚度定义。用户可以在所有的零件模块和装配为基础的模块中切换壳厚度显示，在视口中观察厚度（更多信息见 35.5.3 节"对壳面赋予厚度"）。

4. 修改任何分析属性，这些分析属性与用来创建参考表示的实体几何相关联。

分析属性，例如载荷、边界条件或者相互作用，不能施加到参考表示中的几何形体上。如果几何形体不再是有效表示的一部分时，则在移动到参考表示之前，任何与实体几何形体相关联的属性，都将与一个空区域相关联。更多信息见 35.2 节"理解参考表示"。

35.2 理解参考表示

　　一个参考表示是一个零件或者一个零件子集（一个或者多个单元）的另外的表示，不在分析中使用。参考表示保留原始的实体模型几何形体，并且像草图器中的参考几何形体一样，用户可以使用来自参考表示的实体对象作为工具，来构建一个零件的简化版本。最常用的参考表示用来构建中面模型。当与偏置面工具一起使用来创建中面模型的面时，参考表示与新面之间的偏置计算也允许 Abaqus/CAE 自动计算中面模型中的壳厚度和单元偏置。

　　当用户将一个中面属性赋予到一个实体零件中的一个或者多个单元时，Abaqus/CAE 创建一个参考表示。所选的单元是从零件的有效表示中删除的，并且添加到参考表示中。默认情况下，参考表示在零件模块中出现，并且着色为半透明的棕色。用户不能改变参考表示的颜色。但是用户可以在所有的模块中，使用位于主工具栏中的可视化对象工具 Show Reference Representation 🗐 来切换选中或者关闭参考表示的颜色。用户也可以使用显示选项来切换选中参考表示的半透明的打开和关闭（更多信息见 76.3 节 "控制边可见性"）。

　　用户可以与形状创建工具或者几何形体编辑工具集合中的工具一起使用参考表示，来帮助在有效的表示中构建新的几何实体。例如，用户可以在参考表示中偏置面，或者从参考表示中选择一个平面来作为草图平面，使用拉伸方法创建一个新的壳面——从参考表示中选择一条边和一个顶点来作为点并且垂直分割一个单元体——或者创建基准实体。用户也可以使用参考表示几何形体来定位实体，并且在装配模块中定义约束。

　　用户不能在参考表示中编辑几何形体，并且不能赋予分析属性，例如对参考表示赋予载荷、边界条件以及相互作用。创建一个参考表示时，在用户创建参考表示之前，任何施加到实体单元的分析属性，现在将与空的区域相关联。用户可以编辑空区域来将分析属性与实体相关联——实体几何形体或者用户为中面模型创建的壳几何——是有效代表的一部分。另外，用户可抑制或者删除分析属性。如果没有对受影响的分析属性实施任何改变，则当用户在作业模块中递交作业时，Abaqus/CAE 将显示一个警告信息。

35.3 为中面模型创建壳面

一旦用户使用一个参考表示，则必须手动地建立一个壳模型来替换已经从模型中删除的实体单元。用户可使用壳特征工具和几何形体编辑器工具集中的工具来创建和编辑壳面。

本节介绍一些使用这些工具来为中面模型创建面时，可以施加的特别条件。

本节包括以下主题：

- 35.3.1 节 "为中面模拟使用偏置面工具"
- 35.3.2 节 "为中面模拟使用扩展面工具"

35.3.1 为中面模拟使用偏置面工具

用户可以从几何编辑工具集中使用偏置面工具来创建中面。偏置面工具在一个偏置距离上，从原始的面集合创建新的面。使用类似于在草图器中偏置对象的过程来创建偏置面（更多信息见 20.8.6 节 "偏置对象"）。偏置面工具的使用见 69.7.7 节 "偏置面"。

除了创建新壳面，偏置面工具还提供两个有助于创建中面模型的功能：

- Abaqus/CAE 使用偏置距离来对新壳面赋予一个厚度。
- 自动修剪功能自动将新面修剪成参考表示。

一旦用户选择了要偏置的面，就可以为偏置距离输入一个值，或者选择一组想要表示壳厚度的，之间有距离的目标面，并且让 Abaqus/CAE 计算偏置。Abaqus/CAE 计算被偏置面与目标面之间的距离。用户可以偏置到平均距离的一半，或者到目标面上最近点或者最远点的分数距离。

图 35-1 所示为使用不同偏置距离计算值的差异。零件具有三个不同的厚度。最薄的面在顶上，最厚的面在中间，并且右面竖直面的厚度介于其他两个之间。选择参考表示的三个外部面来偏置，并且三个内部的面是目标面。左边的视图显示了默认的 Half the average distance（平均距离的一半）方法，并且偏置近似是顶面的整个厚度。中间的视图显示了 Fraction distance to closest point on face（到面上最近点的分数距离）方法，使用再次设置成 0.5 的分数距离。中间的（倾斜的）目标面是离中间偏置面最远的，所以 Abaqus/CAE 将新面偏置此距离的 0.5 倍。

注意：在偏置面将扩展通过原始实体零件的参考表示处，顶部偏置面被切断，因为使用了 Auto trim to reference representation（自动剪切参考表示）选项。

Abaqus/CAE 自动进行偏置计算，将新的偏置壳面与一个厚度相关联。如果用户选择目标面来计算偏置距离，则 Abaqus/CAE 也自动重新计算顶部面集合和底部面集合的任何几何形状变化所产生的偏置。使用 Assign Thickness and Offset 工具和 Render shell thickness 选项来

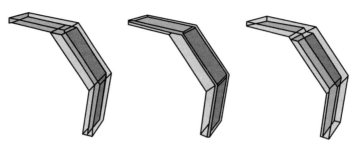

图 35-1 基于三个目标面计算方法的偏置距离中的差异

编辑和显示赋予壳面的厚度。更多信息见 35.5.2 节 "赋予厚度和偏置"，以及 35.5.4 节 "显示壳厚度"。

当偏置面时，如果用户使用自动切割选项，则 Abaqus/CAE 偏置面，并且将新面的外部边扩展一个等于偏置距离的量。在新面与参考表示相交的地方修剪新面。图 35-2 所示为剪切选项仅剪切到参考表示的外部面，参考表示包含两个单元，并且为偏置操作选取薄单元顶部高亮显示的面。使用自动修剪选项，新面扩展到参考表示的第二个单元体之内。

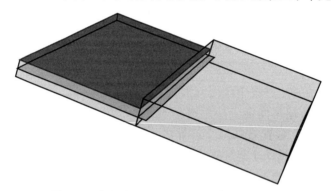

图 35-2 剪切选项仅剪切到参考表示的外部面

在此情况中，所选取的面创建不改变几何形体的偏置，并且没有剪切选项的偏置。另外，用户将扩展偏置面（扩展面工具）来填充整个参考表示，为两个单元体创建一个单独的面。

35.3.2 为中面模拟使用扩展面工具

用户可以从几何编辑工具集中使用扩展面工具来创建中面。扩展面工具扩展现有的壳面，这样对于中面模拟，它必须在用户已经创建一个或者多个壳面之后才能使用。扩展面工具的使用在 69.7.8 节 "扩展面" 中进行了详细的讨论。

用户可以通过选择单独的边来在一个或者多个方向上扩展面来扩展多个面，或者用户可以指定多个面沿着所有的外部边来扩展面。确定扩展距离的几个方法中，Up to reference representation 选项是专门用于中面模拟的。

当用户使用 Specify edges of faces to extend 选项来沿着一组边扩展面时，扩展面选项可能失效。如果发生此情况，试着降低所选边的数量，然后使用另一个选项来沿着保留边扩展面。

35.4   创建中面模型示例

本节介绍从实体模型创建中面模型的示例。在第一个示例中，实体零件具有合理的均匀厚度，并且中面模型的创建是相对容易的。第二个示例更加复杂，要求多个步骤来创建一个精确代表原始实体模型的中面模型。

- 35.4.1 节 "一个冲压支架的中面模拟"
- 35.4.2 节 "一个复杂零件的中面模拟"
- 35.4.3 节 "创建梁的壳表示"

35.4.1   一个冲压支架的中面模拟

此示例显示如何使用 Abaqus/CAE 中的中面模拟工具来将一个支架的实体模型转换成同一个零件的壳表示。

实体模型

此示例中的模型是一个 175.0mm 的长支架，从一个 3.0mm 低碳厚板冲压得到，如图 35-3 所示。默认的实体网格划分在支架厚度上生成一个或者两个单元，在弯曲时表现不佳。模拟一个支架的壳将可以提供更加精确的弯曲响应。

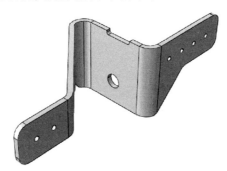

图 35-3   支架的实体模型

赋予中面区域

在零件模块中使用 Assign Midsurface Region 工具，从模型的有效表示中删除几何形体，并且创建一个原始实体几何的参考表示，如图 35-4 所示。参考表示是一个原始支架的抽象表示。此参考表示保留支架的原始几何形体，但是不能用于分析。在零件模块中默认出现的参考表示，用户可以使用主菜单栏中的可视化对象工具的 Show Reference Representation 工具 ⬛ 来切换选中或者关闭显示。更多信息见 35.2 节"理解参考表示"，以及 35.5.1 节"赋予一个中面区域"。

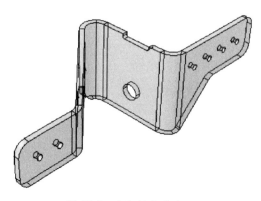

图 35-4　支架的参考表示

创建壳表示

用户必须创建一个 Abaqus 可以分析的支架壳表示。创建一个中面壳模型的最常用工具是偏置面工具，位于几何形体编辑工具集中的其他面工具中。偏置面工具允许用户从参考表示选择一个或者多个面，并且创建从原始面偏置的新面。用户可以输入一个固定的距离，或者选择目标面来让 Abaqus/CAE 计算距离。如果用户选择目标面，且要偏置的面与目标面之间的距离不是常数，则产生的壳厚度会相应变化。当用户分析模型时，Abaqus/CAE 为每一个节点和单元计算节点厚度和单元偏置。Offset Faces 对话框如图 35-5 所示。

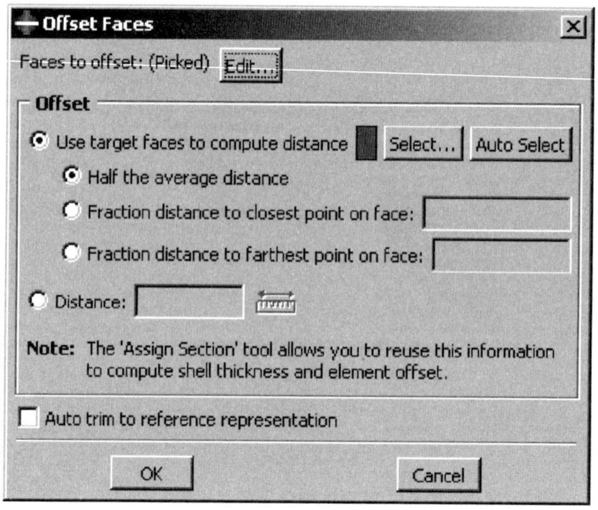

图 35-5　**Offset Faces** 对话框

更多信息见 69.2.2 节"编辑面的方法概览",以及 11.22 节"添加壳特征"。

图 35-6 所示为要偏置的面和目标面。使用 by angle 选择方法来选择面片的内部组作为要偏置的面,以及面的外部组作为目标面。

在此示例中,用户从 Offset Faces 对话框选择默认的选项 Half the average distance,Abaqus/CAE 在要偏置的面与目标面之间创建一半平均距离的面。

默认情况下,在 Offset Faces 对话框中切换不选 Auto trim to reference representation。然而,对于此步骤,自动剪切选项是有效的,所以 Abaqus/CAE 对偏置面进行剪切来与参考表示对齐。在某些情况中,剪切功能失效,导致新面与参考表示之间略微错位,并且产生来自 Abaqus/CAE 的一个警告信息。即使当剪切失败时,产生的壳面也经常是参考表示的一个合理的近似;这样用户

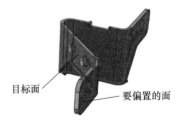

图 35-6　要偏置的面和目标面

可以忽略警告信息。更多信息见 35.3.1 节"为中面模拟使用偏置面工具"。

赋予一个壳截面

用户使用属性模块来创建一个壳截面,并且将它赋予到新面。创建壳截面时,用户可以输入任意的壳厚度。当用户对壳进行后续的截面赋予时,用户在 Edit Section Assignment 对话框中指定从几何形体计算得到厚度和壳偏置,如图 35-7 所示。Abaqus/CAE 忽略用户为壳截面输入的厚度值。更多信息见 12.15.1 节"赋予一个截面"。

图 35-7　**Edit Section Assignment** 对话框

如果需要，用户可以从 Part Display Options 中切换选中 Render shell thickness 来显示壳厚度，如图 35-8 所示。

图 35-8　显示壳厚度

网格划分零件

Abaqus/CAE 在网格划分模块中对壳零件着粉红色来显示零件可以使用自由网格划分技术来进行网格划分，如图 35-9 所示。用户对零件应用自动的虚拟拓扑，从原始零件中删除小的细节，并且删除在面剪切操作过程中创建的细节，如 75.6.1 节"自动创建虚拟拓扑"中所描述的那样。

用户施加默认的种子和网格控制，生成的网格如图 35-10 所示。

图 35-9　可以对零件应用自由网格划分

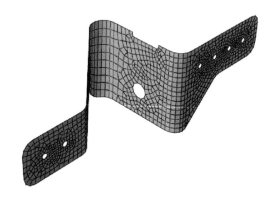

图 35-10　生成的网格

35.4.2　一个复杂零件的中面模拟

此示例使用几个技术和工具来创建一个由加强结构构建的中面模型。

实体模型

此示例中的模型是图 35-11 中显示的结构梁。梁的加强筋，不同的厚度以及梁的非对称形状不允许一个简单的截面表示。零件的复杂性与零件薄的横截面结合，使得使用一个中面模型来替代它非常适合。就像前面的示例中那样，弯曲性能将通过使用替代实体截面的网格划分的壳模型来改善。

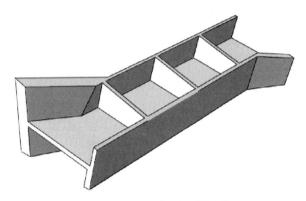

图 35-11 加强梁的实体模型

赋予中面区域

在零件模块中使用 Assign Midsurface Region 工具，从梁的有效表示中删除几何形体，并且创建一个原始实体几何形体的参考表示，如图 35-12 所示。参考表示是原始零件的一个抽象表示。它保留零件的原始几何形体，但是不能用于分析。在零件模块中，默认显示参考表示；用户可以使用位于主工具栏中的可视化对象工具中的 Show Reference Representation 工具 ，来切换选中或者不选参考表示。更多信息见 35.2 节 "理解参考表示"，以及 35.5.1 节 "赋予一个中面区域"。

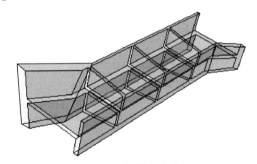

图 35-12 梁的参考表示

创建壳表示

用户必须创建一个可以通过 Abaqus 来分析的梁的壳表示。为此零件创建一个壳要求多个步骤和工具。可以有几个等效的方法来为一个模型生成精确的壳表示。下面的步使用来自几何形体编辑工具集的工具来创建新的壳面。

赋予厚度

现在，所有的原始实体几何形体已经由壳几何形体替代。要完成模型，用户应当确认壳有合适的厚度信息。单击赋予厚度和偏置工具 。Abaqus/CAE 高亮显示任何没有厚度数据的壳面。在此情况中，因为壳面都是使用偏置、扩展和弯曲工具集创建的，所以所有的面已经附有厚度数据了。如果存在没有厚度数据的面，则用户应当选择每一个面，然后使用 Assign thickness and Offset 对话框中的 Compute thickness from opposite faces 方法来选择每一个面，从参考表示单击合适的顶面和底面来创建缺失的厚度。

要让模型显示壳厚度，用户应当切换选中 Part Display Options 对话框中的 Render shell thickness（更多信息见 35.5.4 节"显示壳厚度"）。产生的显示包括原始实体模型中的厚度变化如图 35-13 所示。

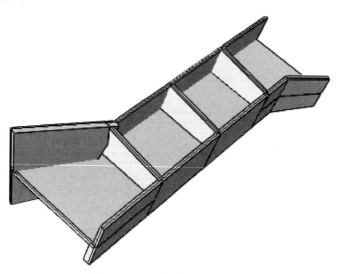

图 35-13　显示具有厚度的壳面

赋予一个壳截面

使用属性模块来创建一个壳截面，然后将壳截面赋予到中面模型。创建壳截面时，用户可以为壳厚度输入任意值。当用户后续对壳赋予截面时，可以在 Edit Section Assignment 对话框中指定从几何形体计算厚度和壳偏置。Abaqus/CAE 忽略为壳输入的厚度值，然后在零件模块中使用赋给面的厚度。更多信息见 12.15.1 节"赋予一个截面"。图 35-14 显示在属性模块中赋予截面后，具有截面厚度的完整中面模型。几何形体与图 35-13 中的几何形体一样。

网格划分零件

Abaqus/CAE 在网格划分模块中将壳着色成粉红色来说明可以使用自由网格划分技术来进行网格划分，如图 35-15 所示。

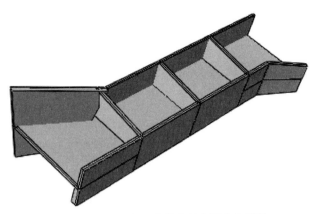

图 35-14　具有壳厚度的完整中面几何形体

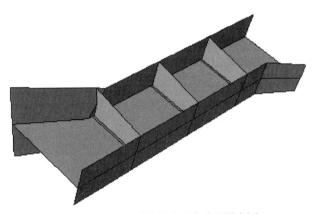

图 35-15　可以对零件应用自由网格划分

在布置种子和网格划分零件之前，用户可应用自动的虚拟拓扑来删除网格划分中不需要的小细节（更多信息见 75.6.1 节"自动创建虚拟拓扑"）。默认的自动虚拟拓扑设置应当删除弯曲面边缘以及其他不必要地约束零件网格划分的小细节。

注意：如果邻近的面具有不一致的法向，自动虚拟拓扑可以失效。如果发生此情况，返回到零件模块中，并且使用几何编辑工具集中的 🔩 工具来修复面法向。

应用默认的种子和网格划分控制，并且在零件上生成网格。生成的网格显示如图 35-16 所示，即有显示的壳厚度。

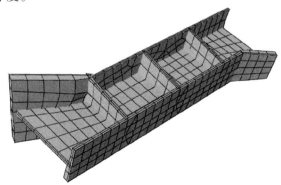

图 35-16　生成的具有壳厚度渲染的网格

现在已经使用壳几何形体对所有的原始实体几何形体进行了替换。

35.4.3　创建梁的壳表示

用户必须创建 Abaqus 可以分析的梁的壳表示。创建此零件的壳要求多个分析步骤和工具。存在几个等效的有效方法来产生一个模型的精确壳表示。下面的步骤使用几何形体编辑工具集中的工具来创建新的壳面。

1. 使用偏置面 工具为梁的垂直左上侧创建壳面。

从参考表示选择面来创建偏置壳。使用 Auto Select 来选择目标面。要偏置的面和目标面显示如图 35-17 所示。

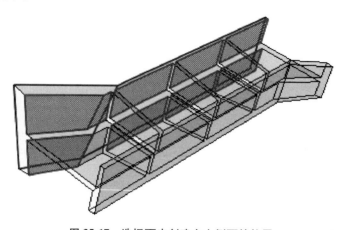

图 35-17　选择面来创建左上侧面的偏置

要偏置的面是朝向后面的两个外部竖直面。目标面是九个面，大部分不连接，包括同一个梁壁的内部面。Fraction distance to closest point on face 方法与 0.5 的输入一起使用来创建沿梁的顶部，较薄的主要部分厚度一半的偏置。使用此选项来防止左边较厚的截面，并且防止沿着梁的底部创建一个比薄的部分更大的偏置。为此步骤使用 Auto trim to reference representation 选项。此操作在偏置过程中扩展面，并且然后沿着参考表示的边修剪偏置面。当多个偏置和选择了多个目标面时，自动修剪可能失效；如果自动修剪失效，Abaqus/CAE 显示一个说明失效的警告。用户可以使用扩展面工具来扩展新的面来与参考表示的边相遇。生成的偏置面如图 35-18 所示。

2. 重复步骤 1 中的过程来为梁的相反侧创建偏置面。

现在生成的壳模型包含梁的两个外部面，如图 35-19 所示。

3. 为连接两侧壁的四个水平截面创建偏置面。

用户可以在一个单独的偏置操作中，通过选择四个顶面来偏置，并且使用 Auto Select 来选择相应的底面来创建面。在此情况中，Auto trim to reference representation 是切换不选的，这样新的面不扩展也不裁切。水平面的壳模型显示在图 35-20 中（为了清晰，抑制了步骤 2 中创建的面）。注意水平面之间的间隔，在这些地方，偏置面碰到了原始零件中的竖直加强筋。类似的间隔存在于水平壳面和前两步中创建的侧壁之间。

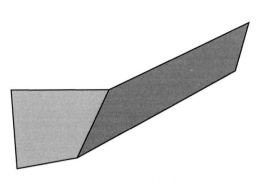

图 35-18　生成的偏置面

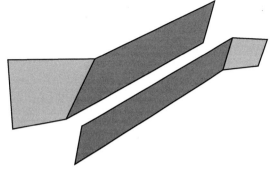

图 35-19　来自第一步和其他步的偏置面

4. 重复步骤 3 的过程为连接梁侧的垂直筋创建偏置面。

现在，中面壳模型包含几乎代表所有实体几何形体的面，如图 35-21 所示。然而，由于原始实体结构的厚度，大部分的面之间存在间隙。

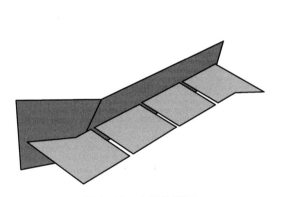

图 35-20　水平偏置面

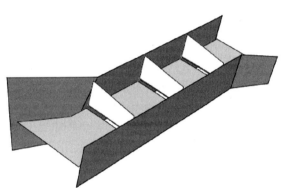

图 35-21　面之间具有间隙的中面模型

5. 闭合垂直筋与梁侧支架的间隙。

使用扩展面 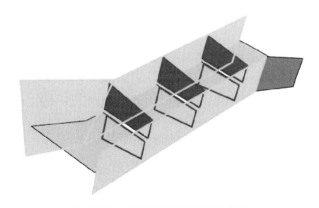 工具来扩展六个垂直筋来与侧面相交。所选的面和目标面如图 35-22 所示。

图 35-22　指定要扩展的面和目标面

当用户单击 OK 时，Abaqus/CAE 更新亮显来说明沿着面扩展的边，如图 35-23 所示，并且显示警告对话框，警告对话框中包括允许用户接受的选择，来扩展所选面的所有边缘，或者放弃扩展面过程。

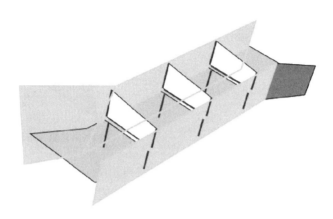

图 35-23　将扩展垂直面的边缘

6. 使用扩展面 工具来扩展水平面，来与梁侧相交。

在此情况中，分别使用具有 Up to target face 的 Specify edges of faces to extend 方法来拾取边和面，如图 35-24 所示。当 Abaqus/CAE 高亮显示说明将扩展面的边缘时，图中通过箭头说明的四个边缘会从选择中删除，因为它们不完全的匹配目标面。单击 No 来使用之前的边缘选择。

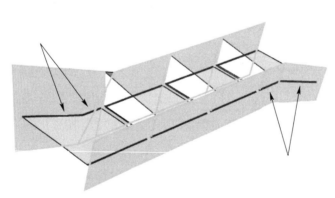

图 35-24　将沿其扩展水平面的多个边

7. 单击梁的水平和竖直连接截面之间的剩余间隙。用户可以使用弯曲面工具 或者扩展面工具 ，通过闭合梁的水平与垂直连接截面之间的剩余间隙来完成中面模型。

a. 与图 35-25 中显示的选择一起使用扩展面工具 。

切换选中 Trim to extended underlying target surfaces，这样 Abaqus/CAE 将扩展并且裁切竖直面到它们与所选目标面的隐含相交。

b. 使用弯曲面工具 来填充剩余的间隙。

此工具必须使用三次来填充模型中的剩余间隙。

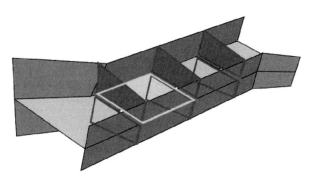

图 35-25　填充竖直加强筋之间的间隙

35.5 创建和编辑中面模型

在 Abaqus/CAE 中创建一个中面模型的典型过程从实体模型开始。从实体模型，用户为想要创建中面的模型选择单元体。将这些实体单元赋予成中面区域，会在视口中创建一个参考表示，用户可以为这些参考表示创建中面模型的壳面。用户可以使用几何形体编辑工具集的工具来创建壳面，然后用户可以对新壳赋予厚度。当用户对壳几何形体赋予厚度和偏置时，默认的设置将表示壳的中面通常中心定位在厚度内。

本节包括以下主题：

- 35.5.1 节 "赋予一个中面区域"
- 35.5.2 节 "赋予厚度和偏置"
- 35.5.3 节 "对壳面赋予厚度"
- 35.5.4 节 "显示壳厚度"

35.5.1 赋予一个中面区域

要开始创建一个中面模型，用户选择想要表示成壳的实体模型区域。当用户对实体模型的一个或者多个单元体赋予一个中面时，Abaqus/CAE 创建 Assign Midsurface 特征，然后将选中的单元体从零件的表示形体中移动到参考表示形体中。参考表示类似于草图中参考几何形体的操作——使用几何编辑工具集，用户可以从参考表示形体中选择点和边来创建中面模型中的点、边和面。用户创建的新中面几何形体，将变成将网格划分和分析的有效表示几何形体的一部分。

若要创建参考表示，执行以下操作：

1. 从主菜单栏选择 Tools→Midsurface→Assign。

技巧：用户也可以使用 工具来赋予中面区域，此工具与零件模块工具箱中的中面工具在一起。

2. 选择用户想要创建中面模型的实体单元。

用户可以从视口选择单个的实体，或者选择现有的实体单元体集合。有关在 Abaqus/CAE 中使用选择方法的更多信息，见第 6 章 "在视口中选择对象"。

Abaqus/CAE 创建一个 Assign midsurface 特征，此特征包含选中的单元体，并且将它们在视口中显示成透明的。

3. 重复步骤 2 来赋予更多的中面区域，或者单击 Done 来结束过程。

35.5.2　赋予厚度和偏置

像 Abaqus/CAE 中的所有壳面，中面模型面要求一个厚度定义。在用户已经为中面模型创建壳几何形体之后，Assign Thickness and Offset 工具提供一个方法来精确地捕捉用户正在替换的实体模型的厚度。用户也可以使用此工具来编辑 Abaqus/CAE 自动赋予的厚度。例如，用户可以编辑使用面偏置过程创建的面厚度（更多信息见 69.7.7 节 "偏置面"）。Abaqus/CAE 自动地采用偏置操作中使用的参数来推导偏置面的壳厚度。

在 Abaqus/CAE 中，有两个方法来给壳面赋予厚度。用户可以通过使用属性模块中的截面属性来施加壳厚度定义，或者在零件模块中选择面，然后使用 Assign Thickness and Offset 工具来编辑它们的厚度。在界面赋予过程中，用户选择 Abaqus/CAE 使用哪一个方法来对几何面的特定集合赋予厚度（有关截面赋予的更多信息，见 12.15.1 节 "赋予一个截面"）。

注意：在零件模块中赋予的厚度数据——自动赋予的或者使用 Assign Thickness and Offset 工具赋予的——出现成属性模块中 Edit Section Assignment 对话框的厚度部分中的 From geometry。用户不能使用赋予到零件模块中的厚度数据来计算 Abaqus/Explicit 分析中的偏置。

35.5.3　对壳面赋予厚度

在零件模块中定义厚度，允许用户定义实体的中面——相对于中面模型的壳面位于在哪里。默认的厚度定义将中面位于厚度的中心。然而用户可以选择面来定义顶厚度和底厚度，在中面和壳厚度的中间之间有效地创建一个偏置。选择顶面和底面允许用户简单地定义每一个节点处的不同厚度，并且为每一个单元定义不同的壳偏置。当用户使用一个中面模型来近似具有不同厚度的薄实体模型时，此自由度是有用的。如果用户编辑模型几何形体，则使用顶面和底面也允许 Abaqus/CAE 自动地更新厚度数据。

若要给壳面赋予厚度，执行以下操作：

1. 从主菜单栏选择 Tools→Midsurface→Assign Thickness and Offset。

技巧：用户也可以赋予厚度并且使用 工具来偏置，此工具与零件模块工具箱中的中面工具在一起。

如果壳面当前没有与厚度关联，则将壳面着色成黄色。

2. 如果零件包含多个壳面，选择想要赋予厚度和偏置的多个面（更多信息见第 6 章 "在视口中选择对象"）。

3. 当用户完成在视口中选择时，单击鼠标键 2 来完成选择。

Abaqus/CAE 打开 Assign Thickness and Offset 对话框。

4. 如果有必要，单击 Faces to assign thickness 旁边的 Edit 按钮来改变在之前步骤中进行的选择。

5. 使用下面的一个方法来对选中的面赋予厚度。

● 选择 Enter or Measure the thickness 项。输入厚度值，或者单击 📏 来度量视口中的距离，然后输入厚度。

● 选择 Compute thickness from opposite faces 项。切换选中此选项，然后单击 Select 来从视口选择顶面和/或底面。

Abaqus/CAE 在视口中高亮显示面并计算厚度。

如果用户仅选择顶面或者仅选择底面，则 Abaqus/CAE 对目标壳面的两侧施加相同的厚度。如果用户选择顶面和底面，则 Abaqus/CAE 计算厚度值和一个偏置值，这样选中的壳面没有中心定位在厚度内。

6. 单击 OK 来对目标面施加厚度和偏置（如果使用的话）并关闭对话框。

用户可以通过在 Abaqus/CAE 显示选项中切换选中 Render shell thickness 来显示模型中的面厚度。更多信息见 35.5.4 节"显示壳厚度"，以及 76.8 节"控制壳厚度显示"。

35.5.4　显示壳厚度

用户可以在 Abaqus/CAE 中显示中面模型的厚度。厚度表示使用零件上定义的偏置和厚度，或者通过截面赋予属性来创建新的模型视图。显示零件厚度以及参考表示，可以帮助用户确定中面模型是否精确地表示用户替代的实体模型。

图 35-26 中显示了一个轴对称的壳截面（光滑弯曲的面），以及一个拉伸的壳，面沿着直边连接到一起。其中，壳厚度精确地显示了光滑弯曲的壳；然而，在沿着边连接的壳面处，所显示的厚度在面之间包含间隙，并且在拐角处重叠。

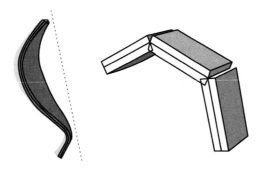

图 35-26　在光滑的弯曲面上和沿着边连接的面上显示壳厚度

要激活壳厚度显示，见 76.8 节"控制壳厚度显示"。

36　蒙皮和桁条加强筋

本章介绍如何建模蒙皮和桁条加强件的信息，包括以下

信息：

- 36.1 节 "定义蒙皮加强筋"
- 36.2 节 "定义桁条加强筋"
- 36.3 节 "管理蒙皮和桁条加强筋"
- 36.4 节 "在蒙皮或者桁条加强筋上生成单元"
- 36.5 节 "对蒙皮或者桁条加强筋赋予单元类型"
- 36.6 节 "使用偏置网格创建蒙皮加强筋"
- 36.7 节 "对蒙皮和桁条赋予面属性"
- 36.8 节 "创建和编辑蒙皮加强筋"
- 36.9 节 "创建和编辑桁条加强筋"

36.1　定义蒙皮加强筋

用一个蒙皮加强件定义一个粘接在现有零件表面的蒙皮，并指定它的工程属性。表面可以是一个三维实体零件的表面、一个轴对称零件的任何边缘，或者一个二维零件的任何面。零件可以包括几何形体和孤立网格单元；然而，必须为几何形体和孤立单元分别定义蒙皮加强件。用户应当将蒙皮考虑成一个零件或者区域的属性，并且以相同的方式将截面考虑为零件或者区域的属性。

图 36-1 所示的复合梁是一个用户如何可以在模型中使用蒙皮加强的例子。

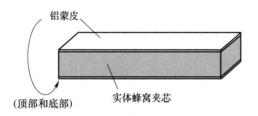

图 36-1　通过一个实体蜂窝夹芯和一个铝蒙皮建立的复合梁

此梁具有一个实体蜂窝，在上面和下面的表面上具有一个铝蒙皮。用户可以创建一个代表蜂窝的实体零件，并且添加一个代表铝层的蒙皮加强件。在网格划分模块中，用户给蜂窝赋予实体单元，并给蒙皮赋予壳单元。实体和壳单元共享相同的节点。

在属性模块中的主菜单栏选择 Special→Skin→Create，来定义一个或者多个蒙皮，从相同的菜单选择 Edit 来对一个现有的定义进行更改。所有用户创建的蒙皮也出现在模型树中 part 下面的 Skins 容器中。默认情况下，在视口中不显示蒙皮，但是用户可以通过在视口颜色编码它们来使它们可见。更多信息见 77.4 节 "着色几何形体和网格单元"。

如果用户在一个几何区域上创建了一个蒙皮，对基底几何进行了少许的修改，则 Abaqus/CAE 会更新蒙皮。如果用户编辑了具有蒙皮的孤立节点或者单元，编辑或者删除节点或者单元，则 Abaqus/CAE 会更新蒙皮；然而，如果用户创建了新的节点或者单元，Abaqus/CAE 不会更新蒙皮。

用户可以在后续建模操作中选择蒙皮；例如：

● 给一个蒙皮赋予均质的壳截面、一个复合壳截面、一个膜截面、一个面截面，或者一个垫片截面。在属性模块中实施截面赋予。

● 给一个蒙皮赋予材料方向，或者螺纹钢参考方向。在属性模块中实施这两个方向赋予。

● 在属性模块中给一个蒙皮赋予一个法向。虽然用户不能给蒙皮直接地赋予法向，但是用户可以给一个面赋予一个法向，这样更新了在那个面上定义的所有蒙皮的法向。

- 在载荷模块中规定了一个对蒙皮的体力。

- 在载荷模块中，在蒙皮上规定热通量。实际上，用户通过对基底面或者面组施加一个热通量载荷来实施此模拟操作。Abaqus/CAE 在分析中对那个面上的所有蒙皮施加载荷。

- 在网格划分模块中对蒙皮赋予一个单元类型。

- 在分析步模块中要求蒙皮的场数据输出或者历史数据输出。

- 在显示模块中创建一个显示组来显示蒙皮单元上的应力值。当用户不能通过 Create Display Group 对话框中的名称，专门的选择蒙皮时，用户可以在这些对话框中，通过寻找用户模型中与蒙皮单元共享相同单元类型、相同截面赋予，或者相同其他属性的单元来找到它们。这个过程可以帮助用户将单元的列表收窄到想要包括的蒙皮。

当系统提示用户选择这些建模操作的区域时，从 Selection 工具栏中的目标类型的列表中选择 Skins，并且从视口中选择蒙皮区域。更多信息见 6.3.2 节 "根据对象类型过滤用户的选择"。

当实施接触计算时，Abaqus/CAE 仅在某些情况中考虑几何面的蒙皮加强；例如，当用户为所有外表面指定通用接触时，Abaqus 中自动定义一个将考虑蒙皮加强的全包面。蒙皮加强可以显著地影响接触计算，就因为蒙皮厚度和诸如接触罚刚度那样的在数值量上的潜在影响。在接触定义中明确的包含蒙皮加强，用户应当在蒙皮加强上创建一个集合，并且接着在一个接触定义中使用集合。

创建一个蒙皮的详细情况，见 36.8 节 "创建和编辑蒙皮加强筋"。

36.2　定义桁条加强筋

一个桁条加强定义一个粘接到现有零件边缘的，并且指定它的工程属性的桁条。用户可以选择一个三维实体零件的边缘或者一个二维平面零件的边缘。此零件可以包括几何形体和孤立网格单元；然而，必须为几何形体和孤立单元分别定义桁条加强。用户应当将桁条考虑成零件或者区域的属性，截面以同样的方式考虑成零件或者区域的属性。

图 36-2 中显示的钢加强的梁，是一个用户如何在模型中使用桁条加强的例子。

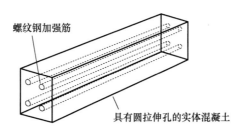

图 36-2　采用钢桁条加强建模的混凝土梁

梁在整个梁长度上有四个拉伸圆柱的混凝土核心。在每一个拉伸中创建了一个具有圆截面的螺纹钢，提供沿着梁长度的支持。用户可以创建一个代表梁的实体零件，并且添加代表螺纹钢的四个桁条加强。在网格划分模块中，用户给混凝土赋予实体单元并给螺纹钢赋予线性单元。实体和线性单元共享相同的节点。

从属性模块中的主菜单栏选择 Special→Stringer→Create 来定义一个或者多个桁条。从相同的菜单选择 Edit 来对现有的定义进行改变。所有用户创建的桁条也在出现在模型树中的 part 下面的 Stringers 容器中。不同的桁条可以共享相同的截面，并且多个桁条可以置于一个零件的一个边缘上。默认情况下，不在视口中显示桁条，但是用户可以通过在视口中颜色编码它们来使它们可见。更多信息见 77.4 节"着色几何形体和网格单元"。

如果用户在一个几何区域创建了桁条，对基底几何形体进行了些许变更，Abaqus/CAE 就会更新桁条。如果用户编辑具有桁条的节点或者单元，编辑或者删除节点或者单元，则 Abaqus/CAE 会更新桁条；然而，如果用户创建新节点或者单元，Abaqus/CAE 不会更新桁条。

用户可能需要在后续建模操作中选择桁条；例如：

●给一个桁条赋予一个截面、梁截面方向、材料方向或者切向。在属性模块中实施所有这些行为。

●在载荷模块中给桁条指定一个体力或者线载荷。

●在载荷模块中，在桁条上规定热通量。实际上，用户通过对基底边或者一组边施加一个热通量载荷来实施此建模操作。Abaqus/CAE 在分析中对那个边缘上的所有桁条施加载荷。

- 在网格划分模块中对桁条赋予一个单元类型。
- 在分析步模块中要求桁条的场数据输出或者历史数据输出。
- 在显示模块中创建一个显示组来显示桁条单元上的应力值。当用户不能通过 Create Display Group 对话框中的名称来选择特定的桁条时，用户可以在这些对话框中，通过寻找用户模型中与桁条单元共享相同单元类型，相同截面赋予，或者相同其他属性的单元来找到它们。这个过程可以帮助用户将单元的列表缩小到想要包括的桁条。

当系统提示用户选择这些建模操作的区域时，从 Selection 工具栏中的目标类型的列表中选择 Stringers，并且从视口中选择桁条。更多信息见 6.3.2 节 "根据对象类型过滤用户的选择"。

当实施接触计算时，Abaqus/CAE 仅在某些情况中考虑几何面的桁条加强；例如，当用户为所有外表面指定通用接触时，Abaqus 自动定义一个将考虑桁条加强的全包面。桁条加强可以显著的影响接触计算，那是因为桁条厚度和诸如接触罚刚度那样的在数值量上的潜在影响。在接触定义中明确的包含桁条加强，用户应当在桁条加强上创建一个集合，并且接着在一个接触定义中使用集合。

创建一个桁条的详细情况，见 36.9 节 "创建和编辑桁条加强筋"。

36.3　管理蒙皮和桁条加强筋

　　Skin Manager 和 String Manager 允许用户分别创建蒙皮和桁条加强。这些管理器每一个包含一个用户已经创建的蒙皮或者桁条的名称列表。管理器中的 Creat、Edit、Rename 和 Delete 按钮允许用户创建新的蒙皮和桁条，或者编辑、重命名和删除现有的蒙皮或者桁条。用户也可以在属性模块中的主菜单栏中使用 Special→Skin 和 Special→Stringer 菜单来开始这些进程。在用户从主菜单栏选择一个管理操作后，发生的过程与用户已经单击了管理器对话框中相应的按钮是完全一样的。

　　注意：在用户对蒙皮或者桁条赋予截面、方向、法向或者其他属性之后，对蒙皮或者桁条重命名，赋予将变得无效。

36.4　在蒙皮或者桁条加强筋上生成单元

用户可以在网格划分模块中，在一个三维零件实例的表面上的一个蒙皮加强上生成二维单元。类似地，用户可以在一个轴对称零件实例上的一个桁条加强上生成一维单元。当基底几何形体被网格划分后，Abaqus/CAE 生成蒙皮或者桁条单元；用户不能独立的网格划分蒙皮或者桁条加强。

图 36-3 显示了一个在顶面上具有蒙皮加强的三维零件实例。当零件实例被网格划分后，蒙皮或者桁条单元和三维单元共享相同的节点和网格拓扑。如果用户对蒙皮单元赋予一个不同的几何阶次，则用户也应当改变基底单元的阶次。更多信息见 36.5 节 "对蒙皮或者桁条加强筋赋予单元类型"。

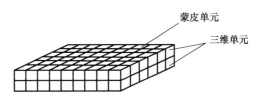

图 36-3　一个具有蒙皮加强的三维零件实例

如果用户在一个孤立网格上创建一个蒙皮或者桁条，则蒙皮或者桁条单元和基底的孤立网格单元共享相同的节点和网格拓扑。如果用户删除一个孤立的网格单元，Abaqus/CAE 就自动重新生成与被删除的单元相关联的任何蒙皮或者桁条。在重生成后，这些蒙皮或者桁条具有新的单元 ID 编号，因此此再生呈现使得任何包括蒙皮或者桁条的集合失效。这样，如果用户从孤立网格中删除了单元，则用户应当将与被删除的单元相关联的原来的蒙皮或者桁条集合定义进行更新。

36.5 对蒙皮或者桁条加强筋赋予单元类型

用户使用属性模块在用户模型中的一个零件上创建一个蒙皮或者桁条加强。用户使用网格划分模块对蒙皮或者桁条加强赋予一个单元类型。当系统要求用户选择一个赋予单元类型的区域时，用户必须在 Selection 工具栏中，从目标类型的列表中选择 Skin 或者 Stringer。

当用户为一个几何零件创建蒙皮或者桁条时，Abaqus/CAE 给几何实体添加一个属性。当用户网格划分零件来生成蒙皮或者桁条单元时使用这些属性，并且这些单元与零件的基底单元共享节点。

用户可以在一个屈曲分析中使用桁条加强，并且用户可以在一个耦合的结构-声学分析中使用蒙皮加强。如果声学介质毗邻一个结构，则结构-声学耦合发生在界面上。推荐用户使用以面为基础的绑定约束来强制耦合；然而，如果用户对声区域形成的子模型进行结构-声学子模型分析，则用户必须将子模型边界的界面部分与声学-结构界面（ASI）单元对齐来执行该耦合，用户可以通过在界面上创建一个蒙皮并给蒙皮赋予 ASI 单元，来将界面与 ASI 单元对齐。关于使用蒙皮在几何形体和孤立单元上创建 ASI 单元的详细信息，见 www.3ds.com/support/knowledge-base 上的达索系统知识库。

36.6 使用偏置网格创建蒙皮加强筋

作为可选的方法，用户可以在 Edit Mesh 工具集中使用网格偏移工具，通过与基底独立网格共享偏移壳的节点来创建蒙皮加强。然而，在模型树中，此等效偏移壳不作为蒙皮出现，因为使用偏移壳来代表一个加强蒙皮，是偏移壳许多潜在使用的一种。如果用户创建多于一层的加强蒙皮，则用户应当指定层间的距离为 0，以便层可以共享节点。

36.7　对蒙皮和桁条赋予面属性

如果用户想要给一个蒙皮或者桁条施加压力载荷那样的面属性，则用户必须给它的基底面或者边缘应用属性，来替代在蒙皮或者桁条上施加载荷。因为蒙皮和桁条与应用它们的面或者边缘共享节点，Abaqus/CAE 也自动地传递任何施加的面属性到蒙皮和桁条。更多有关定义面属性的信息，见 12.15 节"对零件赋予截面、方向、法向和切向"。

36.8　创建和编辑蒙皮加强筋

在蒙皮的初始创建过程中，用户选择一个或者多个想要加强的面，并且如果需要，选择想要创建的蒙皮数量。在创建蒙皮之后，用户可以采用下面的办法来更改蒙皮：

- 在属性模块中，用户可以通过给蒙皮赋予一个截面（各向均质的壳截面、复合壳截面、膜截面、面截面或者垫片截面）、一个材料方向或者加强筋参考方向来更改它。用户也可以通过对蒙皮的基底面赋予一个法向来反转蒙皮的法向。当用户反转面的法向时，所有赋予到此面的蒙皮也继承了新的法向。

- 在网格划分模块中，用户可以对蒙皮赋予一个单元类型。当提示用户选择赋予单元类型的区域时，用户必须从 Selection 工具栏中的目标类型列表选择 Skins。如果对蒙皮赋予一个壳，则用户必须对蒙皮赋予壳单元。类似地，如果赋予一个膜，面或者垫片截面，则用户必须赋予膜、面或者垫片单元。

Abaqus/CAE 自动地命名蒙皮，但是用户可以从 Skin Manager、Special 菜单或者从模型树命名它们。如果用户一次创建多个蒙皮，则 Abaqus/CAE 对名称附加一个唯一的标识符来标识每一个蒙皮。

用户可以通过使用步模块中的场和历史输出请求编辑器来从蒙皮得到数据。在编辑器的 Domain 部分，选择 Skin，然后从出现的菜单选择想要的蒙皮。更多信息见 14.12.1 节 "创建输出请求"。

若要创建一个蒙皮加强，执行以下操作：

1. 从属性模块中的主菜单栏选择 Special→Skin→Create。

技巧：用户也可以单击属性模块工具箱中的 工具。

2. 使用下面的一个方法来选择想要添加蒙皮加强的面。

1) 选择 Selecting individual faces 项，选择单个面。

a. 单击提示区域中 Select entities on which to create a skin 域旁边的箭头，然后从出现的列表中选择 individually。

b. 选择想要添加蒙皮加强的面。

c. 按［Shift］键+单击额外的面来将它们添加到用户的选择中。

d. 如果有必要，按［Ctrl］键+单击选中的面来不选它们。

e. 完成面选择后，单击鼠标键 2。

2) 选择 Specifying an existing set 项，指定一个现有的集合。

a. 单击提示区域右侧的 Sets。

Abaqus/CAE 显示包含用户已创建集合列表的 Region Selection 对话框。

b. 选择想要添加蒙皮加强的面集合，并且单击 Continue。

注意：默认的选择方法基于用户最近使用的方法。要变化成其他方法，单击提示区域右侧的 Select in Viewport 或者 Sets。

3）选择 Selecting faces using the angle method 项，使用角度方法来选择面。

a. 单击提示区域中的 Select entities on which to create a skin 域旁边的箭头，并且从出现的列表选择 by face angle。

b. 输入一个角度（从 0°到 90°），然后选择一个面。Abaqus/CAE 从选中的面选择每一个相邻的面，直到面之间的角度等于或者超过用户输入的角度（更多信息见 6.2.3 节 "使用角度和特征边方法选择多个对象"）。

c. 在使用 by face angle 方法之后，用户可以使用〔Shift〕键+单击额外的面来将它们添加到选择中，或者使用〔Ctrl〕键+单击选中的面来从用户的选择中删除选中的面（更多信息见 6.2.8 节 "组合选择技术"）。

技巧：用户可以使用 Selection 工具箱来限制用户可以在视口中选择的对象类型。更多信息见第 6 章 "在视口中选择对象"。

3. 如果需要，切换选中提示区域中的 Multiple skins 来创建多个选中面或者多个面的蒙皮加强件。

4. 单击 Done 来创建蒙皮。如果用户正在创建多个蒙皮，则输入想要创建的蒙皮层数量，并且单击鼠标键 2。

36.9 创建和编辑桁条加强筋

用户可以在定义零件之后立即地创建桁架；桁架开始不要求材料或者截面赋予。在创建了桁条后，用户才可以使用属性模块中 Special 菜单下的选项来给桁条赋予截面、梁截面方向、材料方向和切向。用户也可以在网格划分模块中对桁条赋予一个单元类型。当提示用户选择区域来赋予单元类型时，用户必须从 Selection 工具栏中的对象类型列表选择 Stringers。

用户可以一次在同一个边上创建多个桁条。Abaqus/CAE 将这些桁条处理成不同的桁条加强层。并且用户可以对每一个桁条赋予不同的量。

Abaqus/CAE 自动地命名桁条，但是用户可以从 Stringer Manager、Special 菜单或者从模型树重新命名它们。如果用户一次创建多个桁条，则 Abaqus/CAE 对名称附加一个唯一的标识符来标识每一个桁条。

用户可以通过使用分析步模块中的场和历史输出请求编辑器来从一个桁条得到数据。在编辑器的 Domain 部分，选择 Stringer，然后从出现的菜单选择想要的蒙皮。更多信息见 14.12.1 节"创建输出请求"。

若要创建桁条加强筋，执行以下操作：

1. 从属性模块中的主菜单栏选择 Special→Stringer→Create。

技巧：用户也可以单击属性模块工具箱中的 📏 工具。

2. 选择下面的一个方法来选择想要添加桁条加强筋的多条边。

1）选择单个的边。

a. 单击提示区域中 Select entities on which to create a stringer 域旁边的箭头，然后从出现的列表中选择 individually。

b. 选择想要添加桁条加强筋的边。

c. 按［Shift］键+单击额外的边来将它们添加到选择中。

d. 如果有必要，按［Ctrl］键+单击选中的边来不选它们。

e. 完成边选择后，单击鼠标键 2。

2）指定一个现有的集合。

a. 单击提示区域右侧的 Sets。

Abaqus/CAE 显示包含用户已创建集合列表的 Region Selection 对话框。

b. 选择想要添加桁架加强筋的实体集合，并且单击 Continue。

注意：默认的选择方法基于用户最近使用的方法。要变化成其他方法，单击提示区域右侧的 Select in Viewport 或者 Sets。

3）使用角度方法来选择面。

用户使用此方法仅可以选择几何边。选择孤立网格单元边不能使用此方法。

a. 单击提示区域中的 Select entities on which to create a stringer 域旁边的箭头，然后从出现的列表选择 by edge angle。

b. 输入一个角度（从 0°到 90°），然后选择一条边或者其他物体。Abaqus/CAE 从选中的边选择每一个相邻的边，直到边之间的角度等于或者超过用户输入的角度（更多信息见 6.2.3 节"使用角度和特征边方法选择多个对象"）。

c. 在用户使用 by edge angle 方法之后，用户可以使用 ［Shift］ 键+单击额外的边来将它们添加到用户的选择，或者使用 ［Ctrl］ 键+单击选中的边来从用户的选择中删除选中的边（更多信息见 6.2.8 节"组合选择技术"）。

技巧：用户可以使用 Selection 工具箱来限制用户可以在视口中选择的对象类型。更多信息见第 6 章"在视口中选择对象"。

3. 如果需要，切换选中提示区域中的 Multiple stringers 来为选中的边或者多条边创建多个桁条。

4. 单击 Done 来创建桁条。如果用户正在创建多个桁条，则输入想要创建的桁条数量，并且单击鼠标键 2。

37 弹簧和阻尼器

本章介绍如何模拟弹簧和阻尼器的信息，包括以下主题：

- 37.1 节 "定义弹簧和阻尼器"
- 37.2 节 "管理弹簧和阻尼器"
- 37.3 节 "创建连接两个点的弹簧和阻尼器"
- 37.4 节 "编辑连接两个点的弹簧和阻尼器"
- 37.5 节 "创建连接点到地的弹簧和阻尼器"
- 37.6 节 "编辑将连接点施加到地的弹簧和阻尼器的区域"

37.1 定义弹簧和阻尼器

用户可以定义表现出相同线性行为的弹簧和阻尼器。用户也可以在同一个点集上定义弹簧和阻尼器行为。如果用户同时定义弹簧和阻尼器，则它们平行作用。用户可以使用下面的连接类型来模拟弹簧和阻尼器：

- 连接两个点并且沿着点之间的作用线。
- 连接两个点并且作用在一个固定的方向上（仅对于 Abaqus/Standard 分析）。
- 连接点到地（仅对于 Abaqus/Standard 分析）。

更多信息见《Abaqus 分析用户手册——单元卷》的 6.1.1 节 "弹簧"，以及《Abaqus 分析用户手册——单元卷》的 6.2.1 节 "阻尼器"。

从属性模块或者相互作用模块中的主菜单栏选择 Special→Springs/Dashpots→Create 来定义弹簧和阻尼器。从相同菜单中选择 Edit 来对现有的定义进行变化。在一个零件上创建的弹簧和阻尼器是与零件一起实例化的。

如果用户想要在分析生成的输出数据库中包括弹簧和阻尼器结构，用户必须使用分析步模块中的 History Output Request 编辑器。弹簧和阻尼器出现在模型树中 Part 下的 Engineering Features 容器中（如果在属性模块中进行创建的话），或者在装配下（如果在相互作用模块中创建的话）。

详细信息见此手册的下面部分：

- 14.12.3 节 "更改历史输出请求"
- 37.3 节 "创建连接两个点的弹簧和阻尼器"
- 37.4 节 "编辑连接两个点的弹簧和阻尼器"
- 37.5 节 "创建连接点到地的弹簧和阻尼器"
- 37.6 节 "编辑将连接点施加到地的弹簧和阻尼器的区域"

37.2　管理弹簧和阻尼器

　　Springs/Dashpots Manager 允许用户创建和管理弹簧和阻尼器。管理器包括用户已经定义的弹簧和阻尼器的名称和类型列表。管理器中的 Create、Edit、Copy、Rename 和 Delete 按钮允许用户创建新的弹簧和阻尼器，或者编辑、赋值、重新命名以及删除现有的弹簧和阻尼器。管理器左侧列中的图标允许用户抑制或者恢复现有的弹簧和阻尼器。用户也可以从属性模块或者相互作用模块中的主菜单栏中使用 Special→Springs/Dashpots 菜单来开始这些过程。在用户从主菜单栏选择一个管理器操作后，过程完全就像用户已经单击了管理器对话框内部的相应按钮一样。

37.3　创建连接两个点的弹簧和阻尼器

用户可以定义连接两个点的弹簧和阻尼器，并且表现出与场变量无关的相同的线性行为。更多信息见《Abaqus 分析用户手册——单元卷》的 6.1.1 节"弹簧"，以及《Abaqus 分析用户手册——单元卷》的 6.2.1 节"阻尼器"。

用户可以通过使用分析步模块中的历史输出请求编辑器来从弹簧/阻尼器得到应力和应变的历史数据。在编辑器的 Domain 部分中，选择 Springs/Dashpots，然后从出现的菜单选择想要的弹簧/阻尼器。更多信息见 14.12.1 节"创建输出请求"。

若要创建连接两个点的弹簧和阻尼器，执行以下操作：

1. 从属性模块中或者相互作用模块的主菜单栏选择 Special→Springs/Dashpots→Create。

2. 在出现的 Create Springs/Dashpots 对话框中，命名弹簧/阻尼器，选择 Connect two points，然后单击 Continue。

3. 使用下面的一个方法来为第一个弹簧/阻尼器选择第一个点。

1）在视口中选择点（更多信息见第 6 章"在视口中选择对象"）。

技巧：默认切换不选 Selection 工具栏中的 Select the Entity Closest to the Screen 工具。如果用户做模糊选择，则 Abaqus/CAE 高亮显示点，并且在视口的左下角中显示点的描述。使用 Next 和 Previous 按钮来循环可能的选择，并且单击 OK 来确认选择。

如果模型包含几何和网格构件的组合，则从提示区域中选择下面的一个选项。

—选择 Geometry 来为几何形体或者为一个参考点定义弹簧/阻尼器。

—选择 Mesh 来为一个网格定义弹簧/阻尼器。

2）要从现有的集合列表选择，进行下面的操作。

a. 单击提示区域右侧的 Sets 来显示包含可用集合列表的 Region Selection 对话框。

b. 选择仅包含一个点的集合，并且单击 Continue。

注意：默认的选择方法基于用户最近使用的方法。要变化成其他方法，单击提示区域右侧的 Select in Viewport 或者 Sets。

4. 使用之前的步骤中描述的一个方法来为第一个弹簧/阻尼器选择第二个点。

第一个弹簧/阻尼器的点对和连接它们的虚线高亮显示在视口中。

5. 如之前的步骤中描述的那样，为附加的弹簧/阻尼器继续选择点对。完成点对的选择后，单击提示区域中的 Done。

出现 Edit Springs/Dashpots 对话框。用户选中的点对用来定义 Spring/Dashpot Point Pairs 表中列出的每一个弹簧/阻尼器。

6. 在 Spring/Dashpot Point Pairs 表中，用户可以进行下面的操作。

● 要使用相同的行为来定义附加的弹簧/阻尼器，单击 ✚，然后重复之前的步骤中描述的点选择过程，来定义每一个弹簧/阻尼器的第一个点和第二个点。

● 要在表中编辑一个点，在表中选择此点，双击此点或者单击 ✐，然后重新选择一个点。对视口中高亮显示的选择进行更新来显示新的被编辑点。

● 要在视口中确定一个指定的弹簧/阻尼器，选择想要的行编号。高亮显示连接选择点对的虚线会在视口中变粗。

● 要从表删除弹簧/阻尼器，选择想要的行编号并单击 ✐。

● 要从表中删除所有的弹簧/阻尼器，单击 ⊘。

7. 单击 Axis 域旁边的箭头来从出现的列表选择一个选项。

● 选择 Follow line of action 来让每一个弹簧/阻尼器的轴遵守两个点的作用线。

● 选择 Specify fixed direction 来指定弹簧/阻尼器上每一个点处的自由度（仅 Abaqus/Standard 分析）。

8. 如果用户选择了 Specify fixed direction，在对话框的 Direction 部分中进行下面的操作。

● 单击 Point 1 degree of freedom 域旁边的箭头，然后选择弹簧/阻尼器关联到第一个点的自由度。

● 单击 Point 2 degree of freedom 域旁边的箭头，然后选择弹簧/阻尼器关联到第二个点的自由度。

● 整体坐标系确定默认的弹簧/阻尼器方向。要为弹簧/阻尼器指定一个方向，单击 ⬚。使用下面的一个方法来指定弹簧/阻尼器的方向。

——从提示区域单击 Datum CSYS List 来从基准坐标系的列表选择一个坐标系名称。

——在视口中选择一个基准坐标系。

——从提示区域单击 Use Global CSYS 来使用整体坐标系。

Abaqus/CAE 在视口中显示为弹簧/阻尼器指定的局部坐标系。

9. 在对话框的 Property 部分勾选合适的框来包括以下项。

● Spring stiffness。为弹簧输入单位相对位移上的力。

● Dashpot coefficient。为阻尼输入单位相对速度的力。

如果用户定义弹簧和阻尼器行为，则它们平行作用。

10. 单击 OK 来创建弹簧/阻尼器并关闭 Edit Springs/Dashpots 对话框。

在视口中出现表示用户刚创建的弹簧/阻尼器的符号。

37.4 编辑连接两个点的弹簧和阻尼器

用户可以编辑连接两个点的弹簧和阻尼器来添加更多的点对、删除点对，或者编辑现有点对的一个点。

若要编辑连接两个点的弹簧和阻尼器，执行以下操作：

1. 从属性模块或者相互作用模块中的主菜单栏选择 Special→Springs/Dashpots→Edit→ *name* 来显示 Edit Springs/Dashpots 对话框。
在视口中高亮显示表示弹簧/阻尼器的符号。

2. 在 Spring/Dashpot Point Pairs 表中，用户可以进行下面的操作。

• 要使用相同的行为来定义附加的弹簧/阻尼器，单击 ✚，然后重复之前的步骤中描述的点选择过程，来定义每一个弹簧/阻尼器的第一点和第二点。

• 要在表中编辑一个点，在表中选择此点，双击此点或者单击 🖉，然后重新选择一个点。对视口中高亮显示的选取进行更新来显示新的被编辑点。

• 要在视口中确定一个指定的弹簧/阻尼器，选择想要的行编号。高亮显示连接选择点对的虚线会在视口中变粗。

• 要从表中删除弹簧/阻尼器，选择想要的行编号（使用［Shift］键+单击来选择多个行），然后单击 🗑。使用［Ctrl］键+单击一个行编号来不选择此行。

• 要从表中删除所有的弹簧/阻尼器，单击 ⊘。

3. 完成编辑弹簧/阻尼器定义，然后单击 OK。
表示视口中弹簧/阻尼器的符号出现在新编辑的点上。

37.5　创建连接点到地的弹簧和阻尼器

在 Abaqus/Standard 分析中，用户可以定义将多个点连接到地，并且表现出与场变量无关的线性行为。更多信息见《Abaqus 分析用户手册——单元卷》的 6.1.1 节"弹簧"，以及《Abaqus 分析用户手册——单元卷》的 6.2.1 节"阻尼器"。

用户可以通过使用分析步模块中的历史输出要求编辑器来从弹簧/阻尼器得到应力和应变的历史数据。在编辑器的 Domain 部分，选择 Springs/Dashpots，然后从出现的菜单选择想要的弹簧/阻尼器。更多信息见 14.12.1 节"创建输出请求"。

若要创建将多个点连接到地的弹簧和阻尼器，执行以下操作：

1. 从属性模块或者相互作用模块中的主菜单选择 Special→Springs/Dashpots→Create。

2. 在出现的 Create Springs/Dashpots 对话框中，命名弹簧/阻尼器，选择 Connect points to ground，然后单击 Continue。

3. 使用下面的一个方法来将多个点连接到地。

1）在视口中选择多个点（更多信息见第 6 章"在视口中选择对象"）。

技巧：默认切换不选 Selection 工具中的 Select the Entity Closest to the Screen。如果用户进行模糊选择，则 Abaqus/CAE 高亮显示点，并且在视口的左下角中显示点的描述。使用 Next 和 Previous 按钮在可能的选择中循环，并且单击 OK 来确认用户的选择。

如果模型包含几何形体和网格部件的组合，则从提示区选择下面的一个选项。

—选择 Geometry 来为几何形体或者一个参考点定义弹簧/阻尼器。

—选择 Mesh 来为网格定义弹簧/阻尼器。

2）要从现有集合列表中选择，进行下面的操作。

a. 单击提示区域右侧的 Sets 来显示包含可用集合列表的 Region Selection 对话框。

b. 选择感兴趣的集合并单击 Continue。

注意：默认的选择方法基于用户最近采用的方法。要变化到其他方法，单击提示区域右侧的 Select in Viewport 或者 Sets。

出现 Edit Springs/Dashpots 对话框。

4. 在对话框的 Direction 部分进行下面的操作。

● 单击 Degree of freedom 域旁边的箭头，然后选择弹簧/阻尼器关联的自由度。

● 整体坐标系确定默认的弹簧/阻尼器方向。要为弹簧/阻尼器指定一个方向，单击 。使用下面的一个方法为弹簧/阻尼器指定方向。

—从提示区域单击 Datum CSYS List 来从基准坐标系的列表选择一个名称。

—在视口中选择一个基准坐标系。

—从提示区域单击 Use Global CSYS 来使用整体坐标系。

Abaqus/CAE 在视口中显示为弹簧/阻尼器指定的局部坐标系。

5. 在对话框的 Property 部分中选中合适的选择框来包括以下项。

● Spring stiffness。为弹簧输入单位相对位移的力。

● Dashpot coefficient。为阻尼器输入单位相对速度的力。

如果用户同时定义了弹簧和阻尼器行为，则它们平行。

6. 单击 OK 来创建弹簧/阻尼器并关闭 Edit Springs/Dashpots 对话框。

在视口中出现代表用户刚刚创建的弹簧/阻尼器的符号。

37.6 编辑将连接点施加到地的弹簧和阻尼器的区域

用户可以对将弹簧和阻尼器的多个点连接到地的区域进行编辑（仅 Abaqus/Standard 分析可以使用）。

若要编辑施加连接点到地的弹簧和阻尼器区域，执行以下操作：

1. 在属性模块或者相互作用模块中的主菜单栏选择 Special→Springs/Dashpots→Edit→名称来显示 Edit Springs/Dashpots 对话框。

2. 在对话框的顶部单击 ⌖ 。

3. 使用下面的一个方法来编辑区域。

● 在视口中选择和不选点。当用户完成区域编辑后，在提示区域中单击 Done（更多信息见第 6 章 "在视口中选择对象"）。

● 从现有集合的列表中选择，进行下面的操作。

a. 在提示区域的右侧单击 Sets。

Abaqus/CAE 显示包含可用集合列表的 Region Selection 对话框。

b. 选择感兴趣的集合，然后单击 Continue。

注意：默认的选择方法基于用户最近采用的方法。要变化成其他方法，单击提示区域右侧的 Select in Viewport 或者 Sets。

4. 在对话框中，如想要的那样完成对弹簧/阻尼器定义的编辑，然后单击 OK。

视口中代表弹簧/阻尼器的符号改变成在新编辑的区域上显示。

221

38 子模型

用户使用子模型来详细研究用户模型中感兴趣的一个区域；例如，高应力区域。在大部分情况中，用户将使用更加细致的网格来划分感兴趣的区域，并且子模型可以提供一个精确的，详细的解。用户也可以从一个壳整体模型将模拟空间改变成一个更加具有代表性的实体子模型——壳到实体的子模型。

创建一个子模型是一个两步骤过程。首先，用户创建并且分析整体模型。然后用户创建子模型，并且使用整体模型的分析过程中存储的时间相关的变量来驱动子模型的边界。用户可以使用边界条件或者在某些情况中使用来自整体模型的应力来驱动子模型边界。子模型在《Abaqus 分析用户手册——分析卷》的 5.2.1 节"子模型模拟：概览"中进行了详细的描述。《Abaqus 例题手册》的 1.1.10 节"壳到实体的子模型和一个管接头的壳到实体的耦合"，包括使用Abaqus/CAE 创建的一个子模型的例子。

本章包括以下主题：
- 38.1 节 "分析整体模型"
- 38.2 节 "创建一个子模型"
- 38.3 节 "删除区域"
- 38.4 节 "创建子模型边界条件"
- 38.5 节 "创建子模型载荷"
- 38.6 节 "更改子模型"
- 38.7 节 "分析子模型"
- 38.8 节 "检查子模型的结果"

38.1 分析整体模型

　　用户首先得到使用相对粗糙网格的和/或简化几何形体的整体模拟结果。此模型称为整体模型。使用由整体模型生成的输出数据库的结果来驱动子模型。作为一个结果，整体模型中的输出要求必须包括驱动变量。用户也可以使用存储在结果文件中的整体模型结果来驱动子模型，整体模型结果是由 Abaqus 执行程序生成的。

38.2　创建一个子模型

当用户已经成功分析整体模型，并且生成一个输出数据或者一个包含整体模型结果的结果文件时，就说明已经准备好创建子模型。用户通过将整体模型复制到一个仅会用来定义子模型的新模型来开始。要复制一个模型，从主菜单栏选择 Model→Copy→整体模型名称。在出现的 Copy Model 对话框中输入子模型的名称，并且单击 OK。被复制的模型成为当前模型。

用户必须从将要驱动子模型的整体分析中，选择输出数据库或者结果文件。从主菜单栏中，选择 Model→Edit Attributes→子模型名称。从出现的 Edit Model Attributes 对话框中单击 Submodel 表，并且执行以下：

● 打开 Read data from job，并且输入包含驱动子模型的整体模型的输出数据库或者结果文件的名称。如果同时存在一个输出数据库和一个结果文件，并且它们使用相同的名称，则用户必须提供名称扩展名（.odb 或者.fil）。

● 此外，如果用户的壳整体模型是用来驱动一个实体子模型的话，就需要切换打开 Shell global model drives a solid submodel。

● 单击 OK 来关闭 Edit Model Attributes 对话框。

38.3　删除区域

在分析中，从子模型中删除用户不感兴趣的区域。仅应当保留感兴趣的区域。用户可以使用切割技术来从一个零件中删除区域。

- 在零件模块中使用切割工具。更多信息见 11.24 节"添加切割特征"。
- 使用几何形体编辑工具集合来删除面。更多信息见 69.2 节"编辑技术概览"。
- 用户可以在零件模块中删除零件，并且创建出一个具有同样名称的新零件。然后用户可以创建代表子模型的几何特征；然而，用户必须将此新特征定位在原始零件相同的位置。对于子模型与整体模型之间容差的讨论，见《Abaqus 分析用户手册——分析卷》的 5.2.1 节"子模型模拟：概览"。新零件和原始零件必须在三维模型空间中进行创建。

对于将一个壳整体模型转换成一个实体子模型，创建一个新零件是有用的技术。用户可以从复制的模型中删除壳零件，并且在同一个位置创建一个新的实体零件。用户必须小心的确保实体子模型中定义的零件是包含在壳整体模型定义的零件之内的。

38.4 创建子模型边界条件

最常见的子模型技术是以节点为基础的子模型，使用一个节点结果场（包括位移、温度或者压力自由度）来说明子模型节点上的整体模型结果。以节点为基础的子模型也是一个更加通用的技术。要使用以节点为基础的子模型，用户创建一个子模型边界条件。

如果用户对节点施加之前步中的整体模型上的位移/转动边界条件，或者一个连接器位移边界条件构建的子模型边界条件，并且整体模型的边界条件是使用 Fixed at Current Position 方法固定的，则 Abaqus/CAE 不管那些节点的子模型边界条件，而保留整体模型上的边界条件的指定来替代子模型边界条件。Abaqus/CAE 在分析的数据文件中汇报此边界条件替代。

若要创建一个子模型边界条件，执行以下操作：

1. 进入载荷模块，并且从主菜单栏选择 BC→Create。
2. 从多个步的列表中，从将会施加子模型边界条件的多个步中选择步。
3. 从 Category 区域中选择 Other。
4. 从 Types for Selected Step 区域中，选择 Submodel，然后单击 Continue。
5. 从模型中，选择将施加边界条件的区域。在大部分情况下，当用户从整体模型中切割掉区域时，用户对创建的边和面施加边界条件。用户可以对同一个区域规定其他的边界条件；例如，一个对称的边界条件。规定的边界条件优先于子模型的边界条件。
6. 从出现的 Edit Boundary Condition 对话框中执行以下内容。
a. 在 Driving region 区域中，执行下面的一个。
● 选择 Automatic 来允许 Abaqus/CAE，通过在位移子模型附近的整体模型中搜寻所有的区域来创建驱动区域。
● 选择 Specify 来指定一个将作为驱动区域使用的组名称。用户必须给出组的完整名称。假定用户在零件的第一个实例上定义驱动区域，则组名称的语法是：装配名称. 零件名称. 集合名称。
b. 如果用户使用一个壳整体模型来驱动一个实体子模型，则用户必须在 Shell thickness 场中输入整体模型中的壳厚度值。
c. 在 Exterior tolerance 场中，执行以下内容。
● 输入 absolute 外部容差。这是一个子模型的驱动节点可以位于整体模型单元外部的绝对值。默认的值是相对的外部公差。
● 输入 relative 外部公差。这是整体模型中平均单元大小的分数，一个子模型的驱动节点可以位于整体模型单元外面的公差。默认值是 .05。

更多信息见《Abaqus 分析用户手册——分析卷》的 5.2.1 节 "子模型模拟：概览"。

d. 如果用户使用一个实体整体模型来驱动一个实体子模型，或者如果用户使用一个壳整体模型来驱动一个壳子模型，则用户必须输入一个说明要驱动的自由度的，以逗号为分隔的列表；例如，1、2、3。用户不能让此区域空白。

e. 如果用户在使用一个壳整体模型驱动一个实体子模型时，可以提供围绕壳中面的中心区域大小的厚度。默认的值是在 Shell thickness 区域中定义的整体模型中最大壳厚度的 10%。

f. 在 Global step number 区域中，输入一个代表整体分析中步编号的整数，将从此步中读取驱动变量的值。

g. 如果用户在一个静态的步中，线性摄动步中创建边界条件，则用户可以在将成为计算驱动变量值的基础的整体分析步中指定增量。默认值 0 对应之前步的最后增量。

h. 如果子模型分析的时间区段与整体分析的时间区段不同，则用户可以选择缩放整体步的时间区段来匹配子模型步的时间区段。例如，Abaqus 在进入整体步 20% 的时刻确定整体模型的位移，并且施加 20% 时刻的那些位移到子模型步中。

如果用户不选择缩放整体步的时间区段来匹配子模型步的时间区段，Abaqus 就在子模型步的过程中，在相同的时刻施加整体模型的位移。例如，Abaqus 确定整体步里面一秒的整体模型的位移，并且施加那些位移到子模型步内部一秒。如果两个时间区段是不同的，则很可能是不需要此行为。用户选择通过切换打开 Scale time period of global step to time period of submodel step 来缩放时间区段。

相关主题的信息，参考下面的部分：
- 16.10.2 节 "定义位移/转动边界条件"
- 16.10.5 节 "定义连接器位移边界条件"

38.5 创建子模型载荷

以面为基础的子模型技术，是使用应力场来将整体模型结果插值到被驱动的，以单元为基础的表面面片上的子模型积分点的另外一个子模型技术。要使用以面为基础的子模型，用户创建一个子模型载荷。

若要创建一个子模型载荷，执行以下操作：

1. 进入载荷模块，并且从主菜单栏选择 Load→Create。

2. 从步的列表中，选择将在其过程中施加子模型载荷的步。

3. 从 Category 区域中选择 Other。

4. 从 Types for Selected Step 区域中，选择 Submodel，然后单击 Continue。

5. 从模型中，选择将施加载荷的区域。在绝大部分情况中，用户将载荷施加到用户从整体模型中切割区域时创建的面。如果用户将载荷施加到一个壳的一个面，则 Abaqus/CAE 要求用户指定将施加载荷的面的侧方位。更多信息见 73.2.5 节 "指定区域的特定侧面或者端部"。

6. 从出现的 Edit Load 对话框中，执行以下内容。

a. 在 Driving region 区域中，执行以下一个。

● 选择 Automatic 来允许 Abaqus/CAE 通过搜寻整体模型中位于子模型附近的所有区域来创建驱动区域。

● 选择 Specify 来指定一个将用作驱动区域的组名称。用户必须给出组的完整名称。假定用户在零件的第一个实例上定义驱动区域，则组名称的语法是：装配名称．零件名称．集合名称。

b. 在 Exterior tolerance 区域中，执行如下：

● 输入 absolute 外部公差。这是子模型的一个驱动节点可以位于整体模型的单元外面的绝对值。默认值是相对的外部公差。

● 输入 relative 外部公差。这是整体模型中平均单元尺寸的分数，一个子模型的驱动节点可以位于整体模型单元外面的公差。默认值是 .05。

更多信息见《Abaqus 分析用户手册——分析卷》的 5.2.1 节 "子模型模拟：概览"。

c. 在 Global step number 区域中，输入一个代表整体分析中步编号的整数，将从此步中读取驱动变量的值。

38.6　更改子模型

用户可以对子模型执行下面的更改：

- 用户可以使用分析步模块来改变分析过程。子模型可以使用一个通用的过程，或者一个线性摄动过程。更多信息见《Abaqus 分析用户手册——分析卷》的 5.2.1 节 "子模型模拟：概览"。

- 在载荷模块中，用户必须删除施加到被删除的整体模型区域上的分析载荷、边界条件或者初始条件。

- 如果在用户施加子模型边界条件的区域的外面施加一个边界条件，则用户必须确保此边界条件对应整体模型的载荷。

- 类似地，如果对子模型施加一个载荷，用户必须确保它对应整体模型的载荷。

- 在大部分情况中，用户将在网格划分模块中对子模型应用一个更加细化的网格。用户可以改变赋予子模型的单元类型；然而，用户不能改变维数。整体模型和子模型必须都是二维的或者三维的。

38.7 分析子模型

在作业模块中分析用户的子模型，执行以下内容：

1. 创建一个使用包含子模型的新作业。
2. 为分析递交此新作业。

38.8　检查子模型的结果

分析完成后，用户可以使用显示模块来重叠来自子模型和整体模型的云图显示。为了一个有意义的对比，重叠图的层应当使用相同的图示比例和相同的变形比例因子。更多信息见第 79 章 "叠加多个图"。

用户应当检查以下方面：

子模型位置

用户应当检查并确认子模型的位置相对于整体模型是正确的。用户可以使用来自整体模型和子模型输出数据库的叠加图来检查相对位置。另外，在创建整体模型中零件的临时实例来为分析递交子模型之前，用户可以在装配模块中检查相对位置。用户可以查看整体模型中的装配位置相对于子模型中的装配位置。然后用户可以在用户网格划分和分析子模型之前，删除或者抑制整体模型中零件的实例。

子模型响应不影响整体响应

用户应当检查子模型的响应对整体响应具有不明显的影响。这是子模型的基本假设。用户可以通过重叠应力和应变那样的变量云图显示来检查此影响。云图应当穿过子模型边界而合理地连续。

39 子结构

本章介绍如何在 Abaqus/CAE 中将子结构集成到用户的
分析中，包括以下主题：

- 39.1 节 "Abaqus/CAE 中子结构概览"
- 39.2 节 "生成子结构"
- 39.3 节 "为子结构指定保留的节点自由度和载荷工况"
- 39.4 节 "将子结构导入 Abaqus/CAE"
- 39.5 节 "在装配中使用子结构零件实例"
- 39.6 节 "在子结构的使用过程中激活载荷工况"
- 39.7 节 "恢复子结构的场输出"
- 39.8 节 "显示子结构输出"

39.1   Abaqus/CAE 中子结构概览

子结构是组成在一起的单元集合，用于分析已经去除了内部的自由度。当用户分析一个包含多次出现的相同部分的模型（例如一个齿轮的牙）时，使用一个子结构会让模型定义更加简单并且分析更加快，因为用户可以在一个模型中重复的使用一个子结构。子模型是通过保留被保留节点上的自由度来与剩余的模型连接的。确定保留多少节点和哪一些节点，以及自由度应当保留的分量在《Abaqus 分析用户手册——分析卷》的 5.1.2 节 "定义子结构"中进行了讨论。用户模型中的子结构定义遵守两个设置步：

- 39.1.1 节 "在用户的模型数据库中创建子结构"
- 39.1.2 节 "在用户的分析中包括子结构"

39.1.1   在用户的模型数据库中创建子结构

用户可以在 Abaqus/CAE 中通过下面的这些通用步骤来创建子结构：

1. 在 Abaqus/CAE 中创建或者打开想要在其中指定子结构的模型数据库。

2. 在分析步模块中，创建一个 Substructure generation 步。Abaqus/CAE 将整个模型转化成一个单独的子结构。更多信息见 39.2 节 "生成子结构"。

3. 在载荷模块中，创建 Retained nodal dofs 边界条件来确定将哪一个自由度保留成子结构上的外部自由度。用户也可以在子结构生成步中定义一个载荷工况，如果用户想要对在不是子结构保留自由度的位置上对子结构施加载荷，见 39.3 节 "为子结构指定保留的节点自由度和载荷工况"。

4. 在作业模块中，创建一个新作业并且递交分析。

当用户执行一个包括子结构数据的装配分析时，Abaqus/CAE 为每一个子结构零件实例的结果创建一个单独的输出数据库，并且在装配的输出数据库中不包括来自子结构零件实例的结果。显示模块提供工具来将来自子结构构件的结果集成回到装配的结果；更多信息见 39.8 节 "显示子结构输出"。

39.1.2   在用户的分析中包括子结构

子结构的使用应当在一个不同于子结构生成的模型中进行。用户可以在 Abaqus/CAE 中，通过执行下面的这些通用步骤来在分析中包括子结构：

1. 从相应的.sim文件中导入每一个用户想要在模型数据库中使用的子结构。更多信息见39.4节"将子结构导入 Abaqus/CAE"。

2. 在装配模块中，实例化用户想要添加到装配中的每一个子结构模型，并且在装配中的期望位置上定位子结构零件实例。39.5节"在装配中使用子结构零件实例"，解释了子结构实例的功能和局限。

3. 在载荷模块中，通过创建一个 Substructure load 定义来激活子结构载荷工况。更多信息见39.6节"在子结构的使用过程中激活载荷工况"。

4. 在分析步模块中，使用 Substructure 创建一个 Domain 场输出要求，然后选择用户想要恢复场数据的子结构集。更多信息见39.7节"恢复子结构的场输出"。

5. 在相互作用模块中，施加约束来将子结构实例与装配的剩余部分连接。

39.2　生成子结构

子结构定义中的第一步是在用户分析中添加一个 Substructure generate 步。子结构生成步使得用户在用户的模型数据库中创建一个子结构，并且如果需要，指定子结构相关的选项，例如对一个文件的恢复矩阵、刚度矩阵、质量矩阵和载荷工况向量的书写。这些选项在此部分的后面进行了描述。

一个单独的分析可以包括多个子结构生成步，并且 Abaqus/CAE 为每一个步创建相应的输出数据库。在用户的分析中，多个预载荷步可以优先于每一个子结构生成。如果用户想要指定子结构生成的剩余特征模态，用户也必须在分析中包括一个频率抽取步。

子结构标识符

用户必须为用户创建的每一个子结构指定一个唯一的标识符。子结构标识符必须使用字母 Z 开始，其后跟随不超过 9999 的一个数字。

恢复选项

用户可以在使用层级的分析过程中恢复一个子结构的场输出数据，但是用户必须在子结构生成过程中指定恢复区域。仅可以在恢复区域中包括的集合上执行子结构恢复。用户可以指定在整个模型上，或者为一个单独的节点集合或者单元集合执行恢复。而在使用模型中执行子结构恢复时，Abaqus/CAE 必须可以访问子结构的 .mdl、.prt、.stt 和 .sup 文件。对于更多的关于这些文件类型的信息，见《Abaqus 分析用户手册——分析卷》的 5.1.2 节 "定义子结构"。

生成选项

用户可以控制子结构生成过程的几个方面，包括重力载荷向量的计算，频率相关性材料属性的评估，以及一个缩减的质量矩阵，缩减的结构阻尼矩阵和黏性阻尼矩阵的生成。

保留的特征模态

用户可以为一个耦合的声学-结构的子结构的生成指定保留的特征模态。当用户选择指定保留的特征模态时，Abaqus/CAE 让用户通过模态范围或者通过频率范围来指定特征模态。

阻尼

用户可以指定几个整体阻尼控制和子结构阻尼控制。对于整体阻尼，用户可以选择对声学或者机械选项施加阻尼设置；对于子结构阻尼，用户可以为黏性和结构阻尼指定各自的控制。

39.3 为子结构指定保留的节点自由度和载荷工况

在用户为用户的分析定义了子结构生成步或者多个步之后，用户必须为一个子结构定义 Retained nodal dofs 边界条件。一个子结构节点的保留自由度是外部的自由度，并且分析中可以使用；假定所有指定节点的其他自由度是子结构的内部自由度，所以分析不考虑。当用户为了子结构使用而从此分析导入一个子结构到一个模型时，Abaqus/CAE 将这些节点显示为亮的蓝色十字，使用户可以从一个零件实例或者装配中容易地选择它们。

如果用户想要在不是保留自由度的地方对子结构施加载荷，则用户可以在子结构生成步中定义载荷工况。

39.4 将子结构导入 Abaqus/CAE

用户可以在一个模型数据库中包括子结构定义，并且通过将子结构导入成新的零件定义来开始使用子结构。在 .sim 文件中可以使用子结构数据，并且在文件名中包括子结构标识符；例如，在一个将子结构命名为 FAN 的分析中，并且子结构标识符是 Z400，则将子结构数据库文件命名成 FAN_Z400.sim。

用户从其中导入一个子结构的 .sim 文件，必须像 .sim 数据库参考的 Abaqus 支持文件那样位于同一个目录中；这些支持文件可以包括 .prt、.mdl、.stt 或者 .sup 格式的数据。

子结构导入还需要一个输出数据库（.odb）文件用于网格显示。

39.5 在装配中使用子结构零件实例

一旦用户将子结构零件导入到用户的模型数据库中，用户可以通过对于任何零件，用户将采用的相同方式来实例化它们，将子结构零件添加到用户的装配中。子结构零件实例在视口中显示成半透明的颜色。

用户可以对子结构零件实例移动并且施加约束；然而，子结构零件实例具有下面的模拟局限：

- 用户不能对一个子结构零件实例赋予截面。
- 用户不能对一个子结构零件实例应用属性。
- 子结构零件实例对于接触对的定义是不合适的。
- 重力载荷是唯一可以施加到子结构零件实例的载荷定义。

39.6　在子结构的使用过程中激活载荷工况

Substructure load 定义使用户激活在子结构生成步过程中指定的子结构载荷工况。如果用户激活一个载荷工况，则用户可以缩放它的载荷定义，或者对它们应用一个幅值。

39.7　恢复子结构的场输出

用户可以在用户的分析中，指定 Abaqus/CAE 为一个或者多个子结构集写入场输出数据。从场输出编辑器中，从 Domain 区域选择 Substructure，然后单击 ✎ 来打开 Select Sub-structure Sets 对话框。此对话框仅列出在生成子结构时定义的子结构集合。在 Abaqus/CAE 中，用户不能为用户在子结构零件实例上定义的集合恢复数据。

39.8 显示子结构输出

如果用户想要在过程中与装配的剩余部分一起显示子结构结果，Abaqus/CAE 会为每一个在分析中使用的子结构零件实例，创建单独的输出数据库（.odb）文件，这样用户必须执行一个额外的步。显示模块提供下面的工具，使得用户将子结构结果合并到模型的剩余部分中：

● 用户可以在同一个视口中使用一个叠加图，将子结构数据的图，显示成剩余装配部分的图。

● 用户可以使用 Combine ODBs 插件来将一个或者多个子结构输出数据库文件中的数据，与装配剩余部分的数据合并。

第 V 部分　显示结果

本部分介绍如何使用显示模块来查看模型和分析结果，包括以下主题：

40 显示模块基础

用户可以使用显示模块来查看模型和分析结果，包括以下主题：

- 40.1 节 "理解显示模块的角色"
- 40.2 节 "进入和退出显示模块"
- 40.3 节 "理解显示状态和显示定制"
- 40.4 节 "理解显示模块中的工具集"
- 40.5 节 "理解显示模块性能"

40.1 理解显示模块的角色

显示模块提供有限元模型和结果的图像显示。它从当前模型数据库或模型得到模型信息，从输出数据库得到结果信息。用户可以通过更改步模块中的输出请求来控制输出数据库中放置的信息（更多信息见 14.4.1 节"什么是输出请求？"）。用户可以使用云图或者符号图查看来自模型数据库的数据；也可以通过生成此部分描述的任何图像查看来自输出数据库的模型和结果。

未变形图

未变形图显示模型的初始形状或者基本状态。

变形图

变形图根据节点变量（如位移）的值来显示模型的形状。

云图

对于输出数据库，云图显示分析变量的值，如在分析的特定步和帧中的应力或应变。对于当前模型数据库中的模型，云图显示模型选定步中的载荷值、预定义场值或者相互作用。显示模块将值表示成模型上的彩色线、彩色带或者彩色面。

符号图

对于输出数据库，符号图显示用户分析中特定步和帧的特定向量或者张量变量的大小和方向。对于当前模型数据库中的模型，符号图显示载荷、预定义场或者选中步中相互作用的大小和方向。显示模块将值表示成模型上各个位置的符号（如箭头）。

材料方向图

材料方向图显示分析中的用户模型中特定步和帧的单元材料方向。显示模块将材料方向表示成单元积分点处的材料方向三坐标。

X-Y 图

X-Y 图是一个变量与另一个变量的二维图。

时间历史动画

时间历史动画快速连续地显示一系列图像，给出电影般的效果。每一张图都会根据实际结果值而变化。

比例因子动画

比例因子动画快速连续地显示一系列图像，给出电影般的效果。每一张图施加到特定变形上的比例因子各不相同。

谐动画

谐动画快速连续地显示一系列图像，给出电影般的效果。每一张图都根据施加到显示的复数值结果的角度而变化。

其他的功能包括：

显示诊断信息

诊断信息帮助用户确定模型中不收敛的原因。用户可以查看每个分析阶段的信息，并使用 Abaqus/CAE 在视口中高亮显示模型上有问题的区域。

探测模型、模型图和 X-Y 图

用户在模型或者模型周围移动光标时，探测将显示模型数据和分析结果；探测 X-Y 图时会显示图点的坐标。用户可以将这些信息写入到一个文件中。

沿着路径显示结果

路径是通过在模型中指定一系列点来定义的线。用户可以采用 X-Y 图的方式沿着路径显示结果。

应力线性化

应力线性化是指将截面上的应力分解成恒定的拉应力和线性弯曲应力。用户可将截面指定成通过模型的一条路径，显示模块将以 X-Y 图的形式显示线性化的应力。

切开模型

视图剪切允许用户切开一个模型，以便图像化显示模型的内部或者选中的截面。用户可以定义平面的、圆柱的或者球形的视图剪切。此外，用户可以沿着常数云图变量值定义一个视图。

X-Y 报告和场输出报告

X-Y 报告是列出 X 数据值和 Y 数据值的一张表；场输出报告是列出场输出值的一张表。

图像显示复合材料铺层中的层

铺层图是复合材料叠层中，层的图像表示。该图像显示了铺层中的层及每一层的细节，如每一层的纤维方向、厚度和参考面。用户也可以在创建复合材料铺层时，在属性模块中创建铺层图。

定制显示

显示模块提供了许多用来定制显示的选项。

40.2　进入和退出显示模块

在 Abaqus/CAE 会话期间，用户可以通过单击位于背景栏 Module 列表中的 Visualization 随时进入显示模块。主菜单栏上将显示 Result、Plot、Animate、Report、Options 和 Tools 菜单；当前视口的标题栏将显示当前输出数据库的名称。

用户也可以通过打开现有输出数据库来进入显示模块。要打开一个输出数据库，从主菜单栏选择 File→Open（更多信息见 9.7.2 节"打开模型数据库或者输出数据库"），或者在选中作业的结果可用时，单击 Job Manager 中的 Results。当用户使用这些方法之一进入显示模块时，Abaqus/CAE 将在当前视口中显示来自输出数据库的模型图。

要退出显示模块，从 Module 列表中选择任何其他模块，或者通过从主菜单栏选择 File→Exit 来结束程序会话。当用户结束程序会话时，Abaqus/CAE 将关闭所有的文件和窗口。Abaqus 只在程序会话期间保存用户的图像选项。

40.3 理解显示状态和显示定制

本节介绍如何通过选择显示定制选项来定制图示的外观，包括以下主题：
- 40.3.1节 "什么是显示状态?"
- 40.3.2节 "激活显示状态"
- 40.3.3节 "定制显示"
- 40.3.4节 "定制多个视口"

40.3.1 什么是显示状态?

显示模块为显示用户的模型和结果，提供了几种不同的显示类型。这些显示类型包括：
- 未变形图
- 变形图
- 云图
- 符号图
- 材料方向图
- $X\text{-}Y$图或历史记录
- 时间历史动画
- 比例因子动画
- 谐动画

以上每一个显示类型都对应一个显示状态。显示状态很重要，因为显示模块提供的一些定制选项仅适用于特定的显示状态。

40.3.2 激活显示状态

显示状态将所有有效的定制选项合并，来在视口中生成一种显示。有些选项对于所有的显示类型都很通用，有些选项仅当用户将变形的和未变形的模型形状叠加时才施加，有些选项仅特定于当前的显示类型。用户通过生成的对应类型的显示来进入特定的显示状态。例如，如果生成一个未变形的图，则当前视口的图将处于未变形的显示状态。Abaqus/CAE会根据用户对定制化选项的更改来更新显示状态。如果用户创建多个视口，则每一个视口可以包含不同的显示状态。此外，用户可以通过单独的显示类型显示未变形和变形的形状，或者在视口中显示多个显示类型，来让单个视口具有多个显示状态。

40.3.3　定制显示

显示模块提供了许多定制选项，用户可以从主菜单栏的 Viewport、Options 和 View 菜单访问。这些选项包含以下三个范畴：

与显示状态有关的选项

显示类型选项仅影响特定的显示状态。这些显示类型选项单独影响云图、符号图、材料方向图、*X-Y* 曲线、*X-Y* 图、时间历史动画、比例因子动画以及谐动画。

与显示状态无关的选项

与显示状态无关的选项是那些共同影响所有显示的选项。这些选项是控制视角、图像、单个项目着色、显示体外观，以及显示标注、模型标签和提供模型标题及状态的文本块外观等一般特征。

附加选项

附加选项是一组特殊的与显示状态无关的选项，当用户选择将这些与显示状态无关的选项添加到变形图、云图、符号图或者材料方向图中时，仅影响未变形的显示状态。这些选项允许用户控制许多常见的定制化选项，以便在同时显示两个形状时，将未变形的显示与变形的显示区别开来。

与显示状态有关的选项影响的显示属性有云图间隔、限制和颜色等（如云图的色谱或者材料方向图的轴颜色）。用户可以使用与每个显示状态相关的选项分别控制这些属性。例如，要选择云图类型，用户必须使用 Contour 显示选项。要这样做，用户可以从主菜单栏选择 Options→Contour。另外，用户可以使用主菜单栏中的 Contour Options 工具，即 。该工具提供了与显示状态相关和与显示无关的定制选项的快速访问。

与显示状态有关的选项仅影响相关状态下的显示。如果用户从材料方向图选项对话框中选择轴颜色，则那些颜色将仅影响材料方向图。如果当前视口中有一个材料方向图，则用户将在单击材料方向图选项对话框中的 Apply 或者 OK 时，看到图形变化的效果。然而，如果当前视口不包含材料方向图，则用户不会看到图形变化的效果，除非用户建立一个。

与显示状态无关的选项影响所有显示状态的显示结果。例如，如果用户从主菜单栏选择 Viewport→Viewport Annotation Options 来抑制显示三轴的出现，则所有的图将不会显示三轴。在 Common Plot Options 对话框中的设置也与显示状态无关；当用户改变此对话框中的渲染类型时，Abaqus 为所有的图使用新的渲染类型。

当用户在一个显示状态中将未变形图叠加在变形图上时，附加选项仅影响未变形的图。

例如，用户可以单独设置渲染方式、边显示和填充颜色；并且当同时显示未变形的形状符号图与变形的形状符号图时，用户可以在两者之间施加一个偏置。

从主菜单栏中选择 File→Save Options 来保存用户的与显示状态有关、与显示状态无关和叠加的定制选项。保存的定制化选项允许用户将它们施加到后续的 Abaqus/CAE 程序会话中。更多信息见 76.16 节"保存用户的显示选项设置"。有关显示模块中可以使用的显示定制选项的更多信息，见第 55 章"定制图示显示"。

40.3.4　定制多个视口

当用户创建一个新的视口时，它最初会继承当前视口的定制选项。例如，如果用户在当前的视口中为图建立了 Filled 渲染方式，然后创建了一个新的视口，则新视口中的后续图就会以 Filled 渲染方式出现。新的视口集成了当前时刻的显示状态——直到用户更改定制选项、显示状态或者输出数据库，新视口的外观与用户之前创建的视口外观一致。

建立新的视口后，默认显示状态和任何后续的定制都与其他视口无关。多个视口可以分别处于不同的显示状态；如果用户使用多个视口，则用户必须先将某个视口指定成当前视口，才能改变它的显示。用户施加的定制化选项仅影响当前的视口。当用户将一个视口指定成当前视口时，选项对话框得到更新，来显示与此视口关联的选项状态。有关使用视口的更多信息，见 4.4 节"使用视口"。

用户也可以在程序会话中链接多个视口来同时操控多个对象，并在不同的视口中显示相同的显示状态和显示选项。更多信息见 4.6 节"链接视口以进行视图操控"。

40.4 理解显示模块中的工具集

显示模块中的工具集提供了对数据显示的额外控制。除非另有声明，不然本节中介绍的工具集仅用于对输出数据库中的模型和结果数据进行后处理；只有选中的工具集可用于当前模型数据库中的模型数据。显示模块中提供了以下工具集：

- 着色程序工具集允许用户定制边和填充单个单元的颜色。更多信息见 77.6 节"在显示模块中着色节点或者单元"。
- 坐标系工具集允许用户在后处理中创建局部坐标系。更多信息见 42.8 节"在后处理过程中创建坐标系"。
- 创建场输出工具集允许用户对输出数据库中可以使用的场输出进行操作。更多信息见 42.7 节"创建新的场输出"。
- 显示组工具集允许用户从模型或者输出数据库中选择性地显示一个或者多个项目。更多信息见第 78 章"使用显示组显示模型的子集合"。
- 自由体工具集允许用户创建和删除自由体切割，在视口中显示或者隐藏它们，以及定制它们外观的几个方面。更多信息见第 67 章"自由体工具集"。
- 作业调试工具集允许用户在 Abaqus/Standard 分析过程中访问写入输出数据库的调试信息。更多信息见第 41 章"查看诊断输出"。
- 路径工具集允许用户指定一条通过模型的路径，沿着此路径，用户可以得到并查看 *X-Y* 数据。更多信息见第 48 章"沿着路径显示结果"。
- 查询工具集允许用户获取与模型有关的信息，无论是来自当前模型数据库的数据还是来自输出数据库的数据。更多信息见第 50 章"在显示模块中查询模型"。
- 流工具集允许用户显示流线，来观察流体流动分析中的速度和涡。更多信息见第 74 章"流工具集"。
- 视图切割工具集允许用户创建穿过模型的切割，以便用户可以可视化模型的内部或者选中的截面。来自当前模型数据库或者输出数据库的模型数据都可以使用此功能。更多信息见第 80 章"割开一个模型"。
- *X-Y* 数据工具集允许用户创建 *X-Y* 数据对象并对其进行操作。更多信息见第 47 章"*X-Y* 图"。

40.5　理解显示模块性能

通常，显示模块中后处理和图像结果显示的速度，能够很好地满足绝大部分的模型。然而，这通常需要平衡高性能水平和细节结果显示之间的关系。根据用户的后处理要求，用户可能希望以牺牲性能为代价来更改默认的显示选项。有许多选项可以影响图像显示的速度。

若要最大化显示模块的性能，建议采取以下措施：

● 在后处理过程中缓存结果，以加快在屏幕上生成图像的速度。更多信息见 42.6.4 节"理解结果缓存"。

● 尽可能地使用纹理映射云图方法。避免使用纹理映射方法不支持的显示选项：线类型的云图、云图边、CAXA 或 SAXA 单元，或者围绕单元中心的收缩。如果使用这类显示选项，Abaqus/CAE 将覆盖纹理映射云图的用户设置，并使用较慢的镶嵌法来代替。更多信息见 44.1.2 节"理解如何渲染云图"。

● 有选择地显示模型标签和符号。因为绘制的模型实体越多，屏幕刷新的时间越长。这也适用于单元边。更多信息见 55.10 节"控制模型实体的显示"。

● 使用高的结果平均阈值。结果越连续，云图显示得越快。更多信息见 42.6.2 节"理解结果值平均"。

● 使用状态场输出变量，而不是根据结果值创建显示组来实现高性能的时间历史动画。Abaqus/CAE 在显示每一个结果帧时，会重新计算基于结果的显示组，所以使用此类型的显示组会降低动画性能。状态场输出变量允许用户从模型图中移除满足基于结果的失效准则的单元。更多信息见 42.5.6 节"选择状态场输出变量"。

● 不要使用远程显示。Abaqus/CAE 的这种配置是不被支持的；是否使用此功能完全由用户决定。使用远程显示永远无法实现性能优化。

在一些情况中，由于计算机上的物理内存限制，在非常大的模型上的基于单元的结果绘制，其性能可能不是最佳的。增加物理内存或者退出其他消耗内存的应用程序可以帮助恢复最佳性能。

41 查看诊断输出

Abaqus/CAE 提供了一个可视化的诊断工具来帮助用户理解作业的收敛行为。用户可以使用诊断输出来评估分析结果的质量，或者定位模型中收敛问题的原因。

本章介绍用户如何在 Abaqus/CAE 中定位和使用诊断输出，包括以下主题：

- 41.1 节 "作业诊断概览"
- 41.2 节 "生成诊断信息"
- 41.3 节 "解释诊断信息"
- 41.4 节 "获取诊断信息"

41.1 作业诊断概览

　　Abaqus 在试图分析用户的模型时，会将诊断信息与任何其他用户要求的输出一起写入输出数据库。输出数据库中的诊断信息是写到信息文件和状态文件的诊断信息的子集。用户可以使用 Job Diagnostics 对话框来访问 Abaqus/Standard 或者 Abaqus/Explicit 分析作业过程中写入输出数据库的诊断信息。在显示模块中选择 Tools→Job Diagnostics 来查看诊断信息。

　　对于 Abaqus/Standard 分析，诊断信息可用于作业、步、增量、尝试和迭代。图 41-1 所示为 Job Diagnostics 对话框，显示了 Abaqus/Standard 分析迭代的接触诊断信息。用户可以选择想要查看的接触信息类型，也可以选择列来归类表的数据。

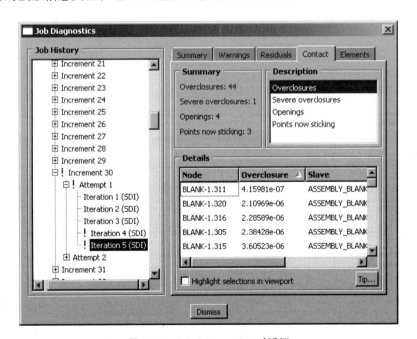

图 41-1 Job Diagnostics 对话框

　　对于 Abaqus/Explicit 分析，诊断信息可用于作业、步。由于典型的 Abaqus/Explicit 分析中存在大量的增量，所以诊断信息被记录在摘要（重要特征）增量和任何其他产生诊断信息的增量中。摘要增量的间隔时间取决于 CPU 时间和分析中指定的输出量。诊断数据被写到状态文件和输出数据库中。

　　用户可以使用 Job Diagnostics 对话框来确定分析何时结束，以及是否发出了警告。如果在作业过程中发出了警告，则用户可以查看警告并评估结果是否受到影响。Job Diagnostics

对话框还提供了更详细的信息来解释大部分警告和错误的含义或者可能的原因，如果警告与节点或者单元相关，则可以帮助用户在视口中找到节点和单元在模型上的位置。

　　用户可以在分析过程中，或者分析结束后查看诊断信息。然而，Job Diagnostics 对话框不会自动更新。如果用户在分析运行时查看诊断信息，则必须关闭输出数据库，然后重新打开，以查看随着分析进程产生的新的诊断信息。

41.2　生成诊断信息

Abaqus 在分析作业过程中生成诊断信息；Abaqus/CAE 读取存储在输出数据库中的诊断信息。因此，用户可以使用 Job Diagnostics 对话框，只查看在输出数据库中生成信息的过程中的收敛信息。下列 Abaqus/Standard 过程的作业诊断信息被存储在输出数据库中：

- 耦合的温度位移。
- 土力。
- 土壤。
- 静态，通用。
- 静态，线性摄动。
- 静态，弧长法。
- 黏性。

其他 Abaqus/Standard 分析过程的诊断信息位于信息文件中，不能在 Abaqus/CAE 中查看。

在 Abaqus/CAE 中可以访问所有 Abaqus/Explicit 分析过程中的诊断信息。退火过程不生成任何诊断数据，所以退火步骤不显示诊断信息。

默认将 Abaqus/Standard 和 Abaqus/Explicit 支持的分析过程的详细诊断信息保存在输出数据库中。如果用户不想保存诊断信息，则可以使用 Keywords Editor 来编辑输入文件，在模型数据中输入下面的行：

＊OUTPUT, DIAGNOSTICS＝NO

用户也可以使用 Keywords Editor，通过在关键字 ＊DIAGNOSTICS 中加入一行或者多行，并指定期望的参数值，来更改 Abaqus/Explicit 默认的诊断输出参数。

有关使用 Keywords Editor 的更多信息，见 9.10.1 节"对 Abaqus/CAE 模型添加不支持的关键字"。

41.3　解释诊断信息

在典型的 Abaqus/Standard 分析中，载荷以增量的形式施加到模型中，并且 Abaqus 试图计算模型对每个增量载荷的响应。Abaqus 通过为一个增量执行迭代来接近结果，以进一步减少响应计算。如果迭代没有接近解（收敛），Abaqus 就会停止或者试图再次求解，并在求解中使用更小的载荷增量。如果 Abaqus 多次尝试都没有得到解，则停止分析。更多有关载荷增量的信息，见《Abaqus 分析用户手册——分析卷》的第 2 章"分析求解和控制"。

在 Abaqus/Explicit 分析中，增量是以大量的小时间增量为基础的。模型中单元的大小决定了评估得到的稳定时间增量的大小。Abaqus/Explicit 使用中心差分时间积分法来积分运动方程，因此不需要在每一个增量中多次尝试和迭代。

查看诊断信息可以帮助用户确定收敛问题的原因，以便在模型中进行必要的纠正。诊断信息还可以指示要改进的潜在问题以及区域，即使达到收敛的解时也是如此。通过正确解释可用的诊断信息，用户可以改善模型来获得满足分析意图的结果。以下章节说明了 Job Diagnostics 对话框中的各个页（由分析类型和结果决定可以使用的页）。

- 41.3.1 节　"诊断摘要"
- 41.3.2 节　"增量"
- 41.3.3 节　"警告和错误"
- 41.3.4 节　"残差"
- 41.3.5 节　"接触"
- 41.3.6 节　"单元"
- 41.3.7 节　"其他"

41.3.1　诊断摘要

Job Diagnostics 对话框中的 Summary 页始终可用。摘要包括 Job History 树中当前高亮显示的项目属性，以及对话框其他页中可用的诊断信息的说明。对于 Abaqus/Standard 分析显示的作业、步、增量、尝试和迭代，或者对于 Abaqus/Explicit 分析显示的每一个作业、步和增量，出现的信息如下（随着从作业到迭代的移动，信息变得更加具体）。

作业（Job）

当用户第一次打开 Job Diagnostics 对话框时，作业项目在 Job History 树中高亮显示，并且 Summary 页是可见的。作业名和状态以及分析程序和版本都被显示出来。对于 Abaqus/Explicit 作业，会显示 Abaqus/Explicit 的精度（单精度或者双精度）以及并行作业执行的域数量。如果存在警告或者错误，也会显示警告和错误的数量。

步（Step）

每个步的摘要显示了步名称、步数量、分析过程以及步中的警告数量（如果有的话）。根据过程的不同，也可以将附加的信息显示成步摘要的一部分。例如，一般非线性步的摘要还包括已经完成的步时间、已经完成的增量数量、使用的时间增量方法（自动的或者固定的）、在步中是否考虑了非线性几何形体，以及在每一个增量开始时，为之前状态使用的推断类型。更多信息见第 14 章 "分析步模块"。

增量（Increment）

每个增量的摘要显示了增量编号和增量中警告的数量（如果有的话）。对于 Abaqus/Standard 分析，也会显示尝试的数量。增量摘要还显示收敛状态；如果增量收敛，则显示增量大小和完成的步时间。

尝试（Attempt）

Abaqus/Standard 分析中每个尝试的摘要显示了尝试数量、尝试大小、警告的数量（如果有的话），以及迭代的数量。严重不连续迭代和平衡迭代，以及迭代的总数量是单独列出的。如果 Abaqus 不能找到解，则对增量大小进行消减并开始一个新的尝试；如果 Abaqus 执行了消减，则尝试摘要中会指出消减的原因。在 Abaqus/Explicit 分析中没有尝试。

迭代（Iteration）

Abaqus/Standard 分析中的迭代摘要显示了收敛状态。如果迭代没有收敛，则摘要显示的其他页（Warnings、Residuals、Contact 和 Elements）会提供未满足收敛准则的详细信息。在 Abaqus/Explicit 分析中没有迭代。

41.3.2　增量

Incrementation 对话框中的 Job Diagnostics 页显示在分析过程中 Abaqus 使用的增量控制设置和产生的增量。仅当用户在 Job History 树中高亮显示一个步时，才可以使用 Incrementation 页。

Status 表页的内容取决于用户是否查看 Abaqus/Standard 分析步或者 Abaqus/Explicit 分析步的诊断信息。对于 Abaqus/Standard 步，表页显示了每一个增量以及尝试的数量、严重不连续迭代以及平衡迭代的数量、迭代的总数量、步时间和增量大小。对于 Abaqus/Explicit 步，表页显示了所有的摘要增量，以及记录有诊断信息的任何附加增量。每个增量的关键单元、关键单元的稳定时间增量、经过的步时间、总时间以及动能也被列出。有关 Abaqus/Explicit 中增量诊断的更多信息，见《Abaqus 分析用户手册——分析卷》的 1.3.3 节 "显式动力学分析"。

如果用户选择了一列数据并且单击 Plot selected column，则 Abaqus/CAE 会在 X 轴上使用增量编号（第一列），在 Y 轴上使用选中的列来创建 X-Y 图。

注意：用户不能使 Abaqus 显示关键单元编号。

41.3.3 警告和错误

Job Diagnostics 对话框中的 Warnings 页和 Errors 页都显示了在分析过程中遇到的不良情况的详细信息。警告包括可能导致有问题的分析结果的条件的信息。错误包括造成 Abaqus 过早终止分析的原因的信息。

Warnings 页的内容取决于在 Job History 树中高亮显示的项目；如果作业高亮显示，则 Warnings 页显示整个作业保存到输出数据库的所有警告。如果用户选中 Job History 树中的一个步、增量、尝试或者迭代，则 Abaqus/CAE 仅显示与用户选中项目有关的警告信息。仅当作业项高亮显示时，用户才可以访问 Errors 页；此页显示了整个作业保存到输出数据库的所有错误信息。

注意：仅 Abaqus/Standard 和 Abaqus/Explicit 写到消息文件和状态文件的警告和错误的子集才保存到输出数据库中，以便通过 Job Diagnostics 对话框访问。

每一个 Warnings 页或者 Errors 页都包括 Summary 表，提供与 Job History 树中高亮显示的项目关联的所有问题的简要描述。如果有多种类型的问题，则用户可以共有的问题类型来过滤问题列表。

Warnings 页和 Errors 页的 Details 区域显示了在 Summary 表中高亮显示的对应项目的更多信息。根据用户选择的警告或者错误信息，Abaqus/CAE 会显示一个声明或者表，提供与问题有关的详细信息。如果 Details 区域显示包括节点和单元的表信息，则用户可以选中 Highlight selections in viewport，并且选择项目来在当前视口中查看。

图 41-2 显示了 Abaqus/Standard 分析步的 Warnings 页；第一个警告发生在步上，剩下的警告用这些警告发生的增量编号表示。在此情况中，Details 部分包括数值奇异性的耦合释放变化。

41.3.4 残差

Job Diagnostics 对话框中的 Residuals 页显示了 Abaqus/Standard 用于确定迭代是否产生均衡解的量的信息。

残差表示作用在模型上的内力与外力之间的差别。如果残差较小，则 Abaqus 认为迭代

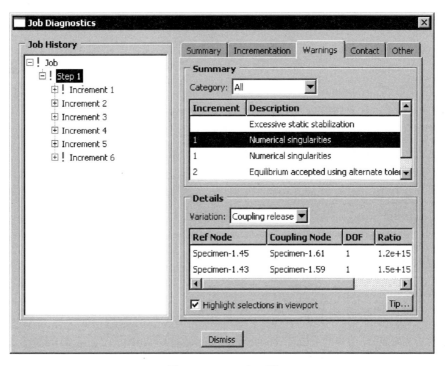

图 41-2 **Warnings** 页

收敛。用来确定解是否收敛的容差是非常重要的。容差必须足够小，以提供精确的解，但又必须足够大，使得可以在合理的迭代次数中得到解。在认为一个迭代收敛前，Abaqus 会进一步要求主要解变量的修正和约束方程的兼容误差必须也是较小的。

当平衡迭代不收敛时，在最后的迭代过程中出现最大残差的节点往往是问题开始搜索的最佳地方。有许多条件可能会阻碍平衡迭代收敛；诊断问题的原因需要有一定的经验。

残差信息，包括每一次迭代中的最大残差，以表格的形式总结包含残差诊断的每次尝试。Equations 和 Variables 场中的用户选择控制着表中的数据。用户可以通过选择 Plot selected column 来显示表中的列。当用户发现有问题的迭代时，可以在 Job History 树中选中该迭代。然后用户可以从 Residuals 页中为该迭代选择项目，并单击 Highlight selections in viewport 来查看当前视口中的区域。

41.3.5　接触

Job Diagnostics 对话框中的 Contact 页显示的信息与模型的区域有关，这些区域的接触状态发生变化，会阻碍 Abaqus 接受 Abaqus/Standard 步的解。Contact 页也可以显示诊断，如 Abaqus/Explicit 步初始接触过闭合以及调整。

Job History 树中后面有严重不连续迭代（Severe Discontinuity Iteration，SDI）的任何迭代都可以访问 Abaqus/Standard 接触信息。接触影响分析的其他迭代也可以访问接触信息，如出现粘接-滑动摩擦行为时。使用接触信息来定位模型中 Abaqus 无法建立正确条件的区域。

用户可能需要编辑接触控制来解决接触问题。更多信息见 15.12.3 节"定制接触控制"。

接触信息，包括每一次迭代中的问题总数，以表格的形式总结包含接触诊断的每次尝试。在 Description 域中，用户的选择控制着表中的数据，用户可以通过选择 Plot selected column 来显示表中的列。当用户发现有问题的迭代时，可以在 Job History 树中选中该迭代。然后用户可以从该迭代的 Contact 页中选择项目，并单击 Highlight selections in viewport 来显示当前视口中的区域。单击列的标题，可以为迭代的 Details 域中的信息进行分组。

对于 Abaqus/Explicit 步，接触摘要可以包括初始过闭合的数量、未求解的初始过闭合以及初始接触调整那样的诊断信息。用户在 Description 域中的选择控制着表中的数据。例如，如果用户选择初始过闭合或者未求解的初始过闭合，则此表会列出过闭合的节点和单元、节点穿透的单元面以及过闭合的量。用户可以从 Details 域中选择项目，然后在当前视口中单击 Highlight selections in viewport 来显示接触节点和单元。

41.3.6　单元

Job Diagnostics 对话框中的 Elements 页显示与模型区域有关的信息，在这些区域中，单元和材料点计算的问题可能会阻碍 Abaqus 为 Abaqus/Standard 步找到收敛的解。Abaqus/Explicit 显示关键单元的信息——具有最低稳定时间限制的单元。

注意：只有由 Abaqus/Standard 和 Abaqus/Explicit 写到信息文件和状态文件中的单元和材料点诊断子集可以通过 Job Diagnostics 对话框访问。

在当前视口中选择 Highlight selections in viewport 来定位单元。用户在 Element Diagnostics 和 Details 域中的选择，决定了 Abaqus/CAE 将高亮显示的单元。

41.3.7　其他

只有用户从 Abaqus 分析的 Job History 树中选择 Step 时，才会出现 Job Diagnostics 对话框中的 Other 页。它显示的是用于分析的矩阵求解器信息，以及网格中的单元长度特征。根据过程类型，也提供其他相关的信息，如模型的质量和质心。这些参考信息可以帮助用户确定问题的可能原因或者范围。例如，如果总质量或者质心不正确，则属性模块中的材料定义、截面或者截面赋予就可能有问题。

41.4 获取诊断信息

用户可以使用 Job Diagnostics 对话框来获取在分析作业过程中，Abaqus 写入输出数据库的诊断信息。

若要获取作业诊断，执行以下操作：

1. 从显示模块中的主菜单栏选择 Tools→Job Diagnostics。

出现 Job Diagnostics 对话框。

2. 单击 Job History 树中的 "+" 符号来扩展树，以查看作业历史中的步、增量、尝试和迭代。

3. 选中 Job History 树中的项目。

Abaqus/CAE 在对话框的右侧显示附加的表页，其中包含与选中项目关联的诊断信息。

4. 单击对话框右侧的标签。Abaqus/CAE 显示与在树中选中项目相对应的不同类型的诊断信息。以下章节描述了每一个表页中可以使用的信息：

- 41.3.1 节 "诊断摘要"
- 41.3.3 节 "警告和错误"
- 41.3.4 节 "残差"
- 41.3.5 节 "接触"
- 41.3.6 节 "单元"
- 41.3.7 节 "其他"

5. 单击 Dismiss 来关闭 Job Diagnostics 对话框。

42 选择要显示的模型数据和分析结果

Abaqus/CAE 从当前的模型数据库获取模型数据，从输出数据库获取模型数据和分析结果。生成未变形图不需要结果；在这种情况中，来自 datacheck 运行的输出数据库信息就足够了。

本章介绍如何选择要显示的模型数据和分析结果，包括以下主题：

- 42.1 节 "从输出数据库选择结果概览"
- 42.2 节 "从当前模型数据库选择结果概览"
- 42.3 节 "选择结果步和帧"
- 42.4 节 "定制结果中步和帧的显示"
- 42.5 节 "选择要显示的场输出"
- 42.6 节 "选择结果选项"
- 42.7 节 "创建新的场输出"
- 42.8 节 "在后处理过程中创建坐标系"

有关选择结果的详细指导，见本手册的对应部分。

42.1 从输出数据库选择结果概览

Abaqus/CAE 从输出数据库读取分析结果。输出数据库的结果由分析中用户已经保存成场输出的变量和历史输出变量组成。例如，如果用户想要在每 10 个增量后将数据写到输出数据库的场输出部分，则用户可以只选取 10 个增量间隔的结果。这些增量间隔称为帧。

除了已经保存的分析结果，用户还可以对输出数据库场输出进行操作，以创建新的结果。用户可以采用变形图、云图、符号图或者 X-Y 图的形式显示输出数据库场输出变量和用户创建的场输出变量的值；X-Y 数据是沿着穿过模型的路径得到的；探测任何模型或者 X-Y 图；或者以表格报告的形式。此外，用户可以根据场输出变量来显示用户模型的子集，并且根据这些值来对模型的一部分进行着色。

用户可以采用 X-Y 图的形式来显示输出数据库历史输出值。

使用主菜单栏的 Result 菜单来访问影响结果的选项，有以下菜单项目可用：

- Step/Frame：控制 Abaqus/CAE 得到结果的步和帧。
- Active Steps/Frames：当通过帧，以动画和 X-Y 图的形式进行结果推进时，控制 Abaqus/CAE 显示的步和帧的子集。
- Section Points：控制截面点，以提供积分点变量的值。
- Field Output：Field Output 对话框包含以下标签页。

—Primary Variable：控制 Abaqus/CAE 显示结果的变量，以及不变量或者分量（如果适用）。

—Deformed Variable：控制 Abaqus/CAE 用来显示变形模型形状的变量。

—Symbol Variable：控制 Abaqus/CAE 用于符号图的向量或者张量变量，以及可选的分量。

—Status Variable：控制从模型图中删除满足基于结果的指定失效准则的单元。

- History Output：选择用于 X-Y 图的历史输出。
- Options：Result Options 对话框包含以下标签页。

—Computation：显示场输出或者不连续性，控制基于单元的场输出结果的平均值，并控制区域边界上结果的计算。

—Transformation：为场输出结果施加坐标系转换。

—Complex Form：控制 Abaqus/CAE 显示复数结果的数值形式。

—Caching：控制是否在后处理过程中将分析结果存储在内存中，以及输出数据库以何种频率更新结果。

42.2 从当前模型数据库选择结果概览

Abaqus/CAE 可以从当前模型数据库的任何模型中读取选定的数据。当用户在显示模块中选择一个模型时，Abaqus/CAE 将载荷的子集、预定义的场、边界条件和模型中可以选择的指定相互作用作为场输出变量。选中后，用户可以在分析的特定步中以云图或者符号图的形式显示选中的项目。Abaqus/CAE 在模型数据库中为每一步都创建一个虚拟帧。

Abaqus/CAE 只能显示载荷的一个子集、预定义的场、边界条件和可以在模型中定义的相互作用。此部分中的属性在传播状态为 Created in this step、Propagated from a previous step 或者 Modified in this step 时可以显示。在显示模块中可以采用云图或者符号图的形式显示下面的属性：

支持的载荷

除非另有说明，下面的载荷支持所有分布的显示，但是不支持用户定义的分布显示。当用户在显示模块中显示分布时，Abaqus/CAE 不考虑与载荷定义关联的任何幅值数据。Abaqus/CAE 在当前步中可以显示的每一个载荷名称前显示（L）。载荷包括以下项：

- 集中力
- 力矩
- 集中电荷
- 集中热通量
- 面电荷
- 集中的浓度通量
- 面热通量（除了总通量的所有分布）
- 面浓度通量
- 压力载荷（除了总力的所有分布）

如果用户使用指定的坐标系定义载荷，则更改后的方向也会反映在显示模块中。Abaqus/CAE 还可以定制使用表达式场定义作为其定制分布定义的任何载荷的显示；Abaqus/CAE 不支持显示带有映射场的载荷。

预定义场

Abaqus/CAE 在当前步中可以显示的每一个预定义场名称前显示（P）。
- 温度（除了 From results or output database file 的所有分布以及 Constant through section

变化）

- 速度（仅平动速度分量）

如果用户定义了一个使用表达式的预定义场或者映射场，则定制分布也会反映在显示模块中。

边界条件

Abaqus/CAE 在当前步中可以显示的每一个边界条件名称前显示（B）。对于包含自由度的边界条件，如位移/转动，用户可以在选择边界条件后选择想要显示的单个自由度。可以显示的单个分量在下面的括号中注明。

用户可以使用支持分布的参数显示任何边界条件的数据：

- 位移/转动（平动和角位移）
- 速度/角速度（平动和角速度）
- 加速度/角加速度（平动和角加速度）
- 流体进口/出口
- 流体壁
- 温度
- 孔隙压力
- 电势
- 质量浓度
- 声压
- 连接器材料流动

相互作用

Abaqus/CAE 在当前步中可以显示的每一个相互作用名称前显示（I）。Abaqus/CAE 只支持面的膜条件（膜系数和散热器温度）相互作用。

42.3　选择结果步和帧

用户可以控制 Abaqus/CAE 从一个输出数据库获取模型数据和结果的分析步和帧。用户可以使用 Step/Frame 对话框来选择特定的分析步和帧，或者使用环境栏中的控件来步进帧。

注意：如果要在显示模块中显示当前模型数据库中的模型数据，用户可以使用 Step/Frame 对话框来选择一个特定的分析步，但是不能使用帧控制，该功能被禁用。模型数据库数据不包括单独的帧。

本节包括以下主题：

- 42.3.1 节　"选择特定的结果步和帧"
- 42.3.2 节　"步进帧"

42.3.1　选择特定的结果步和帧

用户可以选择一个使 Abaqus 从输出数据库获取模型数据和结果的特定步和帧，或者用户可以选择一个指定的步，在此步上 Abaqus 从当前模型数据库中的模型获取模型数据。在输出数据库中，可用的步和帧由已保存分析结果的步和帧组成；在模型数据库中，所有步都可以用于数据显示。要显示用户已经在 Abaqus/CAE 程序会话过程中创建的场输出变量（如果有的话），用户必须选择 Result→Step/Frame→Session Step。要显示在分析中定义的参数化的形状变量（如果有的话），用户必须选择 Result→Step/Frame→Step 0。

可以在分析过程中打开一个输出数据库。随着分析接近完成，已完成的步和帧的列表也在用户每次关闭和再打开 Step/Frame 对话框时得到更新。

有关步进结果帧的信息，见 42.3.2 节 "步进帧"。

若要选择特定的结果步和帧，执行以下操作：

1. 调用 Step/Frame 选项。

从主菜单栏选择 Result→Step/Frame。

出现 Step/Frame 对话框。

如果选择了一个输出数据库，则对话框的 Step 部分会列出当前输出数据库可以使用的步，并且对话框的 Frame 部分会列出当前输出数据库可以使用的帧。

注意：用户也可以通过单击 Field Output 对话框中的 来访问这些选项。

2. 从 Step 列表中单击要显示的步。

选中的步高亮显示，然后 Abaqus/CAE 刷新 Frame 列表，仅显示选中步可以使用的帧。

3. 从 Frame 列表中单击要显示的帧。选择 Frame 0 来显示当前步的基本状态；例如，以云图显示初始应力。

选中的帧高亮显示。

4. 当前视口中的模型图发生变化，以显示用户选中步和帧时刻的模型。如果是激活的，状态块中的文本会发生变化，以标识选中的步和帧。有关状态块的更多信息，见 56.3 节"定制状态块"。

Abaqus 刷新 Field Output 对话框，列出选中帧可以使用的变量（用户可以通过单击 Step/Frame 对话框底部的 Field Output 按钮来访问 Field Output 对话框）。Abaqus 刷新所有标识了当前步和帧的对话框。

用户的更改会在程序会话期间保存。

42.3.2　步进帧

用户可以使用环境栏中的 ODB Frame 控制按钮来步进结果帧。任何已经保存分析结果的帧和设置成激活的帧都是可用的。有关选择特定结果帧的信息，见 42.3.1 节"选择特定的结果步和帧"。有关激活结果步和帧的信息，见 42.4.1 节"激活和抑制步和帧"。

步进帧数据仅适用于输出数据库。

若要步进结果帧，执行以下操作：

1. 调用 ODB Frame 按钮。显示未变形图、变形图、云图或者符号图的按钮在环境栏的右侧。

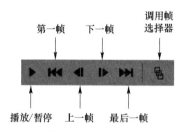

2. 单击下列帧按钮之一：

● First frame，显示来自当前步的第一个有效帧的结果。如果显示已经处于步的第一帧的结果，则此按钮没有作用。

● Previous frame，显示上一帧的结果。如果当前正在显示步的第一帧的结果，则 Abaqus/CAE 将显示上一步的最后有效帧的结果。如果显示已经处于步的第一帧的结果，则此按钮没有效果。

● Next frame，显示下一帧的结果。如果当前正在显示步的最后有效帧的结果，则 Abaqus/CAE 将显示下一步的第一帧的结果。如果显示已经处于最后步的最后帧的结果，则此按钮没有作用。

● Last frame，显示来自当前步的最后帧的结果。如果用户已经显示来自步的最后帧的结果，则此按钮没有作用。

● Frame Selector，用来调用帧选择器对话框，使用户可以通过输入帧编号，或者拖拽滑块到想要显示的帧来直接浏览特定的帧。更多信息见 49.4.2 节"导航到动画的指定帧"。

当前视口的模型图改变成用户选中的步和帧时刻的模型。如果是激活的，状态块中的文本会发生变化，以标识选中的步和帧。Abaqus 刷新 Step/Frame 对话框，高亮显示选中的步和帧，并且 Field Output 对话框列出用户选中帧的可访问变量。

Abaqus 刷新所有标识了当前步和帧的对话框。

3. 继续单击帧按钮来步进可以访问的帧。

42.4　定制结果中步和帧的显示

用户可以通过仅激活输出数据库的步和帧的子集，或者改变一步或者多步的持续时间和弧长来定制用户的显示。Abaqus/CAE 在用户逐帧检查输出数据，以动画显示数据，或者从场数据生成 *X-Y* 历史数据时，仅显示有效的步和帧。

本节包括以下主题：

- 42.4.1 节　"激活和抑制步和帧"
- 42.4.2 节　"改变步的时间段"

42.4.1　激活和抑制步和帧

用户可以通过激活输出数据库中步和帧的一个子集来显示分析结果。当用户通过步进帧、以动画显示数据或者从场数据生成 *X-Y* 历史数据来检查分析时，Abaqus/CAE 仅显示激活的步和帧。激活步和帧的子集在用户的程序会话中持续存在，并施加到模型数据库结果的每个显示中。

用户可以从结果树或者 Active Steps/Frames 对话框激活和抑制步或者帧。这两个工具都可以让用户通过单击每一个步名称旁边的"+"和"−"来扩展和收拢步。扩展一个步显示它的帧，可以让用户激活部分帧，而不是整个步。

结果树和 Active Steps/Frames 对话框也提供视觉提示来说明输出数据库中步或者帧的激活状态。结果树使用出现在帧快捷图标左边的一个红色的"×"来标记未激活的帧；未以此方式显示的帧当前是激活的。在 Active Steps/Frames 对话框中，步和帧的状态是通过出现在加/减号与步名称之间的复选标记（对号）来说明的。步中显示的绿色对号说明所有的帧是激活的；单独帧的绿色对号说明该帧是激活的；浅灰色背景上的灰色对号说明该步的部分帧是激活的；当没有对号出现时，该步是完全未激活的。当步容器收拢时，此视觉提示可以帮助用户评估步的激活状态。图 42-1 所示的输出数据库的 Active Steps/Frames 对话框有两个步完全激活，有一个步部分激活，有两个步未激活。

Active Steps/Frames 对话框中的每一个行提供以下与步有关的信息：

- 创建模型时，Step Name 和 Description 列反映为此步定义的值。
- Time 列中的值显示步的开始时间，或者描述步的性质。对于一个基于时间的步，Time 列显示步的开始时间。如果步不是基于时间的，则 Time 列描述步是模态、频率还是弧长（Riks 分析）步。
- Period 列中的值取决于步的类型。对于基于时间的步，时间段是步的总持续时间。对

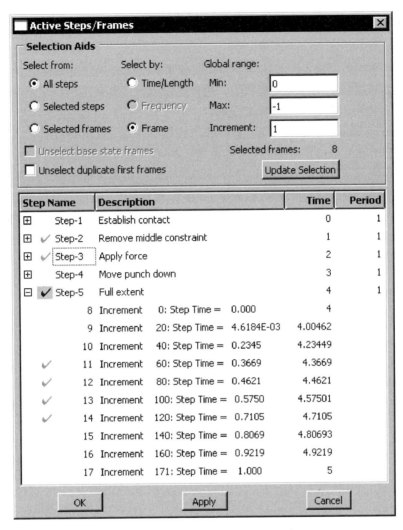

图 42-1　Active Steps/Frames 对话框

于 Riks 分析步，时间段是步的总弧长。模态和频率步在此列中显示一个短线（—），来说明时间段不适用于此步。

　　用户可以修改基于时间的分析步和 Riks 分析步的时间段值，只要所提供的时间段不等于 0。更多信息见 42.4.2 节"改变步的时间段"。

　　Active Steps/Frames 对话框提供两种激活步和帧的方法：用户可以使用对话框的 Selection Aids 部分中的过滤工具来激活一组步或者帧；也可以通过单击对话框下部的行来激活单个的步和帧。使用选择辅助来激活步或者帧会清理用户当前已经激活的步和帧的子集。如果用户手动选择步和帧，则应在使用选择辅助选择一个子集后再进行手动操作。

选择辅助

　　Selection Aids 过滤选项可以让用户依据一些选择准则来选择步和帧的子集。

- Select from 选项为用户的搜索定义了步和帧的候选集合。用户可以在输出数据库中的所有步中进行搜索，或者仅在 Active Steps/Frames 对话框下部的当前选中步和帧的子集中进行搜索。

- Select by 选项可以指定为了匹配步和帧而搜索的变量。用户可以搜索发生在特定时间范围内的任何步或者帧。对于频率提取步，用户可以搜索模型表现出特定频率的任何步或者帧。另外，用户也可以通过帧的编号来搜索。

- Global range 域可以指定搜索的上边界和下边界，并定义匹配步或者帧之间的增量。例如，如果用户想要激活下边界为帧 0 到上边界为帧 20 之间的所有偶数帧，则输入 2 作为增量。

- 用户也可以通过选择 Unselect base state frames 来抑制输出数据库中的基本状态帧。仅当输出数据库包含线性摄动步时才可以获取此选项。

- 一些步的初始帧可能与上一步的最后帧重复。取消选择这些重复的第一帧，可以让用户的数据分析更平滑、更真实。选择 Unselect duplicate first frames，可以取消选择数据库中所有步的所有重复的第一帧。

手动选择步和帧

用户可以通过单击 Active Steps/Frames 对话框下部的行来激活或者抑制单个步和帧。单击单独的步可以激活或者抑制它的所有帧，而单击一个帧仅激活或者抑制此帧。如果用户单击并拖动选中几个步或者帧，则 Abaqus/CAE 会反转用户选中的所有帧所在步的激活状态。

技巧：用户也可以从结果树中激活或者抑制步和帧。右击选中用户想要切换的步或者帧，然后选择 Activate all 或者 Deactivate all 来改变选中步中所有帧的激活状态，或者选择 Activate 或者 Deactivate 来改变选中帧的激活状态。

结果树用出现在帧快捷方式左侧的一个红色"×"来说明非激活的帧。用户定义的程序会话步（这些步不能激活），用一个红色感叹号来说明；这些步不显示在 Active Steps/Frames 对话框中。

在对话框中手动激活和抑制步和帧，可以增加和细化用户使用选择辅助做出的选择。此外，在对话框下部右击，会出现以下可以手动选择的快捷方式：

- Expand All，展开所有的步容器，包括选中的和未选中的，来显示输出数据库中每一个步的帧。

- Collapse All，折叠输出数据库中所有选中的和未选中的步容器。

- Select All，选择输出数据库中每一步的每个帧。

- Deselect All，不选输出数据库中每一步的每个帧。

- Reset Selection，将激活的步和帧恢复到用户最后一次单击 Apply 时激活的子集。

- Reset Periods，将时间段恢复到用户最后一次单击 Apply 时激活的设置。

若要使用 Active Steps/Frames 对话框来激活步和帧，执行以下操作：

1. 调用 Active Steps/Frames 对话框。

从主菜单栏选择 Result→Active Steps/Frames。

出现 Active Steps/Frames 对话框。

对话框下部显示输出数据库中的步，以及扩展的步中的帧。在程序会话中，当用户第一次检查输出数据库的步和帧时，所有的步和帧都是激活的。

2. 从对话框的 Selection Aids 部分为用户的搜索选择数据集、变量和全局范围值。

3. 单击 Update Selection。

Abaqus/CAE 更新激活步和帧的子集。

4. 在对话框下部手动激活或者抑制步。用户可以通过单击合适的行来切换单个步或者帧的激活状态，或者用户可以通过单击并拖动选中几个行来切换多个行的激活状态。

5. 单击 Apply。

Abaqus/CAE 使用新选中的有效步和帧的子集，来更新所有显示此输出数据库的视口。

42.4.2　改变步的时间段

步的时间段值的含义取决于步是 Riks 分析步，还是基于时间的步。对于 Riks 分析步，时间段是步的总弧长。对于基于时间的步，时间段是步的总持续时间，因此改变此值会影响步的显示时间，并改变所有后续步的开始时间。改变一个步的时间段也会改变整个动画的持续时间或者帧到帧的显示时间，影响自动计算的基于时间的动画起点和终点时间，以及此模型的动画与其他模型同步的方式。如果用户想要使不同模型中的事件在相同时间线中的不同时刻发生，则用户可能需要调整时间段。

对时间段值的改变会在用户的程序会话中延续。Abaqus/CAE 不会将这些改变保存到输出数据库中。

如果该值等于 0，则用户不能编辑 Riks 分析，或者基于时间的步的时间段。此外，模态和频率提取步没有时间段值；Abaqus/CAE 在这些类型的步的 Period 列中显示一个短线（—），表示不可编辑。

技巧：如果用户想要将时间段值恢复成输出数据库的设置，在窗口下部右击并选择 Reset Periods。

若要改变步的时间段，执行以下操作：

1. 调用 Active Steps/Frames 对话框。

从主菜单栏选择 Result→Active Steps/Frames。

出现 Active Steps/Frames 对话框。

对话框下部显示输出数据库中的步，以及扩展的步中的帧。在程序会话中，当用户第一次检查输出数据库的步和帧时，所有的步和帧都是激活的。

2. 在对话框的下部，单击一个步中 Period 列中的值，然后在该域中输入一个新的值。用户可以对每一个想要定制的时间段重复这一操作。

3. 单击 Apply。

Abaqus/CAE 用修改后的时间段和时间值来更新所有显示此输出数据库的视口。

42.5 选择要显示的场输出

本节介绍如何选择要显示的场输出变量，包括以下主题：
- 42.5.1 节 "场输出变量选择概览"
- 42.5.2 节 "使用场输出工具栏"
- 42.5.3 节 "选择主场输出变量"
- 42.5.4 节 "选择变形场输出变量"
- 42.5.5 节 "选择符号场输出变量"
- 42.5.6 节 "选择状态场输出变量"
- 42.5.7 节 "选择流场输出变量"
- 42.5.8 节 "选择复数结果"
- 42.5.9 节 "选择截面点数据"
- 42.5.10 节 "选择接触输出"

要了解如何选择输出数据库历史输出来生成 $X\text{-}Y$ 图，见 47.2.1 节 "从输出数据库历史输出读取 $X\text{-}Y$ 数据"。要了解如何选择输出数据库场输出来生成 $X\text{-}Y$ 图，见 47.2.2 节 "从输出数据库场输出读取 $X\text{-}Y$ 数据"。

42.5.1 场输出变量选择概览

云图显示、模型探测、基于云图的显示切割以及沿着模型路径的 $X\text{-}Y$ 图，都显示了用户分析的指定步和帧时刻的特定场输出变量值。类似地，当用户想构建一个显示组或者基于结果来指定颜色编码时，或者当用户想要显示载荷或当前模型数据库中数据的预定义场时，这些结果与特定的场输出变量有关。显示的值的变量称为主场输出变量。

变形图基于用户分析的指定步和帧时刻的节点变量值（如位移），来显示用户模型的形状。显示的值的变量称为变形场输出变量。

符号图显示分析的指定步和帧时刻的特定向量或者张量的大小和方向。符号图也可以是当前模型数据库模型中选中的载荷或者预定义场的大小和方向。显示的值的变量称为符号场输出变量。

用户可以指定选中场输出变量的基于结果的单元失效准则，以及删除满足失效准则的模型的单元。定义失效准则的变量称为状态场输出变量。

用户可以为流动显示指定速度或者涡度值。显示这些数据的变量称为流场输出变量。

要选择主场输出变量、变形场输出变量、符号场输出变量、状态场输出变量和流场输出变量，从主菜单栏选择 Result→Field Output。用户也可以使用 Field Output 工具栏来选择绝大部分的基本场输出变量和选项（更多信息见 42.5.2 节"使用场输出工具栏"）。

用户可以选择在未变形的或者变形的模型形状上显示云图和符号图。当用户使用变形模型形状时，云图或者符号图分别表示主场输出变量或者符号场输出变量的值，而底层模型的形状由变形场输出变量的值来确定。

用户可以使用 Section Points 对话框（从 Field Output 对话框获取）来控制截面点，通过这些截面点，Abaqus 得到积分点的结果以及材料方向。将膜、壳和面单元中的加强层处理成以输出为目的的截面点；每一个加强层具有独特的名称。例如，用户可以从模型的特定壳的顶面、特定梁的中截面点，或者特定膜单元中的具有名称的加强层要求截面点处的结果。

更多信息见以下章节：
- 42.5.3 节 "选择主场输出变量"
- 42.5.4 节 "选择变形场输出变量"
- 42.5.5 节 "选择符号场输出变量"
- 42.5.6 节 "选择状态场输出变量"
- 42.5.7 节 "选择流场输出变量"
- 42.5.8 节 "选择复数结果"
- 42.5.9 节 "选择截面点数据"
- 42.5.10 节 "选择接触输出"

42.5.2 使用场输出工具栏

用户可以使用 Field Output 工具栏来获取 Field Output 对话框的基本功能。从该工具栏中，用户可以进行以下操作：
- 选择要操控的场输出变量类型（Primary、Deformed 或者 Symbol）。
- 从可用的场输出变量列表中选择变量名称。
- 选择细化水平，如所选主变量的不变量和分量。
- 选择视口状态是否与工具栏选项同步。

Status 和 Stream 变量类型是不能从工具栏选择的场输出。用户可以在 Field Output 对话框中获取 Status 和 Stream 变量类型；状态变量允许用户设定 Abaqus/CAE 从模型显示中删除失效单元的准则，流动变量决定了流体流动数据分析的流线中显示的场输出。要打开 Field Output 对话框，单击 Field Output 工具栏左侧的 ▣ （见图 42-2）。

图 42-2 Field Output 工具栏

当用户从工具栏中做出选择时，Abaqus/CAE 更新当前的视口来显示输出；如果需要改变显示状态，并且如果显示状态同步切换（ ↩ ）被选中，则 Abaqus/CAE 也更新视口的显示状态。例如，选择 Primary 作为变量类型，如果视口还没有包含云图显示，则改变显示状态以显示变形模型上的云图。如果没有选中同步，则 Abaqus/CAE 仍然在当前视口中显示用户新选择的场输出变量，而不改变显示状态。

42.5.3　选择主场输出变量

用户可以选择显示云图、模型探测、基于云图的显示切割以及沿着模型路径获取结果的变量；此变量称为主场输出变量。Abaqus/CAE 会使用当前模型数据库中模型的主场输出变量来形成显示组，基于结果施加颜色编码，以及显示载荷、预定义场或者相互作用。

当选中输出数据库时，Abaqus/CAE 会列出默认情况下用户输出数据在当前分析步和帧的所有可用变量的选择列表。描述左侧的星号说明变量包括复数结果。

当选中当前模型数据库中的模型时，Abaqus/CAE 会列出用户模型当前分析步中默认可以使用的所有载荷、预定义场、边界条件和相互作用的选择列表。在所有这些可选项前面都有一个带括号的字母来对它们进行分类：（L）表示载荷，（P）表示预定义场，（B）表示边界条件，（I）表示相互作用。可以显示的仅是复数载荷或者复数预定义场的实数部分。

使用 Field Output 对话框中的 Primary Variable 来选择变量，如果可行的话，选择不变量或者用户想要的分量。更多有关输出变量标识符的信息，见《Abaqus 分析用户手册——介绍、空间建模、执行与输出卷》的 4.2 节"输出变量"。

若要选择主场输出变量，执行以下操作：

1. 定位控制主输出变量的选项。

从主菜单栏选择 Result→Field Output。在出现的对话框中单击 Primary Variable 标签页。出现 Primary Variable 选项。

技巧：用户也可以通过出现在任何对话框中的 Field Output 按钮来访问这些选项。

要查看列出变量的完整描述，拖拽对话框的边来增大其宽度。

2. 要控制在 Name 和 Description 列表中出现的变量：

a. 切换选中 List only variables with results 来显示列表，此列表受到变量存储位置的限制。限制列表有助于用户选择变量，如显示积分点数量。

当切换选中 List only variables with results 时，下拉菜单中的过滤器选项可用。

b. 单击 List only variables with results 箭头来显示过滤器选项。

c. 单击文本，此文本声明用户想在 Name 和 Description 列表中包括的变量的位置。

List only variables with results 对话框中出现文本，并更新 Name 和 Description 列表，该列表仅包括具有该位置的变量。

3. 从 Name 和 Description 列表单击用户想要的分析变量名称。列表中描述左侧的星号说明变量包括复数结果。

选中的变量高亮显示。如果可以应用的话，对话框底部的 Component 和 Invariant 列表得到更新，以显示可用的分量或者不变量。

4. 如果在 Component 或者 Invariant 列表中列出了项目，则用户可以单击想要的分量或者不变量。

选中的分量或者不变量高亮显示。

5. 当激活时，当前视口中的云图会发生变化，来显示用户已经指定的分析变量的值。如果激活，图例和状态区域中的文本会发生变化，以识别与该图关联的变量。关于图例与状态区域的更多信息，见 56.1 节 "定制图例"，以及 56.3 节 "定制状态块"。此外，Abaqus 会对标识有当前主变量的所有对话框进行更新。

程序会话期间会保存用户的更改。

42.5.4　选择变形场输出变量

用户可以通过生成变形图，或者将变形的模型选择成云图或者符号图的基本形状来显示变形模型。用户的变形模型形状基于用户选择的特定变形场输出变量的值。Output Variable 列表中描述左侧的星号说明变量包括复数结果。更多有关输出变量标识符的信息，见《Abaqus 分析用户手册——介绍、空间建模、执行与输出卷》的 4.2 节 "输出变量"。

若要选择变形场输出变量，执行以下操作：

1. 定位控制变形场输出变量的选项。

从主菜单选择 Result→Field Output。在出现的对话框中单击 Deformed Variable 标签页。Deformed Variable 选项变得可用。

技巧：用户也可以通过出现在任何对话框中的 Field Output 按钮来访问这些选项。

Abaqus/CAE 将用户输出数据库当前分析步和帧时刻的能够用于变形图（节点向量大小）的所有可用变量，以名称和描述进行列表。

2. 从 Name 和 Description 列表中单击想要的变形场变量。列表中描述左侧的星号说明变量包括复数结果。

选中的变量高亮显示。

3. 当前视口中的变形模型形状会发生改变，来反映用户已经指定的变形场输出变量的值。如果激活，状态区域中的文本会发生变化，以识别与该图关联的变量。更多与状态区域有关的信息，见 56.3 节 "定制状态块"。

程序会话期间会保存用户的更改。

42.5.5　选择符号场输出变量

用户可以选择将向量或者张量变量的分量，或者一个分量显示为符号图；此变量称为符号场输出变量。

当选择了输出数据库时，Abaqus/CAE 默认为用户的选择列出输出数据库当前分析步和帧时刻可用的所有向量和张量变量；在向量变量符号图中显示结果值，在张量变量符号图中显示所有的主分量。描述左侧的星号说明变量包括复数结果。

当从当前的模型数据库选择一个模型时，Abaqus/CAE 默认列出用户选项在模型当前分析步可用的所有载荷、预定义场、边界条件和相互作用。在所有这些可选项前面都有一个带括号的字母来对它们进行分类：（L）表示载荷，（P）表示预定义场，（B）表示边界条件，（I）表示相互作用。

使用 Field Output 对话框中的 Symbol Variable 来选择变量和用户想要的特定分量。更多有关输出变量标识符的信息，见《Abaqus 分析用户手册——介绍、空间建模、执行与输出卷》的 4.2 节"输出变量"。

当用户在符号图中显示一个向量变量时，可以从下面的选项选择：

● 显示表示变量结果值的箭头。例如，图 42-3 左侧的总位移符号图。

● 显示表示变量特定分量值的箭头。例如，图 42-3 右侧 1-方向上的位移符号图。

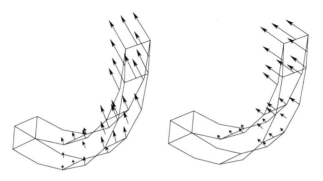

图 42-3　总位移（左）和 1-方向上位移（右）符号图

类似地，当用户在符号图中显示张量变量时，可以从下面的选项中选择：

● 显示表示变量每个主分量的箭头。例如，图 42-4 左侧显示的最大（Max）、中间（Mid）和最小（Min）主应力的符号图。

● 显示表示变量特定主分量的箭头。例如，图 42-4 右侧显示的只有最大（Max）主应力的符号图。

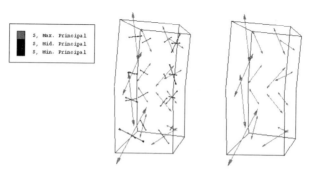

图 42-4　所有三个主分量的符号图（左）和仅显示最大主应力的符号图（右）

● 显示表示变量每个正分量的箭头。例如，图 42-5 左侧显示的所有正分量的符号图。

● 显示表示变量特定正分量的箭头。例如，图 42-5 右侧显示的只有 S22 的符号图。

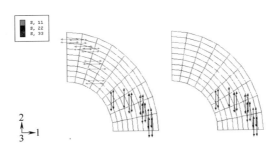

图 42-5 所有正分量的符号图（左）和仅显示 S22 的符号图（右）

若要选择符号场输出变量，执行以下操作：

1. 定位控制符号场输出变量的选项。

从主菜单栏选择 Result→Field Output。在出现的对话框中单击 Symbol Variable 标签页。出现 Symbol Variable 选项。

技巧：用户也可以通过单击出现的任何对话框中的 Field Output 按钮来访问这些选项。要查看列出变量的完整描述，拖拽对话框的边来增大其宽度。

2. 要控制在 Name 和 Description 列表中出现的变量：

a. 切换选中 List only variables with results 来显示列表，此列表受到变量存储位置的限制。限制列表有助于用户选择变量，如仅显示积分点数量。

当切换选中 List only variables with results 时，下拉菜单中的过滤器选项可用。

b. 单击 List only variables with results 箭头来显示过滤器选项。

c. 单击文本，此文本声明用户想在 Name 和 Description 列表中包括的变量的位置。

List only variables with results 对话框中出现文本，并更新 Name 和 Description 列表，该列表仅包括具有该位置的变量。

3. 从 Name 和 Description 列表单击用户想要的分析变量名称。列表中描述左侧的星号说明变量包括复数结果。

选中的变量高亮显示。对话框底部的 Vector Quantity、Tensor Quantity 和 Component 列表得到更新，以显示可用的向量、张量和分量。

4. 如果用户正在创建一个向量变量符号图，选择要显示的分量。

• 选择 Resultant，以显示表示变量结果值的箭头。

• 选择 Selected Component 以及用户想要显示的分量，以显示表示变量特定分量的箭头。

5. 如果用户正在创建张量变量符号图，则选择要显示的分量。

• 选择 All Principal Components，以显示表示所有主分量的箭头。

• 选择 Selected Principal Component 以及用户想要显示的分量，以显示表示特定主分量的箭头。

• 选择 All Direct Components，以显示表示所有三个正分量的箭头。

• 选择 Selected Direct Component 以及用户想要显示的分量，以显示表示特定正分量的箭头。

6. 单击 Apply 来完成用户的更改。

当前视口中的符号图改变成显示用户指定分析变量的值。如果激活，图例中的文本和状态区域改变成与图关联的相同变量。有关图例和状态区域的更多信息，见 56.1 节 "定制图例"，以及 56.3 节 "定制状态块"。

程序会话期间会保存用户的更改。

42.5.6　选择状态场输出变量

用户可以为选中的场输出变量的单元失效指定基于结果的准则，此变量称为状态场输出变量。当激活状态场输出变量时，会将满足指定准则的单元考虑成失效，并从模型图中删除它们。使用 Field Output 对话框中的 Status Variable 选项来激活状态变量。选择变量、不变量或者多个分量；指定基于结果的失效准则。如果需要，用户可以施加状态场输出变量来让形状图不变形。默认情况下，当以未变形状态显示模型时，不删除失效的单元。

默认情况下，不激活状态场输出变量，除非在输出数据库中出现输出变量 STATUS。在此情况中，默认激活使用状态场输出变量，选中输出变量 STATUS，并将失效准则设置成删除值小于或等于 0.5 的单元（如果单元有效，单元的状态为 1.0，如果单元失效，状态为 0.0）。值为 0.0 的单元不会显示在当前视口的模型图中。

当选择状态场输出变量时，Abaqus/CAE 会为用户列出输出数据库当前分析步和帧时刻可用的所有变量（除了基于面的场输出变量）。描述左侧的星号说明变量包括复数结果。更多有关输出变量标识符的信息，见《Abaqus 分析用户手册——介绍、空间建模、执行与输出卷》的 4.2 节 "输出变量"。

若要选择状态场输出变量，执行以下操作：

1. 定位控制状态场输出变量的选项。

a. 从主菜单栏选择 Result→Field Output。在出现的对话框中单击 Status Variable 标签页。

b. 切换选中 Use status variable 来抑制或者激活状态变量的使用。

当切换选中 Use status variable 时，激活状态变量，并且 Status Variable 选项变得可用。

技巧：用户也可以通过单击出现的任何对话框中的 Field Output 按钮来访问这些选项。

要查看列出变量的完整描述，拖拽对话框的边来增大其宽度。

2. 切换选中 Apply to undeformed state 来对未变形形状图施加状态场输出变量。如果用户的模型不包含变形，则用户必须切换选中此设置来施加状态场输出变量。

3. 要控制在 Name 和 Description 列表中出现的变量：

a. 切换选中 List only variables with results 来显示列表，此列表受到变量存储位置的限制。限制列表有助于用户选择变量，如仅显示积分点数量。

当切换选中 List only variables with results 时，下拉菜单中的过滤器选项可用。

b. 单击 List only variables with results 箭头来显示过滤器选项。

c. 单击文本，此文本声明用户想在 Name 和 Description 列表中包括的变量的位置。

List only variables with results 对话框中出现文本，并更新 Name 和 Description 列表，该列表仅包括具有该位置的变量。

4. 从 Name 和 Description 列表单击用户想要的分析变量名称。列表中描述左侧的星号说明此变量包括复数结果。

选中的变量高亮显示。如果可以应用的话，对话框底部的 Invariant 和 Component 列表得到更新，以显示可用的不变量或者分量。

5. 如果在 Invariant 或者 Component 列表中列出了项目，则单击用户想要的不变量或者分量。

选中的不变量或者分量高亮显示。

6. 从 Remove elements 域中选择一个过滤方法来指定失效准则。如果单元的结果值满足指定的准则，则将单元考虑成失效，并从模型图中删除此单元。将单元输出量与指定准则对比；不对单元数据执行外推或者平均处理。如果选中一个节点量并且给定节点的值满足指定的准则，则删除所有连接失效节点的所有单元。

● 选择 ▬▬，在 Max 域中输入一个值来删除值小于或等于指定值的单元。

● 选择 ▬▬，在 Min 域中输入一个值来删除值大于或等于指定值的单元。

● 选择 ▬▬ （内），在 Min 和 Max 域中输入范围的上限值和下限值，来删除值介于指定值之间并且包含指定值的单元。

● 选择 ▬▬ （外），在 Min 和 Max 域中输入范围的上限值和下限值，来删除值在指定范围之外的单元。

7. 单击 Apply 来完成用户的更改。

当前视口中的模型图发生改变，以删除选中状态场输出变量的值满足指定准则的单元。如果激活，图例和状态区域中的文本会发生改变，来与图关联的变量一致。更多有关图例和状态区域的信息，见 56.1 节 "定制图例" 以及 56.3 节 "定制状态块"。

程序会话期间会保存用户的更改。

42.5.7　选择流场输出变量

用户可以指定计算流动数据的变量；此变量称为流动场输出变量。对于绝大部分的分析，可以对流动数据应用速度（V）；然而，对于一些分析，用户可以将 VORTICITY 用作流动场输出变量。只有以节点为中心的向量结果可以与流动迹线相关联。

当选择一个流动场输出变量时，Abaqus/CAE 会为用户列出输出数据库当前分析步和帧时刻可用的存储在节点位置处的所有向量变量。更多有关输出变量标识符的信息，见《Abaqus 分析用户手册——介绍、空间建模、执行与输出卷》的 4.2.3 节 "Abaqus/CFD 输出变量标识符"。

若要选择流动场输出变量，执行以下操作：

1. 定位控制流动场输出变量的选项。

从主菜单栏选择 Result→Field Output。在出现的对话框中单击 Stream Variable 标签页。

技巧：用户也可以通过单击出现的任何对话框中的 Field Output 按钮来访问这些选项。

要查看列出变量的完整描述，拖拽对话框的边来增大其宽度。

2. 从 Name 和 Description 列表单击用户想要的分析变量名称。

选中的变量高亮显示。

3. 单击 Apply 来完成用户的更改。

Abaqus/CAE 根据选中的流动输出变量来重新计算当前视口中的流线。程序会话期间会保存选中的流动输出变量。

42.5.8　选择复数结果

默认情况下，Abaqus/CAE 会列出输出数据库当前分析步和帧时刻时可用的所有变量。如果当前分析步是稳态的动力学分析，则输出变量的值，如应力（S）或者位移（U），可以是具有实部和虚部的复数。使用 Field Output 对话框中的 Primary Variable、Deformed Variable、Symbol Variable、Status Variable 和 Stream Variable 选项来选择用户想要显示的复数变量。如果变量包含复数，则列出变量的描述以星号开始。更多有关输出变量标识符的信息，见《Abaqus 分析用户手册——介绍、空间建模、执行与输出卷》的 4.2 节"输出变量"。

用户可以采用变形图、云图或者符号图的形式来显示复数结果，通过模型探测获得结果，沿着模型路径获得结果，以及通过形成显示组或者基于结果指定颜色编码来显示复数结果。在这些情况中，用户都可以选择几种数值形式来显示复数结果的不同方面。用户可以使用谐动画来对复数结果进行处理。在谐动画过程中，每个复数的实部和虚部都被用来计算和显示表示半周（0°~180°）或者整周（−180°~180°）的角序列处的结果值。

42.5.9　选择截面点数据

如果用户的模型包含壳、梁或者复合材料铺层，则用户可以在 Abaqus 显示云图、符号图或者材料方向图时，查看选中截面点的数据。用户可以选择下面任何一个方法：

按类型

对于模型的每个截面，用户首先要选择一个截面点的有效位置（底部、顶部或者两者都）。然后用户从此类别的可用截面点的列表中选择。例如，用户可以选择显示每个截面的中点的数据。可用的截面点与用户在分析步模块中创建场输出请求时要求的截面点有关。用户也可以使 Abaqus 显示包含所有截面点的变量临界值（最大或者最小）场输出的截面点图像。更多信息见"按类型选择截面点数据"。

按铺层

对于包含复合材料铺层的模型，用户首先要选择一个铺层，然后选择要显示场输出变量的位置。用户可以将以下之一指定成选中铺层的截面点位置：底层的截面点、中间或唯一的截面点、顶层的截面点，或者顶层和底层的两个截面点。更多信息见"按铺层选择截面点数据"。

按类型选择截面点数据

当 Abaqus 正在显示一个云图时，用户可以使用 Section Points 对话框，通过选择一个类型以及表示底部和顶部位置的节点来控制截面点，Abaqus 从这些截面点得到积分点结果和材料方向。

膜、壳和面单元中的加强（螺纹钢）层会为了输出目的而处理成截面点；每个加强层具有唯一的名称。例如，用户可以要求从模型中特定壳的顶面截面点处，从模型中特定梁的中间截面点处，或者从模型特定膜单元中命名的加强层的截面点处得到结果。

根据壳的类型，在两个截面点处显示输出的云图在外观上会有不同。在传统的壳中，两个云图表现成双侧的壳，在每一侧具有不同的云图；而在连续壳（或者复合实体）中，两个云图在每一个截面点位置处显示成截然不同的二维云图前缘。轴对称壳，由线单元扫掠形成三维面，不会表现成任何行为，因为没有将它们考虑成三维壳；相反，这些壳仅在单个截面点处显示输出。

在许多情况中，截面点的位置是以截面点相对于横截面中点的位置来描述的。对于二维的梁，此相对位置被报告成横截面中点与截面顶面或底面之间的距离的一部分。对于壳，此相对位置被报告成横截面中点与截面的 SPOS 面或 SNEG 面之间的距离的一部分。加强层由其唯一的名称表示。

对于具有三维截面的梁，截面点的相对位置可以汇报成横截面中点与下面位置之间的距离分数：

- 截面的顶面或者底面（沿着截面的局部 2-轴方向）
- 截面的左侧或者右侧（沿着截面的局部 1-轴方向）。

对于圆梁，将截面点位置定义成关于截面半径的相对位置和关于横截面的中点，从正1-轴转动的角度。

更多有关在不同的截面类型中，截面点位于哪里的更多信息，见下面的部分：

- 《Abaqus 分析用户手册——单元卷》的 3.3 节 "梁单元和梁单元库"
- 《Abaqus 分析用户手册——单元卷》的 3.6 节 "壳单元和壳单元库"

有关加强层的更多信息，见《Abaqus 分析用户手册——介绍、空间建模、执行与输出卷》的 2.2.3 节 "定义加强筋"。

Abaqus 为选项要显示的截面点提供下面的方法：

- 显示单元的种类和位置。单元种类的例子包括单元类型和材料。位置可以是顶面或者底面或者二者。
- 显示包含临界值的截面点（绝对最大、最大、或者最小）。Abaqus/CAE 在每一个单元中的所有截面点上搜索临界值。产生的视图称为包络图。

若要使用分类和位置来选择截面点，执行以下操作：

1. 显示期望场输出变量的云图。更多信息见 44.3 节 "生成一个云图"。

2. 定位 Section Points 对话框。

从主菜单栏选择 Result→Section Points。

出现 Section Points 对话框。

3. 从 Selection method 域选择 Categories。

每一个类型中的单元共享共有的截面属性，如

- 与此类型中单元关联的截面类型。
- 截面定义中包括的材料名称或者符合材料指定。
- 截面上的截面点数量。
- 横截面几何形体（仅对于梁）。

4. 从 Active locations 域，选择 Bottom 或者 Top 来仅激活 Bottom Location 或者 Top Location 截面点。对于三维壳或者复合实体上积分点变量的云图，选择 Top and bottom 来同时显示量纲截面点处的输出。只有此类型的云图可以同时显示两个截面点的输出；在所有的其他环境中，当用户选择 Top and bottom 时，Abaqus/CAE 仅显示 Bottom Location 截面点处的输出。

Abaqus/CAE 仅在激活位置处显示输出。Bottom Location 和 Top Location 域显示两个截面点，在这些截面点处用户可以显示选中类型的输出。默认情况下，这些场分别显示 SNEG 和 SPOS 截面点。

5. 在 Category 标签页中，选择用户想要改变输出位置和选择位置的一个或者多个单元类型。如果用户从 Active locations 域中选择了 Top and bottom，则选择两个位置。

对话框的下半部分中的 Available Section Points in Cross-Section 域列出了为用户选择的保存输出的截面点类型和位置。如果用户选择了多个类型，则仅在列表中出现所有选中类型所公共的那些位置。

6. 在 Available Section Points in Cross-Section 域中，选择要显示的截面点。

7. 单击 Apply 来显示用户的设置。

当前视口中的模型图发生改变来显示来自指定截面点的值。如果激活了图例，则发生改变来与指定的截面点相同。有关图例的信息，见 56.1 节"定制图例"。

后续的云图、符号和材料方向图；表报告；模型探测和沿着一条路径的 *X-Y* 数据对象的结果将从用户已经指定的截面点得到。

8. 单击 OK 来选择截面点并退出对话框。

若要选择包含临界值的截面点，执行以下操作：

1. 显示期望域输出变量的云图。更多信息见 44.3 节"生成一个云图"。

2. 定位 Section Points 对话框。

从主菜单栏选择 Result→Section Points。

出现 Section Points 对话框。

3. 从 Selection method 项中选择 Categories。

4. 从 Active locations 项中选择 Envelope。

5. 从对话框的 Criteria 域选择标准（绝对最大、最大或者最小），将确定包含临界值的

截面点。

6. 从 Position 域，选择算法，Abaqus/CAE 将用来确定包含临界值的截面点。

● 如果用户选择 Integration point，则 Abaqus/CAE 将每一个截面的所有积分点处的值进行对比。

● 如果用户选择 Centroid，则 Abaqus/CAE 将每一个截面中心处的平均值进行对比。

● 如果用户选择 Element nodal，则 Abaqus/CAE 将外推到每一个截面的节点处的值进行对比。

7. 单击 Apply 来显示用户的设置。

当前视口中显示的模型显示临界截面点以及网格状每一个单元的临界截面点的值。更多有关图例的信息，见 56.1 节 "定制图例"。

8. 如果用户正在显示复合材料铺层，则可以通过选择云图的铺层选项来决定 Abaqus/CAE 如何显示临界截面点。

a. 从主菜单选择 Options→Contour。

b. 从出现的 Contour Plot Options 对话框中单击 Other 标签页。

c. 从标签页底部的选项进行下面的操作。

● 切换选中 Show labels of plies that match criteria 来观察云图值的临界铺层。

● 切换选中 Color by plies that match criteria 来改变来自铺层名称的域输出变量的云图值。更新云图来显示模型中的临界铺层，更新图例来显示要显示的铺层名称。

9. 单击 OK 来保留用户的设置并退出对话框。

按铺层选择截面点数据

用户可以使用 Section Points 对话框来控制截面点，通过选择一个铺层以及 Abaqus/CAE 读取结果的铺层内的位置，Abaqus 将从这些截面点得到积分点结果和材料方向。

显示选中铺层的顶部和底部处的输出云图，因复合材料铺层的类型而在外观上有所不同。在一个传统的壳复合材料中，两个云图表现成一个双侧壳，在每一个侧面上有不同的云图。在一个连续壳复合材料铺层，或者一个实体复合铺层中，两个云图在每一个截面点位置处表现成截然不同的二维云图。

若要选择使用铺层的截面点位置，执行以下操作：

1. 显示期望场输出变量的一个云图。更多信息见 44.3 节 "生成一个云图"。

2. 定位 Section Points 对话框。

从主菜单栏选择 Result→Section Points。

出现 Section Points 对话框。

3. 从 Selection method 项中选择 Plies。

4. 为了更容易的选择而限制列表，在 Name filter 域中输入过滤器方式，并且按 [Enter] 键来施加过滤器。

5. 从堆叠中的铺层列表选择期望的铺层。

6. 从 Ply result location 项中进行下面的一个操作。

● 选择 Bottommost 来选择选中铺层中的最底处节点。

● 选择 Middle/Single section point 来选择选中铺层中的中截面点或者唯一的截面点。中截面点是截面中可以使用位置的中间，而不是所有位置的中间。例如，如果仅在 TOP 和 BOTTOM 处可以使用结果，则可以使用的位置数量是 2，并且"中"将对应 TOP 位置。

● 选择 Topmost 来选择选中铺层中的最顶部截面点。

● 选择 Topmost and bottommost 来在选中铺层中选择最顶部和最底部的截面点。

7. 单击 Apply 来显示用户的设置。

当前视口中的模型图发生改变，来显示来自指定位置处指定铺层的值。如果激活的话，显示图例发生改变来确定铺层。有关图例的信息，见 56.1 节"定制图例"。

8. 单击 OK 来保留用户的设置并退出对话框。

42.5.10　选择接触输出

非运动标量输出变量的接触输出数据，例如 CPRESS、COPEN、CSLIP、CSHEAR1 和 CS-HEAR2，是将所有以连续单元为基础的面合并成一个单独的数据集。将合并重叠面对的数据。如果为膜或者壳单元请求了接触输出，则在各自的数据集合中包含 SPOS 和 SNEG。当接触面是双侧的或者以节点为基础的，则为每一个接触面对创建各自的接触输出数据集合。

Abaqus/CAE 在组合数据集合中用来组合重叠面片数据的方法取决于输出变量：

● 对于变量 CPRESS、CSHEAR 和 CSLIP，Abaqus/CAE 为选中变量使用模型中的最大值，正的或者负的。

● 对于变量 COPEN，Abaqus/CAE 使用接触打开的最小值，来反映模型中的最小打开，或者如果存在过闭合，则为最大的过闭合值。

● 对于向量变量 CNORMF 和 CSHEARF，Abaqus/CAE 评估单个面对的所有相邻值的总和，并且在合并数据集合中存储合向量。

● 对于 CSTATUS 变量，Abaqus/CAE 对主面和从属面上的各个节点赋予三个接触状态中的一个。Abaqus/CAE 在合并数据集合中使用下面的设置：如果任何重叠节点是粘接到一起的，则使用 Closed（Sticking）；如果没有重叠节点是粘接的，并且一个或者多个重复节点是滑动的，则使用 Closed（Slipping），以及如果所有的重叠节点是打开的，则使用 Open。

在 Abaqus/CAE 中出现的每一个数据集合的变量名称，说明接触输出施加的区域。例如，将单个接触面对的 CPRESS 数据集合（对于双侧的或者以节点为基础的接触面）命名成 CPRESS 从属名称/主名称；将膜或者壳面的 SPOS 或者 SNEG 侧上的接触数据集合分别命名成 CPRESS SPOS 和 CPRESS SNEG；以及将所有其他的面变量输出命名成 CORESS。

使用 Create Field Output 对话框或者输出数据库的 Abaqus 脚本，截面可以访问任何单个接触面对的接触输出数据，不需要从其他接触对合并贡献；这些数据集合具有 CPRESS 从属名称/主名称形式的名称。

因为 CPRESS、CSHEAR1 和 CSHEAR2 与模型中定义的特定面关联，所以以当探测这些输出变量时，必须在当前显示组中包括面。仅可以在节点处探测这些变量。

42.6 选择结果选项

Abaqus/CAE 为用户提供几个方法来显示存储在输出数据库中的输出结果。这些方法中的一些要求将原始存储在输出数据库中的，单元中心处的或者积分点位置处的场输出数据，在节点位置处进行重新计算。这样的计算应用到线类型的和带类型的云图显示，节点位置的探测，以结果值为基础形成一个显示组或者颜色编码，以及沿着一条路径提取以单元为基础的 *X-Y* 值上。用户可以控制与这些计算有关的一些选项，例如如何评价以单元为基础的结果。

此外，用户可以选择给用户的场输出结果施加坐标系转换；用户可以为复数结果选择几种显示形式：大小、相角、实部、虚部，或者指定角度上的值；并且用户可以选择是否要在内存中保存结果来改善性能。

选择 Result→Options 来定位控制结果计算、结果转换、复数结果显示和结果存储的选项。本节介绍结果计算和影响这些计算的选项，包括以下主题：

- 42.6.1 节 "理解如何计算得到结果"
- 42.6.2 节 "理解结果值平均"
- 42.6.3 节 "理解复数结果"
- 42.6.4 节 "理解结果缓存"
- 42.6.5 节 "显示场输出值或者不连续性"
- 42.6.6 节 "控制结果平均"
- 42.6.7 节 "控制区域边界处的计算"
- 42.6.8 节 "将结果变换到新的坐标系中"
- 42.6.9 节 "控制复数结果的形式"
- 42.6.10 节 "控制结果缓存"

42.6.1 理解如何计算得到结果

显示存储在输出数据库中的结果所必要的计算，取决于结果是否是以节点为基础的量，例如位移或者速度，或者以单元为基础的量，例如应力或者应变。

以节点为基础的场输出结果是如何计算得到的

以节点为基础的场输出变量，在模型创建过程中与施加的节点转化一起，在每一个节点处写入到输出数据库中。对于节点场输出变量的显示，Abaqus/CAE 为图中包括的每一个节点，从输出数据库中读取要求的值。默认情况下，在整体坐标系中显示这些值；用户可以选择给结果施加节点转换，或者施加一个指定的坐标系转换。然后，使用最后的值来产生云图、节点探测值、显示组或者以结果为基础的颜色编码，或者沿着一条路径的 X-Y 数据。

以单元为基础的场输出结果是如何计算得到的

以单元为基础的场输出变量写到积分点、单元中心或者单元节点处的输出数据库中，取决于变量。为了显示以单元为基础的场输出变量，Abaqus/CAE 为连接到图中所有节点的所有单元，从输出数据库读取值。然后对这些值施加计算来产生云图、节点探测值、显示组或者以结果为基础的颜色编码，或者沿着一条路径的 X-Y 图。

对于保存到输出数据库的积分点处的或者单元中心处的结果，施加的第一个计算是外推（在单元节点处保存的结果不要求外推）。仅对于云图显示，用户可以选择卷积外推，在此情况中，没有施加下面讨论的余下的计算。要获知更多有关卷积外推的信息，见 44.1.1 节"理解如何计算云图值"。对于结果显示的其他所有方法，Abaqus/CAE 使用对于单元类型和形状来说合适的加权来将结果外推到节点。

外推值通常没有在积分点处计算得到的值那样精确。因此，推荐在需要单元结果的节点值精确的地方围绕节点有足够细致的网格划分。用户在对中节点在四分之一点区域的二阶单元节点上的外推输出变量进行解释时应当特别小心，这种情况包括二维单元中一条边退化或者三维中一个面退化。

单元张量的外推是在局部材料坐标系中的单个张量分量上执行的。两个单元或者更多单元共用的节点从所有具有贡献的单元获得值。取决于用户模型的特征，这些贡献可以来自多个结果区域。如果一个节点处的所有贡献来自一个单独的结果区域，则在进一步的计算中按照需求进行值组合。如果贡献来自多个结果区域，则用户可以选择遵守原来的边界，并且在进一步的计算中保持贡献分开，或者忽略区域边界而组合值。输出数据库中的默认结果区域，复制在分析之前用来对模型赋予截面属性的区域。另外，用户可以选择单元集合或者显示组来用作结果区域。更多信息见 42.6.7 节"控制区域边界处的计算"。

如果要求不变量或者分量，则用户可以指定 Abaqus/CAE 是否应当从每一个单元外推，或者从所有有贡献的单元组合数据来计算不变量。默认情况下，在组合（平均）外推的结果之前计算不变量。不变量或者分量的云图可能受 Abaqus 执行计算的次序影响。例如，冯-密塞斯应力的值可以超过非弹性材料的屈服应力；此外，不变量的值可能不考虑材料方向在一个有限元中以非等参形式变化的情形。如果不变量在平均后计算，则 Abaqus 通过评价贡献单元方向来确定节点处的方向；如果贡献单元之间方向不同，则将影响分量值。

如果用户选择单元集合来定义结果区域，并且不变量将在平均后计算，则用户选择的单元集合必须包含兼容单元。兼容单元如下：

- 共享相同的基本单元类型（连续、壳、梁等等）。
- 使用相同阶数的内插方程（一阶单元对比二阶单元）。
- 具有相同的积分策略（缩减积分、完全积分等）。

最后，计算取决于用户是否选择显示场输出变量或者不连续；不连续是场输出值中相邻单元之间的差异。

- Field Output（场输出）：对于场输出值的显示，计算得到的不变量，或者两个以及多个单元共用节点处的分量是有条件平均的，取决于贡献结果区域的兼容性，以及用户选择的选项。更多信息见 42.6.2 节"理解结果值平均"。

- Discontinuities（不连续）：对于显示不连续性，计算得到的不变量，或者两个以及多个单元共用节点处的分量进行对比来确定最大的差异，取决于贡献结果区域的兼容性以及用户选择的选项。仅与一个单元关联的节点以及从所有贡献单元得到等效值的节点将在不连续图中显示零值。

更多信息见 42.6.5 节"显示场输出值或者不连续性"。

如何计算结果转换

以节点为基础的和以单元为基础的结果可以转换到用户指定的坐标系中，并且角度转换可以施加到以坐标为基础的和以距离为基础的节点向量结果；有关给用户的结果施加转换的信息，见 42.6.8 节"将结果变换到新的坐标系中"。

三维连续单元以单元为基础的结果，以及所有以节点为基础的结果，以结果的位置为基础来转换到指定的坐标系中。转换所得结果的 1 方向、2 方向和 3 方向对应直角坐标系的 X 方向、Y 方向和 Z 方向；圆柱坐标系的 R 方向、θ 方向和 Z 方向；以及球坐标系的 R 方向、θ 方向和 ϕ 方向。

二维连续单元、壳单元和膜单元的以单元为基础的结果，是通过关于围绕单元结果位置处的单元法向，对结果进行转动来转换的。转换所得结果的 2 方向是由直角坐标系或者圆柱坐标系的 Y 方向，或者球坐标系的投影 θ 方向在单元平面上的投影来决定的。如果用户定义坐标系的 Y 方向或者 θ 方向与单元的法向形成的角度小于 30°，则在轴的圆形循环序列中的 Y 轴或者 θ 轴后面的下一个轴会投影到单元平面，而不形成局部的材料 2 方向，并且显示一个警告信息。结果平动使用的方法不同于 Abaqus/Standard 和 Abaqus/Explicit 计算局部方向的方法（见《Abaqus 分析用户手册——介绍、空间建模、执行与输出卷》的 2.2.5 节"方向"）。

不能转换梁和杆单元的以单元为基础的结果，总是在局部梁方向坐标系中显示它们。此外，加强筋和 CAXA、SAX 或者 SAXA 单元的结果也不会进行转换。

当用户将结果转换到用户指定的坐标系中时，用户可以控制坐标系转换的以下额外方面：

- 在转换计算中，用户可以包括或者排除当前变形的影响。没有缩放变形效果，Abaqus/CAE 使用 1.0 的变形比例因子来进行这些计算。在转换中包括变形效果，可以改变以节点为基础的坐标系方向，坐标系在壳和膜单元上的坐标系投影，以及以位置为基础的圆柱坐标系和以位置为基础的球坐标系的方向。

- 用户可以调整结果来考虑坐标系的刚性变换。用户可以调整主变量值的显示，或者来自主变量和变形变量的结果显示。

刚体变换帮助用户在出现大刚体位移时理解相对位移。刚体变换对模型施加一个变换来取消用户指定的坐标系跟随节点的位移和转动（更多信息见 42.8 节"在后处理过程中创建坐标系"），这些节点随着帧到帧发生变形。随着将指定坐标系的节点从它们的当前位置转换回它们的原始位置时有必要进行平动和转动时，对刚体转换进行确定。

用户可以为以坐标为基础的和以距离为基础的向量值施加角度转换。角度转换以 R、θ 和 Z 的项来为圆柱坐标系计算分量，以 R、θ 和 ϕ 的项为球坐标系计算分量。

对于包括来自场输出变量 SORIENT 的输出以及包括复合截面的结果，用户可以施加铺层方向转化。此转换使用每一个单独铺层上单元的方向来计算张量场和向量场，而不是使用整个复合材料铺层的单个方向来计算。

42.6.2　理解结果值平均

对于使用下面任何方法的以单元为基础的场输出变量，可以使用结果值平均来显示。
- 线类型的或者带类型的云图。
- 节点位置处的探测。
- 以结果值为基础形成一个显示组或者颜色编码。
- 从场提取 X-Y 数据。
- 沿着一条路径提取 X-Y 数据。
- 为场数据生成报告。

以节点为基础的场输出变量的显示，卷积云图以及不连续图不包括值平均。

两个或者更多单元的公共节点处可以有条件的得到平均的外推输出数据库值。用户可以使用下面的选项来控制 Abaqus/CAE 对节点处值取平均的程度：
- 选择结果区域并且选择是否跨越区域边界进行平均。
- 选择是否将壳和膜特征边处理成区域边界来进行平均。
- 包括或者排除未显示单元的贡献。
- 选择是否计算不变量，以及是在平均之前还是之后来提取分量。
- 选择一个阈值，以贡献单元值之间的差异为基础来控制平均（仅当用户选择在平均之前计算不变量时才可以使用此选项）。

在贡献单元处在相同的结果区域时，Abaqus/CAE 对两个或者多个单元公共节点处的值进行平均。默认的结果区域是用户给模型赋予截面时定义的区域，用户也可以使用保存的单元集合或者显示组来定义定制的结果区域。用户可以选择 Abaqus/CAE 是否在两个或者更多结果区域的公共节点处进行值平均。用户可以抑制穿越区域（使用区域边界）的值平均来着重说明区域边界处的任何不连续，或者用户可以要求穿过区域的平均（忽略区域边界）来产生更加连续的效果。例如，图 42-6 左边所示为使用区域边界的云图，右边所示为穿越区域边界的平均云图。

如果用户选择平均穿越区域，则平均值的程度是受用户如下指定的阈值来控制的：

$$相对节点变化 = \frac{节点处的最大值-节点处的最小值}{整个有效区域上的最大值-整个有效区域上的最小值}$$

如果图中包括的每一个节点的相对节点变化小于用户的平均阈值，则贡献单元的值在那个节点处进行平均。如果相对节点变化超出了用户的设置，则不会平均值。当用户决定穿过区域平均时，将值平均阈值考虑成与穿越整个模型的值变化关联，除非用户限制仅对显示的

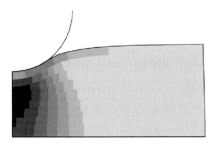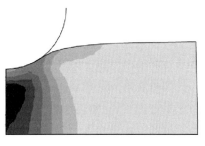

图 42-6　使用区域边界和穿越区域边界平均的云图

单元进行值平均。设置高的平均阈值将允许用户相对于用户模型上的结果或者所有显示的结果来光滑所有的显示结果，但是不包括最极端的不连续。

如果用户选择不穿越区域平均，则每一个区域中节点处值的平均程度由用户在下面指定的平均阈值来控制：

$$相对节点变化 = \frac{节点处的最大值 - 节点处的最小值}{区域中的最大值 - 区域中的最小值}$$

如果图中每一个节点的相对节点变化小于用户的平均阈值，则在该节点处进行贡献单元值的平均。如果相对节点变化超出了用户的设置，则不进行平均。当用户抑制穿过区域的平均时，将平均阈值考虑成与每一个区域中的值变化关联，而不是与整个模型上的值变化或者所有显示的结果变化关联。

用户施加的平均阈值越低，则更多的显示值显示单个单元结果。反过来，更高的平均阈值产生更加光滑的效果，单元到单元之间显著的不连续会更少。

当以阈值为基础的平均与从以单元为基础的场中提取 X-Y 数据一起使用时，用户可能想要调整阈值。提取 X-Y 数据时使用的单元区域缩减到仅包括与指定节点连接的单元。

如果用户选择计算不变量并且在平均后提取分量，则

- Abaqus/CAE 不施加平均阈值。
- 在平均之前在每一个节点处将张量转换成一个平均方向。
- 如果使用了结果区域，则必须包含兼容的单元。

更多信息见 42.6.1 节 "理解如何计算得到结果"。

选择 Result→Options 来找到影响平均的选项。42.6.6 节 "控制结果平均"，以及 42.6.7 节 "控制区域边界处的计算" 提供使用平均选项的详细情况。

42.6.3　理解复数结果

如果当前的步是稳态动力学分析，则输出变量的值，例如应力（S）或者位移（U），可以是具有实部和虚部的复数。复数结果在分析中保存成一对实数和虚数。当使用 Abaqus/CAE 来显示复数结果时，用户可以选择下面的任何形式来显示分析数据：

- Magnitude 显示结果值的实部和虚部的组合大小。
- Phase angle 显示了正水平轴与显示点（实数、虚数）之间的角度。此选项仅对于标量

或者向量和张量分量有效。

- Real 仅显示实部。此选项是默认的设置。
- Imaginary 仅显示复数结果虚部的系数。
- Value at angle 在用户指定角度上显示结果的实部和虚部的组合值。当角度是 0° 时，显示结果的实部；当角度是 −90° 时，显示结果的虚部。

在任何不变量后面计算 Magnitude，这样大小值是实部和虚部分量的平方和的平方根。类似地，在不变量之后计算另外一个复数形式。Value at angle 是唯一的例外；在不变量的前面计算此值来保留合理的物理意义。

用户也可以选择使用谐动画来动画显示复数结果。此技术通过显示一序列角度上的 Value at angle 来动画显示复数场输出。Abaqus/CAE 根据用户的指定生成从 0° 到 180° 范围的角度，或者从 −180° 到 180° 的角度，并且在每一个角度处显示复数结果的值。

大小和相角使用常用的表达式来与实部和虚部关联。例如，实位移分量和虚位移分量 U_r 和 U_i 与大小 $\overline{U}$ 和相角 ϕ 如下关联：

$$U_r = \overline{U}\cos\phi$$

以及

$$U_i = \overline{U}\sin\phi$$

复数结果代表时域变化的形式：

$$U(t) = U_r\cos\Omega t - U_i\sin\Omega t = \overline{U}\cos(\Omega t + \phi)$$

其中，Ω 是激励频率。当用户要求谐动画时，显示此时间变量。选中 θ 角度处的结果值，通过使用 $\theta = \Omega t$ 来得到，这样

$$U(\theta) = U_r\cos\theta - U_i\sin\theta = \overline{U}\cos(\theta + \phi)$$

大小 $\overline{U}$ 是在 $\theta = -\phi$ 时给定的变量。θ 从 −180° 到 180° 推进对应一个完整的动画循环。

42.6.4　理解结果缓存

缓存是系统内存的一部分。用户可以选择在后处理过程中，在缓存中保存分析结果来加快屏幕上的图像生成。当在缓存中保存了结果时，Abaqus/CAE 可以不需要重新计算值就能显示结果，或者如平常那样访问输出数据库。这可以极大地提高性能。然而，在缓存中保存结果将增加内存使用。如果用户发现 Abaqus/CAE 消耗用户工作站上的大量内存，并且进而妨碍了系统的性能，则用户可以抑制缓存保存结果功能来清除与结果缓存有关的内存。清除内存可以提高整体的性能；然而，将放慢结果的显示。转换成新的输出变量或者输出数据库，将自动地清除本地的结果缓存。更多信息见 42.6.10 节 "控制结果缓存"。

Abaqus/CAE 可以在分析作业仍然运行以及数据库持续得到更新时，显示来自输出数据库的数据。在绝大部分的显示模块操作和动画后，Abaqus/CAE 操控得到更新结果的输出数据库，并且相应地更新当前的视口。如果用户显示来自远程输出的数据库，如果在网络上操控数据库花费的时间过长，则 Abaqus/CAE 的性能会降低。要提高性能，用户可以降低为了

更新 Abaqus/CAE 而操控输出数据库的频率，或者用户可以抑制操控。更多信息见 9.3 节"访问远程计算机上的输出数据库"。

42.6.5 显示场输出值或者不连续性

对于基于单元的场输出变量，例如应力或者应变，用户可以选择显示场输出值自身或者相邻单元之间的场输出值之间的差异。对于线类型的云图或者带类型的云图，在节点处探测，形成显示组以及以结果为基础来进行颜色编码，或者沿着一条路径提取 X-Y 数据，都可以应用此选择。

默认显示 Field output 值。如果用户选择显示 Discontinuities，则不能应用 Averaging 阈值。

图 42-7 的左侧所示为一个场输出变量云图，右侧所示为不连续的云图。

图 42-7 显示场输出值中不连续的云图

若要显示场输出值或者不连续性，执行以下操作：

1. 定位 Quantity to Plot 选项。

从主菜单栏选择 Result→Options；然后在出现的对话框中单击 Computation 标签页。Quantity to Plot 选项在页的顶部。

2. 单击 Field output 或者 Discontinuities 来选择想要图示的量。

3. Abaqus 依据用户的指定在当前的视口中显示结果。

默认情况下，用户的更改会在程序会话期间保存，并影响所有后续的结果显示。如果用户想要为后续的程序会话保留更改，则将它们保存到一个文件。更多信息见 55.1.1 节"保存定制以供后续程序会话使用"。

42.6.6 控制结果平均

用户可以控制以单元为基础的场输出结果的平均，例如应力或者应变。对于创建线类型和带类型的云图，探测节点位置，形成显示组和以结果值为基础的颜色编码，或者沿着一条路径抽取 X-Y 数据，平均是可以应用的。

首先将单元值外插到节点。两个或者更多的单元共有的节点将收到多个贡献。要控制多个控制的平均，用户可以：

- 激活或者抑制平均。
- 定义结果区域并选择是否在区域上进行平均。
- 包括还是排除壳和膜特征的边来作为平均的附加区域边界。
- 抑制未显示单元的平均。
- 选择在平均之前或者之后，Abaqus/CAE 是否计算不变量。
- 设置平均阈值。

平均阈值控制平均的程度；当 Abaqus/CAE 计算不变量或者在平均之前提取分量时，才可以使用它。如果一个节点处的贡献之间的相对差异大于用户设置的阈值百分比，则 Abaqus/CAE 将不平均贡献值，并且用户的结果将在节点处表现得不连续。使用更高的百分比来产生一个更加光滑、更加连续的效果。

有关平均区域的信息，见 42.6.7 节"控制区域边界处的计算"。

若要控制结果平均，执行以下操作：

1. 定位 Averaging 选项。

从主菜单栏选择 Result→Options；然后在出现的对话框中单击 Computation 标签页。出现 Averaging 选项。

2. 要控制 Abaqus/CAE 是否平均共享节点处的多个单元的输出，切换选中 Average element output at nodes。

抑制平均来确定场输出中的不连续，或者以外插对未平均结果为基础来建立云图限制。

3. 切换不选 Use region boundaries 来忽略区域边界并且在整个模型上平均结果。

4. 如果使用了区域边界，则指定结果区域来设置边界。更多信息见 42.6.7 节"控制区域边界处的计算"。

技巧：要显示当前的结果区域，使用属性选择的 Averaging regions 方法来颜色编码一个未变形图或者变形图（更多信息见 77.5 节"在显示模块中着色所有的几何形体"）。

5. 如果使用了区域边界，则默认 Abaqus/CAE 将壳和膜特征边包括成附加的区域边界。要改变用来创建特征边的最小角度值，单击 ODB Display Options 对话框中的 ✐ ，然后改变 Feature Angle 设置。特征边对应未变形的模型，并且没有为模型变形重新计算（更多信息见 55.3.2 节"定义模型特征边"）。

要平均特征边上的结果，切换不选 Include shell/membrane feature edge boundaries。

6. 要控制 Abaqus/CAE 是否以所有贡献单元为基础来平均节点值，或者仅以当前显示组中的单元为基础来平均节点值，切换选中 Average only displayed elements。

7. 选择在指定区域上平均结果之前或者之后，Abaqus 是否将计算不变量（标量）和提取分离。默认情况下，Abaqus 在平均之前计算标量；如果用户选择在平均之后计算结果，则 Abaqus 将所有的结果和它们的方向进行平均来保持计算不变量的有效基础。

技巧：要在当前图纸显示节点平均的方向，用户可以使用 Contour Plot Options 对话框来显示它们的标签。更多信息见 55.5.6 节"显示节点平均的方向"。

8. 如果用户在平均之前计算标量，则用户可以设置 Averaging Threshold（％）来控制相邻单元之间的平均。值 0 抑制所有的平均；值 100 平均所有的结果。

9. 单击 Apply 来完成用户的更改。

Abaqus 依据用户的指定，在当前视口中为了显示而平均结果值。如果激活的话，云图图例改变来声明用户已经指定的平均阈值。有关云图图例的更多信息，见 56.1 节"定制图例"。

默认情况下，用户的更改会在程序会话期间保存，并影响所有的结果后续显示。如果用户想要为后续的程序会话保留更改，则将这些更改保存成一个文件。更多信息见 55.1.1 节"保存定制以供后续程序会话使用"。

42.6.7　控制区域边界处的计算

输出数据库中的默认结果区域，将在分析前给模型赋予截面属性的区间进行复制。另外，用户可以选择单元集合或者显示组来用作结果区域。用户可以控制两个或者更多结果区域共有的节点处的计算。选择忽略区域边界，为了更加光滑更加连续的效果，在计算上合并结果。选择不忽略区域边界，在视觉上着重显示模型的不连续性。图 42-6 是穿过边界具有平均和没有平均的云图例子；当用户选择忽略区域边界时，发生区域上的平均。

若要控制区域边界处的计算，执行以下操作：

1. 定位 Region Boundaries 选项。

从主菜单栏选择 Result→Options；然后在出现的对话框中单击 Computation 标签页。在 Averaging 控制住出现 Region Boundaries 选项。

2. 要控制两个或者更多结果区域的公共节点处的计算，切换选中 Use region boundaries。要使用区域编辑，意味着在计算节点平均，或者计算不连续时，不组合相邻结果区域的值。

3. 选择下面的一个选项来定义结果区域。

技巧：要显示当前的结果区域，使用属性选择的 Averaging regions 方法来着色一个未变形图或者变形图（更多信息见 77.5 节"在显示模块中着色所有的几何形体"）。

1）ODB 区域。默认情况下，结果区域与输出数据库（.odb）文件中保存的截面赋予区域是相同的。更多信息见 12.15 节"对零件赋予截面、方向、法向和切向"。

2）单元集合。通过单元集合来指定结果区域。

3）显示组。通过选择显示组来指定结果区域。

注意：如果期望的显示组不存在，则选择 Tools→Display Group→Create 来创建它们（更多信息见 78.2.1 节"创建或者编辑显示组"）。

使用在选择时定义的显示组来定义区域边界。如果用户后续更改或者删除显示组，则不更改区域边界，直到用户重新定义区域边界。

4. 如果用户选择 Element sets 或者 Display groups 方法来设置区域边界，则完成下面的步骤。

a. 单击 ⌖。

Abaqus/CAE 打开 Specify Averaging Regions 对话框。

b. 从对话框左侧的列表中单击期望的区域来在列表中高亮显示它们。使用［Shift］键+单击和［Ctrl］键+单击来选择多个项目。

c. 单击对话框中心处的向右箭头按钮来将高亮显示的项目复制到 Selection 列中。要移动整个的列表，单击向右双箭头按钮。

d. 要删除区域选择，在 Selection 列中高亮显示它们，然后使用向左箭头按钮。

任何没有包括在区域边界内的单元将使用"无结果"颜色进行着色（更多信息见 55.12.4 节"对没有结果的单元着色"）。重叠的选项将进行组合。

5. 默认情况下，Abaqus/CAE 将特征边用作附加的区域边界。要改变用来创建特征边的最小角度，单击 ✐ 并且改变 ODB Display Options 对话框中的 Feature Angle 设置。特征对应于未变形的模型，并且不为模型变形进行重新计算（更多信息见 55.3.2 节"定义模型特征边"）。

要平均穿过特征边的结果，切换不选 Include shell/membrane feature edge boundaries。

6. 单击 Apply 来完成用户的更改。

Abaqus 根据用户的指定来计算显示在当前视口中的结果值。

默认情况下，程序会话期间会保存用户的更改，并影响后续的结果显示。如果用户想要为后续的程序会话保留更改，则将它们保存到一个文件中。更多信息见 55.1.1 节"保存定制以供后续程序会话使用"。

42.6.8 将结果变换到新的坐标系中

默认情况下，Abaqus/CAE 在前处理过程中定义的坐标系中，显示以单元为基础的场输出结果，以及在整体坐标系中，显示以节点为基础的场输出结果。如果用户在前处理过程中定义过节点转换，则用户可以选择将这些转换用到以节点为基础的结果中。另外，用户可以选择将以单元为基础的结果和以节点为基础的结果，转换到指定的坐标系中，或者对以坐标为基础的和以距离为基础的节点向量结果，应用角度转换。

对于位移、速度和加速度那样的向量，是从节点坐标推导得到的，Abaqus/CAE 使用最后的量（保存的向量）来将结果转换到要求的坐标系中，而不是在原始的坐标系中。例如，通过沿着当前的 r 方向和 θ 方向，将位移向量进行投影来计算圆柱位移分量。相比而言，取不同的转换节点坐标将产生不同的结果。

当用户将结果转换到一个局部的坐标系中时，Abaqus/CAE 按需要将整体直角坐标系旋转成与感兴趣点处的局部坐标系对齐。转换后的结果在旋转后的整体坐标系中进行汇总。

对于使用特定坐标系的转换，Abaqus/CAE 在可以使用变形影响时，默认包括当前的变形。如果用户想要将计算转换成仅考虑未变形的状态，则可以排除这些效果。没有缩放变形效果；Abaqus/CAE 使用 1.0 的变形比例因子来执行这些计算。在转换中包括变形效果可以改变节点为基础的坐标系方向，在壳和膜单元上的坐标系投影和位置相关的圆柱和位置相关的球坐标系的方向。

当为转换选择一个指定的坐标系时，用户也可以调整主变量结果的显示，或者调整来自主变量和变形变量结果的显示来考虑坐标系的刚体位移。显示考虑刚体位移的变形，让用户可以查看关于位移的用户定义坐标系的模型的相对位移。更多有关选择结果变量的信息，见42.5.3 节"选择主场输出变量"和 42.5.4 节"选择变形场输出变量"。

用户可以为以坐标为基础的和以距离为基础的节点向量结果应用更多位移。角度位移计算圆柱坐标系的 R、θ 和 Z 项中的分量，以及球坐标系的 R、θ 和 ϕ 项中的位移。

用户可以为包括场输出变量 SORIENT 的输出结果施加铺层方向变换，包括复合材料截面。此变换使用各个铺层上的单元方向来计算张量和向量场，而不是使用整个复合材料铺层的一个单独的方向。

若要将结果变换到新的坐标系中，执行以下操作：

1. 定位 Transform Type 选项。

从主菜单栏选择 Result→Options；然后在出现的对话框中单击 Transformation 标签页。出现 Transform Type 选项。

2. 选择用于结果的转换类型。

● 选择 Default 来使用为用户模型定义的默认坐标系。以节点为基础的结果显示在整体坐标系中，以单元为基础的结果显示在为模型定义的局部坐标系中。如果什么都没有定义，则使用整体坐标系。为二维的连续单元、壳单元和膜单元使用整体坐标系的投影。

● 选择 Nodal 来考虑已经在节点处定义的局部方向。以单元为基础的结果显示在默认的坐标系中（如上面期望的那样）。为模型定义的节点转换，施加到以节点为基础的结果；如果还没有定义任何坐标系，则使用整体坐标系。

● 选择 User-specified 来将整个模型的结果转换到一个指定的坐标系中。

要为了更容易地选择而限制列表，在 Name filter 域中输入过滤器样式，然后按［Enter］键来应用过滤器。

从出现的坐标系列表中选择要应用的转换，或者单击 ，然后从视口中选择坐标系。在模型生成过程或者后处理过程中定义的坐标系都可以使用。具有星号的坐标系保存到当前的输出数据库中。

● 选择 Angular 来将以坐标为基础的和以距离为基础的节点向量结果，转换成 R、θ 和 Z 或者 R、θ 和 ϕ 的形式。从出现的圆柱和球坐标系的列表中选择要应用的变换，或者单击 ，然后从视口选择坐标系。在模型生成过程或者后处理过程中定义的坐标系都可以使用。具有星号的坐标系保存到当前的输出数据库中。

● 选择 Layup orientation 来将复合材料截面定义中定义的铺层方向转化成张量和向量场。用户的输出数据库必须包括场输出变量 SORIENT 才能执行此转换。

3. 如果用户选择一个指定的坐标系，则可以在转换中，将变形影响包括在此坐标系中。

切换选中 Include effects of deformation（when available）来包括变形影响，或者切换不选此选项来排除变形影响，并且仅考虑转换中的未变形状态。

4. 如果用户选择一个指定的坐标系，则也可以对主变量和变形变量的外观施加刚体转换。

从 Rigid Body Transformations 选项进行下面的操作。

- 切换选中 Primary variable 来对主变量结果施加刚体转换。
- 切换选中 Primary variable 和 Deformed variable 来为两种变量的结果都施加刚体转换。

5. Abaqus 在当前的视口中，在指定的坐标系或者多个坐标系中显示结果。角度分量以弧度给出。角度位移分量结果使用（AT：坐标系名称）来标注，刚体位移分量结果使用（RT：坐标系名称）来标注，这样将它们与使用默认转换类型得到的结果区分开来。

默认情况下，程序会话期间会保存用户的更改，并影响后续的结果显示。如果用户想要为后续的程序会话保留更改，则将它们保存到一个文件中。更多信息见 55.1.1 节"保存定制以供后续程序会话使用"。

42.6.9　控制复数结果的形式

如果当前的分析步是稳态动力学分析，则应力（S）或者位移（U）那样的输出变量值可以是复数，具有实部和虚部。在 Abaqus/CAE 中显示模型图或者记录探测值时，用户可以控制复数的形式。用户可以选择显示分析结果的大小、相角、实部、虚部或者选中角度处的值。选中的形式将应用到当前 Abaqus/CAE 的程序会话中的所有复数结果上（除了谐动画），除非用户进行了新的选择。通过定义，谐动画总是使用"角度处的值"形式，而不管当前的数据形式。

若要控制数据形式，执行以下操作：

1. 定位 Numeric Form 选项。

从主菜单栏选择 Result→Options；在出现的任何对话框中单击 Complex Form 标签页。出现 Numeric Form 选项。

2. 选择期望的形式来用于复数。

- Magnitude 显示结果值的实部和虚部合的大小。
- Phase angle 显示正水平轴与直角坐标系中代表复数的显示点（实部、虚部）之间的角度。此选择仅对于标量或者向量和张量的分量才是有效的。
- Real 仅显示复数值的实部。此选项是默认的设置。
- Imaginary 仅显示复数值的虚部系数。
- Value at angle 显示指定角度处的结果实部和虚部的合值。当角度是 0°时，显示结果的实部；当角度是-90°时，显示结果的虚部。

3. Abaqus 根据用户的指定来更新当前视口中的显示。默认情况下，程序会话期间会保存用户的更改，并影响后续的结果显示。如果用户想要为后续的程序会话保留用户的更改，则将它们保存到一个文件中。更多信息见 55.1.1 节"保存定制以供后续程序会话使用"。

42.6.10 控制结果缓存

用户可以选择在后处理过程中，在缓存中存储分析结果来加速在屏幕上生成图像。然而，缓存结果将消耗系统内存并且可以降低整个的性能。转换成一个新的输出变量或者输出数据库，将自动地清除当前的结果缓存。

要提高性能，用户可以降低为了更新，Abaqus/CAE 监控输出数据库的频次，或者抑制所有的监控。如果显示来自远程输出数据库的数据库，并且在网络上监控数据库花费的时间过长，Abaqus/CAE 的性能可能会降低。更多信息见 9.3 节"访问远程计算机上的输出数据库"。

若要控制结果缓存，执行以下操作：

1. 定位 Results Caching 选项。

从主菜单栏选择 Result→Options；然后单击出现对话框中的 Caching 标签页。

2. 使用 Caching Options 域来加速屏幕上的图像生成。

a. 切换选中 Cache deformed variable results 来存储内存中当前输出数据库的变形变量结果。

b. 切换选中 Cache primary variable results 来存储内存中当前输出数据库的主变量结果。

c. 切换选中 Cache cut fields 来存储内存中用来显示的值。

3. 使用 ODB Access Options 域来在访问输出数据库时提高性能。

a. 切换不选 Check for ODB file updates 来停止 Abaqus/CAE 为了更新而监控输出数据库。

b. 以秒为单位来输入为了更新而检查输出数据库的最小时间间隔。更大的数值将降低 Abaqus/CAE 为了更新而检查输出数据库的频次。

4. 默认情况下，程序会话期间会保存用户的更改，并影响后续的结果显示。如果用户想要为后续的程序会话保留更改，则将它们保存到一个文件中。更多信息见 55.1.1 节"保存定制以供后续程序会话使用"。

42.7 创建新的场输出

输出数据库中最初可以获取的场输出和历史输出，对于用户已经在分析过程中保存的变量来说是有限的。用户可以通过操作场输出创建新的结果来增加这些分析结果。可以使用下面的两个方法来创建新的场输出：

- 从主菜单栏选择 Tools→Create Field Output→From Fields，或者在工具箱中使用 🟦 工具，通过对一个已经存在的场输出变量进行操作来创建新的场输出变量。
- 从主菜单栏选择 Tools→Create Field Output→From Frames，或者使用工具箱中的 🟦 工具，通过组合一些输出数据库的帧结果来创建新的场输出。

本节包括下面的主题：

- 42.7.1 节 "建立有效的场输出表达式"
- 42.7.2 节 "场输出操作概览"
- 42.7.3 节 "组合来自多个帧的结果"
- 42.7.4 节 "通过操作场来创建场输出"
- 42.7.5 节 "通过操作帧来创建场输出"

要显示已经创建的场输出变量，从主菜单栏选择 Result→Step/Frame→Session Step。保留这样的场输出变量直到用户结束程序会话，或者关闭产生场输出的输出数据库。

更多信息见 42.7.4 节 "通过操作场来创建场输出"，以及 42.7.5 节 "通过操作帧来创建场输出"。

42.7.1 建立有效的场输出表达式

要通过操作一个已经存在的场输出变量来定义一个新的场输出变量，用户可以在 Create Field Output 对话框的表达式文本区域中建立算术表达式。要确定此对话框的位置，从主菜单栏选择 Tools→Create Field Output→From Fields。

一个表达式由一个或者多个已经存在的场输出变量标签，以及一个或者多个算子、转换和标量（可选）组成。支持的算子相关信息，见 42.7.2 节 "场输出操作概览"。将表达式作为 Python 输入进行评估；包含语法错误的输入将生成无意义的 Python 异常。

Create Field Output 对话框通过变量名和 Abaqus/CAE 创建的独特 "标签" 来列出场输出。给定场输出变量的标签由附加在输出变量名前面的步和帧编号组成；例如，s1f1_RF 是步 1 中帧 1 时的反作用力。此标签让用户可以在一个表达式中对来自不同步和帧的输出进行组合。

场输出变量可以由不兼容的不同类型数据组成。Create Field Output 对话框列出了三种通用类型中每一种的每一个场输出变量的类型：标量、向量和张量。将张量类型进一步细分成描述张量维数和可用分量的四个子类型。应用下面的法则：

- 在两个向量对象或者两个张量对象之间不支持乘法和除法操作。
- 对张量的操作发生在张量分量数据上，这些张量分量数据是 Abaqus/CAE 从输出数据库读取的。结果，结果场输出变量的显示可以为外推的分量或者计算得到的不变量，给出非预期的值。例如，如果应力张量的分量是负的，则对应力张量应用绝对值操作，将产生正的应力分量，但是压力值——在进行绝对值操作后计算得到不变量——可以是负的。类似地，对应力张量应用正弦操作，将产生 {-1，1} 范围中的分量值，但是用来计算此类分量云图值的外插，可以产生超出此范围的值。
- 与不同区域关联的场操作运算并不支持。

下面的示例说明了有效场输出表达式：

示例 1

通过找出两个增量中应力场的差异来创建场输出变量，在 Create Field Output 对话框中的表达式文本域中输入：

s1f2_S-s1f1_S

s1f2_S-s1f1_S 是场输出变量，代表两个特定步的两个不同增量时的应力。此方程的结果是场输出变量，表示两个增量应力场中的差异。

示例 2

通过声压方程来创建表达压力分贝的场输出变量，在 Create Field Output 对话框中的表达式文本域内输入：

$20.0 * \log10$ （s1f1_POR/Pref）

Pref 是参考压力。此方程的结果表示分析变量 POR 方程的压力分贝形式的场输出变量。

示例 3

要通过将张量结果转换到用户指定的坐标系中来创建场输出变量：

1. 从 Create Field Output 对话框右侧的 Function 列表选择 Transformation。
2. 从场输出变量的列表选择张量结果；例如，s1f10_S。
3. 选择一个坐标系转换来应用；例如，一个名称为 CSYS-1 的固定坐标系。

在表达式文本域中出现下面的表达式：

s1f10_S. getTransformedField （datumCsys=o_CSYS_1）

此方程的结果是一个场输出变量，表示应力张量 s1f10_S 转换到 CSYS-1 坐标系。

42.7.2　场输出操作概览

本节介绍使用 Create Field Output 对话框时，用户可以在单个的场输出变量值上进行的操作，以及每一个操作接受的算子。假定三角方程的参数是弧度表示的。使用下面的关键字来分类方程参数：

操作场输出的文本关键字：

A　参数可以是场输出变量、浮点数或者整数。
F　参数必须是浮点数。
FO　参数必须是场输出变量。

场输出的算子：

+	执行加法。
−	执行减法或者负号。
*	执行乘法。
/	执行除法。
abs（A）	取绝对值。
acos（A）	取反余弦。
asin（A）	取反正弦。
atan（A）	取反正切。
cos（A）	取余弦。
degreeToRadian（A）	将角度转化成弧度。
exp（A）	取自然指数。
exp10（A）	取 10 为底的自然指数。
log（A）	取自然对数。
log10（A）	取 10 为底的对数。
power（FO，F）	将场输出对象提升成幂。
radianToDegree（A）	将弧度转变成度。
sin（A）	取正弦。
sqrt（A）	取平方根。
tan（A）	取正切。

42.7.3　组合来自多个帧的结果

要通过组合来自几个输出数据库帧的结果来定义新的场输出，用户使用 Create Field

Output From Frames 对话框。要找到此对话框，从主菜单栏选择 Tools→Create Field Output→From Frames。

用户可以从下面涉及帧的操作中选择：

- 对所有的帧求和。
- 找到所有帧的最小值。
- 找到所有帧的最大值。

Create Field Output From Frames 对话框最初不包含输出。用户可以选择要考虑的输出数据库帧；然后组合这些帧可以使用的所有结果，或者用户可以选择单个场输出变量来组合。如果用户选择对选中的多个帧进行求和，则 Abaqus/CAE 将创建新的场输出变量，来表示选中结果的线性组合。另外，用户可以选择让 Abaqus/CAE 决定选中的多个帧范围内的最小或者最大选中结果值。Abaqus 不对帧操作的物理有效性进行一致性检查；例如，两个帧包含的结果来自具有不同边界条件的载荷工况，允许对此两个结果进行线性叠加，即使组合后的结果没有物理意义。

如果可以使用局部坐标系，则对张量的操作是在局部坐标系中进行的；否则，使用整体坐标系。Abaqus/CAE 假定局部坐标系对于涉及张量的非负操作是兼容的。

图 42-8 所示为通过组合来自几个载荷工况（有关载荷工况的更多信息，见第 34 章 "载荷工况"）的结果来创建场输出的例子。通过求和来自选中多个工况的结果来创建一个新的 "载荷工况"；用户可以给新载荷工况赋予一个名称。

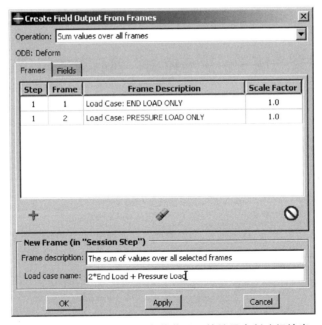

图 42-8　通过组合来自几个载荷工况的结果来创建场输出

42.7.4　通过操作场来创建场输出

用户可以通过使用输出数据库中可以使用的场输出来计算新的结果。例如，用户可以创建新的场输出变量来显示两个增量之间的应力场差异。详细的示例见42.7.1节"建立有效的场输出表达式"。

用户通过操作输出数据库中可以找到的分析结果，来从多个场创建新的场输出变量。用户可以采用相同的方法，将用户已经创建的场输出变量，显示成输出数据库场输出变量：以变形图、云图或者符号图的形式；通过探测任何模型或者 X-Y 图；作为沿着通过模型的路径来得到的 X-Y 数据；或者以一个表来报告。用户已经创建的场输出变量，会保存在程序会话的分析步中，直到用户结束程序会话或者关闭场输出起源的输出数据库。

注意：使用复数结果创建的场输出仅包含数据的实部。用户不能创建包括复数结果虚部的场输出。

如果用户创建的场输出提取一个张量变量的不变标量部分，例如张量变量的密塞斯应力或者主应力之一，则产生的场输出云图可能与不变量的原始云图不同。发生此差异是因为以不同的方式计算这些云图。Abaqus/CAE 通过首先提取节点的张量来计算原始的不变量，计算不变量值，然后平均节点处的多个值。对于场输出，Abaqus/CAE 提取单元节点的不变量，然后再平均它们，这样可以生成不同的云图。

注意：一些场输出变量，例如 PEEQ 和 PEMAG，总是在积分点处具有正的值。对于从积分点到单元节点结果的这些变量的外插，可以在一些节点处产生负值。要避免这些负值结果，Abaqus/CAE 内部地将这些场的单元节点值固定在 0.0，并且将负值重新设置成 0.0。如果用户操作这些场输出变量来创建新的场输出，则 Abaqus/CAE 不会为了新生成的场固定此值，所以云图可能显示出一些负值。

若要通过操作现有的场来创建场输出，执行以下操作：

1. 定位由场创建场输出的选项。

从主菜单选择 Tools→Create Field Output→From Fields。

出现 Create Field Output 对话框。

技巧：用户也可以通过使用工具箱中的 工具来指定场输出。

2. 在 Name 文本域中出现新场输出变量的默认名称。要提供更有意义的名称，使用用户选择的名称来替换此默认的名称（如果需要，可以包括空格）。

3. 使用下面过程的组合来在表达文本域中建立用户的表达式。

a. 从 Create Field Output 对话框右侧上的菜单选择一个功能。

● 选择 Operators 来对选中的场输出施加内置的四则运算。

● 选择 Transformation 来对选中的场输出施加一个坐标系变换。

● 选择 Scalar 来从选中的场输出提取标量分量。

菜单下面的列表发生改变来反映用户的选择。

b. 从 Create Field Output 对话框左侧的列表中选择场输出变量。用户可以为分析中的任何分析步和帧选择场输出。

技巧：将用户的光标放在输出变量表中分割每一列的竖直线上，然后扩大列宽度来查看完整的文本。

在表达式文本域中出现场输出变量。

c. 从 Create Field Output 对话框右侧上的列表选择运算子、转换或者标量。

在表达式文本域中出现选中的函数。

注意：如果用户从转换的列表选择一个动态坐标系（跟随用户模型中节点的坐标系），则"deformationField ="出现在转换方程内部的表达式文本域中。用户必须选择 Abaqus/CAE 将用来计算坐标系位置的变形场输出变量。

d. 在表达式文本域中使用标准的鼠标和键盘操作技术来定义光标，并构建表达式。

e. 如果有必要，调整用户表达式的语法：可能需要插入语。

f. 如果用户犯了错误并且希望重新开始，则单击 Clear Expression。

更多信息见 42.7.1 节"建立有效的场输出表达式"。

4. 单击 OK 来创建新的场输出变量并且退出对话框。

Abaqus 创建一个新的场输出变量，包含在程序会话分析步的一个帧中，并且可以从 Field Output 对话框访问。即使当前有任何的结果图也不受影响。

42.7.5 通过操作帧来创建场输出

用户可以通过将输出数据库中可以使用的几个帧的结果进行组合来创建场输出。例如，用户可以创建一个新的场来显示几个载荷工况的组合响应。详细信息见 42.7.3 节"组合来自多个帧的结果"。

用户可以对指定的几个帧的场输出进行求和，然后用户可以找到指定帧上的最小值和最大值。用户可以采用相同的方法，来将已经创建的场输出显示成输出数据库场输出变量：以变形图、云图或者符号图的形式；通过探测任何的模型或者 X-Y 图；作为沿着通过模型一条路径得到的 X-Y 数据；或者在一个表格中报告。用户已经创建的场输出，会在程序会话期间保存，直到用户结束程序会话或者关闭原始生成场输出的输出数据库。

注意：使用复数结果文件创建的场输出，将仅包括数据的实部。用户不能创建包括复数虚部的场输出。

若要通过操作现有的帧来创建场输出，执行以下操作：

1. 为创建来自帧的场输出而定位选项。

从主菜单栏选择 Tools→Create Field Output→From Frames。

技巧：用户也可以通过使用对话框中的 工具来创建场输出。

默认情况下，此对话框中的 Frames 和 Fields 页是空的。

2. 从 Operation 域中的列表选择用户想要执行的操作。

3. 单击 ➕ 来选择将包括在操作中的帧。

出现 Add Frames 对话框。

4. 从 Step 域中的列表选择分析步。

出现此分析步可以使用的帧的列表。

5. 选择用户想要包括在操作中的各个帧（更多信息见 3.2.11 节"从列表和表格中选择

多个项"）或者单击 Select All 来包括所有可以使用的帧。

6. 在 Add Frames 对话框中单击 OK 或者 Apply。

用户选中的帧出现在 Create Field Output From Frames 对话框的 Frames 域中。用户可以使用 Frames 域底部的 按钮（Remove Selected）和 按钮（Remove All）来按需要更改帧选择。用户也可以继续从 Add Frames 对话框添加帧。

7. 如果用户已经选择了求和操作，则在 Create Field Output from Frames 对话框的 Frames 域中也出现 Scale Factor 列。对于每一个帧的默认比例因子是 1.0。用户可以通过单击 Scale Factor 列，然后输入一个新比例因子值。

8. 单击 Create Field Output From Frames 对话框中的 Fields 标签页，来选择将包括在操作中的场输出。

显示选中的帧可以使用的场输出变量，与输出变量类型的信息一起显示（张量、向量或者标量）。如果用户已经选择了最小或者最大操作，则对于张量和向量变量也可以使用不变量/分量。默认情况下，所有可以使用的输出变量，在 Select 列中有一个勾选号。

a. 单击 Select 列来不选用户不希望包括在操作中的输出变量。

b. 如果用户已经选择了最小和最大操作，则用户可以单击 Invariant/Component，然后选择想要使用的不变量或者分量，用户可能希望使用这些不变量或者分量来确定右侧出现的列表的最小和最大场结果。例如，如果用户为一个应力变量选择密塞斯不变量，则 Abaqus/CAE 创建一个新应力场输出变量，其中的每一个点处的应力张量是从发生最大密塞斯值的帧得到的（在步骤 5 中选中的帧列表中）。

c. 使用 Select All，Unselect All 和 Default 按钮来按需要更改用户的场输出选择。

9. 用户可以接受 Abaqus/CAE 提供的默认帧描述，或者用户在 Frame description 域中提供自己的描述。

10. 默认情况中，Abaqus/CAE 不为新的场输出提供载荷工况；如果用户的新场输出表示用户分析中的附加载荷工况，则用户可以在 Load case name 域中提供一个名称。此名称将仅用于组织目的。

11. 单击 Create Field Output From Frames 对话框中的 OK 来创建用户的新场输出，并且退出对话框。

Abaqus 操作选中帧上的选中场输出来创建新的场输出，此场输出包含在程序会话步的一个帧中，并且可以从 Field Output 对话框访问。新变量的描述说明推导出它们的操作。如果有当前的结果图，则图不受影响。

当用户选中最小或者最大操作时，Abaqus 也为每一个结果创建一个场输出变量，而每一个结果说明得到最小和最大值的帧（帧通过选中多个帧的列表中的序号来确定的）。此变量命名为：输出变量_序列号，在操作最小或者最大实际结果的相同程序会话分析步的帧中可以访问它，并且可以像其他场输出变量那样查询或者图示。

42.8　在后处理过程中创建坐标系

用户可以在显示模块中为了后处理的目的而创建局部（或者程序会话）坐标系：可以将场输出结果转换到指定的用户定义坐标系。这些用户定义的坐标系可以在空间中固定，或者与指定的节点一起随着模型变形而移动。程序会话坐标系仅在用户的程序会话期间存在，并且仅对于单个的输出数据库可用；然而，用户可以将程序会话坐标系保存到它们的关联输出数据库文件中，用于后续的 Abaqus 程序会话。

用户可以从当前输出数据库结果树中的 Coordinate System Manager 或者 Session Coordinate Systems 容器中，对程序会话坐标系重命名或者删除。用户也可以通过在结果树中使用坐标系的快捷图标来显示、高亮显示和隐藏个别的坐标系，或者将这些坐标系添加到显示组中。有关将程序会话为基础的和输出数据库为基础的坐标系添加到显示组的更多信息，见 78.2 节"管理显示组"。

42.8.1 节"创建坐标系方法概览"，提供了用户定义的坐标系的扼要讨论。此外，下面的部分提供有关创建和管理坐标系的详细信息：

- 42.8.2 节　"创建一个固定的坐标系"
- 42.8.3 节　"创建使用三个节点的坐标系"
- 42.8.4 节　"创建使用一个圆上三个节点的坐标系"
- 42.8.5 节　"创建使用一个单独节点的坐标系"
- 42.8.6 节　"将坐标系保存到输出数据库文件"

有关在后处理过程中控制所有坐标系显示的信息，见 55.10 节"控制模型实体的显示"。有关在后处理过程中控制单个坐标系显示的信息，见 78.2 节"管理显示组"。有关结果转换的信息，见 42.6.8 节"将结果变换到新的坐标系中"和 42.7.4 节"通过操作场来创建场输出"。

42.8.1　创建坐标系方法概览

从显示模块的主菜单栏中选择 Tools→Coordinate System→Create 来定义一个局部坐标系。用户选择坐标系的类型和提示区域中的随后出现的提示来定义坐标轴。可以使用下面类型的坐标系：

- 固定坐标系。
- 使用 3 个节点的坐标系。
- 使用圆弧上 3 个节点的坐标系。

● 使用一个单独节点的坐标系。

用户可以使用结果树中的 Session Coordinate Systems 容器或者 Coordinate System Manager 来重新命名或者删除用户定义的坐标系，并且将坐标系保存到输出数据库文件，来用于后面的 Abaqus/CAE 程序会话中。

42.8.2　创建一个固定的坐标系

用户通过指定原点和两个点来定义一个固定的坐标系。从原点到点 1 的线是 X 轴（直角坐标系）或者 R 轴（圆柱或者球坐标系）；包含原点、点 1 和点 2 的面是 X-Y 平面（对于直角坐标系）或者 R-θ 平面（对于圆柱或者球坐标系）。此坐标系在空间中保持固定，而不管模型的运动。

用户可以在视口中选择各个节点或者在提示区域中输入 X 坐标、Y 坐标和 Z 坐标。当用户在视口中选择节点时，使用当前图状态的节点坐标来定向坐标系；即，使用未变形或者变形形状上的节点真实坐标（忽略对变形形状使用的任何变形比例因子）。

若要创建一个固定的坐标系，执行以下操作：

1. 从主菜单栏选择 Tools→Coordinate System→Create。

出现 Create Coordinate System 对话框。

技巧：用户也可以通过使用对话框中的 工具，或者使用当前输出数据库的结果树中的 Session Coordinate Systems 容器来创建坐标系。

2. 在 Create Coordinate System 对话框中。

a. 接受坐标系的默认名称，或者在文本域中输入用户选择的名称。

b. 切换选中 Fixed system 来指定坐标系的运动。

c. 选择下面的一个坐标系类型。

● 直角坐标系：X 轴、Y 轴和 Z 轴分别是 1 轴、2 轴和 3 轴。

● 圆柱坐标系：R 轴、θ 轴和 Z 轴分别是 1 轴、2 轴和 3 轴。

● 球坐标系：R 轴、θ 轴和 ϕ 轴分别是 1 轴、2 轴和 3 轴。

d. 单击 Continue。

Abaqus/CAE 在提示区域中显示提示来帮助用户定义坐标系轴。

3. 在视口中选择一个节点来作为原点；或者在提示区域中输入 X 坐标、Y 坐标和 Z 坐标。

4. 在视口中选择一个位于 X 轴（对于直角坐标系）或者 R 轴（对于圆柱或者球坐标系）上的节点；或者在提示区域中输入点的 X 坐标、Y 坐标和 Z 坐标。

5. 在视口上选择位于 X-Y 平面（对于直角坐标系）或者 R-θ 平面（对于圆柱或者球坐标系）上的一个节点；或者在提示区域中输入点的 X 坐标、Y 坐标和 Z 坐标。

在视口中出现坐标系，并且在 Coordinate System Manager 中的列表内，也在当前输出数据库的结果树内的 Session Coordinate Systems 容器下。Abaqus 仅在关闭输出数据库之前保存用户定义的坐标系，除非用户将用户定义的坐标系保存到输出数据库文件中。一旦创建了用户定义的坐标系，则不能再对其进行编辑；用户可以对还没有保存到输出数据库的坐标系进行重新命名或者删除。

42.8.3　创建使用三个节点的坐标系

用户可以通过指定三个节点来定义附属到模型上节点的坐标系。从节点 1（原点）到节点 2 的线是 X 轴（对于直角坐标系）或者 R 轴（对于圆柱或者球形坐标系）；包含三个节点的平面是 X-Y 平面（对于直角坐标系）或者 R-θ 平面（对于圆柱或者球坐标系）。通过三个节点的位移运动来定义坐标系的运动。

依附模型上节点的坐标系的显示更新来反映施加的任何变形比例因子；然而，以这些坐标系为基础的结果转换使用实际的变形，而不使用缩放的变形。

若要创建使用三个节点的坐标系，执行以下操作：

1. 从主菜单栏选择 Tools→Coordinate System→Create。

出现 Create Coordinate System 对话框

技巧：用户也可以通过使用对话框中的 工具，或者使用当前输出数据库的结果树中的 Session Coordinate Systems 容器来创建坐标系。

2. 在 Create Coordinate System 对话框中进行下面的操作。

a. 接受坐标系的默认名称，或者在文本域中输入用户选择的名称。

b. 切换选中 System following 3 nodes 来指定坐标系的运动。

c. 选择下面的一个坐标系类型。

● 直角坐标系：X 轴、Y 轴和 Z 轴分别是 1 轴、2 轴和 3 轴。

● 圆柱坐标系：R 轴、θ 轴和 Z 轴分别是 1 轴、2 轴和 3 轴。

● 球坐标系：R 轴、θ 轴和 ϕ 轴分别是 1 轴、2 轴和 3 轴。

d. 单击 Continue。

Abaqus/CAE 在提示区域显示提示来帮助用户定义坐标系轴。

3. 在视口中选择成为原点的节点。

4. 在视口中选择位于 X 轴（对于直角坐标系）或者 R 轴（对于圆柱或者球坐标系）上的一个节点。

5. 在视口上选择位于 X-Y 平面（对于直角坐标系）或者 R-θ 平面（对于圆柱或者球坐标系）上的一个节点。

坐标系出现在视口中，出现在 Coordinate System Manager 内的列表内，以及出现在当前输出数据库的结果树中的 Session Coordinate Systems 容器下面。Abaqus 仅在输出数据库关闭前保存用户定义的坐标系，除非用户将用户坐标系保存到输出数据库文件中。一旦创建了用户定义的坐标系，则不能再对其进行编辑；用户可以对还没有保存到输出数据库的坐标系进行重新命名或者删除。

42.8.4　创建使用一个圆上三个节点的坐标系

用户可以选择位于一个圆弧上的三个节点来定义一个依附到模型的坐标系。当模型沿着中空圆柱的轴或者在中空圆球的中心处不包含任何节点时，但是用户想要在这些位置定义一个坐标系，此方法是有用的。三个节点定义的圆心是坐标系的原点。从原点到节点 1 的线定义 X 轴（对于直角坐标系）或者 R 轴（对于圆柱或者球形坐标系）；这样，用户选择节点的次序确定 θ 增加的方向。三个共线节点是无效的。圆的法向与 Z 轴（对于直角或者圆柱坐标系）或者 ϕ 轴（对于球坐标系）平行。通过三个节点的平动运动来定义坐标系的运动。

依附模型上节点的坐标系的显示更新来反映施加的任何变形比例因子；然而，以这些坐标系为基础的结果转换使用实际的变形，而不使用缩放的变形。

若要创建使用一个圆上三个节点的坐标系，执行以下操作：

1. 从主菜单栏选择 Tools→Coordinate System→Create。
出现 Create Coordinate System 对话框

技巧：用户也可以通过使用对话框中的 ⚒ 工具，或者使用当前输出数据库的结果树中的 Session Coordinate Systems 容器来创建坐标系。

2. 在 Create Coordinate System 对话框中进行下面的操作。

a. 接受坐标系的默认名称，或者在文本域中输入用户选择的名称。

b. 切换选中 System following 3 nodes on a circle 来指定坐标系的运动。

c. 选择下面的一个坐标系类型。

- 直角坐标系：X 轴、Y 轴和 Z 轴分别是 1 轴、2 轴和 3 轴。
- 圆柱坐标系：R 轴、θ 轴和 Z 轴分别是 1 轴、2 轴和 3 轴。
- 球坐标系：R 轴、θ 轴和 ϕ 轴分别是 1 轴、2 轴和 3 轴。

d. 单击 Continue。

Abaqus/CAE 在提示区域显示提示来帮助用户定义坐标系轴。

3. 在视口中选择位于一个圆弧上的三个节点。

坐标系出现在视口中，出现在 Coordinate System Manager 内的列表内，以及出现在当前输出数据库的结果树中的 Session Coordinate Systems 容器下面。Abaqus 仅在输出数据库关闭前保存用户定义的坐标系，除非用户将用户坐标系保存到输出数据库文件中。一旦创建了用户定义的坐标系，则不能再对其进行编辑；用户可以对还没有保存到输出数据库的坐标系进行重新命名或者删除。

42.8.5　创建使用一个单独节点的坐标系

用户可以定义依附到模型上的一个节点的坐标系。指定的节点是坐标系的原点。节点处出现的自由度（平动和转动）确定了分析每一步和帧时的坐标系方向。如果节点只有平动自由度，则坐标系总是与整体坐标系平行。

依附模型上节点的坐标系的显示更新来反映施加的任何变形比例因子；然而，以这些坐标系为基础的结果转换使用实际的变形，而不使用缩放的变形。

若要创建使用一个单独节点的坐标系，执行以下操作：

1. 从主菜单栏选择 Tools→Coordinate System→Create。

出现 Create Coordinate System 对话框

技巧：用户也可以通过使用对话框中的 人 工具，或者使用当前输出数据库的结果树中的 Session Coordinate Systems 容器来创建坐标系。

2. 在 Create Coordinate System 对话框中进行下面的操作。

a. 接受坐标系的默认名称，或者在文本域中输入用户选择的名称。

b. 切换选中 System following a single node 来指定坐标系的运动。

c. 选择下面的一个坐标系类型。

● 直角坐标系：X 轴、Y 轴和 Z 轴分别是 1 轴、2 轴和 3 轴。

● 圆柱坐标系：R 轴、θ 轴和 Z 轴分别是 1 轴、2 轴和 3 轴。

● 球坐标系：R 轴、θ 轴和 ϕ 轴分别是 1 轴、2 轴和 3 轴。

d. 单击 Continue。

Abaqus/CAE 在提示区域显示提示来帮助用户定义坐标系轴。

3. 在视口中选择一个节点。

坐标系出现在视口中，出现在 Coordinate System Manager 内的列表内，以及出现在当前输出数据库的结果树中的 Session Coordinate Systems 容器下面。Abaqus 仅在输出数据库关闭前保存用户定义的坐标系，除非用户将用户坐标系保存到输出数据库文件中。一旦创建了用户定义的坐标系，则不能再对其进行编辑；用户可以对还没有保存到输出数据库的坐标系进行重新命名或者删除。

42.8.6 将坐标系保存到输出数据库文件

在后处理过程中定义的坐标系，默认仅在相关的输出数据库文件关闭前才可以使用。如果用户想在后续的 Abaqus/CAE 程序会话中访问它们，则必须将这些坐标系保存到输出数据库文件中。分析中定义的局部坐标系会自动地写入到输出数据库中。用户仅可以对输出数据库附加数据库；用户不能以任何其他方式更改文件的内容（即一旦将坐标系保存到输出数据库，则不能更改、重新命名或者删除它们）。

注意：默认情况下，Abaqus/CAE 以只读方式打开输出数据库文件。如果用户想要对输出数据保存任何数据，例如坐标，则用户必须具有写权限的打开一个输出数据库（更多信息见 9.7.2 节"打开模型数据库或者输出数据库"）。

若要将用户定义的坐标系保存到输出数据库文件，执行以下操作：

1. 从主菜单栏选择 Tools→Coordinate System→Manager。

出现 Coordinate System Manager。默认情况下，切换选中 Current session，并且列出了在当前程序会话中为当前输出数据库定义的坐标系。

2. 选择想要保存的用户定义的坐标系，并且从对话框右侧的按钮单击 Move to ODB。

如果具有写入权限，打开当前的输出数据库文件，则选中的坐标系从当前的程序会话移动到当前的输出数据库列表中。要查看已经保存到当前输出数据库文件的坐标系列表，切换选中 Current ODB。

43 显示未变形和变形的形状

一打开输出数据库，Abaqus/CAE 就显示用户模型的未变形形状。对于通用分析步，未变形图显示没有任何变形的模型。对于线性摄动步，未变形图显示用户模型的基本状态。变形图根据位移那样的节点变量值来显示模型的形状。未变形和变形的形状也用来显示 Abaqus/CAE 中可以使用的其他显示状态。用户可以在未变形形状或者变形的形状上显示云图、符号或者材料方向，或者将它们叠加起来显示形状差异。本章介绍未变形形状和变形形状显示和叠加的图，包括以下主题：

- 43.1 节 "理解未变形图"
- 43.2 节 "理解变形图"
- 43.3 节 "常用的图示选项概览"

要生成未变形的图和变形的图，从主菜单栏选择 Plot→Undeformed Shape 或者 Plot→Deformed Shape，或者在工具箱中分别使用▣工具和▣工具。要叠加两种形状，使用工具箱中的▣工具。

有关未变形图、变形图和叠加图的详细指导，见以下章节：
- 43.4 节 "生成未变形图"
- 43.5 节 "生成变形图"
- 43.6 节 "叠加变形和未变形的模型图"

43.1 理解未变形图

Abaqus/CAE 从输出数据库得到生成未变形图所需要的信息。一打开输出数据库，Abaqus/CAE 就显示用户模型的未变形图状态。用户可以使用图示状态独立选项来定制图示。在主菜单栏中选择 Options→Common 来选择图示状态独立定制选项。

默认情况下，Abaqus/CAE 显示输出数据库中可以使用的最后步的最后一帧时的未变形模型。如果用户的模型在步之间不同，或因为接触面的得到或者删除，或者载荷或边界条件的应用，用户可能想在默认步之外的步处显示用户的未变形模型。用户可以通过从主菜单栏选择 Result→Step/Frame 来显示用户未变形的模型。更多信息见 42.3 节"选择结果步和帧"。

用户也可以使用 Abaqus/CAE 来将未变形的模型和变形的模型组合成一个单独的图。更多信息见 43.6 节"叠加变形和未变形的模型图"。组合形状为评估变形提供了环境。

43.2 理解变形图

变形图根据位移那样的节点变量值来显示模型的形状。用户可以选择让 Abaqus/CAE 显示结果的节点变量（称为变形场输出变量），并且用户可以选择这些结果的步和帧。

如果用户没有选择变形的场输出变量，则 Abaqus/CAE 试图选择一个默认的变形场输出变量。默认情况下，Abaqus/Standard 和 Abaqus/Explicit 中绝大部分的过程将位移写入到输出数据库中；在这些情况中，Abaqus/CAE 将位移选择成用于默认变形变量的节点向量。一些过程中——例如热传导——默认不会将位移写到输出数据库；因此，Abaqus/CAE 没有选默认的变形变量。如果输出数据库没有包含任何可以用来计算变形形状的变量，则 Abaqus/CAE 不能显示变形图。

从输出数据库得到显示变形图所需的必要信息后，Abaqus/CAE 根据下面通过调整每一个节点的坐标来计算用户的变形模型形状：

- 变形场输出变量（见 42.5.4 节"选择变形场输出变量"）。
- 分析步和帧（见 42.3.1 节"选择特定的结果步和帧"）。
- 均匀的或者非均匀的变形比例因子（见 55.4.1 节"比例缩放变形"）。
- 施加到变形场输出变量的任何用户定义的刚体变换（见 42.6.8 节"将结果变换到新的坐标系中"）。

与未变形图类似，用户可以使用图示状态独立的选项来定制用户的变形图。在主菜单栏中选择 Options→Common 来选择图示状态独立的定制选择。

用户也可以使用 Abaqus/CAE 来将用户的未变形和变形模型组合成一个单独的图。组合形状提供了评估变形的环境。如果用户选择叠加未变形和变形的模型形状，则用户可以使用 Superimpose 图示选项来单独地控制未变形形状的显示。叠加模型形状的示例如图 43-1 所示。

技巧：如果用户想要显示不使用云图、符号或者材料方向的一个或者两个形状，使用 Allow Multiple Plot States 工具来显示两个模型形状。用户也可以从显示模块工具箱中的工具中使用此工具来选择任何叠加的图示状态（更多信息见 55.6 节"显示多个图状态"）。

43.3 常用的图示选项概览

用户可以使用常用的图示选项来定制未变形图和变形图的外观。常用的选项也与 View 菜单中的其他图示状态独立选项和云图、符号和材料方向图的非独立和独立定制选项一起使用。从主菜单栏选择 Options→Common 或者使用工具箱中的 ▦ 来访问 Common Plot Options 对话框。单击下面的标签页来定制当前视口中图的外观：

- Basic。选择渲染风格、边可见性和变形比例因子（仅变形显示）。
- Color & Style。控制模型边颜色和风格、模型面颜色、边类型和边厚度。
- Labels。控制单元、面和节点标签以及节点符号，并且控制探测标注标签。
- Normals。控制单元和面法向。
- Other。也包含下面的标签页。

—Scaling。控制模型比例缩放和收缩。

—Translucency。控制阴影和填充渲染风格透明性。

如果用户选择叠加未变形的和变形的模型形状，则常用的选项控制变形形状的显示，并且叠加图选项控制未变形形状的显示（更多信息见 43.6 节"叠加变形和未变形的模型图"）。显示状态相关的选项可以覆盖一些常用选项，例如云图的颜色选项将总是覆盖常用的颜色选项。

要获知如何定制用户图的渲染风格和其他显示特征，见第 55 章"定制图示显示"。

43.4　生成未变形图

对于通用的分析步，一个未变形图显示没有任何变形的用户模型形状。对于线性的摄动步，一个未变形图显示用户模型的基本状态。因为不需要结果，从 datacheck 运行产生的输出数据库足够生成一个未变形图。模型和分析特征，例如面定义，可以造成用户未变形模型的显示，从步到步地发生变化；用户可以选择显示未变形图的步和帧。更多信息见 42.3 节"选择结果步和帧"。

默认情况下，当用户打开一个输出数据库时，Abaqus/CAE 显示分析最后步和最后帧的未变形图状态。使用当前程序会话的默认显示选项来生成图（有关保存显示选项的信息，见 76.16 节"保存用户的显示选项设置"）。要为已经打开的输出数据库生成一个未变形图，从主菜单栏选择 Plot→Undeformed Shape，或者使用工具箱中的 █ 工具。

若要更改未变形图，执行以下操作：

1. 使用 File 菜单来打开包含用户模型数据的输出数据库。
2. 使用 Result 菜单选择要显示的结构步。
3. 选中用户想要的与显示状态无关的定制选项。

Abaqus 自动在用户每一次单击结果对话框，或者图示状态无关对话框中的 Apply 时，更新用户的未变形图。

43.5 生成变形图

依据变形场变量的值，变形图显示分析结果的指定步和帧时的模型形状。有关选择一个步和帧的更多信息，见 42.3.1 节"选择特定的结果步和帧"。有关选择变形场变量的更多信息，见 42.5.4 节"选择变形场输出变量"。要学习如何显示与变形图关联的最小和最大值，见 56.1 节"定制图例"。

若要生成变形图，执行以下操作：

1. 使用 File 菜单来打开包含分析结果的输出数据库。

2. 使用 Result 菜单来选择下面的选项。

a. Abaqus 得到值的步和帧。

b. Abaqus 得到值的变形场变量。可以使用在分析中保存的变量。

c. Abaqus 显示复数结果的数值形式。

3. 选择用户想要的与显示状态无关的定制选项。

4. 从主菜单栏选择 Plot→Deformed Shape 来显示变形图。

技巧：用户也可以使用工具箱中的 ▚ 工具来产生一个变形图。

当前视口显示输出数据库的指定步和帧时，指定变形场变量的定制变形图。如果激活的话，状态区域发生改变来显示变量的名称。

Abaqus 自动地在用户每次单击结果或者显示状态无关对话框中的 Apply 时，更新用户的变形图。

43.6 叠加变形和未变形的模型图

用户可以在单一的图中组合变形的和未变形的模型形状。组合这些形状提供显示文本说明和云图、符号或者材料方向。叠加模型形状的示例如图43-1所示。

要产生一个叠加图，从主菜单栏选择 Plot→Contours、Symbols、Material Orientations → On Both Shapes 或者使用工具箱中的 ⬛、⬛ 和 ⬛。要叠加没有云图、符号或者材料方向的未变形和变形形状，或者为相同结果显示任何组合的图类型，使用 ⬛工具，然后从工具箱选择所有想要的图类型（更多信息见55.6节"显示多个图状态"）。

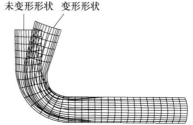

图 43-1　在未变形形状上叠加的变形形状

若要定制叠加图，执行以下操作：

1. 从主菜单栏选择 Options→Superimpose 来定制未变形形状的显示。

技巧：用户也可以使用工具箱中的 ⬛工具来定制未变形图形状。

2. 单击下面的标签页来定制选项：

● Basic。选择渲染类型和边可见性。

● Color & Style。控制模型边颜色和样式、模型面颜色、边样式和边厚度。

● Labels。控制单元、面和节点标签和节点符号。

● Normals。控制单元和面法向。

● Other。Other 表包含下面的标签页：

—Scaling。控制模型放大和收缩。

—Translucency。控制阴影渲染和填充渲染样式透明度。

—Offset。控制未变形形状和变形形状之间的偏置。

有关定制图像显示特征的更多详细信息，见第 55 章"定制图示显示"。Abaqus/CAE 使用叠加图选项来替代常用的图示选项，来在视口中显示未变形图。

3. 要定制变形形状的类似选项，选择 Options→Common 或者使用工具箱中的 ⬛工具。

4. 如果激活了云图、符号或者材料方向，则使用相关的显示状态相关选项来定制未变形图和变形图的显示。

5. 单击每一个选项对话框中的 Apply 来完成视口中的变化。

在程序会话期间保存用户的叠加图选项变化，并且将影响所有后续显示变形模型和未变形模型图中的未变形形状。

44　云图显示分析结果

云图显示特定步和帧时刻的分析结果值。此外，可以使用云图来显示属性值，例如当前模型数据库中模型指定步时的载荷或者预定义场。Abaqus/CAE 将值表示成模型上定制的有颜色的线、有颜色的条带、有颜色的面、有颜色的等值面或者刻度标记。本章介绍了云图显示，包括以下主题：

- 44.1 节 "理解云图显示"
- 44.2 节 "云图选项概览"

要生成一个云图，从主菜单栏选择 Plot→Contours，对于来自输出数据库的数据，选择是在变形的形状上显示云图，还是在未变形的形状上显示云图，或者在二者上显示云图。另外，使用工具箱中的变了形的 ⬛、未变形的 ⬛，或者叠加的 ⬛ 云图工具。对于显示来自当前模型数据库的数据，只可以获取未变形图。有关生成和定制云图的详细指导，见以下章节：

- 44.3 节 "生成一个云图"
- 44.4 节 "生成一个线性梁截面应力的云图"
- 44.5 节 "定制云图"

44.1 理解云图显示

使用云图来显示存储在输出数据库中的结果，或者显示来自当前模型数据库中模型的模型属性。云图会显示下面的值：对于输出数据库，云图显示分析的指定步和帧中的特定场输出变量值；对于当前模型数据库中的模型，云图显示选中属性的值，例如分析中指定步的载荷。将这些值显示成有颜色的线、有颜色的条或者模型面上的单元显示类型颜色面。或者将它们显示成等值面，将线云图扩展到模型内部，这取决于用户选择的定制选项。如果当前视口中没有可见的单元，则不能生成云图。线、条、单元显示类型和等值面云图如图 44-1 所示。

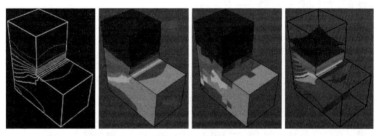

图 44-1 从左到右：云图显示成有颜色的线、有颜色的条、有颜色的面和有颜色的等值面

至于其他单元，线形状的单元（梁、一维单元、垫片链接单元和三维线垫片单元，以及二维接触面）的云图默认是与单元一起显示的。线形状的单元不推荐线类型的云图。刻度云图为梁和其他线形状的单元提供显示云图的其他意义。将云图显示成垂直单元的两组线，如图 44-2 所示。通过这些法线的"刻度"来说明云图的程度。

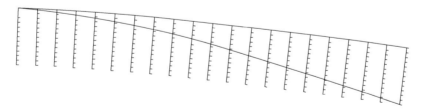

图 44-2 刻度云图

解释云图的关键是图例。图例说明了云图值和云图颜色之间的对应。

默认情况下，Abaqus/CAE 将图例中最小值与最大值之间的差异等分的分成 12 个间隔。如果有必要，用户可以改变间隔的数量。每一个间隔关联一个颜色。对于线类型的或者等值面类型的云图，每一个有颜色的线或者面对应模型中的一组位置，这些位置处的场输出变量具有的值显示在图例中。对于条云图，每一个有颜色的云图条对应的边界内的值范围显示在图例中。对于单元显示云图，每一个有颜色的面对应的边界内的单个值由对应颜色的图例来说明。对于刻度云图，每一个有颜色的刻度对应图例说明的单个值。

Abaqus/CAE 遵守接触状态（CSTATUS）的不同约定。此变量描述主面和从面上的单个节点是否在接触；如果接触，面在此点处是粘接的还是滑动的？因为可以使用三种设置来描述每一个节点处的接触状态——粘接、滑动或者打开——Abaqus/CAE 使用三个云图间隔来显示接触状态数据，并且根据节点的接触状态，围绕节点对区域进行着色。

连接器向量输出的分量是使用不同的坐标系推导得到的，取决于请求的输出是场输出还是历史输出。对于如何解释场图中的分向量值，见 24.11 节"在显示模块中显示连接器和连接器输出"。

本节介绍云图值的计算和渲染，以及界限的技术，包括以下主题：

- 44.1.1 节 "理解如何计算云图值"
- 44.1.2 节 "理解如何渲染云图"
- 44.1.3 节 "理解云图界限"

要获知如何生成一个云图，见 44.3 节"生成一个云图"。

44.1.1 理解如何计算云图值

从存储在输出数据库中的结果产生云图所必要的计算，取决于云图是否显示以节点为基础的量，例如位移或者速度，或者显示以单元为基础的量，例如应力或者应变。此部分仅应用到输出数据库数据的云图。

以节点为基础的场输出变量云图值是如何计算得到的？

对于以节点为基础的场输出变量云图显示，云图值是从输出数据库上的量直接得到的。然后使用这些值在用户模型的面上生成有颜色的线或者有颜色的带，不需要进一步的计算。

以单元为基础的场输出变量云图值是如何计算得到的？

对于以单元为基础的场输出变量云图显示，Abaqus/CAE 对输出数据库结果施加计算来形成云图值。计算依据下面的准则发生变化：

- 用户选择图示的量（场输出或者不连续）。
- 用户选择的平均选项。
- 用户选择的结果区域。
- 图中包括单元的兼容性。
- 用户要求的云图类型（线、带或者单元显示）。

从主菜单栏选择 Result→Field Output 来选中场输出变量。要获知此主题的更多内容，见 42.5 节"选择要显示的场输出"。

从主菜单栏选择 Result→Options 来选择要显示的量、平均选项、结果区域，以及在以单元为基础的云图值计算过程中不兼容单元的处理控制。要获知这些主题的更多信息，见 42.6 节"选择结果选项"。

从主菜单栏选择 Options→Contour→Basic 来选择用户想要的云图显示类型。44.5.1 节"选择线类型、带状、单元显示型或者等值面类型云图"包含了选择云图类型的详细指导。

用户要求的云图显示类型，控制对输出数据库中读取的结果施加的外推。对于以单元为基础的变量值的线类型的云图、带类型的云图和等值面类型的云图，Abaqus/CAE 将结果外推到节点。默认情况下，在 Abaqus/CAE 执行任何必要的转换之后，对结果进行有条件的平均，然后计算任何要求的标量分量或者不变量；如果需要，用户可以在结果平均后计算不变量。对于以单元为基础的变量值的单元显示类型云图，Abaqus/CAE 将结果外推到模型面上的单元面，然后取加权和来生成每个面上的单独值。因为为每一个单元面都分别计算单元显示云图值，没有在整个单元边界上进行平均，所以单元显示云图是在单元到单元的基础上的有意义的显示结果。用户可以仅为单元基础的场输出变量，选择单元显示类型的云图。

44.1.2 理解如何渲染云图

使用以下两种方法中的一个在单元面上画云图值：纹理映射或者棋盘布置。纹理映射是高性能的渲染方法，原理是将云图值的图片（纹理）覆盖在模型的图片上，类似于包裹一个礼物的过程。棋盘布置是将任意的云图值转换成确切形状的重复样式，例如三角形或者简单多边形的样式；形状值是面到面计算的，并且大模型会花费很长时间。纹理映射是默认和优先的方法，并且将最大化 Abaqus/CAE 的性能。虽然某些的图像适配器支持纹理映射并不正确，但是 Abaqus/CAE 可以在软件中仿真纹理映射。然而，线类型的和等值面云图、云图边的显示、单元关于中心的收缩，以及 CAXA 或者 SAXA 单元的云图，只有棋盘布置方法才支持。

使用纹理映射或者棋盘布置生成的云图之间的差异是细微的；用户可以在四边形单元面上的云图带的外观上观察到细小的差异。有时纹理映射会引入精度问题；例如，如果云图值恰好在限制上，则颜色可能表现成比值高或者低。

注意：如果用户在强烈光线下显示棋盘布置云图，则云图中的颜色可能与图例中显示的颜色不匹配，因为光线会让面片上的一些颜色变暗。更多信息见 76.13 节"控制模型光照"。

有关选择云图方法的详细信息，见 44.5.6 节"选择云图方法"。

44.1.3 理解云图界限

Abaqus/CAE 可以计算得到云图值显示的最大值和最小值，或者用户可以指定它们。用户可能想要指定一个或者多个限制；例如，要去除极端或者在固定的条带组内检查变量。

仅在用户模型的可见面上显示云图；然而，取决于云图的类型以及用户选择的结果选项，可以以当前显示组中的所有单元或者模型中的所有单元为基础来计算云图值（更多信息见 42.6 节"选择结果选项"）。这样，汇报的最小值和最大值在单元的内部发生。用户可以通过使用显示组来仅显示图中的内部单元，或者通过关于单元中心收缩所有的单元，这样内部单元在外部单元体之间可见，就可以显示模型内部单元上的云图。

Abaqus/CAE 依据显示的场输出变量类型（节点或者单元）、云图的类型（单元显示对比线或者带），以及用户选择的选项，对最小值和最大值进行不同的计算。对于节点场输出变量的云图显示，边界是最大节点值和最小节点值。对于单元显示类型的云图，边界是最大和最小的单元面值。对于线类型、带类型或者等值面类型的单元场输出变量的云图，当前的平均准则定义的外推平均值，决定它们的最大值和最小值。

当 Abaqus/CAE 对节点处的平均值计算最小值和最大值时，以创建图的值为基础来确定边界。在此情况中，图例条带会随着用户改变平均准则而发生变化。要获知如何控制平均准则，见 42.6.6 节"控制结果平均"。

用户也可以控制为云图动画的每一个帧所使用的云图界限：为最初的帧和最后的帧计算界限、为当前的帧计算界限、为每一个单独的帧重新计算界限，或者为动画中所有的帧计算界限。以动画中的所有帧为基础计算边界要求在整个动画序列上建立云图界限，以用于后续的动画。

有关控制云图界限的详细信息，见 44.5.7 节"设置云图界限"。要获知如何显示与用户的云图关联的最小值和最大值，见 56.1 节"定制图例"。

44.2 云图选项概览

　　用户可以使用云图选项来定制云图的外观。从主菜单栏选择 Options→Contour，或者单击工具箱中的 来访问 Contour Plot Options 对话框。单击下面的项来定制当前视口中云图的外观：

- Basic。选择云图类型（包括是否为线单元显示刻度）、云图间隔和云图方法。
- Color & Style。Color & Style 页包含下面的标签页。

—Model Edges。控制模型边的颜色。

—Spectrum。选择云图颜色。

—Line。对于线类型的云图，控制每一条线的类型和厚度。

—Banded/Isosurface。对于带类型或者等值类型的云图，控制云图边的颜色、类型和厚度。

- Limits。控制云图界限的计算，以及最大和最小云图值注释显示。
- Other。控制刻度图显示选项，节点平均向量或者张量方向的显示，以及截面点或者包络图的显示。

　　其他选项，例如渲染风格、边可见性、变形比例因子和半透明度位于 Common Plot Options 对话框中。如果用户选择在未变形的和变形的形状上都显示云图，则可以使用 Superimpose Plot Options 来定制未变形形状的外观。更多有关叠加图的信息，见 43.6 节"叠加变形和未变形的模型图"。要获知如何定制渲染风格和用户云图的基底模型，见第 55 章"定制图示显示"。有关结果值的计算信息，见 42.6.1 节"理解如何计算得到结果"。

44.3 生成一个云图

云图可以显示输出数据库的指定步和帧时刻的分析变量值，或者当前模型数据库中模型指定步时选中属性的值。Abaqus/CAE 将值表示成模型上的颜色线、颜色带、颜色面或者颜色等值面，或者垂直模型的彩色刻度线。有关选择一个分析变量的更多信息，见 42.5.3 节"选择主场输出变量"。有关选择特定步和帧的更多信息，见 42.3.1 节"选择特定的结果步和帧"。要学习如何显示与图像关联的最小值和最大值，见 56.1 节"定制图例"。

如果用户的模型包括梁单元、为了合适的云图显示可能要求额外的步骤。见 44.4 节"生成一个线性梁截面应力的云图"。

如果用户正在从模型数据显示数据，则仅指定主要的场变量。

若要生成一个云图，执行以下操作：

1. 使用 File 菜单来打开包含模型数据或者分析结果的模型数据库或者输出数据库。

2. 如果用户正在从模型数据库显示数据，则转换到显示模块，扩展结果树的 Model Database 容器，并且选择想要使用的模型。

3. 使用 Result 菜单来选择下面的选项。

a. 要显示的步和帧（或者如果选择了模型数据库，则仅是分析步）。

b. 要显示的主场输出变量。

c. 要显示的变形场输出变量（仅对于变形形状上的云图）。

d. 要显示的量和平均选项（仅对于输出数据库）。

4. 选择用户想要的显示状态无关的图和云图定制选项。

5. 如果用户的所选场输出变量包括复数，则选择 Result Options 对话框中的 Complex Form 标签页来控制要显示的数字形式。复数形式选项仅施加到输出数据库。

6. 从主菜单栏选择 Plot→Contours 并且选择是否在未变形形状、变形形状或者两个形状上显示云图。

技巧：用户也可以使用工具箱中的变形、未变形或者叠加云图工具来产生云图显示。

当前的视口显示当前输出数据库的特定步和帧时，或者当前模型数据库中选中模型指定步时的指定输出变量的定制云图显示。

Abaqus 在用户每次单击步和帧选择器、场输出选项、显示状态无关的选项、叠加图选项（如果可以施加的话）或者云图显示选项对话框中的 Apply 时，自动地更新云图。

44.4   生成一个线性梁截面应力的云图

如果用户的模型包括梁几何模型，并且对于程序会话可以使用梁渲染，则用户可以将梁横截面与场输出结果一起显示成云图。对于节点的量和单元积分点的量，Abaqus/CAE 显示梁横截面厚度上不变的云图。对于以单元为基础的数据，云图反应当前选中的截面点。

用户也可以采用截面力和截面力矩数据为基础，创建云图来显示在梁上分布的更多真实应力分布，Abaqus/CAE 使用线性弹性固体力学理论来计算此应力分布。图 44-3 所示为 I 截面梁上的截面应力示例。

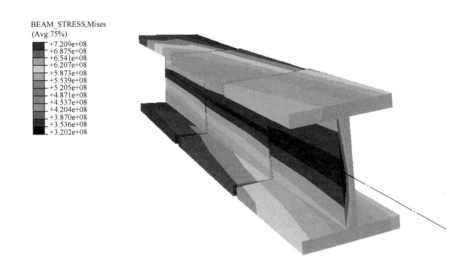

图 44-3   I 截面梁上的截面应力示例

仅当选中的步和帧包括来自积分输出量 SF（截面力）和 SM（截面力矩）时，才可以使用梁应力云图。此外，仅对于 Abaqus/CAE 中的侧面子集合才可以使用这些图。
- 薄壁箱形侧面。
- 薄壁管侧面。
- 圆侧面。
- 矩形侧面。
- I 型侧面。
- L 型侧面。
- T 型侧面。

任何使用其他侧面或者楔形梁截面的模型中的几何形体，都不能使用云图显示。

对于特征频率提取计算，Abaqus/CAE 在梁横截面的截面渲染中不包括梁单元法向，这样用户不能为这些图示的梁单元显示扭曲和平面外的模态。然而，因为梁单元具有扭曲刚度，所以为梁单元计算扭曲模态；可以在数据（.dat）文件中使用此信息。

若要生成一个线性梁截面应力的云图，执行以下操作：

1. 使用 File 菜单来打开包含用户分析结果的输出数据库。
2. 使用 Result 菜单来选择下面的项目。
a. 要显示的步和帧。
b. 要显示的主要场输出变量。
c. 要显示的变形场输出变量（仅对于变形形状上的云图）。
d. 要显示的量和平均选项。
3. 选择用户想要的与显示状态无关的和云图显示定制选项。
4. 从 Output Variable 选项选择 BEAM_STRESS。
5. 选择用户想要显示成云图数据的不变量或者分量。

● 从 Mises 选项选择 Invariant 来显示冯-密塞斯应力。

● 从 Component 选项选择 S11 来显示沿着梁的轴应力。

● 从 Component 选项选择 S12 来显示由剪切力和扭转产生的沿着局部梁截面 2-轴的剪切应力。

● 从 Component 选项选择 S13 来显示由剪切力和扭转产生的沿着局部梁截面 1-轴的剪切应力。

6. 从主菜单栏选择 Plot→Contours 并且选择是否在未变形形状、变形形状或者二者形状上显示云图。

技巧：用户也可以使用工具箱中的变形图、未变形图或者叠加图工具来生成云图显示。

当前的视口显示当前输出数据库的特定步和帧时刻，或者当前模型数据库中选中模型指定步时的指定输出变量定制云图显示。

Abaqus 会在用户每次单击步和帧选择器、场输出选项、显示状态无关的选项、叠加图选项（如果可以施加的话）或者云图显示选项对话框中的 Apply 时，自动更新云图。

44.5 定制云图

本节介绍如何定制一个云图。Abaqus/CAE 为用户提供很多选项来控制云图类型、限制、间隔和颜色，包括以下主题：

要学习如何定制云图的渲染风格、透明性或者模型边特征，见第 55 章 "定制图示显示"。有关对用户的云图显示添加节点平均的方向信息，见 42.5.9 节 "选择截面点数据"中的 "通过类型选择截面点数据"。有关结果值计算的信息，见 42.6.1 节 "理解如何计算得到结果"。

44.5.1 选择线类型、带状、单元显示型或者等值面类型云图

用户可以选择 Line 类型、Banded 类型或者 Isosurface 类型的云图来显示节点的值（例如位移）或者单元（例如应力）场输出变量。线类型的云图将值表示成用户模型面上定制的着色线。带状云图将值表示成颜色填充的带子。等值面类型云图将线类型的云图扩展穿过模型。以单元为基础的变量值的线、带状和等值面云图，是通过将结果外推到节点和有条件地平均来计算的。以用户模型的特征和用户选择的选项为基础来进行平均。不推荐为梁那样的线形状单元使用线类型的云图。

用户仅可以为单元场输出变量选择 Quilt 类型的云图。将变量值外推到模型面上的单元面，没有在单元之间进行平均。以单元为基础的云图，对于单元到单元为基础的评估值是有用的。对于使用非对称变形的轴对称单元（CAXA 或者 SAXA），仅在每个单元上

显示一个颜色。

带状云图是默认的。用户必须选择线性类型、带状或者等值面类型的云图来生成下面的图像：

- 以节点为基础的场输出变量。
- 在单元上平均的，以单元为基础的场输出值。
- 不是场输出变量的，以单元为基础的结果不连续。

图 44-4 所示为线类型、带状、单元显示型和等值面类型云图。

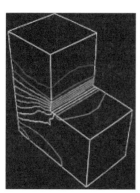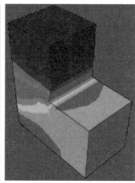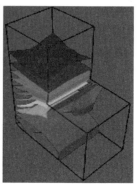

图 44-4　从左到右：线类型、带状、单元显示型和等值面类型云图

若要选择线类型、带状、单元显示型或者等值面类型云图，执行以下操作：

1. 调用 Contour Type 选项。

从主菜单栏选择 Options→Contour，或者单击工具箱中的 ；然后单击出现的对话框中的 Basic 标签页。Contour Type 在页面的左上角。

2. 单击 Line、Banded、Quilt 或者 Isosurface 来选择用户想要的云图类型。

3. 单击 Apply 来完成用户的更改。

当前视口中显示的云图变成用户指定的云图类型。

默认情况下，程序会话期间保存用户的更改，并影响所有的后续云图。如果用户想要为后续的程序会话保留更改，则将它们保存到一个文件中。更多信息见 55.1.1 节 "保存定制以供后续程序会话使用"。

44.5.2　定制线类型云图风格

Abaqus/CAE 将线类型的云图显示成模型面上的定制彩色线。用户可以定制单个云图线段的风格来区分它们。当不能使用颜色时，此选项是特别有用的；例如，对于黑白硬拷贝图。图 44-5 所示为使用定制云图线的线类型云图。

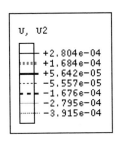

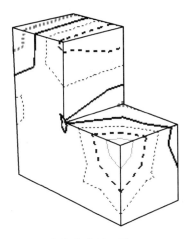

图 44-5 使用定制云图线的线类型云图

用户一次给彩线定制一个颜色（间隔），参考间隔在云图图例中的位置。间隔标号 1 是从图例的底部开始的第一个彩色线。有关云图图例的信息，见 56.1 节"定制图例"。

若要定制线类型云图的风格，执行以下操作：

1. 调用 Line 选项。

从主菜单栏选择 Options→Contour，或者单击工具箱中的。单击出现的对话框中的 Color & Style 标签页；然后单击 Line 表。出现 Line 选项。

2. 要选择用户想要定制的间隔，单击 Interval 箭头，直到在 Interval 框中出现想要的间隔数量。

注意：Style 和 Thickness 按钮分别改变成此间隔的当前风格和厚度。Interval 框上面和下面的数量发生改变，来对应相邻的间隔数量。Style 和 Thickness 按钮上面和下面的区域分别发生改变，来分别显示这些相邻间隔的风格和厚度。

3. 选择间隔线的风格。

a. 单击 Style 按钮来显示风格选择。

b. 单击用户想要的风格。

在 Style 按钮上出现指定的风格。

4. 选择间隔线的厚度。

a. 单击 Thickness 按钮来显示厚度选择。

b. 单击用户想要的厚度。

在 Thickness 按钮中出现指定的厚度。

5. 重复步骤 2~步骤 4 来定制附加的间隔。

6. 单击 Apply 来完成用户的更改。

显示在当前视口中的线类型云图的云图线发生变化，来反映用户的风格和厚度指定。如果激活了云图图例，则也将发生变化来显示用户的选择。有关云图图例的更多信息，见 56.1 节"定制图例"。此外，如果存在，刻度轴将发生变化来显示用户的选择。刻度云图的更多信息，见 44.5.4 节"使用刻度线云图来显示线形状的单元"。

默认情况下，程序会话期间保存用户的更改，并影响所有的后续云图。如果用户想要为后续的程序会话保留更改，则将它们保存到一个文件。更多信息见 55.1.1 节"保存定制以供后续程序会话使用"。

44.5.3　定制带状和等值面类型云图

Abaqus/CAE 将带状云图显示成用户模型面上的彩色条带，并且通过在整个模型上延伸线类型的云图来显示等值面云图来创建面。用户可以显示或者抑制每一个云图边或者等值面边处的线。云图边在显示上将用来表示带状云图中的云图值颜色分隔；对于等值面，分隔通常是更分明的，云图边的显示仅是点缀性质的。用户可以进一步定制颜色、风格和云图边的厚度。例如，图 44-6 中左边的云图具有被抑制的云图边，而图右边具有显示的云图边。

注意：对于连续型分隔的云图，不能施加云图边。

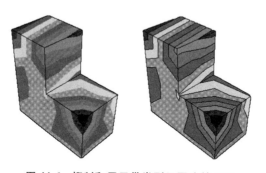

图 44-6　抑制和显示带类型云图边的云图

若要定制带状和等值面类型云图，执行以下操作：

1. 调用 Banded/Isosurface 选项。

从主菜单栏选择 Options→Contour 或者单击工具箱中的。单击出现的对话框中的 Color & Style 标签页；然后单击 Banded/Isosurface 标签页。出现 Banded/Isosurface 选项。

2. 切换 Show contour edges 来显示或者抑制云图边。

当切换选中 Show contour edges 时，云图边选项才变得可用。

3. 选择云图边的颜色。

a. 单击颜色样例。

Abaqus/CAE 显示 Select Color 对话框。

b. 使用 Select Color 对话框中的一个方法来选择一个新的颜色。更多信息见 3.2.9 节"定制颜色"。

c. 单击 OK 来关闭 Select Color 对话框。

颜色样例改变成选中的颜色。在视口中没有出现新的颜色，直到用户在 Contour Plot Options 对话框中单击 OK 或者 Apply。

4. 选择云图边的风格。

a. 单击 Style 按钮来显示云图边的风格选项。

b. 单击用户想要的边风格。

在 Style 按钮上出现指定的边风格。

5. 选择云图线的宽度。

a. 单击 Thickness 按钮来显示云图边的宽度选项。

b. 单击用户想要的边宽度。

在 Thickness 按钮上出现指定的边宽度。

6. 单击 Apply 来完成用户的更改。

当前视口中带状云图的边发生改变来反映用户的指定。

默认情况下，程序会话期间保存用户的更改，并影响所有的后续云图。如果用户想要为后续的程序会话保留更改，则将它们保存到一个文件中。更多信息见 55.1.1 节"保存定制以供后续程序会话使用"。

44.5.4　使用刻度线云图来显示线形状的单元

在线形状的单元上绘制云图线难以清晰的显示。要更好地观察线形状单元的云图（梁、一维单元、垫片链接单元、三维线垫片单元和二维接触面），用户可以选择使用刻度线云图来显示云图线。

刻度线云图在垂直实际单元的一组线之间显示云图。通过这些法线上的"刻度"来说明云图程度。仅当云图线落入用户指定的范围内时，Abaqus 才显示云图线。有关限制显示范围的更多信息，见 44.5.7 节"设置云图界限"。

图 44-7 所示为刻度线云图。

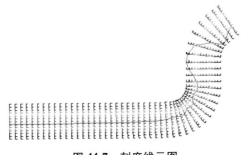

图 44-7　刻度线云图

法线或者刻度轴是画在节点处的。在零件边界处，画两个刻度轴。在一个零件中，如果两个相邻线单元之间的夹角小于指定的特征角，则在共享节点的单元平均方向上画一个单独的刻度轴。否则，画一个与共享节点的每一个单元垂直的刻度线。当平均法向时，仅在计算中仅考虑相同类型的被显示单元。

若要显示刻度线云图，执行以下操作：

1. 调用 Contour Type 选项。

从主菜单栏选择 Options→Contour 或者单击工具箱中的 ；然后单击出现的对话框中的 Basic 标签页。Contour Type 选项在页的左上角。

2. 切换选中 Show tick marks for line elements。

3. 单击 Apply 来完成用户的更改。

当前时刻中的云图发生变化来显示模型中线单元的刻度线图。

默认情况下，程序会话期间保存用户的更改，并影响所有的后续云图。如果用户想要为后续的程序会话保留更改，则将它们保存到一个文件中。更多信息见 55.1.1 节 "保存定制以供后续程序会话使用"。

44.5.5　定制标尺云图

当用户选择在模型中为线形状的单元显示刻度线（标尺）时，Abaqus/CAE 在垂直单元的线（轴）上将使用刻度来说明云图幅值，并且在轴之间显示云图曲线。用户可以指定刻度轴的长度、云图曲线的颜色、将与单元相交的云图值（刻度），以及将在梁单元上画轴的法向。此外，对于线类型的云图，在刻度轴上会出现选择来施加到单个云图线的风格。更多信息见 44.5.2 节 "定制线类型云图风格"。

若要定制标尺云图，执行以下操作：

1. 调用 Tick Marks 选项。

从主菜单栏选择 Options→Contour，或者单击工具箱中的 。在出现的对话框中单击 Other 标签页；然后单击 Tick Marks 标签页。出现 Tick Marks 选项。

2. 要选择在梁单元上画刻度轴的法向，切换 Orientation 域中的 N1 或者 N2。

注意：当在不是梁的单元上显示刻度云图时将忽略此选项。在此情况中，刻度线轴画在单元的法向上。

3. 选择刻度轴的长度。

a. 单击 Axis length 按钮来显示长度选择：Short、Medium 或者 Long。

b. 单击用户想要的长度。

在 Axis length 按钮上显示指定的长度。

4. 选择将为单元显示的云图值。

在 Base Value 域中输入想要的基本云图值。

将检查指定的值来确定值是否落在云图范围内。如果此值在最大的云图值之上，则将最大值用作基本值；如果此值小于最小的云图值，则将最小的颜色值用作基本值。默认情况下，将零用作基本值。

5. 选择刻度曲线的颜色。

a. 单击颜色样本■。

Abaqus/CAE 显示 Select Color 对话框。

b. 使用 Select Color 对话框中的一个方法来选择一个新的颜色。更多信息见 3.2.9 节"定制颜色"。

c. 单击 OK 来关闭 Select Color 对话框。

颜色样本改变成选中的颜色。新的颜色没有出现在视口中，直到用户在 Contour Plot Options 对话框中单击 OK 或者 Apply 后。

6. 单击 Apply 来完成用户的更改。

当前视口中显示的刻度尺云图的云图线发生改变来反映用户的指定。

默认情况下，程序会话期间保存用户的更改，并影响所有的后续云图。如果用户想要为后续的程序会话保留更改，则将它们保存到一个文件中。更多信息见 55.1.1 节"保存定制以供后续程序会话使用"。

44.5.6　选择云图方法

使用纹理映射或者棋盘布置方法在单元面上云图显示值。纹理映射方法是默认优先的方法，并且将最大化 Abaqus/CAE 的性能。虽然特定的图像适配器不支持纹理映射，但是 Abaqus/CAE 可以在软件中模拟纹理映射。然而，棋盘布置方法仅支持特定的显示选项，在此情况下，Abaqus/CAE 将自动覆盖用户的纹理映射云图设置。

若要选项云图方法，执行以下操作：

1. 调用 Contour Method 选项。

从主菜单栏选择 Options→Contour 或者单击工具箱中的 ；然后单击出现的对话框中的 Basic 表。Contour Method 选项在表的底部。

2. 选择下面的一个渲染方法。

● Texture-mapped。此选项使用高性能的图像渲染功能来在每一个单元面上绘制云图。如果已经为用户的系统将图像参数设置成抑制纹理映射（见《Abaqus 安装和许可证手册》的 5.3 节"设置图像卡"），则 Abaqus/CAE 将在软件中仿真纹理映射。

● Tessellated。此选项使用棋盘过程来在每一个单元面上绘制云图值。

3. 单击 Apply 来完成用户的更改。

当前视口中的云图发生改变来使用用户已经指定的云图方法。

默认情况下，程序会话期间保存用户的更改，并影响所有的后续云图。如果用户想要为后续的程序会话保留更改，则将它们保存到一个文件中。更多信息见 55.1.1 节"保存定制以供后续程序会话使用"。

44.5.7 设置云图界限

默认情况下，Abaqus/CAE 自动地计算用户云图中显示值的界限。用户可以控制Abaqus/CAE 显示的最小值和最大值；例如，要在一个固定边界中去除极值或者检查变量。

一旦设置云图界限，则在程序会话期间中保持作用。要学习如何显示与用户的云图关联的最小值和最大值，见 56.1 节"定制图例"。

如果用户使用定制的云图间隔值，则可以覆盖云图界限；更多信息见 44.5.12 节"定制云图间隔"。当用户使用定制云图间隔时，Abaqus/CAE 使用在 Edit Intervals 对话框中使用的最大和最小间隔值来作为云图的云图界限。

若要设置云图界限，执行以下操作：

1. 调用 Contour Limits 选项。

从主菜单栏选择 Options→Contour 或者单击工具箱中的 ；然后单击出现的对话框中的Limits 标签页。云图 Limits 选项变得可用。

2. 在标签成 Max 的区域中，选项下面的一个选项。

● 选择 Auto-compute 来要求 Abaqus 计算最大云图值。

● 选择 Specify 来指定用户想要的最大值，然后在 Specify 文本域中输入用户选取的最大值。

3. 在标签成 Min 的区域中，选择下面的一个选项。

● 选择 Auto-compute 来要求 Abaqus 计算最小云图值。

● 选择 Specify 来指定用户想要的最小值，然后在 Specify 文本域中输入用户选取的最小值。

4. 单击 Apply 来完成用户的更改。

在当前视口中的云图中，Abaqus 在用户指定的限制中显示云图值。如果激活了云图图例，则图例发生改变来显示用户已经设置的边界。如果用户已经指定的最大值小于实际的最大值，或者用指定的最小值大于实际的最小值，则 Abaqus 在图例中（分别）显示实际的最大值和实际的最小值。有关云图图例的更多信息，见 56.1 节"定制图例"。要学习如何控制超出用户限制的值的颜色，见 44.5.10 节"定制云图颜色"。

默认情况下，程序会话期间保存用户的更改，并影响所有的后续云图。如果用户想要为后续的程序会话保留更改，则将它们保存到一个文件中。更多信息见 55.1.1 节"保存定制以供后续程序会话使用"。

44.5.8 标注最小和最大的云图值

默认情况下，Abaqus/CAE 通过改变云图颜色来说明最小云图值和最大云图值的一般位置。使用选中颜色图例的极值，实际位置可以在显示模型的任何部分。用户可以切换选中 Show location 来标注最小云图值和/或最大云图值的节点位置。标注的形式分别是 Min：*value* 和 Max：*value*，并且使用一条线来指定发生最小值和最大值的节点、面（或者单元填充图）或者单元中心。

显示最小值和最大值标注激活了云图图例和 Show min/max values 选项（更多信息见 56.1 节"定制图例"）。自动创建标注——用户不能使用 Annotation Manager 编辑标注。标注字体和颜色匹配图例文本的字体和颜色，并且由 Common Plot Options 对话框中的符号设置来确定节点符号。如果用户显示最小和最大的云图值，并且激活了视图切面，则相对于视口显示来更新最小值和最大值的位置。云图图例进行更新来反映新的边界。

注意：在叠加图中不显示最小值和最大值位置。

若要在模型上标注最小值和最大值，执行以下操作：

1. 调用 Show location 复选框。

从主菜单栏选择 Options→Contour 或者单击对话框中的 ；然后单击出现的对话框中的 Limits 标签页。

2. 分别切换选中 Min 和 Max 区域中的 Show location 来在模型上标注每一个位置。

3. 单击 Apply 来完成视口中的变化。

Abaqus/CAE 激活云图图例，包括 Show min/max values 选项。图例同时显示最小值和最大值，而不管用户是否在模型上标注一个最值或是两个最值。

4. 如果需要，使用 Viewport Annotation Options 来定制标注字体或者颜色（由图例文本选项来控制），隐藏图例中的最小值和最大值，或者隐藏整个图例。使用 Common Plot Options 对话框的 Labels 标签页上的符号和大小选项来编辑节点显示符号。

默认情况下，程序会话期间保存用户的更改，并影响所有的后续云图。如果用户想要为后续的程序会话保留更改，则将它们保存到一个文件中。更多信息见 55.1.1 节"保存定制以供后续程序会话使用"。

44.5.9 控制 Abaqus/CAE 如何计算云图界限

默认情况下，Abaqus/CAE 自动地计算用户云图显示中的最小值和最大值。如果用户已经为最小云图值和最大云图值设置了界限，则不进行最小和最大云图值的自动计算。

对于节点场和输出变量的云图，边界是最小节点值和最大节点值。对于单元填充的云图，界限是各个页面的最小值和最大值。

对于单元场输出值的线类型云图、带状云图或者等值面类型云图，界限是以单个单元外推到节点，并且在节点上进行平均的值为基础的。值平均选项中的变化可以改变范围。要学习如何控制平均选项，见 42.6.6 节"控制结果平均"。

对于云图的动画显示，用户可以控制在动画的每一帧中使用的云图界限。用户可以选择总是使用从第一帧和最后一帧自动计算界限，选择总是使用从当前帧自动计算界限，或者为每一帧重新计算界限。

若要控制 Abaqus 如何计算云图界限，执行以下操作：

1. 调用 Auto-Computed 选项。

从主菜单栏选择 Options→Contour 或者单击工具箱中的 ；然后单击出现的对话框中的 Limits 标签页。Auto-Computed Limits 选项在页面的下半部分。

2. 为动画云图界限选择下面的一个选项。

● 选择 Use first and last frame limits 来为动画的每一帧使用从第一帧和最后帧自动计算得到的云图界限。

● 使用 Use current frame limits 来为动画的每一帧使用从当前帧自动计算得到的云图界限。

● 选择 Recompute limits for each frame 来为动画的每一帧，以帧的结果值为基础来重新计算云图界限。

● 选择 Use limits from all frames 来从动画的所有帧重新计算自动计算云图界限。

3. 单击 Apply 来完成用户的更改。

为当前视口中的云图生成动画每一帧的云图界限，将以用户选择的选项为基础来确定。如果激活了云图图例，则云图图例发生改变来显示 Abaqus 计算的界限。

默认情况下，程序会话期间保存用户的更改，并影响所有的后续云图。如果用户想要为后续的程序会话保留更改，则将它们保存到一个文件中。更多信息见 55.1.1 节"保存定制以供后续程序会话使用"。

44.5.10　定制云图颜色

默认情况下，Abaqus/CAE 使用从红色（对应最大值）到蓝色（对应最小值）的 Rainbow 色谱来表示云图值。用户可以选择其他的色谱或者创建一个新色谱来使用。有关创建一个新色谱的更多信息，见 44.5.11 节"创建新色谱"。

如果用户的结果包括的正极值和负极值是相等的循环数据，则选择 Wraparound 色谱。此两端为绿色的色谱正确地显示复数值幅角那样的结果，其中 180° 和 -180° 是一样的。

对于无刻度云图，如果有超出边界的值，则用户也可以选择颜色来让 Abaqus 表示超出用户指定边界的值。默认情况下，Abaqus 以灰色来显示这样的值（对于刻度云图，Abaqus 仅在用户指定的范围内显示云图自身）。有关限制显示范围的更多信息，见 44.5.7 节"设置云图界限"。

若要定制云图颜色，执行以下操作：

1. 调用 Spectrum 选项。

从主菜单栏选择 Options→Contour 或者单击工具箱中的 。单击出现的对话框中的 Color

& Style 标签页；然后单击 Spectrum 标签页。出现 Spectrum 选项。

2. 要选择图范围中的颜色值，要么选择一个图谱名称或者单击 ▮ 来创建并且使用一个新的色谱。有关创建新色谱的信息，见 44.5.11 节 "创建新色谱"。

技巧：另外，用户可以从结果树选择或者创建一个云图谱。单击 Spectrums 容器来创建一个新颜色谱，或者单击结果树中的任何谱名称来显示使用谱的模型。

3. 要控制超出图范围的值的颜色，进行下面的一个操作。

● 单击 Specify，然后单击 Greater than max 或者 Less than min 颜色样本 ▮ 来打开 Select Color 对话框。选择一个新的颜色，然后单击 OK 来关闭 Select Color 对话框，然后更新颜色样本（更多信息见 3.2.9 节 "定制颜色"）。

● 单击 Use spectrum min/max 来为这样的值接受最小的和最大的云图谱。

4. 单击 Apply 来完成用户的更改。

当前视口中的云图改变成用户指定的颜色。如果激活了云图图例的话，云图颜色与云图值之间的对应出现在云图图例中。有关云图图例的更多信息，见 56.1 节 "定制图例"。

默认情况下，程序会话期间保存用户的更改，并影响所有的后续云图。如果用户想要为后续的程序会话保留更改，则将它们保存到一个文件中。更多信息见 55.1.1 节 "保存定制以供后续程序会话使用"。

44.5.11 创建新色谱

Abaqus/CAE 提供七个预定义的色谱，用户可以用来定制云图中的颜色。如果用户优先使用一个不同的颜色组或者一个不同的颜色安排，则用户可以创建一个新色谱，并将此谱的颜色应用到云图中。

一个图谱必须包含至少两个颜色，并且可以包含用户想要的任何数量的颜色。在许多情况中，用户选中的颜色谱中的颜色数量将不匹配云图间隔的数量，这样 Abaqus/CAE 不能执行颜色一一对应地赋予到云图间隔。在此情况中，Abaqus/CAE 执行下面的一个操作：

● 如果用户的色谱所具有的颜色比云图间隔的数量多，则 Abaqus/CAE 从色谱取样颜色来创建云图。例如，当色谱包含 24 个颜色，并且仅选择 12 个间隔，则云图将显示色谱中其他的每一个颜色。

● 如果用户的色谱数量比当前的云图间隔数量少，则 Abaqus/CAE 在谱颜色之间插值来确定额外的颜色来用于色谱间隔。当 Red to blue 预定义的色谱符合 RGB 插值方法时，所有用户定义的颜色谱符合 HSV 内插方法。此差异说明 Red to blue 预定义谱和用户定义的谱可以包含相同的两个颜色，即红色和蓝色，但是由于它们的内插方法将创建不同的内部间隔值，所以作用结果是不同的。一般情况下，HSV 比 RGB 的内插结果更符合人的直觉。

色谱是依赖程序会话的定义的；因此，在用户程序会话中的任何视口中都可以使用色谱，但是却不会保存到输出数据库（.odb）中。用户可以编辑任何色谱的颜色和分布，但是用户可以重新命名、复制或者删除任何用户创建的颜色谱。Abaqus/CAE 不允许用户重命名或者删除预定义的七个色谱。Abaqus/CAE 从主菜单栏和结果树都可以提供对色谱的访问。

若要创建新色谱，执行以下操作：

1. 调用 Create Spectrum 对话框。

从主菜单栏选择 Tools→Spectrum→Create。

出现 Create Spectrum 对话框。

2. 为此新色谱指定 Name。

3. 要对色谱插入新的颜色。

a. 高亮显示色谱中的颜色，在此颜色之前或者之后添加用户想要的颜色。

b. 单击 Insert Before 或者 Insert After，在说明的位置中添加新颜色。

出现 Select Color 对话框。

c. 选择一个颜色，并单击 OK 来关闭 Select Color 对话框。

Abaqus/CAE 在选中的位置添加新的颜色。

4. 要在色谱中改变一个颜色，双击此颜色并且从出现的 Select Color 对话框选择一个新的颜色。

5. 要在色谱中移动一个颜色，高亮显示此颜色并单击 Move Up 或者 Move Down，在选中的方向上移动颜色一步。

6. 要从色谱柱中删除一个颜色，高亮显示颜色并单击 Delete。

7. 继续添加、改变、移动和删除颜色，直到色谱以想要的次序包含用户想要的颜色。

8. 单击 OK。

Abaqus/CAE 添加新的色谱，使得在定制云图中可以使用它。

44.5.12　定制云图间隔

Abaqus/CAE 最终将最小云图值与最大云图值之间的范围划分成间隔。用户可以定制间隔的数量，并且决定间隔是以离散颜色还是连续型颜色来表示。默认情况下，有 12 个离散的颜色间隔。图 44-8 的左边显示了使用九个均匀云图间隔的带类型云图，并且在右边显示使用连续云图的结果。

在使用离散间隔表示云图时，用户也可以控制间隔值之间的级数。如果用户选择均匀的间隔类型，Abaqus/CAE 在间隔值之间创建一个均匀的算数级数；如果用户选择对数间隔类型，则 Abaqus/CAE 在间隔值之间创建一个对数级数。此外，用户可以使用想要包括值的定制级数来创建一组新的云图间隔。用户也可以提供一些间隔值，并且在定义的值之间插值其他的间隔。用户提供的间隔值必须在 Edit Intervals 对话框中从顶到底，以升序来出现。

如果用户选择一个定制间隔，则 Abaqus/CAE 覆盖在 Contour Plot Options 对话框的 Limits 区域中指定的云图范围，并且将最大和最小间隔值使用成定制云图范围。更多信息见 44.5.7 节"设置云图界限"。

如果激活了云图范围，则包括的间隔数量比用户选择的要多两个。Abaqus/CAE 在图例的顶部和底部添加间隔来说明任何超出云图范围的值。有关云图图例的更多信息，见 56.1

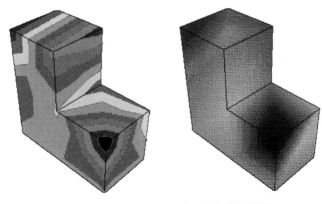

图 44-8 显示均匀和连续云图间隔的云图

节 "定制图例"。

本节介绍如何定制云图间隔以及如何编辑用户使用的云图间隔。

若要定制云图间隔，执行以下操作：

1. 调用 Contour Intervals 选项。

从主菜单栏选择 Options→Contour；然后单击出现的对话框中的 Basic 标签页。Contour Intervals 选择在页面的左侧。

2. 选择 Continuous 或者 Discrete 来分别要求连续的或者离散的云图间隔。

仅对于带类型云图才可以使用 Continuous 间隔。Abaqus 以平滑、无间隔线的谱来表示用户的云图值。当用户选择 Discrete 间隔时，才可以使用 Contour Interval 滑块。

3. 对于 Discrete 间隔，执行下面的任务。

a. 通过将 Contour Intervals 滑块拖动到想要的间隔数（2 到 24 之间）来选择间隔数量。

b. 从 Interval type 列表选择下面的一个选择。

● 选择 Uniform 来在云图中使用的数学级数值。

● 选择 Log 来在云图中使用对数级数。

● 选择 User-defined 来在云图值使用一组定制值。

c. 要为 User-defined 的间隔类型定制间隔值，单击 🖉。

出现使用一组默认云图间隔的 Edit Intervals 对话框，用户可以使用下面的任何方法来更改此间隔值。

● 通过单击间隔值的行来编辑，并且输入一个新值。用户必须在对话中从顶到底以升序提供间隔值。

● 单击 Insert Before 或者 Insert After 来在选中的间隔之前或者之后插入另外一个间隔。添加的新间隔没有值，所以用户必须通过在合适的行中直接输入间隔值，或者通过插值它们的值来提供间隔值。

● 单击 Delete 来从组中删除选中的间隔。

● 单击 Interpolate 来为一组数中的所有空白间隔计算内插的间隔值。Abaqus/CAE 使用一个算数级数来内插值。

- 单击 Clear Values 来清除选中间隔的值。

当用户完成云图间隔设置时，单击 OK 来关闭 Edit Intervals 对话框。

4. 单击 Apply 来完成视口中用户的更改。

如果激活了云图，则当前视口中的云图图例发生改变来反映用户已经选择的间隔选项。

默认情况下，程序会话期间会保存用户的更改，并影响所有的后续云图。如果用户想要为后续的程序会话保留更改，则将它们保存到一个文件中。更多信息见 55.1 节"保存定制以供后续程序会话使用"。

45 将分析结果显示成符号

符号图显示特定向量或张量变量在分析的指定步和帧时刻的大小和方向。此外，符号图还可用于显示当前模型数据库中模型指定步的属性（例如载荷或预定义场）大小和方向。Abaqus/CAE 将值表示成模型上位置处的符号（例如箭头）。本章介绍符号显示，包括以下主题：

- 45.1 节 "理解符号显示"
- 45.2 节 "符号图选项概览"
- 45.3 节 "生成结果符号图"
- 45.4 节 "生成自由体节点力的符号图"
- 45.5 节 "定制符号图外观"

45.1　理解符号显示

符号图允许用户可视化向量和张量变量结果的大小和方向。此外，符号图可以用来显示属性的大小和方向，如当前模型数据库中模型指定步时刻的载荷或者预定义场。在模型中得到结果或者属性的位置，每一个向量和张量的结果值以箭头的形式显示；代表节点量的箭头出现在节点上，代表积分量的箭头出现在积分点上（用户不能为在节点处保存的单元量创建符号显示）。

例如，图 45-1 所示的主应力的符号显示。当用户使用显示切割切开模型时，符号显示会发生轻微的改变。如果显示一个显示切割来研究节点输出变量的符号图，Abaqus/CAE 将从最靠近显示切割面的节点进行插值，并在显示切割面上绘制这些插值的向量箭头。Abaqus/CAE 仅为节点输出变量执行此插值，当显示模型切割面以上或以下的部分时，切割面上不执行任何插值。更多有关显示切割功能的信息，见 80.1 节"理解视图切割"。

箭头的相对大小说明了结果值的大小。箭头的方向说明了值在整体坐标系中的方向。在张量图中，箭头指向箭杆表示压缩值；箭头指离箭杆表示拉伸值。

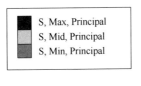

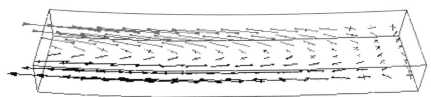

图 45-1　主应力的符号显示

符号图的图例展示了每个箭头颜色如何对应指定范围的值。要了解如何显示与符号图关联的最小值和最大值，见 56.1 节"定制图例"。

默认情况下，Abaqus/CAE 在符号图中显示所有变量的结果值。最大值表现成图中最大的箭头，其他的箭头与最大的箭头成比例。用户可以使用 Symbol Plot Options 对话框来限制出现在图中的值的范围。

● 当用户指定一个特定的最大值时，图中仅出现表示绝对值小于或等于最大值的箭头。图中的最大箭头将表示小于或等于用户指定值的绝对值中的最大值。图中其他箭头与该最大箭头的尺寸成比例。

- 当用户指定一个特定的最小值时，图中仅出现表示绝对值大于最小值的箭头。

连接器向量输出的分量可以从不同的坐标系推导出来，这取决于输出要求是场输出还是历史输出。对于如何解释场图中的向量分类，见 24. 11 节"在显示模块中显示连接器和连接器输出"。

45.2 符号图选项概览

用户可以使用符号图选项来定制符号图的外观。对于来自输出数据库的数据，使用 Field Output 对话框中的 Symbol Variable 选项来选择要显示的向量或者张量，以及可选的分量。

注意：如果用户从当前模型数据库中选择了一个模型，则符号图显示主变量，而不是符号变量。改变符号值不会有影响，除非用户显示来自输出数据库的数据。

从主菜单栏选择 Options→Symbol 或者单击工具箱中的 来访问 Symbol Plot Options 对话框。单击下面的标签页来定制当前视口中符号图的外观。

● Color & Style：Color & Style 页包含以下选项。

—Vector：选择定制表示结果值或者向量变量的选中分量值的箭头外观。

—Tensor：选择定制表示所有主分量、所有方向分量或者选中的张量变量分量的箭头外观。张量箭头可以显示在单元积分点、中心点或者节点上。如果在节点上显示箭头，则总是在对值进行平均后计算标量。

● Limits：Limits 页包含以下选项。

—Vector：选择指定最小和最大的向量值，或者让 Abaqus/CAE 自动计算这些值。

—Tensor：选择指定最小和最大的张量值，或者让 Abaqus/CAE 自动计算这些值。

● Labels：Labels 页包含以下选项。

—Vector：选择为向量值显示数值标签，并定制颜色、字体、输入大小、数值格式以及向量值的小数点位置。

—Tensor：选择为张量值显示数值标签，并定制颜色、字体、输入大小、数值格式以及张量值的小数点位置。

其他选项，如渲染风格、边可视性、变形比例因子以及透明性，都位于 Common Plot Options 对话框中。如果用户选择在未变形图和变形图上都显示符号，则用户可以使用 Superimpose Plot Options 来定制未变形图的外观。要了解如何定制渲染风格以及用户符号图的其他显示特征，见第 55 章"定制图示显示"。有关张量和场输出变量的更多信息，见 42.5.1 节"场输出变量选择概览"。有关选择结果类型的更多信息，见 42.3.1 节"选择特定的结果步和帧"。

45.3　生成结果符号图

符号图可以显示输出数据库指定步和帧时刻的向量变量或者张量变量的大小和方向，或者当前模型数据库中指定步的模型属性的大小和方向。Abaqus/CAE 将值以模型上位置处的符号（如箭头）表示。有关张量和场输出变量的更多信息，见 42.5.1 节 "场输出变量选择概览"。有关选择结果步的更多信息，见 42.3.1 节 "选择特定的结果步和帧"。要了解如何显示与用户的符号图关联的最小值和最大值，见 56.1 节 "定制图例"。

若要生成符号图，执行以下操作：

1. 打开包含用户模型数据或者分析结果的模型数据库或者输出数据库。

2. 如果用户正在查看来自模型数据库的数据，则切换到显示模块，扩展结果树的 Model Database 容器，并选择想要使用的模型。

3. 选择要显示的结果步和帧（或者如果用户选择了当前的模型数据库，则仅选择步）。

4. 对于输出数据库，选择要显示的符号场输出变量。对于模型数据库，将主场输出变量选择成要显示的变量。

符号图状态被激活。

5. 选择用户想要的与图状态无关的选项和符号图定制选项。

6. 如果用户选择的场输出包括复数，则选择 Result Options 对话框中的 Complex Form 标签页来控制要显示的数的形式。此选项仅适用于输出数据库的图。

7. 对于输出数据库数据的图，从主菜单栏选择 Plot→Symbols 来更改是否在变形的模型形状、未变形的模型形状，或者二者上显示符号。

技巧：用户也可以使用工具箱中的变形工具，未变形工具或者叠加符号工具来生成符号图。

当前视口会发生变化，以显示在当前输出数据库指定步和帧时刻的指定场输出变量的定制符号图。

Abaqus 会在用户单击步和帧选择器对话框、与图状态无关的选项、叠加显示选项（如果可以施加的话），或者符号图选项对话框中的 Apply 时，自动更新符号图。

45.4　生成自由体节点力的符号图

用户可以创建一个符号图来显示模型中各节点处的自由体节点合力。符号场输出变量 FREEBODY 是节点处各个 NFORCn 分量的和，但向量的方向相反。FREEBODY 输出变量默认考虑了显示的单元；相比而言，NFORC1 云图考虑了整个模型。

FREEBODY 符号图表示作用在物体上的非平衡力，这些物体通过显示组来表示。这种对当前显示组的敏感性在任何其他情况下都不会表现出来，如云图。

若要生成符号图来将节点力显示成自由体切割面力，执行以下操作：

1. 打开包含用户分析结果的输出数据库，此分析结果包含 NFORC 数据。

2. 选择要显示的结果步和帧。

3. 如果需要，聚焦于使用显示组的模型子集。

4. 将 FREEBODY 选择成要显示的符号场输出变量。

符号图状态被激活。

5. 选择用户想要的与图状态无关的选项和符号图定制选项。

6. 从主菜单栏选择 Plot→Symbols 来更改是否在变形的模型形状、未变形的模型形状，或者二者上显示符号。

技巧：用户也可以使用工具箱中的变形工具，未变形工具或者叠加符号工具来生成符号图。

当前视口会发生变化，以显示在当前显示组当前输出数据库的指定步和帧时刻的自由体节点力的定制符号图。

Abaqus 会在用户单击步和帧选择器对话框、与图状态无关的选项、叠加显示选项（如果可以施加的话），或者符号图选项对话框中的 Apply 时，自动更新符号图。

45.5 定制符号图外观

本节介绍如何定制符号图向量和张量箭头的样式，如何选择要显示的量，以及如何控制显示在图中的最小值和最大值，包括以下主题：

- 45.5.1 节 "定制符号图箭头"
- 45.5.2 节 "设置向量和张量范围"
- 45.5.3 节 "定制向量和张量标签"

要了解如何定制用户符号图的渲染风格和基底模型属性，见第 55 章 "定制图示显示"。

45.5.1 定制符号图箭头

用户可以为符号图向量和张量的箭头定制箭头颜色、最大箭头长度、箭杆厚度和箭头外观。当用户为节点向量符号定制箭头颜色时，可以为图中的所有箭头选择单一的颜色，也可以依据箭头的长度使用不同的颜色来显示箭头。用户可以根据模型的尺寸或者基于屏幕的大小来计算最大的箭头长度。

对于单元输出变量的张量符号图，箭头通常使用三种颜色显示。

若要定制箭头外观，执行以下操作：

1. 调用向量或者张量的 Color & Style 选项。

从主菜单栏选择 Options→Symbol，或者单击工具箱中的 ；然后单击出现的对话框中的 Color & Style 选项。

- 如果用户正在创建一个向量符号图，则单击 Vector 选项。
- 如果用户正在创建一个张量符号图，则单击 Tensor 选项。

出现用户选择的符号类型的选项。

2. 要使用单一颜色显示图中的所有箭头，选择 Uniform，然后进行下面的操作：

- 对于向量图，单击 Uniform Color 样本■，然后选择用户想要变量箭头或者变量分量箭头显示的颜色（更多信息见 3.2.9 节 "定制颜色"）。
- 要在一个张量图中显示所有的主分量，单击标签为 Maximum principal、Mid principal 和 Minimum principal 的颜色样本；然后选择想要每一个箭头类型显示的颜色。
- 要在一个张量图中显示所有的方向分量，单击标签为 11、22 和 33 的颜色样本；然后选择想要每一个箭头类型显示的颜色。

- 如果想要仅显示一个主分量或者方向分量，单击标签为 Color 的颜色样本，然后选择想要分量箭头显示的颜色。

3. 如果要用与箭头长度相对应的颜色来显示图中所有的箭头，选择 Spectrum。用户可以从 Spectrum Name 列表选择一个预定义的色谱，或者定义一个新色谱。有关选择和定义色谱的更多信息，见 44.5.10 节 "定制云图颜色"，以及 44.5.11 节 "创建新色谱"。用户也可以拖动 Number of intervals 滑块来改变符号图中着色变量箭头可以使用的间隔数量；有关云图间隔选择的更多信息，见 44.5.12 节 "定制云图间隔"。

4. 拖动 Size 滑块来改变箭头长度。箭头的尺寸范围为 0~30；默认的箭头尺寸为 6。

用户的选择决定了表示图中最大向量或者张量的箭头尺寸。图中的所有其他向量和张量箭头将缩放到此尺寸。

注意：Abaqus/CAE 为向量和张量保留了一个尺寸设置；用户不能单独更改它们任何一方的尺寸。

5. 从 Basis 选项选择 Screen size 或者 Model size 作为最大箭头长度的计算基础。如果用户选择 Screen size，则 Abaqus/CAE 在用户改变视口的大小时调整箭头的尺寸；如果用户选择 Model size，则 Abaqus/CAE 在用户放大或缩小视口时调整箭头的尺寸。

6. 单击 Thickness 域旁边的箭头，然后选择箭杆厚度。

7. 单击 Arrowhead 域旁边的箭头，然后选择箭头样式。

8. 如果用户正在创建一个张量图，则定制张量箭头的位置，使它们显示在 Integration point、Centroid 或者 Nodal 上。

注意：如果用户为张量变量选择 Nodal 选项，则会导致平均选项 Compute scalars before averaging 是无效的；标量总是在平均化之后计算。

9. 如果需要，用户可以在符号图中显示更小的箭头子集来更清晰地显示使用许多箭头的图。把 Symbol density 滑块拖到 High 与 Low 之间的值。

10. 单击 Apply 来完成用户的更改。

当前视口中的符号图向量或者张量箭头会根据用户的设置发生变化。

默认情况下，程序会话期间会保存用户对符号图选项的更改，并影响当前视口中的所有后续符号图。如果用户想在之后的会话中保留更改，请将其保存到文件中。更多信息见 55.1.1 节 "保存定制以供后续程序会话使用"。

45.5.2　设置向量和张量范围

默认情况下，Abaqus/CAE 会在符号图中包括变量所有的结果值。然而，用户可以使用 Symbol Plot Options 对话框来限制出现在图中的值的范围。

当用户指定一个特定的最大值时，图中仅显示表示小于或等于此最大值的箭头。当用户指定一个特定的最小值时，图中仅显示表示大于此最小值的箭头。若改变最大值和最小值，也会反映在符号图的图例中。

要了解如何显示与用户的符号图关联的最小值和最大值，见 56.1 节 "定制图例"。

若要设置向量或者张量范围，执行以下操作：

1. 调用 Limits 选项。

从主菜单栏选择 Options→Symbol 或者单击工具箱中的 ；然后单击出现的对话框中的 Limits 选项。单击 Vector 选项或者 Tensor 选项；用户选择的变量类型的符号图 Limits 选项变得可用。

2. 在页面上半部分标签为 Max 的区域中，选择下面的一个选项：
- 选择 Auto-compute 来将最大的结果值用作最大值。
- 选择 Specify 来指定最大值；用户在 Specify 文本域中输入选取的最大值。

3. 在页面上半部分标签为 Min 的区域中，选择下面的一个选项：
- 选择 Auto-compute 来将最小的结果值用作最小值。
- 选择 Specify 来指定最小值；用户在 Specify 文本域中输入选取的最小值。

4. 单击 Apply 来完成用户的更改。

当前视口中的符号会发生改变，仅为落在用户指定范围内的变量值显示箭头。

默认情况下，程序会话期间会保存用户对符号图选项的更改，并影响当前视口中的所有后续符号图。如果用户想在之后的会话中保留更改，请将其保存到文件中。更多信息见 55.1.1 节"保存定制以供后续程序会话使用"。

45.5.3　定制向量和张量标签

用户可以在符号图中每一个向量或者张量的箭头旁边显示一个标签，以数值的形式表示其值。用户也可以通过改变它们的颜色、字体、类型大小、数值格式和小数点位置来定制这些标签。

若要定制向量或者张量标签，执行以下操作：

1. 调用 Labels 选项。

从主菜单栏选择 Options→Symbol 或者单击工具箱中的 ；然后单击出现的对话框中的 Labels 选项。单击 Vector 选项或者 Tensor 选项；用户选取变量类型的符号图 Labels 选项变得可用。

2. 切换选中 Display value next to vector symbol 来显示选中类型向量的向量标签。

3. 为选中类型的向量选择向量标签的颜色。

a. 单击 Text color 颜色样本■。

Abaqus/CAE 显示 Select Color 对话框。

b. 使用 Select Color 对话框中的方法来选择新的颜色。更多信息见 3.2.9 节"定制颜色"。

c. 单击 OK 来关闭 Select Color 对话框。

4. 为选中类型的向量选择向量标签的字体。

a. 单击 Set Font。

Abaqus/CAE 显示 Select Font 对话框。

b. 使用 Select Font 对话框中的方法来选择新的字体、大小和样式。更多信息见 3.2.8 节"定制字体"。

c. 单击 OK 来关闭 Select Font 对话框。

5. 要改变选中向量类型的向量标签的格式，单击 Number Format 箭头并选择以下格式之一。

● 选择 Scientific 来显示科学计数法中的图例值，将图例值表达成 1 到 10 之间的数值乘以 10 的乘方。当用户为数字 501000 选择此格式时，图例中的值显示成 5.01e5。

● 选择 Fixed 来显示图例值，而不使用指数值。当用户选择此格式时，图例中的数字 501000 显示成 501000.00。

● 选择 Engineering 来选择工程计数法，此计数法以类似于科学计数法的格式表达值，但是仅允许指数值是 3 的倍数。当用户选择此格式时，图例中的数字 501000 显示成 501E3。

6. 单击 Decimal places 箭头来指定标签中希望的小数点位置。

7. 单击 Apply 来完成用户的更改。

当前视口中的符号图发生变化，以用户选中的格式来显示标签。

默认情况下，程序会话期间会保存用户对符号图选项的更改，并影响当前视口中的所有后续符号图。如果用户想在之后的会话中保留更改，请将其保存到文件中。更多信息见 55.1.1 节"保存定制以供后续程序会话使用"。

46 显示材料方向

材料方向图显示模型中单元上积分点处的材料方向。在分析的指定步和帧，以及壳单元的指定截面点处显示材料方向。用户也可以创建材料方向图来显示膜、壳和面单元中加强筋的材料方向（加强筋方向）。Abaqus/CAE 将材料方向表示成三角形图标。本章介绍材料方向显示，包括以下主题：

- 46.1 节 "理解材料方向图"
- 46.2 节 "材料方向图选项概览"
- 46.3 节 "生成材料方向图"
- 46.4 节 "定制材料方向图外观"

要显示材料方向图，从主菜单栏选择 Plot→Material Orientations，并选择是否在变形的模型形状、未变形的模型形状或者二者上显示方向。另外，用户可以使用工具箱中的变形工具 、未变形工具 或者叠加材料方向工具 进行操作。

46.1 理解材料方向图

材料方向图允许用户显示模型中单元的材料方向。Abaqus/CAE 在单元积分点处显示一个三角形图标来说明材料方向。例如，图 46-1 所示的材料方向图。

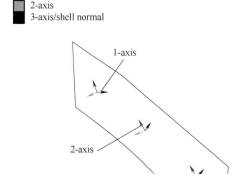

图 46-1 材料方向图

只有在选中的积分点处要求了场输出的单元，才可以使用材料方向。有效的单元包括所有的壳单元，以及用户已经定义局部方向的实体单元。材料方向显示在分析的当前步和帧时刻，以及壳单元当前的截面点处。如果截面点位置的顶部和底部都可以显示，则 Abaqus/CAE 仅为底部位置显示材料方向。对于小应变的壳单元，材料方向不随着模型的变形发生转动（更多信息见《Abaqus 分析用户手册——单元卷》的 3.6.1 节 "壳单元：概览"）。用户也可以为膜、壳和面单元中的加强层创建材料方向图。

46.2　材料方向图选项概览

用户可以使用材料方向图选项来定制材料方向三角形图标的外观；从主菜单栏中选择 Options→Material Orientation，或者单击工具箱中的 来访问 Material Orientation Plot Options 对话框；使用对话框中的选项来控制材料方向三角形图标轴的可视性、颜色、长度、厚度和箭头外观。

其他选项，如渲染风格、边可视性、变形比例因子和透明性，都位于 Common Plot Options 对话框中。如果用户选择在未变形图和变形图上都显示材料方向，则用户可以使用 Superimpose Plot Options 来定制未变形图外观。有关定制叠加图的更多信息，见 43.6 节"叠加变形和未变形的模型图"。要了解如何定制渲染风格和材料方向图的其他显示特征，见第 55 章"定制图示显示"。有关选择结果步的更多信息，见 42.3.1 节"选择特定的结果步和帧"。有关选择截面点位置的更多信息，见 42.5.9 节"选择截面点数据"中的"按类别选择截面点数据"。

46.3 生成材料方向图

材料方向图显示了模型中指定步和帧时刻，指定截面点处单元的材料方向。Abaqus/CAE 将材料方向表示成单元积分点处的三角轴。有关选择结果步的更多信息，见 42.3.1 节"选择特定的结果步和帧"。有关选择截面点位置的更多信息，见 42.5.9 节"选择截面点数据"中的"按类别选择截面点数据"。

若要生成材料方向图，执行以下操作：

1. 打开包含用户分析结果的输出数据库。

2. 选择要显示的结果步和帧。

3. 选择要显示的截面点。

4. 选择想要的与图状态无关的选项和材料方向图定制选项。

5. 从主菜单栏选择 Plot→Material Orientations，并选择是否在未变形的形状、变形的形状或者二者上显示材料方向。

技巧：用户也可以使用工具箱中的变形工具、未变形工具，或者重叠材料方向工具来生成材料方向图。

当前视口会发生变化，以显示定制的材料方向图。

Abaqus 会在用户单击步和帧选择器对话框、截面点选择器对话框、与图状态无关的选项、叠加显示选项（如果可以施加的话），或者材料方向图选项对话框中的 Apply 时，自动更新材料方向图。

46.4　定制材料方向图外观

本节介绍如何定制材料方向图三角形图标的样式，包括以下主题：

- "定制材料方向图三角形图标"

要了解如何定制材料方向图的渲染风格和基底模型属性，见第 55 章 "定制图示显示"。

定制材料方向图三角形图标

用户可以定制材料方向图三角形图标的颜色、长度、宽度和箭头外观。用户也可以抑制一个或者多个三角形图标；并且对于具有复合材料截面的结果，用户可以使用整个铺层的材料方向或者单独铺层的方向来显示结果。

若要定制三角形图标外观，执行以下操作：

1. 从主菜单栏选择 Options→Material Orientation 或者单击工具箱中的 。
出现三角形图标选项。

2. 切换选中轴左侧的按钮来显示或者抑制该轴。

3. 单击颜色样本来为图中可见的三角形图标选择一个或者多个颜色。

4. 拖动 Size 滑块来增加或者降低图中材料方向三角形图标中轴的长度。轴的长度范围为 0~30；默认长度为 6。

注意：用户可以通过 Abaqus 脚本界面来指定值大于 30 的轴的长度。见《Abaqus 脚本用户手册》的 4.3 节 "使用 Python 解释器"。

5. 从 Basis 选项选择 Screen size 或者 Model size 作为材料方向三角形图标中轴长度计算的基础。如果用户选择 Screen size，则 Abaqus/CAE 会在用户改变视口的大小时调整三角形图标的大小；如果用户选择 Model size，则 Abaqus/CAE 会在用户放大或者缩小视口时调整三角形图标的大小。

6. 单击 Thickness 域旁边的箭头，选择用户想要选取的轴宽度。

7. 单击 Arrowhead 域旁边的箭头，选择用户想要选取的箭头样式。

8. 如果需要，用户可以在材料方向图中显示更小的箭头子集来更清晰地显示具有许多三角形图标的图。拖动 Symbol density 滑块到 High 和 Low 之间的一个值。

9. 如果用户的结果包括来自 SORIENT 输出变量的场输出，以及具有复合材料截面的单元输出，则可以指定想要的材料方向。选择 Ply 来使用铺层特有的材料方向来显示每一个铺层；或者选择 Layup 来显示整个复合铺层，此复合铺层使用在复合铺层定义中指定的方向。

10. 单击 Apply 来完成用户的更改。

当前视口中的材料方向图三角形图标发生变化，以反映用户的设置。

默认情况下，程序会话期间会保存用户的选择，并影响所有后续的材料方向图。如果用户想要在后续的程序会话中保留更改，则将它们保存到一个文件中。更多信息见 55.1.1 节"保存定制以供后续程序会话使用"。

47　*X-Y* 图

本章介绍 *X-Y* 图的概念，并详细介绍如何创建 *X-Y* 数据对象、如何生成 *X-Y* 图以及 *X-Y* 图可以使用的定制选项，包括以下主题：

47.1　理解*X*-*Y*图

*X-Y*数据对象是 Abaqus/CAE 存储在两列（*X*列和*Y*列）中的数据的二维数组。用户可以将*X-Y*数据显示成*X-Y*图，或者*X-Y*报告中的一个数组。此外，用户可以探测*X-Y*图来显示图上的点的*X*坐标和*Y*坐标。本节讨论了*X-Y*数据对象和用户可以用来创建*X-Y*数据的不同方法。有关*X-Y*报告的更多信息，见第 54 章"生成表格数据报告"；有关探测*X-Y*图的信息，见第 51 章"探测模型"。本节包括以下主题：

- 47.1.1 节　"什么是*X-Y*数据对象，以及什么是*X-Y*图？"
- 47.1.2 节　"理解如何指定一个*X-Y*数据对象"
- 47.1.3 节　"理解 Temp 和其他*X-Y*数据对象名称"
- 47.1.4 节　"理解量的类型"

47.1.1　什么是*X-Y*数据对象，以及什么是*X-Y*图？

*X-Y*数据对象是 Abaqus/CAE 存储在两列（*X*列和*Y*列）中的有序对的集合。*X-Y*数据可以从输出数据库或者 ASCII 文件中产生，或者用户可以使用键盘输入数据。此外，用户可以通过组合现有的*X-Y*数据对象来导出*X-Y*数据。例如，用户可以将包含应力值随时间变化的*X-Y*数据对象，与另一个包含应变值随时间变化的*X-Y*数据对象组合，以生成相同时刻的应力与应变的*X-Y*数据对象。用户可以保存*X-Y*数据对象，以及编辑、复制、重命名和删除*X-Y*数据。

默认情况下，用户保存的*X-Y*数据对象仅在程序会话期间保留。如果用户想要在后续的程序会话中访问*X-Y*数据对象，则可以将这些*X-Y*数据保存成 XML 文件，使用 File→Save Session Objects 选项将其保存到模型数据库或者输出数据库中；或者可以使用 XY Data Manager 中的 Copy to ODB 按钮将其复制到输出数据库文件中。

Abaqus/CAE 可以采用*X-Y*图的形式来显示*X-Y*数据。*X-Y*图是一个变量与另一个变量的二维图。*X-Y*图的例子包括温度与时间、载荷与位移以及应力与应变。用户可以在一个*X-Y*图中显示多个*X-Y*数据对象，也可以使用定制选项来控制每一个数据对象的外观，以及*X-Y*图组件的整体外观。这些组件包括轴、图例说明以及*X-Y*曲线。其中，图例说明是与图中表现的*X-Y*数据对象中的每一个*X-Y*曲线相关联的关键字。图 47-1 所示为显示了三个*X-Y*数据对象的*X-Y*图。

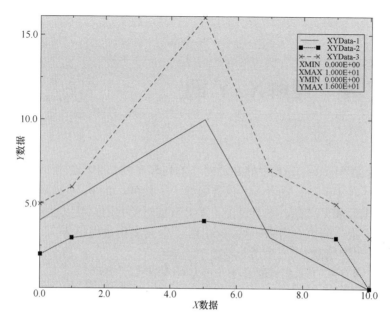

图 47-1　显示了三个 *X-Y* 数据对象的 *X-Y* 图

47.1.2　理解如何指定一个 *X-Y* 数据对象

要指定一个 *X-Y* 数据对象，用户应先选择数据来源，然后给出必要的细节。数据可能的来源有：

ODB 历史输出

选择此方法，用户可以从输出数据库读取历史输出结果来指定 *X-Y* 数据对象。用户可以指定从输出数据库读取哪一个变量，从分析的哪一步读取，以及读取数据的频次；例如，用户可以每隔三个数据点读取一次数据。用户也可以指定任何复数赋值的输出数据的数值形式。更多信息见 47.2.1 节 "从输出数据库历史输出读取 *X-Y* 数据"。

ODB 场输出

选择此方法，用户可以从输出数据库读取场输出结果，来指定 *X-Y* 数据对象。用户可以指定从输出数据库读取哪一个变量，以及从哪一个单元或者节点读取数据。Abaqus/CAE 从当前的有效步和帧提取结果；更多信息见 42.4.1 节 "激活和抑制步和帧"。用户也可以指定任何复数赋值的输出数据的数值形式。更多信息见 47.2.2 节 "从输出数据库场输出读取 *X-Y* 数据"。

厚度

选择此方法，用户可以在模型的壳区域中，从单元厚度上读取场输出结果来指定 X-Y 数据对象。Abaqus/CAE 从当前的步和帧中提取结果。用户可以指定从输出数据库读取哪一个变量，以及为哪一个单元读取数据。更多信息见 47.2.3 节 "从整个壳厚度上读取 X-Y 数据"。

自由体

选择此方法，用户可以从用户程序会话中的所有有效自由体中读取场输出结果，来指定 X-Y 数据对象。Abaqus/CAE 从当前的步和帧中提取结果，并显示节点力（NFORC）输出变量的结果。更多信息见 47.2.4 节 "从所有激活的自由体切割中读取 X-Y 数据"。

对 *X-Y* 数据进行操作

选择此方法，用户可以通过乘以之前保存的 X-Y 数据对象，来导出新的 X-Y 数据对象。通过对现有的数据施加方程和数学操作，可以指定新的 X-Y 数据对象。方程的一个例子是 Combine。如果用户将一个包含应力值随时间变化的 X-Y 数据对象和一个包含应变值随时间变化的 X-Y 数据对象组合，则生成一个相同时刻的应力与应变的 X-Y 数据对象。更多信息见 47.4 节 "对保存的 X-Y 数据对象进行操作"。

ASCII 文件

选择此方法，用户可以从现有的文本文件中读取 X 值和 Y 值。文件可以包含多列数据，通过逗号、空格或者制表符分隔；用户可以指定哪些列对应 X 轴数据和 Y 轴数据。此外，用户可以指定应当从文件读取数据的频次；例如，每隔三行读取一次。更多信息见 47.2.5 节 "从 ASCII 文件中读取 X-Y 数据"。

键盘

选择此方法，用户可以手动将 X 值和 Y 值输入到一个简单的表编辑器中。在此方法中，Abaqus 支持几种特殊的编辑技术以及从文件读取数据的选项。有关此主题的更多信息，见 47.2.6 节 "从键盘输入 X-Y 数据"。

路径

选择此方法，用户可以沿着通过模型的路径读取场输出结果，来指定 X-Y 数据对象。Abaqus 从输出数据库中获取结果。用户可以指定构成路径的点、单元或者边，以及得到结果的步、帧和变量。更多信息见第 48 章"沿着路径显示结果"。

此外，用户可以在创建 *X-Y* 数据对象的同时，使用表编辑器在属性模块中创建材质。更多信息见 3.2.7 节"输入表格数据"。

一旦用户指定了 *X-Y* 数据对象，就可以进行保存操作，或者以 *X-Y* 图的形式来显示。即使保存了 *X-Y* 数据对象，也允许用户后续对其进行绘制、编辑、重命名、删除或者操作；或者将 *X-Y* 数据对象复制到输出数据库文件中，以便用在后面的 Abaqus 程序会话中。由于 *X-Y* 数据的来源不是输出数据库历史输出，所以用户必须保存数据，以便后续生成包含多个数据对象的 *X-Y* 图。被保存的 *X-Y* 数据对象仅在当前的程序会话中保留。为了使 *X-Y* 数据对象可以跨程序会话保留，用户必须将 *X-Y* 数据对象复制到输出数据库文件中。

如果用户已经将 *X-Y* 数据对象在之前的程序会话中复制到输出数据库文件中，则在当前程序会话中打开文件时，用户可以访问此 *X-Y* 数据对象。用户可以采用 *X-Y* 图的形式来显示 *X-Y* 数据对象，就像用户可以显示任何其他指定的对象那样。要想编辑、重命名、删除或者操作在之前程序会话中创建的数据对象，用户必须在当前的程序会话中加载它。

47.1.3　理解 Temp 和其他 *X-Y* 数据对象名称

默认情况下，当用户保存或者绘制 *X-Y* 数据对象时，Abaqus/CAE 会为用户命名它。此名称是识别和引用 *X-Y* 数据对象的重要手段。*X-Y* 数据对象名称出现在以下示例中：

- 当用户显示 *X-Y* 数据时，*X-Y* 图通过名称识别图中出现的所有 *X-Y* 数据对象。
- 当用户从主菜单栏选择 Tools→XY Data 时，Manager、Edit、Copy、Rename、Delete 和 Plot 工具会按名称列出程序会话中创建的所有 *X-Y* 数据对象。
- 当用户定制表示 *X-Y* 数据对象的曲线外观时，用户应先从 XY Curve Options 对话框中列出的 *X-Y* 数据对象名称中选择 *X-Y* 数据对象。

在绝大部分情况中，Abaqus/CAE 可以为用户的 *X-Y* 数据对象提供有意义的默认名称。当用户保存 *X-Y* 数据对象时，Abaqus/CAE 为用户显示默认的名称，并且为用户提供选择名称的机会来覆盖默认名称。保存后，用户也可以通过重新命名 *X-Y* 数据对象来为其提供新的名称。有关重新命名的信息，见 3.4.9 节"使用管理器对话框管理对象"。

X-Y 数据对象名称有以下三种基本形式：

Temp-*n*

如果用户从以下数据对应的对话框中单击 Plot 来生成 *X-Y* 图：

- 来自 ASCII 文件的 *X-Y* 数据。
- 来自键盘的 *X-Y* 数据。
- 来自路径的 *X-Y* 数据。
- 来自 Operate on XY Data 对话框的 Plot Expression。

Abaqus/CAE 会以 Temp-1、Temp-2 等的样式来命名用户的 *X-Y* 数据。此名称表示这些图代表了对话框中构建的数据，无论用户是否单击 Save As 来保存数据，Abaqus 都会将此名称考虑成临时的名称。

反之，如果 Temp-n 出现在用户的图例说明中，则说明正在显示临时数据。用户不能编辑、复制、重命名、删除、操作临时数据或者生成临时数据的报告。要完成这些任务，用户必须先保存数据。用户可以为临时数据选择曲线样式，但如果用户在没有保存数据的情况下重新显示数据，则曲线样式将恢复成默认的风格。要了解如何保存数据，见 47.2.7 节"保存 X-Y 数据对象"。

XYData-*n*

如果用户使用 XY Data from ASCII File 或者 XY Data from Keyboard 对话框中提供的 Save As 按钮来创建新的 X-Y 数据对象，则 Abaqus/CAE 会根据 XYData-1、XYData-2 等样式来为用户的 X-Y 数据赋予默认名称。要建立更有意义的名称，用户可以使用 Save XY Data As 对话框，使用选择的名称来覆盖默认的名称。

要找到 XY Data from ASCII File 或者 XY Data from Keyboard 对话框，从主菜单栏选择 Tools→XY Data→Create；然后在出现的对话框中单击感兴趣的选择，并单击 Continue。

有意义的名称

用户在保存数据时，可以通过指定一个名称来为 X-Y 数据对象建立有意义的名称（用户选择的名称），或者通过后续的重命名来建立有意义的名称。当用户保存数据时，Abaqus/CAE 在 Save XY Data As 对话框中显示默认的名称；用户可以覆盖此默认名称。Abaqus/CAE 为从 History Output 或者 XY Data from ODB Field Output 对话框中创建的 X-Y 数据，生成有意义的默认名称。

47.1.4 理解量的类型

量的类型描述了 X-Y 数据对象中某一列数据的类型。Abaqus/CAE 中有 80 多种预定义的量的类型，来描述 Abaqus 中每一个变量的输出，包括常用的类型，如温度、时间、应力和应变。与每一列相关的量的类型都会出现在 X-Y 报告中，并作为该数据对象的 X-Y 图中的默认轴标签。

当用户从场输出数据或者历史输出数据中创建 X-Y 数据对象时，Abaqus/CAE 会自动使用输出数据库中指定的量类型。当用户从 ASCII 文件加载数据，或者直接从键盘输入数据来创建 X-Y 数据对象时，可以在创建对象时为每一个列指定量的类型。在这两种情况中，用户可以在 Edit XY Data 对话框中编辑数据对象，来改变与任何列关联的量类型。

47.2　指定和保存X-Y数据对象

本节介绍指定和保存 X-Y 数据对象的方法。X-Y 数据对象可以来自分析结果、外部文件、键盘输入或者对之前保存的 X-Y 数据对象的操作。本章包括以下主题：

有关通过沿着用户模型的路径得到场输出结果来指定 X-Y 数据对象的信息，见第 48 章 "沿着路径显示结果"；更多有关通过操作现有的 X-Y 数据来指定 X-Y 数据对象的信息，见 47.4 节 "对保存的 X-Y 数据对象进行操作"。

47.2.1　从输出数据库历史输出读取 X-Y 数据

用户可以从输出数据库的历史输出读取 X-Y 数据。可用的数据包括在分析过程中保存的历史输出。从此输出中，用户可以选择以下内容：

- 某个位置处的变量，如节点 1 处的 U1（X 方向上的位移）。
- 感兴趣的一个或者多个步。
- 这些步中的帧的样式，如每 10 帧。
- 时间基础。

然后，Abaqus/CAE 从用户指定帧时刻的输出数据库读取 X-Y 数据对。如果用户选择多个变量，则 Abaqus/CAE 默认为每一个变量读取数据对，并创建各自的 X-Y 数据对象。当用户保存历史输出变量时，可以选择先对数据进行操作；Abaqus/CAE 将操作的结果保存成一个新的 X-Y 数据对象。

对于基于时间的分析，X 值取从分析开始的总时间，或者在重新开始分析的过程中，取从上次继续分析开始的总时间。另外，用户可以将步时间作为时间基础。Y 值取用户指定位置处变量在那个时刻的值。

来自 Abaqus/Standard 分析的历史输出在 10 个增量写入输出数据库后可用；来自 Abaqus/Explicit 分析的历史输出在 100 个增量写入输出数据库后，或者触发基于 CPU 时间的 Abaqus/Explicit 的重要特征后可用，以先发生者为准。

若要从输出数据库历史输出读取 *X-Y* 数据，执行以下操作：

1. 调用 History Output 选项。

从主菜单栏选择 Tools→XY Data→Create，然后选择 ODB history output。

技巧：用户也可以通过从主菜单栏选择 Result→History Output 来指定历史输出。

出现 History Output 对话框。

注意：History Output 对话框列出了在分析过程中保存的所有历史输出，给出了变量名和保存的位置。如果此列表是空的，则不能读取历史输出。

2. 单击 Variables 标签页，选择想要读取的一个或者多个变量。变量按字母顺序排列。默认是读取列表的第一个条目。更多有关在对话框中选择多个项目的信息，见 3.2.11 节"从列表和表格中选择多个项"。

如果用户的输出数据库包含许多历史输出变量，则用户可以使用过滤器来减少显示输出变量名的数量。单击 Name filter 域旁边的💡，可以查看有效过滤器语法的例子。

指定的变量和位置高亮显示。

3. 单击 Steps/Frames 来改变 Abaqus/CAE 读取 *X-Y* 数据的步、帧或者时间基础。更多信息见 42.4.1 节"激活和抑制步和帧"。

4. 如果数据包括复数，则用户可以使用 Result Options 对话框来选择要显示的形式。更多有关 Abaqus/CAE 中复数形式的信息，见 42.6.9 节"控制复数结果的形式"。

5. 要评估和显示数据，单击 Plot。

在当前的视口中出现 *X-Y* 图。此图表示用户在对话框中构建的数据，无论用户是否单击 Save As 来保存，Abaqus 都将其考虑成临时数据。

6. 要保存用户已经构建的数据，单击 Save As。任何复数都以当前的复数形式保存，而不是完整的复数。

注意：要显示已经保存的 *X-Y* 数据，从主菜单栏选择 Tools→XY Data→Plot，然后从右拉菜单选择 *X-Y* 数据。

在出现的 Save XY Data As 对话框中，用户可以在保存前对数据执行一些代数、三角、对数、指数或者其他数学运算（更多信息见 47.2.7 节"保存 *X-Y* 数据对象"）。

7. 完成后，单击 Dismiss 来关闭 History Output 对话框。

47.2.2 从输出数据库场输出读取 *X-Y* 数据

用户可以从输出数据库场输出读取 *X-Y* 数据。可用的数据包括在分析过程中保存的场输出。从此输出中，用户可以选择以下内容：

- 输出位置处的变量，如积分点处的 S11（11 方向上的应力）。
- 单独的位置或者一组位置（单元或者节点）。

然后，Abaqus/CAE 从输出数据库中读取当前有效步和帧的 X-Y 数据对。如果用户选择多个变量或者多个位置，则 Abaqus/CAE 读取数据对，并为每个变量/位置对创建单独的 X-Y 数据对象。对于所有基于时间的分析，X 值取从分析开始的总时间。Y 值取指定位置处对应的变量值。

结果平均的当前设置控制在节点处提取的基于单元的场数据。更多信息见 42.6.2 节"理解结果值平均"。

若要从输出数据库场输出读取 X-Y 数据，执行以下操作：

1. 调用 XY Data from ODB Field Output 选项。

从主菜单栏选择 Tools→XY Data→Create，然后选择 ODB field output。

出现 XY Data from ODB Field Output 对话框。

注意：XY Data from ODB Field Output 对话框列出了在分析过程中保存的所有场输出（但不包括四元数变量）。如果此列表是空的，则场输出不可用。

2. 单击 Position 箭头来显示可能的位置，以便为用户的选择列出变量；然后用户选择想要的位置。

变量列表得到刷新，仅显示可以在选中位置读取的变量。

3. 使用列表中每个变量旁边的复选框或者页底部的 Edit 文本域，来选择要读取的场输出变量。

使用复选框方法：

- 要选择一个变量及其所有分量，单击该变量的复选框。
- 要在一个变量的各个分量中选择，单击该变量复选框旁边的箭头，然后单击各个分量的复选框来进行选择。

使用编辑方法：

在 Edit 文本域中，输入要读取的变量和分量的名称。要变得有效，变量必须在当前位置的输出数据库中可以访问。

4. 单击 Elements/Nodes 标签页。

出现 Elements/Nodes 选项。

5. 从对话框左上方的 Item 列表中选择 Elements 或者 Nodes。

Abaqus 刷新对话框底部的 Selection Method 列表以及右侧的项目列表。

6. 选择要读取的输出数据的特定单元或者节点。

1）要从视口中直接拾取特定的单元或者节点：

a. 从 Selection Method 列表中选择 Pick from viewport。

Abaqus/CAE 进入拾取模式。提示区域中出现 Select *items* for the display group（其中 *items* 是单元或者节点）。

b. 从视口中选择一个或者多个项目（更多信息见第 6 章"在视口中选择对象"）。

项目在视口中高亮显示。

注意：如果用户在提示区域中单击 Done，Abaqus/CAE 会退出拾取模式，然后用户的选择消失；用户必须从列表中选择 Selection Method。

2）要通过编号来指定单元或者节点：

a. 从 Selection Method 列表中选择 Element labels 或者 Node labels。

出现 Part instance 和 Labels 域。

b. 从 Part instance 域的列表中选择想要获取结果的零件实例名称。在 Labels 域中输入用逗号分隔的单元或者节点编号的列表，或者编号的范围，如 1：4。

c. 单击 Highlight Items in Viewport 来确认用户的选择。

3）要通过集合名称来指定单元或者节点：

a. 从 Selection Method 列表中选择 Element sets 或者 Node sets。

Abaqus 刷新右侧的项目列表。如果此列表是空的，则没有项目可以满足用户的选择准则。

注意：此列表不包括 Abaqus/CAE 生成的内部集合。

b. 从项目列表中选择一个或者多个集合（更多信息见 3.2.11 节"从列表和表格中选择多个项"）。如果用户的模型包含许多集合，则用户可以使用过滤器来减少显示的集合名称的数量。单击 Filter 域旁边的💡来查看有效过滤语法的例子。

c. 切换 Highlight items in viewport 来确认用户的选择。

4）要指定属于内部集合（由 Abaqus/CAE 创建的集合）的单元或者节点：

a. 从 Selection Method 列表中选择 Internal sets。

Abaqus 刷新右侧的项目列表。如果此列表是空的，则没有项目可以满足用户的选择准则。

b. 从项目列表中选择一个或者多个集合名称（更多信息见 3.2.11 节"从列表和表格中选择多个项"）。如果用户的模型包含许多内部集合，则用户可以使用过滤器来减少显示的集合名称的数量。单击 Filter 域旁边的💡来查看有效过滤语法的例子。

c. 切换 Highlight items in viewport 来确认用户的选择。

下表总结了对 Variables 页上指定的输出位置的单元或者节点数据可用性的限制。

输出位置	可以用于
积分点	单元
中心	单元
单元节点	单元或者节点
唯一的节点	节点

7. 单击 Active Steps/Frames 来改变 Abaqus/CAE 读取 *X-Y* 数据的步或者帧。更多信息见 42.4.1 节"激活和抑制步和帧"。

8. 如果数据包括复数，则用户可以使用 Result Options 对话框来选择显示形式。更多有关 Abaqus/CAE 中复数形式的信息，见 42.6.9 节"控制复数结果的形式"。

9. 要评估和显示数据，单击 Plot。

在当前视口中出现一个 X-Y 图。此图表示用户在对话框中构建的数据，无论用户是否单击了 Save 来保存，Abaqus 都将其考虑成临时数据。

10. 要保存用户已经构建的数据，单击 Save As。任何复数都以当前的复数形式保存，而不是完整的复数。

注意：要显示已经保存的 X-Y 数据，从主菜单栏选择 Tools→XY Data→Plot，然后从右拉菜单选择 X-Y 数据。

在出现的 Save XY Data As 对话框中，用户可以在保存前对数据执行一些代数、三角、对数、指数或者其他数学运算（更多信息见 47.2.7 节 "保存 X-Y 数据对象"）。

11. 完成后，单击 Dismiss 来关闭 History Output 对话框。

47.2.3　从整个壳厚度上读取 *X-Y* 数据

用户可以从存储在单元中的场数据中读取模型的壳和复合材料实体区域厚度上的 X-Y 数据。可用的数据包括在分析过程中保存的场输出。从此输出中，用户可以选择以下内容：

- 输出位置处的变量，如积分点处的 S11（11 方向上的应力）。
- 单独的单元或者一组单元。

然后，Abaqus/CAE 从输出数据库中读取当前有效步和帧的 X-Y 数据对。如果用户选择多个变量或者多个位置，则 Abaqus/CAE 读取数据对，并为每个变量/位置对创建单独的 X-Y 数据。Y 值取模型的厚度，X 值取指定位置处的对应变量值。

若要从壳厚度上读取 *X-Y* 数据，执行以下操作：

1. 调用 Thickness 选项。

从主菜单栏选择 Tools→XY Data→Create，然后选择 Thickness。

出现 XY Data from Shell Thickness 对话框。

注意：XY Data from Shell Thickness 对话框列出了在分析过程中保存的所有场输出（但不包括四元数变量）。如果此列表是空的，则场输出不可用。

2. 单击 Position 箭头来显示可能的位置，以便为用户的选择列出变量；然后用户选择想要的位置。

变量列表得到刷新，仅显示可以在选中位置读取的变量。

3. 使用列表中每个变量旁边的复选框或者页底部的 Edit 文本域，来选择要读取的场输出变量。

使用复选框方法：

- 要选择一个变量及其所有分量，单击该变量的复选框。
- 要在一个变量的各个分量中选择，单击该变量复选框旁边的箭头，然后单击各个分量的复选框来进行选择。

使用编辑方法：

在 Edit 文本域中，输入要读取的变量和分量的名称。要变得有效，变量必须在当前位置的输出数据库中可以访问。

4. 单击 Elements 标签页。

出现 Elements 选项。

5. 选择要读取的输出数据的特定单元。

1）要从视口中直接拾取特定的单元：

a. 从 Selection Method 列表中选择 Pick from viewport。

Abaqus/CAE 进入拾取模式。提示区域中出现 Select elements for the display group。

b. 从视口中选择一个或者多个单元（更多信息见第 6 章"在视口中选择对象"）。

单元在视口中高亮显示。

注意：如果用户在提示区域中单击 Done，Abaqus/CAE 会退出拾取模式，然后用户的选择消失；用户必须从列表中选择 Selection Method。

2）要通过编号来指定单元：

a. 从 Selection Method 列表选择 Element labels。

出现 Part instance 和 Element Labels 域。

b. 从 Part instance 域的列表中选择想要获取结果的零件实例名称。在 Element Labels 域中输入用逗号分隔的单元编号的列表，或者编号的范围，如 1：4。

c. 切换 Highlight Items in Viewport 来确认用户的选择。

3）要通过集合名称来指定单元：

a. 从 Selection Method 列表选择 Element sets。

Abaqus 刷新右侧的项目列表。如果此列表是空的，则没有项目可以满足用户的选择准则。

注意：此列表不包括 Abaqus/CAE 生成的内部集合。

b. 从项目列表中选择一个或者多个集合（更多信息见 3.2.11 节"从列表和表格中选择多个项"）。如果用户的模型包含许多集合，则用户可以使用过滤器来减少显示的集合名称数量。单击 Filter 域旁边的 来查看有效过滤语法的例子。

c. 切换 Highlight items in viewport 来确认用户的选择。

4）要指定属于内部集合（由 Abaqus/CAE 创建的集合）的单元：

a. 从 Selection Method 列表选择 Internal sets。

Abaqus 刷新右侧的项目列表。如果此列表是空的，则没有项目可以满足用户的选择准则。

b. 从项目列表中选择一个或者多个集合名称（更多信息见 3.2.11 节"从列表和表格中选择多个项"）。如果用户的模型包含许多内部集合，则用户可以使用过滤器来减少显示的集合名称数量。单击 Filter 域旁边的 来查看有效过滤语法的例子。

c. 切换 Highlight items in viewport 来确认用户的选择。

6. 如果数据包括复数，则用户可以使用 Result Options 对话框来选择显示形式。更多有关 Abaqus/CAE 中复数形式的信息，见 42.6.9 节"控制复数结果的形式"。

7. 要评估和显示数据，单击 Plot。

在当前视口中出现一个 X-Y 图。此图表示用户在对话框中构建的数据，无论用户是否单击了 Save 来保存，Abaqus 都将其考虑成临时数据。

8. 要保存用户已经构建的数据，单击 Save 。任何复数都以当前的复数形式保存，而不是完整的复数。

注意：要显示已经保存的 *X-Y* 数据，从主菜单栏选择 Tools→XY Data→Plot，然后从右拉菜单选择 *X-Y* 数据。

9. 完成后，单击 Dismiss 来关闭对话框。

47.2.4　从所有激活的自由体切割中读取 *X-Y* 数据

用户可以从程序会话中定义的所有激活自由体切割中读取 *X-Y* 数据。可供选择的数据包括以下内容：

- 来自力、力矩和热流率的数据。
- 如果用户选择力或者力矩，则可以选择合大小和在 1 方向、2 方向和 3 方向上的分量。
- 如果用户选择热流率（仅对基于视图切割的自由体切割有效），则可以选择结果大小。

然后，Abaqus/CAE 通过在相关的时间帧上执行自由体计算来计算 *X-Y* 数据对，并创建显示力、力矩或者热流率与时间的 *X-Y* 数据对象。Abaqus 为每一个力或者力矩，以及用户选择的分量组合创建单独的 *X-Y* 数据对象；如果用户切换选中力和力矩选项以及所有的分量选项，则 Abaqus/CAE 为程序会话中切割的每一个有效的自由体创建八个 *X-Y* 数据对象。用户可以在 Frcc Body Cut Manager 中激活和抑制自由体切割；更多信息见 67.4 节"显示、隐藏和高亮显示自由体切割"。

若要从自由体中读取 *X-Y* 数据，执行以下操作：

1. 调用 Free body 选项。

从主菜单栏选择 Tools→XY Data→Create，然后选择 Free body。

出现 XY Data from Free Body 对话框。

2. 单击 Active Steps/Frames 来改变 Abaqus/CAE 读取 *X-Y* 数据的步或者帧。更多信息见 42.4.1 节"激活和抑制步和帧"。

3. 从 Entity 选项中切换选中 Force、Moment、Heat Flow Rate，或者所有这些选项来为选中的一个或者多个对象显示 *X-Y* 数据。Heat Flow Rate 选项仅对基于视图切割的自由体切割有效。

4. 从 Force/Moment Components 选项中切换选中想要在 *X-Y* 数据集中包括的力和力矩的向量分量。选项包括合大小和每个方向上的分量。对于热流率，仅包括合大小。

5. 要评估和显示数据，单击 Plot。

在当前视口上出现用户在对话框中构建的数据对的 *X-Y* 图。

6. 要保存用户已经构建的数据，单击 Save 。任何复数都以当前的复数形式保存，而不是完整的复数。

注意：要显示已经保存的 *X-Y* 数据，从主菜单栏选择 Tools→XY Data→Plot，然后从右拉菜单中选择 *X-Y* 数据。

7. 完成后，单击 Dismiss 来关闭对话框。

47.2.5 从 ASCII 文件中读取 *X-Y* 数据

用户可以从包含多列数值数据的 ASCII 文本文件中读取 *X-Y* 数据，这些数据列通过逗号、制表符或者空格分隔。用户可以指定对应 *X* 轴数据和 *Y* 轴数据的列（域），也可以指定从文件读取哪一行数据。

若要从 ASCII 文件中读取 *X-Y* 数据，执行以下操作：

1. 调用 XY Data from ASCII File 选项。

从主菜单栏选择 Tools→XY Data→Create。单击出现的对话框中的 ASCII file，然后单击 Continue。

技巧：用户也可以通过单击 XY Data Manager 中的 Create，或者使用工具箱中的 来指定 *X-Y* 数据。

出现 XY Data from ASCII File 对话框。

2. 以下面的一个方式输入 ASCII 文件的名称：

• 在对话框顶部的 File 窗口中输入文件名称。

• 单击 Select 来过滤和浏览现有的文件名称。

出现 ASCII File Selection 对话框。

过滤和浏览现有的文件。当用户找到想要的文件时，单击名称来选择文件，然后单击 OK。

3. 指定要读取文件的列。列可以通过空格、制表符或者逗号来分隔。多个连续的空格、制表符和/或逗号被认为是单个的字段分隔符。

a. 要指定文件中作为 *X* 值读取的列，在 Read X values from field 框中输入一个整数。默认是域 1，第一列。

b. 要指定文件中作为 *Y* 值读取的列，在 Read Y values from field 框中输入一个整数。默认是域 2，第二列。

4. 要对 *X* 列或者 *Y* 列中的值赋予量的类型，扩展 X 列或者 Y 列的 Quantity Types 列表，然后从出现的列表中选择量的类型。

5. 指定要读取文件的行，默认是所有行。

• 单击 Read all 来读取文件的每一行。

• 单击 Skip，然后在 rows between reads 框中输入要跳过的文件行数。0 值意味着读取所有的行；1 值意味着每隔一行进行读取。读取总是从第一行开始。

6. 要评估和显示数据，单击 Plot。

在当前视口中出现一个 *X-Y* 图。此图表示用户在对话框中构建的数据，无论用户是否单击了 Save 来保存，Abaqus 都将其考虑成临时数据。

7. 要保存用户已经构建的数据，单击 Save 。任何复数都以当前的复数形式保存，而不是完整的复数。

注意：要显示已经保存的 X-Y 数据，从主菜单栏选择 Tools→XY Data→Plot，然后从右拉菜单中选择 X-Y 数据。

8. 完成后，单击 Dismiss 来关闭对话框。

47.2.6　从键盘输入 *X-Y* 数据

用户可以直接通过键盘输入指定的 X-Y 数据。要这样做，用户要在一个简单的表编辑器中输入 X 值和 Y 值。

若要从键盘输入 *X-Y* 数据，执行以下操作：

1. 调用 XY Data from Keyboard 选项。

从主菜单栏选项 Tools→XY Data→Create。单击出现的对话框中的 Keyboard，然后单击 Continue。

技巧：用户也可以通过单击 XY Data Manager 中的 Create，或者使用工具箱中的 🔠 来指定 X-Y 数据。

出现 XY Data from Keyboard 对话框。

2. 使用标准的键盘和鼠标编辑技术来插入、更改或者删除 XY Data from Keyboard 表中的 X 值和 Y 值。对于特殊的表编辑选项或者从 ASCII 文件中读取数据，请右击鼠标（更多信息见 3.2.7 节 "输入表格数据"）。

3. 要对 X 列或者 Y 列中的值赋予量的类型，为 X 列和 Y 列扩展 Quantity Types 列表，然后从出现的列表中选择量的类型。

4. 要评估和显示数据，单击 Plot。

在当前视口中出现一个 X-Y 图。此图表示用户在对话框中构建的数据，无论用户是否单击了 Save 来保存，Abaqus 都将其考虑成临时数据。

5. 要保存用户已经构建的数据，单击 Save As。

注意：要显示已经保存的 X-Y 数据，从主菜单栏选择 Tools→XY Data→Plot，然后从右拉菜单中选择 X-Y 数据。

6. 完成后，单击 Cancel 来关闭对话框。

47.2.7　保存 *X-Y* 数据对象

Abaqus/CAE 提供几个对话框来帮助用户指定 X-Y 数据。每个对话框都包含 Save As 按钮，用户可以使用此按钮来保存创建的 X-Y 数据。用户在以下情况中必须保存 X-Y 数据：

- 生成的 X-Y 图包含多个 X-Y 数据对象，它们来自历史输出以外的来源。
- 编辑、复制、重命名、删除或者操作 X-Y 数据。对于历史输出，用户可以在保存过程中或者保存后对数据进行操作。

- 优先为用户的 *X-Y* 数据建立连贯的曲线类型。
- 生成 *X-Y* 数据的报告。
- 将用户的 *X-Y* 数据复制到输出数据库文件。

Abaqus/CAE 也会保存 *X-Y* 数据对象中为每一列指定的量类型，只要用户选择的量类型是 XY Data from ASCII File、XY Data from Keyboard 和 Edit XY Data 对话框中可以预设的量类型。如果用户通过对 *X-Y* 数据对象进行操作得到不同的量类型，则 Abaqus/CAE 不会在保存的 *X-Y* 数据对象中记录非标准的量类型。

保存的数据仅在程序会话期间保留。要在程序会话持续时间之外保存 *X-Y* 数据对象，用户必须将数据保存到文件中。用户可以将 *X-Y* 数据对象复制到输出数据库（二进制）文件中，或者将 *X-Y* 数据对象写到报告（ASCII）文件中。有关将 *X-Y* 数据复制到输出数据库文件的信息，见 47.2.8 节"将程序会话中的 *X-Y* 数据对象复制到输出数据库文件中"。有关将 *X-Y* 数据写到报告文件的信息，见第 54 章"生成表格数据报告"。

若要保存 *X-Y* 数据对象，执行以下操作：

1. 指定 *X-Y* 数据。

a. 从主菜单栏选项 Tools→XY Data→Create。

出现 Create XY Data 对话框。

技巧：用户也可以通过单击 Data Manager 中的 Create，或者使用工具箱中的 🗔 来指定 *X-Y* 数据。

b. 从列表选择用户数据的来源，然后单击 Continue。

Abaqus 显示相应的对话框。

c. 在对话框中输入必要的数据或者信息。

2. 为当前的 Abaqus 程序会话保存用户的数据。

a. 单击 Save As 或者 Save（按实际情况）。

如果用户从 XY Data from ODB Field Output 对话框中保存数据，会出现 Save XY Data 对话框。如果用户从任何其他的对话框中保存 *X-Y* 数据，会出现 Save XY Data As 对话框。

b. 接受默认的名称，或者在文本域中输入用户选取的数据对象名称。

注意：如果用户从 XY Data from ODB Field Output 对话框中保存数据，则用户必须接受默认的名称。如果用户在 History Output 对话框中选择多个历史输出变量，则 *X-Y* 数据将使用默认的名称"XYData-1""XYData-2"等进行保存。用户也可以输入一个新的名称前缀来替换"XYData"。

c. 如果用户要保存历史数据，进行下面的操作：

- 要保存数据集而不进行更改，则采用 Save Operation 列表中的 as is 默认选择。
- 如果用户选择一个历史输出变量，则可以选择执行 Save Operation 列表中的任何代数、三角、对数、指数或者其他操作。Abaqus 将在保存数据之前执行选中的操作。
- 如果用户选择两个历史输出变量，则可以选择执行 Save Operation 列表中的任何双运算操作。

—append((XY,XY))

—avg((XY,XY))

—combine((XY,XY))

—maxEnvelope((XY,XY))

—minEnvelope((XY,XY))

—power((XY,XY))

—rng((XY,XY))（Y 的差值）

—srss((XY,XY))（平方和的平方根）

—sum((XY,XY))

● 如果用户选择三个或者更多的历史输出变量，则可以选择执行 Save Operation 列表中的任何多运算操作：

—append((XY,XY,...))

—avg((XY,XY,...))

—maxEnvelope((XY,XY,...))

—minEnvelope((XY,XY,...))

—rng((XY,XY,...))

—srss((XY,XY,...))

—sum((XY,XY,...))

—vectorMagnitude((XY,XY,XY))

d. 如果 Plot curves on OK 可用，当用户单击 OK 时，Abaqus 显示 X-Y 数据集。

e. 如果 Swap variables 可用，用户可通过它反转运算的顺序。

f. 单击 OK 来关闭对话框。

3. 单击 Dismiss 或者 Cancel（按实际情况）来关闭输出对话框。

47.2.8　将程序会话中的 *X-Y* 数据对象复制到输出数据库文件中

　　用户必须保存 X-Y 数据对象，以便在程序会话中操作数据；然而，保存的数据仅在创建数据的程序会话期间存留。如果用户想在其他程序会话中访问这些数据，必须将保存的数据复制到一个文件中。用户可以将数据复制到输出数据库文件或者写到报告文件中（有关将 X-Y 数据写到报告文件的信息，见第 54 章 "生成表格数据报告"）。输出数据库文件是二进制的，所以将大量数据保存到此文件有助于将来的高效使用。用户仅可以将数据增补到输出数据库，而不能采用其他任何方式来更改文件的内容。在后续的程序会话中，将数据从输出数据库文件读取到 Abaqus/CAE 是容易的。用户可以将数据复制到任何用户有权写入的输出数据库中，包括任何当前打开的输出数据库文件。

　　注意：默认情况下，Abaqus/CAE 以只读方式打开输出数据库文件。如果用户想复制任何 X-Y 数据对象到输出数据库，必须打开一个有写入权限的输出数据库（更多信息见 9.7.2 节 "打开模型数据库或者输出数据库"）。

若要将程序会话中的 *X-Y* 数据对象复制到输出数据库文件，执行以下操作：

1. 从主菜单栏选择 Tools→XY Data→Manager。

出现 XY Data Manager。

技巧：用户也可以从工具箱中的▦工具来访问 XY Data Manager。

2. 从之前保存的 *X-Y* 数据对象的列表中选择想要复制的 *X-Y* 数据对象，然后单击 Copy to ODB。

出现 Copy Session XYData to ODB 对话框。

3. 在相应的文本域中输入用户选择的文件名称，或者单击 Select 来从现有的文件名称中选取。

4. 接受 *X-Y* 数据对象的默认名称，或者在文本域中输入用户选取的名称；然后单击 OK。

47.2.9 将 *X-Y* 数据对象加载到当前的程序会话中

当用户创建一个 *X-Y* 数据对象时，用户必须保存 *X-Y* 数据对象，以便在程序会话中操作数据。然后，用户就可以将 *X-Y* 数据对象复制到一个输出数据库文件中，从而可以在后续的程序会话中访问它。XY Data Manager 列出了可以从两个来源访问的 *X-Y* 数据对象：当前的程序会话或者当前的输出数据库文件。如果用户已经在之前的程序会话中创建了一个 *X-Y* 数据对象，并将其复制到了输出数据库文件中，则用户必须将 *X-Y* 数据对象加载到当前的程序会话中来操控它。

若要将 *X-Y* 数据对象加载到当前的程序会话中，执行以下操作：

1. 从主菜单栏选择 Tools→XY Data→Manager。

出现 XY Data Manager。

技巧：用户也可以从工具箱中的▦工具来访问 XY Data Manager。

2. 切换选中 Current ODB：*odb_name* 作为 Data Source，来查看与当前打开的输出数据库文件关联的 *X-Y* 数据对象列表。

3. 选择要加载的 *X-Y* 数据对象。

4. 单击 Load to Session。

5. 切换选中 Current session 作为 Data Source。

加载的 *X-Y* 数据对象将变成可以使用的对象，然后用户就可以编辑、复制、重命名或者删除此 *X-Y* 数据对象。

47.2.10 编辑 *X-Y* 数据对象中的单个数据点

用户可以在程序会话中编辑任何 *X-Y* 数据对象中的单个数据点，包括临时数据对象。Abaqus/CAE 在 Edit XY Data 对话框中以表格的形式显示数据。

若要编辑 *X-Y* 数据对象中的单个数据点，执行以下操作：

1. 调用 Edit XY Data 选项。

从主菜单栏选择 Tools→XY Data→Edit→*XY Data Object*，其中 *XY Data Object* 是在用户程序会话中保存的 *X-Y* 数据。出现 Edit XY Data 对话框，*X-Y* 数据以表格的形式显示。

2. 要编辑任何一个数据点，请单击相应的单元实体并改变其值。

3. 要对 *X* 列或者 *Y* 列中的值赋予量的类型，为 X 列和 Y 列扩展 Quantity Types 列表，然后从出现的列表中选择量的类型。

4. 要保存用户已经构建的数据，单击 Save。

47.3　生成X-Y图

　　要生成一个X-Y图，用户首先应指定一个X-Y数据对象。然后，用户可以选择简单地显示指定的X-Y数据对象，或者保存此数据对象稍后显示。

　　历史和场数据对象可以包括复数；用户可以使用 Result Options 对话框来控制复数的显示形式。当显示变量时，复数形式的缩写会附加到Y轴的标题，并成为保存的变量名称的一部分。例如，如果选中的场输出变量是 S-Mises，并且 Magnitudes 是复数形式，那么Y轴标题就是 S-Mises CPX：Mg。有关 Abaqus/CAE 中复数形式的更多信息，见42.6.9节"控制复数结果的形式"。

　　使用下面的方法来生成X-Y图：

从输出数据库生成历史数据的 *X-Y* 图

　　从主菜单栏选择 Tools→XY Data→Create 来调用 Create XY Data 对话框，然后使用 ODB history output。单击 Continue，从出现的对话框中选择一个或者多个要显示的变量，以及感兴趣的一个步或者多个步，然后单击 Plot。

　　技巧：要从结果树中调用 Create XY Data 对话框，在 XYData 容器上右击，然后从出现的列表中选择 Create。

　　用户也可以通过从主菜单栏选择 Result→History Output 来指定历史输出。

从输出数据库中生成场数据的 *X-Y* 图

　　从主菜单栏选择 Tools→XY Data→Create，然后选择 ODB field output。单击 Continue，从出现的对话框中选择一个或者多个要显示的变量，读取数据的位置，以及感兴趣的步，然后单击 Plot。

沿着模型路径生成输出数据库结果的 *X-Y* 图

　　要指定通过模型的路径，从主菜单栏选择 Tools→Path→Create，然后配置出现的对话框。更多信息见48.2节"创建通过模型的路径"。

　　用户创建路径后，从主菜单栏选择 Tools→XY Data→Create。将 Path 选择成X-Y数据对象的来源，然后单击 Continue。配置出现的对话框，然后单击 Plot。更多信息见48.3节"沿着路径获取X-Y数据"。

生成新数据的 *X-Y* 图，而不是从输出数据库的数据生成 *X-Y* 图

从主菜单栏选择 Tools→XY Data→Create。将 Operate on XY data、ASCII file 或者 Keyboard 选择成 *X-Y* 数据对象的来源；然后单击 Continue。在出现的对话框中输入 *X-Y* 数据对象；然后单击 Plot（或者在 Operate on XY Data 对话框中单击 Plot Expression）。

生成一个或者多个已保存的 *X-Y* 数据对象的 *X-Y* 图

- 要显示单个 *X-Y* 数据对象，从主菜单栏选择 Tools→XY Data→Plot；然后从右拉菜单中选择 *X-Y* 数据对象。
- 要在一个 *X-Y* 图上显示多个 *X-Y* 数据，从主菜单栏选择 Tools→XY Data→ Manager。从出现的对话框中选择 *X-Y* 数据对象；然后单击 Plot。

用户也可以从结果树中执行这些动作。要使用结果树来显示单个 *X-Y* 数据对象，扩展 XYData 容器，在要显示的 *X-Y* 数据对象上右击，然后从出现的列表中选择 Plot。要使用结果树来显示多个 *X-Y* 数据对象，高亮显示 XYData 容器下的多个 *X-Y* 数据，然后在高亮显示的多个对象中的一个上右击，并从出现的列表中选择 Plot。

47.4　对保存的X-Y数据对象进行操作

用户可以通过对之前保存的 *X-Y* 数据对象进行操作来推导新的 *X-Y* 数据。本节介绍如何操作 *X-Y* 数据，以及用户可以执行的每一个可能的操作。

47.4.1　理解如何操作保存的 *X-Y* 数据对象

用户可以通过操作之前保存的 *X-Y* 数据对象来推导新的 *X-Y* 数据。用户通过建立数学表达式来定义新的数据。表达式可以包括之前保存的 *X-Y* 数据对象的名称、内建方程和数学操作符。表达式的示例：currentMax（"XYData-1"）+2.5。Abaqus/CAE 评估表达式来推导新的 *X-Y* 数据。

要建立用户的表达式，使用 Operate on XY Data 对话框。此对话框列出用户表达式可以使用的数据对象名称和操作符。用户可以单击来选择列出的数据对象和操作符；使用键盘来输入值；并且使用标准的鼠标和键盘编辑技术来构建表达式，例如后退键、复制和粘帖。表达式可以包含任何语法上有效的一系列支持的操作。用户可应用下面的语法：

- 表达式的多个参数必须使用逗号来分隔。
- 数据对象名称必须用引号来包围。
- 必须使用括号来将公式产生成组。

也可以使用括弧来空控制数学运算或者仅为了清晰可见。如果用户的表达式包含不合法的语法，或者由于数学的原因不能进行评估，则 Abaqus/CAE 会通知用户。例如，如果表达式想要除以零。

技巧：当用户在 History Output 对话框中选择多个变量并单击 Save As 时，用户可以选择在保存 *X-Y* 数据之前施加一个或者多个常用的操作符。

默认情况下，Abaqus/CAE 执行检查来确认用户创建的数学表达式的有效性。如果用户的表达式包括大量的 *X-Y* 数据点，则确认过程可能非常耗时。用户可以切换选中 Skip checks 来跳过此检查过程。

47.4.2　理解 *X-Y* 数据内插和外插

Abaqus/CAE 会在用户组合多个 *X-Y* 数据对象时，按照需求执行 *X-Y* 数据内插和外插。用户可以通过使用 *X-Y* 数据操作来组合多个 *X-Y* 数据对象，或者通过请求在 *X-Y* 报告的单个表中显示多个数据对象来组合多个 *X-Y* 数据对象。

　　X-Y 数据操作的完整列表见 47.4.4 节 "*X-Y* 数据操作概览"。接受两个或者更多之前保存的 *X-Y* 数据对象作为输入参数的一些 *X-Y* 数据操作，要求数据对象具有匹配的 *X* 坐标值。这样的操作例子是 combine 和 sum 功能。

　　类似地，出现在同一个 *X-Y* 报告表中的输出对象要求 *X-Y* 的值匹配。有关将多个 *X-Y* 数据对象组合成一个单独的汇报表格，见 54.5 节 "控制报告布局、宽度、格式和坐标系"。

　　如果被组合的 *X* 坐标值没有匹配，则 Abaqus/CAE 计算额外的数据点来允许对齐对象。对于每一个未匹配的 *X* 坐标轴，则 Abaqus/CAE 通过创建一个匹配的 *X* 坐标值来构建一个数据对，并且如下计算 *Y* 坐标值：

　　● 如果不匹配的 *X* 坐标位于数据对象的 *X* 坐标的最小值与最大值之间，则通过线性内插值来计算 *Y* 坐标值。

　　● 如果不匹配的 *X* 坐标位于数据对象的最小值与最大值之外，则通过假定超出这些极限点之外的 *Y* 坐标值不变来计算 *Y* 坐标值。

　　这些额外的数据点仅在进行数学操作时才存在，并且不保存成输出参数数据对象的一部分。

47.4.3　对保存过的 *X-Y* 数据对象进行操作

　　通过操作之前保存的 *X-Y* 数据对象来定义一个新的 *X-Y* 数据对象，从主菜单栏选择 Tools→ XY Data→Create；然后从出现的对话框中选择 Operate on XY data。有关使用每一个内置函数的详细指导，见此手册的相关部分。

对保存的 *X-Y* 数据对象进行以下操作：

　　1. 调用 Operate on XY Data 对话框。

　　从主菜单栏选择 Tools→XY Data→Create。单击出现的对话框中的 Operate on XY data；然后单击 Continue。出现 Operate on XY Data 对话框。

　　2. 建立用户的表达式。

　　a. 单击数据对象的名称和对话框中的内建函数来选择它们。单击对话框底部附近的 Add to Expression 来对表达式添加数据；当用户选择内建函数时，在表达式中自动地出现它们。

　　为多个相邻的数据对象名称选择使用拖拽选择。

　　在数据对象名称之间自动地插入逗号。

　　b. 使用标准的鼠标和键盘编辑技术来定位光标，然后构建用户的表达式。

　　c. 如果有必要，调整用户表达式的语法：数据对象的名称必须由圆括号包围，逗号必须分隔函数参数，可能需要插入语。

　　3. 要保存用户的新 *X-Y* 数据对象，单击 Save As。

　　出现 Save XY Data As 对话框。为用户的数据提供一个名称，然后单击 OK。

　　4. 要图示用户已经构建的表达式，单击 Plot Expression。

　　在当前视口中出现 *X-Y* 图。图表示对话框中的表达式，无论用户是否已经保存 *X-Y* 数据对象，Abaqus 依然将其考虑成临时数据。

5. 要图示用户的新保存的 *X-Y* 数据对象，从主菜单栏选择 Tools→XY Data→Plot，然后从右拉菜单中选择 *X-Y* 数据对象。

6. 要清理（擦除）表达式，单击 Clear Expression。

7. 完成后，单击 Cancel 来关闭对话框。

47.4.4　*X-Y* 数据操作概览

本节介绍用户可以对 *X-Y* 数据进行的操作。使用下面的关键字来分类函数参数。

X-Y 操作的文本关键字：

A　此参数可以是一个 *X-Y* 数据对象、浮点数或者一个整数。

X　此参数必须是 *X-Y* 数据对象。

I　此参数必须是一个整数。

F　此参数必须是浮点数。

表中列出的章节可以让用户找到与每一个 *X-Y* 数据操作有关的更多信息。

数学操作

+	47.4.5 节 "对 *X-Y* 数据对象使用加法"
−	47.4.6 节 "对 *X-Y* 数据对象使用负号或者减法"
*	47.4.7 节 "对 *X-Y* 数据对象使用乘法"
/	47.4.8 节 "对 *X-Y* 数据对象使用除法"
1/A	47.4.8 节 "对 *X-Y* 数据对象使用除法"
abs（A）	47.4.9 节 "取 *X-Y* 数据对象的绝对值"
avg（X，X，…）	47.4.10 节 "找到两个或者多个 *X-Y* 数据对象的平均值"
currentAvg（X）	47.4.11 节 "找到一个 *X-Y* 数据对象的当前平均值"
differentiate（X）	47.4.12 节 "微分一个 *X-Y* 数据对象"
fit（X）	47.4.13 节 "对 *X-Y* 数据对象进行曲线拟合"
integrate（X）	47.4.14 节 "积分一个 *X-Y* 数据对象"
interpolate（X）	47.4.15 节 "内插一个 *X-Y* 数据对象"
linearize（X，CONSTANT）	47.4.16 节 "线性化一个 *X-Y* 数据对象"
linearize（X，LINEAR）	47.4.16 节 "线性化一个 *X-Y* 数据对象"
normalize（X）	47.4.17 节 "归一化一个 *X-Y* 数据对象"
sqrt（A）	47.4.18 节 "取 *X-Y* 数据对象的平方根"

（续）

srss（X，X，…）	47.4.19 节 "取两个或者多个 X-Y 数据对象的平方和的平方根"
sum（A，A，…）	47.4.20 节 "求和两个或者多个 X-Y 数据对象"
vectorMagnitude（X，X，X）	47.4.21 节 "计算向量大小"

三角操作

更多信息见 47.4.22 节 "对 X-Y 数据对象应用三角函数"。

cos（A）	取 X-Y 数据对象的余弦值
acos（A）	取 X-Y 数据对象的反余弦
cosh（A）	取 X-Y 数据对象的双曲余弦
sin（A）	取 X-Y 数据对象的正弦值
asin（A）	取 X-Y 数据对象的反正弦值
sinh（A）	取 X-Y 数据对象的双曲正弦
tan（A）	取 X-Y 数据对象的正切
atan（A）	取 X-Y 数据对象的反正切
tanh（A）	取 X-Y 数据对象的双曲正切

对数和指数操作

exp（A）	47.4.23 节 "取 X-Y 数据对象的指数"
log（A）	47.4.24 节 "对 X-Y 数据对象应用对数函数"
log10（A）	47.4.24 节 "对 X-Y 数据对象应用对数函数"
power（A，A）	47.4.25 节 "将 X-Y 数据对象提升到幂级数"

过滤和平滑操作

butterworthFilter（X，F）	47.4.26 节 "对 X-Y 数据对象应用 Butterworth 过滤"
chebyshev1Filter（X，F，F）	47.4.27 节 "对 X-Y 数据对象应用切比雪夫 I 型或者 II 型过滤"
chebyshev2Filter（X，F，F）	47.4.27 节 "对 X-Y 数据对象应用切比雪夫 I 型或者 II 型过滤"
decimateFilter（X，I）	47.4.28 节 "降低 X-Y 数据对象的样本大小"
saeGeneralFilter（X，F）	47.4.29 节 "对 X-Y 数据对象应用 SAE 过滤"
sae60Filter（X，F）	47.4.29 节 "对 X-Y 数据对象应用 SAE 过滤"
sae100Filter（X，F）	47.4.29 节 "对 X-Y 数据对象应用 SAE 过滤"

（续）

sae180Filter（X，F）	47.4.29 节 "对 *X-Y* 数据对象应用 SAE 过滤"
sae600Filter（X，F）	47.4.29 节 "对 *X-Y* 数据对象应用 SAE 过滤"
sae1000Filter（X，F）	47.4.29 节 "对 *X-Y* 数据对象应用 SAE 过滤"
sineButterworthFilter（X，F）	47.4.30 节 "对 *X-Y* 数据对象施加正弦-Butterworth 过滤"
smooth（X，I）	47.4.31 节 "平滑一个 *X-Y* 数据对象"
smooth2（X，F）	47.4.31 节 "平滑一个 *X-Y* 数据对象"

与操作关联的范围和大小

currentMax（X）	47.4.32 节 "找到一个 *X-Y* 数据对象的当前最大值"
currentMin（X）	47.4.33 节 "找到一个 *X-Y* 数据对象的当前最小值"
currentRng（X）	47.4.34 节 "找到一个 *X-Y* 数据对象的当前范围"
maxEnvelope（A，A，...）	47.4.35 节 "找到两个或者多个 *X-Y* 数据对象的当前最大值"
minEnvelope（A，A，...）	47.4.36 节 "找到两个或者多个 *X-Y* 数据对象的当前最小值"
rng（A，A，...）	47.4.37 节 "找到两个或者多个 *X-Y* 数据对象的当前范围"

其他操作

append（X，X，...）	47.4.38 节 "连接两个或者多个 *X-Y* 数据对象"
combine（X，X）	47.4.40 节 "转换用于 *X-Y* 数据对象的角度单位"
radianToDegree（A）	47.4.40 节 "转换用于 *X-Y* 数据对象的角度单位"
swap（X）	47.4.41 节 "对换 *X-Y* 数据对象的次序"
truncate（X，F）	47.4.42 节 "从一个 *X-Y* 数据对象的尾部截取数据"

47.4.5　对 *X-Y* 数据对象使用加法

使用加法来对之前保存的 *X-Y* 数据对象进行操作（有序对的集合），以生成一个新的 *X-Y* 数据对象。"+"操作符表示接受两个对象的交换律，并且可以采用下面的两种方式之一来施加。

若要对 *X-Y* 数据对象添加一个标量，执行以下操作：

此方法生成一个新的 *X-Y* 数据对象，具有与原来的 *X-Y* 数据对象相同的 *X* 坐标。Abaqus/CAE 将新的 *Y* 坐标计算成每一个原始 *Y* 坐标加上此标量。例如，如果

XYData = [(1,1),(2,2),(3,3)],
则
(XYData+5) = [(1,6),(2,7),(3,8)]。

若要将 *X-Y* 数据对象添加到另外一个 *X-Y* 数据对象，执行以下操作：

此方法产生的新 *X-Y* 数据对象的 *X* 坐标包括第一个数据对象的所有 *X* 坐标和要结合两个对象所需要的任何额外的 *X* 坐标。Abaqus/CAE 通过内插和外插来计算额外的 *X-Y* 数据对。新的数据对的 *Y* 坐标具有第一个数据对象的 *Y* 坐标加上第二个数据坐标的 *Y* 坐标。例如，让

XYData1 = [(1,1),(2,2),(3,3)] 和 XYData2 = [(4,4),(5,5)]。

为了对齐，Abaqus/CAE 将第一个数据对象和第二个数据对象的值计算成

XYData1 扩展后 = [(1,1),(2,2),(3,3),(4,3),(5,3)]，

以及

XYData2 扩展后 = [(1,4),(2,4),(3,4),(4,4),(5,5)]；

然后

(XYData1 + XYData2) = [(1,5),(2,4),(3,7),(4,7),(5,8)]。

图 47-2 所示为上面示例的 *X-Y* 图。

注意："+"操作符的应用于 sum 公式具有相同的行为。

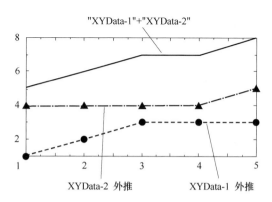

图 47-2　显示数据对象相加的 *X-Y* 图

若要使用 *X-Y* 数据对象的相加，执行以下操作：

1. 调用 Operate on XY Data 对话框。

从主菜单栏选择 Tools→XY Data→Create。单击出现的对话框中的 Operate on XY data；然后单击 Continue。出现 Operate on XY Data 对话框。

2. 从 XY Data 选择，单击要操作的 *X-Y* 对象的名称并且单击 Add to Expression。之前在此程序会话中保存的所有 *X-Y* 数据对象，用户都可以从中进行选择（在 XY Data 域中以字母顺序列出）。

X-Y 数据对象名称出现在表达式窗口中。

3. 从列出的 Operators 中，单击"+"操作符。

在表达式窗口中的数据对象名称之后出现"+"操作符。

4. 要指定第二个参数，进行下面的一个操作。

● 使用鼠标和键盘来在表达式窗口中输入"+"操作符的第二个参数。

● 从 XY Data 选择，单击表达式窗口中"+"操作符的数据对象参数的名称，然后单击 Add to Expression。

5. 要继续建立用户的表达式，在表达式窗口中定位光标，然后输入或者选择用户想要

包括的方程、操作符和 *X-Y* 数据。

6. 要评估和显示用户的表达式，单击 Plot Expression。

7. 要保存新的 *X-Y* 数据对象，单击 Save As，然后在出现的对话框中提供一个名称。

对用户的数据对象进行保存，使得可以在此程序会话中的将来操作中可以使用它们，以及可以在包含多个数据对象的 *X-Y* 图纸包括它们。

8. 完成后，单击 Cancel 来关闭对话框。

47.4.6　对 *X-Y* 数据对象使用负号或者减法

使用负号或减法来对之前保存的 *X-Y* 数据对象执行负号或者减法（有序数据对的集合）操作，以生成一个新的 *X-Y* 数据对象。

要执行负号操作，在单个的 *X-Y* 数据对象前放置 "–" 操作符。负号生成一个新的 *X-Y* 数据对象，具有与原来的 *X-Y* 数据对象相同的 *X* 坐标值。Abaqus/CAE 将新的 *Y* 坐标计算成原来每一个 *Y* 坐标的负值。

要执行减法操作，使用下面三种方法中的一个：

从 *X-Y* 数据对象减去一个标量

此方法生成一个新的 *X-Y* 数据对象，具有与原来的 *X-Y* 数据对象相同的 *X* 坐标，Abaqus/CAE 将新的 *Y* 坐标计算成每一个原始 *Y* 坐标的标量负值。例如，如果
$$XYData = [(1,6),(2,7),(3,8)],$$
则
$$(XYData-5) = [(1,1),(2,2),(3,3)]。$$

从一个标量中减去一个 *X-Y* 数据对象

此方法生成一个新的 *X-Y* 数据对象，具有与原始的 *X-Y* 数据对象相同的 *X* 坐标。Abaqus/CAE 将新的 *Y* 坐标计算成从标量减去原始的 *Y* 坐标。例如，如果
$$XYData = [(1,6),(2,7),(3,8)],$$
则
$$(5-XYData) = [(1,-1),(2,-2),(3,-3)]。$$

从另外一个 *X-Y* 数据对象减去一个 *X-Y* 数据对象

此方法生成一个新的 *X-Y* 数据对象，它的 *X* 坐标包括第一个数据对象的所有 *X* 坐标和要包含两个对象所需要的任何附加 *X* 坐标。Abaqus/CAE 通过内插和外插来计算额外的 *X-Y* 数据对。新数据对象所具有的 *Y* 坐标是从第一个数据对象的 *Y* 坐标减去第二个数据对象的 *Y* 坐标。例如，有 $XYData1 = [(4,4),(5,5)]$ 和 $XYData2 = [(1,1),(2,2),(3,3)]$。

为了对齐，Abaqus/CAE 将第一个数据对象和第二个数据对象计算成

XYData1 外插=[(1,4),(2,4),(3,4),(4,4),(5,5)]

和

XYData2 外插=[(1,1),(2,2),(3,3),(4,3),(5,3)];

然后

(XYData 1-XYData2)=[(1,3),(2,2),(3,1),(4,1),(5,2)]。

图 47-3 所示为上面示例的 X-Y 图。

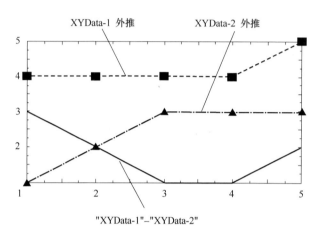

图 47-3　显示数据对象相减的 X-Y 图

若要对 X-Y 数据对象使用负号或者减法，执行以下操作：

1. 调用 Operate on XY Data 对话框。

从主菜单栏选择 Tools→XY Data→Create。单击出现的对话框中的 Operate on XY data；然后单击 Continue。出现 Operate on XY Data 对话框。

2. 从列出的 Operators 中单击 "−" 操作符。

在当前的表达式窗口中出现 "−" 操作符。

3. 使用鼠标和键盘来在表达式窗口中定位光标；然后指定必要的参数。可以使用的 X-Y 数据对象包括之前在此程序会话中保存的所有数据对象（在 XY Data 域中以字母顺序列出）。

1）使用负号。从 XY Data 选择，单击 X-Y 数据对象的名称来取负号，然后单击 Add to Expression。

2）使用减法。

● 使用键盘输入一个标量参数。

● 从 XY Data 选择，单击要操作的 X-Y 数据对象的名称，然后单击 Add to Expression。

在表达式窗口中出现参数。

4. 要继续建立用户的表达式，在表达式窗口中定位光标，然后输入或者选择想要包括的方程、操作符和 X-Y 数据。

5. 要评估和显示用户的表达式，单击 Plot Expression。

6. 要保存新的 X-Y 数据对象，单击 Save As，然后在出现的对话框中提供一个名称。

保存用户的数据对象，用户将可以在此程序会话中使用它们进行后续的操作，并可以将它们包含在多个数据对象的 X-Y 图中。

7. 完成后，单击 Cancel 来关闭对话框。

47.4.7 对 *X-Y* 数据对象使用乘法

使用乘法来操作之前保存的 X-Y 数据对象（有序对的集合），以生成一个新的 X-Y 数据对象。"*"操作符表示接受两个可交换的参数，并且可以采用下面的两种方式之一来施加。

乘以一个标量和一个 *X-Y* 数据对象

此方法生成一个新的 X-Y 对象，具有与原来的 X-Y 数据对象相同的 X 坐标值。Abaqus/CAE 将新的 Y 坐标计算成每一个原来的 Y 坐标乘以标量。例如，如果

$$XYData = [(1,1),(2,2),(3,3)],$$

则

$$(XYData * 5) = [(1,5),(2,10),(3,15)]。$$

将一个 *X-Y* 数据对象与另外一个 *X-Y* 数据对象相乘

此方法生成一个新的 X-Y 数据对象，具有的 X 坐标包括第一个数据对象的 X 坐标和附加的 X 坐标来对齐两个对象。Abaqus/CAE 通过内插和外插来计算附加的 X-Y 数据对。新的数据对的 Y 坐标是第一个数据对象的 Y 坐标乘以第二个数据对象的 Y 坐标。例如，有

$$XYData1 = [(1,1),(2,2),(3,3)] \text{和} XYData2 = [(4,4),(5,5)]。$$

为了对齐，Abaqus/CAE 将第一个和第二个数据对象计算成

$$XYData1 \text{ 外插} = [(1,1),(2,2),(3,3),(4,3),(5,3)]$$

和

$$XYData2 \text{ 外插} = [(1,4),(2,4),(3,4),(4,4),(5,5)];$$

则

$$(XYData1 * XYData2) = [(1,4),(2,8),(3,12),(4,12),(5,15)]。$$

图 47-4 所示为上面示例的 X-Y 图。

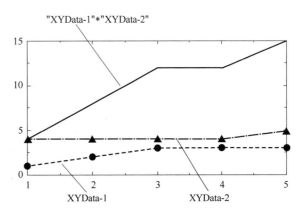

图 47-4　显示数据对象相乘的 X-Y 图

若要对 *X-Y* 数据对象使用乘法，执行以下操作：

1. 调用 Operate on XY Data 对话框。

从主菜单栏选择 Tools→XY Data→Create。单击出现的对话框中的 Operate on XY data；然后单击 Continue。出现 Operate on XY Data 对话框。

2. 从 XY Data 选择，单击要操作的 *X-Y* 数据对象的名称，然后单击 Add to Expression。用户可以从之前在此程序会话中保存的所有 *X-Y* 数据对象中选择（在 XY data 域中按字母顺序列出）。

X-Y 数据对象名称出现在表达式窗口中。

3. 从列出的 Operators 中单击"＊"操作符。

在表达式窗口中的数据对象名称后面出现"＊"操作符。

4. 要指定第二个参数，进行下面的操作。

• 使用鼠标和键盘在表达式窗口中输入"＊"操作符的第二个标量参数。

• 从 XY Data 中选择，单击表达式窗口中"＊"操作符的数据对象参数名称，然后单击 Add to Expression。

5. 要继续建立用户的表达式，在表达式窗口中定位光标，然后输入想要包括的方程、操作符和 *X-Y* 数据。

6. 要评估和显示用户的表达式，单击 Plot Expression。

7. 要保存新的 *X-Y* 数据对象，单击 Save As，然后在出现的对话框中提供一个名称。

保存用户的数据对象，使得在此程序会话中的将来操作中可以使用它们，并且在包含多个数据对象的 *X-Y* 图中可以使用它们。

8. 完成后，单击 Cancel 来关闭对话框。

47.4.8 对 *X-Y* 数据对象使用除法

使用除法来操作之前保存的 *X-Y* 数据对象（有序对的集合），以生成一个新的 *X-Y* 数据对象。"／"操作符表示接受两个不可交换的参数，并且可以采用下面的三种方式之一来施加。

将一个标量除以一个 *X-Y* 数据对象

此方法产生一个新的 *X-Y* 对象，具有与原来的 *X-Y* 数据对象相同的 X 坐标值。Abaqus/CAE 将新的 Y 坐标计算成标量除以每一个原来的 Y 坐标。例如，如果
$$XYData = [(1,2),(2,10),(3,20)],$$
则
$$(2/XYData) = [(1,1),(2,2),(3,.1)]。$$
注意：为了方便，Operate on XY Data 对话框提供一个倒数功能 $1/A$。

将一个 *X-Y* 数据对象除以一个标量

此方法产生一个新的 *X-Y* 数据对象，所具有的 *X* 坐标值与原始的 *X-Y* 数据对象相同。Abaqus/CAE 将 *Y* 坐标计算成每一个原始的 *Y* 坐标除以标量。例如，如果

XYData $= [(1,2),(2,10),(3,20)]$，

则

$(XYData/2) = [(1,1),(2,5),(3,10)]$。

将一个 *X-Y* 数据对象除以另外一个 *X-Y* 数据对象

此方法产生一个新的 *X-Y* 数据对象，具有的 *X* 坐标包括第一个数据对象的 *X* 坐标和附加的 *X* 坐标来对齐两个对象。Abaqus/CAE 通过内插和外插来计算附加的 *X-Y* 数据对。新的数据对的 *Y* 坐标是第一个数据对象的 *Y* 坐标除以第二个数据对象的 *Y* 坐标。例如，有

XYData1 $= [(4,4),(5,5)]$ 和 XYData2 $= [(1,1),(2,2),(3,3)]$。

为了对齐，Abaqus/CAE 将第一个和第二个数据对象计算成

XYData1 外插 $= [(1,4),(2,4),(3,4),(4,4),(5,5)]$

和

XYData2 外插 $= [(1,1),(2,2),(3,3),(4,3),(5,3)]$；

则

$(XYData1/XYData2) = [(1,4),(2,2),(3,1.33),(4,1.33),(5,1.66)]$。

图 47-5 所示为上面示例的 *X-Y* 图。

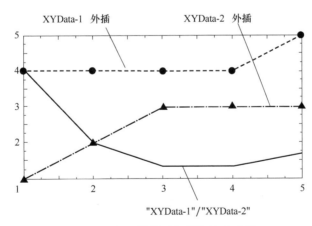

图 47-5　显示数据对象相除的 *X-Y* 图

若要对 *X-Y* 数据对象使用除法，执行以下操作：

1. 调用 Operate on XY Data 对话框。

从主菜单栏选择 Tools→XY Data→Create。单击出现的对话框中的 Operate on XY data；

然后单击 Continue。出现 Operate on XY Data 对话框。

2. 从列出的 Operators 中单击"/"操作符。

在表达式窗口中出现"/"操作符。

3. 要为"/"操作符指定两个参数的每一个，使用鼠标和键盘来在表达式窗口中定位光标；然后进行下面的操作。

● 使用键盘输入一个标量参数。

● 从 XY Data 中选择，单击表达式窗口中"/"操作符的数据对象参数名称，然后单击 Add to Expression。用户可以从之前在此程序会话中保存的所有 X-Y 数据对象中选择（在 XY Data 域中以字母顺序排列）。

参数出现在表达式窗口中。

4. 要继续建立用户的表达式，在表达式窗口中定位光标，然后输入或者选择想要包括的方程、操作符和 X-Y 数据。

5. 要评估和显示用户的表达式，单击 Plot Expression。

6. 要保存用户的新 X-Y 数据对象，单击 Save As，然后在出现的对话框中提供一个名称。

保存用户的数据对象，使得在此程序会话中的将来操作中可以使用它们，并且在包含多个数据对象的 X-Y 图中可以使用它们。

7. 完成后，单击 Cancel 来关闭对话框。

47.4.9　取 *X-Y* 数据对象的绝对值

使用 abs（绝对值）功能来操作一个之前保存的 *X-Y* 数据对象（有序对的集合），以生成一个新的 *X-Y* 数据对象。新的 *X-Y* 数据对象具有与原来的 *X-Y* 数据对象相同的 *X* 坐标，但是将 *Y* 坐标计算成原来 *Y* 坐标的绝对值。

图 47-6 所示为一个使用 abs 功能生成的 *X-Y* 图。

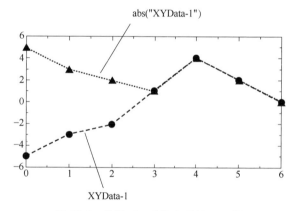

图 47-6　使用 abs 功能生成的 *X-Y* 图

若要取 *X-Y* 数据对象的绝对值，执行以下操作：

1. 调用 Operate on XY Data 对话框。

从主菜单栏选择 Tools→XY Data→Create。单击出现的对话框中的 Operate on XY data；然后单击 Continue。出现 Operate on XY Data 对话框。

2. 从列出的 Operators 中单击 abs（A）。

在表达式窗口中出现 abs 功能。

3. 从 XY Data 选择中单击要操作的 *X-Y* 数据对象的名称，然后单击 Add to Expression。用户可以从之前在此程序会话中保存的所有 *X-Y* 数据对象中选择（在 XY Data 域中按字母顺序列出）。

在表达式窗口中的 abs 功能插入语中出现 *X-Y* 数据对象名称。

4. 要继续建立用户的表达式，在表达式窗口中定位光标，然后输入或者选择用户想要包括的方程、操作符和 *X-Y* 数据。

5. 要评估和显示用户的表达式，单击 Plot Expression。

6. 要保存新的 *X-Y* 数据对象，单击 Save As，然后在出现的对话框中提供一个名称。

保存用户的数据对象，使得在此程序会话中的将来操作中可以使用它们，并且在包含多个数据对象的 *X-Y* 图中可以使用它们。

7. 完成后，单击 Cancel 来关闭对话框。

47.4.10 找到两个或者多个 *X-Y* 数据对象的平均值

使用 avg（平均值）功能来操作两个或者更多之前保存的 *X-Y* 数据对象（每一个对象是有序对的集合），以生成一个新的 *X-Y* 数据对象。新的 *X-Y* 数据的 *X* 坐标具有输入数据对象的所有 *X* 坐标，以及输入数据对象的对齐所需的任何附加 *X* 坐标。Abaqus/CAE 通过内插和外插来计算额外的 *X-Y* 数据对。Abaqus/CAE 将新数据对象的 *Y* 坐标计算成当前 *X* 坐标处的所有输入 *Y* 坐标的平均值。此操作的参数是可交换的。

图 47-7 所示为使用 avg 功能生成的 *X-Y* 图。

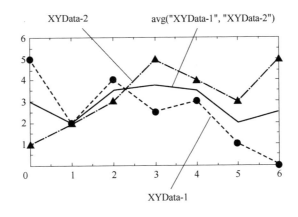

图 47-7 使用 avg 功能生成的 *X-Y* 图

有关如何找到一个单独 *X-Y* 数据对象的当前平均的信息，见 47.4.11 节"找到一个 *X-Y* 数据对象的当前平均值"。

若要找到两个或者多个 *X-Y* 数据对象的平均值，执行以下操作：

1. 调用 Operate on XY Data 对话框。

从主菜单栏选择 Tools→XY Data→Create。单击出现的对话框中的 Operate on XY data；

然后单击 Continue。出现 Operate on XY Data 对话框。

2. 从列出的 Operators 中单击 avg（X，X，...）。

在表达式窗口中出现 avg 功能。

3. 从 XY Data 选择中单击要操作的 X-Y 数据对象的名称，然后单击 Add to Expression。用户可以从之前在此程序会话中保存的所有 X-Y 数据对象中选择（在 XY Data 域中按字母顺序列出）。

在表达式窗口中的 avg 功能插入语中出现 X-Y 数据对象名称，以逗号隔开。

4. 要继续建立用户的表达式，在表达式窗口中定位光标，然后输入或者选择想要包括的方程、操作符和 X-Y 数据。

5. 要评估和显示用户的表达式，单击 Plot Expression。

6. 要保存新的 X-Y 数据对象，单击 Save As，然后在出现的对话框中提供一个名称。

保存用户的数据对象，使得在此程序会话中的将来操作中可以使用它们，并且在包含多个数据对象的 X-Y 图中可以使用它们。

7. 完成后，单击 Cancel 来关闭对话框。

47.4.11　找到一个 X-Y 数据对象的当前平均值

使用 currentAvg（当前平均值）功能来操作一个之前保存的 X-Y 数据对象（一个有序对的集合），以生成一个新的 X-Y 数据对象。新的 X-Y 数据的 X 坐标具有输入数据对象的所有 X 坐标，但是新的 Y 坐标会计算成所有当前 X 坐标的 Y 坐标总和的平均值。

图 47-8 所示为使用 currentAvg 功能生成的 X-Y 图。

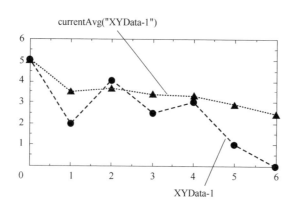

图 47-8　使用 currentAvg 功能生成的 X-Y 图

注意：新 X-Y 数据对象的最后值表示原始 X-Y 数据对象的整个平均 Y 坐标。

有关如何找到两个或者更多 X-Y 数据对象的当前平均信息，见 47.4.10 节“找到两个或者多个 X-Y 数据对象的平均值”。

若要找到 *X-Y* 数据对象的当前平均值，执行以下操作：

1. 调用 Operate on XY Data 对话框。

从主菜单栏选择 Tools→XY Data→Create。单击出现的对话框中的 Operate on XY data；然后单击 Continue。出现 Operate on XY Data 对话框。

2. 从列出的 Operators 中单击 currentAvg（X）。

在表达式窗口中出现 currentAvg 功能。

3. 从 XY Data 选择中单击要操作的 *X-Y* 数据对象的名称，然后单击 Add to Expression。用户可以从之前在此程序会话中保存的所有 *X-Y* 数据对象中选择（在 XY Data 域中按字母顺序列出）。

在表达式窗口中的 currentAvg 功能插入语中出现 *X-Y* 数据对象名称。

4. 要继续建立用户的表达式，在表达式窗口中定位光标，然后输入或者选择想要包括的方程、操作符和 *X-Y* 数据。

5. 要评估和显示用户的表达式，单击 Plot Expression。

6. 要保存新的 *X-Y* 数据对象，单击 Save As，然后在出现的对话框中提供一个名称。

保存用户的数据对象，使得在此程序会话中的将来操作中可以使用它们，并且在包含多个数据对象的 *X-Y* 图中可以使用它们。

7. 完成后，单击 Cancel 来关闭对话框。

47.4.12 微分一个 *X-Y* 数据对象

使用 differentiate（微分）功能来操作一个之前保存的 *X-Y* 数据对象（一个有序对的集合），以生成一个新的 *X-Y* 数据对象。新的 *X-Y* 数据的 *X* 坐标与原始的 *X-Y* 数据对象的 *X* 坐标相同，但是将新的 *Y* 坐标计算成原始 *Y* 坐标的数值微分。

Abaqus/CAE 使用原始 *X-Y* 数据对象的三点二次段来计算微分。第一点和最后点处的值分别计算成关联二次段的起点和末端点处的梯度。使用由两个相邻点定义的二次线中点来计算每一个剩余点处的斜率。图 47-9 所示为使用 differentiate 功能生成的 *X-Y* 图。

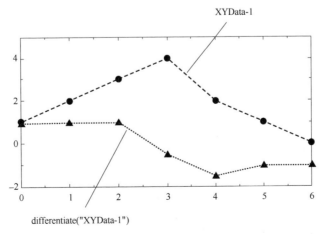

图 47-9　使用 differentiate 功能生成的 *X-Y* 图

若要微分一个 *X-Y* 数据对象，执行以下操作：

1. 调用 Operate on XY Data 对话框。

从主菜单栏选择 Tools→XY Data→Create。单击出现的对话框中的 Operate on XY data；然后单击 Continue。出现 Operate on XY Data 对话框。

2. 从列出的 Operators 中单击 differentiate（X）。

在表达式窗口中出现 differentiate 功能。

3. 从 XY Data 选择中单击要操作的 *X-Y* 数据对象的名称，然后单击 Add to Expression。用户可以从之前在此程序会话中保存的所有 *X-Y* 数据对象中选择（在 XY Data 域中按字母顺序列出）。

在表达式窗口中的 differentiate 功能插入语中出现 *X-Y* 数据对象名称。

4. 要继续建立用户的表达式，在表达式窗口中定位光标，然后输入或者选择用户想要包括的方程、操作符和 *X-Y* 数据。

5. 要评估和显示用户的表达式，单击 Plot Expression。

6. 要保存新的 *X-Y* 数据对象，单击 Save As，然后在出现的对话框中提供一个名称。

保存用户的数据对象，使得在此程序会话中的将来操作中可以使用它们，并且在包含多个数据对象的 *X-Y* 图中可以使用它们。

7. 完成后，单击 Cancel 来关闭对话框。

47.4.13 对 *X-Y* 数据对象进行曲线拟合

使用 fit（曲线拟合）功能来操作之前保存的 *X-Y* 数据对象（有序对的集合），以生成一个新的 *X-Y* 数据对象。新的 *X-Y* 数据对象包含沿着曲线规则间隔的点，可以最好的拟合之前保存的 *X-Y* 数据对象。fit 功能为曲线拟合提供两个算法：线性最小二乘拟合和样条插值。

图 47-10 和图 47-11 所示为使用采用每一个曲线拟合算法的 fit 功能生成的 *X-Y* 图。

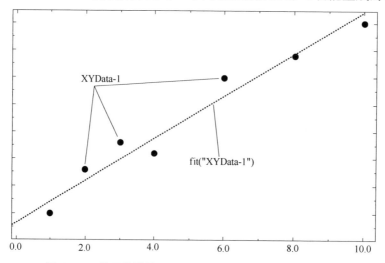

图 47-10　使用线性最小二乘选项的 **fit** 功能生成的 *X-Y* 图

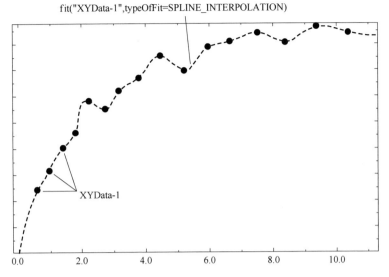

fit("XYData-1",typeOfFit=SPLINE_INTERPOLATION)

XYData-1

图 47-11　使用线性样条拟合选项的 fit 功能生成的 *X-Y* 图

若要为 *X-Y* 数据对象进行曲线拟合，执行以下操作：

1. 调用 Operate on XY Data 对话框。

从主菜单栏选择 Tools→XY Data→Create。单击出现的对话框中的 Operate on XY data；然后单击 Continue。出现 Operate on XY Data 对话框。

2. 从列出的 Operators 中单击 fit（X）。

在表达式窗口中出现 fit 功能，具有默认选中的线性最小二乘选项。

3. 从 XY Data 选择中单击要操作的 *X-Y* 数据对象的名称，然后单击 Add to Expression。用户可以从之前在此程序会话中保存的所有 *X-Y* 数据对象中选择（在 XY Data 域中按字母顺序列出）。

在表达式窗口中的 fit 功能插入语中出现 *X-Y* 数据对象名称。

4. 要继续建立用户的表达式，在表达式窗口中定位光标，然后输入或者选择想要包括的方程、操作符和 *X-Y* 数据。用户可以通过包含下面对选项的改变来定制 fit 功能自身。

● 如果用户想要执行一个样条插值，将 typeOfFit 选项设置成 SPLINE_INTERPOLATION。

● 如果用户想要为新的 *X-Y* 数据对象指定创建定制数量的点，则附加 numFitPoints = *number*。默认情况下，Abaqus/CAE 使用 2 个点来定义线性最小二乘拟合，以及 100 个点来定义样条插值。

5. 要评估和显示用户的表达式，单击 Plot Expression。

6. 要保存新的 *X-Y* 数据对象，单击 Save As，然后在出现的对话框中提供一个名称。

保存用户的数据对象，使得在此程序会话中的将来操作中可以使用它们，并且在包含多个数据对象的 *X-Y* 图中可以使用它们。

7. 完成后，单击 Cancel 来关闭对话框。

47.4.14　积分一个 *X-Y* 数据对象

使用 integrate（积分）功能来操作之前保存的 *X-Y* 数据对象（有序对的集合），以生成一个新的 *X-Y* 数据对象。新的 *X-Y* 数据对象具有与原始的 *X-Y* 数据对象相同的 *X* 坐标，但是将新的 *Y* 坐标计算成原始 *Y* 坐标的数值积分（使用梯形法）。

图 47-12 所示为使用 integrate 功能生成的 *X-Y* 图。

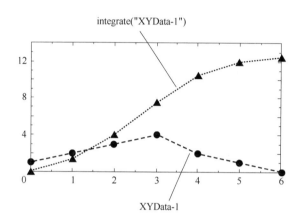

图 47-12　使用 **integrate** 功能生成的 *X-Y* 图

若要积分一个 *X-Y* 数据对象，执行以下操作：

1. 调用 Operate on XY Data 对话框。

从主菜单栏选择 Tools→XY Data→Create。单击出现的对话框中的 Operate on XY data；然后单击 Continue。出现 Operate on XY Data 对话框。

2. 从列出的 Operators 中单击 integrate（X）。

在表达式窗口中出现 integrate 功能。

3. 从 XY Data 选择中单击要操作的 *X-Y* 数据对象的名称，然后单击 Add to Expression。用户可以从之前在此程序会话中保存的所有 *X-Y* 数据对象中选择（在 XY Data 域中按字母顺序列出）。

在表达式窗口中的 integrate 功能插入语中出现 *X-Y* 数据对象名称。

4. 要继续建立用户的表达式，在表达式窗口中定位光标，然后输入或者选择想要包括的方程、操作符和 *X-Y* 数据。

5. 要评估和显示用户的表达式，单击 Plot Expression。

6. 要保存新的 *X-Y* 数据对象，单击 Save As，然后在出现的对话框中提供一个名称。

保存用户的数据对象，使得在此程序会话中的将来操作中可以使用它们，并且在包含多个数据对象的 *X-Y* 图中可以使用它们。

7. 完成后，单击 Cancel 来关闭对话框。

47.4.15　内插一个 *X-Y* 数据对象

使用 interpolate（内插）功能来操作之前保存的 *X-Y* 数据对象（有序对的集合），以生成一个新的 *X-Y* 数据对象。使用非均匀的数据插值一个 *X-Y* 数据对象产生一个 *X-Y* 数据对象，具有在 *X* 轴上规则增量处发生的 *Y* 坐标值插值。默认情况下，在等于来源数据中最小 *X* 增量处插值数据。

图 47-13 所示为使用 interpolate 功能生成的 *X-Y* 图，叠加在原始的数据上。

X-Y 数据对象的名称是 interpolate 功能唯一要求的参数。数据对象的名称后面是可选参数的描述：

● 插值数据点之间的 *X* 轴增量（*X* 增量）。如果用户不指定此参数的值，或者用户指定一个非正的值，Abaqus/CAE 使用此原始数据集合的最小 *X* 增量。

● 一个象征性的常数来指定插值方法（插值）。此参数的有效值是 QUADRATIC，指定一个拉格朗日二阶插值方法；CUBIC_SPLINE，指定一个三次样条插值方法；LINEAR，指定一个线性方法。默认是 QUADRATIC。

● 原始数据曲线的斜率引导第一个数据点（开始斜率）。此参数的默认值是 0.0（对于水平斜率），并且仅当插值＝CUBIC_SPLINE 时使用它。

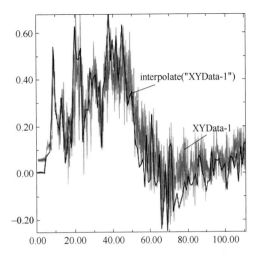

图 47-13　使用 interpolate 功能生成的 *X-Y* 图

● 原始数据曲线的斜率连续通过最后一个数据点（末端斜率）。此参数的默认值是 0.0（对于水平斜率），并且仅当插值＝CUBIC_SPLINE 时使用它。

若要内插一个 *X-Y* 数据对象，执行以下操作：

1. 调用 Operate on XY Data 对话框。

从主菜单栏选择 Tools→XY Data→Create。单击出现的对话框中的 Operate on XY data；然后单击 Continue。出现 Operate on XY Data 对话框。

2. 从列出的 Operators 中单击 interpolate（X）。

在表达式窗口中出现 interpolate 功能。

3. 从 XY Data 选择中单击要操作的 *X-Y* 数据对象的名称，然后单击 Add to Expression。用户可以从之前在此程序会话中保存的所有 *X-Y* 数据对象中选择（在 XY Data 域中按字母顺序列出）。

在表达式窗口中的 interpolate 功能插入语中出现 *X-Y* 数据对象名称。

4. 要继续建立用户的表达式，在表达式窗口中定位光标，然后输入或者选择想要包括的方程、操作符和 X-Y 数据。

5. 要评估和显示用户的表达式，单击 Plot Expression。

6. 要保存新的 X-Y 数据对象，单击 Save As，然后在出现的对话框中提供一个名称。

保存用户的数据对象，使得在此程序会话中的将来操作中可以使用它们，并且在包含多个数据对象的 X-Y 图中可以使用它们。

7. 完成后，单击 Cancel 来关闭对话框。

47.4.16　线性化一个 *X-Y* 数据对象

使用 linearize（线性化）功能将之前保存的 X-Y 数据对象的 Y 值分隔成常数或者线性分量。linearize 功能可以明确包含两个点来生成新的 X-Y 数据对象。

图 47-14 所示为使用 linearize 功能生成的 X-Y 图。

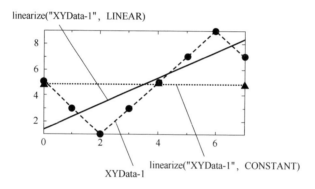

图 47-14　使用常数和 **linearize** 功能的线性形式生成的 *X-Y* 图

若要对 *X-Y* 数据对象施加线性化，执行以下操作：

1. 调用 Operate on XY Data 对话框。

从主菜单栏选择 Tools→XY Data→Create。单击出现的对话框中的 Operate on XY data；然后单击 Continue。出现 Operate on XY Data 对话框。

2. 从列出的 Operators 中单击 linearize（X, CONSTANT）或者 linearize（X, LINEAR）来分布地施加线性化来创建常数 Y 项或者线性化 Y 项。

在表达式窗口中出现 linearize 功能。

3. 从 XY Data 选择中单击要操作的 X-Y 数据对象的名称，然后单击 Add to Expression。用户可以从之前在此程序会话中保存的所有 X-Y 数据对象中选择（在 XY Data 域中按字母顺序列出）。

在表达式窗口中的 interpolate 功能插入语中出现 X-Y 数据对象名称。

4. 要继续建立用户的表达式，在表达式窗口中定位光标，然后输入或者选择想要包括的方程、操作符和 *X-Y* 数据。

5. 要评估和显示用户的表达式，单击 Plot Expression。

6. 要保存用户的新 *X-Y* 数据对象，单击 Save As，然后在出现的对话框中提供一个名称。

保存用户的数据对象，使得在此程序会话中的将来操作中可以使用它们，并且在包含多个数据对象的 *X-Y* 图中可以使用它们。

7. 完成后，单击 Cancel 来关闭对话框。

47.4.17　归一化一个 *X-Y* 数据对象

使用 normalize（归一化）功能来操作之前保存的 *X-Y* 数据对象（有序对的集合），以生成一个新的 *X-Y* 数据对象。此操作类似于归一化一个向量。新的 *X-Y* 数据对象具有与原始的 *X-Y* 数据对象相同的 *X* 坐标。Abaqus/CAE 通过将每一个 *Y* 坐标除以所有原始 *Y* 坐标值的均方根（平方和的平方根）来计算新的 *Y* 坐标。

图 47-15 所示为使用 normalize 功能生成的 *X-Y* 图。

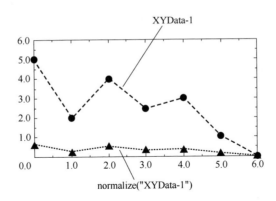

图 47-15　使用 normalize 功能生成的 *X-Y* 图

若要归一化一个 *X-Y* 数据对象，执行以下操作：

1. 调用 Operate on XY Data 对话框。

从主菜单栏选择 Tools→XY Data→Create。单击出现的对话框中的 Operate on XY data；然后单击 Continue。出现 Operate on XY Data 对话框。

2. 从列出的 Operators 中单击 normalize（X）。

在表达式窗口中出现 normalize 功能。

3. 从 XY Data 选择中单击要操作的 *X-Y* 数据对象的名称，然后单击 Add to Expression。用户可以从之前在此程序会话中保存的所有 *X-Y* 数据对象中选择（在 XY Data 域中按字母顺序列出）。

在表达式窗口中的 normalize 功能插入语中出现 X-Y 数据对象名称。

4. 要继续建立用户的表达式，在表达式窗口中定位光标，然后输入或者选择想要包括的方程、操作符和 X-Y 数据。

5. 要评估和显示用户的表达式，单击 Plot Expression。

6. 要保存新的 X-Y 数据对象，单击 Save As，然后在出现的对话框中提供一个名称。

保存用户的数据对象，使得在此程序会话中的将来操作中可以使用它们，并且在包含多个数据对象的 X-Y 图中可以使用它们。

7. 完成后，单击 Cancel 来关闭对话框。

47. 4. 18 取 *X-Y* 数据对象的平方根

使用 sqrt（平方根）功能来操作之前保存的 X-Y 数据对象（有序对的集合），以生成一个新的 X-Y 数据对象。新的 X-Y 数据对象具有与原始的 X-Y 数据对象相同的 X 坐标，但是将新的 Y 坐标计算成原始 Y 坐标的平方根。

图 47-16 所示为使用 sqrt 功能生成的 X-Y 图。

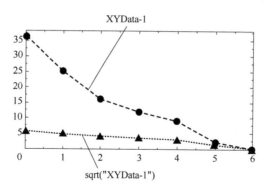

图 47-16 使用 sqrt 功能生成的 X-Y 图

若要取 *X-Y* 数据对象的平方根，执行以下操作：

1. 调用 Operate on XY Data 对话框。

从主菜单栏选择 Tools→XY Data→Create。单击出现的对话框中的 Operate on XY data；然后单击 Continue。出现 Operate on XY Data 对话框。

2. 从列出的 Operators 中单击 sqrt（A）。

在表达式窗口中出现 sqrt 功能。

3. 从 XY Data 选择中单击要操作的 X-Y 数据对象的名称，然后单击 Add to Expression。用户可以从之前在此程序会话中保存的所有 X-Y 数据对象中选择（在 XY Data 域中按字母顺序列出）。

在表达式窗口中的 sqrt 功能插入语中出现 X-Y 数据对象名称。

4. 要继续建立用户的表达式，在表达式窗口中定位光标，然后输入或者选择想要包括的方程、操作符和 *X-Y* 数据。

5. 要评估和显示用户的表达式，单击 Plot Expression。

6. 要保存新的 *X-Y* 数据对象，单击 Save As，然后在出现的对话框中提供一个名称。

保存用户的数据对象，使得在此程序会话中的将来操作中可以使用它们，并且在包含多个数据对象的 *X-Y* 图中可以使用它们。

7. 完成后，单击 Cancel 来关闭对话框。

47.4.19 取两个或者多个 *X-Y* 数据对象的平方和的平方根

使用 srss（平方和的平方根）功能来对两个或者更多之前保存的 *X-Y* 数据对象进行平方和的平方根操作（每一个对象是有序对的集合）来产生一个新的 *X-Y* 数据对象。例如使用此功能来找到两个或者更多 *X-Y* 数据对象，在匹配的 *X* 坐标处找到总大小。

新 *X-Y* 数据对象具有第一个数据对象的所有 *X* 坐标以及需要与剩余对象对齐的任何附加 *X* 坐标。Abaqus/CAE 通过内插和外插来计算附加的 *X-Y* 数据对。新的数据对象让 *Y* 坐标等于输入 *X-Y* 数据对象的匹配 *X* 坐标处的所有 *Y* 坐标的平方和的平方根。此功能的参数是可交换的。

图 47-17 说明使用 srss 功能可以生成的 *X-Y* 图类型。

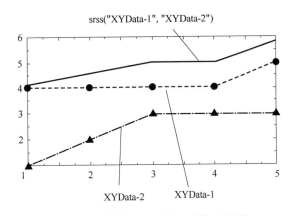

图 47-17 使用 srss 功能生成的 *X-Y* 图

若要对两个或者更多 *X-Y* 数据对象的平方和求平方根，执行以下操作：

1. 调用 Operate on XY Data 对话框。

从主菜单栏选择 Tools→XY Data→Create。单击出现的对话框中的 Operate on XY data；然后单击 Continue。出现 Operate on XY Data 对话框。

2. 从列出的 Operators 中单击 srss（X，X，...）。

在表达式窗口中出现 srss 功能。

3. 从 XY Data 选择中单击要操作的 X-Y 数据对象的名称，然后单击 Add to Expression。用户可以从之前在此程序会话中保存的所有 X-Y 数据对象中选择（在 XY Data 域中按字母顺序列出）。

在表达式窗口中的 srss 功能插入语中出现 X-Y 数据对象名称，通过逗号分隔。

4. 要继续建立用户的表达式，在表达式窗口中定位光标，然后输入或者选择用户想要包括的方程、操作符和 X-Y 数据。

5. 要评估和显示用户的表达式，单击 Plot Expression。

6. 要保存用户的新 X-Y 数据对象，单击 Save As，然后在出现的对话框中提供一个名称。

保存用户的数据对象，使得在此程序会话中的后续操作中可以使用它们，并且在包含多个数据对象的 X-Y 图中可以使用它们。

7. 完成后，单击 Cancel 来关闭对话框。

47.4.20　求和两个或者多个 *X-Y* 数据对象

使用 sum（求和）功能来对两个或者更多之前保存的 X-Y 数据对象进行操作（每一个对象是有序对的集合）来产生一个新的 X-Y 数据对象。sum 功能接受两个或者更多可交换的参数。

注意：此功能具有与+符号相同的功能。更多信息见 47.4.5 节"对 X-Y 数据对象使用加法"。

若要求和两个或者更多的 *X-Y* 数据对象，执行以下操作：

1. 调用 Operate on XY Data 对话框。

从主菜单栏选择 Tools→XY Data→Create。单击出现的对话框中的 Operate on XY data；然后单击 Continue。出现 Operate on XY Data 对话框。

2. 从列出的 Operators 中，单击 sum（A，A，...）。

在表达式窗口中出现 sum 功能。

3. 从 XY Data 选择中单击要求合的两个或者更多 X-Y 数据对象的名称，然后单击 Add to Expression。用户可以选择之前在此程序会话中保存的所有 X-Y 数据对象（在 XY Data 域中按字母顺序列出）。

4. 要继续建立用户的表达式，在表达式窗口中定位光标，然后输入或者选择用户想要包括的方程，操作符和 X-Y 数据。

5. 要评估和显示用户的表达式，单击 Plot Expression。

6. 要保存用户的新 X-Y 数据对象，单击 Save As，然后在出现的对话框中提供一个名称。

对用户的数据对象进行保存，使得可以在此程序会话中的将来操作中可以使用它们，以及可以在包含多个数据对象的 X-Y 图中包括它们。

7. 完成后，单击 Cancel 来关闭对话框。

47.4.21　计算向量大小

　　使用 vectorMagnitude（计算向量大小）功能来对最近保存的三个 X-Y 数据对象执行平方和的平方根操作（每一个对象是有序对的集合）来产生一个新 X-Y 数据对象。此功能基本上与 srss 功能相同（见 47.4.19 节 "取两个或者多个 X-Y 数据对象的平方和的平方根"），除了可以对至多三个数据对象执行操作。用户可以使用此功能来图示通过计算三个分向量的平方和的平方根得到的向量总大小。

　　新 X-Y 数据对象具有第一个数据对象的所有 X 坐标以及需要与剩余对象对齐的任何附加 X 坐标。Abaqus/CAE 通过内插和外插来计算附加的 X-Y 数据对。新的数据对象让 Y 坐标等于所有输入 X-Y 数据对象的匹配 X 坐标处的所有 Y 坐标的平方和的平方根。此功能的参数是可交换的。

　　图 47-18 所示为使用 vectorMagnitude 功能生成的 X-Y 图。

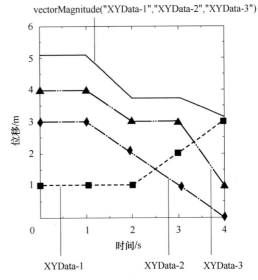

图 47-18　使用 **vectorMagnitude** 功能生成的 X-Y 图

若要计算向量大小，执行以下操作：

　　1. 调用 Operate on XY Data 对话框。

　　从主菜单栏选择 Tools→XY Data→Create。单击出现的对话框中的 Operate on XY data；然后单击 Continue。出现 Operate on XY Data 对话框。

　　2. 从列出的 Operators 中，单击 vectorMagnitude（X，X，X）。

　　在表达式窗口中的出现 vectorMagnitude 功能。

　　3. 从 XY Data 选择中单击要求合的两个或者三个 X-Y 数据对象的名称，然后单击 Add to Expression。用户可以选择之前在此程序会话中保存的所有 X-Y 数据对象（在 XY Data 域中按字母顺序列出）。

　　在表达式窗口中的 vectorMagnitude 功能插入语中出现 X-Y 数据对象名称，由逗号分隔。

　　4. 要继续建立用户的表达式，在表达式窗口中定位光标，然后输入或者选择用户想要包括的方程，操作符和 X-Y 数据。

　　5. 要评估和显示用户的表达式，单击 Plot Expression。

　　6. 要保存用户的新 X-Y 数据对象，单击 Save As，然后在出现的对话框中提供一个名称。

　　对用户的数据对象进行保存，使得可以在此程序会话中的将来操作中可以使用它们，以及可以在包含多个数据对象的 *X-Y* 图纸包括它们。

7. 完成后，单击 Cancel 来关闭对话框。

47.4.22　对 *X-Y* 数据对象应用三角函数

使用三角函数 cos、cosh、acos、sin、sinh、asin、tan、tanh 和 atan 来操作之前保存的 *X-Y* 数据对象（有序对的集合）来产生一个新的 *X-Y* 数据对象。新的 *X-Y* 数据对象具有与原来的 *X-Y* 数据对象相同的 *X* 坐标值，但是将新的 *Y* 坐标计算成每一个原始 *Y* 坐标的三角函数值。三角函数的参数默认是以弧度为单位的。

例如，如果
$$XYData = [(0,0),(1,1.571),(2,3.14)],$$
则
$$Sin(XYData) = [(0,0),(1,1),(2,0.00159)]$$
图 47-19 所示为使用 sin 函数生成的 *X-Y* 图。

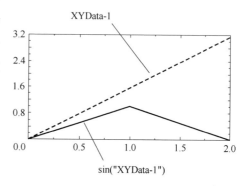

图 **47-19**　使用 sin 函数生成的 *X-Y* 图

若要对一个 *X-Y* 数据对象施加三角函数，执行以下操作：

1. 调用 Operate on XY Data 对话框。

从主菜单栏选择 Tools→XY Data→Create。单击出现的对话框中的 Operate on XY data；然后单击 Continue。出现 Operate on XY Data 对话框。

2. 从列出的 Operators 中，单击下面三角函数中的一个。

sin（A）	计算 *X-Y* 数据对象的正弦
sinh（A）	计算 *X-Y* 数据对象的双曲线正弦
asin（A）	计算 *X-Y* 数据对象的反正弦。用户的 *Y* 数据值必须在 [-1，1]
cos（A）	计算 *X-Y* 数据对象的余弦
cosh（A）	计算 *X-Y* 数据对象的双曲线余弦
acos（A）	计算 *X-Y* 数据对象的反余弦。用户的 *Y* 数据值必须在 [-1，1]
tan（A）	计算 *X-Y* 数据对象的正切
tanh（A）	计算 *X-Y* 数据对象的双曲线正切
atan（A）	计算 *X-Y* 数据对象的反正切

在表达式窗口中的出现三角函数。

3. 从 XY Data 选择中单击要进行三角函数操作的 *X-Y* 数据对象的名称，然后单击 Add to

Expression。用户可以选择之前在此程序会话中保存的所有 *X-Y* 数据对象（在 XY Data 域中按字母顺序列出）。

4. 要继续建立用户的表达式，在表达式窗口中定位光标，然后输入或者选择用户想要包括的方程，操作符和 *X-Y* 数据。

5. 要评估和显示用户的表达式，单击 Plot Expression。

6. 要保存用户的新 *X-Y* 数据对象，单击 Save As，然后在出现的对话框中提供一个名称。

对用户的数据对象进行保存，使得可以在此程序会话中的将来操作中可以使用它们，以及可以在包含多个数据对象的 *X-Y* 图纸包括它们。

7. 完成后，单击 Cancel 来关闭对话框。

47.4.23 取 *X-Y* 数据对象的指数

使用 exp（指数）功能来操作之前保存的 *X-Y* 数据对象（有序对的集合）来产生一个新的 *X-Y* 数据对象。新的 *X-Y* 数据对象具有与原始的 *X-Y* 数据对象相同的 *X* 坐标，但是将新的 *Y* 坐标计算成原始 *Y* 坐标的幂指数。

图 47-20 所示为使用 exp 功能生成的 *X-Y* 图。

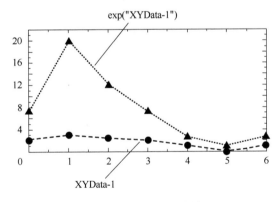

图 47-20 使用 exp 功能生成的 *X-Y* 图

若要取一个 *X-Y* 数据对象的指数，执行以下操作：

1. 调用 Operate on XY Data 对话框。

从主菜单栏选择 Tools→XY Data→Create。单击出现的对话框中的 Operate on XY data；然后单击 Continue。出现 Operate on XY Data 对话框。

2. 从列出的 Operators 中单击 exp（A）。

在表达式窗口中出现 exp 功能。

3. 从 XY Data 选择中单击要操作的 *X-Y* 数据对象的名称，然后单击 Add to Expression。

用户可以从之前在此程序会话中保存的所有 *X-Y* 数据对象中选择（在 XY Data 域中按字母顺序列出）。

在表达式窗口中的 exp 功能插入语中出现 *X-Y* 数据对象名称。

4. 要继续建立用户的表达式，在表达式窗口中定位光标，然后输入或者选择用户想要包括的方程、操作符和 *X-Y* 数据。

5. 要评估和显示用户的表达式，单击 Plot Expression。

6. 要保存用户的新 *X-Y* 数据对象，单击 Save As，然后在出现的对话框中提供一个名称。

保存用户的数据对象，使得在此程序会话中的将来操作中可以使用它们，并且在包含多个数据对象的 *X-Y* 图中可以使用它们。

7. 完成后，单击 Cancel 来关闭对话框。

47.4.24 对 *X-Y* 数据对象应用对数函数

使用对数函数 log 和 lg 来操作一个之前保存的 *X-Y* 数据对象（有序对的集合），从而产生一个新的 *X-Y* 数据对象。新的 *X-Y* 数据对象具有与原来的 *X-Y* 数据对象相同的 X 坐标，但是将 Y 坐标计算成每一个原始 Y 坐标的对数函数值。

例如，如果

$$XYData = [(1,1),(2,2.71),(3,7.39)],$$

则

$$\log(XYData) = [(1,0),(2,1.0),(3,2.0)]。$$

图 47-21 所示为使用 log 函数生成的 *X-Y* 图。

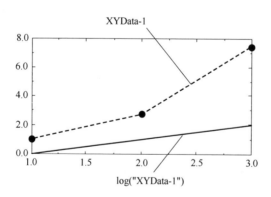

图 47-21 使用 log 函数生成的 *X-Y* 图

若要对 *X-Y* 数据对象应用对数函数，执行以下操作：

1. 调用 Operate on XY Data 对话框。

从主菜单栏选择 Tools→XY Data→Create。单击出现的对话框中的 Operate on XY data；

然后单击 Continue。出现 Operate on XY Data 对话框。

2. 从列出的 Operators 中单击 log（A）或者 log10（A）来分别应用自然对数或者以 10 为底的对数函数。

在表达式窗口中出现用户选择的对数函数。

3. 从 XY Data 选择中单击要操作的 *X-Y* 数据对象的名称，然后单击 Add to Expression。用户可以从之前在此程序会话中保存的所有 *X-Y* 数据对象中选择（在 XY Data 域中按字母顺序列出）。

在表达式窗口中的对数函数插入语中出现 *X-Y* 数据对象名称。

4. 要继续建立用户的表达式，在表达式窗口中定位光标，然后输入或者选择用户想要包括的方程、操作符和 *X-Y* 数据。

5. 要评估和显示用户的表达式，单击 Plot Expression。

6. 要保存用户的新 *X-Y* 数据对象，单击 Save As，然后在出现的对话框中提供一个名称。

保存用户的数据对象，使得在此程序会话中的将来操作中可以使用它们，并且在包含多个数据对象的 *X-Y* 图中可以使用它们。

7. 完成后，单击 Cancel 来关闭对话框。

47.4.25　将 *X-Y* 数据对象提升到幂级数

使用 power（幂）函数来操作一个之前保存的 *X-Y* 数据对象（有序对的集合）来产生一个新的 *X-Y* 数据对象。此 power 函数要求两个参数，其中至少一个必须是 *X-Y* 数据对象。可以采用三种方法来应用此函数：

要将一个 *X-Y* 数据对象作为一个标量的幂：power（标量，数据对象名称）

此方法产生一个新的 *X-Y* 数据对象，具有与原来的 *X-Y* 数据对象相同的 *X* 坐标。Abaqus/CAE 将新的 *Y* 坐标计算成标量的每一个原始 *Y* 坐标次幂。例如，如果

XYData $= [(1,1),(2,2),(3,3)]$

则

power$(2,$XYData$)=[(1,2),(2,4),(3,8)]$。

要将标量作为 *X-Y* 数据对象的幂：power（数据对象名称，标量）

此方法产生一个新的 *X-Y* 数据对象，具有与原始的 *X-Y* 数据对象相同的 *X* 坐标。Abaqus/CAE 将新的 *Y* 坐标计算成原始 *Y* 坐标的标量次幂。例如，如果

XYData$=[(2,-2),(3,3),(4,-4)]$，

则

$Power(XYData,2)=[(2,4),(3,9),(4,16)]$。

要将一个 *X-Y* 数据对象作为另外一个 *X-Y* 数据对象的幂：power（数据对象名称，数据对象名称）

此方法产生一个新的 *X-Y* 数据对象，它的 *X* 坐标包括第一个数据对象的所有 *X* 坐标和对齐两个数据对象所需要的任何附加的 *X* 坐标。Abaqus/CAE 通过内插和外插来计算附加的 *X-Y* 数据对。新的数据对象的 *Y* 坐标是第一个数据对象的 *Y* 坐标的第二个数据对象 *Y* 坐标次幂。例如，设

$XYData1=[(1,1),(2,2),(4,2),(5,1)]$，

及

$XYData2=[(0,1),(3,2),(5,6)]$。

为了对齐，Abaqus/CAE 将第一个和第二个数据对象的值计算成：

XYData1 外插后 = $[(0,1),(1,1),(2,2),(3,2),(4,2),(5,1)]$，

和

XYData2 外插后 = $[(0,1),(1,1.33),(2,1.66),(3,2),(4,4),(5,6)]$；

则

$power(XYData1,XYData2)=[(0,1),(1,1),(2,3.17),(3,4),(4,16),(5,1)]$。

图 47-22 所示为一个数据对象的另外一个数据对象次幂图。

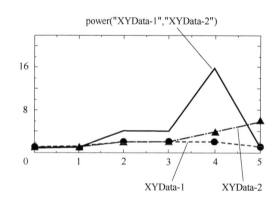

图 47-22 一个数据对象的另外一个数据对象次幂图

若要应用幂函数，执行以下操作：

1. 调用 Operate on XY Data 对话框。

从主菜单栏选择 Tools→XY Data→Create。单击出现的对话框中的 Operate on XY data；然后单击 Continue。出现 Operate on XY Data 对话框。

2. 从列出的 Operators 中单击 power（A，A）。

在表达式窗口中出现 power 函数。

3. 从 XY Data 选择中单击要操作的 X-Y 数据对象的名称，然后单击 Add to Expression。用户可以从之前在此程序会话中保存的所有 X-Y 数据对象中选择（在 XY Data 域中按字母顺序列出）。

在表达式窗口中的 power 函数插入语中出现 X-Y 数据对象名称。

4. 要指定下一个参数，进行下面的操作。

● 使用用户的鼠标和键盘在表达式窗口中输入一个标量，来作为 power 函数的第一个或者第二个参数，取决于用户想要执行的操作，并且将两个参数之间使用逗号来分隔。

● 从 XY Data 选择中单击表达式窗口中 power 函数的数据对象参数名称，然后单击 Add to Expression。

5. 要继续建立用户的表达式，在表达式窗口中定位光标，然后输入或者选择用户想要包括的方程、操作符和 X-Y 数据。

6. 要评估和显示用户的表达式，单击 Plot Expression。

7. 要保存用户的新 X-Y 数据对象，单击 Save As，然后在出现的对话框中提供一个名称。

保存用户的数据对象，使得在此程序会话中的将来操作中可以使用它们，并且在包含多个数据对象的 X-Y 图中可以使用它们。

8. 完成后，单击 Cancel 来关闭对话框。

47.4.26 对 X-Y 数据对象应用 Butterworth 过滤

使用 butterworthFilter 函数来对一个之前保存的 X-Y 数据对象（有序对的集合）施加 Butterworth 过滤来产生一个新的 X-Y 数据对象。例如，可以使用此过滤操作来去除高频噪声。

Butterworth 过滤器的传递函数显示在《Abaqus 分析用户手册——介绍、空间建模、执行与输出卷》的 4.1.3 节 "输出到输出数据库" 中的 "在 Abaqus/Explicit 中操作过滤器输出和操作"。

图 47-23 所示为使用 butterworthFilter 操作生成的 X-Y 图。

此 butterworthFilter 函数要求两个参数：X-Y 数据对象的名称（名称）和截止频率（截止频率），此频率之上，过滤器降低至少输入信号的一半。可选参数的描述如下：

● 用户想要使用的过滤器阶数（filterOrder）。此参数必须是一个正的偶数；默认值是 2。

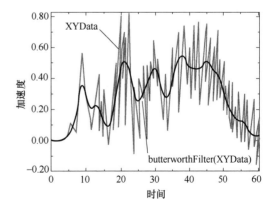

图 47-23　使用 butterworthFilter 操作生成的 X-Y 图

- 一个符号常数指定在数字信号的开始时施加的投影计算方法以及开始条件（startCondition）。此参数的有效值是 ZERO，施加一个零常数的投影和开始条件；CONSTANT，施加等于 X-Y 数据对象中的第一个数字点的常数投影和开始条件；MIRROR，施加等效于关于通过第一点的竖直线映射到投影和开始条件；REVERSE_MIRROR，施加等效于关于通过第一个数据点的竖直线和水平线映射到投影和开始条件；以及 TANGENTIAL，施加与开始的两个数据点相切的投影和开始条件。默认是 CONSTANT。

- 一个符号常数指定在数字信号开始时的投影计算方法以及施加的结束条件（endCondition）。此参数的有效值是 ZERO，施加一个零常数的投影和结束条件；CONSTANT，施加等于 X-Y 数据对象中的最后数字点的常数投影和结束条件；MIRROR，施加等效于关于通过最后点的竖直线映射的投影和结束条件；REVERSE_MIRROR，施加等效于关于通过最后数据点的竖直线和水平线映射的投影和结束条件；以及 TANGENTIAL，施加与最后的两个数据点相切的投影和结束条件。默认是 CONSTANT。

- 一个符号常数指定插值方法（interpolation）。此参数的有效值是 QUADRATIC，指定一个拉格朗日二阶插值方法；CUBIC_SPLINE，指定三次样条曲线插值方法；以及 LINEAR，指定线性插值方法。默认是 QUADRATIC。

- 到第一个数据点的原始数据曲线的斜率（startslope）。此参数的默认值是 0.0（对于一个水平斜率），仅当插值＝CUBIC_SPLINE 时才可以使用。

- 到最后数据点的原始数据曲线的斜率（endslope）。此参数的默认值是 0.0（对于一个水平斜率），仅当插值＝CUBIC_SPLINE 时才可以使用。

- 布尔指定在过滤后的数据上是否执行逆推计算（backwardPass）。此参数的默认值是 True。当将此参数设置成 False 时，忽略 endCondition 参数。

　　用户的 X-Y 数据对象为了进行过滤必须具有不变的时间步。如果时间步不是常数，则 Abaqus/CAE 通过插值来计算常数插值处的额外点。Butterworth 的不变时间步通过要过滤的 X-Y 数据对象中的最小时间步来定义。

若要对一个 *X-Y* 数据对象应用 Butterworth 过滤，执行以下操作：

1. 调用 Operate on XY Data 对话框。

从主菜单栏选择 Tools→XY Data→Create。单击出现的对话框中的 Operate on XY data；然后单击 Continue。出现 Operate on XY Data 对话框。

2. 从列出的 Operators 中单击 butterworthFilter（X，F）。

在表达式窗口中出现 butterworthFilter 函数。

3. 从 XY Data 选择中单击要操作的 X-Y 数据对象的名称，然后单击 Add to Expression。用户可以从之前在此程序会话中保存的所有 X-Y 数据对象中选择（在 XY Data 域中按字母顺序列出）。

在表达式窗口中的 butterworthFilter 函数插入语中出现 X-Y 数据对象名称。

4. 在表达式窗口中的第二个逗号前定位光标，然后输入截止频率的值。

5. 要继续建立用户的表达式，在表达式窗口中定位光标，然后输入或者选择用户想要包括的方程、操作符和 X-Y 数据。

6. 要评估和显示用户的表达式，单击 Plot Expression。

7. 要保存用户的新 *X-Y* 数据对象，单击 Save As，然后在出现的对话框中提供一个名称。

保存用户的数据对象，使得在此程序会话中的将来操作中可以使用它们，并且在包含多个数据对象的 *X-Y* 图中可以使用它们。

8. 完成后，单击 Cancel 来关闭对话框。

47. 4. 27　对 *X-Y* 数据对象应用切比雪夫Ⅰ型或者Ⅱ型过滤

使用 chebyshev1Filter 或者 chebyshev2Filter 函数对之前保存的 *X-Y* 数据对象（有序对的集合）应用一个切比雪夫Ⅰ型或者Ⅱ型过滤操作，来生成一个新的 *X-Y* 数据对象。例如，可以使用此过滤操作来去除高频噪声。

切比雪夫过滤器的转换方程显示在《Abaqus 分析用户手册——介绍、空间建模、执行与输出卷》的 4.1.3 节"输出到输出数据库"中的"Abaqus/Explicit 中的过滤输出和对输出的操作"。

图 47-24 所示为使用 chebyshev1Filter 操作生成的 *X-Y* 图。

chebyshev1Filter 和 chebyshev2Filter 函数使用相同的语法并且要求相同的参数设置。要求下面的参数：*X-Y* 数据对象的名称（name）；截止频率（cutoffFrequency），此频率之上滤波器降低至少一半的输入信号；波纹系数（rippleFactor），是一个浮点数，说明用户将允许改进的过滤器响应的交换中有多大的振动。切比雪夫Ⅰ型和Ⅱ型过滤要求大于 0 的波纹系数；此外，切比雪夫Ⅱ型过滤要求波纹系数小于 1。切比雪夫Ⅰ型过滤器不对波纹系数值设置任何上界。

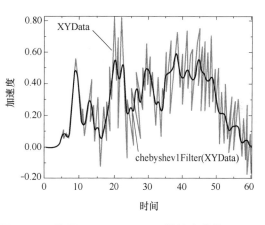

图 47-24　使用 **chebyshev1Filter** 操作生成的 *X-Y* 图

两种类型的切比雪夫过滤器的不同之处在于何处发生波纹以及它们对波纹因子值的处理；典型的Ⅰ型和Ⅱ型切比雪夫过滤器输出与典型 Butterworth 过滤器输出之间的比较，见 4.1.3 节"输出到输出数据库"中的"Abaqus/Explicit 中的过滤输出和对输出的操作"。

可选参数的描述如下：

● 用户想要使用的过滤器阶数（filterOrder）。此参数必须是一个正的偶数；默认值是 2。

● 一个符号常数指定在数字信号的开始时施加的投影计算方法以及开始条件（startCondition）。此参数的有效值是 ZERO，施加一个零常数的投影和开始条件；CONSTANT，施加等于 *X-Y* 数据对象中的第一个数字点的常数投影和开始条件；MIRROR，施加等效于关于通过第一点的竖直线映射到投影和开始条件；REVERSE_MIRROR，施加等效于关于通过第一个数据点的竖直线和水平线映射到投影和开始条件；以及 TANGENTIAL，施加与开始的两个数据点相切的投影和开始条件。默认是 CONSTANT。

● 一个符号常数指定在数字信号开始时的投影计算方法以及施加的结束条件（endCondition）。此参数的有效值是 ZERO，施加一个零常数的投影和结束条件；CONSTANT，施加等于 X-Y 数据对象中的最后数字点的常数投影和结束条件；MIRROR，施加等效于关于通过最后点的竖直线映射的投影和结束条件；REVERSE_MIRROR，施加等效于关于通过最后数据点的竖直线和水平线映射的投影和结束条件；以及 TANGENTIAL，施加与最后的两个数据点相切的投影和结束条件。默认是 CONSTANT。

● 一个符号常数指定插值方法（interpolation）。此参数的有效值是 QUADRATIC，指定一个拉格朗日二阶插值方法；CUBIC_SPLINE，指定三次样条曲线插值方法；以及 LINEAR，指定线性插值方法。默认是 QUADRATIC。

● 到第一个数据点的原始数据曲线的斜率（startslope）。此参数的默认值是 0.0（对于一个水平斜率），仅当插值＝CUBIC_SPLINE 时才可以使用。

● 到最后数据点的原始数据曲线的斜率（endslope）。此参数的默认值是 0.0（对于一个水平斜率），仅当插值＝CUBIC_SPLINE 时才可以使用。

● 布尔指定在过滤后的数据上是否执行逆推计算（backwardPass）。此参数的默认值是 True。当将此参数设置成 False 时，忽略 endCondition 参数。

用户的 X-Y 数据对象为了进行过滤必须具有不变的时间步。如果时间步不是常数，则 Abaqus/CAE 通过插值来计算常数插值处的额外点。Ⅰ 型的或者 Ⅱ 型的切比雪夫过滤的不变时间步通过要过滤的 X-Y 数据对象中的最小时间步来定义。

若要对一个 *X-Y* 数据对象应用切比雪夫 Ⅰ 型或者 Ⅱ 型过滤，执行以下操作：

1. 调用 Operate on XY Data 对话框。

从主菜单栏选择 Tools→XY Data→Create。单击出现的对话框中的 Operate on XY data；然后单击 Continue。出现 Operate on XY Data 对话框。

2. 从列出的 Operators 中分别单击切比雪夫 Ⅰ 型或者 Ⅱ 型的 chebyshev1Filter（X，F，F）或者 chebyshev2Filter（X，F，F）。

在表达式窗口中出现 chebyshev1Filter（X，F，F）或者 chebyshev2Filter（X，F，F）函数。

3. 从 XY Data 选择中单击要操作的 X-Y 数据对象的名称，然后单击 Add to Expression。用户可以从之前在此程序会话中保存的所有 X-Y 数据对象中选择（在 XY Data 域中按字母顺序列出）。

在表达式窗口中的 chebyshev1Filter 或者 chebyshev2Filter 函数插入语中出现 X-Y 数据对象名称。

4. 在表达式窗口中的第二个逗号前定位光标，然后输入截止频率的值。

5. 在表达式窗口中，将光标的位置定位在第三个逗号之前，并且为波纹系数输入一个正值。对于 chebyshev2Filter 函数，此值必须小于 1。

6. 要继续建立用户的表达式，在表达式窗口中定位光标，然后输入或者选择用户想要包括的方程、操作符和 *X-Y* 数据。

7. 要评估和显示用户的表达式，单击 Plot Expression。

8. 要保存用户的新 *X-Y* 数据对象，单击 Save As，然后在出现的对话框中提供一个名称。

保存用户的数据对象，使得在此程序会话中的将来操作中可以使用它们，并且在包含多个数据对象的 *X-Y* 图中可以使用它们。

9. 完成后，单击 Cancel 来关闭对话框。

47.4.28   降低 *X-Y* 数据对象的样本大小

使用 decimateFilter 函数来将之前保存的一个大 *X-Y* 数据对象（有序对的集合）保存成一个较小的有代表性的样本。decimateFilter 函数是一个抗锯齿过滤器，在用户定义的样本频率处选择点来产生一个新的 *X-Y* 数据对象。

decimateFilter 函数要求两个参数：*X-Y* 数据对象的名称（name）和抽样因子（decimationFactor），表示增加取样速率的因子。抽样因子必须是一个大于 1 的整数。函数也接受其他可选的参数来指定优先于抽样，新采样率对比 decimateFilter 函数使用的截止频率的比（cutoffFactor）。截止因子（cutoffFactor）必须是整数 2 或者更大。默认的值是 3。

若要降低 *X-Y* 数据对象的样本大小，执行以下操作：

1. 调用 Operate on XY Data 对话框。

从主菜单栏选择 Tools→XY Data→Create。单击出现的对话框中的 Operate on XY data；然后单击 Continue。出现 Operate on XY Data 对话框。

2. 从列出的 Operators 中单击 decimateFilter（X，I）。

在表达式窗口中出现 decimateFilter 函数。

3. 从 XY Data 选择中单击要操作的 *X-Y* 数据对象的名称，然后单击 Add to Expression。用户可以从之前在此程序会话中保存的所有 *X-Y* 数据对象中选择（在 XY Data 域中按字母顺序列出）。

在表达式窗口中的 decimateFilter 函数插入语中出现 *X-Y* 数据对象名称。

4. 在表达式窗口中的第二个逗号前定位光标，然后输入抽样因子的值。

5. 在表达式窗口中的第三个逗号前定位光标。然后输入截止因子的值。

6. 要评估和显示用户的表达式，单击 Plot Expression。

7. 要保存用户的新 *X-Y* 数据对象，单击 Save As，然后在出现的对话框中提供一个名称。

保存用户的数据对象，使得在此程序会话中的将来操作中可以使用它们，并且在包含多

个数据对象的 *X-Y* 图中可以使用它们。

8. 完成后，单击 Cancel 来关闭对话框。

47.4.29　对 *X-Y* 数据对象应用 SAE 过滤

使用 SAE 过滤函数中的一个来对之前保存的 *X-Y* 数据对象（有序对的集合）施加一个 SAE 过滤操作，来产生一个新的 *X-Y* 数据对象。例如，用户可以使用这些函数来去除高频噪声。

SAE 过滤操作执行两级、零相变、二阶段 Butterworth 过滤。Abaqus/CAE 中允许的 SAE 过滤层级是 SAE 标准 J211（OCT88）中定义成的 60、100、180、600 和 1000。Abaqus/CAE 中的显示模块使用从国家高速公路交通安全管理局（NHTSA）得到的信号分析软件。更多的信息见 NHTSA 网站上的信号软件安装技巧文档（在 http://www.nhtsa.gov/ 上搜索 NVS Software Applications）。

Abaqus/CAE 提供下面两种类型的 SAE 过滤函数：

● 通用的运算符，saeGeneralFilter，使用一个通用的过滤类，并且可以为用户指定的截止频率过滤数据。

● SAE 过滤类别支持的五个指定类别的运算符过滤器：sae60Filter、sae100Filter、sae180Filter、sae600Filter 和 sae1000Filter。因为它们使用一个指定的过滤类别，所有这些运算符不支持截止频率指定。

用户要过滤的 *X-Y* 数据对象必须具有不变的时间步。如果时间步变化，则 Abaqus/CAE 通过插值来在常数间隔处计算附加的点。SAE 过滤的常数时间步是通过要过滤的 *X-Y* 数据对象中的最小时间步来定义的。

图 47-25 所示为使用 saeGeneralFilter 操作生成的 *X-Y* 图。

saeGeneralFilter 函数要求两个参数：*X-Y* 数据对象的名称（name）和截止频率（cutoffFrequency），此频率之上过滤器衰减至少一半的输入信号。指定类别的过滤器也要求两个参数：*X-Y* 数据对象的名称（name）和时间缩放因子（timeScaleFactor），此因子是要过滤数据集合的 *X* 值的乘子。例如，值 1 说明秒的时间缩放，值 0.001 说明毫秒的时间缩放。

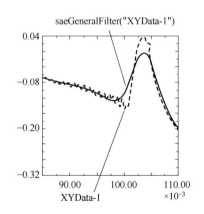

图 47-25　使用 saeGeneralFilter 操作生成的 *X-Y* 图

可选参数的描述如下：

● 一个符号常数指定在数字信号的开始时施加的投影计算方法以及开始条件（startCondition）。此参数的有效值是 ZERO，施加一个零常数的投影和开始条件；CONSTANT，施加等于 *X-Y* 数据对象中的第一个数字点的常数投影和开始条件；MIRROR，施加等效于关于通过第一点的竖直线映射到投影和开始条件；REVERSE_MIRROR，施加等效于关于通过第一个数据点的竖直线和水平线映射到投影和开始条件；以及 TANGENTIAL，施加与开始的两个数据点相切的投影和开始条件。默认是 CONSTANT。

● 一个符号常数指定在数字信号开始时的投影计算方法以及施加的结束条件（endCondition）。此参数的有效值是 ZERO，施加一个零常数的投影和结束条件；CONSTANT，施加等于 X-Y 数据对象中的最后数字点的常数投影和结束条件；MIRROR，施加等效于关于通过最后点的竖直线映射的投影和结束条件；REVERSE_MIRROR，施加等效于关于通过最后数据点的竖直线和水平线映射的投影和结束条件；以及 TANGENTIAL，施加与最后的两个数据点相切的投影和结束条件。默认是 CONSTANT。

● 一个符号常数指定插值方法（interpolation）。此参数的有效值是 QUADRATIC，指定一个拉格朗日二阶插值方法；CUBIC_SPLINE，指定三次样条曲线插值方法；以及 LINEAR，指定线性插值方法。默认是 QUADRATIC。

● 到第一个数据点的原始数据曲线的斜率（startslope）。此参数的默认值是 0.0（对于一个水平斜率），仅当插值＝CUBIC_SPLINE 时才可以使用。

● 到最后数据点的原始数据曲线的斜率（endslope）。此参数的默认值是 0.0（对于一个水平斜率），仅当插值＝CUBIC_SPLINE 时才可以使用。

● 布尔指定在过滤后的数据上是否执行逆推计算（backwardPass）。此参数的默认值是 True。当将此参数设置成 False 时，忽略 endCondition 参数。

Abaqus/CAE 参考下表中的值来确定指定类别的 SAE 过滤运算符的截止频率乘子（CM）。

SAE class	截止频率乘子（CM）
60	100
100	165
180	300
600	1000
1000	1650

Abaqus/CAE 使用截止频率乘子和用户指定的时间缩放因子（TSF）来计算截止频率：
$$截止频率＝CM×TSF$$

若要对 *X-Y* 数据对象应用 SAE 过滤，执行以下操作：

1. 调用 Operate on XY Data 对话框。

从主菜单栏选择 Tools→XY Data→Create。单击出现的对话框中的 Operate on XY data；然后单击 Continue。出现 Operate on XY Data 对话框。

2. 从列出的 Operators 中，为通用的 SAE 过滤单击 saeGeneralFilter（X，F），或者单击一个指定类别的 SAE 过滤器函数。

在表达式窗口中出现过滤器函数的用户选择。

3. 从 XY Data 选择中单击要操作的 *X-Y* 数据对象的名称，然后单击 Add to Expression。

用户可以从之前在此程序会话中保存的所有 *X-Y* 数据对象中选择（在 XY Data 域中按字母顺序列出）。

在表达式窗口中的函数插入语中出现 *X-Y* 数据对象名称。

4. 如果用户选择了 saeGeneralFilter（X，F），则在表达式窗口中定位光标并且输入截止频率的值。

5. 如果用户选择一个指定类别的 SAE 过滤器，在表达式窗口中定位光标，然后输入时间缩放因子的值。

6. 要继续建立表达式，在表达式窗口中定位光标，然后输入或者选择用户想要包括的函数、运算符和 *X-Y* 数据。

7. 要评估和显示用户的表达式，单击 Plot Expression。

8. 要保存用户的新 *X-Y* 数据对象，单击 Save As，然后在出现的对话框中提供一个名称。

保存用户的数据对象，使得在此程序会话中的将来操作中可以使用它们，并且在包含多个数据对象的 *X-Y* 图中可以使用它们。

9. 完成后，单击 Cancel 来关闭对话框。

47.4.30　对 *X-Y* 数据对象施加正弦-Butterworth 过滤

使用 sineButterworthFilter 函数来对之前保存的 *X-Y* 数据对象施加正弦-Butterworth 过滤操作（有序对的集合），以生成一个新的 *X-Y* 数据对象。例如，可以使用此过滤操作来去除高频噪声。

Abaqus/CAE 使用一个正弦-Butterworth 过滤器，它的传递函数 $|H(f)|^2$ 具有下面的形式：

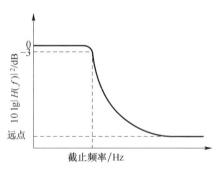

对于施加到一条曲线的过滤器，曲线必须具有在时间上有规则空间间隔的数据点。这样，被过滤的曲线以给定的频率（采样频率）进行再采样。对于包含比截止频率高得多的频率内容的曲线，默认的采样频率将不足。使用非常高的采样频率将创建具有大量数据点的曲线。

sineButterworthFilter 函数要求两个参数：*X-Y* 数据对象的名称（name）和截止频率（cutoffFrequency），在此频率之上，过滤器退化至少一半的输入信号。可选参数的描述如下：

- 用户想要使用的过滤器阶数（filterOrder）。此参数必须是一个正的偶数；默认值是 6。
- 一个符号常数指定在数字信号的开始时施加的投影计算方法以及开始条件（startCondition）。此参数的有效值是 ZERO，施加一个零常数的投影和开始条件；CONSTANT，施加等于 *X-Y* 数据对象中的第一个数字点的常数投影和开始条件；MIRROR，施加等效于关于通过第一点的竖直线映射到投影和开始条件；REVERSE_MIRROR，施加等效于关于通过第一个数据点的竖直线和水平线映射到投影和开始条件；以及 TANGENTIAL，施加与开始的两个数据点相切的投影和开始条件。默认是 CONSTANT。
- 一个符号常数指定在数字信号开始时的投影计算方法以及施加的结束条件（endCondition）。此参数的有效值是 ZERO，施加一个零常数的投影和结束条件；CONSTANT，施加等于 *X-Y* 数据对象中的最后数字点的常数投影和结束条件；MIRROR，施加等效于关于通过最后点的竖直线映射的投影和结束条件；REVERSE_MIRROR，施加等效于关于通过最后数据点的竖直线和水平线映射的投影和结束条件；以及 TANGENTIAL，施加与最后的两个数据点相切的投影和结束条件。默认是 CONSTANT。
- 一个符号常数指定插值方法（interpolation）。此参数的有效值是 QUADRATIC，指定一个拉格朗日二阶插值方法；CUBIC_SPLINE，指定三次样条曲线插值方法；以及 LINEAR，指定线性插值方法。默认是 QUADRATIC。
- 到第一个数据点的原始数据曲线的斜率（startslope）。此参数的默认值是 0.0（对于一个水平斜率），仅当插值＝CUBIC_SPLINE 时才可以使用。
- 到最后数据点的原始数据曲线的斜率（endslope）。此参数的默认值是 0.0（对于一个水平斜率），仅当插值＝CUBIC_SPLINE 时才可以使用。
- 布尔指定在过滤后的数据上是否执行逆推计算（backwardPass）。此参数的默认值是 True。当将此参数设置成 False 时，忽略 endCondition 参数。

用户用来过滤的 *X-Y* 数据对象必须具有常数时间步。如果时间步不是常数，则 Abaqus/CAE 通过插值来计算常数间隔处的附加点。根据下面的关系来从采样频率计算不变的时间步：

$$常数时间步 = \frac{1}{2 \times 采样频率}$$

图 47-26 所示为使用 sineButterworthFilter 操作生成的 *X-Y* 图。

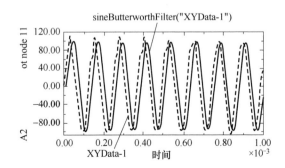

图 47-26　使用 sineButterworthFilter 操作生成的 *X-Y* 图

若要对一个 *X-Y* 数据对象施加正弦-Butterworth 过滤，执行以下操作：

1. 调用 Operate on XY Data 对话框。

从主菜单栏选择 Tools→XY Data→Create。单击出现的对话框中的 Operate on XY data；然后单击 Continue。出现 Operate on XY Data 对话框。

2. 从列出的 Operators 中单击 sineButterworthFilter（X，F）。

在表达式窗口中出现 sineButterworthFilter 函数。

3. 从 XY Data 选择中单击要操作的 *X-Y* 数据对象的名称，然后单击 Add to Expression。用户可以从之前在此程序会话中保存的所有 *X-Y* 数据对象中选择（在 XY Data 域中按字母顺序列出）。

在表达式窗口中的 sineButterworthFilter 函数插入语中出现 *X-Y* 数据对象名称。

4. 在表达式窗口中的第二个逗号前定位光标，然后输入截止频率的值。

5. 要继续建立表达式，在表达式窗口中定位光标，然后输入或者选择想要包括的函数、运算符和 *X-Y* 数据。

6. 要评估和显示用户的表达式，单击 Plot Expression。

7. 要保存新的 *X-Y* 数据对象，单击 Save As，然后在出现的对话框中提供一个名称。

保存用户的数据对象，使得在此程序会话中的将来操作中可以使用它们，并且在包含多个数据对象的 *X-Y* 图中可以使用它们。

8. 完成后，单击 Cancel 来关闭对话框。

47.4.31　平滑一个 *X-Y* 数据对象

使用 smooth 函数或者 smooth2 来操作一个之前保存的 *X-Y* 数据对象（有序对的集合），以生成一个具有更加光顺曲线的新 *X-Y* 数据对象。新的 *X-Y* 数据对象具有与原来的 *X-Y* 数据对象相同的 *X* 坐标。在每一个 *X* 坐标处，Abaqus/CAE 将新的 *Y* 坐标计算成原始数据对象的相邻 *Y* 坐标的平均值。此计算称为"移动平均"。两个函数使用不同的算法来计算移动平均值：

• smooth 函数使用一个简单的运动平均来计算新的 *Y* 坐标值，意思是每一个新 *Y* 坐标是几个相邻点的未加权平均。用户可以指定包括在平均中的一些相邻点；值越大，生成的曲线越光滑。Abaqus/CAE 将用户指定的值解释成当前 *X* 坐标任何一侧用到的点数量。默认值是 2，这意味着 Abaqus/CAE 平均 5 个值来计算每一个新的 *Y* 坐标。

• smooth2 函数使用一个指数运动平均来计算新的 *Y* 坐标值，这意味着相邻的多个点对产生的 *Y* 坐标值具有更大的指数影响。用户可以为曲线指定 0 到 1 之间的一个平滑因子；值越小，生成曲线越光滑。默认的平滑因子是 0.75。

图 47-27 所示为使用 smooth 和 smooth2 函数生成的 *X-Y* 图。

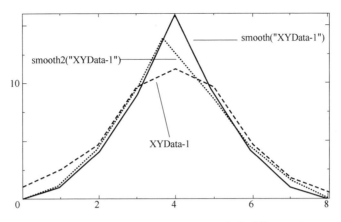

图 47-27 使用 smooth 和 smooth2 函数生成的 X-Y 图

若要平滑一个 *X-Y* 数据对象，执行以下操作：

1. 调用 Operate on XY Data 对话框。

从主菜单栏选择 Tools→XY Data→Create。单击出现的对话框中的 Operate on XY data；然后单击 Continue。出现 Operate on XY Data 对话框。

2. 从列出的 Operators 中单击 smooth（X，I）或者 smooth2（X，F）。

在表达式窗口中出现 smooth 或者 smooth2 函数。

3. 从 XY Data 选择中单击要操作的 *X-Y* 数据对象的名称，然后单击 Add to Expression。用户可以从之前在此程序会话中保存的所有 *X-Y* 数据对象中选择（在 XY Data 域中按字母顺序列出）。

在表达式窗口中的 smooth 或者 smooth2 函数插入语中出现 *X-Y* 数据对象名称。

4. 在表达式窗口中的第二个逗号前定位光标，然后输入下面的值。

● 对于 smooth 函数，输入给出点任何一侧包含在平均中的点数量整数值。

● 对于 smooth2 函数，输入 0 到 1 之间的十进制值来确定曲线的平滑因子。值越小，生成的曲线越光滑。

5. 要继续建立表达式，在表达式窗口中定位光标，然后输入或者选择想要包括的函数、运算符和 *X-Y* 数据。

6. 要评估和显示用户的表达式，单击 Plot Expression。

7. 要保存新的 *X-Y* 数据对象，单击 Save As，然后在出现的对话框中提供一个名称。

保存用户的数据对象，使得在此程序会话中的将来操作中可以使用它们，并且在包含多个数据对象的 *X-Y* 图中可以使用它们。

8. 完成后，单击 Cancel 来关闭对话框。

47.4.32   找到一个 *X-Y* 数据对象的当前最大值

使用 currentMax 函数来操作一个之前保存的 *X-Y* 数据对象（有序对的集合），以生成一

个新的 *X-Y* 数据对象。新的 *X-Y* 数据对象具有与原来的 *X-Y* 数据对象相同的 *X* 坐标，但是将新的 *Y* 坐标计算成当前 *X* 坐标之前的最大 *Y* 坐标。

图 47-28 所示为使用 currentMax 函数生成的 *X-Y* 图。

注意：新 *X-Y* 数据对象的最后值代表原始 *X-Y* 数据对象的整体最大 *Y* 坐标值。

有关如何找到两个或者更多 *X-Y* 数据对象的当前最大值的信息，见 47.4.35 节"找到两个或者多个 *X-Y* 数据对象的当前最大值"。

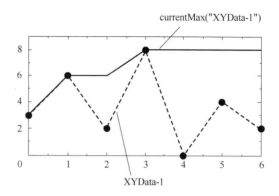

图 47-28　使用 **currentMax** 函数生成的 *X-Y* 图

若要找到一个 *X-Y* 数据对象的当前最大值，执行以下操作：

1. 调用 Operate on XY Data 对话框。

从主菜单栏选择 Tools→XY Data→Create。单击出现的对话框中的 Operate on XY data；然后单击 Continue。出现 Operate on XY Data 对话框。

2. 从列出的 Operators 中单击 currentMax（X）。

在表达式窗口中出现 currentMax 函数。

3. 从 XY Data 选择中单击要操作的 *X-Y* 数据对象的名称，然后单击 Add to Expression。用户可以从之前在此程序会话中保存的所有 *X-Y* 数据对象中选择（在 XY Data 域中按字母顺序列出）。

在表达式窗口中的 currentMax 函数插入语中出现 *X-Y* 数据对象名称。

4. 要继续建立用户的表达式，在表达式窗口中定位光标，然后输入或者选择想要包括的方程、操作符和 *X-Y* 数据。

5. 要评估和显示用户的表达式，单击 Plot Expression。

6. 要保存新的 *X-Y* 数据对象，单击 Save As，然后在出现的对话框中提供一个名称。

保存用户的数据对象，使得在此程序会话中的将来操作中可以使用它们，并且在包含多个数据对象的 *X-Y* 图中可以使用它们。

7. 完成后，单击 Cancel 来关闭对话框。

47.4.33　找到一个 *X-Y* 数据对象的当前最小值

使用 currentMin 函数来操作一个之前保存的 *X-Y* 数据对象（有序对的集合），以生成一个新的 *X-Y* 数据对象。新的 *X-Y* 数据对象具有与原来的 *X-Y* 数据对象相同的 *X* 坐标，但是将新的 *Y* 坐标计算成当前 *X* 坐标之前的最小 *Y* 坐标。

图 47-29 所示为使用 currentMin 函数生成的 *X-Y* 图。

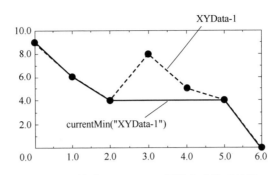

图 47-29　使用 currentMin 函数生成的 X-Y 图

注意：新 X-Y 数据对象的最后值代表原始 X-Y 数据对象的整体最小 Y 坐标值。

有关如何找到两个或者更多 X-Y 数据对象的当前最大值的信息，见 47.4.36 节"找到两个或者多个 X-Y 数据对象的当前最小值"。

若要找到一个 X-Y 数据对象的当前最大值，执行以下操作：

1. 调用 Operate on XY Data 对话框。

从主菜单栏选择 Tools→XY Data→Create。单击出现的对话框中的 Operate on XY data；然后单击 Continue。出现 Operate on XY Data 对话框。

2. 从列出的 Operators 中单击 currentMin（X）。

在表达式窗口中出现 currentMin 函数。

3. 从 XY Data 选择中单击要操作的 X-Y 数据对象的名称，然后单击 Add to Expression。用户可以从之前在此程序会话中保存的所有 X-Y 数据对象中选择（在 XY Data 域中按字母顺序列出）。

在表达式窗口中的 currentMin 函数插入语中出现 X-Y 数据对象名称。

4. 要继续建立用户的表达式，在表达式窗口中定位光标，然后输入或者选择想要包括的方程、操作符和 X-Y 数据。

5. 要评估和显示用户的表达式，单击 Plot Expression。

6. 要保存新的 X-Y 数据对象，单击 Save As，然后在出现的对话框中提供一个名称。

保存用户的数据对象，使得在此程序会话中的将来操作中可以使用它们，并且在包含多个数据对象的 X-Y 图中可以使用它们。

7. 完成后，单击 Cancel 来关闭对话框。

47.4.34　找到一个 X-Y 数据对象的当前范围

使用 currentRng 函数来操作一个之前保存的 X-Y 数据对象（有序对的集合），以生成一个新的 X-Y 数据对象。新的 X-Y 数据对象具有与原来的 X-Y 数据对象相同的 X 坐标，但是将新的 Y 坐标计算成当前 X 坐标处或者之前的最小 Y 坐标与最大 Y 坐标之间的差异。

图 47-30 所示为使用 currentRng 函数生成的 X-Y 图。

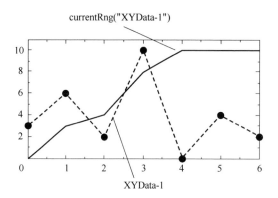

图 **47-30** 使用 **currentRng** 函数生成的 **X-Y** 图

注意：新 X-Y 数据对象的最后值代表原始 X-Y 数据对象的整体 Y 坐标范围。

有关如何找到两个或者更多 X-Y 数据对象的当前最大值的信息，见 47.4.37 节 "找到两个或者多个 X-Y 数据对象的当前范围"。

若要找到一个 **X-Y** 数据对象的当前最大值，执行以下操作：

1. 调用 Operate on XY Data 对话框。

从主菜单栏选择 Tools→XY Data→Create。单击出现的对话框中的 Operate on XY data；然后单击 Continue。出现 Operate on XY Data 对话框。

2. 从列出的 Operators 中单击 currentRng（X）。

在表达式窗口中出现 currentRng 函数。

3. 从 XY Data 选择中单击要操作的 X-Y 数据对象的名称，然后单击 Add to Expression。用户可以从之前在此程序会话中保存的所有 X-Y 数据对象中选择（在 XY Data 域中按字母顺序列出）。

在表达式窗口中的 currentRng 函数插入语中出现 X-Y 数据对象名称。

4. 要继续建立用户的表达式，在表达式窗口中定位光标，然后输入或者选择想要包括的方程、操作符和 X-Y 数据。

5. 要评估和显示用户的表达式，单击 Plot Expression。

6. 要保存新的 X-Y 数据对象，单击 Save As，然后在出现的对话框中提供一个名称。

保存用户的数据对象，使得在此程序会话中的将来操作中可以使用它们，并且在包含多个数据对象的 X-Y 图中可以使用它们。

7. 完成后，单击 Cancel 来关闭对话框。

47.4.35 找到两个或者多个 **X-Y** 数据对象的当前最大值

使用 maxEnvelope 函数来操作两个或者多个之前保存的 X-Y 数据对象（每一个对象是有

序对的集合），以生成一个新的 *X-Y* 数据对象。新 *X-Y* 数据对象具有输入数据对象的所有 *X* 坐标以及需要与输入数据对象对齐的任何附加 *X* 坐标。Abaqus/CAE 通过内插和外插来计算附加的 *X-Y* 数据对。新的数据对象让 *Y* 坐标等于当前 *X* 坐标处所有输入 *X-Y* 数据对象的最大 *Y* 坐标。此功能的参数是可交换的。

图 47-31 所示为使用 maxEnvelope 函数生成的 *X-Y* 图。

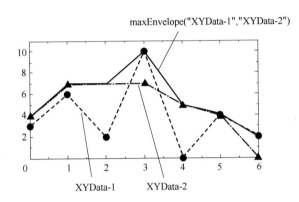

图 47-31 使用 maxEnvelope 函数生成的 *X-Y* 图

有关如何找到一个 *X-Y* 数据对象的当前最大值的信息，见 47.4.32 节"找到一个 *X-Y* 数据对象的当前最大值"。

若要找到两个或者多个 *X-Y* 数据对象的当前最大值，执行以下操作：

1. 调用 Operate on XY Data 对话框。

从主菜单栏选择 Tools→XY Data→Create。单击出现的对话框中的 Operate on XY data；然后单击 Continue。出现 Operate on XY Data 对话框。

2. 从列出的 Operators 中单击 maxEnvelope（A，A，...）。

在表达式窗口中出现 maxEnvelope 函数。

3. 从 XY Data 选择中单击要操作的 *X-Y* 数据对象的名称，然后单击 Add to Expression。用户可以从之前在此程序会话中保存的所有 *X-Y* 数据对象中选择（在 XY Data 域中按字母顺序列出）。

在表达式窗口中的 maxEnvelope 函数插入语中出现 *X-Y* 数据对象名称。

4. 要继续建立用户的表达式，在表达式窗口中定位光标，然后输入或者选择想要包括的方程、操作符和 *X-Y* 数据。

5. 要评估和显示用户的表达式，单击 Plot Expression。

6. 要保存新的 *X-Y* 数据对象，单击 Save As，然后在出现的对话框中提供一个名称。

保存用户的数据对象，使得在此程序会话中的将来操作中可以使用它们，并且在包含多个数据对象的 *X-Y* 图中可以使用它们。

7. 完成后，单击 Cancel 来关闭对话框。

47.4.36 找到两个或者多个 *X-Y* 数据对象的当前最小值

使用 minEnvelope 函数来操作两个或者多个之前保存的 *X-Y* 数据对象（每一个对象是有序对的集合），以生成一个新的 *X-Y* 数据对象。新 *X-Y* 数据对象具有输入数据对象的所有 *X* 坐标以及需要与输入数据对象对齐的任何附加 *X* 坐标。Abaqus/CAE 通过内插和外插来计算附加的 *X-Y* 数据对。新的数据对象让 *Y* 坐标等于当前 *X* 坐标处所有输入 *X-Y* 数据对象的最小 *Y* 坐标。此功能的参数是可交换的。

图 47-32 所示为使用 minEnvelope 函数生成的 *X-Y* 图。

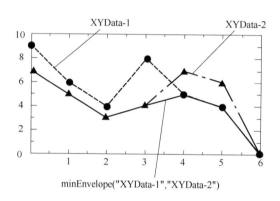

图 47-32　使用 minEnvelope 函数生成的 *X-Y* 图

有关如何找到一个 *X-Y* 数据对象的当前最小值的信息，见 47.4.33 节"找到一个 *X-Y* 数据对象的当前最小值"。

若要找到两个或者多个 *X-Y* 数据对象的当前最小值，执行以下操作：

1. 调用 Operate on XY Data 对话框。

从主菜单栏选择 Tools→XY Data→Create。单击出现的对话框中的 Operate on XY data；然后单击 Continue。出现 Operate on XY Data 对话框。

2. 从列出的 Operators 中单击 minEnvelope（A，A，...）。

在表达式窗口中出现 minEnvelope 函数。

3. 从 XY Data 选择中单击要操作的 *X-Y* 数据对象的名称，然后单击 Add to Expression。用户可以从之前在此程序会话中保存的所有 *X-Y* 数据对象中选择（在 XY Data 域中按字母顺序列出）。

在表达式窗口中的 minEnvelope 函数插入语中出现 *X-Y* 数据对象名称。

4. 要继续建立用户的表达式，在表达式窗口中定位光标，然后输入或者选择想要包括的方程、操作符和 *X-Y* 数据。

5. 要评估和显示用户的表达式，单击 Plot Expression。

6. 要保存新的 *X-Y* 数据对象，单击 Save As，然后在出现的对话框中提供一个名称。

保存用户的数据对象，使得在此程序会话中的将来操作中可以使用它们，并且在包含多个数据对象的 *X-Y* 图中可以使用它们。

7. 完成后，单击 Cancel 来关闭对话框。

47.4.37　找到两个或者多个 *X-Y* 数据对象的当前范围

使用 rng 函数来操作两个或者更多之前保存的 *X-Y* 数据对象（每一个对象是有序对的集合），以生成一个新的 *X-Y* 数据对象。新 *X-Y* 数据对象具有输入数据对象的所有 *X* 坐标以及需要与输入数据对象对齐的任何附加 *X* 坐标。Abaqus/CAE 通过内插和外插来计算附加的 *X-Y* 数据对。Abaqus/CAE 将新数据对象 *Y* 坐标计算成当前 *X* 坐标处最小 *Y* 坐标与最大 *Y* 坐标之间的差异。此操作的参数是可交换的。

图 47-33 所示为使用 rng 函数生成的 *X-Y* 图。

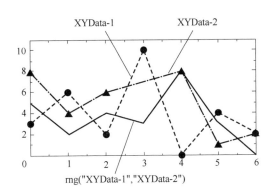

图 47-33　使用 **rng** 函数生成的 *X-Y* 图

有关如何找到单个 *X-Y* 数据对象的当前范围的信息，见 47.4.34 节 "找到一个 *X-Y* 数据对象的当前范围"。

若要找到两个或者更多 *X-Y* 数据对象的当前范围，执行以下操作：

1. 调用 Operate on XY Data 对话框。

从主菜单栏选择 Tools→XY Data→Create。单击出现的对话框中的 Operate on XY data；然后单击 Continue。出现 Operate on XY Data 对话框。

2. 从列出的 Operators 中单击 rng（A，A，…）。

在表达式窗口中出现 rng 函数。

3. 从 XY Data 选择中单击要操作的 *X-Y* 数据对象的名称，然后单击 Add to Expression。用户可以从之前在此程序会话中保存的所有 *X-Y* 数据对象中选择（在 XY Data 域中按字母顺序列出）。

在表达式窗口中的 rng 函数插入语中出现 X-Y 数据对象的名称，通过逗号来分隔。

4. 要继续建立用户的表达式，在表达式窗口中定位光标，然后输入或者选择想要包括的方程、操作符和 X-Y 数据。

5. 要评估和显示用户的表达式，单击 Plot Expression。

6. 要保存新的 X-Y 数据对象，单击 Save As，然后在出现的对话框中提供一个名称。

保存用户的数据对象，使得在此程序会话中的将来操作中可以使用它们，并且在包含多个数据对象的 X-Y 图中可以使用它们。

7. 完成后，单击 Cancel 来关闭对话框。

47.4.38　连接两个或者多个 X-Y 数据对象

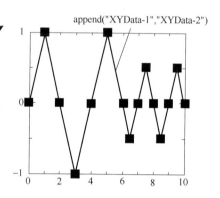

图 47-34　使用 append 函数生成的 X-Y 图

使用 append 函数来将两个或者更多之前保存的 X-Y 数据对象（有序对的集合）链接到一起，以生成一个新的 X-Y 数据对象。新 X-Y 数据对象以用户指定的次序来连接用户指定的数据对象。

图 47-34 所示为通过将一个 Y 值从 1 变化到-1 的 X-Y 数据对象与 Y 值从 0.5 变化到-0.5 的 X-Y 数据对象连接到一起创建的 X-Y 图。

若要连接两个或者多个 X-Y 数据对象，执行以下操作：

1. 调用 Operate on XY Data 对话框。

从主菜单栏选择 Tools→XY Data→Create。单击出现的对话框中的 Operate on XY data；然后单击 Continue。出现 Operate on XY Data 对话框。

2. 从列出的 Operators 中单击 append（A，A，…）。

在表达式窗口中出现 append 函数。

3. 从 XY Data 选择中单击要操作的 X-Y 数据对象的名称，然后单击 Add to Expression。用户可以从之前在此程序会话中保存的所有 X-Y 数据对象中选择（在 XY Data 域中按字母顺序列出）。

在表达式窗口中的 append 函数插入语中出现 X-Y 数据对象的名称，通过逗号来分隔。

4. 要继续建立用户的表达式，在表达式窗口中定位光标，然后输入或者选择想要包括的方程、操作符和 X-Y 数据。

5. 要评估和显示用户的表达式，单击 Plot Expression。

6. 要保存新的 X-Y 数据对象，单击 Save As，然后在出现的对话框中提供一个名称。

保存用户的数据对象，使得在此程序会话中的将来操作中可以使用它们，并且在包含多个数据对象的 X-Y 图中可以使用它们。

7. 完成后，单击 Cancel 来关闭对话框。

47.4.39 组合两个 *X-Y* 数据对象

使用 combine 函数来操作两个或者更多之前保存的 *X-Y* 数据对象（每一个对象是有序对的集合），以生成一个新的 *X-Y* 数据对象。新的 *X-Y* 数据对象包含在任何两个数据对象的 *X* 坐标匹配处，第一个数据对象的 *Y* 坐标和第二个数据对象的 *Y* 坐标组成的数据对。例如，

$$XYData1 = [(1,4),(2,4),(3,4),(4,5),(5,6)]$$

及

$$XYData2 = [(1,9),(2,8),(3,7),(4,6),(5,4)];$$

则

$$combine(XYData1, XYData2) = [(4,9),(4,8),(4,7),(5,6),(6,4)].$$

此操作的参数不是可交换的。如果两个数据对象的 *X* 坐标不匹配，则 Abaqus/CAE 计算缺失的数据点来让 *X-Y* 数据对象对齐。更多有关如何计算缺失点的信息，见 47.4.2 节"理解 *X-Y* 数据内插和外插"。

此函数的一个典型应用将是将具有时间 *X* 值和载荷 *Y* 值的数据对象，与具有时间 *X* 值和位移 *Y* 值的数据对象组合，来生成具有位移 *X* 值和载荷 *Y* 值得数据对象。另外的一个例子将具有时间 *X* 值和应力 *Y* 值的一个数据对象，与具有时间 *X* 值和应变 *Y* 值得数据对象组合，来生成具有应变 *X* 值和应力 *Y* 值的数据对象，如图 47-35 所示。

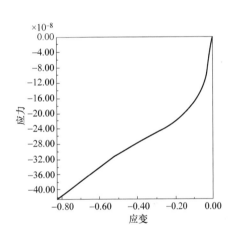

图 47-35 应力对比应变的 *X-Y* 图

若要组合两个 *X-Y* 数据对象，执行以下操作：

1. 调用 Operate on XY Data 对话框。

从主菜单栏选择 Tools→XY Data→Create。单击出现的对话框中的 Operate on XY data；然后单击 Continue。出现 Operate on XY Data 对话框。

2. 从列出的 Operators 中单击 combine（X，X）。

在表达式窗口中出现 combine 函数。

3. 从 XY Data 选择中单击要操作的 *X-Y* 数据对象的名称，然后单击 Add to Expression。用户可以从之前在此程序会话中保存的所有 *X-Y* 数据对象中选择（在 XY Data 域中按字母顺序列出）。

在表达式窗口中的 combine 函数插入语中出现 *X-Y* 数据对象的名称，通过逗号来分隔。

4. 要继续建立用户的表达式，在表达式窗口中定位光标，然后输入或者选择用户想要包括的方程、操作符和 *X-Y* 数据。

5. 要评估和显示用户的表达式，单击 Plot Expression。

6. 要保存新的 X-Y 数据对象，单击 Save As，然后在出现的对话框中提供一个名称。

保存用户的数据对象，使得在此程序会话中的将来操作中可以使用它们，并且在包含多个数据对象的 X-Y 图中可以使用它们。

7. 完成后，单击 Cancel 来关闭对话框。

47.4.40　转换用于 *X-Y* 数据对象的角度单位

使用 degreeToRadian 或者 radianToDegree 函数来操作之前保存的 X-Y 数据对象（有序对的集合）链接到一起，以生成一个新的 X-Y 数据对象。新的 X-Y 数据对象具有与原来的 X-Y 数据对象相同的 X 坐标值。Abaqus/CAE 通过将每一个原始的 Y 坐标从度转换成弧度，或者从弧度转换成度来计算新的 Y 坐标值，取决于用户指定的函数。

若要应用 degreeToRadian 或者 radianToDegree 函数，执行以下操作：

1. 调用 Operate on XY Data 对话框。

从主菜单栏选择 Tools→XY Data→Create。单击出现的对话框中的 Operate on XY data；然后单击 Continue。出现 Operate on XY Data 对话框。

2. 从列出的 Operators 中单击 degreeToRadian 来将度转换成弧度，或者 radianToDegree 来将弧度转换成度。

在表达式窗口中出现各自的函数。

3. 从 XY Data 选择中单击要操作的 X-Y 数据对象的名称，然后单击 Add to Expression。用户可以从之前在此程序会话中保存的所有 X-Y 数据对象中选择（在 XY Data 域中按字母顺序列出）。

在表达式窗口中的函数插入语中出现 X-Y 数据对象名称。

4. 要继续建立用户的表达式，在表达式窗口中定位光标，然后输入或者选择想要包括的方程、操作符和 X-Y 数据。

5. 要评估和显示用户的表达式，单击 Plot Expression。

6. 要保存新的 X-Y 数据对象，单击 Save As，然后在出现的对话框中提供一个名称。

保存用户的数据对象，使得在此程序会话中的将来操作中可以使用它们，并且在包含多个数据对象的 X-Y 图中可以使用它们。

7. 完成后，单击 Cancel 来关闭对话框。

47.4.41　对换 *X-Y* 数据对象的次序

使用 swap 函数来交换之前保存的 X-Y 数据对象（有序对的集合）的 X 值和 Y 值，以生成一个新的 X-Y 数据对象。新的 X-Y 数据对象的 X 坐标值是原来 X-Y 数据对象的 Y 坐标值，新的 X-Y 数据对象的 Y 坐标值是原来 X-Y 数据对象的 X 坐标值。

图 47-36 所示为使用 swap 函数生成的 X-Y 图。

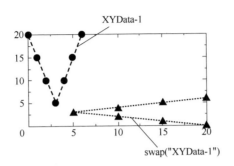

图 47-36　使用 swap 函数生成的 X-Y 图

若要对换 X-Y 数据对象的次序，执行以下操作：

1. 调用 Operate on XY Data 对话框。

从主菜单栏选择 Tools→XY Data→Create。单击出现的对话框中的 Operate on XY data；然后单击 Continue。出现 Operate on XY Data 对话框。

2. 从列出的 Operators 中单击 swap（X）。

在表达式窗口中出现 swap 函数。

3. 从 XY Data 选择中单击要操作的 X-Y 数据对象的名称，然后单击 Add to Expression。用户可以从之前在此程序会话中保存的所有 X-Y 数据对象中选择（在 XY Data 域中按字母顺序列出）。

在表达式窗口中的 swap 函数插入语中出现 X-Y 数据对象名称。

4. 要继续建立用户的表达式，在表达式窗口中定位光标，然后输入或者选择想要包括的方程、操作符和 X-Y 数据。

5. 要评估和显示用户的表达式，单击 Plot Expression。

6. 要保存新的 X-Y 数据对象，单击 Save As，然后在出现的对话框中提供一个名称。

保存用户的数据对象，使得在此程序会话中的将来操作中可以使用它们，并且在包含多个数据对象的 X-Y 图中可以使用它们。

7. 完成后，单击 Cancel 来关闭对话框。

47.4.42　从一个 X-Y 数据对象的尾部截取数据

使用 truncate 函数来操作一个之前保存的 X-Y 数据对象（有序对的集合），以生成一个新的 X-Y 数据对象，此数据对象排除 X 坐标值小于用户指定的最小值的数据点，或者排除 X 坐标值大于用户指定的最大值的数据点。

图 47-37 所示为使用 truncate 函数截取后，最大值是 7 的 X-Y 图。

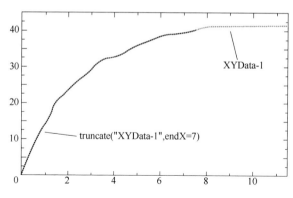

图 47-37　使用 **truncate** 函数生成的 *X-Y* 图

若要从 *X-Y* 数据对象的尾部截取数据，执行以下操作：

1. 调用 Operate on XY Data 对话框。

从主菜单栏选择 Tools→XY Data→Create。单击出现的对话框中的 Operate on XY data；然后单击 Continue。出现 Operate on XY Data 对话框。

2. 从列出的 Operators 中单击 truncate（X，F）。

在表达式窗口中出现 truncate 函数。

3. 从 XY Data 选择中单击要操作的 *X-Y* 数据对象的名称，然后单击 Add to Expression。用户可以从之前在此程序会话中保存的所有 *X-Y* 数据对象中选择（在 XY Data 域中按字母顺序列出）。

在表达式窗口中的 truncate 函数插入语中出现 *X-Y* 数据对象名称。

4. 指定 *X* 坐标值，将从 *X-Y* 数据对象中删除其上或者其下的数据点。要指定一个最大值，将光标定位在表达式窗口中的第二个逗号之前，然后输入最大值的数字。要指定一个最小值，对表达式中的表达式附加 startX=value。

5. 如果需要，定制截取阶数值，这确定 Abaqus/CAE 是否应当在用户指定的截取边界处或者多个边界处创建新的数据点，如果创建数据点，则应当如何计算这些新的数据点。选择下面的一个。

- 如果 truncOrder=2（默认值），Abaqus/CAE 在数据上执行分段线性拟合，来确定每一个边界处的新数据点，并且在新的 *X-Y* 数据对象中包括新的点或者新的多个点。

- 如果 truncOrder=3，Abaqus/CAE 在数据上执行样条插值来确定每一个边界处的新数据点，并且在新的 *X-Y* 数据对象中包括新的点或者新的多个点。

- 如果 truncOrder=1，Abaqus/CAE 不在边界值处创建任何新点。

6. 如果需要，定制截取容差值。如果用户选择在截取边界处包括插值，则如果 Abaqus/CAE 发现现有的数据点已经非常靠近边界时，插值容差覆盖新数据点的创建。默认情况下，截取容差（truncTol）是 0.005，或者 *X-Y* 数据对象中相邻数据点之间在 *X* 方向上平均距离的百分之 0.5。如果 Abaqus/CAE 发现一个现有的数据点比截取容差值更加的靠近现有的数据点，则不在那个边界上创建新的插值点。

7. 要继续建立用户的表达式，在表达式窗口中定位光标，然后输入或者选择想要包括的方程、操作符和 X-Y 数据。

8. 要评估和显示用户的表达式，单击 Plot Expression。

9. 要保存新的 X-Y 数据对象，单击 Save As，然后在出现的对话框中提供一个名称。

保存用户的数据对象，使得在此程序会话中的将来操作中可以使用它们，并且在包含多个数据对象的 X-Y 图中可以使用它们。

10. 完成后，单击 Cancel 来关闭对话框。

47.5 定制X-Y图轴

本节介绍如何使用 Axis Options 来定制 X-Y 图轴的外观，包括以下主题：
- 47.5.1 节 "X-Y 图轴选项概览"
- 47.5.2 节 "使用不同的变量来显示多个 X-Y 数据对象"
- 47.5.3 节 "定制 X-Y 图轴比例"
- 47.5.4 节 "定制 X-Y 图轴范围"
- 47.5.5 节 "定制 X-Y 图轴刻度模式"
- 47.5.6 节 "定制 X-Y 图轴刻度"
- 47.5.7 节 "定制 X-Y 图轴标题"
- 47.5.8 节 "定制 X-Y 图轴的位置"
- 47.5.9 节 "定制 X-Y 图轴标签"
- 47.5.10 节 "定制 X-Y 图轴颜色和类型"

47.5.1 X-Y 图轴选项概览

用户可以使用轴选项来定制 X-Y 图轴的外观。图 47-38 所示为用户可以定制的 X-Y 图的特征。

Abaqus/CAE 在 Axis Options 对话框中提供访问这些选项的途径，用户可以在显示模块中的以下位置打开此对话框。

- 从主菜单栏选择 Options→XY Options→Axis。
- 从显示模块工具箱中单击▒。
- 从结果树扩展 X Axes 或者 Y Axes 容器，高亮显示想要更改的轴，右击，然后从出现的列表中选择 Axis Options。
- 在视口中显示 X-Y 图时，双击图中的一个轴。

仅当没有有效过程起作用时，才可以选择 X-Y 图中的项目；用户可能需要取消当前的过程来激活 X-Y 图中的组件。

用户可以单击下面的标签页来定制选中轴的外观：
- Scale，选择轴的比例和范围，定制刻度线的出现。
- Tick Marks，控制刻度的外观和位置。
- Title，指定轴标签的内容和外观。
- Axes，选择轴的位置、颜色、类型和宽度，控制数字轴的标签。

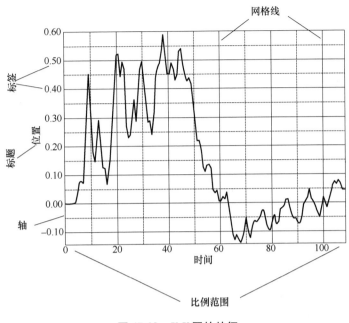

图 47-38 X-Y 图的特征

47.5.2 使用不同的变量来显示多个 *X-Y* 数据对象

当使不同的变量在同一个 *X-Y* 图中显示 *X-Y* 数据对象时，Abaqus/CAE 为这些数据对象所使用的每一个量的类型显示一个轴。在图 47-39 的 *X-Y* 图中，显示了三个 *X-Y* 数据对象：ALLKE 和 ALLSE 分别显示随时间变化的动能和应变能，Displacement 显示选中节点随时间变化的位移。在 *X* 方向上，因为三个 *X-Y* 曲线沿着此轴共享此类型的量，所以生成的图仅

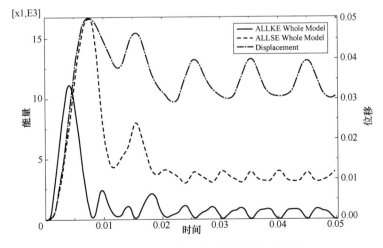

图 47-39 在 *Y* 方向上显示两个轴的 *X-Y* 图

包括单独的轴，即时间。在 Y 方向上，这些 X-Y 数据对象使用不同的量类型，X-Y 图分别显示能量和位移轴。

当在同一个 X-Y 图中显示多条曲线时，Abaqus/CAE 沿着两个轴将图的最小值和最大值设置成用户图包括的第一个 X-Y 数据对象的最小值和最大值。此 X-Y 数据对象列在 X-Y 图图例说明和 Curve Options 对话框 Curves 区域中的第一个。

当一个 X-Y 图在 X 方向和 Y 方向上显示多个轴时，用户可以将它们布置在 X-Y 图的同一侧、相反一侧，或者将一个或者两个轴布置在 X-Y 图的中间。用户也可以独立操控这些 X-Y 图轴的比例或者外观来丰富它们在视口中的表现。

47.5.3　定制 *X-Y* 图轴比例

单击 Scale 标签页来为 X-Y 图的 X 轴和 Y 轴选择一个线性的、对数的或者基于分贝的比例。显示的所有 X 轴和 Y 轴的比例是相互独立的。默认情况下，Abaqus/CAE 对所有轴使用线性的比例。

基于分贝的比例

用户可以使用两个基于分贝的比例中的任何一个来沿着特定的轴缩放数据。每一个比例都适用于特定类型的波数据：显示与波功率或者波强度有关的数据，推荐 10dB 比例；与波幅有关的数据，推荐 20dB 比例。

当用户选择一个基于分贝的轴比例时，用户也可以调整分贝的参考值。调整此值可以根据数据的环境条件和模型中的单位重新调整数据对象的比例。默认值为 1。用户可以调整此值来显示不同环境中的数据，或者显示通过不同介质（如水）的波的数据。

若要定制 *X-Y* 图轴比例，执行以下操作：

1. 调用 Scale 选项。

选择 Options→XY Options→Axis；或者单击 ，它位于显示模块工具箱中的 X-Y 图示工具。单击出现的对话框中的 Scale 标签页。

2. 从 X Axis 或者 Y Axis 域高亮显示一个或者多个轴。

3. 选择下面的轴比例选项中的一个。

- Linear。以线性序列显示选中的轴。
- Log。以 10 为底的对数序列显示选中的轴。
- 10dB。以 10dB 序列显示选中的轴。dB Reference 域变得可用，然后用户可以输入沿着此轴的基于 10dB 的数据的分贝参考值。
- 20dB。以 20dB 序列显示选中的轴。dB Reference 域变得可用，然后用户可以输入沿着此轴的基于 20dB 的数据的分贝参考值。

4. 单击 Dismiss 来关闭 Axis Options 对话框。

47.5.4　定制 *X-Y* 图轴范围

单击 Scale 标签页来定制 *X-Y* 图的 *X* 轴和 *Y* 轴范围。默认情况下，Abaqus/CAE 会根据图中包括的最小数据点和最大数据点来计算最小轴值和最大轴值。

若要定制 *X-Y* 图轴范围，执行以下操作：

1. 调用轴的 Max 和 Min 选项。

选择 Options→XY Options→Axis；或者单击↦，它位于显示模块工具箱中的 *X-Y* 图示工具。单击出现的对话框中的 Scale 标签页。

在 Scale 页面的中间出现 Max 和 Min 选项。

2. 从 X Axis 或者 Y Axis 域高亮显示一个或者多个轴。

3. 在 Max 域中输入一个值，或者切中选中此域旁边的 Auto-compute 来将选中的一个或者多个轴的最大值设置成可以获取的最高数据点。

Abaqus/CAE 更新选中的轴或者多个轴。

4. 在 Min 域中输入一个值，或者切中选中此域旁边的 Auto-compute 来将选中的一个或者多个轴的最小值设置成可以获取的最低数据点。

Abaqus/CAE 更新选中的轴或者多个轴。

5. 单击 Dismiss 来关闭 Axis Options 对话框。

47.5.5　定制 *X-Y* 图轴刻度模式

单击 Scale 标签页来定制 *X-Y* 图 *X* 轴和 *Y* 轴的刻度模式。刻度模式选项可以让用户控制沿着任意轴出现的主刻度和副刻度的数量。默认情况下，Abaqus/CAE 会根据图中包括的最小数据点和最大数据点来计算最小轴值和最大轴值。

若要定制 *X-Y* 图轴刻度模式，执行以下操作：

1. 调用轴 Tick Mode 选项。

选择 Options→XY Options→Axis；或者单击↦，它位于显示模块工具箱中的 *X-Y* 图示工具。单击出现的对话框中的 Scale 标签页。

在 Scale 页面的中间出现 Tick Mode 选项。

2. 从 X Axis 或者 Y Axis 域高亮显示一个或者多个轴。

3. 选择沿着选中轴的主刻度之间的间隔的计算方法。

从 Major 选项中选择下面的一个。

● 选择 Automatic。Abaqus 计算沿着选中轴的主刻度之间的间隔，四舍五入来提供合理的间隔。

● 选择 By increment。Tick increment 文本域变得可用，然后用户可以输入沿着选中轴的主刻度之间的增量。

● 选择 By count。Number of ticks per decade 域变得可用，然后用户可以增加或者减少沿着选中轴的最小值和最大值之间出现的主刻度总数量。

4. 指定副刻度的数量。

从 Minor 刻度中单击 Ticks per increment 箭头（对于基于线性或者分贝的轴）或者 Ticks per decade 箭头（对于对数轴）来指定每一个主刻度之间的副刻度数量。

5. 单击 Dismiss 来关闭 Axis Options 对话框。

47.5.6　定制 *X-Y* 图轴刻度

单击 Tick Marks 表页来控制沿着 *X-Y* 图 *X* 轴和 *Y* 轴出现的刻度的长度、宽度、类型和颜色。主刻度和副刻度的数量是单独受控的，见 47.5.5 节"定制 *X-Y* 图轴刻度模式"。用户可以单独控制 *X* 轴和 *Y* 轴的刻度。图 47-40 所示为标有主刻度和副刻度的 *X-Y* 图。

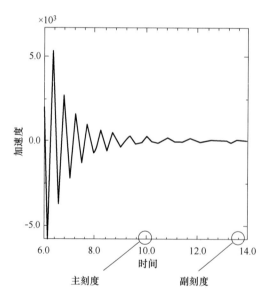

图 47-40　标有主刻度和副刻度的 *X-Y* 图

主刻度控制 *X-Y* 图主网格线的位置和数字轴标签。副刻度是更短的、无标签的刻度，控制小网格线的位置。

默认情况下，Abaqus/CAE 会自动计算刻度的数量。用户可以通过主刻度之间的增量或者刻度的总数量来指定主刻度。用户可以通过主刻度之间的副刻度数量来指定副刻度。

刻度的颜色由轴的颜色决定。更多信息见 47.5.10 节"定制 *X-Y* 图轴颜色和类型"。

若要控制 *X-Y* 图轴刻度，执行以下操作：

1. 调用轴 Tick Marks 选项。

选择 Options→XY Options→Axis；或者单击↦，它位于显示模块工具箱中的 *X-Y* 图示工具。单击出现的对话框中的 Scale 标签页。

2. 从 X Axis 或者 Y Axis 域高亮显示一个或者多个轴。

3. 选择放置轴刻度的位置。

从 Placement 选项中选择下面的一个。

- 选择 None。Abaqus 完全隐藏选中轴的刻度。
- 选择 Inside。Abaqus 在与 *X-Y* 曲线相同的轴侧显示刻度。
- 选择 Outside。Abaqus 在与 *X-Y* 曲线相反的轴侧显示刻度。
- 选择 Across。Abaqus 横跨选中轴的两侧来显示刻度。

4. 指定刻度的长度。

单击 Length 箭头来增加或者减小刻度的长度。

Abaqus/CAE 改变主刻度和副刻度的长度。

5. 选择线类型。

从 Style 列表中单击想要的线类型（实线、虚线等）。

Style 列表中出现指定的沿着选中轴的刻度线类型。

6. 选择线宽度。

从 Thickness 列表中单击想要的线宽度。

Thickness 列表中出现指定的沿着选中轴的刻度线宽度。

7. 选择线颜色。

a. 单击颜色样本■。

Abaqus/CAE 显示 Select Color 对话框。

b. 使用 Select Color 对话框中的方法来选择一个新的颜色。更多信息见 3.2.9 节"定制颜色"。

c. 单击 OK 来关闭 Select Color 对话框。

选中轴的刻度改变成选中的颜色。

8. 单击 Dismiss 来关闭 Axis Options 对话框。

47.5.7   定制 *X-Y* 图轴标题

单击 Title 标签页来定义沿着 *X-Y* 图 *X* 轴和 *Y* 轴出现的标题。用户可以定制以下内容：

- 出现在每个标题中的文本。
- 每个标题的颜色。
- 每个标题的字体。

若要定制 *X-Y* 图的轴标题，执行以下操作：

1. 调用轴 Title 选项。

选择 Options→XY Options→Axis；或者单击⤞，它位于显示模块工具箱中的 *X-Y* 图示工具。单击出现的对话框中的 Title 标签页。

2. 从 X Axis 或者 Y Axis 域高亮显示一个或者多个轴。

3. 为选中的轴指定不是默认的标题文本，即在域中输入文本。用户可以通过切换选中 Use default 恢复默认的标题。

4. 选择轴标题的字体。

a. 单击**A**。

Abaqus/CAE 显示 Select Font 对话框。

b. 使用 Select Font 对话框中的方法来选择一个新的字体、大小和类型。更多信息见 3.2.8 节 "定制字体"。

c. 单击 Apply 来查看字体选择的效果。

d. 单击 OK 来关闭 Select Font 对话框。

X-Y 图标题改变成选中的字体、大小和类型。

5. 选择轴标题的颜色。

a. 单击颜色样本▉。

Abaqus/CAE 显示 Select Color 对话框。

b. 使用 Select Color 对话框中的方法来选择一个新的颜色。更多信息见 3.2.9 节 "定制颜色"。

c. 单击 OK 来关闭 Select Color 对话框。

选中轴的轴标题改变成选中的颜色。

6. 单击 Dismiss 来关闭 Axis Options 对话框。

47.5.8 定制 *X-Y* 图轴的位置

单击 Axes 标签页来定制 *X-Y* 图 X 轴和 Y 轴的位置。本节介绍 Placement 选项，它可以控制轴的位置；要定制轴标签的位置，见 47.5.9 节 "定制 *X-Y* 图轴标签"。

若要控制 *X-Y* 图轴的位置，执行以下操作：

1. 调用轴 Placement 选项。

选择 Options→XY Options→Axis；或者单击⤞，它位于显示模块工具箱中的 *X-Y* 图示工具。单击出现的对话框中的 Axes。Axes 页的顶部出现 Placement 选项。

2. 从 X Axis 或者 Y Axis 域高亮显示一个或者多个轴。

3. 从 Axis 页顶部的 Placement 选项中选择下面的一个。

● 选择 Min Edge。Abaqus/CAE 仅将轴放置在 *X-Y* 图的最小边上。对于 *X* 轴，最小边是视口的底部；对于 *Y* 轴，最小边是视口的左侧。

● 选择 Max Edge。Abaqus/CAE 仅将轴放置在 *X-Y* 图的最大边上。对于 *X* 轴，最大边是视口的顶部；对于 *Y* 轴，最大边是视口的左侧。

● 选择 Min/Max Edge。Abaqus/CAE 将轴放置在 *X-Y* 图的最大边和最小边上。对于 *X* 轴，Abaqus/CAE 在视口的顶部和底部放置选中的轴；对于 *Y* 轴，Abaqus/CAE 在视口的左侧和右侧放置选中的轴。

● 选择 Center。Abaqus/CAE 将轴放置在 *X-Y* 图的中心位置。

4. 单击 Dismiss 来关闭 Axis Options 对话框。

47.5.9　定制 *X-Y* 图轴标签

单击 Axes 标签页来定制数值标签，此标签位于 *X-Y* 图 *X* 轴和 *Y* 轴的刻度旁。图 47-41 所示为显示了轴标签的例子。

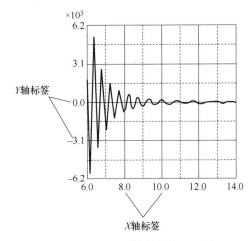

图 47-41　显示了轴标签的 *X-Y* 图

用户可以定制下面的内容：
● 标签的格式（自动地、十进制、工程计数法或者科学计数法）。
● 标签中的小数位数或者有效数字位数。
● 与主刻度有关的标签频率。
● 标签字体。
标签的颜色由轴的颜色决定。更多信息见 47.5.10 节"定制 *X-Y* 图轴颜色和类型"。

若要控制 *X-Y* 图的轴标签，执行以下操作：

1. 调用轴 Labels 选项。
选择 Options→XY Options→Axis；或者单击 ↦，它位于显示模块工具箱中的 *X-Y* 图示工具。单击出现的对话框中的 Axes。

Axes 页的中间出现轴的 Labels 选项。

2. 从 X Axis 或者 Y Axis 域高亮显示一个或者多个轴。

3. 指定想要标签出现的位置。

从 Labels 选项的 Placement 列表中选择下面的一个。

● 选择 None。Abaqus/CAE 隐藏选中轴的轴标签。

● 选择 Inside。Abaqus/CAE 在与 *X-Y* 曲线的相同轴侧显示标签。

● 选择 Outside。Abaqus/CAE 在与 *X-Y* 曲线的相反轴侧显示标签。

4. 单击 Frequency 箭头来指定在主刻度上显示标签的频率。例如，如果用户选择的频率为 2，则 Abaqus 将沿着轴每隔一个主刻度显示一个标签。如果用户选择的频率为 0，则 Abaqus 沿着轴将不会出现标签。用户可以要求的标签频率最多比主刻度总数量多一个。

5. 从 Labels 选项中选择选中标签的格式。

a. 单击 Format 按钮来显示 *X* 轴标签格式选项。

b. 选择下面的一个。

● 选择 Automatic，以科学计数法格式表达非常大和非常小的值，所有其他值表达成没有指数，并且使用指定的有效位数。

● 选择 Decimal，不以指数表达所有值，并且使用指定的有效位数。

● 选择 Engineering，大于或等于 1000 的值（或者小于或等于 0.001 的值）表达成 1～999 的数字乘以 10 的 *n* 次方，其中 *n* 是 3 的倍数（如 20.5E+03 或者 17.76E+6）。所有其余值都用指定的有效位数来表达。

● 选择 Scientific，将所有值表达成 1～10 的数字乘以 10 的合适幂（如 2.05E+04 或者 1.776E+07）。

6. 单击 Precision 箭头来指定每一个标签中期望的有效数字位数（非十进制格式）或者小数位置（十进制格式）。

7. 选择轴标题的字体。

a. 单击 **A**。

Abaqus/CAE 显示 Select Font 对话框。

b. 使用 Select Font 对话框中的方法来选择一个新的字体、大小和类型。更多信息见 3.2.8 节"定制字体"。

c. 单击 Apply 来查看字体选择的效果。

d. 单击 OK 来关闭 Select Font 对话框。

轴标签改变成选中的字体、大小和类型。

8. 选择轴标题的颜色。

a. 单击颜色样本■。

Abaqus/CAE 显示 Select Color 对话框。

b. 使用 Select Color 对话框中的方法来选择一个新的颜色。更多信息见 3.2.9 节"定制颜色"。

c. 单击 OK 来关闭 Select Color 对话框。

轴标签改变成选中的颜色。

9. 单击 Dismiss 来关闭 Axis Options 对话框。

47.5.10　定制 *X-Y* 图轴颜色和类型

单击 Axes 标签页来定制 *X-Y* 图图像轴的颜色和宽度。用户的选择同时会施加到 *X* 轴和 *Y* 轴；不能单独定制轴。

若要定制 *X-Y* 图轴颜色和类型，执行以下操作：

1. 调用轴 Style 选项。

选择 Options→XY Options→Axis；或者单击↦，它位于显示模块工具箱中的 *X-Y* 图示工具。单击出现的对话框中的 Axes。

Axes 页的底部出现轴的 Style 选项。

2. 从 X Axis 或者 Y Axis 域高亮显示一个或者多个轴。

3. 选择线类型。

从 Style 列表中单击想要的线类型（实线、虚线等）。

指定的线类型出现在选中的轴和 Style 列表中。

4. 选择线宽度。

从 Thickness 列表中指定想要的线宽度。

指定的宽度出现在选中的轴和 Thickness 列表中。

5. 选择轴标题的颜色。

a. 单击颜色样本■。

Abaqus/CAE 显示 Select Color 对话框。

b. 使用 Select Color 对话框中的方法来选择一个新的颜色。更多信息见 3.2.9 节"定制颜色"。

c. 单击 OK 来关闭 Select Color 对话框。

轴线改变成选中的颜色。

6. 单击 Dismiss 来关闭 Axis Options 对话框。

47.6 定制X-Y曲线外观

要定制 X-Y 曲线的外观，从主菜单栏选择 Curve Options。用户可以定制线类型、符号类型和每一个曲线的图标文字。只有那些出现在最近的 X-Y 图中的曲线才可以进行定制。

本节包括以下主题：

- 47.6.1 节 "定制 X-Y 曲线外观概览"
- 47.6.2 节 "选择一个或者多个 X-Y 曲线进行定制"
- 47.6.3 节 "定制 X-Y 图的图例说明"
- 47.6.4 节 "定制 X-Y 曲线外观"
- 47.6.5 节 "定制 X-Y 曲线上使用的符号"
- 47.6.6 节 "编辑 X-Y 图的自动着色列表"

47.6.1 定制 X-Y 曲线外观概览

要定制 X-Y 曲线的外观，扩展结果树中的 Curves 容器，高亮显示想要更改的曲线，然后右击，从出现的列表中选择 Curve Options。用户可以定制每一条曲线的线类型、符号类型和图例说明文本。

只有最新出现在 X-Y 图中的曲线才可以进行定制。用户可以定制以下内容：

- 描述数据的图例说明中出现的文本。更多信息见 47.6.3 节 "定制 X-Y 图的图例说明"。
- 代表数据的线（曲线）的外观。更多信息见 47.6.4 节 "定制 X-Y 曲线外观"。
- 曲线上的符号外观。更多信息见 47.6.5 节 "定制 X-Y 曲线上使用的符号"。

若要设置曲线选项，执行以下操作：

1. 调用 Curve Options 对话框。用户可以使用以下方法来打开此对话框：

- 从主菜单栏选择 Options→XY Options→Curve。
- 从显示模块工具箱中单击 $\sim$。
- 从结果树中扩展 Charts 容器，高亮显示想要更改的图，右击，然后从出现的列表中选择 Chart Options。

2. 使用曲线选项来选择并定制当前视口中 X-Y 曲线的外观。

3. 当用户完成定制 X-Y 曲线的外观时，单击 Dismiss 来关闭 Curve Options 对话框。

47.6.2 选择一个或者多个 *X-Y* 曲线进行定制

要定制一条曲线，首先选中它，然后选择定制选项。使用 Curve Options 对话框中的 Curves 域来选择一个或者多个 *X-Y* 曲线进行定制。Curves 域列出了所显示的 *X-Y* 曲线，通过名称来识别。有关曲线命名约定的更多信息，见 47.1.3 节 "理解 Temp 和其他 *X-Y* 数据对象名称"。

用户在选择一个或者多个 *X-Y* 曲线进行定制后，可使用 Attributes 构架上的选项来控制表示数据的线和符号，并输入将出现在图表中的文本。

若要选择一个或者多个 *X-Y* 曲线进行定制，执行以下操作：

1. 调用 Curves 域。

Curves 域在对话框的顶部。

2. 选择一个或者多个 *X-Y* 曲线进行定制。更多有关选择对话框中多个项目的信息，见 3.2.11 节 "从列表和表格中选择多个项"。

注意：要让 *X-Y* 曲线可以被选择，首先必须显示它。

如果用户选择了一条曲线，Attributes 构架上会显示曲线的当前属性。

如果用户选择了多条曲线，Legend text 域将显示成空白。Attributes 构架中的显示取决于选中的曲线是否有相同的属性。如果属性相同，则 Abaqus/CAE 显示它们；如果属性不同，则 Abaqus/CAE 显示以下内容：

- Show 和 Show symbol 复选框是灰色的。
- 线的 Color 文本域和符号的 Color 文本域显示 As is 项。
- Style、Thickness、Symbol 和 Size 按钮是空白的。
- Frequency 文本域是空白的。

3. 在 Attributes 域中，用户可以控制以下内容：

- 描述数据的图例说明中出现的文本。更多信息见 47.6.3 节 "定制 *X-Y* 图的图例说明"。
- 表示数据的线（曲线）的外观。更多信息见 47.6.4 节 "定制 *X-Y* 曲线外观"。
- 曲线上的符号外观。更多信息见 47.6.5 节 "定制 *X-Y* 曲线上使用的符号"。

47.6.3 定制 *X-Y* 图的图例说明

X-Y 图的图例说明提供一个关键字来将图中的每条曲线与其所表示的 *X-Y* 数据对象关联起来。每一个图例说明都包含线段颜色及其类型。默认情况下，图例说明也包括文本，用于说明曲线表示的 *X-Y* 数据的名称。用户可以使用 Curve Options 来定制此文本。

图例说明的其余特征由 Viewport Annotation Options 对话框中的选项控制。有关定制图例说明以及在图例说明中包括最小和最大 *X-Y* 值的报告信息，见 56.1 节 "定制图例"。

若要定制 *X-Y* 图的图例说明，执行以下操作：

1. 调用 *X-Y* 曲线的 Attributes 选项。

构架在 Attributes 对话框的底部。

2. 在 Curves 选项中，选择想要更改图例说明文本的一个或者多个曲线。

3. 在 Legend Text 域中输入定制的图例说明文本。用户也可以通过切换选中 Use default 来恢复默认的图例说明文本。

4. 单击 Dismiss 来关闭 Curve Options 对话框。

47.6.4 定制 *X-Y* 曲线外观

使用 Curve Options 对话框来定制用来表示 *X-Y* 图中 *X-Y* 数据的线的颜色、类型和宽度。图 47-42 所示为定制 *X-Y* 曲线外观的示例。

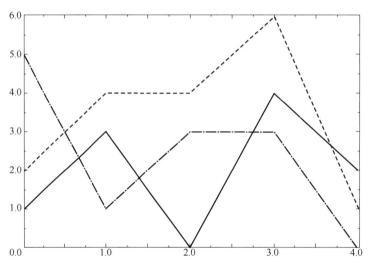

图 47-42 定制 *X-Y* 曲线外观的示例

用户选择的颜色、类型和宽度会呈现在曲线上，并且出现在图例说明中。定制选项仅在切换选中 Show 时可用。

默认情况下，Abaqus/CAE 会参考 *X-Y* 图的自动着色列表为 *X-Y* 曲线进行着色。用户可以在 Edit XY-Auto-Colors 对话框中更改此列表，见 47.6.6 节 "编辑 *X-Y* 图的自动着色列表"。

若要定制 *X-Y* 图中曲线的外观，执行以下操作：

1. 调用 Show 选项。

Show 选项出现在 Curve Options 对话框的右下角。

2. 从 Curves 域选择想要定制的一条或者多条 *X-Y* 曲线。

注意：要让 *X-Y* 曲线可以选取，就必须首先显示它。

用户选择的定制选项将施加到用户所选择的所有曲线；如果用户想要更改多条曲线的外观，则必须逐一进行定制。

3. 切换选中 Show 来显示或者抑制选中的 *X-Y* 曲线。

当选中 Show 时，显示曲线并激活线的属性选项。

4. 选择线颜色：

a. 单击颜色样本▐。

Abaqus/CAE 显示 Select Color 对话框。

b. 使用 Select Color 对话框中的方法来选择一个新的颜色。更多信息见 3.2.9 节"定制颜色"。

c. 单击 OK 来关闭 Select Color 对话框。

选中的 *X-Y* 曲线改变成选中的颜色。

5. 选择线类型：

a. 单击 Style 按钮来显示线类型（实线、虚线等）选项。

b. 从类型列表中单击想要的线类型。

选中的 *X-Y* 曲线改变成选中的类型。

6. 选择线宽度：

a. 单击 Thickness 按钮来显示线宽度选项。

b. 从宽度列表中单击想要的线宽度。

选中的 *X-Y* 曲线改变成选中的宽度。

7. 单击 Dismiss 来关闭 Axis Options 对话框。

47.6.5 定制 *X-Y* 曲线上使用的符号

使用 Curve Options 对话框来定制用来表示 *X-Y* 曲线上数据点的符号外观。例如，图 47-43 中左图使用默认的符号，而右图使用定制的符号。

用户选择的符号沿着曲线出现，并出现在图例说明中。仅在切换选中 Show symbol 时才可以使用定制选项。

若要定制 *X-Y* 曲线上使用的符号，执行以下操作：

1. 调用 Attributes 选项。

在 Curve Options 对话框的下半部分出现 Attributes 选项。

2. 从 Curves 域中选择想要定制符号的一条或者多条曲线。

注意：要让 *X-Y* 曲线可以选择，用户必须首先显示它。

用户选择的定制选项将施加到用户已经选择的所有曲线；如果用户想要更改多条曲线上的符号，则必须逐一进行定制。

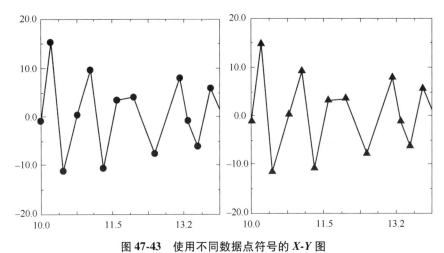

图 47-43　使用不同数据点符号的 *X-Y* 图

3. 切换选中 Show symbol 来显示或者抑制选中的 *X-Y* 曲线数据点的符号。

当选中 Show symbol 时，显示符号并激活符号的属性。

4. 选择符号颜色：

a. 单击颜色样本■。

Abaqus/CAE 显示 Select Color 对话框。

b. 使用 Select Color 对话框中的方法来选择一个新的颜色。更多信息见 3.2.9 节"定制颜色"。

c. 单击 OK 来关闭 Select Color 对话框。

符号改变成选中的颜色。只有在 XY Plot Options 对话框中单击 OK 或者 Apply 时，选中的颜色才得以应用。

5. 选择符号类型：

a. 单击 Symbol 按钮来显示符号的选择。

b. 从符号列表中单击想要的符号。

选中的 *X-Y* 曲线上显示指定的符号。

6. 选择符号的大小：

a. 单击 Size 按钮来显示符号大小选项。

b. 从符号大小选项中单击想要的符号大小。

选中的 *X-Y* 曲线上显示指定的符号大小。

7. 选择符号的频率。

在 Frequency 文本域中输入一个整数来选择符号沿着曲线出现的频率。例如，如果用户输入的频率为 2，则 Abaqus 每隔一个数据点显示一个符号。不允许使用 0 值；要抑制符号的显示，切换不选 Show symbol。

8. 单击 Dismiss 来关闭 Curve Options 对话框。

47.6.6　编辑 *X-Y* 图的自动着色列表

Abaqus/CAE 通过参照 *X-Y* 自动着色列表中的颜色定义来自动地对 *X-Y* 曲线赋予颜色。

此列表为 *X-Y* 曲线提供颜色,与使用通用 Auto Colors 列表来着色几何形体和网格单元的方法相同,但这两个颜色列表是独立的实体对象。

本节介绍如何编辑 *X-Y* 自动着色列表来更改赋予 *X-Y* 曲线的默认颜色设置。用户也可以从 Curve Options 对话框中改变单个 *X-Y* 曲线的颜色赋予。更多信息见 47.6.4 节"定制 *X-Y* 曲线外观"。

若要编辑 *X-Y* 自动着色列表中的颜色,执行以下操作:

1. 在结果树中,右击 XY Plots 容器,然后从出现的列表中选择 Edit XY-Auto-Colors。Abaqus/CAE 显示 Edit XY-Auto-Colors 对话框。

2. 要在 *X-Y* 自动着色列表中插入一个新的颜色:

a. 高亮显示 *X-Y* 自动着色列表中的颜色,用户可以在此颜色之前或者之后添加颜色。

b. 单击 Insert Before 或者 Insert After 来在 *X-Y* 自动着色列表的指定位置添加新的颜色。打开 Select Color 对话框。

c. 通过 3.2.9 节"定制颜色"中描述的步骤来选择一个颜色;然后单击 OK 来关闭 Select Color 对话框。

Abaqus/CAE 在指定位置添加新的颜色。

3. 要改变 *X-Y* 自动着色列表中的颜色,双击此颜色,然后从出现的 Select Color 对话框选择新的颜色。

4. 要在 *X-Y* 自动着色列表中移动颜色,高亮显示此列表,然后单击 Move Up 或者 Move Down 来在选中的方向上移动颜色。

5. 要从 *X-Y* 自动着色列表中删除颜色,高亮显示此颜色,然后单击 Delete。

6. 继续添加、改变、移动和删除颜色,直到 *X-Y* 自动着色列表的颜色变成用户想要的次序。

7. 单击 OK。

Abaqus/CAE 使用修改后的 *X-Y* 自动着色列表来进行 *X-Y* 曲线后续的颜色编码。

47.7 定制X-Y图外观

要定制 X-Y 图中图例说明的外观，扩展结果树的 XYPlots 容器到用户想要更改的图，右击鼠标，然后选择 Chart Legend Options。用户可以切换选中图例说明的外观；给图例说明添加标题并且更改标题的字体和颜色；显示图例说明中线里的最大和最小图标值；控制在视口中的何处显示图例说明；切换选中围绕图例说明的边界框或者框内填充颜色的显示。

本节包括以下主题：
- 47.7.1 节 "定制 X-Y 图的网格线"
- 47.7.2 节 "定制 X-Y 图的边框和填充颜色"
- 47.7.3 节 "定制 X-Y 图的大小和形状"
- 47.7.4 节 "定制 X-Y 图的位置"

47.7.1 定制 X-Y 图的网格线

单击 Grid Display 标签页来控制 X-Y 图的主网格线和副网格线的外观。图 47-44 所示为显示了主网格线和副网格线的 X-Y 图。

如果用户的 X-Y 图在同一方向上使用多个轴，则 Abaqus/CAE 仅为图中第一条曲线的轴绘制网格线。

Grid Display 选项为四组网格线中的每一组都提供独立的控制，也就是说，对任何方向上的主网格线和副网格线提供独立的控制。用户可以显示或者隐藏四组网格线中的任何一组，以及更改网格线的颜色、类型或者宽度。

注意：主刻度生成主网格线，副刻度生成副网格线。要控制网格线之间的间隔，用户必须调整刻度的间距。

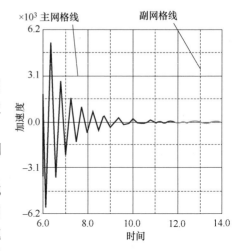

图 47-44 显示了主网格线和副网格线的 X-Y 图

若要定制 X-Y 图中的网格线显示，执行以下操作：

1. 调用 Grid Display 选项。

选择 Options→XY Options→Chart；或者单击▦，它位于显示模块工具箱中的 X-Y 图示工具。单击出现的对话框中的 Grid Display 标签页。

2. 从 Charts 域中选择一个或者多个要显示的 *X-Y* 图。

3. 从 X Gridlines 选项中切换选中 Major 或者 Minor 来分别显示主垂直网格线或者副垂直网格线。

当选中 Major 或者 Minor 时，此类型网格线的类型、颜色和宽度选项变得可用。

4. 从 Y Gridlines 选项中切换选中 Major 或者 Minor 来分别显示主水平网格线或者副水平网格线。

5. 重复下面的步骤来定制水平的，以及垂直的主网格线和副网格线：

a. 选择网格线的颜色：

ⅰ. 单击颜色样本■。

Abaqus/CAE 显示 Select Color 对话框。

ⅱ 使用 Select Color 对话框中的方法来选择一个新的颜色。更多信息见 3.2.9 节"定制颜色"。

ⅲ. 单击 OK 来关闭 Select Color 对话框。

选中的网格线改变成指定的颜色。

b. 选择线类型：

ⅰ. 展开线类型列表来显示线类型（实线、虚线等）选项。类型列表在两个无标签列表选项的上部。

ⅱ. 从类型列表中单击想要的线类型。

选中的网格线改变成指定的类型。

c. 选择线宽度：

ⅰ. 展开线宽列表来显示线类型（实线、虚线等）选项。类型列表在两个无标签列表选项的下部。

ⅱ. 从宽度列表中单击想要的线宽度。

选中的网格线改变成指定的宽度。

6. 单击 Dismiss 来关闭 Chart Options 对话框。

47.7.2 定制 *X-Y* 图的边框和填充颜色

单击 Grid Display 标签页来访问 *X-Y* 图的 Grid Area 选项。这些选项使用户可以定制 *X-Y* 图中的网格线，也就是绘制曲线的矩形区域。用户可以给网格线设置一个边框，或者使用背景颜色来填充网格线。

注意：用户可以控制整个 *X-Y* 图的边框和填充颜色设置，包括 *X-Y* 图网格线覆盖的视口部分和所有的图轴。Abaqus/CAE 在背景的顶层显示整个 *X-Y* 图网格线的填充颜色。更多信息见 47.10 节"定制 *X-Y* 图的边框和填充颜色"。

若要定制 *X-Y* 图的边框和填充颜色，执行以下操作：

1. 调用 Grid Area 选项。

选择 Options→XY Options→Chart；或者单击▦，它位于显示模块工具箱中的 X-Y 图示工具。单击出现的对话框中的 Grid Display 标签页。

Grid Area 选项在 Grid Display 页的底部。

2. 从窗口的顶部选择一个或者多个 X-Y 图。

3. 切换选中 Show border 来显示网格区域的边框。

4. 如果需要，执行下面的步骤来改变边框的颜色：

a. 单击紧邻 Show border 标签右侧的颜色样本█。

Abaqus/CAE 显示 Select Color 对话框。

b. 使用 Select Color 对话框中的方法来选择一个新的颜色。更多信息见 3.2.9 节"定制颜色"。

c. 单击 OK 来关闭 Select Color 对话框。

颜色样本和网格边框改变成选中的颜色。

5. 切换选中 Fill 来使用 Fill 标签右边显示的颜色填充网格区域。

6. 如果需要，执行下面的步骤来改变网格区域的填充颜色：

a. 单击紧邻 Fill 标签右侧的颜色样本█。

Abaqus/CAE 显示 Select Color 对话框。

b. 使用 Select Color 对话框中的方法来选择一个新的颜色。更多信息见 3.2.9 节"定制颜色"。

c. 单击 OK 来关闭 Select Color 对话框。

网格区域改变成选中的颜色。

7. 单击 Dismiss 来关闭 Chart Options 对话框。

47.7.3　定制 *X-Y* 图的大小和形状

使用 Chart Options 对话框中的 Size 选项来定制 X-Y 图的大小和形状。

若要定制 *X-Y* 图的大小和形状，执行以下操作：

1. 调用 Chart Options 选项。

选择 Options→XY Options→Chart；或者单击▦，它位于显示模块工具箱中的 X-Y 图示工具。单击出现的对话框中的 Grid Position 标签页。

2. 从 Charts 域中选择想要定制大小或者形状的一个或者多个 X-Y 图。

3. 选择下面的一个 X-Y 图的大小和形状选项。

● 选择 Fit to chart。Abaqus/CAE 使用选中的 X-Y 图来填充整个视口，调整图的形状来匹配视口尺寸。

● 选择 Square。Size 滑块变得可用，用户可以拖动滑块来增加或者减小矩形的 X-Y 图的大小。

● 选择 Manual。X 和 Y 滑块变得可用，用户可以拖动滑块来沿着任何轴增加或者减小 X-Y 图的大小。

4. 单击 Dismiss 来关闭 Chart Options 对话框。

47.7.4 定制 *X-Y* 图的位置

使用 Position 对话框中的 Chart Options 选项来定制视口中 *X-Y* 图的位置。

若要定制 *X-Y* 图的位置，执行以下操作：

1. 调用 Position 选项。

选择 Options→XY Options→Chart；或者单击 ，它位于显示模块工具箱中的 *X-Y* 图示工具。单击出现的对话框中的 Grid Position 标签页。

2. 从 Charts 域中选择想要定制大小或者形状的一个或者多个 *X-Y* 图。

3. 选择下面的一个 *X-Y* 图的位置选项。

● 选择 Auto-align，可以让用户在视口中的九个位置之一对齐选中的 *X-Y* 图：视图的中心、四个角中的任何一个，或者四条边任何一条边的中心。展开 Alignment 列表，然后选择列表中图形描述的选项。

● 选择 Manual，可以让用户在视口中指定的 *X-Y* 位置处定位 *X-Y* 图的原点。拖动 X 和 Y 滑块可以在视口中水平或者竖直地移动 *X-Y* 图的左下角。当将这些滑块的值设置成 0 时，*X-Y* 图原点的位置将在视口的左下角。

4. 单击 Dismiss 来关闭 Chart Options 对话框。

47.8　定制X-Y图标题

要定制 *X-Y* 图中的图标外观，将结果树的 **XYPlots** 容器扩展到用户想要更改的图，右击鼠标，然后选择 Chart Legend Options。用户可以切换选中图例说明的外观；给图例说明添加标题并且更改标题的字体和颜色；显示图例说明中的线段最小值和最大值；控制在视口中的何处显示图例说明；切换选中围绕图例说明的边框显示和边框中的填充颜色。

本节包括以下主题：
- 47.8.1 节 "定制 *X-Y* 图标题的内容"
- 47.8.2 节 "定制 *X-Y* 图标题的位置"
- 47.8.3 节 "为 *X-Y* 图标题添加边框并填充颜色"

47.8.1　定制 *X-Y* 图标题的内容

使用 Plot Title Options 中的 Text 选项来为一个 *X-Y* 图创建和显示定制的标题。

若要定制 *X-Y* 图标题的内容，执行以下操作：

1. 调用图标题的 Text 选项。

选择 Options→XY Options→Plot Title；或者单击▦，它位于显示模块工具箱中的 *X-Y* 图工具。

2. 选中 Title 标签页。

3. 使用下面的一个方法来为 *X-Y* 图选择标题：

- 要显示 *X-Y* 图的默认名称，切换选中 Use default。

- 要显示定制的标题，切换不选 Use default，在 Title 域中输入一个标题，然后按 Enter 键。

4. 选择标题的字体。

a. 单击 **A**。

Abaqus/CAE 显示 Select Font 对话框。

b. 使用 Select Font 对话框中的方法来选择新的字体、大小和类型。更多信息见 3.2.8 节 "定制字体"。

c. 单击 Apply 来查看字体选择的效果。

d. 单击 OK 来关闭 Select Font 对话框。

X-Y图标题改变成选中的字体、大小和类型。

5. 选择 X-Y 图标题的颜色。

a. 单击颜色样本■。

Abaqus/CAE 显示 Select Color 对话框。

b. 使用 Select Color 对话框中的方法来选择一个新的颜色。更多信息见 3.2.9 节"定制颜色"。

c. 单击 OK 来关闭 Select Color 对话框。

X-Y 图标题改变成选中的颜色。

47.8.2　定制 *X-Y* 图标题的位置

使用 Plot Title Options 中的 Position 选项来在视口中的特定位置放置 X-Y 图标题。

若要定制 *X-Y* 图标题的位置，执行以下操作：

1. 调用 Position 选项。

选择 Options→XY Options→Plot Title；或者单击▦，它位于显示模块工具箱中的 X-Y 图工具。单击出现的对话框中的 Area 标签页。

2. 切换选中 Inset 来显示 X-Y 图中标题的图例说明。如果切换不选 Inset，则 Abaqus/CAE 在视口的不同栏中保留图标题和 X-Y 图。

3. 为定位图标题，选择下面方法中的一个。

● 选择 Auto-align，可以让用户在视口中的九个位置之一定位图标题：视图的中心、四个角中的任何一个，或者四条边任何一条边的中心。展开 Alignment 列表，然后选择列表中图形描述的选项。

● 选择 Manual，可以让用户在视口中指定的 X-Y 位置处定位图标题。拖动 X 和 Y 滑块可以在视口中水平或者竖直地移动标题。当这两个值都等于 0 时，Abaqus 将图标题放置在视口的左下角；当两个值都等于 100 时，图标题被定位在右上角。

47.8.3　为 *X-Y* 图标题添加边框并填充颜色

使用 Plot Title Options 中的 Bounding Box 选项来绘制 X-Y 图标题的边框，或者使用背景颜色来填充图标题区域。

若要为 *X-Y* 图标题添加边框并填充颜色，执行以下操作：

1. 调用 Bounding Box 选项。

选择 Options→XY Options→Plot Title；或者单击▦，它位于显示模块工具箱中的 X-Y 图工具。单击出现的对话框中的 Area 标签页。Bounding Box 选项出现在对话框的底部。

2. 从对话框顶部的 Charts 域选择一个或者多个 *X-Y* 图。

3. 执行下面的步骤来显示和更改边框：

a. 切换选中 Show border 来显示标题的边框。

b. 为边框线选择一个颜色。

ⅰ. 单击颜色样本。

Abaqus/CAE 显示 Select Color 对话框。

ⅱ. 使用 Select Color 对话框中的方法来选择一个新的颜色。更多信息见 3.2.9 节"定制颜色"。

ⅲ. 单击 OK 来关闭 Select Color 对话框。

边框线改变成选中的颜色。

4. 控制边框内的填充颜色：

a. 切换选中 Fill 来显示边框内的背景颜色。

b. 选择要在边框内显示的一个填充颜色。

ⅰ. 单击颜色样本■。

Abaqus/CAE 显示 Select Color 对话框。

ⅱ. 使用 Select Color 对话框中的方法来选择一个新的颜色。更多信息见 3.2.9 节"定制颜色"。

ⅲ. 单击 OK 来关闭 Select Color 对话框。

边框内的背景改变成选中的颜色。

47.9　定制X-Y图图例说明的外观

要定制 X-Y 图纸的图例说明外观，将结果树的 XYPlots 容器扩展到用户想要更改的图，右击鼠标，然后从出现的列表中选择 Chart Legend Options。用户可以切换选中图例说明的外观；给图例说明添加一个标题并且更改标题的字体和颜色；显示图例说明中的线段最小值和最大值；控制在视口的何处显示图例说明；切换选中围绕图例说明的外框或者外框内的填充颜色。

本节包括以下主题：

- 47.9.1 节 "显示或者隐藏 X-Y 图图例说明"
- 47.9.2 节 "定制 X-Y 图图例说明的标题"
- 47.9.3 节 "添加 X-Y 图图例说明的最小值和最大值"
- 47.9.4 节 "定制图例说明的位置"
- 47.9.5 节 "定制 X-Y 图图例说明的边框和填充颜色"

47.9.1　显示或者隐藏 X-Y 图图例说明

X-Y 图图例说明提供一个关键字来将图中的每一条曲线与这些曲线所表示的 X-Y 数据对象关联起来。每一个图例说明都包含图中显示的线的颜色和类型。默认情况下，图例说明也包括文本来声明曲线所表示的 X-Y 数据对象的描述。用户可以使用 Chart Legend Options 来显示或者隐藏图例说明。

若要显示或者隐藏 X-Y 图图例说明，执行以下操作：

1. 调用 Chart Legend Options。

选择 Options→XY Options→Chart Legend；或者单击 ，它位于显示模块工具箱中的 X-Y 图图例工具。

技巧：当显示 X-Y 图时，用户也可以通过双击视口中的图例说明来直接打开此对话框。当一个过程有效时，用户不能直接从视口中选择 X-Y 图中的一个组件；在从 X-Y 图中选择项目之前，请放弃当前的过程。

2. 单击 Contents 标签页。

3. 切换选中 Show legend 来显示图例说明，或者切换不选来隐藏图例说明。

4. 单击 Dismiss 来关闭 Chart Legend Options 对话框。

47.9.2 定制 *X-Y* 图图例说明的标题

使用 Title 选项来显示或者隐藏 *X-Y* 图图例说明的标题，然后定制它的内容。

若要定制 *X-Y* 图图例说明的标题，执行以下操作：

1. 调用 Text 选项。

选择 Options→XY Options→Chart Legend；或者单击▦，它位于显示模块工具箱中的 *X-Y* 图图例工具。

技巧：当显示 *X-Y* 图时，用户也可以通过双击视口中的图例说明来直接打开此对话框。当一个过程有效时，用户不能直接从视口中选择 *X-Y* 图中的一个组件；在从 *X-Y* 图中选择项目之前，请放弃当前的过程。

图例说明的 Text 选项出现在 Contents 页的下半部分。

2. 从 Charts 域选择想要定制图例说明的一个或者多个 *X-Y* 图。

注意：要可以选择 *X-Y* 曲线，用户必须首先显示它。

3. 单击 Contents 标签页。

4. 如果需要，为 Title 域中的 *X-Y* 图图例说明输入标题。

5. 选择 *X-Y* 图图例说明标题的字体。

a. 单击 **A**。

Abaqus/CAE 显示 Select Font 对话框。

b. 使用 Select Font 对话框中的方法来选择一个新的字体、大小和类型。更多信息见3.2.8 节 "定制字体"。

c. 单击 Apply 来查看字体选择的效果。

d. 单击 OK 来关闭 Select Font 对话框。

X-Y 图图例说明的标题改变成选中的字体、大小、类型。

6. 选择 *X-Y* 图图例说明标题的颜色。

a. 单击颜色样本■。

Abaqus/CAE 显示 Select Color 对话框。

b. 使用 Select Color 对话框中的方法来选择一个新的颜色。更多信息见3.2.9 节 "定制颜色"。

c. 单击 OK 来关闭 Select Color 对话框。

X-Y 图图例说明的标题改变成选中的颜色。

7. 单击 Dismiss 来关闭 Chart Legend Options 对话框。

47.9.3 添加 *X-Y* 图图例说明的最小值和最大值

用户可以在图例说明中包含图中最小和最大 *X-Y* 值的报告，并且用户可以定制这些值的格式和精度。

若要在 *X-Y* 图图例说明中显示最小值和最大值，执行以下操作：

1. 调用 Chart Legend Options。

选择 Options→XY Options→Chart Legend；或者单击，它位于显示模块工具箱中的 *X-Y* 图图例工具。

技巧：当显示 *X-Y* 图时，用户也可以通过双击视口中的图例说明来直接打开此对话框。当一个过程有效时，用户不能直接从视口中选择 *X-Y* 图中的一个组件；在从 *X-Y* 图中选择项目之前，请放弃当前的过程。

2. 从 Charts 域中选择想要定制图例说明的一个或者多个 *X-Y* 图。

3. 单击 Contents 标签页。

4. 切换选中 Show min/max 来在图例说明中报告最小和最大 *X-Y* 值。

5. 为图例说明中显示的最小值和最大值选择下面的一种数字格式。

● 选择 Automatic，以科学计数法格式表示非常大和非常小的值。所有其他的值表示成没有指数，并且使用指定的有效位数。

● 选择 Decimal，不以指数表达所有值，并且使用指定的有效位数。

● 选择 Engineering，将大于或等于 1000 的值（或者小于或等于 0.001 的值）表示成 1~999 的数字乘以 10 的 n 次方，其中 n 是 3 的倍数（如 20.5E+03 或者 17.76E+6）。使用指定有效位数来表达所有的其他值。

● 选择 Scientific，将所有值表达成 1~10 的数字乘以 10 的合适幂（如 2.05E+04 或者 1.776E+07）。

6. 单击 Precision 箭头来指定每一个标签中期望的有效数字位数（非十进制格式）或者小数位置（十进制格式）。

7. 单击 Dismiss 来关闭 Chart Legend Options 对话框。

47.9.4　定制图例说明的位置

用户可以通过在视口周围拖动 *X-Y* 图图例说明来移动它，或者从 Chart Legend Options 对话框的 Position 选项中指定视口位置来移动 *X-Y* 图图例说明。仅当 Abaqus/CAE 没有激活过程时，用户才可以拖动图例说明；如果用户不能从视口中拖动图例说明或者不能从视口中选择任何其他 *X-Y* 图组件，则应放弃当前的过程。

若要使用 Chart Legend Options 对话框来定制 *X-Y* 图图例说明的位置，执行以下操作：

1. 调用 Chart Legend Options。

选择 Options→XY Options→Chart Legend；或者单击，它位于显示模块工具箱中的 *X-Y*

图图例工具。

技巧：当显示 X-Y 图时，用户也可以通过双击视口中的图例说明来直接打开此对话框。当一个过程有效时，用户不能直接从视口中选择 X-Y 图中的一个组件；在从 X-Y 图中选择项目之前，请放弃当前的过程。

2. 从 Charts 域中选择想要移动的一个或者多个 X-Y 图。

3. 单击 Area 标签页。

4. 切换选中 Inset 来在 X-Y 图网格线中显示 X-Y 图图例说明。如果切换不选 Inset，Abaqus/CAE 在视口的不同栏中保留图例说明和 X-Y 图。

5. 选择下面的一个位置选项。

• 选择 Auto-align，可以让用户在视口中的九个位置之一对齐选中的图例说明：视图的中心、四个角中的任何一个，或者四条边任何一条边的中心。展开 Alignment 列表，然后选择列表中图形描述的选项。

• 选择 Manual，可以让用户在视口中指定的 X-Y 位置处定位 X-Y 图的原点。拖动 X 和 Y 滑块可以在视口中水平或者竖直地移动 X-Y 图的左下角。当将这些滑块的值设置成 0 时，图例说明的位置将在视口的左下角。

6. 单击 Dismiss 来关闭 Chart Legend Options 对话框。

47.9.5　定制 *X-Y* 图图例说明的边框和填充颜色

使用 Chart Legend Options 对话框中的 Bounding Box 选项来绘制图例说明的边框，或者使用指定颜色来填充图例说明。

若要定制 *X-Y* 图图例说明的边框和填充颜色，执行以下操作：

1. 调用 Chart Legend Options 选项。

选择 Options→XY Options→Plot Title；或者单击▦，它位于显示模块工具箱中的 X-Y 图工具。单击出现的对话框中的 Area 标签页。Bounding Box 选项出现在对话框的底部。

2. 从对话框顶部的 Charts 域选择一个或者多个 X-Y 图。

注意：要让 X-Y 曲线可以选择，用户必须首先显示它。

3. 单击 Area 标签页。

4. 执行下面的步骤来显示和更改边框：

a. 切换选中 Show border 来显示图例说明的边框。

b. 为边框线选择一个颜色。

ⅰ. 单击颜色样本■。

Abaqus/CAE 显示 Select Color 对话框。

ⅱ. 使用 Select Color 对话框中的方法来选择一个新的颜色。更多信息见 3.2.9 节"定制颜色"。

ⅲ. 单击 OK 来关闭 Select Color 对话框。

边框线改变成选中的颜色。

5. 控制边框内的填充颜色：

a. 切换选中 Fill 来显示边框内的背景颜色。

b. 选择要在边框内显示的一个填充颜色。

ⅰ. 单击颜色样本■。

Abaqus/CAE 显示 Select Color 对话框。

ⅱ. 使用 Select Color 对话框中的方法来选择一个新的颜色。更多信息见 3. 2. 9 节 "定制颜色"。

ⅲ. 单击 OK 来关闭 Select Color 对话框。

边框内的背景改变成选中的颜色。

6. 单击 Dismiss 来关闭 Chart Legend Options 对话框。

47.10 定制X-Y图的边框和填充颜色

使用 Plot Options 对话框中的选项来为用户程序会话中的一个或者多个 X-Y 图创建定制的边框和填充颜色。默认情况下，X-Y 图没有边框，并且使用浅灰色背景来填充。用户可能想要调整边框的颜色来区分叠加图中使用的不同的 X-Y 图；如果图中使用的 X-Y 曲线在默认的背景中凸显得不清晰，则用户可能想要调整填充颜色。

若要为 *X-Y* 图定制边框和填充颜色，执行以下操作：

1. 选择 Options→XY Options→Plot Options；或者单击 ▦，它位于显示模块工具箱中的 *X-Y* 显示工具。

2. 在 Plots 框架中，高亮显示一个或者多个想要更改的 X-Y 图。此框架列出了显示 X-Y 图的图名称和视口。

3. 切换选中 Show border 来显示 X-Y 图的边框。

4. 如果需要，执行下面的步骤来改变 X-Y 图边框的颜色：

a. 单击 Show border 标签右侧的颜色样本■。

Abaqus/CAE 显示 Select Color 对话框。

b. 使用 Select Color 对话框中的方法来选择一个新的颜色。更多信息见 3.2.9 节"定制颜色"。

c. 单击 OK 来关闭 Select Color 对话框。

颜色样本和 X-Y 图边框改变成选中的颜色。

5. 切换选中 Fill 来使用 Fill 标签右边显示的颜色来填充 X-Y 图。

6. 如果需要，执行下面的步骤来改变 X-Y 图的填充颜色：

a. 单击 Fill 标签右侧的颜色样本■。

Abaqus/CAE 显示 Select Color 对话框。

b. 使用 Select Color 对话框中的方法来选择一个新的颜色。更多信息见 3.2.9 节"定制颜色"。

c. 单击 OK 来关闭 Select Color 对话框。

X-Y 图的填充颜色改变成选中的颜色。

48 沿着路径显示结果

路径是用户通过指定经过模型的一系列点或者边来定义的一组连接到一起的线。用户可以采用 X-Y 图的形式显示沿着路径的结果。本章介绍如何沿着路径显示结果，包括以下主题：

- 48.1 节 "理解沿着路径的结果"
- 48.2 节 "创建通过模型的路径"
- 48.3 节 "沿着路径获取 X-Y 数据"

48.1 理解沿着路径的结果

要沿着模型的路径显示结果，首先选择 Tools→Path 来指定路径，然后选择 Tools→XY Data 来获取沿着路径的 *X-Y* 数据。本节包括以下主题：

- 48.1.1 节 "路径指定"
- 48.1.2 节 "Abaqus/CAE 如何沿着路径获取结果"

48.1.1 路径指定

在路径中，点可以是节点或者坐标位置；线段可以是单元边或者连接单元边末端的线。路径可以穿过多个零件实例。Abaqus/CAE 提供了四种不同类型的路径。

节点列表

组成路径的点仅由节点位置组成。用户使用节点标签和节点标签的范围来指定这些点。节点标签是指参照一个给定节点的持续有效的方法，即节点标签不会随着模型变形而发生变化。因此，组成节点列表路径的节点标签同样适用于未变形的模型形状或者变形的模型形状。然而，节点标签是零件实例特有的。换言之，用户可以对多个零件实例使用相同的节点标签；因此，当用户使用节点标签时，必须指定参考的是哪一个零件实例。更多信息见 48.2.1 节 "创建或者编辑节点列表路径"。

点列表

组成路径的点由模型中的坐标位置组成。这些路径可以与或者不与节点位置重合。点列表的位置在空间中保持固定，且与模型无关。例如，与未变形形状上的节点位置重合的坐标可能不与变形形状上的任何位置重合。采用相同的逻辑，点列表坐标是独立于特定零件实例的。更多信息见 48.2.2 节 "创建或者编辑点列表路径"。

边列表

组成路径的点由模型中连接节点的边组成。用户通过从视口选择单个单元边来指定边，或者通过选择起始边和方向，并允许 Abaqus/CAE 自动完成到特定边末端的路径或者选中端点来指定边。边是通过模型中的单元来定义的。因此，包含边列表路径的多个边同样适用于未变形的模型形状或者变形的模型形状。然而，单元标签是零件实例特有的。换言之，用户可以对多个零件实例使用相同的单元标签；因此，当用户使用边时，必须指定参考的是哪一个零件实例。更多信息见48.2.3节"创建或者编辑边列表路径"。

圆

组成路径的点由模型中的坐标位置组成。在 Abaqus/CAE 中，用户可以创建两种类型的圆路径：圆周和径向。圆周路径沿着圆或者弧的边布置；径向路径沿着半径布置。用户可以通过选择定义圆或者圆弧的坐标，然后定义起点、终点和沿着路径的点数量来指定这两种类型的路径。一旦用户定义了原始的圆或者圆弧，就可以选择一个新的半径长度来创建路径，通过此路径创建的圆与原始的圆同心。用户可以使用圆周路径来获取模型曲线部分的横截面结果，如图48-1所示。

用户可以使用径向路径来获取曲线从内面跨越到外面上的结果，如图48-2所示。在应力线性化中使用径向路径是理想的（有关应力线性化的更多信息，见第52章"计算线性化应力"）。

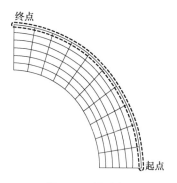

图 48-1　圆路径

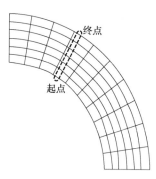

图 48-2　径向路径

用户可以通过从视口拾取节点来选择坐标，或者通过在提示区域输入值来选择坐标；在这两种情况中，坐标在空间中保持固定，且与模型无关。例如，与未变形形状上的节点位置重合的坐标可能不会与变形形状上的任何位置重合。采用相同的逻辑，圆路径坐标定义是独立于特定的零件实例的。更多信息见48.2.4节"创建或者编辑圆路径"。

Abaqus/CAE 通过使用用户给出的次序连接节点、点或者边来形成路径。

用户在创建路径后，可以从主菜单栏选择 Tools→Path 来编辑、复制、重命名、删除或者显示路径。显示路径本身是一种手段，可以直观地验证用户是否指定了预定的线路；要显示沿着路径的结果，必须形成 X-Y 数据对并生成 X-Y 图。有关管理路径的更多信息，见3.4.9节"使用管理器对话框管理对象"；有关生成路径数据的 X-Y 图的更多信息，见48.3节"沿着路径获取 X-Y 数据"。

48.1.2　Abaqus/CAE 如何沿着路径获取结果

Abaqus/CAE 以 X-Y 数据对的形式沿着路径获取结果。Abaqus 根据组成路径的点来确定

数据对的 X 值。这些点定义了获取数据的模型位置。Abaqus 根据这些模型位置的分析结果来确定数据对的 Y 值。在计算数据对时，Abaqus/CAE 仅考虑当前显示组中的对象。

路径数据 X 值

用户可以选择仅根据为路径指定的点形成 X 值，或者选择额外包括路径与模型相交的所有位置。相交点发生在路径穿过单元面、单元边、面或者面边的地方。如果相交处位于用户指定的实际数据点距离之内，则可以从路径定义中省略个别交点。用户可以使用 Abaqus 脚本界面命令来设置此相交容差，更多信息见《Abaqus 脚本参考手册》的 55.18 节"程序会话对象"。

用户也可以选择让 Abaqus/CAE 将组成路径的点解释为未变形或者变形模型形状上的位置。当选中变形模型形状时，Abaqus/CAE 将节点处的变形坐标计算成节点处基本坐标与节点处的变形之和乘以视口特定的变形比例因子。节点列表标签和边列表说明了模型位置，并适用于未变形或者变形的模型形状。点列表和圆路径坐标是固定的位置，与模型几何形体无关。Abaqus 不会为与用户选中的模型形状不重合的点形成数据对。

组成路径的节点标签或者点坐标的形式通常不适合直接作为 X 值。Abaqus/CAE 为用户提供了一些选择来将这一系列的点转换成有用的 X 值以及后续的 X-Y 图的轴标签。用户可以选择下面的一个选项来将路径点转换成 X 值：

- True distance，为真实距离：X 值对应沿着路径的每一个点在模型空间坐标中的实际距离，从零开始。
- Normalized distance，为归一化距离：X 值对应沿着路径的每一个点的距离，是路径总长度的一部分。
- Sequence ID，为序列号：X 值对应每一个点在路径结果列表中出现的次序。
- X，Y，or Z distance，为 X、Y 或者 Z 距离：X 值对应每一个点沿着路径在用户指定方向上的实际距离，从零开始。对于生成轴对称模型中的结果与半径的关系图，此选项是特别有用的。
- X，Y，or Z coordinate，为 X、Y 或者 Z 坐标：X 值对应每一个点沿着用户指定的轴到原点的距离。

路径数据 Y 值

用户可以通过选择 Abaqus/CAE 获取结果的结果步、帧和场输出变量，以及控制 Abaqus/CAE 计算特定类型结果，来控制数据对的 Y 值，具体如下：

- 对于基于节点的场输出变量，如在节点位置处得到的位移，Abaqus/CAE 直接从输出数据库读取结果，无需进一步计算。
- 对于基于单元的场输出变量，如在节点位置处得到的应力或者应变，Abaqus/CAE 从输出数据库读取结果，将这些值外推到节点，然后有条件地根据用户选择的选项来平均多个贡献。
- 对于在与节点位置不重合的路径点上得到的基于节点和单元的变量，Abaqus/CAE 通过使用单元形状的几何近似，从节点内插到要求的位置来计算值。用户不能控制此计算。

基于单元的变量平均选项和复数值的复数形式选项位于 Result Options 对话框中。平均将多个贡献值减少为单个值。当用户选择部分或者完全地抑制平均，则收到多个贡献的路径点会产生多个数据对。这样的数据对共享相同的 X 值，但每个贡献都有单独的 Y 值。根据用户的路径和模型特征，要避免多个数据对共享相同 X 值的情况，下面的技术可能是必要的：

- 设置结果选项，完全激活平均。
- 在计算值时，设置结果选项来忽略区域边界。
- 避免路径穿过不连续的区域。
- 避免路径沿着分割不连续区域的线。
- 在沿着路径获取结果之前，使用显示组来隔离个别的区域。
- 避免点列表路径穿过一个或者多个空间的点，这些空间点在视觉上位于高变形单元和大角度圆柱单元的外面，但由于等参数映射，它们在数学上还是位于单元的内部。这样的空间点往往由两个或者更多的单元共享，从而导致多个 Y 值。

有关值平均的更多信息，见 42.6.2 节"理解结果值平均"。

如果用户选择的场输出变量包含复数结果，则数据对的 Y 值会受当前复数形式的影响。当用户显示路径时，复数形式的缩写会附加在 Y 轴标题上。例如，如果选择 S-Mises 场输出变量，并且 Magnitude 是复数形式，则 Y 轴标题为 S-Mises CPX：Mg。其他复数形式也有类似的缩略。有关复数形式的更多信息，见 42.6.9 节"控制复数结果的形式"。

Abaqus/CAE 不会为指定步、帧或者场输出变量结果的点形成数据对。

48.2 创建通过模型的路径

路径是通过在模型中指定一系列的点，或者线段来定义的线；点可以是节点或者坐标位置，线段可以是单元边或者连接单元边端点的线。本节包括以下主题：

- 48.2.1 节 "创建或者编辑节点列表路径"
- 48.2.2 节 "创建或者编辑点列表路径"
- 48.2.3 节 "创建或者编辑边列表路径"
- 48.2.4 节 "创建或者编辑圆路径"

48.2.1 创建或者编辑节点列表路径

在一个节点列表路径中，所有的点都指节点位置。有关在路径中包括节点以外位置的信息，见 48.2 节 "创建通过模型的路径"。

用户可以通过将零件实例名称、节点标签和节点标签的范围输入到表中来创建节点列表路径。用户可以使用下面过程中描述的编辑技术，从视口中直接选择节点来创建路径。另外，用户也可以通过直接在表中输入值来创建节点列表路径。如果用户不知道模型中的零件实例名称，则可以使用查询工具集来查询视口中的节点。为了帮助确定感兴趣的节点标签，用户可能想要在创建路径之前，生成一个节点符号和节点编号可见的模型图。更多信息见55.5 节 "定制模型标签"。

若要创建或者编辑节点列表路径，执行以下操作：

1. 调用路径创建和编辑选项。

1）创建新路径。

a. 从主菜单栏选择 Tools→Path→Create。出现 Create Path 对话框。

b. Abaqus 在 Name 文本域中显示路径的默认名称。用户可以将默认的名称替换成用户选取的名称（可以包括空格）。

c. 在 Create Path 对话框中，单击 Node list，然后单击 Continue。

2）编辑现有的路径。从主菜单栏选择 Tools→Path→Edit。从出现的菜单中选择想要编辑的路径。

技巧：用户也可以使用 Path Manager 来编辑一条路径。从主菜单栏选择 Tools→Path→Manager 来显示管理器。用户选择想要编辑的路径，并且从管理器的右侧单击 Edit 按钮。

出现 Edit Node List Path 对话框。

2. 要沿着路径指定节点，使用下面的一个技术。

1）直接从视口选择节点。

a. 单击 Add Before 或者 Add After 来进行选择。

Abaqus/CAE 提示用户 Select nodes to be inserted into the path 并关闭 Edit Node List Path 对话框。

b. 从视口选择一个或者多个节点（更多信息见第6章"在视口中选择对象"）。如果一个节点出现在多个零件实例中，则切换不选 Selection 工具栏中的 Select the Entity Closest to the Screen。如果用户进行模糊选择，则零件实例名称和节点标签将高亮显示节点，以 Instance. Node 的形式出现在视口的左下角。使用 Next 和 Previous 进行选择，并单击 OK 进行确认。

当用户选择节点时，Abaqus 高亮显示这些节点，并显示节点标签和路径连接性。

注意：用户仅可以选择当前显示组中的节点。

c. 完成后，单击提示区域中的 Done。

Abaqus/CAE 显示 Edit Node List Path 对话框；用户路径中的零件实例和节点会列在路径定义表中。

d. 如果需要，重复前面的步骤来添加其他点。

Add Before 和 Add After 按钮决定了在路径定义标签中，用户可以将选择的（当前高亮显示的）行添加到哪里。

2）直接在表中输入节点标签。

a. 在 Path Definition 表中，使用键盘和鼠标来插入、更改或者删除零件实例名称以及节点标签表示。如果用户不知道模型中的零件实例名称，则可以使用查询工具集来查询视口中的节点。要编辑选项的特定标签页，或者从 ASCII 文件读取数据，右击鼠标（更多信息见3.2.7节"输入表格数据"）。节点标签表示有以下两种情况：

● 单个节点标签，如5。

● 一个节点范围，用户使用起点标签和终点标签来指定，可以在后面跟随一个增量，如5：0 或者5：10：2。

注意：如果用户从 ASCII 文件读取节点标签，则用户必须从第一列开始读取表值，并且每一行必须包括一个零件实例名称和一个节点标签表示。零件实例名称是区分大小写的，必须用引号括起来，如下所示：

"INSTANCE_NAME"

b. 在每个节点标签表示后，按下［Enter］键。

Abaqus 高亮显示路径中包括的所有节点，并显示节点标签和路径连接性。

3. 完成节点选择后，单击 OK。

如果用户创建了一个新路径，则 Abaqus/CAE 将路径添加到 Path Manager 列表中。默认情况下，Abaqus/CAE 会在程序会话期间保存已经指定的路径。如果用户想要为后续的程序会话保留路径，可以将路径保存到 XML 文件、模型数据库或者输出数据库中；更多信息见9.9节"管理程序会话对象和程序会话选项"。

48.2.2　创建或者编辑点列表路径

在一个点列表路径中，所有的点都指模型坐标位置。这些位置可以或者不与节点重合。有关其他形式路径的指定信息，见 48.2 节"创建通过模型的路径"。

用户可以通过将点坐标输入到表中来创建点列表路径。对于与节点位置重合的点，用户可以指定节点标签，Abaqus 将在表中输入节点未变形的坐标。为了帮助确定感兴趣的节点标签，用户可能想要在创建路径之前，生成一个节点符号和节点编号可见的模型图。更多信息见 55.5 节"定制模型标签"。

若要创建或者编辑点列表路径，执行以下操作：

1. 调用路径创建和编辑选项。

1）创建新路径。

a. 从主菜单栏选择 Tools→Path→Create。出现 Create Path 对话框。

b. Abaqus 在 Name 文本域中显示路径的默认名称。用户可以将默认的名称替换成用户选取的名称（可以包括空格）。

c. 在 Create Path 对话框中，单击 Point list，然后单击 Continue。

2）编辑现有的路径。从主菜单栏选择 Tools→Path→Edit。从出现的菜单中选择想要编辑的路径。

技巧：用户也可以使用 Path Manager 来编辑一条路径。从主菜单栏选择 Tools→Path→Manager 来显示管理器。用户选择想要编辑的路径，并且从管理器的右侧单击 Edit 按钮。

出现 Edit Point List Path 对话框。

2. 在 Point Coordinates 表中，使用键盘和鼠标来输入、更改或者删除坐标。要输入坐标，使用下面的一种方法。

1）输入点的坐标值。

a. 使用空格或者逗号来将值指定成 X 坐标、Y 坐标、Z 坐标，如 1.0、3.4、2.0。

b. 按下［Enter］键。

2）包括节点位置的坐标。

a. 选择用户想要确定节点坐标的零件实例。单击 Part instance 域旁边的箭头来查看可用零件实例的列表。

要得到一个节点的坐标，在 Node label 域中输入节点标签；然后按下［Enter］键或者单击 Query。

Abaqus 显示节点未变形的 X 坐标、Y 坐标和 Z 坐标。

b. 要在当前高亮显示的路径定义表中的行之前、之后或者当前行位置中输入这些坐标，分别单击 Add Before、Add After 和 Replace。

对于特殊的表编辑选项，或者从 ASCII 文件读取数据，右击鼠标（更多信息见 3.2.7 节"输入表格数据"）。

在当前视口的模型图上，Abaqus 高亮显示路径上的所有点，并显示路径连接性。

3. 完成节点选择后，单击 OK。

如果用户创建了一个新路径，则 Abaqus/CAE 将路径添加到 Path Manager 列表中。默认情况下，Abaqus/CAE 会在程序会话期间保存已经指定的路径。如果用户想要为后续的程序会话保留路径，可以将路径保存到 XML 文件、模型数据库或者输出数据库中；更多信息见 9.9 节"管理程序会话对象和程序会话选项"。

48.2.3　创建或者编辑边列表路径

在一个边列表路径中，通过单元边和连接单元边端点的线来定义线段。有关包括路径中的边以外的信息，见 48.2 节"创建通过模型的路径"。

用户可以通过将零件实例名称和边标签输入到表中来创建边列表路径。每一个边标签包含一个单元编号、一个面编号、一个边编号和沿着边的方向。使用三种方法的组合来从视口中选择输入到表的边。

- 选择单个的单元边。
- 选择一条单元边和沿着特征边的方向，则 Abaqus/CAE 将自动添加剩余的边，直到特征端部。
- 选择一条单元边和一个节点，则 Abaqus/CAE 将沿着单元边选择边与节点之间的最短距离路径。

用户也可以直接编辑表，使用视口来追踪进度。然而，边标签的一些组成部分取决于单元类型、方向和想要的连接性，从视口中进行选择可以更加容易地确定这些内容。

若要创建或者编辑边列表路径，执行以下操作：

1. 调用路径创建和编辑选项。

1）创建新路径。

a. 从主菜单栏选择 Tools→Path→Create。出现 Create Path 对话框。

b. Abaqus 在 Name 文本域中显示路径的默认名称。用户可以将默认的名称替换成用户选取的名称（可以包括空格）。

c. 在 Create Path 对话框中，单击 Edge list，然后单击 Continue。

2）编辑现有的路径。从主菜单栏选择 Tools→Path→Edit。从出现的菜单中选择用户想要编辑的路径。

技巧：用户也可以使用 Path Manager 来编辑一条路径。从主菜单栏选择 Tools→Path→Manager 来显示管理器。用户选择想要编辑的路径，然后从管理器的右侧单击 Edit。

出现 Edit Edge List Path 对话框。

2. 要通过在视口中选择边来创建或者编辑路径，单击 Add Before 或者 Add After 来进行选择。

Abaqus/CAE 提示用户"Select edges to be inserted into the path"，并关闭 Edit Edge List

Path 对话框。

3. 使用提示区域中的选择方法来选择边。用户可以使用以下三种选择方法。

1）Individually，以单元边出现在路径中的次序来选择单个的单元边；选中的边不需要相邻。如果有必要，单击提示区域中的 Flip 来反转用户选中的最后一条边的连接性。

2）By feature edge，选择位于特征边上的开始边，Abaqus/CAE 将自动地选择用户选取的特征边与特征边端部之间的所有边。单击 Flip 来反转用户选中的边的连接性和用于自动选择的方向。

3）By shortest distance，选择一个起始边和一个端点（节点），Abaqus/CAE 将自动选择界定为最短路径的单元边。单击 Flip 来反转用户选取的边的连接性以及自动选择边的方向。如果存在具有相同距离的多条路径，Abaqus/CAE 会选择其中的一个。

注意：用户选择的边和节点必须在同一个零件实例上。

如果在多个零件实例中存在想要的边，则切换不选 Selection 工具栏中的 Select the Entity Closest to the Screen 工具。如果用户进行模糊选择，则零件实例名称和边标签（没有方向值）将以高亮显示元素边缘（单元、面、边）的形式出现在视口的左下角。使用 Next 和 Previous 进行选择，并单击 OK 进行确认。

Abaqus 会在用户选择边时高亮显示边，并显示节点标签和路径连接性。此外，Abaqus 将路径中的第一个节点标记成 Start，将路径中的最后一个节点标记成 End。

4. 完成后，在提示区域中单击 Done。

Abaqus/CAE 显示 Edit Edge List Path 对话框；零件实例和用户路径中的边将被列在路径定义表中。

5. 如果需要，重复前面的步骤来添加更多的边。

Add Before 和 Add After 按钮决定了在路径定义表中，用户可以将选择的（当前高亮显示的）行添加到哪里。

6. 如果需要，用户可以使用键盘和鼠标来插入、更改或者删除 Path Definition 表中的零件实例名称和边标签。边标签的形式为单元编号、面编号、边编号或者方向。

技巧：使用查询工具集在视口中查询节点来获取零件实例名称。使用与图状态无关的选项来在视口中显示单元和面标签（更多信息见 55.5 节"定制模型标签"）。从单元的外部看，边是围绕面的顺时针方向进行编号的。方向（-1 或者 1）取决于用户想要的路径连接性。

对于特殊的表编辑选项或者从 ASCII 文件读取数据，右击鼠标（更多信息见 3.2.7 节"输入表格数据"）。

7. 在编辑 Path Definition 表之后，按下［Enter］键。

Abaqus 更新视口中显示的路径。

8. 完成边的选择后，单击 OK。

如果用户创建了一个新路径，则 Abaqus/CAE 将路径添加到 Path Manager 列表中。默认情况下，Abaqus/CAE 会在程序会话期间保存已经指定的路径。如果用户想要在后续的程序会话中继续使用路径，可以将路径保存到 XML 文件、模型数据库或者输出数据库中；更多信息见 9.9 节"管理程序会话对象和程序会话选项"。

48.2.4　创建或者编辑圆路径

在一条圆路径中，所有的点都指位于圆周上的或者沿着圆半径上的模型坐标位置。有关其他形式的路径定义信息，见48.2节"创建通过模型的路径"。

用户可以通过选择节点或者输入坐标来定义圆，创建一个圆路径。在定义圆之后，用户可以使用圆的边或者半径来定义弯曲的圆周路径或者直线的径向路径。

若要创建或者编辑圆路径，执行以下操作：

1. 调用路径创建和编辑选项。

1）创建新路径。

a. 从主菜单栏选择 Tools→Path→Create。出现 Create Path 对话框。

b. Abaqus 在 Name 文本域中显示路径的默认名称。用户可以将默认的名称替换成用户选取的名称（可以包括空格）。

c. 在 Create Path 对话框中，单击 Circular，然后单击 Continue。

2）编辑现有的路径。从主菜单栏选择 Tools→Path→Edit。从出现的菜单中选择用户想要编辑的路径。

技巧：用户也可以使用 Path Manager 来编辑一条路径。从主菜单栏选择 Tools→Path→Manager 来显示管理器。用户选择想要编辑的路径，然后从管理器的右侧单击 Edit。

出现 Edit Circular Path 对话框。

2. 选择 Circumferential 或者 Radial 路径类型。

Abaqus/CAE 更新对话框来反映用户创建的路径类型。Circumferential Path 沿着圆边布置，需要一个半径、一个起始角度和终止角度来定义路径的位置和长度。Radial Path 沿着圆的半径布置，需要一个径向角度、一个起始角度和一个终止角度来定义路径的位置和长度。

3. 在对话框的 Circle Definition 部分，选择 Origin and axis 或者 3 Points on Arc 作为定义圆的方法。

原点和轴方法使用两个点来定义转动轴，在圆的平面上使用一个点来定义默认的半径长度和转动起点。圆弧上三点法通过三个点拟合一个圆。

4. 单击 Select from Viewport 来选择节点或者输入坐标来定义圆。

Abaqus/CAE 关闭 Edit Circular Path 对话框，然后在提示区域中显示提示来引导用户完成过程。

5. 从视口中选择节点或者使用提示区域中的文本域来指定每个点的 X 坐标、Y 坐标、Z 坐标，使用空格或者逗号隔开，如1.0、3.4、2.0。

Abaqus/CAE 打开 Edit Circular Path 对话框；用户选中的坐标出现在圆定义表中。如果用户选择了节点，则使用的坐标对应模型当前的变形状态。

在当前视口中的模型图上，Abaqus 高亮显示路径中包括的所有点，并显示路径连接性。

6. 通过以下操作编辑 Circle Definition 中的单个点：

a. 将光标置于该点的坐标上。

    b. 右击鼠标，然后选择 Edit selection。

    c. 选择视口中的一个节点，或者在提示区域中编辑坐标。

当用户进行选择或者输入新的坐标时，Abaqus/CAE 返回到 Edit Circular Path 对话框，并在视口中显示重新定义的圆。

7. 选择路径中包括的线段数量。

Abaqus/CAE 更改视口中的路径来显示等长度线段的数量。

8. 完成圆路径的编辑或者创建。

1）圆周路径。选择 Radius，然后选择 Start angle 和 End angle。默认情况下，Abaqus 使用用户定义的圆半径，并从用户在圆上选中的第一个点开始旋转 360°——如果用户选择原点和轴方法，则圆上只有一个点。

2）径向路径。选择 Radial Angle、Start Radius 和 End Radius。默认的径向角度（0°）是从圆心到用户在圆周上选中的第一个点——如果用户选择原点和轴方法，则此点是圆上的唯一点。默认的起始半径是 0.0（圆心），默认的终止半径等于圆的半径。

9. 完成后，单击 OK。

如果用户创建了一个新路径，则 Abaqus/CAE 将路径添加到 Path Manager 列表中。默认情况下，Abaqus/CAE 会在程序会话期间保存已经指定的路径。如果用户想要在后续的程序会话中继续使用路径，可以将路径保存到 XML 文件、模型数据库或者输出数据库；更多信息见 9.9 节"管理程序会话对象和程序会话选项"。

48.3　沿着路径获取X-Y数据

本节介绍如何沿着路径获取 X-Y 数据，包括以下主题：
- 48.3.1 节 "选择要获取数据的路径位置"
- 48.3.2 节 "控制数据对的 X 值"
- 48.3.3 节 "控制数据对的 Y 值"

48.3.1　选择要获取数据的路径位置

Abaqus/CAE 以 X-Y 数据对的形式沿着路径获取结果。数据对的 X 值定义了获取数据的模型位置；Y 值是这些位置上的分析结果。在计算数据对时，Abaqus 仅考虑当前显示组中的对象。

Abaqus 根据用户为路径指定的点来计算数据对的 X 值。用户可以选择仅根据已经指定的点来形成 X 值，也可以包括其他路径与模型相交的所有位置（相交点发生在路径穿过单元面、单元边、面或者面边的地方）。

用户也可以选择让 Abaqus 将组成路径的点解释为未变形或者变形模型形状上的位置。对于节点列表路径，组成路径的节点标签同样适用于未变形的和变形的模型形状。然而，点列表路径的坐标在空间中保持固定，与用户的模型无关。例如，与未变形形状上的节点位置重合的坐标可能不与变形形状上的任何位置重合。使用点列表路径坐标和变形模型得到的值会受变形比例因子的影响。对于与模型不重合的点，Abaqus 不为其形成数据对。

若要选择获取数据的路径位置，执行以下操作：

1. 调用 XY Data from Path 选项。

从主菜单栏选择 Tools→XY Data→Create。从出现的对话框中选择 Path；然后单击 Continue。出现 XY Data from Path 对话框。

2. 单击 Path 箭头来选择要获取数据的路径。

当前视口中的模型图发生改变，高亮显示用户已经选择的路径。

3. 单击 Undeformed 或者 Deformed，来分别选择 Abaqus 是否将组成路径的点解释为未变形或者变形模型形状上的位置。

4. 从 Point Locations 选项中选择下面的一个选项：
- 选择 Path points 来仅获取组成路径的点的数据。用户可以通过切换选中 Include inter-

sections 获取路径与模型相交处位置的 X-Y 数据，以及组成路径的点处的 X-Y 数据。

● 选择 Uniform spacing 来获取沿着路径的规则内插间隔处的数据，数据不一定在组成路径定义的点处。用户可以改变 Number of intervals 域中的指定值来增加或者减少沿着路径获取内插数据的数量。

5. 要评估和显示数据，单击 Plot。

X-Y 图出现在当前视口中。此图表示用户在对话框中构建的数据，无论用户是否单击 Save As 来保存，Abaqus 都将这些数据考虑成临时数据。

6. 要保存用户已经构建的数据，单击 Save As。

注意：要显示用户已经保存的 X-Y 数据对象，从主菜单栏选择 Tools→XY Data→Plot，并从右拉菜单中选择 X-Y 数据对象。

7. 完成后，单击 Cancel 来关闭对话框。

48.3.2　控制数据对的 *X* 值

Abaqus 以 X-Y 数据对的形式沿着路径获取结果，根据用户为路径指定的点来计算数据对的 X 值，或者在路径与模型相交的其他点处计算数据对的 X 值。更多信息见 48.3.1 节"选择要获取数据的路径位置"。

组成路径的节点标签或者点坐标通常不适合直接用作 X 值。Abaqus 为用户提供了几个选择来将一系列的点转化成有用的 X 值和后续的 X-Y 图轴标签。

若要控制数据对的 *X* 值，执行以下操作：

1. 调用 XY Data from Path 选项。

从主菜单栏选择 Tools→XY Data→Create。从出现的对话框中选择 Path；然后单击 Continue。出现 XY Data from Path 对话框。

2. 在对话框的顶部，单击 Path 箭头来选择要获取数据的路径。

当前视口中的模型发生改变，高亮显示用户已经选择的路径。

3. 在 X-Values 域，选择下面的一个选项来将路径点转化成 X 值。

● True distance（真实距离）：X 值对应沿着路径的每一个点在模型空间坐标中的实际距离，从零开始。

● Normalized distance（归一化距离）：X 值对应沿着路径的每一个点的距离，是路径总长度的一部分。

● Sequence ID（序列号）：X 值对应每一个点在路径结果列表中出现的次序。

● X, Y, or Z distance（X、Y 或者 Z 距离）：X 值对应每一个点沿着路径在用户指定方向上的实际距离，从零开始。对于生成轴对称模型中的结果与半径的关系图，此选项是特别有用的。

● X, Y, or Z coordinate（X、Y 或者 Z 坐标）：X 值对应每一个点沿着用户指定的轴到原点的距离。

4. 要评估和显示数据，单击 Plot。

X-Y 图出现在当前视口中。此图表示用户在对话框中构建的数据，无论用户是否单击 Save As 来保存，Abaqus 都将这些数据考虑成临时数据。

5. 要将用户构建的 X-Y 数据对保存成 X-Y 数据对象，单击 Save As。

注意：要显示用户保存的 X-Y 数据对象，从主菜单栏选择 Tools→XY Data→Plot，然后从右拉菜单中选择 X-Y 数据对象。

6. 完成后，单击 Cancel 来关闭对话框。

48.3.3 控制数据对的 Y 值

Abaqus 以 X-Y 数据对的形式沿着路径获取结果。数据对的 X 值定义了获取数据的模型位置；Y 值是这些位置上的分析结果。用户可以通过选择 Abaqus 获取结果的步、帧和场输出变量，通过控制 Abaqus 平均特定类型的结果，以及通过选择复数结果（如果有的话）的显示形式来控制这些 Y 值。

若要控制数据对的 Y 值，执行以下操作：

1. 调用 XY Data from Path 选项。

从主菜单栏选择 Tools→XY Data→Create。从出现的对话框中选择 Path；然后单击 Continue。出现 XY Data from Path 对话框。

2. 在对话框的顶部，单击 Path 箭头来选择要获取数据的路径。

当前视口中的模型发生改变，高亮显示用户已经选择的路径。

3. 在 Y-Values 域确定 Abaqus 将获取结果的步、帧和场输出变量。

● 要改变步或者帧，单击 Step/Frame。更多信息见 42.3 节 "选择结果步和帧"。

● 要改变场输出变量，单击 Field Output。更多信息见 42.5.3 节 "选择主场输出变量"。

● 当前视口设置的结果选项控制基于单元的场输出变量平均。要显示或者更改这些设置，从主菜单栏选择 Result→Options。更多信息见 42.6.6 节 "控制结果平均"。

● 复数值的形式由当前视口设置的结果选项控制。要显示或者更改这些设置，从主菜单栏选择 Result→Options。更多信息见 42.6.9 节 "控制复数结果的形式"。

Abaqus 会根据用户对步、帧、场输出变量或者结果选项施加的改变，更新 Y-Values 域和当前视口中的变形图、云图或者符号图。

4. 要评估和显示数据，单击 Plot。

X-Y 图出现在当前视口中。此图表示用户在对话框中构建的数据，无论用户是否单击 Save As 来保存，Abaqus 都将这些数据考虑成临时数据。

5. 要将用户构建的 X-Y 数据对保存成 X-Y 数据对象，单击 Save As。

注意：要显示用户保存的 X-Y 数据对象，从主菜单栏选择 Tools→XY Data→Plot，然后从右拉菜单中选择 X-Y 数据对象。

6. 完成后，单击 Cancel 来关闭对话框。

49　动画显示

动画是 Abaqus/CAE 快速连续播放的一系列图，产生电影般的效果。本章包括以下主题：

- 49.1 节 "理解动画"
- 49.2 节 "生成和定制基于对象的动画"
- 49.3 节 "保存动画文件"
- 49.4 节 "控制动画播放"

49.1 理解动画

Abaqus/CAE 提供了两种动画方式:

基于对象的动画

基于对象的动画是指显示一系列的变形图、云图、符号图或者材料方向图。Abaqus/CAE 可以生成三种不同类型序列的这些图。这三个序列类型称为"时间历史动画""比例因子动画"和"谐动画"。

时间历史动画根据实际的分析结果,生成随时间变化的一系列变形图、云图、符号或者材料方向图。比例因子动画仅生成在单个变形图、云图或者符号图的比例上发生变化的一系列图像。谐动画生成代表复数值根据施加的角度进行变化的一系列图。要更好地理解这三种类型的动画,分别见 49.1.1 节"时间历史动画";49.1.2 节"比例因子动画";以及 49.1.3 节"谐动画"。

当播放基于对象的动画时,用户可以动态地改变显示特征,如显示、任何视口注释,并且显示状态相关的定制选项。

基于图像的动画

以图像为基础的动画是一个动画文件的回放。用户在 Abaqus/CAE 中通过首先在一个或者多个视口中播放以对象为基础的动画,然后从主菜单栏选择 Animate→Save As 来创建一个动画文件。一旦保存,则用户的动画可以在 Abaqus/CAE 外部使用工业标准的动画软件来播放。用户可以选择 QuickTime 或者 Audio Video InterLeave(AVI)格式来保存以图片为基础的动画。

在 Abaqus/CAE 中,用户也可以通过将动画文件选择成背景电影来显示以图片为基础的动画。当激活时,在显示模块中一个视口中显示背景电影。更多信息见 4.7.3 节"显示和定制背景动画"。

注意:Abaqus/CAE 也让用户以 VRML 格式保存一个动画,此格式创建三维的动画渲染。因为这些文件是三维的,所有它们不是严格意义上的以图片为基础的动画。然而,当用户想要 QuickTime 或者 AVI 格式的文件时,用户可以播放和分发 VRML 格式的动画文件。

通常,从一个文件回放的动画提供比对象为基础的动画更好的性能,特别对于大模型。当播放图片为基础的动画时,用户不能改变动画的显示特征。

49.1.1 时间历史动画

在时间历史的动画中，Abaqus/CAE 通过将有效步和帧的输出数据中可以找到的每一个指定帧，进行变形的形状、云图、符号或者材料方向图重画，来创建序列图。时间历史动画中的每一张图片显示实际的分析结果。变形比例因子对时间历史动画中的每一张图片保存不变。结果帧可以有序地画出，或者以时间间隔为基础来从有效的帧中选择。

如果用户正在动画播放一个云图，场输出值的显示取决于用户选择的选项。默认的行为是图例中的值以第一个动画帧和最后一个动画帧的最小值和最大值为基础来固定。要知道如何设置云图界限，见 44.5.7 节"设置云图界限"。

49.1.2 比例因子动画

在比例因子动画中，Abaqus/CAE 从输出数据库的一个单独的步和帧中，以序列的形式创建所有的变形形状、云图或者符号图图片。Abaqus/CAE 根据用户的指定，生成比例因子从 0 到 1 的或者从−1 到 1 的动画。单个的图片是通过将在图中显示的场输出值施加一定范围的动画比例因子来形成的。虽然所有的图片是从结果的一个单独的步和帧产生的，但是这给出了随时间演变的场输出外观（要显示随时间的真实演变，用户必须产生时间历史动画）。

如果用户正在动画显示一个云图，则场输出值的显示取决于用户选择的选项。默认的行为是图片中被固定的值，是以选中结果步和帧的缩放后的最小值和最大值为基础的。要获知如何设置云图界限，见 44.5.7 节"设置云图界限"。要获知如何定制图例，见 56.1 节"定制图例"。

49.1.3 谐动画

谐动画仅对于包含复数的场输出才有效。在谐动画中，Abaqus/CAE 从输出数据库的一个单独的步和帧中，以序列形式创建所有变形的形状、云图或者符号图片。Abaqus/CAE 生成的角度从 0°到 180°或者从−180°到 180°，根据用户的指定，并且显示每一个这些角度上的复数场输出的值。这给出了随时间演变的场输出外观，虽然所有的图片是从用户结果的一个单独步和帧产生的（要显示结果随时间的实际演化，用户必须产生一个时间历史的动画）。谐动画对于特征值分析计算得到的振型仿真是有用的。

如果用户正在动画显示一个云图，则场输出值的显示取决于用户选择的选项。默认的行为是图例中的值，是以实部的范围为基础而固定的。要获知如何定制图例，见 56.1 节"定制图例"。要获知更多有关复数值的信息，见 42.6.3 节"理解复数结果"。

49.2   生成和定制基于对象的动画

要生成时间历史动画，从主菜单栏选择 Animate→Time History 或者使用工具箱中的工具。要生成比例因子动画，从主菜单栏选择 Animate→Scale Factor，或者使用工具箱中的工具。要生成谐动画，从主菜单栏选择 Animate→Harmonic 或者使用工具箱中的工具。

在时间历史动画中，用户可以定制 Abaqus 包括的用户动画中的分析步和帧。在比例因子以及谐动画中，用户可以定制模型的外观运动。对于所有三种类型的动画，用户可以定制基底的变形图、云图、符号图或者材料方向图。要定制时间历史动画或者比例因子动画，从主菜单栏选择 Options→Animation。

在基于对象的动画播放的任何时刻，用户都可以定制作为动画基础的变形图、云图、符号图或者材料方向图。例如，用户可以切换选中图例，调整变形比例因子，或者选择不同的场输出变量。使用 View、Result 和 Options 菜单可以定制用户动画的基底图。

本节介绍如何生成和定制基于 Abaqus/CAE 对象的时间历史动画、比例因子动画和谐动画，包括以下主题：

- 49.2.1 节 "生成时间历史动画"
- 49.2.2 节 "生成比例因子动画"
- 49.2.3 节 "生成谐动画"
- 49.2.4 节 "定制比例因子动画或者谐动画"
- 49.2.5 节 "定制动画的基底图"

49.2.1   生成时间历史动画

时间历史动画，根据实际的分析结果，生成随时间变化的一系列图。用户可以选择动画显示变形图、云图、符号图或者材料方向图。

若要生成时间历史动画，执行以下操作：

1. 使用 File 菜单打开包含用户分析结果的输出数据库。
2. 要显示 Abaqus 默认选择以外的变量，请使用 Result 菜单。

- 对于变形图或者材料方向图的动画，选择 Abaqus 获取随时间变化结果的变形场输出变量。
- 对于云图或者符号图的动画，选择要显示的主场输出变量或者符号场输出变量。如果用户想要显示变形后形状上的动画云图或者符号图，选择变形后的场输出变量。有关场输出变量选择的更多信息，见 42.5.1 节 "场输出变量选择概览"。

3. 要定制 Abaqus/CAE 包括在动画中的步和帧，调用 Active Steps/Frames 对话框。

从主菜单栏选择 Result→Active Steps/Frames。有关激活步和帧的更多信息，见 42.4 节 "定制结果中步和帧的显示"。

4. 使用 Options 和 View 菜单来选择用户想要的定制选项。这些选项可以包括变形图、云图、符号图、方向和显示选项。

5. 要开始动画，从主菜单栏选项 Animate→Time History。

技巧：用户也可以使用工具箱中的 ⚒ 工具来生成时间历史动画。

动画在动画视口中开始，动画控制在环境栏的右侧。开始后，Abaqus 处于时间历史动画图示状态。在此状态中，用户单击 Results、Options 或者 View 菜单对话框中的 Apply 或者 OK 后，Abaqus 都自动地刷新显示。所有动画显示的视口保持在时间历史动画状态中，除非用户生成其他状态中的图像，如未变形或者变形后的状态。要学习如何控制动画，见 49.4 节 "控制动画播放"。

49.2.2　生成比例因子动画

比例因子动画生成从输出数据库的单个步和帧创建的一系列图。这些图可以由变形图、云图或者符号图组成。对于变形图和变形后形状上的云图和符号图，图片随施加到变形上的比例因了而变化。对于云图和符号图，图片也随施加到场输出的比例因子而变化。

若要生成比例因子动画，执行以下操作：

1. 使用 File 菜单打开包含用户分析结果的输出数据库。

2. 使用 Result 菜单来选择要显示的分析结果，包括步和帧、变形后的场输出变量、云图或者符号图动画，以及要显示的主场输出变量或者符号场输出变量。更多有关场输出变量选取的信息，见 42.5.1 节 "场输出变量选择概览"。

3. 使用 Options 和 View 菜单来选择用户想要的定制选项。

4. 要开始动画，从主菜单栏选择 Animate→Scale Factor。

技巧：用户也可以使用工具箱中的 ⚒ 工具来生成比例因子动画。

动画在动画视口中开始，动画控制在环境栏的右侧。开始后，Abaqus 处于比例因子动画图示状态。在此状态中，用户单击 Results、Options 或者 View 菜单对话框中的 Apply 或者 OK 后，Abaqus 都自动地刷新显示。所有动画显示的视口保持在比例因子动画状态中，除非用户生成其他状态中的图像，如未变形或者变形后的状态。更多有关定制基底模型形状的信息，见 55.4 节 "定制模型形状"。

49.2.3　生成谐动画

谐动画生成从输出数据库的单个步和帧创建的一系列图。这些图可以由变形图、云图或者符号图组成。对于变形图，以及变形后形状上的云图和符号图，图片随施加到变形的角度而变化。对于云图和符号图，图片随施加到场输出的角度而变化；结果的实部和虚部都被使用。

默认情况下，Abaqus/CAE 在谐动画过程中显示一个帧计数器。当查看复数值时，帧计数器显示当前的角度。

若要生成谐动画，执行以下操作：

1. 使用 File 菜单打开包含用户分析结果的输出数据库。

2. 使用 Result 菜单来选择要显示的分析结果，包括步和帧、变形后的场输出变量、云图或者符号图动画，以及要显示的主场输出变量或者符号场输出变量。更多有关场输出变量选取的信息，见 42.5.1 节"场输出变量选择概览"。

3. 使用 Options 和 View 菜单来选择用户想要的定制选项。

4. 要开始动画，从主菜单栏选择 Animate→Harmonic。

技巧：用户也可以使用工具箱中的 工具来生成谐动画。

动画在动画视口中开始，动画控制在提示区域中。开始后，Abaqus 处于谐动画图示状态。在此状态中，用户单击 Results、Options 或者 View 菜单对话框中的 Apply 或者 OK 后，Abaqus 都自动地刷新显示。所有动画显示的视口保持在谐动画状态中，除非用户生成其他状态中的图像，如未变形或者变形后的状态。更多有关定制基底模型形状的信息，见 55.4 节"定制模型形状"。

49.2.4 定制比例因子动画或者谐动画

用户可以通过在比例因子范围 Half cycle 与扩展范围 Full cycle 之间进行选择，来定制动画模型的外观运动。扩展范围是有用的，如显示由模态分析得到的振形。用户也可以改变动画显示中的帧（单个图片）数量。帧数量越多，生成的动画越连续。

在比例因子动画中，Abaqus/CAE 通过比例因子范围除以帧的数量来计算动画比例因子值。这些值施加到每一个坐标方向上的变形比例因子和场输出变量值，来生成动画序列中的每一个图片。

在谐动画中，Abaqus/CAE 将角度范围除以帧的数量来计算动画角度值。这些值用于计算此角度处的场输出变量值，并生成动画序列中的每一个图片。

若要定制比例因子动画或者谐动画，执行以下操作：

1. 调用 Scale Factor/Harmonic 选项。

从主菜单栏选择 Options→Animation；然后单击出现的对话框中的 Scale Factor/Harmonic 标签页。出现 Scale Factor/Harmonic 选项。

2. 要控制范围，单击 Relative Scaling，选择需要的选项。

● Full cycle：此选项的比例因子动画（实数）对应范围为-1～1；对于谐动画（具有实部和虚部的复数），此选项的对应范围为-180°～180°。

● Half cycle：此选项的比例因子动画（实数）对应范围为0～1；对于谐动画（具有实部和虚部的复数），此选项的对应范围为0°～180°。

3. 要选择动画中单个图片的数量，单击 Frames 箭头。

在 Frames 框中出现指定数量的帧。

4. 单击 Apply 来完成用户的更改。

所有显示动画的视口中的比例因子或者谐动画都发生改变，以反映用户指定的关联比例和帧数。

用户的更改会在会话期间保存，并影响所有后续谐动画状态或者比例因子动画状态下的图。

49.2.5　定制动画的基底图

时间历史动画、比例因子动画和谐动画都以快速连续的方式显示一系列的变形图、云图、符号图或者（仅对于时间历史动画的）材料方向图。在动画播放的任何时刻，用户都可以定制作为动画基础的变形图、云图、符号图或者材料方向图。例如，用户可以切换图例、调整变形比例因子，或者选择不同的场输出变量。使用 View、Result 和 Options 菜单可以定制用户动画的基底图。

若要定制基底图，执行以下操作：

1. 调用适用于当前图状态的定制选项。

● 对于云图动画，从主菜单栏选择 Options→Contour。

● 对于符号图动画，从主菜单栏选择 Options→Symbol。

● 对于材料方向图动画，从主菜单栏选择 Options→Material Orientation。

2. 从出现的对话框中选择用户想要的与图状态有关的定制选项。更多信息见 40.3.3 节"定制显示"。

3. 通过选择 Options→Common、Options→Superimpose、Viewport→Viewport Annotation Options、View→Graphics Options 或者 View→ODB Display Options 来设置用户想要的与显示状态无关的定制选项。

4. 通过选择 Result→Field Output 来选取要动画显示的结果变量。

5. 选择要动画显示的结果步和帧。

● 对于比例因子动画或者谐动画，通过选择 Result→Step/Frame 来选择要动画显示的单个步和帧。

● 对于时间历史动画，通过选择 Result→Active Steps/Frames 来选择要动画显示的多个步和帧。

49.3　保存动画文件

用户可以将一个或者多个视口中播放的动画保存到一个文件中。保存后，用户就可以使用行业标准的动画软件来播放动画。本节介绍如何将动画保存到文件，以及如何控制文件的格式，包括以下主题：

- 49.3.1 节 "保存动画"
- 49.3.2 节 "选择动画文件格式"

49.3.1　保存动画

用户可以先在一个或者多个视口中播放动画，然后从主菜单栏选择 Animate→Save As 来保存动画。

用户可以选择保存所有的视口或者仅保存选中的视口。保存的视口可以是任何显示状态（例如，变形图、X-Y 图或者动画）。对于当前在动画显示状态中的视口，Abaqus/CAE 将保存所有的动画帧；保存动画时，动画是否在播放并不重要。Abaqus 允许用户将多个包含动画的视口，保存为一个基于图像的动画文件。Abaqus/CAE 通过重复帧数比其他动画少的动画的最后一帧来同步多个动画的播放时长。

若要保存动画，执行以下操作：

1. 生成一个或者多个时间历史动画、比例因子动画或者谐动画。更多信息见 49.2 节 "生成和定制基于对象的动画"。

2. 从主菜单栏选择 Animate→Save As。

出现 Save Image Animation 对话框。

3. 对于 AVI 或者 QuickTime 格式，使用 Selection 来选择要保存的视口。

a. 单击 Capture 域旁边的箭头来保存 All Viewports（默认的）或者 Current Viewport。

b. 切换 Capture viewport decorations 来控制 Abaqus/CAE 是否保存可见的视口装饰。

对于 VRML 或者压缩的 VRML 格式，保存的动画将仅显示当前的视口，并省略视口装饰。

4. 使用 Settings 域来指定用户动画文件的名称和格式。

a. 单击 来过滤和浏览文件名，或者在 File name 域中输入用户选取的文件名。更多信息见 3.2.10 节 "使用文件选择对话框"。

b. 从 Format 选项为用户的文件选择 AVI（默认的）、QuickTime、VRML 或者 Compressed VRML 格式。要了解与这些格式选项有关的更多信息，见 49.3.2 节"选择动画文件格式"。

5. 对于 AVI 和 QuickTime 格式，使用 Frame Rate 域来指定用户在保存的动画中每秒显示的帧数。用户可以通过在 Rate 域中输入一个值，或者拖动滑块来选择在 1~50 帧/s 之间的一个值来指定帧速率（正整数）。默认情况下，帧速率与当前在 Player 页中选中的帧速率一致。

6. 单击 Apply 来保存用户的动画。

Abaqus/CAE 依据用户的指定将画布视口抓取到一个文件中。

49.3.2　选择动画文件格式

用户可以将动画文件保存成以下格式中的一种：Audio Video Interleave（AVI，默认的）、QuickTime 或者 Virtual Reality Modeling Language（VRML）。用户还可以选择是否对这些格式的文件进行压缩。对于 AVI 和 QuickTime 格式，用户还可以选择其他的图像尺寸和压缩选项。

当用户在 Windows 系统上以 AVI 格式保存动画时，可以使用系统上的任何编码器来压缩文件，以及设置文件的质量水平。而这些操作在 Linux 系统上是不可用的。

改善 VRML 格式动画的播放

VRML 或者压缩 VRML 格式的动画可能需要进一步的定制才能在客户机上正常回放。客户机的一些构件决定了 VRML 播放的质量，包括图形硬件、VRML 软件插件，以及为软件插件选择的设置。当这些构件与创建 VRML 动画的计算机上的构件不同时，客户机上的 VRML 回放就会出现显示问题，如视口标注中的文字模糊不清。用户可以通过构建客户机上的插件设置，或者通过创建具有不同视口标注设置的新版本的 VRML 动画，来改善客户端对特定 VRML 文件的回放。

- 要在客户机上定制 VRML 显示，打开客户机上的 VRML 插件设置，然后切换选中任何反锯齿设置。激活反锯齿可以帮助改善 VRML 图像或者动画中的文字清晰度，但会降低计算机的性能。

- 要创建一个新的 VRML 动画，返回 Abaqus/CAE，然后增大文本字号，或者为视口中的每一个视口标注选择不同的字体，然后保存 VRML 动画的一个新的副本。有关改变字体和字号的更多信息，见第 56 章"定制视口注释"。

若要选择 VRML 或者压缩 VRML 格式，执行以下操作：

1. 调用动画文件格式选项。

从主菜单栏选择 Animate→Save As，出现 Save Image Animation 对话框。

2. 从 Format 选项选择 VRML 或者 Compressed VRML 格式。

对于两种 VRML 格式，Abaqus/CAE 抑制了 Selection 和 Frame Rate 域；用户不能为 VRML 或者 Compressed VRML 动画定制这些设置。

若要选择 QuickTime 格式，执行以下操作：

1. 调用动画文件格式选项。

从主菜单栏选择 Animate→Save As，出现 Save Image Animation 对话框。

2. 从 Format 选项选择 QuickTime。

3. 要选择其他的 QuickTime 格式选项，单击 ⠿。

出现 QuickTime Options 对话框。

4. 在 QuickTime Options 对话框中，选择下面的一个方法来指定动画图片的尺寸（以像素计）。

● 单击 Use size on screen 来使用屏幕上图片的尺寸（Abaqus/CAE 会在 QuickTime Options 对话框中显示当前的图片尺寸）。这是默认的方法。

● 单击 Use settings below 来设置图片宽度或者高度；然后在 Width 或者 Height 域中输入想要的值。用户只需指定一个尺寸，Abaqus/CAE 会自动计算另一个尺寸来保持视口的长宽比。

5. 在 QuickTime Options 对话框中选择压缩文件（编码的运行长度）或者不压缩文件（原始素材）。

从 Compression 列表中选择 Raw（24bits/pixel）或者 Rle（24bits/pixel）。Rle（24bits/pixel）压缩是运行长度编码的一种形式，提供无图像质量退化的无损压缩。

6. 单击 OK 来关闭 QuickTime Options 对话框。

用户的选项设置将在会话期间保存。

若要选择 AVI 格式，执行以下操作：

1. 调用动画文件格式选项。

从主菜单栏选择 Animate→Save As，出现 Save Image Animation 对话框。

2. 从 Format 选项选择 AVI。

3. 要选择其他的 AVI 格式选项，单击 ⠿。

出现 AVI Options 对话框。

4. 在 AVI Options 对话框中，选择下面的一个方法来指定动画图片的尺寸（以像素计）。

● 单击 Use size on screen 来使用屏幕上图片的尺寸（Abaqus/CAE 在 QuickTime Options 对话框中显示当前的图片尺寸）。这是默认的方法。

● 单击 Use settings below 来设置图片宽度或者高度，然后在 Width 或者 Height 域中输入想要的值。用户只需指定一个尺寸，Abaqus/CAE 会自动计算另一个尺寸来保持视口的长宽比。

5. 对于 Linux 系统，在 AVI Options 对话框中选择压缩文件（编码的运行长度）或者不压缩文件（原始素材）。

从 Compression 列表中选择 Raw（24bits/pixel）或者 Rle（24bits/pixel）。Rle（24bits/pixel）压缩是运行长度编码的一种形式，提供无图像质量退化的无损压缩。

6. 对于 Windows 系统，在 AVI Options 对话框中选择是否压缩文件（原始素材）。如果用户选择压缩文件，则可以选择用户系统上可用的 Abaqus/CAE 预定义的压缩器或者视频编码器。用户可以指定保存的动画文件的压缩质量。

a. 从 Codec 列表中选择下面的一个：

● 选择 None‑8bits/pixel，使用颜色的缩减设置来创建原始素材动画。选择此选项可能导致颜色的缺失。

● 选择 None‑24bits/pixel，创建没有任何压缩的原始素材动画。

● 选择视频编码器。Codec 列表显示用户系统上可用的编码器。

一些视频编码器包括了可构建的选项，可以让用户改变视频的某些特定方面。当用户选择允许此构建的编码器时，Configure 按钮变得可用。用户也可以通过在选中编码器时单击 About 按钮来了解更多与特定编码器有关的信息。

b. 要构建一个编码器，单击 Configure，然后从出现的对话框中选择构建选项。每个可构建的视频编码器都提供不同的构建选项；例如，一些编码器允许用户控制动画的透明度或者创建可扩展的文件。

注意：当使用具有 Python 脚本的 MPEG‑4 编码器将一个动画保存成 AVI 格式时，用户可能会遇到问题。要避免这些问题，用户可以使用此过程中描述的 GUI，或者构建 Xvid 编码器来切换不选编码状态（Xvid configuration→Other options→Encoder，切换不选 Display encoding status）。

c. 拖动 Quality 滑块来选择文件的压缩质量。最高值为 100，生成最高质量的动画文件，其压缩程度最小。

7. 单击 OK 来关闭 AVI Options 对话框。

用户的选项设置将在会话期间保存。

49.4 控制动画播放

在基于对象的动画过程中，用户可以控制动画的播放速度和循环播放，停止、重新开始动画和步进动画帧。绝大部分的行业标准动画软件支持基于图片的动画的相同功能，但可用的选项基于用户选择的应用程序。对于基于对象的动画，还有一个额外选项可用：在播放动画时，用户可以显示或者抑制状态信息。

如果用户正在使用多个视口显示动画，则可以在公共的动画时间线上包括或者排除个别的视口。默认情况下，用户创建的每一个新视口都将包括在同步中。

本节介绍如何控制动画的播放，包括以下主题：
- 49.4.1 节 "停止、重新开始动画和步进动画帧"
- 49.4.2 节 "导航到动画的指定帧"
- 49.4.3 节 "控制动画的播放速度和循环播放"
- 49.4.4 节 "显示动画帧计数器"
- 49.4.5 节 "定制 *X-Y* 图的动画"
- 49.4.6 节 "控制多个视口中的动画"
- 49.4.7 节 "定制同步视口的时间历史"

49.4.1 停止、重新开始动画和步进动画帧

在动画播放过程中，播放器控件在环境栏的右侧。

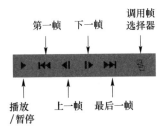

用户可以使用这些控件来播放和暂停动画，向前或者向后播放动画帧，跳到动画第一帧或者最后一帧。如果用户在多个视口中显示动画，则播放器控件可以在所有同步的视口中停止、重新开始和逐步播放动画。

用户也可以在电影播放控制中使用右键来调用 Frame Selector 对话框，这让用户可以直接浏览到动画中的一个特定帧。49.4.2 节 "导航到动画的指定帧"中讨论了此工具。

若要停止、重新开始动画或者步进动画帧，执行以下操作：

1. 调用环境栏右侧的播放器控件。

2. 单击播放器控件来执行想要的功能。下表列出了控件在环境栏中出现的次序（从左到右）。

Play/Pause（播放/暂停）	播放或者暂停。播放动画时，此按钮显示暂停符号；暂停后，此按钮显示播放符号
First image（第一帧）	停止播放，并显示动画的第一帧
Previous image（上一帧）	停止播放，并步进到动画的上一帧
Next image（下一帧）	停止播放，并步进到动画的下一帧
Last image（最后一帧）	停止播放，并显示动画的最后一帧
Launch Frame Selector（调用帧选择器）	打开 Frame Selector 对话框，从中可以导航到动画的指定帧

49.4.2　导航到动画的指定帧

Frame Selector 对话框允许用户快速导航到当前视口中输出数据库的一个指定帧。此工具提供两种方法来控制当前的帧：用户可以在对话框左侧的域中直接输入帧的索引号或者时间值，可以拖拽对话框右侧的滑块到期望的帧或者时间。

对话框中的标签内容会根据不同的条件和设置而变化，具体来说，它取决于是否显示动画、动画的类型，以及对于时间历史动画，是基于帧还是基于时间。

● 当在当前的视口中没有显示动画时，Frame Selector 标签会显示步名称。当前步的名称出现在对话框左侧域的上方。输出数据库中的第一个和最后一个有效步的名称出现在滑块上方。在下面的例子中，当前帧是 Extract Frequencies 步的第 20 帧，第一步是 Extract Frequencies，最后一步是 Transient modal dynamics。

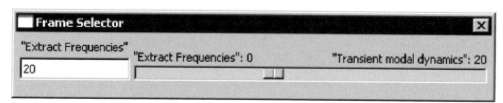

● 对于比例因子动画或者谐动画，Frame Selector 标签会显示当前帧的索引号，滑块会显示第一个和最后一个有效帧的索引号。对话框在域的上方显示 Frame，并在滑块的上方显示第一个和最后一个有效帧的编号。

● 对于时间历史动画，当用户选择基于帧的时间历史时，Frame Selector 标签会显示帧信息；当用户选择基于时间的时间历史时，标签会显示时间信息。在后一种情况下，对话框在域的上方显示 Time，并在滑块的上方显示第一个和最后一个有效帧的时间值。更多有关选择时间历史选项的信息，见 49.4.7 节"定制同步视口的时间历史"。

若要显示动画中的指定帧，执行以下操作：

1. 打开 Frame Selector 对话框。

从环境栏右侧的播放器控件中单击 。

出现 Frame Selector 对话框。

2. 选择下面的一个方法来指定想要显示的帧：

● 直接在 Frame Selector 域中输入一个数字。

用户可以为比例因子动画、谐动画或者基于帧的时间历史动画输入整个输出数据库中的总帧数；也可以输入基于时间的历史动画的时间；或者当没有显示动画时，输入当前步中的帧编号。

● 将滑块拖动到用户想要显示的帧的索引号或者时间值。当前的视口随着用户拖动滑块而发生改变。

49.4.3 控制动画的播放速度和循环播放

用户可以控制基于对象的动画的播放速度，选择播放一次或者循环播放。如果用户选择循环播放，则可以选择三种重复模式中的一种：循环、向后循环或者摆动。Loop 是指从第一帧到最后一帧正序循环播放，Loop backward 是指从最后一帧到第一帧倒序循环播放，Swing 是指采用先从第一帧到最后一帧，再从最后一帧到第一帧的次序循环播放。

用户创建基于图片的动画之前指定的速度控制设置，决定了在行业标准的动画软件中放映 QuickTime 或者 AVI 文件时使用的默认帧速率。

若要定制基于对象的动画的播放速度和循环播放，执行以下操作：

1. 在提示区域中，单击 Animation Options，然后单击出现的对话框中的 Player 标签页。

2. 要控制动画的播放速度，将 Frame rate 滑块拖拽到想要的速率。

3. 要控制动画的循环播放：

● 单击 Play once 来抑制重复，只播放一次就停止。

● 单击 Loop 从第一帧到最后一帧正序循环播放。

● 单击 Loop backward 从最后一帧到第一帧倒序循环播放。

● 单击 Swing 以先从第一帧到最后一帧，再从最后一帧到第一帧的次序循环播放。

4. 单击 Apply 来完成用户的更改。

动画视口中的动画根据用户的操作发生变化。

用户的更改将在会话期间保存，并影响此状态中的所有后续显示。

49.4.4 显示动画帧计数器

对于基于对象的动画，用户可以显示或者抑制动画帧数的信息，它显示在视口的右上角，包括以下内容：

- 比例因子动画中每个图片的比例因子。
- 谐动画中每个图片的相角。
- 时间历史动画中每个图片的步和帧（步中的图片数量）。

用户不能定制帧计数器的内容或者外观，只能进行关闭操作。

与每个动画步和帧关联的步长和增量由状态块给出。比例因子动画中的所有图片都是基于单个步和帧的。更多有关定制状态块的信息，见56.3节"定制状态块"。

若要显示动画帧计数器，执行以下操作：

1. 找到 Show frame counter 选项。

在提示区域中，单击 Animation Options，然后单击出现的对话框中的 Player 标签页。Show frame counter 选项在页的底部区域。

2. 切换 Show frame counter 来显示或者抑制动画帧数的信息。

3. 单击 Apply 来完成用户的更改。

动画视口中的动画根据用户的操作发生变化。当切换选中 Show frame counter 时，Abaqus/CAE 在所有显示动画的视口的右上角显示状态信息。Abaqus 在动画序列中为每一个图片更新此信息。因此，用户可能需要暂停来读取这些信息。

用户的更改将在会话期间保存，并影响此状态中的所有后续显示。

49.4.5 定制 *X-Y* 图的动画

当用户对基于时间的 *X-Y* 图进行动画处理时，Abaqus/CAE 会增加沿 *X* 轴移动的垂线时间追踪线来凸显当前的时间。垂线与 *X-Y* 图中曲线的交点处会出现时间追踪符号。下图所示为显示了时间追踪线和符号的 *X-Y* 图。

默认情况下，高亮显示时间追踪线和符号；更多信息见 7.4 节"选择高亮显示方法"。用户可以通过改变时间追踪线的颜色、宽度和类型，以及时间追踪符号的颜色、形状和大小来定制它们的外观。用户也可以完全抑制时间追踪组件。默认的高亮显示方法提供最好的性能。

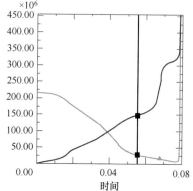

注意：这些线和符号选项仅控制时间追踪器的外

观。用户也可以定制 *X-Y* 曲线自身的线和符号；见 47.6.4 节 "定制 *X-Y* 曲线外观"。

若要定制时间追踪器的外观，执行以下操作：

1. 调用 XY 选项。

在提示区域中，单击 Animation Options，然后单击出现的对话框中的 XY 标签页。

2. 如果用户想要定制 *X-Y* 图时间追踪器的外观，切换不选 Draw using highlight method。

3. 切换 Show line 来显示或者抑制时间追踪线。

当切换选中 Show line 时，显示时间追踪线，并且线属性选项可用。

4. 选择时间追踪线类型。

a. 单击 Style 按钮来显示线类型（实线、虚线等）选项。

b. 从类型列表中单击想要的线类型。

指定的线类型出现在 Style 按钮上。

5. 选择时间追踪线宽度。

a. 单击 Thickness 按钮来显示线宽度选项。

b. 从宽度列表中单击想要的线宽度。

指定的线宽度出现在 Thickness 按钮上。

6. 选择时间追踪线颜色。

a. 单击颜色样本■。

Abaqus/CAE 显示 Select Color 对话框。

b. 使用 Select Color 对话框中的方法来选择一个新的颜色。更多信息见 3.2.9 节 "定制颜色"。

c. 单击 OK 来关闭 Select Color 对话框。

颜色样本改变成选中的颜色。

7. 切换 Show symbol 来显示或者抑制表示每个 *X-Y* 曲线数据点值的符号。

当切换选中 Show symbol 时，显示符号，并且符号属性选项可用。

8. 选择符号：

a. 单击 Symbol 按钮来显示符号形状选项。

b. 从符号形状列表中单击想要的符号形状。

指定的符号形状出现在 Symbol 按钮上。

9. 选择时间追踪符号颜色：

a. 单击颜色样本■。

Abaqus/CAE 显示 Select Color 对话框。

b. 使用 Select Color 对话框中的方法来选择一个新的颜色。更多信息见 3.2.9 节 "定制颜色"。

c. 单击 OK 来关闭 Select Color 对话框。

颜色样本改变成选中的颜色。

10. 选择时间追踪符号大小：

a. 单击 Size 按钮来显示符号大小选项。

b. 从符号大小选项中单击想要的符号大小。

指定的符号大小出现在 Size 按钮上。

11. 单击 Apply。

当前视口显示用户选择的颜色、宽度、类型和符号。

49.4.6　控制多个视口中的动画

默认情况下，Abaqus/CAE 会动画显示用户程序会话中每一个符合动画显示条件的视口。由于所有的动画是同步的，所以当用户逐帧检查数据，动画显示模型图或者基于时间的 X-Y 图时，视口都同步显示、停止和递增。

用户可以激活和抑制单个视口的动画，这样就可以仅为程序会话中符合动画条件的视口子集显示动画。图 49-1 中显示的 Animation Options 对话框的 Viewports 页，显示了用户程序会话中所有符合动画显示条件的视口列表。切换此页上视口的复选框可以包括或者排除视口。

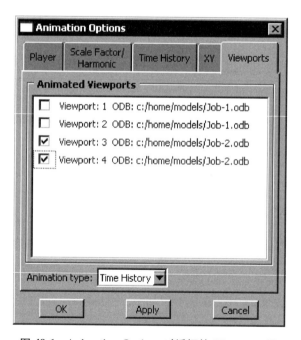

图 49-1　**Animation Options** 对话框的 **Viewports** 页

若要控制将动画显示数据的视口，执行以下操作：

1. 找到 Viewports 选项。

在提示区域中，单击 Animation Options，然后单击出现的对话框中的 Viewports 标签页。

2. 切换选中想要动画显示的视口复选框。

3. 如果需要，从 Animation Options 对话框底部的 Animation type 域切换不同的动画类型。

4. 单击 Apply。

49.4.7　定制同步视口的时间历史

时间历史设置控制当用户显示时间历史动画时，Abaqus/CAE 是使用基于帧的历史，还是基于时间的历史。基于帧的同步允许所有同步的视口逐次逐帧地共同递增，而基于时间的同步允许多个视口根据共同的时间线来显示数据。

当用户选择基于时间的动画时，还可以定制共同时间线的三个方面：

● 时间步，控制每次递增显示数据时的时间间隔。

● 最小时间，是包括数据的最早点。如果用户选择自动计算最小时间，则 Abaqus/CAE 包括从共享时间线开始的数据。

● 最大时间，是包括数据的最晚点。如果用户选择自动计算最大时间，则 Abaqus/CAE 包括直到共享时间线末端的数据。

若要定制用户数据的时间历史，执行以下操作：

1. 找到 Time History 选项。

在提示区域中单击 Animation Options，然后单击出现的对话框中的 Time History 标签页。

2. 从页面顶部的选项中选择 Frame-based 或者 Time-based。

3. 如果需要，改变 Time increment 值。时间增量仅施加到基于时间的动画。

4. 如果需要，在合适的 Specify 域中输入值来定制 Min time 和 Max time。这些值仅施加到基于时间的动画。

5. 单击 Apply。

50 在显示模块中查询模型

本章介绍如何使用查询工具集获取与网格划分和特定显示模块信息有关的通用信息，包括以下主题：

- 50.1 节 "显示模块查询工具集概览"
- 50.2 节 "使用查询工具集"

有关查询用户模型的详细指导，见 50.2 节 "使用查询工具集"。有关在显示模块中查询工具集的更多信息，见以下章节：

- 第 51 章 "探测模型"
- 第 52 章 "计算线性化应力"
- 第 53 章 "查看铺层图"

50.1　显示模块查询工具集概览

查询工具集允许用户获取与模型有关的通用信息。显示模块在信息区域中显示要求的信息，并将相同的信息写入回放文件。从主菜单栏中选择 Tools→Query，或者从 Query 工具栏中选择❶来使用查询工具集。

General Queries 下面的项目提供以下信息：

节点

用户可以获取选中节点标签、变形和未变形坐标以及位移的信息。

距离

用户可以获取两个选中节点之间变形和未变形的距离，以及两个节点之间的相对位移信息。

角度

用户可以获取三个选中节点之间变形和未变形的角度信息。用户选中的第二个节点是该角度的顶点。

单元

用户可以获取选中单元的网格类型、材料、截面、连接性以及积分点位置处当前场输出变量的信息。此查询仅当选中输出数据库时可用。

网格

用户可以获取当前输出数据库的名称、用户模型中的节点和单元的编号以及单元类型的信息。

质量属性

用户可以获取输出数据库中整个模型或者部分模型的基本质量属性。此查询仅当选中输出数据库时可用。Abaqus/CAE 返回以下信息：

- 体积。
- 体积中心。
- 质量。
- 质心。
- 关于质心或者指定点的惯性矩。

有关一般模型查询的更多信息，见 50.2.1 节"查询模型操作"。

Visualization Module Queries 下面的项目提供以下信息：

探测值

当用户在当前视口移动光标时，Abaqus/CAE 在 Probe Values 对话框中显示信息。探测一个模型图来显示模型数据和分析结果；探测一个 X-Y 图来显示 X-Y 曲线数据。有关探测的更多信息，见第 51 章"探测模型"。

应力线性化

应力线性化是将一个截面上的应力分离成恒定的膜应力（拉应力）和线性弯曲应力。Abaqus 执行应力线性化计算，并以 X-Y 图的形式显示结果。仅输出数据库可以使用应力线性化。有关应力线性化的更多信息，见第 52 章"计算线性化应力"。

有效单元和节点

Abaqus/CAE 显示当前视口中所有有效节点或者有效单元的标签编号。更多信息见 50.2.2 节"查询有效节点或者单元标签"。

堆叠图

Abaqus/CAE 创建新的视图，并显示复合材料堆叠的表示图。该图显示了堆叠中的层以及每一层的细节，如层的纤维方向、厚度、参考平面和积分点。仅输出数据库可以使用堆叠图。更多信息见第 53 章"查看铺层图"。

50.2 使用查询工具集

用户可以使用查询工具集来获取通用的模型信息。本节包括以下主题：

- 50.2.1 节 "查询模型操作"
- 50.2.2 节 "查询有效节点或者单元标签"

50.2.1 查询模型操作

用户可以使用查询工具集来获取与当前视口中的模型几何形体有关的通用信息。

若要查询模型，执行以下操作：

1. 调用 Query 对话框。

从主菜单栏选择 Tools→Query 或者单击 Query 工具栏中的 ⓘ 工具。

出现 Query 对话框。

2. 要获取特定节点的信息，进行下面的操作。

a. 从 Query 对话框的 General Queries 域中选择 Node。

Abaqus/CAE 在提示区域中显示提示。

b. 从视口中选择一个节点。

在信息区域中出现未变形和变形节点的 X、Y、Z 坐标，以及节点的位移。出现在信息区域中的信息会被写入回放文件。

注意：要调整信息区域的大小，拖动顶部的边；要查看滚动到信息区域外的信息，使用右侧的滚动条。

3. 要获取与两个顶点之间的距离有关的信息，进行下面的操作。

a. 从 Query 对话框的 General Queries 域中选择 Distance。

Abaqus/CAE 在提示区域中显示提示。

b. 从视口选择两个节点。

信息区域出现下面的信息。

- 每个节点未变形和变形的 X、Y、Z 坐标，以及节点的位移。
- 节点之间未变形和变形的绝对距离。
- 两个节点之间未变形和变形向量的 X、Y、Z 分量。
- 节点之间的绝对相对位移。

- 两个节点之间相对位移的 X、Y、Z 分量。

4. 要获取三个节点形成的角度信息，进行下面的操作。

a. 从 Query 对话框的 General Queries 域中选择 Angle。

Abaqus/CAE 在提示区域中显示提示。

b. 从视口中选择三个节点。用户选择的第二个节点是该角度的顶点。

信息区域出现下面的信息：

- 每个节点未变形和变形的 X、Y、Z 坐标，以及节点的位移。
- 节点之间的绝对未变形和变形角度。

5. 要获取与输出数据库中具体单元有关的信息，进行下面的操作。

a. 从 Query 对话框的 General Queries 域中选择 Element。

Abaqus/CAE 在提示区域中显示提示。

b. 从视口中选择一个单元。

信息区域出现下面的信息：

- 单元标签、单元类型、材料和截面。
- 连接单元的标签。
- 当前积分点位置处的场输出变量。

6. 要获取与网格有关的通用信息，从 Query 对话框的 General Queries 域中选择 Mesh。

信息区域出现下面的信息。

- 当前输出数据库的名称。
- 节点编号。
- 单元编号。
- 单元类型。

7. 要获取与输出数据库中的质量属性有关的通用信息，进行下面的操作。

a. 从 Query 对话框的 General Queries 域中选择 Mass properties。

Abaqus/CAE 在提示区域显示提示，并在信息区域中显示默认的选择方法，即 All elements。

注意：如果用户已经在当前的程序会话中使用了 Mass properties 查询，并且选择了不同的选择方法，则 Abaqus/CAE 会在提示区域中显示用户最后使用的选择方法，但不会在信息区域中生成新的结果。

b. 从提示区域的列表中选择下面的一个选择方法（选项）。

- All elements（所有的单元）。
- Select elements from viewport（从视口中选择单元）。
- Part instances（零件实例）。
- Element sets（单元集合）。
- Sections（截面）。
- Materials（材料）。
- Element types（单元类型）。
- Display groups（显示组）。

Abaqus/CAE 在提示区域中显示额外的选择区域，这取决于用户选择的选择方法。

c. 按以下方式完成用户的选择：

● 如果用户在之前的步骤中选择 Select elements from viewport，那么就从视口中进行选择（更多信息见第 6 章"在视口中选择对象"）。用户可以在提示区域中选择一个零件实例，然后输入单元编号来获取该单元的质量信息。

● 对于其余的选择方法，从提示区域的列表中选择零件实例、单元集合、截面、材料、单元类型或显示组名称，或者从视口中进行选择。

当用户从提示区域选择一个对象或者单击 Done 来完成视口选择时，Abaqus/CAE 会在信息区域中显示用户选择的质量属性。

d. 如果用户选择的项目没有定义密度或者厚度，则单击提示区域中的 Options 来显示 Mass Properties Query Options 对话框，并为未定义的量指定由 Abaqus/CAE 替换的值。

单击对话框中的 OK 来保存用户的输入并关闭对话框，或者单击 Reset 返回到之前的设置。Abaqus/CAE 在信息区域中显示用户选中项目的质量属性，以下属性可用。

● 面区域（仅对于壳单元）。
● 面积中心。
● 体积。
● 体积中心。
● 质量。
● 质心。
● 关于质心或者指定点的惯性矩。

8. 完成信息的请求后，关闭 Query 对话框。

50.2.2　查询有效节点或者单元标签

用户可以使用查询工具集来请求当前视口中所有有效节点或者有效单元的标签编号。有效节点和单元是那些在当前显示组中的节点和单元，不包括由有效的视图切割从显示中移除的对象。Abaqus/CAE 在提示区域中为每一个可以应用的零件实例显示标签数量，并将标签数量打印到回放文件中。

当用户请求有效节点或者单元时，Abaqus/CAE 仅显示标签数量；不提供任何其他节点或者单元的数据和结果。要显示与单个节点或者单元有关的更多信息，见 51.2.2 节"探测节点"和 51.2.3 节"探测单元"。

若要显示有效节点或者单元标签，执行以下操作：

1. 调用 Visualization Module Queries 选项。

从主菜单栏选择 Tools→Query 或者单击 Query 工具栏中的 **ⓘ** 工具。出现 Query 对话框，对话框的下部显示 Visualization Module Queries。

2. 单击 Active nodes 或者 Active elements。

在提示区域中，Abaqus/CAE 为模型中的每一个零件实例显示所有有效节点或者单元标签的列表。

51　探测模型

本章介绍如何使用显示模块中的探测工具集来探测模型和 X-Y 图中的输出数据，以及 Abaqus/CAE 模型的属性值，包括以下主题：

- 51.1 节 "理解探测"
- 51.2 节 "使用查询工具集探测模型"

有关查询模型和探测模型、模型图和 X-Y 图的详细指导，见51.2 节 "使用查询工具集探测模型"。有关将选中探测值写入文件的信息，见第 54 章 "生成表格数据报告"。

51.1 理解探测

当用户单击显示模块工具箱中的 工具时，Abaqus/CAE 进入探测模式，然后当用户在当前时刻中的模型上移动光标时，在 Probe Values 对话框中显示信息。用户也可以使用查询工具栏中的 工具来进入探测模式。探测模型图将显示模型数据和分析结果；探测 X-Y 图将显示 X-Y 曲线数据；探测来自当前模型数据库的模型将显示模型数据和属性值，如载荷和预定义场。用户可以将这些信息写到一个文件中。

对话框底部的数据表中包含两个动态显示行（紧靠行标题上方的行和表中最先显示的粗体数据行）以及一系列附加存储行。Abaqus/CAE 将不断地更新动态行来显示用户在当前视口的模型上移动光标时的探测值，并且用户可以通过单击表头来改变显示在显示行顶部的值。仅当用户在视口中单击、指定节点或单元标签，或者在特定显示组中选择节点或单元来选择感兴趣的值时，Abaqus/CAE 才会使用额外的列来更新表。值会累积在对话框的底部，直到用户删除它们、清除表或者放弃探测模式。用户也可以将选中的值添加到新的显示组中，并且使用节点或者单元位置处的场输出值来标记单个的节点或者单元。

本节包括以下主题：
- 51.1.1 节 "模型或者模型图的探测"
- 51.1.2 节 "X-Y 图探测"

51.1.1 模型或者模型图的探测

如果当前的视口中包含一个模型图（未变形图、变形图、云图、符号图或材料方向图）或者来自当前模型数据库的一个模型，则 Abaqus/CAE 允许用户从选中的模型或者输出数据库探测结果。Probe Values 对话框为 Abaqus/CAE 确定了将获取值的步、帧和场输出变量。要了解如何改变步、帧或者场输出变量，见 42.3 节 "选择结果步和帧"，和 42.5.3 节 "选择主场输出变量"。

当用户探测三维壳或者复合实体的模型图时，Abaqus/CAE 返回的结果取决于 Section Points 对话框中用户选择的有效位置。当有效位置为 Top 时，Abaqus/CAE 从 Top Location 截面点返回结果；当有效位置为 Bottom 或者 Top and bottom 时，Abaqus/CAE 从 Bottom Location 截面点返回结果。有关截面点的更多信息，见 42.5.9 节 "选择截面点数据"。

对于模型图，用户可以选择获取基于节点或者基于单元的数据和结果，如下所示。

探测节点

当用户选择探测节点并将光标放置在当前视口中的节点位置上时，Abaqus/CAE 会高亮显示该节点，并在数据表中显示有关该节点的以下信息：

- 节点的标签。
- 节点的原始坐标。
- 节点的变形坐标（使用当前变形场输出变量）。
- 共享节点的单元。
- 当前的场输出变量（如果当前的场输出变量是张量或者向量，则包括分量值）。如果在当前的视口中选择了一个模型，则当前的场输出变量反映模型属性的值，如选中节点处的载荷。

无论当前主变量是保存在节点、中心点还是积分点位置的输出数据库中，用户都可以显示节点处的场输出。Abaqus/CAE 通过外推节点并根据用户选择的选项进行平均，来计算中心的节点值和积分点数据。如果节点参照未平均的单元数据，则将显示与要探测节点有关的所有单元数据。与平均有关的更多信息，见 42.6.2 节"理解结果值平均"。

用户也可以显示或者隐藏出现在视口中的每一个选中节点的注释。探测注释将显示节点的标签以及当前场输出变量在节点处的结果。用户可以定制探测注释文本的字体和颜色。

探测单元

当用户选择探测单元并将光标放置在当前视口中的单元上时，Abaqus/CAE 会高亮显示该单元，并在数据表中显示有关该单元的以下信息：

- 单元的标签。
- 单元的连接性。
- 当前的场输出变量（如果当前的场输出变量是张量或者向量，则包括分量值）。如果在当前的视口中选择了一个模型，则当前的场输出变量反映模型属性的值，如选中单元处的载荷。

只有当前的主变量是基于单元的变量，如应力或者应变，才能显示单元处的场输出。用户可以选择计算场输出结果的输出位置：积分点、中心点、单元节点或者单元面。对于这些输出位置，Abaqus/CAE 都基于单元来计算探测值，不进行平均。

用户也可以显示或者隐藏出现在视口中的每一个选中单元的注释。探测注释将显示单元的标签以及当前输出变量在单元处的结果。用户可以定制探测注释文本的字体和颜色。

无论模型中显示的渲染类型如何，都只能探测可见的单元。如有必要，用户可以创建一个显示组，或者使用显示切割来显示其他不能访问的内部单元。

当单元被裂纹贯穿时，开裂的单元将分裂成两部分，每部分都有一个真实域和一个虚拟域。当用户探测开裂的单元时，仅报告部分单元的贡献。更多信息见《Abaqus 分析用户手册——分析卷》的 5.7 节"使用扩展的有限元方法将不连续性模拟成一个扩展特征"中的"显示"。

51. 1. 2 *X-Y* 图探测

如果当前的视口包含 X-Y 图，则 Abaqus/CAE 将以探测值显示 X-Y 曲线图例文本、曲线中每一个点的次序标识符，以及曲线点的 X 坐标和 Y 坐标。用户可以选择仅显示组成 X-Y 数据对象的曲线点，或者选择内插来显示曲线上的任意点。

51.2 使用查询工具集探测模型

用户可以使用查询工具集来探测模型和 $X\text{-}Y$ 图，并将生成的探测值写到一个文件中。本节包括以下主题：

- 51.2.1 节 "探测选项概览"
- 51.2.2 节 "探测节点"
- 51.2.3 节 "探测单元"
- 51.2.4 节 "探测 $X\text{-}Y$ 图"

有关将选中的探测值写到一个文件的信息，见第 54 章 "生成表格数据报告"。

51.2.1 探测选项概览

用户可以在探测模型或者 $X\text{-}Y$ 图时，使用探测工具集中的探测选项来指定想要获取的值。单击显示模块工具箱中的 ✎ 来访问 Probe Values 对话框。使用此对话框中的选项可以控制当前视口中的探测。

对于来自当前模型数据库的模型数据

使用 Field Output 对话框来选择步和场输出变量。对于模型数据，用户选择的场输出变量实际上是模型中的某个属性的值，如载荷或者预定义场。

对于模型图

使用 Field Output 对话框来选择步、帧和场输出变量。使用 Result Options 对话框来选择控制探测数据和 Abaqus 显示结果的计算方法。

对于模型和 $X\text{-}Y$ 图

使用 Probe Values 选项来选择在探测时想要获取的信息类型。

51.2.2 探测节点

用户可以使用查询工具集来获取节点数据，以及选中模型中的属性值或者来自选中模型图的分析结果。用户可以选择在数据表中显示以下与选中节点有关的信息：

- 节点的标签。
- 节点的原点坐标。
- 节点的变形坐标（使用当前变形场输出变量）。
- 共享节点的单元。
- 当前的场输出变量（如果当前的场输出变量是张量或者向量，则包括分量值）。如果在当前的视口中选择了一个模型，则当前的场输出变量反映模型属性值，如选中节点处的载荷。

注意：用户可以通过在表中右击鼠标来选择显示或者隐藏表中的任何列，即选择 Edit Visible Columns，然后对出现的对话框中的列进行选择。

用户也可以通过直接输入节点标签来获取节点数据，以及选中的显示组中所有节点的数据。通过这些方法，用户无需将光标放置在模型图中的节点位置上，就可以探测节点数据。

当用户在数据表中添加节点时，可以切换选中某行的复选框来在视口中为此节点显示探测注释，或者切换选中标题行中的复选框来显示所有选中节点的探测注释。探测注释为当前场输出变量显示节点处的节点标签和结果。用户可以定制注释文本的字体和颜色。

为帮助在视口中定位节点，用户可能想要在使用查询工具集之前就生成一个节点符号可见的模型图。更多信息见 55.5.5 节"定制节点符号"。

若要探测节点，执行以下操作：

1. 调用 Probe Values 对话框。

在显示模块工具箱中单击 。出现 Probe Values 对话框。

2. 选择步、帧、场输出变量和结果选项，以管理 Abaqus/CAE 将显示的探测数据和结果。如果用户正从当前的模型数据库中探测数据，则帧不可用，并且用户选择的场输出变量是当前视口中所显示模型的属性。

在 Probe Values 对话框中，Field Output 场标识当前的步、帧和场输出变量。

- 要改变步或者帧，单击 。
- 要改变场输出变量，单击 。
- 要改变结果选项，从主菜单栏选择 Result→Options。

3. 在 Probe Values 中进行下面的操作：

a. 单击 Probe 箭头并选择 Nodes。

b. 如果当前的主输出变量是张量或者向量变量，则单击 Components 箭头并进行下面的选择。

- 对于张量变量，选择 Selected 来仅显示选中的变量分量，选择 All Direct 在查询中包括张量变量的所有方向分量，或者选择 All Principals 在查询中包括张量变量的所有主变量。

- 对于向量变量，选择 Selected 来仅显示选中的变量分量，或者选择 All 在查询中包括向量变量的所有分量。

注意：如果用户为张量变量选择 All Direct 或者 All Principals 选项，则不能使用结果平均选项中的 Compute scalars before averaging；标量或者不变量总是在平均之后计算。

数据表的列中显示可用的节点信息类型。

4. 在数据表的任意地方右击鼠标，从出现的列表中选择 Edit Visible Columns，然后切换选中用户想要在数据表中显示成列的节点信息类型。

切换选中想要的信息类型后，Abaqus/CAE 将此类型的数据显示成数据表中的一列。然而，所有的列，无论是否可见，都包括在探测值输出文件中。

注意：仅当前主变量是基于单元的变量时，如应力或者应变，才可以使用场输出。

5. 要指定用户想要探测的节点，选择 Select from viewport、Key-in label 或者 Select a display group，并使用下面的一种方法。

1）直接从视口中选择节点。

a. 在当前视口中移动光标来探测模型图。

当用户将光标放置在节点上时，Abaqus/CAE 在数据表的第一行中显示用户请求的项目值。

b. 要选择和累计感兴趣的值，并允许后续将这些值写到一个文件中，就将光标放置在节点上，然后单击鼠标。

Abaqus/CAE 从数据表的第一行将数据载入到数据表的存储行中。

2）直接在表中输入节点标签。

a. 单击 Part instance 箭头，然后选择想要选择节点标签的零件实例。

b. 输入想要包括的一个或者多个节点标签。用户可以使用逗号分隔多个节点标签。

3）选择显示组中包括的节点。

a. 单击 Display group 箭头，然后选择显示组，此显示组包含用户想要包括在查询中的多个节点。

如果用户更改显示组的选择，Abaqus/CAE 将使用新选中的显示组的节点来替换数据表的内容。

b. 如果需要，从视口中选择节点，或者通过键盘输入节点标签来将其他的节点添加到列表中。

6. 重复节点选择步骤，直到 Probe Values 对话框中的数据表包括想要查询的所有节点。

7. 要从数据表中删除数据，或者清除或分类数据表，右击鼠标。更多信息见 3.2.7 节"输入表格数据"。

8. 要使用数据表中的节点来创建显示组，进行下面的操作。

a. 右击鼠标，并从出现的菜单中选择 Create Display Group。

出现 Create Display Group 对话框。

b. 为新的显示组输入一个名称，并单击 OK。

9. 要为数据表中的节点显示探测注释，切换选中要注释的节点对应行的复选框，或者切换选中标题行中的复选框来显示所有选中节点的探测注释。

注意：用户可以为 Common Plot Options 对话框中的节点探测注释定制颜色和字体。更多信息见 43.3 节"常用图示选项概览"。

10. 要保存已经选中的数据，单击 Write to File。更多信息见第 54 章"生成表格数据报告"。

11. 要退出探测模式，进行下面的操作。

- 单击提示区域中的 X 按钮。
- 单击 Probe Values 对话框中的 Cancel。
- 单击鼠标键 2。
- 以其他（如未变形图或者变形图）模式生成一个图。

51.2.3 探测单元

用户可以使用查询工具集来获取单元数据，以及选中模型中的属性值或者来自选中模型图的分析结果。用户可以选择在数据表中显示以下与选中单元有关的信息：

- 单元的标签。
- 单元的连接性。
- 当前的场输出变量（如果当前的场输出变量是张量或者向量，则包括分量值）。如果在当前的视口中选择了一个模型，则当前场输出变量会反映模型属性的值，如选中单元处的载荷。

用户也可以通过直接输入单元标签来获取单元数据，以及选中的显示组中所有单元的数据。通过这些方法，用户无需将光标放置在模型图中的单元位置上，就可以探测单元数据。

仅可以查询外部的单元。如果有必要，用户可以创建一个显示组，或者使用显示切割来显示其他不能访问的内部单元。更多信息见第 78 章"使用显示组显示模型的子集合"。

当用户在数据表中添加单元时，可以切换选中某行的复选框来在视口中为此单元显示探测注释，或者切换选中标题行的复选框来显示所有选中单元的探测注释。探测注释为当前场输出变量显示单元处的单元标签和结果。用户可以定制注释文本的字体和颜色。

为帮助在视口中定位单元，用户可能想要在使用查询工具集之前就生成一个单元边可见的模型图。更多信息见 55.3.1 节"控制单元和面边的可见性"。

若要探测单元，执行以下操作：

1. 调用 Probe Values 对话框。

在显示模块工具箱中单击 ✎。出现 Probe Values 对话框。

2. 选择 Abaqus/CAE 将获取值的步、帧和场输出变量。如果用户正从当前的模型数据库中探测数据，则帧不可用，并且用户选择的场输出变量是当前视口中显示模型的属性。

在 Probe Values 对话框中，Field Output 场标识当前的步、帧和场输出变量。

- 要改变步或者帧，单击 ⬚。
- 要改变场输出变量，单击 ⬚。

● 要改变结果选项，从主菜单栏选择 Result→Options。

3. 在对话框 Probe Values 中进行下面的操作。

a. 单击 Probe 箭头并选择 Elements。

b. 如果当前的主输出变量是张量或者向量变量，则单击 Components 箭头并进行下面的选择。

● 对于张量变量，选择 Selected 来仅显示选中的变量分量，选择 All Direct 在查询中包括张量变量的所有方向分量，或者选择 All Principals 在查询中包括张量变量的所有主变量。

● 对于向量变量，选择 Selected 来仅显示选中的变量分量，或者选择 All 在查询中包括向量变量的所有分量。

c. 要选择显示场输出变量的输出位置，单击 Position 箭头并且选择 Integration Pt、Centroid、Element Nodal 或者 Element Face。

注意：如果用户为张量变量选择 All Direct 或者 All Principals 选项，以及 Element Nodal 输出位置，则不能使用结果平均选项中的 Compute scalars before averaging；标量或者不变量总是在平均之后计算。

数据表的列中显示可用的单元信息类型。

4. 在数据表的任意地方右击鼠标，从出现的列表中选择 Edit Visible Columns，然后切换选中用户想要在数据表中显示成列的单元信息类型。

切换选中想要的信息类型后，Abaqus/CAE 将此类型的数据显示成数据表中的一列。然而，所有的列，无论是否可见，都包括在探测值输出文件中。

注意：仅当当前主变量是基于单元的变量时，如应力或者应变，才可以使用场输出。

5. 要指定用户想要探测的单元，选择 Select from viewport、Key-in label 或者 Select a display group，并使用下面的一种方法。

1）直接从视口中选择单元。

a. 在当前视口中移动光标来探测模型图。

当用户将光标放置在单元上时，Abaqus/CAE 显示 Probe Values 对话框中数据表第一行中用户请求的项目值。

b. 要选择和累积感兴趣的值，并允许后续将这些值写到一个文件中，就将光标放置在单元上，然后单击鼠标。

Abaqus/CAE 从数据表的第一行将数据载入到数据表的存储行中。

2）直接在表中输入单元标签。

a. 单击 Part instance 箭头，然后选择想要选择单元标签的零件实例。

b. 输入想要包括的一个或者多个单元标签。用户可以使用逗号分隔多个单元标签。

3）选择显示组中包括的单元。

单击 Display group 箭头，然后选择显示组，此显示组包含用户想要包括在查询中的多个单元。

注意：如果用户更改显示组的选择，Abaqus/CAE 将使用新选中的显示组的单元来替换数据表的内容。如果用户想要在列表中添加其他单元，则可以从视口中选择单元或者从键盘输入单元标签。

6. 重复单元选择步骤，直到 Probe Values 对话框中的数据表包括想要查询的所有单元。

7. 要从数据表中删除数据，或者清除或分类数据表，右击鼠标。更多信息见 3.2.7 节"输入表格数据"。

8. 要使用数据表中的单元来创建显示组，进行下面的操作。

a. 右击鼠标，并从出现的菜单中选择 Create Display Group。

出现 Create Display Group 对话框。

b. 为新的显示组输入一个名称，并单击 OK。

9. 要为数据表中的单元显示探测注释，切换选中要注释的单元所对应行的复选框，或者切换选中标题行中的复选框来显示所有选中单元的探测注释。

注意：用户可以为 Common Plot Options 对话框中的单元探测注释定制颜色和字体。更多信息见 43.3 节"常用的图示选项概览"。

10. 要保存已经选中的数据，单击 Write to File。更多信息见第 54 章"生成表格数据报告"。

11. 要退出探测模式，进行下面的操作。

- 单击提示区域中的 X 按钮。
- 单击 Probe Values 对话框中的 Cancel。
- 单击鼠标键 2。
- 以其他（如未变形图或者变形图）模式生成一个图。

51.2.4　探测 *X-Y* 图

用户可以使用查询工具集来获取 *X-Y* 图中的曲线信息。当用户将光标放置在当前视口中的 *X-Y* 曲线上时，Abaqus/CAE 高亮显示最近的曲线点，并在 Probe Values 对话框中显示曲线图例文本、点的序列标识符以及点的 *X* 坐标和 *Y* 坐标。Abaqus/CAE 还使用符号来高亮显示选中的曲线点，并在符号旁边显示曲线点的 *X* 坐标和 *Y* 坐标。这些符号和坐标会一直显示在 *X-Y* 图上，直到用户退出探测模式。用户可以选择仅显示包含 *X-Y* 数据对象的曲线点，也可以选择内插来显示曲线上的任意点。

当用户在探测模式中选择点时，Abaqus/CAE 会在数据表中添加当前点的图例文本、序列标识符以及 *X* 坐标和 *Y* 坐标，这些数据出现在 Probe Values 对话框的底部。用户可以清除或者分类此表、删除单个行，并将这些数据写到一个文件中。

当激活探测模式时，Abaqus/CAE 使用沿着 *X* 轴和 *Y* 轴的箭头在 *X-Y* 图中追踪光标的位置。这些箭头能够让用户更精准地选择曲线点。

为帮助定位 *X* 数据点和 *Y* 数据点，用户可能想要在使用查询工具集之前就生成带有曲线符号的 *X-Y* 图。更多信息见 47.6.5 节"定制 *X-Y* 曲线上使用的符号"。

若要探测 *X-Y* 图，执行以下操作：

1. 调用 Probe Values 对话框。

在显示模块工具箱中单击 。出现 Probe Values 对话框。

2. 在对话框的顶部，切换 Interpolate between points 来激活或者抑制沿着曲线任意点的探测值显示。

当用户激活内插时，Abaqus/CAE 通过在括号中列出 X-Y 数据对象来显示任意点的序列标识符。

3. 选择想要在查询中包含的信息类型。

在数据表的任意地方右击鼠标，从出现的列表中选择 Edit Visible Columns，然后切换选中用户想要包括在查询中，并在数据表中显示成列的信息类型。当切换信息类型时，Abaqus/CAE 可以为选中的单元在两个位置显示此类型的数据。

4. 在当前视口中移动光标来探测 X-Y 图。

当用户将光标放置在曲线点上时，Abaqus/CAE 在曲线上显示当前点的 X 坐标和 Y 坐标，并显示光标沿着 X-Y 图的 X 轴和 Y 轴的当前位置。

5. 要选择和累积感兴趣的值，并允许后续将这些值写到一个文件中，就将光标放置在曲线点上，然后单击鼠标。

Abaqus/CAE 将当前点的图例文本、序列标识符以及 X 坐标和 Y 坐标存储到数据表中。Abaqus/CAE 也会在用户选中的曲线点上放置一个符号，并显示该点的 X 坐标和 Y 坐标，从而标记用户在视口中选中的点。

6. 要从数据表删除数据，或者清除或分类数据表，右击鼠标。更多信息见 3.2.7 节"输入表格数据"。

7. 要保存已经选中的数据，单击 Write to File。更多信息见第 54 章"生成表格数据报告"。

8. 要退出探测模式，进行下面的操作。

- 单击提示区域中的 X 按钮。
- 单击 Probe Values 对话框中的 Cancel。
- 单击鼠标键 2。
- 以其他（如未变形图或者变形图）模式生成一个图。

52　计算线性化应力

线性化应力计算是高级 Abaqus 用户的功能，通常用于二维轴对称模型，包括以下主题：

- 52.1 节 "理解应力线性化"
- 52.2 节 "应力线性化示例"
- 52.3 节 "获取线性化的应力结果"

有关应力线性化的详细指导，见 52.3 节 "获取线性化的应力结果"。有关线性化应力结果量和计算方法的详细信息，见《Abaqus 理论手册》的 2.17.1 节 "应力线性化"。

52.1 理解应力线性化

应力线性化是指将应力分解成恒定膜应力和线性弯曲应力。仅输出数据库可以使用应力线性化。要在 Abaqus/CAE 中线性化应力，可以使用下面的过程：

- 定义一个通过模型的截面。用户可以通过选择模型中的节点、空间点或者保存的路径来指定截面的端点。
- Abaqus/CAE 通过在两个端点之间插值来定义应力线，以得到用户指定的沿着直线的等间隔数。
- 用户可以将应力线保存为路径；保存的路径包括端点和沿着应力线的每个间隔点。如果用户将应力线保存为路径，则 Abaqus/CAE 总是创建一个点列表路径，而不考虑用户定义端点所使用的方法。
- 在由应力线定义的局部坐标系中，沿着应力线等间距获取指定的应力结果。
- Abaqus/CAE 执行应力线性化计算，并以 *X-Y* 图的形式显示结果。用户可以选择保存数据和/或将数据写到一个文件中。

如果用户对多个零件进行线性化应力计算，则将对多个零件实例中存在的任何点的结果进行平均。

要获取沿着一条线的线性化应力，从主菜单栏选择 Tools→Query，然后从 Visualization Module Queries 选项中选择 Stress linearization。

52.1.1 定义应力线

用户可以通过选择模型中的节点、空间点或者保存的路径来定义截面端点，以此来获取想要的线性化应力。用户可以通过直接从视口中选择节点或者从键盘输入节点标签来选择模型中的节点，以及通过输入点坐标来定义空间中的点。如果选择了保存路径，则 Abaqus/CAE 将路径端点作为应力线的端点——忽略其他沿着路径的点。有关路径的更多信息，见第 48 章"沿着路径显示结果"。

节点标签是指参考零件实例中给定节点的可靠方法，即节点标签不会随模型变形而发生变化。因此，如果用户使用节点标签或者保存的节点列表路径来指定截面的端点，则这些点将同样适用于未变形或者变形的模型形状。空间中的点保持固定，与模型无关。例如，与未变形形状上节点位置重合的坐标，可能不与变形形状上的任何节点位置重合。如果用户使用空间坐标、点列表路径或者径向路径来指定截面的端点，则应确保指定与正确形状相关的坐标。不能使用边列表路径来定义应力线。

为了获得轴对称模型的最佳结果，选中的端点应当是模型内外表面和中面的法线（见图 52-1）。

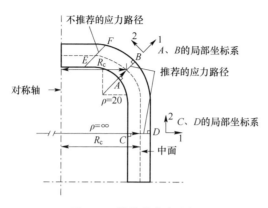

图 52-1　推荐的应力路径

截面可以从面延伸到面，也可以完全位于模型内部。截面也可以穿过多个零件实例。当为截面选择端点时，还应考虑下面的准则：

- 避免穿过空间不连续的路径。
- 避免沿着不连续分隔线的路径。
- 在指定截面前，使用显示组来隔离单独的区域。

如果截面延伸穿过不连续的空间，如零件实例中的孔或者零件实例之间的空间，Abaqus 将报告错误信息。

选择截面端点后，用户可以指定线的分段数量，或者接受默认的数量。Abaqus/CAE 通过在两个端点之间内插来获取沿着直线的指定的等间隔数，来定义应力线。

52.1.2　提取应力结果

沿着应力线的每一个点处的应力，是通过使用在 Result Options 对话框中定义的平均准则，将特定的节点应力进行内插得到的（有关指定平均准则的更多信息，见 42.6.6 节 "控制结果平均"）。Abaqus/CAE 使用通过应力线定义的局部坐标系来获取应力结果。局部 X 轴沿着应力线；局部坐标系的原点为应力线上的第一点，由连接应力线上第一点和第二点的向量来定义。局部坐标系 Y 轴和 Z 轴的确定如下：

对于二维模型：

局部 Y 轴是通过整体 Z 轴与 X 轴的向量乘积来得到的。局部 Z 轴与整体 Z 轴一样。

对于三维模型：

1. 如果局部 X 轴与整体 Y 轴平行

如果局部 X 轴的正向与整体 Y 轴的正向同向，则局部 Y 轴的正向将与整体 X 轴的正向相反。如果局部 X 轴的正向与整体 Y 轴的负向同向，则局部 Y 轴的正向将与整体 X 轴的正向相同。局部 Z 轴是通过局部 X 轴与局部 Y 轴的向量乘积得到的。

2. 如果局部 X 轴不与整体 Y 轴平行

通过局部 X 轴和整体 Y 轴的向量乘积来得到局部 Z 轴；通过局部 Z 轴和整体 X 轴的向量乘积来得到局部 Y 轴。

　　然后进行应力线性化。非轴对称模型和轴对称模型的应力线性化计算是不同的。有关这些计算的更多信息，见《Abaqus 理论手册》的 2.17.1 节"应力线性化"。

　　Abaqus 以 $X\text{-}Y$ 图的形式显示结果线性化的应力。每个应力分量都呈现出三条曲线来表示以下内容：

1. 整个应力线上的实际应力分布。

2. 线性化的膜应力。

3. 线性化的膜应力和线性化的弯曲应力之和。

　　此外，每个应力分量的线性化应力输出和线性化应力的应力不变量计算，会写到一个报告文件中。

52.2 应力线性化示例

图52-2所示为压力容器的轴对称模型定义的应力线示例。

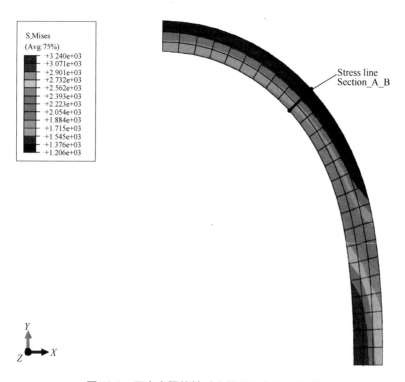

图52-2 压力容器的轴对称模型定义的应力线

将应力线 Section_A_B 定义成通过压力容器壁。图52-3和图52-4所示分别为应力线性化基本设置和应力线性化计算，用来线性化未变形模型形状的S22应力分量。

当用户单击 Stress Linearization 对话框中的 OK 或者 Apply 时，Abaqus/CAE 将创建 S22 应力分量的 X-Y 图（方向与应力线垂直）以及生成的线性化应力，如图52-5所示。

下面的输出会写入名为 linearStress.rpt 的文件：

```
****************************************************************
Statically Equivalent Linear Stress Distribution across a Section,
written on Thu Sep 09 11：20：19 2010

Source
```

ODB：Job-1.odb

Step：Step-1

Frame：Increment   1：Step Time = 1.000

Linearized Stresses for stress line 'Section_A_B'

Start point, Point 1 -(18.429651260376, 26.8930339813232, 0)

End point, Point 2   -(22.0184745788574, 30.3756923675537, 0)

Number of intervals   -40

---------------------------- COMPONENT RESULTS ----------------------------

	S11	S22	S33	S12
0	-462.376	1550.19	1450.75	74.7673
0.125021	-453.722	1542.06	1445.35	74.6265
0.250043	-445.068	1533.93	1439.95	74.4865
0.375064	-436.413	1525.8	1434.55	74.3473
0.500086	-427.759	1517.67	1429.15	74.2089
0.625107	-419.114	1509.55	1423.76	74.0714
0.750128	-410.46	1501.42	1418.36	73.9345
0.87515	-401.806	1493.3	1412.96	73.7983
1.00017	-393.152	1485.17	1407.56	73.663
1.12519	-384.497	1477.04	1402.16	73.5284
1.25021	-375.842	1468.92	1396.76	73.3946
1.37524	-367.187	1460.79	1391.37	73.2615
1.50026	-358.531	1452.67	1385.97	73.1293
1.62528	-348.574	1443.22	1379.7	72.8307
1.7503	-333.79	1428.85	1370.22	71.77
1.87532	-319.007	1414.48	1360.74	70.7052
2.00034	-304.227	1400.1	1351.26	69.6367
2.12536	-289.448	1385.72	1341.78	68.5648
2.25039	-274.656	1371.33	1332.29	67.4908
2.37541	-259.847	1356.91	1322.81	66.4061
2.50043	-245.037	1342.49	1313.32	65.3195
2.62545	-230.228	1328.07	1303.83	64.2284
2.75047	-215.421	1313.64	1294.34	63.1328

2.87549	−200.613	1299.2	1284.84	62.0327
3.00051	−185.807	1284.76	1275.34	60.9282
3.12554	−171.002	1270.32	1265.84	59.8191
3.25056	−156.197	1255.88	1256.34	58.7056
3.37558	−149.216	1248.82	1251.71	57.583
3.5006	−143.031	1242.52	1247.58	56.4609
3.62562	−136.844	1236.21	1243.45	55.34
3.75064	−130.658	1229.91	1239.32	54.2204
3.87566	−124.471	1223.61	1235.19	53.1021
4.00069	−118.283	1217.31	1231.06	51.985
4.12571	−112.095	1211.02	1226.93	50.8691
4.25073	−105.907	1204.72	1222.8	49.7545
4.37575	−99.7185	1198.42	1218.67	48.6412
4.50077	−93.5296	1192.13	1214.55	47.529
4.62579	−87.3403	1185.83	1210.42	46.4182
4.75081	−81.1506	1179.54	1206.3	45.3086
4.87584	−74.9605	1173.25	1202.17	44.2002
5.00086	−68.77	1166.96	1198.05	43.0931
Membrane (Average) Stress	−253.255	1342.83	1317.88	62.6971
Bending Stress, Point 1	−209.122	218.613	140.324	0
Membrane plus Bending, Point 1	−462.376	1561.45	1458.2	62.6971
Bending Stress, Point 2	184.485	−206.054	−140.324	0
Membrane plus Bending, Point 2	−68.77	1136.78	1177.55	62.6971
Peak Stress, Point 1	0	−11.2522	−7.44933	12.0701
Peak Stress, Point 2	0	30.1809	20.4932	−19.604

---------------------------- INVARIANT RESULTS ----------------------------

Bending components in equation for computing
membrane plus bending stress invariants are: S22

	Max. Prin.	Mid. Prin.	Min. Prin.	Tresca Stress	Mises Stress
Membrane (Average) Stress	1345.29	1317.88	−255.714	1601.01	1587.48
Membrane plus Bending, Point 1	1563.61	1317.88	−255.418	1819.03	1709.46
Membrane plus Bending, Point 2	1317.88	1139.6	−256.077	1573.95	1492.82
Peak Stress, Point 1	132.875	−10.5186	−209.855	342.73	298.128
Peak Stress, Point 2	186.936	27.7292	−119.831	306.767	265.732

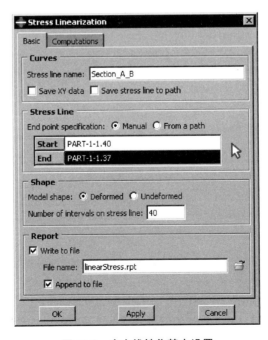

图 52-3 应力线性化基本设置

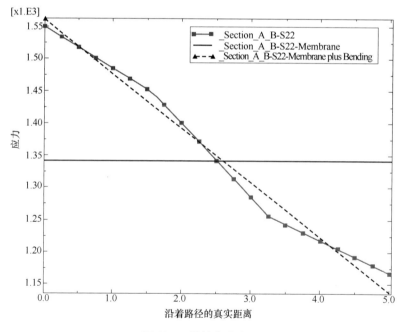

图 52-4　应力线性化计算

图 52-5　线性化应力图

S22 对应图 52-5 中所示的 S22 应力。曲线 Section_A_B_S22 中显示的实际应力值没有出现在报告中。线性化的膜应力和膜叠加弯曲应力曲线是由 S22 的值生成的。报告中的不变量由选中的线性化分量计算得出。

52.3　获取线性化的应力结果

用户可以沿着通过模型的一条线来获取线性化的应力。Abaqus/CAE 沿着线将应力结果分解成恒定膜应力和线性弯曲应力，并以 *X-Y* 图的形式显示结果。

若要获取线性化的应力结果，执行以下操作：

1. 调用应力线性化选项。

从主菜单栏选择 Tools→Query 或者单击 Query 工具栏中的 ❶ 工具。

出现 Query 对话框。

2. 选择 Stress linearization。

出现 Stress Linearization 对话框。

3. Stress line name 域中提供了应力线的名称。此名称将作为线性化结果的前缀。

4. 要保存将生成的 *X-Y* 数据，切换选中 Save XY data。数据在 Abaqus/CAE 程序会话期间可用。

5. 要将端点和间隔点保存成一条路径，切换选中 Save stress line to path。应力线的点将在 Abaqus/CAE 程序会话期间保存成一条点列表路径，使用的名称与应力线一样。

6. 通过选择节点或空间点，或者通过选择一个已经保存的路径来为应力线选择端点。

1）Manual（手动）。这是默认的方法。用户可以直接从视口中选择节点，也可以输入节点标签或者空间点。

① 直接从视口中选择节点。

单击 Start 和 End 域右侧的 ▷，然后在视口中选择想要的节点。

包括零件实例名称的节点标签，将出现在应力起点 Start 域和应力终点 End 域中。

② 输入节点标签或者空间点。

a. 在 Start 域中，输入零件实例名称和节点标签或者空间点坐标。零件实例名称和节点标签的形式必须是：实例 . 节点；并指定通过空格或者逗号分隔的 *X* 坐标、*Y* 坐标和 *Z* 坐标。

如果用户不知道模型中的零件实例名称，则可以使用之前的方法直接从视口中选择节点。另外，用户可以选择 Tools→Query 或者单击 Query 工具栏中的 ❶，然后选择 Probe values 方法来确定实例名称和节点标签（更多信息见 51.1 节"理解探测"）。

b. 同理，重复上述步骤来完成对 End 域的操作。

2）From a path（从一个路径）。切换选中 From a path，并从出现的列表中选择一个路径名称；用户不能使用边列表路径来定义应力线的端点（有关路径的更多信息，见第 48 章"沿着路径显示结果"）。

Abaqus/CAE 使用保存路径的端点作为应力线的端点。点的定义方式与最初在路径中定义的方式相同，即节点列表路径提供模型上的节点，点列表路径或者圆列表路径提供空间点的坐标。

无论用户使用哪种方法选择端点，Abaqus 都会在视口中高亮显示应力线，并且标注起点和终点。如果用户选择节点或者节点列表路径来定义应力线的端点，则视口中的标签将显示节点编号。

注意：如果用户选择在步骤 5 中将应力线保存成一条路径，则 Abaqus/CAE 将始终保存点列表路径，即使用户已经选择用节点、节点标签或者节点列表路径来定义应力线。

7. 选择要获取应力结果的模型形状。默认为获取变形后模型形状的结果。切换选中 Undeformed 来获取未变形模型形状的结果。

8. 指定应力线划分的间隔数。在 Number of intervals on stress line 域中输入大于 0 的正整数。如果用户不输入数量，则 Abaqus 将使用默认的间隔数。

9. 默认情况下，Abaqus/CAE 将线性化的应力值（包括所有可用的应力分量和计算得到的线性化应力不变量）写入名为 linearStress. rpt 的文件。如果用户不希望将其写入报告，则应当切换不选对话框 Report 域中的 Write to file。

用户可以通过在 File name 域中输入名称，或者单击 ，并从出现的现有文件列表中选择，来为报告文件指定新的名称。

如果用户将报告写入现有文件，则新数据将默认附加到文件；如果用户希望覆盖文件，则切换不选 Append to file。

10. 单击 Computations 标签页。

11. 通过在每个膜和弯曲分量上切换来选择要线性化的应力分量。

12. 选择用于计算不变量的弯曲分量。

13. 对于轴对称模型，在应力线的位置输入模型中面的面内曲率半径近似值。默认认为 Infinite，表示没有曲率。要指定曲率半径，单击 Specify，然后在文本域中输入数字。

14. 对于轴对称模型，在应力线的位置输入模型中面的面外曲率半径近似值。默认为 Compute，表示允许 Abaqus 根据轴对称形状以及所选应力线的位置来计算半径。要指定曲率半径，单击 Specify，然后在文本域中输入数字。

15. 对于非轴对称模型，选择 Abaqus 是否使用曲率矫正。如果选择了曲率矫正，则应指定一个局部坐标系或者使用默认（整体）的坐标系。如果使用局部坐标系进行曲率矫正，则用户也可以使用此局部坐标系来评估应力线方向。

16. 单击 OK。

视口中会显示类似图 52-6 所示的 X-Y 图。

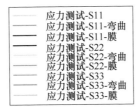

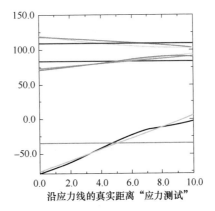

图 52-6 应力线性化结果

53 查看铺层图

铺层图显示了来自复合材料模型选中区域的铺层。用户可以在属性模块或者显示模块中创建铺层图。本章介绍铺层显示，包括以下主题：

- 53.1 节 "铺层图概览"
- 53.2 节 "定制铺层图"

53.1　铺层图概览

铺层图是复合材料模型选中区域的铺层图像表示。实际上，铺层图是选中区域中铺层的核心样本。此区域可以是复合材料叠层，也可以是复合材料截面。

用户可以定制铺层图的外观。例如，图像可以显示铺层的序列、每一层中纤维的方向、每一层的材料、叠层的相对厚度和参考面的位置。图53-1所示为一个铺层图。

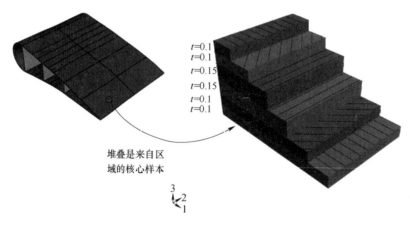

图 53-1　铺层图

阶梯外表没有对应的物理意义；它只是一种机制，允许用户查看区域中的所有叠层。每个叠层在空间中的边界显示随模型轮廓而定。

铺层图中的坐标系，方向3显示壳法向或者铺层方向，方向1和方向2显示铺层方向。纤维总是在1-2平面中，并且角度是相对于1方向的。在实体复合铺层中，叠层中的纤维不总是与1-2平面平行（如叠层方向的方向3不与单元叠层方向一致）。在此情况中，铺层图中的纤维不是复合材料中纤维的真实描述，而是复合材料截面中或者铺层定义中转动角度的描述：铺层图中画出的角度是叠层表中指定的围绕单元铺层方向轴所量出的转动角。更多信息见23.3节"理解复合材料铺层和方向"。

铺层图不画出叠层方向的纤维，此纤维是基于用户定义的坐标系或者转动角分布的。Abaqus/CAE在这样的叠层上显示星号（坐标系）或者插入符号（转动角度分布），表示不能在1-2平面中精确绘制表示叠层纤维方向的线。类似地，如果用户使用离散的场分布来定义叠层的厚度，则Abaqus/CAE将根据叠层中其他均匀叠层的平均厚度来绘制铺层图，并在图旁边显示离散场名称（如果切换选中了厚度标签）。

当用户使用传统壳单元来模拟复合材料时，知道参考面的位置非常重要。网格将布置在参考面上,并且接触是相对于参考面定义的。铺层图允许用户显示参考面与复合材料中其他叠层的相对位置,如图 53-2 所示。

创建复合材料铺层,或者给一个区域赋予复合材料截面之后,用户可以在属性模块中显示铺层图。用户也可以在已经分析使用复合材料叠层或者复合材料截面的模型之后,在显示模块中显示铺层图。更多信息见 12.2.4 节"定义复合材料叠层",以及 12.13.7 节"创建复合壳截面"。

要生成一个铺层图,从主菜单栏选择 Tools→Query,然后从出现的对话框中选中 Ply stack plot。在显示铺层图后,用户可以通过从提示区域单击 Ply Stack Plot Options 按钮或者单击工具箱中的 (在显示模块中)来定制铺层图的外观。有关定制铺层图的详细指导,见 53.2 节"定制铺层图"。

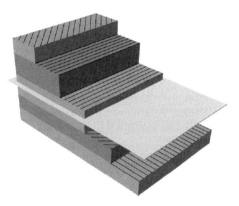

图 53-2 铺层图中的参考面

53.2　定制铺层图

本节介绍用户如何使用 Ply Stack Plot Options 对话框来定制铺层图的外观，包括以下主题：

- 53.2.1 节 "铺层图选项概览"
- 53.2.2 节 "定制基本的铺层图选项"
- 53.2.3 节 "定制铺层图中纤维的外观"
- 53.2.4 节 "定制铺层图中的参考面"
- 53.2.5 节 "定制铺层图中的标签"

53.2.1　铺层图选项概览

53.1 节 "铺层图概览"，介绍了如何创建一个铺层图。在显示铺层图之后，用户可以通过单击提示区域的 Ply Stack Plot Options 按钮来定制它的外观。或者，用户也可以进行下面的操作：

- 在属性模块中选择 View→Ply Stack Plot Options。
- 在显示模块中，选择 Options→Ply Stack Plot 或者单击工具箱中的工具。

Abaqus/CAE 显示 Ply Stack Plot Options 对话框，允许用户进行下面的操作：

- 选择在铺层图中显示哪些铺层，以及如何显示铺层。更多信息见 53.2.2 节 "定制基本的铺层图选项"。
- 选择是否在铺层图中显示纤维，以及纤维的外观。更多信息见 53.2.3 节 "定制铺层图中纤维的外观"。
- 选择是否在铺层图中显示参考面，以及参考面的外观。更多信息见 53.2.4 节 "定制铺层图中的参考面"。
- 定制显示在铺层图中的文本和符号。更多信息见 53.2.5 节 "定制铺层图中的标签"。

53.2.2　定制基本的铺层图选项

单击 Basic 标签页，选择在铺层图中显示哪些铺层，以及如何铺放。如果用户的复合材料铺层包含许多层，则铺层图可能会变得混乱并且难以解释。为使铺层图更加可读，基本的铺层图选项仅允许用户显示可管理数量的铺层。

若要定制基本的铺层图选项，执行以下操作：

1. 调用基本的选项。

a. 单击提示区域中的 Ply Stack Plot Options 按钮，或者进行下面的操作。

● 在属性模块中选择 View→Ply Stack Plot Options。

● 在显示模块中选择 Options→Ply Stack Plot 或者单击工具箱中的 工具。

b. 单击出现的 Ply Stack Plot Options 对话框中的 Basic 标签页。

2. 在 Display 选项中进行下面的操作。

● 选择渲染风格——阴影、填充或者线框。

● 选择是否显示每一个铺层的边以及边的风格和宽度。

● 选择是否将铺层显示成"阶梯"图像，从最后一层递减到第一层，或者显示成关于中心层或多个层对称的图像。

3. 从 Visible Plies 选项中选择要显示的层。当用户更改显示参数时，Abaqus/CAE 会更新铺层图，这使用户可以快速、方便地显示复合材料中的铺层。用户可以选择下面的参数。

● 显示指定的铺层，从 Start 层开始，到 End 层结束。

● 显示铺层 Number 项的值，从 Start 铺层开始。单击 Increment by Number，通过代替 1 的铺层数量 Number 来增加 Start 值。这样，用户的铺层图就可以成为一个窗口，逐渐地移动穿过铺层，每一次递增，就显示下一个相邻的铺层组。

● 显示铺层 Number 项的值，以 Center 铺层为中心。单击 Increment by Number，通过代替 1 的铺层数量 Number 来增加 Center 值。这允许用户的铺层成为一个窗口，逐渐的移动通过铺层，而每一次增加显示下一个相邻组的铺层。

● 显示 Number 项数量的多个铺层，以 Center 铺层为中心。拖动 Center 滑块来移动通过铺层。

4. 选择 Even（偶数）和 Odd（奇数）铺层的颜色。

a. 单击颜色样本■。

Abaqus/CAE 显示 Select Color 对话框。

b. 使用 Select Color 对话框中的方法来选择一个新的颜色。更多信息见 3.2.9 节"定制颜色"。

c. 单击 OK 来关闭 Select Color 对话框。

颜色样本改变成选中的颜色。

Abaqus/CAE 根据显示的层数而不是实际的层数来选择颜色。例如，如果显示铺层 2、3 和 4，Abaqus/CAE 将施加 Odd 颜色到铺层 2 和 4，施加 Even 颜色到铺层 3。

5. 单击 Apply 来完成用户的更改。

铺层图将发生变化，以反映用户的指定。

默认情况下，用户的更改将在会话期间保存，并影响视口中的所有后续铺层图。如果用户想要在后续的程序会话中保留更改，则将它们保存到一个文件中。更多信息见 55.1.1 节"保存定制以供后续程序会话使用"。

53.2.3 定制铺层图中纤维的外观

单击 Fiber 标签页，选择是否在铺层图中显示纤维以及纤维的外观。总是在 1-2 平面中，相对于 1 方向的角度来画纤维。更多信息见 23.3 节"理解复合材料铺层和方向"。

如果用户使用坐标系来定义铺层的方向，则在不知道单元空间方向的情况下，Abaqus/CAE 不能确定单元中的方向。因此，如果 Abaqus/CAE 在显示铺层纤维的地方显示一个星号（＊），则表示不能在 1-2 平面中绘制表示纤维方向的线。由于相同的原因，如果铺层的方向是通过离散场分布定义的，则 Abaqus/CAE 无法精确绘制表示纤维方向的线；在铺层纤维处的插入符号（^），表示铺层方向中的附加转动是通过离散场定义的。

在实体复合材料铺层中，铺层中的多个纤维并不总是与 1-2 平面平行（如铺层方向的 3 方向和单元的铺层方向不是对齐的）。由于铺层图中的纤维总是绘制在 1-2 平面中，因此它们并不是实体复合材料中纤维的真实描述。相反，纤维是复合截面或者铺层定义中转动角度的图像表示：铺层图中绘制的角度是铺层表中指定的转动角度，此角度是围绕单元铺层方向轴测量的。

若要定制铺层图中纤维的外观，执行以下操作：

1. 调用纤维选项。
a. 单击提示区域中的 Ply Stack Plot Options 按钮，或者进行下面的操作。
- 在属性模块中，选择 View→Ply Stack Plot Options。
- 在显示模块中，选择 Options→Ply Stack Plot 或者单击工具箱中的 工具。
b. 单击出现的 Ply Stack Plot Options 对话框中的 Fiber 标签页。
2. 进行下面的操作。
- 切换选中 Show fibers 来在铺层图中显示纤维。
- 选择在铺层图中表示纤维的线条颜色、样式和宽度。
- 拖动 Spacing 滑块来改变显示的纤维数量。
3. 单击 Apply 来完成用户的更改。
铺层图发生改变来反映用户的指定。

默认情况下，用户的更改将在会话期间保存，并影响视口中的所有后续铺层图。如果用户想要在后续的程序会话中保留更改，则将它们保存到一个文件中。更多信息见 55.1.1 节"保存定制以供后续程序会话使用"。

53.2.4 定制铺层图中的参考面

单击 Reference Plane 标签页，选择是否在铺层图中显示参考面，并控制参考面的外观。传统壳单元使用参考面来定义零件的几何形体。因此，用户可以仅在壳复合材料上显示参考面；用户不能在连续壳复合材料铺层或者实体复合材料铺层上显示参考面。此外，如果通过分布来定义铺层的偏置，则 Abaqus/CAE 无法显示参考面。

若要定制铺层图中参考面的外观，执行以下操作：

1. 调用参考面选项。

a. 单击提示区域中的 Ply Stack Plot Options 按钮，或者进行下面的操作。

● 在属性模块中，选择 View→Ply Stack Plot Options。

● 在显示模块中，选择 Options→Ply Stack Plot 或者单击工具箱中的 工具。

b. 单击出现的 Ply Stack Plot Options 对话框中的 Reference Plane 标签页。

2. 进行下面的操作。

● 切换选中 Show reference surface 来在铺层图中显示参考面。

● 选择参考面的颜色和透明度。

● 切换选中 Show reference outline 来显示参考面的边线。选择线的颜色、样式和宽度。

3. 单击 Apply 来完成用户的更改。

铺层图发生改变来反映用户的指定。

默认情况下，用户的更改将在会话期间保存，并影响视口中的所有后续铺层图。如果用户想要在后续的程序会话中保留更改，则将它们保存到一个文件中。更多信息见 55.1.1 节"保存定制以供后续程序会话使用"。

53.2.5　定制铺层图中的标签

单击 Labels 标签页来定制铺层图中显示的文本和符号；例如，材料和铺层名称、状态区域和积分点。

若要定制铺层图中的标签，执行以下操作：

1. 调用标签选项。

a. 单击提示区域中的 Ply Stack Plot Options 按钮，或者进行下面的操作。

● 在属性模块中，选择 View→Ply Stack Plot Options。

● 在显示模块中，选择 Options→Ply Stack Plot 或者单击工具箱中的 工具。

b. 单击出现的 Ply Stack Plot Options 对话框中的 Labels 标签。

2. 选择铺层图中所有文本的字体。

a. 单击 Set Font for All Labels 来显示 Select Font 对话框。

b. 使用字体选择器对话框来设置用户想要的字体属性。

c. 单击 OK 来关闭 Select Font 对话框，并返回到 Ply Stack Plot Options 对话框。

3. 切换选中某个选项。

4. 选择文本的颜色。

a. 单击颜色样本■。

Abaqus/CAE 显示 Select Color 对话框。

b. 使用 Select Color 对话框中的方法来选择一个新的颜色。更多信息见 3.2.9 节 "定制颜色"。

c. 单击 OK 来关闭 Select Color 对话框。

颜色样本改变成选中的颜色。

5. 单击 Apply 来完成用户的更改。

铺层图发生改变来反映用户的指定。

默认情况下，用户的更改将在会话期间保存，并影响视口中的所有后续铺层图。如果用户想要在后续的程序会话中保留更改，则将它们保存到一个文件中。更多信息见 55.1.1 节 "保存定制以供后续程序会话使用"。

54　生成表格数据报告

用户可以生成 *X-Y* 数据对象、场输出结果、探测数据或者自由体切割的表格数据报告。Abaqus/CAE 会将报告写入用户选中的文件。生成表格报告可以保存超过会话时间的数据或者打印这些值。此外，用户可以在后续的 Abaqus/CAE 程序会话中将表格报告作为 ASCII 输入。

本章介绍如何生成和定制表格报告，包括以下主题：

- 54.1 节 "生成表格报告"
- 54.2 节 "表格报告选项概览"
- 54.3 节 "选择报告数据"
- 54.4 节 "指定报告文件名称"
- 54.5 节 "控制报告布局、宽度、格式和坐标系"
- 54.6 节 "对场输出数据进行排序"
- 54.7 节 "格式化报告值"
- 54.8 节 "报告数据值、最小值、最大值和总计"

54.1　生成表格报告

要生成 *X-Y* 数据对象、场输出结果或者自由体切割的表格报告，用户应首先指定报告内容、格式和目标位置。当用户施加这些定制选择时，Abaqus/CAE 将生成报告。

要生成探测值报告，用户应首先生成一个模型或者 *X-Y* 图，然后进行探测。探测时，用户可以选择感兴趣的探测值，然后将选中的值写到一个文件中。

根据用户的选择，报告可能包括负的单元标签。负的标签表示 Abaqus/CAE 创建的内部单元。这些单元被标记为负号的，以便在定义模型时，轻松地将它们与用户创建的单元区别开来。

若要生成 *X-Y* 数据、场输出结果或者自由体切割的报告，执行以下操作：

1. 从主菜单栏选择 Report→XY、Report→Field Output 或者 Report→Free Body Cut。Report XY Data、Report Field Output 或者 Report Free Body Cut 对话框变得可用。

2. 定制报告内容、格式和目标位置。

3. 完成后，单击 Apply 来生成报告。

若要生成探测值的报告，执行以下操作：

1. 从主菜单栏选择 Tools→Query，然后单击出现的对话框中的 Probe values。出现 Probe Values 对话框。

2. 移动光标，在当前的视口中探测模型或者 *X-Y* 图。

3. 要选择和累积 Probe Values 对话框底部数据表中感兴趣的值，在探测时单击鼠标。

4. 完成后，单击 Write to File 来访问报告文件选项，然后生成报告。

54.2　表格报告选项概览

选择 Report→XY、Report→Field Output 或者 Report→Free Body Cut 来分别定制并生成 X-Y 数据对象、场输出变量值或者自由体切割的表格。选择 Tools→Query 来生成探测值的表格报告。下面列出了用户可以定制的表格报告特征，以及更详细信息的章节。用户可以定制以下内容：

- 在报告中包括 X-Y 数据对象或者场输出变量，见 54.3 节 "选择报告数据"。
- 在报告中包括自由体切割。Abaqus/CAE 在自由体切割报告中包括当前输出数据库的所有有效自由体切割。用户可以从 Free Body Cut Manager 中激活和抑制自由体切割，见 67.4 节 "显示、隐藏和高亮显示自由体切割"。
- 在报告中包括探测值，见第 51 章 "探测模型"。
- 写入报告的文件名，见 54.4 节 "指定报告文件名称"。
- 报告的布局和宽度，见 54.5 节 "控制报告布局、宽度、格式和坐标系"。
- 场输出或者探测值的排序方式。对于场输出，见 54.6 节 "对场输出数据进行排序"；对于探测值，见 3.2.7 节 "输入表格数据"。
- 报告值的格式和数字符号，见 54.7 节 "格式化报告值"。
- 是否包括最小值和最大值汇总或者列总数，见 54.8 节 "报告数据值、最小值、最大值和总计"。
- 报告中复数结果的形式，见 42.6.9 节 "控制复数结果的形式"。

54.3　选择报告数据

本节介绍如何选择包括在 *X-Y* 数据报告中的 *X-Y* 数据对象，包括在场输出报告中的场输出变量，以及用于自由体切割报告的选项和阈值，包括以下主题：

- 54.3.1 节 "选择 *X-Y* 数据对象"
- 54.3.2 节 "选择场输出变量"
- 54.3.3 节 "选择场输出截面点"
- 54.3.4 节 "选择用于自由体切割报告的选项和阈值"

要了解如何控制探测值表格报告的内容，见第 51 章 "探测模型"。

54.3.1　选择 *X-Y* 数据对象

用户可以选择在 *X-Y* 数据报告中包括的一个或者多个 *X-Y* 数据对象。

若要选择 *X-Y* 报告的数据，执行以下操作：

1. 调用 *X-Y* 报告的 XY Data 选项。

从主菜单栏选择 Report→XY；然后在出现的对话框中单击 XY Data 标签页。

2. 从可用的数据对象列表中选择要包括在用户报告中的 *X-Y* 数据对象。默认情况下，所有之前保存的 *X-Y* 数据对象都会列出。选择下面的一个选项来调整此列表的内容。

- 单击 All XY data 来浏览所有之前保存的 *X-Y* 数据对象。
- 单击 XY plot in current viewport 来仅浏览当前视口中的 *X-Y* 数据图中包括的 *X-Y* 数据对象。

Abaqus/CAE 列出用户请求的 *X-Y* 数据对象。

3. 要限制列表以便于选择，在 Name filter 域中输入过滤器模式，并且按 ［Enter］ 键来应用过滤器。单击文本域右侧的 来显示有关如何构建过滤器的信息。

Abaqus/CAE 仅列出满足用户指定的 *X-Y* 数据对象。

4. 从 *X-Y* 数据对象名称的列表和描述中，选择要包括在报告中的一个或者多个数据对象。有关在对话框中选择多个项目的信息，见 3.2.11 节 "从列表和表格中选择多个项"。

要生成报告，在 Setup 页上构建任何想要的定制选项，这些定制选项也在 Report XY Data 对话框中；然后单击 Apply。完成后，单击 Cancel 来关闭对话框。

54.3.2　选择场输出变量

用户可以选择在表格报告中包括一个或者多个场输出变量。可用的变量由当前步和帧已经保存到输出数据库的变量组成；该步和帧显示在 Report Field Output 对话框的顶部。

Abaqus/CAE 可以计算和报告不同位置处的给定变量值。可能报告的位置包括：积分点、中心点、单元节点和特定节点。

单元节点和特定节点位置都包含模型节点处的报告值；然而，特定节点值的报告仅在每个节点处生成一个值，单元节点值的报告为在该节点处有贡献的每一个单元生成一个值。对于基于节点的变量，如位移，仅提供唯一的节点值。对于基于单元的变量，如应力，必须执行外推和平均来获得特定的节点值。平均阈值的使用以及跨区域和材料边界的平均控制，将影响以单元的结果为基础进行报告的单元节点值（更多信息见 42.6 节 "选择结果选项"）。下表总结了可以报告的输出位置，取决于变量保存到输出数据库时所使用的位置：

输出数据库位置	报告位置			
	积分点	中心点	单元节点	特定节点
积分点	是	是	是	是
中心点	否	是	是	是
单元节点	否	否	是	是
特定节点	否	否	否	是

仅可以在单元节点位置处报告如 CNORMF、CSHEARF、CPRESS、COPEN、CSLIP、CSHEAR1 和 CSHEAR2 的接触面变量。

有关报告输出变量的截面点位置选择的信息，见 54.3.3 节 "选择场输出截面点"。

若要选择场输出报告的数据，执行以下操作：

1. 调用场输出报告变量的选项。

从主菜单栏选择 Report→Field Output；然后在出现的对话框中单击 Variable 标签页。

2. 单击 Position 箭头来显示所选变量的可能位置；然后选择想要的位置。仅当在同一个位置处报告多个变量时，才可以将其合并到一个表中。

变量表更新，仅显示可以在选中位置处报告的变量。

3. 使用列表中每个变量旁边的复选框（默认的方法）或者页底部的 Edit 文本域，来在用户的报告中选择要包括的场输出变量。

注意：如果用户想要指定报告值的单个截面点，则用户必须使用复选框方法。

1）使用复选框方法。

a. 要选择一个变量及其所有分量，单击该变量的复选框。

b. 要选择变量的单个分量，单击变量复选框旁边的箭头来查看变量的分量；然后单击单个分量的复选框来进行选择。

2）使用编辑方法。在 Edit 文本域中，输入用户报告中包括的变量和分量名称。要使变量有效，此变量必须在输出数据库中可用，并且可以在当前位置上进行报告。

要生成报告，构建 Setup 页面上的其余选项，这些选项也在 Report Field Output 对话框中；然后单击 Apply。完成后，单击 Cancel 来关闭对话框。

54.3.3 选择场输出截面点

如果用户的场输出报告包括截面点变量，则用户可以选择 Abaqus/CAE 来报告这些变量值的截面点。默认报告所有可用截面点处的值。

若要选择场输出截面点，执行以下操作：

1. 调用截面点选项。

从主菜单栏选择 Report→Field Output；然后在出现的对话框中单击 Variables 标签页。

2. 使用复选框方法来选择截面变量。

3. 在对话框底部的 Section point 标签处进行下面的操作。

● 单击 All 来报告所有可用截面点处的值。

● 单击 Single 来选择报告一个截面点处的值。

如果用户至少已经选择了一个单元截面点变量，则截面点的 Settings 按钮变得可用。

4. 要选择一个或者多个截面点，单击 Settings。

出现 Field Report Section Point Settings 对话框。使用此对话框来选择想要的截面点。更多信息见 42.5.9 节"选择截面点数据"中的"按类别选择截面点"。

5. 单击 OK 来应用截面点的选择，并关闭 Field Report Section Point Settings 对话框。

要生成报告，构建 Setup 页上的其余选项，这些选项也在 Report Field Output 对话框中；然后单击 Apply。完成后，单击 Cancel 来关闭对话框。

54.3.4 选择用于自由体切割报告的选项和阈值

用户可以创建程序会话中所有有效自由体切割的合力和合力矩的表格报告。用户可以通过切换 Free Body Cut Manager 中的 Show 复选框来激活或者抑制单个的自由体切割；更多信息见 67.4 节"显示、隐藏和高亮显示自由体切割"。Abaqus/CAE 会根据整体坐标系报告合力和合力矩，无论用户在自由体切割或者视图切割的 Component Resolution 选项中选择了何种设置。

用户可以为当前的一个或者多个帧生成报告。用户也可以为报告中力和力矩的数据指定定制的阈值；小于这些阈值的力和力矩会在报告中报告成零。选择合适的阈值可以生成更加简洁的报告数据；例如，使用零来代替 1.234E-17 等较小的报告值，可以使报告更容易阅读。力和力矩值的默认阈值都是 1E-006。

Abaqus/CAE用户手册 下册

若要选择用于自由体切割报告的选项和阈值，执行以下操作：

1. 调用自由体切割报告的选项。

从主菜单栏选择 Report→Free Body Cut。

2. 选择 Abaqus/CAE 读取自由体切割数据的帧。

● 选择 Specify 来使用当前的步或者帧。要改变当前的步或者帧，单击 ⊶。更多信息见 42.3 节"选择结果步和帧"。

● 选择 All active steps/frames 来使用所有的有效步或者帧。单击 Active Steps/Frames 来更改 Abaqus 读取自由体切割数据的步或者帧。更多信息见 42.4.1 节"激活和抑制步和帧"。

3. 从 File 选项指定报告文件名称。更多信息见 54.4 节"指定报告文件名称"。

4. 从 Output Format 选项指定报告数据的显示格式。更多信息见 54.5 节"控制报告布局、宽度、格式和坐标系"。

5. 如果需要，在 Thresholds 选项中为力和力矩指定阈值。Abaqus/CAE 将把小于这些阈值的力和力矩报告成零。

要生成报告，单击 Apply。完成后，单击 Cancel 来关闭对话框。

54.4 指定报告文件名称

Abaqus/CAE 会将表格数据报告写入用户选择的文件。如果用户选择将报告写到一个现有的文件中，则用户可以进一步指定新的信息是附加到当前的文件中，还是覆盖原文件内容。默认附加新的信息。

若要指定报告文件名称，执行以下操作：

1. 调用 File 选项。

1）对于 X-Y 数据或者场输出的报告，从主菜单栏选择 Report→XY 或者 Report→Field Output；然后在出现的对话框中单击 Setup 标签页。File 选项位于页面顶部。

2）对于自由体切割的报告，从主菜单栏选择 Report→Free Body Cut。File 选项位于页面顶部。

3）对于探测值的报告，从主菜单栏选择 Tools→Query，然后在出现的对话框中单击 Probe values。出现 Probe Values 对话框。

移动光标来探测当前视口中的模型或者 X-Y 图，然后单击鼠标，在对话框中存储感兴趣的值。完成后，单击 Write to File。出现 Report Probe Values 对话框；File 选项位于对话框顶部。

2. 要使用标准文件浏览器来选择文件名称，选择 Select。

出现 File Selection 对话框。使用该对话框来过滤和浏览现有的文件。有关使用此对话框的更多信息，见 3.2.10 节"使用文件选择对话框"。完成后，单击 OK 来关闭对话框。

3. 在 Name 域中输入要写入报告的文件名称。

4. 切换 Append to file 来将此报告附加到用户已选择的当前文件中。当不选 Append to file 时，现有的文件内容将被覆盖。

要生成报告，构建对话框中的其余选项；然后单击 Apply（对于 X-Y 报告、场输出报告或者自由体切割报告）或者 OK（对于探测值报告）。完成后，单击 Cancel 来关闭对话框。

54.5 控制报告布局、宽度、格式和坐标系

对于 X-Y 数据、场输出或者探测值的表格报告，用户可以限制表的宽度；例如，将表的宽度限制成用户的打印机可以支持的字符数量。

X-Y 数据报告可以包括一个或者多个 X-Y 数据对象。类似地，场输出报告也可以包括一个或者多个变量。对于这两种类型的报告，如果要包括多个项目，则用户可以选择在项目各自的表中表示每一个项目，也可以将这些项目合并成一个表。如果用户将多个项目合并成一个表，则 Abaqus 会形成附加的数据列，并增加表的宽度。

要将多个 X-Y 数据对象合并成一个表，Abaqus/CAE 将对齐数据对象的 X 值。如果有数据对象没有匹配 X 值，则用户可以选择让 Abaqus/CAE 通过内插和外插来计算丢失的点。要了解更多有关内插和外插的信息，见 47.4.2 节"理解 X-Y 数据内插和外插"。

对于场输出报告，Abaqus/CAE 将为当前显示组中的每一个区域创建单独的表（根据用户的选择，创建单独变量的表或者组合变量的表）。区域是模型中具有兼容材料、截面属性和单元类型的部分。Abaqus/CAE 将识别与报告中每一个表关联的区域（有关显示组的更多信息，见第 78 章"使用显示组显示模型的子集"；有关区域的更多信息，见 42.6.2 节"理解结果值平均"）。

对于自由体切割，Abaqus/CAE 使用户能够以普通标注格式，或者逗号分隔值（CSV）格式来生成报告输出。普通标注格式，其结果更加易读；CSV 格式，其结果适用于输出并且可以在电子表格应用程序中读取。用户也可以在整体坐标系或者局部坐标系中报告自由体切割的数据。

若要控制报告布局、宽度、格式和坐标系，执行以下操作：

1. 调用 Output Format 选项。

1) 对于 X-Y 数据或者场输出报告，从主菜单栏选择 Report→XY 或者 Report→Field Output；然后在出现的对话框中单击 Setup 标签页。Output Format 选项位于页面中心。

2) 对于自由体切割报告，从主菜单栏选择 Report→Free Body Cut。Output Format 选项位于页面中心。

3) 对于探测值报告，从主菜单栏选择 Tools→Query，然后在出现的对话框中单击 Probe values。出现 Probe Values 对话框。

移动光标来探测当前视口中的模型或者 X-Y 图，然后单击鼠标，在对话框中存储感兴趣的值。完成后，单击 Write to File。出现 Report Probe Values 对话框；Output Format 选项位于对话框的中心。

2. 对于 *X-Y* 数据报告或者场输出报告，选择用户选取的 Layout 选项。

● 选择 Single table for all *X-Y* data（或者 Single table for all field output variables）来将所有选中的数据对象合并成一个表。

对于 *X-Y* 数据报告，如果用户想要 Abaqus 计算丢失的点，则切换选中 Interpolate between X values（如果有必要）。当切换不选此选项时，丢失的点（如果有的话）在表中表现成"No Value"。

● 如果用户想要每一个选中的数据对象显示在各自的表中，则选择 Separate table for each *X-Y* data（或者 Separate table for each field output variable）。

3. 对于 *X-Y* 数据报告或者场输出报告，选择用户选取的 Page width（characters）选项。

● 选择 No limit 来允许不受限制的表宽度。

● 选择 Specify 来限制表的宽度。然后在 Specify 文本域中输入可以沿着表的宽度出现的最大字符数。

4. 对于自由体切割报告，执行下面的操作。

● 选择 Normal annotated format 或者 Comma-separated values（CSV）作为报告格式。

● 选择 Global CSYS 或者 Local CSYS 作为自由体切割的坐标系。

要生成报告，构建对话框中的其余选项；然后单击 Apply（对于 *X-Y*、场输出或者自由体切割报告）或者 OK（对于探测值报告）。完成后，单击 Cancel 来关闭对话框。

54.6　对场输出数据进行排序

对于表格场输出报告，用户可以选择表中任意一列的值来对数据进行排序，可以选择升序或者降序。

用户可以使用 Report Field Output 对话框中的 Variable 选项来控制 Abaqus/CAE 在表中包括哪些列（更多信息见54.3.2 节"选择场输出变量"）。该表为用户已经选择的每一个场输出变量都设置了数据显示列，以及用于标识场输出来源的列；例如，如果用户的表包括一个节点量的列，则 Abaqus/CAE 也会提供一个 Node Label（节点编号）列。

报告中使用负的单元标签来区分 Abaqus/CAE 创建的内部单元和定义模型时创建的单元。如果用户的报告包括内部单元，并且用户选择按单元标签来排序，则这些单元将被分组在报告的顶部或者底部。

有关在探测值报告表格中排序数据的信息，见 3.2.7 节"输入表格数据"。

若要对场输出报告数据进行排序，执行以下操作：

1. 调用场输出报告排序选项。

从主菜单栏选择 Report→Field Output；然后在出现的对话框中单击 Setup 标签页。Sort by 选项位于页面中间。

2. 单击 Sort by 箭头来显示列选项的列表。

3. 从列表选择要排序的列。

4. 单击 Ascending 或者 Descending 来选择排序顺序。

要生成报告，在对话框中构建其余的选项；然后单击 Apply。完成后，单击 Cancel 来关闭对话框。

54.7 格式化报告值

用户可以指定表数据报告中表示的有效数字位数（对于 *X-Y* 数据报告、场输出报告和探测值报告）或者小数的总位数（对于自由体切割报告）。对于 *X-Y* 数据报告、场输出报告和探测值报告，默认的有效数字位数为 6；对于自由体切割报告，默认的小数位数为 3，小数位越多，精度越高，但要占用更多的空间并增加表的宽度；使用的有效数字位数或者小数位数决定了表中每一列的宽度。此外，用户还可以为数据值选择下面的一种数字格式：

Automatic

非常大的值和非常小的值以科学计数法表达。所有的保留值不使用指数表达，并且使用指定位数的有效数字。*X-Y* 数据报告、场输出报告和探测值报告可以使用此格式。

Engineering

大于或者等于 1000 的值（或者小于或者等于 0.001 的值）表达成 1 到 999 范围内的数字乘以 10 的 *n* 次方，其中 *n* 是 3 的倍数（例如，20.5E+03 或者 17.76E+06）。所有保留的值使用指定数量的有效位数来表达。

Fixed

不使用指数来表达所有值。当用户选择此格式时，在图例中将数字 501000 显示成 501000.00。仅自由体切割报告可以使用此数字格式，并且如果用户改变 Decimal places 选项，则用户的图例值可以进行不同的显示。

Scientific

将所有的值表达成 1 到 10 之间的数字乘以 10 的合适乘方（例如，2.05E+04 或者 1.776E+07）。

对于 *X-Y* 数据报告、场输出报告和探测值报告，默认的格式为 Engineering，对于自由体切割报告，默认的格式为 Scientific。

若要定义报告数据值的格式，执行以下操作：

1. 调用 Output Format 选项。

1）对于 *X-Y* 数据报告或者场输出报告，从主菜单栏选择 Report→XY 或者 Report→Field Output；然后在出现的对话框中单击 Setup 标签页。Output Format 选项位于页面中心。

2）对于自由体切割报告，从主菜单栏选择 Report→Free Body Cut。Output Format 选项位于页面中心。

3）对于探测值报告，从主菜单栏选择 Tools→Query，然后在出现的对话框中单击 Probe values。出现 Probe Values 对话框。

移动光标来探测当前视口中的模型或者 *X-Y* 图，然后单击鼠标，在对话框中存储感兴趣的值。完成后，单击 Write to File。出现 Report Probe Values 对话框；Output Format 选项位于对话框的中心。

2. 为报告中的数值指定精确程度。

• 对于 *X-Y* 报告、场输出报告或者探测值报告，在 Number of significant digits 文本域中指定此值。

• 对于自由体报告，在 Decimal places 文本域中输入此值。

用户也可以单击可施加域旁边的箭头，直到出现想要的数字。

3. 单击 Number Format 按钮，然后从出现的列表中选择数字格式。

要生成报告，构建对话框中的其余选项；然后单击 Apply（对于 *X-Y* 报告、场输出报告或者自由体切割报告）或者 OK（对于探测值报告）。完成后，单击 Cancel 来关闭对话框。

54.8 报告数据值、最小值、最大值和总计

对于 X-Y 数据或者场输出的表格报告，用户可以选择包括或者抑制 X-Y 数据或者场输出值、列最小值和最大值汇总，以及列的总和。默认情况下，Abaqus/CAE 仅包括 X-Y 数据报告中的实际数据值。在场输出报告中，Abaqus/CAE 默认包括数据值以及列汇总和总和。

对于探测值表格报告，Abaqus/CAE 始终在报告中包括实际的数据值。用户可以选择包括或者抑制任何列的列最小值和最大值汇总以及列的总和（这些列的值应当是有意义的）。

若要报告数据值、最小值、最大值和列总和，执行以下操作：

1. 调用 Data 或者 Data Values 选项。

1）对于 X-Y 数据报告或者场输出报告，从主菜单栏选择 Report→XY 或者 Report→Field Output；然后在出现的对话框中单击 Setup 标签页。Output Format 选项位于页面底部。

2）对于探测值报告，从主菜单栏选择 Tools→Query，然后在出现的对话框中单击 Probe values。出现 Probe Values 对话框。

移动光标来探测当前视口中的模型或者 X-Y 图，然后单击鼠标，在对话框中存储感兴趣的值。完成后，单击 Write to File。出现 Report Probe Values 对话框；Data Values 选项位于对话框底部。

2. 对于 X-Y 数据报告或者场输出报告，用户必须选择下面的一个或者多个项目来包括在报告中。

● 切换 XY data 或者 Field output 来分别包括实际的 X-Y 数据或者场输出值。切换不选此选项，报告将仅包括用户请求的列总和，或者最小/最大数据。

● 切换 Column totals 来包括每一列的总和。

● 切换 Column min/max 来包括每一列中出现的最小和最大值的汇总。

要生成报告，构建对话框中的其余选项；然后单击 Apply（对于 X-Y 报告、场输出报告或者自由体切割报告）或者 OK（对于探测值报告）。完成后，单击 Cancel 来关闭对话框。

55　定制图示显示

本章介绍如何通过选择各种与图状态有关和与图状态无关的选项来定制图的外观，包括以下主题：

- 55.1 节 "定制图示显示概览"
- 55.2 节 "定制渲染风格、半透明度和填充颜色"
- 55.3 节 "定制单元和面边"
- 55.4 节 "定制模型形状"
- 55.5 节 "定制模型标签"
- 55.6 节 "显示多个图状态"
- 55.7 节 "显示单元和面法向"
- 55.8 节 "定制显示体的外观"
- 55.9 节 "定制相机运动"
- 55.10 节 "控制模型实体的显示"
- 55.11 节 "在显示模块中控制约束的显示"
- 55.12 节 "定制通用模型显示"

有关定制图示显示的其他方法，见第 78 章 "使用显示组显示模型的子集合"，以及第 79 章 "叠加多个图"。

55.1 定制图示显示概览

用户可以定制模型要如何出现在未变形图、变形图、云图、符号和材料方向图中。对于未变形的和变形的图状态，所有施加到模型形状的定制选项是与状态无关的。即 Abaqus/CAE 对所有未变形的和变形的图施加定制，包括那些也显示云图、符号或者材料方向的图。独立于图状态的选项控制渲染风格和填充颜色；单元和面边；单元颜色；模型标签、节点符号和显示体的外观；相机的运动；不同模型实体的显示；曲线边的光滑度；没有结果的单元颜色；扫掠和拉伸模型。使用主菜单栏中的 Options 菜单来从这些与图示状态无关的定制选项中进行选择。

从主菜单栏选择 Tools→Color Code 来给个别的单元着色。从主菜单栏选择 Options→Display Body 来定制模型中所有显示体的外观。从主菜单栏选择 View→View Options 来定制相机的运动。要从剩余的与图状态无关的选项中选择，从主菜单栏中选择 View→ODB Display Options。如果用户选择为相同的图状态，将变形模型形状叠加到未变形的形状，则从主菜单栏选择 Options→Superimpose 来定制独立于变形形状的未变形形状。像其他独立于图状态的定制，在所有的图状态中对叠加的图施加这些图选项。

注意：在视口中显示模型标签和/或符号，可以增加刷新图和动画显示所需要的时间量。

除了与图状态无关的定制选项之外，用户可以选择与云图、符号和材料方向图的状态相关的选项。图状态相关的选项对于每一个图类型是唯一的。例如，用户可以定制云图色谱，符号的大小和类型，以及材料方向三角轴的显示。如果类似的定制，例如共用模型边的颜色和云图选项，可以使用独立的和相关的图选项来指定，则图状态相关的选项覆盖独立的选项。

55.1.1 保存定制以供后续程序会话使用

默认情况下，图示显示定制仅对于当前的程序会话是有作用的，但是如果用户想要将图示显示定制应用到后续的程序会话中，则用户可以将定制保存到一个文件中。Abaqus/CAE 提供下面的方法来保留图显示定制：

将定制保存到显示选项文件中

从主菜单栏选择 File→Save Display Options 来将所有用户的图状态相关定制选项，以及图状态无关的定制选项保存成显示选项。在称为 abaqus_201X. gpr 的文件中保存显示选项，并且 Abaqus/CAE 在启动的时候自动地加载此文件中的设置，这样可以在整个程序会话中使用。对于显示状态定制，将用户的显示选项保存到一个文件，使得用户存储渲染风格，指定条件的可见性和不同类型的基准几何形体，以及网格、单元和节点标签那样的设置。

更多信息见 76.16 节"保存用户的显示选项设置"。

将定制保存到 XML 文件、模型数据库或者输出数据库

从主菜单栏选择 File→Save Session Objects 来将选中的图状态相关的和图状态无关的定制选项保存到 XML 文件、模型数据库或者输出数据库中。当用户使用此方法时，用户可以保存所有的定制选项，或者用户可以仅保存与一个或者多个图状态有关的定制选项。例如，用户可以将常用的图选项中和云图选项中制定的定制保存到一个文件中。

如果用户将定制保存到模型数据库或者输出数据库中，则当用户打开文件时使用这些设置。当用户从 XML 文件加载定制时，这些定制变成用户程序会话的新设置。用户可以从文件中通过设置 File→Load Session Objects 来加载设置。

更多信息见 9.9 节"管理程序会话对象和程序会话选项"。

55.1.2　可以使用的定制选项

Abaqus/CAE 提供下面的定制选项：

渲染风格

渲染格式是 Abaqus/CAE 中显示用户模型的类型。渲染风格是与图状态无关的选项；即，用户为所有的未变形图、变形图、云图、符号和材料方向图设置一次。然而，用户可以在叠加图中为未变形形状使用的渲染风格设置不同的值。渲染风格选择包括线框、填充、隐藏和光源阴影。更多信息见 55.2 节"定制渲染风格、半透明度和填充颜色"。

单元和面边风格和可见性

边风格是单元和面边的线风格和厚度，边可见性是 Abaqus/CAE 显示这些边的程度。边类型和可见性选项是图状态无关的，但是用户可以为叠加图中的未变形形状设置使用不同的边类型和可视性。更多信息见 55.3 节"定制单元和面边"。

单元和面边颜色

用户可以使用图状态无关的 Color & Style 选项，来控制单元和面边的整个颜色。此外，用户可以使用图状态无关的 Color Code 对话框，来定制单个单元和面的边颜色。默认情况

下，颜色编码选择覆盖整体颜色。有关整体边着色的更多信息，见55.3.3节"选择整体单元和面边颜色"。要获知更多有关边着色项目的信息，见77.8节"定制单个对象的显示颜色"。单独的项目边着色仅应用于线框和隐藏渲染风格图。

单元面和表面填充颜色

用户可以使用图状态无关的 Color & Style 选项来控制单元面和表面的整体填充颜色。此外，用户可以使用图状态无关的 Color & Style 对话框，来定制个别单元的面颜色。默认情况下，颜色编码选项覆盖整体颜色。有关整体填充颜色的更多信息，见55.2.3节"选择整体填充颜色"。要获知更多与单独项目颜色填充有关的信息，见77.8节"定制单个对象的显示颜色"。填充颜色的单独项目仅应用于填充的和阴影渲染风格的图。

模型标签和节点符号

用户可以改变可见性，并且定制单元、节点和面标签的颜色和字体，以及节点符号的颜色和类型。所有这些选项是图状态无关的。更多信息见55.5节"定制模型标签"。

单元和面法向

用户可以选择显示模型中代表单元或者面法向的箭头。在所有图状态中，箭头都是可见的，并且用户可以控制箭头大小、颜色和箭头风格。更多信息见55.7节"显示单元和面法向"。

显示体外观

用户可以定制模型中所有显示物体的渲染风格；边可视性、颜色和类型；填充颜色；缩放和半透明度。当应用到显示体时，这些选项是图状态无关的。更多信息见55.8节"定制显示体的外观"。

相机运动

用户可以选择坐标系，并且将坐标系的运动与相机匹配。用户也可以让相机跟随选中坐标系的转动。如果用户正在电影模式中使用相机，则用户也可以将模型中的相机定位在坐标系的原点处。更多信息见55.9节"定制相机运动"。

物体显示

用户可以控制代表不同模型实体的符号显示，包括边界条件、连接器、坐标系和点单元。实体显示选项是图状态无关的。更多信息见55.10节"控制模型实体的显示"。

约束显示

用户可以控制分析约束的显示，在相互作用模块中应用这些分析约束；例如，绑定约束或者运动学耦合约束。更多信息见 55.11 节 "在显示模块中控制约束的显示"。

通用模型显示选项

Abaqus/CAE 提供一些图状态无关的其他通用模型显示选项。这些选项包括：

• Sweep/Extrude （扫掠/拉伸）控制二维模型的三维显示。更多信息见 55.12.1 节 "扫掠和拉伸用户的模型"。

• Mirror/Pattern （镜像/矩阵）在分析代表完整模型的部分模型时，仿真整个模型的显示。更多信息见 55.12.2 节 "使用镜像和矩阵来显示用户的结果"。

• Curved Lines & Faces （弯曲的线和面）来控制二次和三次单元边和面是如何显示的。更多信息见 55.12.3 节 "细化曲边和曲面"。

• Elements with No Results （没有结果的单元）控制云图中没有结果的单元的颜色（例如刚性面）。更多信息见 55.12.4 节 "对没有结果的单元着色"。

55.2　定制渲染风格、半透明度和填充颜色

本节介绍如何定制模型的渲染风格、透明性和填充颜色，包括以下主题：

- 55.2.1 节 "选择一个渲染风格"
- 55.2.2 节 "定制半透明度"
- 55.2.3 节 "选择整体填充颜色"

55.2.1　选择一个渲染风格

渲染风格是 Abaqus/CAE 显示模型的风格。渲染风格是与图状态无关的；即，用户为所有的未变形、变形、云图、符号和材料方向图设置渲染风格一次。当在变形图上叠加变形形状时，用户也可以设置另外一个渲染风格，Abaqus/CAE 将应用到未变形的形状上。要为所有的图状态选择渲染风格，从主菜单栏选择 Options→Common→Basic。要为叠加图中的未变形形状选择渲染风格，从主菜单栏选择 Options→Superimpose→Basic。可能的渲染风格是 Wireframe、Hidden、Filled 和 Shaded。用户也可以通过单击位于 Render Style 工具栏中的线框⊞、填充◲、隐藏◰或者阴影◪按钮来为当前的视口选择常用的渲染风格。图 55-1 所示为四种渲染风格。

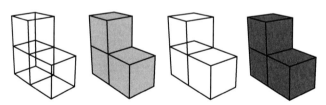

图 55-1　显示渲染风格选项的模型

（从左到右：线框、填充、隐藏和阴影渲染风格）

线框

显示模型边；内部和外部的边都可以是可见的。线框图产生框架类型的显示效果，在此模式中不显示面。

填充

将模型面 "刷" 成均匀的颜色来显示。填充图产生一个实体，而不是框架类型的外表，

在此模式中仅可见外部面。

隐藏

显示线框图，在此模式中，不显示模型挡住的边。隐藏图产生一个实体，而不产生线框类型的外观。

阴影

显示一个填充图，在此模式中，光线直接照射到模型上。阴影图产生高度逼真的三维显示效果。

若要选择用户图示的渲染风格，执行以下操作：

1. 调用常用的或者叠加的 Render Style 选项。常用的渲染风格总是应用到变形形状上。当在任何的图状态中单独图示常用的渲染风格时，施加到未变形形状上（未变形图、云图、符号或者材料方向图）。当未变形形状与变形形状一起图示时，施加叠加渲染风格。

从主菜单栏选择 Options→Common 或者 Superimpose；然后单击出现的对话框中的 Basic 标签页。Render Style 选项变得可以使用。

2. 从 Render Style 列表选择用户想要的渲染风格。

技巧：用户也可以通过单击位于 Render Style 工具栏中的线框⊞、填充⬚、隐藏⬚或者阴影⬚按钮，为当前的图示状态选择渲染风格（当叠加图时，不包括显示体和未变形的形状）。

注意：如果用户激活透明性时，阴影、填充和隐藏渲染风格的符号和材料方向图更容易显示。

3. 单击 Apply 来完成用户的更改。

渲染风格发生变化来反映用户的指定。

默认情况下，程序会话期间保存用户的更改，并影响当前视口中的所有后续图示和从当前视口创建的任何新视口。如果用户想要为后续的程序会话保留用户施加的更改，将它们保存到一个文件中。更多信息见 55.1.1 节"保存定制以供后续程序会话使用"。

55.2.2 定制半透明度

半透明度选项控制模型的透明程度，并且应用到除线框模式外的所有渲染风格。透明性是与图状态无关的；即，用户为所有未变形图、变形图、云图、符号和材料方向图设置一次。用户也可以在变形形状叠加到未变形形状上时，设置 Abaqus/CAE 将应用到未变形形状上的透明性。

对于阴影符号和材料方向图，如果用户切换打开半透明度选项，则位于模型内部的符号图箭头和材料方向三角标识更加容易显示。

若要定制半透明度，执行以下操作：

1. 调用常用的或者叠加的 Translucency 选项。常用的透明设置总是应用到变形形状上。当在任何的图状态中单独图示常用的透明设置时，施加到未变形形状上（未变形图、云图、符号或者材料方向图）。当未变形形状与变形形状一起图示时，施加叠加透明风格。

从主菜单栏选择 Options→Common 或者 Superimpose；单击出现的对话框中的 Other 标签页；然后单击 Translucency 标签页。出现 Translucency 选项。

2. 切换选中 Apply translucency 来激活透明性选项。

3. 选择透明的百分比。

拖动滑块到用户想要的透明性百分比。.00 的值说明透明性图示；1.00 说明不透明的图示。默认的透明性是 .30。

4. 单击 Apply 来完成用户的更改。

透明性发生改变来反映用户的指定。

默认情况下，程序会话期间保存用户的更改，并影响当前视口中的所有后续图示和从当前视口创建的任何新视口。如果用户想要为后续的程序会话保留用户施加的更改，将它们保存到一个文件中。更多信息见 55.1.1 节"保存定制以供后续程序会话使用"。

55.2.3　选择整体填充颜色

填充颜色是 Abaqus/CAE 显示模型面的颜色。此颜色是与图状态无关的，即用户为所有未变形图、变形图、符号和材料方向图设置一次。在未变形形状上叠加变形形状时，用户也可以设置 Abaqus/CAE 将施加在未变形形状上的填充颜色。填充颜色仅施加到填充渲染风格和光源阴影渲染风格图上；云图不能使用此整体颜色填充。

用户可以为整个模型选择一个显示颜色，或者用户可以为选中的项目有选择地覆盖此显示颜色，例如为特定的单元。例如，用户可以将模型显示成绿色，而一组单元显示成红色。有关个别项目着色的更多信息，见 77.8 节"定制单个对象的显示颜色"。

若要选择模型填充颜色，执行以下操作：

1. 调用常用的或者叠加的填充颜色选项。常用的填充颜色总是应用到变形形状上。当在任何的图状态中单独图示填充颜色时，施加到未变形形状上（未变形图、云图、符号或者材料方向图）。当未变形形状与变形形状一起图示时，施加填充颜色风格。

从主菜单栏选择 Options→Common 或者 Superimpose；单击出现的对话框中的 Color & Style 标签页。

Fill color in filled/shaded plots 选项在 Color & Style 页的中心。

2. 选择填充颜色。

a. 单击 Fill color in filled/shaded plots 颜色样本■。

Abaqus/CAE 显示 Select Color 对话框。

b. 使用 Select Color 对话框中的方法来选择一个新颜色。更多信息见 3.2.9 节"定制颜色"。

c. 单击 OK 来关闭 Select Color 对话框。

颜色样本改变成选中的颜色。在视口中部出现新的颜色，直到用户单击 Plot Options 对话框中的 OK 或者 Apply。

3. 切换关闭 Allow color code selections to override options in this dialog 来显示上面指定的填充颜色的所有单元。使用单个的项目颜色选择来切换选中它来覆盖此颜色。更多信息见 77.8 节"定制单个对象的显示颜色"。

4. 单击 Apply 来完成用户的更改。

填充颜色发生变化来反映用户的指定。

默认情况下，程序会话期间保存用户的更改，并影响当前视口中的所有后续图示和从当前视口创建的任何新视口。如果用户想要为后续的程序会话保留用户施加的更改，将它们保存到一个文件中。更多信息见 55.1.1 节"保存定制以供后续程序会话使用"。

55.3　定制单元和面边

本节介绍如何定制模型中单元和面的外观，包含以下主题：

- 55.3.1 节 "控制单元和面边的可见性"
- 55.3.2 节 "定义模型特征边"
- 55.3.3 节 "选择整体单元和面边颜色"
- 55.3.4 节 "定制单元和面边风格"

55.3.1　控制单元和面边的可见性

用户可以控制 Abaqus/CAE 显示单元和面边的程度。边可见性是与图状态无关的；即，用户为所有未变形图、变形图、符号和材料方向图设置一次可见性。当未变形形状上叠加有变形形状时，用户也可以设置 Abaqus/CAE 将施加到未变形形状上的边可见性。控制边显示可以使用下面的选项：All edges，Exterior edges，Feature edges，Free edges 和 No edges。图 55-2 所示为开始的四个选项。

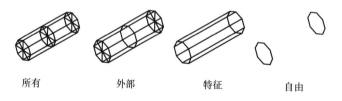

所有　　　　外部　　　　特征　　　　自由

图 55-2　显示边选项的模型

注意：如果用户的输出数据库同时包括均质实体单元和复合实体单元或者连续壳单元之一，则 Abaqus/CAE 显示均质实体几何形体与复合几何形体，或者连续壳几何形体之间边界处的自由边或者特征边。

若要控制边的可见性，执行以下操作：

1. 定位共用的或者叠加的 Visible Edges 选项。共用的可见边设置总是施加到变形形状上；当在任何的图状态中单独图示填充颜色时，施加到未变形形状上（未变形图、云图、符号或者材料方向图）。当未变形形状与变形形状一起图示时，施加叠加的可见边。

从主菜单栏选择 Options→Common 或者 Superimpose；然后单击出现的对话框中的 Basic

标签页。Visible Edges 选项在 Basic 页的右侧。

2. 要选择用户想要显示的单元和面边，选择下面的一个选项。

● 选择 All edges，显示所有的单元和面边。要看到模型内部的单元边，用户必须也将渲染风格设置成线框。

● 选择 Exterior edges，仅显示模型外面的边。

● 选择 Feature edges，仅显示计算成特征边的模型外部边。特征边位于单元法向之间的差异大于"特征角"的单元之间。在 View→ODB Display Options→General 对话框中设置特征角；更多信息见 55.3.2 节"定义模型特征边"。

● 选择 Free edges，仅显示属于一个单独单元的边。对于定位用户网格中的潜在孔或者裂纹，自由边显示是特别有用的。

● 选择 No edges，抑制所有边的显示。此选择仅对于填充或者阴影渲染风格中的图示是可以使用的。

注意：当复制单元时（即共享所有相同的角节点），Abaqus/CAE 在自由边或者特征边图示中将不显示单元边。

3. 单击 Apply 来完成用户的变化。

根据用户的指定来改变边的可见性。

为程序会话的延续保存用户的改变，并且将在当前视口中以及从当前视口创建的任何新视口中影响所有后续的图示。

默认情况下，程序会话期间保存用户的更改，并影响当前视口中的所有后续图示和从当前视口创建的任何新视口。如果用户想要为后续的程序会话保留用户施加的更改，将它们保存到一个文件中。更多信息见 55.1.1 节"保存定制以供后续程序会话使用"。

55.3.2　定义模型特征边

常见的和叠加的图选项决定在所有的图状态中出现哪一个模型边。当用户指定仅可见特征边时，Abaqus/CAE 确定哪一个边满足此准则。法向角之间的差异大于"特征角"的单元之间会出现特征边。用户可以定制特征角。更大的角度将降低特征边的数量；相反，更小的角度将造成更多的边可视。默认是 20°。特征角的设置施加到所有的图示状态。然而，分析型刚性面画所有的边，而不管特征角度设置。

图 55-3a 显示设置特征角为 0°时的特征边，图 55-3b 显示相同模型中的特征边，只是将特征角度设置成 15°，图 55-3c 显示特征角度为 30°时的模型。

若要定制特征角，执行以下操作：

1. 调用 Feature Angle 选项。

从主菜单栏选择 View→ODB Display Options。单击出现的对话框中的 General 标签页。Feature Angle 选项在 General 页的底部。

2. 拖动 Feature Angle 滑块到想要的特征角。

a)显示特征角=0°　　b)显示特征角=15°　　c)显示特征角=30°

图 55-3　显示特征角为 0°、15°、30°的图

3. 单击 Apply 来完成用户的更改。

所有图示状态的特征边发生改变来反映用户的特征角设置。默认情况下，为程序会话的延续保存用户的特征角设置。如果用户想要为后续的程序会话保留用户施加的改变，将它们保存到一个文件中。更多信息见 55.1.1 节 "保存定制以供后续程序会话使用"。

55.3.3　选择整体单元和面边颜色

用户可以定制 Abaqus/CAE 显示单元和面边的颜色。除了云图，边颜色是图状态无关的；即，用户为所有未变形图、变形图、符号和材料方向图设置单元和面边颜色一次。用户可以为特定的渲染风格选择不同的边颜色，并且当在未变形的形状上叠加变形形状时，用户可以设置 Abaqus/CAE 将应用到未变形形状上边的颜色。对于云图，用户可以为特定的云图类型选择一个不同的边颜色。

用户可以为整个模型选择一个显示颜色，或者用户可以为选中的项目有选择地覆盖此显示颜色，例如特定的单元。例如，用户可以用绿色来显示模型，而将一组单元显示成红色。有关个别项目着色的更多的信息，见 77.8 节 "定制单个对象的显示颜色"。

若要定制单元和面边颜色，执行以下操作：

1. 调用用户想要定制化的边颜色选项（普通的、叠加的或者云图）。
- 对于除了叠加的和云图的其他所有图示。

从主菜单栏选择 Options→Common；然后在出现的对话框中单击 Color & Style 标签页。Color 选项在 Color & Style 页的顶部。
- 对于云图。

从主菜单栏选择 Options→Contour；任何在出现的对话框中单击 Color & Style。单击 Model Edges 标签页。
- 对于叠加图中的未变形形状。

从主菜单栏选择 Options→Superimpose；然后在出现的对话框中单击 Color & Style。Color 选项在 Color & Style 页的顶部。

2. 为线框和隐藏渲染风格图和线类型的云图，选择单元和面边的颜色（对于所有的这些图，Abaqus/CAE 不显示模型面）。

a. 单击颜色样本■，对其标签有 Edges in wireframe/hidden plots 或者 In line plots。Abaqus/CAE 显示 Select Color 对话框。

b. 使用 Select Color 对话框中的一个方法来选择一个新的颜色。更多信息见 3.2.9 节"定制颜色"。

c. 单击 OK 来关闭 Select Color 对话框。

颜色样本变化成选中的颜色。在视口中不出现新的颜色，除非用户在 Plot Options 对话框中单击 OK 或者 Apply。

3. 为填充的和阴影渲染风格图和带状和棋盘类型的云图，选择单元和面边的颜色（对于所有的这些图，Abaqus/CAE 显示模型面）。

a. 单击颜色样本■，对其标签有 Edges in filled/shaded plots 或者 In banded/quilt plots。Abaqus/CAE 显示 Select Color 对话框。

b. 使用 Select Color 对话框中的一个方法来选择一个新的颜色。更多信息见 3.2.9 节"定制颜色"。

c. 单击 OK 来关闭 Select Color 对话框。

颜色样本变化成选中的颜色。在视口中不出现新的颜色，除非用户在 Plot Options 对话框中单击 OK 或者 Apply。

4. 切换不选 Allow color code selections to override options in this dialog 来显示上面指定颜色中的所有边。切换选中它，使用颜色编码选择来覆盖此颜色。默认是切换选中。此选项对于云图不能使用。

5. 单击 Apply 来完成用户的更改。

根据用户的指定改变边颜色。如果用户为与视口背景颜色相同的线框、隐藏或者线图示指定一个边颜色，则 Abaqus/CAE 以有对比的颜色画边，这样用户的图将不会消失。如果用户缩小或者如果面如此之小，以至于多条边开始重叠，则以填充图或者阴影图中填充的视口背景颜色画出的边，可以模糊对应的模型面。

默认情况下，为程序的延续保存用户的改变，并且将影响当前视口中的所有后续图示和从当前视口创建的任何新视口。如果用户想要为后续的程序会话保留用户施加的改变，则将它们保存到一个文件中。更多信息见 55.1.1 节"保存定制以供后续程序会话使用"。

55.3.4 定制单元和面边风格

用户可以定制 Abaqus/CAE 显示单元和面边的风格和厚度。例如，图 55-4 在左边显示具有默认单元边的图，在右边显示具有定制边的图。边风格选项是图状态无关的；即，用户为所有未变形图、变形图、符号和材料方向图设置单元和面边风格一次。在未变形形状上叠加了变形形状时，用户也可以设置 Abaqus/CAE 将应用到未变形形状上的边风格选项。

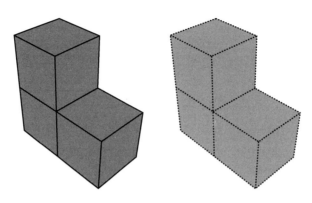

图 55-4　显示默认单元边和定制单元边的模型

若要定制单元和面边，执行以下操作：

1. 定位一般的或者叠加的 Edge Attributes 选项。一般的边属性总是施加到边形状；当在任何的图状态中单独图示未变形形状时，将这些选项施加到未变形形状上（未变形图、变形图、云图、符号或者材料方向图）。当未变形形状与变形形状一起图示时，施加叠加的边属性。

从主菜单栏选择 Options→Common 或者 Superimpose；然后单击出现的对话框中的 Other 标签页。然后单击出现的对话框中的 Color & Style 标签页。

Edge Attributes 选项在 Color & Style 页的底部。

2. 选择单元和面边的风格。

a. 单击 Style 按钮来显示边风格选项。

b. 单击用户想要的边风格。

在 Style 按钮上出现指定的边风格。

3. 选择单元和面边的厚度。

a. 单击 Thickness 按钮来显示边厚度选项。

b. 单击用户想要的边厚度。

在 Thickness 按钮上出现指定的边厚度。

4. 单击 Apply 来完成用户的更改。

依据用户的指定改变单元和面边风格。

默认情况下，程序会话期间保存用户的更改，并影响当前视口中的，以及当前视口创建的任何新视口中的所有后续图示。如果用户想要为后续的程序会话保留用户施加的更改，将它们保存到一个文件中。更多信息见 55.1.1 节"保存定制以供后续程序会话使用"。

55.4 定制模型形状

本节介绍如何定制模型的形状，包括以下主题：
- 55.4.1节 "比例缩放变形"
- 55.4.2节 "比例缩放坐标和收缩模型"

55.4.1 比例缩放变形

变形是变形场输出变量的值；例如，位移或者速度。Abaqus/CAE 通过对未变形节点坐标施加变形来计算变形后的形状。用户可以对变形进行缩放来放大、缩小或者扭曲变形后的模型形状。例如，图 55-5 中左图显示变形形状云图，右图是相同模型的变形放大 15 倍的情况。

变形比例缩放是与图状态无关的，即为所有变形图、云图、符号图和材料方向图中的变形形状进行设置。默认的比例缩放对于大位移分析是均匀的 1.00 比例因子。对于小变形的分析——例如摄动分析——Abaqus/CAE 缩放变形，这样最大的变形是模型尺寸的 10%。

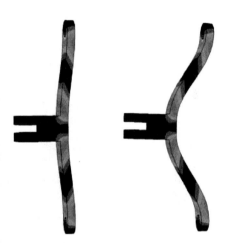

图 55-5 显示默认变形值和放大值的云图

若要比例缩放变形，执行以下操作：

1. 从主菜单栏选择 Options→Common。单击出现对话框中的 Basic 标签页。Deformation Scale Factor 选项在 Basic 页的左下角。

2. 选择下面的一个比例因子选项。

- 单击 Auto-compute 来要求 Abaqus 自动地计算，并且对变形值的 X、Y 和 Z 分量均匀地施加一个比例因子。

- 单击 Uniform 来指定并且均匀地对变形值的 X、Y 和 Z 分量施加一个单独的比例因子。当切换选中 Uniform 时，Value 指定框变得可用。单击 Value 框，然后输入比例因子。

- 单击 Nonuniform 来指定将单个比例因子应用到变形值的 X、Y 和 Z 分量。

当切换选中 Nonuniform 时，X、Y 和 Z 分量比例因子指定框变得可以使用。对于用户想要缩放的每一个分量，单击分量（X、Y 或 Z）比例因子框，然后输入比例因子。

3. 单击 Apply 来完成用户的更改。

依据用户的指定更改变形形状。如果激活了状态块，更新当前显示的变形比例因子。程序会话期间保存用户的更改，并影响所有的后续变形形状图。

默认情况下，程序会话期间保存用户的更改，并影响所有的后续变形形状图。如果用户想要为后续的程序会话保留用户施加的更改，将它们保存到一个文件中。更多信息见 55.1.1 节"保存定制以供后续程序会话使用"。

55.4.2　比例缩放坐标和收缩模型

用户可以通过比例缩放来放大、缩小或者扭曲用户模型的形状，并且用户也可以关于单元的中心收缩每一个单元。比例缩放更改 X 方向、Y 方向和 Z 方向中的所有节点坐标。收缩均匀地降低了每一个单元关于单元中心的大小。例如，图 55-6 显示了单元收缩（系数为 0.40）。

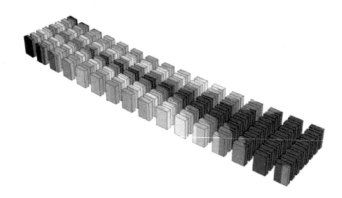

图 55-6　显示收缩效果的单元

比例缩放和收缩选项是图状态无关的；即，用户为所有未变形图、变形图、云图、符号和材料方向图设置比例缩放和收缩一次。在未变形形状上叠加了变形形状时，用户也可以设置 Abaqus/CAE 将应用到未变形形状上的比例缩放和收缩选项。

若要比例缩放或者收缩模型，执行以下操作：

1. 调用普通的或者叠加的 Scaling 选项。普通的缩放选项总是施加到变形形状；当在任何图状态中单独的图示时（未变形图、变形图、云图、符号或者材料方向图），将它们施加到未变形形状上。当未变形形状与变形形状一起显示时，施加叠加比例缩放选项。

从主菜单栏选择 Options→Common 或者 Superimpose；单击出现对话框中的 Other 标签页。单击 Scaling 标签页；出现 Scaling 选项。

2. 切换 Shrink elements 来要求或者抑制关于单元中心收缩每一个单元。

a. 当选中 Shrink elements 时，收缩 Factor 滑块变得可以使用。

b. 拖动 Factor 滑块到想要的收缩因子。

0.00 的值说明没有收缩。0.90 的值将所有的单元收缩成点。

3. 切换 Scale coordinates 来要求或者抑制模型关于节点坐标 X 和 Y 以及 Z 方向来缩放。

当切换选中 Scale coordinates 时，比例因子变得可用。单击 X、Y 和 Z 框来分别地输入 X、Y 和 Z 坐标的比例因子。

4. 单击 Apply 来完成用户的更改。

模型依据用户的指定显示更改。

默认情况下，程序会话期间保存用户的更改，并影响所有的后续变形形状图。如果用户想要为后续的程序会话保留用户施加的更改，将它们保存到一个文件中。更多信息见55.1.1 节"保存定制以供后续程序会话使用"。

55.5　定制模型标签

本节介绍如何定制未变形图、变形图、云图、符号和材料方向图的单元标签、面标签、节点标签和节点符号的外观，包括以下主题：

- 55.5.1 节 "设置标签字体"
- 55.5.2 节 "定制单元标签"
- 55.5.3 节 "定制面标签"
- 55.5.4 节 "定制节点标签"
- 55.5.5 节 "定制节点符号"
- 55.5.6 节 "显示节点平均的方向"

55.5.1　设置标签字体

Abaqus/CAE 使用一个单独的字体来显示所有的单元、面和节点标签。用户可以为所有的图状态设置此字体的属性（字体族、大小、黑体、意大利体），并且用户可以为在叠加图中与未变形形状一起使用来单独的设置它们。

若要设置标签字体，执行以下操作：

1. 定位一般的或者叠加的标签字体选项。一般字体选项总是施加到变形形状；当在任何图状态中（未变形图、变形图、云图、符号或者材料方向图）单独地图示未变形形状时，施加此一般字体选项。当未变形形状与变形形状一起图示时，施加叠加标签字体。

从主菜单栏选择 Options→Common 或者 Superimpose；然后在出现的对话框中单击 Labels 标签页。字体选项在 Labels 页的顶部。

2. 单击 Set Font for All Model Labels。

出现 Select Font 对话框。

3. 使用 Select Font 对话框来设置用户想要的字体属性。

4. 当用户已经设置了想要的字体书写时，单击 OK。

关闭 Select Font 对话框。

5. 单击 Apply 来完成用户的更改。

根据用户的指定改变单元、面和节点标签。

默认情况下，程序会话期间保存用户的更改，并影响所有的后续变形形状图。如果用户想要为后续的程序会话保留用户施加的更改，将它们保存到一个文件中。更多信息见 55.1.1 节"保存定制以供后续程序会话使用"。

55.5.2 定制单元标签

单元标签是数字标签（单元编号），标识每一个单元。例如，在图 55-7 中用标签标记单元。

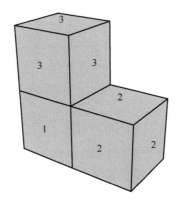

图 55-7 显示单元标签的模型

单元标签是图状态独立的；即，用户为所有未变形图、变形图、云图、符号和材料方向图设置标签一次。当变形形状叠加到未变形形状上时，用户也可以设置 Abaqus/CAE 将在未变形的形状上显示的单元标签。切换 Show element labels 来显示或者抑制单元标签，并且选择它们的颜色。

若要定制单元标签，执行以下操作：

1. 定位一般的或者叠加的单元标签选项。一般单元标签选项总是施加到变形形状；当在任何图状态中（未变形图、变形图、云图、符号或者材料方向图）单独地图示未变形形状时，施加此一般单元标签选项。当未变形形状与变形形状一起图示时，施加叠加单元标签选项。

从主菜单栏选择 Options→Common 或者 Superimpose；然后在出现的对话框中单击 Labels 标签页。

2. 切换 Show element labels 来显示或者隐藏数值单元标签。

当选中 Show element labels 时，单元标签颜色选项变得可以使用。

3. 选择单元标签的颜色。

a. 单击颜色样本■。

Abaqus/CAE 显示 Select Color 对话框。

b. 使用 Select Color 对话框中的一个方法来选择一个新的颜色。更多信息见 3.2.9 节

"定制颜色"。

c. 单击 OK 来关闭 Select Color 对话框。

颜色样本改变成选中的颜色。

4. 单击 Apply 来完成用户的更改。

根据用户的指定改变标签。

默认情况下，程序会话期间保存用户的更改，并影响所有的后续变形形状图。如果用户想要为后续的程序会话保留用户施加的更改，将它们保存到一个文件中。更多信息见55.1.1 节"保存定制以供后续程序会话使用"。

55.5.3 定制面标签

面标签确定每一个单元中面的次序。例如，在图 55-8 中用标签标记面。

单元标签是图状态独立的；即，用户为所有的未变形图、变形图、云图、符号和材料方向图设置面标签一次。当变形形状叠加在未变形形状上时，用户也可以设置 Abaqus/CAE将在未变形形状上显示的面标签。切换 Show face labels 来显示或者抑制单元标签并且选择它们的颜色。

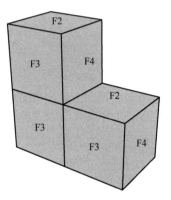

图 55-8 显示面标签的模型

若要定制面标签，执行以下操作：

1. 定位一般的或者叠加的面标签选项。一般面标签选项总是施加到变形形状；当在任何图状态中（未变形图、变形图、云图、符号或者材料方向图）单独地图示未变形形状时，施加此一般面标签选项。当未变形形状与变形形状一起图示时，施加叠加面标签选项。

从主菜单栏选择 Options→Common 或者 Superimpose；然后在出现的对话框中单击 Labels标签页。

2. 切换 Show face labels 来显示或者隐藏数值面标签。

当选中 Show face labels 时，面标签颜色选项变得可以使用。

3. 选择面标签的颜色。

a. 单击颜色样本■。

Abaqus/CAE 显示 Select Color 对话框。

b. 使用 Select Color 对话框中的一个方法来选择一个新的颜色。更多信息见 3.2.9 节"定制颜色"。

c. 单击 OK 来关闭 Select Color 对话框。

颜色样本改变成选中的颜色。

4. 单击 Apply 来完成用户的改变。

根据用户的指定改变标签。

默认情况下，程序会话期间保存用户的更改，并影响所有的后续变形形状图。如果用户想要为后续的程序会话保留用户施加的更改，将它们保存到一个文件中。更多信息见55.1.1 节"保存定制以供后续程序会话使用"。

55.5.4 定制节点标签

节点标签是数字标签（节点编号），标识每一个节点。例如，在图 55-9 中用标签标记节点。

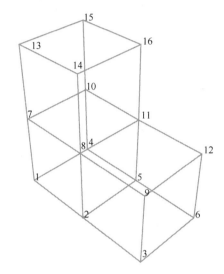

图 55-9　显示节点标签的模型

节点标签是图状态独立的；即，用户为所有的未变形图、变形图、云图、符号和材料方向图设置面标签一次。当变形形状叠加在未变形形状上时，用户也可以设置 Abaqus/CAE 将在未变形形状上显示的节点标签。切换 Show node labels 来显示或者抑制节点标签并且选择它们的颜色。

若要定制节点标签，执行以下操作：

1. 定位一般的或者叠加的节点标签选项。一般节点标签选项总是施加到变形形状；当在任何图状态中（未变形图、变形图、云图、符号或者材料方向图）单独地图示未变形形状时，施加此一般节点标签选项。当未变形形状与变形形状一起图示时，施加叠加节点标签选项。

从主菜单栏选择 Options→Common 或者 Superimpose；然后在出现的对话框中单击 Labels 标签页。

2. 切换 Show node labels 来显示或者隐藏数值节点标签。

当选中 Show node labels 时，节点标签颜色选项变得可用。

3. 选择节点标签的颜色。

a. 单击颜色样本■。

Abaqus/CAE 显示 Select Color 对话框。

b. 使用 Select Color 对话框中的一个方法来选择一个新的颜色。更多信息见 3.2.9 节"定制颜色"。

c. 单击 OK 来关闭 Select Color 对话框。

颜色样本改变成选中的颜色。

4. 单击 Apply 来完成用户的更改。

根据用户的指定改变标签。

默认情况下，程序会话期间保存用户的更改，并影响所有的后续变形形状图。如果用户想要为后续的程序会话保留用户施加的更改，将它们保存到一个文件中。更多信息见 55.1.1 节"保存定制以供后续程序会话使用"。

55.5.5　定制节点符号

节点符号（圆、方形、三角形等）标识每一个节点的位置。例如，使用填充的圆来表示图 55-10 中的节点。

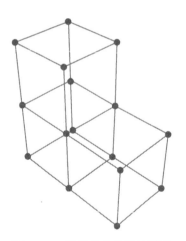

图 55-10　显示节点符号的模型

节点符号是图状态独立的；即，用户为所有的未变形图、变形图、云图、符号和材料方向图设置节点标签一次。当变形形状叠加在未变形形状上时，用户也可以设置 Abaqus/CAE 将在未变形形状上显示的节点符号。切换 Show node symbols 来显示或者抑制节点标签并且选择它们的颜色。

若要定制节点符号，执行以下操作：

1. 定位一般的或者叠加的节点符号选项。一般节点符号选项总是施加到变形形状；当在任何图状态中（未变形图、变形图、云图、符号或者材料方向图）单独地图示未变形形状时，施加此一般节点符号选项。当未变形形状与变形形状一起图示时，施加叠加节点符号选项。

从主菜单栏选择 Options→Common 或者 Superimpose；然后在出现的对话框中单击 Labels 标签页。

2. 切换 Show node symbols 来显示或者抑制节点符号。

当选中 Show node symbols 时，节点符号颜色、类型和大小选项变得可以使用。

3. 选择节点符号的颜色。

a. 单击颜色样本■。

Abaqus/CAE 显示 Select Color 对话框。

b. 使用 Select Color 对话框中的一个方法来选择一个新的颜色。更多信息见 3.2.9 节"定制颜色"。

c. 单击 OK 来关闭 Select Color 对话框。

颜色样本改变成选中的颜色。新的颜色不出现在视口中，直到用户单击 Plot Options 对话框中的 OK 或者 Apply。

4. 选择节点符号的类型（圆、方形、三角形等）。

a. 单击 Symbol 按钮来显示节点符号类型选项。

b. 单击用户想要的符号类型。

在 Symbol 按钮上出现指定的符号类型。

5. 选择节点符号的大小。

a. 单击 Size 按钮来显示节点符号大小选项。

b. 单击 Small、Medium 或者 Large。

在 Size 按钮上出现指定的符号大小。

6. 单击 Apply 来完成用户的更改。

根据用户的指定改变符号。

默认情况下，程序会话期间保存用户的更改，并影响所有的后续变形形状图。如果用户想要为后续的程序会话保留用户施加的更改，将它们保存到一个文件中。更多信息见 55.1.1 节"保存定制以供后续程序会话使用"。

55.5.6　显示节点平均的方向

对于线型的和带型的云图，外推单元结果并且有条件地将单元中心或者积分点处的结果平均到节点来创建图示。用户可以使用 Result Options 对话框来控制 Abaqus/CAE 如何对模型施加平均。一个选项允许用户在每一个节点处平均结果后，计算不变量（标量）并且抽取分量；当用户选择以此次序选择计算结果时，Abaqus/CAE 从相邻单元中的一个施加向量或者张量方向，来作为每一个节点的方向。在 Contour Plot Options 对话框的 Other 标签页下，切换 Show nodal-averaged vector/tensor orientations when computing scalars after averaging 来显示或者抑制云图上的平均方向。当此激活此选项时，Abaqus/CAE 在每一个节点处画一个三角形来说明图示向量或者张量的节点平均方向。默认情况下，1 轴以蓝绿色出现，2 轴以黄色出现，并且 3 轴以红色显示。用户可以使用 46.4 节"定制材料方向图外观"的"定制材料方向图三角形图标"中描述的相同过程来定制这些三角形标识的外观。

如果用户选择在节点处平均结果之前计算标量，则没有平均方向，并且没有出现在用户的云图中。

55.6　显示多个图状态

　　除了为一个单独的图状态，例如云图、叠加未变形和变形的形状，用户也可以选择在视口中显示多个图状态。通过切换选中工具箱中的 Allow Multiple Plot States ，用户可以为当前输出数据库的选中步和帧的云图、符号和材料方向图，选择未变形图形状和变形图形状的任何组合。Abaqus/CAE 将使用 Common Plot Options 的变形图和使用 Superimposed Plot Options 的未变形图，与每一个图状态的其他图状态无关的选项和图状态有关的选项组合在一起，来显示变形图。

　　如果用户切换不选 AllowMultiple Plot States，则 Abaqus/CAE 使用下面的次序与下面最后显示的图状态一起组合，来选择要显示的单个图状态：

- 未变形图。
- 变形图。
- 云图。
- 符号图。
- 材料方向图。

　　例如，如果用户显示云图和材料方向，如果用户切换不选 Allow Multiple Plot States，则 Abaqus/CAE 保留云图。显示次序与按钮中列出的图状态和工具箱中的显示的图状态次序一样。

　　要显示更多复杂的图组合，用户必须使用 Overlay Plot。覆盖图允许用户的动画或者 X-Y 图与上面列出的图状态一起显示。用户也可以使用覆盖图来显示来自多个步、帧或者输出数据库的结果。更多信息见第 79 章"叠加多个图"。

55.7 显示单元和面法向

当用户创建未变形图或者变形图时，用户可以选择在图中显示箭头来说明单元或者面的法向。用户可以显示梁、管、框单元、接触面、膜、刚性单元、刚性面、壳、三维实体和杆的法向（有关特定类型单元或者面的法向信息，见《Abaqus 分析用户手册——单元卷》）。

若要显示和定制单元或者面法向的外观，执行以下操作：

1. 调用一般的或者叠加的法向选项。当单个地图示未变形的和变形的形状时，对它们应用一般的法向选项。当未变形的形状与变形形状一起图示时，对未变形形状施加叠加的法向选项。

从主菜单栏选择 Options→Common 或者 Superimpose；然后单击出现的对话框中的 Normals 标签页。

2. 切换选中 Show normals。

Normals 选项变得可以使用。

3. 切换选中 On elements 来显示用户模型中单元上的法向，或者切换选中 On surfaces 来显示模型中面上的法向。

4. 在标签有 Colors 的对话框区域中，选择用户想让不同类型法向显示成的颜色。

5. 在标签有 Style 的对话框区域中。

a. 单击 Length 域旁边的箭头，然后选取用户选择的箭头长度。默认的选择是 Medium。

b. 单击 Line Thickness 域旁边的箭头，然后选取箭头长度。

c. 单击 Arrowhead 域旁边的箭头，然后选取用户选择的箭头类型。

6. 单击 Apply 来完成用户的变化。

在视口中出现箭头来说明模型中单元或者面的法向箭头。通常，箭头出现在外边单元面的中心。

55.8 定制显示体的外观

　　显示体是不参加分析的零件实例，但是在后处理过程中可见。用户可以使用显示模块中的 Display Body Options 来定制这样的零件实例外观。Abaqus/CAE 中显示体的可用选项类似于所有图状态可以使用的选项：渲染风格；边可见性、颜色和风格；填充颜色；比例缩放；半透明度都可以进行定制。与常见的图选项类似，显示体选项是图状态无关的；即应用到显示体的选项反映到所有的图状态中。显示体选项应用到模型中的所有显示体；要定制单个显示体的外观，用户可以基于零件实例来创建显示体（见"创建或者编辑显示组"）。个别项目的着色也可以施加到个别的显示体零件实例，来覆盖作为通用显示体选项的边和/或填充颜色；更多信息见第 77 章"彩色编码几何形体和网格单元"。

　　要调用显示体选项，从主菜单栏选择 Options→Display Body。单击下面的标签页来定制当前视口中所有显示体的外观：

　　● Basic：选择渲染风格（55.2.1 节"选择一个渲染风格"）和边可见性（见 55.3.1 节"控制单元和面边的可见性"）。

　　注意：位于 Render Style 工具栏中的渲染风格按钮不会应用于任何图状态中的显示体。此外，默认情况下，当为其他的模型部件显示了所有的外部边时，为显示体仅显示自由边。

　　● Color & Style：控制模型边颜色（55.3.3 节"选择整体单元和面边颜色"），模型边风格（55.3.4 节"定制单元和面边风格"），以及模型填充颜色（55.2.3 节"选择整体填充颜色"）。

　　● Other：Other 页包含下面的标签页：

　　—Scaling：控制模型比例缩放和收缩（55.4.2 节"比例缩放坐标和收缩模型"）。

　　—Translucency：控制阴影渲染风格透明性（55.2.2 节"定制半透明度"）。

55.9 定制相机运动

用户可以通过使用显示模块中的 View Options，来在模型中定制两组相机选项，如图 55-11 所示。

Mode 选项可以在所有的 Abaqus/CAE 模块中使用，但是不包括草图模块；在第 5 章 "操控视图和控制透视" 中讨论了 Mode 选项，并且仅为当前的程序会话保存。仅在显示模块中可以使用 Camera Movement 选项。它们控制相机关于选中位置坐标系的位置和运动。用户可以通过从主菜单栏中选择 File→Save Options 来保存 Camera Movement 选项的设置。

要调用显示选项，从主菜单栏选择 View→View Options。要使用 Camera Movement 选项，用户必须首先切换选中 Move camera with CSYS，然后使用下面的一个方法来选择一个局部坐标系：

- 从对话框提供的列表中选择一个坐标系。
- 单击 Create 来创建一个新的局部坐标系。
- 单击 🔲 来从视口选取一个局部坐标系。
- 单击 Move Camera With Node，或者使用背景栏中的 🔲 按钮来创建跟随单个节点的矩形坐标系。

注意：要将相机重新设置成跟随整体坐标系，就切换不选 Move camera with CSYS 或者单击背景栏中的 📷 按钮。

用户可以选择下面的相机运动选项：

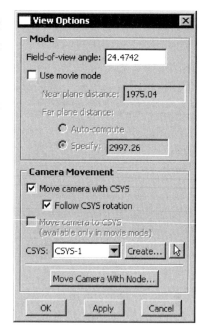

图 55-11　View Options 对话框

与 CSYS 一起移动相机

选择此选项在视口中固定选中坐标系的原点。如果用户创建一个动画或者改变 ODB 帧，则 Abaqus/CAE 相对于选中局部坐标系的位置移动视口中的所有对象。如果选中的局部坐标系不是运动坐标系，则用户将不会观察到与默认设置的差异，默认设置将相机固定到（静态）整体坐标系中。

如果用户选择 Move camera with CSYS，推荐用户在试图操控视图之前停止任何当前视口中的动画。

跟随 CSYS 转动

选择此选项在视口中固定局部坐标系的位置和转动。传递所有的模型转动，这样模型看上去关于选中坐标系转动。仅当切换选中 Move camera with CSYS 时才可以使用此选项。

将相机移动到 CSYS

仅当切换选中 Use movie mode 和 Move camera with CSYS 时，才可以使用此选项。Use movie mode 允许相机移动进入和通过模型，而不是从模型外面的一段距离处显示模型（更多信息见 5.1.1 节 "相机模式和显示术语"）。当用户应用 Move camera to CSYS 时，相机移动到选中坐标系的原点处。在用户单击 View Options 对话框中的 Apply 来避免与视图操控工具冲突时，Abaqus/CAE 立即切换不选此选项，这些工具的一部分也重新定位相机。

注意：当用户应用 Move camera to CSYS 时，Abaqus/CAE 可以在视口中显示一个空白视图。此空白视图的最常见原因是 Near plane distance 设置；施加一个更小的 Near plane distance 来显示靠近相机的模型部分。

警告：如果用户在显示模块中平移、转动或者放大视图，推荐用户首先停止视口中的任何动画。因为动画和视图放大都影响视图，所以它们对 Abaqus/CAE 的指导可能彼此冲突，并且造成意外的结果。

55.10 控制模型实体的显示

ODB Display Options 对话框中的 Entity Display 选项，允许用户控制模型中代表下面对象的符号的显示：

- 在分析过程中施加的边界条件。
- 在模型中使用的连接器（可以各个地控制端点的高亮显示，与每一个连接器关联的局部方向轴显示，以及连接器类型标签的显示）。
- 写到当前输出数据库的坐标系，或者在显示模块中创建的坐标系。
- 点单元，包括参考点、质量和惯性单元、弹簧和阻尼器、点焊和分布耦合（DCOUP＊）单元、追踪粒子、连续粒子单元和离散的粒子单元。

模型实体显示是图状态无关的。Abaqus/CAE 显示用户输出数据库的当前步和帧的模型对象符号。用户仅可以在显示模块中通过改变模型对象符号外观的大小来改变模型对象符号。

有关代表边界条件符号的信息，见 16.5 节"理解表示指定条件的符号"；有关代表连接器的符号信息，见 15.10 节"理解表示相互作用、约束和连接器的符号"。在与装配有关的模块中控制这些实体的显示信息，见 76.15 节"控制属性显示"。

技巧：用户也可以对使用显示组的连接器显示进行控制；每一个连接器列在一个单元集合中。有关显示组的更多信息，见 78.2.1 节"创建或者编辑显示组"。

默认仅显示程序会话坐标系和参考点。模型实体的显示可以显著的影响性能。要最大化 Abaqus/CAE 的性能，对要显示的实体进行仔细的选择。

若要控制模型实体的显示，执行以下操作：

1. 从主菜单栏选择 View→ODB Display Options。单击出现的对话框中的 Entity Display 标签页。

实体显示选项变得可以使用。

2. 切换用户想要显示的实体。在视口中将仅出现用户选择的实体（如果已经为当前的模型定义了这些实体）。

3. 如果需要，向左或者向右拖动 Symbol size 滑块来更改视口中的符号大小。

4. 单击 Apply 来完成用户的更改。

当前视口中的图发生改变来反映用户的指定。

默认情况下，程序会话期间保存用户的更改，并影响所有的后续变形形状图。如果用户想要为后续的程序会话保留用户施加的更改，将它们保存到一个文件中。更多信息见 55.1.1 节"保存定制以供后续程序会话使用"。

55.11　在显示模块中控制约束的显示

在显示模块中，用户可以有选择地控制使用显示组的分析约束显示，以及有选择地控制 ODB Display Options 对话框。当调试包含大量约束的模型时，这些控制是有用的。通过开关一些约束的显示，用户可以更加容易的理解复杂的模型。

显示或者隐藏约束的控制有两个水平：

• 为了在视口中让显示组可见，首先必须给要显示的组添加期望的约束。用户可以创建或者编辑显示组来包括或者排除不同的约束。有关显示组的更多信息，见 78.2.1 节"创建或者编辑显示组"。

• 可以在 ODB Display Options 对话框的 Constraints 表中选择或者隐藏不同类型的约束。从主菜单栏选择 View→ODB Display Options 来访问这些选项。

可以显示或者隐藏下面类型的约束：

• 绑定约束。

• 刚体约束（仅绑定和销接）。

• 壳到实体的耦合。

• 分布耦合。

• 运动耦合。

• 多点约束。

约束：在相互作用模块中创建这些类型的约束，而不是在装配模块中创建。更多信息见 15.5 节"理解约束"。

表 55-1 显示 Abaqus/CAE 如何显示每一种类型的约束。

表 55-1　在视口中如何显示约束

约束类型	在视口中显示
绑定	在约束的主面节点与从面节点之间画红色线十字叉
刚体	在视口中高亮显示刚体区域（单元、节点或者面）
壳-实体耦合	在壳边上节点与实体面上节点之间画黄色线十字叉
分布耦合	在约束区域中的控制点与耦合点（节点）之间画橙色线十字叉
运动耦合	在约束区域中的控制点与耦合点（节点）之间画紫色线十字叉
多点约束（仅 Abaqus/Explicit）	在组成多点约束的节点彼此之间使用黄色线连接

用户可以在 Color Code 对话框中改变约束十字线的默认颜色。更多信息见 77.7 节"在显示模块中着色约束"。

55.12 定制通用模型显示

本节介绍几个通用的模型显示选项，包括以下主题：
- 55.12.1 节 "扫掠和拉伸用户的模型"
- 55.12.2 节 "使用镜像和矩阵来显示用户的结果"
- 55.12.3 节 "细化曲边和曲面"
- 55.12.4 节 "对没有结果的单元着色"
- 55.12.5 节 "控制梁截面的显示"
- 55.12.6 节 "控制壳厚度的显示"
- 55.12.7 节 "显示删除的单元"

55.12.1 扫掠和拉伸用户的模型

用户可以将轴对称模型显示成平面的二维形状，或者通过一个指定角度的"扫掠"模型，产生一个三维的可视效果。类似地，用户可以仅显示建模得到的圆对称结构扇形，或者"扫掠"扇形来显示整个模型的指定部分（有关圆对称的更多信息，见《Abaqus 分析用户手册——分析卷》的 5.4.3 节 "表现出循环对称的模型的分析"）。此外，用户可以将二维模型（或者三维的圆柱刚性面）显示成平面，或者将它们拉伸一个指定的深度来产生三维的视觉效果。扫掠和拉伸对于二维单元和接触面的云图显示是特别有用的。

可以关于一个轴转动的轴对称的分析型刚性面（扫掠），也可以是下面的单元：ACAXn、CAXn、CAXAn、CGAXn、DCAXn、DCCAXn、DSAXn、FAXn、MAXn、MGAXn、RAXn、SAXn 和 SAXAn。包含三维轴对称分析刚性面或者 CAXA 单元的模型，默认是要进行扫描的（默认的开始角度、结束角度和扇形数量的变化取决于模型类型）。如果模型即包含分析刚性面，也包含 CAXA 单元，则默认仅扫掠 CAXA 单元。当用户显示扫掠对称单元的边界条件时，仅在原始节点上显示符号，而不是在扫掠节点上显示符号。

圆对称模型默认是不扫掠的。当用户在扫掠圆对称模型上显示云图时，仅可以在扫掠扇形上云图显示节点量。仅在原始扇形的积分点上云图显示标量、向量和张量。

用户可以沿着 Z 方向拉伸分析型刚性面和 Abaqus 单元库中所有的平面二维实体单元。这些单元的列表见《Abaqus 分析用户手册——单元卷》的 2.1.3 节 "二维实体单元库"。

图 55-12 所示为平面视图中的轴对称平面模型和 90°扫掠角的轴对称扫掠及 10 个扫掠扇形。图 55-13 所示为圆对称风扇的原始模型扇形和扫掠模型的 1-4 扇形。图 55-14 所示为平面视图中的二维平面模型和具有 0.1 拉伸深度显示的相同模型。

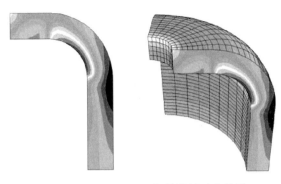

图 55-12　显示平面和扫掠的轴对称模型

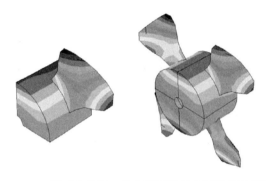

图 55-13　圆对称模型：单个扇形和多个扇形的扫掠图

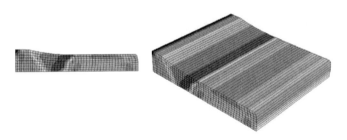

图 55-14　具有平面和拉伸显示的二维模型

若要在用户的轴对称模型中扫掠单元，执行以下操作：

1. 调用 General Sweep 选项。

从主菜单栏选择 View→ODB Display Options。单击出现的对话框中的 Sweep/Extrude 标签页。General Sweep 选项在页的上部。

注意：如果用户可以扫掠的模型中没有单元或者分析型刚性面，将不能使用 General Sweep 选项。

2. 切换 Sweep elements。

3. 通过在 Sweep from 域中输入一个数字（以度为单位，默认是 0°），并且在 To 域中输入一个数字（以度为单位，对于所有模型，默认值是 180°）来指定扫掠角度。

Abaqus/CAE 关于转动轴，将二维模型逆时针地从第一个指定角度扫掠到第二个角度。

4. 通过在 Number of segments 域中输入一个正整数，或者通过单击域旁边的箭头来扫掠时，指定沿着圆周方向的要使用的分段数量。默认使用的分段数量取决于模型类型而变化。

在对话框中自动地更新分段之间的角度。随着用户增加分段的数量，模型中的曲线表现得更加光滑（分段之间的角度减小）。然而，更小的分段数量图示得更快。

5. 单击 Apply 来完成用户的更改。

用户的扫掠指定反映在所有图示状态中，并且默认情况下，程序会话期间保存这些扫掠指定。如果用户想要为后续的程序会话保留用户施加的更改，则将这些扫掠指定保存到一个文件中。更多信息见 55.1.1 节"保存定制以供后续程序会话使用"。

如果显示了云图，则在所有的扫掠面上出现云图。

如果显示了符号图，则如指定的那样扫掠模型，但是符号仅出现在原始平面模型面上。

若要在用户的轴对称模型中扫掠分析型刚性面，执行以下操作：

1. 调用 General Sweep 选项。

从主菜单栏选择 View→ODB Display Options。单击出现的对话框中的 Sweep/Extrude 标签页。General Sweep 选项在页的上部。

注意：如果用户可以扫掠的模型中没有单元或者分析型刚性面，将不能使用 General Sweep 选项。

2. 如果当前还没有激活，则切换选中 Sweep analytical rigid surfaces。

3. 通过在 Sweep from 域中输入一个数字（以度为单位，默认是 0°），并且在 To 域中输入一个数字（以度为单位，当用户第一次打开一个轴对称模型时，默认值是 180°，当用户第一次打开一个三维模型时，默认值是 360°）来指定扫掠角度。

Abaqus/CAE 关于转动轴，将二维模型逆时针地从第一个指定角度扫掠到第二个角度。

4. 通过在 Number of segments 域中输入一个正整数，或者通过单击域旁边的箭头来扫掠时，指定沿着圆周方向的要使用的分段数量。默认情况下，对于轴对称模型，Abaqus/CAE 使用 10 段，对于三维模型，Abaqus/CAE 使用 20 段。

在对话框中自动地更新分段之间的角度。随着用户增加分段的数量，模型中的曲线表现得更加光滑（分段之间的角度减小）。然而，更小的分段数量图示得更快。

5. 单击 Apply 来完成用户的更改。

用户的扫掠指定反映在所有图示状态中，程序会话期间保存这些扫掠指定。如果用户想要为后续的程序会话保留用户施加的更改，则将这些扫掠指定保存到一个文件中。更多信息见 55.1.1 节"保存定制以供后续程序会话使用"。

若要扫掠用户的圆对称模型，执行以下操作：

1. 调用 Sector Sweep 选项。

从主菜单栏选择 View→ODB Display Options。单击出现的对话框中的 Sweep/Extrude 标

签页。Sector Sweep 选项在页的中部。

注意：如果用户的模型中没有圆对称单元，将不能使用 Sector Sweep 选项。

2. 切换 Sweep cyclic symmetry sectors。

3. 单击 Sector selection 域旁边的箭头来从下面可以使用的扫掠方法选择。

1) By Number（通过数量）。这是默认的扫掠方法。模型中的总扇形数量在对话框中给出。用户通过在 Sectors 域中输入 1 与扇形总数量之间的多个正整数（通过逗号来界定）来指定应当显示哪些扇形。多个扇形是从原始的扇形逆时针编号的。

Abaqus/CAE 仅显示指定的多个扇形（无论它们是否相邻）。

2) By Angle（通过角度）。扇形角度（每一个扇形之间的角度）在对话框中给出。用户可以通过在 Sweep from 域中输入数字（以度为单位，默认是 0°），以及在 To 域中输入一个数字（以度为单位，默认是扇形角度）来指定增加的扇形角度中的扫掠角度。两个数字都应当可以被扇形角度整除。

技巧：用户也可以使用文本域旁边的箭头来指定角度。

Abaqus/CAE 关于转动轴，扫掠用户指定的度数来扫掠二维模型。如果用户输入的扫掠角度不能被扇形角度整除，则 Abaqus/CAE 圆整到下一个数量。

3) All Sectors（所有的扇形）。如果用户选择此方法，则将显示所有的扇形；换言之，模型将关于转动轴扫掠 360°。

4. 单击 Apply 来完成用户的更改。

用户的扫掠指定反映在所有的图状态中，程序会话期间进行保存。如果用户想要保留用户施加给后续程序会话的更改，则将更改保存到一个文件中。更多信息见 55.1.1 节"保存定制以供后续程序会话使用"。

如果显示了一个云图，则在所有的扫掠面上出现节点量的云图；但是积分点处的标量、向量和张量云图仅出现在原始的扇形体上。

如果显示了一个符号图，则模型如指定的那样进行扫掠，但是符号仅出现在原始的平面模型面上。

若要拉伸用户模型中的单元，执行以下操作：

1. 调用 Extrude 选项。

从主菜单栏选择 View→ODB Display Options。单击出现的对话框中的 Sweep/Extrude 标签页。Extrude 选项在页的底部。

注意：如果用户的模型中没有可以拉伸的单元，则将不能使用 Extrude 选项。

2. 切换 Extrude elements。

当切换选中 Extrude elements 时，Depth 选项变得可以使用。

3. 通过在 Depth 域中输入一个正的数字（以模型采用的单位）来指定拉伸的深度。默认的深度是 1.0。

Abaqus/CAE 在 Z 轴的负方向上将用户的模型延伸指定数量单位。

在三维中使用显示操控转动工具来显示拉伸后的模型。

4. 单击 Apply 来完成用户的更改。

用户的拉伸指定反映在所有的图状态中，程序会话期间进行保存。如果用户想要保留用户施加给后续程序会话的更改，则将更改保存到一个文件中。更多信息见55.1.1节"保存定制以供后续程序会话使用"。

如果显示了一个云图，则在所有的拉伸面上出现云图。

如果显示了一个符号图，则模型如指定的那样得到拉伸，但是符号仅出现在原始的平面模型面上。

若要拉伸用户模型中的分析型刚性面，执行以下操作：

1. 调用 Extrude 选项。

从主菜单栏选择 View→ODB Display Options。单击出现的对话框中的 Sweep/Extrude 标签页。Extrude 选项在页的底部。

注意：如果在用户的模型中没有可以拉伸的单元或者分析型刚性面，则将不能使用 Extrude 选项。

2. 如果当前还没有激活，则切换选中 Extrude analytical rigid surfaces。

当选中 Extrude analytical rigid surfaces 时，Depth 选项变得可以使用。

3. 为拉伸选择一个深度。

用户通过选择 Auto-compute 来接受默认的深度，或者用户可以通过在 Specify 域中输入一个正数（以模型使用的单位）来指定一个定制的深度。分析型刚性面的默认拉伸深度是不会拉长边界框的最大值。

Abaqus/CAE 在负 Z 方向上将用户的模型延伸指定数量的单位。

在三维中使用显示操控转动工具来显示拉伸后的模型。

4. 单击 Apply 来完成用户的更改。

用户的拉伸指定反映在所有的图状态中，程序会话期间进行保存。如果用户想要保留施加给后续程序会话的更改，则将更改保存到一个文件中。更多信息见55.1.1节"保存定制以供后续程序会话使用"。

55.12.2 使用镜像和矩阵来显示用户的结果

在草图模块中，用户可以使用镜像和矩阵来复制一个共同的特征，然后完成特征的草图。类似地，在显示模块中，用户可以复制代表模型重复部分的结果来为整个模型显示结果。要镜像结果，用户必须选择坐标系，并且至多对应选中坐标系三个主面的三个镜像。要矩阵排列结构，用户可以选择坐标系，然后施加一个矩形或者圆形矩阵。用户可以一同施加镜像、矩形矩阵排列以及圆形矩阵排列；并且用户可以选择施加的次序来产生期望的视图。

注意：对于从视口中的原始数据或者其他副本的隐藏部分复制结果没有限制。

镜像和矩阵排列仅是显示辅助措施。结果的任何数值表示，例如云图图例，仅说明进行分析的模型部分。在选择模型，然后进行镜像和矩阵设置时要分外小心，这样显示的结果将精确的模拟完整的模型。

图 55-15 显示了一个为分析而模拟的四分之一个塑性紧固件（左），以及关于两个对称平面镜像的相同模型，这样来显示完整的紧固件（右）（对刚性孔洞侧面进行扫掠，这样在镜像紧固件之前就已经完整的显示了刚性孔）。

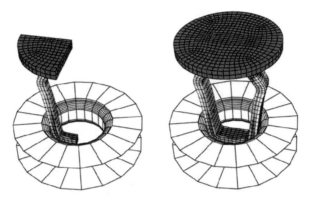

图 55-15 四分之一对称的模型和完整的紧固件显示

图 55-16 所示为完整紧固件的矩形矩阵。

图 55-16 完整紧固件的矩形矩阵

若要镜像用户的模型，执行以下操作：

1. 调用 Mirror 选项。

从主菜单栏选择 View→ODB Display Options。单击出现的对话框中的 Mirror/Pattern 标签页。Mirror 选项在页的上部。

2. 接受默认的整体坐标系，或者从 Mirror CSYS 列表中选择一个坐标系。

用户可以选择任何输出数据库中存在的坐标系。如果还不存在合适的坐标系，则用户可以使用 42.8 节"在后处理过程中创建坐标系"中描述的一个方法来创建一个新的坐标系。

3. 切换选中用户想要 Abaqus/CAE 复制显示体的镜像平面。

4. 如果用户也想要 Abaqus/CAE 复制显示体，则切换选中 Mirror display bodies。

5. 如果用户将镜像与矩形矩阵或者圆矩阵一起使用，则选择 Abaqus/CAE 将创建副本所使用的 Order of Operations。

6. 单击 Apply 来完成用户的更改。

用户的拉伸指定反映在所有的图状态中，程序会话期间进行保存。如果用户想要保留用户施加给后续程序会话的更改，则将更改保存到一个文件中。更多信息见 55.1.1 节"保存定制以供后续程序会话使用"。

如果显示了一个云图，则在所有的面上出现云图。

如果显示了一个符号图或者材料方向图，则仅在原始的模型面上出现符号或者材料方向。

若要矩阵排列用户的模型，执行以下操作：

1. 调用 Pattern 选项。

从主菜单栏选择 View→ODB Display Options。单击出现的对话框中的 Mirror/Pattern 标签页。Pattern 选项在页的中间。

2. 接受默认的整体坐标系，或者从 Pattern CSYS 列表中选择一个坐标系。

用户可以选择任何输出数据库中存在的坐标系。如果还不存在合适的坐标系，则用户可以使用 42.8 节"在后处理过程中创建坐标系"中描述的一个方法来创建一个新的坐标系。

3. 编辑下面的矩形和圆形矩阵参数。

● 矩形矩阵排列。

—输入用户想要在选中坐标系的 X、Y 和 Z 方向上显示的结果 Number。

—采用模型的单位输入每一个方向上副本之间的 Offset 距离。

要将副本放置成彼此相邻，则每一个方向上的偏置必须与此方向上的模型尺寸相同。

技巧：如果不知道模型尺寸，则使用查询工具 ❶ 来确定想要的方向上第一个和最后一个模型节点之间的距离（更多信息见 50.1 节"显示模块查询工具集概览"）。

● 圆形矩阵排列。

—选择转动轴。

—输入用户想要围绕选中轴产生的结果 Number。

—如果需要，编辑 Abaqus/CAE 将用来定位副本的 Total angle。

Abaqus/CAE 将原始的结果放置在 0°。根据 Total angle 除以副本的 Number 来定位所有后续的副本。

4. 如果同时使用矩形排列或者圆形排列，或者如果与镜像一起使用排列，则选择 Abaqus/CAE 将用来创建副本的 Order of Operations。

5. 单击 Apply 来完成用户的更改。

用户的指定反映在所有的图状态中，程序会话期间进行保存。如果用户想要保留施加给后续程序会话的更改，则将更改保存到一个文件中。更多信息见 55.1.1 节"保存定制以供后续程序会话使用"。

如果显示了一个云图，则在所有的面上出现云图。

如果显示了一个符号图或者材料方向图，则仅在原始的模型面上出现符号或者材料方向。

55.12.3 细化曲边和曲面

如果用户的模型包含的二次单元、三次单元、2 节点弹簧单元或者分析型刚性面具有弯曲的曲线段，用户可以控制 Abaqus/CAE 显示这些弯曲模型构件的细化程度。类似地，如果用户的模型包含 2 节点阻尼器单元，则用户可以控制用来表示这些单元的符号的细化。要控制模型中曲边和曲面的细化，从主菜单栏中选择 View→ODB Display Options→General，然后在极端粗糙与极端细化之间选择一个细化程度。当用户选择 Extra Coarse 细化程度时，Abaqus/CAE 使用直线来显示弯曲的单元；中节点对这些单元的显示形状没有影响。Extra Coarse 细化将弹簧和阻尼器处理成直线。例如，在图 55-17 中的左边使用 Extra Coarse 细化程度来创建未变形的图，在右边使用 Extra Fine 细化程度来生成相同模型的未变形图。

注意：随着细化程度的提高，显示性能将降低。Medium 设置将为绝大部分的模型产生可接受的结果。

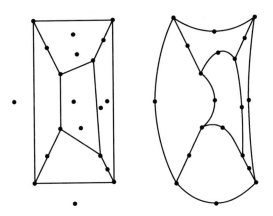

图 55-17 使用不同的细化程度来显示模型（极端粗糙和极端细化）

若要细化曲边和曲面，执行以下操作：

1. 调用 Curved Lines & Faces 选项。

从主菜单栏选择 View→ODB Display Options。单击出现的对话框中的 General 标签页。Curved Lines & Faces 选项在 General 页的中间。

2. 单击 Refinement level 按钮来显示细化选项。

3. 在细化列表中，单击用户想要的细化程度。极端细化产生最光滑的曲线，但是可能减缓显示；相反，粗糙的细化给出粗糙度外观但是显示最快。

在 Refinement Level 按钮上出现用户指定的细化程度。

4. 单击 Apply 来完成用户的更改。

所有图的曲边和曲面发生变化来反映用户的细化指定，程序会话期间保存这些细化指定。如果用户想要为后续的程序会话保留用户施加的更改，将它们保存到一个文件。更多信息见 55.1.1 节"保存定制以供后续程序会话使用"。

55.12.4　对没有结果的单元着色

要生成一个云图，Abaqus/CAE 读取来自输出数据库的变量和用户指定帧的结果。可能不能获取具体变量和帧的结果，或者对于图中包括的一个或者多个单元不能获取具体的变量和帧的结果。默认的颜色是白色。

例如，图 55-18 中的云图显示的冯-密塞斯应力是在平板使用模具和冲压变形时产生的（图中没有显示冲压）。在此情况中，为没有结果的单元选择白色。因为模具是刚体面，因而不存在应力结果，所以模具单元表现出灰色。

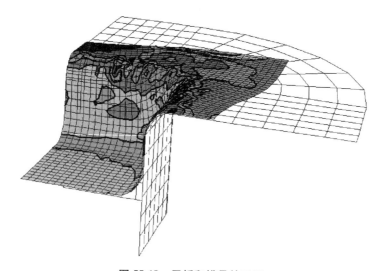

图 55-18　平板和模具的云图

若要着色没有结果的单元，执行以下操作：

1. 调用 Elements with No Results 选项。

从主菜单栏选择 View→ODB Display Options。单击出现的对话框中的 General 标签页。Elements with No Results 选项在 General 页的中间。

2. 单击颜色样本　。

Abaqus/CAE 显示 Select Color 对话框。

3. 使用　对话框中的一个方法来选择一个新的颜色。更多信息见 3.2.9 节"定制颜色"。

4. 单击 OK 来关闭 Select Color 对话框。

颜色样本改变成选中的颜色。

5. 单击 Apply 来完成用户的更改。

云图中没有结果的单元（包括显示体）发生改变来反映用户的着色指定，程序会话期间保存用户的着色指定。如果用户想要为后续的程序会话保留用户施加的更改，将它们保存到一个文件。更多信息见 55.1.1 节"保存定制以供后续程序会话使用"。

55.12.5　控制梁截面的显示

用户可以通过在显示模块中选择 View→ODB Display Options，来为结果显示梁截面的真实显示。在显示模块中仅未变形图、变形图和云图中可以使用梁渲染。对于变形图，当用户改变变形比例因子时，Abaqus/CAE 缩放变形的位移分量，但是不缩放变形的转动分量。

梁截面的渲染要在输出数据库中存在梁方向数据。为所有包括场输出的步自动将梁法向写入输出数据库。对于包括几何非线性的分析，仅当在模型中要求节点输出时，用户才可以在后处理过程中显示梁截面。更多信息见《Abaqus 分析用户手册——单元卷》的 3.3.6 节"使用分析中积分的梁截面定义截面行为"。

Abaqus/CAE 不会渲染沿着梁的梁截面渐变。如果用户的模型包括渐变的梁截面，则Abaqus/CAE 使用梁的起始截面来在整个长度上渲染这些梁。有关渐变梁的更多信息，见12.13.11 节"创建梁截面"。

对于检查是否已经将正确的截面赋予到特定区域，以及赋予的梁方向是否产生期望截面的方向，显示梁截面是有用的。例如，图 55-19 显示了在《使用 Abaqus/CAE 开始》的 6.4节"例子：起重机"中描述的轻型起重机上显示的盒型梁截面。

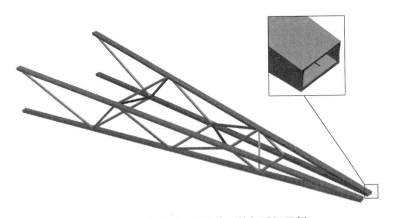

图 55-19　使用显示的梁截面的起重机示例

注意：如果用户的结果包括二次的梁单元，则在渲染梁截面时，Abaqus/CAE 不考虑这些单元的中节点。

如果用户给线框赋予一个通用的梁截面，Abaqus/CAE 将梁截面显示成一个椭圆，横截面面积和惯性矩（I_{11} 和 I_{12}）匹配用户指定的值。如果用户给线框赋予一个杆截面，则 Abaqus/CAE 将杆侧面显示成一个圆，横截面面积匹配用户指定的值。

Abaqus/CAE 依据颜色编码和半透明度的当前设置渲染梁截面。当这些设置变化时，梁截面的颜色和半透明度也发生变化。当显示梁截面时，Abaqus/CAE 抑制模型的比例缩放和收缩。

若要控制梁截面显示，执行以下操作：

1. 调用 Render beam profiles 选项。
从主菜单栏选择 View→ODB Display Options。在出现的对话框中单击 General 标签页。
2. 从对话框的底部切换选中 Render beam profiles 来显示梁截面。
3. 如果需要，对梁截面施加 Scale factor 来增加或者降低它们的大小。默认值是 1。
4. 单击 OK 来完成用户的改变并关闭对话框。

Abaqus/CAE 在正确的方向上显示梁截面和合适的尺寸。默认情况下，程序会话期间保存用户的更改。如果用户想要为了后续的程序会话保留用户的更改，则将更改保存到一个文件中。更多信息见 55.1.1 节"保存定制以供后续程序会话使用"。

55.12.6　控制壳厚度的显示

如果用户使用壳单元来模拟分析中相对薄的构件，则用户可以使用 View→ODB Display Options，在后处理过程中显示模型中这些壳单元的实际厚度。在显示模块中，可以为所有的图状态使用壳厚度渲染。对于变形图和云图，当用户改变变形比例因子时，Abaqus/CAE 缩放变形的位移分量，但是没有比例缩放变形的转动分量。对于云图，Abaqus/CAE 以选择的有效截面点位置为基础来应用颜色。如果顶截面点或者底截面点是当前有效的，则 Abaqus/CAE 显示通过壳厚度上的截面点云图；如果顶部的截面点和底部的截面点当前是有效的，则 Abaqus/CAE 创建截面厚度上从顶部值到底部值的线性云图梯度。如果用户模型中使用的壳截面使用单元分布，或者使用节点分布来定义变化的厚度，则 Abaqus/CAE 没有显示变化的厚度，并且使用为输出数据库中选中的截面所指定的厚度值来显示壳厚度。

在尺寸优化后显示壳厚度，允许用户在优化过程中，显示结构设计区域上产生的壳厚度变化。

Abaqus/CAE 在未变形状态中，使用为模型指定的壳厚度定义，来为后处理确定壳厚度。如果用户的模型在分析中承受大的变形或者大的转动，则壳在变形图状态中可能不能良好的显示壳厚度。

显示壳厚度让用户相对于模型的剩余部分检查壳几何形体的厚度。用户可以施加一个比例因子来为程序会话降低或者增加壳厚度的显示。图 55-20 所示为模型比例因子变化的效果。

Abaqus/CAE 仅为三维的壳单元渲染壳厚度；不为轴对称壳单元显示厚度，例如 SAX1 单元。当显示壳厚度时，Abaqus/CAE 也渲染壳几何形体的边，除非在视口中显示一个视图切割。Abaqus/CAE 根据颜色编码和半透明度的当前设置来渲染厚度。当改变这些设置时，

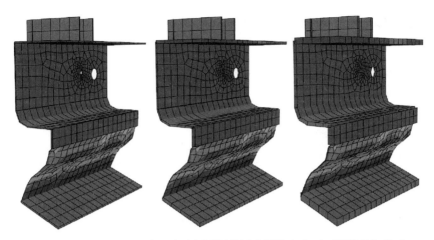

图 55-20　从左到右：壳厚度比例因子设置分别为 0.5、1（默认的）和 2

壳厚度的颜色和半透明度也发生变化。

若要控制壳厚度显示，执行以下操作：

1. 定位 Render shell thickness 选项。

从主菜单栏选择 View→ODB Display Options。在出现的对话框中单击 General 标签页。

2. 从对话框的底部切换选中 Render shell thickness 来在模型中显示壳截面的壳厚度。

3. 如果需要，对壳厚度施加一个 Scale factor 来增加或者降低它们的厚度。默认值是 1，这样产生壳厚度设置的真实渲染。

4. 单击 OK 来完成用户的改变并关闭对话框。

Abaqus/CAE 在选中的具有合适厚度的零件或者装配中显示壳截面。默认情况下，程序会话期间保存用户的更改。如果用户想要为了后续的程序会话保留施加的更改，则将更改保存到一个文件中。更多信息见 55.1.1 节"保存定制以供后续程序会话使用"。

55.12.7　显示删除的单元

用户可以通过抑制模型的选中部件（几何形体、单元、蒙皮和加强筋）来创建变化的相互作用。可以为模型几何形体模拟变化的模型相互作用而从视口中删除蒙皮、几何形体和单元。可以为了模拟模型几何形体对孤立网格的变化的相互作用而从视口中删除蒙皮、几何形体和单元。用户可以在 ODB Display Options 对话框中控制这些删除后部件的可见性。

视口的行为取决于可视性状态的开关和视图状态。因为模型改变相互作用而抑制的单元，可以从所有的图状态的视口中删除。当切换不选在视口中删除被抑制单元的选项时，在云图中会灰显被抑制的单元，但是对于所有其他的图示状态保持不变。如果切换不选显示梁截面的选项，则 Abaqus/CAE 将不从视口中删除具有梁截面的被抑制单元，而不管被删除单元的切换状态。

若要控制被抑制单元的显示，执行以下操作：

1. 从主菜单栏选择 View→ODB Display Options。单击出现的对话框中的 General 标签页。Model Change 显示选项在 General 页的底部。

2. 从视口切换选中。

3. 单击 OK 来完成用户的变化并关闭对话框。

56　定制视口注释

Abaqus/CAE 生成的视口注释包括图例、标题块、状态块、3D 指南针和视口三角形图标；提供这些注释是为了帮助用户识别和解释图的内容。此外，用户可以给视口添加定制的文本和箭头注释（更多信息见第 4 章"管理画布上的视口"）。用户可以使用 Viewport Annotation Options 来切换选中或者不选视口注释，也可以定制 Abaqus/CAE 生成的注释外观。本章包括以下主题：

- 56.1 节 "定制图例"
- 56.2 节 "定制标题块"
- 56.3 节 "定制状态块"
- 56.4 节 "视口标注选项概览"

有关 3D 指南针的信息，见 5.3 节"3D 指南针"。有关视口三角形图标的信息，见 5.4 节"定制视图三角形图标"。

56.1　定制图例

图例是帮助用户解释图的关键。例如，云图图例显示了每一个云图颜色所代表的值；符号图图例显示了每一个向量颜色所代表的值。X-Y 图图例通过标签来命名每一条曲线，并显示曲线的类型。

图 56-1 所示为云图图例和符号图图例。

用户可以选择显示或者抑制所有图状态的图例，并且用户可以定制以下内容：

- 图例的位置。
- 图例文本的字体和颜色。
- 图例外框的外观。
- 是否显示最小显示值和最大显示值。
- 图例背景的外观（图例后面的矩形区域）。
- 数字显示的数值格式。
- 图例值显示的数值位数。

用户不能直接指定图例的大小。然而，通过改变字体的大小或者图例值的数值位数，可以增大或者减小图例的大小。

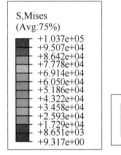
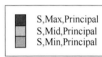

图 56-1　云图图例和符号图图例

图例的内容取决于图类型和图状态特定的选项，如云图间隔的数量。有关云图图例内容的更多信息，见 44.1 节"理解云图显示"。

本节介绍如何定制除了 X-Y 图的所有图状态的图例。要定制 X-Y 图图例，见 47.6.3 节"定制 X-Y 图的图例说明"。

若要定制图例，执行以下操作：

1. 调用 Legend 选项。

从主菜单栏选择 Viewport→Viewport Annotation Options。

2. 要显示或者抑制除了 X-Y 图的所有图状态的图例，切换 General 标签页中的 Show legend。打开 Show legend 后，图例选项变得可用。

3. 单击 Legend 标签页。基本的图例选项位于 Legend 页面顶部。

4. 要显示或者抑制显示图例轮廓的外框，切换 Show bounding box。

5. 要显示或者抑制与云图有关的最小值和最大值，切换 Show min/max values。

6. 确定图例左上角的位置。

要控制 X 或者 Y 位置，分别单击% Viewport X 或者% Viewport Y 框。将用户的位置输入成当前视口总宽度的百分比。

7. 定制图例文本字体。

a. 单击 Set Font。

出现 Select Font 对话框。

b. 使用 Select Font 对话框来选择想要的字体特征。更多信息见 3.2.8 节"定制字体"。

c. 完成后，单击 OK 来完成用户的更改并关闭 Select Font 对话框。

8. 选择图例文本的颜色。

a. 单击颜色样本■。

Abaqus/CAE 显示 Select Color 对话框。

b. 使用对话框中的方法来选择一个新的颜色。更多信息见 3.2.9 节"定制颜色"。

c. 单击 OK 来关闭 Select Color 对话框。

颜色样本改变成选中的颜色。

9. 要定制背景，单击下面的一项。

1）Match viewport，将背景与视口颜色进行匹配。

2）Transparent，去除背景，并且仅显示文本。

3）Other color，显示其他背景颜色选项。

如果用户选择了 Other color，进行下面的操作。

a. 单击颜色样本■。

Abaqus/CAE 显示 Select Color 对话框。

b. 使用 Select Color 对话框中的方法来选择一个新的颜色。更多信息见 3.2.9 节"定制颜色"。

c. 单击 OK 来关闭 Select Color 对话框。

颜色样本改变成选中的颜色。

10. 要改变图例值的格式，单击 Format 箭头，然后选择下面的一个格式。

● 选择 Scientific，以科学计数法显示图例值，将图例值表示为 1~10 之间十进制值乘以 10 的乘方。例如，当用户为 501000 选择此格式时，图例中的值表示成 5.01e5。

● 选择 Fixed，不使用幂值来显示图例值。当用户选择此格式时，数值 501000 在图例中显示成 501000.00。

● 选择 Engineering 来选择工程标注，它以类似于科学计数法的格式表示值，但仅允许 3 的倍数指数值。当用户选择此格式时，图例中的数值 501000 显示成 501E3。

注意：以上三个示例均使用两位小数来显示。如果用户更改 Decimal places 选项，则图例值可能会有所不同。

11. 要选择显示在图例值中的小数位数，单击 Decimal places 箭头。对于科学计数法或者固定格式的图例值，Decimal places 选项控制小数点右侧的位数。对于工程格式的图例值，此选项控制幂值左侧的有效数字位数。对于所有的格式，较大的小数位数需要更多的显示空间。

Decimal places 框中出现指定的位数。

12. 单击 Apply 来完成用户的更改。

在当前视口中，所有图的图例都会发生变化，以反映用户的指定，并在会话期间保存。

56.2　定制标题块

标题块包含识别当前图中显示的模型和结果的文本,包括以下内容:

- 输出数据库的名称(来自分析作业的名称)。
- 模型的描述。
- 产品名称(通常 Abaqus/Standard 或者 Abaqus/Explicit)和用来生成输出数据库的版本。
- 上一次更改输出数据库时的日期。

用户可以选择显示或者抑制所有图像状态的标题块,以及标题块边框的外观。此外,用户可以控制标题块的位置、文本字体和文本颜色,以及标题块背景的外观。用户不能直接指定标题块的大小。然而,通过改变文本字体的大小,可以自动增大或者减小标题块的大小。标题块的内容是固定的,不能进行定制。

若要定制标题块,执行以下操作:

1. 调用 Title Block 选项。

从主菜单栏选择 Viewport→Viewport Annotation Options。

2. 要显示或者抑制所有图状态下的标题块,切换 General 标签页中的 Show title block。

当切换打开 Show title block 时,标题块选项变得可用。

3. 单击 Title Block 标签页。基本的标题块选项位于 Title Block 页面顶部。

4. 要显示或者抑制显示图例轮廓的边框,切换 Show bounding box。

5. 确定标题块左上角的位置。

要控制 X 位置或者 Y 位置,分别单击% Viewport X 或者% Viewport Y 框。将用户想要的位置输入成当前视口总宽度的百分比。

6. 定制标题块文本字体。

a. 单击 Set Font。

出现 Select Font 对话框。

b. 使用 Select Font 对话框来选择想要的字体特征。更多信息见 3.2.8 节"定制字体"。

c. 完成后,单击 OK 来完成用户的更改并关闭 Select Font 对话框。

7. 选择标题块文本的颜色。

a. 单击颜色样本■。

Abaqus/CAE 显示 Select Color 对话框。

b. 使用对话框中的方法来选择一个新的颜色。更多信息见 3.2.9 节"定制颜色"。

c. 单击 OK 来关闭 Select Color 对话框。

颜色样本改变成选中的颜色。

8. 要定制背景，单击下面的一项。

1）Match viewport，将背景与视口颜色进行匹配。

2）Transparent，去除背景，并且仅显示文本。

3）Other color，显示其他背景颜色选项。

如果用户选择了 Other color，进行下面的操作。

a. 单击颜色样本■。

Abaqus/CAE 显示 Select Color 对话框。

b. 使用 Select Color 对话框中的方法来选择一个新的颜色。更多信息见 3.2.9 节"定制颜色"。

c. 单击 OK 来关闭 Select Color 对话框。

颜色样本改变成选中的颜色。

9. 单击 Apply 来完成用户的更改。

在当前视口中，所有图的标题块都会发生变化，以反映用户的指定，并在会话期间保存。

56.3   定制状态块

状态块包含识别与当前图关联的分析结果的文本。这些信息包括可以应用的步、帧、结果变量、变形大小因子、特征模态和特征值。

用户可以选择显示或者抑制所有图状态的状态块，以及状态块边框的外观。此外，用户可以控制状态块的位置、文本字体和文本颜色，以及状态块背景的外观。用户不能直接指定状态块的大小。然而，通过改变文本字体的大小，可以自动增大或者减小状态块的大小。状态块的内容是固定的，不能进行定制。

若要定制状态块，执行以下操作：

1. 调用 State Block 选项。

从主菜单栏选择 Viewport→Viewport Annotation Options。

2. 要显示或者抑制所有图状态下的状态块，切换 General 标签页中的 Show state block。

当切换打开 Show state block 时，状态块选项变得可用。

3. 单击 State Block 标签页。基本的状态块选项位于 State Block 页面顶部。

4. 要显示或者抑制显示图例轮廓的边框，切换 Show bounding box。

5. 确定状态块左上角的位置。

要控制 X 位置或者 Y 位置，分别单击 % Viewport X 或者 % Viewport Y 框。将用户想要的位置输入成当前视口总宽度的百分比。

6. 定制状态块文本字体。

a. 单击 Set Font。

出现 Select Font 对话框。

b. 使用 Select Font 对话框来选择想要的字体特征。更多信息见 3.2.8 节"定制字体"。

c. 完成后，单击 OK 来完成用户的更改并关闭 Select Font 对话框。

7. 选择状态块文本的颜色。

a. 单击颜色样本■。

Abaqus/CAE 显示 Select Color 对话框。

b. 使用对话框中的方法来选择一个新的颜色。更多信息见 3.2.9 节"定制颜色"。

c. 单击 OK 来关闭 Select Color 对话框。

颜色样本改变成选中的颜色。

8. 要定制背景，单击下面的一项。

1）Match viewport，将背景与视口颜色进行匹配。

2）Transparent，去除背景，并且仅显示文本。

3）Other color，显示其他背景颜色选项。

如果用户选择了 Other color，进行下面的操作。

a. 单击颜色样本■。

Abaqus/CAE 显示 Select Color 对话框。

b. 使用 Select Color 对话框中的方法来选择一个新的颜色。更多信息见 3.2.9 节"定制颜色"。

c. 单击 OK 来关闭 Select Color 对话框。

颜色样本改变成选中的颜色。

9. 单击 Apply 来完成用户的更改。

在当前视口中，所有图的状态块都会发生改变，以反映用户的指定，并在会话期间保存。

56.4 视口标注选项概览

使用视口标注选项可以为所有的图状态定制图例、标题块、状态块、3D 指南针和视图三角形图标。此外，视口标注选项可以控制箭头和文本注释的显示。

若要设置视口标注选项，执行以下操作：

1. 从主菜单栏选择 Viewport→Viewport Annotation Options。

出现 Viewport Annotation Options 对话框，包含以下选项。

• General：控制所有视口标注的显示——由 Abaqus/CAE 生成的注释以及用户创建的任何箭头和文本注释。

• Triad：控制视口三角形图标的外观和位置。

• Legend：控制图例的外观和位置，以及是否显示最小值和最大值。

• Title Block：控制标题块的外观和位置。

• State Block：控制状态块的外观和位置。

2. 使用 General 标签页来控制当前视口中所有图的视口标注显示。用户可以通过单击 Set all on 来显示当前视口中的所有视口标注，也可以通过单击 Set all off 来隐藏当前视口中的所有视口标注。

3. 使用对话框中的其余标签页来定制由 Abaqus/CAE 生成的视口标注。要创建和定制箭头和文本注释，见 4.5 节"使用视口箭头注释和文本注释"。

第 VI 部分　使用工具集

本部分介绍如何使用 Abaqus/CAE 中的每一个工具集（显示模块中的工具集除外，该工具集在第 V 部分"显示结果"中进行了讨论），包括以下主题：

57 幅值工具集

幅值允许用户在使用步时间的整个步上，或者在使用总时间的整个分析上，指定载荷、位移和一些相互作用属性的任意随时间的或者随频率的变化。幅值工具集允许用户创建和管理幅值。本章包括以下主题：

- 57.1 节 "理解幅值工具集的角色"
- 57.2 节 "理解幅值编辑器"
- 57.3 节 "选择要定义的幅值类型"
- 57.4 节 "使用表数据来定义幅值曲线"
- 57.5 节 "使用相等间隔的数据来定义幅值曲线"
- 57.6 节 "使用周期数据来定义幅值曲线"
- 57.7 节 "使用调制数据来定义幅值曲线"
- 57.8 节 "使用指数衰变数据来定义幅值曲线"
- 57.9 节 "定义求解相关的幅值曲线"
- 57.10 节 "使用平滑步数据来定义幅值曲线"
- 57.11 节 "定义谱"
- 57.12 节 "定义用户定义的幅值曲线"
- 57.13 节 "定义 PSD"

此外，在 57.3 节 "选择要定义的幅值类型"中可以获取更加详细的信息。

57.1 理解幅值工具集的角色

　　幅值工具集允许用户创建 Abaqus/Standard、Abaqus/Explicit 或者 Abaqus/CFD 支持的任何类型的幅值。在幅值工具集中创建的幅值总是包括相关联的数据，而在输入文件中直接定义的幅值可以包含相关联的数据或者独立的数据（更多信息见《Abaqus 分析用户手册——指定条件、约束与相互作用卷》的 1.1.2 节"幅值曲线"中的"指定相对幅值或者绝对幅值"）。用户也可以使用幅值工具集来定义响应谱分析中使用的谱。

　　从主菜单栏选择 Tools→Amplitude→Create 来创建一个新的幅值定义；从相同的菜单选择 Edit 来更改现有的定义。任何一个命令都将打开幅值编辑器，用户可以选择选项，然后提供定义幅值所需的数据。

　　用户也可以像显示 *X-Y* 数据一样显示幅值数据。有关使用 Amplitude Plotter 插件的更多信息，见 82.12 节"显示幅值数据"。

57.2　理解幅值编辑器

用户可以通过在幅值编辑器中输入数据来创建幅值；也可以使用键盘来输入数据，或者从文件读取数据（更多信息见 3.2.7 节"输入表格数据"）。

编辑器顶部面板显示了幅值名称和幅值类型。其余编辑器的格式取决于用户创建的幅值类型。例如，图 57-1 中显示了创建周期幅值的编辑器。

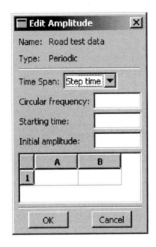

图 57-1　幅值编辑器

57.3　选择要定义的幅值类型

从主菜单栏选择 Tools→Amplitude→Create 来创建一个幅值。有关幅值的详细信息，见《Abaqus 分析用户手册——指定条件、约束与相互作用卷》的 1.1.2 节"幅值曲线"，以及《Abaqus 分析用户手册——分析卷》的 1.3.10 节"响应谱分析"中的"指定一个谱"。

若要定义幅值类型，执行以下操作：

1. 从主菜单栏选择 Tools→Amplitude→Create。

技巧：用户也可以通过在模型树中的 Amplitudes 容器上右击，或者单击 Amplitude Manager 中的 Create 来创建一个幅值。

出现 Create Amplitude 对话框。

2. 在 Name 域中，为幅值输入一个名称。有关命名对象的信息，见 3.2.1 节"使用基本对话框组件"。

3. 选择想要创建的幅值类型。

● 选择 Tabular，在时间尺度上的方便点处将幅值曲线定义成数值表。Abaqus 根据需要在这些值之间线性内插。更多信息见《Abaqus 分析用户手册——指定条件、约束与相互作用卷》的 1.1.2 节"幅值曲线"中的"定义表格幅值"。

● 选择 Equally spaced，在固定的时间间隔处给出一个幅值列表，此列表从指定时间值处开始。Abaqus 在每个时间间隔之间进行线性插值。更多信息见《Abaqus 分析用户手册——指定条件、约束与相互作用卷》的 1.1.2 节"幅值曲线"中的"定义等间距幅值"。

● 选择 Periodic，将幅值 a 定义为傅里叶级数：

$a = A_0 + \sum_{n=1}^{N} \left[A_n \cos n\omega(t - t_0) + B_n \sin n\omega(t - t_0) \right]$，对于 $t \geqslant t_0$

$a = A_0$，对于 $t < t_0$

其中，t_0、N、ω、A_0、A_n 和 B_n（$n = 1, 2, \cdots, N$）是用户定义的常数。更多信息见《Abaqus 分析用户手册——指定条件、约束与相互作用卷》的 1.1.2 节"幅值曲线"中的"定义周期幅值"。

● 选择 Modulated，将幅值 a 定义成：

$a = A_0 + A \sin \omega_1(t - t_0) \sin \omega_2(t - t_0)$，对于 $t > t_0$

$a = A_0$，对于 $t \leqslant t_0$

其中，A_0、A、t_0、ω_1 和 ω_2 是用户定义的常数。更多信息见《Abaqus 分析用户手册——指定条件、约束与相互作用卷》的 1.1.2 节"幅值曲线"中的"定义周期幅值"。

● 选择 Decay，将幅值 a 定义成：

$a = A_0 + A \exp(-(t-t_0)/t_d)$，对于 $t \geq t_0$

$a = A_0$，对于 $t < t_0$

其中，A_0、A、t_0 和 t_d 是用户定义的常数。更多信息见《Abaqus 分析用户手册——指定条件、约束与相互作用卷》的 1.1.2 节"幅值曲线"中的"定义周期幅值"。

● 选择 Solution dependent，根据解相关的变量来计算幅值。更多信息见《Abaqus 分析用户手册——指定条件、约束与相互作用卷》的 1.1.2 节"幅值曲线"中的"定义超塑性成形分析中求解相关的幅值"。

● 选择 Smooth step，将幅值 a 在两个连续点 (t_i, A_i) 与 (t_{i+1}, A_{i+1}) 之间定义成：

$a = A_i + (A_{i+1} - A_i)\xi^3(10 - 15\xi + 6\xi^2)$，对于 $t_i \leq t \leq t_{i+1}$

其中，$\xi = (t-t_i)/(t_{i+1}-t_i)$。更多信息见《Abaqus 分析用户手册——指定条件、约束与相互作用卷》的 1.1.2 节"幅值曲线"中的"定义平滑步幅值"。

● 选择 Actuator，从使用逻辑模拟程序的协同仿真中导入任何给定时间处作动器幅值的当前值。更多信息见《Abaqus 分析用户手册——指定条件、约束与相互作用卷》的 1.1.2 节"幅值曲线"中的"通过协同仿真定义作动器幅值"。定义幅值曲线不需要其他数据。

● 选择 Spectrum，定义用在响应谱分析中的谱。更多信息见《Abaqus 分析用户手册——指定条件、约束与相互作用卷》的 6.3.10 节"响应谱分析"中的"指定一个谱"。

● 选择 User，在用户子程序 UAMP（Abaqus/Standard）或者 VUAMP（Abaqus/Explicit）中定义幅值曲线。更多信息见《Abaqus 分析用户手册——指定条件、约束与相互作用卷》的 1.1.2 节"幅值曲线"中的"通过用户子程序定义幅值"。

● 选择 PSD definition，定义频率函数，该函数定义随机响应分析步中随机载荷的频率相关性。该幅值曲线表示随机噪声源的功率谱密度函数。用户可以选择在随机响应步中的基本运动边界条件的相关定义中参考此 PSD 幅值。更多信息见《Abaqus 分析用户手册——分析卷》的 1.3.11 节"随机响应分析"中的"定义频率方程"。

4. 单击 Continue。

出现 Edit Amplitude 对话框。在此对话框中，用户可以输入定义幅值曲线所必需的所有数据，详细指导见以下章节：

● 57.4 节 "使用表数据来定义幅值曲线"

● 57.5 节 "使用相等间隔的数据来定义幅值曲线"

● 57.6 节 "使用周期数据来定义幅值曲线"

● 57.7 节 "使用调制数据来定义幅值曲线"

● 57.8 节 "使用指数衰变数据来定义幅值曲线"

● 57.9 节 "定义求解相关的幅值曲线"

● 57.10 节 "使用平滑步数据来定义幅值曲线"

● 57.11 节 "定义谱"

● 57.12 节 "定义用户定义的幅值曲线"

● 57.13 节 "定义 PSD"

57.4 使用表数据来定义幅值曲线

使用表定义方法来将幅值曲线定义成时间尺度上方便点处的数值表。Abaqus 在这些值之间根据需要进行线性插值。更多信息见《Abaqus 分析用户手册——指定条件、约束与相互作用卷》的 1.1.2 节"幅值曲线"中的"定义表格幅值"。

若要使用表数据来定义幅值曲线，执行以下操作：

1. 如 57.3 节"选择要定义的幅值类型"中所述显示 Edit Amplitude 对话框。

2. 单击 Time span 域右侧的箭头，然后指定想要如何将幅值定义成时间的函数：

- 选择 Step time，表示时间从每一个步的开始进行测量。

- 选择 Total time，表示时间在所有的非摄动分析步上累计。

3. 以下选项介绍如何定义 Smoothing：

- 选择 Use solver default，接受 Abaqus/Standard 中的默认值 0.25，以及 Abaqus/Explicit 中的默认值 0.0。

- 选择 Specify，在相邻场中输入平滑参数值。对于包含较大时间间隔的幅值定义，建议使用 0.05 的值，以避免严重偏离指定定义。

Smoothing 参数是指在每一个时间点前后的时间间隔中，用平滑的二次时间变量来代替线性分段的时间变量。仅当需要时间导数（对于直接积分动力学分析中的位移或者速度边界条件）时，才可以施加此参数，其他情况下均忽略不计。

4. 显示 Amplitude Data 标签页，然后用户输入表格数据。有关如何输入数据的详细信息，见 3.2.7 节"输入表格数据"。

5. 如果需要，显示 Baseline Correction 标签页。

当用户使用幅值定义来定义时域中的加速度历史（如地震记录）时，加速度记录对时间的积分可能会导致事件结束时产生相对较大的位移。这种情况通常是由于仪器误差，或者采样频率不足以捕捉施加加速度的历史。在 Abaqus/Standard 中，可以通过使用"基线校正"来补偿此误差。更多信息见《Abaqus 分析用户手册——指定条件、约束与相互作用卷》的 1.1.2 节"幅值曲线"中的"Abaqus/Standard 中的基线校正法"。

6. 单击 Correction 域右侧的箭头，并选择下面的一个选项：

- 选择 None，不进行基线校正。

- 选择 Single interval，将幅值定义的整个时间作为单个校准间隔。

- 选择 Multiple intervals，将幅值定义的整个时间作为多个校准间隔。如果用户选择此选项，则输入定义不同校准间隔的时间点（如在第一行输入定义第一个校准间隔的末端时间点以及第二个校准间隔开始的时间点，在第二行输入定义第二个校准间隔的末端时间点以及第三个校准间隔开始的时间点，以此类推）。

7. 单击 OK 来保存幅值定义，并关闭 Edit Amplitude 对话框。

57.5　使用相等间隔的数据来定义幅值曲线

使用等间距定义方法来提供固定时间间隔处的幅值列表，此列表从指定时间值处开始。Abaqus 在每个时间间隔之间进行线性插值。更多信息见《Abaqus 分析用户手册——指定条件、约束与相互作用卷》的 1.1.2 节 "幅值曲线" 中的 "定义等间距幅值"。

若要使用等间距的数据来定义幅值曲线，执行以下操作：

1. 如 57.3 节 "选择要定义的幅值类型" 中所述显示 Edit Amplitude 对话框。

2. 单击 Time span 域右侧的箭头，然后指定想要如何将幅值定义成时间的函数：

● 选择 Step time，表示时间从每一个步的开始进行测量。

● 选择 Total time，表示时间在所有的非摄动分析步上累计。

3. 以下选项介绍如何定义 Smoothing：

● 选择 Use solver default，接受 Abaqus/Standard 中的默认值 0.25，以及 Abaqus/Explicit 中的默认值 0.0。

● 选择 Specify，在相邻场中输入平滑参数值。对于包含较大时间间隔的幅值定义，建议使用 0.05 的值，以避免严重偏离指定定义。

Smoothing 参数是指在每一个时间点前后的时间间隔中，用平滑的二次时间变量来代替线性分段的时间变量。仅当需要时间导数（对于直接积分动力学分析中的位移或者速度边界条件）时，才可以施加此参数，其他情况下均忽略不计。

4. 显示 Amplitude Data 标签页。

5. 在 Fixed interval 域中，输入提供幅值数据的固定时间或者频率间隔。

6. 在数据表 Time/Frequency 列的第一行中，输入第一个幅值的时间（或者最低频率）。

7. 为每一个时间或者频率输入 Amplitude 值。有关如何输入数据的详细信息，见 3.2.7 节 "输入表格数据"。

8. 如果需要，显示 Baseline Correction 标签页。

当用户使用幅值定义来定义时域中的加速度历史（如地震记录）时，加速度记录对时间的积分可能会导致事件结束时产生相对较大的位移。这种情况通常是由于仪器误差，或者采样频率不足以捕捉施加的加速度历史。在 Abaqus/Standard 中，可以通过使用 "基线校正" 来补偿此误差。更多信息见《Abaqus 分析用户手册——指定条件、约束与相互作用卷》的 1.1.2 节 "幅值曲线" 中的 "Abaqus/Standard 中的基线校正法"。

9. 单击 Correction 域右侧的箭头，并选择下面的一个选项：

● 选择 None，不进行基线校正。

● 选择 Single interval，将幅值定义的整个时间作为单个校准间隔。

● 选择 Multiple intervals，将幅值定义的整个时间作为多个校准间隔。如果用户选择此选项，则输入定义不同校准间隔的时间点（即在第一行输入定义第一个校准间隔的末端时间点以及第二个校准间隔开始的时间点，在第二行输入定义第二个校准间隔的末端时间点以及第三个校准间隔开始的时间点，以此类推）。

10. 单击 OK 来保存幅值定义，并关闭 Edit Amplitude 对话框。

57.6　使用周期数据来定义幅值曲线

选择 Periodic，将幅值 a 定义为傅里叶级数：

$$a = A_0 + \sum_{n=1}^{N} \left[A_n \cos n\omega(t - t_0) + B_n \sin n\omega(t - t_0) \right], \quad 对于\ t \geqslant t_0$$

$$a = A_0, \quad 对于\ t < t_0$$

其中，t_0、N、ω、A_0、A_n 和 B_n（$n = 1, 2, \cdots, N$）是用户定义的常数。更多信息见《Abaqus 分析用户手册——指定条件、约束与相互作用卷》的 1.1.2 节"幅值曲线"中的"定义周期幅值"。

若要使用周期数据来定义幅值曲线，执行以下操作：

1. 如 57.3 节"选择要定义的幅值类型"中所述显示 Edit Amplitude 对话框。

2. 单击 Time span 域右侧的箭头，然后指定想要如何将幅值定义成时间的函数：

- 选择 Step time，表示时间从每一个步的开始进行测量。

- 选择 Total time，表示时间在所有的非摄动分析步上累计。

3. 在 Circular frequency 域中输入圆频率 ω，单位为弧度/时间。

4. 在 Starting time 域中输入 t_0。

5. 在 Initial amplitude 域中输入傅里叶级数中的常数项 A_0。

6. 在数据表中输入余弦项系数 A 和正弦项系数 B 的值。有关如何输入数据的详细信息，见 3.2.7 节"输入表格数据"。

7. 单击 OK 来保存幅值定义，并关闭 Edit Amplitude 对话框。

57.7　使用调制数据来定义幅值曲线

使用调制定义方法，将幅值 a 定义成：

$a = A_0 + A\sin\omega_1(t-t_0)\sin\omega_2(t-t_0)$，对于 $t > t_0$

$a = A_0$，对于 $t \leq t_0$

其中，A_0、A、t_0、ω_1 和 ω_2 是用户定义的常数。更多信息见《Abaqus 分析用户手册——指定条件、约束与相互作用卷》的 1.1.2 节 "幅值曲线" 中的 "定义调制幅值"。

若要使用调制数据来定义幅值曲线，执行以下操作：

1. 如 57.3 节 "选择要定义的幅值类型" 中所述显示 Edit Amplitude 对话框。

2. 单击 Time span 域右侧的箭头，然后指定想要如何将幅值定义成时间的函数：

- 选择 Step time，表示时间从每一个步的开始进行度量。
- 选择 Total time，表示时间在所有的非摄动分析步上累计。

3. 在 Initial amplitude 域中输入 A_0。

4. 在 Amplitude 域中输入 A。

5. 在 Starting time 域中输入 t_0。

6. 在 Circular frequency 1 域中输入 ω_1。

7. 在 Circular frequency 2 域中输入 ω_2。

8. 单击 OK 来保存幅值定义，并关闭 Edit Amplitude 对话框。

57.8　使用指数衰变数据来定义幅值曲线

使用指数衰变定义方法，将幅值 a 定义成：

$a = A_0 + A\exp(-(t-t_0)/t_d)$，对于 $t \geqslant t_0$

$a = A_0$，对于 $t < t_0$

其中，A_0、A、t_0 和 t_d 是用户定义的常数。更多信息见《Abaqus 分析用户手册——指定条件、约束与相互作用卷》的 1.1.2 节 "幅值曲线" 中的 "定义指数衰变幅值"。

若要使用指数衰变数据定义幅值曲线，执行以下操作：

1. 如 57.3 节 "选择要定义的幅值类型" 中所述显示 Edit Amplitude 对话框。

2. 单击 Time span 域右侧的箭头，然后指定想要如何将幅值定义成时间的函数：

- 选择 Step time，表示时间从每一个步的开始进行度量。

- 选择 Total time，表示时间在所有的非摄动分析步上累计。

3. 在 Initial amplitude 域中输入 A_0。

4. 在 Amplitude 域中输入 A。

5. 在 Starting time 域中输入指数方程的开始时间 t_0。

6. 在 Decay time 域中输入指数方程的衰变时间 t_d。

7. 单击 OK 来保存幅值定义，并关闭 Edit Amplitude 对话框。

57.9　定义求解相关的幅值曲线

使用求解相关的定义方法，根据解相关的变量来计算幅值。更多信息见《Abaqus 分析用户手册——指定条件、约束与相互作用卷》的 1.1.2 节"幅值曲线"中的"定义超塑性成形分析中求解相关的幅值"。

若要定义求解相关的幅值曲线，执行以下操作：

1. 如 57.3 节"选择要定义的幅值类型"中所述显示 Edit Amplitude 对话框。
2. 单击 Time span 域右侧的箭头，然后指定想要如何将幅值定义成时间的函数。
- 选择 Step time，表示时间从每一个步的开始进行度量。
- 选择 Total time，表示时间在所有的非摄动分析步上累计。
3. 在 Initial amplitude 域中输入初始幅值。幅值从初始值开始，然后根据求解进度进行修改。
4. 在 Min amplitude 域中输入最小幅值。
5. 在 Max amplitude 域中输入最大幅值。最大幅值通常用于结束分析的控制机制。
6. 单击 OK 来保存幅值定义，并关闭 Edit Amplitude 对话框。

57.10 使用平滑步数据来定义幅值曲线

使用平滑步定义方法，在两个连续点 (t_i,A_i) 与 (t_{i+1},A_{i+1}) 之间将幅值 a 定义成：
$a=A_i+(A_{i+1}-A_i)\xi^3(10-15\xi+6\xi^2)$，对于 $t_i \leqslant t \leqslant t_{i+1}$
其中，$\xi=(t-t_i)/(t_{i+1}-t_i)$。更多信息见《Abaqus 分析用户手册——指定条件、约束与相互作用卷》的 1.1.2 节"幅值曲线"中的"定义平滑步幅值"。

若要使用平滑步数据来定义幅值曲线，执行以下操作：

1. 如 57.3 节"选择要定义的幅值类型"中所述显示 Edit Amplitude 对话框。

2. 单击 Time span 域右侧的箭头，然后指定想要如何将幅值定义成时间的函数：

- 选择 Step time，表示时间从每一个步的开始进行度量。

- 选择 Total time，表示时间在所有的非摄动分析步上累计。

3. 在数据表中输入数据。有关如何输入数据的详细信息，见 3.2.7 节"输入表格数据"。

4. 单击 OK 来保存幅值定义，并关闭 Edit Amplitude 对话框。

57.11 定义谱

使用 Spectrum 来定义用响应谱分析中的谱。更多信息见《Abaqus 分析用户手册——指定条件、约束与相互作用卷》的 6.3.10 节 "响应谱分析" 中的 "指定一个谱"。

若要定义谱，执行以下操作：

1. 如 57.3 节 "选择要定义的幅值类型" 中所述显示 Edit Amplitude 对话框。

2. 单击 Specification units 域右边的箭头，然后指定想要定义的谱的单位。

● 选择 Displacement、Velocity 或者 Acceleration，分别以位移单位、速度单位或者加速度单位定义谱。

● 选择 Gravity，以 g 为单位来指定加速度谱。

3. 如果用户选择 Gravity，则输入重力加速度的值。

4. 在数据表中输入 Magnitude（谱的幅值）、Frequency（频率，单位时间上的循环，在此频率上使用此幅值）以及 Damping（关联的阻尼，以临界阻尼的比值表示）的值。有关如何输入数据的详细信息，见 3.2.7 节 "输入表格数据"。

5. 单击 OK 来保存幅值定义，并关闭 Edit Amplitude 对话框。

57.12 定义用户定义的幅值曲线

使用用户定义方法来在用户子程序 UAMP（Abaqus/Standard）或者 VUAMP（Abaqus/Explicit）中定义幅值曲线。更多信息见《Abaqus 分析用户手册——指定条件、约束与相互作用卷》的 1.1.2 节"幅值曲线"中的"通过用户子程序定义幅值"。

若要定义用户定义的幅值曲线，执行以下操作：

1. 如 57.3 节"选择要定义的幅值类型"中所述显示 Edit Amplitude 对话框。

2. 在 Number of variables 域中输入必须使用此幅值定义存储的解相关的状态变量数量。

3. 在 UAMP（Abaqus/Standard）或者 VUAMP（Abaqus/Explicit）中定义幅值。更多信息见以下章节：

- 19.8.6 节 "指定通用作业设置"
- 《Abaqus 用户子程序参考手册》的 1.1.19 节 "UAMP"
- 《Abaqus 用户子程序参考手册》的 1.2.9 节 "VUAMP"

4. 单击 OK 来保存幅值定义，并关闭 Edit Amplitude 对话框。

57.13　定义 PSD

使用定义 PSD 的方法来定义随机响应分析步中随机载荷的频率相关性。更多信息见《Abaqus 分析用户手册——分析卷》的 1.3.11 节"随机响应分析"中的"定义频率方程"。

若要定义 PSD，执行以下操作：

1. 如 57.3 节"选择要定义的幅值类型"中所述显示 Edit Amplitude 对话框。

2. 单击 Specification units 域右侧的箭头，然后指定想要定义曲线的单位。

● 选择 Power，直接用功率单位来定义频率方程。

● 选择 Decibel，以分贝为单位来定义频率方程。

● 如果频率方程将用于以 g 为单位定义基础运动，则选择 Gravity（base motion）。如果用户选择这些单位，则必须定义重力加速度。

3. 如果用户选择了 Decibel 单位，则输入 Reference power 项的值。

4. 如果用户选择了 Gravity 单位，则输入 Reference gravity 项的值。

5. 在数据表中，输入或者导入方程的数据值：

● 函数的实部和虚部，以分贝频率上的单位平方为单位。

● Frequency，以循环/时间为单位，或者频带数为单位（对于 Decibel 单位）。

有关如何输入数据的详细信息，见 3.2.7 节"输入表格数据"。

6. 如果用户将在用户子程序 UPSD 中使用 PSD 函数，则切换选中 Specify data in an external user subroutine。

7. 单击 OK 来保存幅值定义，并关闭 Edit Amplitude 对话框。

58 分析场工具集

Abaqus/CAE 提供两种类型的分析场：表达式场和映射场。用户可以使用分析场来为选中的属性、载荷、相互作用和预定义场定义空间变化的值，如压力载荷中一个区域上的压力变化。分析场工具集允许用户在属性模块、相互作用模块或者载荷模块中创建和管理分析场。本章包括以下主题：

- 58.1 节 "使用分析场工具集"
- 58.2 节 "使用分析表达式场"
- 58.3 节 "使用分析映射场"
- 58.4 节 "以符号显示使用分析场的相互作用和指定条件"
- 58.5 节 "显示可视化映射源数据的符号"
- 58.6 节 "创建表达式场"
- 58.7 节 "创建映射场"

58.1 使用分析场工具集

分析场工具集允许用户创建和管理分析场。使用数学表达式定义的分析场称为表达式场。使用外部数据源（如点云数据）定义的分析场，称为映射场。分析场使用整体坐标系或者局部坐标系的坐标来说明空间中的点。

从属性模块、相互作用模块或者载荷模块中的主菜单栏选择 Tools→Analytical Field→Create 来创建一个新的分析场。从同一个菜单选择 Edit 可以更改现有的分析场。

58.2　使用分析表达式场

分析表达式场定义分析函数——特殊类型的数学函数。本节包括以下主题：

- 58.2.1 节　"建立有效的表达式"
- 58.2.2 节　"表达式中的运算符和函数概览"
- 58.2.3 节　"评估表达式场"

用户可以在许多指定的条件中使用分析场来定义空间变化的参数，更多信息见以下章节：

- 15.13 节　"使用相互作用编辑器"
- 16.9 节　"使用载荷编辑器"
- 16.10 节　"使用边界条件编辑器"
- 16.11 节　"使用预定义场编辑器"

58.2.1　建立有效的表达式

表达式场描述了空间中某个点处，选中的相互作用和指定条件（如压力大小）的参数变化。用户可以通过在表达式场编辑器中创建数学表达式来创建表达式场。要加载表达式场编辑器，从主菜单栏选择 Tools→Analytical Field→Create。

表达式场使用整体坐标系或者局部坐标系的坐标来说明空间中的点。在表达式场编辑器中，将这些坐标列为 Parameter Names。默认情况下，使用整体坐标系（X、Y 和 Z 参数名）的坐标来建立表达式。可用的参数名称取决于用户选择的坐标系类型，见表58-1。对于圆柱坐标系和球坐标系，TH 和 P 的值以弧度表示，范围为-π ~π。

表 58-1　坐标系类型与表达式场编辑器中参数名称之间的关系

坐标系类型	参数	参数名称
直角坐标系或者整体坐标系（默认的）	X 轴、Y 轴、Z 轴	X、Y、Z
圆柱坐标系	R 轴、θ 轴、Z 轴	R、TH、Z
球坐标系	R 轴、θ 轴、ϕ 轴	R、TH、P

表达式由一个或者多个参数名称和一个或者多个运算符组成。用户可以在编辑器的表达式窗口中，通过从列表中选择参数名称和运算符，或者通过在表达式窗口中直接输入参数名和运算符，来建立数学表达式。参数名称和运算符区分大小写。表达式使用 Python 语法；包含错误的输入将生成标准的 Python 错误。可使用的运算符的信息，见58.2.2 节 "表达式

中的运算符和函数概览"。

下面的示例阐明了有效的表达式。

示例1

要定义沿着面的线性距离定义空间变化的变量，在编辑器的表达式窗口中输入

$$4.5 * X+2.75$$

X 表示沿着面的距离的参数名称。

示例2

要在圆柱坐标系中定义更加复杂的空间变化，在编辑器的表达窗口中输入

$$R+sin(Th * pi/2)$$

详细情况见 58.6 节"创建表达式场"。

58.2.2　表达式中的运算符和函数概览

本节列出了表达式场编辑器中可用的运算符和函数。三角函数的参数假定为弧度，范围为 $-\pi \sim \pi$。更多信息见 Python 官方主页上的数学模块文档（http：//www. python. org/doc/current/lib/module-math. html）。

数学运算符

+	加
-	减
*	乘
/	除
%	返回整除的余数
1/A	返回 A 的倒数
Ceil(A)	返回大于或等于 A 的最小整数
fabs(A)	返回绝对值
floor(A)	返回小于或等于 A 的最大整数
fmod(A，B)	返回 fmod(A，B)（由平台 C 库定义）。根据 C 语言标准，fmod(A，B) 应精确（数学上的、无限精确的）等于 A-$n * B$，对于所取的整数 n，其结果与 A 的符号一样，并且大小小于 abs（B）
frexp(A) [ ]	返回 A 的尾数和指数对（m，e）。m 是浮点数，e 是整数，使 A=$m * 2^{**} e$。使用括号来指定在表达式计算中使用的返回值的索引
modf(A) [ ]	返回 A 的小数和整数部分。使用括号来指定在表达式中使用的返回值的索引

三角函数

acos（A）	返回反余弦
asin（A）	返回反正弦
atan（A）	返回反正切
cos（A）	返回余弦
cosh（A）	返回双曲余弦
hypot（A，B）	返回欧几里得范数即（$A*A+B*B$）的平方根。这是原点到点（A，B）的向量长度
sin（A）	返回正弦
sinh（A）	返回双曲正弦
tan（A）	返回正切
tanh（A）	返回双曲正切

幂函数和对数函数

exp（A）	返回 A 的自然指数，e^A
ldexp（A，B）	返回 $A*$（2^B）
log（A）	返回自然对数
log10（A）	返回以 10 为底的对数
pow（A，B）	把变量变成幂
sqrt（A）	返回平方根

常数

pi	数学常数 π
e	数学常数 e

58.2.3　评估表达式场

如果用户为相互作用或者指定条件指定一个表达式场，则 Abaqus/CAE 在确定递交用于分析的值中，必须首先将评估表达式场作为第一步。将表达式评估成 Python 输入；包含错误的输入将生成标准的 Python 错误。对于圆柱坐标系和球坐标系，TH 和 P 的值是在弧度范

围 $-\pi \sim \pi$ 之间评估的。当写输入文件时，Abaqus/CAE 评估表达式。

根据用户创建相互作用或者指定条件时选择的区域类型，Abaqus/CAE 评估位于模型上不同位置处的表达式场。表 58-2 说明模型中的位置，Abaqus/CAE 使用这些位置来评估表达式场。对于流体边界条件，Abaqus/CAE 在每一个单元的单元节点处对评估后的表达式进行平均，并且将此值施加到单元面的中心处。

表 58-2 表达式场评估位置

区域类型	表达式场评估的位置
节点或者顶点	所有的节点或者顶点
边	在每个单元边的中点
表面或者面	区域中包含的每一个单元面的中点 在单元节点处（流体边界条件）
单元体	单元的中心

然后，Abaqus/CAE 将用户为空间变化的参数指定的值，如压力大小，与每一个单元或者节点处评估得到的表达式相乘，来确定递交给分析的最终值。表达式场适用于相互作用或者指定条件中的大小，包括复数的实部和虚部。梁和壳的梯度值，如温度梯度，不受表达式场的影响。在分析中，Abaqus 会应用用户为相互作用或者指定条件指定的任何幅值。

58.3　使用分析映射场

分析映射场允许用户从外部的数据源定义空间变化的参数值。本节包括以下主题：
- 58.3.1 节　"用于映射的点云数据文件格式"
- 58.3.2 节　"点云映射场的坐标系"
- 58.3.3 节　"来自输出数据库文件的网格到网格的映射"
- 58.3.4 节　"支持映射的单元"

在 Abaqus/CAE 中，映射场用于提供空间中不同点选中的载荷、相互作用、属性等的值。例如，用户可以通过提供不同坐标处的厚度或者压力值来定义空间变化的壳厚度或者压力载荷。用户可以从第三方 CAE 应用软件生成的点云数据文件，或者 Abaqus 输出数据库（.odb）文件读取参数值。

映射场允许用户导入离散的和不连续的参数值，并将这些参数值应用到的 Abaqus/CAE 模型中。Abaqus/CAE 将值应用到当前的模型，同时将输入的 X 坐标、Y 坐标和 Z 坐标映射到模型中的位置。Abaqus/CAE 将源数据映射到目标模型，并且 Abaqus 计算在分析过程中使用的分布参数值。参数值也称为场值或者场数据；例如，一个面上不同点处的压力值。

当用户从点云数据创建映射场时，可以给源数据区域赋予局部坐标系来简化空间中点的三维定义。局部坐标系可以是直角坐标系、圆柱坐标系或者球坐标系。例如，使用直角坐标系时，Abaqus 会在该局部坐标系中阐述 X 坐标、Y 坐标和 Z 坐标。

仅可以在映射场中使用标量数据值。将每一个场数据值作为标量值，从源区域映射到目标区域。Abaqus/CAE 映射算法纯粹是几何算法，不考虑保守映射等物理因素。

可以使用映射场来定义表 58-3 中列出的性质和属性。

表 58-3　映射场支持的性质和属性

种类	属性/性质
载荷	体集中通量
	体热通量
	压力
	面集中通量
	面热通量
	面孔隙流体通量
边界条件	声压力
	电势
	质量浓度

（续）

种类	属性/性质
边界条件	质量通量
	孔隙压力
	温度
预定义场	节点温度
	孔隙压力
	饱和度
	孔隙比
相互作用	集总的膜条件
	面的膜条件
	面辐射
其他	密度（材料密度分布）
	壳厚度（壳截面中的单元分布或者节点分布）

用户在属性、载荷、预定义场或者相互作用中指定的大小将用作映射场数据值的乘子。用户也可以缩放源数据坐标；例如，考虑单位的不匹配（如米到毫米）。

当用户使用映射场来施加载荷、相互作用或者预定义场时，可以选择在视口中显示符号，以直观地显示场值的位置和大小。然而，用户必须先对模型进行网格划分，才能看到这些符号。

Abaqus/CAE 提供了一组映射容差控制，允许用户调整源数据点与目标点之间的距离。根据每一个源点与网格划分模型目标上最近节点的距离，Abaqus/CAE 必须决定是使用还是舍弃每一个源点。

映射场不支持输出请求频次时间点。

注意：当使用映射场来施加压力载荷时，用户必须请求场输出变量 P 的输出，以便在显示模块中显示映射的压力值。输出变量名 P 在分析过程中自动更改为 PDLOAD；见《Abaqus 分析用户手册——介绍、空间建模、执行与输出卷》的 4.2.1 节 "Abaqus/Standard 输出变量标识符"，或者《Abaqus 分析用户手册——介绍、空间建模、执行与输出卷》的 4.2.2 节 "Abaqus/Explicit 输出变量标识符"。

58.3.1 用于映射的点云数据文件格式

点云数据文件必须是 XYZ 格式或者 Grid 格式的纯文本文件。XYZ 格式的点云数据文件必须包含一组坐标处的期望场值。对于直角坐标系，点必须以 X 坐标、Y 坐标和 Z 坐标的形式给出。如果用户使用圆柱局部坐标系或者球局部坐标系，则必须使用相应的坐标。Grid 格式包含三维网格中各点处的场值。Abaqus/CAE 使用插值来填补网格数据文件中缺失的场值。

XYZ 格式

XYZ 格式的点云数据文件必须包含数据行。对于直角坐标系，每一行必须由 X 坐标、Y 坐标和 Z 坐标组成，并且每一个坐标后面跟随该点处的场值。每一行中的值可以由空格、制表符或者逗号的任意组合来分隔；每一个空格、制表符或者逗号都被视为一个场分界符。下面例子中显示的以逗号分隔值（CSV）是常用的格式：

X1，Y1，Z1，value

X2，Y2，Z2，value

X3，Y3，Z3，value

etc.

如果用户使用圆柱局部坐标系或者球局部坐标系，则必须在数据文件中给出相应坐标；见 58.3.2 节"点云映射场的坐标系"。

图 58-1 所示为从 Edit Mapped Field 对话框中导入的，XYZ 格式的点云数据。

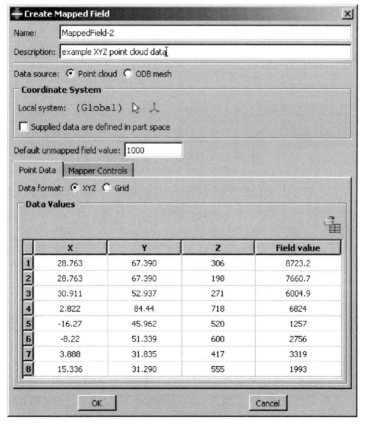

图 58-1　XYZ 格式的点云数据

Grid 格式

Grid 格式的点云数据文件定义了三维网格中各点处的场值。对于直角坐标系，网格是平面网格或者立方体网格。图 58-2 所示为从 Edit Mapped Field 对话框中导入的，Grid 格式的点云数据。

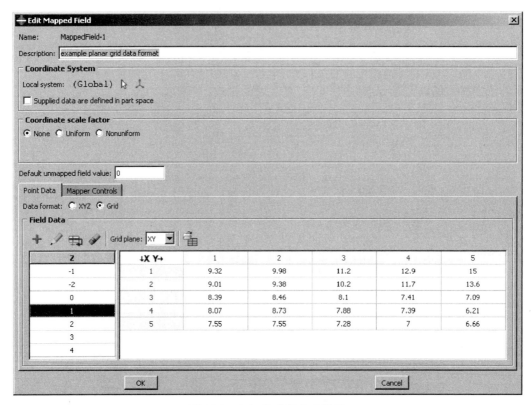

图 58-2 Grid 格式的点云数据

网格数据由一组文件组成，每个文件包含一个平面。例如，用户可以为 Z=3 的平面创建一个文件。此文件将包含 X 坐标和 Y 坐标的网格，以及每一个点处的场值；例如：

```
a,   -2,   -1,    0,    1,    2
-2, 0.146, 0.141, 0.139, 0.137, 0.131

-1, 0.141, 0.121, 0.116, 0.111, 0.100
 0, 0.139, 0.116, 0.105, 0.101, 0.094
 1, 0.133, 0.129, 0.122, 0.114, 0.107
 2, 0.128, 0.120, 0.111, 0.102, 0.090
```

此文件中第一列（左）中为 X 坐标，第一行（顶部）为 Y 坐标，各自的坐标值均从第二个位置处开始。当用户将文件导入到 Create Mapped Field 对话框的数据表中时，Abaqus/CAE 将忽略包含虚拟值的第一个位置。在上面示例的文件中，虚拟值为字符 a；用户可以在该位置使用任何值，因为它将被忽略。

网格数据文件每一行中的值可以通过空格、制表符或者逗号的任意组合来分隔；每一个空格、制表符或者逗号都被视为一个场分界符。

完整的网格数据文件集必须为每一个平面包含一个文件；例如，Z=0、Z=1、Z=2、Z=3 处的 X-Y 平面。也可以使用 Y-Z、X-Z、Y-X、Z-Y 和 Z-X 平面。在 Create Mapped Field

对话框中，用户可以选择不同的网格平面。

如果用户的网格数据文件有场值缺失，Abaqus/CAE 会插值来填补缺失值；用户不需要在 Create Mapped Field 对话框中填补这些缺失值。

如果用户使用圆柱局部坐标系或者球局部坐标系，则必须在网格数据文件中给出相应坐标系；见 58.3.2 节 "点云映射场的坐标系"。

58.3.2　点云映射场的坐标系

映射文件使用整体坐标系的坐标或者局部坐标系的坐标来说明空间中的点。对于一个点云图源，当说明映射数据坐标以及施加的属性、载荷、预定义的场时，可以包括不同的坐标系。当使用参考圆柱或者球坐标系的分析场值（网格格式的点云图数据）来映射一个场变量时，Abaqus/CAE 将圆柱坐标系或者球坐标系转换成笛卡儿坐标系中的对应离散值。

源数据局部坐标系

三维坐标和场值都是在局部坐标系中定义的。用户可以在 Create Mapped Field 对话框中指定要使用的坐标系。这是一个装配层级的坐标系（不是零件层级的）。

如果用户使用直角坐标系（默认的），则 Abaqus/CAE 使用 X、Y 和 Z 坐标来说明来源数据点。如果用户指定圆柱或者球形坐标系，Abaqus/CAE 如图 58-4 中显示的那样说明坐标系。Create Mapped Field 对话框的数据表中显示的列取决于用户选择的局部坐标系类型。对于圆柱和球形坐标系，Th 和 P 项的值是以度为单位输入的，并且在分析过程中转化成从 $-\pi$ 到 π 范围的弧度。

表 58-4　被映射场的坐标系类型和坐标系名称

坐标系类型	坐标	数据表中显示的列
直角或者整体（默认的）	X 轴、Y 轴和 Z 轴	X、Y、Z
圆柱	R 轴、θ 轴和 Z 轴	R、TH、Z
球	R 轴、θ 轴和 ϕ 轴	R、TH、P

在零件空间定义的来源数据

用户可以通过切换选中 Create Mapped Field 对话框中的 Supplied data are defined in part space 来选择。

58.3.3　来自输出数据库文件的网格到网格的映射

当数据来源是 Abaqus 输出数据库（.odb）文件时，必须在视口中显示场输出变量值。此技术称为网格到网格的映射。可以将场输出变量值放置在节点、单元中心或者积分点处。在此类型的映射中，源数据的几何区域是单元面或者单元集合那样的网格连接性数据。

要选择想要使用的确切源数据，打开想要的输出数据库，并在显示模块中显示未变形的云图，用户也可以使用变形图，但是仍然从未变形网格映射数据。为用户想要映射的值选择场输出变量以及分析的步和帧。当用户在模型数据库（.cae）文件中的用户目标模型内创建新的映射文件时，应将显示的视口指定成数据源。将视口的当前状态取成要映射到目标对象上的数值组快照，即在分析的特定步和帧时刻显示的特定场输出变量。

作为一个例子，用户可以在下面的工作流程中使用网格到网格的映射：

1. 在 Abaqus 中建立并运行一个热分析来生成包含节点温度的输出数据库（输出变量 NT）。

2. 在显示模块中打开输出数据库（.odb），并且在分析的 Step-3、Frame0 时刻显示输出变量 NT。

3. 打开包含用户主要目标模型的模型数据库文件（.cae）。从载荷模块中的主菜单栏选择 Tools→Analytical Field→Create，从节点温度值创建映射的场。在 Create Mapped Field 对话框中，将包含输出数据库的视口选择成源数据。

4. 网格划分（或者重新划分）用户的主模型。

5. 创建一个温度预定义场，并且选择映射分析场来定义温度分布。Abaqus/CAE 将源数据点和它们的关联温度映射到目标模型中的点上。

6. 建立并运行后续的分析。

输出数据库网格上的源数据可以位于节点、积分点或者整个单元上，也支持不同划分的网格。

在映射中使用选中视口中的当前设置。这些设置如下：

- 主要的场输出变量。
- 步/增量。
- 在 Result Options 对话框中选中的平均选项。
- 截面点（顶部或者底部）。
- 其他。

网格到网格的映射不支持下面的视口设置：

- 显示组。
- 转化。
- Result Options 对话框中由单元集或者显示组平均。
- 单元面数据。
- 当前程序会话中的用户数据（但是支持输出数据库文件中保存的数据）。

当用户从输出数据库数据创建映射场，并且关闭 Create Mapped field 对话框时，源数据将保存到映射场对象中，但是不保存视口自身。在创建映射场之后对视口进行的任何更改不会反应到映射数据中。在使用网格到网格的映射创建映射场之后，用户不能编辑源数据网格指定；用户可以对现有的映射场进行编辑，来仅改变默认的场值或者映射控制选项。

仅可以使用温度和材料密度来执行网格到网格的体积映射。当映射对象是以网格为基础的节点区域时，用户必须指定目标是面还是体积区域。Abaqus/CAE 为面和体积区域使用不同的映射算法。

58.3.4 支持映射的单元

仅可以在网格划分所使用的网格类型支持映射场的模型中使用映射场。大部分常用的单元（包括壳），都支持映射。

根据代表单元类型的拓扑，在下面列出了支持的单元类型：形状、节点数和积分点的数量。任何具有相同拓扑的类似单元都支持映射。支持映射的代表性单元如下：

- S3、S4、S4R、S8R、STRI65
- C3D4、C3D6、C3D8、C3D8R、C3D10、C3D15、C3D20、C3D20R
- CPE3、CPE4、CPE6、CPE8
- CAX3、CAX4、CAX6、CAX8

下面的单元类型不支持映射，并且不能用在目标模型网格或者输出数据库源网格中：

- 面单元。
- 刚性单元。
- 分析型刚性面单元。
- 胶粘单元。
- 复合实体单元。
- 连续壳单元。
- 圆柱单元。
- 欧拉单元。
- 垫片单元。
- 内部单元。
- 使用改进的二阶插值单元。
- 具有扭曲的单元。

58.4 以符号显示使用分析场的相互作用和指定条件

当给一个区域施加相互作用或者指定条件时，用户可以在视口中显示符号来表示相互作用或者指定条件。本节包括以下主题：
- 58.4.1 节 "表达式场显示符号的细节"
- 58.4.2 节 "映射场显示符号的细节"

默认情况下，使用分析型场分布的相互作用和指定条件的符号，以计算得到的值为基础来进行缩放。对于其他不是箭头的符号，在每一个符号内部显示一个加号（+）或者一个减号（-）来说明该位置处的相互作用或者指定条件的大小是正的还是负的。用户可以使用 Assembly Display Options 对话框中的 Attribute 显示选项来关闭符号缩放。更多信息见 76.15 节 "控制属性显示"。

当为部分区域评估得到的分析型场评估是零时，Abaqus/CAE 为相互作用和指定条件显示比例缩小的符号。这些比例缩小的符号明显小于默认的符号大小。更多信息见 16.5.1 节 "理解指定条件符号的类型、颜色和大小"。

58.4.1 表达式场显示符号的细节

网格上的符号显示使用的点，与分析中评估表达式场的位置重合。在几何形体上，当沿着模型的边或者面等间距的出现符号时，Abaqus/CAE 为符号显示选择随机的点集合。为符号显示选择的点可以或者不能与评估表达式场的点发生重合。

在一些情况中，由于错误不能在给定的点处评估表达式场；例如，除以零。当发生此情况时，信息区域中出现的信息说明在评估表达式场时发生错误。显示发生错误的可视化线索，在视口中显示的符号不再进行缩放，即使切换选中了根据表达式场的值来缩放符号的设置。用户可以尝试通过改变符号密度设置来排除评估错误，以促使 Abaqus/CAE 选择不同的点集合来用于符号显示。有关改变符号密度设置的更多信息，见 76.15 节 "控制属性显示"。

58.4.2 映射场显示符号的细节

要能够看到表示映射场的符号，用户必须在施加载荷、相互作用或者预定义场之前网格划分模型。

用于映射场符号显示的点是本地网格或者孤立网格，或者将用在分析中的单元。如果不出现本地网格，则不成比例地显示符号。此外，如果由于错误发生映射失败（例如不支持的单元类型或者不正确的容差），则也将不成比例地显示符号。

　　在这些情况中，信息区域中出现的信息说明评估中有错误。显示发生错误的可视化线索，在视口中显示的符号不再进行缩放，并且在缩放关闭时，在可能的点处显示符号。用户可以试图通过重新网格划分或者改变符号密度设置来修复映射，以促使 Abaqus/CAE 使用一个不同的点集合来用于符号显示。有关改变符号密度设置的更多信息，见 76.15 节"控制属性显示"。

58.5 显示可视化映射源数据的符号

用户可以在施加载荷、相互作用或者预定义场的地方，分别显示用户的映射源数据。仅 XYZ 格式的点云数据创建的分析映射场，支持图示源数据。

若要显示代表映射场的源数据符号，执行以下操作：

1. 从模型树中，扩展 Fields 容器和 Analytical Fields 容器来显示映射的场对象。

2. 在映射场对象上右击鼠标，并且从出现的菜单中选择 Plot source data。

出现的符号代表源数据点的位置和相对大小（场值）。大小是使用彩虹色色谱的颜色编码，从红色（最大值）到蓝色（最小值），如图 58-3 所示。

图 58-3 用于显示映射源数据的颜色编码

58.6 创建表达式场

从属性模块、相互作用模块或者载荷模块的主菜单栏选择 Tools→Analytical Field→Create 来使用表达式创建一个分析场。使用数学表达式定义的分析场称为表达式场。

若要创建一个表达式场，执行以下操作：

1. 使用下面的一个方法来打开 Create Expression Field 对话框。

● 从主菜单栏选择 Tools→Analytical Field→Create。

技巧：用户也可以单击 Analytical Field Manager 中的 Create。

● 从相互作用模块中的相互作用编辑器中单击 Definition or Emissivity distribution 域旁边的 $f(x)$。

● 从载荷模块中的载荷、边界条件或者预定义的场编辑器中单击 Distribution 域旁边的 $f(x)$。

2. 将 Expression field 选择成 Type，然后单击 Continue。

3. 在 Name 文本域中输入表达式场的名称。有关命名对象的信息，见 3.2.1 节"使用基本对话框组件"。

4. 在 Description 文本域中输入表达式场的描述。

5. 如果用户想要改变表达式场的局部坐标系，单击 Edit，然后使用下面的一个方法。

● 在视口中选择现有的基准坐标系。

● 通过名称选择一个现有的基准坐标系。

a. 从提示区域单击 Datum CSYS List 来显示基准坐标系的列表。

b. 从列表选择一个名称，然后单击 OK。

● 从提示区域单击 Use Global CSYS 来变化成整体坐标系。

6. 使用下面过程的组合，在编辑器的表达式窗口中建立表达式。

● 从编辑器左侧的列表选择一个参数名称。可以使用的参数名取决于用户选择的坐标系类型。

——Rectangular：X、Y 和 Z 分别是 X 轴、Y 轴和 Z 轴上的值。

——Cylindrical：R、Th 和 Z 分别是 R 轴、θ 轴和 Z 轴上的值。

——Spherical：R、Th 和 P 分别是 R 轴、θ 轴和 ϕ 轴上的值。

在表达式中出现参数名称。

● 从编辑器右侧上的 Operators 列表中选择一个操作、函数或者约束。更多信息见 58.2.2 节"表达式中的运算符和函数概览"。

在表达式窗口中出现选中的操作、函数或者常数。

● 使用标准鼠标和键盘编辑技术在表达式窗口中定位光标，并且构建用户的表达式。参数名称和操作符是大小写敏感的。

● 如果有必要，调整表达式语法；可能需要圆括弧。

● 单击 Clear Expression 来清除表达式窗口中的整个表达式。

7. 单击 OK 来创建表达式场并退出编辑器。

58.7 创建映射场

从属性模块、相互作用模块或者载荷模块中的主菜单栏选择 Tools→Analytical Field→Create 来创建一个分析型映射场。来自外部数据源的分析型场称为映射场。外部数据源可以是点云数据文件，或者 Abaqus 输出数据库（.odb）文件。对于映射场的概览，见 58.3 节"使用分析映射场"。

本节包括以下主题：

- 58.7.1 节 "从点云数据创建映射场"
- 58.7.2 节 "从输出数据库网格数据创建映射场"
- 58.7.3 节 "映射场的搜索控制"

58.7.1 从点云数据创建映射场

用户可以通过从第三方 CAE 应用生成的点云数据文件中读取参数值，来创建一个映射的场。在使用下面的过程创建一个映射场之前，用户必须已经准备好点云数据，并准备好导入。

若要从点云数据创建映射场，执行以下操作：

1. 使用下面的一个方法来打开 Create Mapped Field 对话框。

- 从主菜单栏选择 Tools→Analytical Field→Create。

技巧：用户也可以单击 Analytical Field Manager 中的 Create。

- 从相互作用模块中的相互作用编辑器，单击 Definition 或者 Emissivity distribution 域旁边的 $f(x)$。

- 从载荷模块中的载荷或者预定义场编辑器中单击 Distribution 域旁边的 $f(x)$。

2. 将 Type 选择成 Mapped field，然后单击 Continue。

3. 在 Name 文本域中，为映射场输入一个名称。有关命名对象的信息，见 3.2.1 节"使用基本对话框组件"。在 Description 文本域中，输入映射场的描述。

4. 将 Data source 选择成 Point cloud 来导入用户从其他 CAE 软件生成的点云数据文件。这些文件必须包含 XYZ 格式或者 Grid 格式的场值和坐标，如 58.3.1 节"用于映射的点云数据文件格式"中描述的那样。

5. 对于点云数据源，用户可以选择对源数据区域赋予一个局部坐标系，来简化空间中点的三维定义。单击 并且使用下面的一个方法。

- 选择视口中现有的基准坐标系。
- 通过名称来选择一个现有的基准坐标系。

—从提示区域单击 Datum CSYS List 来显示一个基准坐标系的列表。

—从列表选择一个名称，并且单击 OK。

- 从提示区域单击 Use Global CSYS 来变化成整体坐标系。

单击 来创建一个新的基准坐标系。

当用户赋予一个局部坐标系时，将在此坐标系中定义源数据坐标，此坐标系是装配层级的（不是零件层级的）坐标系。更多信息见 58.3.2 节"点云映射场的坐标系"。

6. 如果需要，切换选中 Supplied data are defined in part space 来说明源数据和数据的局部坐标系都是在目标模型区域的零件层级坐标系中定义的。

7. 如果需要，选择下面的一个选项来输入 Scale factor，并且缩放源数据坐标；例如，要考虑不一致的单位（即米到毫米）。

- 选择 Uniform，然后输入一个比例因子。
- 选择 Nonuniform，然后为 X 坐标、Y 坐标和 Z 坐标分别输入一个比例因子。

8. 为 Default unmapped field value 输入一个值，或者接受默认的零。Abaqus/CAE 对不能从源文件找到映射源点的任何目标点赋予此值。见 58.7.3 节"映射场的搜索控制"。

9. 在 Point Data 标签页上，选择下面的一个选择作为数据格式。

- 如果用户的数据文件包含具有对应场值的矩形 X 坐标、Y 坐标和 Z 坐标，则选择 XYZ。有关此格式的详细信息，见"映射到点云数据文件格式"中的"XYZ 格式"。单击 来浏览并选择要导入的数据文件。有关从一个文件读取数据的更多信息，见 3.2.7 节"输入表格数据"。

如果用户的局部坐标系是圆柱的或者球形的，而不是矩形的，则 Abaqus/CAE 期待用户的数据文件包含合适的坐标类型。见 58.3.2 节"点云映射场的坐标系"。

- 如果用户的数据文件包含在三维栅格点上定义的场值，则选择 Grid。有关此格式的详细信息，见"映射的点云数据文件格式"中的"Grid 格式"。

在 Field Data 表中，指定平面，然后如下导入场值。

—选择用户组织数据的栅格平面，例如对于矩形坐标系，选择 XY、YZ、XZ、YX、ZY 或者 ZX。

—单击 来在左边的框添加一个平面。输入平面高度，单击 OK，然后在表中输入场值，或者单击 来从文件导入数据。例如，在 $Z=2$ 处添加一个平面，然后在此平面中不同的 X 坐标和 Y 坐标处导入场值。

—为同一个栅格平面中的其他平面高度重复上面的过程；例如，$Z=3$、$Z=4$ 等处。

用户可以在 Data Values 表中使用下面的编辑器工具。

+	Add Plane（添加平面）
✎	Edit Plane（编辑平面）

（续）

⊞	Copy Plane（复制平面）
✎	Delete Plane（删除平面）

有关从一个文件读取数据的更多信息，见 3.2.7 节"输入表格数据"。

10. 在 Mapper Controls 标签页上，用户可以调整搜索容差参数。见 58.7.3 节"映射场的搜索控制"。

11. 单击 OK 来创建映射的场并关闭对话框。

当用户后续施加一个载荷、相互作用或者使用映射场的预定义场时，用户可以在视口中显示符号来显示场值的位置和大小。然而，用户必须首先网格划分模型，才能看这些符号。

58.7.2 从输出数据库网格数据创建映射场

用户可以通过读取 Abaqus 输出数据库（.odb）文件格式的参数值，来创建一个映射场。当映射数据源是一个 Abaqus 输出数据库时，则必须在显示模块中的云图中显示场值。对于网格到网格的映射概览，见 58.3.3 节"来自输出数据库文件的网格到网格的映射"。

若要从输出数据库网格数据创建映射场，执行以下操作：

1. 当从输出数据库创建一个映射场时，用户必须已经打开两个文件。
● 模型数据库（.cae）文件，此文件包含映射的主体目标模型。
● 输出数据库（.odb）文件，此文件包含来自相同（或者类似的）模型的之前分析的场输出变量数据。

2. 选择用户想要使用的源数据。
a. 在显示模块中，打开包含源数据的输出数据库文件。
b. 在视口中显示未变形的云图。用户也可以使用变形图，但是仍然从未变形网格读取数据。
c. 在分析的指定步和帧，为用户想要映射的值选择场输出变量。有关云图的详细信息，见 44.3 节"生成一个云图"。

3. 在包含主（目标）模型的模型数据库中，使用下面的一个方法来打开 Create Mapped Field 对话框。
● 从主菜单栏选择 Tools→Analytical Field→Create。
技巧：用户也可以单击 Analytical Field Manager 中的 Create。
● 从相互作用模块中的相互作用编辑器，单击 Definition 或者 Emissivity distribution 域旁的 $f(x)$。
● 从载荷模块中的载荷、边界条件或者预定义场编辑器，单击 Distribution 域旁的 $f(x)$。

4. 将 Type 选择成 Mapped field，然后单击 Continue。

5. 在 Name 文本域中，输入映射场的名称。有关命名对象的信息，见 3.2.1 节"使用基本对话框组件"。在 Description 文本域中，输入映射场的描述。

6. 将 Data source 选择成 ODB mesh。

7. 如果需要，选择下面的一个来输入 Scale factor，并缩放源数据坐标；例如，要考虑不匹配的单位（即米到毫米的转换）。

- 选择 Uniform，然后输入一个比例因子。
- 选择 Nonuniform，然后为 X 坐标、Y 坐标和 Z 坐标分别输入一个比例因子。

8. 为 Default unmapped field value 输入一个值，或者接受默认值零。对于不能找到要映射源点的目标点，Abaqus/CAE 会在这些目标点处赋予此值。更多信息见 58.7.3 节 "映射场的搜索控制"。

9. 在 ODB Mesh Data 标签页上，从打开的视口列表中选择 Viewport to map。

Abaqus/CAE 将选中视口的当前图状态，用作映射到模型数据库（.cae）文件中目标模型上的值的集合；即，在分析的指定步和帧处显示的特定场输出变量。

10. 在 Mapper Controls 标签页上，用户可以调整搜索容差参数。更多信息见 58.7.3 节 "映射场的搜索控制"。

11. 单击 OK 来创建映射场，并关闭对话框。

在使用网格到网格的映射来创建映射场后，用户不能编辑源数据网格指定；用户仅可以改变默认的场值或者仅改变映射控制来编辑现有的映射场。

在后续使用映射场来施加载荷、相互作用或者预定义场时，用户可以在视口中显示符号来显示场值的位置和大小。不过，用户必须先网格划分模型，才能看到这些符号。

58.7.3　映射场的搜索控制

在 Create Mapped Field 对话框的 Mapper Controls 标签页上，用户可以调整搜索容差参数。与输出数据库网格源相比，对点云数据源的搜索控制略有不同。

Abaqus/CAE 试图将所有的用户源数据点和它们的关联场值，映射到目标模型中的点上。根据每一个源点距离网格划分模型目标上最近节点的距离，Abaqus/CAE 必须决定使用还是放弃每一个源点。这些决定基于用户在 Mapper Controls 标签页上选择的搜索容差距离值。

点云映射场的搜索控制

正的和负的法向容差值，定义了源数据点与目标模型外表面的距离。目标模型面是在未变形有限元模型中内插的。默认情况下，每一个源数据点必须位于通过目标模型中的平均单元特征尺寸乘以 0.05 计算得到的距离内。此距离是沿着目标面的正法向向量度量的（见图 58-4）。

用户可以改变容差距离值来控制将包括或者抑制哪些源数据点。用户可以将容差值定义成网格划分模型中平均单元尺寸的相对分数，或者定义成以用户模型中所使用的单位来度量

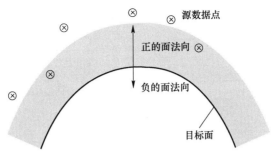

图 58-4　正法向搜索距离

的绝对距离。

对于任何 Abaqus/CAE 不能映射源点的目标点，都将替换 Create Mapped Field 对话框中输入的 Default unmapped field value。默认值为零。Abaqus 为点云数据源和输出数据库网格源施加默认的场值。

对于点云数据源，在 Mapper Controls 标签页提供了以下选项和搜索容差值：

Tolerance type

容差类型。如果用户选择 Relative（默认值），则容差值将被解释成网格划分模型中平均单元特征尺寸的分数（而不是百分比）。如果用户选择 Absolute，则容差值将作为以用户模型中所使用的长度单位来度量的精确距离。

Positive normal search distance tolerance

正法向搜索距离容差。此距离内的任何源点，沿着目标面基底几何形体的正法向向量度量的，都将被映射并包括在分析中（见图 58-4）。此容差仅应用到面（而不是体积）目标映射。默认是网格模型中平均单元特征尺寸的 0.05 倍。

Negative normal search distance tolerance

负法向搜索距离容差。此距离内的任何源点，沿着目标面基底几何形体的负法向向量度量的，都将被映射并包括在分析中。此容差仅应用到面（而不是体积）目标映射。默认是网格模型中平均单元特征尺寸的 0.15 倍。

Boundary search distance tolerance

边界搜索距离容差。此容差指定了源数据点必须位于网格划分目标模型的网格区域之外的平面内距离（见图 58-5）。从默认的 0.01（平均单元尺寸）增加此容差，可以有效地扩展每一个目标单元面来进行映射。当源数据的网格比目标模型网格更加粗糙时，增大此容差是有帮助的。

场值映射到目标模型上时，会对场值进行内插。边界搜索容差会应用到面映射和体积映射。

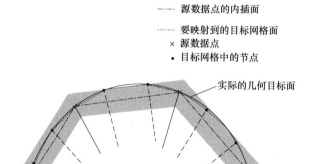

源数据点的内插面
要映射到的目标网格面
× 源数据点
• 目标网格中的节点

实际的几何目标面

边界搜索容差

图 58-5 边界搜索距离

Neighborhood search distance tolerance

相邻搜索距离容差。位于相邻搜索容差之外的任何源数据点都将被忽略，并且不会在分析中使用。此容差会应用到面目标映射和体积目标映射。

Abaqus/CAE 使用距离加权算法来在网格划分的目标模型上内插场数据值。Abaqus/CAE 总是试图在目标上内插源值。如果 Abaqus/CAE 找到无法内插的点，就会使用距离加权算法，在相邻搜索距离内选取节点。距离加权不考虑任何其他现有的容差（正/负法向搜索容差或者边界搜索容差）。用户可以通过使用非常小的相邻搜索距离来抑制距离加权，在此情况中，Abaqus/CAE 将在这些节点上施加 Default unmapped field value。

当试图将源点映射到目标点时，Abaqus/CAE 会进行三个步骤：

1. 试图在目标上插值场值。此时，相邻搜索容差被忽略。
2. 使用距离加权算法来选取相邻搜索容差内的源点。
3. 对于那些依然未映射的目标点，Abaqus/CAE 将施加 Default unmapped field value。

输出数据库的搜索控制

法向容差值定义了源数据点与目标模型外表面的距离。默认情况下，每一个源数据点必须位于通过目标模型中平均单元特征尺寸乘以 0.05 计算得到的距离内。此距离是沿着目标面的法向向量度量的。容差值将被解释成网格划分模型中平均单元特征尺寸的分数（而不是百分比）。

可以改变默认的容差值来确定将包括或者排斥哪些源数据点。

对于任何 Abaqus/CAE 不能映射源点的目标点，都将替换 Create Mapped Field 对话框中输入的 Default unmapped field value。默认值为零。Abaqus 为点云数据源和输出数据库网格源施加默认的场值。

对于输出数据库源，Mapper Controls 标签页提供了以下选项和搜索容差值：

Normal search distance tolerance

法向搜索距离容差。此距离内的任何源点，沿着目标面基底几何形状的正法向量度量的，都将被映射并包括在分析中。此容差应用到面目标映射和体积目标映射。默认是网格模型中平均单元特征尺寸的 0.05 倍。

Boundary search distance tolerance

边界搜索距离容差。此容差指定了源数据点必须位于网格划分目标模型的网格区域之外的平面内距离（见图 58-5）。从默认的 0.01（平均单元尺寸）增加此容差，可以有效地扩展每一个目标单元面来进行映射。当源数据的网格比目标模型网格更加粗糙时，增大此容差是有帮助的。

场值映射到目标模型上时，会对场值进行内插。边界搜索容差会应用到面映射和体积映射。

体积到面的映射控制

Create Mapped Field 对话框的 Mapper Controls 标签页包括 Mapping algorithm for target surface 选项，使用户可以选择 Surface 或者 Volumetric 映射。

用户的目标区域必须是以下三种类型之一：体积、面或者网格中的一组节点。如果目标是体积，则 Abaqus/CAE 总是执行体积映射。然而，如果目标是面或者一组节点，则用户必须选择想要 Abaqus/CAE 施加源数据的算法。选择 Surface，Abaqus/CAE 会使用面投影算法，在此方法中，将源数据投影到目标面中心或者节点。选择 Volumetric，Abaqus/CAE 会使用体积内插算法，在此算法中，将源数据内插到目标单元中心或者节点。两个算法的区别仅影响如何将源体积的场值施加到目标面上。

就映射算法而言，目标面或者体积是根据 Abaqus/CAE 中的几何模型，或者网格划分定义的：

- 几何模型中的体积是三维单元实体。
- 网格中的体积由单元组成。
- 三维几何模型中的面是几何面。
- 网格中的"面"由单元面组成。

当用户将映射应用到节点，并且目标节点通过一个节点集合（基于网格）定义时，可以使用面算法或者体积算法。然而，如果目标节点是由模型几何形体定义的，则 Abaqus/CAE 将总是为几何形体面使用面映射，为几何单元体使用体积映射。

目标区域是用户在主模型中施加载荷、相互作用、边界条件或者预定义场的区域。如果用户在两个不同的属性中施加相同的映射场源，则如果目标区域类型不同，它们可能具有不同的行为。

点云数据源的体积到面的控制

表 58-5 描述了 Abaqus/CAE 对点云数据源执行体积映射或者面映射的情况，以及用户何

时必须在两种情况之间做出选择。

表 58-5　点云数据源的体积映射与面映射情况

点云数据源	目标区域类型		
	几何单元体 （3 维单元或者节点）	壳或者面/面片[1]	节点集合
点云数据	体积	体积或者面	体积或者面

注：① 就映射算法而言，面可以是三维单元的一个面片。

输出数据库源的体积到面的控制

表 58-6 描述了 Abaqus/CAE 对输出数据库源执行体积映射或者面映射的情况，以及用户何时必须在两种情况之间做出选择。

表 58-6　输出数据库源的体积映射与面映射情况

输出数据库源	目标域类型		
	几何单元体 （3 维单元或者节点）	壳或者面/面片[1]	节点集合
节点数据	体积	体积或者面	体积或者面
基于单元的数据[2]	体积	体积或者面	体积或者面
基于面的数据	N/A（错误）	面	面

注：① 就映射算法而言，面可以是三维单元的一个面片。
　　② 显示模块中的输出数据库平均控制会影响基于单元的源数据的连续性。

如果目标区域是一个壳或者面，体积算法会将整个源体积（在输出数据库中）的场值插值到目标面区域。另外，面算法仅将源体积面的场值投影到目标面区域。

当目标面可以引用三维单元面时，面算法会将输出数据库源数据投影到目标面中心或者节点上。体积算法将源数据插值到目标单元中心或者节点上。

59　附着工具集

连接工具集允许用户创建附着点和附着线，用来定义模型中的紧固件和其他部件。用户可以在零件、属性、装配和相互作用模型中使用附着工具集。本章介绍连接工具集及其编辑功能，包括以下主题：

- 59.1 节 "理解附着点和线"
- 59.2 节 "理解投影方法"
- 59.3 节 "通过拾取或者从文件读取来创建附着点"
- 59.4 节 "通过选择方向和间距来创建附着点"
- 59.5 节 "以边为基础来创建附着点的排列样式"
- 59.6 节 "通过投影点创建附着线"
- 59.7 节 "编辑附着点和线"
- 59.8 节 "删除附着点和线"

59.1　理解附着点和线

　　用户使用附着工具集来给模型添加附着点和线。用户使用附着点在模型中定义以点为基础的紧固件、惯量、弹簧、阻尼器、载荷或者边界条件，或者连接器定义的连接器点；然后用户使用附着线来定义离散的紧固件。紧固件模拟点到点的连接（例如点焊、铆钉和螺栓），在 29.1 节"关于紧固件"中进行了描述。用户可以在装配体或者零件上创建附着点。用户仅可以在装配体上创建附着线。

　　用户可以通过从主菜单栏选择 Tools→Attachment，然后选择一个可以使用的菜单选项，来使用附着工具集创建附着点和线。在相互作用模块中，用户可以使用模块工具箱中的工具来创建附着点和线。用户也可以从属性模块和零件模块工具箱中访问三个附着点工具。附着点工具集提供创建附着点的以下工具：

✚ 通过拾取或者从一个文件读取来创建附着点

　　此工具允许用户从视口拾取每一个点，或者从文件读取点的坐标来创建附着点。详细指导见 59.3 节"通过拾取或者从文件读取来创建附着点"。

✎ 通过选择一个方向和间距来创建附着点

　　此工具允许用户通过定义一条线和沿着线指定点的数量，或者沿着线指定点的间距来创建附着点。详细指导，见 59.4 节"通过选择方向和间距来创建附着点"。

▦ 通过选择边和偏置来创建附着点

　　此工具允许用户在边上、在面上，或者沿着几个方向，通过选择一个单独的边或者连接在一起的边来选择方向，然后定义矩阵参数来创建附着点的简单矩阵。详细指导见 59.5 节"以边为基础来创建附着点的排列样式"。

　　如果需要，用户可以将多个点移动到指定的面，如 59.2 节"理解投影方法"中描述的那样。

　　附着工具集提供创建附着线的以下工具：

⧩ 通过投影点来创建附着线

　　此工具允许用户通过指定点，然后将点投影穿过多个面上来创建附着线。附着线连接一个或者多个面。用户仅可以在装配上创建附着线；用户不能在一个零件上创建附着线。创建附着线有三个步骤：

1. 选择要投影的点。

2. 沿着面的法向，或者沿着指定的方向将点投影到源面。

3. 从投影的点与源面的交点，沿着源面的法向将附着线投影到指定距离的目标面上。

详细指导见 59.6 节"通过投影点创建附着线"。

附着点和附着线是特征，当用户改变模型时可以重新生成它们；例如，在用户添加一个切割特征后。重新生成可以影响附着点和附着线的投影，以及改变连接特征创建的紧固点和线的总数量。此外，包含连接的集合也可能受到重新生成的影响。因此，用户应当确定在改变模型后，用户的附着点和线如设想的那样产生。用户也应当检查已经施加到附着点和附着线上的任何指定条件没有发生变化，例如载荷和边界条件。

59.2 理解投影方法

附着工具集提供三个工具来创建附着点。工具提供产生点的方便方法，例如沿着一条边，从一个文件读取每一个点的坐标，或者沿着一条线等间距布置点。然而，在某些情况中，在一个位置上定义点，然后将点投影到期望的面可能更加容易。因此，Abaqus/CAE 将投影功能提供成在面上定位附着点的方法。

附着工具集提供下面的技术，使用户可以通过在期望的面上投影点来创建附着点：

- 将每一个点投影到最靠近它的面上。
- 选择投影向量的起点和终点。Abaqus/CAE 沿着向量投影每一个点，并且在与面的第一个交点处创建附着点。

图 59-1 所示为在选中的面上投影点的两个技术。

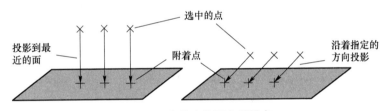

图 59-1 在选中的面上投影点

有关紧固件如何使用投影点的更多信息，见 29.1 节"关于紧固件"。

相关主题的更多信息，参考下面的章节：

- 59.1 节 "理解附着点和线"
- 29.1 节 "关于紧固件"

59.3　通过拾取或者从文件读取来创建附着点

用户可以通过从视口拾取每一个点，或者通过从一个文件读取点坐标来定位附着点。如果需要，用户可以通过投影指定的点到选中面来创建附着点。用户可以使用附着点来定义以点为基础的紧固件位置。更多信息见 29.1 节 "关于紧固件"。

若要通过拾取或者从文件读取来创建附着点，执行以下操作：

1. 从主菜单栏选择 Tools→Attachment→Points From File/By Picking。
Abaqus/CAE 显示 Create Attachment Points 对话框。

技巧：用户也可以通过拾取或者使用 ✚ 工具从文件读取来创建附着点，此工具位于相互作用模块工具箱或者属性模块工具箱中的附着工具中。对于工具箱中连接工具的图标，见 59.1 节 "理解附着点和线"。

2. 从对话框中使用下面的一个方法来在表中输入每一个附着点的坐标。

● 选择 ▷ 来从视口中的零件或者装配拾取一个点。用户可以从零件选择任何现有的点，包括顶点、基准点、交点、参考点和孤立的网格节点。用户也可以在提示区域中出现的文本域中输入点的 X 坐标、Y 坐标和 Z 坐标。

● 单击 ▭ 来读取包含每一个点的 X 坐标、Y 坐标和 Z 坐标的 ASCII 文件。

● 单击 ✐ 来从表中删除选中的行。

更多信息见 3.2.7 节 "输入表格数据"。

如果在一个零件上创建附着点，则用户提供的坐标与零件的坐标系有关。如果在装配上创建附着点，则坐标相对于装配的整体坐标系。

3. 要将指定的点投影到选中的面上，显示 Projection 标签页，然后进行下面的操作。

a. 切换选中 Project onto faces。

b. 单击 ▷ ，然后选中将在其上投影点的面。此面可以是平的或者不平的面。

c. 选择投影点的方法。

● 选择 Proximity 来让 Abaqus/CAE 在选中面上从每一个点到最近的点画一个向量。

● 选择 Direction 来定义投影点所沿的向量。单击 ▷ 来选择向量的 Start point 和 End point。

更多信息见 59.2 节"理解投影方法"。

4. 默认情况下，Abaqus/CAE 创建一个包含附着点的集合。如果需要，用户可以更改集合名称。如果用户不想要创建包含附着点的集合，则切换不选 Create set with name。

5. 单击 OK 力创建附着点。

Abaqus/CAE 显示附着点。用户不能更改附着点；用户必须删除点，然后创建新的点。

59.4　通过选择方向和间距来创建附着点

用户可以通过选择一个起点和一个方向，并且通过指定点间距来定位附着点。如果需要，用户可以通过将指定点投影到选中面上来创建附着点。用户可以使用附着点来定义以点为基础的紧固件位置。更多信息见29.1节"关于紧固件"。

若要通过选择方向和间距来创建附着点，执行以下操作：

1. 从主菜单栏选择 Tools→Attachment→Points Along Direction。

技巧：用户也可以通过使用🖉工具，选择一个方向和一个间距来创建附着点，此工具与相互作用模块工具箱或者属性模块工具箱在一起。对于工具箱中的附着工具图表，见59.1节"理解附着点和线"。

2. 从当前视口选择一个点来代表起点。用户也可以在提示区域出现的文本域中输入点的 X 坐标、Y 坐标和 Z 坐标。

Abaqus/CAE 显示 Create Attachment Points Along Direction 对话框。

3. 从对话框选择下面的一个方法，来指定创建点将会使用的方向指定方法。

● 选择 End point 并且单击 ▷ 来选择一个点，指定方向向量的端点。

● 选择 Straight line 并且单击 ▷ 来选择一条直线，指定方向向量。

4. 进行下面的一个操作来指定沿着指定向量的点间距。

● 选择 Number of points between start and end points，然后输入想要数量的点（仅当用户选择一个端点来指定方向向量时，才可以使用此选项）。

● 选择 Spacing，然后输入每一个附着点之间的距离。

进行下面的一个操作来指定要创建的点数量。

——选择 Number of points along direction，然后输入想要的点数量。此附着点可以超过方向向量的端点。单击 ↰ 来反转方向向量。

——选择 Auto-fit points between start and end points 来允许 Abaqus/CAE 确定点的数量，可以在起点和终点之间，使用指定间距来创建此数量的点。

5. 默认情况下，Abaqus/CAE 在指定向量的两个端点处创建附加的附着点。如果需要，切换不选 At start point 和/或 At end point 来防止 Abaqus/CAE 创建其他的点。

6. 要将指定的点投影到选中的面，显示 Projection 标签页，并进行下面的操作。

a. 切换选中 Project onto faces。

b. 单击 ▷ ，然后选择点将投影在其上的面。面可以是平的或者弯曲的。

c. 选择投影点的方法。

● 选择 Proximity 来允许 Abaqus/CAE 从每一个点到选中面上的最近点之间画一个向量。

● 选择 Direction 来定义向量，沿着此向量投影点。单击 ↳ 来选择向量的 Start point 和 End point。

更多信息见 59.2 节 "理解投影方法"。

7. 默认情况下，Abaqus/CAE 创建一个包含附着点的集合。如果需要，用户可以更改集合名称。如果用户不想创建包含附着点的集合，则切换不选 Create set with name。

8. 单击 OK 来创建附着点。

Abaqus/CAE 显示附着点。有关编辑附着点的信息，见 59.7.1 节 "编辑通过选择方向和间距创建的附着点"。

59.5　以边为基础来创建附着点的排列样式

用户可以沿着一个单独的边或者连接的边定位简单排列样式的附着点。然后用户可以在相邻的面上以行的一个排列样式，或者沿着一个指定方向来定位点。如果需要，用户可以将指定的点投影到选中的面上。用户可以使用附着点来定义以点为基础的紧固件位置。更多信息见 29.1 节"关于紧固件"。

若要以边为基础来创建附着点的排列样式，执行以下操作：

1. 从主菜单栏选择 Tools→Attachment→Points Offset From Edges。

技巧：用于也可以通过选择边，然后使用▦工具来创建附着点，此工具与属性模块或者相互作用模块工具箱中的附着工具在一起。有关工具箱中附着工具的更多信息，见 59.1 节"理解附着点和线"。

2. 从当前视口选择边，在此边上赋予附着点。用户可以选择多条边，只要边是连接在一起的并且没有分叉。用户可以从提示区域的右侧单击 Sets 来使用之前定义的集合。

如果边选择形成一个封闭的环，则从视口中为生成点来选择开始顶点。

出现一个红箭头来说明从起点开始的生成点的方向。

3. 在提示区域中，如果有必要，单击 Flip 来反转生成点的方向，并且单击 Yes。Abaqus/CAE 显示 Create Attachment Points Offset From Edges 对话框。

4. 从对话框指定沿着边的点。

1）选中 by number 来定义沿着选中边的附着点数量。Abaqus/CAE 自动地沿着边空间间隔点。

a. 输入沿着边的点数量。

b. 输入第一个附着点到起点的想要偏置。

c. 输入最后一个附着点到末端点的想要偏置。

2）选中 by spacing 来定义附着点之间的距离。

a. 输入点之间的距离。

b. 输入自起点的第一个附着点想要的偏置。

c. 指定沿着边的点数量，或者选择 Auto-fit 来让 Abaqus/CAE 确定附着点的数量。如果用户指定点的数量，则 Abaqus/CAE 将仅在起点和终点之间创建点；将不会创建超出终点的任何点。

5. 如果需要，通过指定下面的内容来定义连接点的行样式。

● 输入样式中行的数量。默认值 1 表示创建一个单独的附着点行。

- 数据间隔值来定义排列样式中行之间的距离。

- 输入排列样式的第一行距离边的偏置距离。默认的 0 值将在边上创建排列样式的第一个行。

- 选择 Orthogonal to faces 作为偏置方法，并且单击 ⍗ 来选中在其上定位排列样式的相邻面。

- 选择 Along direction 作为偏置方法。并且单击 ⍗ 来指定方向向量的起点和终点。

6. 要在选中的面上投影指定的点，显示 Projection 标签页并进行下面的操作。

a. 切换选中 Project onto faces。

b. 单击 ⍗，然后选中将在其上投影点的面。此面可以是平面或者曲面。

c. 选择投影点的方法。

- 选择 Proximity 来允许 Abaqus/CAE 从每一个点到选中面上的最近点画一条向量。

- 选中 Direction 来定义投影点所沿的向量。单击 ⍗ 来选择向量的 Start point 和 End point。

更多信息见 59.2 节"理解投影方法"。

7. 默认情况下，Abaqus/CAE 创建包含附着点的一个集合。如果需要，用户可以更改此集合名称。如果用户不想创建包含附着点的集合，则切换不选 Create set with name。

8. 单击 OK 来创建附着点。

Abaqus/CAE 显示附着点。有关编辑附着点的信息，见 59.7.2 节"编辑通过以边为基础的排列样式创建的附着点"。

59.6 通过投影点创建附着线

定位附着线有三个步骤：

1. 选择要投影的多个点。

2. 沿着指定的方向将多个点投影到一个源面上。

3. 从投影点与源面的交点，沿着源面的法向将附着线投影到指定距离的目标面上，或者投影到指定编号的目标面上。

用户可以使用附着线来定义离散紧固件的位置。更多信息见 29.1 节"关于紧固件"。

若要通过投影点来创建附着线，执行以下操作：

1. 从主菜单栏选择 Tools→Attachment→Lines by Projecting Points。

技巧：用户也可以通过使用 工具来投影点，进而创建附着线，此工具与相互作用模块工具箱中的附着工具在一起。工具箱中连接工具图表见 59.1 节"理解附着点和线"。

2. 从当前视图选择要投影的点，并且单击提示区域中的 Done。用户可以选择顶点、参考点或者附着点。

3. 从当前视口选择将投影点在上面的源面，并且单击提示区域中的 Done。在方向向量与源面相交的地方开始连接线。

4. 从当前的视口选择将与连接线相交的目标面，并且单击提示区域中的 Done。从起点开始，垂直于源面画连接线，并且在最远处的目标面处结束。

Abaqus/CAE 显示 Create Attachment Lines By Projecting Points 对话框。如果需要，用户可以使用对话框来编辑点和源面，以及目标面。

5. 从对话框选择投影点的方法。

● 选择 Proximity 来允许 Abaqus/CAE 从每一个点到选中面上的最近点画一个向量。

● 选择 Direction 来定义向量，沿着此向量来投影点。单击 来选择向量的 Start point 和 End point。

6. 要改变目标面，显示 Target 标签页，然后进行下面的操作。

a. Abaqus/CAE 显示一个箭头来说明源面上的点将投影到目标面的方向。单击 来反转箭头的方向。

b. 选择确定投影向量长度的方法。

● 选择 Maximum projections along direction，然后输入与连接线相交的目标面最大数量。

● 选择 Maximum length of projection vector，然后输入连接线的最大长度。

7. 默认情况下，Abaqus/CAE 创建一个集合，将包含附着线的末端点。如果需要，用户可以更改集合名称。如果用户不想创建包含末端点的集合，则切换不选 Create set with name。

8. 单击 OK 来创建附着线。

Abaqus/CAE 显示附着线。有关编辑附着线的信息，见 59.7.3 节"编辑通过投影点创建的附着线"。

59.7　编辑附着点和线

对于选择一个方向和间距来创建附着点、以沿着边或者从边偏置的排列样式方式创建的附着点，以及通过投影点来创建的附着点，用户可以编辑几个参数。而对于通过从文件拾取的或者读取的附着点，用户不能编辑。在零件模块或者属性模块中创建的连接特征仅可以在此两个模块中进行编辑；在装配模块或者相互作用模块中创建的连接特征仅可以在此两个模块中进行编辑；默认情况下，当完成编辑后，Abaqus/CAE 重新生成此模型。

本节包括以下主题：
- 59.7.1 节　"编辑通过选择方向和间距创建的附着点"
- 59.7.2 节　"编辑通过以边为基础的排列样式创建的附着点"
- 59.7.3 节　"编辑通过投影点创建的附着线"

59.7.1　编辑通过选择方向和间距创建的附着点

用户可以编辑通过选择一个方向和一个间距所创建的附着点。

若要通过选择方向和间距来编辑附着点，执行以下操作：

1. 从主菜单栏选择 Feature→Edit。

技巧：用户也可以通过单击模块工具箱中的 工具来编辑一个特征。

2. 选择要进行编辑的连接点特征。用户可以从当前视口中，或者从模型树中直接选择特征。出现 Edit Attachment Points Along Direction Feature 对话框。

3. 为沿着方向向量指定点的间距选择方法。

- 选择 Number of points between start and end points，然后输入想要的点数量（仅当用户选择一个端点来指定方向向量时，才可以使用此选项）。

- 选择 Spacing，然后输入每一个附着点之间的距离。

进行下面的任何一个操作来指定要创建的点数量。

—选择 Number of points along direction，然后输入想要的点数量。附着点可以延伸超过方向向量的末端点。

—选择 Auto-fit points between start and end points 来允许 Abaqus/CAE 确定可以在起点和端点之间，使用指定间距创建的点数量（仅当用户选择一个端点来指定方向向量时，才可以使用此选项）。

4. 切换 At start point 和/或者 At end point 来在起点和终点处添加或者删除附着点。仅当用户已经选择一个端点来指定方向向量时，才可以使用 At end point 选项。

5. 如果需要，当完成编辑过程时，切换 Regenerate on OK 来控制模型再生成。

59.7.2　编辑通过以边为基础的排列样式创建的附着点

用户可以编辑通过以边为基础的排列样式创建的附着点。

若要编辑通过以边为基础的样式创建的附着点，执行以下操作：

1. 从主菜单栏选择 Feature→Edit。

技巧：用户也可以通过单击模块工具箱中的 🔧 工具来编辑一个特征。

2. 选择要进行编辑的附着点特征。用户可以从当前视口中，或者从模型树中直接选择特征。

出现 Edit Attachment Points Offset From Edges Feature 对话框。

3. 进行下面的操作来指定沿着边的点。

1）选择 by number 来定义沿着选中边的附着点数量。Abaqus/CAE 自动地沿着边来间隔点。

a. 输入沿着边的点数量。

b. 输入第一个附着点到起点的期望偏置。

c. 输入最后一个附着点到末端点的期望偏置。

2）选择 by spacing 来定义附着点之间的距离。

a. 输入点之间的距离。

b. 输入第一个附着点到起点的期望偏置。

c. 指定沿着边的点数量，或者选择 Auto-fit 来让 Abaqus/CAE 确定附着点的数量。如果用户指定点的数量，则 Abaqus/CAE 将仅创建起点与终点之间的点；将不会创建超过终点的任何点。

4. 如果需要，通过指定下面的信息来定义附着点的行样式。

- 输入排列样式中的行数量。值 1 创建单行的附着点。
- 输入间距值来定义排列样式的行间距。
- 输入排列样式第一行到边的偏置距离。0 值将在边上创建排列样式的第一行。

5. 如果需要，切换 Regenerate on OK 来控制完成编辑过程时的模型重生成。

59.7.3　编辑通过投影点创建的附着线

用户可以编辑通过投影点创建得到的附着线。

若要编辑通过投影点创建的附着线，执行以下操作：

1. 从主菜单栏选择 Feature→Edit。

技巧：用户也可以通过单击位于模块工具箱中的工具来编辑一个特征。

2. 选择要编辑的附着线特征。用户可以直接从当前视口或者从模型树中选择特征。出现 Edit Attachment Lines Feature 对话框。

3. 选择确定投影向量长度的方法。

● 选择 Maximum projections along direction，然后输入连接线相交的目标面最大数量。

● 选择 Maximum length of projection vector，然后输入连接线的最大长度。

4. 如果需要，切换 Regenerate on OK 来控制完成编辑过程时模型的重生成。

59.8　删除附着点和线

用户可以从模型中删除附着点和线。被删除的附着点或者线，出现成模型树中零件或者装配下 Features 容器中的 Remove Attachments 特征，至于是出现在零件下还是装配下，取决于在哪个模块中创建附着点或者线。用户可以抑制或者删除 Remove Attachments 特征来重载附着点或者线。在零件模块或者属性模块中创建的附着点，仅可以在此两个模块中删除；在装配模块或者相互作用模块中创建的附着点或者线，仅可以从此两个模块中删除。

若要删除附着点和线，执行以下操作：

1. 从主菜单栏选择 Tools→Attachment→Remove attachments。

2. 从当前视口选择要删除的附着点或者附着线。用户可以从提示区域右侧单击 Sets 来删除之前定义的集合。

3. 如果用户处在零件模块或者属性模块中，单击提示区域中的 Done 来说明用户已经完成要删除附着点的选择。

从模块删除选中的附着点，并且在模型树的零件下创建一个 Remove Attachments 特征。

4. 如果用户处在相互作用模块或者装配模块中，则进行下面的操作。

a. 在提示区域中，单击 Done 来说明用户已经完成要删除附着点或者线的选择。

b. 在出现的对话框中，进行下面的操作。

• 单击 Yes 来从模型继续并删除选中的附着点或者附着线。

在模型树装配下创建了一个 Remove Attachments 特征。

• 单击 No 返回视口来更改要删除的选中附着点或者附着线。

• 单击 Cancel 来退出过程，不删除任何附着点或者附着线。

5. 如果需要，选择要删除的连接特征。

6. 单击鼠标键 2 来退出附着点或者附着线的删除过程。

60　CAD 连接工具集

Abaqus/CAE 的可选附加关联界面，使用 CAD 连接工具集来创建从 Abaqus/CAE 到其他 CAD 系统的连接。用户可以使用 CAD 系统来更改模型，或者改变模型的位置，并且可以使用已经建立的连接，在 Abaqus/CAE 中快速更新模型。用户也可以在 Abaqus/CAE 中更改某些几何特征，并且使用 CAD 连接更新原始的 CAD 系统模型。本章包括以下主题：

- 60.1 节 "创建一个 CAD 连接"
- 60.2 节 "更新导入模型中的几何形体参数"

60.1　创建一个 CAD 连接

用户可以运行相关的界面插件，使用 CAD 连接工具集来创建从 Abaqus/CAE 到其他 CAD 系统的连接。用户可以使用该连接将模型从 CAD 系统输出到 Abaqus/CAE 中的装配模块。用户也可以使用该连接，将某些几何更改输出回 CAD 系统（见 60.2 节"更新导入模型中的几何形体参数"）。下面的 CAD 系统可以使用相关联的界面插件：

- CATIA V6
- CATIA V5
- SOLIDWORKS
- Pro/ENGINEER
- NX （Unigraphics）

图 60-1 所示为 CATIA V5 和 Abaqus/CAE 的程序会话，并说明了应用程序之间的通信。使用 CAD 连接从一个运行关联界面插件的 CAD 系统，将模型传递到 Abaqus/CAE 的过程，称为关联导入。有关各个关联界面插件的信息，见达索系统知识库（Dassault Systèmes Knowledge Base），网址为 www.3ds.com/support/knowledge-base，包括以下信息：

- 支持关联导入的 CAD 程序包，以及支持的版本号。

图 60-1　使用 CATIA V5 关联界面的关联导入

- 关联界面插件的下载和安装指导。
- 每个关联界面插件的完整文档。

若要创建一个 CAD 连接，执行以下操作：

1. 从装配模块中的主菜单栏选择 Tools→CAD Interfaces→CAD 系统。用户可以建立与 CATIA V6、CATIA V5、SOLIDWORKS、Pro/ENGINEER 和 NX 的连接。

2. 从出现的对话框中进行下面的操作：

1）自动分配端口。选择 Auto-assign port，然后单击 Enable，从 Abaqus/CAE 中打开一个端口。

Abaqus/CAE 在信息区域中显示赋予的端口号。当用户从 CAD 系统中导出模型时，数据将通过此连接端口号传输。

2）指定端口。选择 Specify port，然后输入端口号来指定端口。端口号必须在 1025 ~ 65535 之间。如果用户想要重新打开连接，则可以使用 Abaqus/CAE 首次分配端口时显示的端口号。

3）抑制端口。如果已经激活了连接，则用户可以从对话框中单击 Disable 来抑制连接。

在使用 CAD 连接工具集创建从 Abaqus/CAE 到运行关联接口插件的其他 CAD 系统的连接后，用户可以执行以下操作来将装配体导出到 Abaqus/CAE 程序会话中：

CATIA V6

CATIA V6R2013x 或更早版本

从主菜单栏选择 Tools→Associative Export→Export to Abaqus/CAE。

CATIA V6R2014 或更新版本

选择 Share→Export→Associative Export→Export to Abaqus/CAE。

从《Abaqus/CAE 用户手册》的达索关联界面中（SIMULIA Associative Interface）可以获取更详细的指导；在安装 Abaqus/CAE 应用程序的 SIMULIA 关联界面后，可以获取此手册。

CATIA V5

从 CATIA V5 主菜单栏选择 Abaqus→Export to Abaqus/CAE。在出现的 Export to Abaqus/CAE 对话框中，选择 Open Abaqus/CAE，然后单击 OK。在 CATIA V5 关联界面用户手册中可以获取更多的详细指导；用户可以从 www.3ds.com/support/knowledge-base 处的达索系统知识库（Dassault Systèmes Knowledge Base）下载此手册。

SOLIDWORKS

从 SOLIDWORKS 主菜单栏选择 Abaqus→Export to Abaqus/CAE。在出现的 Export to Abaqus/CAE 对话中，切换选中 Open in Abaqus/CAE，并单击绿色的选择框。在 SolidWorks 关联界面用户手册中可以获取更详细的指导；用户可以从达索系统知识库（Dassault Systèmes Knowledge Base）下载此手册，网址为 www.3ds.com/support/knowledge-base。

Pro/ENGINEER

从 Pro/ENGINEER 主菜单栏选择 Abaqus→Open in CAE。在 Pro/ENGINEER 关联界面用户手册中可以获取更多详细的指导。用户可以从达索系统知识库（Dassault Systèmes Knowledge Base）下载此手册，网址为 www.3ds.com/support/knowledge-base。

NX

从 NX 主菜单栏选择 Abaqus→Open in /CAE。在 NX 用户手册的 Abaqus/CAE 关联截面中可以获取更多详细的指导。用户可以从 Elysium 公司网站上下载此手册。

有关导入的更多信息，见 10.1.2 节"可以使用关联界面做什么?"。

60.2 更新导入模型中的几何形体参数

参数更新功能允许双向的关联导入。在双向导入中，用户可以更改已经导入到 Abaqus/CAE 中的模型的几何特征尺寸，然后将新的尺寸传递回原始 CAD 系统的模型文件中。此双向导入特征当前仅 CATIA V5 关联界面，CATIA V6 关联界面和 Pro/ENGINEER 关联界面可以使用。

要使用参数更新功能，用户必须首先使用 CAD 系统（CATIA V5、CATIA V6 或者 Pro/ENGINEER）来说明 Abaqus/CAE 中哪些模型尺寸可以更改。可更改的尺寸必须以特征级参数的形式来定义，并与模型一起导入到 Abaqus/CAE 中。例如，一个参数可以与模型中孔的半径相关联；更改此参数的值也会更改孔的半径。每个参数名称必须以字符串 ABQ_开头，才能导入到 Abaqus/CAE 中。此外，为了避免覆盖具有相同名称的现有参数，每个参数名称必须是唯一的。

CATIA V5 关联界面，CATIA V6 关联界面和 Pro/ENGINEER 关联界面使用特殊的参数文件（.par_abq）将参数传递到 Abaqus/CAE 中。有关定义导入的 CATIA V5、CATIA V6 或者 Pro/ENGINEER 模型的可更改参数的更多信息，参考 CATIA V5 关联界面、CATIA V6 关联界面和 Pro/ENGINEER 关联界面用户手册。用户可以从达索系统知识库（Dassault Systèmes Knowledge Base）下载此手册，网址为 www.3ds.com/support/knowledge-base。

用户可以使用 Abaqus/CAE 中的 CAD Parameters 对话框为导入的参数赋予新的值。当用户更改参数值时，相关的几何特征会在 Abaqus/CAE 模型和保存的 CAD 模型中重新生成。此对话框还能让用户在更改 CAD 参数，继续在后台运行 CAD 软件。在后台运行 CAD 软件可提高双向参数更新的性能，但此选项会占用用户 CAD 软件的许可证，直到会话结束。

若要在导入的模型中更新几何参数，执行以下操作：

1. 进行以下任一操作。
- 使用 CATIA V5 关联界面从 CATIA V5 导入一个模型。
- 使用 CATIA V6 关联界面从 CATIA V6 导入一个模型。
- 使用 Pro/ENGINEER 关联界面从 Pro/ENGINEER 导入一个模型。
2. 打开 CAD Parameters 对话框。
- 在零件模块中，选择 Tools→CAD Parameters。
- 在装配模块中，选择 Tools→CAD Interfaces→CAD Parameters。
CAD Parameters 对话框显示可更改的所有参数。
3. 如果用户从 CATIA V5 或者 Pro/ENGINEER 导入参数，则单击参数名称。Abaqus 会在视口中高亮显示此参数影响的模型部分。

4. 要更改参数值，单击 Value 列中相应的单元格，然后输入一个新值。

5. 如果用户从 Pro/ENGINEER 导入参数，则切换选中 Keep CAD software running in the background after parameter update。如果进行双向导入或者其他更新，则此选项可以提高性能。

6. 当用户更改了所有必要的参数值时，进行以下任一操作：

● 单击 Update，以新的参数值来重新生成 Abaqus/CAE 中的模型。在 Pro/ENGINEER 零件（.prt）文件中保存的几何形体也会更新。更新时，不能在 Pro/ENGINEER 中打开原始模型。

● 右击鼠标，并选择 Write to File 来创建一个更新的参数文件，但不更新模型的几何形体。可以使用此文件，使用 Abaqus 脚本界面来手动地更新参数。与参数文件有关的更多信息，参考 Pro/ENGINEER 关联界面用户手册。

● 单击 Defaults，将 CAD Parameters 表中的所有参数重新设置成当前 Abaqus/CAE 模型中的值。

61 定制工具集

定制工具集允许用户改变 Abaqus/CAE 某些方面的行为和外观。本章包括以下主题：

- 61.1 节 "构建工具栏显示"
- 61.2 节 "构建快捷键"
- 61.3 节 "定制工具栏"
- 61.4 节 "构建定制工具栏中的图标"
- 61.5 节 "使用定制工具集"

61.1 构建工具栏显示

使用定制工具集，用户可以从 Abaqus/CAE 显示中删除单个工具栏。隐藏不经常使用的工具栏可以减少屏幕上的杂乱。用户总是可以使用其他方法（如主菜单栏、模块特定的工具箱或者键盘快捷键）来访问隐藏工具栏中的功能。

有三种方法可以改变工具栏显示：

关闭浮动的工具栏

用户可以通过单击工具栏标题栏中的"×"来隐藏浮动工具栏。有关浮动和固定工具栏的解释，见 2.2.3 节"工具栏组件"。

要恢复显示浮动工具栏，用户必须使用下面描述的技术。

使用主菜单栏

要隐藏可见的工具栏，从主菜单栏选择 View→Toolbars→工具栏名称。使用相同的过程来恢复显示被隐藏的工具栏。当前显示的工具栏在菜单中列出的名称旁有一个复选标记。

使用定制对话框

使用 Customize 对话框，用户可以同时更改多个工具栏的可见性。通过从主菜单栏选择 Tools→Customize 来打开 Customize 对话框。在 Toolbars 标签页上，可以切换任何想要隐藏的工具栏，以及任何想要显示的工具栏。

61.2　构建快捷键

　　键盘快捷键是单个按键或者按键组合，用户可以用来在 Abaqus/CAE 中调用功能；例如，按［Ctrl］键+S 键可以保存当前的模型。默认情况下，为常用功能定义了多个键盘快捷键。用户可以使用定制工具集来编辑这些默认的快捷键，以及为 Abaqus/CAE 中的其他功能添加新的快捷键，并显示当前定义的所有快捷键的列表。从主菜单栏选择 Tools→Customize；可以从出现的对话框中的 Functions 标签页访问 Keyboard 编辑器。

　　技巧：仅当当前的模块允许键盘快捷键的功能，并且应用程序的焦点不在模型树、不在结果树、不在信息区域或者命令行界面时，键盘快捷键才有效。如果快捷键无效，则应确认当前模块中是否允许此功能；或者通过单击视口标题栏来将焦点切换到视口中，以确保快捷键生效。

　　Abaqus/CAE 允许将下面的键和键组合指定成键盘快捷键：

- 任何功能键，除了［F1］键。
- ［Alt］+［Shift］+任何键。
- ［Ctrl］+任何键。用户也可以将［Alt］键或者［Shift］键添加到任何包含［Ctrl］键的键盘快捷键中。

　　然而，不是任何键都适合包括在键组合中，用户指定的键组合不能包含功能键或者数字键。

61.3 定制工具栏

定制工具集允许用户创建定制的工具栏，可包含 Abaqus/CAE 定义的绝大部分功能的快捷方式。定制工具栏可用于收置常用的工具，为没有现成快捷键的功能创建工具，或者为常用过程提供易于访问的控件（如创建零件、零件实例和网格划分零件功能，都可以包含在同一个工具栏中）。定制工具栏在所有模块中可见。如果某个工具充当了特定模块功能的快捷键，则当调用此工具时，Abaqus/CAE 会自动切换到相应的模块。

定制工具栏的内容和位置会在会话期间保存。

要创建定制工具栏，从主菜单栏选择 Tools→Customize。有关定制工具栏的详细指导，见 61.5.4 节"创建和更改定制工具栏"。

61.4　构建定制工具栏中的图标

用户可以在定制工具栏中更改赋予工具的默认图标。如果用户创建的工具没有赋予默认图标，则用户可以为该工具赋予一个新的图标。如果一个工具出现在多个定制工具栏中，则所有工具栏中的该工具都可用。需要注意的是，用户无法改变 Abaqus/CAE 工具栏和工具箱的默认图标，定制图标赋予不会影响这些默认图标。

要改变或者添加图标赋予，从主菜单栏选择 Tools→Customize。在出现的对话框的 Functions 标签页上，选择一个工具的功能，然后单击 Select 来为该工具赋予一个新的图标。

在赋予图标时，用户可以从当前 Abaqus/CAE 中使用的任何图标中选择。用户也可以导入定制的图标。定制图标必须是位图（.bmp）、GIF（.gif）、PNG（.png）或者 XPM（.xpm）格式之一。图标图像应当大小合适——Abaqus/CAE 中工具栏图标的标准大小是24×24 像素。用户无法调整 Abaqus/CAE 中显示的定制图标的大小；如果用户增加了图标大小的比例因子（如 68.3 中"缩放图标的大小"所描述的那样），只有 Abaqus/CAE 图标会增大。

Abaqus/CAE 会在用户的根目录中创建一个名为"abaqus_icons"的目录来存储导入的用户图标图像。如果用户从此目录删除一个图像文件，Abaqus/CAE 将重新使用它们的默认图标。

用户可以将同一个图标指给多个工具。要区分使用相同图标的多个工具的功能，用户可以将光标悬停在工具上一段时间；然后会出现一个小方框或者"工具技巧"，其中包含该工具功能的描述。

61.5　使用定制工具集

用户可以通过 Customize 对话框访问定制工具集的所有功能，可从任意模块的主菜单栏选择 Tools→Customize 或者 View→Toolbars→Customize 来打开 Customize 对话框。

本节介绍如何使用 Customize 对话框的功能，包括以下主题：

- 61.5.1 节 "隐藏工具栏"
- 61.5.2 节 "创建、更改和删除快捷键"
- 61.5.3 节 "显示现有的快捷键"
- 61.5.4 节 "创建和更改定制工具栏"
- 61.5.5 节 "改变图标赋予"
- 61.5.6 节 "将工具栏重载成默认设置"

61.5.1　隐藏工具栏

从主菜单栏选择 Tools→Customize 来设置工具栏在 Abaqus/CAE 中的可见性。有关隐藏工具栏的其他方法，见 61.1 节 "构建工具栏显示"。

若要设置工具栏显示，执行以下操作：

1. 从任意模块的主菜单栏选择 Tools→Customize。

出现 Customize 对话框。

2. 在 Toolbars 标签页上，切换想要显示的工具栏名称，以及想要隐藏的工具栏名称。

3. 根据需要设置完所有工具栏显示后，单击 Dismiss 来关闭 Customize 对话框。

61.5.2　创建、更改和删除快捷键

从主菜单栏选择 Tools→Customize 来构建特定功能的快捷键。有关可接受按键组合的信息，见 61.2 节 "构建快捷键"。

若要创建、更改或者删除快捷键，执行以下操作：

1. 从任意模块的主菜单栏选择 Tools→Customize。

2. 从打开的 Customize 对话框中单击 Functions 标签页。

3. 从 Module/Toolset 列表选择想要功能所属的 Abaqus/CAE 模块或者工具集。
Abaqus/CAE 会根据选中模块或者工具集中可用的功能来填充 Functions 列表。

4. 选择用户想要创建、更改或者删除快捷键的功能。

5. 执行下面的一个步骤。

1) 创建或者更改快捷键。输入想要使用的功能键或者键组合，然后单击 Assign。
Current shortcut 域中出现新的快捷键。

2) 删除一个快捷键。单击 Remove。
Abaqus/CAE 删除快捷键赋予，并清空 Current shortcut 域。

61.5.3　显示现有的快捷键

对话框显示了当前 Abaqus/CAE 中赋予的所有功能的快捷键列表，以及它们对应的功能。

若要显示快捷键的列表，执行以下操作：

1. 从任意模块的主菜单栏选择 Tools→Customize。

2. 从打开的 Customize 对话框中单击 Functions 标签页。

3. 要显示现有的快捷键列表，单击 Show all assignments。
在出现的 Shortcut Listing 对话框中，用户可以看到所有当前已经定义的快捷键及其功能。

61.5.4　创建和更改定制工具栏

选择 Tools→Customize 来在 Abaqus/CAE 中编辑定制的工具栏。用户可以创建新的工具栏、改变现有定制工具栏的内容、重新命名定制工具栏，或者删除定制工具栏。

若要创建或者更改定制工具栏，执行以下操作：

1. 从任意模块的主菜单栏选择 Tools→Customize。
出现 Customize 对话框。

2. 要创建一个新的定制工具栏：

a. 在 Toolbars 标签页上单击 Create。

b. 在出现的对话框中，输入新工具栏的名称，然后单击 OK。
Abaqus/CAE 在主窗口中创建一个空的浮动工具栏。

3. 显示 Functions 标签页。

4. 从 Module/Toolset 列表选择想要功能所属的 Abaqus/CAE 模块或者工具集。

在定制工具栏中，用户应使用选中 Visualization Display Options 时可用的渲染类型 Functions，而不是选中 View Manipulation 时可用的渲染类型。

Abaqus/CAE 使用选中模块或者工具集中的可用功能来填充 Functions 列表。

5. 在 Functions 列表中，调用想要添加到工具栏的功能。在定制工具栏上单击并拖拽相应功能；光标变成一个加号符号。释放鼠标键来在工具栏中添加功能。

用户可以将功能拖拽到新的或者现有的工具栏上。

6. 如果需要，添加或者更改选中功能的图标赋予。详细情况见 61.5.5 节"改变图标赋予"。

7. 要从定制工具栏中删除功能，单击工具栏上的图标并将其拖离工具栏；光标变成一个减号符号。释放鼠标键来从工具栏中删除图标。

注意：用户可以使用此过程在任何时候从一个定制工具栏中删除图标，不需要打开 Customize 对话框。

8. 重复步骤 4～步骤 7，直到工具栏包含所有想要的功能。

9. 单击 Dismiss 来关闭 Customize 对话框。

若要重新命名定制工具栏，执行以下操作：

1. 从任意模块的主菜单栏选择 Tools→Customize。
出现 Customize 对话框。

2. 显示 Toolbars 标签页。

3. 选择想要重新命名的工具栏，然后单击 Rename。

4. 在出现的对话框中，输入工具栏的新名称并单击 OK。

5. 单击 Dismiss 来关闭 Customize 对话框。

若要删除定制工具栏，执行以下操作：

1. 从任意模块的主菜单栏选择 Tools→Customize。
出现 Customize 对话框。

2. 显示 Toolbars 标签页。

3. 选择想要删除的工具栏名称，然后单击 Delete。

4. 单击 Dismiss 来关闭 Customize 对话框。

61.5.5 改变图标赋予

选择 Tools→Customize 来更改与定制工具栏上的特定工具或者功能相关联的图标。

若要改变图标赋予，执行以下操作：

1. 从任意模块的主菜单栏选择 Tools→Customize。

出现 Customize 对话框。

2. 显示 Functions 对话框。

3. 从 Module/Toolset 列表选择想要功能所属的 Abaqus/CAE 模块或者工具集。

Abaqus/CAE 使用选中的模块或者工具集中可用的功能来填充 Functions 列表。

4. 从 Functions 列表选择想要更改的功能。

5. 在对话框右下角的 Icon 域中单击 Select。

出现 Select Icon 对话框。

6. 要使用现有的 Abaqus/CAE 符号，从 Abaqus Icons 标签页上的显示中选择图标图像并单击 OK。Abaqus/CAE 在所有定制工具栏中更新选中功能的图标。

7. 要使用定制图标：

a. 显示 User Icons 标签页。

b. 要从 User Icons 标签页上显示的选项中删除定制图标，选择图标图像，然后单击 Delete。

c. 如果用户想要使用的图标在显示中，则跳到步骤 e。

如果用户想要使用的图标不在显示中，则单击 Import 来导入图标图像。

d. 在出现的 Select an Icon 对话框中，选择一个图像文件作为图标。有关可接受的图标图像文件的信息，见 61.4 节 "构建定制工具栏中的图标"。有关使用 Select an Icon 对话框的信息，见 3.2.10 节 "使用文件选择对话框"。

e. 从 User Icons 标签页上的显示中选择图标图像，然后单击 OK。

Abaqus/CAE 更新所有定制工具栏中选中功能的图标。

注意：用户不能更改默认 Abaqus/CAE 工具栏和工具箱中的图标。非默认的图标赋予仅施加到定制工具栏中的工具上。

8. 单击 Dismiss 来关闭 Customize 对话框。

61.5.6 将工具栏重载成默认设置

Customize 对话框中的 Reset 按钮可以将所有的工具栏重载成默认设置。重新设置工具栏可以有以下几种方式：

- 将所有默认的 Abaqus/CAE 工具栏重载成它们最初的显示状态。
- 将所有默认的 Abaqus /CAE 工具栏重新定位到它们在主菜单栏的原始位置。
- 删除所有的定制工具栏。

这些设置并不会立即生效；用户必须重新启动 Abaqus/CAE 才能看到变化。用户如果在进行图标更改后单击了 Reset，或者在重新启动软件之前关闭了 Abaqus/CAE，那么对所有工具栏进行的定制设置将不会保存，会重载成之前的设置。

若要将工具栏重载成默认设置，执行以下操作：

1. 从任意模块的主菜单栏选择 Tools→Customize。

出现 Customize 对话框。

2. 在 Toolbars 标签页上单击 Reset。

3. 重新启动 Abaqus/CAE。

62　基准工具集

基准是一种构建辅助工具，当模型自身不包含期望的几何形体时，它可以帮助用户推进建模过程。用户使用基准工具集来创建这些构建辅助工具。本章介绍用户如何使用基准工具集来创建和定位基准点、轴、平面和坐标系，包括以下主题：

- 62.1 节 "理解基准几何形体的角色"
- 62.2 节 "使用基准工具集"
- 62.3 节 "基准坐标系为何如此重要？"
- 62.4 节 "将基准理解成特征"
- 62.5 节 "基准创建技术概览"
- 62.6 节 "创建基准点"
- 62.7 节 "创建基准轴"
- 62.8 节 "创建基准平面"
- 62.9 节 "创建基准坐标系"

62.1 理解基准几何形体的角色

在建模过程中，用户可能会发现需要一些特定的几何形体来辅助构建模型，如一个顶点或者一条边，但在模型中并不存在这些几何形体。这时用户可以使用基准工具集来创建所需的几何形体部分，这些创建出来的对象称为基准。基准可以包括基准点、基准轴、基准平面或者基准坐标系。

- 当需要选择点时，用户可以从零件、基准点或者基准坐标系的原点中选择一个点。
- 当需要选择边时，用户可以从零件、基准轴或者基准坐标系的一个轴中选择一条边。
- 当需要选择面时，用户可以从零件或者基准平面中选择一个面。
- 当需要选择坐标系时，用户必须选择基准坐标系。

图 62-1 中显示了用户如何将基准面用作零件草图平面。

要在弯曲的面内挖去一个盲孔，用户需要在与曲面相切的平面上草图绘制侧面。然而，这样的平面是不存在的，需要用户使用基准工具集来创建，然后在其上进行草图绘制。基准平面和生成的盲切割特征如图 62-2 所示。

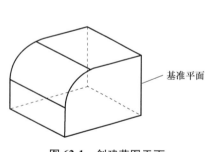

基准平面

图 62-1 创建草图平面

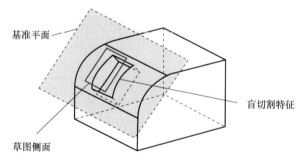

基准平面

盲切割特征

草图侧面

图 62-2 生成的盲切割特征

在 Abaqus/CAE 中，基准几何形体对模型的分析没有影响，并且不会在基准几何形体上生成网格；基准几何形体仅仅是帮助用户构建复杂几何形体的便利工具。如果用户想要在模型上添加几何形体，如在边上添加顶点，或者在单元实体上添加平面，则用户可以使用分割工具集来实现。

用户可以通过定义现有的几何形体（如顶点、平面和边）或者其他基准几何形体来创建基准。用户可以在零件模块或者属性模块中的零件，或者其他模块中的装配体上创建基准。例如，用户可以在零件模块中定义通过两个选中点的基准轴，然后在装配模块中使用该轴对齐零件实例。基准也可以看作特征；并且像其他特征一样，可以进行编辑、删除、抑制和恢复。简单来说，当重新生成装配体或者零件时，基准也会重新生成。用户也可以使用显示组在视口中显示或者隐藏基准几何形体。

62.2 使用基准工具集

用户可以通过从主菜单栏选择 Tools→Datum 来访问基准工具集。出现 Create Datum 对话框后，用户可以从对话框顶部 Type 区域的按钮中选择要创建的基准类型——点、轴、平面或者坐标系（CSYS）。Method 列表将显示用户创建的基准。用户可以从 Method 列表中选择期望的基准工具，并根据提示区域中的提示来创建基准。62.5 节"基准创建技术概览"中提供了每种类型基准可以使用创建方法。有关在零件上和装配体上创建基准几何形体的更多信息，见 11.16.1 节"使用零件模块中的基准工具集"，以及 13.8.1 节"在装配模块中使用基准几何形体"。有关显示基准几何形体的更多信息，见 76.9 节"控制基准显示"。

用户也可以从模块工具箱中访问基准工具集；图 62-3 所示为模块工具箱中所有基准工具的隐藏图标。

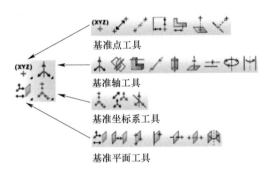

基准点工具

基准轴工具

基准坐标系工具

基准平面工具

图 62-3 基准工具的隐藏图标

将光标悬停在工具上一段时间，可以看到有关该工具功能的提示。有关使用工具箱和选择隐藏图标的信息，见 3.3.2 节"使用包含隐藏图标的工具箱和工具栏"。

62.3 基准坐标系为何如此重要?

用户可以选择在整个 Abaqus/CAE 中使用基准坐标系进行以下操作:

- 定义材料方向。
- 定义连接器方向。
- 定义耦合约束方向。
- 定义惯性释放载荷方向。
- 定义边界条件方向。
- 定位和对齐零件实例。

当用户想要选择一个点时,可以选择基准坐标系的原点;当用户想要选择一条边时,可以选择基准坐标系的一个轴。

Abaqus/CAE 提供了三种创建基准坐标系的方法:

- 三个点。
- 从基准坐标系偏置。
- 两条线。

更多信息见 62.5.4 节"创建基准坐标系的方法概览"。与其他基准类型不同,用户在创建基准坐标系时,可以为其命名。与所有基准坐标系一样,用户可以使用模型树来重新命名基准坐标系。

62.4 将基准理解成特征

在基于特征的建模过程中，基准是一种有用的构建辅助工具，并且其自身也是一个特征。因此，用户可以使用特征操控工具集来删除、抑制和恢复基准。当考虑到底层几何形体的变化时，Abaqus/CAE 会重新生成基准，以保持与零件或者装配体的一致性。用户可以编辑定义基准的各种数值参数；例如，基准点的 X 坐标、Y 坐标和 Z 坐标。然而，基准点始终由创建时所选择的底层几何形体定义。如果需要使用不同的几何形体来定义基准点，则用户必须删除当前的基准点并创建一个新的基准点。

用户可以在零件模块或者属性模块中的零件，或者其他模块中的装配体上创建基准，即用户可以直接在零件上创建基准，也可以从零件实例中选择实体来在装配体上创建基准。无论用户选择了哪种方式，基准都会随着零件实例移动。但是，如果用户通过在提示区域输入坐标来创建基准，则基准固定，不受零件实例移动的影响（这种方式创建的基准以装配体的绝对坐标定义，与零件实例的相对位置无关）。

在更改特征时，用户应当注意基准与更改特征之间的父子关系。例如，图 62-4 所示的穿过两个圆弧中点的基准轴，定义基准轴位置的圆弧中点是基准轴的父级特征。

如果用户更改零件，则 Abaqus/CAE 会重新生成基准轴，使基准轴仍然通过两个中点，如图 62-5 所示。

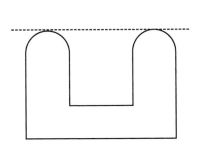

图 62-4 两个中点之间的原始基准轴

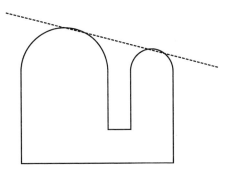

图 62-5 零件更改后的基准轴

62.5 基准创建技术概览

本节为创建每种类型基准的方法概览，更多信息见 76.9 节"控制基准显示"。本节包括以下主题：

- 62.5.1 节 "创建基准点的方法概览"
- 62.5.2 节 "创建基准轴的方法概览"
- 62.5.3 节 "创建基准平面的方法概览"
- 62.5.4 节 "创建基准坐标系的方法概览"

62.5.1 创建基准点的方法概览

当用户从 Create Datum 对话框中选择 Point 时，Method 列表显示以下创建基准点的方法：

(XYZ) 输入坐标

输入基准点的 X 坐标、Y 坐标和 Z 坐标，如图 62-6 所示。更详细的指导，见 62.6.1 节"通过输入基准点的坐标来创建基准点"。

从点偏置

以 X 坐标、Y 坐标和 Z 坐标的形式，输入自选中点的偏置来定义基准点的位置，如图 62-7 所示。更详细的指导，见 62.6.2 节"在选中点的偏置处创建基准点"。

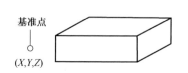

图 62-6 通过输入坐标来创建基准点

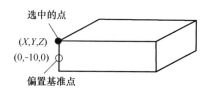

图 62-7 通过从点偏置来创建基准点

两个点之间的中点

在模型上选择两个点；Abaqus/CAE 在两个选中点之间的中点创建基准点，如图 62-8 所示。更详细的指导，见 62.6.3 节"在两个点之间的中点创建基准点"。

从两条边偏置

选择模型上的两条边，并输入基准点到两条边的距离，如图 62-9 所示。更详细的指导，见 62.6.4 节"自两条边指定距离处创建基准点"。

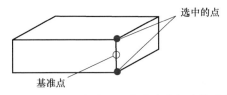

图 62-8　通过两个点之间的中点来创建基准点

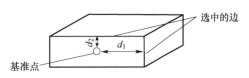

图 62-9　自两条边指定距离处创建基准点

输入参数

在模型上选择一条边，然后以参数值的形式输入基准点的位置，此参数值表示边长的百分比。图 62-10 所示的沿着边的箭头表明参数值从起点（对应边参数值的零点）到端点（对应的值为 1）增加的方向。更详细的指导，见 62.6.5 节"通过输入边参数来创建基准点"。

在面／平面上投影点

选择一个点和要投影点的面或者平面。Abaqus/CAE 将在面或者平面与其法线相交的位置处创建基准点，如图 62-11 所示。基准点也标注选中点与选中面或者平面之间的最短距离。更详细的指导，见 62.6.6 节"通过在面或者平面上投影点来创建基准点"。

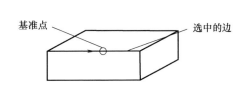

图 62-10　沿着一条边的指定距离处定位基准点

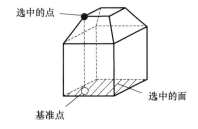

图 62-11　通过在面上投影点来创建基准点

在边／基准轴上投影点

选择模型上的一个点和要投影点的边或者基准轴。Abaqus/CAE 将在边或者基准轴与其法线相交的位置处创建基准点，如图 62-12 所示。基准点还标注了选中点与选中边或者基准轴之间的最短距离。更详细的指导，见 62.6.7 节"通过在边或者基准轴上投影点来创建基准点"。

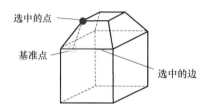

图 62-12 通过在边上投影点来创建基准点

62.5.2 创建基准轴的方法概览

当用户从 Create Datum 对话框中选择 Axis 时，Method 列表显示以下创建基准轴的方法：

✈ 主轴

选择必须与要创建的基准轴重合的一个主轴，如图 62-13 所示。更详细的指导，见 62.7.1 节"沿着主轴创建基准轴"。

两个平面的交线

选择两个不平行的平面。Abaqus/CAE 将在两个平面（或者两个平面的延伸）相交的位置处创建基准轴，如图 62-14 所示。更详细的指导，见 62.7.2 节"沿着两个平面的交线创建基准轴"。

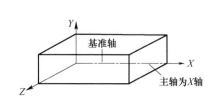

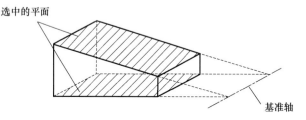

图 62-13 将三个主轴中的一个定义成基准轴　　图 62-14 将两个平面的交线定义成基准轴

直边

在模型上选择一条必须与要创建的基准轴重合的直边，如图 62-15 所示。更详细的指导，见 62.7.3 节"沿着直边创建基准轴"。

两个点

在模型上选择基准轴必须通过的两个点，如图 62-16 所示。更详细的指导，见 62.7.4

节"通过两个点创建基准轴"。

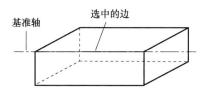

图 62-15 将模型上的一条直边定义成基准轴

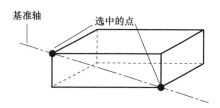

图 62-16 通过两个点来定义基准轴

圆柱轴

在模型上选择一个圆柱面。Abaqus/CAE 将沿着圆柱面的轴线创建基准轴,如图 62-17 所示。更详细的指导,见 62.7.5 节"沿着圆柱的轴创建基准轴"。

通过点与平面垂直

选择一个平面和不在此平面上的一个点。Abaqus/CAE 将创建一个与平面垂直并且通过点的基准轴,如图 62-18 所示。更详细的指导,见 62.7.6 节"垂直一个平面并通过一个点来创建基准轴"。

图 62-17 将圆柱的轴线定义成基准轴

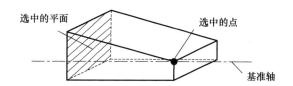

图 62-18 通过选择一个点和一个平面来定义基准轴

通过点与线平行

选择模型的一条边和不在此边上的一个点。Abaqus/CAE 将创建一个通过点并且平行于边的基准轴,如图 62-19 所示。更详细的指导,见 62.7.7 节"平行一条线并通过一个点来创建基准轴"。

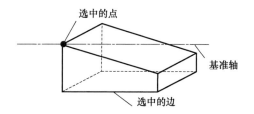

图 62-19 通过选择一个点和一条边来定义基准轴

在圆上的三个点

选择模型上定义一个圆的三个点。Abaqus/CAE 将沿着圆的轴线创建基准轴，如图 62-20 所示。更详细的指导，见 62.7.8 节"沿着通过三个点定义的圆的轴创建基准轴"。

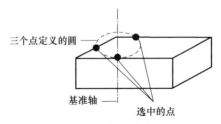

图 62-20 沿着圆的轴线定义基准轴

转动线

选择一条边和一条转动轴，并指定边的转动角度。Abaqus/CAE 将选中的边沿着转动边指定的角度旋转来创建基准轴，如图 62-21 所示。更详细的指导，见 62.7.9 节"通过转动现有边一个指定角度来创建基准轴"。

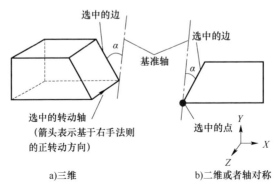

图 62-21 通过将边转动指定角度来定义基准轴

62.5.3 创建基准平面的方法概览

当用户从 Create Datum 对话框中选择 Plane 时，Method 列表显示以下创建基准面的方法：

从主面偏置

选择坐标系三个主面中的一个，并确定要创建的基准平面到选中平面的偏置距离，如图 62-22 所示。正值表示沿着选中平面的法线轴正方向偏置；例如，沿着 X 轴的与 Y-Z 平面垂直方向的偏置。更详细的指导，见62.8.1节"创建从主平面偏置的基准平面"。

从平面偏置

选择模型上的任意平面，并通过指定法向和指定沿着法向的偏置距离来确定基准平面的位置，如图62-23所示。用户可以通过输入值或者选择点来指定偏置距离。更详细的指导，见62.8.2节"创建从选中平面偏置的基准平面"。

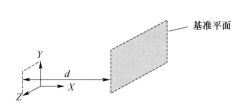

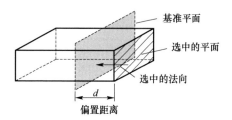

图62-22　通过偏置三个主平面中的
一个来创建基准平面

图62-23　通过偏置面来创建基准平面

三个点

选择的基准平面必须通过三个点，如图62-24所示。更详细的指导，见62.8.3节"创建通过三个点的基准平面"。

线和点

选择的基准平面必须通过的一条边和一个点，如图62-25所示。更详细的指导，见62.8.4节"创建通过一条线和一个点的基准平面"。

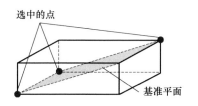

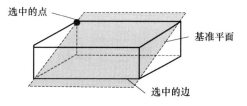

图62-24　通过三个点创建基准平面

图62-25　通过一条边和一个点来创建基准平面

+点和法线

选择一个点和一条边；基准平面通过点并与选中的边垂直，如图62-26所示。更详细的指导，见62.8.5节"创建通过一个点并垂直一条边的基准平面"。

两个点之间的中点

选择两个点。Abaqus/CAE 将在两个点之间的中点创建基准平面，该平面与连接两个点的线垂直，如图 62-27 所示。更详细的指导，见 62.8.6 节"创建通过两个点之间的中点并与连接两个点的线垂直的基准平面"。

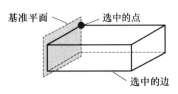

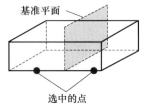

图 62-26　通过一个点和一个法向边来创建基准平面　　　　图 62-27　通过两个点之间的中点定位基准面

从平面转动

选择一个面和一个转动轴，并指定面将要转动的角度。Abaqus/CAE 将通过围绕转动轴转动一个指定的角度来创建基准平面，如图 62-28 所示。更详细的指导，见 62.8.7 节"通过将现有的面转动一个指定角度来创建基准平面"。

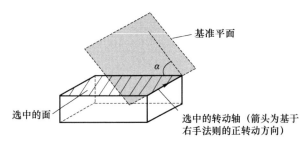

图 62-28　通过将面转动指定角度来定义基准平面

62.5.4　创建基准坐标系的方法概览

基准坐标系在整个 Abaqus/CAE 中都有使用；例如，用于定义材料方向和定义连接器方向。Abaqus 为了帮助用户追踪基准坐标系的最新情况，使用户可以在创建基准坐标系时对坐标系进行命名，坐标系名称将出现在模型树中的条目中。当用户从 Create Datum 对话框中选中 CSYS 时，Method 列表显示以下创建基准坐标系的方法：

三个点

通过选择原点，以及另外两个点来创建直角基准坐标系、圆柱基准坐标系或者球基准坐标系。在直角基准坐标系中，第二个点定义 X 轴，并且 X-Y 平面通过第二个点和第三个点，如图 62-29 所示。这是创建基准坐标系非常通用的工具，用户应尽可能使用此工具。更详细的指导，见 62.9.1 节"通过定义三个点来创建基准坐标系"。

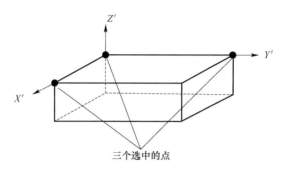

图 62-29　通过三个点来创建直角基准坐标系

⚙ 从 CSYS 偏置

选择一个坐标系，并通过指定偏置距离来确定直角基准坐标系、圆柱基准坐标系或者球基准坐标系的位置，如图 62-30 所示。用户可以通过输入一个值，或者选择一个点来指定偏置距离。更详细的指导，见 62.9.2 节"在另外一个坐标系偏置处创建基准坐标系"。

⚙ 两条线

选择用于定义直角基准坐标系、圆柱基准坐标系或者球基准坐标系的两条边。在直角基准坐标系中，第一条边定义 X 轴，并且 X-Y 平面通过第二条边，如图 62-31 所示。更详细的指导，见 62.9.3 节"通过定义两条线来创建基准坐标系"。

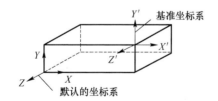

图 62-30　通过偏置坐标系来创建直角基准坐标系

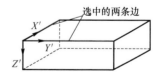

图 62-31　通过两条边来创建直角基准坐标系

62.6 创建基准点

本节介绍创建基准点的工具，包括以下主题：

- 62.6.1 节 "通过输入基准点的坐标来创建基准点"
- 62.6.2 节 "在选中点的偏置处创建基准点"
- 62.6.3 节 "在两个点之间的中点创建基准点"
- 62.6.4 节 "自两条边指定距离处创建基准点"
- 62.6.5 节 "通过输入边参数来创建基准点"
- 62.6.6 节 "通过在面或者平面上投影点来创建基准点"
- 62.6.7 节 "通过在边或者基准轴上投影点来创建基准点"

62.6.1 通过输入基准点的坐标来创建基准点

用户可以通过输入 X 坐标、Y 坐标和 Z 坐标来定位基准点，如下图所示：

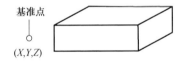

若要通过输入坐标来创建基准点，执行以下操作：

1. 从主菜单栏选择 Tools→Datum。

出现 Create Datum 对话框。对话框中包含了用户可以创建的基准几何形体类型。

Abaqus/CAE 在提示区域中显示提示来引导用户完成此过程。

技巧：用户也可以使用 **(xyz)** 工具来创建基准点，此工具位于模块工具箱中。对于工具箱中基准工具的图表，见 62.2 节 "使用基准工具集"。

2. 从对话框顶部的类型列表中选择 Point。

Method 列表列出了用户可以用来创建基准点的方法。

3. 从 Method 列表中选择 Enter coordinates。

4. 在提示区域出现的文本域内，输入用户想要创建基准点的 X 坐标、Y 坐标和 Z 坐标。如果基准域与装配关联，则用户提供的坐标是相对于装配的整体坐标系来定义的。如果基准与一个零件关联，则坐标是相对于零件的坐标系来定义的。如果用户不确定零件坐标系的位置或者方向，通常可以在零件的原点处创建一个默认的坐标系。更多信息见 62.9.1 节 "通过定义三个点来创建基准坐标系"。

出现基准点。用户可以通过从主菜单栏选择 Feature→Edit 来更改基准点的坐标，并选择基准。

62.6.2 在选中点的偏置处创建基准点

用户可以通过在模型上选择点，并输入从此点偏置的 X 坐标、Y 坐标和 Z 坐标来定位一个基准点。

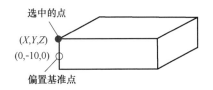

若要在选中点的偏置处创建基准点，执行以下操作：

1. 从主菜单栏选中 Tools→Datum。

出现 Create Datum 对话框。对话框中包含了用户可以创建的基准几何形体类型。

Abaqus/CAE 在提示区域中显示提示来引导用户完成此过程。

技巧：用户也可以使用 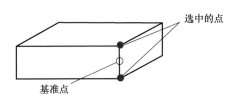 工具来创建基准点，此工具位于模块工具箱中。对于工具箱中基准工具的图表，见 62.2 节"使用基准工具集"。

2. 从对话框顶部的类型列表中选择 Point。

Method 列表列出了用户可以用来创建基准点的方法。

3. 从 Method 列表中选择 Offset from point。

4. 从当前视口中的零件或者装配体选择一个点。

5. 在提示区域出现的文本域中，输入从选中点偏置的 X 坐标、Y 坐标和 Z 坐标。出现基准点。用户可以通过从主菜单栏选择 Feature→Edit 来更改偏置的坐标，并选择基准。

62.6.3 在两个点之间的中点创建基准点

用户可以通过选中模型上的两个点来定位基准点；Abaqus/CAE 会在两个选中点之间的中点创建基准点。

若要在两个点之间的中点创建基准点，执行以下操作：

1. 从主菜单栏选择 Tools→Datum。

出现 Create Datum 对话框。此对话框中包含了用户可以创建的基准几何形体类型。

Abaqus/CAE 在提示区域中显示提示来引导用户完成此过程。

技巧：用户也可以使用 工具来创建基准点，此工具位于模型工具箱中。对于工具箱中基准工具的图表，见 62.2 节 "使用基准工具集"。

2. 从对话框顶部的类型列表中选择 Point。

Method 列表列出了用户可以用来创建基准点的方法。

3. 从 Method 列表中选择 Midway between 2 points。

4. 从当前视口中的零件或者装配体选择两个点。

出现基准点。用户不能更改使用此方法创建的基准点，只能删除旧的点，然后创建新的点。

62.6.4　自两条边指定距离处创建基准点

用户可以选择模型上的两条边，并输入基准点到每一条边的距离来定位此基准点。

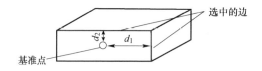

若要在距离两条边指定距离处创建基准点，执行以下操作：

1. 从主菜单栏选择 Tools→Datum。

出现 Create Datum 对话框。此对话框中包含了用户可以创建的基准几何形体类型。

Abaqus/CAE 在提示区域中显示提示来引导用户完成此过程。

技巧：用户也可以使用 工具来创建基准点，此工具位于模型工具箱中。对于工具箱中基准工具的图表，见 62.2 节 "使用基准工具集"。

2. 从对话框顶部的类型列表中选择 Point。

Method 列表列出了用户可以用来创建基准点的方法。

3. 从 Method 列表中选择 Offset from 2 edges。

4. 从当前视口中的零件或者装配体选择一个平面（会在此平面上创建基准点）。

5. 在指定平面上选择一条直边，并输入基准点到此边的距离。

6. 选择平面上的第二条直边，并输入基准点到此边的距离。

出现基准点。用户可以通过从主菜单栏选择 Feature→Edit 来更改基准点的位置，以及基准点到各边的距离。

62.6.5　通过输入边参数来创建基准点

用户可以通过选中模型上的一条边，并输入一个表示边长度百分比的参数来定位基准点。沿着边的箭头说明了从开始顶点（对应 0%的边参数）到末端顶点（对应 100%的边参数）的方向。

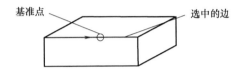

若要通过输入边参数来创建基准点，执行以下操作：

1. 从主菜单栏选择 Tools→Datum。

出现 Create Datum 对话框。此对话框中包含了用户可以创建的基准几何形体类型。

Abaqus/CAE 在提示区域中显示提示来引导用户完成此过程。

技巧：用户也可以使用▉工具来创建基准点，此工具位于模型工具箱中。对于工具箱中基准工具的图表，见 62.2 节"使用基准工具集"。

2. 从对话框顶部的类型列表中选择 Point。

Method 列表列出了用户可以用来创建基准点的方法。

3. 从 Method 列表中选择 Enter parameter。

4. 从当前视口中的零件或者装配体选择要定位基准点的边。

选中边上会出现一个箭头，来说明参数值增加的方向。

5. 在提示区域出现的文本域中，输入边参数的值。

出现基准点。用户可以通过从主菜单栏选择 Feature→Edit 来更改基准点的位置，以及边参数的值。

62.6.6　通过在面或者平面上投影点来创建基准点

用户可以通过选择模型上的一个点，以及要投影点的面或者平面来定位基准点。Abaqus/CAE 将在选中面或者平面与通过选中点的法线的相交处创建基准点。

若要通过在面或者平面上投影点来创建基准点，执行以下操作：

1. 从主菜单栏选择 Tools→Datum。

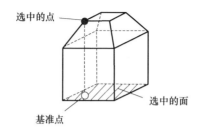

出现 Create Datum 对话框。此对话框中包含了用户可以创建的基准几何形体类型。
Abaqus/CAE 在提示区域中显示提示来引导用户完成此过程。

技巧：用户也可以使用 工具来创建基准点，此工具位于模型工具箱中。对于工具箱
中基准工具的图表，见 62.2 节"使用基准工具集"。

2. 从对话框顶部的类型列表中选择 Point。
Method 列表列出了用户可以用来创建基准点的方法。

3. 从 Method 列表中选择 Project point on face/plane。

4. 从当前视口中的零件或者装配体选择一个点。

5. 选择一个要投影此点的面或者平面，可以是平面、曲面或者基准平面。
出现基准点。用户不能编辑使用此方法创建的基准点，只能删除旧的点，然后创建新的点。

62.6.7　通过在边或者基准轴上投影点来创建基准点

用户可以通过选择模型上的一个点，以及要投影点的边或者基准轴来定位基准点。
Abaqus/CAE 将在选中边或者基准轴与通过选中点的法线的相交处创建基准点。

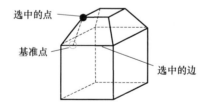

若要通过在边或者基准轴上投影点来创建基准点，执行以下操作：

1. 从主菜单栏选择 Tools→Datum。
出现 Create Datum 对话框。此对话框中包含了用户可以创建的基准几何形体类型。
Abaqus/CAE 在提示区域中显示提示来引导用户完成此过程。

技巧：用户也可以使用 工具来创建基准点，此工具位于模型工具箱中。对于工具箱
中基准工具的图表，见 62.2 节"使用基准工具集"。

2. 从对话框顶部的类型列表中选择 Point。
Method 列表列出了用户可以用来创建基准点的方法。

3. 从 Method 列表中选择 Project point on edge/datum axis。

4. 从当前视口中的零件或者装配体选择一个点。

5. 选择一个要投影此点的边或者基准轴。

出现基准点。用户不能编辑使用此方法创建的基准点,只能删除旧的点,然后创建新的点。

62.7　创建基准轴

本节介绍创建基准轴的工具，包括以下主题：

- 62.7.1 节　"沿着主轴创建基准轴"
- 62.7.2 节　"沿着两个平面的交线创建基准轴"
- 62.7.3 节　"沿着直边创建基准轴"
- 62.7.4 节　"通过两个点创建基准轴"
- 62.7.5 节　"沿着圆柱的轴创建基准轴"
- 62.7.6 节　"垂直一个面并通过一个点来创建基准轴"
- 62.7.7 节　"平行一条线并通过一个点来创建基准轴"
- 62.7.8 节　"沿着通过三个点定义的圆的轴创建基准轴"
- 62.7.9 节　"通过转动现有边一个指定角度来创建基准轴"

62.7.1　沿着主轴创建基准轴

用户可以通过选择三个主轴之一来定义基准轴。

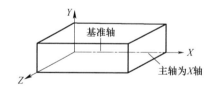

若要沿着主轴来创建基准轴，执行以下操作：

1. 从主菜单栏选择 Tools→Datum。

出现 Create Datum 对话框。对话框中包含了用户可以创建的基准几何形体类型。

Abaqus/CAE 在提示区域中显示提示来引导用户完成此过程。

技巧：用户也可以使用 ✈ 工具来创建基准轴，此工具位于模块工具箱中。对于工具箱中基准工具的图表，见 62.2 节 "使用基准工具集"。

2. 从对话框顶部的类型列表中选择 Axis。

Method 列表列出了用户可以用来创建基准轴的方法。

3. 从 Method 列表中选择 Principal axis。

4. 选择基准轴必须通过的 *X* 主轴、*Y* 主轴或者 *Z* 主轴。

出现基准轴。用户不能更改使用此方法创建的基准轴，只能删除旧的轴，然后创建新的轴。

62.7.2 沿着两个平面的交线创建基准轴

用户可以通过选择两个非平行的平面来定位基准轴。Abaqus/CAE 将在两个平面或者两个平面的延伸投影交线处创建基准轴。

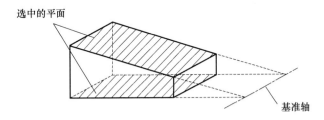

若要沿着两个平面的交线创建基准轴，执行以下操作：

1. 从主菜单栏选择 Tools→Datum。

出现 Create Datum 对话框。对话框中包含了用户可以创建的基准几何形体类型。

Abaqus/CAE 在提示区域中显示提示来引导用户完成此过程。

技巧：用户也可以使用 工具来创建基准轴，此工具位于模块工具箱内。对于工具箱中基准工具的图表，见 62.2 节"使用基准工具集"。

2. 从对话框顶部的类型列表中选择 Axis。

Method 列表列出了用户可以用来创建基准轴的方法。

3. 从 Method 列表中选择 Intersection of 2 planes。

4. 从当前视口中的零件或者装配体选择一个平面。

5. 选择不与第一个平面平行的第二个平面。

出现基准轴。用户不能更改使用此方法创建的基准轴，只能删除旧的轴，然后创建新的轴。

62.7.3 沿着直边创建基准轴

用户可以通过选择模型上的一条直边来作为基准轴。

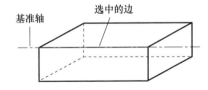

若要沿着直边创建基准轴，执行以下操作：

1. 从主菜单栏选择 Tools→Datum。

出现 Create Datum 对话框。对话框中包含了用户可以创建的基准几何形体类型。

Abaqus/CAE 在提示区域中显示提示来引导用户完成此过程。

技巧：用户也可以使用 ⬛ 工具来创建基准轴，此工具位于模块工具箱内。对于工具箱中的基准工具的图表，见 62.2 节"使用基准工具集"。

2. 从对话框顶部的类型列表中选择 Axis。

Method 列表列出了用户可以用来创建基准轴的方法。

3. 从 Method 列表中选择 Straight edge。

4. 从当前视口中的零件或者装配体选择一条直边。

出现基准轴。用户不能更改使用此方法创建的基准轴，只能删除旧的轴，然后创建新的轴。

62.7.4　通过两个点创建基准轴

用户可以选择通过模型上任意两个点的线来作为基准轴。

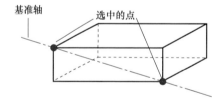

若要通过两个点创建基准轴，执行以下操作：

1. 从主菜单栏选择 Tools→Datum。

出现 Create Datum 对话框。对话框中包含了用户可以创建的基准几何形体类型。

Abaqus/CAE 在提示区域中显示提示来引导用户完成此过程。

技巧：用户也可以使用 ／ 工具来创建基准轴，此工具位于模块工具箱内。对于工具箱中基准工具的图表，见 62.2 节"使用基准工具集"。

2. 从对话框顶部的类型列表中选择 Axis。

Method 列表列出了用户可以用来创建基准轴的方法。

3. 从 Method 列表中选择 2 points。

4. 从当前视口中的零件或者装配体选择两个点。

出现基准轴。用户不能更改使用此方法创建的基准轴，只能删除旧的轴，然后创建新的轴。

62.7.5　沿着圆柱的轴创建基准轴

用户可以通过选择模型上的圆柱面或者圆锥面来定位基准轴。当用户
选择这些曲面时，Abaqus/CAE 会根据曲面的轴线创建基准轴。

若要沿着圆柱的轴创建基准轴，执行以下操作：

1. 从主菜单栏选择 Tools→Datum。

出现 Create Datum 对话框。对话框中包含了用户可以创建的基准几何形体类型。

Abaqus/CAE 在提示区域中显示提示来引导用户完成此过程。

技巧：用户也可以使用 ▐ 工具来创建基准轴，此工具位于模块工具箱内。对于工具箱
中基准工具的图表，见 62.2 节"使用基准工具集"。

2. 从对话框顶部的类型列表中选择 Axis。

Method 列表列出了用户可以用来创建基准轴的方法。

3. 从 Method 列表中选择 Axis of cylinder。

4. 从当前视口中的零件或者装配体选择一个圆柱面或者圆锥面。

出现基准轴。用户不能更改使用此方法创建的基准轴，只能删除旧的轴，然后创建新的轴。

62.7.6　垂直一个面并通过一个点来创建基准轴

用户可以通过选择模型上的一个平面以及一个不在此平面上的点来定位基准轴。
Abaqus/CAE 将创建垂直于平面并通过选中点的基准轴。

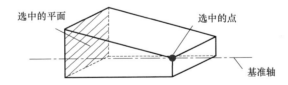

若要垂直一个面并通过一个点来创建基准轴，执行以下操作：

1. 从主菜单栏选择 Tools→Datum。

出现 Create Datum 对话框。对话框中包含了用户可以创建的基准几何形体类型。

Abaqus/CAE 在提示区域中显示提示来引导用户完成此过程。

技巧：用户也可以使用 ⟂ 工具来创建基准轴，此工具位于模块工具箱内。对于工具箱
中基准工具的图表，见 62.2 节"使用基准工具集"。

2. 从对话框顶部的类型列表中选择 Axis。

Method 列表列出了用户可以用来创建基准轴的方法。

3. 从 Method 列表中选择 Normal to plane, thru point。

4. 从当前视口中的零件或者装配体选择一个平面。

5. 从当前视口中的零件或者装配体选择一个点。

出现基准轴。用户不能更改使用此方法创建的基准轴，只能删除旧的轴，然后创建新的轴。

62.7.7　平行一条线并通过一个点来创建基准轴

用户可以通过选择模型上的一条边和不在此边上的一个点来定位基准轴。Abaqus/CAE 将创建平行于边并通过选中点的基准轴。

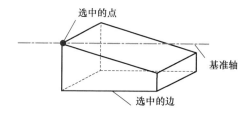

若要平行一条线并通过一个点来创建基准轴，执行以下操作：

1. 从主菜单栏选择 Tools→Datum。

出现 Create Datum 对话框。对话框中包含了用户可以创建的基准几何形体类型。

Abaqus/CAE 在提示区域中显示提示来引导用户完成此过程。

技巧：用户也可以使用 ┴ 工具来创建基准轴，此工具位于模块工具箱内。对于工具箱中基准工具的图表，见 62.2 节"使用基准工具集"。

2. 从对话框顶部的类型列表中选择 Axis。

Method 列表列出了用户可以用来创建基准轴的方法。

3. 从 Method 列表中选择 parallel to line, thru point。

4. 从当前视口中的零件或者装配体选择一条边。

5. 从当前视口中的零件或者装配体选择一个点。

出现基准轴。用户不能更改使用此方法创建的基准轴，只能删除旧的轴，然后创建新的轴。

62.7.8　沿着通过三个点定义的圆的轴创建基准轴

用户可以通过在模型上选择定义一个圆的三个点来定义基准轴。Abaqus/CAE 将沿着圆的轴线创建基准轴。

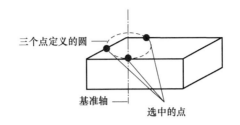

三个点定义的圆

基准轴

选中的点

若要沿着通过三个点定义的圆的轴创建基准轴，执行以下操作：

1. 从主菜单栏选择 Tools→Datum。

出现 Create Datum 对话框。对话框中包含了用户可以创建的基准几何形体类型。

Abaqus/CAE 在提示区域中显示提示来引导用户完成此过程。

技巧：用户也可以使用✛工具来创建基准轴，此工具位于模块工具箱内。对于工具箱中基准工具的图表，见 62. 2 节"使用基准工具集"。

2. 从对话框顶部的类型列表中选择 Axis。

Method 列表列出了用户可以用来创建基准轴的方法。

3. 从 Method 列表中选择 Three points on circle。

4. 从当前视口中的零件或者装配体选择三个点。

出现基准轴。用户不能更改使用此方法创建的基准轴，只能删除旧的轴，然后创建新的轴。

62. 7. 9　通过转动现有边一个指定角度来创建基准轴

用户可以通过将一条选中边或者基准轴围绕转动轴转动一个指定的角度来定义基准轴。

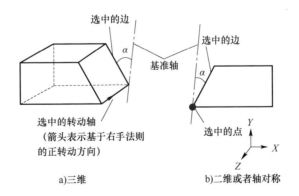

选中的边

基准轴

选中的边

选中的转动轴

（箭头表示基于右手法则的正转动方向）

选中的点

a)三维　　　　　　　　　　b)二维或者轴对称

若要通过转动现有边一个指定角度来创建基准轴，执行以下操作：

1. 从主菜单栏选择 Tools→Datum。

出现 Create Datum 对话框。对话框中包含了用户可以创建的基准几何形体类型。

Abaqus/CAE 在提示区域中显示提示来引导用户完成此过程。

技巧：用户也可以使用　工具来创建基准轴，此工具位于模块工具箱内。对于工具箱中基准工具的图表，见 62.2 节"使用基准工具集"。

2. 从对话框顶部的类型列表中选择 Axis。

Method 列表列出了用户可以用来创建基准轴的方法。

3. 从 Method 列表中选择 Rotate from line。

4. 从当前视口中的零件或者装配体选择要转动的一条边或者基准轴。

5. 指定转动的技术取决于零件或者装配体的模型空间。

1）对于二维或者轴对称的零件或者装配体。

a. 选择转动中心处的顶点或者基准点。用户也可以在提示区域出现的文本域中输入转动中心的精确坐标。

b. 在提示区域的文本域中输入转动角度。正角度表示围绕 Z 轴逆时针转动。

出现基准轴。

2）对于三维零件或者装配体。

a. 选择一条边或者基准轴来表示转动轴。

Abaqus/CAE 沿着选中边显示一个箭头，表示使用右手法则的正转动方向。

b. 在提示区域出现的文本域中输入转动角度。

出现基准轴。

用户可以通过从主菜单栏选择 Feature→Edit 来更改转动角度，并选择基准轴。如果用户改变角度的符号（如将正角度改为负角度），Abaqus/CAE 将反转转动方向。

62.8　创建基准平面

本节介绍创建基准平面的工具，包括以下主题：

- 62.8.1 节 "创建从主平面偏置的基准平面"
- 62.8.2 节 "创建从选中平面偏置的基准平面"
- 62.8.3 节 "创建通过三个点的基准平面"
- 62.8.4 节 "创建通过一条线和一个点的基准平面"
- 62.8.5 节 "创建通过一个点并垂直一条边的基准平面"
- 62.8.6 节 "创建通过两个点之间的中点并与连接两个点的线垂直的基准平面"
- 62.8.7 节 "通过将现有的面转动一个指定角度来创建基准平面"

62.8.1　创建从主平面偏置的基准平面

用户可以通过选择模型上的任意平面（包括另一个基准平面）并指定选中主平面的偏置距离来定位基准平面；用户可以通过输入值或者选择点来指定偏置距离。

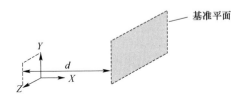

若要从主平面偏置创建基准平面，执行以下操作：

1. 从主菜单栏选择 Tools→Datum。

出现 Create Datum 对话框。对话框中包含了用户可以创建的基准几何形体类型。

Abaqus/CAE 在提示区域中显示提示来引导用户完成此过程。

技巧：用户也可以使用工具来创建基准平面，此工具位于模块工具箱内。对于工具箱中基准工具的图表，见 62.2 节 "使用基准工具集"。

2. 从对话框顶部的类型列表中选择 Plane。

Method 列表列出了用户可以用来创建基准平面的方法。

3. 从 Method 列表中选择 Offset from principal plane。

4. 从提示区域的按钮中选择主平面。

5. 在提示区域的文本域中输入基准平面到选中主平面的偏置距离。偏置可以是正值或者负值。正值表示基准平面沿着选中平面的正主轴法线偏置。

出现基准平面。用户可以通过从主菜单栏选择 Feature→Edit 来更改基准平面的位置，以及偏置距离。

62.8.2　创建从选中平面偏置的基准平面

用户可以通过选择模型上的任意平面（包括其他基准平面）并指定选中平面的偏置距离来定位基准平面；用户可以通过输入值或者选择点来指定偏置距离。

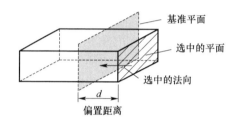

若要从选中平面偏置创建基准平面，执行以下操作：

1. 从主菜单栏选择 Tools→Datum。

出现 Create Datum 对话框。对话框中包含了用户可以创建的基准几何形体类型。

Abaqus/CAE 在提示区域中显示提示来引导用户完成此过程。

技巧：用户也可以使用▶◀工具来创建基准平面，此工具位于模块工具箱内。对于工具箱中基准工具的图表，见 62.2 节 "使用基准工具集"。

2. 从对话框顶部的类型列表中选择 Plane。

Method 列表列出了用户可以用来创建基准平面的方法。

3. 从 Method 列表中选择 Offset from plane。

4. 从当前视口中的零件或者装配体选择一个平面。

5. 从提示区域的按钮中选择下面的一个。

1）选择 Enter Value。

a. 出现一个箭头，说明偏置方向。

b. 如果有必要，单击 Flip 来反转箭头。单击 OK，接受指示的偏置方向。

c. 在提示区域的文本域中输入基准平面到选中平面的偏置距离。偏置可以是正值或者负值。正值表示基准平面沿着出现的箭头方向进行偏置。

2）选择 Select Point。从当前视口中的零件或者装配体选择一个点来定义基准平面到选中平面的偏置距离。

出现基准平面。用户可以通过从主菜单栏选择 Feature→Edit 来更改基准平面的位置，以及偏置距离。

62.8.3 创建通过三个点的基准平面

用户可以通过选择基准平面必须通过的三个点来定位基准平面。

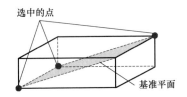

若要创建通过三个点的基准平面，执行以下操作：

1. 从主菜单栏选择 Tools→Datum。

出现 Create Datum 对话框。对话框中包含了用户可以创建的基准几何形体类型。

Abaqus/CAE 在提示区域中显示提示来引导用户完成此过程。

技巧：用户也可以使用 ⬆ 工具来创建基准平面，此工具位于模块工具箱内。对于工具箱中基准工具的图表，见 62.2 节"使用基准工具集"。

2. 从对话框顶部的类型列表中选择 Plane。

Method 列表列出了用户可以用来创建基准平面的方法。

3. 从 Method 列表中选择 3 points。

4. 从当前视口中的零件或者装配体选择三个点。

出现基准平面。用户不能更改使用此方法创建的基准平面，只能删除旧的平面，然后创建新的平面。

62.8.4 创建通过一条线和一个点的基准平面

用户可以通过选择基准平面必须通过的一条边和一个点来定位基准平面。

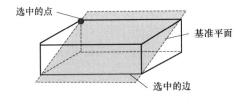

若要创建通过一条线和一个点的基准平面，执行以下操作：

1. 从主菜单栏选择 Tools→Datum。

出现 Create Datum 对话框。对话框中包含了用户可以创建的基准几何形体类型。

Abaqus/CAE 在提示区域中显示提示来引导用户完成此过程。

技巧：用户也可以使用 ▮ 工具来创建基准平面，此工具位于模块工具箱内。对于工具箱中基准工具的图表，见 62.2 节"使用基准工具集"。

2. 从对话框顶部的类型列表中选择 Plane。

Method 列表列出了用户可以用来创建基准平面的方法。

3. 从 Method 列表中选择 Line and point。

4. 从当前视口中的零件或者装配体选择一条直边。

5. 从当前视口中的零件或者装配体选择一个点。

出现基准平面。用户不能更改使用此方法创建的基准平面，只能删除旧的平面，然后创建新的平面。

62.8.5　创建通过一个点并垂直一条边的基准平面

用户可以通过选择一个点和一条边来定位基准平面；此基准平面通过选中的点并与选中的边垂直。

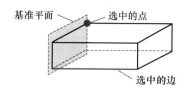

若要创建通过一个点并与一条边垂直的基准平面，执行以下操作：

1. 从主菜单栏选择 Tools→Datum。

出现 Create Datum 对话框。对话框中包含了用户可以创建的基准几何形体类型。

Abaqus/CAE 在提示区域中显示提示来引导用户完成此过程。

技巧：用户也可以使用 ▮ 工具来创建基准平面，此工具位于模块工具箱内。对于工具箱中基准工具的图表，见 62.2 节"使用基准工具集"。

2. 从对话框顶部的类型列表中选择 Plane。

Method 列表列出了用户可以用来创建基准平面的方法。

3. 从 Method 列表中选择 Point and normal。

4. 从当前视口中的零件或者装配体选择一个点。

5. 从当前视口中的零件或者装配体选择一条边。

出现基准平面。用户不能更改使用此方法创建的基准平面，只能删除旧的平面，然后创建新的平面。

62.8.6　创建通过两个点之间的中点并与连接两个点的线垂直的基准平面

用户可以通过选择两个点来定位一个基准平面。Abaqus/CAE 在两个选中点之间的中点上创建一个基准平面，并且此平面与连接两个点的线垂直。

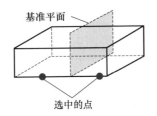

若要在两个点之间的中点创建基准平面，并且此基准平面与连接两个点的线垂直，执行以下操作：

1. 从主菜单栏选择 Tools→Datum。

出现 Create Datum 对话框。对话框中包含了用户可以创建的基准几何形体类型。

Abaqus/CAE 在提示区域中显示提示来引导用户完成此过程。

技巧：用户也可以使用 ⚡ 工具来创建基准平面，此工具位于模块工具箱内。对于工具箱中基准工具的图表，见 62.2 节"使用基准工具集"。

2. 从对话框顶部的类型列表中选择 Plane。

Method 列表列出了用户可以用来创建基准平面的方法。

3. 从 Method 列表中选择 Midway between 2 points。

4. 从当前视口中的零件或者装配体选择两个点。

出现基准平面。用户不能更改使用此方法创建的基准平面，只能删除旧的平面，然后创建新的平面。

62.8.7　通过将现有的面转动一个指定角度来创建基准平面

用户可以通过围绕选中的转动轴将选中的面或者基准平面转动指定的角度，来定义基准平面。

若要通过将现有的面转动一个指定角度来创建基准平面，执行以下操作：

1. 从主菜单栏选择 Tools→Datum。

出现 Create Datum 对话框。对话框中包含了用户可以创建的基准几何形体类型。

Abaqus/CAE 在提示区域中显示提示来引导用户完成此过程。

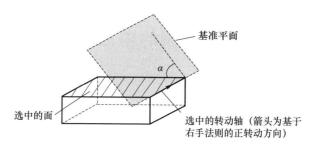

技巧：用户也可以使用 工具来创建基准平面，此工具位于模块工具箱内。对于工具箱中基准工具的图表，见 62.2 节"使用基准工具集"。

2. 从对话框顶部的类型列表中选择 Plane。

Method 列表列出了用户可以用来创建基准平面的方法。

3. 从 Method 列表中选择 Rotate from plane。

4. 从当前视口中的零件或者装配体选择要转动的面或者基准平面。

5. 选择任意边或者基准轴来表示转动轴。用户为转动轴选择的边或者基准轴不必与用户选中要转动的面或者基准平面共面。

Abaqus/CAE 沿着选中边显示一个箭头，说明使用右手法则的正转动方向。

6. 在提示区域出现的文本域中输入转动角度。

出现基准平面。用户可以通过从主菜单栏选择 Feature→Edit 来更改转动角度，并选择基准平面。如果用户改变角度的符号，则 Abaqus/CAE 将反转转动方向。

62.9 创建基准坐标系

本节介绍创建基准坐标系的工具，包括以下主题：

- 62.9.1 节 "通过定义三个点来创建基准坐标系"
- 62.9.2 节 "在另外一个坐标系偏置处创建基准坐标系"
- 62.9.3 节 "通过定义两条线来创建基准坐标系"

62.9.1 通过定义三个点来创建基准坐标系

用户可以通过选择以下内容来定位直角基准坐标系、圆柱基准坐标系或者球基准坐标系：

- 定义原点的点。
- X 轴或者 R 轴上的点。
- X-Y 平面或者 R-θ 平面上的点。

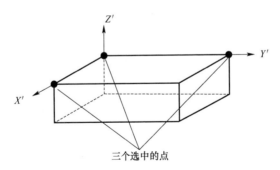

三个选中的点

当 Abaqus/CAE 提示用户选择一个点时，用户可以选择基准坐标系的原点。当 Abaqus/CAE 提示用户选择一条边时，用户可以选择基准坐标系的一个轴。

若要通过定义三个点来创建基准坐标系，执行以下操作：

1. 从主菜单栏选择 Tools→Datum。

出现 Create Datum 对话框。对话框中包含了用户可以创建的基准几何形体类型。

Abaqus/CAE 在提示区域中显示提示来引导用户完成此过程。

技巧：用户也可以使用 ⚒ 工具来创建基准坐标系，此工具位于模块工具箱内。对于工具箱中基准工具的图表，见 62.2 节 "使用基准工具集"。

2. 从对话框顶部的类型列表中选择 CSYS。

Method 列表列出了用户可以用来创建基准坐标系的方法。

3. 从 Method 列表中选择 3 points。

Abaqus/CAE 显示 Create Datum CSYS 对话框。

4. 在对话框中输入基准坐标系的名称。

为了帮助用户追踪基准坐标系的最新情况，Abaqus/CAE 会在模型树中显示基准坐标系的名称。此外，用户可以使用模型树来重新命名基准坐标系。

5. 从对话框中选择下面的一个基准坐标系：

- Rectangular，X 轴、Y 轴和 Z 轴分别与 1、2 和 3 整体轴对齐。
- Cylindrical，R 轴、θ 轴和 Z 轴分别与 1、2 和 3 整体轴对齐。
- Spherical，R 轴、θ 轴和 ϕ 轴分别与 1、2 和 3 整体轴对齐。

6. 从 Create Datum CSYS 对话框中单击 Continue。

Abaqus/CAE 显示默认的基准坐标系。基准坐标系的原点位于零件或者装配体的原点处。此外，默认基准坐标系的轴与零件或者装配体的坐标系对齐。

7. 如果要接受默认的基准坐标系，从提示区域单击 Create Datum。

Abaqus/CAE 创建基准坐标系。

8. 要在不同的位置或者方向创建基准坐标系，进行下面的操作：

a. 从当前视口中的零件或者装配体选择一个点，来定义基准坐标系的原点，或者直接输入原点的坐标。

Abaqus/CAE 在选中点处显示一个临时的基准坐标系。该基准坐标系的轴与整体坐标系的轴对齐。

b. 在提示区域中单击 Create Datum 来接受临时基准坐标系的方向，或者选择位于 X 轴或者 R 轴上的点（或者输入坐标值）。

Abaqus/CAE 重新计算临时基准坐标系的方向。

c. 在提示区域中单击 Create Datum 来接受临时基准坐标系的新方向，或者选择将位于 X-Y 平面或者 R-θ 平面上的点（或者输入坐标值）。

Abaqus/CAE 创建基准坐标系。用户不能移动或者转动基准坐标系。

62.9.2　在另外一个坐标系偏置处创建基准坐标系

用户可以通过选择坐标系，然后指定偏置距离来定位直角基准坐标系、圆柱基准坐标系或者球基准坐标系；用户可以通过输入值或者选择点来指定偏置距离。

当 Abaqus/CAE 提示用户选择一个点时，用户可以选择基准坐标系的原点。当 Abaqus/CAE 提示用户选择一个边时，用户可以选择基准坐标系的一个轴。

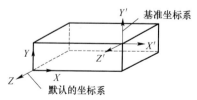

若要通过偏置坐标系来创建基准坐标系，执行以下操作：

1. 从主菜单栏选择 Tools→Datum。

出现 Create Datum 对话框。对话框中包含了用户可以创建的基准几何形体类型。

Abaqus/CAE 在提示区域中显示提示来引导用户完成此过程。

技巧：用户也可以使用 工具来创建基准坐标系，此工具位于模块工具箱内。对于工具箱中基准工具的图表，见 62.2 节 "使用基准工具集"。

2. 从对话框顶部的类型列表中选择 CSYS。

Method 列表列出了用户可以用来创建基准平面的方法。

3. 从 Method 列表中选择 Offset from CSYS。

Abaqus/CAE 显示 Create Datum CSYS 对话框。

4. 在对话框中输入基准坐标系的名称。

为了帮助用户追踪基准坐标系的最新情况，Abaqus/CAE 会在模型树中显示基准坐标系的名称。此外，用户可以使用模型树来重新命名基准坐标系。

5. 从对话框中选择下面的一个基准坐标系：

● Rectangular，X 轴、Y 轴和 Z 轴分别与 1、2 和 3 整体轴对齐。

● Cylindrical，R 轴、θ 轴和 Z 轴分别与 1、2 和 3 整体轴对齐。

● Spherical，R 轴、θ 轴和 ϕ 轴分别与 1、2 和 3 整体轴对齐。

6. 从 Create Datum CSYS 对话框中单击 Continue。

7. 从当前视口中选择一个基准坐标系。

8. 从提示区域的按钮中选择下面的一个。

1）选择 Enter Value。在提示区域出现的文本域中输入距离选中默认坐标系的偏置 X 坐标、Y 坐标和 Z 坐标。

2）选择 Select Point。从当前视口中的零件或者装配体选择一个点来定义与选中默认坐标系的偏置距离。

出现基准坐标系。用户不能移动或者转动基准坐标系。

62.9.3 通过定义两条线来创建基准坐标系

用户可以通过选择定义坐标系的两条边来定位直角基准坐标系、圆柱基准坐标系或者球基准坐标系。第一条边定义 X 轴或者 R 轴，X-Y 平面或者 R-θ 平面通过第二条边。

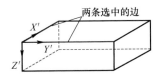

当 Abaqus/CAE 提示用户选择一条边时，用户可以选择基准坐标系的一个轴。

若要通过定义两条线创建基准坐标系，执行以下操作：

1. 从主菜单栏选择 Tools→Datum。

出现 Create Datum 对话框。对话框中包含了用户可以创建的基准几何形体类型。

Abaqus/CAE 在提示区域中显示提示来引导用户完成此过程。

技巧：用户也可以使用 ✕ 工具来创建基准坐标系，此工具位于模块工具箱内。对于工具箱中基准工具的图表，见 62.2 节"使用基准工具集"。

2. 从对话框顶部的类型列表中选择 CSYS。

Method 列表列出了用户可以用来创建基准平面的方法。

3. 从 Method 列表选择 2 lines。

Abaqus/CAE 显示 Create Datum CSYS 对话框。

4. 在对话框中输入基准坐标系的名称。

为了帮助用户追踪基准坐标系的最新的情况，Abaqus/CAE 会在模型树中显示基准坐标系的名称。此外，用户可以使用模型树来重新命名基准坐标系。

5. 从对话框中选择下面的一个基准坐标系：

● Rectangular，X 轴、Y 轴和 Z 轴分别与 1、2 和 3 整体轴对齐。

● Cylindrical，R 轴、θ 轴和 Z 轴分别与 1、2 和 3 整体轴对齐。

● Spherical，R 轴、θ 轴和 ϕ 轴分别与 1、2 和 3 整体轴对齐。

6. 从 Create Datum CSYS 对话框中单击 Continue。

7. 从当前视口中的零件或者装配体选择一条直边，来定义基准坐标系的 X 轴或者 R 轴。

8. 选择将位于 X-Y 平面或者 R-θ 平面上的直边。

出现基准坐标系。用户不能移动或者转动基准坐标系。

63 离散场工具集

离散场是空间变化的场，场的值与节点或者单元关联。离散场工具集允许用户创建和管理离散场。本章包括以下主题：

- 63.1节 "使用离散场工具集"
- 63.2节 "创建离散场"
- 63.3节 "评估离散场"
- 63.4节 "为材料体积分数创建离散场"

63.1 使用离散场工具集

离散场工具集允许用户定义空间变化的参数。离散场中的参数可以与指定的单元或者节点关联。例如，用户可以定义一个空间变化的厚度或者方向（直角坐标系、圆柱坐标系或者球坐标系）。在属性模块、相互作用模块和载荷模块中都可以使用离散场工具集。

从主菜单栏选择 Tools→Discrete Field→Create 可以创建一个新的离散场；从同一个菜单选择 Edit 可以改变现有的离散场。任何一个命令都能打开离散场编辑器，允许用户将数据与单元或者节点关联。

63.2　创建离散场

用户可以在属性模块、相互作用模块和载荷模块中使用离散场工具集。

若要创建离散场，执行以下操作：

1. 从主菜单栏选择 Tools→Discrete Field→Create。

技巧：用户也可以单击 Discrete Field Manager 中的 Create。

2. 在 Name 文本域中输入离散场的名称。有关命名对象的信息，见 3.2.1 节"使用基本对话框组件"。

3. 在 Description 文本域中输入离散场的描述。

4. 选择 Elements 或者 Nodes 来指定将要施加场的位置类型。

5. 选择数据类型。

1）选择 Scalar 来输入标量场数据。

2）与单元关联的场可以使用 Orientation 选项。选择 Orientation，然后进行下面的操作。

a. 选择坐标系类型——Cartesian、Cylindrical 或者 Spherical。

b. 切换选中 Supplied orientation directions are defined in part space，在零件或者零件实例层级上定义方向。当用户定义零件空间中的方向时（相对于零件坐标系定义方向），Abaqus 会使用零件实例平动（零件实例的平移变换）来将方向值从零件坐标系转换到装配坐标系。如果切换不选此选项，则可以在装配层级上直接定义方向。

3）选择 Prescribed condition 来使场数据中包括自由度。

6. 输入一个或者多个默认的分量值。有关 Abaqus 如何使用默认值的信息，见 63.3 节"评估离散场"。标量离散场要求一个默认的分量值。矢量离散场要求六个默认的分量值。指定条件的离散场要求六个默认的分量值，并且至多 6 个自由度值。

7. 在 Field Data 标签页输入下面的值。

● 单元或者节点编号及其相关分量值。

当创建的离散场将与装配层级的对象或者历史对象（如载荷或者相互作用）一起使用时，用户必须指定节点或者单元编号的完整名称，如《Abaqus 分析用户手册——介绍、空间建模、执行与输出卷》的 2.10 节"装配定义"中的"命名约定"中描述的那样。例如，用户可以使用 Part_instance_name. EID（如 PART-2-1.20）格式来指定零件实例名称以及单元 ID。

● 对于指定条件的离散场，请输入自由度值。

在表中右击鼠标来显示菜单，允许用户进行下面的操作：

- 剪切、复制和粘贴值。
- 插入和删除行。
- 清除表单元格或者整个表。
- 读取或者写入逗号分隔的文件。

更多信息见 3.2.7 节"输入表格数据"。

8. 单击 OK 来创建离散场，并退出编辑器。

63.3 评估离散场

如果用户为一个指定条件指定离散场，则 Abaqus/CAE 会在写入输入文件时评估离散场。

- 如果在指定条件和离散场的区域中都发现了单元或者节点，则 Abaqus/CAE 将用指定条件的大小乘以每一个单元或者节点处的值来确定递交给分析的最终值。材料赋予预定义场是唯一的例外；该指定条件没有大小。
- 如果在指定条件选中的区域中发现了单元或者节点，但其不在离散场中，Abaqus/CAE 将用指定条件的大小乘以默认的值，然后递交给分析。

表 63-1 总结了标量离散场如何确定写入输入文件的值。

表 63-1 评估标量离散场

指定条件选中区域中的单元或者节点	离散场中的单元或者节点	写入输入文件的值
是	是	指定条件的大小×离散场指定的大小
是	否	指定条件的大小×离散场中指定的默认值
否	是	未写入输入文件

对于具有多个自由度（如位移）的指定条件，将使用指定的条件离散场，并且评估离散场变得更加复杂。对于可以激活单个自由度的指定条件，仅考虑指定条件中激活的自由度；指定条件中将忽略未激活的自由度。指定条件中为每个自由度指定的大小会乘以离散场中指定的大小，或者离散场中自由度的默认值，以确定该自由度的具体取值范围。

例如，如果用户为 Node-set-1（包含节点 Part-2-1. 10、Part-2-1. 20 和 Part-2-1. 30）定义一个位移边界条件，如图 63-1 所示，并且定义一个指定的条件离散场，如图 63-2 所示，则 Abaqus 将如表 63-2 列出的那样将值递交到输入文件。

表 63-2 指定条件离散场的评估结果

节点 ID	自由度	写入输入文件的值
Part-2-1. 10	3（U3）	30
Part-2-1. 10	4（UR1）	600
Part-2-1. 20	3（U3）	70
Part-2-1. 20	4（UR1）	600
Part-2-1. 30	3（U3）	70
Part-2-1. 30	4（UR1）	600
Part-2-1. 40	3（U3）	无

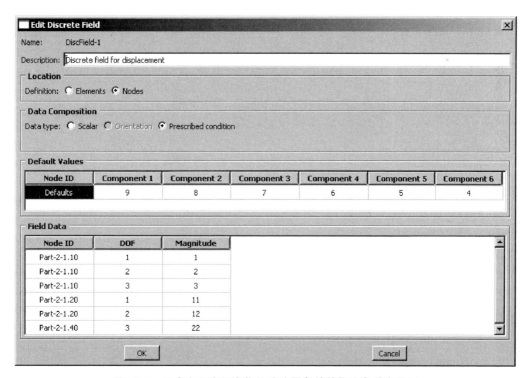

图 63-1　具有两个激活自由度的位移边界条件

图 63-2　用来定义空间变化位移边界条件的指定条件离散场

边界条件和预定义场的自由度如果为零，则会写入输入文件；但载荷的自由度如果为零，则不会写入输入文件。

当创建的离散场将与装配层级的对象或者历史对象（如载荷或者相互作用）一起使用时，用户必须指定节点或者单元编号的完整名称，如《Abaqus 分析用户手册——介绍、空间建模、执行与输出卷》的 2.10 节"装配定义"中的"命名约定"中描述的那样。

63.4 为材料体积分数创建离散场

体积分数工具用来创建离散场，这些离散场表示两个零件实例之间的重叠。其中一个零件实例必须是带网格划分的欧拉零件。另一个零件实例充当参照几何形体。创建的离散场，基于参照零件实例在单元中占据空间大小，将欧拉零件中的每个单元与体积分数关联。此离散场可用于在欧拉模型中赋予材料（见 28.4 节"为欧拉零件实例赋予材料"）。有关欧拉模型中使用体积分数工具的概览，参考 28.5 节"体积分数工具"。

体积分数工具可以在相互作用模块和载荷模块中使用。

若要为材料体积分数创建离散场，执行以下操作：

1. 从主菜单栏选择 Tools→Discrete Field→Volume Fraction Tool。

2. 在视口中选择一个带网格划分的欧拉零件实例。创建的离散场将与此欧拉零件中的单元关联。

警告：在使用体积分数工具后，用户不应当重新生成或者编辑欧拉零件的网格。任何网格的改变——包括从重放或者日志文件重新生成网格——都可能使生成的离散场无效。

3. 在视口中选择与之前选中的欧拉零件实例相交的参考零件实例。此零件实例必须是三维实体或者三维的壳。参考零件实例不能包含自由边或者内部分开的面（自由边或者非流形边）。

注意：如果参考实例由网格划分的几何形体组成，则 Abaqus/CAE 将始终使用零件实例的网格划分表示来计算体积分数。如果参考实例是部分网格划分的，则在体积分数计算中仅考虑零件网格划分的部分。

出现 Volume Fraction Tool 对话框。

4. 在 Name 文本域中，输入离散场的名称。有关命名对象的信息，见 3.2.1 节"使用基本对话框组件"。

5. 在 Description 文本域中，输入离散场的描述。

6. 要改变欧拉实例或者参照示例，单击 Edit，并在视口中选择一个新的零件实例。

7. 为体积分数计算指定 Accuracy（Low、Medium 或者 High）。精度越低，工具的性能越快。

8. 指定 Material location 项。

● 选择 Inside reference instance，表示将把材料赋予参考实例占据或者包围的区域。在此区域中对所有的欧拉单元赋予一个非零的值。

● 选择 Outside reference instance，表示将把材料赋予参考实例未占据或者未包围的区域。

对参考实例未完全占据或者未包围的所有单元赋予一个非零值。

9. 指定 Scale factor（介于 0 和 1 之间）。离散域中的所有值都要乘以比例因子（默认情况下，比例因子为 1）。

10. 要创建所有连接到单元的，在离散场中具有非零体积分数的所有节点集合，切换选中 Node set，为集合输入一个名称。

11. 要创建所有连接到单元的，在离散场中具有非零体积分数的所有单元集合，切换选中 Element set，为集合输入一个名称。

12. 单击 OK 来创建离散场，并关闭 Volume Fraction Tool 对话框。

64 网格编辑工具集

用户可以使用网格模块中的网格编辑工具集来改善网格质量。用户可以更改独立的网格，也可以更改 Abaqus 本地网格。本章包括以下主题：

64.1　可以使用网格编辑工具集做什么？

本节介绍如何使用网格编辑工具集来更改网格模块中的网格。当用户更改包含独立单元和节点的网格时，所有的工具都可用；然而，对于更改绑定到几何形体的网格节点或者单元，包括更改连接到装配体中网格划分过的零件实例的网格节点或者单元，只有部分工具可用。本节包括以下主题：

- 64.1.1 节 "操控节点"
- 64.1.2 节 "操控单元"
- 64.1.3 节 "操控网格"
- 64.1.4 节 "细化网格"

64.1.1　操控节点

网格编辑工具集提供了以下工具，允许用户操控网格中的节点：

- 创建节点。用户可以在整体坐标系或者指定的基准坐标系中指定节点的新坐标。

- 编辑节点。用户可以在整体坐标系或者指定的基准坐标系中指定节点的新坐标。另外，用户也可以指定距离当前位置的偏置。用户可以编辑单个节点，也可以同时编辑多个节点。

- 拖动节点。用户可以在模型中单击并拖动节点。用户一次仅可以拖动一个节点，并且可以使用 Project to geometry 功能来将外部的节点投影到与节点关联的几何形体上。用户拖动节点时，会自动激活单元质量检查，以显示单元错误和警告。有关单元质量检查的更多信息，见 17.19.1 节 "确认单元质量"。

- 投影节点。用户可以指定一个顶点、边或者面，Abaqus/CAE 会将节点从它们当前的位置投影到选中的对象上。用户可以投影单个节点，也可以同时投影多个节点。用户还可以将节点投影到其他节点、单元边、单元面、基准点、基准轴或者基准平面上。

- 删除节点。删除节点后，与之关联的单元也会被删除。用户在删除选中的节点及其关联的单元后，还可以继续删除与任何单元都不关联的保留节点（以帮助用户简化模型并减小计算负荷）。

- 合并节点。如果用户仅选择两个节点来合并，则 Abaqus/CAE 将在选中节点的中点处创建一个新的节点。如果用户选择多于两个的节点，则可以指定 Node merging tolerance，即将合并的节点之间的最大距离。Abaqus/CAE 会删除比指定距离更近的节点，并用一个新节点来替换它们。新节点的位置是合并成新节点的组节点的平均位置。

当 Abaqus/CAE 删除重复的节点时，用户可以选择删除具有相同连接性的重复单元。用户还可以在装配模块中合并零件实例，并在此过程中合并节点；更多信息见 13.7.1 节"合并和切开零件实例"。

● 平滑节点。用户可以选择外部节点，Abaqus/CAE 将平滑节点相对于周围节点的位置。用户可以平滑零件或者装配上的本地网格的任何外部节点，只要它们不是区域边界的一部分；用户也可以平滑位于平面网格面中的外部孤立网格节点。

● 调整二阶单元中节点的位置，以便在断裂力学分析中考虑裂纹尖端处的奇异性。用户可以选择节点并输入 0 到 1 之间的一个偏置参数。Abaqus/CAE 会根据用户输入的参数，沿着连接的单元边将中节点移动到相应的位置。例如，如果用户输入的参数为 0.25，Abaqus/CAE 就会将中节点的位置偏置到距离第二个节点四分之一单元边长度的地方。

更多信息见 31.2.5 节"控制小应变分析裂纹尖端处的奇点"，以及《Abaqus 分析用户手册——分析卷》的 6.4.2 节"围线积分评估"中的"为使用常规有限元法的小应变分析构造一个断裂力学网格"。

● 重新编号孤立网格中的选中节点。用户可以通过指定起始标签和增量，或者指定值来偏置现有的标签，对选中的节点重新进行编号。

技巧：网格编辑撤销功能可以回滚用户对网格中节点做出的任何更改。更多信息见 64.9 节"撤销或者重做网格编辑工具集中的更改"。

有关这些节点操控技术的详细指导，见 64.5 节"编辑节点"。

64.1.2 操控单元

网格编辑工具集提供了以下工具来允许用户操控网格中的单元：

● 创建单元。用户必须指定想要创建的单元形状，并以此单元形状的合适次序来选择节点。

● 删除单元。用户可以删除选中的节点以及保留节点。

● 反转壳单元的面法向。

● 退化四边形单元或者三角形单元的选中边。退化边的目的是删除四边形单元和三角形单元中的细长部分（提高模型的质量和几何性质），如图 64-1 所示。

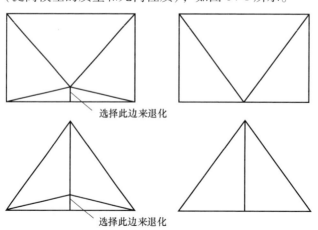

图 64-1　退化边来删除四边形和三角形单元中的细长部分

用户在预览四面体边界网格时，可以退化选中的三角形单元边来删除细长部分。在一些
情况中，当用户使用先进波前算法创建完全四边形的网格划分时，Abaqus/CAE 可能
会生成带有短边的四边形网格。用户可以
退化短边并创建一个良好三角形单元，如
图 64-2 所示。

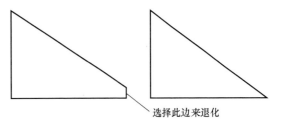

图 64-2　退化四边形单元的一条边

　　● 将四边形单元或者三角形单元的选中
边分裂成两部分。用户可以在选中边的中
点分裂边，也可以单击分裂位置。用户可
以使用多种工具来清理网格。例如，图 64-3 展示了如何分裂一条边，然后退化生成的边来
删除三角形单元的细长部分。

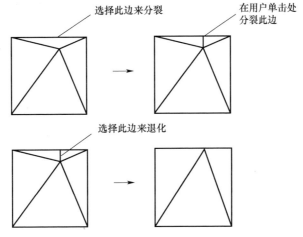

图 64-3　分裂和退化三角形单元的边

　　如果用户在网格模块中编辑本地网格，Abaqus/CAE 会将新节点投影到几何形体上。因
此，用户可以使用此工具来改善曲边周围的粗糙网格，如图 64-4 所示。

　　● 将一对相邻三角形单元的对角线（连接两个相邻三角形单元，但不共享边）进行交
换，如图 64-5 所示。如果相邻三角形单元是相同阶数的（意味着它们具有相似的几何形状
和变形特征），则用户可以交换一阶或者二阶相邻三角形单元的对角线。此外，相邻三角形
单元的法向必须一致。如果有必要，用户可以翻转法向使其保持一致。

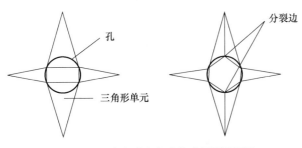

图 64-4　通过分裂边来改善孔周围的网格

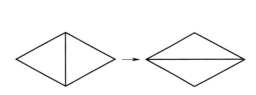

图 64-5　交换一对相邻三角形单元的对角线

● 将一个四边形单元分裂成两个三角形单元，如图 64-6 所示。用户不能分裂 5 节点的四边形单元，也不能分裂垫片单元。

● 将两个相邻的三角形单元合并成一个四边形单元，如图 64-7 所示。用户可以组合一阶单元或者二阶单元，但不能组合二者。此外，只有相邻三角形单元的法向一致时，用户才可以组合单元。如果有必要，用户可以翻转法向使其保持一致。

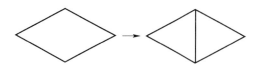

图 64-6　将一个四边形单元分裂
成两个三角形单元

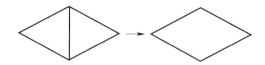

图 64-7　将两个相邻的三角形单元
合并成一个四边形单元

● 确定连续壳网格、胶粘、圆柱网格或者垫片网格的堆叠方向。用户仅可以堆叠六面体单元、楔形单元和四边形单元来形成连续壳网格、胶粘单元网格、圆柱网格或者垫片网格。因此，用户仅可以使用此工具来标定六面体单元、楔形单元和四边形单元。如果用户已经为区域赋予了圆柱单元或者二阶垫片单元，则在重新标定堆叠方向之前，用户必须首先将赋予的单元改成传统单元。然后，用户就可以通过重新赋予圆柱单元或者二阶垫片单元来将区域转换回圆柱网格或者垫片网格。

● 重新编号孤立网格中选中的单元。用户可以通过指定起始标签和增量，或者通过指定值来偏置现有的标签，对选中的单元重新进行编号。

技巧：网格编辑撤销功能可以回滚用户对网格中单元做的任何更改。更多信息见 64.9 节 "撤销或者重做网格编辑工具集中的更改"。

有关操控单元的详细指导，见 64.6 节 "编辑单元"。

64.1.3　操控网格

网格编辑工具集提供了以下工具来允许用户操控网格：

● 创建多层实体单元，这些层从选中的现有网格单元面的法向上偏置，如图 64-8 所示。对于使用实体单元网格来划分壳类型零件，此工具是有用的。用户可以指定所有层的总厚度以及要创建的层数量。单元的第一层可以与现有的单元合并，或者可以使用一个指定距离来偏置第一层单元。选中的单元面可以来自壳单元或者实体单元，但是不能同时来自壳单元和实体单元。如果用户已经选择了壳单元面，则用户可以选择在 Abaqus/CAE 生成实体单元层之后是否删除壳单元。用户应当使用此工具来生成连续壳和胶粘单元，因为 Abaqus/CAE 生成的实体单元，会在偏置得到这些实体单元的面法向上堆叠。

● 创建多层壳单元，从现有网格的选中单元面进行法向偏置，如图 64-9 所示。此工具类似于之前的工具；然而，不指定层的总厚度，用户指定层之间的距离。用户应当使用此工具来创建现有壳网格的偏置复制，并创建多层的复合材料模型或者加强层。

● 翘曲一个网格。用户可以关于 Z 轴将平面孤立网格翘曲一个指定半径。翘曲过程将平面网格上点（x，y）处的节点重新定位到（r，θ，z），其中 r 是指定的半径，$\theta = \dfrac{x}{r}$，$z = y$。

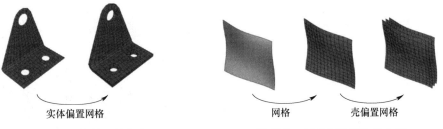

| 图 64-8 创建实体单元的多个层 | 图 64-9 创建壳单元的多个层 |

● 退化边。用户可以指定网格中期望的最小单元边大小。Abaqus/CAE 合并比指定长度短的单元边的端节点。默认情况下，Abaqus/CAE 检查网格零件中的所有单元边，但是用户可以指定一个不同的单元域。

对于结构化网格，用户可以指定一个厚度方向或者参考边来限制为退化考虑的边方向。如果用户选择一个厚度方向，则 Abaqus/CAE 使用方向向量来度量单元，以代替度量节点之间的距离。如果将单元定向后，方向拓扑是模糊的，则 Abaqus/CAE 高亮显示这些单元，这样用户可以选择一个不包括高亮显示单元的区域，或者添加一个参考边来进一步地定义期望的边。当用户使用或者不使用厚度方向来选择一个参考边时，仅当边拓扑平行参考边时，Abaqus/CAE 才考虑退化边。仅可以将参考边施加到结构网格的单个截面中；如果要求参考边，则必须在各自的退化操作中处理各自的多个分离截面。

用户不能在包含二次单元的单元区域中退化小边。

● 扩展边。用户可以指定想要在模型中出现的最小单元边大小，并且通过向外调整节点，Abaqus/CAE 将较小的边扩展成指定的最小长度，从相邻的边有效地取边。如果调整边的节点将造成相邻的单元边过小，则 Abaqus/CAE 不能增加此边的长度。然而，如果用户添加一个厚度方向，则 Abaqus/CAE 将在那个厚度方向上扩展所有的单元，使得这些单元可以满足最小尺寸。

此工具的选项与退化边工具是一样的；用户指定的单元区域可以不是整个网格零件，并且用户可以使用厚度方向或者结构网格中的参考边，来仅扩展满足用户方向准则的那些边。用户不能对包含二次单元的单元区域中的边进行扩展。

注意：当指定的单元区域不是整体网格时，需要谨慎。Abaqus/CAE 仅考虑选中区域中单元边的扩展，如果附近区域边界存在短的单元边，则 Abaqus/CAE 在扩展区域内的单元边时，不检查区域外面的相邻边长度。区域边界处的边扩展可以产生短的边，或者把区域外面的单元反转。

● 将三角单元转换成四面体单元。用户可以将三角形单元的封闭三维壳，转换成四面体单元的实体网格。三角形壳单元必须完整的封闭体积来进行实体单元填充。

● 将实体孤立网格单元转化成壳孤立网格单元。此工具在零件的自由面上创建三角形的或者四边形的壳单元。对于创建裂纹特征的具有未合并节点的网格零件，或者网格连接面上具有不兼容网格划分的零件，Abaqus/CAE 在界面的两侧都创建壳单元。

● 合并层。用户可以选择一组相邻的单元，然后将它们沿着指定的方向连接到一起。每一个合并完成的单元将具有父单元的合并形状，并且具有与父单元相同的单元类型。在选择要合并的单元之后，用户选择要合并的单元中的一条边来说明合并方向，如图 64-10 中的左图所示。使用 by topology 选择方法来选择顶部的两层单元（更多信息见 6.2.5 节"使用拓扑方法选择多个单元"）；为了清晰，所以没有在图中显示选中的单元。用户不需要选择整个单元层来合并。然而，如果用户没有选择整个层，则 Abaqus/CAE 会警告用户新单元将与周围的网格不兼容。然后用户可以选择继续或者放弃合并过程。用户不能合并二次单元。

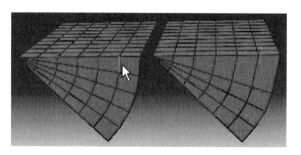

图 64-10　合并单元层

- 细分层。用户可以选择一组单元，然后通过等距的分开单元边来分割此组单元。Abaqus/CAE 提示用户选择一条边、一个面或者 All Directions 来说明创建新层将使用的方向，然后输入每一个单元边要分割的数量。用户不能分割二次单元。

- 复制网格矩阵。用户对同一个零件或者装配中的类似几何形体目标，施加二维的网格矩阵。在选择源网格和目标对象后，用户选择一些节点，然后将它们映射到几何形体上的点，然后 Abaqus/CAE 完成映射过程来给对象施加网格矩阵。

- 将网格与几何形体关联。用户可以将孤立的网格或者自下而上的网格划分实体，与选中的几何对象关联。Abaqus/CAE 提示用户选择一个顶点、边或者面，然后选择节点、单元边或者单元面来与几何形体关联。可以使用关联来给网格施加载荷，或者在孤立的网格单元与几何形体之间的界面处创建兼容的网格。

- 删除网格相关性：用户可以删除顶点、边、面或者整个几何形体区域的网格几何形体关联性。用户也可以删除本地网格的关联性，来为部分模型创建孤立网格。

- 插入胶粘剂接缝。用户可以在开裂区域打开一对连接的单元，并且在间隙区域插入一层孔隙压力胶粘单元，将此孔隙压力胶粘单元创建成孤立单元。

Abaqus/CAE 创建一些集合和面来帮助用户在后续过程中进行选择，例如截面赋予过程。

技巧：网格编辑撤销特征可以回滚用户对网格做的任何改变。更多信息见 64.9 节"撤销或者重做网格编辑工具集中的更改"。

此外，17.18.11 节"更改所有节点和单元的标签"，描述用户如何可以对零件，或者装配中选中零件实例的所有节点和/或单元进行重新编号。

有关操控网格的详细指导，见 64.7 节"编辑整体网格"。

64.1.4　细化网格

网格编辑工具集提供下面的工具来允许用户细化三角形单元的网格划分：

- 设置大小。用户可以为网格重新划分过程指定全局单元大小。Abaqus/CAE 改变新网格的密度来反映新的目标单元大小。如果网格包含线性单元或者二次单元，则用户可以改变单元大小。

• 删除大小。用户可以在重新网格划分过程中保留全局单元大小。Abaqus/CAE 在改善内部的网格质量时，保留沿着零件边界的单元边。如果网格包含线性单元或者二次单元，则用户可以重新细化网格。

• 重新划分。用户可以重新划分包含线性三角形单元或者二次三角形单元的平面网格。

技巧：网格编辑撤销特征可以回滚任何的网格细化变化。更多信息见 64.9 节"撤销或者重做网格编辑工具集中的更改"。

有关网格细化的详细指导，见 64.8 节"编辑和细化孤立网格"。

64.2 编辑孤立网格、网格划分零件和装配中网格划分零件实例之间的区别是什么？

网格划分模块中可以显示的零件，包含孤立网格与本地网格部件或者装配的组合。用户可以使用网格编辑工具集中的所有工具来编辑一个孤立网格；然而，用户仅可以使用下面的工具来编辑装配中的网格划分零件实例：

- 编辑、拖拽、投影、合并和平滑节点。
- 删除单元。
- 退化单元边。
- 分裂四边形单元或者三角形单元的一条边。
- 交换一对相邻三角形单元的对角线。
- 将二次单元分裂成两个三角形单元。
- 将两个三角形单元组合成一个四边形单元。

如果用户在装配中选择一个零件来替代零件实例，则用户可以使用上面列出的网格编辑工具加上以下的附加工具：

- 创建节点和单元。
- 偏置网格层来创建实体或者壳层。
- 将网格与几何形体关联。
- 删除网格相关性。
- 复制网格矩阵。

通常，用户不能使用网格编辑工具集来更改关联性零件实例的网格。然而，用户可以编辑、拖拽和投影关联性零件实例的节点；Abaqus/CAE 更改原始的网格划分零件，并且用户的更改出现在所有的零件实例上。

用户可以在网格模块中创建一个孤立网格，或者从输出数据库或者 Abaqus 输入文件导入一个孤立的网格。用户可以在零件模块中为孤立网格添加几何形体特征。孤立网格的实例总是关联性的实例；然而，用户不能使用网格编辑工具集在装配中编辑孤立网格的实例。然而，用户可以显示用来创建实例和编辑零件的原始孤立网格。更多信息见 13.3.2 节"关联零件实例与独立零件实例之间的差异"。

网格编辑撤销特征可以回滚用户对网格做的任何改变。更多信息见 64.9 节"撤销或者重做网格编辑工具集中的更改"。

64.3 网格划分策略和网格编辑技术

本节介绍使用网格编辑工具集来改善网格的策略，以及用户可以用来创建期望网格的技术，包括以下主题：

- 64.3.1 节 "改善网格的策略"
- 64.3.2 节 "在 Abaqus/CAE 中使用偏置网格"
- 64.3.3 节 "在网格偏置中减少单元扭曲和塌陷"
- 64.3.4 节 "在偏置实体网格中允许分叉"
- 64.3.5 节 "从薄实体模型中创建中面壳网格"
- 64.3.6 节 "使用工具组合来对导入的实体零件进行四面体单元网格划分"

64.3.1 改善网格的策略

如果是复杂的装配，用户应当在递交作业进行分析之前选择 Mesh→Verify 来确认网格的质量。网格确认工具可以进行如下操作：

- 高亮显示选中形状中不满足指定准则（如长宽比）的单元。
- 显示网格划分统计，如所选形状的单元总数、高亮显示的单元数量，以及选择准则的平均值和最坏值。
- 高亮显示 Abaqus/Standard 和 Abaqus/Explicit 中没有通过网格质量检测的输入文件处理器中包含的单元。

如果网格确认工具提示用户应当尝试改善网格的质量，则用户在使用网格编辑工具集之前先尝试下面的操作：

- 改变种子分布。
- 添加和更改分割。
- 改变网格划分技术。

此外，用户可以尝试在零件模块中更改零件，也可以尝试使用虚拟拓扑工具集并重新生成网格。用户应当在网格划分过程中将网格编辑工具集处理成最后的一步，并且仅使用此工具集来对节点和单元做较小的调整。如果用户对网格进行了更改，Abaqus/CAE 会试图保留属性，如载荷和边界条件。如果用户更改零件，则在用户返回网格划分模块时，Abaqus/CAE 删除网格；因此，用户将失去对网格做的任何编辑。

64.3.2　在 Abaqus/CAE 中使用偏置网格

网格编辑工具集中的偏置网格在 Abaqus/CAE 中具有许多如下的应用：

连续壳网格

用户可以使用实体偏置网格划分工具来网格划分薄的实体（本质上是加厚的壳），如金属板、复合材料或者模塑部件。实体偏置网格工具可用于创建连续壳单元，因为 Abaqus/CAE 在厚度方向上一致地定向单元。更多信息见 25.2 节"使用连续壳单元来网格划分零件"。

胶粘单元

用户可以给二维模型的四边形单元赋予胶粘单元。对于三维模型，用户可以使用实体偏置网格工具来在网格上生成一层胶粘单元。偏置网格划分工具生成的单元堆叠方向，与厚度方向垂直，是快速创建胶粘单元层的便捷工具。更多信息见 21.2 节"在现有的三维网格中嵌入胶粘单元"。

蒙皮加强

如果可以将蒙皮定义成单独的层，则在属性模块中创建蒙皮是首选方法。不过，用户也可以使用壳偏置网格工具来创建使用多个加强层的蒙皮。更多信息见 36.6 节"使用偏置网格创建蒙皮加强筋"。

用户也可以通过下面的操作，将实体偏置网格工具与网格划分模块中的网格生成工具一起使用：

1. 在网格划分模块中创建零件网格。
2. 使用实体偏置网格工具完成网格划分。

用户可以创建包含偏置网格单元的集合。用户可以创建包含偏置单元的集合，也可以为偏置单元的每一层创建各自的集合。此外，如果用户正在创建实体偏置网格，则用户可以从偏置网格的顶部和底部创建面，前提是单元的第一层没有嵌入到原始的网格中。用户可以在后续的过程中使用这些集合和面来帮助从偏置网格中选取单元。例如，用户可以在给偏置单元层赋予截面时选择一个集合。类似地，在将胶粘单元层的一侧绑定到周围的块材料时，用户可以选择一个面。

64.3.3　在网格偏置中减少单元扭曲和塌陷

Abaqus/CAE 通过以下方式创建偏置网格：
- 使节点垂直于现有网格面的边界来进行偏置。
- 创建沿法向增长的单元。

当用户从凹网格面创建偏置的网格时，单元会收聚，如图 64-11 所示。

因此，单元可能会塌陷或者变得反向，偏置距离受曲率和单元大小的限制，如图 64-12 所示。

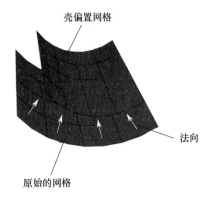

图 64-11 当从凹面偏置时，单元收聚

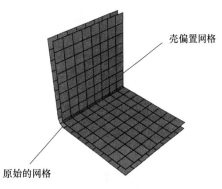

图 64-12 当用户在凹区域中偏置小单元时，单元可能坍塌或者变成反向的

用户可以尝试从 Offset Mesh 对话框选择 Constant thickness around corners 来避免单元坍塌和单元反转。当选中此选项时，Abaqus/CAE 将逐渐缩小从尖锐拐角生成的偏置单元。由此生成的单元具有恒定的节点偏置距离，而不是单元面的层间具有恒定的距离。图 64-13 所示为要求拐角处厚度恒定对偏置网格排列样式的影响。

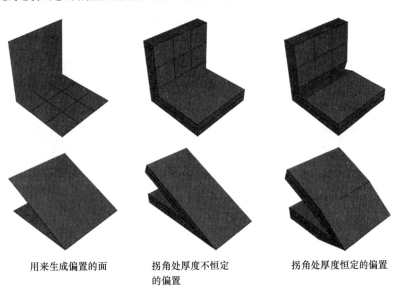

用来生成偏置的面　　　　　拐角处厚度不恒定　　　　　拐角处厚度恒定的偏置
　　　　　　　　　　　　　的偏置

图 64-13 要求拐角处厚度恒定对偏置网格排列样式的影响

实体和壳偏置网格对偏置网格排列样式的影响类似。用户可以通过在凹网格网中使用较大的单元来减少单元扭曲。然而，仅当可以重新生成用于偏置的网格时，才能控制网格单元的大小。

相比而言，当用户从凸网格面创建偏置的网格时，单元趋向于展开，如图 64-14 所示。

759

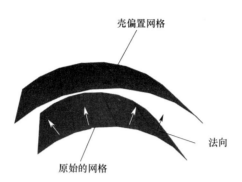

图 64-14 当从凸面偏置时，单元扩展

64.3.4 在偏置实体网格中允许分叉

如果零件有"分叉"，创建一个偏置实体网格可能会变得复杂，因为分叉区域中的偏置方向是模糊的，如图 64-15 所示。

为了帮助用户网格划分此构型，Abaqus/CAE 提供了将分叉区域中的单元复制到集合的选项。然后，用户可以进行以下操作：

1. 使用显示组来从孤立的网格中删除包含分叉区域中单元的集合。

2. 从剩余的非分叉区域偏置实体网格，如图 64-16 所示。

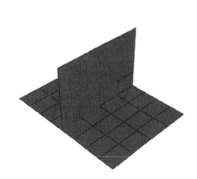

图 64-15 分叉区域中的偏置方向是模糊的

图 64-16 从非分叉区域创建偏置实体网格

3. 使用显示组来仅显示包含分叉的集合，如图 64-17 所示。

4. 从分叉区域的一侧创建偏置实体网格。应当注意，偏置方向要正确（Abaqus/CAE 通过对单元面着色来指示偏移方向）。此外，在完成分叉偏置之前，不要删除基本壳单元。

5. 从分叉区域的另一侧创建偏置实体网格，如图 64-18 所示。

6. 使用显示组来同时显示两个区域。

7. 使用网格编辑工具集中的合并节点工具来合并在步骤 2、步骤 4 和步骤 5 中创建的偏置网格。

图 64-17　使用显示组来仅显示包含分叉的集合　　图 64-18　分叉区域中的偏置实体网格

64.3.5　从薄实体模型中创建中面壳网格

用户可以使用偏置网格划分工具，按以下步骤从薄实体模型中创建中面壳网格：

1. 使用零件模块中的 From solid 壳工具来将实体零件转化成壳。

2. 使用几何形体编辑工具集中的 Remove faces 工具来隔离顶部面或者底部面上的面集合。

3. 使用壳单元来网格划分简化的模型，然后创建网格零件。

4. 创建偏置壳网格，然后指定 Initial Offset，该值为模型厚度的一半。

64.3.6　使用工具组合来对导入的实体零件进行四面体单元网格划分

在一些情况中，用户可能不能使用四面体单元来网格划分导入的实体零件，原因是面网格中的三角形单元非常薄，或者某些切面不能使用三角形进行网格划分。下面的操作过程解释了用户如何使用网格划分模块中的工具组合来成功地网格划分零件。

若要使用四面体单元来网格划分导入的实体零件，执行以下操作：

1. 进行下面的一个操作。

1）从四面体边界网格开始。进入网格划分模块，并在实体上创建四面体边界网格。

2）从线性三角形的网格开始。

a. 从主菜单栏选择 Shape→Shell→From Solid 来将实体零件转化成壳零件。

b. 进入网格划分模块，并使用线性三角形单元来网格划分壳零件。

2. 从主菜单栏选择 Mesh→Create Mesh Part，创建一个新的孤立网格。更多信息见 17.20 节"创建网格划分零件"。

3. 将显示对象改为孤立网格。

4. 从主菜单栏选择 Tools→Edit Mesh，然后进行下面的操作来清理网格。

a. 从 Category 域中选择 Mesh。

b. 从 Method 列表中选择 Collapse edges。

清理网格时，Abaqus 将自动合并短单元边上的节点，并删除退化的单元。更多信息见 64.7.4 节"退化线性孤立网格的短边"。

5. 使用网格编辑划分工具集来手动修复剩余的坏单元或者间隙。更多信息见 64.6 节"编辑单元"。

6. 从主菜单栏选择 Tools→Edit Mesh，然后选择 Conversion 来将线性三角形的壳网格替换成线性四面体的实体网格。更多信息见 64.7.6 节"将三角形壳网格转化成实体四面体网格"。

7. 进入装配模块，然后选择 Instance→Replace 来将原始的壳零件实例替换成孤立网格的实例。

8. 如果想要孤立网格使用二阶四面体单元，则用户可以在网格划分模块中为孤立网格赋予二阶单元类型。

64.4 网格编辑工具概览

本节为网格编辑工具集中的可用工具概览。用户可以从主菜单栏选择 Mesh→Edit 来使用这些工具。Abaqus/CAE 将显示 Edit Mesh 工具箱。用户也可以使用 工具来显示 Edit Mesh 对话框，此工具图标位于网格划分模块工具箱的底部。

节点编辑工具

编辑节点可以使用下面的工具：

- 创建节点。更多信息见 64.5.1 节"创建节点"。
- 编辑节点。更多信息见 65.5.2 节"编辑选中节点的位置"。
- 拖动节点。更多信息见 64.5.3 节"拖动节点"。
- 投影节点。更多信息见 64.5.4 节"投影节点"。
- 删除节点。更多信息见 64.5.5 节"删除节点"。
- 合并节点。更多信息见 64.5.6 节"合并节点"。
- 调整中节点。更多信息见 64.5.7 节"调整中节点的位置"。
- 平滑外部节点。更多信息见 64.5.8 节"平滑外部节点"。
- 重新编号节点。更多信息见 64.5.9 节"重新编号节点"。

单元编辑节点

编辑单元可以使用下面的工具：

- 创建单元。更多信息见 64.6.1 节"创建单元"。
- 删除单元。更多信息见 64.6.2 节"删除单元"。
- 反转法向。更多信息见 64.6.3 节"反转壳单元的面法向"。
- 定向堆叠方向。更多信息见 64.6.4 节"确定堆叠方向"。
- 退化边。更多信息见 64.6.5 节"退化四边形单元或者三角形单元的边"。
- 分割边。更多信息见 64.6.6 节"分割四边形单元或者三角形单元的边"。
- 对调对角线。更多信息见 64.6.7 节"对调一对相邻三角形单元的对角线"。
- 分割。更多信息见 64.6.8 节"分割四边形单元"。
- 组合。更多信息见 64.6.9 节"组合三角形单元"。
- 重新编号单元。更多信息见 64.6.10 节"重新编号单元"。

网格编辑工具

编辑整个网格可以使用下面的工具：

- 偏置实体。更多信息见 64.7.1 节"从现有网格偏置生成实体单元层"。
- 偏置壳。更多信息见 64.7.2 节"从现有网格偏置生成壳单元层"。
- 卷曲。更多信息见 64.7.3 节"围绕 Z 轴卷曲网格"。
- 退化。更多信息见 64.7.4 节"退化线性孤立网格的短边"。
- 增长。更多信息见 64.7.5 节"扩展线性孤立网格的短边"。
- 转化。更多信息见 64.7.6 节"将三角形壳网格转化成实体四面体网格",以及 64.7.7 节"将实体孤立网格转化成壳孤立网格"。
- 合并。更多信息见 64.7.8 节"合并单元"。
- 细分。更多信息见 64.7.9 节"细分单元"。
- 复制网格排列样式。更多信息见 64.7.10 节"复制网格排列样式"。
- 显示和编辑网格-几何形体的相关性。更多信息见 64.7.11 节"显示和编辑网格-几何形体的关联性"。
- 删除网格-几何形体的相关性。更多信息见 64.7.12 节"删除网格-几何形体的关联性"。
- 插入胶粘缝。更多信息见 64.7.13 节"插入胶粘缝"。

网格细化工具

细化网格可以使用下面的工具:
- 设置大小。
- 删除大小。
- 重网格划分。

更多信息见 64.8 节"编辑和细化孤立网格"的"细化平面三角形网格"。

撤销和恢复网格编辑

用户可以使用网格编辑工具集中的工具来撤销和恢复进行的多次更改,并控制可用撤销程度的数量。更多信息见 64.9 节"撤销或者重做网格编辑工具集中的更改"。

64.5 编辑节点

本节介绍如何使用网格编辑工具集来编辑包含孤立网格和 Abaqus/CAE 本地网格的节点，包括以下主题：

64.5.1 创建节点

从主菜单栏选择 Mesh→Edit，在整体坐标系或者局部坐标系中，通过输入节点的坐标来创建一个节点。

若要创建节点，执行以下操作：

1. 进入网格划分模块。

2. 从环境栏中的 Object 域选择 Part，然后从列表中选择一个零件。

3. 从主菜单栏选择 Mesh→Edit。

Abaqus/CAE 显示 Edit Mesh 对话框。

技巧：用户也可以使用 ✳ 工具来显示 Edit Mesh 对话框，此工具位于网格划分模块工具箱的底部。

4. 在对话框中进行下面的操作。

a. 从 Category 域中选择 Node。

b. 从 Method 列表中选择 Create。

Abaqus/CAE 显示现有的节点。在隐藏和阴影模式中，只显示可见节点。

5. 如果需要，用户可以在创建的基准坐标系中输入新节点的坐标，而不是在整体坐标系中输入新节点的坐标。

　　a. 在提示区域中单击 Select。

　　b. 在视口中选择与新节点的坐标关联的基准坐标系（更多信息见 62.9 节"创建基准坐标系"）。

6. 在提示区域中的 Coordinates 域输入新节点的坐标。

Abaqus/CAE 创建新节点。

技巧：如果在创建节点时出错，请单击 Edit Mesh 对话框中的 Undo 来删除最近创建的节点。

7. 根据需要，重复步骤 3 和步骤 4 来创建其他节点。

8. 完成节点创建后，单击提示区域中的⊠按钮来退出过程。

64.5.2　编辑选中节点的位置

用户可以对网格划分的零件、装配体中的网格划分零件，或者孤立网格的一个或者多个节点进行位置编辑。如果用户选择多个节点来编辑，则可以为每一个节点的具体坐标赋予一个值。例如，用户可以选择一组节点，并为每个节点赋予一个值为 10.0 的 X 轴坐标。当用户想在同一个平面上定位多个节点时，如定义气缸盖或者发动机气缸体的装配面，这种方法特别有用。

通常，用户不能使用网格编辑工具集来编辑关联零件实例，但可以编辑关联零件实例的节点。Abaqus/CAE 会移动原始网格的节点，用户的更改会显示在零件所有的关联实例上。

注意：用户可以直接从 Edit Nodes 对话框的 Undo 部分撤销或者重新实施对节点所做的更改。对话框中的 Undo 和 Redo 仅提供节点位置变化的回滚控制；如果用户想要撤销或者重新进行其他网格编辑操作，请使用 Edit Mesh 对话框。有关编辑网格重做的更多信息，见 64.9 节"撤销或者重做网格编辑工具集中的更改"。

若要编辑节点，执行以下操作：

1. 进入网格划分模块，并且进行下面的操作。

● 从环境栏的 Object 域选择 Assembly。

● 从环境栏的 Object 域选择 Part，然后从列表中选择一个零件。

2. 从主菜单栏选择 Mesh→Edit。

Abaqus/CAE 显示 Edit Mesh 对话框。

技巧：用户也可以使用✖工具来显示 Edit Mesh 对话框，此工具位于网格划分模块工具箱的底部。

3. 在对话框中进行下面的操作。

a. 从 Category 域中选择 Node。

b. 从 Method 列表中选择 Edit。

Abaqus/CAE 显示现有的节点。在隐藏和阴影模式中，只显示可见的节点。

4. 从提示区域选择选取方法，以及要编辑的节点。更多信息见 64.5.10 节"选择要编辑的节点"。

技巧：用户可以使用 Selection 工具栏来更改拾取行为。更多信息见第 6 章"在视口中选择对象"。

Abaqus/CAE 显示 Edit Nodes 对话框，以及选中节点沿各轴的最小坐标值和最大坐标值。

5. 如果需要，用户可以在已经创建的基准坐标系中输入新节点的坐标，而不是在整体坐标系中输入新节点的坐标。

a. 在 Edit Nodes 对话框的顶部单击 Select。

b. 在视口中选择与新节点坐标关联的基准坐标系（更多信息见 62.9 节"创建基准坐标系"）。

6. 要通过偏置来指定选中节点的新位置，从 Specification method 选项选择 Offsets，然后进行下面的一个操作。

1）输入值。直接在对话框中输入距离当前位置的偏置的 1 分量、2 分量和 3 分量。

2）度量偏置向量。单击 ⬌，并在视口中拾取两个点。Abaqus/CAE 将根据用户首先选择的点到第二次选择的点的分向量，来填充偏置的 1 分量、2 分量和 3 分量。

7. 要通过坐标指定选中节点的新位置，从 Specification method 选项选择 Coordinates，然后进行下面的操作。

1）输入值。在对话框中直接输入 1 分量、2 分量和 3 分量。As is 的值说明至少有两个选中节点沿着特定轴的坐标是不同的；单击分量域右侧的箭头，并选择 Specify 来指定一个值。

2）度量坐标。单击 ⬌，并从视口中拾取新点。

8. 如果用户正在网格划分模块中编辑 Abaqus/CAE 本地网格边界上的节点，则 Abaqus/CAE 会先将节点移动到新位置，然后将其投影回节点原来所在的几何形体。因此，位于面上的节点将保留在面上，但位置不同。切换不选 Project to geometry，将节点以独立于基底几何形体的方式移动到新位置。

9. 单击 OK 或者 Apply 来将节点移动到新位置。如果用户单击 OK，则 Abaqus/CAE 移动节点并提示用户选择要编辑的新节点。如果用户单击 Apply，则 Abaqus/CAE 移动这些节点；但节点保持选中，用户可以继续指定一个新位置。

技巧：如果用户在编辑节点时出错，可以单击 Edit Mesh 对话框中的 Undo 来撤消编辑。Abaqus/CAE 会将节点恢复到初始位置。

10. 根据需要，重复之前的步骤来编辑其他节点。

11. 完成节点编辑后，单击 Cancel 来关闭 Edit Nodes 对话框。

64.5.3 拖动节点

用户可以拖动网格划分零件、装配体中的网格划分零件实例，或者孤立网格中的节点。

拖动是重新定位节点并改善单元质量的快速方法。当用户激活节点拖动功能时，Abaqus/CAE 会自动激活求解器单元质量检查，以黄色高亮显示警告单元，以红色显示错误的单元。在拖动节点时，Abaqus/CAE 还会自动对单元执行形状指标测试或者尺寸指标测试。当用户将节点拖动到新位置时，高亮显示会更新；用户可以立即观察到单元质量是否得到改善。通常，用户不能使用网格编辑工具集来更改关联零件实例的网格，但可以拖动关联零件实例的节点。Abaqus/CAE 更改原始网格的节点后，用户的更改会出现在零件的所有关联实例上。

拖动节点不会改变其关联性。拖动之前就与几何形体特征关联的节点，将保留与该特征的关联性；未关联节点拖动到几何形体后，将保持未关联状态。

若要拖动节点，执行以下操作：

1. 进入网格划分模块，并且进行下面的操作。
- 从环境栏的 Object 域选择 Assembly。
- 从环境栏的 Object 域选择 Part，然后从列表中选择一个零件。
2. 从主菜单栏选择 Mesh→Edit。

Abaqus/CAE 显示 Edit Mesh 对话框。

技巧：用户也可以使用 ✳ 工具来显示 Edit Mesh 对话框，此工具位于网格划分模块工具箱的底部。

3. 在对话框中进行下面的操作。

a. 从 Category 域中选择 Node。

b. 从 Method 列表中选择 Drag。

Abaqus/CAE 显示现有的节点。

4. 如果需要，从提示区域单击 Element failure criteria，以便在拖动节点时，Abaqus/CAE 自动对单元执行形状指标测试或者大小指标测试。

5. 从提示区域切换 Project to geometry 来控制对外部节点的拖动行为。

- 如果用户切换选中 Project to geometry，则 Abaqus/CAE 会将拖动的外部节点约束到其关联几何形体上。用户可以在网格面上拖动节点，只要它保持在基底几何面上。同样，用户仅可以沿着创建边的直线拖动边节点，而不能拖动与顶点关联的节点。在孤立网格区域中，用户可以拖动任何节点，但不能拖动超出网格边的节点。

- 如果用户切换关闭 Project to geometry，则 Abaqus/CAE 会将拖动的节点约束到与计算机屏幕平行且通过节点原始位置的平面上。这样，用户可以在拖动节点之前使用视图操控工具来更改可用的拖动位置。拖动内部节点时也是如此，因为它们不受几何形体特征的约束。

6. 在想要移动的节点上定位光标，然后单击鼠标，并拖动节点到一个新的位置。当用户松开鼠标键时，Abaqus/CAE 在信息区域中显示节点编号和新的坐标。

7. 根据需要，重复之前的步骤来拖动其他节点。

64.5.4　投影节点

　　用户可以将网格划分零件、装配体中的网格划分零件实例，或者孤立网格中的一个或者多个选中节点投影到选中的顶点、边、面、节点、单元边、单元面、基准点、基准轴或者基准平面上。如果用户想要将自下而上网格中的节点移动到附近的几何形体上，此投影方法特别有用。通常，用户不能使用网格编辑工具集来更改关联零件实例的网格，但可以投影关联零件实例的节点。Abaqus/CAE 投影原始网格的节点后，用户的更改会出现在零件的所有关联实例上。

　　投影节点不会改变其关联性。投影之前就与几何形体特征关联的节点，将保留与该特征的关联性；未关联节点投影到几何形体后，将保持未关联状态。

若要投影节点，执行以下操作：

　　1. 进入网格划分模块，并且进行下面的操作。

　　● 从环境栏的 Object 域选择 Assembly。

　　● 从环境栏的 Object 域选择 Part，然后从列表中选择一个零件。

　　2. 从主菜单栏选择 Mesh→Edit。

　　Abaqus/CAE 显示 Edit Mesh 对话框。

　　技巧：用户也可以使用✖工具来显示 Edit Mesh 对话框，此工具位于网格划分模块工具箱的底部。

　　3. 在对话框中进行下面的操作。

　　a. 从 Category 域中选择 Node。

　　b. 从 Method 列表中选择 Delete。

　　Abaqus/CAE 显示现有的节点。在隐藏和阴影模式中，只显示可见的节点。

　　4. 从提示区域选择选取方法，以及要投影的节点。更多信息见 64.5.10 节"选择要编辑的节点"。

　　技巧：用户可以使用 Selection 工具栏来更改拾取行为。更多信息见第 6 章"在视口中选择对象"。

　　5. 选择顶点、边、面、节点、单元边、单元面、基准点、基准轴或者基准平面，Abaqus/CAE 会将选中节点移动到该位置。

　　Abaqus/CAE 将选中的实体着色成红色。

　　6. 选择提示区域中的 Yes 来确认用户的选择。

　　Abaqus/CAE 将使用最短距离算法，将选中的节点投影到它们的新位置。如果用户选择一个边、面、单元边或者单元面，则 Abaqus/CAE 会将节点投影到通过扩展选中边或者面而创建的轴或者平面上。

　　技巧：如果用户在编辑节点时出错，可以单击 Edit Mesh 对话框中的 Undo 来撤销编辑。Abaqus/CAE 会将节点恢复到初始位置。

如果用户选择 No，则表示放弃对节点和实体的选择，并从步骤 4 继续操作。

7. 根据需要，重复之前的步骤来投影其他节点。

64.5.5　删除节点

从主菜单栏选择 Mesh→Edit 来删除孤立网格节点。Abaqus/CAE 也会删除与此孤立网格节点关联的任何单元。如果用户要删除的节点和关联单元属于现有的节点集合或者单元集合，则这些集合也将进行相应的更新。

若要删除节点，执行以下操作：

1. 进入网格划分模块。

2. 从环境栏中的 Object 域选择 Part，然后从列表中选择一个零件。此工具仅适用于删除孤立网格节点。

3. 从主菜单栏选择 Mesh→Edit。

Abaqus/CAE 显示 Edit Mesh 对话框。

技巧：用户也可以使用 ✱ 工具来显示 Edit Mesh 对话框，此工具位于网格划分模块工具箱的底部。

4. 在对话框中进行下面的操作。

a. 从 Category 域中选择 Node。

b. 从 Method 列表中选择 Drag。

如果未显示删除方法，则表示选中零件中没有孤立的节点。

Abaqus/CAE 显示现有的节点。在隐藏和阴影模式中，只显示可见的节点。

5. 从视口中选择要删除的节点。用户可以按［Shift］键+单击单个节点来将其添加到用户的选择中，或者按［Ctrl］键+单击选中节点来将它们从用户的选择中删除。

技巧：用户可以使用 Selection 工具栏来更改拾取行为。更多信息见第 6 章"在视口中选择对象"。

如果用户希望从现有节点集合列表中选择，则进行下面的操作：

a. 单击提示区域右侧的 Sets。

Abaqus/CAE 显示包含用户已经创建的节点集合列表的 Region Selection 对话框。

b. 选择想要删除的节点集合，并单击 Continue。

注意：默认的选择方法基于用户最近使用的方法。若要改变成其他方法，单击提示区域右侧的 Select in Viewport 或者 Sets。

Abaqus/CAE 显示选中的节点以及与选中节点关联的单元（用户选中的节点以及与这些节点关联的单元都将被删除）。

6. 完成要删除节点的选择后，右击鼠标。

7. 与选中节点关联的单元也可能与未选中的节点关联。如果在删除节点与关联单元后，这些未选中节点不与任何单元关联，并且用户想要 Abaqus/CAE 也删除这些未选中的节点，则单击提示区域中的 Yes。

技巧：如果用户在编辑节点时出错，可以单击 Edit Mesh 对话框中的 Undo 来撤销编辑。Abaqus/CAE 会将节点恢复到初始位置。

8. 根据需要，重复之前的步来删除其他节点。

9. 完成节点删除后，单击鼠标键 2 或者提示区域中的 **X** 按钮来退出过程。

64.5.6　合并节点

从主菜单栏选择 Mesh→Edit 来合并节点。如果用户仅选择两个节点来合并，则 Abaqus/CAE 会在两个选中节点的中点处创建一个新的节点。如果用户选择的节点多于两个，则用户可以指定节点之间的最大距离，Abaqus/CAE 将合并比指定距离小的节点。用户也可以选择删除具有相同连接性的重复单元。

若要合并节点，执行以下操作：

1. 进入网格划分模块。

2. 从环境栏中的 Object 域选择 Part，然后从列表中选择一个零件。此工具仅适用于包含孤立网格节点或者使用自下而上网格划分过程创建的节点的零件。

3. 从主菜单栏选择 Mesh→Edit。

Abaqus/CAE 显示 Edit Mesh 对话框。

技巧：用户也可以使用 ✳ 工具来显示 Edit Mesh 对话框，此工具位于网格划分模块工具箱的底部。

4. 在对话框中进行下面的操作。

a. 从 Category 域中选择 Node。

b. 从 Method 列表中选择 Merge。

5. 从提示区域选择选取方法，以及要合并的节点。更多信息见 64.5.10 节"选择要编辑的节点"。

技巧：用户可以使用 Selection 工具栏来更改拾取行为。更多信息见第 6 章"在视口中选择对象"。

6. 如果用户仅选择两个节点来合并，则 Abaqus/CAE 会在选中节点的中点处创建一个新的节点。

7. 如果用户选择要合并的节点多于两个，则进行下面的操作。

a. 在提示区域中输入 Node merging tolerance 的值来指定想要合并的节点间的最大距离。

b. 如果用户输入的 Node merging tolerance 值过大，则 Abaqus/CAE 可能会探测到来自同一个单元的重复节点。Abaqus/CAE 不会合并来自同一个单元的节点，但由此产生的大的容差可能导致网格变形。如果 Node merging tolerance 的值过大，Abaqus/CAE 就会询问用户是否想要继续合并选中的节点。

- 单击 Yes，继续。
- 单击 No，放弃合并过程。

c. Abaqus/CAE 以红色来高亮显示将合并的节点，并询问用户是否希望继续。

- 单击 Yes，继续。
- 单击 No，放弃合并过程。

Abaqus/CAE 将间距比指定距离小的节点进行合并，并用一个新节点来替代它们。新节点的位置是要合并成新节点的节点组的平均位置。

用户也可以在装配模块中合并零件实例。更多信息见 13.7 节 "对零件实例执行布尔运算"。

如果用户之前创建的节点或者单元组包括了合并操作删除的节点或者单元，则 Abaqus/CAE 将更新用户的集合。

技巧：如果用户在编辑节点时出错，可以单击 Edit Mesh 对话框中的 Undo 来撤销编辑。Abaqus/CAE 会将节点恢复到初始位置。

8. 根据需要，重复之前的步骤来合并其他节点。

9. 完成节点删除后，单击鼠标键 2 或者提示区域中的 X 按钮来退出过程。

64.5.7　调整中节点的位置

从主菜单栏选择 Mesh→Edit 来调整二阶单元的中节点。

用户可以使用此工具在断裂力学分析中考虑裂纹尖端处的奇异性。不过，此工具允许用户编辑任何二阶单元，但不检查用户是在编辑断裂力学分析要求的退化四边形单元，还是在编辑楔形单元。更多信息见 31.2.5 节 "控制小应变分析裂纹尖端处的奇点"，以及《Abaqus 分析用户手册——分析卷》的 6.4.2 节 "围线积分评估" 中的 "为使用常规有限元法的小应变分析构造一个断裂力学网格"。

用户可以选择节点并输入 0 ~1 之间的偏置参数。根据用户输入的参数，Abaqus/CAE 会沿着单元边将中节点移动到相应位置。例如，如果用户输入的参数为 0.25，Abaqus/CAE 就会将中节点的位置偏置到距离选中节点四分之一单元边长处的位置。

若要调整中节点的位置，执行以下操作：

1. 进入网格划分模块。

2. 从环境栏中的 Object 域选择 Part，然后从列表中选择一个零件。此工具仅适用于包含孤立网格节点的零件。

3. 从主菜单栏选择 Mesh→Edit。

Abaqus/CAE 显示 Edit Mesh 对话框。

技巧：用户也可以使用 ✳ 工具来显示 Edit Mesh 对话框，此工具位于网格划分模块工具箱的底部。

4. 在对话框中进行下面的操作。

a. 从 Category 域中选择 Node。

b. 从 Method 列表中选择 Adjust midside。

Abaqus/CAE 显示现有的节点。在隐藏和阴影模式中，只显示可见的节点。

5. 选择节点，中节点将沿着连接单元边朝着此选中节点来调整。用户可以选择多个节点，也可以选择多个单元边。如果用户选择多个单元边，则 Abaqus/CAE 会选择沿着单元边的多个节点。

用户可以按［Shift］键+单击多个节点来将其添加到用户的选择中，或者按［Ctrl］键+单击选中节点来将它们从用户的选择中删除。

技巧：用户可以使用 Selection 工具栏来更改拾取行为。更多信息见第 6 章"在视口中选择对象"。

如果用户希望从现有节点集合列表中选择，则进行下面的操作：

a. 单击提示区域右侧的 Sets。

Abaqus/CAE 显示包含用户已创建节点集合列表的 Region Selection 对话框。

b. 选择想要删除的节点集合，并单击 Continue。

注意：默认的选择方法基于用户最近使用的方法。若要改变成其他方法，单击提示区域右侧的 Select in Viewport 或者 Sets。

6. 在提示区域输入偏置参数值。用户必须输入 0~1 之间的值。

Abaqus/CAE 将沿着连接的单元边将中节点移动到指定位置。

技巧：如果用户在编辑节点时出错，可以单击 Edit Mesh 对话框中的 Undo 来撤销编辑。Abaqus/CAE 会将节点恢复到初始位置。

7. 根据需要，重复步骤 4 和步骤 5 来调整其他中节点。

8. 完成节点调整后，单击提示区域中的 X 按钮来退出过程。

64.5.8　平滑外部节点

从主菜单栏选择 Mesh→Edit 可平滑零件或者装配体面上的节点位置。节点平滑操作可以改善网格密度的过渡，或者以其他不重新网格划分区域或者不手动重定位节点的方式改善局部网格的质量。在使用面作为自下而上网格划分的源或者扫掠网格的源之前，用户可以使用节点平滑来改善此面上的网格。

Abaqus/CAE 在用户选中的每一个节点处施加拉普拉斯平滑算法。重新定位选中的节点来均衡选中节点到相邻节点的距离，从而创建一个更加平滑的面网格。

用户仅可以选择零件或者装配体的外部节点进行平滑处理。平滑操作不会重新定位边界节点。

若要平滑外部节点，执行以下操作：

1. 进入网格划分模块，并且进行下面的一个操作。

● 从环境栏的 Object 域选择 Assembly。

● 从环境栏的 Object 域选择 Part，然后从列表中选择一个零件。

2. 从主菜单栏选择 Mesh→Edit。

Abaqus/CAE 显示 Edit Mesh 对话框。

技巧：用户也可以使用 ✳ 工具来显示 Edit Mesh 对话框，此工具位于网格划分模块工具箱的底部。

3. 在对话框中进行下面的操作。

a. 在 Category 域中选择 Node。

b. 从 Method 列表选择 Smooth。

Abaqus/CAE 显示现有的节点。在隐藏模式和阴影模式中，仅显示可见的节点。

4. 选择要平滑的节点。

用户可以按［Shift］键+单击多个节点来将它们添加到用户的选择中，或者按［Ctrl］键+单击选中的节点来将它们从用户的选择中删除。

技巧：用户可以使用 Selection 工具栏来改变拾取行为。更多信息见第6章"在视口中选择对象"。

如果用户希望从现有的节点集合列表中选择，则进行下面的操作。

a. 单击提示区域右侧的 Sets。

Abaqus/CAE 显示包含用户已创建节点集合列表的 Region Selection 对话框。

b. 选择想要删除的节点集合，然后单击 Continue。

注意：默认的选择方法基于用户最近使用的选择方法。若要变化成其他方法，单击提示区域右侧的 Select in Viewport 或者 Sets。

5. 在提示区域中单击 Done。

Abaqus/CAE 平滑选中节点的位置。

技巧：如果用户想要将节点重新恢复到它们之前的位置，则单击 Edit Mesh 对话框中的 Undo 来撤销平滑。

6. 按需求重复步骤4和步骤5来平滑其他节点。

用户可以对同一个节点施加多次平滑。经过几次迭代之后，平滑算法将不再移动节点，除非其他周围的节点被移动。

7. 当用户完成节点调整后，单击提示区域中的 ✕ 按钮来退出过程。

64.5.9　重新编号节点

从主菜单栏选择 Mesh→Edit 来重新编号选中的孤立网格节点。用户可以通过指定一个开始节点标签和一个增量，或者通过将现有节点标签偏置一个指定值，来重新编号选中的节点（有关重新编号 Abaqus/CAE 本地网格节点的信息，见 17.18.11 节"更改所有节点和单元的标签"）。

若要重新编号节点，执行以下操作：

1. 进入网格划分模块。

2. 从环境栏中的 Object 域选择 Part，然后从列表中选择一个零件。仅不包含任何几何形体的零件可以使用此工具。

3. 从主菜单栏选择 Mesh→Edit。

Abaqus/CAE 显示 Edit Mesh 对话框。

技巧：用户也可以使用 ✳ 工具来显示 Edit Mesh 对话框，此工具位于网格划分模块工具箱的底部。

4. 在对话框中进行下面的操作。

a. 在 Category 域中选择 Node。

b. 从 Method 列表选择 Renumber。

Abaqus/CAE 显示 Node Renumbering 对话框。Part Label Range 显示整个零件节点标签的范围。

5. 进行下面的一个操作来指定重新编号的方法。

● 选择 By Start Label，并输入第一个节点标签的值，以及将用于后续节点编号的增量。

● 选择 By Offset，并输入偏置现有节点标签将使用的值。

6. 使用下面的一个方法来选择用户想要重新编号的节点。

1）选择所有的节点。选择 All 来重新编号孤立网格中的所有节点。

2）使用无序方法来选择节点。

a. 选择 Specify 和 Unordered 来以任意序列选择节点。

b. 单击 Select 来选择要重新编号的节点。

c. 从提示区域选择选取方法，并选择要重新编号的节点。更多信息见 64.5.10 节"选择要编辑的节点"。

3）使用定向路径方法来选择节点。

a. 选择 Specify 和 Directed Path，沿着特征边从选中的起点到选中的末端点来重新编号节点。

b. 单击 Select 来选择要重新编号的节点。

c. 选择开始节点。Abaqus/CAE 显示沿着特征边的所有节点。如果需要，更改角度来重新定义 Abaqus/CAE 定义特征边的方式。

d. 从提示区域中选择 Done。以紫色来显示开始节点。

e. 选择末端节点。开始节点和末端节点必须位于同一特征边上。

4）使用序列方法来选择节点。

a. 选择 Specify 和 Sequence，基于选择节点的序列来重新编号节点。

b. 单击 Select 来选择要重新编号的节点。

c. 选择开始节点以及序列中的每一个额外节点。

d. 完成选择节点后，单击鼠标键 2。

Part Label Range 显示重新编号节点的节点标签范围。

7. 单击 OK 或者 Apply 来重新编号节点。如果单击 Apply，则 Abaqus/CAE 重新编号节点；然而，节点仍处于选中状态，并且用户可以继续重新编号这些节点。

8. 按需求重复之前的步骤来重新编号其他节点。

9. 当用户完成节点重新编号后，单击 Cancel 来关闭 Node Renumbering 对话框。

64.5.10　选择要编辑的节点

当用户选择要编辑的节点时，Abaqus/CAE 在提示区域中显示一个菜单，来允许用户选择将用来选择节点的方法。这些方法允许用户选择单个节点或者一组相邻的节点。

若要选择要编辑的节点，执行以下操作：

1. 使用下面的一个方法来选择想要编辑的节点。

1）选择单个节点。

a. 从提示区域的菜单中选择 Individually。

b. 选择想要重新编号的节点，或者拖拽选中一组节点。

c. 按［Shift］键+单击其他节点来将它们添加到用户的选择中。

d. 如果有必要，按［Ctrl］键+单击选中的节点来从用户的选择中删除它们。

2）使用角度方法来选择节点。

a. 从提示区域的菜单中选择 by angle。

b. 输入一个角度（从 0°到 90°），然后选择一个节点。

Abaqus/CAE 选择与选中节点相邻的单元面上的每一个节点，直到单元面之间的角度等于或者大于用户输入的角度（更多信息见 6.2.3 节“使用角度和特征边方法选择多个对象”）。

c. 使用 by angle 方法后，可以按［Shift］键+单击其他节点来将这些节点添加到用户的选择中，或者按［Ctrl］键+单击选中的节点来从用户的选择中删除这些节点（更多信息见 6.2.8 节“组合选择技术”）。

3）使用特征边方法来选择节点。

a. 从提示区域中的菜单选择 by feature edge。

b. 输入一个角度（从 0°到 90°）。

Abaqus/CAE 通过搜寻所有的单元边（这些边处两个相邻单元面之间的角度大于指定的角度）来确定模型中所有的特征边。

c. 选择一个单元边或者节点。

Abaqus/CAE 会对通过选中单元边或者节点的特征边进行追踪。如果另一个特征边与该特征边的夹角大于之前步骤中指定的角度，则该特征边将被截断。

d. Abaqus/CAE 沿着特征边选择所有的节点（更多信息见 6.2.3 节“使用角度和特征边方法选择多个对象”）。另外，用户可以选择多个特征边相交处的节点，然后 Abaqus/CAE 选中沿着所有这些特征边的节点。

e. 在使用 by feature edge 方法后，可以按［Shift］键+单击其他节点来将这些节点添加到节点选取中，或者按［Ctrl］键+单击选中的节点来将这些节点从用户的选择中删除（更多信息见 6.2.8 节"组合选择技术"）。

4）通过指定一个现有的节点集合来选择节点。

a. 单击提示区域右侧的 Sets。Abaqus/CAE 显示的 Region Selection 对话框包含用户已创建节点集合的列表。

b. 选择用户想要重新编号的节点集合，并单击 Continue。

注意：默认的方法基于用户最近使用的方法。要改变成其他方法，单击提示区域右侧的 Select in Viewport 或者 Sets。

2. 完成节点选择后，从提示区域选择 Done。

64.6 编辑单元

本节介绍如何使用网格编辑工具集来编辑包含孤立网格和 Abaqus/CAE 本地网格的单元，包括以下主题：

- 64.6.1 节 "创建单元"
- 64.6.2 节 "删除单元"
- 64.6.3 节 "反转壳单元的面法向"
- 64.6.4 节 "确定堆叠方向"
- 64.6.5 节 "退化四边形单元或者三角形单元的边"
- 64.6.6 节 "分割四边形单元或者三角形单元的边"
- 64.6.7 节 "对调一对相邻三角形单元的对角线"
- 64.6.8 节 "分割四边形单元"
- 64.6.9 节 "组合三角形单元"
- 64.6.10 节 "重新编号单元"
- 64.6.11 节 "选择要编辑的单元"

64.6.1 创建单元

从主菜单栏选择 Mesh→Edit 来从选中的节点创建单元。

若要创建单元，执行以下操作：

1. 进入网格划分模块。

2. 从环境栏中的 Object 域选择 Part，然后从列表中选择一个零件。

3. 从主菜单栏选择 Mesh→Edit。

Abaqus/CAE 显示 Edit Mesh 对话框。

技巧：用户也可以使用 ❈ 工具来显示 Edit Mesh 对话框，此工具位于零件模块和网格划分模块工具箱的底部。

4. 在对话框中进行下面的操作。

a. 从 Category 域中选择 Element。

b. 从 Method 列表中选择 Create。

Abaqus/CAE 显示现有的节点。在隐藏和阴影模式中，只显示可见的节点。

5. 在提示区域中，单击 Element shape 域右侧的箭头，并从出现的列表中选择想要选取的单元形状。

6. 在视口中选择将定义单元的节点。用户必须为之前步骤中指定的单元形状选择所需数量的节点。此外，用户必须以指定次序来选择节点。从提示区域的右侧单击 Tip，可以查看单元形状的构型和连接性。例如，当用户创建一个 10 节点的四面体单元时，Abaqus/CAE 显示的图形如下：

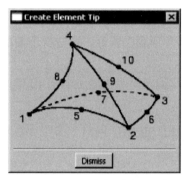

选择完所需数量的节点后，Abaqus/CAE 将创建新的单元。

技巧：如果用户在创建单元时出错，可以单击 Edit Mesh 对话框中的 Undo 来删除最近创建的单元。

7. 根据需要，重复之前的步骤来创建其他单元。如果用户更改了单元形状，则应再次单击 Tip 来更新单元形状和连接图。

8. 完成单元创建后，单击鼠标键 2 或者提示区域中的 X 按钮来退出过程。

64.6.2　删除单元

从主菜单栏选择 Mesh→Edit 来删除单元。删除单元后，用户可以选择指示 Abaqus/CAE 删除不与任何单元关联的节点。如果用户要删除的单元和关联的节点属于现有的单元集合或者节点集合，则这些集合也将进行相应的更新。

若要删除单元，执行以下操作：

1. 进入网格划分模块。

2. 从环境栏中的 Object 域选择 Part，然后从列表中选择一个零件。此工具只适用于处理孤立网格节点单元或者使用自下而上网格划分过程创建的单元。

3. 从主菜单栏选择 Mesh→Edit。

Abaqus/CAE 显示 Edit Mesh 对话框。

技巧：用户也可以使用 工具来显示 Edit Mesh 对话框，此工具位于网格划分模块工具箱的底部。

4. 在对话框中进行下面的操作。

a. 从 Category 域中选择 Element。

b. 从 Method 列表中选择 Delete。

5. 如果用户想要在删除所选单元后删除所有不与任何单元关联的节点，则切换选中提示区域中的 Delete associated unreferenced nodes。

6. 选择要删除的单元。用户可以按［Shift］键+单击单个单元来将其添加到用户的选择中，或者按［Ctrl］键+单击选中单元来将它们从用户的选择中删除。

技巧：用户可以使用 Selection 工具栏来更改拾取行为。更多信息见第 6 章"在视口中选择对象"。

如果用户希望从现有单元集合列表中选择，则进行下面的操作：

a. 单击提示区域右侧的 Sets。

Abaqus/CAE 显示包含用户已创建单元集合列表的 Region Selection 对话框。

b. 选择想要删除的单元集合，并单击 Continue。

注意：默认的选择方法基于用户最近使用的方法。若要改变成其他方法，单击提示区域右侧的 Select in Viewport 或者 Sets。

Abaqus/CAE 显示选中的单元。

7. 完成要删除单元的选取后，单击鼠标键 2。

Abaqus/CAE 删除选中的单元。此外，如果用户切换选中 Delete associated unreferenced nodes，则一旦选中的单元被删除，Abaqus/CAE 还会删除剩余的不与任何单元关联的节点。这些单元和节点也会从任何现有的集合中删除。

技巧：如果用户在删除单元时出错，可以单击 Edit Mesh 对话框中的 Undo 来撤销删除。Abaqus/CAE 将恢复已删除的单元。

8. 根据需要，重复之前的步骤来删除其他单元。

9. 完成单元删除后，单击鼠标键 2 或者提示区域中的 X 按钮来退出过程。

64. 6. 3　反转壳单元的面法向

从主菜单栏选择 Mesh→Edit 来反转选中壳单元的面法向。单元可以是四边形或者三角形。在反转面法向的过程中，Abaqus/CAE 使用阴影渲染风格来显示零件，并且每个壳单元的前面和背面表现出不同的颜色。即便用户改变了区域中的面法向，Abaqus/CAE 也不会改变施加到此区域的指定条件或者命名面的方向。

若要反转面法向，执行以下操作：

1. 进入网格划分模块。

2. 从环境栏中的 Object 域选择 Part，然后从列表中选择一个零件。

3. 从主菜单栏选择 Mesh→Edit。

Abaqus/CAE 显示 Edit Mesh 对话框。

技巧：用户也可以使用 工具来显示 Edit Mesh 对话框，此工具位于网格划分模块工具箱的底部。

4. 在对话框中进行下面的操作。

a. 从 Category 域中选择 Element。

b. 从 Method 列表中选择 Flip Normal。

Abaqus/CAE 使用阴影渲染风格来显示零件。每一个单元的前面着色成棕色，背面着色成紫色。

5. 从提示区域选择区域的类型，Geometry 或者 Mesh，并且切换 Highlight conflicting edges 来显示或者隐藏法线冲突的连接单元之间的黄色边界。

6. 从提示区域选择选取方法，然后选择想要反转法向的壳区域或者孤立壳单元。更多信息见 64.6.11 节"选择要编辑的单元"。

7. 完成选取区域或者单元后，从提示区域选择 Done。

如果用户选择了几何区域，则 Abaqus/CAE 将改变单元的法向并返回到步骤5。

8. 如果用户选择了孤立单元，则选择一个反转面法向的方法：

● 单击 Flip all 来反转所有选中单元的法向。

● 单击 Select normal 来改变选中单元的法向，使这些法向与指定的参考单元的法向一致。

9. 如果用户在之前的步骤中选择了 Select normal，则进行下面的操作：

a. 在视口中选择参考单元。

b. 在提示区域单击 OK。

Abaqus/CAE 将改变选中单元的法向，使其与参考单元的法向一致，然后返回到步骤5，以便进行更多的选择。

10. 单击鼠标键 2 来退出过程。

Abaqus/CAE 将渲染风格恢复到启动反转面法向之前所选的风格。

技巧：如果用户在反转孤立单元的面法向时出错，可以单击 Edit Mesh 对话框中的 Undo 来撤销更改。Abaqus/CAE 将恢复所选单元的原始面法向。如果用户在反转几何形体区域中本地单元的面法向时出错，则选择此区域并再次反转法向。

64.6.4　确定堆叠方向

从主菜单栏选择 Mesh→Edit 来定向连续壳网格、胶粘、圆柱网格或者垫片网格中单元的堆叠方向。用户仅可以确定六面体单元、楔形单元和四边形单元，因为只有这些单元可以堆叠形成连续壳网格、胶粘剂、圆柱网格或者垫片网格。如果用户已经对区域赋予了圆柱单元或者二阶垫片单元，则用户必须在重新确定堆叠方向之前，将单元赋予改变成传统的单元。然后，用户可以通过赋予单元或者二阶垫片单元来将区域转换成圆柱网格或者垫片网格。即便用户改变了区域中的单元堆叠方向，Abaqus/CAE 也不会改变施加到此区域的指定条件或者命名面的方向。

若要确定堆叠方向，执行以下操作：

1. 进入网格划分模块。

2. 从环境栏中的 Object 域选择 Part，然后从列表中选择一个零件。此工具仅适用于孤立网格单元。要改变本地网格单元的堆叠方向，见 17.18.8 节 "赋予网格堆叠方向"。

3. 从主菜单栏选择 Mesh→Edit。

Abaqus/CAE 显示 Edit Mesh 对话框。

技巧：用户也可以使用✳工具来显示 Edit Mesh 对话框，此工具位于网格划分模块工具箱的底部。

4. 在对话框中进行下面的操作。

a. 从 Category 域中选择 Element。

b. 从 Method 列表中选择 Orient stack direction。

对于六面体单元和楔形单元，Abaqus/CAE 会将网格的底面着色成紫色，将顶面着色成棕色。箭头说明了四边形单元的方向。此外，Abaqus/CAE 将任何具有不一致方向的单元面和边高亮显示成红色。更多信息见第 25 章 "连续壳"；21.3 节 "使用几何和网格划分工具创建具有胶粘单元的模型"；第 32 章 "垫片"；以及 17.9.4 节 "圆柱实体的扫掠网格划分"。

5. 在视口中选择要定向的单元。用户可以按 [Shift] 键+单击单个单元来将其添加到用户的选择中，或者按 [Ctrl] 键+单击选中单元来将它们从用户的选择中删除。

技巧：用户可以使用 Selection 工具栏来更改拾取行为。更多信息见第 6 章 "在视口中选择对象"。

6. 完成要定向的单元选择后，单击鼠标键 2。

7. 如果零件使用六面体单元或者楔形单元划分，则从选中的单元中拾取一个面。Abaqus/CAE 使用拾取的面来表示参考方向的顶面。如果零件使用四边形单元划分，则从选中的单元中拾取一条边。Abaqus/CAE 会朝着选中的边定向单元。

技巧：如果用户在确定单元方向时出错，可以单击 Edit Mesh 对话框中的 Undo 来撤销更改。Abaqus/CAE 将恢复这些单元的原始方向。

8. 根据需要，重复之前的步骤来定向其他单元。

9. 完成单元定向后，单击鼠标键 2 或者提示区域中的 X 按钮来退出过程。

64.6.5　退化四边形单元或者三角形单元的边

从主菜单栏选择 Mesh→Edit 来退化三角形单元或者四边形单元的选中边。可以理解为，将单元边上的两个节点用一个节点替换。用户可以选择以下方法来定位单个节点：

1. 选择 direction

选择 direction 来在指定方向上退化单元边。从提示区域的按钮中选择 Flip 来改变 Abaqus/CAE 将退化单元的方向。下图显示了 direction 方法如何退化单元边以及改变方向的效果。

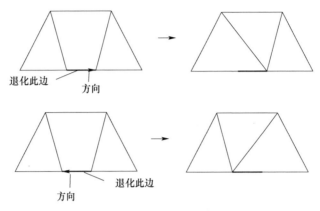

2. 选择 average

选择 average 来退化单元边，并将剩余的单元边重新调整成在退化边的中点汇合。下图显示了 average 方法如何退化单元边。

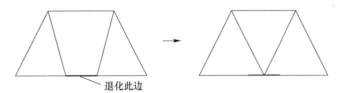

若要退化四边形单元或者三角形单元的边，执行以下操作：

1. 进入网格划分模块。
2. 从环境栏中的 Object 域选择 Part，然后从列表中选择一个零件。
3. 从主菜单栏选择 Mesh→Edit。

Abaqus/CAE 显示 Edit Mesh 对话框。

技巧：用户也可以使用 ✳ 工具来显示 Edit Mesh 对话框，此工具位于网格划分模块工具箱的底部。

4. 在对话框中进行下面的操作。

a. 从 Category 域中选择 Element。

b. 从 Method 列表中选择 Collapse edge（tri/quad）。

5. 从提示区域的菜单中选择 Abaqus/CAE 将用来退化边的方法。

- 选择 direction 来在指定的方向上退化单元边。
- 选择 average 来退化单元边，并将剩余的单元边调整成在退化边的中点汇合。

6. 选择要退化的单元边（用户仅可以选择一条边）。

Abaqus/CAE 高亮显示选中的边并提示用户确认是否要退化选中的边。

7. 从提示区域的按钮中单击 Yes 来退化选中的边。

Abaqus/CAE 提示用户选择要退化的下一条边。

8. 根据需要，重复之前的步骤来退化其他边。

9. 完成边退化后，单击鼠标键 2 或者提示区域中的 X 按钮来退出过程。

技巧：如果用户在退化边时出错，可以单击 Edit Mesh 对话框中的 Undo 来撤销更改。Abaqus/CAE 将网格恢复到操作前的状态。

64.6.6　分割四边形单元或者三角形单元的边

从主菜单栏选择 Mesh→Edit 来将四边形单元或者三角形单元的边分割成两部分。下图显示了先分割一条边，然后退化生成的边来删除细长三角形单元的过程：

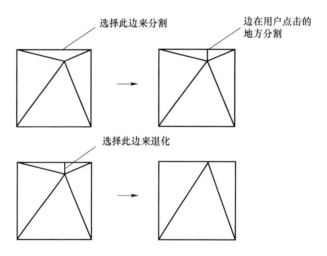

当用户分割四边形单元时，Abaqus/CAE 会根据角度测量结果，创建形状最佳的单元边。用户无法选择 Abaqus/CAE 将创建哪些边。不过，在 Abaqus/CAE 分割边后，用户可以使用 Swap diagonal（tri）工具来更改对角线。更多信息见 64.6.7 节"对调一对相邻三角形单元的对角线"。

若要分割四边形单元或者三角形单元的边，执行以下操作：

1. 进入网格划分模块，并进行下面的一个操作。

● 从环境栏中的 Object 域选择 Assembly。

● 从环境栏中的 Object 域选择 Part，然后从列表中选择一个零件。

2. 从主菜单栏选择 Mesh→Edit。

Abaqus/CAE 显示 Edit Mesh 对话框。

技巧：用户也可以使用工具来显示 Edit Mesh 对话框，此工具位于网格划分模块工具箱的底部。

3. 在对话框中进行下面的操作。

a. 从 Category 域中选择 Element。

b. 从 Method 列表中选择 Split edge（tri/quad）。

4. 从提示区域的菜单中选择用于确定沿着边分割位置的方法。用户可以选择 midpoint 或者 picked location。

5. 如果用户选择 midpoint 来确定位置，则选择要分割的边（用户仅可以选择一条边）。Abaqus/CAE 高亮显示要插入的边，以便在中点处分割选中的边。

6. 如果用户选择 picked location 来确定位置，则在想要分割的位置处单击边。Abaqus/CAE 高亮显示要插入的边，以便在拾取位置处分割选中的边。

7. 从提示区域单击 Split Edge。Abaqus/CAE 将分割边并提示用户选择下一个要分割的边。

技巧：如果用户在分割单元边时出错，可以单击 Edit Mesh 对话框中的 Undo 来撤销分割。

8. 根据需要，重复之前的步骤来分割其他边。

9. 完成边分割后，单击鼠标键 2 或者提示区域中的X按钮来退出过程。

64.6.7　对调一对相邻三角形单元的对角线

从主菜单栏选择 Mesh→Edit 来对调一对相邻三角形单元的对角线，如下图所示。

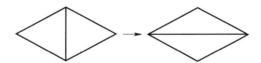

相邻三角形单元的法向必须一致。如果有必要，用户可以使用编辑网格工具来反转法向；更多信息见 64.6.3 节"反转壳单元的面法向"。

若要对调对角线，执行以下操作：

1. 进入网格划分模块，并进行下面的一个操作。

● 从环境栏中的 Object 域选择 Assembly。

● 从环境栏中的 Object 域选择 Part，然后从列表中选择一个零件。

2. 从主菜单栏选择 Mesh→Edit。Abaqus/CAE 显示 Edit Mesh 对话框。

技巧：用户也可以使用工具来显示 Edit Mesh 对话框，此工具位于网格划分模块工具箱的底部。

3. 在对话框中进行下面的操作。

a. 从 Category 域中选择 Element。

b. 从 Method 列表中选择 Split Swap diagonal（tri）。

4. 选择要对调的相邻三角形单元的边（用户仅可以选择一条边）。

Abaqus/CAE 高亮显示选中的边，并提示用户确认是否要对调选中的边。

5. 单击 Yes 来对调单元边。

Abaqus/CAE 提示用户选择要对调的下一条单元边。

技巧：如果用户在对调对角线时出错，可以单击 Edit Mesh 对话框中的 Undo 来撤销更改。Abaqus/CAE 会恢复两个相邻单元中的原始对角线。

6. 完成对角线对调后，单击鼠标键 2 或者提示区域中的 ⊠ 按钮来退出过程。

64.6.8　分割四边形单元

从主菜单栏选择 Mesh→Edit 来将四边形单元分割成两个三角形单元，如下图所示。

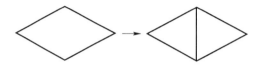

用户不能分割 5 节点的四边形单元，也不能分割四边形垫片单元。用户可以选择多个四边形单元来分割，只要它们来自同一个零件。

若要分割四边形单元，执行以下操作：

1. 进入网格划分模块，并进行下面的一个操作。
- 从环境栏中的 Object 域选择 Assembly。
- 从环境栏中的 Object 域选择 Part，然后从列表中选择一个零件。

2. 从主菜单栏选择 Mesh→Edit。

Abaqus/CAE 显示 Edit Mesh 对话框。

技巧：用户也可以使用 ✳ 工具来显示 Edit Mesh 对话框，此工具位于网格划分模块工具箱的底部。

3. 在对话框中进行下面的操作。

a. 从 Category 域中选择 Element。

b. 从 Method 列表中选择 Split（quad to tri）。

4. 选择要分割的四边形单元。用户可以使用 6.2 节"在当前视口中选择对象"中描述的任何一种选择方法。

如果用户的选择包括非四边形单元，则 Abaqus/CAE 会自动将其从选择中删除。

Abaqus/CAE 高亮显示将每一个四边形单元分割成两个三角形单元所使用的对角线，并提示用户继续。Abaqus/CAE 会根据角度测量结果，创建形状最佳的对角线。用户无法选择

Abaqus/CAE 用来分割单元的四边形对角线。不过，在 Abaqus/CAE 分割单元后，用户可以使用 Swap diagonal（tri）工具来更改对角线；更多信息见 64.6.7 节"对调一对相邻三角形单元的对角线"。

5. 单击 Yes 来分割选中的单元。

Abaqus/CAE 提示用户选择要分割的更多单元。

技巧：如果用户在分割四边形单元时出错，可以单击 Edit Mesh 对话框中的 Undo 来撤销更改。

6. 完成单元分割后，单击鼠标键 2 或者提示区域中的 ▉ 按钮来退出过程。

64.6.9　组合三角形单元

从主菜单栏选择 Mesh→Edit 来将两个相邻的三角形单元组合成一个四边形单元，如下图所示。

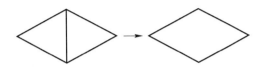

用户可以组合一阶单元或者二阶单元，但是用户不能将一阶单元与二阶单元组合在一起。此外，用户可以将具有一致法线方向的相邻三角形单元组合。如果有必要，用户可以使用网格编辑工具集来反转法线方向；更多信息见 64.6.3 节"反转壳单元的面法向"。

若要组合三角形单元，执行以下操作：

1. 进入网格划分模块，并进行下面的一个操作。

● 从环境栏中的 Object 域选择 Assembly。

● 从环境栏中的 Object 域选择 Part，然后从列表中选择一个零件。

2. 从主菜单栏选择 Mesh→Edit。

Abaqus/CAE 显示 Edit Mesh 对话框。

技巧：用户也可以使用 ✳ 工具来显示 Edit Mesh 对话框，此工具位于网格划分模块工具箱的底部。

3. 在对话框中进行下面的操作。

a. 从 Category 域中选择 Element。

b. 从 Method 列表中选择 Combine（tri to quad）。

4. 选择要组合的第一个三角形单元。

5. 选择要组合的第二个三角形单元。第二个单元必须与第一个单元相邻，且阶数相同。

Abaqus/CAE 将显示如何将两个相邻三角形单元组合成一个单个四边形单元，并提示用户继续。

6. 单击 Yes 来组合选中的单元。

Abaqus/CAE 提示用户选择要组合的下一个单元。

技巧：如果用户在组合单元时出错，可以单击 Edit Mesh 对话框中的 Undo 来撤销更改。Abaqus/CAE 将恢复两个三角形单元。

7. 完成单元组合后，单击鼠标键 2 或者提示区域中的 ■ 按钮来退出过程。

64.6.10　重新编号单元

从主菜单栏选择 Mesh→Edit 来重新编号选中的单元。通过指定起始标签和增量，或者通过将现有标签偏置指定值，可对选中的单元重新编号（有关重新编号 Abaqus/CAE 本地网格单元的信息，见 17.18.11 节 "更改所有节点和单元的标签"）。

若要重新编号单元，执行以下操作：

1. 进入网格划分模块。

2. 从环境栏中的 Object 域选择 Part，然后从列表中选择一个零件。此工具仅适用于不包含任何几何形体的零件。

3. 从主菜单栏选择 Mesh→Edit。

Abaqus/CAE 显示 Edit Mesh 对话框。

技巧：用户也可以使用 ❋ 工具来显示 Edit Mesh 对话框，此工具位于网格划分模块工具箱的底部。

4. 在对话框中进行下面的操作。

a. 从 Category 域中选择 Element。

b. 从 Method 列表中选择 Renumber。

Abaqus/CAE 显示 Element Renumbering 对话框。Part Label Range 中显示整个零件的单元标签范围。

5. 进行下面的一个操作来指定重编号的方法。

● 选择 By Start Label，然后输入第一个单元标签值和用于对后续单元编号的增量。

● 选择 By Offset，然后输入现有单元标签的偏置值。

6. 使用下面的一个方法来选择想要重新编号的单元。

1）选择所有的单元。选择 All 来对所有的孤立网格单元重新编号。

2）使用无序方法来选择单元。

a. 选择 Specify 和 Unordered 来以任意序列选择单元。

b. 单击 Select 来选择要重新编号的单元。

c. 从提示区域选择选取方法，然后选择要重新编号的单元。更多信息见 64.6.11 节

"选择要编辑的单元"。

　　3）使用定向路径方法来选择单元。

　　a. 选择 Specify 和 Directed Path 来重新编号沿着一条边的单元，此边为从选中的起始单元到选中的末端单元。

　　b. 单击 Select 来选择要重新编号的单元。

　　c. 选择起始单元。Abaqus/CAE 将显示沿着特征边的所有单元。如果需要，可以更改角度来重新定义 Abaqus/CAE 如何定义特征边。

　　d. 从提示区域选择 Done。

　　e. 选择末端单元。起始单元和末端单元必须位于同一条特征边上。

　　4）使用顺序方法来选择单元。

　　a. 选择 Specify 和 Sequence，根据用户选择单元的顺序，对单元进行重新编号。

　　b. 单击 Select 来选择要重新编号的单元。

　　c. 选择起始单元。Abaqus/CAE 将显示沿着特征边的所有单元。如果需要，可以更改角度来重新定义 Abaqus/CAE 如何定义特征边。

　　d. 从提示区域选择 Done。起始单元将显示为紫色。

　　e. 选择末端单元。起始单元和末端单元必须位于同一条特征边上。

　　Part Label Range 显示被重新编号单元的单元标签范围。

　　7. 单击 OK 或者 Apply 来重新编号单元。如果用户单击 Apply，Abaqus/CAE 将重新编号单元；但单元保持选中，用户可以继续对其重新编号。

　　8. 根据需要，重复之前的步来重新编号其他单元。

　　9. 完成单元重新编号后，单击 Cancel 来关闭 Element Renumbering 对话框。

64. 6. 11　选择要编辑的单元

　　当用户选择要编辑的单元时，Abaqus/CAE 会在提示区域中显示一个菜单来允许用户选择用来选择单元的方法。此方法允许用户选择单个节点或者一组相邻的单元。

若选择要编辑的单元，执行以下操作：

　　1. 使用下面的一个方法来选择想要编辑的单元。

　　1）选择单个单元。

　　a. 从提示区域的菜单中选择 Individually。

　　b. 选择想要重新编号的单元，或者拖拽选择一组单元。

　　c. 按［Shift］键+单击其他单元来将其添加到用户的选择中。

　　d. 如果有必要，按［Ctrl］键+单击选中单元来将它们从用户的选择中删除。

　　2）使用角度方法来选择单元。

　　a. 从提示区域的菜单中选择 by angle。

　　b. 输入一个角度（0°～90°），然后选择一个单元。Abaqus/CAE 将选择与选中单元相邻的单元面上的所有单元，直到单元面之间的角度等于或者大于用户输入的角度（更多信息见 6.2.3 节"使用角度和特征边方法选择多个对象"）。

c. 在使用 by angle 方法后，用户可以按［Shift］键+单击其他单元来将其添加到用户的选择中，或者按［Ctrl］键+单击选中单元来将它们从用户的选择中删除（更多信息见 6.2.8 节"组合选择技术"）。

3）使用特征边方法来选择单元。

a. 从提示区域的菜单中选择 by feature edge。

b. 输入一个角度（0°~90°）。Abaqus/CAE 将通过找到两个相邻单元面之间的角度大于指定角度的所有单元边，来确定模型中所有的特征边。

c. 选择一个单元边。Abaqus/CAE 会对通过选中单元边或者节点的特征边进行追踪。如果其他特征边与此特征边相交的角度大于在之前步骤中指定的角度，则此特征边将被截断。

d. Abaqus/CAE 选择沿着特征边的所有单元（更多信息见 6.2.3 节"使用角度和特征边方法选择多个对象"）。另外，用户可以选择多个特征边交点处的节点，然后 Abaqus/CAE 将选择所有这些特征边的单元。

e. 在使用 by feature edge 方法后，用户可以按［Shift］键+单击其他单元来将其添加到用户的选择中，或者按［Ctrl］键+单击选中单元来将它们从用户的选择中删除（更多信息见 6.2.8 节"组合选择技术"）。

4）指定现有的单元集合。

a. 单击提示区域右侧的 Region Selection。Abaqus/CAE 显示 Region Selection 对话框，其中包含用户已经创建的单元集合列表。

b. 选择想要重新编号的单元集合，然后单击 Continue。

注意：默认的选择方法基于用户最近使用的方法。若要改变成其他方法，可以单击提示区域右侧的 Select in Viewport 或者 Sets。

2. 完成单元选择后，从提示区域选择 Done。

64.7 编辑整体网格

本节介绍如何使用网格编辑工具集对包含孤立网格组件、Abaqus/CAE 本地网格构件，或者两种类型网格组合的网格进行整体编辑，包括以下主题：

- 64.7.1 节 "从现有网格偏置生成实体单元层"
- 64.7.2 节 "从现有网格偏置生成壳单元层"
- 64.7.3 节 "围绕 Z 轴卷曲网格"
- 64.7.4 节 "退化线性孤立网格的短边"
- 64.7.5 节 "扩展线性孤立网格的短边"
- 64.7.6 节 "将三角形壳网格转化成实体四面体网格"
- 64.7.7 节 "将实体孤立网格转化成壳孤立网格"
- 64.7.8 节 "合并单元"
- 64.7.9 节 "细分单元"
- 64.7.10 节 "复制网格排列样式"
- 64.7.11 节 "显示和编辑网格-几何形体的关联性"
- 64.7.12 节 "删除网格-几何形体的关联性"
- 64.7.13 节 "插入胶粘缝"

64.7.1 从现有网格偏置生成实体单元层

从主菜单栏选择 Mesh→Edit 来生成实体单元的层，此实体单元层是从现有网格的选中单元面法向偏置生成的，如下图所示。

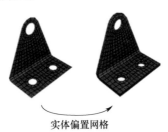

实体偏置网格

若要生成实体单元层，执行以下操作：

1. 进入网格划分模块。
2. 从环境栏中的 Object 域选择 Part，然后从列表中选择一个零件。

3. 从主菜单栏选择 Mesh→Edit。

Abaqus/CAE 显示 Edit Mesh 对话框。

技巧：用户也可以使用✳工具来显示 Edit Mesh 对话框，此工具位于网格划分模块工具箱的底部。

4. 在对话框中进行下面的操作。

a. 从 Category 域中选择 Mesh。

b. 从 Method 列表中选择 Offset（create solid layers）。

5. 使用下面的一个方法来选择单元面，Abaqus/CAE 将使用这些单元面来生成实体单元层。用户可以选择壳单元面或者实体单元面，但不能同时选择二者。如果用户选择壳单元面，则相邻壳单元的面法向必须一致。用户可以使用 Flip normal 工具来反转壳单元的面法向。更多信息见 64.6.3 节 "反转壳单元的面法向"。

1）选择单个单元。

a. 从提示区域的菜单中选择 Individually。

b. 选择单元面。

c. 按［Shift］键+单击其他单元面来将其添加到用户的选择中。

d. 如果有必要，按［Ctrl］键+单击选中单元面来将它们从用户的选择中删除。

e. 完成单元面选择后，单击鼠标键 2。

2）指定现有的面。

a. 单击提示区域右侧的 Surfaces。

Abaqus/CAE 显示 Region Selection 对话框，其中包含用户已经创建的面列表。

b. 选择面，并且单击 Continue。此面必须仅包含四边形面或者三角形面。

注意：默认的选择方法基于用户最近采用的方法。若要改变成其他方法，单击提示区域右侧的 Select in Viewport 或者 Surfaces。

3）使用角度方法来选择单元。

a. 从提示区域的菜单中选择 by angle。

b. 输入一个角度（0°~90°），然后选择单元面。Abaqus/CAE 将从选中的面开始选择每个相邻的单元面，直到单元面之间的角度等于或者超过用户输入的角度（更多信息见 6.2.3 节 "使用角度和特征边方法选择多个对象"）。

c. 在使用 by angle 方法后，用户可以按［Shift］键+单击其他单元面来将其添加到用户的选择中，或者按［Ctrl］键+单击选中单元面来将它们从用户的选择中删除（更多信息见 6.2.8 节 "组合选择技术"）。

d. 完成单元面选择后，单击鼠标键 2。

6. 从出现的 Offset Mesh-Solid Layers 对话框中进行下面的操作。

a. 如果选择壳单元来进行偏置，则用户可以选择表示期望偏置方向的颜色。用户可以选择的两种颜色对应选中单元面的两侧。用户也可以选择 Both，表示 Abaqus/CAE 应当在选中壳单元的两侧创建实体单元层。

b. 输入所有合并层的 Total thickness 值。用户输入的值必须是正的。但是，如果用户正在创建用于胶粘分析的零厚度单元，则可以输入 0。

c. 输入 Number of layers 值。

d. 如果需要，切换选中 Specify initial offset，然后输入初始偏置的值。负的初始偏置说明单元之间过闭合。

e. 如果用户要偏置的面包含锐角，则切换选中 Constant thickness around corners。如果预计生成的偏置单元可能退化或者反转，也应当切换选中此选项。更多信息见 64.3.3 节"在网格偏置中减少单元扭曲和塌陷"。

f. 要将实体单元的第一层节点与选中单元面的节点共享，则切换选中 Share nodes with base shell/surface。仅当实体单元的第一层不是从选中单元面偏置得到时，此选项才可用。

g. 要在创建实体单元层之后删除选中的壳单元，则切换选中 Delete base shell elements。仅当用户选择孤立壳单元来偏置时，此选项才可用。

h. 如果用户想要创建包含实体偏置网格中所有单元的单个集合，则切换选中 Create a set for new elements。

i. 如果用户想要创建包含实体偏置网格每一层单元的多个集合，则切换选中 Separate set for each layer。当 Abaqus/CAE 为每一层创建各自的集合时，Abaqus/CAE 会将 Layer-*layer number* 附加到集合名称前缀中。

j. 如果现有的网格中不会嵌入所有或者部分实体偏置网格，则用户可以通过切换选中 Create top and bottom surfaces，从偏置网格的顶部和底部创建面。当 Abaqus/CAE 创建两个面时，Abaqus/CAE 会将 BottomSurf 和 TopSurf 附加到名称前缀中。

k. 如果需要，为单个集合输入一个新的名称，或者为单个集合和/或者面附加一个新的前缀。

7. Abaqus/CAE 垂直于选中的单元面创建实体单元偏置的多个层。完成实体单元层的生成后，单击鼠标键 2 或者提示区域中的 X 按钮来退出过程。

技巧：如果用户在生成单元层时出错，可以单击 Edit Mesh 对话框中的 Undo 来撤销更改。Abaqus/CAE 会将网格恢复到操作前的状态。

编辑孤立网格后，应始终验证基于节点、单元和面的特征，如截面赋予、载荷和相互作用，以确保将它们正确地施加到更改后的网格。

64.7.2 从现有网格偏置生成壳单元层

从主菜单栏选择 Mesh→Edit，垂直于从现有网格选择的单元面，通过偏置生成壳单元层，如下图所示。

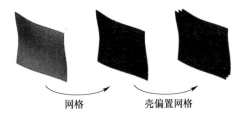

网格　　　　壳偏置网格

若要生成壳单元层，执行以下操作：

1. 进入网格划分模块。

2. 从环境栏中的 Object 域选择 Part，然后从列表中选择一个零件。

3. 从主菜单栏选择 Mesh→Edit。

Abaqus/CAE 显示 Edit Mesh 对话框。

技巧：用户也可以使用 工具来显示 Edit Mesh 对话框，此工具位于网格划分模块工具箱的底部。

4. 在对话框中进行下面的操作。

a. 从 Category 域中选择 Mesh。

b. 从 Method 列表中选择 Offset（create shell layers）。

5. 使用下面的一个方法来选择单元面，Abaqus/CAE 将使用这些单元面来生成壳单元层。用户可以选择壳单元面或者实体单元面，但不能同时选择二者。如果用户选择壳单元面，则相邻壳单元的面法向必须一致。用户可以使用 Flip normal 工具来反转壳单元的面法向。更多信息见 64.6.3 节"反转壳单元的面法向"。

1）选择单个单元。

a. 从提示区域的菜单中选择 Individually。

b. 选择单元面。

c. 按［Shift］键+单击其他单元面来将其添加到用户的选择中。

d. 如果有必要，按［Ctrl］键+单击选中单元面来将它们从用户的选择中删除。

e. 完成单元面选择后，单击鼠标键 2。

2）指定现有的面。

a. 单击提示区域右侧的 Surfaces。

Abaqus/CAE 显示 Region Selection 对话框，其中包含用户已经创建的面列表。

b. 选择面，并且单击 Continue。此面必须仅包含四边形面或者三角形面。

注意：默认的选择方法基于用户最近采用的方法。若要改变成其他方法，单击提示区域右侧的 Select in Viewport 或者 Surfaces。

3）使用角度方法来选择单元。

a. 从提示区域的菜单中选择 by angle。

b. 输入一个角度（0°~90°），然后选择单元面。Abaqus/CAE 将从选中的面开始选择每个相邻的单元面，直到单元面之间的角度等于或者超过用户输入的角度（更多信息见 6.2.3 节"使用角度和特征边方法选择多个对象"）。

c. 在使用 by angle 方法后，用户可以按［Shift］键+单击其他单元面来将其添加到用户的选择中，或者按［Ctrl］键+单击选中单元面来将它们从用户的选择中删除它们（更多信息见 6.2.8 节"组合选择技术"）。

d. 完成单元面选择后，单击鼠标键 2。

6. 在出现的 Offset Mesh-Shell Layers 对话框中进行下面的操作。

a. 如果选择壳单元来进行偏置，则用户可以选择表示期望偏置方向的颜色。用户可以选择的两种颜色对应选中单元面的两侧。用户也可以选择 Both，表示 Abaqus/CAE 应当在选中壳单元的两侧创建实体单元层。

b. 输入 Distance between layers 值。用户可以输入 0；例如，如果用户想要创建共享节点的多层蒙皮加强层。

c. 输入 Number of layers 值。

d. 如果需要，切换选中 Specify initial offset，然后输入初始偏置的值。负的初始偏置说明单元之间过闭合。

e. 如果用户要偏置的面包含锐角，则切换选中 Constant thickness around corners。如果预计生成的偏置单元可能退化或者反转，也应当切换选中此选项。更多信息见 64.3.3 节 "在网格偏置中减少单元扭曲和塌陷"。

f. 要将壳单元的第一层节点与选中单元面的节点共享，则切换选中 Share nodes with base shell/surface。仅当壳单元的第一层不是从选中单元面偏置得到时，此选项才可用。

g. 要在创建壳单元层之后删除选中的壳单元，则切换选中 Delete base shell elements。仅当用户选择孤立壳单元来偏置时，此选项才可用。

h. 如果用户想要创建包含壳偏置网格中所有单元的单个集合，则切换选中 Create a set for new elements。

i. 如果用户想要创建包含壳偏置网格每一层单元的多个集合，则切换选中 Separate set for each layer。当 Abaqus/CAE 为每一层创建各自的集合时，Abaqus/CAE 会将 Layer-*layer number* 附加到集合名称前缀中。

j. 如果需要，为单个集合输入一个新的名称，或者为单个集合附加一个新的前缀。

7. Abaqus/CAE 垂直于选中的单元面来创建壳单元偏置的多个层。完成壳单元层的生成后，单击鼠标键 2 或者提示区域中的 ☒ 按钮来退出过程。

技巧：如果用户在生成单元层时出错，可以单击 Edit Mesh 对话框中的 Undo 来撤销更改。Abaqus/CAE 会将网格恢复到操作前的状态。

在编辑孤立网格后，应始终验证基于节点、单元和面的特征，如截面赋予、载荷和相互作用，以确保将它们正确地施加到更改后的网格。

64.7.3 围绕 *Z* 轴卷曲网格

使用 Abaqus 脚本接口方法 wrapMesh 可以将一个平面孤立网格围绕圆柱面卷曲，此圆柱面通过整体 *Z* 轴和一个指定的半径来进行定义。平面网格必须位于 *X-Y* 平面中，并且零件的建模空间应当是三维的。如果有必要，用户可以通过在模型树中的零件上右击鼠标，从出现的菜单中选择 Edit 来改变建模空间。

卷曲过程将平面网格上点 (x, y) 处的节点重新定位到 (r, θ, z)，其中 r 是指定的半径，$\theta = \dfrac{x}{r}$，$z = y$，如图 64-19 所示。在平面孤立网格（0，0）处的点会被映射到圆柱面的（r，0，0）位置。

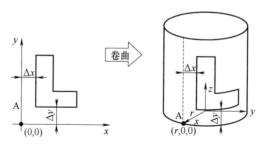

图 64-19　卷曲平面孤立网格

因为仅可以定位零件实例和卷曲零件，所以如果用户想要创建在装配体中正确卷曲和定向的孤立网格实例，需要进行一些规划。下面的步骤将帮助用户实现预期目标：

1. 使用装配模块中的工具来平动和/或者转动装配体中的平面孤立网格实例。

2. 使用网格划分模块中的 Create Mesh Part 工具来从重新定向的实例中创建一个平面网格划分零件。

3. 卷曲重新定向的网格零件。

4. 创建一个卷曲零件的实例，并使用装配模块中的工具来平动和/或者转动装配体中的实例。

如果用户试图创建一个完整的 360°卷曲，则离散近似可能会导致接缝边缘节点存在微小的间隙。用户必须使用合并节点工具，通过将多个节点对合并成一个节点来缝合此间隙；更多信息见 64.5.6 节"合并节点"。

下面是一个使用 Abaqus 脚本界面来卷曲网格的示例：

model = mdb. models ['Model-1']

part = model. parts ['Part-1']

part. wrapMesh（radius = 5.0）

用户可以使用命令行界面来输入 Abaqus 脚本界面命令，如《Abaqus 脚本用户手册》的 4.3 节"使用 Python 解释器"中描述的那样。

64.7.4　退化线性孤立网格的短边

从主菜单栏选择 Mesh→Edit 来退化线性孤立网格的选中边。用户可以指定应当退化的最小单元边长度，并且 Abaqus/CAE 将合并比指定长度短的单元边的端节点。用户可以指定网格以外的单元区域，也可以指定一个方向和/或参考边，来仅退化满足这些准则的边。仅当单元区域只包含线性单元时，用户才可以退化网格。

若要退化线性网格的短边，执行以下操作：

1. 进入网格划分模块。从环境栏中的 Object 域选择 Part，然后从列表中选择一个零件。

2. 从主菜单栏选择 Mesh→Edit。

Abaqus/CAE 显示 Edit Mesh 对话框。

技巧：用户也可以使用 工具来显示 Edit Mesh 对话框，此工具位于网格划分模块工具箱的底部。

3. 从 Category 域中选择 Mesh。

4. 从 Method 列表中选择 Collapse short edges。

Abaqus/CAE 显示 Collapse short edges 对话框。

5. 输入 Edge tolerance 值来指定单元边的最小长度，用于表示要退化比此容差短的单元边。默认值约为零件中平均单元长度的 10%。

6. 如果需要，切换选中 Specify，然后单击 Select 来选择网格以外的单元区域。

7. 如果需要，切换选中 Thickness direction，然后输入一个方向向量，或者单击箭头图标，通过在视口中拾取点来创建方向向量。

Abaqus/CAE 使用方向向量来测量单元，而不是仅测量节点之间的距离。当用户使用方向向量时，退化操作必须仅限于选中单元的特定边上，以避免退化垂直于预定方向的边。如果单元的方向在拓扑上是模糊的，则 Abaqus/CAE 高亮显示这些单元，这样用户就可以选择不包括这些单元的区域，或者添加参考边来进一步定义想要的边。

8. 如果需要，切换选中 Reference edge，并单击 Select 来选择参考边。

在使用参考边时，Abaqus/CAE 仅检查拓扑上与选中的边平行的单元中的短边。

注意：如果用户的单元区域包括不相连的单元部分，则用户仅可以在区域的单个连续部分中选择参考边。用户可能需要在较小的单元区域上多次使用 Collapse short edges 工具来获得想要的结果。

9. 单击 OK。

Abaqus/CAE 将高亮显示要进行边退化的单元。单击提示区域中的 Yes 来退化边，或者单击 No 来返回 Collapse short edges 对话框。

如果没有比指定的最小长度短的单元边，Abaqus/CAE 会显示一个错误信息，指出最小的单元长度。

技巧：如果用户在退化网格最短边时出错，可以单击 Edit Mesh 对话框中的 Undo 来撤销更改。Abaqus/CAE 会将网格恢复到操作前的状态。

在编辑孤立网格之后，应始终验证基于节点、单元和面的特征，如截面赋予、载荷和相互作用，以确保将它们正确地施加到更改后的网格。

64.7.5 扩展线性孤立网格的短边

从主菜单栏选择 Mesh→Edit 来扩展线性孤立网格的选中边。用户可以指定应当扩展的单元边最小长度，并且 Abaqus/CAE 将移动比指定长度短的单元边端节点。用户可以指定网格以外的单元区域，也可以指定一个方向和/或参考边，来仅扩展满足这些准则的边。仅当单元区域仅包含线性单元时，用户才可以扩展网格状的边。

若要扩展线性网格的短边，执行以下操作：

1. 进入网格划分模块。从环境栏中的 Object 域选择 Part，然后从列表中选择一个零件。
2. 从主菜单栏选择 Mesh→Edit。

Abaqus/CAE 显示 Edit Mesh 对话框。

技巧：用户也可以使用✖工具来显示 Edit Mesh 对话框，此工具位于网格划分模块工具箱的底部。

3. 从 Category 域中选择 Mesh。
4. 从 Method 列表中选择 Grow short edges。

Abaqus/CAE 显示 Grow short edges 对话框。

5. 输入 Edge tolerance 值来指定单元边的最小长度，用于表示要扩展比此容差短的单元边。默认值约为零件中平均单元长度的 10%。

6. 如果需要，切换选中 Specify，然后单击 Select 来选择网格以外的单元区域。

注意：Abaqus/CAE 根本不检查指定区域以外的边。如果在选中区域旁存在短的单元边，并且区域内的边变长，则重新定位的节点可能会使区域以外的单元过小，或者使单元反转。

7. 如果需要，切换选中 Thickness direction，然后输入一个方向向量，或者单击箭头图标，通过在视口中拾取点来创建方向向量。

Abaqus/CAE 使用方向向量来测量单元，而不是仅测量节点之间的距离。当用户使用方向向量时，退化操作必须仅限于选中单元的特定边上，以避免退化垂直于预定方向的边。如果单元的方向在拓扑上是模糊的，则 Abaqus/CAE 高亮显示这些单元，这样用户就可以选择不包括这些单元的区域，或者添加参考边来进一步定义想要的边。

8. 如果需要，切换选中 Reference edge，并单击 Select 来选择参考边。

在使用参考边时，Abaqus/CAE 仅检查拓扑上与选中的边平行的单元中的短边。

注意：如果用户的单元区域包括不相连的单元部分，则用户仅可以在区域的单个连续部分中选择参考边。用户可能需要在较小的单元区域上多次使用 Grow short edges 工具来获得想要的结果。

9. 单击 OK。

Abaqus/CAE 将高亮显示要进行边扩展的单元。单击提示区域中的 Yes 来扩展边，或者单击 No 来返回 Grow short edges 对话框。

如果没有比指定的最小长度短的单元边，则 Abaqus/CAE 显示一个错误信息，指出最小的单元长度。

技巧：如果用户在退化网格最短边时出错，可以单击 Edit Mesh 对话框中的 Undo 来撤销更改。Abaqus/CAE 会将网格恢复到操作前的状态。

在编辑孤立网格之后，应始终验证基于节点、单元和面的特征，如截面赋予、载荷和相互作用，以确保将它们正确地施加到更改后的网格。

64.7.6　将三角形壳网格转化成实体四面体网格

从主菜单栏选择 Mesh→Edit 来将由三角形单元构成的封闭三维壳体转化成由四面体单元构成的实体网格。原始的壳零件必须使用三角形单元进行网格划分，以完全包围一个没有间隙的体积。

若要将壳网格转化成实体网格，执行以下操作：

1. 进入网格划分模块。

2. 从环境栏中的 Object 域选择 Part，然后从列表中选择一个零件。此工具仅适用于处理孤立网格单元。

3. 从主菜单栏选择 Mesh→Edit。

Abaqus/CAE 显示 Edit Mesh 对话框。

技巧：用户也可以使用 ✳ 工具来显示 Edit Mesh 对话框，此工具位于网格划分模块工具箱的底部。

4. 从 Category 域中选择 Mesh。

5. 从 Method 列表中选择 Convert tri to tet。

6. 从提示区域出现的按钮中单击 Yes。

Abaqus/CAE 将三角形网格转化成四面体网格。

技巧：用户可以通过单击 Edit Mesh 对话框中的 Undo 来将三角形网格恢复成转化之前的状态。

在编辑孤立网格之后，应始终验证基于节点、单元和面的特征，如截面赋予、载荷和相互作用，以确保将它们正确地施加到更改后的网格。

64.7.7　将实体孤立网格转化成壳孤立网格

从主菜单栏选择 Mesh→Edit 来将实体孤立网格转化成壳孤立网格。Convert solid to shell 工具在零件的自由单元面上创建三角形或者四边形的壳单元，即不与其他面共享所有节点的单元面。如果用户的零件包含具有不同单元形状，或者不同几何阶数的单元的连接面，则 Abaqus/CAE 将在界面两侧创建壳单元。同样，如果用户的实体网格零件包含参考不同重合节点（如表示裂纹的节点）的相邻单元面，则 Abaqus/CAE 也将在界面两侧创建壳单元。

若要将实体孤立网格转化成壳孤立网格，执行以下操作：

1. 进入网格划分模块。

2. 从环境栏中的 Object 域选择 Part，然后从列表中选择一个零件。此工具仅适用于处理孤立网格单元。

3. 从主菜单栏选择 Mesh→Edit。

Abaqus/CAE 显示 Edit Mesh 对话框。

技巧：用户也可以使用 工具来显示 Edit Mesh 对话框，此工具位于网格划分模块工具箱的底部。

4. 从 Category 域中选择 Mesh。

5. 从 Method 列表中选择 Convert solid to shell。

6. 从提示区域出现的按钮中单击 Yes。

Abaqus/CAE 将实体网格转化成壳网格。

技巧：用户可以通过单击 Edit Mesh 对话框中的 Undo 来将三角形网格恢复成转化之前的状态。

在编辑孤立网格之后，应始终验证基于节点、单元和面的特征，如截面赋予、载荷和相互作用，以确保将它们正确地施加到更改后的网格。

64.7.8　合并单元

从主菜单栏选择 Mesh→Edit 来合并相邻的孤立网格单元。合并后的单元具有与原始单元相同的单元类型和基本形状。仅当单元区域只包含线性单元时，才可以合并网格中的单元。

若要合并线性网格的单元，执行以下操作：

1. 进入网格划分模块。从环境栏中的 Object 域选择 Part，然后从列表中选择包含孤立网格单元的零件。

2. 从主菜单栏选择 Mesh→Edit。

Abaqus/CAE 显示 Edit Mesh 对话框。

技巧：用户也可以使用 工具来显示 Edit Mesh 对话框，此工具位于网格划分模块工具箱的底部。

3. 从 Category 域中选择 Mesh。

4. 从 Method 列表中选择 Merge layers。

5. 选择想要合并的单元。用户可以使用下面的任意方法。

● 从视口中选择单元。用户可以单个地、按角度、按特征边或者按拓扑结构来选择单元（更多信息见 6.2 节"在当前视口中选择对象"）。完成选择后，单击鼠标键 2。

● 选择一个或者多个现有的单元集合。单击提示区域右侧的 Sets 来显示包含可用集合列表的 Region Selection 对话框。从列表中选择一个或者多个集合，然后单击 Continue。

合并的单元必须彼此相邻。

注意：默认的选择方法基于用户最近使用的方法。若要改变成其他方法，单击提示区域右侧的 Select in Viewport 或者 Sets。

6. 选择一个单元边来指示合并方向。

Abaqus/CAE 会尝试合并单元。如果合并单元导致网格不兼容，则 Abaqus/CAE 将高亮显示不兼容的节点，并询问用户是否继续。单击 Yes，合并单元；单击 No，清除选择并返回到步骤 4。

技巧：如果用户在合并网格单元时出错，可以单击 Edit Mesh 对话框中的 Undo 来撤销更改。Abaqus/CAE 会将网格恢复到操作前的状态。

在编辑孤立网格之后，应始终验证基于节点、单元和面的特征，如截面赋予、载荷和相互作用，以确保将它们正确地施加到更改后的网格。

64.7.9　细分单元

从主菜单栏选择 Mesh→Edit 来细分一个或者多个选中的孤立网格单元。要细分的单元必须是相连的。用户可以选择边、面（实体单元），或者选中 All Directions 来在一个、两个或者所有方向上细分单元——对于壳单元是两个方向、对于实体单元是三个方向。用户还必须指定要进行细分的单元数量。Abaqus/CAE 会按照指定的细分数量，在每个方向上平均细分单元。新单元的类型与原始单元的类型相同。仅当单元区域只包含线性单元时，才可以细分网格中的单元。

若要细分线性网格单元，执行以下操作：

1. 进入网格划分模块。从环境栏中的 Object 域选择 Part，然后从列表中选择包含孤立网格单元的零件。

2. 从主菜单栏选择 Mesh→Edit。

Abaqus/CAE 显示 Edit Mesh 对话框。

技巧：用户也可以使用 ✳ 工具来显示 Edit Mesh 对话框，此工具位于网格划分模块工具箱的底部。

3. 从 Category 域中选择 Mesh。

4. 从 Method 列表中选择 Subdivide layers。

5. 选择想要细分的单元。用户可以使用下面的任意方法：

● 从视口中选择单元。用户可以单个地、按角度、按特征边或者按拓扑结构来选择单元（更多信息见 6.2 节"在当前视口中选择对象"）。完成选择后，单击鼠标键 2。

● 选择一个或者多个现有的单元集合。单击提示区域右侧的 Sets 来显示包含可用集合列表的 Region Selection 对话框。从列表中选择一个或者多个集合，然后单击 Continue。

选中的单元必须形成一个相连的集合（以确保模型的连续性）。

注意：默认的选择方法基于用户最近使用的方法。若要改变成其他方法，单击提示区域右侧的 Select in Viewport 或者 Sets。

6. 选择一个单元边来指示细分方向，选择一个实体单元面来指示两个方向，选择提示区域中的 All Directions 来指示所有的方向——对于壳单元是两个方向，对于实体单元是三个方向。

　　Abaqus/CAE 会尝试细分单元。如果细分单元导致网格不兼容，则 Abaqus/CAE 将显示一个对话框来提示生成的网格不符合要求。单击 Yes，细分单元；单击 No，清除选择并返回到步骤 4。

　　技巧：如果用户在细分网格单元时出错，可以单击 Edit Mesh 对话框中的 Undo 来撤销更改。Abaqus/CAE 会将网格恢复到操作前的状态。

　　在编辑孤立网格之后，应始终验证基于节点、单元和面的特征，如截面赋予、载荷和相互作用，以确保将它们正确地施加到更改后的网格。

64.7.10　复制网格排列样式

　　从主菜单栏选择 Mesh→Edit 来把二维网格排列样式复制到一个目标面上。排列样式的单元必须形成一个连接在一起的集合，能够覆盖一个几何面。目标面必须是与排列样式相同的装配或者零件的一部分，并且目标面必须至少包含与排列样式相同多的循环。

若要复制网格排列样式，执行以下操作：

1. 进入网格划分模块，并且进行下面的操作。
- 从环境栏中的 Object 域选择 Assembly。
- 从环境栏中的 Object 域选择 Part，然后从列表中选择一个零件。

2. 从主菜单栏选择 Mesh→Edit。
Abaqus/CAE 显示 Edit Mesh 对话框。

　　技巧：用户也可以使用✷工具来显示 Edit Mesh 对话框，此工具位于网格划分模块工具箱的底部。

3. 从 Category 域中选择 Mesh。

4. 从 Method 列表中选择 Copy mesh pattern。

5. 选择源网格。用户可以使用下面的任意方法：
- 从视口中选择单元。用户可以单个地、按角度、按特征边或者按拓扑结构来选择单元（更多信息见 6.2 节"在当前视口中选择对象"）。完成选择后，单击鼠标键 2。
- 选择现有的面。单击提示区域右侧的 Surfaces 来显示包含可用面列表的 Region Selection 对话框。从列表中选择一个面，然后单击 Continue。

　　选中的单元必须形成一个相连的二维面（以准确定义边界条件等）。

　　注意：默认的选择方法基于用户最近使用的方法。若要改变成其他方法，单击提示区域右侧的 Select in Viewport 或者 Surfaces。

6. 选择目标面。

　　目标面必须与源面属于同一装配体或者零件，并且该面包含至少与源面相同多的循环数。

7. 在 Copy mesh pattern 对话框中，将源网格上的节点位置与目标面上的点进行关联。用户应当将源网格外边（主循环）上的至少三个节点与目标几何形体上的点进行关联。

a. 单击 Copy mesh pattern 对话框中的 ✚ 来将节点和点添加到表中。

b. 从源网格中选择想要的节点，并单击提示区域中的 Done。

c. 在目标面上选择相应的点。

Abaqus/CAE 会在用户做出选择后将当前的节点高亮显示成粉红色。当用户为每个节点选择一个点后，将出现 Copy mesh pattern 对话框，并且表中显示所选内容。

d. 对于表中高亮显示的位置，可以单击 来进行编辑。

技巧：用户不能编辑节点。要更改节点的选取，使用 ✐ 来删除高亮显示的行，然后添加新的节点和位置来替换它。

e. 单击对话框中的 OK。

Abaqus/CAE 将剩余的节点映射到目标面，并显示复制得到的网格排列样式。如果将剩余节点映射到目标时出错，则 Abaqus/CAE 将显示错误信息来帮助用户解决这些问题。

技巧：如果复制得到的网格排列样式不满足用户的期待，用户可以单击 Edit Mesh 对话框中的 Undo 来删除它们。

64.7.11　显示和编辑网格-几何形体的关联性

用户可以从主菜单栏选择 Mesh→Associate Mesh with Geometry，然后选择一个顶点、边或者面来界定自下而上的区域或一组孤立的单元，以显示或编辑孤立单元或者自下而上的网格单元与基底几何形体之间的关联性。通过自上而下技术生成的单元会自动与区域几何形体关联，不能显示或者编辑这些本地网格单元与对应区域几何形体之间的关联性。

若要显示或者编辑网格-几何形体的关联性，执行以下操作：

1. 进入网格划分模块，从环境栏中的 Object 域选择 Part，然后从列表中选择包含孤立网格或者自下而上单元的零件。

2. 从主菜单栏选择 Mesh→Associate Mesh with Geometry。

Abaqus/CAE 在提示区域显示提示来引导用户完成过程。

技巧：用户也可以单击网格模块工具箱中的 ▦ 工具，或者单击 ✳ 工具来显示 Edit Mesh 对话框——网格关联方法位于对话框中的 Mesh 类型中（有关网格划分模块工具箱的更多信息，见 17.15 节"使用网格划分模块工具箱"）。

3. 选择想要显示或者编辑关联性的几何形体对象——顶点、边或者面。

Abaqus/CAE 将以黄色高亮显示与选中的几何形体关联的任何节点、单元边或者单元面。如果没有对象显示成黄色，则表示没有网格零件与选中的几何形体关联。

4. 使用下面的方法来更改网格-几何形体的关联性（更多信息见第 6 章"在视口中选择对象"）。

a. 单击节点、单元边或者单元面来放弃任何现有的选择，并且开始选择新的项目。

b. 按［Shift］键+单击来将节点、单元边或者单元面添加到当前的选择，或者按［Ctrl］键+单击来不选项目。

c. 使用提示区域中的 by angle 方法，可根据单元面之间的角度来选择单元面。

d. 用户可以使用 Selection 工具栏中的工具来限制视口中可选取的对象类型。

注意：在某些情况下，用户可能需要选择内部网格面或网格边来创建正确的网格-几何形体关联。为了允许用户选择内部的对象，Abaqus/CAE 不会将关联性选择限制为"最靠近屏幕的对象"，即使此选择选项处于激活状态（更多信息见 6.3.3 节"根据对象的位置过滤用户的选择"）。因此，用户需要确保只关联想要的单元，特别是在使用拖动选择来选择多个对象时。

5. 完成要关联的网格目标选择后，单击 Done。

Abaqus/CAE 将保存新的关联性。

6. 重复步骤 3~步骤 5 来验证或者更改其他区域的关联性，或者单击提示区域中的 X 按钮来结束关联过程。

64.7.12　删除网格-几何形体的关联性

用户可以通过从主菜单栏选择 Mesh→Delete Mesh Associativity，然后选择一个顶点、边或者面，来删除节点、单元边或者单元与基底几何形体之间的关联性。如果删除 Abaqus/CAE 几何形体与网格之间的关联性，则受影响的网格构件将变成孤立网格节点和单元。如果用户正在操作一个复杂的零件，并且想要在改变其他区域的几何形体时，保持网格的一些部分不发生变化，则删除关联性是有用的。

若要删除网格-几何形体的关联性，执行以下操作：

1. 进入网格划分模块，从环境栏中的 Object 域选择 Part，然后从列表中选择一个零件。

2. 从主菜单栏选择 Mesh→Delete Mesh Associativity。

Abaqus/CAE 在提示区域中显示提示来引导用户完成过程。

技巧：用户也可以单击网格划分模块工具箱中的 工具，或者单击 工具来显示 Edit Mesh 对话框——删除关联性方法位于对话框中的 Mesh 类型中（有关网格划分模块工具箱的更多信息，见 17.15 节"使用网格划分模块工具箱"）。

3. 选中想要删除关联性的一个或者多个几何形体对象——顶点、边、面或者整个区域。

用户可以使用拖拽选择、按［Shift］键+单击和按［Ctrl］键+单击的组合来选择几何形体对象。更多信息见 6.2 节"在当前视口中选择对象"。

注意：要删除本地网格区域的关联性，并创建孤立网格，用户必须选择整个区域。

4. 如果需要，用户可以切换不选提示区域中的 Delete association from bounding entities。默认情况下，当用户删除区域的关联性时，Abaqus/CAE 也会删除节点、单元边和面与对应的顶点、边和面之间的关联。

5. 完成几何形体对象选择后，单击 Done。

Abaqus/CAE 以红色高亮显示几何实体，以黄色显示关联的网格实体，以便用户可以确认选择。

6. 单击 Yes 删除网格关联性，或者单击 No 放弃选择。

7. 重复步骤 3~步骤 6 来删除其他区域的关联性，或者单击提示区域中的██按钮来结束过程。

64.7.13　插入胶粘缝

从主菜单栏选择 Mesh→Edit 来在开裂区域中插入孔隙压力胶粘单元，此单元允许用户将流体流动模拟到相邻的材料中。用户可以选择面（实体单元体）、单元面（三维的孤立网格）、边（壳）或者单元边（二维的孤立网格）来确定开裂区域。围绕裂纹的区域必须在插入胶粘缝之前进行网格划分。默认情况下，Abaqus/CAE 创建一些集合和面来帮助用户在后续过程中进行选择，例如进行截面赋予。

若要插入胶粘缝，执行以下操作：

1. 进入网格划分模块。从环境栏中的 Object 域选择 Part，然后从列表中选择包含裂纹区域的一个零件。

2. 从主菜单栏选择 Mesh→Edit。

Abaqus/CAE 显示 Edit Mesh 对话框。

技巧：用户也可以使用██工具来显示 Edit Mesh 对话框，此工具位于网格划分模块工具箱的底部。

3. 从 Category 域选择 Mesh。

4. 从 Method 列表选择 Insert cohesive seams。

5. 选择面（三维对象）或者边（二维对象）来表示开裂区域，用户可以使用下面的任何方法。

● 从视口选择面或者边。用户可以单个地、通过角度，或者对于本地网格，通过面曲率来选择面。用户可以单个地，或者通过角度来选择边（更多信息见 6.2 节"在当前视口中选择对象"）。完成选择后，单击鼠标键 2。

● 单击提示区域右侧的 Sets/Surfaces（对于本地网格）或者 Surfaces（对于孤立网格）来显示 Region Selection 对话框，此对话框包含可以使用的集合或者面的列表。从列表选择一个或者多个集合或者面，并且单击 Continue。

注意：默认选择方法基于用户最近使用的方法。要改变成其他方法，单击提示区域右侧的 Select in Viewport 或者 Sets/Surfaces（或者 Surfaces）。

6. 默认情况下，Abaqus/CAE 创建一些集合或者面。单击提示区域右侧的 Options 来选择要创建的集合或者面，如果需要，也可以改变集合或者面名称的默认值。

7. 从 Options 对话框底部的按钮处进行下面的操作。

• 单击 OK 来保存用户的设置并关闭对话框。

• 单击 Defaults 来重新设置集合和面选择，并且命名成默认值。

• 单击 Clear 来清除所有的集合和面选择和名称。

• 单击 Cancel 来关闭对话框。

8. 单击提示区域中的 Done。

Abaqus/CAE 插入胶粘孔隙压力单元并创建指定的集合和面。

64.8 编辑和细化孤立网格

本节介绍如何使用编辑网格工具来细化孤立网格。

细化平面三角形网格

从主菜单栏选择 Mesh→Edit 来细化平面三角形网格。用户可以使用下面的方法来重新网格划分零件:

指定整体单元大小

在重新网格划分零件之前,用户可以选择为整个零件指定一个目标单元大小。然后,用户就可以重新网格划分零件,新网格的密度反映了所选目标单元的大小。例如,图 64-20 所示的使用 15.0 整体单元大小生成的网格零件。

图 64-21 所示为零件使用 8.0 整体单元大小重新网格划分后的结果。

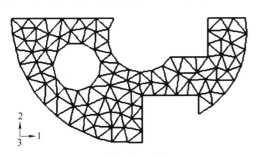

图 64-20 整体单元大小为 15.0

图 64-21 整体单元大小为 8.0

不指定整体单元大小

如果不指定整体单元大小,则 Abaqus/CAE 在改善零件内部的网格质量时,会沿着零件边界保留单元的边。这种情况下生成的网格拓扑与原来的网格拓扑有很大不同。图 64-22 所示为扭曲的网格。

当重新网格划分零件时,网格的质量得到显著改善,如图 64-23 所示。

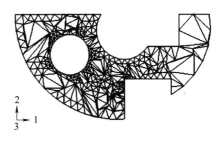

图 64-22 扭曲的网格

图 64-23　不指定整体单元大小重新网格划分的零件

若要通过指定整体单元大小的方法来细化平面三角形网格，执行以下操作：

1. 进入网格划分模块。

2. 从环境栏中的 Object 域选择 Part，然后从列表中选择一个仅包含孤立网格单元的零件。

技巧：要细化混合零件中的孤立单元，可以先抑制几何形体特征，完成细化操作后再恢复。

3. 从主菜单栏选择 Mesh→Edit。

Abaqus/CAE 显示 Edit Mesh 对话框。

技巧：用户也可以使用 ✱ 工具来显示 Edit Mesh 对话框，此工具位于网格划分模块工具箱的底部。

4. 在对话框中，从 Category 域中选择 Refinement。

5. 从 Method 列表中选择 Set size。

6. 在提示区域中输入用户选择的整体单元大小，然后按［Enter］键。

Abaqus/CAE 显示一个圆来说明用户重新网格划分零件后的单元大小。

7. 从 Method 列表中选择 Remesh。

8. 从提示区域出现的按钮中单击 Yes。

Abaqus/CAE 会尝试细化网格。如果用户在细化网格时出错，可以单击 Edit Mesh 对话框中的 Undo 来撤销细化。

若要通过不指定整体单元大小的方法来细化平面三角形网格，执行以下操作：

1. 进入网格划分模块。

2. 从环境栏中的 Object 域选择 Part，然后从列表中选择一个仅包含孤立网格单元的零件。

技巧：要细化混合零件中的孤立单元，可以先抑制几何形体特征，完成细化操作后再恢复。

3. 从主菜单栏选择 Mesh→Edit。

Abaqus/CAE 显示 Edit Mesh 对话框。

技巧：用户也可以使用 工具来显示 Edit Mesh 对话框，此工具位于网格划分模块工具箱的底部。

4. 在对话框中，从 Category 域中选择 Refinement。

5. 从 Method 列表中选择 Remove size。

6. 从 Method 列表中选择 Remesh。

7. 从提示区域出现的按钮中单击 Yes。

Abaqus/CAE 会尝试细化网格。如果用户在细化网格时出错，可以单击 Edit Mesh 对话框中的 Undo 来撤销细化。

64.9 撤销或者重做网格编辑工具集中的更改

本节介绍如何使用网格编辑工具集中的工具来撤销或者重做对网格的更改，以及如何构建缓存来存储边界网格操作的回滚信息，包括以下主题：

- 64.9.1节 "撤销或者重做网格划分编辑操作"
- 64.9.2节 "激活撤销和管理缓存"

这些主题也适用于撤销和重做自下而上的网格划分操作（有关自下而上网格划分的信息，见17.11节 "自下而上的网格划分"）。

Abaqus/CAE支持网格编辑工具集中的任何工具，以及使用自下而上网格划分技术生成的网格的多级撤销和重做。单次撤销会删除用户最近一次对网格的更改。类似地，单次重做会恢复最近一次撤销的对网格的更改。下图所示为Edit Mesh对话框中的Undo部分，Undo和Redo按钮旁边有简短说明，如果用户单击按钮，Abaqus将撤销或者重做对网格的更改。

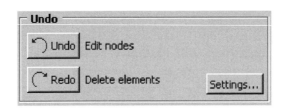

当撤销被抑制时，Abaqus会在描述空间中显示一个注释，说明在Settings下抑制了撤销。要重新激活撤销，见64.9.2节 "激活撤销和管理缓存"。

Abaqus/CAE通过缓存网格编辑和自下而上网格划分操作的历史记录来支持撤销操作。允许的缓存大小、网格的大小以及用户执行的网格编辑类型都决定了可撤销的层级。例如，如果用户的网格具有100000个单元，并且用户定义了一个0.5MB单元的最大缓存，则Abaqus/CAE可以提供至少五级撤销。创建或者删除节点等操作不需要较大的缓存空间即可进行撤销操作（不会占用过多系统资源）。

技巧：用户可以通过运行Part mesh或者Instance mesh查询来确定网格中单元的数量。更多信息见71.2节 "查询模型"。

大的缓存会占用大量内存，所以要考虑零件或者零件实例所需的撤销层级数量。如果用户想要确保任何网格操作都至少有一级撤销，则指定的缓存大小至少要与零件或者零件实例中单元的数量相同。

64.9.1 撤销或者重做网格划分编辑操作

在 Edit Mesh 和 Create Bottom-Up Mesh 对话框的 Undo 部分中显示的撤销和重做选项，是针对所选零件、零件实例或者装配体的特定选项。当用户切换到不同的项目并编辑网格时，撤销选项会更改以反映选中项目的历史记录。Abaqus/CAE 会更新按钮的状态及其说明，以反映新选择的零件、零件实例或者装配体的历史记录。

若要撤销或者重做编辑网格操作或者自下而上的网格划分操作，执行以下操作：

1. 进入网格划分模块。
2. 从主菜单栏选择 Mesh→Edit。

Abaqus/CAE 显示 Edit Mesh 对话框。

技巧：用户也可以使用 ✖ 工具来显示 Edit Mesh 对话框，此工具位于网格划分模块工具箱的底部。

此对话框的 Undo 部分包括 Undo 和 Redo 按钮，以及按钮旁边的说明（解释用户要进行的操作）。

3. 单击 Undo，可以撤销指示的网格编辑操作；单击 Redo，可以重做指示的网格编辑操作。

Abaqus/CAE 将执行指定的更改。

4. 继续编辑网格或者撤销或重做更改；完成后，关闭 Edit Mesh 对话框。

注意：当用户执行一个新的编辑操作，或者任何其他更改网格的操作时，受影响零件或者零件实例的任何重做信息都将丢失。如果用户删除区域网格，施加自上而下网格划分，或者如果添加的分割需要删除部分网格，则撤销和重做的信息也会被删除。

64.9.2 激活撤销和管理缓存

激活撤销具有全局性和持久性；激活此设置后，用户可以在程序会话中为任何零件或者装配网格撤销网格编辑更改，并且该设置在所有会话中保持激活。抑制撤销后，系统会释放与此设置关联的内存，并清除任何零件或者装配体上现有的撤销或者重做缓存。

若要激活撤销并设置缓存大小，执行以下操作：

1. 进入网格划分模块。
2. 从主菜单栏选择 Mesh→Edit。

Abaqus/CAE 显示 Edit Mesh 对话框。

技巧：用户也可以使用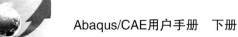工具来显示 Edit Mesh 对话框，此工具位于网格划分模块工具箱的底部。

3. 单击 Settings。

出现 Mesh Edit Undo Settings 对话框。

4. 切换选中 Enable Undo 来启用网格编辑操作的撤销。

5. 在 Max total cache size 域中输入一个值（以 MB 为单位），然后单击 OK。

65 特征操控工具集

用户可以在 Abaqus/CAE 中通过创建一系列的特征来构建模型。有关特征和基于特征建模的详细讨论，见 11.3.1 节"零件与特征之间的关系"，以及 13.8.2 节"在装配模块中操控特征"。本章介绍如何使用特征操控工具来更改和管理用户模型中的现有特征，以及如何调整特征重新生成的性能，包括以下主题：

- 65.1 节 "使用特征操控工具集"
- 65.2 节 "使用模型树管理特征"
- 65.3 节 "调整特征重新生成"
- 65.4 节 "更改和操控特征"

有关使用特征操控工具集的步到步的指导，见 65.4 节"更改和操控特征"。

65.1　使用特征操控工具集

用户可以通过从主菜单栏选择 Feature，或者在模型树中的特征上右击鼠标来访问特征操控工具集。用户也可以从模块工具箱中访问特征工具。图 65-1 所示为模块工具箱中所有特征工具的图标。

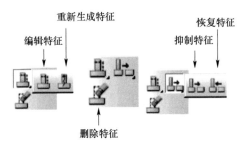

图 65-1　模块工具箱中所有特征工具的图标

下面介绍用户如何使用 Edit、Regenerate、Suppress、Resume 和 Delete 工具来更改特征，或者控制零件或装配体中特征的外观。

编辑特征

用户仅可以在零件模块中编辑零件的特征。用户对零件做的任何更改都将自动应用到装配体中的每一个零件实例中。同样，用户也只能在装配模块和网格划分模块中编辑装配体的特征。与编辑分割和基准几何形体的限制有关的信息，见 62.4 节"将基准理解成特征"，以及 70.3 节"理解分割"。

重新生成特征

重新生成特征是在更改模型特征后，重新计算模型几何形体的过程。默认情况下，在用户编辑了一个特征之后，Abaqus/CAE 会自动重新生成零件或者装配体。然而，用户可以通过切换选中 Feature Editor 中的 Regenerate on OK 选项来控制是否自动重新生成特征。更多信息见 65.4.1 节"编辑特征"。

抑制特征

当用户操控复杂模型中的许多特征时（如当用户探索设计变更时），Abaqus/CAE 允许用户临时抑制某些特征来简化显示，或者加速重新生成。受到抑制的特征不可见，并且不能进行分割和网格划分。此外，Abaqus/CAE 在重新生成零件或者装配体时，会忽略所有受到抑制的特征。用户可以编辑被抑制的特征，但在恢复特征之前，用户的更改不会影响零件或者装配体。抑制特征也会抑制特征的任何子特征（有关父特征和子特征的信息，见 11.3.1 节"零件与特征之间的关系"）。

当用户递交作业用于分析时，Abaqus/CAE 不会在生成的输入文件中包括被抑制的特征。然而，Abaqus/CAE 会在输入文件中包括与被抑制特征或者被抑制特征区域有关的指定条件。为了确保分析成功完成，用户应当进行以下一项操作：

- 恢复被抑制的特征。
- 编辑指定条件，并将指定条件应用到不同的区域。
- 删除指定条件。

如果用户想要临时让一个零件实例在装配体中不可见，可以通过选择 Assembly Display Options 对话框中的选项来隐藏零件实例。更多信息见 76.14 节"控制实例可见性"。

恢复特征

当用户重新恢复一个被抑制特征时，此特征将重新出现在零件或者装配体的显示中，并在模型中重新建立。如果用户在特征被抑制时编辑特征，则恢复特征将导致 Abaqus/CAE 自动重新生成模型，来考虑用户的更改。恢复特征时，用户可以选择同时恢复特征所有的子特征（用户不恢复父特征就不能恢复其子特征）。

调整重新生成性能

调整特征重新生成性能是在保存状态的方便性和内存消耗对性能的影响之间取得平衡。在大部分情况中，默认的设置就可生成可接受的重新生成性能；用户也可以通过从主菜单栏选择 Feature→Options 来调整重新生成的速度。更多信息见 65.3 节"调整特征重新生成"。

删除特征

删除特征意味着从模型中永久地删除特征。如果用户删除了父特征，则其所有子特征也将被删除，并且不能恢复。

此外，当用户将一个零件复制到一个新零件时，可以将所有特征和参数信息缩减为零件的简单定义。如果用户在复制零件时减少特征列表，则用户后续修改新的零件时，Abaqus/CAE 将更快地重新生成新零件；然而，用户将不能再修改新零件的任何参数。要复制一个零件，请从零件模块中的主菜单栏选择 Part→Copy。

65.2 使用模型树管理特征

图 65-2 所示的模型树包括模型中所有可用特征的列表。用户可以在模型树中的特征上右击鼠标，然后使用出现的菜单来管理特征。

用户必须使用模型树来操控装配约束、被抑制的特征或者失效的特征，因为视口中不显示它们。用户也可以同时选择多个特征进行删除、抑制或者恢复操作。当用户在模型树中选择特征时，视口中会高亮显示特征（如果可以显示它们）。此外，任何特征的父特征或者子特征都会在视口中高亮显示。

模型树显示模型中每一个特征的状态。每一个特征名称前的图标用来说明状态：

● 黄色的对号说明更改了特征，但还没有重新生成。如果一个零件被数据库升级锁住，则所有的有效特征都会显示此状态，直到解锁。

Abaqus/CAE 也在用户编辑过，但还没有重新生成的特征旁显示黄色的对号。

● 挂锁说明用户或者数据升级锁住了零件或者装配体。

● 红色的"×"说明特征受到抑制。

● 红色的"！"说明重新生成特征失败。零件名称旁的红色"！"说明零件无效。

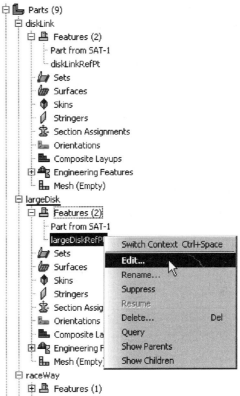

图 65-2 模型树

65.3　调整特征重新生成

本节介绍如何使用 Feature Options 对话框中的设置来调整特征重新生成。用户可以通过从主菜单栏选择 Feature→Options 来打开 Feature Options 对话框。在大部分情况中，默认的设置就可生成可接受的重新生成性能。仅当 Abaqus/CAE 重新生成零件或装配体耗时过长，或者内存消耗过大时，才应更改特征选项。

Feature Options 对话框中的设置仅适用于当前模型，并保存在模型数据库中。如果用户更改为其他模型，则 Abaqus/CAE 将恢复默认设置，或者与新模型关联的任何经过更改的设置。

- 65.3.1 节　"什么是重新生成？"
- 65.3.2 节　"什么是几何状态？"
- 65.3.3 节　"什么是缓存？"
- 65.3.4 节　"什么是自相交检查？"
- 65.3.5 节　"如何重新生成位置约束？"

65.3.1　什么是重新生成？

无论何时用户更改零件的特征，Abaqus/CAE 都会重新生成零件。类似地，要使更改后的特征包含在零件实例中，Abaqus/CAE 在用户进入装配关联的模块时，也会重新生成装配体中的特征。不过，为了节省时间，Abaqus/CAE 会确定需要重新生成的最小特征数量，并且仅重新生成受更改影响的特征。如果用户的零件和装配相对简单，则用户将不会感觉到Abaqus/CAE 正在进行重新生成。然而，在更加复杂的模型中，重新生成将导致性能降低。触发重新生成的特征更改包括使用特征操控工具集来更改、抑制、恢复和删除特征。

模型树使用一个黄色的对号来说明需要重新生成的特征，见 65.2 节 "使用模型树管理特征"。用户可以通过从主菜单栏选择 Feature→Regenerate，或者在模型树的 Features 容器上右击鼠标来强制 Abaqus/CAE 重新生成装配体的零件。

65.3.2　什么是几何状态？

几何状态指零件或者装配体的内部几何表示；例如，定义拓扑的曲线方程和面方程，以及这些曲线和面的连接性。几何状态是此内部表达的快照。Abaqus/CAE 会存储此快照，并在用户处理模型时定期在内存中创建几何状态，然后重新生成特征。

如果 Abaqus/CAE 没有保存几何状态，则重新生成从用户创建的第一个特征开始，并继续执行所有需要重新生成的特征，这使重新生成的成本非常高。通过保存状态，Abaqus/CAE 可以确定最接近被更改特征的状态。重新生成从该状态开始，并完成所有需要重新生成的特征。因此，可以显著提高重新生成的速度。

理想情况下，为了获得最大的重新生成性能，用户在每次更改特征之后都应保存几何状态。然而，存储每一个状态都将消耗大量的内存，并降低总体性能。决定保存多少个状态需要在重新生成速度与内存消耗之间做出权衡。

默认情况下，Abaqus/CAE 会自动为每个零件和装配体保存最多五个几何状态。如果 Abaqus/CAE 已经保存了指定数量的状态，则在保存最新的状态之前会删除一个最先保存的状态。用户可以使用 Options 对话框中的 Geometry Caching for Fast Regeneration 来改变 Abaqus/CAE 自动保存的状态数量。Abaqus/CAE 使用内部逻辑来决定何时创建几何状态，用户无法控制何时创建状态。

65.3.3 什么是缓存？

缓存是内存的一部分。Abaqus/CAE 将使用以下与特征相关的缓存来存储几何状态：
- Current part cache，包含当前零件几何形体状态的快照。Abaqus 为模型中的每一个零件创建零件缓存。
- All part caches，包含当前模型中所有零件几何形体状态的快照。
- Assembly cache，包含装配体几何形体状态的快照。Abaqus 为模型创建一个装配体缓存。

如果用户发现 Abaqus/CAE 消耗工作站上过多的内存，并影响了系统性能，则用户可以使用 Options 对话框中的 Clear 按钮来清除与零件和装配体缓存有关的内存。清除内存可以提高性能；然而，这也将清除几何形体状态的快照，进而放慢重新生成的速度。如果用户切换不选缓存几何形体状态的功能，则 Abaqus/CAE 不会清除已经存储的状态。此外，Abaqus/CAE 会为每一个模型存储各自的缓存。因此，用户可以通过删除当前未处理模型的缓存来获取更多可用的内存。

如果用户花费大量时间对零件进行了一系列更改，并且最终对设计的正确性感到满意，则用户可以通过单击 Options 对话框中的 Cache current state 来在内存中保存当前的状态。这样，Abaqus/CAE 就可以返回此状态并重新生成后续的添加或者更改。然而，如果用户选择继续自动缓存几何状态，Abaqus/CAE 可能会在保存了最大数量的几何状态后删除用户手动保存的状态。另外，用户也可以切换不选自动缓存几何状态，继续以较大的间隔手动保存状态。

Options 对话框中的 Geometry Caching for Fast Regeneration 显示了三个与特征有关的缓存中保存的几何状态数量。缓存可以包含手动保存的几何形体状态和 Abaqus/CAE 自动保存的状态的组合。用户可以查询 Current part cache 项和 Assembly cache 项来确定几何状态相对于特征序列的位置。

65.3.4　什么是自相交检查？

　　自相交检查是一种测试，可以帮助用户确保在 Abaqus/CAE 中创建的复杂几何形体对于分析是有效的。如果特征的面与同一个特征的其他面相交，则 Abaqus/CAE 会显示存在无效相交的警告，并且不创建特征。与自身相交的特征不能进行网格划分，并可能造成分析问题。Abaqus/CAE 允许用户在特征创建过程中检查自相交，检查过程将放慢特征创建的速度。此外，自相交检查也将放慢特征重新生成的速度。完成测试的时间随着用户尝试创建或者重新生成特征的复杂程度而变化。

　　在 Feature Options 对话框中，用户可以切换选中或者不选自相交检查。默认 Perform self-intersection checks 项是切换不选的。通常，仅当用户创建复杂几何形体的特征（如放样特征）时，才可能发生自相交（更多信息见 11.14 节"什么是放样？"，以及 11.14.4 节"自相交检查"）。如果用户知道用户的特征没有自相交，或者用户计划在后续的操作中删除自相交，则用户可以切换不选 Perform self-intersection checks 来加速特征重新生成。

65.3.5　如何重新生成位置约束？

　　默认情况下，当 Abaqus/CAE 重新生成装配体时，会先重新生成所有的位置约束，然后再重新生成可能依赖于位置的其他特征，如分割和基准。

　　然而，如果位置约束使用的实体是通过选择装配模块中的零件实例创建的，如分割创建的面或者通过两个顶点的基准轴，则 Abaqus/CAE 将改变位置约束的行为，并按照创建的顺序来重新生成特征。因此，在进行位置约束之前创建的分割和基准，可能无法与可移动的实例一起移动。

　　如果在装配关联的模块中进行操作，则 Feature Options 对话框中有一个 Constraints 域，允许用户控制此重新生成行为。更多信息见 65.4.7 节"调节重新生成的性能"。

820

65.4　更改和操控特征

本节介绍如何使用特征操控工具集，包括以下主题：
- 65.4.1 节 "编辑特征"
- 65.4.2 节 "重新命名特征"
- 65.4.3 节 "抑制特征"
- 65.4.4 节 "恢复被抑制的特征"
- 65.4.5 节 "删除特征"
- 65.4.6 节 "重新生成零件或者装配体"
- 65.4.7 节 "调节重新生成的性能"
- 65.4.8 节 "使用模型树来获取特征信息"

65.4.1　编辑特征

从主菜单栏选择 Feature→Edit 来更改选中特征的几何信息。用户也可以通过在模型树中的特征上右击鼠标，从出现的菜单中选择 Edit 来编辑特征。

用户可以对特征进行的更改取决于如何创建特征。用户可以更改定义特征的任何数值参数以及剖面草图。然而，用户不能更改通过在屏幕上拾取几何对象（如点和边）创建的特征。例如，用户可以更改以下参数：
- 拉伸的深度。
- 倒圆的半径。
- 基准点的坐标。
- 拉伸实体的形状。

如果用户不能使用特征操控工具集来进行所需的更改，则用户必须删除特征并创建一个包含更改的新特征。

若要编辑特征，执行以下操作：

1. 从主菜单栏选择 Feature→Edit。

技巧：用户也可以通过单击位于模块工具箱中的 ⬛ 工具来编辑特征。

2. 选择一个要更改的特征。用户可以直接从当前视口或者模型树中选择特征。更多信息见第 6 章 "在视口中选择对象" 和 3.5 节 "操作模型树和结果树"。

出现特征编辑器。

3. 通过进行下面的一个操作来编辑特征。

● 在 Parameters 域中输入所需参数的新值。

● 选择 Edit Section Sketch 来启动草图器，并对草图进行修改。有关使用草图器的信息，见第 20 章 "草图模块"。

4. 单击 OK 在模块中执行更改。

如果用户正在编辑零件特征，则 Abaqus 将立即重新生成零件，以包括用户的更改，装配体会在用户下次进入模块时更新。如果用户正在编辑装配体特征，装配体将立即重新生成。

注意：默认情况下，Abaqus/CAE 会在用户每一次编辑特征时重新生成零件或者装配体。如果用户想要推迟零件或者装配体的重新生成，则可以在单击特征编辑器中的 OK 之前切换不选 Regenerate on OK。当用户准备重新生成零件或者装配体时，从主菜单栏选择 Feature→Regenerate。

65.4.2　重新命名特征

用户可以在模型树中的特征上右击鼠标，然后从出现的菜单中选择 Rename 来重新命名特征。

若要重新命名特征，执行以下操作：

1. 在模型树中的特征上右击鼠标，然后从出现的菜单中选择 Rename。
出现 Rename Features 对话框。
2. 为特征输入一个新的名称。
3. 单击 OK 来完成特征重命名。
模型树显示新名称。

65.4.3　抑制特征

从主菜单栏选择 Feature→Suppress 来抑制选中的特征。抑制特征等效于从零件或者装配体中临时地删除它们。当用户重新生成零件或者装配体时，被抑制的特征保持抑制。用户也可以通过在模型树中的特征上右击鼠标，从出现的菜单中选择 Suppress 来抑制特征。

用户不能抑制基础特征。此外，如果用户抑制了父特征，则 Abaqus 也会自动抑制它们的所有子特征。用户可以通过从主菜单栏选择 Feature→Resume，或者在模型树中的特征上右击鼠标来抑制可以重载的特征。当用户恢复受抑制的特征时，其子特征不会被恢复，除非用户选择它们。为了帮助用户选择一个特征的子特征，用户可以在模型树中的特征上右击鼠标，然后从出现的菜单中选择 Show children。

若要抑制特征，执行以下操作：

1. 从主菜单栏选择 Feature→Suppress。

技巧：用户也可以使用位于模块工具箱中的工具来抑制特征。

2. 选择要抑制的一个或者多个特征。用户可以从当前视口或者模型树中选择特征。更多信息见第 6 章"在视口中选择对象"，以及 3.5 节"操作模型树和结果树"。

Abaqus/CAE 高亮显示选中的特征。如果用户选中包含子特征的特征，则 Abaqus/CAE 也高亮显示子特征。

如果用户从视口选择特征，则在完成选择后，单击提示区域中的 Done。

3. 如果用户从视口选择特征，则单击提示区域中的 Yes。如果用户从模型树选择特征，则在所需的特征名上右击鼠标，并从出现的菜单中选择 Suppress。

选中的特征和任何子特征都会从视口消失。

4. 要退出抑制过程，进行下面的一个操作。

- 单击提示区域中的 X 按钮。
- 在 Abaqus/CAE 视口中的任意地方单击鼠标键 2。
- 从 Feature 菜单中选择其他操作。

65.4.4 恢复被抑制的特征

从主菜单栏选择 Feature→Resume 来恢复被抑制的特征。用户也可以通过选择模型树中的多个特征，右击鼠标，然后从出现的菜单中选择 Resume 来恢复一组特征。

恢复特征，可将此特征完全恢复到零件或者装配体中。用户可以恢复被抑制的最后一个特征、所有被抑制的特征，或者仅选中的特征。当用户恢复子特征时，Abaqus/CAE 会自动恢复父特征。然而，当用户恢复父特征时，不会恢复此特征的子特征，除非用户选择它们。为了帮助用户选择一个特征的子特征，用户可以在模型树中的特征上右击鼠标，然后从出现的菜单中选择 Show children。

若要恢复被抑制特征，执行以下操作：

1. 从主菜单栏选择 Feature→Resume。

技巧：用户也可以使用位于模块工具箱中的工具来恢复特征。

2. 进行下面的一个操作。

- 单击 Last Set 来恢复最近被抑制的特征及其所有父特征。
- 单击 All 来恢复所有被抑制的特征。
- 从模型树中选择要恢复的特征。用户可以选择要恢复的多个特征。

在视口中重新出现恢复后的特征。

65.4.5　删除特征

从主菜单栏选择 Feature→Delete 来删除选中的特征。用户也可以通过在模型树中的特征上右击鼠标，然后从出现的菜单中选择 Delete 来删除特征。

当删除父特征时，其所有子特征也会被删除。用户不能恢复被删除的特征。

若要删除特征，执行以下操作：

1. 从主菜单栏选择 Feature→Delete。

技巧：用户也可以使用位于模块工具箱中的 工具来删除特征。

2. 选择要删除的一个或者多个特征。用户可以从当前视口或者模型树中选择特征。更多信息见第6章"在视口中选择对象"，以及3.5节"操作模型树和结果树"。

Abaqus/CAE 高亮显示选中的特征。如果用户选中包含子特征的特征，则 Abaqus/CAE 也高亮显示子特征。

如果用户从视口选择特征，则在完成选择后，单击提示区域中的 Done。

3. 如果用户从视口选择特征，则单击提示区域中的 Yes。如果用户从模型树选择特征，则在所需的特征名上右击鼠标，并从出现的菜单中选择 Delete。

选中的特征和任何子特征都会从视口消失。

4. 要退出删除过程，进行下面的一个操作。

● 单击提示区域中的 按钮。

● 在 Abaqus/CAE 视口中的任意地方单击鼠标键2。

● 从 Feature 菜单中选择其他操作。

65.4.6　重新生成零件或者装配体

当用户更改一个复杂零件或者装配体中的特征时，可能想要推迟重新生成，因为做完所有更改后再重新生成是更方便的（因为重新生成可能花费大量时间）。更多信息见65.4.1节"编辑特征"。当用户准备好重新生成零件或者装配体时，可以从主菜单栏选择 Feature→Regenerate。用户也可以在模型树中的特征上右击鼠标，然后从出现的菜单中选择 Regenerate 来重新生成特征。

若要重新生成零件或者装配体，执行以下操作：

1. 从主菜单栏选择 Feature→Regenerate。

技巧：用户也可以使用模块工具箱中的 工具来重新生成特征。

Abaqus/CAE 重新生成零件或者装配体。

2. 如果重新生成失败，则会出现一个对话框。在此情况中，用户可以选择下面的一个操作。

● 单击 Undo Changes 来返回原始的零件或者装配体，并放弃所有的更改。

● 单击 Keep Changes 来继续重新生成，抑制未能重新生成的特征。

注意：如果用户纠正了失败的原因，则之前失败后被抑制的特征将自动恢复。

65.4.7　调节重新生成的性能

Feature Options 对话框提供的设置，可以让用户控制 Abaqus/CAE 是否执行自相交检查，以及在装配模块中控制 Abaqus/CAE 重新生成相对于其他特征的位置约束的顺序。调整这些选项可以帮助用户加速零件或者装配体特征的重新生成。从主菜单栏选择 Feature→Options 来显示 Feature Options 对话框。用户也可以在模型树中的特征上右击鼠标，然后从出现的菜单中选择 Options 来调节重新生成。

在大部分情况中，默认的设置就可生成可接受的重新生成性能。仅当 Abaqus/CAE 重新生成零件或装配体耗时过长时，才应更改特征选项。更多信息见 65.3 节"调整特征重新生成"。

注意：Abaqus/CAE 在 Options 对话框的 Memory 标签页上也为其他性能调整选项提供了访问入口。此页上的选项可以让用户指定内核内存的限制，设置 Abaqus/CAE 在减少内存模式下运行的阈值，并控制内存缓存中的几何状态。更多信息见 68.1 节"定制内存限制和重新生成选项"。

若要调整重新生成的性能，执行以下操作：

1. 从主菜单栏选择 Feature→Options。

Abaqus/CAE 显示 Feature Options 对话框。

2. 如果用户知道用户的特征没有自相交，或者用户计划在后续的操作中删除自相交，则用户可以切换不选 Perform self-intersection checks 来加速特征重新生成。更多信息见 65.3.4 节"什么是自相交检查？"。

3. 如果需要，更改决定 Abaqus/CAE 如何重新生成位置约束的行为。更多信息见 65.3.5 节"如何重新生成位置约束？"。

4. 单击 OK 来改变当前模块的特征选项。

特征约束仅适用于当前模型，并保存在模型数据库中。

如果需要，用户也可以在 Options 对话框的 Memory 标签页中更改内存设置，以改变 Abaqus/CAE 自动保存在内存中的几何状态数量；清除与零件和装配体缓存关联的内存；或者缓存零件当前的状态。更多信息见 68.1 节"定制内存限制和重新生成选项"。

65.4.8　使用模型树来获取特征信息

模型树会显示特征名称和说明其状态的图标——激活、抑制、更改或者失效。此外，用户可以在模型树中的特征上右击鼠标，然后从出现的菜单中进行选择，以显示特定特征的信息。

若要显示特征信息，执行以下操作：

1. 在模型树中的特征上右击鼠标。

2. 从出现的菜单中选择下面的一个选项。

● 选择 Show Parents 或者 Show Children 来显示当前视口中的父特征或者子特征。Abaqus/CAE 显示父特征或者子特征。

● 选择 Query 来显示详细的信息。Abaqus/CAE 显示以下与选中特征有关的信息。

—名称和描述；例如，实体拉伸。

—状态——激活或者抑制。

—父特征的名称（如果有的话）。

—子特征的名称（如果有的话）。

—定义特征的参数值。

查询信息出现在信息区域，并且以注释的形式写入重放文件（abaqus.rpy）。

66　过滤器工具集

过滤器允许用户删除模型分析中无关的场输出数据或者历史输出数据——噪声，而不损失期望数据范围内的精度。用户也可以在数据保存到输出数据库文件（.odb）前使用过滤器来过滤场输出或者历史输出；因此，过滤器也可以降低输出数据库的大小。过滤器工具集允许用户在步模块中创建和管理过滤器。本章包括以下主题：

- 66.1节 "过滤场数据和历史数据"
- 66.2节 "对场数据和历史数据施加边界值"
- 66.3节 "创建过滤器"

66.1 过滤场数据和历史数据

　　用户可以在 Abaqus/CAE 中创建过滤器，并将其应用到 Abaqus/Explicit 的场输出请求或者历史输出请求。Abaqus 会在分析运行时过滤数据；在分析过程中过滤（实时过滤），可以在保存输出数据库之前通过排除高频数据来降低输出数据库的大小。实时过滤还可以避免结果数据中的潜在混叠问题。混叠是指有效结果数据的损失（部分信号被错误表达，导致数据失真，分析结果不准确）；如果采样频率（保存结果的频率）小于结果中期望的最高频率的两倍，则将会发生混叠问题。例如，如果正弦波仅在两个点上采样，混叠结果将以直线形式呈现，而要想重新生成曲线形状，至少要在四个点上采样。

　　过滤器工具集允许用户创建以下可与 Abaqus/Explicit 场输出请求和历史输出请求一起使用的过滤器：

- Butterworth

  巴特沃斯。

- Type Ⅰ Chebyshev

  Ⅰ类的切比雪夫。

- Type Ⅱ Chebyshev

  Ⅱ类的切比雪夫。

　　有关这些过滤器的更多特定信息，见《Abaqus 分析用户手册——介绍、空间建模、执行与输出卷》的 4.1.3 节"输出到输出数据库"中的"在 Abaqus/Explicit 中的过滤输出和操作输出"。通过过滤器从低频接收数据，到拒收过滤器的截止频率（Cutoff frequency 项）以上的数据的转换能力差异，来区别过滤器类型。一个理想的过滤器将停止截止频率以上的所有数据，并且具有一个平坦的响应（对接受的数据没有影响）；"实际的"过滤器包括截止频率附近的转化带，过滤器对于在此带中接收的数据通常有一定的影响。巴特沃斯过滤器提供最大化的平坦响应大小，同时比切比雪夫过滤器具有更宽的转化带（更低的转化）。切比雪夫过滤器在响应大小中引入振荡——波浪，比巴特沃斯过滤器具有更窄的转化带。两种类型的切比雪夫过滤器的区别在于它们的波浪响应发生的位置；Ripple factor 说明用户将允许多大的振荡来交换过滤器响应的改善。用户也可以指定过滤器的 Order，此参数确定过滤器转化带的大小：阶数越高，转化带越窄，然而随着阶数提高，计算成本也随之增加。过滤器阶数必须是一个不大于 20 的正偶整数。

　　除了用户可以使用过滤器工具集来定义过滤器，Abaqus 也包括一个默认的 Antialiasing 过滤器。Abaqus 以分析过程中保存场输出或者历史输出的时间间隔为基础，来自动地设置 Antialiasing 过滤器的截止频率。当用户定义一个过滤器时，用户必须以对求解中期盼频率的用户知识为基础来指定截止频率。用户设置截止频率还是 Abaqus 计算截止频率，都不对截止频率是否合适进行检查。如果设置过低的截止，则会从结果中过滤掉有效数据；如果设置截止频率过高（高一半的采样频率），则将不过滤数据。

从主菜单选择 Tools→Filter→Create 来创建新的过滤器定义；从同一个菜单选择 Edit 来对现有的定义进行更改。任何一种命令都可以打开过滤器编辑器，允许用户选择选项并且提供需要的数据来定义用户的过滤器。

要对一个分析施加过滤器，为 Abaqus/Explicit 分析过程的场输出请求或者历史输出请求包括此过滤器（更多信息见 14.12 节"定义输出请求"）。

66.2 对场数据和历史数据施加边界值

过滤器中的边界值让用户研究特定输出请求的最大值或者最小值，并且建立输出请求的返回变量值的上界或者下界。用户可以为过滤数据和未过滤数据都建立边界值；要在过滤器定义中指定这些值而不对用户的数据进行巴特沃斯过滤或者任一类型的切比雪夫过滤，定义一个 Operator 过滤器，此过滤器让用户完成输出请求的边界值，而不以任何其他方式来改变输出值。

Abaqus/CAE 提供三种类型的边界值：

- Maximum。边界值返回输出请求中，变量在每一个输出间隔中的最高值。
- Minimum。边界值返回输出请求中，变量在每一个输出间隔中的最低值。
- Absolute maximum。边界值返回输出请求中，变量在每一个输出间隔中的最高绝对值。

此外，用户可以对边界值设置一个限制，决定了 Abaqus/CAE 为使用此过滤器的变量所记录的最高值或者最低值。如果需要，用户可以在输出请求中的任何变量达到此限制值时停止分析。

默认情况下，张量或者向量的每一个分量是分别过滤的，并且为每一个分量分别汇报最大值、最小值或者最大绝对值以及限制值。然后，用户可以对一个不变量直接应用过滤器。

66.3　创建过滤器

用户可以从主菜单栏选择 Tools→Filter→Create 来创建过滤器。有关过滤器（包括 Abaqus 自动创建的默认过滤器类型）的更多信息，见 66.1 节"过滤场数据和历史数据"。

若要创建过滤器，执行以下操作：

1. 从主菜单栏选择 Tools→Filter→Create。

技巧：用户也可以通过单击 Filter Manager 中的 Create 来创建过滤器。

出现 Create Filter 对话框。

2. 在 Name 域中，输入过滤器的名称。有关命名对象的信息，见 3.2.1 节"使用基本对话框组件"。

3. 从 Type 列表选择下面的一个选项，然后单击 Continue。

- Butterworth
- Type Ⅰ Chebyshev
- Type Ⅱ Chebyshev
- Operator

出现 Edit Filter 对话框。

4. 如果用户选择 Butterworth 过滤器类型，或者 Chebyshev 过滤器类型之一，执行下面的步骤。

a. 输入 Cutoff frequency 项的值。

注意：Abaqus 不会执行任何检查来确认截止频率是否合适。如果截止频率设置过低，则将从结果中过滤掉有效数据；如果截止频率设置过高，则将不执行过滤。

b. 为过滤器输入 Order 值，此值必须是不大于 20 的正偶整数。

5. 如果用户选择了 Chebyshev 过滤器类型之一，则接受默认的波因数或者输入一个值。

波纹因数决定了允许的数据振荡幅度，以换取接受数据与剔除数据之间更快的转换。更多信息见《Abaqus 分析用户手册——介绍、空间建模、执行与输出卷》的 4.1.3 节"输出到输出数据库"中的"在 Abaqus/Explicit 中过滤输出和操作输出"。

6. 如果需要，指定要过滤数据的边界值类型。

- 选择 Maximum，可输出请求中每个变量每个输出的最大值。
- 选择 Minimum，可输出请求中每个变量每个输出的最小值。
- 选择 Absolute maximum，可输出请求中每个变量每个输出变量中的最大绝对值。

用户也可以选择 None 来关闭此过滤器的所有与边界值关联的输出请求。

7. 如果需要，可在 Bounding value limit 域中输入一个值来指定边界值请求的限制。此值限制 Abaqus/CAE 为使用此过滤器的变量所记录的最高值或者最低值。

如果达到边界值限制，则用户可以停止分析。当最大值或者最小值等于使用此过滤器的变量限制值时，可以切换选中 Stop analysis upon reaching limit 来中止作业。

8. 如果用户为边界值类型选择了 Minimum、Maximum 或者 Absolute Maximum，则用户可以将过滤器直接应用于不变量。要过滤不变量，选择 First 或者 Second 作为不变量。

9. 单击 OK 来创建过滤器。

要在分析中应用过滤器，请在为 Abaqus/Explicit 分析过程创建输出请求时选择 Apply filter。更多信息见 14.12.2 节 "更改场输出请求"，或者 14.12.3 节 "更改历史输出请求"。

67 自由体工具集

自由体切割显示模型选中面上传递的合力和力矩。自由体切割只是简单地在一个截面上积分一个单元中的内力；因此，在包含胶粘接触或者其他原因引起面拖拽的横截面上，无法精确地使用自由体切割。自由体工具集仅在显示模块中可用，只有当输出数据库的当前步和帧包含单元力节点输出（NFORC）时，才能创建自由体切割。

本节介绍如何使用自由体工具集来创建和删除自由体切割、在视口中显示或者隐藏它们，以及如何定制它们的外观，包括以下主题：

- 67.1 节 "Abaqus/CAE 中自由体切割面上的合力和力矩"
- 67.2 节 "创建或者编辑自由体切割"
- 67.3 节 "自由体横截面的选择方法"
- 67.4 节 "显示、隐藏和高亮显示自由体切割"
- 67.5 节 "定制自由体切割显示"

Abaqus/CAE 允许用户生成报告或者创建 *X-Y* 数据对象来描述程序会话中所有有效自由体中的力和力矩，分别见 54.1 节 "生成表格报告"，以及 47.2.4 节 "从所有激活的自由体切割中读取 *X-Y* 数据"。

Abaqus/CAE 还提供显示自由体数据的其他两个方法：

- 用户可以通过切换选中平面视图切割的自由体显示，

来显示沿着模型任意平面的合力和力矩。更多信息见 80.1 节 "理解视图切割"。

• 用户可以采用符号图的方式来显示自由体节点力，以确定哪些节点由于施加的载荷而具有不平衡的力或者力矩，或者图示内部截面上的节点力分布。更多信息见 45.4 节 "生成自由体节点力的符号图"。

67.1 Abaqus/CAE 中自由体切割面上的合力和力矩

Abaqus/CAE 中的自由体横截面是用户想要显示合力和力矩的用户模型面。用户定义横截面后，Abaqus/CAE 显示的向量就表示用户选中面上合力和力矩的大小和方向。单个箭头表示力向量，双箭头表示力矩向量，如图 67-1 所示；默认情况下，力向量是红色的，力矩向量是蓝色的。

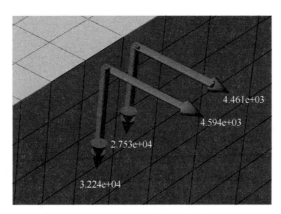

图 67-1 合力和力矩显示

用户可以定义组成横截面的节点和单元，过程与定义显示组非常相似。Abaqus/CAE 让用户可以通过包括面、显示组，以及单元或者节点的编号，来指定横截面的分量；用户还可以从视口或者通过特征角度选取项目。详细的指导，见"创建或者编辑自由体切割"。用户在定义自由体横截面的物理分量后，可以设置求合点的位置（取合力矩的位置），并且用户可以在采用分量形式显示向量时，指示施加的坐标系转换。

用户仅可以沿着网格边界来创建横截面，不能沿着任意的平面指定横截面。用户仅可以在显示模块中创建和显示自由体切割。

67.2　创建或者编辑自由体切割

要创建一个自由体切割，首先选择组成自由体横截面的节点和单元，即选择想要研究合力和合力矩的模型面。Abaqus/CAE 提供了几种选择横截面节点和单元的方法：

- 对于三维对象，用户可以选择包含在横截面中的单个单元面。将考虑连接选中面节点的所有单元的贡献。

- 对于二维或者三维对象，用户可以选择包含在横截面中的单个单元边。每条边都会为 Abaqus/CAE 提供一个单元定义，以及包含在横截面中的两个或者三个节点。将考虑连接选中边节点的所有单元的贡献。

- 对于任何类型的模型，用户都可以选择想要单独包括的节点和单元。建议使用这种方法从梁的端部等几何形体区域中选择节点和单元，因为在这些几何区域中使用边或者面来选择节点和单元可能会比较麻烦或者困难。将仅考虑选中单元的贡献。

用户也可以在视口切割上显示自由体切割。更多信息见 80.1 节 "理解视图切割"。

当用户使用单元面或者单元边来定义横截面时，Abaqus/CAE 提供了三种额外的选择方法，使用户能够为此定义选择节点和单元：

- 用户可以通过在视口中单独拾取分量或者通过角度拾取分量来选取面或者边。

- 用户可以选择输出数据库中定义的面集合。

- 用户可以选择一个或者多个显示组来作为面定义的一部分。

通过单独选择节点和单元来定义横截面时，用户可以通过直接在 Free Body Cross-Section 对话框中输入节点或者单元的标签，来指定想要在定义中包括的节点或者单元。

Abaqus/CAE 也让用户定制自由体切割的合力点，此点是取合力矩的三维位置。默认情况下，合力点位于对自由体计算有贡献的单元面的面中心处，但是用户可以将合力点移动到横截面上多个节点的中心位置处，或者移动到模型中的任何三维位置处。

用户也可以为自由体切割调整向量显示分量的方向。在许多情况中，自由体切割最理想的坐标系是一个轴垂直于模型的面，并且另外一个轴与面相切。此 "法向和切向" 坐标系是内部创建的，并且默认用于分向量的显示。然而，用户可以使用程序会话中可用的任何定制坐标系来改变方向，或者创建一个新的基准坐标系。

当用户编辑自由体切割时，Abaqus/CAE 使用户能够改变自由体横截面、求合点设置以及分量求解设置中包括的分量。然而，用户不能改变用于定义自由体切割的选择方法；例如，如果用户使用三维单元面定义自由体，则对自由体切割的后续编辑将也使用此方法。

默认情况下，自由体切割仅在用户的程序会话期间延续。如果用户想要已经定义的自由体切割在后续的程序会话中依然可用，则用户可以将此自由体切割保存到 XML 文件、模型数据库或者输出数据库中。更多信息见 9.9 节 "管理程序会话对象和程序会话选项"。

若要创建或者编辑自由体切割，执行以下操作：

1. 为创建或者编辑自由体切割调用选项。

● 要创建一个自由体切割，从显示模块中的主菜单栏选择 Tools→Free Body Cut→Create。

技巧：用户也可以使用显示模块工具箱中的 工具来创建自由体切割。

● 要编辑一个自由体切割，从显示模块中的主菜单栏选择 Tools→Free Body Cut→Edit，并选择想要编辑的自由体切割。

技巧：用户也可以使用自由体切割管理器来编辑自由体切割。从主菜单栏选择 Tools→Free Body Cut→Manager，并从出现的对话框中单击 Edit。

打开 Free Body Cross-Section 对话框，从此对话框中，用户可以定制边、面或者组成横截面的单元和节点。

2. 如果用户正在创建一个自由体切割，从 Selection Method 选择下面的一个选项并单击 OK。

● 选择 Based on view cut，基于当前的视图切割来计算和显示自由体切割。如果用户选择此选择方法，则 Abaqus/CAE 打开 View Cut Manager，从此管理器中，用户可以显示和定位模型的视图切割，并定制相关自由体切割的显示。更多信息见 80.2.8 节"在激活的视图切割上定制合力和合力矩的显示和计算"。

● 选择 2D element edges，通过选择单元边来隐式地（或者间接地）指定节点和单元。为二维模型推荐此方法。

● 选择 3D element faces，通过选择单元面来隐式地（或者间接地）指定节点和单元。为三维模型推荐此方法。

● 选择 Elements and nodes，可为自由体横截面单独选择单元或者节点。

打开 Free Body Cross-Section 对话框，从中用户可以选择边、面或者组成横截面的单元和节点。

3. 从对话框左上的 Item 列表中选择 Surfaces、Display groups、Elements 或者 Nodes 来作为用于自由体横截面模型构件的类型。

Abaqus/CAE 刷新 Method 列表。

4. 从 Method 列表中选择一个选择方法；并且/或者通过从视口拾取来选择自由体横截面的特定项目，从对话框右侧出现的列表中选择项目，或者在对话框右侧输入数据。

有关选取选项的更多信息，见 67.3 节"自由体横截面的选择方法"。

特定的项目可以在视口中高亮显示，以确认用户的选择。如果可以使用的话，切换 Highlight items in viewport。

5. 当用户完成选择后，单击 OK 来关闭 Free Body Cross-Section 对话框。

打开 Edit Free Body Cut 对话框。

6. 如果需要，为选中的自由体切割定制求合点或者坐标系变换选项。

a. 从 Summation point 选项选择三维位置，此位置是自由体切割中向量的原点。

● 选择 Centroid of cut，可自动将求合点放置在有助于自由体计算的单元面中心处。

● 选择 Nodal average，可自动将求合点放置在自由体切割中包括的所有节点的平均变形坐标处。

● 选择 User-defined，然后在空间中指定定制的三维位置，或者单击 ![cursor] 来从视口中选择求合点。求合点在视口中高亮显示。

b. 通过 Component resolution 选项，用户可以指定以分量形式显示向量时发生的坐标系变换（有关以分量的形式显示力向量和力矩向量的更多信息，见 67.5.1 节 "定制自由体切割的通用显示选项"）。

● 选择 Normal and tangential，使用选中面的法向和切向来定向分向量。

● 选择 CSYS 和一个坐标系来将分向量变换成定制坐标系。另外，用户可以单击 Create 来创建新的基准坐标系。

仅当在 Free Body Plot Options 对话框中选择了分向量显示时，Component resolution 选项才影响自由体切割的显示。

7. 单击 OK。

Abaqus/CAE 创建自由体切割，并在视口中显示自由体切割。

67.3　自由体横截面的选择方法

用户可以使用下面的选择方法来指定自由体横截面中将包含的项目：

● 要通过视口直接拾取边或者面，从 Item 列表中选择 Surfaces 来指定它们，然后从 Method 列表中选择 Pick from viewport。Abaqus/CAE 将自动进入拾取模式并提示用户为显示组选择项目。有关在视口中拾取项目的更多信息，见第 6 章 "在视口中选择对象"。

完成在视口中拾取项目后，单击提示区域中的 Done。

单击对话框中的 Edit selection、Add selection 或者 Delete selection 来进一步更改用户的视口选择。

● 要通过编号来指定单元或者节点，从 Method 列表中选择 Element labels 或者 Node labels。从 Free Body Cross-Section 对话框右侧 Part instance 域的列表中，选择节点或者单元所属的零件实例名称。在 Labels 域中，输入由逗号分隔的单元或者节点编号列表，或者一个数字范围，后面跟随一个增量；例如，1：10 或者 1：10：2。

当用户使用 Elements and nodes 选择方法来创建自由体横截面时，用户可以通过编号来指定单元或者节点。

● 要指定单元、节点或者面集合，从 Method 列表中选择 Element sets、Node sets 或者 Surface sets。用户模型中可用的集合名称列表出现在 Free Body Cross-Section 对话框的右侧。从此列表选择一个或者多个集合名称（更多信息见 3.2.11 节 "从列表和表格中选择多个项"）。

● 如果用户从 Item 列表中选择 Display groups，在 Free Body Cross-Section 对话框的右侧出现模型中可用的显示组列表。从此列表选择一个或者多个显示组名称（更多信息见 3.2.11 节 "从列表和表格中选择多个项"）。

67.4　显示、隐藏和高亮显示自由体切割

用户通过切换 Free Body Cut Manager 中的 Show 复选框，可以在当前视口中显示或者隐藏自由体切割，并且用户可以通过单击 Set All On 或者 Set All Off 来在程序会话中显示或者隐藏所有的自由体切割。激活的自由体切割显示在视口中，并包含在自由体切割报告中；有关报告自由体切割数据的更多信息，见第 54 章 "生成表格数据报告"。管理器显示用户程序会话中定义的所有自由体切割，并说明每一个自由体切割是否在当前进行显示。

用户可以通过选择结果树 Free Body Cuts 容器下的自由体切割快捷键来高亮显示一个或者多个自由体切割。

默认情况下，当用户将自由体切割定义保存到一个文件以供将来使用时，Abaqus/CAE 不会记录哪些自由体切割是激活的。如果用户想要记录自由体切割的激活状态，需要在保存程序会话对象时，切换选中 List of active view cuts 和 free bodies。更多信息见 9.9 节 "管理程序会话对象和程序会话选项"。

67.5 定制自由体切割显示

本节介绍如何使用 Free Body Plot Options 对话框中的设置来定制自由体切割的内容和外观。用户可以通过从 Abaqus/CAE 显示模块的主菜单栏选择 Options→Free Body，来打开 Free Body Plot Options 对话框。

用户在 Free Body Plot Options 对话框中进行的更改，仅会施加到当前视口中激活的自由体切割上，包括在视口上显示的自由体切割。每个视口都有单独的自由体显示选项，这为显示自由体切割提供了更大的灵活性。例如，在一个视口中仅可以为一个模型的自由体切割显示合力向量，在不同的视口中仅可以显示相同模型和自由体切割的合力矩向量。

用户也可以通过编辑 Abaqus 环境文件（abaqus_ v6. env）来控制 Free Body Plot Options 对话框中的默认设置。更多信息见《Abaqus 分析用户手册——介绍、空间建模、执行与输出卷》的 3.3 节"环境文件设置"。

本节包括以下主题：
- 67.5.1 节 "定制自由体切割的通用显示选项"
- 67.5.2 节 "定制分向量的颜色"
- 67.5.3 节 "显示或者隐藏单个分向量"
- 67.5.4 节 "缩放自由体切割的向量长度"
- 67.5.5 节 "定制自由体切割中的标签显示"

67.5.1 定制自由体切割的通用显示选项

Free Body Plot Options 对话框 General 标签页上的选项可以让用户切换自由体切割的力向量和力矩向量的显示。用户也可以通过仅显示合向量，或者显示力和力矩值的 X 方向、Y 方向或者 Z 方向中的分向量来定制向量显示。

若要定制当前视口中所有有效自由体切割的通用显示选项，执行以下操作：

1. 调用 General 选项。
从显示模块中的主菜单栏选择 Options→Free Body。
2. 切换选中 Show forces，在当前视口中显示所有自由体切割的力向量。
3. 切换选中 Show moments，在当前视口中显示所有自由体切割的力矩向量。

4. 切换选中 Use constant-length arrows，使用相同长度的箭头来显示所有力和力矩值。当不选中此选项时，力和力矩向量将根据其大小显示长度。

5. 从 Vector display 选项选择下面的一个选项。

● 选择 Resultant 来仅显示合力向量和力矩向量。

● 选择 Component 来显示 X 方向、Y 方向或者 Z 方向上的力向量和力矩向量。

6. 单击 OK 来完成当前视口中的用户更改，并关闭 Free Body Plot Options 对话框。

默认情况下，用户的更改会在程序会话期间保存，并将影响此视口中所有后续的自由体切割图。如果用户想要为后续的程序会话保留更改，请将其保存到文件中。更多信息见55.1.1节"保存定制以供后续程序会话使用"。

67.5.2　定制分向量的颜色

用户可以调整 Abaqus/CAE 显示合向量和 1 方向、2 方向或者 3 方向上向量的颜色。这些设置对于力向量和力矩向量是可以独立使用的；Free Body Plot Options 对话框为 Force 和 Moment 向量颜色提供相同（但独立）的选项。默认情况下，合力向量及其分向量是红色的，合力矩及其分向量是蓝色的。

若要为合向量或者分向量定制颜色，执行以下操作：

1. 调用 Colors 选项。

从显示模块中的主菜单栏选择 Options→Free Body，并从出现的对话框中单击 Color & Style 标签页。Colors 选项出现在页面顶部。

2. 单击 Force 标签页或者 Moment 标签页来分别设置力向量或者力矩向量的颜色。

3. 更改向量的颜色。

a. 为合向量或者为分向量单击颜色样本（▬）。

Abaqus/CAE 显示 Select Color 对话框。

b. 使用 Select Color 对话框中的一个方法来选择一个新颜色。更多信息见 3.2.9 节"定制颜色"。

c. 单击 OK 来关闭 Select Color 对话框。

颜色样本和选中的向量变成选中的颜色。

重复这些步骤来更改其他向量的颜色。

4. 单击 OK 来完成用户的更改，并关闭 Free Body Plot Options 对话框。

默认情况下，用户的更改会在程序会话期间保存，并将影响此视口中所有后续的自由体切割图。如果用户想要为后续的程序会话保留更改，请将其保存到文件中。更多信息见55.1.1节"保存定制以供后续程序会话使用"。

67.5.3　显示或者隐藏单个分向量

当构建自由体切割来显示 1 方向、2 方向或者 3 方向的向量来替代合向量时，用户可以选择显示或者隐藏这些分向量。这些设置对于力向量和力矩向量是可以独立使用的；例如，用户可以隐藏 3 方向上的力分向量，但显示相同方向上的力矩分向量。

切换单个分向量的显示不会改变合向量显示。合向量仍然使用所有的三个分量显示。

若要通过分量来定制向量显示，执行以下操作：

1. 调用 Color & Style 选项。

从显示模块中的主菜单栏选择 Options→Free Body，并从出现的对话框中单击 Color & Style 标签页。

2. 单击 Force 标签页或者 Moment 标签页，来分别显示或者隐藏力向量或者力矩向量的单个分向量。在页面的中间出现 Components 选项。

3. 切换选中 1、2 或者 3 选项来在向量显示中包括选中的分量。

4. 单击 OK 来完成用户的更改，并关闭 Free Body Plot Options 对话框。

默认情况下，用户的更改会在程序会话期间保存，并将影响此视口中所有后续的自由体切割图。如果用户想要为后续的程序会话保留更改，请将其保存到文件中。更多信息见 55.1.1 节 "保存定制以供后续程序会话使用"。

67.5.4　缩放自由体切割的向量长度

Scaling 选项可以让用户调整在自由体切割中显示的向量长度。Abaqus/CAE 将向量长度计算成用户模型的大小或者用户视口大小的百分比。如果显示了多个自由体切割，则 Abaqus/CAE 将最大的力向量或者力矩向量用作长度计算的基础。用户可以改变百分比值来增大或者减小向量的长度，也可以将模型或者视口选择成向量长度计算的基础。用户还可以为力向量和力矩向量的显示设置不同的向量比例值；Free Body Plot Options 对话框为 Force 和 Moment 向量缩放提供相同（但独立）的选项。

若要设置向量缩放选项，执行以下操作：

1. 调用 Color & Style 选项。

从显示模块中的主菜单栏选择 Options→Free Body，并从出现的对话框中单击 Color & Style 标签页。

2. 单击 Force 标签页或者 Moment 标签页来分别改变力向量或者力矩向量的向量缩放设置。Scaling 选项位于页面的中下部分。

3. 从 Basis 选项选择 Screen size 或者 Model size。

4. 拖动 Percent 滑块，将向量长度设置成屏幕或者模型大小的百分比。

5. 单击 OK 来完成更改，并关闭 Free Body Plot Options 对话框。

默认情况下，用户的更改会在程序会话期间保存，并将影响此视口中所有后续的自由体切割图。如果用户想要为后续的程序会话保留更改，请将其保存到文件中。更多信息见 55.1.1 节"保存定制以供后续程序会话使用"。

67.5.5　定制自由体切割中的标签显示

单击 Labels 标签页来定制与自由体切割中的向量一起出现的数值标签的显示。用户可以单独定制力向量和力矩向量的外观；Free Body Plot Options 对话框为 Force 和 Moment 向量标签提供相同（但独立）的选项。

用户可以切换选中和不选数值标签的显示，并为这些标签定制下面的设置：

- 标签的文本颜色。
- 标签的字体。
- 标签的格式（科学计数法、固定的或者工程计数法）。
- 标签值显示的小数点位置。

此外，用户可以为标签显示建立阈值。如果向量的值小于阈值，则 Abaqus/CAE 将隐藏此向量的标签。

若要定制自由体切割中的标签显示，执行以下操作：

1. 调用 Labels 选项。

从显示模块中的主菜单栏选择 Options→Free Body，并从出现的对话框中单击 Labels 标签页。

2. 单击 Force 标签页或者 Moment 标签页来分别定制力向量或者力矩向量的标签显示。

3. 切换选中 Display value next to vector symbol 来显示选中类型向量的向量标签。

4. 为选中类型的向量选择向量标签的颜色。

a. 单击 Text color 颜色样本 ■。

Abaqus/CAE 显示 Select Color 对话框。

b. 使用 Select Color 对话框中的一个方法来选择一个新颜色。更多信息见 3.2.9 节"定制颜色"。

c. 单击 OK 来关闭 Select Color 对话框。

5. 为选中类型的向量选择向量标签的字体。

a. 单击 Set Font。

Abaqus/CAE 显示 Select Font 对话框。

b. 使用 Select Font 对话框中的一个方法来选择一个新的字体、大小和风格。更多信息见 3.2.8 节"定制字体"。

　　c. 单击 OK 来关闭 Select Font 对话框。

　　6. 要为选中的向量类型更改向量标签的格式，单击 Number Format 箭头并选择下面的一种格式。

　　● 选择 Scientific，用科学计数法显示标注中的图例值，将图例值表达成 1 与 10 之间的小数值乘以 10 的乘方。当用户选择此格式时，在图例中将数值 501000 显示成 5.01e5。

　　● 选择 Fixed，不使用指数来显示图例值。当用户选择此格式时，在图例中将数值 501000 显示成 501000.00。

　　● 选择 Engineering 来进行工程标注，此表达值类似于科学计数法的格式，但是仅允许 3 的倍数的指数值。当用户选择此格式时，在图例中将数值 501000 显示成 501E3。

　　7. 单击 Decimal places 箭头来为每一个标签指定期望的小数点数量。

　　8. 为选中类型的向量标签指定 Threshold 值。比此阈值小的向量值将在视口中隐藏它们的标签。向量标签显示的默认阈值是 1E-006。

　　9. 单击 OK 来完成更改，并关闭 Free Body Plot Options 对话框。

　　默认情况下，用户的更改会在程序会话期间保存，并将影响此视口中所有后续的自由体切割图。如果用户想要为后续的程序会话保留更改，请将其保存到文件中。更多信息见 55.1.1 节"保存定制以供后续程序会话使用"。

68　选项工具集

本章包括以下主题：

- 68.1 节 "定制内存限制和重新生成选项"
- 68.2 节 "使用视图操控快捷键"
- 68.3 节 "缩放图标的大小"

68.1　定制内存限制和重新生成选项

几何状态是零件或者独立零件实例内部表示的快照。在内存快照中保存几何状态可以加速重新生成的性能；然而，保存的状态可能会消耗大量的内存并降低整体性能。

Options 对话框 Memory 标签页上的选项允许用户控制分配给 Abaqus 内核的内存量，指定内存使用百分比，以触发 Abaqus/CAE 进入缩减内存模式，并在保存状态的便利性与增加内存消耗产生的性能降低之间调整平衡。从主菜单栏选择 Tools→Options 来显示 Options 对话框，然后单击 Memory 标签页。

在绝大部分情况中，默认的设置将产生可接受的重新生成性能。仅当 Abaqus/CAE 花费很长时间来重新生成零件或者装配体时，用户才应该更改特征选项。更多信息见 65.3 节"调整特征重新生成"。

若要为用户的程序会话定制内存限制和内存缓存设置，执行以下操作：

1. 从任意模块的主菜单选择 Tools→Options。

出现 Options 对话框。

2. 显示 Memory 标签页。

3. 如果需要，以 MB 为单位指定一个新的 Kernel memory limit 项的值。如果此值为 0，则对内核内存没有限制。

4. 切换选中 Run in reduced memory mode when memory reaches，并指定内核内存限制的百分比，Abaqus 在此百分比之上以缩减内存的模式运行。

Abaqus/CAE 通过内存分页几何数据到磁盘，或者删除未激活零件中的数据来降低内存使用，在需要未激活零件的数据时，可以自动地重新生成它们。

5. 如果需要，改变 Abaqus/CAE 自动缓存在内存中的几何形体状态数量。理想情况下，要获取最大的重新生成性能，用户应当在每一个特征更改后保存几何状态。然而，存储大量几何状态会消耗大量的内存，并降低整体性能。决定多少状态来保存是重新生成速度与内存消耗之间的权衡。更多信息见 65.3.2 节"什么是几何状态"。

6. 如果用户发现 Abaqus/CAE 正在消耗工作站上的大量内存，并且影响了系统的性能，则用户可以使用 Options 对话框中的 Clear 按钮来擦除与零件和装配缓存关联的内存。清理内存将增加性能；然而，这将擦除几何状态的快照，并且更慢地重新生成几何状态。更多信息见 65.3.3 节"什么是缓存？"。

7. 如果用户想要在内存中保存当前的状态，则在 Options 对话框中单击 Cache current

state。Abaqus/CAE 可以返回此状态，并且重新生成任何后续的增加或者更改。Options 对话框说明在缓存中存储了多少几何状态。单击 Query 来确定几何状态相对于当前状态内存或者装配内存中特征序列的位置。当 Abaqus/CAE 正在以缩减内存模式运行时，如果内存消耗高于指定的阈值，则可以删除几何形体状态。

8. 单击 OK 来改变当前模型的内存限制和重新生成性能选项。这些选项仅应用到当前的程序会话，并且不保存在模型数据库中。

68.2 使用视图操控快捷键

用户可以使用键盘和鼠标运动的组合来访问平动、转动和放大视图操控工具。当执行其他任务时（例如选择单元来定义一个集合），这些快捷键可以更容易和更少交互地操控模型视图。只要抑制了键盘和鼠标键的组合，退出视图操控工具，释放相关联的键盘和鼠标键，Abaqus/CAE 就激活指定的视图操控工具。

除了默认的 Abaqus/CAE 快捷键，用户可以构建视图操控快捷键来模拟五个其他常用的CAD 应用，见表 68-1。通过从主菜单栏选择 Tools→Options 或者改变 View Manipulation 选项来改变快捷键的组合。用户的快捷键可以为将来的 Abaqus/CAE 程序会话进行保存。

表 68-1 视图操控快捷键的可用组合

应用	✥ 平移	↻ 转动	🔍 缩放
Abaqus/CAE（默认的）	［Ctrl］键+［Alt］键+鼠标键 2	［Ctrl］键+［Alt］键+鼠标键 1	［Ctrl］键+［Alt］键+鼠标键 3
CATIA V5	鼠标键 2	鼠标键 2+鼠标键 3；或者鼠标键 2+鼠标键 1	鼠标键 2+鼠标键 3，然后释放鼠标键 3；或者鼠标键 2+鼠标键 1，然后释放鼠标键 1
SOLIDWORKS	［Ctrl］键+鼠标键 2	鼠标键 2	［Shift］键+鼠标键 2
HyperView	［Ctrl］键+鼠标键 3	［Ctrl］键+鼠标键 1	［Ctrl］键+鼠标键 2
Pro/ENGINEER Wildfire	［Shift］键+鼠标键 2	鼠标键 2	［Ctrl］键+鼠标键 2
UGS NX	鼠标键 2+鼠标键 3	鼠标键 2	鼠标键 2+鼠标键 1

注意：转动（［Ctrl］键+鼠标键 1）的 HyperView 键盘组合与 Abaqus/CAE 使用的在视口中不选对象的组合冲突。要进行复杂的视口选择，取消选择单个对象，推荐用户选择其他快捷键组合。

视图操控快捷键的非默认内容改变了放大工具的行为。在默认的 Abaqus/CAE 构型中，通过水平拖拽光标来操作放大工具；在所有其他构型中，通过竖直的拖拽光标来操作放大工具。

在默认的 Abaqus/CAE 快捷组成中，用户可以通过按住［Shift］键加上其他快捷键来访问平移、转动和放大工具的其他模式（详细情况见 5.2.1 节"视图操控工具概览"）。此快捷键与非默认构型中的一些快捷键组合冲突；因此，当用户使用非默认快捷键时，如果用户使用标准方法（从主菜单栏中的 View 菜单选择一个工具，或者单击 View Manipulation 工具栏中的工具）来访问视图操控工具，则用户不能访问视图操控工具的其他模式。

若要构建视图操控快捷键，执行以下操作：

1. 从任何模块中的主菜单栏选择 Tools→Options。

出现 Options 对话框。

2. 显示 View Manipulation 标签页。

3. 选择用户想要模仿的视图操控快捷键的 Application 项。不同应用中的快捷键组合参考表 68-1。

4. 单击 OK 来施加用户指定的构型，并关闭 Options 对话框。

68.3 缩放图标的大小

工具栏和工具箱中的图标默认大小是 24×24 像素。模型树和结果树中的图标默认大小是 16×16 像素。用户可以指定比例因子来增大和减小这些图标，以便这些图标以适合用户的显示分辨率大小出现。例如，将图标大小比例因子增加到 1.5，促使 Abaqus/CAE 以 36×36 像素来显示工具栏和工具箱图标，以 24×24 像素来显示模型树和结果树图标。

若要比例缩放图标的大小，执行以下操作：

1. 从任意模块中的主菜单栏选择 Tools→Options。
出现 Options 对话框。

2. 显示 Icons 标签页。

3. 单击 Scale factor 域右侧的箭头来增大或者减小 Abaqus/CAE 中的图标。最大的比例因子是 3；最小的比例因子是 0.5。

4. 单击 OK 来应用用户指定的构型，并且关闭 Options 对话框。用户必须重新启动 Abaqus/CAE 程序会话来显示用户的更改。

69 几何形体编辑工具集

几何形体编辑工具集在零件模块中提供了一组工具，允许用户创建或者编辑零件的几何形体。用户可以使用这些工具来编辑使零件无效或者不精确的区域。本章包括以下主题：

69.1   使用几何形体编辑工具集

用户可以使用零件模块中的几何形体编辑工具集来编辑或者修复零件的几何形体。几何形体编辑工具使用户能够编辑导入的零件，来改善零件的精度和有效性；然而，Abaqus/CAE 并不要求零件完全精确。此外，用户可以使用几何形体编辑工具集来从零件中删除小特征。用户可以使用几何形体编辑工具集来编辑边、面或者整个零件。69.2 节"编辑技术概览"提供了每一种分割类型可以使用的方法。Abaqus/CAE 将绝大部分的编辑操作存储成特征。因此，用户可以通过使用特征操控工具集删除或者抑制对应的特征来进行撤销和编辑。

用户可以通过从主菜单栏选择 Tools→Geometry Edit，然后从出现的 Geometry Edit 对话框中选择期望的工具来访问编辑工具。用户也可以通过零件模块工具箱来访问几何形体编辑工具。图 69-1 所示为零件模块工具箱中所有几何形体编辑工具的隐藏图标。要查看包含每一个几何形体编辑工具扼要描述的工具技巧，请将鼠标光标悬停在工具上一会儿。更多信息，见 3.3.2 节"使用包含隐藏图标的工具箱和工具栏"。

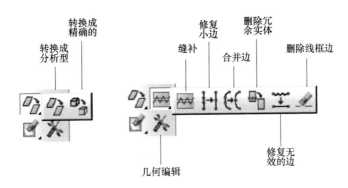

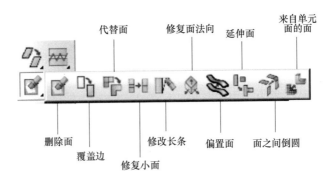

图 69-1   几何形体编辑工具集工具箱中的图标

69.2　编辑技术概览

本节介绍不同的编辑技术概览，包括以下主题：

- 69.2.1 节　"编辑边的方法概览"
- 69.2.2 节　"编辑面的方法概览"
- 69.2.3 节　"编辑整个零件的方法概览"

69.2.1　编辑边的方法概览

从主菜单栏选择 Tools→Geometry Edit 来显示 Geometry Edit 对话框。当用户从对话框选择 Edge 时，Tool 列表显示编辑边的以下方法：

缝补

如果零件以一组断开的面导入，则用户可以缝补产生的小边缘间隙。类似地，在从零件中删除了小面或者细长部分之后，用户可以缝补产生的间隙。用户可以将缝补作为全局操作来执行，在此操作中，Abaqus/CAE 会缝补零件中的所有间隙，或者用户可以拾取想要缝补的边，将间隙小于用户指定容差的边进行缝补，或者同时使用这些选项。对于只有小间隙的整个零件，用户应执行全局缝补操作，此过程可能比较耗时。更多信息见 69.3 节 "什么是缝补？"。用户可以使用查询工具集来高亮显示任何自由边。更多信息见 71.2.4 节 "使用几何形体调试工具"。

修复小边

用户可以修复选中的小边。Abaqus/CAE 会删除小边并编辑相连的边来创建封闭的几何形体。

合并

用户可以选择一系列连接的边，Abaqus/CAE 会将它们合并成一条边，并删除沿着边的冗余顶点。图 69-2 所示为合并边的效果。

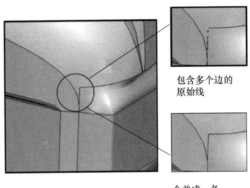

图 69-2 合并边的效果

删除冗余对象

导入的零件可能包含沿着连续边布置的冗余顶点。类似地，导入的零件也可能包括是内部边的冗余边。冗余的顶点和边不会改变零件的形状或者面积，也不需要完整的定义，如图 69-3 所示。

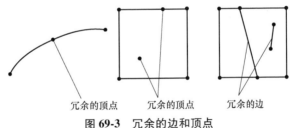

图 69-3 冗余的边和顶点

修复无效的边

在极少数情况下，导入零件后，Abaqus 会报告一些边是无效的。Repair invalid 工具将尝试通过重新计算定义边的数据来修复无效的边。如果查询工具集显示零件仅包含无效的边，则用户也应当使用此工具。

删除线框

用户可以删除选中的线框边。Abaqus/CAE 将删除线框边。

69.2.2 编辑面的方法概览

当用户从 Geometry Edit 对话框中选择 Face 时，Tool 列表显示修复面的以下方法：

删除

用户可以从三维的实体或壳，或者二维的平面零件中删除选中的面（包括倒角、倒圆和孔）。选中要删除的面之后，Abaqus/CAE 会查找定义特征的相邻面。用户可以选择删除整个特征，也可以选择仅删除选中的面。当用户从三维实体零件中删除一个或者多个面时，Abaqus/CAE 会将零件转化成一个壳。

覆盖边

这是在三维零件上创建面的过程。用户可以通过选择一条或者多条边来在三维零件上创建新的面。Abaqus/CAE 会遍历相邻的边，然后计算新面的位置。如果用户选择了不相连的多条边，则 Abaqus/CAE 会为这些边循环创建独立的面。Abaqus/CAE 将新面创建成壳。如果新壳形成一个闭合的零件，则用户可以使用从壳到实体的工具来将零件转换成实体。

替代

在一些情况中，当用户导入一个零件时，Abaqus/CAE 可能无法精确地重新创建一些面。例如，平面可能出现波纹或扭曲，或者 Abaqus/CAE 可能会创建对网格划分密度有大的影响的小面。用户可以选择连接的面，然后 Abaqus/CAE 使用单个面来替换它们。新面具有极少的面片分割，并且将比原来的面更加平滑。图 69-4 所示为替换选中面的效果。

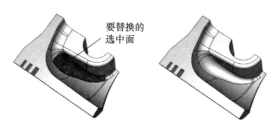

图 69-4　替换选中面的效果

另外，用户也可以使用相邻面扩展形成的单独面来替换选中的面。使用此工具可以从导入的零件中删除凸台和小的细节，如图 69-5 所示。

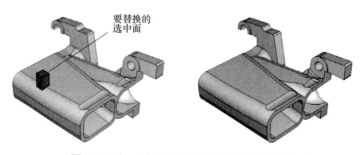

图 69-5　替换选中面并且扩展相邻面的效果

修复小面

用户可以修复选中的小面。Abaqus/CAE 会删除小面，并编辑相邻的面来创建封闭的几何形体。图 69-6 所示为修复小面的效果。

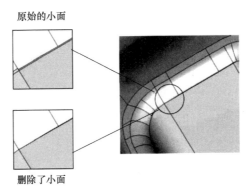

原始的小面

删除了小面

图 69-6　修复小面的效果

修复细长部分

细长部分可以看成小的、尖锐的附加材料片。用户可以从三维实体、壳的面或者二维平面零件删除不想要的细长部分。用户选择的面必须包含要删除的细长面，并且从面中选择两个点。Abaqus/CAE 在两个点之间画一条线来将选中的面分成两个区域。第一个区域是将保留的面；第二个区域是将删除的细长面。图 69-7 所示为删除细长部分的效果。

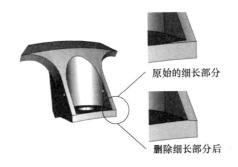

原始的细长部分

删除细长部分后

图 69-7　删除细长部分的效果

修复法向

用户可以修复导入零件的壳和实体的面法向，也可以对流形零件（每条边由一个面或者两个面共享的零件）或者非流形零件执行这些修复。对于实体和壳零件，此工具有不同的用途。

实体

在极少数情况中，查询工具集会报告导入的实体零件体积为负，因为在生成零件的 CAD 系统中，原始的面法向是从里向外的。Repair face normals 工具用于反转法向，将实体法向调整到正确方向。

壳

如果导入的壳零件中存在一些面的法向与其他面相反，Repair face normals 工具将调整壳零件上的法向，使其保持一致。如果导入零件的所有面法向已经一致，但导入零件的面法向与当前系统对法向的定义不一致，则此工具将反转导入零件的所有面法向，以保持一致性。

注意：单元的法向，可以在属性模块中通过 Element Normal 分配指定，即指定几何法向与单元法向之间的相对关系。这些单元法向将在 Repair face normals 操作后，使用新的几何法向进行更新。

用户执行非流形壳零件的修复时，无法在一次操作中对齐零件中的所有面法向；用户必须逐个选择面来反转它们的法向。在修复壳零件之前，用户可以从 Query 对话框中使用 Shell element normals 选项来执行查询，以检查面法向。

偏置

用户可以通过选择要偏置的面，然后指定偏置值，或者选择目标面和距离计算方法，来创建三维零件上的面。偏置方向与源面的法向相反，并且偏置可以是正的，也可以是负的。Abaqus/CAE 使用与草图器中使用的偏置相同的过程来创建新的面（更多信息见 20.8.6 节"偏置对象"）。

注意：Abaqus/CAE 会施加恒定的偏置来创建新面，而不考虑偏置距离的计算方法。用户不能使用此方法来创建与两个收缩面或者扩展面等距离的面。

延伸面

用户可以通过指定延伸距离，或者选择目标面控制延伸距离，来延伸现有的面。Abaqus/CAE 使用延伸的面特征来替换现有的面。

面之间的倒圆

用户可以创建新的面来倒圆模型中现有边的轮廓，从而在这些边之间形成面。用户可以选择在每一条边处与现有面相切、在边之间计算最短路径，或者指定线框形状作为路径来创建新面。

从单元面创建面

用户可以从孤立的单元面创建新的几何面。Abaqus/CAE 会根据选中单元面的节点位置来创建新的几何面。顶点在单元边方向出现显著变化的边节点处创建。

69.2.3 编辑整个零件的方法概览

当用户从 Geometry Edit 对话框中选择 Part 时，Tool 列表显示修复整个零件的以下方法：

转换成分析型面

Abaqus/CAE 试图将边、面和单元的内部定义，转换成可以用分析型表示的简单形式。例如，近乎平面的面将转换成表示该平面的方程。转换成分析型表示通常有以下优点：

- 零件的处理速度更快。
- 特征操作过程中可以使用转换后的实体。例如，拉伸操作需要一个平面和一条线性边。
- 改善了几何形体。
- 如果用户后续需要缝补零件，则缝补操作更容易成功。

转换成精确的几何形体

Abaqus/CAE 提供了两种方法来将实体转换成精确的几何形体：

- 如果用户选择 Tighten Gaps，Abaqus/CAE 会尝试改善模型中的面、边和顶点的精度。这种方法速度较快，但不会对几何形体进行完整的计算。
- 如果用户选择 Recompute Geometry，Abaqus/CAE 会尝试改变相邻实体的几何形体，使它们完全匹配。重新计算几何形体通常会得到精确的几何形体；然而，此操作可能十分耗时，并增加导入零件的复杂性，导致零件处理速度变慢。此外，如果零件包含复杂的面，则转换成精确表示容易失败。如果可能的话，用户应当返回生成原始文件的 CAD 应用，并增加精度。

69.3 什么是缝补?

当用户选择此选项时，Abaqus/CAE 会尝试沿着它们的自由边来连接相邻的面。缝补的目的通常是创建一个实体零件。缝补边通常（会）产生有效的几何形体。Abaqus/CAE 通过调整基底面来缝补修剪面之间的间隙，直到边相交。图 69-8 所示为缝补边的过程。

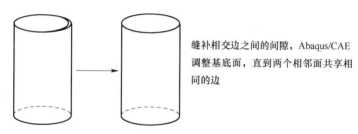

缝补相交边之间的间隙，Abaqus/CAE
调整基底面，直到两个相邻面共享相
同的边

图 69-8 缝补边，直到这些边相交

Abaqus/CAE 会尝试从一组修剪面中识别实体的边。如果每一个修剪面的边与相邻面的边非常接近（在用户指定的容差内），则 Abaqus/CAE 会缝补这些修剪面。缝补的最终结果是 B-Rep（即边界表示）实体，在此实体中，在两个相交面之间共享边定义。有关边界表示实体的更多信息，见 10.1.7 节"实体建模器如何表示一个实体?"。需要注意的是，存在线框或者内部面时，缝补可能会失败。

当用户导入 IGES 格式或者 VDA-FS 格式的零件时，Abaqus/CAE 默认缝补零件。然而，因为 IGES 格式和 VDA-FS 格式零件的内部容差，生成的小特征表示可能与原始文件中的几何形体不匹配。

在一些情况中，缝补 IGES 格式或者 VDA-FS 格式的零件，会使 Abaqus/CAE 将多个本应单独导入的零件，以合并成一个零件的形式导入。如果用户将导入的零件复制到一个新的零件文件中，则用户可以选择将不连续的区域分成单独的零件。更多信息见 11.18.3 节"复制零件"。

69.4　修复几何形体的策略

　　几何形体编辑工具集中的工具，通常用来修复导入 Abaqus/CAE 的几何形体。修复操作的目标是创建没有无效实体的零件，以及具有最小数量边和面的零件，以避免影响网格生成。如果修复过程中不能创建有效的零件，则用户可以忽略无效性。更多信息见 10.2.3 节"使用无效零件"。理想情况下，零件将没有小边或者小面。用户不必创建一个精确的零件，并且如果够用，用户应当继续使用不精确的零件。几何形体不精确的零件是可以网格划分的。然而，在一些特殊情况中，其他操作对于不精确的几何形体可能会受到限制或无法执行；例如，其他的网格划分功能、添加几何特征和分割。如果无法使用不够精确的零件，并且无法使其变得精确，则用户应当返回生成原始文件的 CAD 应用，然后增加精度。更多信息见 10.2.1 节"什么是有效和精确的零件？"。

　　Abaqus/CAE 提供了许多不同的编辑工具，用户通常很难抉择使用哪种工具，以及使用工具的次序。修复导入零件的几何形体通常需要大量的实践和经验才能游刃有余地掌握。最佳方法是根据具体要求和条件确定的，取决于零件的复杂性，以及在对零件进行网格划分和分析时，用户要保留的细节。

　　下面的指导将帮助用户建立高效的零件修复方法：

使用几何诊断工具

　　使用几何诊断工具可以查询零件的无效性和不精确实体、自由边、短边、小面和锐角拐角。

使用选择组

　　用户可以使用鼠标右键来创建临时的选择组，使几何形体诊断工具和修复工具的组合更易于使用。用户可以使用几何形体诊断工具来高亮显示无效和不精确几何形体的区域，也可以将区域复制到选择组中。然后，在指定要修复的区域后，用户可以将选择组复制到几何形体编辑工具集中。

使用显示组

　　使用显示组可以有选择地删除面和单元，来帮助用户查看复杂零件的内部，并确定几何诊断工具高亮显示哪些实体。

采用增量方法

　　在选中面和边的小组上使用修复工具，并在继续之前检查修复过程的结果是否正确。

保持实体完整

尽量不要通过从实体中删除面来将实体转换成壳。要避免删除面，请对面使用 Replace 工具，对边和面使用 Repair small 工具。

避免创建线框

如果用户的零件是实体或者壳，则尽量不要执行会产生线框的操作。Abaqus/CAE 很难从线框重新构建面。

删除圆角和倒角

使用 Replace 工具和 Extend neighboring faces 选项，可以从用户的零件中删除倒圆和倒角，并扩展相邻的面来闭合由此产生的间隙。

删除切向接触的面

使用 Replace 工具或者 Repair small 工具可以修复近似相切的面。用户应当使用 Repair small 工具来删除相对小的面。Repair small 工具会在识别到小面后扩展这些面，如果小面的边界与其他面的边界重叠，则意味着与其他面共享区域，为了保持对象的简洁性，小面会被删除，但这样做结果可能不精确，可能还需要后续的修复和调整。Replace 工具用于处理相对较大的相切的面。该工具使用基底点来替换原始的面，从而形成近似的面。

检查零件的有效性

如果零件是无效的，则用户可以通过右击模型树中的零件，然后从出现的菜单中选择 Update validity，从而检查修复操作是否使得零件有效。检查有效性可能是一个漫长的过程，用户应当在完成零件编辑之后再检查零件的有效性。如果零件已经是有效的，则任何修复操作都不会使零件变得无效。

在修复后创建分割

如果用户对零件进行了分割，则几何形体编辑工具集可能在修复操作中删除它们。要避免此问题，用户应当在完成零件编辑后再分割零件。

69.5 从孤立的单元创建零件

用户可以使用几何形体编辑工具集的工具，来从孤立网格单元的面创建几何形体。当用户有一个需要更改网格划分的零件，但没有可用的部分或者全部的几何形体信息时，此方法是有用的。是否添加几何特征到一个孤立网格、重新从草图创建零件几何形体，或者从孤立单元逆向工程几何形体，取决于很多因素，包括：

- 现有零件的复杂性。
- 要添加的功能的复杂性。
- 更改现有孤立网格的困难程度。
- 为整个零件创建新网格的期望。

其他因素，如项目的时间约束以及能否导出模型几何形体的信息，也可能影响用户的决策。

从孤立网格创建零件的目标是创建匹配原始设计意图的几何形体，并为当前和将来的更改提供平台。几何形体必须可以通过与当前网格完全关联或者创建新的网格来创建本地网格。

下面的指导将帮助用户创建孤立网格的几何形体：

创建新的几何面

使用 Face from element faces 工具可以创建模型的外部面几何形体。每次使用此工具都会从选中的外部孤立单元面创建一个壳面。此工具包括用于选择多个孤立单元边界面的一些独特方法，并且会将新生成的面自动地与相邻的几何形体缝合。更多信息见69.7.10节"从单元面创建面"。用户创建完面后，所有的外部孤立单元面都应被几何面覆盖。

删除多余的边和面

使用几何形体编辑工具集中的其他工具，可以删除多余的边、小面和任何其他限制良好质量网格生成的特征。如果有必要，可以将零件转换成精确的几何形体。更多信息见69.4节"修复几何形体的策略"。

转换成实体

如果需要一个实体零件，可以使用 Create solid from shell 工具来填充所创建壳面的内部空间。

分割和网格划分零件

抑制或者删除孤立网格，然后为零件创建新的网格。

在修复后创建分割

如果用户对零件进行了分割，则几何形体编辑工具集可能在修复操作中删除它们。要避免此问题，用户应当在完成编辑零件后再分割零件。

69.6　编辑和修复边

本节介绍可以用来修复边的工具，包括以下主题：

- 69.6.1 节 "缝合边来创建面"
- 69.6.2 节 "修复小边"
- 69.6.3 节 "合并边"
- 69.6.4 节 "删除冗余对象"
- 69.6.5 节 "修复无效的边"
- 69.6.6 节 "删除线框边"

69.6.1　缝合边来创建面

通过自动缝合自由边之间的间隙可以创建新的面。缝合间隙可以替换之前删除的小面、倒圆或者倒角。缝合间隙的操作会被存储成零件特征；因此，用户可以使用模型树来删除缝合，并恢复到原来的零件。更多信息见 69.3 节 "什么是缝补？"。

用户可以缝补流形零件（零件中每一条边仅由一个面或者两个面共享）或者非流形零件中的间隙。

若要缝合边，执行以下操作：

1. 从主菜单栏选择 Tools→Geometry Edit。

Abaqus/CAE 显示 Geometry Edit 对话框。

技巧：用户也可以使用 工具来缝合边，此工具位于零件模块工具箱中的编辑工具。对于工具箱中编辑工具的图表，见 69.1 节 "使用几何形体编辑工具集"。

2. 从对话框中选择 Edge 类型和 Stitch 方法。

3. 从出现的警告对话框中单击 OK。

4. 如果需要，在缝合操作的提示区域中指定缝合容差。Abaqus/CAE 将仅缝合小于用户指定容差的间隙。

5. 进行下面的一个操作。

- 如果用户想要为缝合操作单独选择边，则切换选中 Pick edges，单击鼠标键 2，然后指定想要选择的边。用户选择的所有边必须是自由边，因为在选中 Pick edges 时，Abaqus/CAE 仅尝试流形缝合。如果用户选择由多个面共享的边，则缝合操作会失败。

技巧：用户可以单独选择边，指定包括边的现有集合，或者使用角度方法来选择边。有关在视口中选择几何形体的更多信息，见 6.2 节"在当前视口中选择对象"。

- 如果用户想要缝合整个模型上的边，则切换不选 Pick edges，然后单击鼠标键 2。当切换不选 Pick edges 时，Abaqus/CAE 会尝试在整个模型上进行流形缝合和非流形缝合。如果模型的任何边由多个面共享，则生成的模型将是非流形的。

Abaqus/CAE 会试图根据用户的指定来缝合零件。如果修复成功，Abaqus/CAE 将提示用户更新零件的有效性。

6. 如果用户正在编辑零件，则用户应当右击模型树中的零件，然后从出现的菜单中选择 Update validity，来检查零件的有效性。

69.6.2　修复小边

用户可以修复零件中选中的小边。Abaqus/CAE 会删除小边并修复相邻的边和面，来创建一个封闭的几何形体。修复小边的操作会被存储成零件特征；因此，用户可以使用模型树来删除或者抑制此操作。

若要修复小边，执行以下操作：

1. 从主菜单栏选择 Tools→Geometry Edit。

Abaqus/CAE 显示 Geometry Edit 对话框。

技巧：用户也可以使用 ⊢∙⊣ 工具来修复小边，此工具位于零件模块工具箱中的编辑工具。对于工具箱中编辑工具的图表，见 69.1 节"使用几何形体编辑工具集"。

2. 从对话框中选择 Edge 类型和 Repair small 方法。

3. 选择想要修复的边。用户可以从视口中选择边，也可以选择一个包含边的现有集合。

注意：默认的选择方法基于用户最近使用的方法。若要改成其他方法，单击提示区域右侧的 Select in Viewport 或者 Sets。

用户可以组合拖拽选择，即按［Shift］键+单击、按［Ctrl］键+单击和角度方法的组合来选择多个要进行修复的小边。更多信息见 6.2 节"在当前视口中选择对象"。

技巧：如果用户不能选择想要的边，则用户可以使用 Selection 工具栏来改变选取行为。更多信息见 6.3 节"使用选择选项"。

4. 单击鼠标键 2 来说明用户已经完成小边的选择。

Abaqus/CAE 从零件中删除选中的小边，并提示用户更新零件的有效性。

5. 进行下面的一个操作。

- 单击 Yes，更新零件的有效性（无论何时修复小边，用户都应当更新零件的有效性）。
- 单击 No，跳过更新并继续修复操作。
- 单击 Cancel，放弃当前修复操作中的改变。

用户也可以右击模型树中的零件，然后从出现的菜单中选择 Update validity，来随时更新零件的有效性。

69.6.3　合并边

用户可以将来自一个零件的多条边合并成一条边。合并边也会删除冗余的顶点和边。当用户选择要合并的边时，Abaqus/CAE 会搜索所有连接到一起的边，直到遇到一个分支，然后会将相连的边添加到用户的选择中。合并边的操作会被存储成零件特征；因此，用户可以使用模型树来删除或者抑制此操作。

若要合并边，执行以下操作：

1. 从主菜单栏选择 Tools→Geometry Edit。

Abaqus/CAE 显示 Geometry Edit 对话框。

技巧：用户也可以使用▨工具来合并边，此工具位于零件模块工具箱中的编辑工具。对于工具箱中编辑工具的图表，见 69.1 节"使用几何形体编辑工具集"。

2. 从对话框中选择 Edge 类型和 Merge 方法。

3. 选择想要合并的边。Abaqus/CAE 会搜索所有的连接边，直到遇到一个分支，然后选中所有的连接边。

用户可以从视口中选择边，也可以选择一个包含边的现有集合。

注意：默认的选择方法基于用户最近使用的方法。若要改成其他方法，单击提示区域右侧的 Select in Viewport 或者 Sets。

用户可以组合拖拽选择，即按［Shift］键+单击、按［Ctrl］键+单击和角度方法的组合来选择多个要进行修复的边。更多信息见 6.2 节"在当前视口中选择对象"。

技巧：如果用户不能选择想要的边，则用户可以使用 Selection 工具栏来改变选取行为。更多信息见 6.3 节"使用选择选项"。

4. 单击鼠标键 2 来说明用户已经完成边的选择。

在可能的情况下，Abaqus/CAE 将选中的边合并成一个边。如果没有可以合并的边，Abaqus/CAE 将显示一个错误信息；否则，Abaqus/CAE 会提示用户更新零件的有效性。

5. 进行下面的一个操作。

● 单击 Yes，更新零件的有效性（无论何时修复边，用户都应当更新零件的有效性）。

● 单击 No，跳过更新并继续修复操作。

● 单击 Cancel，放弃当前修复操作中的改变。

用户也可以右击模型树中的零件，然后从出现的菜单中选择 Update validity，来随时更新零件的有效性。

69.6.4　删除冗余对象

冗余顶点指的是在导入的零件中存在的没有附着到边的顶点，或者位于直边的多余顶点。类似地，冗余边指的是在导入的零件中存在的没有连接到面的边或者内部边。冗余的顶点和边不会改变零件的形状或者面积，并且不要求完整的定义，如下图所示：

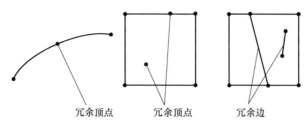

冗余顶点　　　　　冗余顶点　　　　　冗余边

用户可以使用 Remove redundant entities 工具来从选中的区域删除冗余顶点和边。查询工具集提供了一组几何形体调试工具，允许用户定位无效的区域和不精确的几何形体。更多信息见 11.16.4 节"使用零件模块中的查询工具集"。删除冗余对象的操作会被存储成零件特征；因此，用户可以使用模型树来重新加载被删除的顶点和边。

若要删除冗余对象，执行以下操作：

1. 从主菜单栏选择 Tools→Geometry Edit。

Abaqus/CAE 显示 Geometry Edit 对话框。

技巧：如果用户正在使用零件模块，则用户也可以使用 工具来删除冗余对象，此工具位于模块工具箱中的编辑工具。零件模块工具箱中编辑工具的图表，见 69.1 节"使用几何形体编辑工具集"。

2. 从对话框中选择 Edge 类型和 Remove redundant entities 方法。

3. 选择 Abaqus/CAE 应当删除冗余边和顶点的区域。用户应当从视口中选择区域或者选择一个包含区域的现有集合。

注意：默认的选择方法基于用户最近使用的方法。若要改成其他方法，单击提示区域右侧的 Select in Viewport 或者 Sets。

4. 如果用户不想删除冗余顶点，则从提示区域切换不选 Remove redundant edge vertices。

5. 从提示区域单击 Done。

Abaqus/CAE 从选中的区域删除冗余对象，并提示用户更新零件的有效性。

6. 进行下面的一个操作。

● 单击 Yes，更新零件的有效性（无论何时删除冗余对象，用户都应当更新零件的有效性）。

● 单击 No，跳过更新并继续修复操作。

● 单击 Cancel，放弃当前修复操作中的改变。

用户也可以右击模型树中的零件上，然后从出现的菜单中选择 Update validity，来随时更新零件的有效性。

69.6.5　修复无效的边

在极少数情况下，导入零件后，Abaqus 会报告所有的边无效。Repair invalid 工具会尝试通过重新计算定义边的数据来修复无效的边，这样可以帮助修复一些类型的无效边。如果在自动修复零件后仍然存在无效的边，则用户也应当使用此工具。

查询工具提供了一组几何形体调试工具，用于确定零件是否包含无效的边。更多信息见11.16.4 节"使用零件模块中的查询工具集"。修复无效边的操作会被存储成零件特征；因此，用户可以使用模型树来删除或者抑制此操作。

若要修复无效的边，执行以下操作：

1. 从主菜单栏选择 Tools→Geometry Edit。

Abaqus/CAE 显示 Geometry Edit 对话框。

技巧：用户也可以使用 ![]工具来修复无效的边，此工具位于零件模块工具箱中的编辑工具。零件模块工具箱中编辑工具的图表，见 69.1 节"使用几何形体编辑工具集"。

2. 从对话框中选择 Edge 类型和 Repair invalid 方法。

Abaqus/CAE 修复无效的边，并提示用户更新零件的有效性。

3. 进行下面的一个操作。

● 单击 Yes，更新零件的有效性（无论何时修复无效的边，用户都应当更新零件的有效性）。

● 单击 No，跳过更新并继续修复操作。

● 单击 Cancel，放弃当前修复操作中的改变。

用户也可以右击模型树中的零件，然后从出现的菜单中选择 Update validity，来随时更新零件的有效性。

69.6.6 删除线框边

用户可以从零件中删除选中的线框边。线框边是与实体或者壳特征的边不同的线条。删除线框边的操作会被存储成零件特征；因此，用户可以使用模型树来删除或者抑制此操作。

若要删除线框边，执行以下操作：

1. 从主菜单栏选择 Tools→Geometry Edit。

Abaqus/CAE 显示 Geometry Edit 对话框。

技巧：用户也可以使用 工具来删除线框边，此工具位于零件模块工具箱中的编辑工具。对于工具箱中编辑工具的图表，见 69.1 节"使用几何形体编辑工具集"。

2. 从对话框中选择 Edge 类型和 Remove wire 方法。

3. 选择用户想要删除的线框边。用户可以从视口中选择边，或者选择一个包含边的现有集合。

注意：默认的选择方法基于用户最近使用的方法。若要改成其他方法，单击提示区域右侧的 Select in Viewport 或者 Sets。

用户可以组合拖拽选择，即按［Shift］键+单击、按［Ctrl］键+单击和角度方法的组合来选择多个要删除的线框边。更多信息见 6.2 节"在当前视口中选择对象"。

技巧：如果用户不能选择想要的边，则用户可以使用 Selection 工具栏来改变选取行为。更多信息见 6.3 节"使用选择选项"。

4. 单击鼠标键 2 来说明用户已经完成线框边的选择。

Abaqus/CAE 删除线框边，并提示用户更新零件的有效性。

5. 进行下面的一个操作。

● 单击 Yes，更新零件的有效性（无论何时删除线框边，用户都应当更新零件的有效性）。

● 单击 No，跳过更新并继续修复操作。

● 单击 Cancel，放弃当前修复操作中的改变。

用户也可以右击模型树中的零件，然后从出现的菜单中选择 Update validity，来随时更新零件的有效性。

69.7　编辑和修复面

本节介绍用来修复面的工具，包括以下主题：

- 69.7.1 节 "删除面"
- 69.7.2 节 "使用一个新面来覆盖边"
- 69.7.3 节 "替换面"
- 69.7.4 节 "修复小面"
- 69.7.5 节 "修复一条缝"
- 69.7.6 节 "修复面法向"
- 69.7.7 节 "偏置面"
- 69.7.8 节 "扩展面"
- 69.7.9 节 "接合面"
- 69.7.10 节 "从单元面创建面"

69.7.1　删除面

要让一个零件有效或者精确，用户可以使用删除面工具来从三维实体或者壳，或者从二维平面零件删除选中的面。在用户选择要删除的面后，Abaqus/CAE 寻找定义一个特征的相邻面。用户可以删除整体特征，或者仅删除选中的面。当用户从一个实体零件删除一个或者多个面时，Abaqus/CAE 将零件中的所有单元体转化成一个壳，如下图所示。

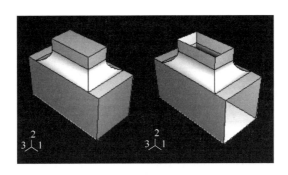

查询工具集提供一组几何形体调试工具来允许用户确定无效和不精确几何形体的区域。更多信息见 11.16.4 节 "使用零件模块中的查询工具集"。将删除面的操作存储成零件的特征；这样，用户可以使用模型树来重新加载已经删除的面。

若要删除面，执行以下操作：

1. 从主菜单栏选择 Tools→Geometry Edit。

Abaqus/CAE 显示 Geometry Edit 对话框。

技巧：用户也可以使用 工具来删除面，此工具与零件模块工具箱中的编辑工具在一起。对于工具箱中编辑工具的图表，见 69.1 节 "使用几何形体编辑工具集"。

2. 从对话框选择 Face 类型和 Remove 方法。

3. 选择用户想要删除的面。用户可以从视口选择边，或者选择一个包含面的现有集合。

注意：默认的选择方法基于用户最近使用的方法。要变化成其他方法，单击提示区域右侧的 Select in Viewport 或者 Sets。

用户可以组合拖动选择，按 [Shift] 键+单击，按 [Ctrl] 键+单击和角度方法来选择多个要删除的面。更多信息见 6.2 节 "在当前视口中选择对象"。

技巧：如果用户不能选择想要的面，则用户可以使用 Selection 工具栏来改变选取行为。更多信息见 6.3 节 "使用选择选项"。

4. 单击鼠标键 2 来说明用户已经完成面选择。

注意：如果用户正从一个实体零件删除一个或者多个面，则 Abaqus/CAE 说明删除面将导致实体会被转化成一个壳，并且提示用户继续。

Abaqus/CAE 删除选中的面。

69.7.2　使用一个新面来覆盖边

用户可以通过选择新面将覆盖的边来创建一个面。选中的边必须形成封闭的环。Abaqus/CAE 将新面创建成一个壳。如果新壳形成一个封闭的零件，则用户可以使用壳到实体的工具来将零件转换成一个实体。更多信息见 11.21.5 节 "从一个壳创建一个实体特征"。将覆盖边操作保存成零件的特征；这样，用户可以使用模型树删除用户创建的面。Abaqus/CAE 通过在选中边形成的平面上投影一个面来创建新面。这样，如果生成的面会非常复杂，则用户不应当使用 Cover edges 工具。

若要创建一个新面，执行以下操作：

1. 从主菜单栏选择 Tools→Geometry Edit。

Abaqus/CAE 显示 Geometry Edit 对话框。

技巧：用户也可以使用 工具来创建面，此工具与零件模块工具箱中的编辑工具在一起。对于工具箱中编辑工具的图表，见 69.1 节 "使用几何形体编辑工具集"。

2. 从对话框选择 Face 类型和 Cover edges 方法。

3. 选择形成一个环的多条边并且定义新面的边。用户可以从视口选择边，或者选择一个包含边的现有集合。用户可以选择多个环，并且 Abaqus/CAE 将创建多个面。然而，环不应当是同轴的。

注意：默认的选择方法基于用户最近使用的方法。若要变化成其他方法，单击提示区域右侧的 Select in Viewport 或者 Sets。

4. 从提示区域单击 Done。

Abaqus/CAE 创建新面。

5. 如果用户已经完成零件编辑，则用户应当右击模型树中的零件，然后从出现的菜单中选择 Update validity。

69.7.3 替换面

如果导入的零件面没有正确的形成，则用户可以采用基底几何形体为基础，使用 Abaqus/CAE 生成的新面来替换这些面。因为 Abaqus/CAE 依赖基底几何形体，所以如果生成的面是非常复杂的，则用户就不应当使用 Replace 工具。

另外，用户可以使用扩展相邻面来替代一个面。对于从用户的零件删除轴套或者小凸台，此工具是有用的。

若要替换面，执行以下操作：

1. 从主菜单栏选择 Tools→Geometry Edit。

Abaqus/CAE 显示 Geometry Edit 对话框。

技巧：用户也可以使用 工具来替换面，此工具与零件模块工具箱中的编辑工具在一起。对于工具箱中编辑工具的图表，见 69.1 节 "使用几何形体编辑工具集"。

2. 从对话框选择 Face 类型和 Replace 方法。

3. 选择用户想要替换的面。这些面必须是连接在一起的。用户可以从视口选择面，或者右击鼠标来将多个面从临时选取组粘贴到用户的选取中（详细情况见 6.1.2 节 "什么是选择组？"）。

用户可以组合拖动选择，按［Shift］键+单击，按［Ctrl］键+单击和角度方法来选择多个要替换的面。更多信息见 6.2 节 "在当前视口中选择对象"。

技巧：如果用户不能选择想要的面，则用户可以使用 Selection 工具栏来改变选取行为。更多信息见 6.3 节 "使用选择选项"。

4. 从提示区域切换选中 Extend neighboring faces，来使用扩展相邻面形成的单一面来替换选中的面。

5. 单击鼠标键 2 来说明用户已经完成面选择。

Abaqus/CAE 替换选中的面。

6. 如果用户已经完成了零件编辑，则用户应当通过在模型树中的零件上右击鼠标，然后从出现的菜单选择 Update validity 来检查零件的有效性。

69. 7. 4 修复小面

用户可以修复选中的零件小面。Abaqus/CAE 删除小面并且修复相邻边或者面来创建一个封闭的几何形体。将修复小面的操作存储成零件的特征；这样，用户可以使用模型树来删除或者抑制操作。

若要修复小面，执行以下操作：

1. 从主菜单栏选择 Tools→Geometry Edit。

Abaqus/CAE 显示 Geometry Edit 对话框。

技巧：用户也可以使用 ⧉ 工具来修复小面，此工具与零件模块工具箱中的编辑工具在一起。对于工具箱中编辑工具的图表，见 69. 1 节 "使用几何形体编辑工具集"。

2. 从对话框选择 Face 类型和 Repair small 方法。

3. 选择用户想要修复的面。用户可以从视口选择面，或者选择一个包含面的现有集合。

注意：默认的选择方法基于用户最近使用的方法。要变化成其他方法，单击提示区域右侧的 Select in Viewport 或者 Sets。

用户可以组合拖拽选择，按 [Shift] 键+单击，按 [Ctrl] 键+单击和角度方法来选择多个小面来进行修复。更多信息见 6. 2 节 "在当前视口中选择对象"。

技巧：如果用户不能选择想要的边，则用户可以使用 Selection 工具栏来改变选取行为。更多信息见 6. 3 节 "使用选择选项"。

4. 单击鼠标键 2 来说明用户已经完成小面选择。

Abaqus/CAE 修复小面并且提示用户来更新零件的有效性。

5. 进行下面的一个操作。

• 单击 Yes 来更新零件的有效性（无论何时用户修理小面，用户都应当更新零件的有效性）。

• 单击 No 来跳过更新并且继续用户的修复。

• 单击 Cancel 来放弃当前修复操作中的改变。

用户也可以通过在模型树中的零件上右击鼠标，然后从出现的菜单选择 Update validity 来在任何时候更新零件的有效性。

69. 7. 5 修复一条缝

用户可以将开裂考虑成面中的一块额外材料。用户可以修复不想要的开裂，并且从三维实体或者壳的面，或者从二维平面零件中删除此碎片。用户必须选择包含要修复裂缝的面，并且从面选择两个点。Abaqus/CAE 使用两个点来将选中的面分成两个区域。然后删除较小的区域（缝）并保留较大的区域。如果较小的区域与相邻的区域相比依然相对较大，则操作失败。修复一条缝的操作会保存成零件的特征；这样，用户可以使用模型树来删除或者抑制操作。

若要修复一条缝，执行以下操作：

1. 从主菜单栏选择 Tools→Geometry Edit。

Abaqus/CAE 显示 Geometry Edit 对话框。

技巧：用户也可以使用 工具来删除缝，此工具与零件模块工具箱中的编辑工具在一起。对于工具箱中编辑工具的图表，见 69.1 节 "使用几何形体编辑工具集"。

2. 从对话框选择 Face 类型和 Repair sliver 方法。

3. 选择用户想要修复的面。用户可以从视口选择面，或者选择一个包含面的现有集合。

注意：默认的选择方法基于用户最近使用的方法。要变化成其他方法，单击提示区域右侧的 Select in Viewport 或者 Sets。

技巧：如果用户不能选择想要的面，用户可以使用 Selection 工具栏来改变选择的选项。更多信息见 6.3 节 "使用选择选项"。

4. 选择定义缝拐角的一个点。

5. 选择定义缝对角的另外一个点。

6. Abaqus/CAE 在两个选中点之间绘制一条线，并且删除生成的小面。

69.7.6　修复面法向

用户可以修复壳和实体导入零件的面法向，并且用户可以在分歧零件（零件中每一个边由一个面或者多个面共享）或者非流形零件上执行这些修复。

如果 Abaqus 报告导入零件的体积是负的，则意味着实体已经里外翻转了。Repair normals 工具将反转法向并将实体反转正确。

一个导入的壳零件可以包含法向指向相反的多个面。Repair normals 工具将对齐壳零件上所有的选中法向。如果已经对齐了面法向，则此工具将反转所有选中的法向，以保持对齐，但是指向相反的方向。

注意：对于使用属性模块中的 Element Normal 赋予选项来手动赋予法向的壳面，Abaqus/CAE 不能反转法向。

当用户执行非分歧壳零件的修复时，用户不能在一个单独的操作中反转零件中所有面的法向；用户必须单个地选择每一个面来反转它们的方向。从 Query 对话框使用 Shell element normals 选项来执行一个查询，可以在用户修复壳零件之前，帮助用户评估面法向的方向。

查询工具集提供一组几何调试工具来计算实体零件的体积计算，并且显示壳和膜的法向。更多信息见 11.16.4 节 "使用零件模块中的查询工具集"。将修复面法向的操作保存成零件的特征；这样，用户可以使用模型树来删除或者抑制操作。

若要修复法向，执行以下操作：

1. 从主菜单栏选择 Tools→Geometry Edit。

Abaqus/CAE 显示 Geometry Edit 对话框。

技巧：用户也可以使用 🐾 工具来修复面法向，此工具与零件模块工具箱中的编辑工具在一起。对于工具箱中编辑工具的图表，见 69.1 节 "使用几何形体编辑工具集"。

2. 从对话框选择 Face 类型和 Repair normals 方法。

3. 从提示区域选择下面的一个方法。

- 单击 Entire Part 来修复模型中每一个不正确定向的面法向。
- 单击 Select Faces 来选择零件中的单个面。

4. 如果用户正在选择零件中的单个面，则从视口选择用户想要修复的面法向，然后从提示区域单击 Done。

用户可以组合拖拽选择，按 [Shift] 键+单击，按 [Ctrl] 键+单击来选择零件中多个面，并且用户也可以使用角度方法或者面曲率方法来选择面。更多信息见 6.2 节 "在当前视口中选择对象"。

Abaqus/CAE 修复面法向。

69.7.7 偏置面

用户可以通过从现有面偏置来创建新面。Abaqus/CAE 将新面创建成壳。将偏置操作保存成零件的特征；这样，用户可以使用模型树来删除用户创建的面。当创建一个中面模型时，用户可以使用偏置面；更多信息见第 35 章 "中面模拟"。

用户可以如图 69-9 所示的那样使用目标面来计算偏置距离，或者指定一个偏置距离。

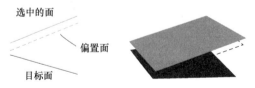

图 69-9 张开面之间不变的偏置距离

不管用户选择的偏置距离方法是什么，Abaqus/CAE 从选中的面创建偏置距离不变的所有新面。然而，如果用户使用目标面来计算偏置距离，则 Abaqus/CAE 使用选中的面和目标面来计算偏置面中每一个节点处的厚度和偏置距离，这样偏置面的行为近似原来部分的行为。用户可以在网格划分零件后，通过显示本地网格，并在 Part Display Options 对话框中切换选中 Scale factor 为 1 的 Render shell thickness 来显示这些计算结果。

用户可以使用 Assign thickness and Offset 工具来审阅和编辑壳厚度值（更多信息见 35.5.2 节"赋予厚度和偏置"），或者用户可以在给新面赋予一个截面时指定一个厚度。

若要通过偏置面来创建新面，执行以下操作：

1. 从主菜单栏选择 Tools→Geometry Edit。

Abaqus/CAE 显示 Geometry Edit 对话框。

技巧：用户也可以使用 ![icon] 工具来偏置面，此工具与零件模块工具箱中的编辑工具在一起。对于工具箱中编辑工具的图表，见 69.1 节"使用几何形体编辑工具集"。

2. 从对话框选择 Face 类型和 Offset 方法。

3. 选择要偏置的面。用户可以单个地、通过面角度或者通过面曲率来选择面；并且用户可以选择包含面的现有集合。有关在视口中选择对象的更多信息，见 6.2 节"在当前视口中选择对象"。

注意：默认的选择方法基于用户最近使用的方法。要变化成其他方法，单击提示区域右侧的 Select in Viewport 或者 Sets。

4. 从提示区域单击 Done。

Abaqus/CAE 显示 Offset Faces 对话框。

5. 选择可以使用的以下一个选项来确定偏置距离。

注意：无论选择的计算方法是什么，Abaqus/CAE 如图 69-9 所示的那样对面施加一个常数偏置。用户必须使用其他方法来创建收缩或者张开面之间的新面。

1）使用目标面来计算距离。选择一个目标面或者多个面。Abaqus/CAE 通过在一些点之间采样面来计算要偏置面与目标面之间的距离。使用下面的一个距离选项。

- 选择 Half the average distance 来使用此数量来偏置新的面。
- 选择 Fraction distance to closest point on face，并且输入一个值。

Abaqus/CAE 通过到目标面上点的最近距离乘以输入值来偏置新面。

- 选择 Fraction distance to farthest point on face 并且输入一个值。

Abaqus/CAE 通过到目标面上点的最远距离乘以输入值来偏置新面。

用户可以使用与步骤 3 中的相同方法来选择目标面。如果用户的原始面是中面模型参考表示的一部分，则用户可以单击 Auto Select 来让 Abaqus/CAE 从参考表示的反面来选择合适的面。可能目标面之间的不同距离可能造成选取对象仅部分匹配原始面。如果有必要，单击 Edit 来更改视口中的选取对象。

2）距离。输入一个偏置距离，或者 ![icon] 来度量，并且输入视口中对象之间的距离。

负数值或者实际距离在面法向上创建偏置；正值在相反方向上创建一个偏置。如果用户不确定法向，使用 Shell element normals 一般查询来显示模型中壳的法向。更多信息见 71.2.2 节"获取与模型有关的一般信息"。实体的法向指向朝外，所以正偏置将在零件内部创建一个面，除非偏置距离大于零件厚度。

6. 如果模型包含一个参考表示，则切换 Auto trim to reference representation 来控制 Abaqus/CAE 是否将偏置面与参考表示匹配。

注意：复杂面的扩展可能失败。如果面扩展失败，则 Abaqus/CAE 说明错误并且切除与参考表示相交的任何扩展面。

7. 单击 OK。

Abaqus/CAE 在距离原来物体指定距离处创建新面，并且从步骤 3 重新开始。

8. 要退出偏置过程，可以进行下面的操作。

- 单击提示区域中的 ⊠ 按钮。
- 在 Abaqus/CAE 窗口处的任意地方单击鼠标键 2。
- 从几何形体编辑工具箱或者从零件模块中的工具选择其他操作。

69.7.8 扩展面

用户可以通过扩展现有的面来编辑面。将扩展操作存储成零件的一个特征；这样，如果使用了距离方法，则用户可以使用模型树来编辑距离参数或者删除扩展面。

图 69-10 显示了使用目标面扩展一条面。其上方的图显示了完整的零件，包括一个围面分隔的中平面，之前有一个小间隙。平面的两个侧面和一个半侧面被围面包围。选择平面来扩展，围面用作目标面。选中的面沿着三个将与目标面相交的侧向扩展。下方的图详细说明用户如何控制扩展，左图中选中的面扩展到目标面端部之外。在左下图中，使用 Trim to extended underlying target surfaces 选项，这样选中面对整个左边均匀的得到扩展——好像目标面扩展到选中面的整个高度上。在右下图中，面仅扩展到目标面的端部。

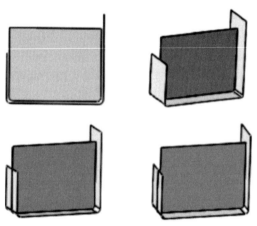

图 69-10　当扩展一个面时，切换选项的效果：具有间隙的初始模型（左上和右上），切换选中（左下）和切换不选（右下）

若要扩展面，执行以下操作：

1. 从主菜单栏选择 Tools→Geometry Edit。

Abaqus/CAE 显示 Geometry Edit 对话框。

技巧：用户也可以使用工具来扩展面，此工具与零件模块工具箱中的编辑工具在一起。对于工具箱中编辑工具的图表，见 69.1 节"使用几何形体编辑工具集"。

2. 从对话框选择 Face 类型和 Extend 方法。

Abaqus/CAE 显示 Extend Faces 对话框。

3. 选择下面的一个方法来扩展面。

● 切换选中 Specify edges of faces to extend，并且单击一条或者多条边来扩展面，并且仅是选中的边包围此面。

● 切换选中 Specify faces to extend，并且拾取多个面来沿着这些面的所有自由边来进行扩展。

单击 Select 来指定要扩展到边或者面。

用户可以单个地或者通过边角度来选择边；并且用户可以单个地、通过面角度或者通过面曲率来选择面。有关在视口中选择对象的更多信息，见 6.2 节"在当前视口中选择对象"。用户也可以选择现有的边或者面集合。

注意：默认的选择方法基于用户最近使用的方法。若要变化成其他方法，单击提示区域右侧的 Select in Viewport 或者 Sets。

4. 从提示区域单击 Done。

5. 选择下面的一个方法来确定扩展距离。

1）指定距离。手动输入扩展距离；或者选择▭来度量，然后输入视口中两个对象之间的距离。

2）将扩展限制在目标面上。选择一个或者多个目标面来限制扩展。

Abaqus/CAE 以黄色高亮显示目标面。

如果需要，切换选中 Trim to extended underlying target surfaces，来让 Abaqus/CAE 临时将目标面扩展到与要扩展的面相交。

3）将扩展限制在参考表示面上。Abaqus/CAE 使用参考表示面来限制扩展。如果模型没有参考表示，则不能使用此选项。

6. 单击 OK。

如果用户在步骤 5 中选中的目标面没有完全地包围要扩展的面，则 Abaqus/CAE 会显示将与目标面相交的边——这是用户在步骤 3 中选择的子集合——并为用户提供选项来仅扩展这些边而不是原始的选择。

Abaqus/CAE 创建扩展面特征。如果用户使用目标面或者参考表示面来限制扩展，Abaqus/CAE 将在扩展面与限制面的相交处修剪要扩展的面。扩展面特征将替换视口中的原始面，程序使用最近使用的选择方法来从步骤 3 重新启动过程。

7. 要退出扩展过程，可以进行以下操作。

● 单击提示区域中的██按钮。

● 在 Abaqus/CAE 窗口中的任意地方单击鼠标键 2。
● 从几何形体编辑工具箱或者零件模块中的工具选择其他操作。

69.7.9　接合面

用户可以创建接合面来连接模型中的现有面。Abaqus/CAE 使用面来封闭两组连接边之间的空间。用户可以选择让新面与选中边相切，使用面之间的最短路径连接边，也可以指定一个路径，使得新面必须在选中边之间遵循此路径。图 69-11 所示为使用高亮显示的选中边来显示两个面。在此示例中，相切方法将使用与两个原始面相切的平滑半径来创建一个面，最短路径方法将创建一个平面，指定路径方法将使用选中线框边创建一个面。

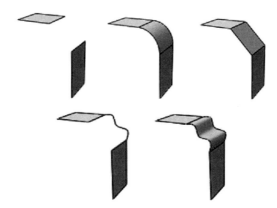

图 69-11　使用相切、最短路径和指定路径方法来创建接合面

用户也可以创建一个接合面来连接边和面。Abaqus/CAE 使用最短路径方法来创建选中边和面之间的结合面。当用户在边和现有面之间创建一个结合面时，新面总是与现有面垂直。按需要扩展或者缩短自由边来与面对边相交。图 69-12 所示为选中的边和在边与平面之间创建的特征。中边的端点是到平面的垂直投影，并且扩展左边和右边的外端点来与平面的边相交。

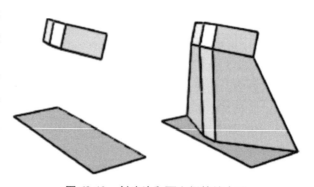

图 69-12　创建边和面之间的结合面

将结合面存储成零件的特征；这样，用户可以使用模型树来删除创建的面。

若要接合面，执行以下操作：

1. 从主菜单栏选择 Tools→Geometry Edit。
Abaqus/CAE 显示 Geometry Edit 对话框。

技巧：用户也可以使用 工具来接合面，此工具位于零件模块工具箱中的编辑工具。对于工具箱中编辑工具的图表，见 69.1 节"使用几何形体编辑工具集"。

2. 从对话框选择 Face 类型和 Blend 方法。

3. 选择下面的一个方法来扩展面。

用户可以单独选择边，也可以通过边夹角来选择边。有关在视口中选择对象的更多信息，见 6.2 节"在当前视口中选择对象"。用户也可以选择一个现有的边集合。

注意：默认的选择方法基于用户最近使用的方法。若要变化成其他方法，单击提示区域右侧的 Select in Viewport 或者 Sets。

从提示区域单击 Done。

4. 为接合面的第二侧选择边或者面。

如果用户为第二侧选择面，则步骤 3 中的选中边必须在面上具有一个垂直投影，否则 Abaqus/CAE 将不能够为选择创建一个接合面。

从提示区域单击 Done 来完成选择，并打开 Blend Faces 对话框。

5. 选择一个可以使用的接合方法。

1）相切（Tangent）。Abaqus/CAE 将创建与面相切的接合面，此接合面包括第一和第二侧边。要使用此方法，步骤 3 和步骤 4 中选择的边必须是自由边，即仅属于一个特征面的边，这样 Abaqus/CAE 才能计算相切。

2）最短路径（Shortest path）。Abaqus/CAE 将使用第一侧边与第二侧边之间的最短路径来创建连接第一侧边与第二侧边的接合面。如果用户为接合的第二侧选择一个或者多个面，则此方法是唯一可以使用的接合方法。

3）指定路径（Specify path）。在边之间指定一个路径。单击 Select 来选择一个现有的边或者线框特征，将第一侧边的一个端点连接到第二侧边的一个端点。Abaqus/CAE 将使用选中路径的侧面来创建接合面。

6. 单击 Preview 来预览当前选择将产生的接合面。

7. 单击 OK。

Abaqus/CAE 创建接合面特征。接合过程使用最近使用的选择方法来从步骤 3 重新启动。

8. 要退出接合过程，可以进行以下操作。

● 单击提示区域中的 X 按钮。

● 在 Abaqus/CAE 窗口中的任意地方单击鼠标键 2。

● 从几何形体编辑工具箱或者零件模块中的工具选择其他操作。

69.7.10 从单元面创建面

用户可以从零件中的孤立单元面创建一个几何面。Abaqus/CAE 以选中单元面的节点位置为基础来创建一个新几何面。顶点在单元边方向发生显著变化的边节点处创建。新面与模型中的其他几何面类似，Abaqus/CAE 将新面缝补到零件的相邻面。默认情况下，新面与网格关联；用户可以选择更改此行为。在模型树中，新面表现成 Face from mesh 特征。一旦创建了几何面，就不能改变组成几何面的单元面组；然而，用户可以删除此面并创建一个新面，也可以缝合几何形体的原始创建中没有缝合到一起的面。

新几何面与模型中的现有孤立单元面共享空间。这可以生成灰色无网格划分几何形体的一些区域，以及其他墨绿色区域和孤立网格的可见单元边。这类似于自下而上网格划分的外观，黄色区域和蓝绿色网格一起出现。用户可以在模型树中抑制孤立网格来仅显示新几何形体。

当从孤立网格面创建几何形体时，请记住生成的几何形体的使用意图。用户想要创建的面将作为更改和网格划分的良好基础。例如，当用户创建孤立单元面时，用户的选择应在锐角或者其他特征处结束，这样几何面将也在此处结束，从而创建一个逻辑特征边。如果用户选择跨越锐角的单元面，则 Abaqus/CAE 将创建包括拐角的单个几何面。此几何形体可能难于或者不能使用可用的自上而下网格划分技术来进行网格划分。

注意：当用户操作实体孤立单元时，对于单个几何面的创建，不能接受包括拐角两侧上的单元面的选取（来自相同孤立单元的多个选择）。

当 Abaqus/CAE 创建一个几何面时，默认将边之间的小间隙和分析面之间的小间隙缝合到一起。用户可以定制容差值来确定是否在两种情况下将小间隙缝合，并且用户可以切换不选完全缝合边之间的小间隙。因为每一个缝合操作会使用大量的处理器，所以将绝大部分或者所有缝合推迟到模拟过程中的后期，可能是更有效率的模拟选项。分析面的拟合不能推迟；用户必须在创建新几何面之前执行此步骤。

若要从单元面创建几何面，执行以下操作：

1. 从主菜单栏选择 Tools→Geometry Edit。

Abaqus/CAE 显示 Geometry Edit 对话框。

技巧：用户也可以使用 ▣ 工具来从单元面创建几何面，此工具位于零件模块工具箱中的编辑工具。对于工具箱中编辑工具的图表，见 69.1 节 "使用几何形体编辑工具集"。

2. 从对话框中选择 Face 类型和 From element faces 方法。

3. 为新几何面选择单元面。

用户可以单独地、通过角度、通过限制角度、通过层或者通过分析形状来选择单元面。有关在视口中选择对象的更多信息，见 6.2 节 "在当前视口中选择对象"。用户也可以选择现有的面。用户不能从二维零件或者轴对称零件中选择单元面。

注意：默认的选择方法基于用户最近使用的方法。若要变化成其他方法，单击提示区域右侧的 Select in Viewport 或者 Sets。

4. 如果用户想要控制缝合、分析面拟合以及网格关联选项，则单击提示区域中的 Options，然后从出现的对话框中进行下面的一个操作。

● 切换选中 Stitch with tolerance 来在创建的几何面中应用节点缝合，并指定缝合容差值。

● 在 Fit analytic surfaces with tolerance 域，指定想要用来将选中的分析面拟合到一起的缝合容差值。

● 默认情况下，Abaqus/CAE 将几何面与网格关联。要更改此行为，切换不选 Associate

face with mesh。

单击 OK 来关闭对话框。

5. 从提示区域单击 Done。

Abaqus/CAE 创建几何面特征。该过程使用最近使用的选择方法来从步骤 3 重新启动。

6. 要退出过程，可以进行以下操作。

- 单击提示区域中的 X 按钮。

- 在 Abaqus/CAE 窗口中的任意地方单击鼠标键 2。

- 从几何形体编辑工具箱或者零件模块中的工具选择其他操作。

69.8 编辑零件

本节介绍可以用来修复整个零件的工具，包括以下主题：
- 69.8.1 节 "转换为分析"
- 69.8.2 节 "转换为精确"

69.8.1 转换为分析

当用户将一个零件转换为分析表示时，Abaqus/CAE 试图将边、面和单元体的内部定义改变成可以进行分析表示的更简单的形式。例如，将一个近乎平面的面转换为表示该平面的方程。转换为分析表示通常有以下优点：
- 处理零件更快。
- 在特征操作过程中可以使用转换后的实体。
- 改善几何形体。
- 如果后续需要缝合边，则缝合操作更容易成功。

在完成操作后，用户可以使用查询工具集中的几何形体调试工具，来定位无效的区域和不精确的几何形体。更多信息见 11.16.4 节 "使用零件模块中的查询工具集"。

若要转换为分析，执行以下操作：

1. 从主菜单栏选择 Tools→Geometry Edit。

Abaqus/CAE 显示 Geometry Edit 对话框。

技巧：用户也可以使用 工具来转换为分析，此工具位于零件模块工具箱中的编辑工具。对于工具箱中编辑工具的图表，见 69.1 节 "使用几何形体编辑工具集"。

2. 从对话框中选择 Part 类型和 Convert to analytical 方法。

3. 从出现的警告对话框中单击 OK。

Abaqus/CAE 试图将零件转换为它的分析表示。

4. 如果用户完成了零件编辑，则用户应当在模型树中的零件上右击鼠标，然后从出现的菜单中选择 Update validity。

69.8.2 转换为精确

当用户将零件转换为精确表示时，Abaqus/CAE 会试图改变相邻的实体，使它们的几何形体精确匹配。转换为精确表示，通常会减少零件中不精确实体的数量，虽然对于一些零件，转换可能增加不精确对象的数量。即使不精确对象的数量增加，转换完成后的零件的最大容差通常仍会降低；然而，当不精确实体的数量增加时，用户应当考虑抑制或者删除精确转换操作。

转换为精确的操作可能十分耗时，并增加导入零件的复杂性；所以后续的零件处理可能较慢。此操作也可能导致无效的实体。

若要转换为精确，执行以下操作：

1. 从主菜单栏选择 Tools→Geometry Edit。

Abaqus/CAE 显示 Geometry Edit 对话框。

技巧：用户也可以使用 工具来转换为精确，此工具位于零件模块工具箱中的编辑工具。对于工具箱中编辑工具的图表，见 69.1 节 "使用几何形体编辑工具集"。

2. 从对话框选择 Part 类型和 Convert to precise 方法。

3. 从出现的警告对话框中单击 OK。

4. 选择下面的一个方法进行转换。

1）收紧间隙（Tighten Gaps）。Abaqus/CAE 试图减少零件中节点与边之间的间隙，但是不执行几何形体的完全计算。此选项提供一个更快的但不完全的转换。

2）重新计算几何形体（Recompute Geometry）。Abaqus/CAE 试图改变相邻的实体，使它们的几何形体精确匹配。重新计算几何形体通常产生精确的几何形体；然而，此操作可能十分耗时，并增加导入零件的复杂性，这意味着零件的处理过程会很慢。此外，如果零件包含许多复杂的面，则转换为精确表示容易失败。如果可能的话，用户应当返回生成原始文件的 CAD 软件，然后增加精确度。

在用户选择一个方法后，Abaqus/CAE 试图将零件转换为它的精确表示。如果转换成功，则 Abaqus/CAE 提示用户更新零件的有效性。

5. 如果用户完成了零件编辑，则用户应当在模型树中的零件上右击鼠标，然后从出现的菜单中选择 Update validity。

70 分割工具集

用户使用分割工具集来将零件或者装配分成多个区域。在整个建模过程中使用这些区域；例如，说明载荷的位置、材料属性中的变化，或者一个网格边界。

　　本章介绍如何使用分割工具集，在边、面或者单元实体上创建和定位分割，包括以下主题：

- 70.1 节 "理解分割的角色"
- 70.2 节 "使用分割工具集"
- 70.3 节 "理解分割"
- 70.4 节 "分割技术概览"
- 70.5 节 "分割边"
- 70.6 节 "分割面"
- 70.7 节 "分割单元实体"

70.1　理解分割的角色

用户在进行建模时，可能会发现需要选择模型中并不存在的特别区域。这样的区域可以用来定义材料边界、说明载荷和约束的位置，以及帮助细化网格。用户可以使用分割工具集来将模型分割成多个区域。

分割可以在边、面和单元实体上创建。沿着一条边分割可以创建一个新的顶点，而通过面和单元实体的切割可分别创建新的边和面。总之，分割用于细分几何形体。图 70-1 所示为边、面和单元实体上的分割。

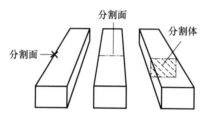

图 70-1　边、面和单元实体上的分割

用户通过定义参考现有几何形体的分割来分割边、面和单元实体。用户可以在零件模块或者属性模块中分割一个零件，或者在操作装配的相关模块中分割一个装配体。例如，用户可以在网格划分模块中分割装配体的一个面，并且对产生的内部边布置种子来细化网格。分割是特征，并且像所有特征那样，可以进行编辑、删除、抑制、恢复和查询。类似地，当装配体或者零件重新生成时，会重新生成分割。

70.2 使用分割工具集

用户可以通过从主菜单栏选择 Tools→Partition 来访问分割工具集。出现 Create Partition 对话框，用户可以从对话框顶部的 Type 区域中的按钮选择要分割的几何形体类型——边、面或者单元实体。Method 列表改变成反映用户可以创建的分割。从 Method 列表选择期望的分割工具，并且遵守提示区域中的提示来创建分割。大部分的工具允许用户在一个操作中分割多个边、面或者单元实体。用户可以使用拖拽选择、［Shift］键+单击、［Ctrl］键+单击和角度方法的组合来选择要分割的边、面或者单元实体。更多信息见 6.2 节"在当前视口中选择对象"。

70.4 节"分割技术概览"提供了每一分割类型可以使用方法概览。有关在零件和装配上创建分割的更多信息，见 11.16.3 节"使用零件模块中的分割工具集"，以及 13.8.3 节"分割装配"。

用户也可以从模块工具箱中访问分割工具集；图 70-2 所示为模块工具集中所有分割工具的隐藏图标。

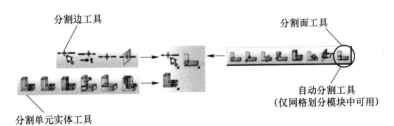

分割边工具　分割面工具

分割单元实体工具　自动分割工具（仅网格划分模块中可用）

图 70-2　分割工具的图标

要查看包含每一个分割工具简短描述的工具提示，将鼠标放在相应工具上一会儿。更多信息见 3.3.2 节"使用包含隐藏图标的工具箱和工具栏"。

70.3 理解分割

本节介绍在使用分割工具集前，用户应当理解的基本概念，包括以下主题：
- 70.3.1 节 "为什么分割?"
- 70.3.2 节 "作为特征的分割"

70.3.1 为什么分割?

何时使用分割工具集，取决于用户将如何使用产生的区域，下面分别介绍。

分割零件

在零件模块和属性模块中使用分割工具集来将零件分割成多个区域。用户可以在属性模块中使用产生的区域来施加截面定义，截面定义包括截面几何信息以及材料属性信息。零件模块和属性模块中创建的分割与零件关联，在装配中的每一个零件实例中都可以使用分割；然而，用户不能在零件实例中更改或者删除分割。

分割装配

在装配关联的模块中使用分割工具集来将装配中的零件实例分割成多个区域。用户可以使用产生的区域进行下面的操作：
- 给区域施加载荷、边界条件以及预定义的场。
- 将输出要求与区域关联。
- 通过添加可以布局种子的内部边，来对网格划分过程获取更细致的控制。
- 将三维区域分割成更加简单的区域，以便自动网格划分生成器进行网格划分。

在装配中创建的分割仅与装配体关联，而不与原始的零件关联，并且在操作装配的所有模块中可用。分割将不会在同一个零件的其他实例中出现，并且在零件模块或者属性模块中不能使用分割。

70.3.2 作为特征的分割

每一个零件的几何形体是由一组特征构建的；分割仅是用户添加到零件的附加简单几何特征。因为分割是特征，所以可以使用特征操控工具集来编辑、删除、抑制和恢复分割。

如果用户创建一个分割，并且更改基底零件或者装配的几何形体，Abaqus/CAE 将重新生成分割与所有其他的特征。更进一步，重新生成分割的几何形体取决于用户创建分割所使用的方法。下面的例子说明当重新生成装配时，对基底几何形体的更改可以造成分割发生移动或者变形。

1. 按两个选中点（两个圆心）之间的连线分割如图 70-3 所示。

2. 用户更改装配，并且定义分割的选中点的位置发生变化。当 Abaqus/CAE 重新生成装配时，会仍将分割定义成两个圆心之间的连线，如图 70-4 所示。

用户可以使用特征操控工具集来对一些分割做有限的更改：

● 用户可以直接输入分割边的参数和分割面的贝塞尔曲线定位参数。参数必须在 0 和 1 之间，代表边的长度分数；特征操控工具集允许用户编辑提供的值。

● 用户可以在一个面上草图绘制分割；特征操控工具集允许用户编辑草图。

如果用户要更改的分割不能使用特征操控工具集来进行编辑，则用户必须删除分割并重新创建。

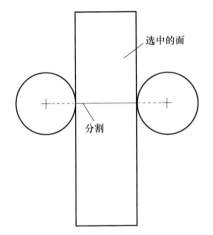

图 70-3　按两个选中点之间的连线分割

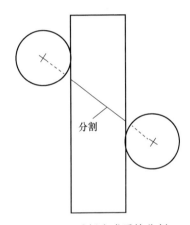

图 70-4　重新生成后的分割

70.4 分割技术概览

本节介绍不同分割技术概览，包括以下主题：

- 70.4.1 节 "分割边方法概览"
- 70.4.2 节 "分割面方法概览"
- 70.4.3 节 "分割单元实体方法概览"

70.4.1 分割边方法概览

从主菜单栏选择 Tools→Partition 来显示 Create Partition 对话框。当用户从 Create Partition 对话框选择 Edge、Method 列表时，将显示分割边的以下方法。

通过位置指定参数

沿着边的任何位置拾取一个点。详细指导见 70.5.1 节 "通过位置方法使用指定的参数来分割边"。

输入参数

在弹出区域中输入参数，如图 70-5 所示。沿着边的箭头说明从开始顶点（对应 0 的边参数值）到末端点（对应 1 的边参数值）增加参数值的方向。详细指导见 70.5.2 节 "使用输入参数的方法来分割边"。

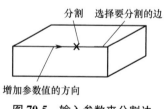

图 70-5 输入参数来分割边

选择中点/基准点

选择边的中点或者沿着边的基准点，如图 70-6 所示。详细指导见 70.5.3 节 "使用拾取中点/基准点的方法来分割边"。

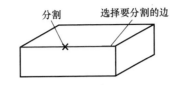

图 70-6 选择中点或者基准点来分割边

➕ 使用基准平面

使用一个基准平面。Abaqus/CAE 在基准平面与边的交点处创建分割，如图 70-7 所示。使用基准平面分割一组选中的边，这对于对齐一组分割是有用的技术。详细指导见 70.5.4 节"使用基准平面方法来分割边"。

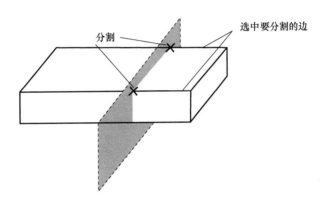

图 70-7 选择一个基准平面来分割边

70.4.2 分割面方法概览

当用户从 Create Partition 对话框中选择 Face 时，Method 列表会显示分割面的以下方法。

📖 草图平面分割

使用草图器草图绘制一个分割来分割选中的面，如图 70-8 所示。详细指导见 70.6.1 节"使用草图方法来分割面"。

用户可以直接在要分割的面上进行草图绘制，或者在另一个面或者基准平面上进行草图绘制，然后将草图投影到用户想要分割的面上。对于从基准平面上投影一个草图的示例，见 11.16.1 节"使用零件模块中的基准工具集"。

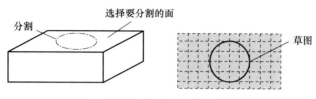

图 70-8　使用草图器分割面

两个点之间的最短路径

　　沿着连接两个选中点之间的最短路径来分割面；如果要分割的面是弯曲的，则产生的分割也将是弯曲的，如图 70-9 所示。用户可以选择与要分割面不关联的点；例如，这些点可以位于不同的面上，甚至在不同的零件实例上。详细指导见 70.6.2 节"使用最短路径方法来分割面"。

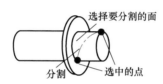

图 70-9　使用两个点之间的最短路径来分割面

使用基准平面

　　使用面与基准平面的扩展之间的交线来分割面，如图 70-10 所示。详细指导见 70.6.3 节"使用基准平面方法来分割面"。

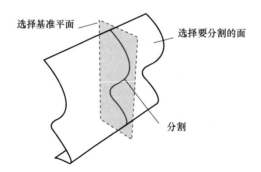

图 70-10　使用基准平面来分割面

与两条边垂直的弯曲路径

　　沿着贝塞尔曲线分割面，此贝塞尔曲线与面的两个边垂直，如图 70-11 所示。通过选择沿着两条边任意地方的两个点来定位曲线。两条边包围的圆弧所对应的角度必须小于 180°。

详细指导见 70.6.4 节 "使用弯曲路径方法来分割面"。

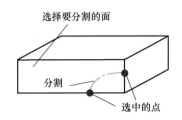

图 70-11　使用贝塞尔曲线分割面

扩展到其他面

使用扩展到其他面的交点来分割面，如图 70-12 所示。扩展的面可以是平面、圆柱面、圆锥面或者球面；并且包含要分割面的零件不需要包含这些扩展面。详细指导见 70.6.5 节 "使用扩展面方法来分割面"。

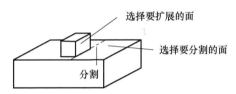

图 70-12　使用另一个面的扩展来分割面

与其他面相交

使用目标面与一个或者多个面的交线来分割面，如图 70-13 所示。这些面可以是相交的或者相切的。详细指导见 70.6.6 节 "使用相交方法来分割面"。

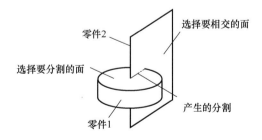

图 70-13　使用面的交线来分割面

投影边

通过在模型中投影边来分割面，如图 70-14 所示。使用从要分割面到分割边的垂直投影来创建分割。用户可以选择仅使用投影，或者如果必要的话，延伸投影边的端点来完成面分割。详细指导见70.6.7节"使用投影边方法来分割面"。

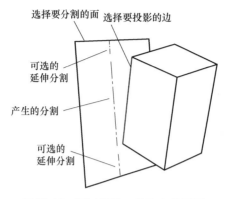

图70-14　通过投影一条边来分割面

自动分割

当用户使用自由网格技术，采用四边形单元来网格划分一个面时，网格划分模块在网格划分面之前，会使用三个到四个逻辑侧面来将面内部分割成多个区域。更多信息见17.10.2节"使用四边形和四边形为主的单元进行自由网格划分"。然而，如果用户在生成网格之前想要显示以及更改自动生成的区域，则用户可以使用自动分割工具来分割面而不网格划分此面。此工具仅在网格划分模块中可用。详细指导见70.6.8节"使用自动生成方法来分割面"。

70.4.3　分割单元实体方法概览

当用户从 Create Partition 对话框中选择 Cell 时，Method 列表会显示分割单元实体的方法。

定义切割平面

通过平面来切割单元实体；此平面将完全地通过此单元实体。用户可以使用下面三个方法之一来定义切割平面：

● 选择切割平面上的一个点；然后拾取一条边或者基准轴来定义此平面的法向，如图70-15所示。

● 选择三个明确不共线的点，如图70-16所示。

● 选择一条边和沿着边的一个点；切割平面将与选中点处的边垂直，如图70-17所示。

详细指导见70.7.1节"使用切割平面方法来分割单元实体"。

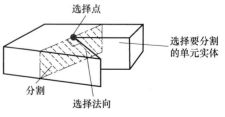

图70-15　使用点和法向定义切割平面

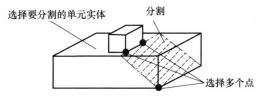

图 70-16 使用三个点定义切割平面

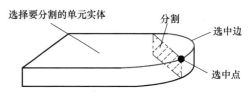

图 70-17 使用一条边和一个点来定义切割平面

使用基准平面

使用基准平面与单元实体的相交来分割单元实体，如图 70-18 所示。详细指导见 70.7.2 节 "使用基准平面方法来分割单元实体"。

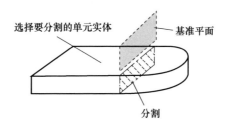

图 70-18 使用基准平面来分割单元实体

扩展面

通过单元实体与壳的分割来分割单元实体，其中壳是面扩展的几何形体，如图 70-19 所示。扩展面可以是平面、圆柱面、圆锥面或者球面。详细指导见 70.7.3 节 "使用扩展面方法来分割单元实体"。

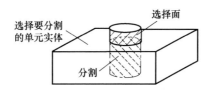

图 70-19 使用面的扩展分割单元实体

拉伸/扫掠边

通过沿着一条选中的路径（称为扫掠路径）扫掠选中的多条边（形成扫掠侧面）来分割一个单元实体。用户可以选中要扫掠的任何数量的边，但所有的边必须是连接的，必须位于相同的平面，并且必须属于同一个零件实例。

使用下面两个方法之一来定义扫掠路径：

● 在充当扫掠路径、与选中直线平行的方向上，或者在基准轴方向上，无限地延伸扫掠侧面，来创建通过单元实体的一个直的分割；在扫掠边通过选中单元实体的地方创建切割，如图 70-20 所示。扫掠路径必须是直的，并且垂直于要扫掠的一组边。

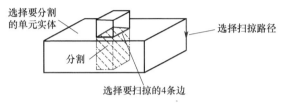

图 70-20　沿着一个方向扫掠一个侧面

● 沿着选中的边或者沿着平行于选中的边，拉伸或者扫掠侧面来创建通过单元实体的直的或者弯曲的分割。分割仅延伸选中边的长度；并且在扫掠边通过选中单元实体的地方创建切割，如图 70-21 所示。扫掠路径必须从包含扫掠边的平面开始，并且扫掠路径必须与此平面垂直。

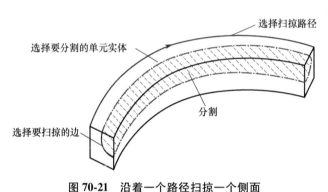

图 70-21　沿着一个路径扫掠一个侧面

详细指导见 70.7.4 节"使用拉伸/扫掠方法来分割单元实体"。

使用 N 侧补片

通过一个连接边的循环形成的面补片来切割单元实体。边可以是弯曲的或者直的，但必须是连接到一起的，并且必须属于要切割单元实体的同一个零件。此外，补片必须弯曲地通过此单元实体。选择下面的方法来定义此补片：

选择边

用户选择下面的方法（选项）来选择形成 N 侧补片。

Loop（循环）

选择一个单独的边，并且允许 Abaqus/CAE 搜索连接边的连续循环，此连续循环将切割单元实体，如图 70-22 所示。产生的补片可以具有多个边。

Edges（边）

手动选择将切割实体的边。用户可以选择任何数量的边，并且选中的边必须形成封闭的循环。

选择拐角点

选择定义补片拐角的三个、四个或者五个点。如果现有的边连接点，则产生的切割将遵守边的曲线，如图 70-23 所示。点必须在被分割单元实体的边界边上。

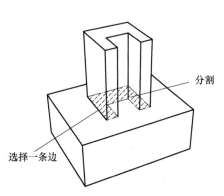

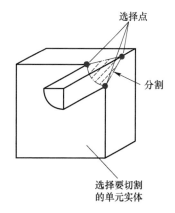

图 70-22 在选择一条边后，允许 Abaqus/CAE 定义一个补片　　**图 70-23 定义具有拐角点的补片**

详细指导见 70.7.5 节"使用 N 侧补片方法来分割单元实体"。

草图平面切割

通过使用草图器来草图绘制分割，用来切割选中的单元实体，如图 70-24 所示。在绝大部分的情况中，用户将在与选择单元实体相交的基准平面上草图绘制。用户也可以选择现有的面来绘制草图的，并且将草图绘制得超出面。Abaqus/CAE 在草图与单元实体相交的地方创建切割。

详细的指导见 70.7.6 节"使用草图平面分割方法来分割单元实体"。

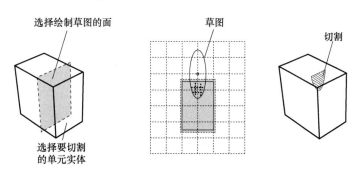

图 70-24 使用草图器来分割单元实体

70.5　分割边

本节介绍可以用来分割选中边的工具，包括以下主题：

- 70.5.1 节 "通过位置方法使用指定的参数来分割边"
- 70.5.2 节 "使用输入参数的方法来分割边"
- 70.5.3 节 "使用拾取中点/基准点的方法来分割边"
- 70.5.4 节 "使用基准平面方法来分割边"

70.5.1　通过位置方法使用指定的参数来分割边

用户通过在边上的分割位置处单击鼠标，可以在沿着选中边长度的任何地方分割此选中边。Abaqus/CAE 将位置转化成一个参数。因此，用户可以使用特征操控工具集来更改分割位置。

若要使用位置方法指定参数来分割边，执行以下操作：

1. 从主菜单栏选择 Tools→Partition。

出现 Create Partition 对话框。Abaqus/CAE 在提示区域显示提示来引导用户完成过程。

技巧：用户也可以使用 工具指定参数方法来分割边，此工具与模块工具箱中的分割边工具在一起。工具箱中分割工具的图表，见 70.2 节 "使用分割工具集"。

2. 从对话框顶部的 Type 项中选择 Edge。

Method 列表显示用户可以用来分割边的方法。

3. 从方法列表选择 Specify parameter by location。

4. 沿着边的任意地方单击。

Abaqus/CAE 高亮显示边以及用户沿着边拾取的位置。

5. 如果分割位置不正确，则沿着边再次单击。

6. 如果分割位置是正确的，则单击提示区域中的 Create Partition。

Abaqus/CAE 创建分割。

70.5.2　使用输入参数的方法来分割边

用户可以通过输入代表边长度分数的一个参数，沿着选中边的长度，在任何地方分割选中的边。箭头从起始顶点开始（此起始点对应 0 值的边参数），指向末端顶点（对应 1 值）。参数决定沿着选中边的位置创建分割，如下图所示。

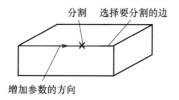

要更改通过输入参数来创建的分割，使用特征操控工具集来改变参数。

若要使用输入参数的方法来分割边，执行以下操作：

1. 从主菜单栏选择 Tools→Partition。

出现 Create Partition 对话框。Abaqus/CAE 在提示区域显示提示来引导用户完成过程。

技巧：用户也可以使用⊐┐工具，采用输入参数的方法来分割边，此工具与模块工具箱中的分割边工具在一起。工具箱中分割工具的图表，见 70.2 节"使用分割工具集"。

2. 从对话框顶部的 Type 项中选择 Edge。

Method 列表显示用户可以用来分割边的方法。

3. 从方法列表选择 Enter Parameter。

4. 如果零件或者装配包含多条边，则选择要分割的边。用户可以使用拖拽选择、[Shift] 键+单击，[Ctrl] 键+单击和角度方法的组合来选择多条边进行分割。更多信息见 6.2 节"在当前视口中选项对象"。

技巧：如果用户不能选择想要的边，则可以使用 Selection 工具栏来改变选择行为。更多信息见 6.3 节"使用选择选项"。

Abaqus/CAE 高亮显示选中的边，并以箭头说明参数值增加的方向。

5. 在提示区域中，单击 Done 来说明用户已经完成边的选择。

6. 在提示区域中，将想要的边参数输入成 0 和 1 之间的一个值。

7. 在提示区域中单击 Create Partition。

Abaqus/CAE 创建分割。

70.5.3 使用拾取中点/基准点的方法来分割边

用户可以通过选择边的中点或者沿着边的基准点来分割选中的边，如下图所示。

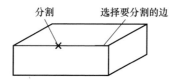

用户不能直接更改通过选中现有点创建的分割。然而，如果用户后续移动点，则分割将

随着点移动。

若要使用拾取中点/基准点的方法来分割边,执行以下操作:

1. 从主菜单栏选择 Tools→Partition。

出现 Create Partition 对话框。Abaqus/CAE 在提示区域显示提示来引导用户完成过程。

技巧:用户也可以使用-+-工具,采用拾取中点/基准点的方法来分割边,此工具与模块工具箱中的分割边工具在一起。工具箱中分割工具的图表,见 70.2 节"使用分割工具集"。

2. 从对话框顶部的 Type 项中选择 Edge。

Method 列表显示用户可以用来分割边的方法。

3. 从方法列表选择 Select midpoint/datum point。

4. 选择要分割的边。

Abaqus/CAE 高亮显示选中的边。

5. 选择边的中点或者沿着边的基准点。

Abaqus/CAE 高亮显示分割的位置。

6. 在提示区域单击 Create Partition。

Abaqus/CAE 创建分割。

70.5.4 使用基准平面方法来分割边

用户可以使用基准平面方法来分割选中的边,如下图所示。

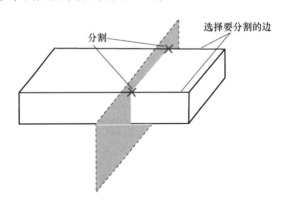

若要使用基准平面方法分割边,执行以下操作:

1. 从主菜单栏选择 Tools→Partition。

出现 Create Partition 对话框。Abaqus/CAE 在提示区域显示提示来引导用户完成过程。

技巧:用户也可以使用┿工具,采用基准平面方法来分割多条边,此工具与模块工具箱中的分割边工具在一起。工具箱中分割工具的图表,见 70.2 节"使用分割工具集"。

2. 从对话框顶部的 Type 项中选择 Edge。

Method 列表显示用户可以用来分割边的方法。

3. 从方法列表选择 Use datum plane。

4. 如果零件或者装配包含多条边，则选择要分割的多条边。用户可以使用拖拽选择、［Shift］键+单击，［Ctrl］键+单击和角度方法的组合来选择多条边进行分割。更多信息见 6.2 节 "在当前视口中选项对象"。

技巧：如果用户不能选择想要的边，用户可以使用 Selection 工具栏来改变选择行为。更多信息见 6.3 节 "使用选择选项"。

Abaqus/CAE 高亮显示选中的边。

5. 选择一个现有的基准平面。如果基准平面不在想要的位置上，则使用基准工具集来创建一个基准平面。Abaqus/CAE 高亮显示选中的基准平面。

6. 在提示区域中单击 Create Partition。

Abaqus/CAE 创建分割。

70.6 分割面

本节介绍分割选中面的工具，包括以下主题：
- 70.6.1 节 "使用草图方法来分割面"
- 70.6.2 节 "使用最短路径方法来分割面"
- 70.6.3 节 "使用基准平面方法来分割面"
- 70.6.4 节 "使用弯曲路径方法来分割面"
- 70.6.5 节 "使用扩展面方法来分割面"
- 70.6.6 节 "使用相交方法来分割面"
- 70.6.7 节 "使用投影边方法来分割面"
- 70.6.8 节 "使用自动生成方法来分割面"

70.6.1 使用草图方法来分割面

用户可以通过使用草图器草图绘制分割几何形体来分割选中的面。当想要创建一个分割，并且分割形状不能使用任何其他分割工具来获取时，用户就可以使用草图器。草图绘制提供的其他好处：

- 如果用户想要改变形状或者分割的位置，则用户可以使用特征操控工具集来更改草图。
- 用户可以精确地标注草图，并且可以使用特征操控工具集来更改尺寸。

如果要分割的多个面是平面，并且位于同一个平面中，则用户可以直接在此平面上进行草图绘制。用户的草图可以扩展超出选中面的边界，但是分割不会超出面的边。下图说明了一个平面上的草图分割。

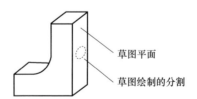

草图平面

草图绘制的分割

如果要分割的面都不是平面，或者不在同一个平面中，则用户必须选择一个进行草图绘制的平面或者基准平面。Abaqus/CAE 通过将草图投影到要分割的面上来创建分割。用户可以指定投影方向和投影距离，与草图平面垂直。下图说明了使用在基准平面上绘制的草图进行不是平面的草图切割。

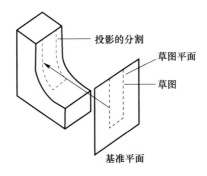

图中标注：投影的分割、草图平面、草图、基准平面

若要使用草图方法来分割面，执行以下操作：

1. 从主菜单栏选择 Tools→Partition。

出现 Create Partition 对话框。Abaqus/CAE 在提示区域显示提示来引导用户完成过程。

技巧：用户也可以使用 工具，采用草图方法来分割面，此工具与模块工具箱中的分割面工具在一起。工具箱中分割工具的图表，见 70.2 节"使用分割工具集"。

2. 从对话框顶部的 Type 项中选择 Face。

Method 列表显示用户可以用来分割面的方法。

3. 从方法列表选择 Sketch。

如果零件或者装配仅包含一个面，则 Abaqus/CAE 进入草图器。

4. 如果零件或者装配包含多个面，则选择多个面并单击鼠标键 2。用户可以使用拖拽选择、[Shift] 键+单击，[Ctrl] 键+单击和角度方法的组合来选择多个面进行分割。更多信息见 6.2 节"在当前视口中选择对象"。

技巧：如果用户不能选择想要的面，则用户可以使用 Selection 工具栏来改变选择行为。更多信息见 6.3 节"使用选择选项"。

1）如果零件或者装配是二维的或者轴对称的，则 Abaqus/CAE 进入草图器并且高亮显示选中的面。

2）如果零件或者装配是三维的并且选中的面是平的，则在草图器栅格上选择一条边和边的方向。此边必须不与草图平面垂直。默认情况下，选中的边将表现成竖直的，并且在草图栅格的右侧。要为边选择一个不同的方向，单击对话框右侧的箭头，然后从出现的列表中选择一个方向。

技巧：如果零件或者装配没有提供期望方向的一条边，则用户可以创建一个基准轴。然后用户可以选择基准轴来控制草图栅格上零件的方向。

Abaqus/CAE 高亮显示选中的边。进入草图器，然后转动零件直到选中的平面或者基准平面与草图栅格的平面对齐，并且选中的边与期望方向上的栅格对齐，Abaqus/CAE 高亮显示选中的面。

3）如果零件或者装配是三维的，并且选中的面不平，或者不位于相同的平面上，则进行下面的操作。

a. 选择要进行草图绘制的一个平面或者一个基准平面。Abaqus/CAE 高亮显示选中的面。

b. 从提示区域中的多个按钮中选择一个方法来确定 Abaqus/CAE 如何垂直草图平面投影草图。可以在投影草图扩展到选中面的任何地方创建分割。下面的图中显示了三个方法。

Through All(通过全部)　　Enter Value (输入值)　　Select Point(选择点)

i. 如果用户选择 Through All 方法，则 Abaqus/CAE 询问用户将选择哪一个方法进行投影。

ii. 如果用户选择 Enter Value 方法，则 Abaqus/CAE 询问用户选择的距离以及将用来投影草图的方向。Abaqus/CAE 提供的默认距离，生成完全拓展通过选中面的分割（产生如同选择 Through All 一样的分割）。特征操控工具集允许用户在创建分割后更改投影距离。

iii. 如果用户选择 Select Point 方法，则 Abaqus/CAE 要求用户选择草图将投影的点；此点定义方向和投影距离。

c. 在草图栅格上选择一条边和边的方向。此边必须不与草图平面垂直。默认情况下，选中的边将表现成竖直，并且在草图栅格的右侧。要为边选择不同的方向，单击对话框右侧的箭头，然后从出现的列表中选择一个方向。

技巧：如果零件或者装配没有提供投影想要方向的一条边，用户可以创建一个基准轴。然后用户可以选择基准轴来控制零件在草图器栅格上的方向。

Abaqus/CAE 高亮显示选中的边。进入草图器，然后转动零件直到选中的平面或者基准平面与草图器栅格的平面对齐，投影方向进入屏幕，并且选中的边与想要的方向对齐。Abaqus/CAE 高亮显示选中的面。

5. 使用草图器来草图绘制分割。从主菜单栏单击 Done 来说明用户已经完成草图绘制分割。

6. 在提示区域中单击 Create Partition。

Abaqus/CAE 创建分割。

70.6.2　使用最短路径方法来分割面

用户可以使用在两个选中点之间，形成最短可能路径的一条线或者曲线来切割选中的面。点可以是顶点、中点、圆弧圆心或者基准点。如果被分割的面不是平的，则路径将是弯曲的，如下图所示。

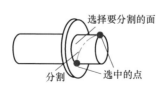

若要使用最短路径方法分割面，执行以下操作：

1. 从主菜单栏选择 Tools→Partition。

出现 Create Partition 对话框。Abaqus/CAE 在提示区域显示提示来引导用户完成过程。

技巧：用户也可以使用 工具，采用最短路径方法来分割面，此工具与模块工具箱中的分割面工具在一起。工具箱中分割工具的图表，见 70.2 节"使用分割工具集"。

2. 从对话框顶部的 Type 项中选择 Face。

Method 列表显示用户可以用来分割面的方法。

3. 从方法列表选择 Shortest path between 2 points。

4. 如果零件或者装配包含多个面，则选择要分割的多个面。用户可以使用拖拽选择、[Shift] 键+单击，[Ctrl] 键+单击和角度方法的组合来选择多个面进行分割。更多信息见 6.2 节"在当前视口中选择对象"。

技巧：如果用户不能选择想要的面，则用户可以使用 Selection 工具栏来改变选择行为。更多信息见 6.3 节"使用选择选项"。

Abaqus/CAE 高亮显示选中的面。

5. 选择顶点、中点、圆弧中心或者基准点来定义路径的起点和终点。

Abaqus/CAE 高亮显示这些点。

6. 在提示区域中单击 Create Partition。

Abaqus/CAE 创建分割。

70.6.3　使用基准平面方法来分割面

用户可以使用基准平面方法来分割选中的多个面，如下图所示。

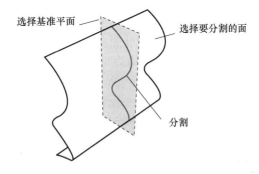

若要使用基准平面方法来分割多个面，执行以下操作：

1. 从主菜单栏选择 Tools→Partition。

出现 Create Partition 对话框。Abaqus/CAE 在提示区域显示提示来引导用户完成过程。

技巧：用户也可以使用 工具，采用基准平面方法来分割面，此工具与模块工具箱中的分割面工具在一起。工具箱中分割工具的图表，见70.2节"使用分割工具集"。

2. 从对话框顶部的 Type 项中选择 Face。

Method 列表显示用户可以用来分割面的方法。

3. 从方法列表选择 Use datum plane。

4. 如果零件或者装配包含多个面，则选择要分割的多个面。用户可以使用拖拽选择、[Shift] 键+单击，[Ctrl] 键+单击和角度方法的组合来选择多个面进行分割。更多信息见6.2节"在当前视口中选择对象"。

技巧：如果用户不能选择想要的面，则用户可以使用 Selection 工具栏来改变选择行为。更多信息见6.3节"使用选择选项"。

Abaqus/CAE 高亮显示选中的面。

5. 选择一个现有的基准平面。如果不存在期望位置上的基准平面，则使用基准工具集来创建基准。

Abaqus/CAE 高亮显示选中的基准平面。

6. 在提示区域中单击 Create Partition。

Abaqus/CAE 创建分割。

70.6.4 使用弯曲路径方法来分割面

用户可以使用与围绕面的两个边垂直的曲线来切割一个面。边不需要是连续的，但是这些边必须围绕面，并且之间的夹角小于180°，如下图所示。

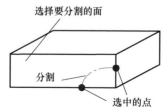

用户首先选择要分割的面，然后选择两个方法中的一个来定义沿着两个边的分割位置；Abaqus/CAE 绘制连接两个点的贝塞尔曲线。用户可以通过下面的任一方法，沿着选中边来定位分割：

● 输入在0和1之间的一个参数值，其中0代表边的开始顶点，1代表末端顶点。此方法允许用户沿着边精确的定位分割。此外，用户可以使用特征操控工具更改为定位分割而输入的两个参数，以在后续对分割进行更改。

● 单击中点或者沿着边的基准点。如果用户使用此方法来定位一个弯曲的分割，则用户将不能在后续更改分割。

若要使用弯曲路径方法来分割面，执行以下操作：

1. 从主菜单栏选择 Tools→Partition。

出现 Create Partition 对话框。Abaqus/CAE 在提示区域显示提示来引导用户完成过程。

技巧：用户也可以使用弯曲路径方法，使用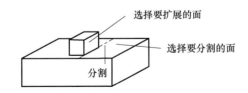工具分割一个面，此工具与模块工具箱中的分割面工具在一起。工具箱中分割工具的图表，见 70.2 节"使用分割工具集"。

2. 从对话框顶部的 Type 项中选择 Face。

Method 列表显示用户可以用来分割面的方法。

3. 从方法列表选择 Curved path normal to 2 edges。

4. 选择要分割的面。

Abaqus/CAE 高亮显示选中的面。

5. 从提示区域中的按钮选择下面的一个方法（选项）来定位曲线。

- Enter Parameter

- Pick

6. 选择包围选中面的多条边。

技巧：如果用户不能选择想要的边，则用户可以使用 Selection 工具来改变选取行为。更多信息见 6.3 节"使用选择选项"。

Abaqus/CAE 高亮显示选中的边。

7. 进行下面的一个操作。

- 如果用户选择了 Enter Parameter 方法，则输入 0 与 1 之间的一个值。选中边上的箭头说明增加参数值的方向。

- 如果用户选择了 Pick 方法，则单击中点或者沿着选中边单击一个基准点。

8. 选择另一个围绕面的边，然后重复之前的步骤。两个选中边包含的夹角必须小于 180°。

9. 在提示区域单击 Create Partition。

Abaqus/CAE 创建分割。

70.6.5 使用扩展面方法来分割面

用户可以通过扩展另外一个面，使得此面切割选中的面来分割选中的面。扩展面类似于创建一个与此面重合的无限平面。Abaqus/CAE 用此无限平面对用户想要分割的选中面，在任何地方创建切割，如下图所示。

如果无限平面不与任何选中面相交，则 Abaqus/CAE 显示一个错误信息。此扩展面不需要属于要分割面所在的同一个零件；例如，在装配模块中，用户可以通过扩展另外一个面来分割一个零件实例的面。如果零件或者装配仅包含一个面，Abaqus/CAE 将显示错误信息。

若要使用扩展面方法来分割面，执行以下操作：

1. 从主菜单栏选择 Tools→Partition。

出现 Create Partition 对话框。Abaqus/CAE 在提示区域显示提示来引导用户完成过程。

技巧：用户也可以使用 ![icon] 工具，采用扩展面方法来分割面，此工具与模块工具箱中的分割面工具在一起。工具箱中分割工具的图表，见 70.2 节 "使用分割工具集"。

2. 从对话框顶部的 Type 项中选择 Face。

Method 列表显示用户可以用来分割面的方法。

3. 从方法列表选择 Extend another face。

4. 选择要分割的多个面。用户可以使用拖拽选择、［Shift］键+单击，［Ctrl］键+单击和角度方法的组合来选择多个面进行分割。更多信息见 6.2 节 "在当前视口中选择对象"。

技巧：如果用户不能选择想要的面，则用户可以使用 Selection 工具栏来改变选择行为。更多信息见 6.3 节 "使用选择选项"。

Abaqus/CAE 高亮显示选中的面。

5. 选择面，此面的扩展创建想要的分割。

Abaqus/CAE 高亮显示选中的面。

6. 在提示区域中单击 Create Partition。

Abaqus/CAE 创建分割。

70.6.6　使用相交方法来分割面

用户可以使用选中多个面的交线，或者这些面与一个或者更多其他面的结合来分割选中的面，如下图所示。

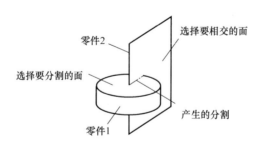

这些面不需要属于同一个零件；例如，在装配模块中，用户可以使用这些属于第一个实例的面与另外一个零件实例的面之间的交线，来分割属于第一个零件实例的面。产生的区域对于定义接触，或者约束零件实例之间的相互作用是特别有用的。如果零件或者装配仅包含一个面，则 Abaqus/CAE 显示一个错误信息。

下图所示为可以在三个零件实例的相交处创建的两个分割。

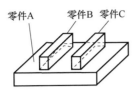
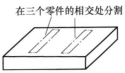

若要使用相交方法来分割面，执行以下操作：

1. 从主菜单栏选择 Tools→Partition。

出现 Create Partition 对话框。Abaqus/CAE 在提示区域显示提示来引导用户完成过程。

技巧：用户也可以使用 工具，采用相交方法来分割面，此工具与模块工具箱中的分割面工具在一起。工具箱中分割工具的图表，见 70.2 节"使用分割工具集"。

2. 从对话框顶部处的 Type 单选按钮选择 Face。

Method 列表显示用户可以用来分割面的方法。

3. 从方法列表选择 Intersect by other faces。

4. 选择要分割的多个面。用户可以使用拖拽选择、[Shift] 键+单击，[Ctrl] 键+单击和角度方法的组合来选择多个面进行分割。更多信息见 6.2 节"在当前视口中选项对象"。

技巧：如果用户不能选择想要的面，则用户可以使用 Selection 工具栏来改变选择行为。更多信息见 6.3 节"使用选择选项"。

Abaqus/CAE 高亮显示选中的面。

5. 选择与要分割面连接或者相交的面。

Abaqus/CAE 高亮显示选中的面。

6. 在提示区域中单击 Create Partition。

Abaqus/CAE 创建分割。

70.6.7 使用投影边方法来分割面

用户可以使用选中面与一条或者多条边投影的相交线来分割选中的面，如下图所示。

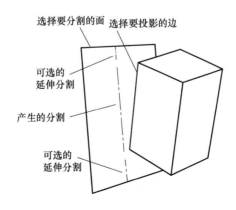

Abaqus/CAE 通过选中边垂直投影到要分割的面来创建分割；不平的面或者多个面在锐边处连接，这样在垂直投影中存在一个不连续，会显著改变投影边的形状。如上图所示，用户可以创建在被投影边端点处结束的分割，或者用户可以扩展被投影边来达到面边界。如果用户扩展分割，则 Abaqus/CAE 沿着被投影边的切向，扩展被投影边的自由端到达被分割面的边界边。

多个面和多条边不需要属于同一个零件；例如，在装配模块中，用户可以使用从第二个零件实例投影的边来分割属于第一个零件实例的面。被分割的面必须是有效模型表示的一部分。这些边可以是中面模型有效表示的一部分，或者是中面模型参考表示的一部分。

若要使用投影边方法来分割面，执行以下操作：

1. 从主菜单栏选择 Tools→Partition。

出现 Create Partition 对话框。Abaqus/CAE 在提示区域显示提示来引导用户完成过程。

技巧：用户也可以使用 ↙ 工具，采用投影边方法来分割面，此工具与模块工具箱中的分割面工具在一起。工具箱中分割工具的图表，见 70.2 节 "使用分割工具集"。

2. 从对话框顶部处的 Type 单选按钮选择 Face。

Method 列表显示用户可以用来分割面的方法。

3. 从方法列表选择 Project edges。

4. 选择要分割的多个面。用户可以使用拖拽选择、［Shift］键+单击，［Ctrl］键+单击和角度方法的组合来选择多个面进行分割。更多信息见 6.2 节 "在当前视口中选项对象"。

技巧：如果用户不能选择想要的面，则用户可以使用 Selection 工具栏来改变选择行为。更多信息见 6.3 节 "使用选择选项"。

Abaqus/CAE 高亮显示选中的面。

5. 选择要投影到面上的多条边。如果需要，切换选中 Extend edges 来让 Abaqus/CAE 扩展被投影的边。

注意：用户也可以通过切换选中或者不选 Extend edges 参数，来编辑模型树中的完全分割特征。

Abaqus/CAE 高亮显示选中的边。

6. 在提示区域中单击 Create Partition。

Abaqus/CAE 投影选中的边来创建分割。

70.6.8　使用自动生成方法来分割面

网格划分模块能够自动网格划分任何二维的面。使用四边形单元来自动地网格划分，从将面内部划分成三侧面和四侧面的区域开始，如下图所示。

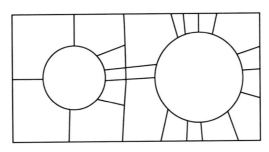

然后，在这些区域的每一个上生成网格，如下图所示。

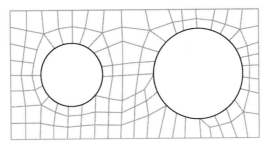

正常情况下，当用户网格划分一个面时，这两步骤看上去在一个单步中发生。然而，要对网格划分过程得到更多的控制，用户可以使用分割工具集中的自动分割工具来单个地执行分割步骤。

因为自动分割工具与网格划分关联，所以仅在网格划分模块中才可以使用此自动分割工具。在用户自动地分割面后，用户可以通过布种子或者手动添加或者删除分割来获取对网格划分的额外控制。

若要使用自动生成方法来分割面，执行以下操作：

1. 从主菜单栏选择 Tools→Partition。

出现 Create Partition 对话框。Abaqus/CAE 在提示区域显示提示来引导用户完成过程。

技巧：用户也可以使用 工具，采用自动生成方法来分割面，此工具与模块工具箱中的分割面工具在一起。工具箱中分割工具的图表，见 70. 2 节"使用分割工具集"。

2. 从对话框顶部处的 Type 单选按钮选择 Face。

Method 列表显示用户可以用来分割面的方法。

3. 从方法列表选择 Auto-partition。

4. 如果零件或者装配包含多个面，则选择要分割的面。用户可以使用拖拽选择、[Shift] 键+单击，[Ctrl] 键+单击和角度方法的组合来选择多个面进行分割。更多信息见 6. 2 节"在当前视口中选项对象"。

技巧：如果用户不能选择想要的面，则用户可以使用 Selection 工具栏来改变选择行为。更多信息见 6.3 节"使用选择选项"。

Abaqus/CAE 高亮显示选中的面。

5. 在提示区域中单击 Create Partition。

Abaqus/CAE 创建分割。

70.7　分割单元实体

本节介绍用来分割一个单元实体的分割工具，包括以下主题：
- 70.7.1 节 "使用切割平面方法来分割单元实体"
- 70.7.2 节 "使用基准平面方法来分割单元实体"
- 70.7.3 节 "使用扩展面方法来分割单元实体"
- 70.7.4 节 "使用拉伸/扫掠方法来分割单元实体"
- 70.7.5 节 "使用 N 侧补片方法来分割单元实体"
- 70.7.6 节 "使用草图平面分割方法来分割单元实体"

70.7.1　使用切割平面方法来分割单元实体

用户可以通过使用一个平面切割选中的单元实体来分割它们。用户首先选择要分割的单元实体，并且然后选择三种方法之一来定义分割单元实体的平面。三个方法如下：
- 选择一个点和任何直边。切割平面将通过此点，与此边垂直。
- 选择三个点。切割平面将通过所有的三个点。
- 选择一个直边或者弯曲边，以及边上的一个点。切割平面将通过此点，在选中点处与此边垂直。

下面的过程说明此三个方法。

若要使用平面方法分割单元实体，执行以下操作：

1. 从主菜单栏选择 Tools→Partition。

出现 Create Partition 对话框。Abaqus/CAE 在提示区域显示提示来引导用户完成过程。

技巧：用户也可以使用 工具，采用平面方法来分割单元实体，此工具与模块工具箱中的分割单元实体工具在一起。工具箱中分割工具的图表，见 70.2 节 "使用分割工具集"。

2. 从对话框顶部处的 Type 单选按钮选择 Cell。

Method 列表显示用户可以用来分割一个单元实体的方法。

3. 从方法列表选择 Define cutting plane。

4. 如果零件或者装配包含多个单元实体，则选择要分割的单元实体。用户可以使用拖拽选择、［Shift］键+单击，［Ctrl］键+单击和角度方法的组合来选择多个单元实体进行分割。

技巧：如果用户不能选择想要的单元实体，则用户可以使用 Selection 工具栏来改变选择行为。更多信息见 6.3 节 "使用选择选项"。

Abaqus/CAE 高亮显示选中的单元实体。

5. 从提示区域，单击下面的一个方法来定义切割平面。

● 使用 Point & normal 方法来沿着一个平面分割选中的单元实体，此平面通过选中的点，并且与选中的直边或者基准轴垂直，如下图所示。

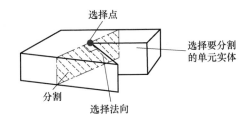

● 使用 3 Points 方法来沿着一个平面切割选中的单元实体，此平面通过三个选中的点，如下图所示。

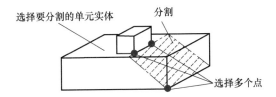

此三点可以在零件或者装配上的任何地方，但是它们必须是分离的，并且必须不共线。

● 使用 Normal to edge 方法来沿着一个平面分割选中的单元实体，此平面与选中的边垂直并且通过边上的一个选中点。此边可以是直边或者曲边，并且不需要是被分割单元实体的一部分，然而用户不能选择一个基准轴。当用户想要垂直一个曲边来切割单元实体，如下图所示。此方法是非常有用的。

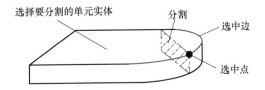

6. 如提示区域中的提示所指导的那样选择点和边。点可以是顶点、中点、圆弧圆心或者基准点。

7. 在提示区域中，单击 Create Partition。

Abaqus/CAE 创建分割。

70.7.2 使用基准平面方法来分割单元实体

用户可以通过使用一个基准平面来切割单元实体，如下图所示。

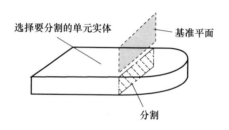

选择要分割的单元实体

基准平面

分割

若要使用基准平面方法来切割单元实体，执行以下操作：

1. 从主菜单栏选择 Tools→Partition。

出现 Create Partition 对话框。Abaqus/CAE 在提示区域显示提示来引导用户完成过程。

技巧：用户也可以使用 ⬛ 工具，采用基准平面方法来分割单元实体，此工具与模块工具箱中的分割单元实体工具在一起。工具箱中分割工具的图表，见 70.2 节"使用分割工具集"。

2. 从对话框顶部处的 Type 单选按钮选择 Cell。

Method 列表显示用户可以用来分割单元实体的方法。

3. 从方法列表选择 Use datum plane。

4. 如果零件或者装配包含多个单元实体，则选择要分割的单元实体。用户可以使用拖拽选择、［Shift］键+单击，［Ctrl］键+单击和角度方法的组合来选择多个单元实体进行分割。

技巧：如果用户不能选择想要的单元实体，则用户可以使用 Selection 工具栏来改变选择行为。更多信息见 6.3 节"使用选择选项"。

Abaqus/CAE 高亮显示选中的单元实体。

5. 选择一个现有的基准平面。如果在想要的位置处不存在基准平面，则使用基准工具集来创建基准。Abaqus/CAE 高亮显示选中的基准平面。

6. 在提示区域，单击 Create Partition。

Abaqus/CAE 创建分割。

70.7.3　使用扩展面方法来分割单元实体

用户可以通过扩展另外一个面，直到此面切过选中的单元实体的方法来分割选中的单元实体。扩展面类似于创建与面重合的一个无限面。Abaqus/CAE 在此无限面划开正要切割的单元实体的任何地方创建分割，如下图所示。

如果无限面不能与单元实体相交，则 Abaqus/CAE

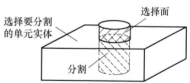

选择面

选择要分割的单元实体

分割

显示一个错误信息。被扩展面和被分割单元实体可以不属于同一个零件；例如，在装配模型中，用户可以通过扩展另外一个面来切割一个零件实例的单元实体。

若要使用扩展几何形体方法来切割单元实体，执行以下操作：

1. 从主菜单栏选择 Tools→Partition。

出现 Create Partition 对话框。Abaqus/CAE 在提示区域显示提示来引导用户完成过程。

技巧：用户也可以使用 ![tool] 工具，采用扩展平面方法来分割单元实体，此工具与模块工具箱中的分割单元实体工具在一起。工具箱中分割工具的图表，见 70.2 节"使用分割工具集"。

2. 从对话框顶部处的 Type 单选按钮选择 Cell。

Method 列表显示用户可以用来分割单元实体的方法。

3. 从方法列表选择 Extend face。

4. 如果零件或者装配包含多个单元实体，则选择要分割的单元实体。用户可以使用拖拽选择、[Shift] 键+单击，[Ctrl] 键+单击和角度方法的组合来选择多个单元实体进行分割。

技巧：如果用户不能选择想要的单元实体，则用户可以使用 Selection 工具栏来改变选择行为。更多信息见 6.3 节"使用选择选项"。

Abaqus/CAE 高亮显示选中的单元实体。

5. 选择要进行扩展来创建切割的面。

Abaqus/CAE 高亮显示选中的基准平面。

技巧：如果用户不能选择想要的面，则用户可以使用 Selection 工具栏来改变选择行为。更多信息见 6.3 节"使用选择选项"。

6. 在提示区域，单击 Create Partition。

Abaqus/CAE 创建分割。

70.7.4 使用拉伸/扫掠方法来分割单元实体

用户可以使用扫掠工具来将二维侧面（称为扫掠侧面）扫掠通过三维零件或者零件实例，来创建复杂的三维分割。使用扫掠工具有两个操作过程。首先用户通过选择要扫掠的边来定义扫掠侧面，然后用户选择扫掠选中边所沿的路径（称为扫掠路径）。用户可以选择以下两个方法之一来定义扫掠路径：

- 沿着方向拉伸。
- 沿着边扫掠。

下面介绍这两个方法。

若要使用拉伸/扫掠方法来分割单元实体，执行以下操作：

1. 从主菜单栏选择 Tools→Partition。

出现 Create Partition 对话框。Abaqus/CAE 在提示区域显示提示来引导用户完成过程。

技巧：用户也可以使用 ![tool]工具，采用拉伸/扫掠方法来分割单元实体，此工具与模块工具箱中的分割单元实体工具在一起。工具箱中分割工具的图表，见 70.2 节"使用分割工具集"。

2. 从对话框顶部处的 Type 单选按钮选择 Cell。

Method 列表显示用户可以用来分割单元实体的方法。

3. 从方法列表选择 Extrude/sweep edges。

4. 如果零件或者装配包含多个单元实体，则选择要分割的单元实体。用户可以使用拖拽选择、[Shift] 键+单击，[Ctrl] 键+单击和角度方法的组合来选择多个单元实体进行分割。

技巧：如果用户不能选择想要的单元实体，则用户可以使用 Selection 工具栏来改变选择行为。更多信息见 6.3 节"使用选择选项"。

Abaqus/CAE 高亮显示选中的单元实体。

5. 要创建扫掠侧面，选择要扫掠通过单元实体的多条边。这些边必须都属于相同的零件，位于同一个平面，并且彼此连接到一起。

Abaqus/CAE 高亮显示选中的边。

6. 从提示区域中的按钮，单击下面的一个方法来定义扫掠路径。

● 使用 Extrude along direction 方法，通过沿着一条直边或者基准轴（扫掠路径），沿着指定的方向拉伸选中的边（扫掠侧面）来分割一个单元实体。此扫掠路径必须垂直包含扫掠侧面的平面。在选中方向上，分割无限扩展通过选中的单元实体。沿着一个方向拉伸一个扫掠侧面来分割一个单元实体，如下图所示。

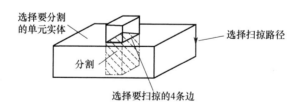

Abaqus/CAE 高亮显示扫掠侧面。

● 使用 Sweep along edge 方法来通过沿着一条直线或者弯曲的边（扫掠路径），扫掠选中的多个边（扫掠侧面）来分割一个单元实体。扫掠路径必须从包含扫掠侧面的平面开始，并且扫掠路径的切向必须与此同一个平面垂直。产生的分割将仅扩展扫掠路径那么长。沿着一条边扫掠一个扫掠侧面来分割一个单元实体，如下图所示。

Abaqus/CAE 高亮显示扫掠路径。

7. 在提示区域中，单击 Create Partition。

Abaqus/CAE 创建分割。

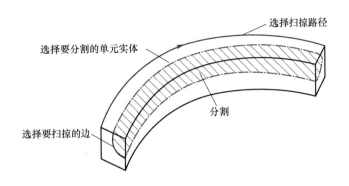

选择扫掠路径

选择要分割的单元实体

分割

选择要扫掠的边

70.7.5 使用 N 侧补片方法来分割单元实体

用户可以通过创建一个补片来将单元实体分成多个区域来切割一个单元实体。用户可以使用边或者角点来定义补片，Abaqus/CAE 搜寻连接边的连续环来定义一个可行的补片。如果用户选择角点，则用户可以选择三个、四个或者五个点来定义分割。与其他单元实体分割工具相比，N 侧补片产生的分割不扩展超过补片。因此，创建一个不扩展到剩余单元实体的独立的零件，N 侧补片方法是有用的。

如果用户选择一个弯曲边，或者如果用户选择一个弯曲边连接的两个点，则产生的 N 侧补片的对应边顺应边的轮廓。然而，如果用户选择边没有连接的点，则补片简单的连接点；补片将不顺应单元实体的轮廓，并且分割将不完全。

若要使用 N 侧补片方法来分割一个单元实体，执行以下操作：

1. 从主菜单栏选择 Tools→Partition。

出现 Create Partition 对话框。Abaqus/CAE 在提示区域显示提示来引导用户完成过程。

技巧：用户也可以使用 工具，采用 N 侧补片方法来分割单元实体，此工具与模块工具箱中的分割单元实体工具在一起。工具箱中分割工具的图表，见 70.2 节 "使用分割工具集"。

2. 从对话框顶部处的 Type 单选按钮选择 Cell。

Method 列表显示用户可以用来分割单元实体的方法。

3. 从方法列表选择 N-sided patch。

4. 如果零件或者装配包含多个单元实体，则选择要分割的单元实体。

技巧：如果用户不能选择想要的单元实体，则可以使用 Selection 工具栏来改变选择行为。更多信息见 6.3 节 "使用选择选项"。

Abaqus/CAE 高亮显示选中的单元实体。

技巧：使用 Previous 按钮（←）来撤销过程中的多个步骤。

5. 从提示区域中的按钮选择要定义 N 侧补片的方法。

1）使用 Select Edges 方法，通过从一系列的选中边定义 N 侧补片来分割一个单元实体。使用提示区域中的文本域来选择选取边的方法。

● Loop。选择一个单独的边，然后允许 Abaqus/CAE 搜索一个连接边的连续回路，此回路将分割单元实体，如下图所示。

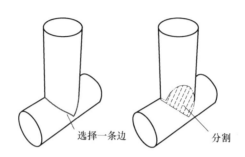

　　　　　　　　　　　选择一条边　　　　　　分割

用户选择的边必须在被分割单元实体的边界上，并且 Abaqus/CAE 必须能够从一系列连接的边中形成封闭的回路。生成的补片可以具有任意数量的边。Abaqus/CAE 高亮显示将形成补片的回路。

● Edges。手动选择将分割单元实体的边。用户选择的边必须在被分割单元实体的边界上。用户可以选择任意数量的边，并且选中的边必须形成一个封闭的回路。

2）使用 Select Corner Points 方法，通过定义一个 N 侧补片来分割一个单元实体，此 N 侧补片使用三到五个选中的点。Abaqus/CAE 通过用户选择点的顺序连接点，来创建补片；因此，用户选择点的顺序是关键的。点可以是顶点、中点或者基准点，并且必须在被分割单元实体的边界边上。如果弯曲的边连接两个点，则补片顺应曲线的轮廓，如下图所示。

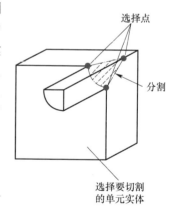

Abaqus/CAE 高亮显示选中的点以及将形成补片的边。

6. 进行下面的一个操作。

● 如果高亮显示的边说明 Abaqus/CAE 将创建想要的分割，则单击提示区域中的 Create Partition。

Abaqus/CAE 创建分割。

● 要改变选取的边，单击 Previous 按钮（←）来撤销之前的步骤。

70.7.6　使用草图平面分割方法来分割单元实体

用户可以通过使用草图器，草图绘制平面分割的几何形体来分割选中的单元实体。当用户使用其他分割工具不能达到想要创建的分割形状时，用户可以使用草图器。对于创建一个在断裂力学分析中将使用的裂纹面时，草图分割是有用的。

用户必须在一个平面上进行草图绘制。在大部分的情况中，用户将在基准平面上草图绘制与选中单元实体相交的分割形状。下图所示为在一个基准平面上草图绘制平面分割的形状。

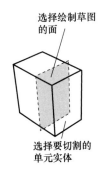
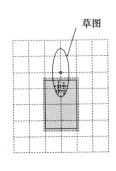
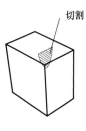

若要使用草图平面分割方法分割单元实体，执行以下操作：

1. 从主菜单栏选择 Tools→Partition。

出现 Create Partition 对话框。Abaqus/CAE 会在提示区域中显示提示来引导用户完成过程。

技巧：用户也可以使用 工具，采用草图平面分割方法来分割单元实体，此工具位于模块工具箱中的分割单元实体工具。工具箱中分割工具的图表，见 70.2 节"使用分割工具集"。

2. 从对话框顶部的 Type 单选按钮选择 Cell。

Method 列表显示用户可以用来分割单元实体的方法。

3. 从方法列表中选择 Sketch planar partition。

如果零件或者装配体仅包含一个单元，则 Abaqus/CAE 进入草图器。

4. 如果零件或者装配体包含多个单元实体，则用户应选择要分割的单元实体，并单击鼠标键 2。

技巧：如果用户不能选择想要的单元实体，则用户可以使用 Selection 工具栏来改变选择行为。更多信息见 6.3 节"使用选择选项"。

5. 选择草图绘制的平面。如果不存在合适的面，则用户可以选择一个基准平面。

在视口中高亮显示选中的面。

6. 在草图器栅格上选择一个边和边的方向。此边必须不与草图平面垂直。默认情况下，选中的边将表现成竖直的，并位于草图栅格的右侧。要选择边的不同方向，单击对话框的右侧的箭头，然后从出现的列表中选择一个方向。

技巧：如果零件或者装配体不包括提供想要方向的边，则用户可以创建一个基准轴。然后，用户可以选择基准轴来控制草图器栅格上的零件方向。

Abaqus/CAE 高亮显示选中的边，进入草图器，然后转动零件，直到选中的平面或者基准平面与草图器栅格的平面对齐，并且选中的边与期望方向中的栅格对齐。Abaqus/CAE 高亮显示选中的面。

7. 使用草图器来草图绘制平面分割。从主菜单栏单击 Done，说明用户已经完成草图绘制分割。

8. 在提示区域中单击 Create Partition。

Abaqus/CAE 创建分割。

71 查询工具集

查询工具集允许用户获取与模型有关的信息，包括以下主题：

- 71.1 节 "理解查询工具集的角色"
- 71.2 节 "查询模型"

71.1 理解查询工具集的角色

查询工具集允许用户获取与模型有关的信息。在绝大部分的情况中，Abaqus/CAE 会在信息区域中显示请求的信息，并且相同的信息会被写到重放文件中。从主菜单栏选择 Tools →Query 来使用查询工具集，或者选择 Query 工具栏中的 工具。

Query 对话框分成两部分。因为作业模块根本不能访问查询工具集，所以对话框的顶部包含除了作业模块的每一个模块中可以使用的一般查询。对话框的底部包含模块特定的查询；当用户在模块之间切换时，Abaqus/CAE 显示对于当前模块内容合适的查询。

71.1.1 一般查询

用户总是可以使用查询工具集来获取与模型有关的一般信息，而不管使用的是哪一个模块，虽然作业模块中不能访问查询工具集。显示模块中的 General Queries 类似于其他模块中的一般查询，但是由于一些选择方法的差异，以及结果中包含的未变形和变形模型数据的差异，所以在第 50 章 "在显示模块中查询模型" 中单独进行讨论。

对于所有其他模块，查询工具集中 General Queries 下面的项目提供了以下通用信息：

Point/Node

点/节点。选中点或者节点的坐标。

Distance

距离。两个选中点或者节点之间的距离；或者在零件模块、属性模块或者网格划分模块中，两个点、节点、边、面或者这些对象的任何组合之间的距离。在网格划分模块中，两个边或者面之间的距离仅可以在零件环境中获取。

Angle

角度。两条边或者两个面之间的角度，或者边与面之间的角度。

Feature

特征。对于选中的特征，可以获取以下信息。
- 特征名

- 描述
- 状态（如果特征被抑制，或者不能重生成）
- 父特征名称
- 子特征名称
- 参数

Shell element normals

壳单元法向。显示壳/膜的法向。

Beam element tangents

梁单元切向。显示梁/杆的切向。

此外，如果当前的时刻包含网格，则查询工具集提供以下信息：

Mesh stack orientation

网格堆叠方向。对于用户可以在连续壳、胶粘、圆柱或者垫片网格中使用的六面体、楔形和四边形单元，Abaqus/CAE 会说明网格的堆叠方向。对于六面体和楔形单元，Abaqus/CAE 将顶面着色成棕色，将底面着色成紫色。对于四边形单元，箭头说明了单元的方向。此外，Abaqus/CAE 将高亮显示方向不一致的单元面和边。

注意：当在属性模块中定义实体复合铺层或者复合壳铺层时，查询结果不考虑网格堆叠方向的变化。

Mesh

网格。对于装配体、零件或者零件实例，几何区域或者单元提供以下信息。

- 选中区域中节点和单元的总数量
- 每一个单元形状的单元数量

默认情况下，Abaqus/CAE 在信息区域中显示网格划分信息，但是用户可以通过切换选中弹出区域中的 Display detailed report，在 Mesh statistics 对话框中采用表的格式来显示此信息。Mesh statistics 对话框也可以显示以零件实例分类的网格划分信息，或者以单元类型分类的网格划分信息。

Element

单元。对于选中的单元，有以下方面。

- 单元标签
- 单元拓扑；例如，线性的六面体单元
- Abaqus 单元名称；例如，C3D8I
- 节点连接性

Mesh gaps/intersections

网格间隙/相交。对于选中的零件或者零件实例，有以下选择。

- 显示具有不兼容界面的边界面单元边
- 显示具有裂纹或者间隙的边界面单元边
- 显示与其他面相交的边界面单元边

Mass properties

质量属性。对于装配体、选中的零件或者零件实例、几何区域、实体单元、壳、实体面、梁或者杆，Abaqus/CAE 可以返回部分或者全部的信息。

- 表面积（仅为壳单元或者实体面显示此信息）
- 面积中心
- 体积
- 体积中心
- 质量
- 质心
- 关于质心或者指定点的惯性矩

关于此查询的更多信息，见 71.2.3 节 "查询质量属性"。

Geometry diagnostics

几何形体调试，包括以下内容。

- 无效的、不精确的或者小的几何形体
- 拓扑

更多信息见 71.2.2 节 "获取与模型有关的一般信息"。

71.1.2 模块特定的查询

除了一般的查询，用户还可以查询模型来获取所使用的模块的信息。Abaqus/CAE 在查询工具集底部的 Modulename Module Queries 下面显示这些模块特定的查询。查询工具集可以提供以下模块特定的信息：

零件模块

Part Module Queries 下面的条目提供了与当前零件有关的以下特定信息。

Part attributes

零件属性，包括以下内容。

- 名称
- 建模空间
- 类型（可变形的或者刚性的体）

Regeneration warnings

重新生成警告。如果因为更改或者删除了几何形体选中零件内的集合或者面而使其无法重新生成，Abaqus/CAE 将显示集合或者面的名称、面的原始编号，以及查询过程中找到的面数量。

Substructure statistics

子结构统计。Abaqus/CAE 显示与选中子结构零件有关的以下信息：零件中保留节点的数量、特征模态和子结构载荷；子结构中恢复矩阵、重力载荷向量、缩减质量矩阵、缩减结构阻尼矩阵以及缩减黏弹性阻尼矩阵的可访问性；子结构的质量属性。

更多信息见 11.16.4 节"使用零件模块中的查询工具集"。

属性模块

Property Module Queries 下面的条目提供了与当前零件有关的以下特定信息。

Section assignments

截面赋予。赋予选中区域的截面。

Regions missing sections

没有截面的区域，即需要赋予截面的区域。

Beam orientations

梁方向。赋予选中线框区域的梁方向 [Abaqus/CAE 在选中线框区域上显示轴坐标系 (n_1, n_2, t)]

Material orientations

材料方向。赋予选中区域的材料方向。

Rebar orientations

梁方向。赋予选中区域的梁参考方向。

Ply stack plot

堆叠方向图。Abaqus/CAE 创建一个新的视口，并显示该样本的图像表示，该样本来自复合材料堆叠或者复合材料截面的区域。图像显示铺层中的堆叠以及每一个铺层的详细情况，如纤维方向、厚度、参考平面和积分点。

Disjoint ply regions

非连接层区域。Abaqus/CAE 在信息区域中显示复合材料铺层的名称，以及包含非连接层区域的复合材料的铺层。

更多信息见 12.19 节"使用查询工具集获取赋予信息",以及第 53 章"查看铺层图"。

装配模块

Assembly Module Queries 下面的条目提供了与选中零件实例有关的以下特定信息。

Instance attributes

实例属性,包括名称、类型和模型空间。

Instance position

实例位置,包括以下内容。

- 相对于整体坐标系的原点位置
- 施加到实例的平动总和以及转动总和
- 施加的平动约束和转动约束的数量

更多信息见 13.12 节"使用查询工具集查询装配"。

步模块

查询工具集仅在步模块中提供一般的信息。

相互作用模块

Interaction Module Queries 下面的条目提供了与选中线框有关的以下特定信息。

- 连接器赋予信息

更多信息见 15.18 节"使用查询工具集获取连接器赋予的信息"。

载荷模块

查询工具集仅在载荷模块中提供一般的信息。

网格划分模块

Mesh Module Queries 下面的条目提供了与零件或者零件实例有关的以下特定信息。

- 自由的/非流形的边
- 未网格划分的区域
- 未关联的几何形体

更多信息见 17.19.2 节"获取网格划分信息"。

作业模块

在作业模块中没有可用的 Abaqus/CAE 工具集。

显示模块

Visualization Module Queries 下面的条目提供了以下模块特定的信息。

● 探测值。当用户在当前视口中移动光标时，Abaqus/CAE 在 Probe Values 对话框中显示信息。探测模型图显示模型数据和分析结果；探测 X-Y 图显示 X-Y 曲线数据。更多信息见第 51 章"探测模型"。

● 应力线性化。应力线性化是将通过截面的应力分解成不变的膜应力和线性的弯曲应力。Abaqus/CAE 执行应力线性化计算，并以 X-Y 图的形式来显示结果。更多信息见第 52 章"计算线性化应力"。

● 有效的单元或者节点。Abaqus/CAE 显示当前视口中所有有效节点或者有效单元的标签编号。更多信息见 50.2.2 节"查询有效节点或者单元标签"。

● 铺层堆叠图。Abaqus/CAE 创建一个新的视口，并显示该样本的图像表示，该样本来自复合材料铺层或者复合材料截面的区域。图像显示铺层中的堆叠以及每一层的详细情况，如每一层的纤维方向、厚度、参考平面和积分点。更多信息见第 53 章"查看铺层图"。

草图模块

Sketch Module Queries 下面的条目提供了与选中的约束或者草图有关的以下特定信息。

Constraint

约束，包括以下内容。

● 约束类型
● 被约束的实体名称

此外，被约束的实体在草图中高亮显示。

Detial

详细情况，包括以下内容。

● 几何形体的数量
● 顶点的数量
● 约束的数量
● 尺寸的数量
● 未约束自由度的数量

71.2 查询模型

本节介绍如何使用查询工具集来获取用户模型的信息，包括以下主题：

- 71.2.1 节 "使用查询工具集来查询模型"
- 71.2.2 节 "获取与模型有关的一般信息"
- 71.2.3 节 "查询质量属性"
- 71.2.4 节 "使用几何形体调试工具"

71.2.1 使用查询工具集来查询模型

用户可以使用查询工具集来获取与当前视口中的模型几何形体，以及定义模型的特征有关的信息。此外，用户也可以获取正在使用的模型的具体信息。例如，如果用户正在使用网格划分模块，则查询工具集可以提供与网格、节点和单元有关的信息。

若要查询模型，执行以下操作：

1. 从主菜单栏选择 Tools→Query。

技巧：用户也可以通过单击 Query 工具栏中的 ⓘ 工具来查询模型。

Abaqus/CAE 显示 Query 对话框。

2. 从 Query 对话框中选择下面的一个选项。

- General Queries

一般查询，包括以下内容。

—Point/Node

—Distance

—Angle

—Feature

—Shell element normals

—Beam element normals

—Mesh stack orientation

—Mesh

—Element

—Mesh gaps/intersections

—Mass properties

—Geometry diagnostics

上述选项的详细信息，见 71.2.2 节"获取与模型有关的一般信息"。

● 模块特定的查询。每一个模块中可以使用的完整信息列表，见 71.1 节"理解查询工具集的角色"。

3. 对于壳单元法向、梁单元切向、网格间隙和网格堆叠方向，Abaqus/CAE 使用箭头和高亮显示来在视口中显示用户请求的信息。

对于所有其他查询，Abaqus/CAE 会在提示区域中显示提示来引导用户完成剩余的过程。Abaqus/CAE 在分析区域中显示用户请求的信息。要调整信息区域的大小，需要拖动顶部的边；要查看滚动到信息区域外的信息，请使用右侧的滚动条。信息区域中出现的相同信息也会写入重放文件。

4. 完成信息请求后，单击提示区域中的⊠按钮。

71.2.2 获取与模型有关的一般信息

要获取与模型有关的一般信息，从主菜单栏选择 Tools→Query，或者单击 Query 工具栏中的 ⓘ 工具。从出现的 Query 对话框中的 General Queries 域选择下面的一个条目：

Point/Node

点/节点。选择一个点或者节点。Abaqus/CAE 显示点的 X 坐标、Y 坐标和 Z 坐标。

Distance

距离。选择两个点或者节点。在零件、属性和网格划分模块中，用户可以选择点、边或者面。Abaqus/CAE 显示下面的条目。

● 每一个对象的 X 坐标、Y 坐标和 Z 坐标。

● 对象之间的绝对距离。

● 两个实体之间向量的 X 分量、Y 分量和 Z 分量。

非点实体之间的距离始终是实体内两点之间的最短距离。

Angle

角度。选择两条边或者两个面，或者选择一条边和一个面。Abaqus/CAE 会根据用户的选择显示以下内容。

● 两条边之间的角度。

● 面法向之间的角度。

● 边与面法向之间的角度。

当用户选择一条边时，Abaqus/CAE 沿着边显示一个箭头。当用户选择一个面时，Abaqus/CAE 在面上显示一个箭头来说明面的法向。将角度定义成必须由一条边或者一个面扫掠到对齐两个箭头的角度。角度总是正的，且小于或等于180°。

Feature

特征。在模型树中的特征上右击鼠标，然后从出现的菜单中选择 Query。Abaqus/CAE 显示与选中特征有关的以下信息。

- 名称和描述；例如，实体拉伸。
- 状态（如果特征受抑制，或者重新生成失败）。
- 父项的名称，如果有的话。
- 子项的名称，如果有的话。
- 定义特征的参数值。

Shell element normals

壳单元法向，包括以下内容。

- 对于具有壳区域的零件，Abaqus/CAE 使用阴影渲染风格来显示零件或者装配体。面法向与壳法向重合的壳侧面（顶面）会着色成棕色；相反的一面（底面）会着色成紫色。
- 对于具有线框区域的轴对称零件，Abaqus/CAE 显示蓝绿色的箭头来说明法向。

用户可以使用属性模块中的 Assign 菜单或者网格划分模块中的 Mesh→Orientation→Normal 菜单来反转法向。更多信息见 12.15.5 节 "赋予壳/膜法向"。

Beam element tangents

梁单元切向。Abaqus/CAE 显示蓝绿色的箭头来说明梁的切向。

用户可以使用属性模块中的 Assign 菜单或者网格划分模块中的 Mesh→Orientation→Normal 菜单来反转切向。更多信息见 12.15.6 节 "赋予梁/杆切向"。

Mesh stack orientation

网格堆叠方向。用户仅可以使用此工具来查询六面体、楔形和四边形单元，因为唯有这些单元才可以堆叠形成一个连续壳、胶粘或者垫片网格。对于六面体和楔形单元，Abaqus/CAE 将顶面着色成棕色，将底面着色成紫色。类似地，箭头说明了四边形单元的方向。此外，Abaqus/CAE 高亮显示具有不连贯方向的单元面和边。更多信息见 21.3 节 "使用几何和网格划分工具创建具有胶粘单元的模型"；第 25 章 "连续壳"；17.9.4 节 "圆柱实体的扫掠网格划分"；以及第 32 章 "垫片"。

如果区域是本地 Abaqus 网格，则用户可以通过改变扫掠路径的方向来改变网格堆叠方向。对于实体区域，用户可以对新网格赋予独立扫掠路径的堆叠方向。如果区域是孤立的网格，则用户可以使用编辑网格划分工具集来改变网格堆叠方向。更多信息分别见 17.18.6 节 "指定扫掠路径"；17.18.8 节 "赋予网格堆叠方向"；以及 64.6.4 节 "确定堆叠方向"。

注意：当在数学模块中定义一个实体复合材料铺层或者复合壳铺层时，查询结果不考虑网格堆叠方向的变化。

Mesh

网格。对于装配体、零件或者零件实例、几何区域或者单元，Abaqus/CAE 显示下面的信息。

- 选中区域中节点和单元的总数量
- 每一个单元形状的单元数量

默认情况下，Abaqus/CAE 在信息区域中显示网格信息，但是用户可以通过切换选中提示区域中的 Display detailed report，在 Mesh statistics 对话框中以表的格式显示此信息。Mesh statistics 对话框也可以显示以零件实例或者单元类型分类的网格划分信息。

Element

单元，包括以下内容。
- 单元标签
- 单元拓扑；例如，线性六面体
- Abaqus 单元名称；例如，C3D8I
- 节点连接性

Mesh gaps/intersections

网格间隙/相交。选择网格零件或者零件实例，并输入一个节点与一个单元面之间的最大距离。Abaqus/CAE 高亮显示与边界面相交的单元面，以及比指定距离更加靠近边界面的单元边。

Mass properties

网格属性。此查询显示表面积和面积中心、体积和体积中心、质量和质心，以及用户选取区域关于质心或者指定点的惯性矩。更多信息见 71.2.3 节 "查询质量属性"。

Geometry diagnostics

几何形体调试，包括以下内容。
- 无效的、不精确的或者小的几何形体
- 拓扑

71.2.3 查询质量属性

质量属性查询显示表面积和面积中心、体积和体积中心、质量和质心，以及用户选取区域关于质心或者指定点的惯性矩。显示的数据取决于用户选择的几何形体或者网格。例如，如果用户选择实体零件的单个面，则 Abaqus/CAE 在信息区域显示表面积和面积中心。如果用户选择整个零件，则 Abaqus/CAE 显示体积和体积中心、质量和质心，以及零件关于质心或者指定点的惯性矩。如果零件是一个壳，则 Abaqus/CAE 也在质量属性输出中包括壳的一侧表面积和面积中心。

用户不能查询赋予欧拉截面的零件质量属性。然而，用户可以查询欧拉零件的质量属性，前提是没有赋予欧拉截面。

即使部分模型没有进行完全定义，但用户依然可以查询模型的质量属性。例如，如果用户的选择包括没有截面赋予的零件实例，Abaqus/CAE 将在质量属性计算中包括此零件实例的面积，但在体积、体积中心、质量、质心和惯性矩计算中不包括此零件实例。Abaqus/CAE 还会在数据后附加一个警告信息来说明数据没有完成；在此例子中，信息将说明用户的选择部分没有截面赋予。此方法让用户能够在模拟过程中，在不同的点处调查模型的诸多方面，而不需要显示与质量关联量有关的误导信息。

Abaqus/CAE 在下面的情形中和质量属性一起返回警告信息：

质量属性查询不考虑几何形体

Abaqus/CAE 可以计算壳、实体、梁、杆和转动惯量单元的质量。在除显示模块之外的模块中，Abaqus/CAE 还会将点和非结构质量单元包括在质量属性计算中。如果用户的选择包括其他几何形体，如轴对称单元、弹簧、连接器或者垫片（或者在显示模块中，如果用户的选择包括点和非结构质量单元），Abaqus/CAE 将从计算中排除这些几何形体。在显示模块中，从质量属性结果中排除点和非结构质量单元，意味着显示模块中的质量属性结果与其他模块中的结果不同。

不合适的厚度值

如果用户的选择包括厚度值缺失或者厚度值为 0 的截面定义，Abaqus/CAE 将从质量、质心和惯性矩的计算中排除此选择。简单地说，Abaqus/CAE 不考虑具有可变厚度（使用节点厚度或者场厚度来定义）或者使用的厚度值不适合相应指定截面的区域。

没有定义或者未正确定义密度

如果用户选择的区域中没有定义或者未正确定义密度，Abaqus/CAE 将从质量属性查询中的所有质量相关计算中排除此区域。区域的面积和体积数据包含在最终的计算中。

区域缺少分配

如果用户的选择包括未指定截面的区域，Abaqus/CAE 将从质量属性查询中的所有质量相关计算中排除此选项。区域的面积和体积数据包含在最终的计算中。

包括壳偏置或者加强

当计算体积中心或者面积中心时，Abaqus/CAE 不考虑壳偏置值，并且 Abaqus/CAE 将从所有质量属性计算中排除模型中的任何加强。如果用户的查询包括壳偏置或者加强，Abaqus/CAE 将返回查询结果并显示相应的警告信息。

复合材料截面

当用户的质量属性查询选择包括使用复合截面的零件或者区域时，Abaqus/CAE 会在质量属性查询中，使用位于单元上的弥散属性来计算质量和体积相关的值。

包括非结构质量对象

Abaqus/CAE 不考虑线框上的非结构质量，如单位长度上的质量值。此外，当没有划分几何形体时，Abaqus/CAE 不能像计算网格划分后的几何形体那样精确计算质心和惯性矩值。

若要查询选取对象的质量属性，执行以下操作：

1. 从主菜单栏选择 Tools→Query 来使用查询工具集，或者选择 Query 工具栏中的 工具。

2. 单击 Mass properties。

提示区域出现更多选项，以便查询属性信息。

3. 如果需要，单击 Options 来更改查询选项。

a. 在 Mass Properties Query Options 对话框中，用户可以更改精确度、密度、厚度参数和计算惯性矩的点。用户可以单击 Reset 来返回之前存储值的选项。

b. 单击 OK 来保存用户的更改并关闭对话框。

4. 如果用户在选取中包括本地网格，则用户可以查询几何形体或者本地网格的质量属性。要查询本地网格的质量属性，单击提示区域中的 Options，然后切换选中出现的对话框中的 Use mesh when available。

5. 对于包括复杂几何形体的选取，Abaqus/CAE 可能花费很长时间来计算体积属性。当达到一定相对精度时，用户可以通过要求 Abaqus/CAE 停止计算来降低计算时间。单击提示区域中的 Options，然后从出现的对话框中选择 Low、Medium 或者 High 的相对精度选项。更高的相对精度可以生成更加精确的结果，但要花费更多时间来计算。仅对于几何形体选择才可以使用相对精度设置，网格选取不能使用相对精度设置。

6. 如果用户的选择包括没有赋予或者错误定义厚度或密度的区域，则用户可以为质量属性计算提供这些区域的厚度或者密度值。为查询提供这些值，不会改变模型自身中的这些值。

单击提示区域中的 Options，然后在合适区域中提供大于零的值。

7. 如果用户想要查询整个装配体的质量属性，选择 Query entire assembly 并单击 Done。

Abaqus/CAE 在信息区域中显示体积、体积中心、质量、质心和关于质心的惯性矩，或者关于指定点的惯性矩。如果装配体包括壳特征，则 Abaqus/CAE 也会报告壳面一侧的表面积和面积中心。

8. 如果用户想要查询整个零件的质量属性（当在零件模块或者属性模块中显示零件时），则选择 Query entire part 并单击 Done。

Abaqus/CAE 在信息区域中显示体积、体积中心、质量、质心和关于质心的惯性矩，或者关于指定点的惯性矩。如果零件包括壳特征，Abaqus/CAE 也会报告壳面一侧的表面积和面积中心。

9. 如果用户想要查询装配体中的一个或者多个零件的质量属性，高亮显示 Select part instances，视口中高亮显示一个或者多个零件实例，并单击 Done。

Abaqus/CAE 在信息区域显示体积、体积中心、质量、质心和关于质心的惯性矩，或者关于指定点的惯性矩。如果用户查询的一个或者多个零件实例包括壳特征，则 Abaqus/CAE 也会报告壳面一侧的表面积和面积中心。

10. 如果用户想要查询装配体、零件或者零件实例中的一个或者多个几何形体区域的质量属性，高亮显示 Select geometric regions，在视口中高亮显示一个或者多个区域，然后单击 Done。

Abaqus/CAE 在信息区域显示体积、体积中心、质量、质心和关于质心的惯性矩，或者关于指定点的惯性矩。如果用户查询的一个或者多个区域包括壳特征，则 Abaqus/CAE 也会报告壳面一侧的表面积和面积中心。

11. 如果用户想要为装配体、零件或者零件实例中的一个或者多个面查询质量属性，则高亮显示 Select geometric regions，在视口中高亮显示一个或者多个区域，然后单击 Done。

a. 从提示区域高亮显示 Select geometric regions。

b. 从 Selection 工具栏中对象类型的列表中选择 Faces。

c. 从视口选择一个或者多个面，然后单击 Done。

Abaqus/CAE 显示选中面的总表面积。用户可以查询多个壳表面或者多个面，但是用户不能同时为壳和几何形体面执行查询。

12. 如果用户想要查询装配体、零件或者零件实例中的质量属性，高亮显示 Select elements，在视口中高亮显示一个或者多个单元，然后单击 Done。

Abaqus/CAE 在信息区域显示体积、体积中心、质量、质心和关于质心的惯性矩，或者关于指定点的惯性矩。如果用户查询的一个或者多个区域包括壳特征，则 Abaqus/CAE 也会报告壳面一侧的表面积和面积中心。

13. 如果用户想要查询装配体、零件或者零件实例中的一个或者多个单元面的质量属性，进行下面的步骤。

a. 从提示区域高亮显示 Select elements。

b. 从 Selection 工具栏中对象类型的列表中选择 Element Faces。

c. 从视口选择一个或者多个单元面，然后单击 Done。

Abaqus/CAE 显示选中单元面的总表面积。用户可以查询多个单元面，以及从多个壳表面或者多个面查询多个单元面，但是用户不能同时为壳和几何形体面执行查询。

用户也可以在显示模块中使用通用查询，包括查询质量属性。更多信息见 50.2.1 节"查询模型操作"。

71.2.4 使用几何形体调试工具

本节介绍如何使用几何调试工具在当前视口中的零件或者零件实例中调用以下对象：

Geometry

几何形体，包括以下选项。

● Invalid entities，无效的几何形体。Abaqus/CAE 高亮显示具有无效几何形体的零件或者零件实例区域。

切换选中 Update validity 来更新选中零件或者零件实例的状态。如果无效的零件变得有效，则在模型树中将其标识成有效。如果有效的零件变得无效，则 Abaqus/CAE 显示一个警告信息来让用户忽略无效的状态，并继续使用零件。

● Imprecise entities，不精确的几何形体。Abaqus/CAE 高亮显示具有不精确几何形体的零件区域。

有关无效几何形体的更多信息，见 10.2.1 节"什么是有效和精确的零件？"，以及 10.2.3 节"使用无效零件"。

Topology

拓扑结构，包括以下选项。

● Free edges，自由边。Abaqus/CAE 高亮显示零件或者零件实例的自由边，包括壳和线框边。实体零件不应包含任何自由边。

● Solid cells，实体单元。Abaqus/CAE 高亮显示零件或者零件实例的实体单元。

● Shell faces，壳面。Abaqus/CAE 高亮显示零件或者零件实例的壳面。

● Wire edges，线框边。Abaqus/CAE 高亮显示零件或者零件实例的线框边，线框边是线框，与实体或者壳特征的边相对。

Small geometry

小几何形体，如短边、小面和具有面拐角的面，可以影响网格划分质量。用户可以使用下面的工具选项来定位这些区域。

● Edges shorter than，比指定长度小。Abaqus/CAE 高亮显示比指定长度小的边。指定长度必须等于或者大于 1×10^{-6}。

● Faces smaller than，比指定面积小。Abaqus/CAE 高亮显示比指定面积小的面。指定面积必须等于或者大于 $1×10^{-12}$。

● Face corner angles less than，比指定面拐角角度小。Abaqus/CAE 高亮显示比指定角度小的角度处的两个边。指定的角度必须小于 90°。Abaqus/CAE 使用大长宽比的单元网格划分会具有小的拐角角度面，从而影响网格划分的质量。

若要使用几何形体调试工具，执行以下操作：

1. 从主菜单栏选择 Tools→Query 来使用查询工具集，或者选择 Query 工具栏中的 工具。

2. 从 Query 对话框选择 Geometry diagnostics。如果视口包含多个零件实例，则选择想要查询的一个零件实例。

Abaqus/CAE 显示 Geometry Diagnostics 对话框。

3. 切换选中想要的几何形体调试选项，并根据需要指定一个新值。

4. 单击 Highlight。

● Abaqus/CAE 高亮显示用户选择的任何无效、不精确或者小的几何形体。如果零件尺寸相对较大，则即使高亮显示，短边和小面依然无法看到。为了帮助用户找到这些短边和小面，Abaqus/CAE 会在高亮区域周围显示标识。

● 如果用户选中 Update validity，则 Abaqus/CAE 还会检查并更新零件或者装配体的有效状态。有效性检查对于复杂几何形体，在计算上可能需要花费大量的时间。

● 如果一个具体的调试工具不能找到区域，则 Abaqus/CAE 会在信息区域显示信息。

5. 如果需要，单击提示区域中的 Create Set 来创建包含高亮显示区域的几何形体集合。在出现的对话框中，输入集合的名称并单击 Continue。

几何形体编辑工具集提供了修复无效或者不精确区域的工具。几何形体编辑工具集允许用户在选择要修复的区域时指定一个集合。

注意：用户可以通过切换选中 Apply to reference representation 来显示参考表示的几何形体调试。然而，创建的几何形体将不包括参考表示的条目，因为参考表示无法修复。更多信息见 35.2 节"理解参考表示"。

72 参考点工具集

本章介绍参考点工具集，包括以下主题：

- 72.1 节 "什么是参考点？"
- 72.2 节 "参考点用来干什么？"
- 72.3 节 "创建参考点"

72.1　什么是参考点?

参考点是用户在零件上创建的一个点。用户也可以在装配上创建多个参考点。用户可以在空间的任何地方定位一个参考点,并且在用户模型中不能获取顶点的地方创建一个点,参考点是有用的。例如,孔的中心处。与顶点相比,当生成网格时,网格模块忽略参考点。

通过从主菜单栏中选取 Tools→Reference Point,用户在零件模块中使用参考点工具集来创建与零件关联的一个参考点。当用户创建装配时,在装配中的每一个零件实例上出现参考点。一个零件仅可以包括一个参考点,并且 Abaqus/CAE 将参考点标签成 RP。如果用户试图赋予另外一个点,则 Abaqus/CAE 询问用户是否想要删除原始的点。

另外,用户可以在装配模块、相互作用模块或者载荷模块中使用参考点工具集,通过从主菜单栏中选择 Tools→Reference Point 来在装配上创建一个参考点。在相互作用模块中,用户可以在模块工具箱中使用 X^{RP} 工具来创建一个参考点。装配可以包括多个参考点,并且 Abaqus/CAE 将这些参考点标签成 RP-1、RP-2、RP-3 等。更多信息见 72.3 节 "创建参考点"。如果期望的话,用户可以切换不选参考点符号和参考点标签的显示;更多信息见 76.11 节 "控制参考点显示"。

72.2   参考点用来干什么?

用户可以为以下情况使用参考点:

• 如果零件是可变形的平面零件,并且此零件是使用通用的平面应变单元模拟的,则用户必须创建一个参考点来说明要求的参考节点。更多信息见 12.13.2 节"创建一般的平面应变截面"。有关通用的平面应变单元的更多信息,见《Abaqus 分析用户手册——单元卷》的1.2 节"选择单元的维度"。

• 如果零件是一个离散型的或者分析型的刚性零件,则用户使用参考点来创建刚体参考点。用户施加到参考点的约束或者运动是施加到整个刚性零件的。

刚体参考点的位置影响用户如何指定力矩或者运动;此外,刚体参考点的位置影响力矩反作用的解释。如果用户的模型涉及转动的动力学分析,则刚体的转动惯量指定必须与刚体参考点的位置符合。

• 当用户在相互作用模块中创建刚体约束时,用户必须参考装配上的参考点。刚体约束会将装配区域的运动约束成一个参考点的运动。用户可以创建并命名包含参考点的一个集合,并且可以参考此集合,或者从当前的视口直接选取参考点。用户也可以在载荷模块中对参考点施加载荷和边界条件。

• 在某些情况中,用户可能想要将参考点定位在质心处,这时可以使用查询工具集来找到质心。用户可以使用属性模块来给参考点赋予质量和转动惯量截面属性。截面可以包括可选的阻尼数据。

• 用户可以给参考点施加约束;例如,方程约束、耦合约束和显示体约束。

• 当用户在装配模块或者相互作用模块中创建装配层级的线框特征时,用户可以使用参考点。如果用户想要将连接器附加到空间中的一个点,则参考点是有用的。用户可以在期望的位置创建一个参考点,并使用刚体约束来将零件实例附加到参考点。当用户将连接器附加到这样的参考点时,连接器将有效地附加到零件实例。

72.3　创建参考点

从主菜单栏选择 Tools→Reference Point 来在一个零件或者装配体上创建参考点。一个零件仅可以包括一个参考点，并且该参考点出现在装配中的每一个零件实例上。另外，用户可以使用装配、相互作用或者载荷模块来在装配上创建多个参考点。更多信息见 72.1 节 "什么是参考点？"。

若要添加参考点，执行以下操作：

1. 从主菜单栏选择 Tools→Reference Point。

技巧：在相互作用模块中，用户也可以使用模块工具箱中的 $\overset{RP}{X}$ 工具来创建参考点。

2. 选择一个点来作为参考点。用户可以使用下面的方法来定位参考点。

● 从零件选择任意现有的顶点，包括基准点。如果用户想要移动参考点，则用户必须编辑顶点或者基准点。另外，用户可以删除参考点并选择一个新顶点或者基准点。

● 输入表示参考点 X 坐标、Y 坐标和 Z 坐标的分向量。如果用户想要移动参考点，则用户可以使用特征操控工具集来编辑参考点的坐标。

Abaqus/CAE 会在期望的位置显示参考点以及它的标签。如果用户在零件模块中的一个零件上创建参考点，则 Abaqus/CAE 将参考点标签成 RP。如果用户在装配上创建此参考点，则 Abaqus/CAE 将参考点标签成 RP-1、RP-2、RP-3 等。用户可以通过在模型树中的特征上右击鼠标，然后从出现的菜单中选择 Rename 来更改参考点。如果需要，用户可以关闭参考点符号和参考点标签的显示；更多信息见 76.11 节 "控制参考点显示"。

73 集合和面工具集

当需要指定模型的一个区域时（如要施加载荷或者定义接触），用户可以从视口选择区域，或者定义包含区域的一个集合或者面。用户使用集合和面工具集来创建和管理集合和面。

用户可以从除显示模块以外的所有模块的主菜单栏中的 Tools 菜单，访问此集合和面工具集。本章包括以下主题：

- 73.1 节 "理解集合和面工具集的角色"
- 73.2 节 "理解集合和面"
- 73.3 节 "使用集合和面工具集"

73.1 理解集合和面工具集的角色

集合和面工具集是允许用户创建和管理集合和面的工具集合。用户可以使用这些工具来进行下面的任务：

创建

通过选择一组实体（如面和边）来创建集合或者面。

编辑

通过从集合中添加或者删除对象来更改一个集合或者面。

重命名

使用一个新的名称来替换现有集合或者面的名称。

删除

从模型中删除集合或者面。

此外，用户可以使用模型树来将一组选中的集合和面合并到一个新的集合或者面中。有关创建和操控集合和面的详细指导，见下面的章节：

- 73.3.1 节 "创建、编辑、复制、重命名和删除集合和面"
- 73.3.2 节 "创建集合"
- 73.3.3 节 "创建面"
- 73.3.4 节 "对集合或者面执行布尔操作"
- 73.3.5 节 "编辑集合和面"
- 73.3.6 节 "将对象（如载荷和截面）与集合和面关联"

73.2 理解集合和面

本节介绍与集合和面有关的基本概念，包括以下主题：

- 73.2.1 节 "什么是集合？"
- 73.2.2 节 "零件集合和装配集合有何不同？"
- 73.2.3 节 "什么是面？"
- 73.2.4 节 "几何形体集合和面的重新生成"
- 73.2.5 节 "指定区域的特定侧面或者端部"

73.2.1 什么是集合？

集合是一个命名区域或者实体集合，用户可以对其执行不同的操作。例如，用户创建集合后，可以使用它来执行下面的任务：

- 在属性模块中赋予截面属性。
- 在相互作用模块中使用接触节点集合和面来创建接触对。
- 在载荷模块中定义载荷和边界条件。
- 在分析步模块中从模型的特定区域请求输出。

用户可以创建下面类型的集合：

几何形体集合

几何形体集合包含用户从下面类型的零件之一或者这些零件的实例中选择的几何对象（单元实体、面、边和顶点）：

- 本地零件（在零件模块中使用工具来创建的零件）。
- 从文件中导入的零件。

用户从当前的视口选择要包括在集合中的实体。根据零件的形状和建模空间，用户可以选择在集合中包括单元实体、面、边和顶点的任何组合。然而，一些过程仅可以使用特定类型的对象来执行。因此，用户选择的集合必须仅包括对于此过程有效的对象类型。例如，仅可以对节点施加集中力；因此，用户施加集中力的集合仅可以包括顶点。

节点和单元集合

节点和单元集合包含用户已经选中的节点和单元。用户可以从网格划分模块中已网格划分零件上的本地 Abaqus 节点和单元、孤立网格节点和单元或者任何零件实例上的节点和单元，创建节点和单元集合。集合可以包括来自单个零件，或者多个零件实例的节点或者单元。使用集合工具集创建的集合可以包括节点或者单元，但不能同时包含节点和单元。然而，用户可以通过合并集合，或者通过导入输出数据库或输入文件来创建包含节点和单元的混合集合，这些导入的输出数据库或者输出文件包含使用相同名称的多个集合。集合中的本地节点和单元允许用户从指定的区域请求输出或者添加载荷，而不删除网格和几何形体的切割。然而，对网格的任何更改——包括从重放或者日志文件生成网格——都可能让网格集合的本地部分无效或者发生变化。

与网格划分零件、孤立网格节点和单元有关的更多信息，见 10.1.1 节 "从 Abaqus/CAE 中可以导入和导出什么类型的文件？"；10.5.2 节 "从 Abaqus 输入文件导入模型"；10.5.3 节 "从输出数据库导入模型"；17.20 节 "创建网格划分零件"。

如果用户重命名或者删除一个集合，则与该集合关联的任何对象（如截面或者载荷），都将变得无效。然而，如果用户将重命名的集合名称改回原始的名称，或者如果用户使用原来的名称来重新创建一个已经删除了的集合，则会恢复与该集合关联的对象。

73.2.2　零件集合和装配集合有何不同？

用户从零件创建的集合，与用户从装配中的零件实例创建的集合，其使用方式不同。

零件集合

零件集合是用户在零件关联的模块（零件模块或者属性模块）中创建的集合。当用户从环境栏选中 Part 对象时，网格划分模块也表现成零件关联的模块。当从输出数据库导入孤立网格时，会自动将集合作为零件集合导入。Set 容器中出现在模型树中的零件集合，处在与此集合关联的零件之下。在零件模块和属性模块中，在 Set Manager 中仅零件集合可见。用户在零件模块中不能直接使用零件集合；然而，在属性模块中，用户可以给零件集合指定的区域赋予截面。如果用户给零件集合定义的区域赋予一个截面，则 Abaqus 会给装配中零件的所有实例应用截面赋予。

当在装配模块中实例化一个零件时，用户可以参照之前创建的任何零件集合；然而，装配相关的模块仅提供这些集合的只读访问权限，并且用户不能从装配关联模块中的 Set Manager 访问零件集合。来自实例零件的集合出现在装配下面的模型树中。用户可以通过单击提示区域右下角的 Set 按钮，并从出现的 Region Selection 对话框选择集合来在过程中（例如，当施加一个载荷或者边界条件时）选择一个合适的零件集合。集合的命名格式为：零件实例名称 . 集合名称。用户不能从装配关联模块中的 Set Manager 访问零件集合。

装配集合

装配集合是用户在装配关联的模块中创建的集合，装配关联的模块包括装配模块、分析步模块、相互作用模块或者载荷模块。当用户从环境栏选择 Assembly 对象时，网格划分模块也作为装配关联模块来操作。模型树中的装配与来自实例文件的任何集合，一起显示在装配下面的 Set 容器中。在装配关联的模块中，在 Set Manager 中仅装配集合可见。用户可以使用装配集合来说明装配的区域，例如在此区域中施加载荷或者边界条件，或者得到输出。装配集合可以包括来自多个零件实例的区域。

装配集合指装配自身，而不是单个零件实例。因此，如果用户删除包含在集合中的零件实例，Abaqus/CAE 不会删除该集合。用户必须手动删除装配集合。

单个零件不能包含与现有集合同名的几何形体集合、节点集合或者单元集合；然而，不同的零件可以包含同名的集合。所有的装配集合名称必须是唯一的。

73.2.3　什么是面？

面是表面和边的集合，或者单元面和单元边的集合。当过程需要表面时，用户可以选择一个面；例如，当用户施加分布的载荷（如压力载荷），以及定义接触相互作用时。用户可以选择一个内部面；例如，当用户正在使用实体偏置网格划分工具时。

当用户在壳模型上创建面时，用户必须选择所需的面是哪一侧；用户也可以选择两个面。类似地，如果用户在线框模型上创建表面，则用户必须选择线框的哪一个端部是所需的表面；用户也可以选择线框的周长。更多信息见 73.2.5 节 "指定区域的特定侧面或者端部"。

用户可以定义包括壳边或者单元边的面。用户可以在 Abaqus/Explicit 通用接触相互作用中使用基于边的表面。用户也可以使用基于边的表面来沿着两条边绑定两个壳，或者将两个相交成 "T" 的壳绑定到一起。

用户可以创建两个不同类型的面：

几何形体面

通过从本地几何形体或者导入的几何形体选择几何对象（面和边），来创建一个几何面。创建分析输入文件时，输入文件中的面定义会指定与面几何形体关联的单元边（在轴对称零件实例的情况中）或者面。

网格划分面

通过选择来自网格的单元面（对于三维区域）或者边（对于二维区域）来创建网格面。通过向网格添加面，用户可以请求指定面的输出或者添加载荷，而不删除网格和切割零件。然而，如果用户对网格进行更改，包括从回放文件或者日志文件重新生成网格，则网格面中的本地单元面或者边可能失效，或者内容发生改变。

如果用户重命名或者删除面，则与面关联的任何对象（如载荷或者相互作用），都将变得无效。然而，如果用户将重命名的面改回面的原始名称，或者使用原始的名称来重新创建已经删除的面，则会恢复与此面关联的对象。

如果用户使用虚拟拓扑工具集来创建虚拟面和边，则用户可以在创建集合和面时选择虚拟面和边。此外，如果现有的集合或者面包含的边或者顶点是使用虚拟拓扑工具集忽略的，则将从集合或者面删除边或者顶点。类似地，如果现有的集合或者面包含用户组合的面或者边，则 Abaqus/CAE 会将原始的面和边替换成新的组合面和边。这个操作仅当用户组合的所有面和边属于同一个集合时才会生效。更多信息见 75.3 节"如何处理包含虚拟拓扑的零件或者零件实例？"。

73.2.4　几何形体集合和面的重新生成

当用户更改模型的基底几何形体时，几何形体集合和面将自动重新生成。然而，如果用户大幅更改模型的几何形体，则集合或者面中之前已经包括的对象可能无法识别。

例如，如果用户删除或者抑制零件的一个特征，则与特征关联的集合和面将发生以下更改：

● 如果特征的构件是集合或者面中的唯一对象，则集合或者面将出现在 Set Manager 中，但为空。用户可以编辑此集合，使其包括新的几何形体。

● 如果集合或者面中包括特征的构件以及其他对象，则集合或者面不再包含特征的构件，而是继续包含所有其他对象。

● 如果用户抑制然后恢复一个特征，则与此特征关联的集合和面，以及与这些集合和面关联的对象（如载荷或者相互作用）也将恢复。

73.2.5　指定区域的特定侧面或者端部

当用户从壳、线框或者三维零件的内部面创建一个面定义时，用户必须指定零件的哪一侧是想要包括在面定义中的。当用户从一个壳或者面选择侧面时，Abaqus/CAE 会使用不同的着色面来说明两个侧面，并提示用户选择想要选择的侧面所对应的颜色。在此过程中，模型显示将变得半透明来让被遮挡的或者内部侧面可见。当用户选择一个线框的侧面时，Abaqus/CAE 使用不同颜色的箭头来说明零件的两个侧面。

当用户编辑一个面定义时，侧面将根据用户之前的选择来进行着色，如下所述：

选择来自壳的侧面

为了区分壳的侧面，Abaqus/CAE 将壳的一侧着色成棕色，另一侧着色成紫色。用户通过单击提示区域中的 Brown 或者 Purple 按钮来指定一个侧面（见图 73-1）。

图 73-1　选择面的侧面

用户还可以选择 Both sides 选项，此选项定义的双侧面包括壳的棕色侧面和紫色侧面。仅可以在下面的情况中使用双侧面：

- 在 Abaqus/Explicit 分析中使用三维壳、膜和刚体的接触相互作用。
- 在 Abaqus/Standard 分析中使用小滑动、面-面接触方程的接触相互作用。

壳侧面示例如图 73-2 所示。

Abaqus/CAE 以紫色显示锥壳的外侧，以棕色显示锥壳的内侧。因此，要选择锥壳的外侧，请单击提示区域中的 Purple；要选择内侧，单击 Brown。

如果用户想要选择多个壳面来作为面定义的一部分，则用户可以单独地控制每一个面的彩色编码。Abaqus/CAE 提供了 Flip a surface 选项来允许用户在创建面定义之前，反转任何单个面的方向（见图 73-3）。

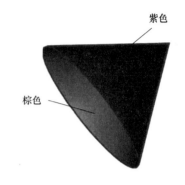

图 73-2　以颜色区分不同的壳侧面

图 73-3　对于多个面的壳面，**Flip a surface** 选项变得有效

使用 Flip a Surface 选项可以使所有所需的侧面变成相同的颜色，然后从提示区域选择该颜色。如果用户选择 Both Sides，则 Abaqus/CAE 将选择所有选中面的两个侧面，而不管用户之前反转的任何面。

在图 73-4 所示的模型中，两个圆端部都被选择成面的一部分。

最初，Abaqus/CAE 将两个面的凸侧着色成棕色。然而，所需的面实际上由一个凸面和一个凹面组成。要获取此面，则单击 Flip a surface，并选择模型右侧的面。Abaqus/CAE 将仅反转此面的彩色编码，如图 73-5 所示。

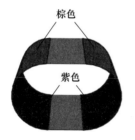

图 73-4　面的选择中包含两个面

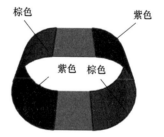

图 73-5　反转面

在提示区域中单击 Brown，Abaqus/CAE 将在模型中的所有棕色侧面上定义面。

当编辑一个现有的面定义时，用户可以通过选择 Brown 或者 Purple 来重新选择侧面。Brown 说明用户之前用来创建面的侧面，Purple 说明另一个侧面。例如，如果用户之前选择 Purple 侧面来创建面，则在编辑过程中，此面现在表现成 Brown。

从内部面选择侧面

当用户选择一个内部面来创建侧面时，侧面的所属是模糊的。例如，图 73-6 中高亮显示的面可以是单元实体 A 的右侧面，也可以是单元实体 B 的左侧面。

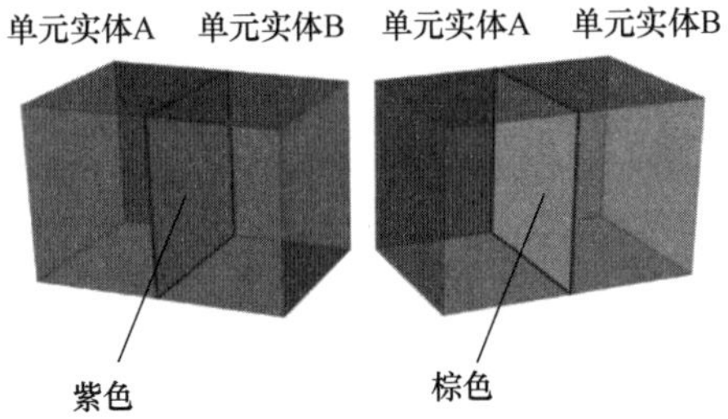

图 73-6　在内部面上定义一个面

Abaqus/CAE 使用上面讨论的相同棕色/紫色彩色编码界面，来确定用户想要选择的面。单击 Purple 来定义单元实体 A 的右侧面；单击 Brown 来定义单元实体 B 的左侧面。

从线框选择侧面

如果用户选择三维线框零件实例的一个面，Abaqus/CAE 将以红色显示线框以及图 73-7 中所示的箭头。

图 73-7　箭头说明三维线框的端部

用户可以选择使用品红色箭头的端部、黄色箭头的端部，或者红色线框来说明的零件圆周面（见图 73-8）。

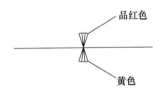

图 73-8　选择端部和圆周面

如果线框零件是二维的，则 Abaqus/CAE 使用图 73-9 所示的箭头来区分面的两个侧面。

图 73-9　箭头说明二维线框的顶面和底面

用户可以选择一个箭头颜色来确定面的侧面，如图 73-10 所示。

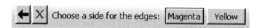

图 73-10　选择面的侧面

如果零件是一个轴对称的壳，则零件的内侧面和外侧面使用箭头说明（见图 73-11）。选择选项与图 73-10 中一样。

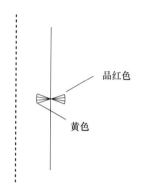

图 73-11　箭头说明轴对称壳的内侧面和外侧面

当编辑现有的在线框上创建的定义时，用户可以通过选择 Magenta 或者 Yellow 箭头来重新选择侧面。Magenta 说明用户之前用来创建面的侧面，Yellow 说明另一个侧面。例如，如果用户之前选择 Yellow 侧面来创建面，则此面现在在编辑过程中显示成 Magenta。

73.3 使用集合和面工具集

本节介绍用户可以使用集合和面工具集进行的不同任务，以及每一个过程，包括以下主题：

- 73.3.1 节 "创建、编辑、复制、重命名和删除集合和面"
- 73.3.2 节 "创建集合"
- 73.3.3 节 "创建面"
- 73.3.4 节 "对集合或者面执行布尔操作"
- 73.3.5 节 "编辑集合和面"
- 73.3.6 节 "将对象（如载荷和截面）与集合和面关联"

73.3.1 创建、编辑、复制、重命名和删除集合和面

要创建、编辑、重命名和删除集合和面定义，使用下面的一个选项：

- 使用主菜单栏中 Tools→Set 和 Tools→Surface 子菜单下面的 Create、Edit、Copy、Rename 和 Delete 项目。

Edit、Copy、Rename 和 Delete 菜单项目包含的子菜单，列出了当前模型中的所有集合或者面。Set 子菜单随着用户所处的模块而变化；在零件模块和属性模块中，仅列出了零件集合。在网格划分模块中，可以列出的零件或者装配集合取决于用户在环境栏中选择了零件还是装配。在所有的其他模块中，仅列出了装配集合。

- 集合和面管理器。这些管理器包含的功能与 Set 和 Surface 子菜单下面列出的功能一样，但具有更方便的浏览界面来显示集合和面以及它们的类型（如几何形体或者网格）。Set Manager 在零件模块和属性模块中显示零件集合，在网格划分模块中显示零件或者装配集合——取决于环境栏中的当前对象选择，在其他所有模块中显示装配集合。

注意：由于特征或者网格更改所产生的空集合和面，将依然显示在列表中。更多信息见73.2.4 节 "几何形体集合和面的重新生成"。

模型树会在空集合或者面的名称旁边显示一个感叹号（！）。用户也可以在模型树中的集合或者面名称上定位光标来显示提示，以查看集合或者面中包含的项目数量。

要显示一个管理器，从主菜单栏选择 Tools→Set→Manager 或者 Tools→Surface→Manager。

警告：当用户删除集合或者面时，任何与删除的集合或者面关联的对象（如载荷或者相互作用），都将变得无效。

73. 3. 2　创建集合

集合工具集允许用户创建下面类型的集合：
- 几何形体集合。
- 节点和单元集合。

在处理 Abaqus/CAE 创建的本地零件时，用户可以创建一个几何形体集合。在处理网格时，用户可以创建节点和单元集合。更多信息见 73.2.1 节"什么是集合？"。

此外，用户还可以创建零件集合或者装配集合。在零件模块或者属性模块中处理零件时，用户可以创建零件集合。当用户在装配模块中实例化零件时，用户可以参考之前创建的任何零件集合。最后，当用户正在与装配关联的模块——装配模块、相互作用模块、载荷模块和网格划分模块——中操作时，可以创建装配集合。更多信息见 73.2.2 节"零件集合和装配集合有何不同？"。

若要创建一个集合，执行以下操作：

1. 从主菜单栏选择 Tools→Set→Create。

技巧：用户也可以单击 Set Manager 中的 Create。

出现 Create Set 对话框。对话框中列出了以当前视口中显示的零件或者装配体为基础，用户可以创建的集合类型。

2. 在对话框中进行下面的操作。

a. 输入集合的名称。在不同零件上创建的零件集合可以使用相同的名称；然而，装配集合名称必须唯一。

b. 如果有必要，选择集合类型。

c. 单击 Continue。

用户在本地零件上创建节点或者单元集合时，如果还没有显示网格，则 Abaqus/CAE 自动地显示网格。如果用户在包含本地网格和孤立网格构件的零件实例或者零件上创建节点或者单元集合，则用户必须使用 Visible Objects 工具栏中的 Show native mesh 工具来显示并选择来自网格本地部分的条目。

3. 在视口中选择想要包括在集合中的对象。

技巧：用户可以使用 Selection 工具栏来限制可以在视口中选择的实体类型。更多信息见第 6 章"在视口中选择对象"。

完成对象选择后，单击鼠标键 2。

73. 3. 3　创建面

面工具集允许用户创建几何形体面或者网格面。几何形体面可以由几何形体面和几何形体边组成；网格面可以由单元面和单元边组成。

若要创建一个面，执行以下操作：

1. 从主菜单栏选择 Tools→Set→Create。

技巧：用户也可以单击 Surface Manager 中的 Create。

出现 Surface Manager 对话框。对话框中列出了用户正在创建的面类型。

2. 在对话框中进行下面的操作。

a. 输入面的名称。在不同零件上创建的面可以使用相同的名称；然而，装配集合面名称必须唯一。有关命名的更多信息，见 3.2.1 节 "使用基本对话框组件"。

b. 如果有必要，选择面类型。

c. 单击 Continue。

用户在本地零件上创建网格面时，如果还没有显示网格，则 Abaqus/CAE 自动显示网格。

3. 在视口中选择想要包括在面中的对象。如果用户正在创建一个几何形体面，则 Abaqus/CAE 仅允许用户选择面和边。类似地，如果用户正在创建一个网格面，则 Abaqus/CAE 仅允许用户选择单元面和单元边。用户可以选择内部的对象来包括在面中。更多信息见 6.2.12 节 "选择内部面"。要创建基于边的面，则用户必须选择壳边或者单元边。更多信息见 73.2.3 节 "什么是面？"。

4. 完成对象选择后，单击鼠标键 2。

5. 如果用户正从本地零件创建一个几何面，则用户必须指定选中面的侧面或者选中线框的端部。更多信息见 73.2.5 节 "指定区域的特定侧面或者端部"，以及 6.1.3 节 "理解几何对象和物理对象之间的对应关系"。

73.3.4 对集合或者面执行布尔操作

用户可以从模型树中选择一组集合或者面，然后使用布尔操作来将它们组合成一个单独的集合或者面。用户可以使用下面的操作符：

Union

加操作符。使用 Union 操作符可以创建用于合并用户选择的集合或者面。

Intersection

相交操作符。使用 Intersection 操作符可以创建包含所有用户选择的公共部分的集合或者面。

Difference

差操作符。使用 Difference 操作符可以通过减法来创建集合或者面。用户必须指明第一个集合或者面，然后 Abaqus/CAE 从第一个集合或者面减去剩余的选择。

例如，用户可以使用 Union 操作符来将零件实例线性列阵中的所有顶面合并为一个面。

若要在多个集合或者多个面上执行布尔操作，执行以下操作：

1. 从模型树扩展与零件或者装配体关联的 Sets 或者 Surfaces 容器。

2. 选择所有想要的集合或者面。用户可以使用拖拽选择，或者按［Shift］键+单击和按［Ctrl］键+单击的组合来选择想要的多个集合或者面。用户不能将集合与面组合在一起。更多信息见 6.2.2 节"拖拽选择多个对象"。

3. 在模型树上右击鼠标，然后从出现的菜单中选择 Boolean。

Abaqus/CAE 显示 Sets Boolean 或者 Surfaces Boolean 对话框。

4. 在对话框中输入新集合或者面的名称，然后选择想要的操作符。

5. 如果用户选择了 Difference 操作符，则单击 First set 或者 First surface 域右侧的箭头，并指定集合或者面，Abaqus/CAE 将从它们中减去用户的剩余选择。

6. 单击 OK。

Abaqus/CAE 创建新的集合或者面，并显示在模型树中。

73.3.5　编辑集合和面

用户可以通过在视口中重新选择实体来编辑现有的集合或者面。

若要编辑一个集合或者面，执行以下操作：

1. 从主菜单栏选择 Tools→Set→Edit→用户选择的集合 或者 Tools→Surface→Edit→用户选择的面。

注意：在选择感兴趣的集合或者面名称之后，用户也可以在 Set Manager 或者 Surface Manager 中单击 Edit。

集合或者面在视口中高亮显示，并且 Abaqus/CAE 会提示用户为集合重新选择对象。

2. 在视口中，重新选择要包括在集合或者面中的对象。使用［Shift］键+单击和［Ctrl］键+单击来改变视口中选中的实体。

技巧：用户可以使用 Selection 工具栏来限制可以在视口中选择的对象类型。更多信息见第 6 章"在视口中选择对象"。

选择完实体后，单击鼠标键 2。

如果用户正在编辑一个几何形体集合，则用户仅可以为该集合选择几何形体。类似地，如果用户正在编辑一个节点或者单元集合，则用户仅可以分地选择节点或者单元。如果用户正在编辑从输出数据库或者输入文件导入的并且包含节点和单元的集合，或者正在编辑使用布尔加操作符创建的包含节点、单元和几何形体的集合，则 Abaqus/CAE 会提示用户选择要重新选择的实体类型。如果用户重新选择节点，则 Abaqus/CAE 会保留集合中的任何原始单元和几何形体。根据需要重复此步骤来编辑每一个类型的实体。

3. 如果有必要，指定想要包括在面中的区域的侧面或者端部，然后单击鼠标键 2（更多信息见 73.2.5 节"指定区域的特定侧面或者端部"）。

73.3.6 将对象（如载荷和截面）与集合和面关联

当用户选择要施加对象的区域时，如一个载荷或者截面，用户可以选择下面的一种方法。

在视口中高亮显示选取对象

单击当前视口中的实体对象；例如，一个面或者一组顶点。使用〔Shift〕键+单击和〔Ctrl〕键+单击来将实体对象附加到用户的选取对象中。

技巧：用户可以使用 Selection 工具栏来限制可以选择的实体类型。更多信息见第 6 章"在视口中选择对象"。

集合或者面

使用用户已经使用集合或者面工具集创建的现有集合或者面。如果用户选择使用现有的集合或者面，则出现 Region Selection 对话框。此对话框包含适用于用户施加的对象的集合或者面的列表。

单击提示区域中的相应按钮来在两种方法之间切换。更多信息见 73.3 节"使用集合和面工具集"。用户也可以使用选择组来加速选择过程。用户可以将选中的实体对象复制到选择组中，并且用户可以将来自选择组的实体对象粘贴到用户的选取中。更多信息见 6.1.2 节"什么是选择组？"。

74 流工具集

流线是与流速向量随时相切的曲线，流是让用户能够在流体流动分析中可视化速度或者涡流的一组流线。流工具集仅在显示模块中可用。

本章介绍如何使用流工具集来创建、更改和删除流，在视口中显示或者隐藏流，以及定制流外观的几个方面，包括以下主题：

- 74.1 节 "理解流显示"
- 74.2 节 "创建流"
- 74.3 节 "显示和隐藏流"
- 74.4 节 "定制流显示"

74.1 理解流显示

　　流线追踪与节点向量场相切的路径，流是一组流线，让用户能够可视化向量场中特定位置的数据。图 74-1 为在流体流动分析中显示速度数据的 12 条流线的样本流。

　　用户可以通过首先定义分散段来创建流，沿着此分散段的长度指定一系列点，这些点控制 Abaqus/CAE 显示流体流动分析的流线位置。在流体流动中的感兴趣区域放置分散段；当用户在视口中创建和显示流时，Abaqus/CAE 会显示与分散段上的点数量相对应的流线数。除了使用特殊路径定义的分散段，流线都沿着分散段等间距分布；有关流分散段定义的更多信息，见 74.2 节 "创建流"。

　　流线形状通过当前选中的流变量来驱动，此变量通常是速度或者涡度。要改变当前的流变量，见 42.5.7 节 "选择流场输出变量"。流线颜色由当前选中的主变量驱动。有关定制流线颜色选项的更多信息，见 74.4.1 节 "定制流颜色"。

　　用户必须为每一个零件实例定义各自的流分散段来显示流动数据。Abaqus/CAE 仅为各自的零件实例计算流数据，不显示穿过各个零件实例的流线。

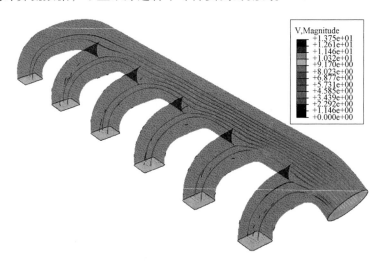

图 74-1　包含 12 条流线的歧管流动分析的速度数据

74.2 创建流

流有两个组成部分：线段的位置或者路径定义，用户想要将此路径定义用作速度或者涡度数据研究的"分散段"；以及沿着分散段的点数量，用户使用这些分散段来显示流体流动数据的流线。用户可以通过从视口拾取节点、在对话框中输入坐标，或者选择程序会话中的路径定义来指定分散段的位置。边列表路径不能用于流定义。

用户不能将流保存到输出数据库文件。如果用户想要保留已经定义的流，可以在Abaqus/CAE中将定义流的过程记录成一个宏。有关宏的更多信息，见9.11节"管理宏"。

若要创建一个流，执行以下操作：

1. 从显示模块中的主菜单栏选择 Tools→Stream→Create。

技巧：用户也可以使用显示模块工具箱中的 工具来创建流。

出现 Create Stream 对话框。

2. 如果需要，在 Name 域中为流定义指定一个定制名称。

3. 如果需要，增加或者减少在 Number of points 域中指定的点数量。默认情况下，Abaqus/CAE 创建的分散段有 5 个点。

4. 从 Specification 选项中选择 By nodes、By coordinates 或者 By path。

5. 要指定流分散段的位置，进行下面的一个操作。

1）直接从视口中选择节点。

a. 单击 。

Abaqus/CAE 提示用户选择第一个点。

b. 选择分散段的起始点。

c. 选择分散段的末端点。

Abaqus/CAE 使用用户的选择来填充 Start 和 End 域。

2）在对话框中输入坐标。

a. 在 Start（X，Y，Z）域中，输入分散段起始点的坐标。

b. 在 End（X，Y，Z）域中，输入分散段末端点的坐标。

3）指定一条路径作为流分散段。

从 Path name 列表中选择想要用作流分散段的路径。

6. 单击 OK。

Abaqus/CAE 创建流定义并在视口中显示流。

74.3　显示和隐藏流

用户可以通过切换 Stream Manager 中的 Show 复选框来在当前视口中单独显示或者隐藏流，并且用户可以通过单击 Set All On 或者 Set All Off 来显示或者隐藏所有的流。此管理器显示用户程序会话中定义的所有流，并说明每个流当前是否显示。此外，用户可以通过切换 Upstream 或者 Downstream 复选框，显示或者隐藏每个流的上游或者下游组件。

Stream Manager 还显示程序会话中每一个流分散段上的点数量。除了在圆路径上定义的流，或者使用由三个或者更多点或者节点组成的路径定义来定义的流，用户都可以从管理器直接编辑流定义中每一个流分散段上的点数量。

74.4　定制流显示

本节介绍如何使用 Stream Plot Options 对话框中的设置来定制流线的颜色、线条类型和箭头。用户可以通过从 Abaqus/CAE 显示模块的主菜单栏选择 Options→Stream 来打开 Stream Plot Options 对话框。

用户在 Stream Plot Options 对话框中进行的更改，仅会施加到当前视口中的所有有效流。每一个视口具有各自的流选项，因此用户可以使每一个视口都显示不同的流线。例如，用户可以在一个视口中使用统一的颜色来显示流线，也可以在不同的视口中使用基于当前主变量的带状云图来显示较粗的流线。

用户也可以通过编辑 Abaqus 环境文件（abaqus_v6.env）中的 onCaeStartup（）函数来控制 Stream Plot Options 对话框中显示的默认设置。更多信息见《Abaqus 脚本用户手册》的6.9 节"使用环境文件中的 Abaqus 脚本界面命令"。

本节包括以下主题：
- 74.4.1 节　"定制流颜色"
- 74.4.2 节　"定制流线宽度和箭头"

74.4.1　定制流颜色

用户可以调整 Abaqus/CAE 用来显示当前视口中有效流的流线颜色。Stream Plot Options 对话框允许用户使用以下方式来显示流线：
- 沿着流线整个长度的单一、均匀的颜色。
- 沿着流线长度变化的连续云图。
- 沿着流线长度变化的带状云图。

带状云图显示颜色相同的等值间隔，连续云图显示颜色渐变的梯度值间隔。流线的云图反映当前的主要变量的值，并且受 Contour Plot Options 对话框中指定的云图设置的影响。有关云图选项的更多信息，见 44.5 节"定制云图"。

为均匀颜色显示而选中的颜色还决定了 Abaqus/CAE 显示流线方向的箭头颜色。有关切换选中箭头显示的更多信息，见 74.4.2 节"定制流线宽度和箭头"。

若要定制流的颜色，执行以下操作：

1. 调用 Color 选项。

从显示模块中的主菜单栏选择 Options→Stream。在页面顶部出现 Color 选项。

2. 要指定颜色选项，选择 Uniform color、Continuous contour 或者 Banded contour。

3. 如果用户选择 Uniform color，则执行下面的附加步骤来选择一个颜色。

a. 单击颜色样本（▇）。

Abaqus/CAE 显示 Select Color 对话框。

b. 使用 Select Color 对话框中的一个方法来选择一个新颜色。更多信息见 3.2.9 节"定制颜色"。

c. 单击 OK 来关闭 Select Color 对话框。

颜色样本和所有视口中的流线改变成选中的颜色。

4. 单击 OK 来完成更改，并关闭 Stream Plot Options 对话框。

74.4.2　定制流线宽度和箭头

用户可以通过改变流线的宽度、添加说明流体流动方向的箭头，以及激活显示多个箭头时定制方向箭头的数量来调整当前视口中的流线显示。Abaqus/CAE 使用在 Color 选项中选择的统一颜色来显示方向箭头；更多信息见 74.4.1 节"定制流颜色"。箭头大小随着流线宽度的增减而变化。

若要定制流线宽度和箭头，执行以下操作：

1. 调用 Style 选项。

从显示模块中的主菜单栏选择 Options→Stream。在对话框的底部出现 Style 选项。

2. 拖动 Line thickness 滑块来更改流线宽度。

3. 切换选中 Uniform thickness across streams，使用统一的宽度来显示当前视口中的所有流线。

4. 切换选中 Show direction arrow 来沿着流线显示方向箭头。

5. 拖动 Approx. number of arrows on each streamline 滑块来增加或者减少每一条流线上显示的方向箭头数量。

6. 单击 OK 来完成更改，并关闭 Stream Plot Options 对话框。

75 虚拟拓扑工具集

当用户网格划分零件或者零件实例时，虚拟拓扑工具集允许用户忽略细节，如非常小的面和边。本章包括以下主题：

- 75.1 节 "什么是虚拟拓扑?"
- 75.2 节 "可以使用虚拟拓扑工具集做什么?"
- 75.3 节 "如何处理包含虚拟拓扑的零件或者零件实例?"
- 75.4 节 "如果可以使用虚拟拓扑，为何修补零件?"
- 75.5 节 "基于几何参数来创建虚拟拓扑"
- 75.6 节 "使用虚拟拓扑工具集"

75.1 什么是虚拟拓扑?

在一些情况中,零件或者零件实例包含非常小的面和边等细节。这些特征对于部件的详细加工和包装设计可能非常重要;然而,如果它们对所研究问题的力学影响较小,则在数值分析中,这些小细节是冗余的。实际上,这些小细节可能会过度约束网格的生成,产生不好的网格或者过于精细的网格划分密度。在一些情况中,如果小面和小边出现在用户想要细化网格的区域中,则它们可能很重要。然而,在绝大部分情况中,这些细节不会对分析产生任何影响,因此希望 Abaqus/CAE 在网格生成过程和分析过程中忽略它们。

模型的拓扑是面、边和顶点的复合。虚拟拓扑工具集允许用户操控拓扑,并为网格划分创建简化形式。此简化形式不同于实际的模型,因此称为"虚拟拓扑"。从操控产生的面和边称为"虚拟面"和"虚拟边"。类似地,包含虚拟面和边的零件及零件实例称为"虚拟零件"和"虚拟零件实例"。

虚拟拓扑工具集允许用户通过将小面与相邻的面合并,或者将小边与相邻的边合并来删除小的细节。用户可以直接指定要合并的面或者边,也可以选中要忽略的边和顶点。

例如,图 75-1 所示的活塞在相交面倒圆的地方有一些小细节。这些细节产生的细致网格包括一些长条形状的单元。用户可以使用虚拟拓扑来忽略小细节,生成图 75-2 中所示的质量更好的、更加均匀的网格。

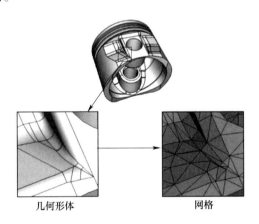

几何形体　　　　　　　网格

图 75-1　小细节产生长条形单元的细致网格

Abaqus/CAE 处理虚拟拓扑的方式与处理标准几何形体的方式相同。例如,用户可以进行如下操作:

- 切割虚拟拓扑。
- 在虚拟拓扑上使用几何形体编辑工具。

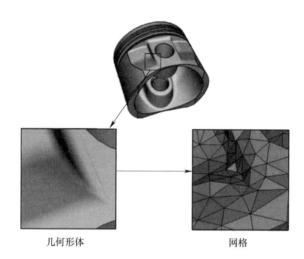

几何形体   网格

图 75-2　使用虚拟拓扑来忽略小细节，从而生成质量更好、更加均匀的网格

- 在虚拟拓扑上使用零件模块工具，如拉伸、扫掠和倒圆。

例如，图 75-3 所示为来自图 75-2 的包含虚拟拓扑的活塞，使用零件模块中的切除工具进行了切割。

注意：当用户将包含虚拟拓扑的零件导出成 ACIS 文件时，Abaqus/CAE 会从导出的零件上删除虚拟拓扑。

图 75-3　切割包含
虚拟拓扑的零件

75.2　可以使用虚拟拓扑工具集做什么?

虚拟拓扑工具集仅在网格划分模块中可用。用户可以对零件施加虚拟拓扑,也可以对装配中的关联实例应用虚拟拓扑。虚拟拓扑工具集允许用户进行如下操作:

组合面或者边

用户可以选中两个或者更多的面或者边,Abaqus/CAE 将它们组合成单独的虚拟面或者虚拟边。如果用户组合两个面,则当 Abaqus 生成网格时,会忽略面之间的任何边。类似地,如果用户组合两条边,则当 Abaqus 生成网格时,会忽略边之间的任何顶点。

忽略边或者顶点

用户可以选择 Abaqus/CAE 将忽略的边或者顶点。忽略两个面之间的边等效于合并面。类似地,忽略两条边之间的顶点等效于合并边;然而,当有大量的面和边要合并时,用户会发现组合工具是有用的。使用忽略创建虚拟拓扑与使用合并创建虚拟拓扑具有相同的效果——Abaqus 生成网格时不考虑忽略的边或者顶点。

自动合并或者忽略对象

用户可以指定 Abaqus/CAE 将用来创建虚拟拓扑的一组几何参数。用户也可以选择区域——面、零件、零件实例或者整个装配体——Abaqus/CAE 将对它们应用选中的参数。虚拟拓扑参数位于 Create Virtual Topology 对话框中,此对话框还包括用于度量和高亮显示对象以及预览虚拟拓扑的工具。完成后,Abaqus/CAE 将创建包含所有变化的单独的虚拟拓扑特征。

重载对象

用户可以使用 Restore Entities 工具来高亮显示已经忽略的所有对象,并选择想要重新激活的特征,而不是删除或者抑制可能包含要忽略的特征以及某些需要使用的特征的虚拟拓扑功能。

要保持网格质量,合并的边和面的夹角应当接近 180°。推荐的角度在 120° 与 240° 之间。用户可以使用角度方法来仅选择在夹角范围中的相邻面。更多信息见 6.2.3 节 "使用角度和特征边方法选择多个对象"。如果一些边或者顶点处包括的角度在此范围之外,则 Abaqus/CAE

会显示警告并允许用户从选择中删除这些边或者顶点。如果用户选择保留锐边，则生成的网格将不处在光滑的面上。图 75-4 显示了不光滑的虚拟面上的网格。

仅当边由两个相邻面共享，或者嵌入在面中时，用户才可以忽略此边。例如，用户不能忽略壳的自由边，或者忽略三个面共享的边，如图 75-5 所示。类似地，仅当顶点由两条相邻的边共享，或者嵌入在面中时，用户才可以忽略此顶点。例如，用户不能忽略线框自由端处的顶点，或者线框与面相交处的顶点，如图 75-6 所示。

图 75-4 当用户对锐边和顶点施加虚拟拓扑时，生成的网格可能会与原始的面显著偏离

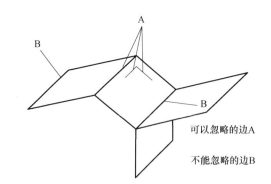

图 75-5 不能忽略的一些边

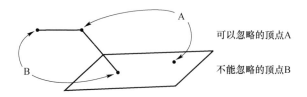

图 75-6 不能忽略的一些顶点

Abaqus/CAE 不支持包含虚拟拓扑区域（合并的面或者合并的边）的所有网格划分技术。具体来说，Abaqus/CAE 不支持以下操作：

- 使用中间轴算法的，采用四边形单元或者四边形为主的单元进行二维的自由网格划分。
- 使用中间轴算法的三维扫掠网格划分。
- 如果要进行网格划分的区域不以四个拐角进行边界限制，则需要进行二维结构网格划分。

- 如果要进行网格划分的区域不以六个侧面进行边界限制，则需要进行三维结构网格划分。

如果用户需要对关联实例施加虚拟拓扑，则用户可以创建原始零件的副本，然后创建副本的独立实例。然后，用户可以使用新的独立实例来替代关联实例，然后对新的独立实例施加虚拟拓扑。更多信息见 13.3.2 节 "关联零件实例与独立零件实例之间的差异"。

用户可以通过将目标侧面上的多个面合并成一个面，来让零件可以进行扫掠网格划分；更多信息见 17.9.3 节 "三维实体的扫掠网格划分"。然而，如果用户将多个面合并成一个面，则网格划分过程可能变得非常慢，并且可能生成不可接受的网格。如果用户试图将大量的面合并成一个面，则 Abaqus/CAE 会显示一个警告，并允许用户更改选择。Abaqus/CAE 根据用户选择的面累积数来计算要组合的面数量。例如，如果用户试图组合的两个面的每一个都包含 5 个组合面，则面累积数将是 10。

75.3 如何处理包含虚拟拓扑的零件或者零件实例?

Abaqus/CAE 将虚拟拓扑存储成对应零件或者装配体的特征。因此，用户可以使用模型树来重命名、抑制、恢复和删除虚拟拓扑特征，但不能编辑虚拟拓扑特征。用户可以重载已经忽略的对象或者使用虚拟拓扑合并的对象。重载实体会在模型树中创建更多新的虚拟拓扑特征——原始虚拟拓扑特征不会发生变化。

用户可以创建包含虚拟面和边的集合和面。此外，如果现有的集合或者面包含已经忽略的边或者顶点，则边或者顶点将从集合或者面中删除。类似地，如果现有的集合和面包含已经合并的面或者边，则 Abaqus/CAE 将原始的面和边替换成新合并的面和边。仅当所有合并的面和边属于同一个集合时，才发生上面的情况。

虚拟拓扑不能导出；例如，如果用户导出成 ACIS 文件的装配包含虚拟拓扑，则 Abaqus/CAE 会从导出的模型中删除虚拟拓扑。当在装配模块中创建装配体时，用户不能合并或者切割包含虚拟拓扑的零件实例。

75.4 如果可以使用虚拟拓扑，为何修补零件？

对于创建一个干净、形状良好的网格，引入虚拟拓扑是一个方便的方法。重点是在分析结果不是非常重要的区域中忽略导致扭曲单元的小几何形体细节。虚拟拓扑放宽了网格必须遵守每一条边或者顶点的要求，使用户可以得到较少细节的简化网格。然而，虚拟拓扑不会改变零件实例的基底几何形体。

当用户合并两个面来形成一个虚拟面时，Abaqus/CAE 更新显示来反映忽略的边。然而，为了形成新虚拟面的基础，Abaqus/CAE 保留了合并面的基底几何形体。网格中的节点将放置在基底几何形体上。因此，粗糙的网格将在整个虚拟面上进行插值，而细致的网格将倾向于收敛到基底组合面的几何形体。虚拟拓扑允许网格定义受到网格参数（如种子大小）的控制，并有助于从施加的几何约束（如小面）中进行自由网格划分。

相比之下，用户可以使用几何编辑工具集，对从第三方应用导入零件时产生的典型小瑕疵进行矫正。用户可以使用几何编辑工具集来矫正基底几何形状；例如，要缝补小的间隙并删除自相交的面，并重新生成有效的代替面。用户也可以使用几何编辑工具集来删除冗余拓扑，如多余的顶点和边。几何编辑工具集能够更改实际的几何形体，几何约束限制了用户施加修补工具的方式；例如，仅当节点位于两个边的公共曲线处时，用户才可以删除冗余的顶点。

当用户导出虚拟零件实例时，虚拟拓扑将丢失，因为虚拟面、边或者顶点不是真实的几何形体。例如，虚拟面是合并面基底集的抽象参考。因此，如果用户需要从零件中删除小的细节，并想要导出保留更改的零件，则用户应当使用几何形体编辑工具集。

75.5　基于几何参数来创建虚拟拓扑

用户可以使用 Create Virtual Topology 对话框中的控制，基于一组几何参数来自动忽略不必要的模型细节。用户可以控制下面的参数来确定 Abaqus/CAE 要与周围几何形体合并的特征：

- 边长度
- 面大小
- 面长宽比
- 面拐角角度
- 表示小台阶特征的面厚度
- 组合相邻边或者面的拐角角度
- 用于将倒圆（倒角或者圆角）与周围面合并的角度和半径控制
- 冗余对象

当超出选中的参数时，Abaqus/CAE 会试图通过合并相邻边和面来简化模型。

冗余对象参数仅可以切换选中或者不选——此参数没有其他设置。冗余实体不会添加到模型的几何形体。冗余对象包括：

- 现有面内部的边
- 分隔其他连续平面或者曲面的边
- 面内部的顶点
- 分隔两条直边或者光滑曲线而不连接新边的顶点

例如，图 75-7 包含四条冗余的边，以及一个冗余的顶点。虚拟拓扑将边与周围的面合并，并将顶点与周围的边合并，仅留下基底长方体。

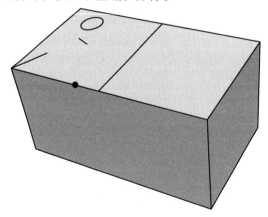

图 75-7　冗余的边和顶点

请记住，冗余对象还可能定义 Abaqus/CAE 中其他工具使用的区域。例如，图 75-7 中的圆边可以定义用于施加压力的面。Create Virtual Topology 对话框中的控制完全基于几何参数；用户应当仔细检查使用虚拟拓扑所做的更改，以确保 Abaqus/CAE 模型定义的其他部分不需要任何更改的对象。

默认情况下，对话框中的所有虚拟拓扑参数都是有效的，如图 75-8 所示。边长度、面大小、台阶特征和弯曲半径的默认值是以选择零件或者零件实例的大小为基础来计算的。其他准则是无量纲的，并且提供了合适的默认值。用户可以切换不选对实体的控制来让虚拟拓扑忽略这些实体。例如，如果某小面是模型的关键因素，则应切换不选 Faces smaller than。

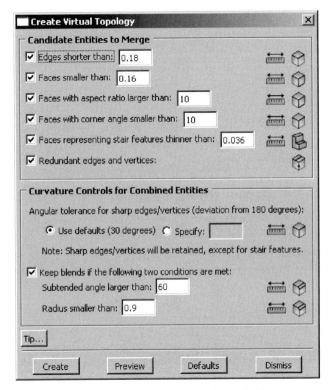

图 75-8　Create Virtual Topology 对话框

为了帮助用户找到潜在的更改，对话框中的每一个参数都包含一些工具，用户可以用它们度量和高亮显示视口中满足对应几何准则的对象。如果高亮显示的条目与其他准则或者模型要求冲突，则不能对这些条目进行更改。要使用工具，单击 Create Virtual Topology 对话框中位于每一个参数右边的图标。度量对象工具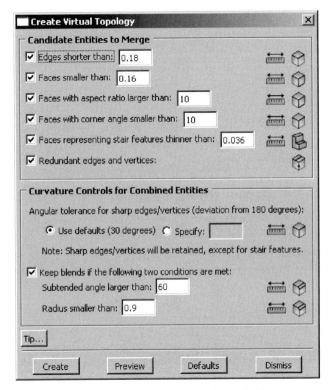允许用户在视口中度量对象。Abaqus/CAE 在信息区域中显示度量值，用户可以使用度量值来细化模型的参数限制。

高亮显示工具，如 Highlight Short Edges ，说明了满足当前参数设置的对象。对于 Create Virtual Topology 对话框的 Candidate Entities to Merge 区域，高亮显示工具说明了可以与周围几何形体合并的对象。

高亮显示工具不考虑模型中参数的组合和任何其他因子，这些参数和因子可能阻止高亮显示的特征与周围的几何形体合并。例如，小台阶特征必须满足使用自动虚拟拓扑的两个替换参数：
- 必须小于指定值的台阶高度或者厚度。
- 将台阶面从周围面分隔开来的对角必须偏离 180°，偏离角度必须比指定的锐边/顶点的角度容差大（下面使用曲率控制进行解释）。

图 75-9 所示为形成台阶特征的角度和面尺寸。如果用户使用高亮显示特征来显示可能的面，则 Abaqus/CAE 不考虑选择高亮显示面时的角度度量。

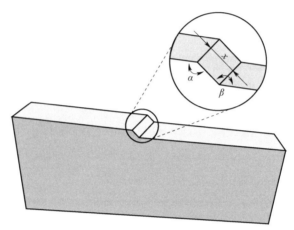

图 75-9　形成台阶特征的角度和面尺寸
x—面厚度　α、β—创建台阶特征的角度

Create Virtual Topology 对话框的 Curvature Controls for Combined Entities 区域用来合并拐角角度和弯曲对象。曲率控制参数和高亮显示工具说明了使用当前的设置会保留的边、顶点或者弯角——虚拟拓扑不会替换的对象。下面的示例说明了 Abaqus/CAE 如何解释拐角角度和弯曲的曲率控制参数。

锐边/顶点的角度容差（偏离 180°）

拐角角度分别是模型中创建一条边的两个相邻面之间的角度，或者是创建一个顶点的两条相邻边之间的角度。如果拐角足够接近 180°，则可以认为是平的，Abaqus/CAE 会考虑使用虚拟拓扑来忽略相关的边或者顶点。如果角度到 180° 的偏离小于 30°，则默认参数设置会认为角度是平的。图 75-10 所示为合并面如何影响生成的网格。上面的两个图使用浅角，因此生成的网格逼近几何形体。下面的图增加了合并面之间的角度，生成了较差的几何形体近似。拐角角度参数也适用于二维零件边之间的角度，以及创建台阶特征的角度。

技巧：要保留所有的拐角角度，指定 0° 的偏离。

保留大包角和小直径的弯角

弯角——圆角或者填充角——必须满足两个参数来避免虚拟拓扑考虑。这是由于包角或者弯曲半径的任何一个都可以创建网格良好近似的事实，但是组合大角度和小半径会导致不

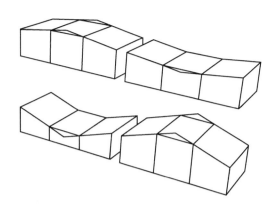

图 75-10　随着角度到 **180°**的偏离逐渐增大，由虚拟拓扑（峰和谷）
替代的拐角角度造成网格与几何形体之间的对应程度降低

好的近似。图 75-11 说明如果两个不同的弯角与周围的几何形体合并，该如何近似弯角。两
个零件的弯曲半径是一样的，但是上面图中的较大包角在拐角处生成不稳定的网格。

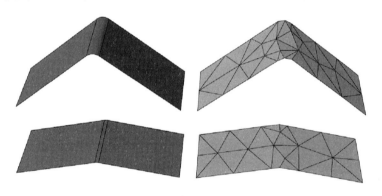

图 75-11　当虚拟拓扑替代大包角时（上面的图），可以产生不稳定的网格

在图 75-12 中，包角是一样的，但是下面图中的小弯曲半径生成了较差质量的网格。

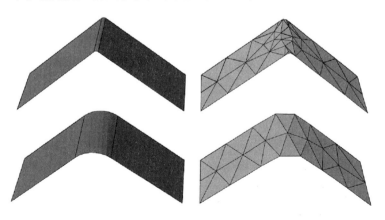

图 75-12　当虚拟拓扑替代小弯曲半径时（上面的网格），会生成较差质量的网格

如何使用 Create Virtual Topology 对话框的详细指导，见 75.6.1 节"自动创建虚拟拓扑"。

75.6 使用虚拟拓扑工具集

本节介绍如何使用虚拟拓扑工具集来在网格划分之前，从零件或者零件实例中删除小细节，以及如何重新加载小细节而不删除虚拟拓扑，包括以下主题：

- 75.6.1 节 "自动创建虚拟拓扑"
- 75.6.2 节 "组合面"
- 75.6.3 节 "组合边"
- 75.6.4 节 "忽略边和顶点"
- 75.6.5 节 "重新载入由虚拟拓扑替换的实体对象"

75.6.1 自动创建虚拟拓扑

用户可以从主菜单栏选择 Tools→Virtual Topology→Automatic Create 来打开 Create Virtual Topology 对话框。使用对话框中的控制来在模型中组合面、组合边或者忽略实体对象。

若要自动创建虚拟拓扑，执行以下操作：

1. 从环境栏中的 Object 域，选择零件或者装配。
2. 从主菜单栏选择 Tools→Virtual Topology→Automatic Create。

技巧：用户也可以使用位于网格划分模块工具箱中的 工具来自动创建虚拟拓扑。

3. 选择要考虑成虚拟拓扑的目标区域。

默认的选择方法是零件或者零件实例，取决于用户在步骤 1 中选择的是零件还是装配。如果需要，用户可以在提示区域中改变选择方法来选择面。

用户可以使用拖拽、[Shift] 键+单击和 [Ctrl] 键+单击的组合来在装配中选择多个零件实例，或者在零件或者装配中选择多个面。用户也可以使用角度方法或者面曲率方法来选择多个面。更多信息见 6.2 节 "在当前视口中选择对象"。

Abaqus/CAE 打开 Create Virtual Topology 对话框。

4. 切换不选用户不希望 Abaqus/CAE 为虚拟拓扑考虑的任何准则。

5. 如果需要，单击 工具来在视口中度量实体对象，此工具位于每一个包括尺寸参数的控制旁边。

根据提示区域中的指导来进行选择。用户可以在一个操作中度量多条边的长度，或者多个面的面积。完成后，单击提示区域中的 Done（如果有必要的话）。

Abaqus/CAE 在信息区域中显示度量值。如果用户选择了多个实体，则 Abaqus/CAE 显示平均值、最小值和最大值。使用度量值来确认或者调整对话框中的虚拟拓扑控制。

6. 单击高亮显示工具，根据对应的参数来显示虚拟拓扑替换的实体对象。例如，![工具图标] 工具高亮显示目标区域中小于当前短边长度设置的边。如果高亮显示的实体对象是模型的一个完整部分，或者合并它们将违反曲率控制参数，则将不进行替换。

注意：曲率控制（拐角和接合）的高亮显示工具说明了根据当前设置将保留的实体对象。

7. 当用户满意控制设置时，单击 Preview 来高亮显示将由虚拟拓扑替代的所有实体对象。

注意：对于大的零件或者装配，或者任何包含许多要替换项目的选择设置，预览功能会花费一些时间。相反，用户可以使用步骤 6 中阐述的高亮显示工具来快速显示满足参数设置的实体对象。

8. 单击 Create 来根据选中的参数设置创建虚拟拓扑。

Abaqus/CAE 高亮显示视口中使用当前选择将变得冗余的任何边或者顶点，并提示用户选择是否应当组合它们。Abaqus/CAE 在模型树中创建 Auto virtual topology 特征来组合或者忽略选中的实体对象。

9. 如果步骤 3 中选择的目标区域仍然有效，则用户可以重复步骤 4~步骤 8 来在同一个区域中创建更多的虚拟拓扑，或者单击 Dismiss 来关闭 Create Virtual Topology 对话框。

如果虚拟拓扑选中的目标区域是无效的，则 Abaqus/CAE 关闭 Create Virtual Topology 对话框，并返回到步骤 3，以便选择新的对象区域。

用户可以使用模型树，通过删除或者抑制 Auto virtual topology 对象来重新载入选中的实体对象；用户可以使用 Restore Entities 工具来重新载入一些实体对象，同时保留剩余的虚拟拓扑特征。有关重新载入单个实体对象的更多信息，见 75.6.5 节"重新载入由虚拟拓扑替换的实体对象"。

75.6.2　组合面

用户可以从主菜单栏选择 Tools→Virtual Topology→Combine Faces 来组合选中的面。在网格划分生成过程中，Abaqus/CAE 将组合的面处理成单个面，或者忽略被删除的边和顶点。

若要组合面，执行以下操作：

1. 从环境栏中的 Object 域，选择零件或者装配。

2. 从主菜单栏选择 Tools→Virtual Topology→Combine Faces。

技巧：用户也可以使用 ![工具图标] 工具来组合多个面，此工具位于网格划分模块工具箱中。

3. 选择用户想要组合的多个面。

用户可以使用拖拽、[Shift] 键+单击和 [Ctrl] 键+单击的组合来选择要组合的多个面。更多信息见 6.2 节"在当前视口中选择对象"。

技巧：如果用户不能选择想要的面，则用户可以使用 Selection 工具栏来改变选项行为。

更多信息见 6.3 节"使用选择选项"。

4. 如果可以忽略选中面任何边端点处的顶点，则 Abaqus/CAE 会高亮显示顶点，并询问用户是否想要在选取中包括它们。单击 Yes 来忽略高亮显示的顶点，单击 No 来保留高亮显示的顶点。

Abaqus/CAE 组合选中的面和顶点。用户可以使用模型树，通过删除或者抑制虚拟拓扑特征来重新载入选中的面和顶点；用户可以使用 Restore Entities 工具来选择要重新载入的面和顶点，同时保留剩余的虚拟拓扑特征。有关重新载入单个实体对象的更多信息，见 75.6.5 节"重新载入由虚拟拓扑替换的实体对象"。

75.6.3　组合边

用户可以从主菜单栏选择 Tools→Virtual Topology→ Combine Edges 来组合选中的边。在网格划分生成过程中，Abaqus/CAE 将要组合的边处理成单个边，并忽略被删除的顶点。

若要组合边，执行以下操作：

1. 从环境栏中的 Object 域，选择零件或者装配。

2. 从主菜单栏选择 Tools→Virtual Topology→Combine Edges。

技巧：用户也可以使用 工具来组合多条边，此工具位于网格划分模块工具箱中。

3. 选择用户想要组合的多条边。

用户可以使用拖拽、［Shift］键+单击和［Ctrl］键+单击的组合来选择要组合的多条边。更多信息见 6.2 节"在当前视口中选择对象"。

技巧：如果用户不能选择想要的边，则用户可以使用 Selection 工具栏来改变选项行为。更多信息见 6.3 节"使用选择选项"。

Abaqus/CAE 组合选中的边。用户可以使用模型树或者 Restore Entities 工具来重新载入选中的边。有关重新载入单个实体对象的更多信息，见 75.6.5 节"重新载入由虚拟拓扑替换的实体对象"。

75.6.4　忽略边和顶点

用户可以从主菜单栏选择 Tools→Virtual Topology→Ignore Entities 来忽略选中的边和顶点。Abaqus/CAE 从装配中删除选中的实体对象，并在生成网格时忽略实体对象。

若要忽略边和顶点，执行以下操作：

1. 从环境栏中的 Object 域，选择零件或者装配。

2. 从主菜单栏选择 Tools→Virtual Topology → Ignore Entities。

技巧：用户也可以使用 工具来忽略边和顶点，此工具位于网格划分模块工具箱中。

3. 选择用户想要忽略的边和顶点的组合。

用户可以使用拖拽、［Shift］键+单击和［Ctrl］键+单击的组合来选择要忽略的多条边或者顶点。更多信息见 6.2 节 "在当前视口中选择对象"。

技巧：如果用户不能选择想要的边或者顶点，则用户可以使用 Selection 工具栏来改变选项行为。更多信息见 6.3 节 "使用选择选项"。

4. 如果可以忽略选中边端点处的顶点，则 Abaqus/CAE 会高亮显示顶点，并询问用户是否想要在选取中包括它们。单击 Yes 来忽略高亮显示的顶点，单击 No 来保留高亮显示的顶点。

Abaqus/CAE 忽略选中的边和顶点。用户可以使用模型树或者 Restore Entities 工具来重新载入选中的实体对象。有关重新载入单个实体对象的更多信息，见 75.6.5 节 "重新载入由虚拟拓扑替换的实体对象"。

75.6.5　重新载入由虚拟拓扑替换的实体对象

用户可以从主菜单栏选择 Tools→Virtual Topology→Restore Entities 来重新载入之前由虚拟拓扑替换的边和顶点。使用重新载入工具允许用户选择单个实体对象来重新载入虚拟拓扑特征，而不是删除或者抑制虚拟拓扑特征，因为虚拟拓扑功能会重新载入所有的实体对象。

若要重新载入实体对象，执行以下操作：

1. 从环境栏中的 Object 域，选择零件或者装配。

2. 从主菜单栏选择 Tools→Virtual Topology →Restore Entities。

技巧：用户也可以使用 工具来重新载入实体对象，此工具位于网格划分模块工具箱中。

Abaqus/CAE 使用蓝色来高亮显示由虚拟拓扑替换的所有实体对象。

3. 选择用户想要重新载入的实体对象组合。

用户可以使用拖拽、［Shift］键+单击和［Ctrl］键+单击的组合来选择要重新载入的多个实体对象。更多信息见 6.2 节 "在当前视口中选择对象"。

4. 单击鼠标键 2 或者单击提示区域中的 Done。

Abaqus/CAE 在模型树中创建 Restore ignored geometry 特征来重新载入选中的实体对象，虚拟拓扑特征不会发生变化。如果存在可以重新载入的更多实体对象，Abaqus/CAE 将继续选取过程。

5. 完成实体对象重新载入后，单击鼠标键 2 或者单击提示区域中的 X 按钮。

第Ⅶ部分　定制模型显示

本部分介绍如何定制模型显示，包括以下主题：

76 定制几何形体和网格显示

本章介绍如何定制几何形体和网格显示。显示模块有其自己的设置来定制模型外观；更多信息见第 55 章"定制图示显示"和第 56 章"定制视口注释"。

本章包括以下主题：

- 76.1 节 "几何形体和网格显示选项概览"
- 76.2 节 "选择渲染风格"
- 76.3 节 "控制边可见性"
- 76.4 节 "控制曲线细化"
- 76.5 节 "定义网格特征边"
- 76.6 节 "控制子结构的透明性"
- 76.7 节 "控制梁截面显示"
- 76.8 节 "控制壳厚度显示"
- 76.9 节 "控制基准显示"
- 76.10 节 "控制各个坐标系的显示"
- 76.11 节 "控制参考点显示"
- 76.12 节 "定制网格显示"
- 76.13 节 "控制模型光照"
- 76.14 节 "控制实例可见性"
- 76.15 节 "控制属性显示"
- 76.16 节 "保存用户的显示选项设置"

76.1　几何形体和网格显示选项概览

根据用户正在使用的模块，Abaqus/CAE 为用户提供以下的菜单选择来定制几何形体和网格显示：

View→Part Display Options

在与几何形体相关的模块中，用户可以使用此菜单项目来控制几何形体渲染风格、边可见性、曲线细化、单元和节点标签以及不同类型基准几何形体的可见性。

View→Assembly Display Options

在与装配关联的模块中，用户可以使用此菜单项目来控制装配风格类型、边可见性以及不同类型基准几何形体的可见性。用户也可以使用此菜单项目来控制网格的显示、单元和节点标签、零件实例、载荷、边界条件和相同装配关联模块中的预定义场。

View→ODB Display Options

此菜单项目仅对显示模块可用。更多信息见第 55 章"定制图示显示"。

用户可以通过从主菜单栏选择 File→Save Options 来保存当前的显示选项，并将这些显示选项应用到后续的 Abaqus/CAE 程序会话中。更多信息见 76.16 节"保存用户的显示选项设置"。

76.2　选择渲染风格

渲染风格是 Abaqus/CAE 显示模型的风格。用户可以通过 View→Part Display Options 和 View→Assembly Display Options 菜单项目,采用以下三种渲染风格中的一种来显示模型:线框、隐藏或者阴影;图 76-1 中显示了这些渲染风格。下面是这些选择的解释。

线框

显示模型边;内部边和外部边都是可见的。线框图会产生类似框架的视觉效果,并不显示面。线框是绘制速度最快的渲染风格。

隐藏

线框图中被模型遮挡的边要么不可见,要么显示成虚线,取决于用户选择的选项(有关此选项的更多信息,见 76.3 节"控制边可见性")。隐藏图会产生类似实体的外观,而不再是线框类型的外观。

阴影

显示填充图,并在模型上投射一个光源,使图产生阴影效果。阴影图产生的视觉效果更加生动。阴影图中连接到面的边总是画成黑色。

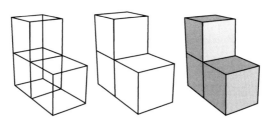

图 76-1　不同渲染风格的模型(从左到右:线框、隐藏和阴影的渲染风格)

若要控制渲染风格,执行以下操作:

1. 调用 Render Style 选项。

从主菜单栏选择 View→Part Display Options 或者 View→Assembly Display Options。在出现

的对话框中单击 General 标签页。

2. 从对话框的顶部单击 Wireframe、Hidden 或者 Shaded 来选择想要的渲染风格。

技巧：用户也可以使用位于 Render Style 工具栏中的线框、隐藏和阴影图标来选择渲染风格。

3. 单击 OK 来完成更改，并关闭对话框。

Abaqus/CAE 以选中的风格来渲染显示，并且用户的更改会在程序会话期间保存。

76.3 控制边可见性

使用 View→Part Display Options 或者 View→Assembly Display Options 菜单项目，用户可以控制以下内容的可见性：

几何边

如果使用隐藏渲染风格来显示零件或者零件实例，则 Abaqus/CAE 默认抑制被遮挡的几何边。另外，如果用户切换选中 Show dotted lines in hidden render style 选项，则 Abaqus/CAE 使用虚线风格来显示被遮挡的边。

如果使用阴影渲染风格来显示零件或者零件实例，则 Abaqus/CAE 默认显示边。非线框边（附加在面上的边）显示成黑色。另外，如果用户切换不选 Show edges in shaded render style 选项，则 Abaqus/CAE 抑制边显示。

如果三维零件或者零件实例包含具有弯曲边的面，则默认情况下 Abaqus/CAE 显示源自面的灰色"轮廓"边，如图 76-2 所示的隐藏线的图像。不像真实的边，轮廓边仅作为显示辅助；例如，用户不能选择或者切割轮廓边。另外，如果用户切换不选 Show silhouette edges 选项，则 Abaqus/CAE 仅显示真实的边。

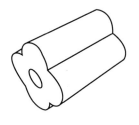 

切换选中轮廓边　　　　　切换不选中轮廓边

图 76-2　显示轮廓边的图像

Abaqus/CAE 使用零件的面片化表示来显示弯曲的零件，用户可以使用 Curve refinement 选项来指定面片化的程度。更多信息见 76.4 节"控制曲线细化"。

参考表示

如果用户正在创建中间面模型，并且已在实体模型中给单元实体赋予了中间面区域，则在参考表示中包含选中单元实体的几何形体。默认情况下，Abaqus/CAE 在零件模块中显示参考表示。然而，用户可以使用 Show reference representation 选项，在显示零件或者装配的所有模块中切换不选显示参考表示。切换不选 Apply translucency 来将参考表示显示成不透明的，以代替默认的半透明外观。有关参考表示的更多信息，见 35.2 节"理解参考表示"。

高亮显示的面

用户可以控制 Abaqus/CAE 显示零件和装配高亮显示的几何形体面的渲染风格。图 76-3 所示为样例零件选中的前表面的三个视图：左图使用点画法，中间图显示了等值线的示例，右图显示了面片法。

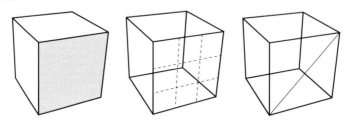

图 76-3　使用 Stippling、Isolines 和 Facets 的高亮显示面

点画法具有性能优势，尤其适用于大的复杂零件和装配。使用等值线可以使用户采用比点画法更容易的线框模式来查看零件或者装配。最后，显示所有零件或者装配的面片可以帮助用户更加有效地调试网格，因为零件或者装配中的网格取决于面片的方向。

网格边

对于网格划分后的零件或者从输出数据库中导入的零件中的网格边，可视化选项有：

All edges

所有边，显示所有的单元边。要查看模型内部的单元边，用户还必须将渲染风格设置成线框。

Exterior edges

外部的边，仅显示模型外部的边。

Feature edges

特征边，仅显示模型外部计算成特征边的边。特征边位于单元法线相差大于"特征角度"的单元之间。有关控制特征角度的更多信息，见 76.5 节"定义网格特征边"。

Free edges

自由边，仅显示属于单个单元的边。自由边显示对于在网格上定位可能的孔或者裂纹是特别有用的。

这些选项如图 76-4 所示。

如果使用阴影渲染风格显示网格，则 Abaqus/CAE 默认显示边。另外，如果用户切换不

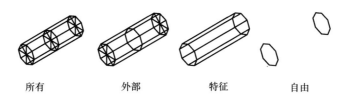

所有　　　　　外部　　　　　特征　　　　　自由

图 76-4　表现网格边显示选项的模型

选 Show edges in shaded render style 选项，则 Abaqus/CAE 抑制边显示。

除了将被隐藏的几何形体边显示成虚线，用户不能控制边的线条类型、颜色或者宽度。

若要控制边的可见性，执行以下操作：

1. 调用边可见性选项。

从主菜单栏选择 View→Part Display Options 或者 View→Assembly Display Options。在出现的对话框中单击 General 标签页。

2. 选择想要的 Geometry 边设置。

3. 选择想要的 Mesh Edges 设置。

4. 单击 OK 来完成更改，并关闭对话框。

用户的更改会在程序会话期间保存。

76.4   控制曲线细化

在显示零件或者零件实例时，Abaqus/CAE 使用曲面和曲边的面片化表示。当用户在零件模块中工作时，用户可以使用 Part Display Options 对话框中的 Curve refinement 选项来指定施加到当前零件的面片化程度。用户可以在极粗糙到极细化之间的五个水平中选择一个。将细化程度设置成 Extra Coarse 可以加速大模型的显示。如果用户想要创建非常精确的打印显示，可以将细化程度设置成 Extra Fine。Abaqus/CAE 仅对当前视口中的零件施加曲线细化设置。

此外，当确定了零件实例之间的接触以及附着线的位置时，Abaqus/CAE 在装配模块中使用零件实例的面片化表示。用户可以使用 Curve refinement 选项来控制接触和位置计算的精度。

若要控制曲线细化，执行以下操作：

1. 调用 Curve refinement 选项。

从主菜单栏选择 View→Part Display Options。在出现的对话框中单击 General 标签页。

2. 选择想要的曲线细化设置。

3. 单击 OK 来完成更改，并关闭对话框。

Abaqus/CAE 仅对当前视口中的零件施加曲线细化设置。

76.5 定义网格特征边

用户可以指定仅网格划分零件的特征边可见，如 76.3 中"控制边可见性"所描述的那样。用户可以使用特征边来隐藏网格提供的细节；特征边通常是网格划分零件的物理边，并且不包括所有的额外单元边。图 76-5 所示为在三个不同特征角度为 0°、5°和 20°情况下的网格划分零件。

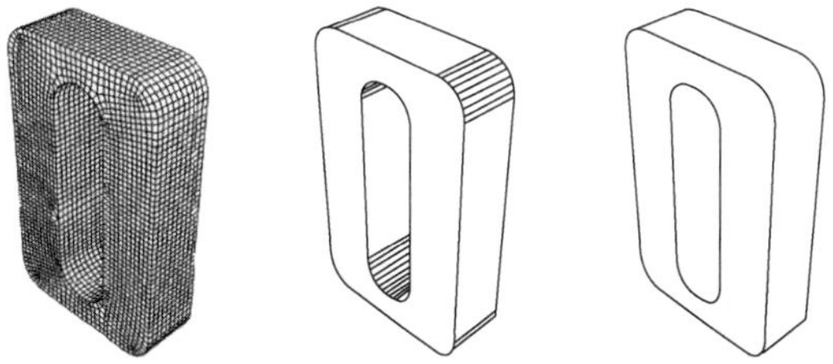

a) 显示特征角=0°　　b) 显示特征角=5°　　c) 显示特征角=20°

图 76-5　特征角度为 0°、5°和 20°的网格划分

将特征边定义成法线之间相差大于"特征角度"的相邻边。当用户选中 Feature 网格边可见时，用户可以定制此特征角度。较大的角度将减少特征边的数量；相反，较小的角度将使更多的边可见。默认的网格特征角度为 20°。

若要设置网格特征角度，执行以下操作：

1. 调用特征角度选项。

从主菜单栏选择 View→Part Display Options 或者 View→Assembly Display Options。在出现的对话框中单击 General 标签页。

2. 从对话框底部网格边的列表中选择 Feature edge。

Abaqus/CAE 在 Feature 的右侧显示一个 Angle 数据域。

3. 单击 Angle 数据输入域，然后输入想要的特征角度。

4. 单击 OK 来完成更改，并关闭对话框。

用户的更改会在程序会话期间保存。

76.6　控制子结构的透明性

用户可以指定模型中的子结构零件和零件实例显示为透明或者不透明。如果用户想要控制零件和装配显示的透明性程度，见 77.3 节"改变半透明度"。

若要让子结构具有透明性显示，执行以下操作：

1. 调用子结构透明性控制选项。

从主菜单栏选择 View→Part Display Options 或者 View→Assembly Display Options。在出现的对话框中单击 General 标签页。

2. 从对话框中部网格相关的选项设置切换选中 Always show substructure with translucency。

3. 单击 OK 来完成更改，并关闭对话框。

用户的更改会在程序会话期间保存。

76.7 控制梁截面显示

如果用户使用线框零件来模拟梁，则用户必须创建参照梁截面的梁截面，并且必须将梁截面赋予线框零件。此外，用户必须给线框零件赋予一个梁方向。然后，用户可以使用 View→Part Display Options 和 View→Assembly Display Options 菜单条目来查看当前视口中零件和装配中的梁截面的真实显示。

当显示梁截面时，Abaqus/CAE 抑制视图切割以及模型的缩放。对于检查是否已经将正确的截面赋予特定的区域，以及赋予的梁方向是否与预期方向一致，显示梁截面是有用的。例如，图 76-6 所示的具有显示梁截面的码头起重机示例。

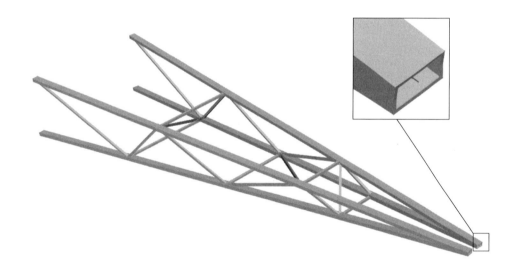

图 76-6 具有显示梁截面的码头起重机示例

如果用户给一个线框赋予一个通用的梁截面，则 Abaqus/CAE 将梁截面显示成具有惯性矩（I_{11} 和 I_{22}）的椭圆横截面，此横截面匹配用户的指定值。如果用户给线框赋予线框截面，则 Abaqus/CAE 将线框截面显示成圆，圆的横截面匹配用户指定的值。

Abaqus/CAE 不会渲染沿着线框长度的梁截面渐变。如果用户的模型包括锥形梁截面，则 Abaqus/CAE 使用整个长度起始处的梁截面来渲染这些梁。有关锥形梁的更多信息，见 12.13.11 节"创建梁截面"。

Abaqus/CAE 依据彩色编码和透明性的当前设置来渲染梁截面。当这些设置改变时，梁截面的颜色和透明性也会改变。

若要控制梁截面显示，执行以下操作：

1. 调用 Render beam profiles 选项。

从主菜单栏选择 View→Part Display Options 或者 Vie→Assembly Display Options。在出现的对话框中单击 General 标签页。

2. 从对话框的底部切换选中 Render beam profiles 来显示梁截面。

3. 如果需要，对梁截面应用 Scale factor 来增大或者减小梁截面的尺寸。默认值为 1。

4. 单击 OK 来完成更改，并关闭对话框。

Abaqus/CAE 使用合适的尺寸和方向来显示梁截面。用户的更改会在程序会话期间保存。

76.8 控制壳厚度显示

如果用户在分析中使用壳单元来模拟相对薄的构件，则用户可以使用 View→Part Display Options 和 View→Assembly Display Options 菜单选项来显示模型中这些壳单元的实际厚度。显示壳厚度可以让用户检查相对于剩余模型的壳几何形体厚度。用户可以施加比例因子来减小或者增加用户程序会话中的壳厚度显示。图 76-7 所示为加强板上的爆破载荷随比例因子变化的效果。

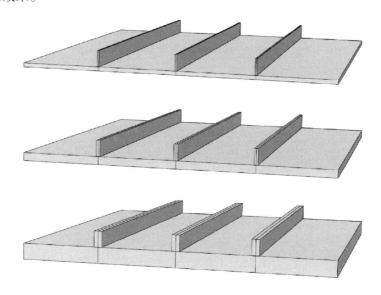

图 76-7　从上到下：壳厚度比例因子设置为 1（默认的）、2 和 4

Abaqus/CAE 仅为三维壳单元渲染壳厚度；不会为轴对称的壳单元显示厚度，如 SAX1 单元。当显示壳厚度时，Abaqus/CAE 也会渲染壳几何形体的边，除非在视口中显示视图切割。Abaqus/CAE 根据彩色编码和透明性的当前设置来渲染壳厚度。当这些设置改变时，壳厚度的颜色和透明性也会改变。

如果已经使用离散场来定义壳厚度或者壳偏置，则 Render shell thickness 选项无效果。壳总是显示零厚度，并且没有偏置。

若要控制壳厚度显示，执行以下操作：

1. 调用 Render shell thickness 选项。

从主菜单栏选择 View→Part Display Options 或者 View→Assembly Display Options。在出现

的对话框中单击 General 标签页。

2. 从对话框的底部切换选中 Render shell thickness 来显示模型中壳截面的壳厚度。

3. 如果需要，对壳厚度施加一个 Scale factor 来增加或者减小壳的厚度。默认值为 1，这将生成壳厚度设置的真实渲染。

4. 单击 OK 来完成更改，并关闭对话框。

Abaqus/CAE 使用合适的厚度来显示选中的零件或者装配中的壳截面。用户的更改会在程序会话期间保存。

76.9 控制基准显示

用户可以使用 View→Part Display Options 和 View→Assembly Display Options 菜单选项来控制当前视口中零件和装配中的基准几何形体的显示。用户可以控制每一个基准类型（点、轴、平面和坐标系）的显示，并且用户可以单独或同时切换它们的显示。用户选择成不显示的基准几何形体虽然不可见，但仍是零件或者装配的一个特征。有关基准几何形体的更多信息，见第 62 章 "基准工具集"。用户也可以控制参考点的显示；更多信息见 11.8.1 节 "参考点"。

装配零件实例时，会影响在零件上创建的基准几何形体；切换不选基准几何形体的显示可以产生更加干净的装配显示。类似地，切换不选基准几何形体的显示对于生成零件或者装配的干净打印图也是有用的。

若要控制基准显示，执行以下操作：

1. 调用 Datum 显示选项。

从主菜单栏选择 View→Part Display Options 或者 View→Assembly Display Options。在出现的对话框中单击 Datum 标签页。

2. 切换合适的按钮来控制下面基准的显示。

- 基准点
- 基准轴
- 基准平面
- 基准坐标系

另外，单击 Show all datums 来显示视口中的所有基准几何形体，或者单击 Show no datums 来隐藏视口中的所有基准几何形体。

3. 单击 OK 来完成更改，并关闭对话框。

用户的更改仅应用到当前的视口，并在程序会话期间保存。

76.10　控制各个坐标系的显示

用户可以高亮显示、显示和隐藏视口中的各个坐标系。Abaqus/CAE 在模拟和后处理过程中提供下面的显示选项：

在模拟过程中控制基准坐标系的显示

所有用户创建的基准几何形体，包括基准坐标系，都被视为施加到零件或者装配中的特征。Abaqus/CAE 提供模型树中零件和装配的 Features 容器的基准坐标系和其他特征的快捷键。用户可以通过单击模型中的快捷键来高亮显示各个基准坐标系；高亮显示时，在视口中将坐标系渲染成红色，并显示坐标系的标题。要在视口中隐藏或者显示坐标系，在快捷键上右击鼠标，然后选择 Suppress 或者 Resume。

用户也可以通过将单个基准坐标系添加到显示组来控制这些坐标系的显示。更多信息见 78.2 节 "管理显示组"。

在后处理过程中控制坐标系的显示

在显示模块中，可用的坐标系分成两组：ODB 坐标系，是输出数据库文件的一部分；程序会话坐标系，是在后处理过程中创建的。程序会话坐标系仅施加到一个输出数据库，并且仅为用户的 Abaqus/CAE 程序会话而延续，除非用户将程序会话坐标系移动到输出数据库。更多信息见 42.8.6 节 "将坐标系保存到输出数据库文件"。

用户可以使用下面技术中的一个来高亮显示、显示或者隐藏各个坐标系。

● 所有可用的坐标系在结果树中的 ODB Coordinate Systems 和 Session Coordinate Systems 容器下面都有快捷键。用户可以单击快捷键来高亮显示视口中的坐标系；高亮显示时，在视口中将坐标系渲染成红色，并显示坐标系的标题。用户也可以通过在快捷键上右击鼠标，然后从出现的列表中选择一个布尔操作符来显示或者隐藏坐标系。

● 用户可以通过将 ODB 坐标系和程序会话坐标系添加到显示组来控制这些坐标系的显示，这些显示组可以使用布尔显示选项来显示或者隐藏。更多信息见 78.2 节 "管理显示组"。

Coordinate System Manager 还提供与选中输出数据库的 ODB 坐标系和程序会话坐标系有关的信息。用户不能从此管理器中更改坐标系的显示，但是用户可以重新命名或者删除它们。更多信息见 42.8 节 "在后处理过程中创建坐标系"。

76.11 控制参考点显示

用户可以使用 View→Part Display Options 和 View→Assembly Display Options 菜单选项来控制当前视口中零件或者装配上的参考点显示。对于生成零件和装配的干净打印图，切换不选参考点的显示是有用的。即使用户选择不显示参考点，这些参考点也仍然是零件或者装配的特征。有关参考点的更多信息，见 11.8.1 节"参考点"。

若要控制参考点显示，执行以下操作：

1. 调用 Datum 显示选项。

从主菜单栏选择 View→Part Display Options 或者 View→Assembly Display Options。在出现的对话框中单击 Datum 标签页。

2. 切换合适的按钮来控制参考点的显示。

- 参考点标签。
- 参考点符号。

3. 单击 OK 来完成更改，并关闭对话框。

用户的更改仅应用到当前的视口，并在程序会话期间保存。

76.12 定制网格显示

用户可以使用 View→Part Display Options 和 View→Assembly Display Options 菜单选项来指定是否在网格划分的零件或者装配上显示节点和单元标签。用户可以选择显示或者抑制本地网格，并且如果显示本地网格，则仅可以在网格划分模块或者所有零件或装配关联的模块中这样操作。如果显示本地网格，则用户可以选择同时显示自下而上的网格截面、非自下而上的网格截面的几何形体，或者两者的几何形体和网格。显示几何形体可以直观地显示网格与几何形体的吻合程度。

若要定制网格显示，执行以下操作：

1. 调用网格显示选项。

从主菜单栏选择 View→Part Display Options 或者 View→Assembly Display Options。在出现的对话框中单击 Mesh 标签页。

2. 切换 Show native mesh 来显示或者抑制本地网格。

当切换选中 Show native mesh 时，用户可以控制下面的选项。

a. 选择下面的一个或者两个选项来显示具有本地网格的几何形体。

● 切换选中 Show bottom-up geometry 来显示已经赋予自下而上技术的区域的几何形体。此选项默认是启用的。

● 切换选中 Show non-bottom-up geometry 来显示已经赋予所有其他网格划分技术的区域的几何形体。此选项默认是切换不选的。

b. 选择下面中的一个选项来控制用户可以显示本地网格的模块。

● 选择 In the Mesh module only，仅在网格划分模块中显示用户的本地网格。

● 从 Part Display Options 对话框选择 In all part-related modules，或者从 Assembly Display Options 对话框选择 In all assembly-related modules，分别在支持显示零件或者装配的所有模块中显示用户的本地网格。

3. 切换 Show node labels 和 Show element labels 可以影响这些项目的显示。

4. 单击 OK 来完成更改，并关闭对话框。

用户的更改会在程序会话期间保存。

76.13 控制模型光照

用户可以使用 View→Light Options 菜单项目来控制模型的光照。当使用 Shaded 渲染风格时，光线会影响当前视口中模型的外观。用户可以控制环境光（Ambient 项）的强度和模型面的反光度（Shininess 项）。用户可以控制至多八个其他光线的位置和强度。光线设置的组合效果可以用来仿真不同的表面处理以及模型上的光线条件。默认的设置为大部分模型中的显示提供了所有特征的良好对比。

使用默认的设置对于网格状、带状等高线图是特别重要的，对于这些图，密集的光线会使云图面片中的颜色变淡，并显示误导性的结果，与图例中的颜色不匹配。如果用户以 EPS、PostScript 或者 SVG 格式打印文件，则在带状云图的打印中也会出现云图颜色的变化。要将带状云图打印成上述格式，并且不创建误导性的云图颜色，需要在打印之前切换不选阴影显示。

全局设置

对整个场景均匀施加环境光线，并在所有方向上照亮模型。低密度环境光线允许位置照明来创建阴影和面云图，将小特征从其他模型区分开来。高密度环境光线会去除阴影，并且使用户难以观察到一些模型特征。

如果用户的计算机显卡支持 OpenGL 阴影语言（GLSL），Abaqus/CAE 会显示全局 Shading 选项，用户可以激活程序会话的 Phong 阴影。Phong 阴影渲染器比默认的 Gouraud 阴影选项更加真实地阴影显示三维面，但 Phong 阴影渲染器可能会显著地影响系统的性能。仅当隐藏网格时才会出现性能影响；如果显示网格（在模拟或者后处理过程中），Abaqus/CAE 渲染器进行 Phong 光线渲染，不会显著地影响性能。

反光度是模型表面的反射能力，用来控制来自位置光源的高光点大小。非常亮的面会像镜子一样反射光线——光线会根据光源的入射角度进行反射。因此，必须正确地将面相对于光源进行布置，才能将光反射到用户的视口中。漫反射光源的面反射光线的随机性较强，可以有更多的角度将光反射到视口中。像高强度环境光那样，低反光度也会遮挡模型的小特征和轮廓。

Viewpoint 选项控制如何计算镜面光线效应。当计算一个点处的反射和镜面光线时，视口假设从相机到每一个点方向上的不变向量。Local 视点以每一点在视口中的位置为基础，为每一点计算各自的方向向量。Local 视点创建更加真实的照明效果，但是降低了整个的性能。

位置光线设置

位置光线提供灯泡效果。位置光线是指从指定位置投影位置光线到模型上，并且此效果随着用户转动模型图而改变。位置光线与反光度一起应用，可以确定用户的模型如何反射光。

光到模型的距离等于相机到模型的距离。用户可以通过指定在模型周围半球上的光 Latitude 和 Longitude 值来指定光的位置。用户也可以指定要使用的光源类型（Type）。Directional 是平面光源；模型上的入射光角度对于所有的平行面都是相等的。Point 是点光源；入射光角度取决于面或者点相对于光的位置。Point 项会创建更加真实的光照效果，但可能降低整体性能。

用户可以控制位置光线的两个不同量：漫反射强度（Diffuse）和镜面强度（Specular）。Diffuse 设置控制位置光线的强度。不像环境光，当增加位置光线的漫反射强度时，面向光位置的面将比模型中的其他面更容易照亮。Specular 设置控制将光线反射到视口的这些面的亮度。用户应当首先设置位置光线的位置和漫反射强度来达到用户期望的阴影。然后，用户就可以使用 Specular 滑块来调整反射光的亮度。

若要控制模型光照，执行以下操作：

1. 调用光照选项。
从主菜单栏选择 View→Light Options。
2. 如果显示 Shading，则选择 Gouraud 或者 Phong 阴影显示。
3. 从 Viewpoint 域选择 Infinite 或者 Local 来定义视点类型。
4. 使用滑块来设置想要的环境光强度。
5. 使用滑块来设置模型面的期望反光度。数值越高，对应的面越亮。
6. 切换选中 Lights 域中的数字来对场景添加一个位置光线。
7. 要改变位置光线的设置，在 Lights 域中单击相关的数字标签。

- 从 Type 域选择 Directional 或者 Point 来定义光线类型。
- 使用滑块来设置想要的光线位置的 Latitude 和 Longitude 值。
- 使用滑块来设置想要的漫反射强度。
- 使用滑块来设置想要的镜面强度。

8. 单击 Defaults 来将所有的光照恢复成默认的设置。
9. 单击 Dismiss 来关闭对话框。

用户的更改会在程序会话期间保存。要为后续的程序会话保存设置，从主菜单栏选择 File→Save Options（见 76.16 节"保存用户的显示选项设置"）。

76.14　控制实例可见性

　　默认情况下，Abaqus/CAE 显示装配中包括的所有零件实例。用户可以选中或者不选所有实例的显示，也可以切换为单个实例的显示。用户已经抑制的零件实例或者不属于当前显示组的零件实例，不能使用此对话框来设置可见性；用户必须使用特征操控工具集或者显示组工具集。更多信息见第 13 章 "装配模块"，或者第 78 章 "使用显示组显示模型的子集合"。

　　本节介绍如何从 Assembly Display Options 对话框中控制实例可见性。用户也可以从模型树或者视口中改变实例的可见性：从模型树中，高亮显示想要显示或者隐藏的零件实例，右击鼠标，并选择 Hide 或者 Show；从视口中，高亮显示想要隐藏的实例，右击鼠标，并从出现的菜单中选择 Hide Instance。

若要控制实例的可见性，执行以下操作：

　　1. 调用 Instance 显示选项。

　　从主菜单栏选择 View→Assembly Display Options。单击出现的对话框中的 Instance 标签页。Instance 选项变得可用，列出了装配中的每一个零件实例。

　　2. 要控制实例的可见性，进行下面的操作。

● 单击 Set All On 来使所有的（除了被抑制的）实例可见。

● 单击 Set All Off 来切换不选所有实例的显示。

● 单击单个的实例名称来切换它们的显示。

　　3. 单击 OK 来完成更改，并关闭对话框。

　　用户的更改仅施加到当前的视口，并在程序会话期间保存。

76.15 控制属性显示

Assembly Display Options 对话框中的 Attribute 选项允许用户控制符号的显示来表示下面的对象：

- 在相互作用模块中创建的相互作用、约束和连接器。
- 在载荷模块中创建的载荷、边界条件和预定义场。
- 在属性模块和相互作用模块中创建的工程特征。
- 在优化模块中创建的优化属性。

用户可以控制这些属性何时和如何显示，并且用户可以单击 Set all on 或者 Set all off 来分别显示或者隐藏所有的属性。有关表示每一个属性的符号的更多信息，见附录 C "特殊的图形符号"。

对于控制显示模块中边界条件、耦合约束、连接器和点单元显示的信息，见 55.10 节 "控制模型实体的显示"。

若要控制属性显示，执行以下操作：

1. 调用 Attribute 显示选项。

从主菜单栏选择 View→Assembly Display Options。单击出现的对话框中的 Attribute 标签页。Attribute 属性选项变得可用。

2. 单击 Main 标签页来指定想要显示的属性，以及想要这些属性在哪些模块中显示。

a. 选择 Show attribute in 选项。

- 选择 Module in which it was created，仅在创建属性的模块中显示它们。例如，载荷将仅在载荷模块中出现，相互作用仅在相互作用模块中出现。

- 选择 All assembly-related modules 来在支持显示装配的所有模块中显示属性。

b. 从 Show 列表选择用户想要显示的属性。视口中仅出现用户选择的属性；例如，如果用户切换选中 Loads 和 BCs，则视口中将仅出现载荷和边界条件符号。用户也可以通过单击 Set all on 来选择所有的种类和每一种类中的所有类型，或者单击 Set all off 来不选所有的种类以及每一种类中的所有类型。

3. 单击 Symbol 标签页来控制属性符号的大小和密度。用户也可以将显示在孤立网格区域中的属性符号数量减少到最大允许数量的一部分。

a. 指定符号大小偏好（Size 项）。值设置得越高，视口中显示的符号越大。

- 拖动 Arrows 滑块来指定箭头符号的大小。

- 拖动 Other symbols 滑块来指定所有非箭头的符号大小。

● 切换不选 Scale symbols based on analytical field value 来删除指定分析场的属性符号的缩放。更多信息见 58.4 节"以符号显示使用分析场的相互作用和指定条件"。

b. 如果用户正在操作几何形体，应指定属性符号的期望密度。密度设置得越大，Abaqus 用来表示每一个属性的符号就越多。

● 拖动 Face density 滑块来控制出现在面上的符号密度。

● 拖动 Edge density 滑块来控制出现在边上的符号密度。

改变符号密度设置的效果，会因视口中区域的大小而异。

c. 如果用户想要降低显示在孤立网格区域上的属性符号密度，则可在 Fraction of symbols displayed on orphan mesh regions 域中输入 0 到 1 之间的一个值。值越高，Abaqus/CAE 用来表示每一个属性的符号就越多。选择默认密度 1 会提示 Abaqus/CAE 在区域中的每一个网格对象上绘制符号。

4. 单击感兴趣的属性标签页来指定想要在视口中显示的特定属性种类和类型。例如，如果用户单击 Load 标签页，则出现载荷种类的列表。如果用户单击种类旁边的箭头，则出现此种类中所有载荷类型的列表。

使用下面的技术来指定想要显示的属性种类和类型。

● 单击感兴趣种类旁边的箭头。从出现的类型列表中选择想要显示的类型。

● 切换想要的种类。此操作可选择或者不选此种类中的所有类型。

● 单击 Set All On 来选择所有的种类以及每一种类中的所有类型。

● 单击 Set All Off 来不选所有的种类以及每一种类中的所有类型。

选中种类中的所有类型后，种类标签旁边的勾选框勾选黑色对号。当此种类中的类型只有部分选中时，勾选框变成浅灰色并且对号变成深灰色。

注意：指定的属性种类和类型，仅在步骤 2 中切换该属性时才会显示在视口中。

5. 根据需要，重复前面的步骤来显示特定的种类和感兴趣的其他属性。

6. 在 Assembly Display Options 对话框的底部单击 OK 来完成当前视口中用户的显示设置，并关闭对话框。

76.16　保存用户的显示选项设置

如果用户更改显示选项设置（例如，如果用户更改渲染风格或者切换不选基准平面的显示），则用户可以为后续的程序会话存储新的设置。Abaqus/CAE 在 abaqus_2016. gpr 文件中保存用户的设置。更多信息见 2.1.3 节"使用 abaqus_2016. gpr 文件"。

从主菜单栏选择 File→Save Display Options 来保存所有当前的显示选项设置。出现 Save Display Options 对话框，允许用户在当前的目录或者主目录中保存选项。

用户可以在 Abaqus 脚本界面中使用 API 命令来编辑 abaqus_2016. gpr 文件；更多信息见《Abaqus 脚本用户手册》的 8.4 节"编辑显示优先设置和 GUI 设置"。用户也可以删除文件来恢复默认的 GUI 和显示选项设置，并且用户可以将文件复制到计算机上的其他目录，或者将文件传输到不同的计算机上。当用户保存来自 abaqus_2016. gpr 文件的设置时，Abaqus/CAE 总是保存所有的当前设置，并且总是覆盖之前保存的所有设置。用户不能仅保存选中的设置。用户可以使用 noSavedOptions 命令行选项来启动 Abaqus/CAE，而不加载 abaqus_2016. gpr 文件中的设置。更多信息见 2.1.1 节"启动 Abaqus/CAE（或者 Abaqus/Viewer）"。

Abaqus/CAE 会在 abaqus_2016. gpr 文件中保存下面的显示选项：

● 零件和装配显示选项。例如，渲染风格、不同类型基准几何形体和仿真属性的可见性，以及网格、单元和节点标签的显示。

注意：Assembly Display Options 对话框 Main 标签页中的设置不会保存在 abaqus_2016. gpr 文件中；然而，仿真属性类型的设置和其他在标签页上指定的类型（如 Interaction 和 Load）会保存在 abaqus_2016. gpr 文件中。更多信息见 76.15 节"控制属性显示"。

● 图形选项和视口注释选项。Abaqus/CAE 也保存透视设置。

● 打印选项。

● 显示模块中的显示选项。例如，云图的类型，以及常用显示选项中的填充颜色和渲染风格。

● 显示模块中的动画选项。

● 显示模块中的其他选项。例如，探针、场报告、X-Y 图和 X-Y 报告选项。

77　彩色编码几何形体和网格单元

本章介绍如何将彩色编码应用于可见的几何形体和网格单元，包括以下主题：

77.1 理解彩色编码

本节包括以下主题：
- 77.1.1 节 "彩色编码概念"
- 77.1.2 节 "显示模块中的彩色编码"

77.1.1 彩色编码概念

　　用户可以通过彩色编码当前视口中可见的几何形体和网格单元，来区分模型或者输出数据库中的组件。Abaqus/CAE 根据 Color Mappings 施加彩色编码，颜色映射为特定类型目标的每一条目指定要赋予的颜色，如零件、截面赋予、边界条件或者显示组。图 77-1 显示的例子中，颜色是通过零件映射的，每一行都描述了赋予模型中三个零件定义之一的颜色。Color Code 对话框提供了一个图例，用于描述当前视口中显示的所有彩色编码。

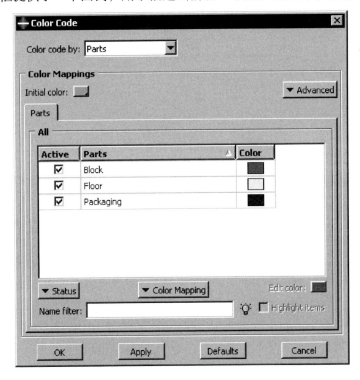

图 77-1　Color Code 对话框

彩色编码分为两层。所有几何形体和网格单元首先使用 Initial color 着色，默认可以定制的设置是灰色的（更多信息见 77.2 节"改变初始颜色"）。然后，Abaqus/CAE 会在初始颜色的基础上根据用户选择的颜色映射中的颜色和对象来施加彩色编码。如果用户应用了颜色映射，如边界条件、载荷或者集合，Abaqus/CAE 通常仅对模型中被映射到的点或者面进行彩色编码，而其他区域保持初始颜色。

Abaqus/CAE 通过将每一个条目名称与 Auto-Color List 中的颜色关联，来自动为模型中的所有条目创建颜色映射。通过将 Auto-Color List 与按字母顺序的条目名称列表匹配来选择颜色；因此，图 77-1 中的 Parts 例子，使用 Auto-Color List 中的第一个颜色来对 Block 进行彩色编码，使用第二个颜色来对 Floor 进行彩色编码，以此类推。颜色赋予仅取决于条目名称；因此，在 Color Code 对话框中重新归类这些条目不会改变颜色赋予。

注意：如果在模型中，两个或者多个项目共享一个区域，如给面赋予一个蒙皮截面，并且给整个块赋予实体截面时，则将会使用条目的颜色定义来着色公共的区域，这些条目的名称将在后面的字母顺序表中出现。每次赋予颜色时，Abaqus/CAE 都会重新定义映射颜色。

因为每一个颜色映射都是条目名称与颜色定义之间的一组链接，所以 Abaqus/CAE 中模块之间的颜色映射一致，并且模型数据库与模型的输出数据库之间的映射也一致。然而，因为 Abaqus/CAE 依赖对象的名称进行彩色编码，所以在重新命名对象时无法保留与该对象关联的彩色编码。相比而言，当用户从模型中删除对象定义时，Abaqus/CAE 通常会删除对象的颜色定义；两个例外是材料和截面定义，即使用户删除了材料和截面定义，材料和截面的彩色编码也会在视口中保持不变。若要在删除材料或者截面定义后刷新当前视口中的彩色编码，用户必须施加颜色映射，或者切换到不同的模块。Abaqus/CAE 为每一个模块提供了默认的颜色映射。例如，当在网格划分模块中显示 Mesh defaults 颜色映射时，Abaqus/CAE 会根据对象的可网格划分性来彩色编码视口中的条目。每一个模块的默认颜色映射仅可以在各自的模块中使用；用户不能在属性模块中使用 Mesh defaults 颜色映射中的赋予来彩色编码对象。模块的默认映射不能编辑，并且模块默认映射对应于 Abaqus/CAE 在未应用彩色编码的情况下使用的默认颜色。

颜色映射是视口特定的，并且在一些情况中，模块之间的颜色映射保持不变。模块之间彩色编码的不变性取决于用户是否拥有当前模块显示的默认颜色映射：

● 如果选择了模块的默认颜色映射，则当用户切换模块时，Abaqus/CAE 会自动更改颜色映射。例如，如果用户在装配模块中选择 Assembly defaults 颜色映射，然后切换到网格划分模块，Abaqus/CAE 将自动地施加 Mesh defaults 颜色映射。

● 如果选择了非默认的颜色映射，则用户切换模块时，Abaqus/CAE 会保留颜色映射。例如，如果用户在装配模块中选择 Part instances 颜色映射，然后切换成网格划分模块，Abaqus/CAE 将继续通过零件实例名称，而不是网格可划分性来进行彩色编码。

当用户更改颜色映射时，Abaqus/CAE 仅在当前的视口中刷新彩色编码，同时保留其他未激活可见视口中的任何彩色编码。当用户给程序会话添加新的视口时，新视口继承之前的当前视口的颜色映射。

创建颜色映射后，用户可以通过更改赋予单个对象的颜色，来定制颜色映射（除了模块默认的颜色映射）。用户也可以切换选中颜色映射中单个对象的有效状态，这些有效状态控制在当前的视口中，是否对单个对象进行彩色编码。不激活彩色编码的对象使用初始的颜色来渲染。Color Code 对话框还提供排序和过滤工具，用来显示颜色映射中对象的子集合。这些工具可以帮助用户在颜色映射具有许多对象时进行集中显示。

77.1.2　显示模块中的彩色编码

显示模块中的彩色编码与其他 Abaqus/CAE 模块中的彩色编码有稍许不同。使用 Common Plot Options 或者 Superimpose Plot Options 对话框中的 Color & Style 选项，用户可以控制模型的整个边和填充颜色。使用这些选项，用户可以为所有的单元边和面边选择一种颜色，以及为所有的单元面和面选择不同的颜色。对整个模型均匀施加用户选择的颜色。

用户也可以使用 Color Code 选项来控制单个单元和零件实例的颜色。Color Code 对话框允许用户为各个条目分别选择颜色。用户必须使用 Color Code 选项来执行复杂的、非均匀的色彩设计。

默认情况下，个体的条目颜色会覆盖整体公共的或者叠加的边颜色和填充颜色。用户可以通过使用 Common Plot Options 或者 Superimpose Plot Options 对话框中的 Color & Style 选项，来指定是单个条目颜色优先，还是应当优先整体条目来改变此行为（单个条目颜色不适用于云图）。

显示模块提供的颜色映射是比其他模块中可以使用的颜色映射更小的子集合。当在当前视口中显示输出数据库时，可以使用彩色编码的颜色映射有零件实例、单元、节点、约束、材料、截面、显示组、平均区域、内部集合、铺层和叠层；当显示当前模型数据库中的模型时，唯一可以使用的颜色映射是零件实例。然而，当用户为当前视口中的单个对象定制颜色时，用户可以控制边和填充颜色，并且用户可以选择给整个模型施加彩色编码，或者仅对模型的节点和单元施加彩色编码。此外，显示模块中的设置取决于其他选项；当用户在 Color Code 对话框中指定单个条目颜色时，Abaqus/CAE 会根据当前视图的两个特征来施加颜色：

颜色优先设置

如果在 Common Plot Options 或者 Superimpose Plot Options 对话框的 Color & Style 页上，切换选中了 Allow color code selections to override options in this dialog，则 Abaqus/CAE 应用颜色。

渲染风格

在线框和隐藏渲染风格中，Abaqus/CAE 仅显示单元边。如果当前的图使用线框或者隐藏风格，则 Abaqus/CAE 会将单个项目颜色应用于这些边。

在填充和阴影渲染风格中，Abaqus/CAE 显示单元面和单元边。如果当前图使用填充或者阴影渲染风格，则 Abaqus/CAE 会对单元面施加单个条目填充颜色，以及对单元边施加单个条目边颜色。

在填充和阴影渲染风格中，将线类型单元（如梁）的线视为面。在填充和阴影渲染风格中，Abaqus/CAE 对表示这样单元的线施加单个条目填充颜色。

77.2　改变初始颜色

Abaqus/CAE 通过对当前视口中可显示的几何形体和网格单元施加 Initial color 来开始彩色编码过程。默认情况下，此初始颜色是灰色的，但是用户可以通过从 Initial color 域选择下面的一个选项来定制初始颜色：

● 用户可以选择当前颜色，提示 Abaqus/CAE 来保留视口中显示的当前颜色。选择此项不会更改任何颜色；因此，在用户不想改变已经施加到视口中几何形体或者网格单元的颜色时，此选项是非常有用的。

● 用户可以设置初始颜色，来显示映射到用户选取模块的默认颜色。对单独选取对象的默认颜色进行重新设置，而不从视口中删除所有的颜色变化，此选项是有用的。例如，当用户在装配模块中选择此选项时，Abaqus/CAE 会根据装配模块的默认设置来彩色编码装配的构件：Display body、Geometry、Native mesh 和 Orphan mesh。

● 用户可以将定制颜色选择成初始颜色。

如果用户在显示模块以外的其他模块中操作，则用户可以使用 Color Code 工具栏中的半透明工具来让初始颜色半透明，并选择半透明的程度。更多信息见 77.3 节"改变半透明度"。

注意：在显示模块中，用户在 Common plot options 对话框或者 Superimpose plot options 对话框中的 Other 页中控制透明性。更多信息见 55.2 节"定制渲染风格、半透明度和填充颜色"。

若要更改初始颜色，执行以下操作：

1. 单击 Color Code 工具栏中的工具。

Abaqus/CAE 显示 Color Code 对话框。

2. 单击并按住 Initial color 样本，然后从出现的列表中选择下面的一个选项。

● 选择等号（=）来选择当前的颜色。

● 选择星号（*）来选择模块的默认颜色映射。

● 选择颜色样本（■）来选择一个定制颜色。选择颜色样本符号会打开 Select Color 对话框，以便用户选择一个新颜色（更多信息见 3.2.9 节"定制颜色"）。

3. 单击 Apply。

Abaqus/CAE 显示当前视口中新的初始颜色选择。

77.3　改变半透明度

默认情况下，Abaqus/CAE 使用不透明颜色，以阴影渲染风格来显示几何形体和网格单元。视口中，内部特征和"接合"其他对象的特征不可见。在一些情况中，Abaqus/CAE 可以改变模型的半透明度来帮助用户在过程中选择模型内部或者被隐藏的对象。当一个过程不要求半透明时，用户也可以使用 Color Code 工具栏中的 ⬚ 工具来切换选中或者不选半透明度。

要设置 Abaqus/CAE 使用的半透明百分比，单击 ⬚ 工具右侧的箭头。Abaqus/CAE 显示一个竖直滑块。向上拖动滑块使颜色显示更加不透明，向下拖动滑块使颜色显示更加透明。

注意：在显示模块中，用户从 Common plot options 对话框或者 Superimpose plot options 对话框的 Other 页中控制半透明度。更多信息见 55.2 节"定制渲染风格、半透明度和填充颜色"。

77.4　着色几何形体和网格单元

本节介绍在显示模块以外的其他任何模块中，如何对几何形体和网格单元施加彩色编码。如果用户想要在显示模块中施加彩色编码，见 77.5 节"在显示模块中着色所有的几何形体"，或者 77.6 节"在显示模块中着色节点或者单元"。

Abaqus/CAE 根据为指定类型的对象映射的颜色，来对当前视口应用彩色编码，例如零件实例、材料、截面或者显示组。本节介绍如何检查特定颜色映射中的颜色赋予，以及如何将颜色映射中的赋予应用到当前视口。

Abaqus/CAE 提供两种方法让用户对当前视口中的预定义对象类型施加彩色编码。用户可以通过从紧挨着 Color Code 工具栏中工具右侧的列表，选择颜色名称来快速选择颜色。Abaqus/CAE 使用颜色映射中指定的彩色编码来刷新当前的视口。另外，用户可以从 Color Code 对话框中选择颜色映射。如果用户想要定制颜色映射，则必须使用该对话框。对于提供改变单个对象颜色赋予的选项的具体描述，见 77.8 节"定制单个对象的显示颜色"。

若要使用工具栏列表来施加颜色映射，执行以下操作：

1. 调用颜色映射列表。

列表紧挨着 Color Code 工具栏中工具的右侧。

2. 从列表选择一个颜色映射。

Abaqus/CAE 根据 Color Code 对话框中显示的颜色，对几何形体和网格设置进行彩色编码。

若要使用彩色编码对话框来施加颜色映射，执行以下操作：

1. 单击 Color Code 对话框中的工具。

Abaqus/CAE 显示 Color Code 对话框，此对话框为当前的模块显示默认的颜色映射。

2. 如果用户想要彩色编码几何形体或者网格单元，请从 Color Code by 列表中选择一个颜色映射（如果用户正在执行不同的彩色编码操作，参考 77.5 节"在显示模块中着色所有的几何形体"，或者 77.6 节"在显示模块中着色节点或者单元"）。

Abaqus/CAE 在对话框的 Color Mapping 部分中显示选中的颜色映射。

3. 单击 Apply。

Abaqus/CAE 根据 Color Code 对话框中显示的颜色来彩色编码当前的视口。

77.5　在显示模块中着色所有的几何形体

本节介绍当用户在显示模块中操作时，如何对当前视口中的所有可见几何形体施加彩色编码。要从其他 Abaqus/CAE 模块中对几何形体和网格单元施加彩色编码，见 77.4 节"着色几何形体和网格单元"。要通过在显示模块中选择节点或者单元，而不是对整个几何形体进行彩色编码，见 77.6 节"在显示模块中着色节点或者单元"。

如果用户在显示模块中选择了一个输出数据库，则当用户对所有的几何形体施加彩色编码时，用户可以选择下面的颜色映射：

- Part instances
  零件实例。
- Element sets
  单元集合。
- Materials
  材料。
- Sections
  截面。
- Element types
  单元类型。
- Averaging regions
  平均区域。
- Internal sets
  内部集合。
- Composite layups
  复合材料铺层。
- Composite plies
  复合材料叠层。

当在显示模块中选中当前模型数据库中的一个模型时，仅可以使用 Part instances 彩色编码选项。

Abaqus/CAE 在 Color Mappings 表中列出了当前选择方法的所有条目。用户在 Color Code 对话框中选择一个颜色映射后，还可以定制单个项目的颜色显示。更多信息见 3.2.11 节"从列表和表格中选择多个项"。用户可以从表直接选择，也可以选择多个单元实体；更多信息见 3.2.11 节"从列表和表格中选择多个项"。

若要从显示模块中对视口中的所有几何形体应用颜色映射，执行以下操作：

1. 单击 Color Code 工具栏中的 工具。

Abaqus/CAE 显示 Color Code 对话框，此对话框显示当前模块的默认颜色映射。

2. 从 Color Code 列表中选择 All。

3. 从 By 列表，选择想要应用的颜色映射名称。

4. 单击 Apply。

Abaqus/CAE 根据 Color Code 对话框中显示的颜色来对当前视口进行彩色编码。

77.6 在显示模块中着色节点或者单元

在当前视口中选择输出数据库后，用户可以彩色编码选中的 Nodes 和 Elements 来定制视口中结果的显示。使用 Color Code 对话框的步骤介绍，见 77.4 节"着色几何形体和网格单元"。要通过选中条目属性，而不是节点和单元进行彩色编码，见 77.8 节"定制单个对象的显示颜色"。

对于 Element 和 Node 条目类型，用户的条目选择因用户从 Color Code 对话框顶部的 By 列表中选择的方法而异。一些选择方法要求用户填写 Color Mappings 表中的信息。无论是 Abaqus/CAE 还是用户来完成 Color Mappings 表，一旦完成，用户就可以选择多个单元体来改变节点和单元颜色、节点符号形状以及节点符号大小（更多信息见 3.2.11 节"从列表和表格中选择多个项"）。

在改变节点和单元颜色时，用户必须从 Select Color 对话框中选择想要的颜色。Abaqus/CAE 不支持节点和单元的自动彩色编码。此外，当检查 Nodes 和 Elements 的颜色映射时，Color Mappings 表中的列不能进行归类；如果用户需要从大表中寻找节点或者单元名称，可以考虑使用过滤器。

当用户关闭对话框或者切换视口时，Color Code 对话框不保留节点和单元的着色选取。在改变节点和单元颜色时，用户应当考虑经常保存颜色宏（减少重复操作时间的浪费）；更多信息见 77.11 节"保存和重新载入定制的颜色映射"。

选择下面的一个方法来着色模型中的单元和节点：

从视口拾取

选择 Pick from viewport，从视口中直接拾取单元或者节点。单击 Edit Selection 或者 Add Selection，编辑一个现有的行或者对 Color Mappings 表添加一个新行。Abaqus/CAE 自动进入拾取模式，并在提示区域出现 Select items for color coding。有关在视口中拾取条目的更多信息，见第 6 章"在视口中选择对象"。单击 Delete Selection，可以从表删除高亮显示的行。

单元标签（节点标签）

选择 Element labels 或者 Node labels 来通过编号指定单元或者节点。对于 Color Mappings 表中的每一行，从 Part instance 列的列表中选择节点或者单元所属的零件实例名称，并在 Labels 域中输入以逗号分隔的单元编号或者节点编号的列表，或者编号的范围（如 1：4）。如果需要，用户可以使用不是 1 的数字作为操作符来指定一个范围；例如，1：21：5 可以标记为 1、6、11、16 和 21 的项目。

结果值

选择 Result value 可以指定包含给定值范围的结果的单元或者节点。

要考虑的输出变量显示在 Field Output 按钮右侧的 Color Mappings 表底部。要选择一个新结果变量，单击 Field Output；有关 Field Output 对话框的更多信息，见 42.5 节 "选择要显示的场输出"。从 Type 单元实体中的过滤方法进行选择；符号表示结果在选中值或者范围以下 、内部 、外部 或者以上 。在 Min value 和 Max value 单元体中输入所需的一个或者多个值，来指定用户选中的过滤器类型的范围。用户可以向表中添加行，并选择不同的过滤方法和结果范围，但所有的行都引用同一个场输出变量。在过滤过程中会使用模型中的每一个单元（或者节点），而不管当前活动的显示组是什么。

注意：基于单元或者节点输出变量的过滤边界，总是基于节点处的变量值。因此，基于单元的输出量，在将它们与用户定义的边界对比前，就要在节点处进行外推和平均。Result Options 对话框中的平均设置，决定了在节点处如何计算基于单元的变量。例如，有一种情况，基于密塞斯应力来过滤单元，密塞斯应力使用默认的 75% 平均阈值。在外推到节点之后，根据此阈值来对值进行平均。这种条件平均可能导致节点处产生几个不同的密塞斯应力值，这些不同值来自节点所属的不同单元给出的贡献。彩色编码选择中所包括的任何单元，其密塞斯应力贡献都落入用户定义的范围中。

所有的单元（所有节点）

选择 All elements 或者 All nodes 来选择模型中指定类型的所有项目。无需进一步的项目指定。

节点集合

选择 Node sets 来为用户模型中保存的节点集合指定一个新颜色。Color Mappings 表列出了所有可以使用的集合名称。用户可以通过使用 All 项目类型来选择单元集合。

内部集合

选择 Internal sets 来指定内部（Abaqus/CAE 创建的）节点集合或者单元集合。Color Mappings 表列出了所有可以使用的集合名称。

显示组

选择 Display groups 来指定已保存的显示组。Color Mappings 表列出了所有可以使用的显示组名称。

零件实例

选择 Part instances 来为选中零件实例中的所有节点指定一个新颜色。Color Mappings 表列出了模型中的所有零件实例。

要选择零件实例中的所有单元，对 All 项目类型使用 Part instances 方法。

77.7　在显示模块中着色约束

　　本节介绍当用户在显示模块中操作，并选中输出数据库时，如何对当前视口中显示的约束应用彩色编码。要在显示模块中彩色编码所有的几何形体，见 77.5 节"在显示模块中着色所有的几何形体"。

若要对视口中显示的约束应用颜色映射，执行以下操作：

　　1. 单击 Color Code 工具栏中的 工具。

Abaqus/CAE 显示 Color Code 对话框，此对话框显示当前模块的默认颜色映射。

　　2. 从 Color Code 列表中选择 Constraints。

　　3. 在 Constraint Ty pes 列表中，编辑任何已经赋予的颜色。

　　4. 单击 Apply。

Abaqus/CAE 根据 Color Code 对话框中的选择来彩色编码当前的视口。

77.8　定制单个对象的显示颜色

本节介绍如何定制单个对象的显示；这些例子适用于整个 Abaqus/CAE，包括显示模块。Abaqus/CAE 为用户的视口创建自动颜色映射后，用户可以通过改变在颜色映射中赋予单个对象的颜色来定义颜色显示。Color Code 对话框在 Color Mappings 表的同一行中显示每个对象及其赋予的颜色。对于每个对象，用户可以选择不同的颜色，激活或者抑制对象的显示，并为选中的对象设置（或者恢复成）默认的颜色。Color Code 对话框还提供选项来支持每一个对象的颜色管理：用户可以通过对象名称来过滤、排序表列，以及高亮显示选中的对象。

在显示模块中，用户可以对整个视口应用彩色编码，或者仅对节点或单元应用彩色编码。用户在其他 Abaqus/CAE 模块中，不能彩色编码模型数据库中的节点或者单元。

对于定制单个对象的显示颜色，可以使用下面的方式：

为一个单个项目改变填充颜色

Color 列显示赋予每一个对象的填充颜色。要选择一个不同的颜色，双击此行中的颜色样本█，或者高亮显示颜色样本并单击 Edit color 颜色样本。Abaqus/CAE 打开 Select Color 对话框，从此对话框中，用户可以选择一个新填充颜色（有关选择定制颜色的更多信息，见 3.2.9 节"定制颜色"）。当用户单击 Apply 时，Abaqus/CAE 使用用户选择的新填充颜色来刷新当前的视口。

为单个项目改变边颜色（仅显示模块）

当用户从显示模块打开 Color Code 对话框时，对话框会包括 Edge 列，此列显示赋予每一个对象的边颜色。用户不能在任何其他模块中定制边颜色。

要改变单个项目的边颜色，双击行中的颜色样本█，或者高亮显示颜色样本，单击并按住 Edit color 符号（＝、＊或者█）。Abaqus/CAE 打开 Select Color 对话框，从此对话框中用户可以选择一个新的边颜色（有关选择定制颜色的更多信息，见 3.2.9 节"定制颜色"）。当用户单击 Apply 时，Abaqus/CAE 使用用户选择的新边颜色来刷新当前的视口。

激活和抑制表行

Abaqus/CAE 仅为激活的对象显示彩色编码；使用初始颜色来渲染未激活的对象。在颜色映射中抑制一些对象的彩色编码，可以简化显示，并帮助用户检查或者调试模型。

注意：用户不能在模块默认的颜色映射中抑制对象的彩色编码。

要为对象切换彩色编码的激活状态，单击 Status 并从出现的列表中选择一个激活或者抑制选项。如果用户选择 Activate all 或者 Deactivate all，则 Abaqus/CAE 为 Color Mappings 表中的所有行切换 Active 列的状态。如果用户选择 Activate selected 或者 Deactivate selected，则 Abaqus/CAE 仅为高亮显示的行切换 Active 列的状态。用户也可以选择或不选 Active 列中的复选框来切换这些行中对象的彩色编码状态。当用户单击 Color Code 对话框中的 Apply 时，Abaqus/CAE 仅为激活行的当前视口应用彩色编码。

高亮显示选中的对象

选择 Highlight items 复选框，可以在 Color Mappings 表中选中项目的行周围高亮显示边框。Abaqus/CAE 仅为下面的颜色映射实施高亮显示：Part instances、Sets、Surfaces、Internal sets 和 Internal surfaces。当对节点或者单元应用彩色编码时，不能高亮显示对象。

恢复到默认颜色并设置新的默认

在对单个对象的显示颜色进行更改后，用户可以通过单击 Color Mapping，然后从出现的列表中选择 Restore Defaults 来恢复到默认的颜色设置。另外，如果用户想要让做出的更改成为程序会话的新默认颜色映射，请从同一个列表中选择 Set As Defaults。

自动着色单个对象

用户可以在颜色映射中对选择的对象应用自动着色。选择用户想要更改的个别对象，然后从 Color Mapping 列表中选择 Auto-color Selected。Abaqus/CAE 根据选中行中的字母顺序来从自动着色列表中应用彩色编码。

按列排序

单击 Color Mappings 表中的列表头来按选中列的内容对表进行排序。再次单击同一个表头可反转排序次序。

注意：当彩色编码节点或者单元时，无法按列排序。

改变 Color Mappings 表中对象的排序次序仅为了方便浏览；它们在对话框中的次序对于彩色编码所选中的颜色没有影响。根据颜色映射中的项目名称，Abaqus/CAE 会以字母次序，从自动着色列选取颜色来对模型定义赋予颜色。

按名称过滤行

如果用户选择的颜色映射包含许多行，则用户可以使用 Name filter 来减少显示行的数量。单击 Name filter 域旁边的 可以查看有效过滤语法的示例。

77.9　显示多个颜色映射

用户可以同时对视图应用两个或者三个不同的颜色映射。显示多个颜色映射可以揭示模型不同方面之间的相互影响，当显示单一颜色映射时，可能不能表现出这些相互影响。例如，用户可能想要在同一个视口中显示 Boundary conditions 和 Loads 的颜色映射。

要在对话框的 Color Mappings 部分添加其他颜色映射，从出现的列表中单击 Advanced 并单击 Add Mapping。Abaqus/CAE 为对话框添加其他颜色映射，在此对话框中，用户可以通过从 Color Code by 列表选择映射来显示任意颜色映射。图 77-2 所示为 Color Code 对话框，其中显示了 Boundary conditions 和 Loads 颜色映射。

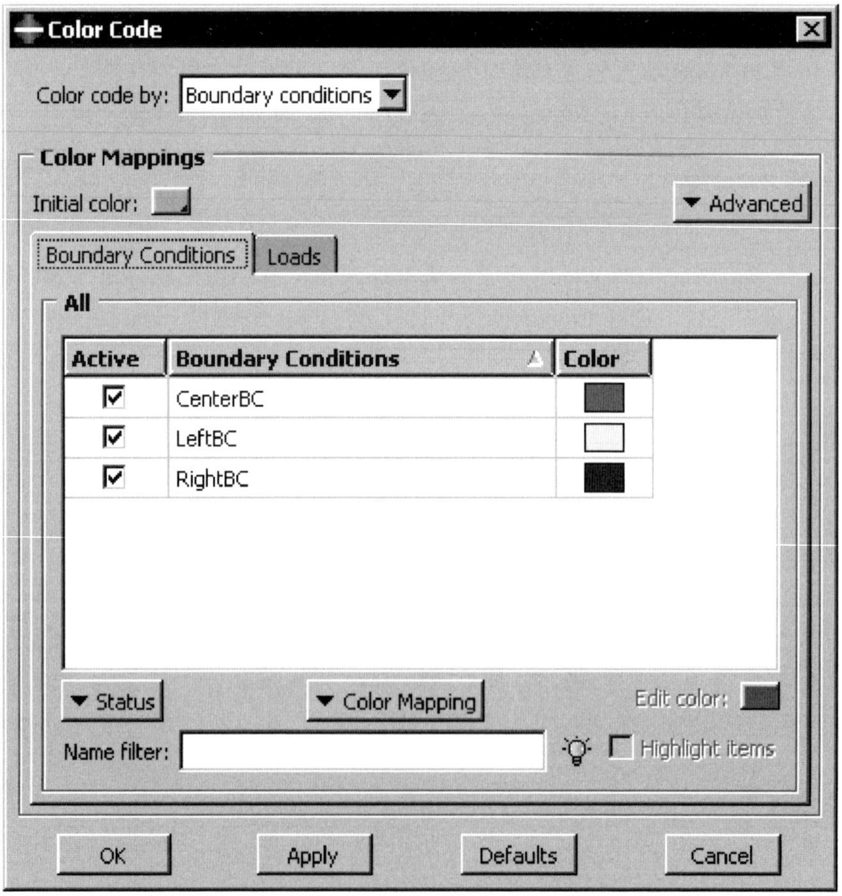

图 77-2　具有多个颜色映射的 Color Code 对话框

用户也可以通过单击表页并从 Advanced 列表中选择 Remove Current Mapping 来从对话框删除颜色映射。

　　当打开多个颜色映射时，Abaqus/CAE 首先显示最左侧的颜色映射设置，然后用户可手动对其他颜色映射进行设置。一次至多可以显示三个颜色映射，但 Abaqus/CAE 不允许用户重新排序表格。如果用户想要按不同次序彩色编码属性，则必须关闭每一个颜色映射，然后以想要 Abaqus/CAE 在视口中显示颜色映射的次序来添加颜色映射。

77.10 在自动着色列表中编辑颜色

当用户创建颜色映射时，Abaqus/CAE 会使用 Auto-Color List 中的颜色定义为对象赋予颜色。用户可以通过添加、删除、重新排列和改变颜色来更改此列表的内容。与颜色映射不同，自动着色列表适用于所有视口。

若要编辑自动着色列表中的颜色，执行以下操作：

1. 单击 Color Code 工具栏中的工具。

Abaqus/CAE 显示 Color Code 对话框。

2. 单击 Advanced，然后从出现的列表中选择 Edit Auto-colors。

Abaqus/CAE 显示 Edit Auto-Colors 对话框。

3. 要在自动着色列表中插入一个新的颜色，进行以下操作。

a. 在自动着色列表中选择一个位置。

b. 单击 Insert Before 或者 Insert After，来在自动着色列表的指定位置前面或者后面添加一个新颜色。

打开 Select Color 对话框。

c. 选择一个颜色，然后单击 OK 来关闭 Select Color 对话框。

Abaqus/CAE 在列表中添加此新颜色。

4. 要更改自动着色列表中的一个颜色，双击此颜色并从出现的 Select Color 对话框中选择一个新颜色。

5. 要移动自动着色列表中的一个颜色，高亮显示此颜色，并单击 Move Up 或者 Move Down 来在选中方向上将颜色移动一个位置。

6. 要从自动着色列表中删除一个颜色，高亮显示此颜色并单击 Delete。

7. 继续添加、更改、移动或者删除颜色，直到自动着色列表以用户想要的次序排列颜色。

8. 单击 OK。

Abaqus/CAE 为后续的彩色编码使用修订过的自动着色列表。

77.11   保存和重新载入定制的颜色映射

颜色映射是程序会话特定的设置，默认是不保存到模型数据库或者输出数据库中的。Abaqus/CAE 提供了用户可以使用的两种方法来保存定制的彩色编码定义。

● 用户可以将颜色映射定义保存成程序会话选项。程序会话选项可以保存到模型数据库、输出数据库，或者 XML 文件中。当用户使用此过程保存颜色映射时，Abaqus/CAE 仅记录 Color Code 对话框中当前选中项目的颜色映射。例如，当显示零件实例的颜色映射时，仅将这些颜色映射定义写入选中的文件。

● 用户可以创建一个颜色宏，或者将选中的颜色映射写入一个 ASCII 文件。颜色宏记录所有的颜色映射和用户的初始颜色选择，ASCII 文件仅记录当前的颜色映射。用户可以像运行任何其他宏那样运行一个颜色宏；见 9.11 节 "管理宏"。颜色宏记录用户选择的所有颜色映射，而不仅仅是当前显示在 Color Code 对话框中的颜色映射。

本节介绍保存颜色映射定义的宏方法。有关将颜色映射保存成一个程序会话选项的更多信息，见 9.9 节 "管理程序会话对象和程序会话选项"。

若要保存颜色宏，执行以下操作：

1. 单击 Color Code 工具栏中的 工具。

Abaqus/CAE 显示 Color Code 对话框。

2. 单击 Advanced，然后从出现的列表中选择 Save Color Macro。

Abaqus/CAE 显示 Create Macro 对话框，说明将保存宏的位置。

3. 为此宏输入一个名称（在 Name 域），然后单击 OK。

Abaqus/CAE 保存宏，使用户可以从 Macro Manager 对话框中运行此宏。

若要读取或者写入颜色映射的 ASCII 文件，执行以下操作：

1. 单击 Color Code 工具栏中的 工具。

Abaqus/CAE 显示 Color Code 对话框。

2. 在 Color Mappings 表上定位光标并右击鼠标，然后从出现的列表中选择下面的一个选项。

● 选择 Write to File 来选择一个文件名称，然后保存当前的颜色映射。

● 选择 Read from File 来选择一个文件名称，然后读取保存的颜色映射内容。

78   使用显示组显示模型的子集合

默认情况下，Abaqus/CAE 会显示用户的整个模型；然而，用户可以通过创建显示组来选择显示模型的子集合。这些子集合可以包含来自当前模型或者输出数据库的零件实例、几何形体（单元实体、面或者边）、基准几何形体（点、轴、平面或者坐标系）、单元、节点和面的组合。本章介绍显示组的概念，以及用户如何管理它们，包括以下主题：

- 78.1 节 "理解显示组"
- 78.2 节 "管理显示组"

78.1 理解显示组

显示组是选中模型构件的组合，可以包含整个模型或者零件实例、几何形体（单元实体、面或者边）、基准几何形体（点、轴、平面或者坐标系）、单元、节点、面、约束和输出数据库坐标系的组合。显示组功能可以帮助用户更好地管理和浏览复杂的模型，分组显示模型中的组件，降低模型复杂度；访问模型中"被隐藏"的组件；以及减少刷新当前视口所需的时间。例如，用户可以使用显示组来显示接触面但隐藏单元，也可以生成一个云图来显示模型内部的单元（单元在其他情况下可能会被遮挡）。用户可以显示、保存、编辑、重命名和删除显示组。

在显示模块中，用户可以在同一个视口中显示多个显示组，也可以单独为每一个显示组定制显示选项。

本节包括以下主题：

- 78.1.1 节 "理解如何创建显示组"
- 78.1.2 节 "理解显示组布尔操作"

78.1.1 理解如何创建显示组

在创建显示组时，用户一次仅可以对一种类型的模型构件执行操作。创建包含多种类型构件的显示组是一个逐步进行的过程。创建显示组可以使用的模型构件，取决于用户正在操作的模块，见表78-1和表78-2。

要创建一个显示组，用户首先要选择感兴趣的具体条目。然后，Abaqus 对用户的选择和当前视口的内容执行布尔操作。可以按需求多次重复此序列来创建期望的组。此外，用户可以通过编辑（如执行额外的布尔操作）之前保存的显示组内容来创建一个新的显示组。

用户可以将对话框中的选择，或者当前视口的内容保存成一个显示组。默认情况下，显示组仅在当前的程序会话期间延续。如果用户想要保留显示组，以便在后续的程序会话中使用，则可以将显示组保存成模型数据库或者输出数据库中的 XML 文件；更多信息见 9.9 节"管理程序会话对象和程序会话选项"。用户仅可以在与创建显示组的同类型模块中访问显示组（见表78-1和表78-2）。例如，如果用户在零件模块中创建和保存一个显示组，则用户将仅能在零件模块和属性模块中访问此显示组。

表 78-1　可以用来在零件和装配体关联的模块，以及显示模块中创建显示组的模型构件

模块	可用的模型构件
零件关联的模块（零件模块，属性模块）	几何形体（单元实体、面或者边） 基准几何形体（点、轴、平面或者坐标系） 单元 节点 参考点 集合（几何形体、单元或者节点） 显示组
装配体关联的模块（装配、分析步、相互作用、载荷、网格划分）	零件实例 几何形体（单元实体、面或者边） 基准几何形体（点、轴、平面或者坐标系） 装配线（连接线） 单元 节点 参考点 集合（几何形体、单元或者节点） 面 显示组
显示模块	零件实例 单元 节点 面 显示组

表 78-2　可以用来在显示模块中为输出数据库创建显示组的模型构件

模块	可用的模型构件
显示模块	零件实例 单元 节点 面 显示组 坐标系 绑定约束 壳-实体耦合约束 分布耦合约束 运动耦合约束 刚体约束

　　Abaqus/CAE 会自动创建一个名为 ALL 的显示组来包含当前零件、装配体或者输出数据库中的所有对象。此显示组出现在当前模块的显示组管理器中，并且不能进行编辑、复制、重命名或者删除。此 ALL 显示组不与特定的零件、装配体或者输出数据库关联。在执行显示组布尔操作后，用户可以使用此显示组来快速返回到全部零件或者模型的显示。

78.1.2　理解显示组布尔操作

要创建或者编辑显示组，用户可以对选中的模型构件和当前视口的内容执行布尔操作。Abaqus/CAE 在显示组工具集中提供下面的布尔操作：Replace、Add、Remove、Intersect 和 Either。

例如，有一个简单的布尔操作示例，假定当前的视口显示整个模型。如果用户选择单个单元集合，然后应用 Remove 操作，则该单元集合将从当前视口的显示中删除。

对于创建或者编辑显示组而进行的每一个布尔操作，用户仅可以选择一种类型的模型构件：零件实例、几何形体（单元实体、面或者边）、基准几何形体（点、轴、平面或者坐标系）、单元、节点、面、之前保存的显示组或者整个模型。对于给定的显示组，Abaqus/CAE 最初假设用户想要包括连接到组中所有单元的所有节点。然而，如果用户选择了特定的节点，则所有后续对此显示组的操作将仅包括用户选中的节点。

下面是对每一个布尔操作的解释。在下面的图标中，左边的圆表示当前视口中的条目；右边的圆表示用户的选择。阴影部分表示生成的显示组。除了最后一个 Replace All 操作，所有这些布尔操作都可以在 Create Display Group 对话框中访问；Display Group 工具栏提供了对 Replace、Remove、Either 和 Replace All 布尔操作，以及 Undo 和 Redo 操作的访问权限。

Replace

替换。使用 Replace 操作符来将当前视口的内容替换成用户的选择。

Add

添加。使用 Add 操作符来将用户的选择添加到当前的视口内容中。

Remove

删除。使用 Remove 操作符来从当前的视口内容中删除所选内容。如果用户的选择包括一个或者多个单元或面，则连接到这些条目的节点也将被删除，前提是用户没有在显示组中明确操作要包括这些节点。

Intersect

相交。使用 Intersect 操作符来仅显示用户的选择和当前视口中显示的公共条目。

Either

两者中任何一个。使用 Either 操作符来仅显示用户选择中或者当前视口中的模型构件，但不同时显示两者。

注意：Display Group 工具栏中的 按钮表示隐藏当前显示组中显示的所有模型构件，或显示隐藏的所有模型构件。此操作等效于在 Create Display Group 或者 Edit Display Group 对话框中选择所有的对象，然后单击 Either 按钮。

Replace All

替换所有。使用 Replace All 操作符替换用户的显示组，并显示当前视口中的所有对象。

此操作符仅在工具栏中可用。

当用户从工具栏中选择 ◑（Replace Selected）或者 ◐（Remove Selected）操作符时，Abaqus/CAE 会在提示区域显示模型构件的列表。用户可以选择想要从选中的显示组中替换或者删除的模型构件类型，然后在视口中单击一个或者多个构件来改变显示组的内容。

注意：Replace Selected 和 Remove Selected 操作符执行的操作与显示组对话框中的 Replace 和 Remove 操作是一样的。工具栏操作符具有不同的名称，来说明在使用这些操作符改变当前显示之前，用户必须从视口中选择模型构件。

78.2　管理显示组

显示组管理器允许用户创建显示组，并显示、编辑、复制、重命名或者删除之前保存的显示组。当前模块的显示组管理器仅列出用户在当前程序会话期间保存在相同类型模块中的显示组。零件关联的模块中的 Part Display Group Manager 列出了每一个显示组所属的模型和零件；装配体关联的模块中的 Assembly Display Group Manager 列出了每一个显示组所属的模型。

在显示模块中，用户可以在同一视口中显示多个显示组。显示模块中的 ODB Display Group Manager 允许用户锁定和解锁显示的显示组，来有选择地定制图像选项。此外，用户可以让所有显示的显示组同时使用相同的图像选项。

要访问当前模块的显示组，从主菜单栏选择 Tools→Display Group→Manager，或者使用工具栏上的 工具。有关创建和管理显示组的详细指导，见以下章节：

- 78.2.1 节 "创建或者编辑显示组"
- 78.2.2 节 "创建或者编辑显示组的选择方法"
- 78.2.3 节 "复制、重命名和删除显示组"
- 75.2.4 节 "显示显示组"
- 78.2.5 节 "在显示模块中定制显示组"
- 78.2.6 节 "对多个视口和模型应用显示组"

78.2.1　创建或者编辑显示组

用户创建显示组时，可以选择在任何时候保存当前视口的内容或者对话框中选中的项目（如果适用的话）。用户进行下面的操作时必须保存显示组：

- 在程序会话后期显示显示组。
- 将显示组应用到不同的模型或者不同的视口。
- 编辑、复制或者重命名显示组。
- 在显示模块的同一视口中显示多个显示组。

保存的显示组仅在当前程序会话中可用，并且仅当用户所在的模块与创建显示组的模块类型类同时可用。

注意：保存的显示组并不会随着对模型进行的更改而更新，如添加、删除或者抑制特征或者分割零件；这样的变化可能会使相对于原始模型创建的显示组无效。

用户可以编辑之前保存的显示组中的模型构件组合。编辑显示组与创建显示组类似：在这两种情况中，用户都可以选择模型构件，然后对选取的对象和当前视口的内容应用布尔操作。当用户选择一个要编辑的显示组时，当前视口的内容将更新，以显示选中的显示组。用户在编辑显示组时，只能根据当前视口中的显示来确定哪些模型属于该组，而无法以表的形式列出它们（这种限制是由于软件前端的设计）。用户完成编辑后，显示组的视口会自动更新。

若要创建或者编辑显示组，执行以下操作：

1. 调用创建或者编辑显示组的选项。

● 要创建一个显示组，从主菜单栏选择 Tools→Display Group→Create。

技巧：用户也可以通过单击 Display Group 工具栏中的 工具来创建显示组。

出现 Create Display Group 对话框。

● 要编辑之前保存的显示组，从主菜单栏选择 Tools→Display Group→Edit。从出现的菜单中选择用户想要编辑的显示组。

出现 Edit Display Group 对话框。

技巧：用户也可以使用显示组管理器来创建或者编辑显示组。从主菜单栏选择 Tools→Display Group→Manager，可以显示当前模块的显示管理器。要创建显示组，单击 Create；要编辑显示组，从列表选择显示组，然后双击或者单击 Edit。

2. 从对话框左上角的 Item 列表中选择用于显示组的模型构件类型（当前模块可用的）：Cells、Faces、Edges、Datums、Assembly wires、Reference points、Elements、Nodes、Sets、Surfaces、Part instances、Display groups、Internal Sets、Internal Surfaces、Coordinate systems、Ties、Shell-to-solid couplings、Distributing couplings、Kinematic couplings 或者 Rigid bodies。当用户创建一个新的显示组时，用户可以选择 All 来指定当前零件、装配体或者输出数据库中的所有对象。

Abaqus/CAE 刷新 Method 列表和对话框的右侧部分。如果用户选择 All，则这些输入域为空，不需要进一步的项目指定。如果用户选择的项目仅具有一种选择方法，则 Abaqus/CAE 会立即进入所需的选择模式。例如，如果用户选择 Cells，Abaqus/CAE 将立即进入视口选择模式。

3. 从 Method 列表选择一种选择方法，和/或通过从视口中拾取来选择显示组的指定项目，从对话框右侧出现的列表中选择项目，或者在对话框的右侧输入数据。更多的详细信息，见 78.2.2 节"创建或者编辑显示组的选择方法"。

技巧：如果模型包含许多特定类型的项目，则用户可以使用过滤器来减少在 Create Display Group 对话框右侧显示的项目名称数量。单击 Filter 域旁的 Tip 按钮来查看有效过滤语法的示例。

可以在视口中高亮显示特定的项目来确认用户的选择。如果可以使用的话，切换 Highlight items in viewport。

切换 Show common list between linked viewports 来显示 Method 列表中所有链接视口都共用的项目。对于 Part instances，考虑包含模型数据库或者输出数据库的视口；对于其他模型构件，仅考虑包含输出数据库的视口。

4. 从对话框底部的图标单击想要的布尔操作（更多信息见 78.1.2 节"理解显示组布尔

操作”）。

Abaqus/CAE 在对话框中选中的模型构件上，以及当前视口的内容上执行选中的布尔操作。

5. 按照需要重复从步骤 2 开始的多个步骤来产生想要的显示组。

6. 如果用户正在创建一个新显示组，则用户可以选择在任何时候保存显示组。

a. 要将当前视口的内容保存成一个显示组，单击 Save As；然后在出现的对话框中输入显示组的名称，并单击 OK。

Abaqus/CAE 将当前视口的内容（不管在对话框中选择的是什么）保存成一个显示组。

b. 如果在 Create Display Group 对话框中选取了模型构件，则用户可以将选中的构件保存成一个显示组。单击 Save Selection As；然后在出现的对话框中输入显示组的名称，并单击 OK。

Abaqus/CAE 仅将对话框中选择的构件（不管在当前视口中显示的是什么）保存成一个显示组。

7. 单击 Dismiss 来关闭 Create Display Group 对话框，或者单击 OK 来关闭 Edit Display Group 对话框。

78.2.2　创建或者编辑显示组的选择方法

用户可以使用下面的选择方法来指定在显示组中将包含的项目：

● 要通过从视口直接拾取来指定几何形体（单元实体、面或者边）、装配线或者参考点，从 Item 列表选择它们。对于基准、单元和节点，用户必须也从 Method 列表选择 Pick from viewport。

Abaqus/CAE 自动进入拾取模式，并在提示区域中出现 Select items for the display group。有关在视口中拾取项目的更多信息，见第 6 章“在视口中选择对象”。

完成在视口中拾取项目后，单击提示区域中的 Done。

在对话框中单击 Edit selection、Add selection 或者 Delete selection 来进一步更改用户的视口选择。

● 要通过编号指定单元或者节点，从 Method 列表选择 Element labels 或者 Node labels。从 Create Display Group 对话框右侧 Part instance 域的列表中选择零件实例的名称，节点或者单元属于此选中的零件实例。在 Labels 域中输入以逗号分隔的单元或者节点编号列表，或者后缀可选的编号增量范围；例如，1：10 或者 1：10：2。

● 要在显示模块中通过类型来指定单元，从 Method 列表选择 Element type。模型中可以使用的单元类型列表出现在 Create Display Group 对话框的右侧。从此列表选择一个或者多个单元类型（更多信息见 3.2.11 节“从列表和表格中选择多个项”）。

● 要在显示模块中通过材料或者截面来指定单元，从 Method 列表选择 Material assignment 或者 Section assignment。模型中可以使用材料或者截面的列表出现在 Create Display Group 对话框的右侧。从此列表选择一个或者多个材料或者截面（更多信息见 3.2.11 节“从列表和表格中选择多个项”）。

● 要在显示模块中通过堆叠或者铺层指定单元，从 Method 列表选择 Composite Layups 或者 Composite Plies。模型中可使用的复合材料堆叠或者铺层列表出现在 Create Display Group 对话框的右侧。从此列表选择一个或者多个堆叠或者铺层（更多信息见 3.2.11 节"从列表和表格中选择多个项"）。

● 要在零件关联的或者装配关联的模块中指定几何形体、单元或者节点集合，或者要在装配关联的模块中指定面，从 Method 列表中选择 Set names 或者 Surface names。在 Create Display Group 对话框右侧出现用户模型中可以使用的集合或者面名称列表。从此列表选择一个或者多个集合名称（更多信息见 3.2.11 节"从列表和表格中选择多个项"）。

● 要在零件关联的或者装配关联的模块中指定内部集合（由 Abaqus/CAE 创建），或者要在装配关联的模块中指定内部面，从 Item 列表中选择 Internal sets 或者 Internal surfaces。在 Create Display Group 对话框右侧出现用户模型中可使用集合的列表。从此列表选择一个或者多个集合名称（更多信息见 3.2.11 节"从列表和表格中选择多个项"）。

● 要在显示模块中指定单元、节点、面或者内部集合（由 Abaqus/CAE 创建），从 Method 列表中选择 Element sets、Node sets、Surface sets 或者 Internal sets。在 Create Display Group 对话框右侧出现用户模型中可使用集合的列表。从此列表选择一个或者多个集合名称（更多信息见 3.2.11 节"从列表和表格中选择多个项"）。

● 要在模型中选择指定类型的所有项目，从 Method 列表选择 All elements、All nodes 或者 All surfaces。没有必要进一步指定项目。

● 如果用户从 Item 列表选择了 Part instances 或者 Display groups，则在 Create Display Group 对话框右侧出现用户模型中可使用零件实例或者显示组的列表。从此列表选择一个或者多个零件实例或者显示组名称（更多信息见 3.2.11 节"从列表和表格中选择多个项"）。

注意：在装配关联的模块中，用户也可以使用 Assembly Display Options 对话框的 Instance 标签页中的显示选项来显示模型中的零件实例的子集合（见 76.14 节"控制实例可见性"）。在 Assembly Display Options 对话框中已经切换不选的零件实例不能使用显示组来显示。

● 要在显示模块中指定包含给定值范围内结果的单元、节点或者面，选择 Result value。

在对话框右上处显示要考虑的输出变量。要选择一个新结果变量，单击 Field Output；有关 Field Output 对话框的更多信息，见 42.5 节"选择要显示的场输出"。使用 Type 域中的方法来选择。

——如果选择 ⊢⊣（内部）或者 ⊢⊢（外部），则在 Min value 和 Max value 域中分别输入结果范围的上边界和下边界。

——如果用户选择 ⟶，则在 Min value 域中输入一个值，结果应当位于此值之上。

——如果用户选择 ⟵，则在 Max value 域中输入一个值，结果应当位于此值之下。

在过滤过程中使用模型中的每一个单元（或者节点或者面），而不管在模型中是否是当前激活的显示组。如果用户选择单元（或者节点或者面）不存在的值范围，则用户将创建一个空的显示组。

用户可以使用状态场输出变量，而不是使用以结果为基础的显示组功能，这样在时间历史动画中达到更好的性能。状态场输出变量允许用户从模型图中，删除满足基于结果的具有指定失效准则的单元；更多信息见 42.5.6 节"选择状态场输出变量"。

注意：以单元、节点或者面输出变量为基础的过滤边界，总是以节点处的变量值为基础的。这样，在将输出量与用户定义的边界进行比较前，在节点处对单元为基础的输出量和面为基础的输出量进行外推和平均。Result Options 对话框中的平均设置确定在节点处如何计算基于单元的和基于面的变量。例如，使用默认 75% 平均阈值的密塞斯应力为基础进行单元过滤的情况。在外插到节点后，根据此阈值来平均值。此有条件的平均可以在节点处，产生一些密塞斯应力的不同值，这些值是以节点所属的不同单元提供的贡献为基础的。在任何密塞斯应力的贡献落入用户定义的边界之内的单元，都会包括在显示组中。

- 要在显示模块中指定坐标系，从 Item 列表选择 Coordinate systems，然后选择下面的一个选项：

——要指定作为输出数据库一部分的坐标系，从 Method 列表选择 Odb systems。在 Create Display Group 对话框右侧出现输出数据库坐标系的列表。

——要指定已经在程序会话中创建的坐标系，从 Method 列表选择 User systems。在 Create Display Group 对话框右侧出现用户定义的坐标系列表。

——要从输出数据库和程序会话指定坐标系，从 Method 列表选择 All。在 Create Display Group 对话框右侧出现输出数据库坐标系和用户定义的坐标系列表。

从出现的列表选择一个或者多个坐标系（更多信息见 3. 2. 11 节 "从列表和表格中选择多个项"）。

- 要在显示模块中指定分析约束，选择 Item 列表中的以下一个约束类型：Ties、Shell-to-solid couplings、Distributing couplings、Kinematic couplings 或者 Rigid bodies。

78. 2. 3　复制、重命名和删除显示组

要复制、重新命名或者删除显示组，使用下面的一个操作：

- 主菜单栏上 Tools→Display Group 菜单下列出的 Copy、Rename 和 Delete 项目。

Copy、Rename 和 Delete 项目包含子菜单，列出了程序会话中与当前模块相同类型的模块中保存的所有显示组。

- 当前模块的显示组管理器对话框。显示组管理器对话框包含的功能与主菜单栏上的 Tools→Display Group 菜单下列出的那些功能一样，但是具有方便的浏览器，列出了当前模块和程序会话的所有显示组。要为当前模块显示显示组管理器对话框，从主菜单栏选择 Tools →Display Group→Manager。

注意：如果用户试图删除多个视口中显示的一个显示组，Abaqus/CAE 会警告用户那些视口中的显示组将重新设置成整个模型。

78. 2. 4　图示显示组

用户在当前视口中图示模型的显示组。在显示模块中，用户可以同一个视口中图示多个显示组。Abaqus/CAE 仅图示对当前模块有效的每一个显示组中的构件。例如，如果一个显

示组参考一个名为 Fixture 的单元集合，则当前视口中的模型也应当包含称为 Fixture 的单元集合。Abaqus/CAE 忽略无效的模型构件。

若要在任何模块中图示一个单独的显示组，执行以下操作：

1. 从主菜单栏选择 Tools→Display Group→Plot。

2. 从出现的菜单选择想要图示的显示组。

技巧：用户也可以使用当前模块的显示组管理器来图示一个显示组。从主菜单栏选择 Tools→Display Group→Manager。选择用户想要图示的显示组，并且从管理器右侧上的按钮单击 Plot。

当前视口中的模型图改变成仅显示选中的显示组。

若要在显示模块中图示一个或者多个显示组，执行以下操作：

1. 从主菜单栏选择 Tools→Display Group→Manager。

出现 ODB Display Group Manager，在当前程序会话中的所有显示组的上面有一个列表。

2. 从列表选择一个或者多个显示组（更多信息见 3.2.11 节"从列表和表格中选择多个项"），并且在管理器右侧的按钮上单击 Plot。

当前视口中的模型图变化成仅显示选中的显示组，并且在 ODB Display Group Manager 底部处的显示组实例列表中出现图示的显示组。

3. 要对当前视口中的图添加一个或者多个显示组，在 ODB Display Group Manager 顶部处的已保存显示组的列表中选择这些显示组，然后单击管理器右侧的 Add 按钮。

对当前视口中的模型图添加选中的显示组，并且添加到 ODB Display Group Manager 底部处的显示组实例列表中。

4. 要从当前视口中的图删除一个显示组，从 ODB Display Group Manager 底部处的列表选择实例，然后单击管理器底部处的 Remove 按钮。

从当前视口中的模型图删除选中的显示组，并且从显示组实例的列表删除选中的显示组。

5. 用户可以在当前视口中，为每一个显示组分别定制图示与状态相关的和无关的选项。更多信息见 78.2.5 节"在显示模块中定制显示组"。

78.2.5 在显示模块中定制显示组

显示模块中的 ODB Display Group Manager 允许用户锁定或者解锁被图示的显示组，来有选择地定制图示选项。此外，用户可以让所有的图示显示组同时使用相同的图选项。例如，用户可以采用具有透明的阴影渲染风格来显示一个特定组的单元，并且使用线框渲染风格来显示剩下的模型。图 78-1 所示为在同一个视口中，使用不同的图示状态和图示选项来显示两个显示组的示例。

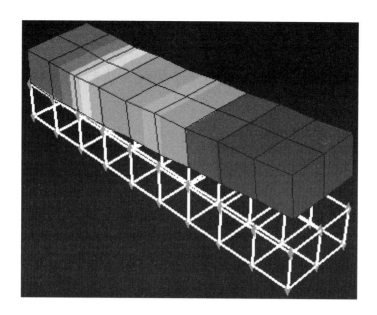

图 78-1　一个视口中的多个定制显示组

当用户在显示模块中图示一个显示组时，在 ODB Display Group Manager 底部处的显示组实例列表中出现此显示组（同时显示当前的图示状态）。用户指定的图示状态相关的和无关的选项会应用在所有未锁定的显示组实例中。用户可以锁定显示组实例，使得它们不受图示选项的影响。

改变图示状态将不会影响视口中被锁定的显示组实例。然而，显示操控和颜色编码的变化将影响所有的显示组实例，包括锁定的和未被锁定的。此外，被锁定显示组的内容可以进行编辑。

在视口中显示显示组，采用它们出现在显示组实例列表中的次序；列表中的第一个实例是视口中最上的实例。这样，如果两个显示组实例包含相同的构件，并且这些构件在视口中重叠，则列表中的第一个实例的图示选项最优先。用户可以重新安排实例在列表中的次序来控制将显示哪一个图示选项。

若要在显示模块中为显示组定制图示选项，执行以下操作：

1. 按照 78.2.4 节"图示显示组"中描述的过程来在同一个视口中显示多个显示组。

2. 在 ODB Display Group Manager 中的显示组实例列表中，单击显示组名称旁边的 Lock 列来锁定用户不想要定制的实例。

被锁定的显示组由 Lock 列中的对号说明。

3. 为未锁定的一个显示组实例或者多个显示组实例定制想要的图示选项（更多信息见第 55 章"定制图示显示"）。

4. 完成一个显示组实例的定制后，单击显示组名称旁边的 Lock 列来防止更改用户的设置。

5. 按照需求重复步骤 3 和步骤 4，直到用户在视口中得到想要的显示。

6. 如果用户想要所有的显示实例使用相同的图示状态和图示选项，就选择想要反映图示状态和图示选项的实例，并且单击管理器底部处的 Sync Options 按钮。

所有其他未锁定显示组实例将同时使用选中的显示组图示状态和图示选项。

7. 要重新安排在视口中图示显示组的次序，从 ODB Display Group Manager 底部处的列表选择实例，并且单击 Move Up 来将实例在列表中上移，或者单击 Move Down 来将实例在列表中下移。

更新当前视口中的显示来反映用户的更改。

78.2.6 对多个视口和模型应用显示组

用户可以使用一个显示组来显示不同模型的同一个子集合，并且用户可以在多个视口中显示一个显示组。一个单独的显示组可以应用到不同的模型，只要对于每一个模型显示组是有效的。例如，图 78-2 所示为在两个不同视口中显示的两个不同模型中应用的一个显示组。

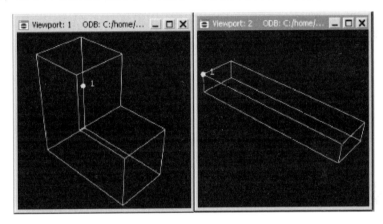

图 78-2 应用到两个不同模型的一个显示组

若要在任何视口中图示一个之前保存的显示组，执行以下操作：

1. 单击视口的边界让其成为当前视口。

2. 从主菜单栏选择 Tools→Display Group→Plot。从出现的菜单选择要图示的显示组。

Abaqus 在当前视口图示显示组。Abaqus 仅图示当前模型中有效显示组中的构件。

若要在任何图示显示组的任何视口中，编辑之前保存的显示组，执行以下操作：

1. 单击视口边界来使其成为当前视口。

2. 从主菜单栏选择 Tools→Display Group→Edit。从出现的菜单选择要编辑的显示组。出现 Edit Display Group 对话框。

3. 选择想要的模型构件，然后应用想要的布尔操作。

在编辑过程中，任何布尔操作的结果仅出现在当前视口中。

4. 单击 OK 来关闭 Edit Display Group 对话框。

用户的编辑变化应用到参考选中显示组的所有视口中。如果被更改的显示组对于模型中的一个变得无效（例如包括模型不包含的节点造成无效），则 Abaqus 警告说明部分显示组现在无效。

79 叠加多个图

默认情况下，Abaqus/CAE 在当前的视口中一次仅显示一个图。一个图可以显示多个图示状态，如同一个模型的云图和材料方向。然而，单个图不能同时显示来自多个输出数据库的数据，也不能在同一个视口中显示模型和 X-Y 图。如果用户想要以这种方式显示数据，必须在同一个视口中叠加单个的图。本章介绍叠加多个图的概念，以及用户如何创建和管理这样的图，包括以下主题：

- 79.1 节 "理解如何叠加多个图"
- 79.2 节 "生成和更改叠加图"

79.1　理解如何叠加多个图

用户可以在一个视口中创建包含多个图的显示。例如，用户可能希望进行下面的操作：

- 组合云图和 *X-Y* 图。
- 在同一个视口中组合来自两个不同输出数据库文件的变形图。
- 组合时间历史动画和显示模型中几个变量随时间变化的动态 *X-Y* 图。

叠加多个图是有用的；例如，在同一个视口中同时显示来自两个输出数据库的数据，用于协同仿真。

叠加的多个图由多个层组成；每一层包含一个图，多个层堆叠在一起来创建组合图。图 79-1 所示为包含了分析中四个不同增量的变形形状图，以及模型应变能随时间变化的 *X-Y* 图。

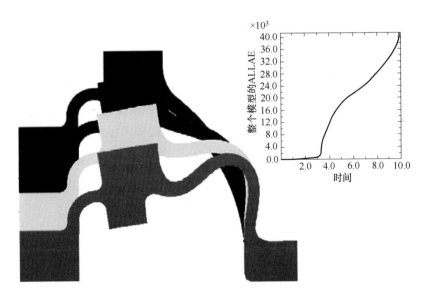

图 79-1　变形形状图及 *X-Y* 图

默认情况下，视口不包含任何层；一次仅显示一个图。要叠加多个图，用户可以在与 Abaqus/CAE 交互时，为每一个图创建一个层，然后选择要在当前视口中显示的层。用户可以创建任意数量的层；也可以在同一个视口中显示任意数量的层。此外，用户可以打开多个输出数据库，并自动在单个视口的一个叠加图中显示组合的内容。

使用 Overlay Plot Layer Manager 来创建、显示、定位和删除层。要访问管理器，从主菜单栏中选择 View→Overlay Plot，或者单击工具箱中的 Overlay Plot Layer Manager ▦工具。

当用户创建一个层时，此层包含当前视口中可见的所有内容。用户可以改变层的内容，操控层的视图，重新排布层与其他层在叠加图中的次序，并改变对内容应用的不同显示选项。默认情况下，在其他层的顶部直接显示层。有时，在其他层的线顶上直接出现线可能造成非期望的显示效果。用户可以相对进行层偏置来避免这样的异常。

仅当用户单击 Plot Overlay 时，才将 Overlay Plot Layer Manager 中的设置施加到当前视口中的内容。然后，Abaqus/CAE 进入叠加图状态；当用户单击 Overlay Plot Layer Manager 中的 Plot Single 时，叠加图从视口中消失，并返回成之前的显示状态。用户也可以在任何时间单击工具箱中的 来在单个视图与叠加视图状态之间转换。

当用户在叠加图状态时，Abaqus/CAE 相对于叠加图坐标系显示用户的图。随着用户创建层，Abaqus/CAE 将创建层的视图赋予叠加图前视图（1-2）。用户可以通过操控每一个层的视图来更改在叠加图前视图中显示的内容，如 79.2.3 节"操控叠加图的显示"中描述的那样。叠加图状态中定义的用户指定视图是相对于叠加图坐标系的。

Overlay Plot Layer Manager 中的列显示与每一层有关的以下信息：

Visible

可见性。此列中的对号说明当用户在叠加图状态时，此层在视口中是可见的。

Current

当前的。此列中的对号说明此层是当前的。在任何时间上只有一层是当前的，虽然每一层可以包含多个图状态（更多信息见 55.6 节"显示多个图状态"）。当用户在叠加图状态时，仅对当前的层施加图示选项；用户可以选择对所有现有的层或者仅对当前的层施加视图操控选项。当前层未必是视口中最前面的层。

Name

层的名称。

Object

层中包含的对象名称；例如，一个输出数据库或者一个 X-Y 图。

79.2 生成和更改叠加图

本节介绍如何通过创建多个层，并在同一个视口中显示它们来叠加多个图，以及一旦用户创建叠加图，如何更改它。一个叠加图中的每一个层是完全独立的。用户可以改变输出数据库、图状态（或者多个图状态）、重新排布图层之间的顺序、操控个别层叠显示，以及改变应用于内容的不同显示选项，包括以下主题：

- 79.2.1 节 "生成叠加图"
- 79.2.2 节 "在叠加图中调整图层顺序"
- 79.2.3 节 "操控叠加图的显示"
- 79.2.4 节 "编辑叠加图中的层"

79.2.1 生成叠加图

一个叠加图是在一个视口中包含多个图的显示。叠加图由多个层组成；用户可以打开多个输出数据库并且自动地创建层，或者使用 Overlay Plot Layer Manager 来手动地创建多个层。用户也可以使用 Overlay Plot Layer Manager 来构建叠加图。

技巧：用户也可以通过使用 Allow Multiple Plot States 工具，为一个单独的输出数据及图示变形模型形状和未变形模型形状的组合，可以具有也可以没有云图、符号或者材料方向。因为所有的图示状态是在一个单独的层上创建的，所以限制 Allow Multiple Plot States 工具仅能够显示来自一个单独输出数据库、步和帧的数据。更多信息见 55.6 节 "显示多个图状态"。

若要生成叠加图，执行以下操作：

1. 确定用于产生叠加图的方法。
- 通过打开多个输出数据库来自动地创建多个层。
- 手动地创建多个层。
2. 要自动地创建多个层，进行下面的操作。
a. 从主菜单栏选择 File→Open。
b. 从出现的 Open Database 对话框中，将 Output Database（∗.odb∗）选择成 File Filter。
c. 选择要打开的输出数据库，切换选中 Append to layers，然后单击 OK。更多详细情况见 9.7.2 节 "打开模型数据库或者输出数据库"。

视口中自动创建包含输出数据库内容组合的叠加图，并将每一个输出数据库指定给一个单独的层。用户可以从主菜单栏选择 View→Overlay Plot 来显示 Overlay Plot Layer Manager，并显示多个层。

3. 要手动地创建多个层，进行下面的操作。

a. 创建用户想要在显示中包括的第一个图。

b. 通过从主菜单栏选择 View→Overlay Plot 来打开 Overlay Plot Layer Manager。

技巧：用户也可以通过单击工具箱中的 Overlay Plot Layer Manager 工具来打开管理器。

c. 单击 Create 来创建一个层，此层包含在当前视口中显示的图。

出现 Create Viewport Layer 对话框。

d. 为层输入一个名称，然后单击 OK。

在 Overlay Plot Layer Manager 中出现新的层，Visible 和 Current 列中都有对号。

e. 在当前视口中创建一个新的图。

f. 重复步骤 c 到步骤 e 来创建图中想要包括的层。在第一层之后所有层的 Create Viewport Layer 对话框中，用户可以通过切换选中 Copy view from，并从列表中选择一个层，来从现有层复制新的视图。

用户创建的多个新层会在 Overlay Plot Layer Manager 中显示；最近创建的层将在 Current 列中有一个对号。

g. 检查用户想要在图中包括的层在 Visible 列中是否有对号标记，并单击 Plot Overlay。

当前视口中，层的次序按在 Overlay Plot Layer Manager 中列出的次序堆叠显示。

4. 在 Overlay Plot Layer Manager 中，用户可以通过单击 Name 或者 Object 列选择层，然后单击 Delete 来删除一个层。

5. 当在视口中显示叠加图时，用户可以单击 Overlay Plot Layer Manager 中的 Plot Single 来退出叠加图状态。

叠加图从视口中消失，并恢复成之前的图示状态；但是，Overlay Plot Layer Manager 保持打开。单击 Dismiss 来关闭 Overlay Plot Layer Manager。

技巧：用户也可以单击工具箱中的 工具，随时在单图与叠加图状态之间转换。

79.2.2　在叠加图中调整图层顺序

以 Overlay Plot Layer Manager 中列出的层次序来在视口中显示多个层。默认情况下，在另外一层上直接显示层，但在出现图叠加的地方，有时会产生不想要的显示效果。

用户可以重新排列次序来显示层，并在屏幕的 Z 方向上（垂直屏幕的平面）对所有的层应用一个小偏置来在显示中分离它们，并去除任何不想要的显示效果。如果用户应用一个正偏置，则层在视口中的绘制次序会显示在 Overlay Plot Layer Manager 中（管理器中的最后一层是视口中的最顶层）。如果用户应用一个负偏置，则绘制次序相反。图 79-2 所示为使用不同偏置值的叠加图示例。

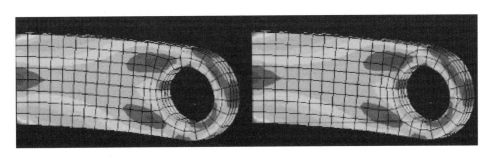

图79-2 未变形图和云图的叠加：左为正偏置，右为负偏置

若要在一个叠加图中重新排序层，执行以下操作：

1. 使用79.2.1节"生成叠加图"中描述的过程创建叠加图。

2. 使用下面的一个方法来重新排序层。

● 通过单击 Overlay Plot Layer Manager 中的 Name 列或者 Object 列来选择想要重新排序的层。单击 Move Up 来在管理器中上移层；单击 Move Down 来在管理器中下移层。

● 拖动 Layer offset 滑块到一个正值或者负值，来在屏幕的正 Z 方向或者负 Z 方向上移动层。用户可以试验偏置值来达到想要的显示效果。

Abaqus/CAE 在当前视口中对叠加图应用用户的设置。

3. 当视口中显示叠加图时，用户可以单击 Overlay Plot Layer Manager 中的 Plot Single 来退出叠加图状态。

叠加图从视口中消失，并且当前显示恢复成之前的图示状态；但是，Overlay Plot Layer Manager 保留打开状态。单击 Dismiss 来关闭 Overlay Plot Layer Manager。

技巧：用户也可以在任何时候单击工具箱中的 工具来在单图与叠加图状态之间转换。

79.2.3 操控叠加图的显示

当在叠加图状态中时，用户可以选择对所有现有层应用视图操控，或者仅对当前层应用视图操控。

若要操控叠加图中层的显示，执行以下操作：

1. 使用79.2.1节"生成叠加图"中描述的过程创建叠加图。

2. 在 Overlay Plot Layer Manager 中，切换 View manipulation layer 旁边的 All 或者 Current 来指定是让应用的显示操控来影响所有的层，还是仅影响当前的层。

3. 使用显示操控工具来定位、定向和放大视口中的对象（有关显示操控工具的信息，见第5章"操控视图和控制透视"）。

显示操控将应用到所有的可见层，或者仅应用到当前层，取决于用户在步骤 2 中的选择。仅可以使用 3D 指南针来操控所有的可见层；当用户仅操控当前层时，不能使用此选项。

4. 当视口中显示叠加图时，用户可以单击 Overlay Plot Layer Manager 中的 Plot Single 来退出叠加图状态。

叠加图从视口中消失，并恢复成之前的图示状态；但是，Overlay Plot Layer Manager 保持打开。单击 Dismiss 来关闭 Overlay Plot Layer Manager。

技巧：用户也可以随时单击工具箱中的 工具来在单图与叠加图状态之间转换。

79.2.4　编辑叠加图中的层

用户可以改变叠加图中每一个层的模型、图示状态、图示选项、动画控制或者场输出变量选项。

若要编辑叠加图中的层，执行以下操作：

1. 使用 79.2.1 节"生成叠加图"中描述的过程创建叠加图。
2. 单击用户想要更改的层旁边的 Current 列。
3. 要改变模型，打开一个新的输出数据库（更多信息见 9.7.2 节"打开模型数据库或者输出数据库"）。
4. 要改变图示类型，从 Plot 菜单或者工具箱的图示工具中选择一个新的图示类型。
5. 要改变与图示状态无关的或者图示状态相关的定制选项，从下面任何一个对话框中选择新选项。

- Viewport Annotation Options
- ODB Display Options
- Result Options
- Common Plot Options
- Superimpose Plot Options
- Contour Plot Options
- Symbol Plot Options
- Material Orientation Plot Options

更多信息见 56.4 节"视口标注选项概览"，42.6 节"选择结果选项"，或者第 55 章"定制图示显示"。

单击每一个对话框中的 OK 或者 Apply 来完成对叠加图当前层的更改。

6. 用户可以通过单击 Overlay Plot Layer Manager 的 View manipulation layer、Plot state layer 或者 Plot options layer 中 Layer Options 下面的任何 图标来同步显示层。

7. 改变想要的任何动画选项。更多信息见 49.2 节"生成和定制基于对象的动画"，以及 49.4 节"控制动画播放"。

8. 改变想要的场输出变量选项。更多信息见 42.5.1 节"场输出变量选择概览"。

9. 用户可以通过单击 Field Output layer 旁边的 图标来同步可见层的场输出变量选项。

10. 为用户希望更改的每一层重复步骤 2~步骤 8。

11. 当视口中显示叠加图时，用户可以单击 Overlay Plot Layer Manager 中的 Plot Single 来退出叠加图状态。

叠加图从视口中消失，并恢复成之前的图示状态；但是，Overlay Plot Layer Manager 保持打开。单击 Dismiss 来关闭 Overlay Plot Layer Manager。

技巧：用户也可以随时单击工具箱中的 工具来在单图与叠加图状态之间转换。

80 割开一个模型

显示切割允许用户割开一个模型，这样用户可以查看模型内部的或者选中的截面，以及对于显示模块中的结果数据，显示界面中产生的力和力矩。本章包括以下主题：

- 80.1 节 "理解视图切割"
- 80.2 节 "管理视图切割"

80.1　理解视图切割

视图切割允许用户从模型切平面或者可变形的截面来观察模型的内部。例如，图 80-1 显示了如何在显示模块中使用一个平面视图切割来切开齿轮箱模块的云图。

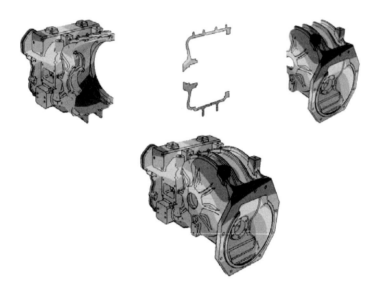

图 80-1　平面视图切开一个齿轮箱模型的云图

注：上面，从左到右：切割面之下的模型，切割面的模型，以及切割面之上的模型；下面：整体模型。

用户可以在模拟和后处理行动中定义和使用视图切割，虽然视图切割功能的一些方面仅对于这些活动的一项是有效的。此部分描述视图切割功能；除非另有标注，描述的视图切割功能对于模拟和后处理都是有效的。

视图切割形状

用户可以基于一个平面创建视图切割。在显示模块中，用户也可以采用下面的形状为基础来创建视图切割：

- 圆柱。
- 球。
- 对应于场变量或者模型属性的一个常数等值面。

图 80-2 中说明视图切割创建的形状类型。

对于等值面切割，对于线类型的云图和条带类型的云图，如 44.1.1 节"理解如何计算

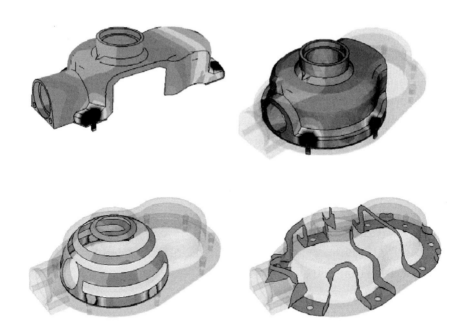

图 80-2 以平面、圆柱、球和等值面为基础的视图切割

云图值"中所描述的那样计算结果值。默认情况下，Abaqus/CAE 为等值面施加 100%的平均阈值来确保切割位置处的结果连续显示。当用户创建等值切割时，可以通过切换不选 Override primary variable averaging 来施加小于 100%的平均阈值。Abaqus/CAE 然后施加 Result Options 对话框中的 Averaging 选项指定的平均阈值；更多信息见 42.6.6 节 "控制结果平均"。默认沿着 X 平面、Y 平面和 Z 平面创建切割。

注意：等值面显示切割提供与等值面类型的云图稍微不同的功能和行为。当创建视图切割时，一个等值面视图切割总是反映激活主变量的值；用户不能改变等值面显示切割显示值的变量。相比而言，等值面类型的云图显示的数据总是来自用户程序会话的当前选中主变量。因为每一个等值面显示切割绑定到单个的变量，所以用户如果以不同的输出变量为基础来显示多个等值面视图切割，则用户可以调查两个等值面视图切割相交的位置。

显示切割部分

要显示用户模型的切割部分，用户激活切割并且选择是否显示切割上的模型，切割上方的部分，和/或切割下方的部分，如图 80-1 所示。切割自身永不可见。对于平面切割，切割下方的模型定义成位于平面负方向的那部分（相对于平面法向）。对于圆柱的和球形的切割，切割下方的模型部分定义成位于半径小于切割形状半径的部分。对于等值面切割，切割下方的模型部分定义成位于等值面值小于指定值的部分。默认情况下，Abaqus/CAE 显示切割之上和之下的模型。在显示模块中，用户可以同时显示切割之上的模型和切割之下的模型；在所有的其他模块中，在一个时刻只可以使用这些显示选项的一个。

图示选项

用户可以为切割之下的、位于切割面上的和切割之上的模型部分选择不同的图示选项；例如，在图 80-2 中，模型的一些部分使用激活的透明来显示，而其他以不透明进行显示。

显示多个视图切割（仅在显示模块中可用）

在显示模块之外的模块中，在一个时刻只能激活一个切割（用来在当前视口中显示模型）；然而，在显示模块中，用户可以在同一时刻显示多个视图切割。此外，在显示模块中，用户可以在未变形图、变形图、云图（仅纹理映射）、符号或者材料方向图上激活显示切割。对于符号和材料方向图，Abaqus/CAE 在视图包括的每一个单元的所有积分点处显示符号和材料方向三角形符号，即使部分切割单元的情况。

视图切割的动画（仅结果数据）

具有一个有效视图切割的图示，可以在显示模块中为输出数据库数据进行动画显示；将为每一个动画帧更新视图切割。不能在纹理化的云图上；扫掠、收缩或者拉伸图；或者高度细化的图示（中等、细化或者极度细化）激活视图切割。

缓存结果

默认情况下，Abaqus/CAE 在内存中闪存用来生成切割模型视图的结果值来改善性能。然而，如果有必要，用户可以抑制切割场的结果闪存来降低内存用量；更多信息见 42.6.10 节 "控制结果缓存"。

跟随变形

对于变形模型的图示，用户可以选择将切割跟随变形；即，将相对于参考帧来计算切割面，并且切割变形将匹配模型的变形。

重新定位视图切割

用户可以重新定位模型上的切割：可以转动或者平动平面切割，而其他的切割形状仅可以平动。

视图切割管理器

用户可以在 View Cut Manager 中选择一个切割（有效的或者无效的）来定位、编辑、复制、重命名或者删除它。在管理器中选择一个切割与激活此切割不同。用户可以同时选择和激活一个切割，不选和激活一个切割，或者选中和抑制一个切割；并且如果自由体切割是有效的话，则用户可以为当前显示的视图切割显示或者隐藏它。图 80-3 所示为在显示模块中的视图切割管理器中显示的信息；在其他模块中，自由体显示选项没有包括在此对话框中。

图 80-3　显示模块中的 View Cut Manager 对话框

视图切割上的合力和合力矩（仅结果数据）

对于显示模块中输出数据库数据的视图切割，用户也可以显示合力和合力矩，并且用户以整个模型为基础，或者以当前显示组为基础，用户可以计算这些值。用户可以在视图切割上，为实体几何形体、壳截面或者梁截面显示合力和合力矩；对于壳截面和梁截面，输出数据库必须包括显示的合力和合力矩的截面力（SF）和截面力矩（SM）输出。Abaqus/CAE 不支持在轴对称模型的视图切割上显示合力和合力矩。用户可以在程序会话中为任何显示的视图切割显示合力和合力矩。随着用户重定位视图切割或者动画显示模型，Abaqus/CAE 更新合力向量和合力矩向量以及求合点。

默认情况下，Abaqus/CAE 仅在视图切割上显示向量，显示视图切割上合力和合力矩。然而，用户也可以显示表达模型中规则间隔处的合力和合力矩的一系列向量。此合力和合力矩向量的系列可以通过整个的用户模型或者仅在用户指定的区域中。

以 XFEM 为基础的视图切割分量（仅结果数据）

当用户打开的输出数据库包含扩展有限元法（XFEM）计算的裂纹时，Abaqus/CAE 自动地创建和显示一个视图切割。在有符号的距离方程值是零的等值面处，此处对应 XFEM 裂纹面，视图切割显示模型。在激活 XFEM 开裂视图时，不显示边界条件。

View Cut Manager 中的工具如下对 XFEM 裂纹进行操作：

- 之下的切割![图标]复选框显示整个模型，除了 XFEM 裂纹。

- 切割处![图标]复选框显示有符号距离方程值是零的等值面，此处对应 XFEM 裂纹的面。

- XFEM 裂纹不使用之上的切割![图标]复选框。

以优化为基础的视图切割构件（仅结果数据）

当用户打开一个由优化过程创建的输出数据库时，Abaqus/CAE 自动地为拓扑和形状优化创建和显示视图切割。默认情况下，视图切割在材料属性值是零的等值面处显示模型，材料属性是零对应的是密度和刚度接近零的单元，并且因此在模型的强度中扮演不重要的角色。当激活优化视图切割时，没有显示边界条件。

View Cut Manager 中的工具如下操作优化：

- 之下的切割![图标]复选框显示属性比滑块值小的材料。默认情况下，这些材料对模型的强度没有贡献。

- 切割处的![图标]复选框显示材料属性等于滑块值的等值面。

- 之上的切割![图标]复选框显示属性值比滑块值大的材料。默认情况下，这些材料继续对模型的强度做出贡献。

80.2 管理视图切割

视图切割管理器允许用户创建一个视图切割，并且激活、重定位、编辑、复制、重命名、删除或者定制一个之前创建的视图切割。当用户在显示模块中为输出数据库数据显示视图切割时，管理器也允许用户激活和抑制已经显示的视图切割的合力和合力矩。下面的部分描述如何创建和管理视图切割，以及对于显示模块中的结果数据，与这些视图切割关联的合力和合力矩向量的显示。

- 80.2.1 节 "创建或者编辑视图切割"
- 80.2.2 节 "显示一个切割截面及其合力和力矩向量"
- 80.2.3 节 "允许多个自由体切割"
- 80.2.4 节 "重定位一个视图切割"
- 80.2.5 节 "复制、重新命名和删除视图切割"
- 80.2.6 节 "定制视图切割轮廓面的颜色"
- 80.2.7 节 "在显示模块中定制切割模型显示"
- 80.2.8 节 "在激活的视图切割上定制合力和合力矩的显示和计算"
- 80.2.9 节 "定制切割选项"

80.2.1 创建或者编辑视图切割

用户可以基于平面来创建视图切割。此外，在显示模块中，用户可以以圆柱、球或者对应任何云图变量常数值的等值面为基础来创建视图切割。默认沿着 X 平面、Y 平面和 Z 平面创建切割。

当用户编辑一个等值视图切割时，Abaqus/CAE 更新视图切割的定义，这样此视图切割反映当前的结果选项和变量选择。

若要创建或者编辑视图切割，执行以下操作：

1. 调用创建或者编辑视图切割的选项。
- 要创建一个视图切割，从主菜单栏选择 Tools→View Cut→Create。
出现 Create Cut 对话框。
- 要编辑之前创建的视图切割，从主菜单栏选择 Tools→View Cut→Edit。从出现的菜单选择用户想要编辑的视图切割。

出现 Edit Cut 对话框。

技巧：用户也可以使用视图切割管理器来创建或者编辑视图切割。从主菜单栏选择 Tools→View Cut→Manager。要创建一个视图切割，单击 Create。要编辑一个视图切割，从列表选择视图切割并双击它或者单击 Edit。

2. 为视图切割输入一个名称。有关命名对象的更多信息，见 3.2.1 节 "使用基本对话框组件"。用户不能改变 Edit Cut 对话框中的名称，但是用户可以重新命名一个视图切割（见 80.2.5 节 "复制、重新命名和删除视图切割"）。

3. 如果在编辑器中出现 Shape 文本域，选择切割形状。单击 Shape 文本域旁边的箭头，然后从出现的列表中选择一个形状：Plane、Cylinder、Sphere 或 Isosurface。一旦创建了切割，就不能改变形状。

仅可以为显示模块中创建的视图切割编辑 Shape 文本域。

4. 如果用户将切割形状选择成 Isosurface，则将在当前主场输出变量的不变值上创建切割。切换选中 Override primary variable averaging 来为选中视图切割应用 100% 的变量平均阈值，或者切换不选此选项，来使用在 Result Options 对话框的 Averaging 选项中指定的变量平均阈值；更多信息见 42.6.6 节 "控制结果平均"。

不能为存储在面上的变量创建等值面切割，因为不能获取模型的内部信息。有关改变主场输出变量的信息，见 42.5.3 节 "选择主场输出变量"。

5. 默认情况下，切割是定义在显示帧上的，并且随着结构变形，结构移动通过此切割。切换选中 Follow model deformation 来定义一个拉格朗日切割；也就是说，切割是定义在参考帧上的，并且当用户显示一个不同的帧时，随着模型发生变形。将 Reference frame 选择成分析的 First、Last 或者 Current 帧。

仅对于显示模块中的视图切割才可以使用 Follow model deformation 选项。

6. 对于显示模块中的平面、圆柱或者球形视图切割，切换选中用户希望用来定义视图切割值的方法：Key-in 或者（仅当输出数据库包含一个坐标系，或者如果用户已经在当前程序会话中创建了一个坐标系时，才可以使用 From CSYS 选项）。

a. 如果用户选择 Key-in 方法，则输入下面点的坐标，取决于切割形状。

● 对于 Plane 切割，输入原点的坐标；法向轴；以及可选的轴 2。轴 2 是位于平面中的一个轴；此切割平面可以关于此轴或者关于轴 3 发生转动，将轴 3 定义成垂直法向轴和垂直轴 2 的轴。见 80.2.4 节 "重定位一个视图切割"。

● 对于 Cylinder 切割，输入原点坐标以及圆柱轴。

● 对于 Sphere 切割，输入原点坐标。

b. 如果用户选择 From CSYS 方法，则从出现的列表选择一个坐标系（标有星号的坐标系已经保存到当前的输出数据库中），然后选择下面的选项，取决于切割形状。

● 对于 Plan 切割，选择坐标系的 Axis 1、Axis 2 或者 Axis 3 作为法向轴。切割平面关于两个坐标系的任何一个进行旋转；见 80.2.4 节 "重定位一个视图切割"。

● 对于 Cylinder 切割，选择坐标系的 Axis 1、Axis 2 或者 Axis 3 来作为圆柱轴。

● 对于 Sphere 切割，坐标系原点将是切割的原点；用户不需要选择任何其他对象。

仅显示模块中的视图切割才可以使用 From CSYS 选项。

7. 单击 OK 来关闭 Create Cut 或者 Edit Cut 对话框。

当用户创建一个新视图切割时，会自动激活新视图切割（即用来在当前视口中显示模型）。默认情况下，将切割定位在模型的一半处。

默认情况下，视图切割仅在用户的程序会话的延续中继续存在。如果用户想要保留用户已经定义的视图切割，并且在后续的程序会话中继续使用，则用户可以将此视图切割保存到 XML 文件中、模型数据库中或者输出数据库中。更多信息见 9.9 节"管理程序会话对象和程序会话选项"。

80.2.2 显示一个切割截面及其合力和合力矩向量

要显示模型的切割截面，用户激活一个视图切割并且选择是否在切割上显示模型，在切割之下和/或在切割之上显示模型。切割自身是不可见的。在显示模块中，用户可以显示切割下面或者切割上面的模型；在所有其他的模型中，用户可以显示一个视口或者其他视口。

在显示模块中，用户可以激活多个视图切割；在所有其他模块中，一次仅可以激活一个视图切割。对于显示模块中的每一个视图切割，用户也可以显示整个模型中的或者当前显示组中的合力和合力矩。

对于显示来自输出数据库数据的视图切割，用户也可以显示选中切割在整个模型上规则间隔处的合力和合力矩。更多信息见 80.2.8 节"在激活的视图切割上定制合力和合力矩的显示和计算"。

每一个视图切割的有效状态仅在用户程序会话期间存在。如果用户想要为后续的程序会话保留此视图切割，则用户可以将这些数据保存到 XML 文件中、模型数据库中或者输出数据库中。更多信息见 9.9 节"管理程序会话对象和程序会话选项"。

若要显示一个切割截面，执行以下操作：

1. 从主菜单栏选择 Tools→View Cut→Manager。

出现 View Cut Manager，其中有在当前程序会话中已经创建的所有视图切割列表。在有效视图切割左侧的 Show 列中出现一个对号。

2. 单击用户想要激活或者抑制的视图切割左侧的 Show 列中的选择框。

使用有效视图切割来在当前视口中切开模型。

技巧：用户也可以使用下面的一个方法来激活或者抑制一个视图切割。

- 在不是显示模块的其他任何模块中，单击视图切割工具栏的 工具。

- 在显示模块中，单击工具栏中的 工具。

如果没有激活视图切割，选择任何这些工具将激活 View Cut Manager 中列表内的第一个视图切割（通常默认是 X 平面切割）。如果激活一个视图切割，则选择此工具将抑制此切割。

3. 单击视图切割右侧 Model 列中的选择框来显示切割之下的模型 ，切割面中的模型 ，和/或切割面之上的模型 （这些位置不是互斥的）。

在视口中显示选中的模型部分。

4. 如果用户正在操作显示模块，为激活的视图切割单击模型列中 图标下的选择框，来显示作用在可见分量上的合力和合力矩以及视图切割。例如，当用户从"显示切割面之下"选项切换到"显示切割面之上"选项时，用户将看到等效的和相反的合力和合力矩向量。

注意：View Cut Options 让用户控制视图切割上显示的合力和合力矩的三个分量。用户可以计算显示组为基础的，或者整个模型为基础的合力和合力矩，并且用户可以调整合力点和分量分解。用户可以显示实体几何和壳截面，或者梁截面的视图切割上的合力和合力矩。更多信息见 80.2.8 节"在激活的视图切割上定制合力和合力矩的显示和计算"。

5. 在显示模块中，切换选中 Allow for multiple cuts 来执行多个视图切割的显示。

80.2.3 允许多个自由体切割

在显示模块中，用户可以通过切换选中 Allow for multiple cuts 来在同一时刻，在模型上显示多个视图切割。当用户选择此选项时，Abaqus/CAE 为程序会话中的选中了 Show 选择框的所有视图切割显示切割面。用户仅可以重新定位激活的视图切割。实际过程中，用户可能想要依次激活视图切割，并且将每一个视图切割重新定位到想要调查的位置处。此外，用户显示的切割不相交；例如，用户不能仅显示两个平面视图切割之间的模型部分。

注意：Abaqus/CAE 不支持在同一时刻显示多个 XFEM 为基础的视图切割构件。

若要显示多个的视图切割，执行以下操作：

1. 从主菜单栏选择 Tools→View Cut→Manager。

出现 View Cut Manager，在其中有在当前程序会话中已经创建的所有视图切割列表。在有效视图切割左侧的 Show 列中出现一个对号。

2. 切换选中 Allow for multiple cuts。

Abaqus/CAE 显示选中 Show 选择框的每一个视图切割的切开位置，并且 Abaqus/CAE 隐藏所有的自由体切割，并且抑制 Model 列中 按钮下的选择框。用户可以通过切换视图切割的 Show 选择框来显示或者隐藏个别的视图切割。

80.2.4 重定位一个视图切割

默认情况下，当最初激活一个视图切割时，Abaqus/CAE 将其定位在模型的一半处。用户可以使用视图切割管理器来重新定位模型上的切割。用户可以沿着法向轴移动切割平面，或者关于另外两个轴转动切割面。用户可以重新定义圆柱切割或者球切割的半径，以及用于等值切割的云图值来重新定位等值面切开模型的位置。视图切割管理器中的定位选项仅应用到选中的切割，这些切割位置可以与当前的有效切割不同。

在除了显示模块的其他所有模块中，如果用户更改模型库，则 Abaqus/CAE 将切割平面重新定位到一半模型点处。

若要重新定位一个视图切割，执行以下操作：

1. 从主菜单栏选择 Tools→View Cut→Manager。

出现 View Cut Manager，具有当前程序会话中已经创建的所有视图切割的列表。

2. 通过单击视图切割的名称来在管理器中选择一个视图切割。

在管理器中高亮显示选中的视图切割。

3. 要平移一个 Plane 视图切割，进行下面的操作。

a. 从视图切割管理器的底部菜单中选择 Translate。

b. 使用下面的一个方法来重新定位视图切割。

● 输入沿着法向轴的 Position 值。

● 拖动 Position 滑块来选择一个值。仅当视图切割是当前激活的时候才可以使用滑块。

● 为了细化控制视图切割重定位，增加滑块的 Sensitivity。每一次敏感性增量将滑块的运动范围缩聚 10 个因子，这样敏感性设置 100 会让用户将视图切割定位到模型的 1/100 中。

另外，用户可以在 Sensitivity 栏中双击一个位置来将视图切割重新定位到一个通用的位置，然后拖动 Position 滑块来选择一个值。

通过指定值来平移选择的切割面。

4. 要转动一个 Plane 视图切割，进行下面的操作。

a. 从视图切割管理器的底部菜单中选择 Rotate。

b. 选择转动轴（通过 Key-in 方法定义的切割的 2 轴或者 3 轴，或者由 From CSYS 方法定义的切割的两个非法向轴；见 80.2.1 节 "创建或者编辑视图切割"）；并且输入转动 Angle 的值，或者使用滑块来选择一个值。

选中的切割是关于转动轴的原点转动指定的角度。忽略应用到视图切割的任何平动。

5. 要重新定位 Cylinder、Sphere 或者 Isosurface 视图切割，在可以使用的文本域中输入一个值，或者使用滑块来选择一个值。仅当视图切割是当前激活时才可以使用滑块；用户可以为了更高的精度来增加滑块敏感性。

● 对于 Cylinder 切割，输入圆柱的 Radius 值。

● 对于 Sphere 切割，输入球的 Radius 值。

● 对于 Isosurface 切割，输入切割应当对应的云图 Value 值。

如指定的那样重新定位选中的切割。

80.2.5 复制、重新命名和删除视图切割

要复制、重新命名或者删除一个视图切割，使用下面的一项：

● 主菜单栏上 Tools→View Cut 菜单下列出的 Copy、Rename 和 Delete 项目。

Copy、Rename 和 Delete 项目包含子菜单，列出用户已经创建的所有视图切割。

● 视图切割管理器对话框。视图切割管理器包含的功能与主菜单栏上 Tools→View Cut 菜单下列出的那些功能一样，但是有列出所有视图切割的方便的浏览器。要显示视图切割管理器对话框，从主菜单栏选择 Tools→View Cut→Manager。

注意：当用户打开的模型包含扩展有限元方法（XFEM）计算得到的裂纹时，以及当用户打开一个优化过程创建的模型时，Abaqus/CAE 创建一个视图切割。用户不能创建、删除或者编辑一个 XFEM 视图切割或者优化视图切割。

80.2.6　定制视图切割轮廓面的颜色

在不是显示模块的其他模块中，当用户在视图切割上显示切割平面的一部分时，用户可以定制切割轮廓面的颜色。Cap Color 选项为定制轮廓面的颜色提供两个选择：

● 选择 Specify 并单击 █ 来使用固定的颜色来显示整个切割轮廓面。Abaqus/CAE 为切割平面上的所有构件显示此颜色，并且当用户移动平面或者改变颜色编码选择时，不改变颜色。

● 选择 Use body color 来在切割平面上显示每一个模型构件的当前颜色。当用户重新定位切割平面或者改变颜色编码选择时，Abaqus/CAE 动态地改变切割平面上模型构件的着色。

注意：Abaqus/CAE 为不同的零件显示不同的切割轮廓面的颜色；然而，Abaqus/CAE 为同一个零件中的不同截面、材料、网格默认等等显示各自相同的切割轮廓面的颜色。

如果用户切换选中用户程序会话的透明性，则 Abaqus/CAE 在视口中隐藏切割轮廓面；更多信息见 77.3 节"改变半透明度"。此外，当用户保存或者输出视口的内容时，Abaqus/CAE 可以隐藏切割轮廓面，取决于用户选择的文件格式。

● 如果用户将视口图片保存到一个文件，并且选择一个向量为基础的文件格式，则 Abaqus/CAE 隐藏结果文件中的切割轮廓面。当用户将图片保存成 SVG 格式，或者当用户将图片保存成 PS 或者 EPS 格式时，并且将 Vector 指定成 PS Options 对话框或者 EPS Options 对话框中的 Image format，Abaqus/CAE 创建一个基于向量的文件。

● 如果用户将视口数据输出成 VRML 或者 3DXML 格式，则 Abaqus/CAE 隐藏输出文件中的切割轮廓面。在所有其他导出格式的导出文件中包括切割轮廓面。

若要定制视图切割轮廓面的颜色，执行以下操作：

1. 从主菜单栏选择 Tools→View Cut→Manager。

出现 View Cut Manager 对话框。

2. 单击 Options。

出现 View Cut Options 对话框。

3. 从 Cap Color 选项的列表选择下面的一个选项。

● 选择 Specify 并且单击█，然后从出现的 Select Color 对话框选择一个轮廓面的颜色来显示切割上显示的模型整个部分。有关选择一个新颜色的更多信息，见 3.2.9 节"定制颜色"。

● 选择 Use body color 来为与视图切割相交的每一个部件，使用当前颜色编码设置来着色切割轮廓面。

4. 单击 OK。

80.2.7　在显示模块中定制切割模型显示

用户可以使用视图切割选项来定制显示模块中切割模型的外观。用户可以为切割面之下的、切割面中的和切割面之上的模型部分选择不同的选项。用户可以选择对模型应用视图切割选项，或者使用当前的图示选项。视图切割选项与视口关联，而不是与个别视图切割关联；这样，如果对模型应用视图切割选项，则任何有效的切割都将使用这些选项。图 80-4 所示为使用视图切割选项来定制切割平面中的货车模型。

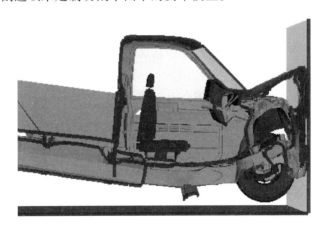

图 80-4　使用视图切割选项来定制切割平面中的货车模型

若要定制切割模型显示，执行以下操作：

1. 从显示模块中的主菜单栏选择 Options→View Cut。

出现 View Cut Options 对话框。

技巧：用户也可以使用视图切割管理器来定制切割选项。从主菜单栏选择 Tools→View Cut→Manager，并且单击视图切割管理器中的 Options。

2. 选择用户想要通过选择下面的一个表来定制的模型部分：Below Cut、On Cut、Above Cut。

3. 切换选中 Use these options 来将视图切割选项应用到选中的模型部分。另外，切换选中 Use current plot options 来应用常用的图示选项，或者如果可以应用的话，对模型的选中部分应用叠加图示选项。

4. 单击下面的表来定制当前时刻中视图切割的外观。

● Basic：选择渲染风格和边可见性。

● Color & Style：控制模型边颜色和风格，以及模型面颜色。

● Other：Other 页包含下面的表。

—Translucency：控制阴影渲染风格半透明度。

要获知如何定制渲染风格以及视图切割的其他显示特征，见第 55 章 "定制图显示"。

80.2.8   在激活的视图切割上定制合力和合力矩的显示和计算

用户可以在显示模块中为视图切割使用自由体选项，来定制在有效视图切割上显示的合力和合力矩是如何计算的，以及如何定制合力点和坐标系转换。Abaqus/CAE 可以通过切割当前的显示组，或者通过切割整个模型来计算合力和合力矩。通过切割当前显示组来计算这些值极大地提高灵活性——例如，用户可以通过在显示组中包括所有的模型，在四个特定的位置上计算总合力和总合力矩——但是 Abaqus/CAE 将仅在视图切割时和显示组相交时，才显示合力和合力矩数据。

用户也可以定制当前视口中所有自由体切割的内容和外观，见 67.5.1 节 "定制自由体切割的通用显示选项"。

仅输出数据库的视图切割才可以使用合力和合力矩数据的显示。当在显示模块中显示来自模型数据库的模型时，用户不能为视图切割显示此数据。

默认情况下，Abaqus/CAE 为了切换选中要显示合力和合力矩的每一个视图切割，只显示一次合力和合力矩。如果想要的话，用户也可以显示一系列的向量，来在整个模型或者部分模型上的规则间隔处显示合力和合力矩数据。

若要定制有效视图切割上的合力与合力矩显示和计算，执行以下操作：

1. 从显示模块中的主菜单栏选择 Options→View Cut。

出现 View Cut Options 对话框。

技巧：用户也可以使用视图切割管理器来定制切割选项。从主菜单栏选择 Tools→View Cut→Manager，然后单击视图切割管理器中的 Options。

2. 单击 Free Body 标签页。

3. 从 Computation based 选项。

● 选择 Cutting through the current display group，以通过当前显示组的视图切割为基础来计算合力和合力矩。

● 选择 Cutting through the whole model，以通过整个模型的视图切割为基础来计算合力和合力矩。

4. 如果需要，为视图切割产生的合力和合力矩定制求合点或者坐标系变换选项。

a. 从 Summation point 选项中，选择发生合力和合力矩向量的三维位置。

● 选择 Centroid of cut 来将求合点自动地安置到视图切割的面中心处。

- 选择 User-defined，并且在空间中指定一个定制的三维位置，或者单击 ⬉ 来从视口选择求合点。

b. 从 Component resolution 选项中，当以分量形式显示向量时，用户可以指定发生的坐标系转换（有关以分量形式显示力和力矩的更多信息，见 67.5.1 节"定制自由体切割的通用显示选项"）。

- 选择 Normal and tangential 来以用户选择面的法向和切向来开始分向量。

如果需要，指定分向量的切向 Y 轴值。当用户在视图切割切片上显示一系列的自由体时，此选项让用户实施切向向量的均一方向。

- 选择 CSYS 和坐标系来将分向量变换成一个定制坐标系。另外，用户可以单击 Create 来创建一个新基准坐标系。

仅当在 Free Body Plot Options 对话框中选择了分向量显示时，Component resolution 选项才影响合力和合力矩的显示。

5. 切换选中 Show heat flow rate if available，以单位时间穿过视图切割的能量方式来显示热流率。

6. 如果用户想要定制视口中自由体切割的内容和外观——激活视图切割上显示的自由体和使用自由体工具集创建的自由体——单击 ⣿ 来访问 Free Body Plot Options。见 67.5.1 节"定制自由体切割的通用显示选项"。

7. 单击 OK。

默认情况下，视图切割仅在用户的程序会话中存留。如果用户想要保留用户已经定义的视图切割，使得在后续的程序会话中依然可以使用，则用户可以将视图切割保存到 XML 文件、模型数据库或者保留到输出数据库中。更多信息见 9.9 节"管理程序会话对象和程序会话选项"。

8. 单击 Apply 来完成用户的更改。

视图切割发生改变来反映用户的指定。

默认情况下，程序会话期间保存用户的更改，并影响视口中的所有后续视图切割。如果用户想要为后续的程序会话保留更改，则将变化保存成一个文件。更多信息见 55.1.1 节"保存定制以供后续程序会话使用"。

80.2.9 定制切割选项

用户可以在显示模块中的 Slicing 标签页上使用设置，来显示有效视图切割范围的一系列视图切割切片。视图切割切片类似于视图切割的切入部分，但是在沿着激活视图切割范围的一系列间隔处显示它们，而不是仅在切割平面自身上。用户可以在有效视图切割范围的规则间隔处显示视图切割切片，或者用户可以沿着程序会话中的预定义路径来显示切片。实施切片时，用户也可以显示模型在切片位置处的合力和合力矩。

仅当单个视图切割有效时，并且仅在显示模块中时，才可以实施视图切割切片。用户可以为平动和转动视图切割显示切片。在有效视图切割的整个范围中显示切片，而不管 View Cut Manager 中 Motion of Selected Cut 选项中的视图切割的任何重新定位。对于转动视图切割，用户也可以转动切片并且改变它们的转动轴。

如果用户沿着模型中的一条路径执行视图切割，此路径具有大量的转折或者很高的曲率，则切片的切割面有时候可以同时穿过模型的不同零件。用户可以通过聚焦用户模型的一个子集合来限制或者排除此行为：使用一个显示组来隐藏模型的一部分，或者改变路径定义，这样仅沿着部分弯曲零件显示此切片。

若要为有效视图切割定制切片，执行以下操作：

1. 从显示模块中的主菜单栏选择 Options→View Cut。

出现 View Cut Options 对话框。

技巧：用户也可以使用视图切割管理器来定制切割选项。从主菜单栏选择 Tools→View Cut→Manager，然后单击视图切割管理器中的 Options。

2. 单击 Slicing 标签页。

3. 切换选中 Display slicing 来实施用户程序会话中的视图切割切片。

4. 如果用户想要在视图切割的整个范围中显示视图切割切片，则选择 Step through the active view cut's range。如果用户想在选中视图切割的多个位置上显示视图切割切片或者自由体切割，则用户也可以定制线段的最小值和最大值，在此线段范围内，Abaqus/CAE 将显示合力和合力矩。默认情况下，将最小值和最大值设置成允许整个模型上的切片分布。

5. 如果用户想要沿着预定义的路径显示视图切割切片，则选择 Step along a predefined path，然后进行下面的操作。

a. 选择路径。

b. 使用 Display slices at path nodes 选项来选择用户想要显示视图切割切片的位置。

● 切换选中此选项来在组成路径定义的多个节点处放置视图切割切片。

● 切换不选此选项来沿着路径在一组规则间隔处放置视图切割切片。通过输入域和对话框底部处的滑块来指定切片的数量。

c. 使用 Set free body summation point on the path 选项来为合力和合力矩指定求合点的位置。

● 切换选中此选项来在选中路径上为合力和合力矩放置求合点。

● 切换不选此选项来在取合力矩的位置处，为合力和合力矩放置求合点。

6. 单击 Apply 来完成用户的更改。

视图切割发生改变来反映用户的指定。

默认情况下，程序会话期间保存用户的更改，并影响视口中的所有后续视图切割。如果用户想要为后续的程序会话保留更改，则将变化保存成一个文件。更多信息见 55.1.1 节"保存定制以供后续程序会话使用"。

第Ⅷ部分　使用插件

本部分介绍如何使用插件以及插件工具集来扩展 Abaqus/
CAE 的能力，包括以下主题：
- 第 81 章 "插件工具集"
- 第 82 章 "Abaqus 插件"

81　插件工具集

插件工具集将插件文件加载到 Abaqus/CAE 中，包括以

下主题：

- 81.1 节 "什么是插件？"

- 81.2 节 "可以从哪里获取插件？"

- 81.3 节 "如何得到与插件有关的信息？"

- 81.4 节 "一个 Python 模块和功能的例子"

- 81.5 节 "可以使用 GUI 插件做什么？"

- 81.6 节 "如何让 Abaqus/CAE 访问一个插件？"

- 81.7 节 "内核插件如何执行？"

- 81.8 节 "覆盖插件"

- 81.9 节 "GUI 插件如何执行？"

- 81.10 节 "隐藏插件的源代码"

- 81.11 节 "在启动时显示导入插件的异常"

- 81.12 节 "Abaqus/CAE 模块和插件"

- 81.13 节 "如何提供与插件有关的信息？"

81.1　什么是插件?

插件是一段软件，安装在另外一个应用中来扩展此应用的能力。Abaqus 插件执行 Abaqus 脚本界面和 Abaqus GUI 工具箱命令，并且插件提供一个方法来为用户的特定需求或者偏爱定制 Abaqus/CAE。例如，一个简单的插件可以根据一些预定义的选项自动打印当前视口的内容。一个更加复杂的插件可以提供图形化用户界面，来运行用户已经编写的指定后处理程序。

有两种类型的插件：内核和 GUI。内核插件由使用 Abaqus 脚本界面写的功能组成。与内部插件相比而言，GUI 插件是使用 Abaqus GUI 工具集写出的，并且包含创建图形用户界面的命令，此界面转而发送命令到内核。可以从主菜单上的 Plug-ins 菜单或者插件工具箱访问内核和 GUI 插件。

默认情况下，从主菜单栏上的 Plug-ins 菜单可以访问一些内核和 GUI 样例插件。用户可以使用这些例子来观察如何创建插件，并且学习插件如何与 Abaqus/CAE 相互作用。此外，用户可以从插件工具箱获取两个样例插件。当用户从主菜单栏选择 Plug-ins→Toolboxes→Examples 时，Abaqus/CAE 显示 Examples 工具箱。用户可以单击工具箱中的图标来启动一个插件。图 81-1 所示为 Toolboxes 菜单和 Examples 插件工具箱。

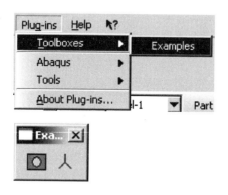

图 81-1　Toolboxes 菜单和 Examples 插件工具箱

81.2 可以从哪里获取插件?

Abaqus 安装提供一些插件。用户可以通过从主菜单选择 Plug-ins→Abaqus 或者 Tools 来显示这些插件。

有关如何显示描述插件和其用法的文档信息,见 81.3 节"如何得到与插件有关的信息?"。

在 SIULIA 学习社区中可以获取额外的插件,此社区提供插件例子以及用户设计的方法来促进 Abaqus 脚本界面和 Abaqus GUI 工具箱的应用提高。单击 Blog 和 Process Automation 过滤器来浏览此社区的插件例子。用户也可以自己写插件。

81.3　如何得到与插件有关的信息？

出现在 Abaqus/CAE 主菜单栏中的 Plug-ins 菜单所包含的 About Plug-ins 项目，显示 About Plug-ins 对话框。此对话框列出了当前安装的所有插件。当用户单击树列表中的每一个插件时，Abaqus/CAE 显示与那个插件有关的信息，例如作者和版本。此外，用户可以单击 About Plug-ins 对话框中的 View 来显示描述插件的文档。更多信息见 81.13 节"如何提供与插件有关的信息？"。

将此信息指定成插件注册命令的附加参数。结果，如果插件的作者选择不提供一部分的这些可选参数，则在 About Plug-ins 对话框中，不提供对应的信息。

81.4　一个 Python 模块和功能的例子

一个内核插件使用一个菜单项目或者一个工具箱图标，来与 Python 模块和功能关联起来。例如，下面显示的内核插件是在文件 myUtils.py 中定义的一个简单功能，用来将当前的视口打印到一个 PNG 文件。文件 myUtils.py 是一个 Python 模块。

```
def printCurrentVp( ):
from abaqus import session,getInputs
from abaqusConstants import PNG
name=getInputs( ( ('File name:',''),),
    'Print current viewport to PNG file')[0]
vp=session.viewports[session.currentViewportName]
session.printToFile(
fileName=name,format=PNG,canvasObjects=(vp,))
```

例子的第一行（def printCurrentVp（ ）：）是功能定义，包含想要的命令。一个插件要求一个功能定义。因此，如果用户想要通过抽取写到 abaqus.rpy 回放文件的命令来创建一个内核插件，则用户必须首先在函数定义中包含此命令。有关写内核脚本以及创建函数定义的更多详细情况，参考《Abaqus 脚本用户手册》和《Abaqus 脚本参考手册》。

用户完成写入内核插件，并使用插件工具集注册此内涵插件后，用户可以从 Abaqus/CAE 主菜单栏中的 Plug-ins 菜单执行此插件。更多信息见 81.6 节"如何让 Abaqus/CAE 访问一个插件？"。

81.5　可以使用 GUI 插件做什么?

使用 Abaqus GUI 工具包来书写一个 GUI 插件。有关写 GUI 脚本的更多详细情况, 参考《Abaqus　GUI 工具包用户手册》和《Abaqus GUI 工具包参考手册》。在附加的 GUI 命令中, 一个 GUI 插件通常包含一个内核模块来定义功能, 当 GUI 对内核发出一个命名时, 执行此功能。例如, 用户可以写一个 GUI 插件来为用户提供输入平板尺寸的对话框, 如图 81-2所示。

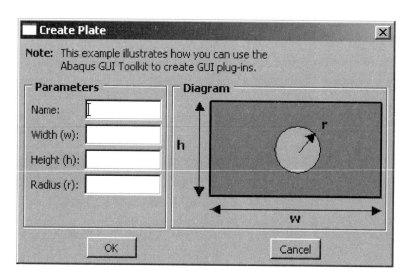

图 81-2　输入平板尺寸的对话框

当用户单击 OK 按钮来关闭对话框时, GUI 插件构建一个命令来发送到内核用于执行。内核功能使用对话框中输入的尺寸来建立一个零件。

一个 GUI 插件类似于一个内核插件, 在可以从 Abaqus/CAE 菜单栏中的 Plug-ins 菜单执行此插件之前, 用户必须使用插件工具集来注册 GUI 插件。

81.6 如何让 Abaqus/CAE 访问一个插件?

要让一个插件在 Abaqus/CAE 中可以使用，用户必须将一个包含注册命令的特定命名文件放置在 Abaqus/CAE 搜寻插件的一个目录中。注册命令使得可以从主菜单栏中的 Plug-ins 菜单，从一个单独的插件工具箱，或者从二者访问插件。此部分描述用户如何从 Abaqus/CAE 访问插件。本节包括以下主题:

- 81.6.1 节 "插件文件存储到哪里?"
- 81.6.2 节 "什么是内核和 GUI 注册命令?"
- 81.6.3 节 "添加内核插件到 Plug-ins 菜单的示例"
- 81.6.4 节 "添加内核插件到插件工具箱的示例"
- 81.6.5 节 "添加 GUI 插件到 Plug-ins 菜单的示例"

81.6.1 插件文件存储到哪里?

用户可以将插件与 Abaqus 一起安装，并且让用户端的每一个用户可以使用它。另外，用户可以将插件安装到用户的主目录中，并且其他用户不能看到此插件。当用户启动 Abaqus/CAE 时，Abaqus/CAE 在下面的目录和它们的子目录中搜索插件文件:

- abaqus_dir\abaqus_plugins，其中 abaqus_dir 是 Abaqus 父目录。
- abaqus_dir\code\python\lib\abaqus_plugins，其中 abaqus_dir 是 Abaqus 父目录。
- home_dir\abaqus_plugins，其中 home_dir 是用户的主目录。
- current_dir\abaqus_plugins，其中 current_dir 是当前目录。
- plugin_dir，其中 plugin_dir 是在 abaqus_v6. env 环境文件中通过环境变量 plugin_central _dir 来指定的目录。如果 plugin_central_dir 参考的目录在文件系统中被设置成所有用户可以访问，则用户可以在中心位置处加载插件，此中心位置可以由客户端的所有用户来访问。例如:

plugin_central_dir = r'\\fileServer\sharedDirectory'

更多信息见《Abaqus 安装和许可证手册》的 4.1 节 "使用 Abaqus 环境文件"。

Abaqus/CAE 将在这些目录中导入符合命名约定 * _plugin. py 的任何文件。这些文件必须包含注册命令。文件的名称必须符合《Abaqus 脚本用户手册》的 5.5.2 节 "标准 Abaqus 脚本界面异常" 中描述的规则。

81.6.2　什么是内核和 GUI 注册命令？

插件注册命令位于插件工具集中，用户可以从 Abaqus/CAE 的主菜单栏访问这些工具集。要访问注册命令，用户的脚本应当以下面的声明开始。

from abaqusGui import getAFXApp

toolset = getAFXApp( ). getAFXMainWindow( ). getPluginToolset( )

用户可以使用工具集变量来进行下面操作。

对插件菜单添加一个项目

下面的声明对 Plug-ins 菜单添加一个内核和 GUI 插件：

toolset. registerKernelMenuButton( )

toolset. registerGuiMenuButton( )

对插件工具箱添加一个图标

下面的声明对插件工具箱添加一个内核和一个 GUI 插件：

toolset. registerKernelToolButton( )

toolset. registerGuiToolButton( )

在《Abaqus 脚本参考手册》第 41 章"插件注册命令"中对注册命令进行了描述。

81.6.3　添加内核插件到 Plug-ins 菜单的示例

用户使用 registerKernelMenuButton（ ）命令使得可以从 Plug-ins 菜单访问一个内核插件。下面的例子说明用户如何将 81.4 节"一个 Python 模块和功能的例子"中描述的简单功能与 Plug-ins 菜单中的 Print Current Viewport 项目关联到一起（此功能将当前的视口打印成一个 PNG 文件）。注册命令参考内核功能 printCurrentVP，此内核功能位于 Python 模块 myUtils 中：

from abaqusGui import getAFXApp

toolset = getAFXApp( ). getAFXMainWindow( ). getPluginToolset( )

toolset. registerKernelMenuButton(

　　buttonText ='Print Current Viewport ',

　　moduleName ='myUtils',functionName ='printCurrentVp( )')

示例中的开头两行提供对插件工具集当中命令的访问。下一行在主菜单栏中的 Plug-ins 菜单下插入一个 Print Current Viewport 菜单项目。当用户单击 Print Current Viewport 时，Abaqus/CAE 对内核发出下面的命令：

myUtils. printCurrentVp（ ）

buttonText 参数接受一个管道分隔的（ | ）文字列。管道分隔将子菜单名称与菜单按钮名称分隔开来。这允许用户将一个菜单下的一些插值成组。例如，如果用户已经在myUtils. py 中定义了多个功能，则用户使用下面版本的 myUtils_plugin. py 来将它们注册在层叠式菜单下：

```
from abaqusGui import getAFXApp
toolset = getAFXApp（ ）. getAFXMainWindow（ ）. getPluginToolset（ ）
toolset. registerKernelMenuButton（
    buttonText ='My Utils | Print Current Viewport',
    moduleName ='myUtils', functionName ='printCurrentVp（ ）' )
toolset. registerKernelMenuButton（
    buttonText ='My Utils | Print Sections',
    moduleName ='myUtils', functionName ='printSections（ ）' )
toolset. registerKernelMenuButton（
    buttonText ='My Utils | Print Materials',
    moduleName ='myUtils', functionName ='printMaterials（ ）' )
```

上面的例子生成图 81-3 所示的菜单结构：

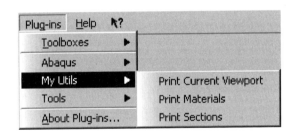

图 81-3　在层叠式菜单下注册插件的效果

81.6.4　添加内核插件到插件工具箱的示例

用户使用 registerKernelToolButton（ ）命令，使得可以从插件工具箱访问内核插件。当用户为工具箱添加一个插件时，在 Plug-ins→Toolboxes 菜单中出现一个项目。当用户选择此项目时，Abaqus/CAE 显示一个插件工具箱。虽然用户可以在工具箱中显示文本，但是用户将很可能不想使用文本，而是提供一个图标来替代文本（有关创建图标的更多信息，见《Abaqus GUI 工具包用户手册》的附录 A "图标"）。

registerKernelToolButton 注册命令使用的参数与 registerKernelMenuButton 命令使用的参数相同；然而前者也要求一个工具箱名称。用户可以使用 buttonText 参数来仅指定一个提示框，在提示文字前面前置一个 "\t"，如下面的 myUtils_plugin. py 中所示的那样：

```
from abaqusGui import getAFXApp, FXXPMIcon
```

```
from myIcons import vpIconData
vpIcon = FXXPMIcon( getAFXApp( ) , vpIconData )
toolset = getAFXApp( ). getAFXMainWindow( ). getPluginToolset( )
toolset. registerKernelToolButton( toolboxName = 'My Utils' ,
    buttonText = '\tPrint Current Viewport' , icon = vpIcon ,
    moduleName = 'myUtils' , functionName = 'printCurrentVp ( ) ' )
```

此例子在 Plug-ins→Toolboxes 菜单下面创建一个 My Utils 项目。当用户单击 My Utils 时，Abaqus/CAE 显示一个工具箱，并且在它的标题栏上显示 My Utils。当用户单击工具箱中的图标时，Abaqus/CAE 对内核发送下面的命令：

```
myUtils. printCurrentVp( )
```

如果用户在 Plug-ins 菜单中注册插件，将对内核发送相同的命令。

如果存在 Toolboxes 项目，则总是出现在 Plug-ins 菜单中的第一行；并且 About Plug-ins 项目总是出现在最后。Plug-ins 菜单中的其他项目按字母顺序列出。

81.6.5　添加 GUI 插件到 Plug-ins 菜单的示例

用户使用 registerGuiMenuButton( ) 命令，使得从 Plug-ins 菜单可以访问 GUI 插件。下面的例子显示了用户如何可以使用注册命令来添加一个 GUI 插件，来创建一个表来给出提示用户输入的对话框。当用户选择 Plug-ins→My Utility 时，Abaqus/CAE 激活此表。

内核插件的注册命令必须存储在与内核插件代码分离的文件中。相比而言，GUI 插件的注册命令可以存储在一个分离的文件中，或者在 GUI 插件文件自身中。此例子显示用户如何可以将注册命令和 GUI 插件代码组合成一个单独的文件。

```
from abaqusGui import AFXForm,getAFXApp
class MyForm( AFXForm) :
    [ (表单代码)
toolset = getAFXApp( ). getAFXMainWindow( ). getPluginToolset( )
toolset. registerGuiMenuButton( buttonText = 'My Utility ' ,
object = MyForm( toolset) )
```

当用户制作从 Plug-ins 菜单或者从工具箱来访问的 GUI 插件时，注册命令参考一个 GUI 对象，当选中插件时，此对象收到一个信息。通过将用户指定的信息 ID 与 SEL_COMMAND 信息类型组合在一起来生成信息选择器。在大部分情况中，用户将提供一个表或者像 GUI 对象一样的过程，并且为信息 ID 使用 ID_ACTIVATE（默认的）。表和过程提示用户输入，在大部分的情况中，使用一个对话框或者提示行。在从用户处收到输入后，表和过程对内核发出一个命令。有关创建表、过程和对话框的详细信息，见《Abaqus GUI 工具包用户手册》的第 7 章 "模式" 和《Abaqus GUI 工具包用户手册》的第 5 章 "对话框"。用户也可以创建使用 Really Simple GUI Builder 插件的简单对话框；更多信息见 82.4 节 "使用 Really Simple GUI（RSG）Dialog Builder 创建对话框"。

81.7 内核插件如何执行?

Abaqus 通过向内核发出以模块名称．功能名称形式的命令来执行一个内核插件。模块名称和功能名称是用户在插件注册命令中提供的名称。

当 Abaqus/CAE 开始并且导入一个插件时，Abaqus/CAE 存储放置插件的目录。第一次调用插件时，Abaqus/CAE 使用此插件的目录来更新内核的 sys．path 列表。下次调用插件时，Abaqus/CAE 发出插件内部的命令，但是不更新 sys．path。

例如，考虑前面章节中描述的 myUtils_plugin．py 和 myUtils．py。假定用户在主目录中的 abaqus_plugins 目录里的 abaqus_plugins 子目录 myPlugins 中保存这两个文件。当用户第一次单击 Plug-ins 菜单里的 Print Current Viewport 时，Abaqus/CAE 对内核发出下面的命令：

```
import sys
sys. path. append('path to your home dir/abaqus_plugins/myPlugins')
import myUtils
myUtils. printCurrentViewport（）
```

下次用户单击 Plug-ins 菜单中的 Print Current Viewport 时，Abaqus/CAE 仅发送下面的命令给内核：

```
myUtils. printCurrentViewport()
```

因为 Abaqus/CAE 更新 sys．path 列表，所以用户的插件代码不需要执行此任务来导入需要的模块。这假定这些模块位于与插件相同的目录中。如果用户不得不导入不在相同目录中的模块，则用户必须调试 sys．path 列表。如果用户需要调试 sys．path 列表，则用户应当使用自动切断文件位置的功能，而不是在用户的文件中使用插件的硬编码路径。这使得将插件容易地移动到不同的位置，而不需要更改它们的编码。下面的 myUtils．py 例子说明调试 sys．path 列表的例子：

```
import sys,os

# Full path（with name）to this file
absPath = os. path. abspath(_file__)

# Full directory specification
absDir = os. path. dirname(absPath)

# Full subdirectory specification
subDir = os. path. join(absDir,'mySubDir')
sys. path. append(subDir)

# myModule is located in subDir
import myModule
```

（模块代码的其余部分）

81.8　覆盖插件

一启动，Abaqus/CAE 就搜索 Abaqus 父目录中启动的插件，然后在 Abaqus 主目录中搜索，最后在当前目录中搜索。插件名称是大写敏感度。例如，名为 myPlugin 的插件与名为 MyPlugin 的插件不同。如果 Abaqus/CAE 在多个目录中搜寻具有相同名称和大小写的插件，则后续搜索中找到的插件将覆盖早先搜索到的插件。此方法让用户使用仅保存在用户主目录或者当前目录中的插件定制版本；然而，在大部分情况中，用户应当避免与插件命名冲突。

Python 根据在 sys. path 中指定的顺序来搜索模块，并且只要 Python 找到匹配的模块名称，就停止搜索。例如，如果用户在两个不同的插件目录中分别存有名为 myUtils. py 的工具组件，并且这些目录包含不同的代码，则此两个插件将参考同一个组件——在 sys. path 列表中首先找到的组件。

用户可以使用 Python 的存储打包形式，并且参考用户的模块来避免插件的无意重写，或者访问错误的模块。通过创建具有一个其他人不能复制的详细名称的目录来开始，并且在此目录中存储用户的_plugin. py 文件。在此第一个目录中创建相同名称的另外一个目录，并且将用户的其他插件文件放在这个使用空文件名__init__. py 的新目录中，这样目录结构看上去如下：

torqueCalculator
　　torqueCalculator_plugin. py
　　torqueCalculator
　　　　__init__. py
　　　　torqueUtils. py
　　　　torqueForm. py
　　　　torqueDB. py

当用户在程序中导入文件时，使用打包名称来限定导入。例如，在 torqueForm. py 中，用户可以使用下面的声明来限定导入：

from torqueCalculator. torqueDB import TorqueDB

81.9　GUI 插件如何执行?

　　Abaqus 通过给 GUI 对象发送信息来执行 GUI 插件,在插件的注册命令中指定此 GUI 对象。如同内核插件一样,第一次调用 GUI 插件时,Abaqus/CAE 使用插件的目录来更新内核的 sys. path 列表。此外,Abaqus/CAE 发送插件的 kernelInitString 给内核,并且更新 GUI 的 sys. path 列表来包括此插件的目录。用户可以使用 kernelInitString,为由插件的 GUI 发送的命令来初始化内核。下一次调用插件时,仅会把信息发送给 GUI 对象。

　　如果用户需要将文件导入的 GUI 不在插件所在的同一个目录中,则用户必须按照之前例子中显示的列表来增加 sys. path。此外,如果用户需要增加内核的 sys. path 列表,则用户应当提供类似于下面插件 kernelInitString 的代码,在此例子中,包含插件的文件名称是 myForm_plugin. py:

```
from abaqusGui import AFXForm, getAFXApp

class MyForm( AFXForm) :
    form code goes here
import os
# Full path( with name) to this file
absPath = os. path. abspath( __file__)

# Full directory specification
absDir = os. path. dirname( absPath)

# Full subdirectory specification
subDir = os. path. join( absDir,'mySubDir')
initString = " sys. path. append('%s') \n" % subDir
# myModule is located in subDir
initString += 'import myModule'
toolset = getAFXApp( ). getAFXMainWindow( ). getPluginToolset( )
toolset. registerGuiMenuButton( buttonText ='My Utility',
    object = MyForm( toolset) , kernelInitString = initString )
```

81.10　隐藏插件的源代码

　　如果用户不想其他用户看到插件的源代码，则用户可以提供插件的编译版本来替代提供源代码版本。当 Abaqus/CAE 导入插件的源代码版本时，Abaqus/CAE 首先从语法上分析插件，然后在执行文件之前将此插件编译成文件的可执行版本（称为 filename. pyc）。如果自上次编译插件后源代码没有发生过变化，则 Abaqus/CAE 直接地执行编译版本并且绕过编译步。如果用户删除包含源代码的文件，但是依然保留了插件的编译版本，则 Abaqus/CAE 将仍然导入此插件。

　　如果用户仅编译了一些插件版本，则用户可以将它们保存在 abaqus_plugins 目录下的一个目录中。通过将没有源代码的插件编译版本，与具有源代码的插件编译版本保持分离，将避免混淆。

81.11　在启动时显示导入插件的异常

默认情况下，当用户启动应用时，Abaqus/CAE 不显示与导入插件关联的异常。如果用户想要为调式的目的来暴露这些例外，则在载入 Abaqus/CAE 之前，在命令提示处将环境变量 ABQ_PLUGIN_DEBUG 设置成 1。当设置此环境变量时，Abaqus/CAE 在启动插件时提供与插件有关的更多引用，包括任何失败发生的位置和属性。

81. 12　Abaqus/CAE 模块和插件

默认情况下，插件出现在 Abaqus/CAE 的所有模块中。然而，用户可以使用注册命令的 applicableModules 参数来指定在指定的个别模块中才可以使用插件。如果当前模块不能使用插件，则 Plug-ins 菜单中隐藏插件的菜单项目。例如，如果用户指定仅在零件模块中才能使用此插件，则用户将不会在 Plug-ins 菜单下看到此菜单项目，除非用户在零件模块中。下面的注册命令使得插件仅在零件模块和装配模块中才可以使用：

```
toolset. registerKernelMenuButton(
    buttonText ='Print Materials',
    moduleName ='myUtils', functionName ='printMaterials( )',
    applicableModules = ('Part','Assembly') )
```

当用户在模块之间转移时，Abaqus/CAE 使用类似的功能来隐藏 Tools 菜单中的项目。对于内核和 GUI 注册命令的参数完整描述，见《Abaqus 脚本参考手册》的第 41 章"插件注册命令"。

81.13 如何提供与插件有关的信息？

创建插值时，用户可以提供下面的注册命令参数：

author（作者）

指定作者名称的字符串。

version（版本）

指定插件版本的字符串。

description（描述）

指定插件扼要描述的字符串。

helpUrl（帮助链接）

提供与插件有关信息的路径 URL 字符串。

内核和 GUI 注册命令参数的完整描述，见《Abaqus 脚本参考手册》的第 41 章"插件注册命令"。

helpUrl 参数可以是任何有效的网页浏览器 URL。在绝大部分情况中，此 URL 将指向一个 HTML 文件，但是此 URL 也可以指向一个简单文本文件或者指向一个外部网站。如果用户使用参考此 helpUrl 参数的插件来提供一个帮助文件，则用户应当避免通过使用之前例子中显示的技术，通过构建帮助文件的路径来硬编码目录名称。下面的 myUtils_plugin. py 例子显示用户如何可以提供与插件有关的信息，并且构建 helpUrl 参数的相关路径。

```
from abaqusGui import getAFXApp
toolset = getAFXApp( ). getAFXMainWindow( ). getPluginToolset( )

import os
helpUrl = os. path. join( os. getcwd( ) ,'bridgeHelp. htm')

toolset. registerKernelMenuButton(
    buttonText ='Print Current Viewport',
    moduleName ='myUtils',functionName ='printCurrentVp( )',
    author ='SIMULIA',version ='1. 0'
    description ='Print current viewport to a PNG file',helpUrl =helpUrl)
```

82　Abaqus 插件

本章介绍 Abaqus/CAE 提供和出现在 Plug-ins 菜单中的插件。选择 Plug-ins→About Plug-ins 来显示 View 按钮，来显示每一个插件上的帮助。本章包括以下主题：

- 82.1 节 "运行 Abaqus 入门示例"
- 82.2 节 "创建一个 GUI 插件"
- 82.3 节 "创建一个内核插件"
- 82.4 节 "使用 Really Simple GUI（RSG）Dialog Builder 创建对话框"
- 82.5 节 "升级脚本"
- 82.6 节 "显示模态贡献因子"
- 82.7 节 "显示自适应网格重划分容差指示器的历史记录"
- 82.8 节 "生成后处理结果报告"
- 82.9 节 "在 Abaqus/CAE 与 Microsoft Excel 之间交换数据"
- 82.10 节 "以 STL 格式从文件导入模型"
- 82.11 节 "以 STL 格式导出零件或者装配体"
- 82.12 节 "显示幅值数据"
- 82.13 节 "组合多个输出数据库数据"
- 82.14 节 "查找距离一个点最近的节点"
- 82.15 节 "查找一组单元的平均温度"
- 82.16 节 "创建平面约束"
- 82.17 节 "重新设置中节点"

注意：所有 Abaqus 插件存储到 abaqus_dir\code\python\lib\abaqus_plugins，其中 abaqus_dir 是 Abaqus 父目录。

82.1　运行 Abaqus 入门示例

此插件允许用户运行《使用 Abaqus/CAE 开始》中描述的例子。此插件创建一个复制每一个例子的模型。此插件也创建与模型关联的一个作业；然而，插件不为分析递交作业。如果需要，用户可以进入作业模块，然后为分析递交作业。然后用户可以进入显示模块来显示分析结果。

此插件取与例子关联的多个文件，并且将这些文件放置在当前的目录中。用户可以从插件运行下面的例子：

- 《使用 Abaqus/CAE 开始》的 2.3 节"例子：创建吊运装置的模型"
- 《使用 Abaqus/CAE 开始》的 4.3 节"例子：连接耳片"
- 《使用 Abaqus/CAE 开始》的 5.5 节"例子：斜板"
- 《使用 Abaqus/CAE 开始》的 6.4 节"例子：货物吊臂"
- 《使用 Abaqus/CAE 开始》的 7.5 节"例子：动载荷下的货物吊臂"
- 《使用 Abaqus/CAE 开始》的 8.4 节"例子：非线性斜板"
- 《使用 Abaqus/CAE 开始》的 9.4 节"例子：杆中传播的压力波"
- 《使用 Abaqus/CAE 开始》的 10.4 节"例子：具有塑性的连接耳片"
- 《使用 Abaqus/CAE 开始》的 10.5 节"例子：加强板上的爆破载荷"
- 《使用 Abaqus/CAE 开始》的 10.7 节"例子：轴对称接头"
- 《使用 Abaqus/CAE 开始》的 11.3 节"例子：管路系统的振动"
- 《使用 Abaqus/CAE 开始》的 12.8 节"Abaqus/Standard 3D 例子：搭接接头的剪切"
- 《使用 Abaqus/CAE 开始》的 12.11 节"Abaqus/Explicit 例子：圆板跌落测试"
- 《使用 Abaqus/CAE 开始》的 13.5 节"例子：在 Abaqus/Explicit 中成型一个槽"

82.2　创建一个 GUI 插件

　　此插件说明用户如何使用 Abaqus GUI 工具包来创建 GUI 插件。插件显示一个对话框来提示用户零件的名称和尺寸。当用户单击 OK 时，此插件创建零件。此插件也创建在用户单击 Plug-ins→Toolboxes→Examples 时显示的工具箱图标。

82.3　创建一个内核插件

　　此插件说明用户如何使用 Abaqus 脚本界面来创建一个运行内核命令的插件。此插件在当前视口中切换视图三角图标的可见性。此插件也创建在用户单击 Plug-ins→Toolboxes→Examples 时显示的工具箱图标。

82.4 使用 Really Simple GUI（RSG）Dialog Builder 创建对话框

使用 RSG 对话框生成器，是使用 Abaqus GUI 工具包命令和文本编辑器以外的创建对话框的方法。Really Simple GUI（RSG）Dialog Builder 插件让用户创建对话框，然后将它们连接到内核命令，而不需要写任何代码。用户从对话框选择项来将它们添加到空的对话框，然后编辑它们的属性。

RSG 对话框生成器提供对 Abaqus GUI 工具包中命令子集的访问，但是不需要编程经验就可以提供一个工作对话框。用户创建的对话框变成 Abaqus/CAE 的新插件。用户可以将它们保存成 RSG 插件或者标准的插件，但是用户仅可以使用 RSG 对话框来编辑 RSG 插件。用户必须使用文本编辑器来编辑标准的插件。然而，将 RSG 对话框保存成一个标准的插件，允许一个有经验的编程者通过从 Abaqus GUI 工具包命令的完整集合中选择命令来扩展对话框的功能。

RSG 对话框生成器插件有一个"5 分钟教程"，来描述和显示用户可以用来建立定制对话框的一些基本功能。该图标位于 RSG Dialog Builder 中 GUI 表页的左上角。

82.5 升级脚本

升级脚本插件允许用户从之前版本的 Abaqus 升级脚本。

注意：所有 Abaqus 脚本存储在 abaqus_dir\code\python\lib\abaqus_plugins 目录中，其中 abaqus_dir 是 Abaqus 的父目录。

本节包括以下主题：

- 82.5.1 节 "介绍"
- 82.5.2 节 "使用升级的脚本插件"

82.5.1 介绍

升级脚本插件允许用户从之前的 Abaqus 版本，将脚本升级到当前的 Abaqus 版本。此插件允许用户进行下面的操作：

- 跨过多个 Abaqus 版本来升级。
- 同时选择原始脚本的版本和升级的脚本版本。
- 升级指定目录中的一个脚本或者所有脚本。
- 预览在升级过程产生的脚本变化，并且如果变化可以接受，则继续进行升级。

更多信息见《Abaqus 脚本参考手册》的 53.10 节 "升级脚本命令"。用户可以从任何模块中的 Plug-ins 菜单访问此插件。

82.5.2 使用升级的脚本插件

通过从主菜单栏选择 Plug-ins→Abaqus→Upgrade Scripts 来启动插件。在 Upgrade Scripts 对话框中输入下面的内容：

- 进行下面的操作来选择要升级的文件。

—选择 Files，然后输入要更新的文件名称。

—选择 Directory，然后输入要更新的目录名称。Abaqus/CAE 更新目录和其他子目录中的所有脚本。

- 切换选中 Create backups 来将原始脚本的副本保存在其原始目录中。
- 进行下面的操作来选择要更新命令的类型：

—选择 Kernel 来仅升级 Abaqus 脚本界面命令。

——选择 GUI 来仅升级 Abaqus GUI 工具包命令。

——选择 Both 来更新 Abaqus 脚本界面和 Abaqus GUI 工具包命令。

在大部分的情况中，用户应当选择升级两种类型的命令。

● 输入日志文件的名称。此文件将包含发出的升级命令日志和脚本变化的列表，以及发出的错误或者警告。Abaqus/CAE 在当前目录中存储此日志文件，并在升级过程中，在屏幕上显示此日志的内容。

● 选择原始脚本的版本和想要升级成的版本。如果用户不确定文件是何时创建的，则用户应当选择可以使用的最早版本。原始脚本的默认版本是当前版本之前的三个版本。

● 进行下面的一个操作来选择应用，使得当用户单击 Preview Changes 时，显示升级后脚本的预览。

——选择 Use web browser 来在默认网页浏览器中预览变化。

——选择 Use specified executable，然后输入可执行文件的路径，此路径将显示脚本与升级后脚本之间的差异；例如，windiff。

通过对话框底部的多个按钮执行下面的操作：

● 单击 Preview Changes，使用选中的应用来预览脚本的变化。

● 如果变化可以接受，则单击 Upgrade Scripts 来执行升级，并关闭 Upgrade Scripts 对话框。

82.6　显示模态贡献因子

模态贡献因子（以 MCF 表示）插件是一个噪声、振动和粗糙度（NVH）应用程序，允许用户计算来自模态频率响应分析的输出，并研究每一个模态对总结构响应或者声学响应的贡献。

本节包括以下主题：
- 82.6.1 节 "介绍"
- 82.6.2 节 "准备结构和/或声学数据"
- 82.6.3 节 "MCF 插件概览"
- 82.6.4 节 "计算模态贡献因子"
- 82.6.5 节 "显示模态贡献因子"
- 82.6.6 节 "模态贡献因子的排序准则"

82.6.1　介绍

在 Abaqus/Standard 中执行模态频率响应分析时，从模态形状和对应模态幅值的线性组合计算响应。对于典型的结构-声学分析或者结构分析，所研究的模态数量可以达到上百种。设计者需要详细检查这些单独的模态，并找到或者排列主模态（对总响应有主要贡献的模态）。每一个模态对总结构响应或者声学响应的贡献称为模态贡献因子（MCF）。

NVH 应用程序需要两个插件，用户可以从显示模块中的 Plug-ins 菜单进行访问。第一个插件计算模态贡献因子，第二个插件允许用户查看模态贡献因子。

82.6.2　准备结构和/或声学数据

典型的 Abaqus/Standard 模态频率响应分析使用频率步，对于每一个基态，需要进行多个稳态动力学步（需考虑多个载荷工况）。插件从分析生成的输出数据库读取以下变量：
- 每一个频率步的场输出必须包括节点位移（U）。此外，如果用户正在执行一个耦合的结构-声学分析，则每一个频率步的场输出必须包括节点孔隙或者声压（POR）。
- 在每一个频率步之后，必须至少有一个模态稳态动力学步（非稳态动力学、直接或者稳态动力学、子空间）。
- 在每一个模态稳态动力学步中，历史输出必须至少包括一个模态的广义位移（GU）

和广义位移的相角（GPU）。

用户可以在《Abaqus 例题手册》的 2.2.1 节"使用子空间和周期对称的转动风扇分析"，以及《Abaqus 例题手册》的 9.1.7 节"皮卡的耦合的声学-结构分析"中找到模态稳态动力学分析的示例输入文件。

82.6.3 MCF 插件概览

模态频率响应，如声压或者位移，可以表达成

$$P(\bar{x};\Omega) = \sum_{\alpha=1}^{N} p_\alpha(\bar{x};\Omega) = \sum_{\alpha=1}^{N} \phi_\alpha(\bar{x}) q_\alpha(\Omega)$$

第一个插件基于输出数据库中的模态形状 ϕ_α（来自频率步），以及模态幅值 q_α（来自稳态动力学步，具有模态输出请求），使用脚本来重新获得流体-结构的耦合 MCF（在一个频率范围中，响应点 m 处每一个模态 α 处的 $\phi_{\alpha m} q_\alpha$）。插件将这些分压求合并将它们与 Abaqus 总和进行比较。此外，此脚本还基于敏感度分析创建了一个排列准则。

第二个插件使用一个脚本来显示极轴图、向量图或者柱状图，以帮助用户确定每一个激励频率处最重要的模态。

82.6.4 计算模态贡献因子

第一个插件计算所有请求的量，然后将它们作为历史输出添加到输出数据库中。仅从显示模块能访问此插件。进入显示模块，然后通过从主菜单栏选择 Plug-ins→NVH→Compute modal Contribution Factors 来启动插件。

此插件显示 Open ODB 对话框，并且如 82.6.2 节"准备结构和/或声学数据"中描述的那样，用户输入由 Abaqus/Standard 分析生成的输出数据库名称。该插件将模态贡献因子的计算值添加回同一个输出数据库；用户必须具有对输出数据库的写入权限。

在用户输入输出数据库名称后，插件显示 Compute MCF 对话框，如图 82-1 所示。

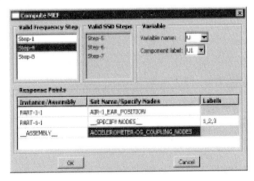

图 82-1　Compute MCF 对话框

用户必须从 Compute MCF 对话框中选择一个有效的频率步。一个有效的频率步是一个模态稳态动力学步（非稳态动力学、直接或者稳态动力学、子空间）的计算步。此外，一个有效的频率步至少包括一个模态的 GU 和 GPU 输出。用户选择的每一个频率步的有效模态稳态动力学步，显示在 Valid SSD Steps 列表中。

Compute MCF 对话框还需要用户提供 Response Points。用户可以选择下面格式的任意组合：

- 后面跟随有节点标签列表的零件实例名称
- 后面跟随有实例层级节点集合列表的零件实例名称
- 装配层级的节点集合

最后，用户必须选中场输出变量，该变量可以是下面的任何一个：声压（POR）、位移（U）、速度（V）或者加速度（A）。用户仅可以从频率步中请求 U 或者 POR。对于 POR 之外的所有输出变量，用户还必须请求相应的分量标签。例如，如果用户请求 U，则用户也必须请求 U1、U2 或者 U3。

在用户单击 OK 关闭 Compute MCF 对话框后，插件将处理选中频率步中所有的有效模态稳态动力学步，以及所有指定响应点和模态。

82.6.5　显示模态贡献因子

在第一个插件分析完数据并将结果写回输出数据库后，用户可以查看模态贡献因子。通过从显示模块中的主菜单栏选择 Plug-ins→NVH→Plot modal Contribution Factors 来启动第二个插件。插件显示 Open ODB 对话框，然后用户输入要读取的输出数据库名称。然后，插件显示 Select Steps 对话框，如图 82-2 所示。

用户必须选择 Valid Frequency Step 和 Valid SSD Step，从中生成图像。此外，用户必须选择下面的一个变量类型来进行绘图：

- MCF 的幅值。
- MCF 的相角。
- 总和的幅值。
- 总和的相角。
- 排序。

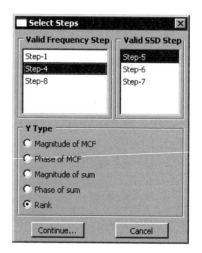

图 82-2　Select Steps 对话框

总和的幅值和相角表示所有模态上模态贡献因子的总和。这与 Abaqus 输出变量（POR、U、V 或者 A）相同。

当用户单击 Continue 时，插件显示 Plot MCF 对话框。单击 Frequency Step/SSD Step 按钮来选择不同的频率和稳态动力学步。

单击 Selection 标签页来选择下面的选项：

- 响应点。
- 感兴趣的频率，如果用户要图示柱状图、极轴图或者向量图的话。

- 要图示的任意数量的 *Y* 分量。通过单击>来添加一个 *Y* 分量；通过单击<来删除一个 *Y* 分量。单击>>或者<<，用户可以添加或者删除所有的 *Y* 分量。

图 82-3 所示为 Selection 标签页。

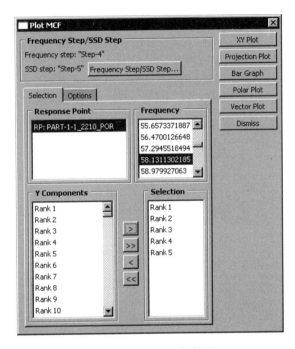

图 82-3 Selection 标签页

单击 Options 标签页来选择通用图选项。此外，如果用户选择基于 POR 的结果，则用户可以为 *X-Y* 图和投影图选择 P Reference。从 Plot MCF 对话框右侧的按钮选择要创建的图类型。

- 单击 XY Plot 来为 MCF 的幅值或者相角生成谱。对于模态排名选择，插件为对应指定排序的模态创建 *X-Y* 图。
- 单击 Projection Plot 来将选中的 MCF 投影到相应谱的总声压水平上。用户可以使用此图来显示模态的贡献（正的或者负的）与总声压水平的关系。
- 单击 Bar Graph 来图示每一个模态的 MCF 柱状图。
- 单击 Polar Graph 来图示每一个模态的 MCF 极轴图。极轴图显示每一个频率在复平面上，每个单独 MCF 的幅值和相角信息。当使用总声压向量显示时，用户更容易确定主导总声压贡献的模态。
- 单击 Vector Graph 来图示每一个模态的 MCF 向量图。按顺序绘制每一个模态的向量。随着显示的模态越来越多，向量图趋近于总声压向量的大小。

图 82-4 中显示了 Options 标签页。

此插件会在单独的视口中创建每一个类型的图，并相应地命名视口。因此，用户可以从主菜单栏选择 Viewport→Tile Vertically 来在同一时刻显示所有的图。图 82-5 是插件通过使用输出数据库创建的，此输出数据库由《Abaqus 例题手册》的 9.1.7 节"皮卡的耦合的声学-结构分析"的改进版本生成。选中的变量是 POR，是以 35Hz 频率生成的柱状图、极轴图、向量图以及排序。分析检查了前 5 个顺序模态（总共有 180 种模态）。

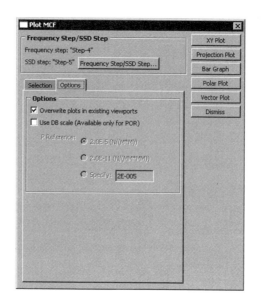

图 82-4　**Options** 标签页

图 82-5 中的柱状图说明模态 36 是此频率处最重要的模态。

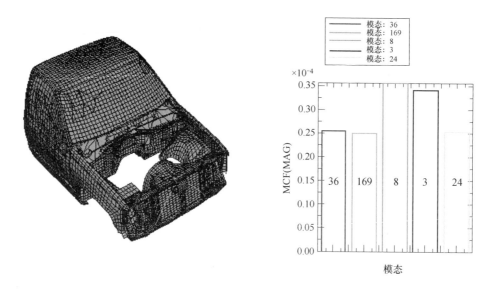

图 82-5　货车耦合声学-结构分析的 MCF 的柱状图

　　图 82-6 所示为上述分析的 X-Y 图和投影图。X-Y 图显示所有频率处模态贡献因子的大小。投影图显示所有频率处，模态贡献因子到总响应的投影。例如，模态 169 在 110Hz 处变得更加重要。

　　图 82-7 所示为上述分析的极轴图和向量图。柱状图显示模态 36 的幅值小于模态 8 的幅值；然而，极轴图显示在总响应上（所有模态贡献的向量总和），模态 36 在相角中更重要。因此，在 35Hz 处，模态 36 比模态 8 对总和的贡献更大，因此排序更高。

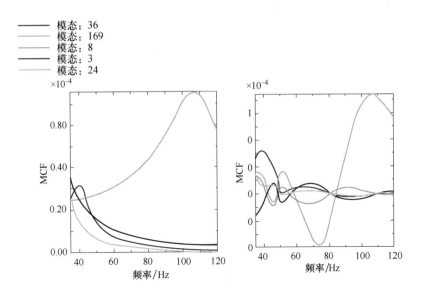

图 82-6 货车耦合声学-结构分析的 MCF 的 *X-Y* 图和投影图

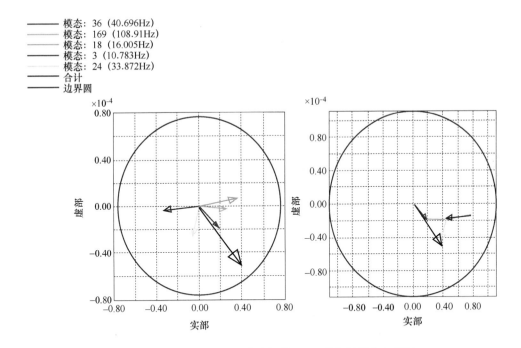

图 82-7 货车耦合声学-结构分析的 MCF 的极轴图和向量图

82.6.6　模态贡献因子的排序准则

如果用户选择 Rank 作为要图示的变量，则由插件生成的图可以根据总响应中的变化，帮助用户确定和排序重要模态，总响应中的变化是 MCF（或者偏分响应）的实分量和虚分量值的固定百分比增量产生的。插件如下执行排序准则：

- α = 模态编号
- P_α = 模态 α 的偏分响应
- $P_{\alpha R}$ = 模态 α 偏分响应的实部
- $P_{\alpha I}$ = 模态 α 偏分响应的虚部
- $P_{\alpha M}$ = 模态 α 偏分响应的幅值
- $P_{\alpha P}$ = 模态 α 偏分响应的相角
- T = 总响应 P
- $\mathrm{TR} = \sum_\alpha P_{\alpha R}$ = 总响应的实部
- $\mathrm{TI} = \sum_\alpha P_{\alpha I}$ = 总响应的虚部
- $\mathrm{TM} = \sqrt{\mathrm{TR}^2 + \mathrm{TI}^2}$ 总响应的幅值
- TP = 总响应的相角
- $\delta_\alpha = \sqrt{(\mathrm{TR} + 0.1 * p_{\alpha R})^2 + (\mathrm{TI} + 0.1 * p_{\alpha I})^2} - \mathrm{TM}$ = 在任何给定偏分响应（如敏感度）中增加 10% 时的总响应幅值变化

用户可以根据这些模态的 δ_α 和输出 $P_{\alpha M}$ 及 $P_{\alpha P}$ 的绝对值，来确定最高的 n 阶模态。

82.7 显示自适应网格重划分容差指示器的历史记录

自适应绘图器插件允许用户查看选中容差指示器的历史记录，以及自适应网格划分作业序列中的单元数量。

注意：所有的 Abaqus 插件存储在 abaqus_dir\code\python\lib\abaqus_plugins 目录中，其中 abaqus_dir 是 Abaqus 的父目录。

本节包括以下主题：

- 82.7.1 节 "介绍"
- 82.7.2 节 "使用自适应绘图器插件"

82.7.1 介绍

当用户执行一个自适应分析时，Abaqus/CAE 会递交一系列 Abaqus/Standard 作业，以尝试减小模型中的网格离散容差。此容差是由 Abaqus/Standard 计算得到的容差指示器度量来表征的。Abaqus/CAE 计算这些指示器的全局范数，用户可以使用这些范数来评估自适应网格重划分过程的性能和有效性。更多信息见《Abaqus 分析用户手册——分析卷》的 7.3.2 节 "影响自适应网格重划分的容差指标的选择"。

自适应绘图器插件让用户图示这些误差指示器范数，并且显示自适应网格重划分过程有效性的图像表示。用户可以从任何模块中的 Plug-ins 菜单访问插件。插件读取模型数据库（.cae）文件，此数据库文件与自适应网格重划分作业关联；这样，文件必须是可用的。

82.7.2 使用自适应绘图器插件

通过从主菜单栏选择 Plug-ins→Tools→Adaptivity Plotter 来启动插件。当用户开始自适应绘图器插件时，此插件读取当前的模型数据库，并且显示 Adaptivity Plotter 对话框。在 Adaptivity Plotter 对话框中输入下面的内容：

- 从模型数据库选择想要的自适应过程。
- 切换选中用户想要图示的网格重划分法则。在可以应用的地方，用户可以选择下面的选项。

—网格重划分法则生成的容差指示器。

—这些容差指示器的整体范数。

- 切换选中 Plot in separate viewport 来为 X-Y 图创建一个新视口。如果用户让此选项切换不选，则此插件将在当前视口中创建 X-Y 图。

- 切换选中 Show element count 来图示单元数量，在所有激活网格重划分法则上求合。

- 切换选中 Show remeshing rule targets 来图示每一个法则的目标容差指示器范数。

- 单击 Plot 来创建 X-Y 图，或者单击 Export 来创建 HTML 格式的容差指示器范数表格。图 82-8 中显示了插件创建的 X-Y 图示例。

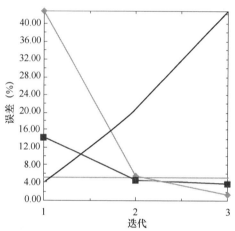

图 82-8　由 Adaptivity Plotter 插件创建的 X-Y 图

在图 82-8 图示了下面的四个值：

—RemeshingRule-1 的容差指示器 ENDENERI 给出的 MaxBase 范数。此范数表示最大能量密度位置处的容差指示器值，由此密度进行归一化。

—RemeshingRule-1 的容差指示器 ENDENERI 给出的 global Norm。此范数表示整个网格重划分区域上的容差指示器的归一化平均。

—容差目标，是用户创建网格重划分规则时设置的目标。在此示例中，目标固定在 5%。

—单元数量，代表每一个激活了网格重划分法则的区域中的单元总合。Y 轴比例是百分百，由容差指示器和容差目标的图使用。要确定容差数量，用户必须将图例中显示的比例因子乘以 Y 轴上的百分比值，在此示例中，比例因子是 800。例如，迭代 2 时的单元数量大约是 20×800，或者 16000 个单元。

82.8 生成后处理结果报告

Report Generator 插件让用户使用 Abaqus 输出数据库（.odb）文件中的模型数据和结果数据来创建 HTML 报告。用户可以调整插件中的设置来选择用户想要在报告中包括的内容，并且定制报告的外观。用户也可以将常用的报告设置保存到一个报告选项文件中，可以为其他程序会话或者为其他输出数据库加载此报告选项文件。

用户可以通过从显示模块的主菜单栏选择 Plug-ins→Tools→Report Generator 来加载 Report Generator。一旦用户选择了想要包括的内容，然后单击 Generate，则 Abaqus/CAE 生成此报告，并且在默认的浏览器中自动地打开它。

默认情况下，Abaqus/CAE 在当前工作目录中生成报告输出，但是用户可以指定一个不同的位置。生成报告时，Abaqus/CAE 覆盖用户选择的输出目录中的任何报告内容。如果用户想要保留一个报告，则用户应当将所有的报告文件移动到安全的位置，这样用户不易于覆盖它们的内容。在报告的 File Summary 部分中列出了 HTML 报告中包括的所有文件。

Report Generator 中的许多选项可以控制用户添加到报告中的图像数据类型。用户可以在报告中包括下面类型的图像：

● 3DXML 图像：切换选择 Include 3DXML 以 3D XML 格式来包括图像，此文件格式可让用户直接在报告中操控装配的三维渲染。如果用户的报告包括 3D XML 格式的内容，则用户必须使用网页浏览器和 3D XML 播放器来正确的显示报告。用户可以从 www.3ds.com 的达索网页下载 3D XML 浏览器。

● 二维定制显示：切换选中一个或者多个 View Options 设置来生成图像，从一个或者多个预定义的视图，或者从 Abaqus/CAE 中的用户定义视图显示装配。

● 其他图像：使用 Save Current Viewport 插件来创建当前视口的一个定制的、命了名的图像，然后用户可以通过从 Report Generator 插件中的 Additional figures 列表中的一个来选择包括在报告中的此图像。每一个 Additional figures 列表仅显示在对应模块中创建的定制图像；例如，仅当在属性模块中创建图片时，才可以在报告的 Material Information 部分包括它们。

用户可以通过选择 Plug-ins→Tools→Save Current Viewport 来调用 Save Current Viewport 插件。在属性模块、装配模块、载荷模块、相互作用模块和显示模块中可以使用此插件。

Report Generator 中的选项是组成标签页形式的，通常对应 HTML 报告中的相应部分。可以使用下面的选项：

通用

用户可以选择将生成 HTML 报告文件的目录，改变出现在报告顶部的标题，并且改变出现在报告中的用户名称。用户也可以全尺寸显示报告中的所有图像，或者在报告中显示链接到全尺寸图像的小图像。

其他选项允许用户包括或者排除报告的顶层构件，而此对话框中其他页面上的设置允许用户选择特定的内容来包括在每一个部分中。例如，切换选中 General 页上的 Include results，会提示 Abaqus/CAE 在 HTML 报告中包括结果数据；Results 页上的选项让用户控制报告中包括的特定结果数据，例如来自个别输出变量的结果或者选中的 X-Y 图。

材料

用户可以包括图像和一个 3D XML 格式的文件来显示装配，此装配具有颜色编码的内容来高亮显示材料数据。可以在任何默认的显示器中或者 Abaqus/CAE 中的用户定义显示器中显示图片。用户也可以使用 Save Current Viewport 插件来包括属性模块中保存的任何其他视口图像。

用户也可以在 HTML 报告中给材料图附加一个材料表。默认情况下，此材料表为装配中定义的材料描述材料属性，并且提供一个颜色关键字来说明哪一个材料对应图片中的每一个颜色。用户可以包括模型中每一个超弹性和塑性材料的完全描述；这些描述是材料定义的一部分。

实例

用户可以包括图像和一个 3D XML 格式的文件来显示装配，并且此装配中的内容进行了颜色编码来高亮显示零件实例。用户从列表选择想要显示的零件实例，并且在一个单个的图片中显示这些零件实例，或者在各自的图像中个别地显示这些零件实例。可以在任何默认的显示器或者 Abaqus/CAE 中的用户定义显示器中显示图片。用户也可以使用 Save Current Viewport 插件来包括装配模块中保存的任何其他视口图像。

用户可以在 HTML 报告中对零件实例图附加零件实例的列表。零件实例的列表描述了装配中所包括实例的零件定义，并且提供了一个颜色关键字来说明零件实例所对应的图片中的颜色。

载荷

如果用户使用 Save Current Viewport 插件在载荷模块中保存了任何视口图像，则用户可以在报告的 Load Information 部分中包括那些图像。

相互作用

如果用户使用 Save Current Viewport 插件在相互作用模块中保存了任何视口图像，则用户可以在报告的 Interaction Information 部分中包括那些图像。

结果

用户可以选择包括图片和一个 3D XML 格式的文件，来为选择的场输出变量显示分析中单个步和增量的装配云图。这些图片可以在任何默认显示器或者 Abaqus/CAE 中的用户定义显示器中显示。用户也可以使用 Save Current Viewport 插件来包括在显示模块中保存的任何其他视口图像。要选择想要创建云图的场输出变量，单击 Populate，然后从出现的对话框中选择变量和图像选项。

用户也可以在报告中包括来自当前输出数据库或者当前程序会话的 *X-Y* 图。

格式

用户可以使用定制风格页，以及通过在报告中显示公司图标那样的图片来生成报告，以此来定制报告的外观。

82.9 在 Abaqus/CAE 与 Microsoft Excel 之间交换数据

Excel Utilities 插件可以让用户从 Microsoft Excel 导入幅值数据或者 X-Y 数据，以及从 Abaqus/CAE 导出任何类型的数据到 Microsoft Excel。

注意：仅对于 Windows 系统才可以使用 Excel Utilities 插件。

通过从主菜单栏选择 Plug-ins→Tools→Excel Utilities 来启动插件。在 Excel Utilities 对话框中输入下面的选项：

目标

选择 XY Data 来传递 X-Y 数据对象，或者选择 Amplitude 来传递幅值定义。

传递方向

选择 From Abaqus/CAE to Excel 来从 Abaqus/CAE 输出数据到 Microsoft Excel，或者选择 From Excel to Abaqus/CAE 来从 Microsoft Excel 导入数据到当前的程序会话，或者导入到一个打开的模型数据库。

从 Excel 导入数据的选项

要从 Microsoft Excel 导入幅值数据或者 X-Y 数据，首先指定想要导入数据的 Excel 文件名称，选择文件中的一个工作页，然后确定想要导入数据的起始位置。默认情况下，此插件仅导入两列数据——用户选择列中的数据和右侧紧接着的列中的数据，但是如果在导入 X-Y 数据时，用户切换选中 Import multiple curves，则插件导入一对列，创建一对幅值定义或者每一对的 X-Y 数据对象。如果用户正在导入幅值数据，则需要指定创建的幅值数据对象是一个表还是平滑的步幅值。

在当前的程序会话可以使用 X-Y 数据对象时，幅值对象可以保存到当前模型中。

数据导出到电子表格的选项

要导出幅值数据到 Microsoft Excel，选择保存数据的模型，然后选择一个或者多个幅值定义，然后单击 OK。Abaqus/CAE 创建一个新的 Excel 文件，并且在工作页中显示导出的数据。如果用户正在导出单个幅值对象，则 Abaqus/CAE 也在一个表中图示数据；如果用户导出多个幅值对象，则不创建表。仅可以导出表格或者平滑的步幅值定义。

要导出 X-Y 数据到 Microsoft Excel，选择一个或者多个 X-Y 数据对象，并且单击 OK。Abaqus/CAE 创建一个新的 Excel 文件，然后在工作页中显示导出的数据。如果用户导出单个 X-Y 数据对象，则 Abaqus/CAE 也在表中图示数据；如果用户导出多个 X-Y 数据对象，则不创建表。用户可以在程序会话中导出任何 X-Y 数据对象，包括当前显示在视口中的任何临时对象或者数据。

82.10 以 STL 格式从文件导入模型

从主菜单栏选择 Plug-ins→Tools→STL Import 来从外部的 STL 格式（＊.stl）文件导入零件到 Abaqus/CAE 中。STL Import 插件将所有的零件定义和模型数据转换成 Abaqus 格式，并创建一个新的 Abaqus/CAE 模型和一个新的 Abaqus 输入文件。

实际上，用户可能想要将导入的 STL 模型数据添加到现有的 Abaqus/CAE 模型中。要将 STL 零件或者零件实例在导入后添加到现有的 Abaqus/CAE 模型中，就使用 Copy Objects 对话框来从新创建的模型将这些对象复制到任何其他 Abaqus/CAE 模型中。有关复制模型对象的更多信息，见 9.8.3 节 "在模型之间复制对象"。

用户可以在 Windows 或者 Linux 平台上导入以 ASCII 格式保存的 STL 文件。用户仅可以在 Windows 平台上导入保存成二进制格式的 STL 文件。

若要从 STL 文件将模型数据导入 Abaqus/CAE，执行以下操作：

1. 从主菜单栏选择 Plug-ins→Tools→STL Import。
出现 STL Import 对话框。
2. 指定要导入模型数据的 STL 文件名称。
Abaqus/CAE 使用用户选择的 STL 文件名称填充 Model name 域。
3. 如果需要，为将创建的新 Abaqus/CAE 模型和新 Abaqus 输入文件，编辑在 Model name 域中指定的默认模型名称。
4. 如果需要，指定一个节点合并容差值。此容差必须是正的。
5. 单击 OK 来导入模型数据。
插件将模型数据转换成 STL 文件，并在当前模型数据库中创建一个 Abaqus/CAE 模型，在用户的当前工作目录中创建一个 Abaqus 输入文件。如果不能转换任何 STL 数据，则此插件会在日志文件中记录与未转换数据有关的错误或者警告。

82.11　以 STL 格式导出零件或者装配体

从主菜单栏选择 Plug-ins→Tools→STL Export，来以 STL 格式（＊.stl）从 Abaqus/CAE 模型输出一个零件或者装配体到一个文件中。用户可以从单个零件或者整个装配体导出数据，并且用户可以从所选内容导出几何形体或者网格数据。

要导出几何数据，从零件模块或者装配模块执行 STL 导出。在转换成 STL 格式时，此插件会将任何用户选中的实体零件转换成壳几何形体。此外，插件使用零件的面表示来为导出的几何形体创建网格。生成的网格精度取决于面片的自由度，用户可以使用 Curve refinement 选项来对精度进行控制。更多信息见 76.4 节"控制曲线细化"。

要导出网格数据，从网格划分模块或者显示模块执行 STL 导出。在转换成 STL 格式时，插件会在二次单元的中点处分开二次单元来创建线性单元，并将四边形单元分割成三角形单元。当用户从显示模块导出装配数据时，此插件从未变形的图示状态导出输出数据，而不管视口中当前选中的图示状态是什么。

用户可以采用 ASCII 格式或者二进制格式导出 STL 文件。

若要从一个零件或者装配体将数据导出成 STL 格式，执行以下操作：

1. 转换成零件模块或者网格划分模块来导出零件数据；或者，转换成装配模块或者显示模块来导出装配数据。

2. 在当前的视口中显示用户想要导出的零件或者装配体。

3. 从主菜单栏选择 Plug-ins→Tools→STL Export。

出现 STL Export 对话框。

4. 从 STL file name 选项指定用户想要创建的 STL 格式文件的名称，以及用户想要创建的位置。如果用户没有指定位置，则插件在当前的工作目录创建此文件。

5. 从 STL file type 选项指定是否想要采用 ASCII 或者 Binary 格式来创建 STL 格式文件。

6. 单击 OK 来导出模型数据。

此插件将选中的零件或者装配体进行模型数据转换，并在用户指定的位置创建一个新的 STL 格式。如果不能转换任何 STL 格式的 Abaqus 数据，则此插件会在日志文件中记录与未转换数据有关的错误或者警告。

82.12　显示幅值数据

Amplitude Plotter 插件可以让用户创建 X-Y 图，显示模型中的一个或者多个幅值定义的数据。用户可以图示下面类型幅值对象的数据：

- 表格
- 等间距
- 周期
- 调制
- 衰减
- 平滑分析步

有关在 Abaqus/CAE 中定义和使用这些幅值类型的更多信息，见第 57 章"幅值工具集"。

用户可以通过从相互作用模块或者载荷模块中的主菜单栏选择 Plug-ins→Tools→Amplitude Plotter 来调用 Amplitude Plotter。要显示幅值数据，在对话框的上半部分选择一个或者多个行，并单击 Plot。如果这些选中的幅值是相同的幅值类型，则可以在同一个 X-Y 图中包括多个复制对象。

默认情况下，Amplitude Plotter 会创建一个 X-Y 图，图的尺寸包括用户选中的一个或者多个幅值中的所有数据。用户在创建 X-Y 图时，可以通过 Min X Value 或者 Max X Value 选项来指定一个定制的最小值或者最大值来放大幅值数据中的特定区域。如同 Abaqus/CAE 中的任何 X-Y 图那样，用户也可以通过双击图、图的轴或者图示图例这些图示构件来定制图示。有关这些定制选项的更多信息，见 47.7 节"定制 X-Y 图外观"。当用户图示幅值对象时，Amplitude Plotter 还会包括 Display plot legend 选项，用户可以切换显示或者隐藏图示图例。

切换选中 Save XY Data 选项来为在 X-Y 图中包括的复制对象创建有名称的 X-Y 数据对象。用户可以定制创建的 X-Y 数据对象的名称；Abaqus/CAE 在图示说明中显示这些名称，X-Y 数据将保存成程序会话对象，并可以在显示模块中使用。由 Amplitude Plotter 生成的 X-Y 数据对象是程序会话特定的，并且不能保存到模型数据库。

82.13　组合多个输出数据库数据

Combine ODBs 插件可以让用户将来自两个或者更多 Abaqus 输出数据库（.odb）文件的模型数据和结果数据组合成一个新的输出数据库。用户可以使用此工具来组合任何数据库，包括以下具有模型设计和结果数据的数据库：

- 同一个模型中来自不同子结构的输出。
- 来自两个不同分析产品的输出，如作为协同仿真组成的 Abaqus/Standard 和 Abaqus/Explicit。

如果用户想要不创建新组合的输出数据库就能体验多个输出数据库的不同组合，则可以先尝试使用叠加图，将来自不同输出数据库的数据显示在一起。叠加图中的数据不能保存，但可以将来自不同输出数据库的结果数据显示到一起，可以帮助用户决定在组合操作中需要的数据。有关叠加图的更多信息，见第 79 章"叠加多个图"。

来自选中输出数据库的所有模型数据都包括在输出数据库中。然而，对于结果数据，用户可以选择包括来自用户指定输出数据库的数据子集合。Abaqus/CAE 以两个因素为基础来确定组合后的输出数据库将包括的结果数据：用户指定的过滤器选项以及用户的主输出数据库选择。

过滤器

对使用插件而包含在组合输出数据库中的数据，用户可以进行过滤，这样可以仅包含来自选中计算步或者帧的结果、来自选中输出变量的结果，或者来自这些选项的组合的结果。例如，过滤器可以让用户选择仅包括来自指定输出数据库最后步和最后帧的结果数据，并且相同的过滤器可以指定在组合后的输出数据库中仅包括密塞斯应力结果。如果用户想要在不同的步设置不同的过滤器条件，则可以建立多个过滤器。

Combine ODBs 插件还提供两种层级的过滤：输出数据库特定的过滤器，仅从单一的输出数据库过滤结果；以及默认的过滤器，应用到整个作业。输出数据库特定的过滤器优先于默认的过滤器，因此，当用户定义的默认过滤器与单一输出数据库的过滤器不冲突时，Abaqus/CAE 使用默认过滤器中的设置。

过滤器语法足够灵活，允许用户指定多个步、帧或者输出变量值。用户可以在逗号分隔的列表中指定多个计算步，如 Step-1、Step-2、Step4。对于多个帧，用户可以包括范围或者个别值；例如，输入 1、3、5、7：9 会将帧 1、3、5、7、8 和 9 返回到组合的输出数据库中。

用户也可以使用符号常量"ALL""FIRST"和"LAST"作为快捷方式，来指定想要包括的数据。这些选项让用户可以选择包括所有计算步或者所有帧的结果，以及所有输出变量的数据，而不是一个或者多个选中变量的结果。

主输出数据库

用户可以在每一次组合操作中指定一个输出数据库作为主输出数据库。Combine ODBs 首先从主输出数据库将所有的结果数据传输到组合后的输出数据库，进行过滤选择。然后，插件从后续输出数据库的匹配步和帧来定位结果数据，并且仅将这些数据复制到组合的输出数据库中。此策略为组合的结果数据提供了更一致的结构。

注意：每次用户使用插件来组合输出数据库时，Abaqus/CAE 都会在构型文件中以 XML 格式记录输出数据库和过滤选择。用户可以将此文件上传到插件中，用于后续组合操作。

Combine ODBs 插件从组合的输出数据库中排除下面类型的数据：

- 历史数据
- 面数据
- 分析型刚体零件实例
- 与场输出数据关联的局部坐标系

若要组合来自多个输出数据库的数据，执行以下操作：

1. 从显示模块中的主菜单栏选择 Plug-ins→Tools→Combine ODBs。
出现 Combine ODBs 对话框。

2. 在 Job name 域中指定组合作业的名称。

3. 如果用户想要使用 XML 构型文件中的数据来指定组合，进行下面的操作。

a. 在对话框的任意地方右击鼠标，并从出现的列表中选择 Read from XML File。
出现 Select XML File 对话框。

b. 导航到想要使用的 XML 构型文件，然后单击 OK。更多信息见 3.2.10 节"使用文件选择对话框"。

Abaqus/CAE 使用输出数据库来填充对话框中的表格，并在构型文件中过滤指定的选择。用户可以在运行组合操作之前进一步地定制这些设置。

4. 进行下面的操作来指定主输出数据库。

a. 在对话框的任何地方右击鼠标，然后从出现的列表中选择 Select Master ODB。
出现 Select Master ODB 对话框。

b. 导航到想要使用的输出数据库，然后单击 OK。更多信息见 3.2.10 节"使用文件选择对话框"。

5. 如果用户想要一次性添加要组合的数据库，进行下面的操作。

a. 在表格的任意地方右击鼠标，然后从出现的列表中选择 Add ODB。
Abaqus/CAE 将标签为 ODB 的行添加到表中，并显示 Select ODB 对话框。

b. 导航到想要包括的输出数据库，然后单击 OK。更多信息见 3.2.10 节"使用文件选择对话框"。

Abaqus/CAE 将输出数据库添加到选中的行。

c. 为用户想要添加的每一个输出数据库重复这些步骤。

6. 如果用户想要一次向组合操作添加多个输出数据库，进行下面的操作。

a. 双击 Name 标题。

出现 Select ODBs 对话框。

b. 导航到包含要包括的输出数据库的文件夹，选择输出数据库文件，然后单击 OK。更多信息见 3.2.10 节"使用文件选择对话框"。

Abaqus/CAE 在 Combine ODBs 对话框的新 ODB 行中添加选中的输出数据库。

7. 如果需要，定义过滤选项来指定要包括在组合输出数据库中的计算步、帧和输出变量。

1）为所有的输出数据库定义一个计算步、帧或者输出变量过滤器。

a. 双击 Step、Frame 或者 Variable 表头。

b. 在 Set Values 对话框中指定过滤准则。

如果用户指定符号常量"ALL""FIRST"和"LAST"，则必须包括引号。

c. 单击 OK。

Abaqus/CAE 为默认过滤器的 Step、Frame 或者 Variable 添加选中的准则，也为对话框中包括的每一个输出变量选择准则。

2）定义默认的过滤器选项，或者为单个输出数据库定义过滤选项。

a. 在 Default、Master 或者 ODB 行中，指定步、帧和输出变量过滤器（要用作默认过滤器或仅用于选中输出数据库的过滤器）。

b. 如果需要，添加更多默认过滤器或者多个输出数据库特定的过滤器，通过在合适的行上右击鼠标，从出现的菜单中选择 Add filter，并使用其他过滤准则来填充新行。

8. 切换选中 Open the combined ODB after job completion，以在完成作业时，在视口中显示组合后的输出数据库。

9. 单击 OK。

Abaqus/CAE 打开 Odb Combine Log Message 对话框，其中显示了组合作业的过程，以及可能产生的错误。如果用户选中的输出数据库来自以前的版本，则 Abaqus/CAE 升级输出数据库，并将升级后的副本保存成一个新的文件，然后在组合作业中使用此新文件。如果用户选择 Open the combined ODB after job completion，并且组合作业完成后没有错误，则 Abaqus/CAE 在组合作业完成后，在视口中打开组合后的输出数据库。

82.14 查找距离一个点最近的节点

Find Nearest Node 插件可以让用户在网格划分模型，或者未变形图中定位距离给定点最近的节点。用户输入任意点的 x 坐标、y 坐标和 z 坐标，Abaqus/CAE 将在用户的网格划分模型或者未变形图中显示最近的节点。此外，用户也可以将搜索限制在模型的特定区域中，这在大模型中非常有用。

此插件可以与模型数据库（.cae）文件或者与输出数据库（.odb）文件的未变形图一起使用。在变形图中不能使用此插件。

若要查找距离指定点最近的节点，执行以下操作：

1. 从网格划分模块或者显示模块中的主菜单栏选择 Plug-ins→Tools→Find Nearest Node。出现 Find Nearest Node 对话框。

2. 输入想要点的 x 坐标、y 坐标和 z 坐标，然后单击 Find。

Abaqus/CAE 在视口中添加注释，箭头指向网格中的最近节点。窗口底部的信息区域中也给出节点编号和坐标；例如：

Node 15 of Instance Hinge-solid-1 is nearest to the defined point（1，1，1）

Coordinates of node are（0. 104999999665，0. 999999977648，0. 04），distance from defined point is 1. 64399665481

3. 如果用户有大模型，并且想要将搜索约束到一个更小的区域，则单击 Select Nodes for Reduced Search。按照提示在视口中单个地、通过角度或者通过特征边拾取节点的任意子集合。指导见 6.2 节"在当前视口中选择对象"。有关通过角度或者特征边选取的详细情况，见 6.2.3 节"使用角度和特征边方法选择多个对象"。

完成节点选取后，单击 Complete。

注意：如果在装配中有多个零件实例，则用户可以仅选择一个实例上的节点来降低搜索量。

82.15 查找一组单元的平均温度

Volume Weighted Average Temperature 插件可以让用户计算分析中所有单元或者任意单元子集合的平均温度。单元可以在视口中拾取，也可以从预定义的名称集合中选择。如果在装配中有多个零件实例，则用户仅可以在一个实例上选择多个单元。分析结果可以是视口中显示的模型的当前时间，也可以是分析中所有计算步上的 *X-Y* 时间曲线。

此插件仅可以与输出数据库（.odb）文件一起使用。对于整个模型，输出数据库必须存在整个模型的场输出变量 IVOL 和 TEMP。

若要查找体积加权的平均温度，执行以下操作：

1. 从显示模块的主菜单栏选择 Plug-ins→Tools→Volume Weighted Average Temperature。出现 Volume Weighted Average Temperature 对话框。

2. 选择将计算平均温度的时刻。

● 选择 Current step/frame，仅在视口中当前显示的步和帧中寻找温度。

● 选择 All steps 来计算和显示整个分析过程中的温度。

3. 选择将计算平均温度的单元。用户可以选择模型的所有单元，或者只选择一个子集。

● 单击 Select From Viewport，然后按照提示来单个地、通过角度或者通过特征边来拾取单元。指导见 6.2 节 "在当前视口中选择对象"。有关通过角度或者特征边选取的详细情况，见 6.2.3 节 "使用角度和特征边方法选择多个对象"。

● 单击 Select Element Sets 来从预定义单元集合的列表中选取。

完成单元选取后，单击 Complete。

4. 计算平均温度。

● 如果用户选择了 Current step/frame，则单击 Calculate。

窗口底部的信息区域中也给出结果，例如：

Number of elements picked from viewport：80

＊＊Volume weighted average temperature for the selected elements

    No. of elements used in calculation：80

    Step：Step-1，Frame：15，Current time：15.0

    WtAvTemp：199.883326817

    Volume：1575.0

● 如果用户选择了 All steps，则单击 Plot。

在当前视口中显示一个时间历史 *X-Y* 图。如果需要，用户可以更改历史图的默认曲线名称。

82.16 创建平面约束

Plane Remains Plane 插件可以让用户使用下面的一个或者多个方法来将平面约束到实体上：

- 创建平面约束——生成的约束会使平的面在整个分析中保持平面。此平面可以转动和扩展，但是面上的所有节点都将保持在平面中。该约束通过一个与面接触且摩擦力为零的分析型刚性面来施加。在分析型刚性面参考节点和面上的所有节点之间还创建了一个分布的耦合来约束分析型面的刚体运动。

- 创建平行平面约束——除了上面描述的分析型刚性面约束，还将生成一个约束来强制平面与原始构型保持平行。

- 创建与平面垂直的梁单元——生成与平面垂直的任意长度的梁单元，并通过一个运动耦合来与分析型刚性面参考节点连接。此方法要求用户首先创建上面描述的约束。

此插件具有下面的局限：

- 如果拾取多个平面来约束，则用户必须拾取平行的平面。无法自动检查多个平面是否平行。

- 当应用温度场时，必须为实体和梁区域创建单独的场。

- 在大部分的情况中，分析型刚性面的大小将覆盖整个平面，但也可能存在大小不够的情况。用户应当目视来确认分析型刚性面的大小；如果面过小，则用户必须在零件模块中编辑尺寸。

- 如果编辑了实体，则必须删除并重新定义约束。

若要创建平面约束，执行以下操作：

1. 从相互作用模块中的主菜单选择 Plug-ins→Tools→Plane Remains Plane→Create Planar Constraint 或者 Create Parallel Planar Constraint。

2. 按照提示来选择要保留平整的面。单个地、通过面角度或者通过面曲率来选择面。指导见 6.2 节 "在当前视口中选择对象"。

完成面选择后，单击 Done。

3. 在 Scaling Factor for ARS Plane 对话框中，为分析型刚性面输入用户想要的比例因子，然后单击 OK。

4. 如果需要，选择 Plug-ins→Tools→Plane Remains Plane→Create Beam Element Normal to Plane 来添加与平面垂直的梁单元。按照提示来选择一个分析型刚性面（来定义梁方向），指定梁的端点并输入梁的长度。

82.17　重新设置中节点

　　Abaqus/CAE 在网格划分过程中，自动地将中节点投影到几何形体上。在单元质量受到不利影响的情况中，用户可以使用 Reset Midside Nodes 插件来将二次单元的中节点重新设置为边端点的平均位置。用户可以从几何形体、网格、集合或者面中选择要重新设置节点的区域。用户仅可以从网格划分模块访问此插件。

若要重新设置中节点，执行以下操作：

　　1. 从网格划分模块的主菜单栏选择 Plug-ins→Tools→Reset Midside Nodes。
出现 Reset Midside Nodes 对话框。

　　2. 选择下面的一个方法来定义包含要重新设置节点的区域。

- 从视口拾取。
- 选择集合。
- 选择面。

　　3. 如果用户选择 Pick from viewport，则从视口选择区域，并单击 Done。
Abaqus/CAE 将选中区域中二次单元的中节点重新设置成边端点的平均位置。

　　4. 如果用户选择集合或者面，则从出现的 Region Selection 对话框中选择现有的集合或者面，然后单击 OK。要限制列表以方便选择，则在 Name filter 域中输入过滤方式，然后按[Enter] 键来应用过滤。

　　技巧：切换 Highlight selections in viewport 来预览选中的集合或者面。

　　Abaqus/CAE 将选中区域中二次单元的中节点重新设置成边端点的平均位置。

　　5. 用户可以撤销和重做重新设置中节点的多个更改。

　　6. 单击 Dismiss 来关闭 Reset Midside Nodes 对话框。

附录 关键字、单元类型、图形符号、可以使用的单元和输出变量

附录 A　关键字

本附录包含一张表，用户可以用来确定 Abaqus/CAE 是否支持 Abaqus 关键字功能，以及如果支持，哪一个 Abaqus/CAE 模块包含此功能。

● 见 A.1 节 "Abaqus 关键字浏览表"

用户也可以从主菜单栏选择 Help→Keyword Browser 来显示。

本附录还介绍了 Abaqus/CAE 输入文件阅读器对 Abaqus 关键字的支持。

● 见 A.2 节 "输入文件阅读器支持的关键字"

10.5.2 节 "从 Abaqus 输入文件导入模型" 中介绍了输入文件阅读器。

A.1　Abaqus 关键字浏览表

使用表 A-1 可以确定哪一个 Abaqus/CAE 模块（或者工具集）包含与具体 Abaqus 关键字关联的功能。可以使用 Keywords Editor 来将大部分当前不支持的关键字添加到模型中。更多信息见 9.10.1 节 "对 Abaqus/CAE 模型添加不支持的关键字"。

表 A-1　Abaqus 关键字浏览表

关键字	目的	模块	产品
*ACOUSTIC CONTRIBUTION	为线性、基于特征模态的、稳态动力学过程请求声贡献因子计算	不支持	Abaqus/Standard
*ACOUSTIC FLOW VELOCITY	将流速指定成声单元的预定义场	不支持	Abaqus/Standard
*ACOUSTIC MEDIUM	指定声介质	属性模块	Abaqus/Standard Abaqus/Explicit
*ACOUSTIC WAVE FORMULA-TION	在具有入射波载荷的声学问题中指定方程的类型	模型属性	Abaqus/Standard Abaqus/Explicit
*ADAPTIVE MESH	定义自适应网格划分区域	分析步模块支持；每一个分析步仅支持一个自适应网格划分区域	Abaqus/Standard Abaqus/Explicit
*ADAPTIVE MESH CONSTRAINT	为自适应网格划分区域指定网格运动约束	分析步模块支持位移和速度自适应网格约束	Abaqus/Standard Abaqus/Explicit

（续）

关键字	目的	模块	产品
＊ADAPTIVE MESH CONTROLS	为自适应网格划分和平流算法指定控制	分析步模块	Abaqus/Standard Abaqus/Explicit
＊ADAPTIVE MESH REFINEMENT	在欧拉区域中激活自适应网格细分	不支持	Abaqus/Explicit
＊ADJUST	调整用户指定的节点坐标，使其位于给定的面上	相互作用模块	Abaqus/Standard Abaqus/Explicit
＊AMPLITUDE	定义幅值曲线	幅值工具集；不支持气蚀载荷。在相互作用模块中可以使用类似的功能	Abaqus/Standard Abaqus/Explicit Abaqus/CFD
＊ANISOTROPIC HYPERELASTIC	为近似不可压缩材料指定各向异性超弹性属性	属性模块	Abaqus/Standard Abaqus/Explicit
＊ANNEAL	退火结构	分析步模块	Abaqus/Explicit
＊ANNEAL TEMPERATURE	为模拟退火或者熔化指定材料属性	属性模块	Abaqus/Standard Abaqus/Explicit
＊AQUA	为沉浸梁类型结构加载定义流体变量	不支持	Abaqus/Aqua
＊ASSEMBLY	开始一个装配定义	装配模块	Abaqus/Standard Abaqus/Explicit Abaqus/CFD
＊ASYMMETRIC-AXISYMMETRIC	为与 CAXA n 或者 SAXA n 单元一起使用的接触单元定义积分区域	不支持	Abaqus/Standard
＊AXIAL	用来定义梁的轴向行为	不支持	Abaqus/Standard Abaqus/Explicit
＊BASE MOTION	为线性、基于特征模态的、稳态动力学过程定义基础运动	不支持	Abaqus/Standard
＊BASELINE CORRECTION	包括基线校准	幅值工具集	Abaqus/Standard
＊BEAM ADDED INERTIA	定义附加梁惯性	不支持	Abaqus/Standard Abaqus/Explicit
＊BEAM FLUID INERTIA	定义由于浸入流体而产生的附加梁惯性	属性模块	Abaqus/Standard Abaqus/Explicit
＊BEAM GENERAL SECTION	当不要求在截面上数值积分时，指定一个梁截面	属性模块支持使用线性响应的通用梁截面	Abaqus/Standard Abaqus/Explicit

（续）

关键字	目的	模块	产品
* BEAM SECTION	当要求在截面上数值积分时，指定一个梁截面	属性模块	Abaqus/Standard Abaqus/Explicit
* BEAM SECTION GENERATE	为网格划分的横截面生成梁截面属性	不支持	Abaqus/Standard
* BEAM SECTION OFFSET	为梁横截面原点定义偏置	不支持	Abaqus/Standard
* BIAXIAL TEST DATA	用来提供双轴测试数据（压缩和/或者拉伸）	属性模块	Abaqus/Standard Abaqus/Explicit
* BLOCKAGE	控制接触面，以防止阻塞	不支持	Abaqus/Explicit
* BOND	定义粘接和粘接属性	不支持	Abaqus/Explicit
* BOUNDARY	指定边界条件	载荷模块；不支持流体腔压力和广义平面应变边界条件	Abaqus/Standard Abaqus/Explicit Abaqus/CFD
* BRITTLE CRACKING	定义脆性开裂属性	属性模块	Abaqus/Explicit
* BRITTLE FAILURE	指定脆性失效准则	属性模块	Abaqus/Explicit
* BRITTLE SHEAR	定义与脆性开裂模型一起使用的材料后开裂剪切行为	属性模块	Abaqus/Explicit
* BUCKLE	得到特征值屈曲评估	分析步模块	Abaqus/Standard
* BUCKLING ENVELOPE	为使用 PIPE 截面的框架单元的屈曲结构响应定义非默认的屈曲包络线	不支持	Abaqus/Standard
* BUCKLING LENGTH	为使用 PIPE 截面的框架单元的屈曲结构响应定义屈曲长度数据	不支持	Abaqus/Standard
* BUCKLING REDUCTION FAC-TORS	为使用 PIPE 截面的框架单元的屈曲结构响应定义屈曲缩减	不支持	Abaqus/Standard
* BULK VISCOSITY	更改体黏性参数	分析步模块	Abaqus/Explicit
* C ADDED MASS	在 * FREQUENCY 分析步中指定集中添加的质量	不支持	Abaqus/Aqua
* CAP CREEP	指定帽蠕变规律和材料属性	属性模块	Abaqus/Standard
* CAP HARDENING	指定 Drucker-Prager/帽塑性模型	属性模块	Abaqus/Standard Abaqus/Explicit

（续）

关键字	目的	模块	产品
* CAP PLASTICITY	指定改进的 Drucker-Prage/帽塑性模型	属性模块	Abaqus/Standard Abaqus/Explicit
* CAPACITY	为理想气体种类定义等压摩尔热容	相互作用模块	Abaqus/Explicit
* CAST IRON COMPRESSION HARDENING	指定灰铸铁塑性模型的压缩硬化	属性模块	Abaqus/Standard Abaqus/Explicit
* CAST IRON PLASTICITY	指定灰铸铁的塑性材料属性	属性模块	Abaqus/Standard Abaqus/Explicit
* CAST IRON TENSION HARDENING	指定灰铸铁塑性模型拉伸中的硬化	属性模块	Abaqus/Standard Abaqus/Explicit
* CAVITY DEFINITION	定义热辐射腔	相互作用模块	Abaqus/Standard
* CECHARGE	指定压电分析中的集中电荷	载荷模块	Abaqus/Standard
* CECURRENT	指定电导分析中的集中电流	载荷模块	Abaqus/Standard
* CENTROID	定义梁截面的中心位置	属性模块	Abaqus/Standard Abaqus/Explicit
* CFD	计算流体动力学分析	分析步模块	Abaqus/CFD
* CFILM	在一个或者多个节点或者顶点处定义膜系数和关联的热沉温度	相互作用模块	Abaqus/Standard Abaqus/Explicit
* CFLOW	指定集中通量	载荷模块	Abaqus/Standard
* CFLUX	指定热传导或者质量扩散分析中的基准通量	载荷模块	Abaqus/Standard Abaqus/Explicit
* CHANGE FRICTION	更改摩擦属性	相互作用模块	Abaqus/Standard
* CHARACTERISTIC LENGTH	定义材料点处的特征单元长度	不支持	Abaqus/Explicit
* CLAY HARDENING	指定土壤塑性模型的硬化	属性模块	Abaqus/Standard Abaqus/Explicit
* CLAY PLASTICITY	指定扩展的 Cam 土壤塑性模型	属性模块	Abaqus/Standard Abaqus/Explicit
* CLEARANCE	为面上的从节点指定特定的初始间隙值和接触方向	相互作用模块	Abaqus/Standard Abaqus/Explicit

（续）

关键字	目的	模块	产品
* CLOAD	指定集中力和力矩	载荷模块	Abaqus/Standard Abaqus/Explicit Abaqus/CFD Abaqus/Aqua
* COHESIVE BEHAVIOR	指定基于面的胶粘行为属性	相互作用模块	Abaqus/Standard Abaqus/Explicit
* COHESIVE SECTION	指定胶粘单元的单元属性	属性模块	Abaqus/Standard Abaqus/Explicit
* COMBINED TEST DATA	同时将法向剪切和体柔量或者松弛模量指定成时间的函数	属性模块	Abaqus/Standard Abaqus/Explicit
* COMPLEX FREQUENCY	提取复特征值和模态向量	分析步模块	Abaqus/Standard
* COMPOSITE MODAL DAMPING	为基于 SIM 构架的模态分析指定复合模态阻尼	不支持	Abaqus/Standard
* CONCRETE	定义弹性范围之外的混凝土属性	属性模块	Abaqus/Standard
* CONCRETE COMPRESSION DAMAGE	定义混凝土损伤塑性模型的压缩损伤属性	属性模块	Abaqus/Standard Abaqus/Explicit
* CONCRETE COMPRESSION HARDENING	定义混凝土损伤塑性模型的压缩硬化	属性模块	Abaqus/Standard Abaqus/Explicit
* CONCRETE DAMAGED PLAS-TICITY	定义混凝土损伤塑性模型的流动势、屈服面和黏性参数	属性模块	Abaqus/Standard Abaqus/Explicit
* CONCRETE TENSION DAMAGE	定义混凝土损伤属性模型的后开裂损伤属性	属性模块	Abaqus/Standard Abaqus/Explicit
* CONCRETE TENSION STIFFEN-ING	定义混凝土损伤塑性模型的后开裂属性	属性模块	Abaqus/Standard Abaqus/Explicit
* CONDUCTIVITY	指定热导率	属性模块	Abaqus/Standard Abaqus/Explicit Abaqus/CFD
* CONNECTOR BEHAVIOR	规范连接器行为	相互作用模块	Abaqus/Standard Abaqus/Explicit
* CONNECTOR CONSTITUTIVE REFERENCE	定义指定连接器本构行为中使用的参考长度和角度	相互作用模块	Abaqus/Standard Abaqus/Explicit
* CONNECTOR DAMAGE EVOLU-TION	指定连接器单元的连接器损伤演化	相互作用模块	Abaqus/Standard Abaqus/Explicit

（续）

关键字	目的	模块	产品
* CONNECTOR DAMAGE INITIATION	指定连接器单元的连接器损伤初始准则	相互作用模块	Abaqus/Standard Abaqus/Explicit
* CONNECTOR DAMPING	定义连接器阻尼行为	相互作用模块	Abaqus/Standard Abaqus/Explicit
* CONNECTOR DERIVED COMPONENT	指定连接器单元中用户定义的分量	相互作用模块	Abaqus/Standard Abaqus/Explicit
* CONNECTOR ELASTICITY	定义连接器弹性行为	相互作用模块	Abaqus/Standard Abaqus/Explicit
* CONNECTOR FAILURE	定义连接器单元的失效准则	相互作用模块	Abaqus/Standard Abaqus/Explicit
* CONNECTOR FRICTION	定义连接器单元中的摩擦力和力矩	相互作用模块	Abaqus/Standard Abaqus/Explicit
* CONNECTOR HARDENING	定义连接器单元中的塑性初始屈服值和硬化行为	相互作用模块	Abaqus/Standard Abaqus/Explicit
* CONNECTOR LOAD	指定连接器单元中可用的相对运动分量载荷	载荷模块	Abaqus/Standard Abaqus/Explicit
* CONNECTOR LOCK	定义连接器单元的锁定准则	相互作用模块	Abaqus/Standard Abaqus/Explicit
* CONNECTOR MOTION	指定连接器单元中可用相对运动分量的运动	载荷模块	Abaqus/Standard Abaqus/Explicit
* CONNECTOR PLASTICITY	定义连接器单元中的塑性行为	相互作用模块	Abaqus/Standard Abaqus/Explicit
* CONNECTOR POTENTIAL	指定连接器单元中用户定义的势能	相互作用模块	Abaqus/Standard Abaqus/Explicit
* CONNECTOR SECTION	指定连接器单元的连接器属性	相互作用模块	Abaqus/Standard Abaqus/Explicit
* CONNECTOR STOP	指定连接器单元的连接器停止点	相互作用模块	Abaqus/Standard Abaqus/Explicit
* CONNECTOR UNIAXIAL BEHAVIOR	定义连接器单元中的单轴行为	相互作用模块	Abaqus/Explicit
* CONSTRAINT CONTROLS	重新设置过约束检查控制	不支持	Abaqus/Standard
* CONTACT	开始定义通用接触	相互作用模块	Abaqus/Standard Abaqus/Explicit
* CONTACT CLEARANCE	定义接触间隙属性	不支持	Abaqus/Explicit

（续）

关键字	目的	模块	产品
* CONTACT CLEARANCE AS-SIGNMENT	在通用接触区域中指定面之间的接触间隙	不支持	Abaqus/Explicit
* CONTACT CONTROLS	指定接触的额外控制	相互作用模块	Abaqus/Standard Abaqus/Explicit
* CONTACT CONTROLS ASSIGN-MENT	为通用接触算法赋予接触控制	不支持	Abaqus/Explicit
* CONTACT DAMPING	定义接触面之间的黏性阻尼	相互作用模块	Abaqus/Standard Abaqus/Explicit
* CONTACT EXCLUSIONS	指定要从通用接触区域排除的自接触面或者面对	相互作用模块	Abaqus/Standard Abaqus/Explicit
* CONTACT FILE	为接触变量定义结果文件要求	不支持；Abaqus/CAE仅从输出数据库读取输出	Abaqus/Standard
* CONTACT FORMULATION	指定通用接触算法的非默认接触方程	相互作用模块	Abaqus/Standard Abaqus/Explicit
* CONTACT INCLUSIONS	指定通用接触区域中包括的自接触面或者面对	相互作用模块	Abaqus/Standard Abaqus/Explicit
* CONTACT INITIALIZATION AS-SIGNMENT	为通用接触赋予接触初始化方法	相互作用模块	Abaqus/Standard
* CONTACT INITIALIZATION DA-TA	定义通用接触的接触初始化方法	相互作用模块	Abaqus/Standard
* CONTACT INTERFERENCE	指定接触对和接触单元随时间变化的允许干涉	相互作用模块	Abaqus/Standard
* CONTACT OUTPUT	指定要写入输出数据库的接触变量	分析步模块	Abaqus/Standard Abaqus/Explicit
* CONTACT PAIR	定义相互接触的面	相互作用模块	Abaqus/Standard Abaqus/Explicit
* CONTACT PERMEABILITY	指定流体渗透接触属性	不支持	Abaqus/Standard
* CONTACT PRINT	定义接触变量的打印要求	不支持	Abaqus/Standard
* CONTACT PROPERTY ASSIGN-MENT	为通用接触算法赋予接触属性	相互作用模块	Abaqus/Standard Abaqus/Explicit
* CONTACT RESPONSE	为设计敏感性分析定义接触响应	不支持	Abaqus/Design
* CONTACT STABILIZATION	为通用接触定义接触稳定性控制	相互作用模块	Abaqus/Standard

（续）

关键字	目的	模块	产品
＊CONTOUR INTEGRAL	提供围线积分评估	相互作用模块	Abaqus/Standard
＊CONTROLS	重新设置求解控制	分析步模块	Abaqus/Standard Abaqus/CFD
＊CONWEP CHARGE PROPERTY	定义入射波的 CONWEP 电荷	不支持	Abaqus/Explicit
＊CORRELATION	定义随机响应载荷的互相关属性	不支持	Abaqus/Standard
＊CO-SIMULATION	确定使用 Abaqus 协同仿真的分析程序	相互作用模块	Abaqus/Standard Abaqus/Explicit Abaqus/CFD
＊CO-SIMULATION CONTROLS	指定协同仿真的耦合和汇合方法	相互作用模块	Abaqus/Standard Abaqus/Explicit Abaqus/CFD
＊CO-SIMULATION REGION	识别 Abaqus 模型中的接口区域，并指定在协同仿真中要交换的场	相互作用模块	Abaqus/Standard Abaqus/Explicit Abaqus/CFD
＊COUPLED TEMPERATURE-DIS-PLACEMENT	完全耦合的同步热传导和应力分析	分析步模块	Abaqus/Standard
＊COUPLED THERMAL-ELECTRI-CAL	完全耦合的同步热传导和电分析	分析步模块	Abaqus/Standard
＊COUPLING	定义基于面的耦合约束	相互作用模块	Abaqus/Standard Abaqus/Explicit
＊CRADIATE	在一个或者多个节点或者顶点处指定辐射条件和相关的热沉温度	相互作用模块	Abaqus/Standard Abaqus/Explicit
＊CREEP	定义蠕变规律	属性模块	Abaqus/Standard
＊CREEP STRAIN RATE CON-TROL	基于最大等效蠕变应变率的控制载荷	不支持	Abaqus/Standard
＊CRUSHABLE FOAM	指定可压碎泡沫塑性模型	属性模块	Abaqus/Standard Abaqus/Explicit
＊CRUSHABLE FOAM HARDEN-ING	指定可压碎泡沫塑性模型的硬化	属性模块	Abaqus/Standard Abaqus/Explicit
＊CYCLED PLASTIC	指定 ＊ORNL 模型的循环屈服应力数据	属性模块	Abaqus/Standard
＊CYCLIC	定义空腔辐射热传导分析的周期对称	相互作用模块	Abaqus/Standard

（续）

关键字	目的	模块	产品
* CYCLIC HARDENING	指定组合硬化模型的弹性范围大小	属性模块	Abaqus/Standard Abaqus/Explicit
* CYCLIC SYMMETRY MODEL	定义循环对称结构的扇区数量和对称轴	相互作用模块	Abaqus/Standard
* D ADDED MASS	在 * FREQUENCY 分析步中指定分布添加的质量	不支持	Abaqus/Aqua
* D EM POTENTIAL	指定分布的面磁矢势	不支持	Abaqus/Standard
* DAMAGE EVOLUTION	指定材料属性来定义损伤扩展	属性模块	Abaqus/Standard Abaqus/Explicit
* DAMAGE INITIATION	指定材料和接触属性来定义损伤初始	属性模块	Abaqus/Standard Abaqus/Explicit
* DAMAGE STABILIZATION	为纤维增强材料、基于面的胶粘行为或者扩展单元中的胶粘行为指定损伤模型的黏性参数	属性模块	Abaqus/Standard Abaqus/Explicit
* DAMPING	指定材料阻尼	属性模块	Abaqus/Standard Abaqus/Explicit
* DAMPING CONTROLS	指定阻尼控制	分析步模块仅支持生成子结构	Abaqus/Standard
* DASHPOT	定义阻尼器行为	属性模块和相互作用模块；仅支持与场变量无关的线性行为。对于非线性行为或者包括场变量，请在相互作用模块中模拟连接器	Abaqus/Standard Abaqus/Explicit
* DEBOND	激活裂纹扩展功能，并指定脱胶幅值曲线	相互作用模块	Abaqus/Standard
* DECHARGE	为压电分析输入分布的电荷	载荷模块	Abaqus/Standard
* DECURRENT	指定电磁分析中的分布电流密度	载荷模块	Abaqus/Standard
* DEFORMATION PLASTICITY	指定变形塑性模型	属性模块	Abaqus/Standard
* DENSITY	指定材料质量密度	属性模块	Abaqus/Standard Abaqus/Explicit Abaqus/CFD

（续）

关键字	目的	模块	产品
*DEPVAR	指定求解相关的状态变量	属性模块	Abaqus/Standard Abaqus/Explicit
*DESIGN GRADIENT	直接指定设计灵敏度分析的设计梯度	不支持	Abaqus/Design
*DESIGN PARAMETER	直接指定计算有敏感性的设计参数	不支持	Abaqus/Design
*DESIGN RESPONSE	为设计敏感性分析指定响应	不支持	Abaqus/Design
*DETONATION POINT	为JWL爆炸状态方程定义爆轰点	属性模块	Abaqus/Standard Abaqus/Explicit
*DFLOW	为固结分析指定分布式渗流	载荷模块	Abaqus/Standard Abaqus/CFD
*DFLUX	指定热传导、计算流体动力学或者质量扩散分析中的分布通量	载荷模块	Abaqus/Standard Abaqus/Explicit Abaqus/CFD
*DIAGNOSTICS	控制调试信息	不支持	Abaqus/Standard Abaqus/Explicit
*DIELECTRIC	指定电气材料属性	属性模块	Abaqus/Standard
*DIFFUSIVITY	指定质量扩散系数	属性模块	Abaqus/Standard
*DIRECT CYCLIC	直接得到结构的稳定循环响应	分析步模块	Abaqus/Standard
*DISCRETE ELASTICITY	为离散粒子指定有效的弹性材料属性	不支持	Abaqus/Explicit
*DISCRETE SECTION	为离散单元指定单元属性	属性模块	Abaqus/Explicit
*DISPLAY BODY	定义仅用于显示的零件实例	相互作用模块	Abaqus/Standard Abaqus/Explicit
*DISTRIBUTING	定义分布耦合约束	相互作用模块	Abaqus/Standard Abaqus/Explicit
*DISTRIBUTING COUPLING	为分布耦合单元指定节点和权重	不支持；与分布选项一起使用的耦合约束抑制了此选项	Abaqus/Standard
*DISTRIBUTION	定义空间分布	属性模块	Abaqus/Standard Abaqus/Explicit Abaqus/CFD

（续）

关键字	目的	模块	产品
* DISTRIBUTION TABLE	定义分布表	属性模块	Abaqus/Standard Abaqus/Explicit Abaqus/CFD
* DLOAD	指定分布载荷	载荷模块	Abaqus/Standard Abaqus/Explicit Abaqus/CFD Abaqus/Aqua
* DOMAIN DECOMPOSITION	定义区域分解区域，和/或定义区域分解约束	不支持	Abaqus/Explicit
* DRAG CHAIN	为拖链单元指定参数	不支持	Abaqus/Standard
* DRUCKER PRAGER	指定扩展的 Drucker-Prager 塑性模型	属性模块	Abaqus/Standard Abaqus/Explicit
* DRUCKER PRAGER CREEP	指定 Drucker-Prager 蠕变规律和材料属性	属性模块	Abaqus/Standard
* DRUCKER PRAGER HARDENING	指定 Drucker-Prager 塑性模型的硬化	属性模块	Abaqus/Standard Abaqus/Explicit
* DSA CONTROLS	设置 DSA 求解控制	不支持	Abaqus/Design
* DSECHARGE	为压电分析输入分布的面电荷	载荷模块	Abaqus/Standard
* DSECURRENT	在电磁分析中指定面上的分布电流密度	载荷模块	Abaqus/Standard
* DSFLOW	指定垂直于面的分布式渗流	载荷模块	Abaqus/Standard
* DSFLUX	指定热传导分析的分布面通量	载荷模块	Abaqus/Standard Abaqus/Explicit Abaqus/CFD
* DSLOAD	指定分布的面载荷	载荷模块	Abaqus/Standard Abaqus/Explicit Abaqus/CFD
* DYNAMIC	动力学应力/位移分析	分析步模块	Abaqus/Standard Abaqus/Explicit
* DYNAMIC TEMPERATURE-DIS-PLACEMENT	基于显式积分的动力学耦合热-应力分析	分析步模块	Abaqus/Explicit
* EL FILE	定义单元变量结果文件的要求	不支持；Abaqus/CAE 仅从输出数据库文件读取输出	Abaqus/Standard Abaqus/Explicit

（续）

关键字	目的	模块	产品
* EL PRINT	定义单元变量数据文件的要求	不支持	Abaqus/Standard
* ELASTIC	指定弹性材料属性	属性模块	Abaqus/Standard Abaqus/Explicit
* ELCOPY	通过从现有的单元集合复制来创建单元	不适用；复制部分草图和实例化零件可实现类似功能	Abaqus/Standard Abaqus/Explicit Abaqus/CFD
* ELECTRICAL CONDUCTIVITY	指定电导率	属性模块	Abaqus/Standard
* ELECTROMAGNETIC	电磁响应	分析步模块	Abaqus/Standard
* ELEMENT	通过给出单元节点来定义单元	网格划分模块	Abaqus/Standard Abaqus/Explicit Abaqus/CFD
* ELEMENT MATRIX OUTPUT	将单元刚度矩阵和质量矩阵写入文件	不支持	Abaqus/Standard
* ELEMENT OPERATOR OUTPUT	将单元操作符输出写入SIM 文件	不支持	Abaqus/Standard
* ELEMENT OUTPUT	为单元变量定义输出数据库要求	分析步模块	Abaqus/Standard Abaqus/Explicit Abaqus/CFD
* ELEMENT RESPONSE	为设计敏感度分析定义单元响应	不支持	Abaqus/Design
* ELGEN	增量单元生成	不适用；单元是用户网格划分模块时生成的	Abaqus/Standard Abaqus/Explicit Abaqus/CFD
* ELSET	将单元赋予单元集合	集合工具集	Abaqus/Standard Abaqus/Explicit Abaqus/CFD
* EMBEDDED ELEMENT	指定嵌入模型中一组"寄主"单元中的一个或者一组单元	相互作用模块	Abaqus/Standard Abaqus/Explicit
* EMISSIVITY	指定面发射率	相互作用模块	Abaqus/Standard
* END ASSEMBLY	结束装配的定义	装配模块	Abaqus/Standard Abaqus/Explicit Abaqus/CFD

（续）

关键字	目的	模块	产品
* END INSTANCE	结束零件实例的定义	用于未从前面分析中导入零件实例的装配模块；以及从前面分析中导入零件实例的载荷模块	Abaqus/Standard Abaqus/Explicit Abaqus/CFD
* END LOAD CASE	结束多载荷工况分析的载荷工况定义	载荷模块	Abaqus/Standard
* END PART	结束零件的定义	零件模块	Abaqus/Standard Abaqus/Explicit Abaqus/CFD
* END STEP	结束分析步定义	分析步模块	Abaqus/Standard Abaqus/Explicit Abaqus/CFD
* ENERGY EQUATION SOLVER	为求解 Abaqus/CFD 分析中的传导方程指定线性求解器和参数	不支持	Abaqus/CFD
* ENERGY FILE	将能量输出写入结果文件	不支持；Abaqus/CAE 仅从输出数据库读取输出	Abaqus/Standard Abaqus/Explicit
* ENERGY OUTPUT	为整个模型或者单元集合能量数据定义输出数据库请求	分析步模块	Abaqus/Standard Abaqus/Explicit Abaqus/CFD
* ENERGY PRINT	打印总能量的汇总	不支持	Abaqus/Standard
* ENRICHMENT	指定扩展特征和扩展属性	相互作用模块	Abaqus/Standard
* ENRICHMENT ACTIVATION	激活或者抑制扩展特征	相互作用模块	Abaqus/Standard
* EOS	指定状态方程模型	属性模块	Abaqus/Explicit Abaqus/CFD
* EOS COMPACTION	为状态方程模型指定塑性压实行为	属性模块	Abaqus/Standard Abaqus/Explicit
* EPJOINT	定义弹性-塑性连接单元的属性	不支持	Abaqus/Standard
* EQUATION	定义线性多点约束	相互作用模块	Abaqus/Standard Abaqus/Explicit
* EULERIAN BOUNDARY	定义欧拉网格边界处的流入和流出条件	载荷模块	Abaqus/Explicit

（续）

关键字	目的	模块	产品
* EULERIAN MESH MOTION	定义欧拉网格的运动	载荷模块	Abaqus/Explicit
* EULERIAN SECTION	指定欧拉单元的单元属性	属性模块	Abaqus/Explicit
* EXPANSION	指定热膨胀或者场膨胀	属性模块	Abaqus/Standard Abaqus/Explicit Abaqus/CFD
* EXTREME ELEMENT VALUE	定义要监控的单元变量	不支持	Abaqus/Explicit
* EXTREME NODE VALUE	定义要监控的节点变量	不支持	Abaqus/Explicit
* EXTREME VALUE	定义要监控的单元变量和节点变量	不支持	Abaqus/Explicit
* FABRIC	指定织物材料的面内响应	不支持	Abaqus/Explicit
* FAIL STRAIN	定义基于应变的失效度量参数	属性模块	Abaqus/Standard Abaqus/Explicit
* FAIL STRESS	定义基于应力的失效度量参数	属性模块	Abaqus/Standard Abaqus/Explicit
* FAILURE RATIOS	为 * CONCRETE 模型定义失效面的形状	属性模块	Abaqus/Standard
* FASTENER	定义与网格无关的紧固件	相互作用模块	Abaqus/Standard Abaqus/Explicit
* FASTENER PROPERTY	指定与网格无关的紧固件属性	相互作用模块	Abaqus/Standard Abaqus/Explicit
* FIELD	指定预定义的场变量值	不支持	Abaqus/Standard Abaqus/Explicit
* FILE FORMAT	指定结果文件输出格式，并调用零增量结果文件输出	不支持；Abaqus/CAE 不使用此结果文件	Abaqus/Standard
* FILE OUTPUT	定义写入结果文件的输出	不支持；Abaqus/CAE 仅从输出数据库文件读取输出	Abaqus/Explicit
* FILM	定义膜系数和关联的热沉温度	相互作用模块	Abaqus/Standard Abaqus/Explicit
* FILM PROPERTY	将膜系数定义成温度和场变量的函数	相互作用模块	Abaqus/Standard Abaqus/Explicit
* FILTER	为输出过滤器和/或操作定义过滤器和/或操作符	过滤器工具集	Abaqus/Explicit
* FIXED MASS SCALING	指定分析步开始时的质量缩放	分析步模块	Abaqus/Explicit
* FLEXIBLE BODY	从子结构生成柔性体	不支持	Abaqus/Standard

（续）

关键字	目的	模块	产品
*FLOW	定义渗透系数和关联的沉降孔隙压力	不支持	Abaqus/Standard
*FLUID BEHAVIOR	定义流体腔的流体行为	相互作用模块	Abaqus/Standard Abaqus/Explicit
*FLUID BOUNDARY	为流体流动分析指定边界条件	载荷模块	Abaqus/CFD
*FLUID BULK MODULUS	定义液压流体的压缩性	相互作用模块	Abaqus/Standard Abaqus/Explicit
*FLUID CAVITY	定义流体腔	相互作用模块	Abaqus/Standard Abaqus/Explicit
*FLUID DENSITY	指定液压流体密度	相互作用模块	Abaqus/Standard Abaqus/Explicit
*FLUID EXCHANGE	定义流体交换	相互作用模块	Abaqus/Standard Abaqus/Explicit
*FLUID EXCHANGE ACTIVATION	激活流体交换定义	不支持	Abaqus/Explicit
*FLUID EXCHANGE PROPERTY	为流体腔的流入或者流出定义流体交换属性	相互作用模块	Abaqus/Standard Abaqus/Explicit
*FLUID EXPANSION	为液压流体指定热膨胀系数	相互作用模块	Abaqus/Standard Abaqus/Explicit
*FLUID FLUX	改变流体填充腔中的流体量	不支持	Abaqus/Standard Abaqus/Explicit
*FLUID INFLATOR	定义流体发生器	不支持	Abaqus/Explicit
*FLUID INFLATOR ACTIVATION	激活流体发生器定义	不支持	Abaqus/Explicit
*FLUID INFLATOR MIXTURE	定义用于流体发生器的气体种类	不支持	Abaqus/Explicit
*FLUID INFLATOR PROPERTY	定义流体发生器属性	不支持	Abaqus/Explicit
*FLUID LEAKOFF	为孔隙压力胶粘单元定义流体泄漏系数	属性模块	Abaqus/Standard
*FLUID PIPE CONNECTOR LOSS	指定流体管连接器单元损耗	不支持	Abaqus/Standard
*FLUID PIPE CONNECTOR SECTION	指定流体管连接器单元截面属性	不支持	Abaqus/Standard
*FLUID PIPE FLOW LOSS	指定流体管单元损耗	不支持	Abaqus/Standard
*FLUID PIPE SECTION	指定流体管单元截面属性	不支持	Abaqus/Standard
*FLUID SECTION	为流体和孔隙介质单元指定单元属性	属性模块	Abaqus/CFD
*FOUNDATION	指定单元基础	相互作用模块	Abaqus/Standard

（续）

关键字	目的	模块	产品
* FRACTURE CRITERION	指定裂纹扩展准则	属性模块和相互作用模块	Abaqus/Standard Abaqus/Explicit
* FRAME SECTION	指定框架截面	不支持	Abaqus/Standard
* FREQUENCY	提取固有频率和模态向量	分析步模块	Abaqus/Standard Abaqus/AMS
* FRICTION	指定摩擦模型	相互作用模块	Abaqus/Standard Abaqus/Explicit
* GAP	指定间隙和GAP类型单元的局部几何形体	不支持；通过模拟连接器可以使用类似的功能	Abaqus/Standard
* GAP CONDUCTANCE	在界面之间引入热传导	相互作用模块	Abaqus/Standard Abaqus/Explicit
* GAP ELECTRICAL CONDUCTANCE	指定面之间的电导	不支持	Abaqus/Standard
* GAP FLOW	定义孔隙压力胶粘单元中切向流动的本构参数	属性模块	Abaqus/Standard
* GAP HEAT GENERATION	引入由于界面处的能量耗散产生的热	相互作用模块	Abaqus/Standard Abaqus/Explicit
* GAP RADIATION	引入面之间的热辐射	相互作用模块	Abaqus/Standard Abaqus/Explicit
* GAS SPECIFIC HEAT	为燃烧和状态扩展方程定义反应成分的比热	属性模块	Abaqus/Explicit
* GASKET BEHAVIOR	开始指定垫片行为	属性模块	Abaqus/Standard
* GASKET CONTACT AREA	为平均压力输出指定垫片接触区域或者接触宽度	属性模块	Abaqus/Standard
* GASKET ELASTICITY	指定垫片的膜弹性属性和横向剪切行为	属性模块	Abaqus/Standard
* GASKET SECTION	指定垫片单元的单元属性	属性模块	Abaqus/Standard
* GASKET THICKNESS BEHAVIOR	指定垫片厚度方向行为	属性模块	Abaqus/Standard
* GEL	定义溶胀凝胶	属性模块	Abaqus/Standard
* GEOSTATIC	得到重力应力场	分析步模块	Abaqus/Standard

（续）

关键字	目的	模块	产品
* GLOBAL DAMPING	指定整体阻尼	分析步模块仅支持生成子结构	Abaqus/Standard
* HEADING	在输出上打印标题	作业模块	Abaqus/Standard Abaqus/Explicit Abaqus/CFD
* HEAT GENERATION	在热传导分析中包括体积热生成	属性模块	Abaqus/Standard
* HEAT TRANSFER	瞬态或者稳态非耦合热传导分析	分析步模块	Abaqus/Standard Abaqus/CFD
* HEATCAP	指定一个点电容	属性模块和相互作用模块	Abaqus/Standard Abaqus/Explicit
* HOURGLASS STIFFNESS	指定非默认的沙漏刚度	网格划分模块	Abaqus/Standard
* HYPERELASTIC	为近似不可压缩弹性体指定弹性属性	属性模块	Abaqus/Standard Abaqus/Explicit
* HYPERFOAM	指定超弹性泡沫的弹性属性	属性模块	Abaqus/Standard Abaqus/Explicit
* HYPOELASTIC	指定次弹性材料属性	属性模块	Abaqus/Standard
* HYSTERESIS	指定率相关的弹性体模型	属性模块	Abaqus/Standard
* IMPEDANCE	定义声学分析的阻抗	不支持	Abaqus/Standard Abaqus/Explicit
* IMPEDANCE PROPERTY	定义声学介质边界的阻抗参数	相互作用模块	Abaqus/Standard Abaqus/Explicit
* IMPERFECTION	为后屈曲分析导入几何缺陷	不支持	Abaqus/Standard Abaqus/Explicit
* IMPORT	从以前的 Abaqus/Explicit 或者 Abaqus/Standard 分析导入信息	支持与零件实例一起使用；支持使用 File 菜单导入保存在输出数据库中的选中零件实例，并支持在载荷模块中导入零件实例的初始状态	Abaqus/Standard Abaqus/Explicit
* IMPORT CONTROLS	指定导入模型和结果数据的容差	不支持	Abaqus/Standard Abaqus/Explicit
* IMPORT ELSET	从以前的 Abaqus/Explicit 或者 Abaqus/Standard 分析导入单元集合定义	不支持	Abaqus/Standard Abaqus/Explicit

（续）

关键字	目的	模块	产品
*IMPORT NSET	从以前的 Abaqus/Explicit 或者 Abaqus/Standard 分析导入节点集合定义	不支持	Abaqus/Standard Abaqus/Explicit
*INCIDENT WAVE	为爆炸或者边界上的散射载荷定义入射波载荷	不支持；入射波相互作用已经抑制此选项	Abaqus/Standard Abaqus/Explicit
*INCIDENT WAVE FLUID PROPERTY	定义与入射波关联的流体属性	不支持；入射波相互作用属性已经抑制了此选项	Abaqus/Standard Abaqus/Explicit
*INCIDENT WAVE INTERACTION	为爆炸或者面上的散射载荷定义入射波载荷	相互作用模块	Abaqus/Standard Abaqus/Explicit
*INCIDENT WAVE INTERACTION PROPERTY	定义描述入射波的几何数据和流体属性	相互作用模块	Abaqus/Standard Abaqus/Explicit
*INCIDENT WAVE PROPERTY	定义描述入射波的几何数据	不支持；入射波相互作用属性已经抑制了此选项	Abaqus/Standard Abaqus/Explicit
*INCIDENT WAVE REFLECTION	在面上定义入射波场造成的反射载荷	不支持	Abaqus/Standard Abaqus/Explicit
*INCLUDE	引用包含 Abaqus 输入数据的外部文件	Abaqus/CAE 中的一些输入数据选项提供了引用外部文件的功能；例如，材料编辑器可以从 ASCII 文件读取材料属性	Abaqus/Standard Abaqus/Explicit Abaqus/CFD
*INCREMENTATION OUTPUT	为时间增量数据定义输出数据库请求	分析步模块	Abaqus/Standard Abaqus/Explicit
*INELASTIC HEAT FRACTION	定义表现成热源的非弹性耗散率分数	属性模块	Abaqus/Standard Abaqus/Explicit
*INERTIA RELIEF	应用基于惯性的载荷平衡	载荷模块	Abaqus/Standard
*INITIAL CONDITIONS	为模型指定初始条件	载荷模块	Abaqus/Standard Abaqus/Explicit Abaqus/CFD Abaqus/Aqua
*INSTANCE	开始一个实例定义	用于未从前面分析中导入零件实例的装配模块；以及从前面分析中导入零件实例的载荷模块	Abaqus/Standard Abaqus/Explicit Abaqus/CFD

（续）

关键字	目的	模块	产品
* INTEGRATED OUTPUT	指定要写入输出数据库的在面上积分的变量	分析步模块	Abaqus/Standard Abaqus/Explicit
* INTEGRATED OUTPUT SECTION	使用局部坐标系和参考点来在面上定义积分输出截面	分析步模块	Abaqus/Standard Abaqus/Explicit
* INTERFACE	定义接触单元的属性	属性模块；支持二维、三维和轴对称声学界面单元，不支持接触单元	Abaqus/Standard
* ITS	定义 ITS 单元的属性	不支持；模拟连接器可以使用类似的功能（除了摩擦）	Abaqus/Standard
* JOINT	定义 JOINTC 单元的属性	不支持；模拟连接器可以使用类似的功能	Abaqus/Standard
* JOINT ELASTICITY	为弹性-塑性连接单元指定弹性属性	不支持	Abaqus/Standard
* JOINT PLASTICITY	为弹性-塑性连接单元指定塑性属性	不支持	Abaqus/Standard
* JOINTED MATERIAL	指定连接材料模型	不支持	Abaqus/Standard
* JOULE HEAT FRACTION	定义作为热释放的电能分数	属性模块	Abaqus/Standard
* KAPPA	为由温度梯度和等效压应力驱动的质量扩散指定材料参数	属性模块	Abaqus/Standard
* KINEMATIC	定义运动耦合约束	相互作用模块	Abaqus/Standard Abaqus/Explicit
* KINEMATIC COUPLING	将一组节点的所有或者特定自由度约束到参考节点的刚体运动	不支持；与运动选项一起使用的耦合约束已经抑制了此选项	Abaqus/Standard
* LATENT HEAT	指定潜热	属性模块	Abaqus/Standard Abaqus/Explicit
* LOAD CASE	为多载荷工况分析开始载荷工况定义	载荷模块	Abaqus/Standard
* LOADING DATA	为连接器中的单轴行为模型提供载荷数据，或者为织物材料提供来自单轴或者剪切载荷测试的数据	不支持	Abaqus/Explicit

（续）

关键字	目的	模块	产品
*LOW DENSITY FOAM	为低密度泡沫指定属性	属性模块	Abaqus/Explicit
*MAGNETIC PERMEABILITY	指定磁导率	属性模块	Abaqus/Standard
*MAGNETOSTATIC	静磁分析	分析步模块	Abaqus/Standard
*MAP SOLUTION	从旧网格映射解到一个新网格	不支持	Abaqus/Standard
*MASS	指定点质量	属性模块和相互作用模块	Abaqus/Standard Abaqus/Explicit
*MASS ADJUST	调整和/或重新分布单元几何的质量	不支持	Abaqus/Explicit
*MASS DIFFUSION	瞬态或者稳态非耦合质量扩散分析	分析步模块	Abaqus/Standard
*MASS FLOW RATE	指定热传导分析中的流体质量流动速率	不支持	Abaqus/Standard
*MATERIAL	开始材料定义	属性模块	Abaqus/Standard Abaqus/Explicit Abaqus/CFD
*MATRIX	读取线性用户单元的刚度矩阵或者质量矩阵	不支持	Abaqus/Standard
*MATRIX ASSEMBLE	定义模型零件的刚度、质量或者阻尼矩阵	不支持	Abaqus/Standard
*MATRIX CHECK	检查生成的刚度矩阵和质量矩阵的质量	不支持	Abaqus/Standard
*MATRIX GENERATE	生成整体矩阵或者单元矩阵	不支持	Abaqus/Standard
*MATRIX INPUT	读取模型零件的矩阵	不支持	Abaqus/Standard
*MATRIX OUTPUT	以不同的形式输出生成的矩阵	不支持	Abaqus/Standard
*MEDIA TRANSPORT	激活或者抑制周期介质	不支持	Abaqus/Explicit
*MEMBRANE SECTION	指定膜单元的截面属性	属性模块	Abaqus/Standard Abaqus/Explicit
*MODAL DAMPING	为模态动力学分析指定阻尼	分析步模块	Abaqus/Standard
*MODAL DYNAMIC	使用模态叠加的动力学时间历史分析	分析步模块	Abaqus/Standard

（续）

关键字	目的	模块	产品
* MODAL FILE	在基于模态的动力学或者特征值提取过程中将广义坐标（模态幅值）数据或者特征值数据写入结果文件	不支持；Abaqus/CAE仅从输出数据库文件读取输出	Abaqus/Standard
* MODAL OUTPUT	在基于模态的动力学或者复特征值提取过程中将广义坐标（模态幅值）数据写入输出数据库	分析步模块	Abaqus/Standard
* MODAL PRINT	在基于模态的动力学过程中打印广义坐标（模态幅值）数据	不支持	Abaqus/Standard
* MODEL CHANGE	删除或者重新激活单元和接触对	相互作用模块	Abaqus/Standard
* MOHR COULOMB	指定 Mohr-Coulomb 塑性模型	属性模块	Abaqus/Standard Abaqus/Explicit
* MOHR COULOMB HARDENING	指定 Mohr-Coulomb 塑性模型的硬化	属性模块	Abaqus/Standard Abaqus/Explicit
* MOISTURE SWELLING	定义潮湿驱动的膨胀	属性模块	Abaqus/Standard
* MOLECULAR WEIGHT	定义理想气体成分的分子量	相互作用模块	Abaqus/Standard Abaqus/Explicit
* MOMENTUM EQUATION SOLVER	为求解 Abaqus/CFD 分析中的动量方程指定线性求解器和参数	分析步模块	Abaqus/CFD
* MONITOR	定义要监控的自由度	分析步模块	Abaqus/Standard Abaqus/Explicit
* MOTION	将运动指定成预定义场	不支持	Abaqus/Standard
* MPC	定义多点约束	相互作用模块	Abaqus/Standard Abaqus/Explicit
* MULLINS EFFECT	为弹性体指定 Mullins 效应材料参数	属性模块	Abaqus/Standard Abaqus/Explicit
* M1	定义梁的第一弯矩行为	不支持	Abaqus/Standard Abaqus/Explicit
* M2	定义梁的第二弯矩行为	不支持	Abaqus/Standard Abaqus/Explicit

（续）

关键字	目的	模块	产品
* NCOPY	通过复制创建节点	不适用；复制部分草图和零件实例可实现类似功能	Abaqus/Standard Abaqus/Explicit Abaqus/CFD
* NETWORK STIFFNESS RATIO	指定黏弹性网络的刚度比	属性模块	Abaqus/Standard Abaqus/Explicit
* NFILL	在区域中填充节点	不适用；节点是在用户网格划分模型时生成的	Abaqus/Standard Abaqus/Explicit Abaqus/CFD
* NGEN	生成增量节点	不适用；节点是在用户网格划分模型时生成的	Abaqus/Standard Abaqus/Explicit Abaqus/CFD
* NMAP	从一个坐标系将节点映射到另一个坐标系，并转动、平动或者缩放节点坐标	不支持；网格划分模块中的网格划分技术通常是优先选择的	Abaqus/Standard Abaqus/Explicit Abaqus/CFD
* NO COMPRESSION	引入压缩失效理论（仅限拉伸材料）	属性模块	Abaqus/Standard
* NO TENSION	引入拉伸失效理论（仅限压缩材料）	属性模块	Abaqus/Standard
* NODAL ENERGY RATE	定义节点处的临界能量释放率	不支持	Abaqus/Standard Abaqus/Explicit
* NODAL THICKNESS	定义节点处的壳或者膜厚度	属性模块	Abaqus/Standard Abaqus/Explicit
* NODE	指定节点坐标	网格划分模块	Abaqus/Standard Abaqus/Explicit Abaqus/CFD
* NODE FILE	为节点数据定义结果文件请求	不支持；Abaqus/CAE仅从输出数据库文件读取输出	Abaqus/Standard Abaqus/Explicit
* NODE OUTPUT	为节点数据定义输出数据库请求	分析步模块	Abaqus/Standard Abaqus/Explicit Abaqus/CFD
* NODE PRINT	为节点变量定义打印请求	不支持	Abaqus/Standard
* NODE RESPONSE	为设计敏感性分析定义节点请求	不支持	Abaqus/Design

（续）

关键字	目的	模块	产品
* NONLINEAR BH	指定软磁材料的非线性磁性行为	属性模块	Abaqus/Standard
* NONSTRUCTURAL MASS	指定非结构特征对模型质量的贡献	属性模块和相互作用模块	Abaqus/Standard Abaqus/Explicit
* NORMAL	指定特定的法向	不支持	Abaqus/Standard Abaqus/Explicit
* NSET	对节点集合赋予节点	集合工具集	Abaqus/Standard Abaqus/Explicit Abaqus/CFD
* ORIENTATION	为材料或者单元属性定义、运动耦合约束、惯性释放载荷的自由方向或者连接器，定义一个局部坐标系	属性模块、相互作用模块和载荷模块	Abaqus/Standard Abaqus/Explicit
* ORNL	指定 Oak Ridge National Laboratory 开发的本构模型	属性模块	Abaqus/Standard
* OUTPUT	定义输出数据库的输出请求	分析步模块	Abaqus/Standard Abaqus/Explicit Abaqus/CFD
* PARAMETER	为输入参数定义参数	不支持	Abaqus/Standard Abaqus/Explicit
* PARAMETER DEPENDENCE	定义表相关参数的相关性表	不支持	Abaqus/Standard Abaqus/Explicit
* PARAMETER SHAPE VARIATION	定义参数形状变量	不支持	Abaqus/Standard Abaqus/Explicit
* PART	开始零件定义	零件模块	Abaqus/Standard Abaqus/Explicit Abaqus/CFD
* PARTICLE GENERATOR	指定粒子生成器	属性模块	Abaqus/Explicit
* PARTICLE GENERATOR FLOW	为粒子成分指定流速和单位输入面积上的质量流速	属性模块	Abaqus/Explicit
* PARTICLE GENERATOR INLET	指定粒子生成器进口面	属性模块	Abaqus/Explicit
* PARTICLE GENERATOR MIXTURE	指定粒子生成器成分混合	属性模块	Abaqus/Explicit
* PERFECTLY MATCHED LAYER	指定完美匹配层属性	不支持	Abaqus/Standard

（续）

关键字	目的	模块	产品
* PERIODIC	为空腔辐射热传导分析定义周期对称性	相互作用模块	Abaqus/Standard
* PERIODIC MEDIA	指定周期介质	不支持	Abaqus/Explicit
* PERMANENT MAGNETIZATION	指定永磁	不支持	Abaqus/Standard
* PERMEABILITY	为孔隙流体流动定义渗透率	属性模块	Abaqus/Standard Abaqus/CFD
* PHYSICAL CONSTANTS	指定物理常数	模型属性	Abaqus/Standard Abaqus/Explicit
* PIEZOELECTRIC	指定压电材料属性	属性模块	Abaqus/Standard
* PIPE-SOIL INTERACTION	指定管-土壤相互作用单元的单元属性	不支持	Abaqus/Standard
* PIPE-SOIL STIFFNESS	定义管-土壤相互作用单元的本构行为	不支持	Abaqus/Standard
* PLANAR TEST DATA	用来提供平面测试（或者纯剪切）数据（压缩和/或拉伸）	属性模块	Abaqus/Standard Abaqus/Explicit
* PLASTIC	指定金属塑性模型	属性模块	Abaqus/Standard Abaqus/Explicit
* PLASTIC AXIAL	定义框架单元的塑性轴力	不支持	Abaqus/Standard
* PLASTIC M1	定义框架单元的第一塑性弯矩行为	不支持	Abaqus/Standard
* PLASTIC M2	定义框架单元的第二塑性弯矩行为	不支持	Abaqus/Standard
* PLASTIC TORQUE	为框架单元定义塑性扭矩行为	不支持	Abaqus/Standard
* PML COEFFICIENT	指定完美匹配层系数	不支持	Abaqus/Standard
* POROUS BULK MODULI	定义土壤和岩石的体模量	属性模块	Abaqus/Standard
* POROUS ELASTIC	指定多孔材料的弹性材料属性	属性模块	Abaqus/Standard
* POROUS FAILURE CRITERIA	为 * POROUS METAL PLASTICITY 模型定义多孔材料失效准则	属性模块	Abaqus/Explicit

（续）

关键字	目的	模块	产品
* POROUS METAL PLASTICITY	指定多孔金属塑性模型	属性模块	Abaqus/Standard Abaqus/Explicit
* POST OUTPUT	后处理来自重启动文件的输出	不支持	Abaqus/Standard
* POTENTIAL	定义各向异性的屈服/蠕变模型	属性模块	Abaqus/Standard Abaqus/Explicit
* PREPRINT	为分析输入文件处理器选项打印输出	作业模块	Abaqus/Standard Abaqus/Explicit
* PRESSURE EQUATION SOLVER	为不可压缩流体的压力方程求解指定线性求解器和参数	分析步模块	Abaqus/CFD
* PRESSURE PENETRATION	使用基于面的接触指定压力渗透载荷	相互作用模块	Abaqus/Standard
* PRESSURE STRESS	将等效压应力指定为质量扩散分析的预定义场	不支持	Abaqus/Standard
* PRESTRESS HOLD	在初始平衡求解过程中保持杆预应力不变	不支持	Abaqus/Standard
* PRE-TENSION SECTION	将预拉伸节点与预拉伸截面关联	载荷模块	Abaqus/Standard
* PRINT	在 Abaqus/Standard 分析中请求或者抑制输出到信息文件，或者在 Abaqus/Explicit 分析中请求或者抑制输出信息到状态文件	分析步模块	Abaqus/Standard Abaqus/Explicit
* PROBABILITY DENSITY FUNCTION	指定概率密度函数	属性模块	Abaqus/Explicit
* PSD-DEFINITION	为随机响应载荷定义交叉谱密度频率函数	不支持	Abaqus/Standard
* RADIATE	指定热传导分析中的辐射条件	相互作用模块	Abaqus/Standard Abaqus/Explicit
* RADIATION FILE	为空腔辐射热传导定义结果文件请求	不支持；Abaqus/CAE 仅从输出数据库文件读取输出	Abaqus/Standard
* RADIATION OUTPUT	为空腔辐射变量定义输出数据库请求	分析步模块	Abaqus/Standard

1153

（续）

关键字	目的	模块	产品
* RADIATION PRINT	为空腔辐射热传导定义打印请求	不支持	Abaqus/Standard
* RADIATION SYMMETRY	为辐射热传导分析定义腔对称	相互作用模块	Abaqus/Standard
* RADIATION VIEW FACTOR	控制空腔辐射和显示因子计算	相互作用模块	Abaqus/Standard
* RANDOM RESPONSE	计算随机载荷的响应	分析步模块	Abaqus/Standard
* RATE DEPENDENT	定义率相关的黏塑性模型	属性模块	Abaqus/Standard Abaqus/Explicit
* RATIOS	定义各向异性的膨胀	属性模块	Abaqus/Standard
* REACTION RATE	定义点火和增长状态方程的反应速率	属性模块	Abaqus/Explicit
* REBAR	将梁定义成单元属性	不支持	Abaqus/Standard Abaqus/Explicit
* REBAR LAYER	定义膜、壳、面和连续单元中的加强层	属性模块；仅支持膜和壳单元	Abaqus/Standard Abaqus/Explicit
* REFLECTION	为空腔辐射热传导分析定义反射对称性	相互作用模块	Abaqus/Standard
* RELEASE	释放梁单元一端或者两端处的转动自由度	不支持	Abaqus/Standard
* RESPONSE SPECTRUM	根据用户提供的响应谱计算响应	分析步模块	Abaqus/Standard
* RESTART	保存以及重新使用数据和分析结果	保存重启动数据的分析步模块；执行重启动分析的作业模块	Abaqus/Standard Abaqus/Explicit Abaqus/CFD
* RETAINED NODAL DOFS	指定要保留为子结构外部的自由度	不支持	Abaqus/Standard
* RIGID BODY	将一组单元定义成刚体，并定义刚体单元属性	零件模块和相互作用模块	Abaqus/Standard Abaqus/Explicit
* RIGID SURFACE	定义分析型刚性面	零件模块	Abaqus/Standard
* ROTARY INERTIA	定义刚体转动惯量	属性模块和相互作用模块	Abaqus/Standard Abaqus/Explicit

（续）

关键字	目的	模块	产品
* SECTION CONTROLS	指定截面控制	网格划分模块	Abaqus/Standard Abaqus/Explicit
* SECTION FILE	定义用户定义的面截面上累积数量的结果文件请求	不支持	Abaqus/Standard
* SECTION ORIGIN	定义网格划分的横截面原点	不支持	Abaqus/Standard
* SECTION POINTS	在梁截面中定位需要应力和应变输出的点	属性模块	Abaqus/Standard Abaqus/Explicit
* SECTION PRINT	定义用户定义的面截面上累积数量的打印请求	不支持	Abaqus/Standard
* SELECT CYCLIC SYMMETRY MODES	在循环对称结构的特征值分析中指定循环对称模态	相互作用模块	Abaqus/Standard
* SELECT EIGENMODES	选择模态动力学、复特征值提取或者子结构生成分析中使用的模态	仅在分析步模块中，支持生成子结构	Abaqus/Standard
* SFILM	为热传导分析的面定义膜系数和关联热沉温度	相互作用模块	Abaqus/Standard Abaqus/Explicit Abaqus/CFD
* SFLOW	定义垂直于面的渗透系数和关联的沉降孔隙压力	不支持	Abaqus/Standard
* SHEAR CENTER	定义梁截面剪切中心的位置	属性模块	Abaqus/Standard Abaqus/Explicit
* SHEAR FAILURE	指定剪切失效模型和准则	不支持	Abaqus/Explicit
* SHEAR RETENTION	定义 * CONCRETE 模型中，与裂纹面关联的剪切模量随着裂纹上拉伸应变退化的方程	属性模块	Abaqus/Standard
* SHEAR TEST DATA	用来提供剪切测试数据	属性模块	Abaqus/Standard Abaqus/Explicit
* SHELL GENERAL SECTION	定义通用的、任意的弹性壳截面	属性模块	Abaqus/Standard Abaqus/Explicit
* SHELL SECTION	指定壳的横截面	属性模块	Abaqus/Standard Abaqus/Explicit
* SHELL TO SOLID COUPLING	定义壳边与实体面之间的基于面的耦合	相互作用模块	Abaqus/Standard Abaqus/Explicit
* SIMPEDANCE	定义声学面的阻抗	相互作用模块	Abaqus/Standard Abaqus/Explicit

（续）

关键字	目的	模块	产品
＊SIMPLE SHEAR TEST DATA	用来提供简单的剪切测试数据	属性模块	Abaqus/Standard Abaqus/Explicit
＊SLIDE LINE	指定线滑动面，使可变形结构能够在不同面之间进行交互	不支持；相互作用模块使用基于面的接触	Abaqus/Standard
＊SLOAD	对子结构施加载荷	载荷模块	Abaqus/Standard
＊SOFTENING REGULARIZATION	指定黏土塑性模型的软化规则	属性模块	Abaqus/Standard Abaqus/Explicit
＊SOILS	流体填充的多孔介质的有效应力分析	分析步模块	Abaqus/Standard
＊SOLID SECTION	指定实体、无限、声学、粒子和杆单元的单元属性	属性模块	Abaqus/Standard Abaqus/Explicit Abaqus/CFD
＊SOLUBILITY	指定溶解度	属性模块	Abaqus/Standard
＊SOLUTION TECHNIQUE	指定其他求解方法	分析步模块	Abaqus/Standard
＊SOLVER CONTROLS	指定迭代和直接线性求解器的控制	分析步模块	Abaqus/Standard
＊SORPTION	定义吸收和渗透行为	属性模块	Abaqus/Standard
＊SPECIFIC HEAT	定义比热容	属性模块	Abaqus/Standard Abaqus/Explicit Abaqus/CFD
＊SPECTRUM	定义或者创建响应谱	幅值工具集；仅支持定义频谱	Abaqus/Standard
＊SPH SURFACE BEHAVIOR	定义SPH粒子与拉格朗日面之间的边界面相互作用属性	相互作用模块	Abaqus/Explicit
＊SPRING	定义弹簧行为	属性模块和相互作用模块；仅支持独立于场变量的线性行为。对于非线性行为或者包括场变量，支持在相互作用模块中模拟连接器	Abaqus/Standard Abaqus/Explicit
＊SRADIATE	指定热传导分析中的面辐射条件	相互作用模块	Abaqus/Standard Abaqus/Explicit Abaqus/CFD
＊STATIC	静态应力/位移分析	分析步模块	Abaqus/Standard
＊STEADY STATE CRITERIA	指定用于终止准静态单向仿真的稳态准则	不支持	Abaqus/Explicit

（续）

关键字	目的	模块	产品
＊STEADY STATE DETECTION	指定终止准静态单向仿真的稳态要求	不支持	Abaqus/Explicit
＊STEADY STATE DYNAMICS	基于谐波激励的稳态动力学响应	分析步模块	Abaqus/Standard
＊STEADY STATE TRANSPORT	稳态传输分析	不支持	Abaqus/Standard
＊STEP	开始一个分析步	分析步模块	Abaqus/Standard Abaqus/Explicit Abaqus/CFD
＊SUBCYCLING	定义子循环区域	不支持	Abaqus/Explicit
＊SUBMODEL	指定子模型分析中的驱动边界节点	载荷模块和模型属性	Abaqus/Standard Abaqus/Explicit
＊SUBSTRUCTURE COPY	复制子结构定义	不支持	Abaqus/Standard
＊SUBSTRUCTURE DAMPING	为子结构指定质量比例阻尼和刚度比例阻尼	不支持	Abaqus/Standard Abaqus/AMS
＊SUBSTRUCTURE DAMPING CONTROLS	为子结构属性指定阻尼控制	不支持	Abaqus/Standard
＊SUBSTRUCTURE DELETE	从子结构库中删除子结构	不支持	Abaqus/Standard
＊SUBSTRUCTURE DIRECTORY	在子结构库中列出与子结构有关的信息	不支持	Abaqus/Standard
＊SUBSTRUCTURE GENERATE	子结构生成分析	分析步模块	Abaqus/Standard
＊SUBSTRUCTURE LOAD CASE	开始子结构载荷工况的定义	载荷模块	Abaqus/Standard
＊SUBSTRUCTURE MATRIX OUTPUT	将子结构的恢复矩阵、缩减刚度矩阵、质量矩阵、载荷工况向量和重力载荷向量写入文件	不支持	Abaqus/Standard
＊SUBSTRUCTURE MODAL DAMPING	为子结构属性指定阻尼	不支持	Abaqus/Standard
＊SUBSTRUCTURE PATH	进入子结构以获得输出，或者从之前进入的子结构返回	不支持	Abaqus/Standard
＊SUBSTRUCTURE PROPERTY	平动、转动和/或反射子结构	装配模块	Abaqus/Standard
＊SURFACE	在模型中定义面或者区域	面工具集支持基于单元的面，不支持基于节点的面；如果将基于节点的面导入 Abaqus/CAE，则将它们视为集合	Abaqus/Standard Abaqus/Explicit Abaqus/CFD

（续）

关键字	目的	模块	产品
* SURFACE BEHAVIOR	为接触定义其他压力过闭合关系	相互作用模块	Abaqus/Standard Abaqus/Explicit
* SURFACE FLAW	定义面裂缝的几何形体	不支持	Abaqus/Standard
* SURFACE INTERACTION	定义面相互作用属性	相互作用模块	Abaqus/Standard Abaqus/Explicit
* SURFACE OUTPUT	指定要写入输出数据库的面变量	不支持	Abaqus/CFD
* SURFACE PROPERTY	为空腔辐射定义面属性	相互作用模块	Abaqus/Standard
* SURFACE PROPERTY ASSIGN-MENT	为通用接触算法的面赋予面属性	相互作用模块	Abaqus/Standard Abaqus/Explicit
* SURFACE SECTION	为面单元指定截面属性	属性模块	Abaqus/Standard Abaqus/Explicit Abaqus/Aqua
* SURFACE SMOOTHING	定义面平滑方法	相互作用模块	Abaqus/Standard
* SWELLING	指定时间相关的体积膨胀	属性模块	Abaqus/Standard
* SYMMETRIC MODEL GENERA-TION	从轴对称或者部分三维模型创建三维模型	不支持	Abaqus/Standard
* SYMMETRIC RESULTS TRANS-FER	从轴对称或者部分三维分析导入结果	不支持	Abaqus/Standard
* SYSTEM	指定定义节点的局部坐标系	不适用；在装配模块中实例化零件会创建一个局部坐标系	Abaqus/Standard Abaqus/Explicit Abaqus/CFD
* TEMPERATURE	将温度指定成预定义场	载荷模块	Abaqus/Standard Abaqus/Explicit
* TENSILE FAILURE	指定拉伸失效模型和准则	不支持	Abaqus/Explicit
* TENSION CUTOFF	为 Mohr-Coulomb 塑性模型指定拉伸截止数据	属性模块	Abaqus/Standard Abaqus/Explicit
* TENSION STIFFENING	定义 * CONCRETE 模型中与裂纹垂直的残余拉应力法向	属性模块	Abaqus/Standard
* THERMAL EXPANSION	定义梁的热膨胀行为	不支持	Abaqus/Standard Abaqus/Explicit

（续）

关键字	目的	模块	产品
* TIE	定义基于面的绑定和循环对称约束，或者耦合的声学-结构相互作用	相互作用模块	Abaqus/Standard Abaqus/Explicit
* TIME POINTS	指定将数据写入输出数据库文件的时间点，或者指定载荷历史中的时间点，在此点评估直接循环分析中结构的响应	分析步模块	Abaqus/Standard Abaqus/Explicit
* TORQUE	定义梁的扭曲行为	不支持	Abaqus/Standard Abaqus/Explicit
* TORQUE PRINT	打印可通过轴对称滑线传递的总扭矩总和	不支持	Abaqus/Standard
* TRACER PARTICLE	定义追踪例子，来追踪分析步中材料点的位置和结果	不支持	Abaqus/Explicit
* TRANSFORM	在节点处指定局部坐标系	在载荷模块中为指定条件定义节点坐标系	Abaqus/Standard Abaqus/Explicit Abaqus/CFD
* TRANSPORT EQUATION SOLVER	指定线性求解器和参数，以便在 Abaqus/CFD 分析中求解传输方程	分析步模块	Abaqus/CFD
* TRANSPORT VELOCITY	指定角度传输速度	不支持	Abaqus/Standard
* TRANSVERSE SHEAR STIFFNESS	定义梁和壳的横向剪切刚度	属性模块	Abaqus/Standard Abaqus/Explicit
* TRIAXIAL TEST DATA	提供三轴测试数据	属性模块	Abaqus/Standard Abaqus/Explicit
* TRS	用来为时程黏弹性分析定义温度-时间位移	属性模块	Abaqus/Standard Abaqus/Explicit
* TURBULENCE MODEL	指定流体分析的湍流模型	分析步模块	Abaqus/CFD
* UEL PROPERTY	定义与用户单元类型一起使用的属性值	可以在相互作用模块中定义作动器/传感器相互作用属性	Abaqus/Standard Abaqus/Explicit
* UNDEX CHARGE PROPERTY	为入射波定义 UNDEX 电荷	相互作用模块	Abaqus/Standard Abaqus/Explicit
* UNIAXIAL	通过加载和卸载测试数据来特征化织物曲线	不支持	Abaqus/Explicit

（续）

关键字	目的	模块	产品
* UNIAXIAL TEST DATA	用来提供单轴测试数据（压缩和/或拉伸）	属性模块	Abaqus/Standard Abaqus/Explicit
* UNLOADING DATA	提供连接器中单轴行为模型的卸载数据，或者从织物的单轴和剪切测试得到的卸载数据	不支持	Abaqus/Explicit
* USER DEFINED FIELD	重新定义材料点处的场变量	属性模块	Abaqus/Standard Abaqus/Explicit
* USER ELEMENT	引入用户定义的单元类型	可以在相互作用模块中定义作动器/传感器相互作用	Abaqus/Standard Abaqus/Explicit
* USER MATERIAL	定义在子程序 UMAT、UMATHT 或者 VUMAT 中使用的材料常数	属性模块	Abaqus/Standard Abaqus/Explicit
* USER OUTPUT VARIABLES	指定用户变量的数量	属性模块	Abaqus/Standard
* VARIABLE MASS SCALING	指定分析步中的质量缩放	分析步模块	Abaqus/Explicit
* VIEW FACTOR OUTPUT	在空腔辐射热传导分析中将辐射显示因子写入结果文件中	不支持	Abaqus/Standard
* VISCO	使用时间相关的材料响应（蠕变、膨胀和黏弹性）的瞬态、静态、应力/位移分析	分析步模块	Abaqus/Standard
* VISCOELASTIC	指定与弹性一起使用的耗散行为	属性模块	Abaqus/Standard Abaqus/Explicit
* VISCOSITY	指定材料的剪切黏度	属性模块	Abaqus/Explicit Abaqus/CFD
* VISCOUS	为双层黏塑性模型指定黏性材料属性	属性模块	Abaqus/Standard
* VOID NUCLEATION	定义多孔材料中的成核	属性模块	Abaqus/Standard Abaqus/Explicit
* VOLUMETRIC TEST DATA	提供体积测试数据	属性模块	Abaqus/Standard Abaqus/Explicit
* WAVE	定义在浸入式结构计算中使用的重力波	不支持	Abaqus/Aqua
* WIND	为风载定义风速剖面	不支持	Abaqus/Aqua

A. 2　输入文件阅读器支持的关键字

＊ACOUSTIC CONTRIBUTION：

不支持

＊ACOUSTIC FLOW VELOCITY：

不支持

＊ACOUSTIC MEDIUM：

BULK MODULUS，DEPENDENCIES，VOLUMETRIC DRAG

＊ACOUSTIC WAVE FORMULATION：

TYPE

＊ADAPTIVE MESH：

CONTROLS，ELSET，FREQUENCY，INITIAL MESH SWEEPS，MESH SWEEPS，OP

＊ADAPTIVE MESH CONSTRAINT：

AMPLITUDE，CONSTRAINT TYPE，OP，TYPE，USER

＊ADAPTIVE MESH CONTROLS：

ADVECTION，CURVATURE REFINEMENT，GEOMETRIC ENHANCEMENT，INITIAL FEATURE ANGLE，MESH CONSTRAINT ANGLE，MESHING PREDICTOR，MOMENTUM AD-VECTION，NAME，RESET，SMOOTHING OBJECTIVE，TRANSITION FEATURE ANGLE

＊ADAPTIVE MESH REFINEMENT：

不支持

＊ADJUST：

NODE SET，SURFACE

＊AMPLITUDE：

BEGIN，DEFINITION（所有值，除了 BUBBLE），FIXED INTERVAL，NAME，SMOOTH，TIME，VARIABLES

＊ANISOTROPIC HYPERELASTIC：

DEPENDENCIES，FORMULATION，FUNG-ANISOTROPIC，FUNG-ORTHOTROPIC，HOLZAPFEL，LOCAL DIRECTIONS，MODULI，PROPERTIES，TYPE，USER

＊ANNEAL：

TEMPERATURE

＊ANNEAL TEMPERATURE：

不支持

＊AQUA：

不支持

＊ASSEMBLY：

NAME

＊ASYMMETRIC-AXISYMMETRIC：

不支持

* AXIAL：

不支持

* BASE MOTION：

不支持

* BASELINE CORRECTION：

（无参数）

* BEAM ADDED INERTIA：

不支持

* BEAM FLUID INERTIA：

FULL，HALF

* BEAM GENERAL SECTION：

DENSITY，DEPENDENCIES，ELSET，LUMPED，POISSON，SECTION（所有值，除了 MESHED，NONLINEAR GENERAL），TAPER，ZERO

* BEAM SECTION：

ELSET，MATERIAL，POISSON，SECTION（所有值，除了 ELBOW），TEMPERATURE

* BEAM SECTION GENERATE：

不支持

* BEAM SECTION OFFSET：

不支持

* BIAXIAL TEST DATA：

DEPENDENCIES，SMOOTH

* BLOCKAGE：

不支持

* BOND：

不支持

* BOUNDARY：

AMPLITUDE，FIXED，IMAGINARY，INC，LOAD CASE，OP，REAL，SCALE，STEP，SUBMODEL，TIMESCALE，TYPE

* BRITTLE CRACKING：

DEPENDENCIES，TYPE

* BRITTLE FAILURE：

CRACKS，DEPENDENCIES

* BRITTLE SHEAR：

DEPENDENCIES，TYPE

* BUCKLE：

EIGENSOLVER

* BUCKLING ENVELOPE：

不支持

* BUCKLING LENGTH：

不支持

*BUCKLING REDUCTION FACTORS：

不支持

*BULK VISCOSITY：

（无参数）

*C ADDED MASS：

不支持

*CAP CREEP：

DEPENDENCIES，LAW，MECHANISM

*CAP HARDENING：

DEPENDENCIES

*CAP PLASTICITY：

DEPENDENCIES

*CAPACITY：

DEPENDENCIES，TYPE

*CAST IRON COMPRESSION HARDENING：

DEPENDENCIES

*CAST IRON PLASTICITY：

DEPENDENCIES

*CAST IRON TENSION HARDENING：

DEPENDENCIES

*CAVITY DEFINITION：

AMBIENT TEMP，NAME，SET PROPERTY

*CECHARGE：

AMPLITUDE，IMAGINARY，OP，REAL

*CECURRENT：

AMPLITUDE，OP

*CENTROID：

（无参数）

*CFD：

ENERGY EQUATION，INCOMPRESSIBLE NAVIER STOKES，INCREMENTATION

*CFILM：

AMPLITUDE，FILM AMPLITUDE，OP，REGION TYPE，USER

*CFLOW：

不支持

*CFLUX：

AMPLITUDE，OP

*CHANGE FRICTION：

INTERACTION，RESET

∗ CHARACTERISTIC LENGTH：

不支持

∗ CLAY HARDENING：

DEPENDENCIES，TYPE

∗ CLAY PLASTICITY：

DEPENDENCIES，HARDENING，INTERCEPT

∗ CLEARANCE：

BOLT，CPSET，MASTER，SLAVE，TABULAR，VALUE

∗ CLOAD：

AMPLITUDE，CYCLIC MODE，FOLLOWER，IMAGINARY，LOAD CASE，OP，REAL

∗ COHESIVE BEHAVIOR：

DEPENDENCIES，ELIGIBILITY，REPEATED CONTACTS，TYPE

∗ COHESIVE SECTION：

CONTROLS，ELSET，MATERIAL，ORIENTATION，RESPONSE，THICKNESS

∗ COMBINED TEST DATA：

SHRINF，VOLINF

∗ COMPLEX FREQUENCY：

FRICTION DAMPING，PROPERTY EVALUATION

∗ COMPOSITE MODAL DAMPING：

不支持

∗ CONCRETE：

DEPENDENCIES

∗ CONCRETE COMPRESSION DAMAGE：

DEPENDENCIES，TENSION RECOVERY

∗ CONCRETE COMPRESSION HARDENING：

DEPENDENCIES

∗ CONCRETE DAMAGED PLASTICITY：

DEPENDENCIES

∗ CONCRETE TENSION DAMAGE：

COMPRESSION RECOVERY，DEPENDENCIES

∗ CONCRETE TENSION STIFFENING：

DEPENDENCIES，TYPE

∗ CONDUCTIVITY：

DEPENDENCIES，TYPE

∗ CONNECTOR BEHAVIOR：

EXTRAPOLATION，INTEGRATION，NAME，REGULARIZE，RTOL

∗ CONNECTOR CONSTITUTIVE REFERENCE：

（无参数）

∗ CONNECTOR DAMAGE EVOLUTION：

AFFECTED COMPONENTS, DEGRADATION, DEPENDENCIES, EXTRAPOLATION, REGULARIZE, RTOL, SOFTENING, TYPE

*CONNECTOR DAMAGE INITIATION：

COMPONENT, CRITERION, DEPENDENCIES, EXTRAPOLATION, RATE FILTER FACTOR, RATE INTERPOLATION, REGULARIZE, RTOL

*CONNECTOR DAMPING：

COMPONENT, DEPENDENCIES, EXTRAPOLATION, INDEPENDENT COMPONENTS, NONLINEAR, REGULARIZE, RTOL

*CONNECTOR DERIVED COMPONENT：

DEPENDENCIES, EXTRAPOLATION, INDEPENDENT COMPONENTS, NAME, OPERATOR, REGULARIZE, RTOL, SIGN

*CONNECTOR ELASTICITY：

COMPONENT, DEPENDENCIES, EXTRAPOLATION, INDEPENDENT COMPONENTS, NONLINEAR, REGULARIZE, RIGID, RTOL

*CONNECTOR FAILURE：

COMPONENT, RELEASE

*CONNECTOR FRICTION：

COMPONENT, CONTACT FORCE, DEPENDENCIES, EXTRAPOLATION, INDEPENDENT COMPONENTS, PREDEFINED, REGULARIZE, RTOL, STICK STIFFNESS

*CONNECTOR HARDENING：

DEFINITION, DEPENDENCIES, EXTRAPOLATION, RATE FILTER FACTOR, RATE INTERPOLATION, REGULARIZE, RTOL, TYPE

*CONNECTOR LOAD：

AMPLITUDE, IMAGINARY, LOAD CASE, OP, REAL

*CONNECTOR LOCK：

COMPONENT, EXTRAPOLATION, LOCK, REGULARIZE, RTOL

*CONNECTOR MOTION：

AMPLITUDE, FIXED, IMAGINARY, LOAD CASE, OP, REAL, TYPE, USER

*CONNECTOR PLASTICITY：

COMPONENT

*CONNECTOR POTENTIAL：

EXPONENT, OPERATOR

*CONNECTOR SECTION：

BEHAVIOR, ELSET

*CONNECTOR STOP：

COMPONENT

*CONNECTOR UNIAXIAL BEHAVIOR：

不支持

*CONSTRAINT CONTROLS：

不支持

* CONTACT：

OP

* CONTACT CLEARANCE：

不支持

* CONTACT CLEARANCE ASSIGNMENT：

不支持

* CONTACT CONTROLS：

ABSOLUTE PENETRATION TOLERANCE, CPSET, FASTLOCALTRK, GLOBTRKINC, MASTER, RELATIVE PENETRATION TOLERANCE, RESET, SCALE PENALTY, SLAVE, STABILIZE, STIFFNESS SCALE FACTOR, TANGENT FRACTION, WARP CHECK PERIOD, WARP CUT OFF （此选项仅支持 Abaqus/Explicit；每步仅支持一个定义）

* CONTACT CONTROLS ASSIGNMENT：

不支持

* CONTACT DAMPING：

DEFINITION, TANGENT FRACTION

* CONTACT EXCLUSIONS：

（无参数）

* CONTACT FILE：

不支持

* CONTACT FORMULATION：

TYPE

* CONTACT INCLUSIONS：

ALL EXTERIOR

* CONTACT INITIALIZATION ASSIGNMENT：

（无参数）

* CONTACT INITIALIZATION DATA：

INTERFERENCE FIT, NAME, SEARCH ABOVE, SEARCH BELOW

* CONTACT INTERFERENCE：

AMPLITUDE, OP, SHRINK, TYPE （所有值，除了 ELEMENT）

* CONTACT OUTPUT：

NSET, SURFACE, VARIABLE

* CONTACT PAIR：

ADJUST, CPSET, GEOMETRIC CORRECTION, HCRIT, INTERACTION, MECHANICAL CONSTRAINT, NO THICKNESS, OP, SMALL SLIDING, SMOOTH, SUPPLEMENTARY CONSTRAINT, TIED, TRACKING, TYPE, WEIGHT

* CONTACT PERMEABILITY：

不支持

* CONTACT PRINT：

不支持

＊CONTACT PROPERTY ASSIGNMENT：

（无参数）

＊CONTACT RESPONSE：

不支持

＊CONTACT STABILIZATION：

不支持

＊CONTOUR INTEGRAL：

CONTOURS, CRACK NAME, CRACK TIP NODES, DIRECTION, FREQUENCY, NOR-MAL, OUTPUT, RESIDUAL STRESS STEP, SYMM, TYPE, XFEM

＊CONTROLS：

ANALYSIS, FIELD, PARAMETERS, RESET, TYPE

＊CONWEP CHARGE PROPERTY：

（无参数）

＊CORRELATION：

不支持

＊CO-SIMULATION：

CONTROLS, NAME, PROGRAM（所有值，除了 MPCCI）

＊CO-SIMULATION CONTROLS：

NAME, STEP SIZE, TIME INCREMENTATION

＊CO-SIMULATION REGION：

EXPORT, IMPORT, TYPE

＊COUPLED TEMPERATURE-DISPLACEMENT：

ALLSDTOL, CETOL, CONTINUE, CREEP, DELTMX, FACTOR, STABILIZE, STEADY STATE

＊COUPLED THERMAL-ELECTRICAL：

DELTMX, END, MXDEM, STEADY STATE

＊COUPLING：

CONSTRAINT NAME, INFLUENCE RADIUS, ORIENTATION, REF NODE, SURFACE

＊CRADIATE：

AMPLITUDE, OP, REGION TYPE

＊CREEP：

DEPENDENCIES, LAW

＊CREEP STRAIN RATE CONTROL：

不支持

＊CRUSHABLE FOAM：

DEPENDENCIES, HARDENING

＊CRUSHABLE FOAM HARDENING：

DEPENDENCIES

* CYCLED PLASTIC：

（无参数）

* CYCLIC：

NC，TYPE

* CYCLIC HARDENING：

DEPENDENCIES，PARAMETERS

* CYCLIC SYMMETRY MODEL：

N

* D ADDED MASS：

不支持

* D EM POTENTIAL：

不支持

* DAMAGE EVOLUTION：

DEGRADATION，DEPENDENCIES，MIXED MODE BEHAVIOR，MODE MIX RATIO，POWER，SOFTENING，TYPE

* DAMAGE INITIATION：

ALPHA，CRITERION，DEFINITION，DEPENDENCIES，FEQ，FNN，FNT，FREQUENCY，KS，NORMAL DIRECTION，NUMBER IMPERFECTIONS，OMEGA，POSITION，TOLERANCE

* DAMAGE STABILIZATION：

（无参数）

* DAMPING：

ALPHA，BETA，COMPOSITE，STRUCTURAL

* DAMPING CONTROLS：

STRUCTURAL，VISCOUS

* DASHPOT：

ELSET，ORIENTATION，RTOL

* DEBOND：

DEBONDING FORCE，FREQUENCY，MASTER，SLAVE

* DECHARGE：

AMPLITUDE，IMAGINARY，OP，REAL

* DECURRENT：

AMPLITUDE，OP

* DEFORMATION PLASTICITY：

（无参数）

* DENSITY：

DEPENDENCIES

* DEPVAR：

DELETE

* DESIGN GRADIENT：

不支持

*DESIGN PARAMETER：

不支持

*DESIGN RESPONSE：

不支持

*DETONATION POINT：

（无参数）

*DFLOW：

AMPLITUDE，OP

*DFLUX：

AMPLITUDE，OP

*DIAGNOSTICS：

不支持

*DIELECTRIC：

DEPENDENCIES，TYPE

*DIFFUSIVITY：

DEPENDENCIES，LAW，TYPE

*DIRECT CYCLIC：

CETOL，CONTINUE，DELTMX，FATIGUE，TIME POINTS

*DISCRETE ELASTICITY：

不支持

*DISCRETE SECTION：

不支持

*DISPLAY BODY：

INSTANCE

*DISTRIBUTING：

COUPLING，WEIGHTING METHOD

*DISTRIBUTING COUPLING：

不支持

*DISTRIBUTION：

LOCATION，NAME，TABLE

*DISTRIBUTION TABLE：

NAME

*DLOAD：

AMPLITUDE，CONSTANT RESULTANT，CYCLIC MODE，FOLLOWER，IMAGINARY，OP，ORIENTATION，REAL

*DOMAIN DECOMPOSITION：

不支持

*DRAG CHAIN：

不支持

* DRUCKER PRAGER：

DEPENDENCIES, ECCENTRICITY, SHEAR CRITERION, TEST DATA

* DRUCKER PRAGER CREEP：

DEPENDENCIES, LAW

* DRUCKER PRAGER HARDENING：

DEPENDENCIES, RATE, TYPE

* DSA CONTROLS：

不支持

* DSECHARGE：

AMPLITUDE, IMAGINARY, OP, REAL

* DSECURRENT：

AMPLITUDE, OP

* DSFLOW：

AMPLITUDE, OP

* DSFLUX：

AMPLITUDE, OP

* DSLOAD：

AMPLITUDE, CONSTANT RESULTANT, CYCLIC MODE, FOLLOWER, IMAGINARY, INC, OP, ORIENTATION, REAL, REF NODE, STEP, SUBMODEL

* DYNAMIC：

ADIABATIC, ALPHA, APPLICATION, DIRECT USER CONTROL, ELEMENT BY ELE-MENT, EXPLICIT, FIXED TIME INCREMENTATION, HAFTOL, HALFINC SCALE FACTOR, INITIAL, NOHAF, SCALE FACTOR, SUBSPACE

* DYNAMIC TEMPERATURE-DISPLACEMENT：

DIRECT USER CONTROL, ELEMENT BY ELEMENT, EXPLICIT, FIXED TIME INCRE-MENTATION, SCALE FACTOR

* EL FILE：

不支持

* EL PRINT：

不支持

* ELASTIC：

DEPENDENCIES, MODULI, TYPE (所有值，除了 SHORT FIBER)

* ELCOPY：

不支持

* ELECTRICAL CONDUCTIVITY：

DEPENDENCIES, TYPE

* ELECTROMAGNETIC：

不支持

＊ELEMENT：

ELSET，FILE，TYPE

＊ELEMENT MATRIX OUTPUT：

不支持

＊ELEMENT OPERATOR OUTPUT：

不支持

＊ELEMENT OUTPUT：

DIRECTIONS，ELSET，EXTERIOR，REBAR，VARIABLE

＊ELEMENT RESPONSE：

不支持

＊ELGEN：

ALL NODES，ELSET

＊ELSET：

ELSET，GENERATE，INSTANCE，INTERNAL

＊EMBEDDED ELEMENT：

ABSOLUTE EXTERIOR TOLERANCE，EXTERIOR TOLERANCE，HOST ELSET，ROUNDOFF TOLERANCE

＊EMISSIVITY：

DEPENDENCIES

＊END ASSEMBLY：

（无参数）

＊END INSTANCE：

（无参数）

＊END LOAD CASE：

（无参数）

＊END PART：

（无参数）

＊END STEP：

（无参数）

＊ENERGY EQUATION SOLVER：

不支持

＊ENERGY FILE：

不支持

＊ENERGY OUTPUT：

ELSET，VARIABLE

＊ENERGY PRINT：

不支持

＊ENRICHMENT：

ELSET，ENRICHMENT RADIUS，INTERACTION，NAME，TYPE

＊ENRICHMENT ACTIVATION：

ACTIVATE，NAME，TYPE

＊EOS：

DETONATION ENERGY，TYPE（所有值，除了 TABULAR）

＊EOS COMPACTION：

（无参数）

＊EPJOINT：

不支持

＊EQUATION：

［无参数。如果数据行仅包含节点集合，则此选项支持；Abaqus/CAE 暂时不支持使用节点标签。此外，第二个节点集合（第四个数据项）仅可以包含单个节点］

＊EULERIAN BOUNDARY：

INFLOW，OP，OUTFLOW

＊EULERIAN MESH MOTION：

ASPECT　RATIO　MAX，BUFFER，CONTRACT，ELSET，OP，ORIENTATION，SURFACE，VMAX FACTOR，VOLFRAC MIN

＊EULERIAN SECTION：

CONTROLS，ELSET

＊EXPANSION：

DEPENDENCIES，PORE FLUID，TYPE（所有值，除了 SHORT FIBER），USER，ZERO

＊EXTREME ELEMENT VALUE：

不支持

＊EXTREME NODE VALUE：

不支持

＊EXTREME VALUE：

不支持

＊FABRIC：

不支持

＊FAIL STRAIN：

DEPENDENCIES

＊FAIL STRESS：

DEPENDENCIES

＊FAILURE RATIOS：

DEPENDENCIES

＊FASTENER：

ADJUST ORIENTATION，ATTACHMENT METHOD，COUPLING，ELSET，INTERACTION NAME，NUMBER OF LAYERS，ORIENTATION，PROPERTY，RADIUS OF INFLUENCE，REFERENCE NODE SET，SEARCH RADIUS，UNSORTED，WEIGHTING METHOD

＊FASTENER PROPERTY：

NAME

*FIELD：

不支持

*FILE FORMAT：

不支持

*FILE OUTPUT：

不支持

*FILM：

AMPLITUDE，FILM AMPLITUDE，OP

*FILM PROPERTY：

DEPENDENCIES，NAME

*FILTER：

HALT，INVARIANT，LIMIT，NAME，OPERATOR，TYPE

*FIXED MASS SCALING：

DT，ELSET，FACTOR，TYPE

*FLEXIBLE BODY：

不支持

*FLOW：

不支持

*FLUID BEHAVIOR：

NAME

*FLUID BOUNDARY：

OP

*FLUID BULK MODULUS：

DEPENDENCIES

*FLUID CAVITY：

ADIABATIC，AMBIENT PRESSURE，BEHAVIOR，CHECK NORMALS，NAME，REF NODE，SURFACE

*FLUID DENSITY：

（无参数）

*FLUID EXCHANGE：

EFFECTIVE AREA，NAME，PROPERTY

*FLUID EXCHANGE ACTIVATION：

不支持

*FLUID EXCHANGE PROPERTY：

DEPENDENCIES，NAME，TYPE（所有值，除了 ENERGY FLUX，ENERGY RATE LEAKAGE，FABRIC LEAKAGE，ORIFICE，USER）

*FLUID EXPANSION：

DEPENDENCIES，ZERO

* FLUID FLUX：

不支持

* FLUID INFLATOR：

不支持

* FLUID INFLATOR ACTIVATION：

不支持

* FLUID INFLATOR MIXTURE：

不支持

* FLUID INFLATOR PROPERTY：

不支持

* FLUID LEAKOFF：

DEPENDENCIES，USER

* FLUID PIPE CONNECTOR LOSS：

不支持

* FLUID PIPE CONNECTOR SECTION：

不支持

* FLUID PIPE FLOW LOSS：

不支持

* FLUID PIPE SECTION：

不支持

* FLUID SECTION：

不支持

* FOUNDATION：

（无参数）

* FRACTURE CRITERION：

DEPENDENCIES, MIXED MODE BEHAVIOR, NORMAL DIRECTION, TOLERANCE, TYPE（所有值，除了 COD, CRACK LENGTH, CRITICAL STRESS, FATIGUE）, UNSTABLE GROWTH TOLERANCE, VISCOSITY

* FRAME SECTION：

不支持

* FREQUENCY：

ACOUSTIC COUPLING, DAMPING PROJECTION, EIGENSOLVER, NORMALIZATION, NSET, PROPERTY EVALUATION, RESIDUAL MODES, SIM

* FRICTION：

ANISOTROPIC, DEPENDENCIES, DEPVAR, ELASTIC SLIP, EXPONENTIAL DECAY, LAGRANGE, PROPERTIES, ROUGH, SHEAR TRACTION SLOPE, SLIP TOLERANCE, TAUMAX, TEST DATA, USER

* GAP：

不支持

＊GAP CONDUCTANCE：

DEPENDENCIES，PRESSURE，USER

＊GAP ELECTRICAL CONDUCTANCE：

不支持

＊GAP FLOW：

DEPENDENCIES，KMAX，TYPE

＊GAP HEAT GENERATION：

（无参数）

＊GAP RADIATION：

（无参数）

＊GAS SPECIFIC HEAT：

DEPENDENCIES

＊GASKET BEHAVIOR：

NAME

＊GASKET CONTACT AREA：

DEPENDENCIES

＊GASKET ELASTICITY：

COMPONENT，DEPENDENCIES，VARIABLE

＊GASKET SECTION：

BEHAVIOR，ELSET，MATERIAL，ORIENTATION，STABILIZATION STIFFNESS

＊GASKET THICKNESS BEHAVIOR：

DEPENDENCIES，DIRECTION，SLOPE DROP，TENSILE STIFFNESS FACTOR，TYPE，VARIABLE，YIELD ONSET

＊GEL：

（无参数）

＊GEOSTATIC：

UTOL

＊GLOBAL DAMPING：

ALPHA，BETA，FIELD，STRUCTURAL

＊HEADING：

（无参数）

＊HEAT GENERATION：

（无参数）

＊HEAT TRANSFER：

DELTMX，END，MXDEM，STEADY STATE

＊HEATCAP：

DEPENDENCIES，ELSET

＊HOURGLASS STIFFNESS：

（无参数）

＊HYPERELASTIC：

ARRUDA-BOYCE，BETA，MARLOW，MODULI，MOONEY-RIVLIN，N，NEO HOOKE，OGDEN，POISSON，POLYNOMIAL，PROPERTIES，REDUCED POLYNOMIAL，TEST DATA INPUT，TYPE，USER，VAN DER WAALS，YEOH

＊HYPERFOAM：

MODULI，N，POISSON，TEST DATA INPUT

＊HYPOELASTIC：

USER

＊HYSTERESIS：

（无参数）

＊IMPEDANCE：

不支持

＊IMPEDANCE PROPERTY：

DATA，NAME

＊IMPERFECTION：

不支持

＊IMPORT：

不支持

＊IMPORT CONTROLS：

不支持

＊IMPORT ELSET：

不支持

＊IMPORT NSET：

不支持

＊INCIDENT WAVE：

不支持

＊INCIDENT WAVE FLUID PROPERTY：

不支持

＊INCIDENT WAVE INTERACTION：

ACCELERATION AMPLITUDE，CONWEP，IMAGINARY，PRESSURE AMPLITUDE，PROPERTY，REAL，UNDEX

＊INCIDENT WAVE INTERACTION PROPERTY：

NAME，TYPE

＊INCIDENT WAVE PROPERTY：

不支持

＊INCIDENT WAVE REFLECTION：

不支持

＊INCLUDE：

（无参数）

＊INCREMENTATION OUTPUT：

不支持

＊INELASTIC HEAT FRACTION：

（无参数）

＊INERTIA RELIEF：

FIXED，ORIENTATION，REMOVE

＊INITIAL CONDITIONS：

ELEMENT AVERAGE，FILE，FULL TENSOR，GEOSTATIC，INC，MIDSIDE，NUMBER BACKSTRESSES，REBAR，SECTION POINTS，STEP，TYPE（所有值，除了 ACOUSTIC STATIC PRESSURE，CONCENTRATION，FIELD，MASS FLOW RATE，POROSITY，PRESSURE STRESS，RELATIVE DENSITY，SOLUTION，SPECIFIC ENERGY），USER

＊INSTANCE：

NAME，PART

＊INTEGRATED OUTPUT：

SECTION，VARIABLE

＊INTEGRATED OUTPUT SECTION：

NAME，ORIENTATION，POSITION，PROJECT ORIENTATION，REF NODE，REF NODE MOTION，SURFACE

＊INTERFACE：

ELSET，NAME

＊ITS：

不支持

＊JOINT：

不支持

＊JOINT ELASTICITY：

不支持

＊JOINT PLASTICITY：

不支持

＊JOINTED MATERIAL：

不支持

＊JOULE HEAT FRACTION：

（无参数）

＊KAPPA：

DEPENDENCIES，TYPE

＊KINEMATIC：

（无参数）

＊KINEMATIC COUPLING：

不支持

＊LATENT HEAT：

（无参数）
* LOAD CASE：
NAME
* LOADING DATA：
不支持
* LOW DENSITY FOAM：
FAIL，RATE EXTRAPOLATION，STRAIN RATE，TENSION CUTOFF
* MAGNETIC PERMEABILITY：
不支持
* MAGNETOSTATIC：
不支持
* MAP SOLUTION：
不支持
* MASS：
ALPHA，COMPOSITE，ELSET
* MASS ADJUST：
不支持
* MASS DIFFUSION：
DCMAX，END，STEADY STATE
* MASS FLOW RATE：
不支持
* MATERIAL：
NAME，RTOL
* MATRIX：
不支持
* MATRIX ASSEMBLE：
不支持
* MATRIX CHECK：
不支持
* MATRIX GENERATE：
不支持
* MATRIX INPUT：
不支持
* MATRIX OUTPUT：
不支持
* MEDIA TRANSPORT：
不支持
* MEMBRANE SECTION：
CONTROLS，ELSET，MATERIAL，

MEMBRANE THICKNESS，ORIENTATION，POISSON（所有值，除了 MATERIAL）

＊MODAL DAMPING：

STRUCTURAL

＊MODAL DYNAMIC：

CONTINUE

＊MODAL FILE：

不支持

＊MODAL OUTPUT：

VARIABLE

＊MODAL PRINT：

不支持

＊MODEL CHANGE：

ACTIVATE，ADD，REMOVE，TYPE

＊MOHR COULOMB：

DEPENDENCIES，DEVIATORIC ECCENTRICITY，ECCENTRICITY

＊MOHR COULOMB HARDENING：

DEPENDENCIES

＊MOISTURE SWELLING：

（无参数）

＊MOLECULAR WEIGHT：

（无参数）

＊MOMENTUM EQUATION SOLVER：

CONVERGENCE，DIAGNOSTICS

＊MONITOR：

DOF，FREQUENCY，NODE

＊MOTION：

不支持

＊MPC：

MODE，USER

＊MULLINS EFFECT：

BETA，DEPENDENCIES，M，PROPERTIES，R，TEST DATA INPUT，USER

＊M1：

不支持

＊M2：

不支持

＊NCOPY：

CHANGE NUMBER，MULTIPLE，NEW SET，OLD SET，POLE，REFLECT，SHIFT

＊NETWORK STIFFNESS RATIO：

不支持

* NFILL：

BIAS, NSET, SINGULAR, TWO STEP

* NGEN：

LINE, NSET

* NMAP：

不支持

* NO COMPRESSION：

（无参数）

* NO TENSION：

（无参数）

* NODAL ENERGY RATE：

不支持

* NODAL THICKNESS：

（无参数）

* NODE：

NSET, SYSTEM

* NODE FILE：

不支持

* NODE OUTPUT：

EXTERIOR, NSET, VARIABLE

* NODE PRINT：

不支持

* NODE RESPONSE：

不支持

* NONLINEAR BH：

不支持

* NONSTRUCTURAL MASS：

DISTRIBUTION, ELSET, UNITS

* NORMAL：

不支持

* NSET：

GENERATE, INSTANCE, INTERNAL, NSET

* ORIENTATION：

DEFINITION, NAME, SYSTEM

* ORNL：

A, H, MATERIAL, RESET

* OUTPUT：

FIELD, FILTER, FREQUENCY, HISTORY, MODE LIST, NAME, NUMBER INTERVAL, OP, SENSOR, TIME INTERVAL, TIME MARKS, TIME POINTS, VARIABLE

＊PARAMETER：

不支持

＊PARAMETER DEPENDENCE：

不支持

＊PARAMETER SHAPE VARIATION：

不支持

＊PART：

NAME

＊PARTICLE GENERATOR：

不支持

＊PARTICLE GENERATOR FLOW：

不支持

＊PARTICLE GENERATOR INLET：

不支持

＊PARTICLE GENERATOR MIXTURE：

不支持

＊PERFECTLY MATCHED LAYER：

不支持

＊PERIODIC：

NR, TYPE

＊PERIODIC MEDIA：

不支持

＊PERMANENT MAGNETIZATION：

不支持

＊PERMEABILITY：

SPECIFIC, TYPE

＊PHYSICAL CONSTANTS：

ABSOLUTE ZERO, STEFAN BOLTZMANN, UNIVERSAL GAS CONSTANT

＊PIEZOELECTRIC：

TYPE

＊PIPE-SOIL INTERACTION：

不支持

＊PIPE-SOIL STIFFNESS：

不支持

＊PLANAR TEST DATA：

DEPENDENCIES, SMOOTH

＊PLASTIC：

DATA TYPE, DEPENDENCIES, HARDENING, NUMBER BACKSTRESSES, PROPER-TIES, RATE

＊PLASTIC AXIAL：

不支持

＊PLASTIC M1：

不支持

＊PLASTIC M2：

不支持

＊PLASTIC TORQUE：

不支持

＊PML COEFFICIENT：

不支持

＊POROUS BULK MODULI：

（无参数）

＊POROUS ELASTIC：

DEPENDENCIES，SHEAR

＊POROUS FAILURE CRITERIA：

（无参数）

＊POROUS METAL PLASTICITY：

DEPENDENCIES，RELATIVE DENSITY

＊POST OUTPUT：

不支持

＊POTENTIAL：

DEPENDENCIES

＊PREPRINT：

不支持

＊PRESSURE EQUATION SOLVER：

CONVERGENCE，DIAGNOSTICS，TYPE（所有值，除了 DSCG）

＊PRESSURE PENETRATION：

AMPLITUDE，IMAGINARY，MASTER，OP，PENETRATION TIME，REAL，SLAVE

＊PRESSURE STRESS：

不支持

＊PRESTRESS HOLD：

不支持

＊PRE-TENSION SECTION：

ELEMENT，NODE，SURFACE

＊PRINT：

ALLKE，CONTACT，CRITICAL ELEMENT，FREQUENCY，MODEL CHANGE，PLAS-TICITY，RESIDUAL，SOLVE

＊PROBABILITY DENSITY FUNCTION：

不支持

＊PSD-DEFINITION：

不支持

＊RADIATE：

AMPLITUDE，OP

＊RADIATION FILE：

不支持

＊RADIATION OUTPUT：

ELSET，VARIABLE

＊RADIATION PRINT：

不支持

＊RADIATION SYMMETRY：

NAME

＊RADIATION VIEW FACTOR：

BLOCKING，CAVITY，INTEGRATION，OFF，RANGE，REFLECTION，SYMMETRY，VTOL

＊RANDOM RESPONSE：

（无参数）

＊RATE DEPENDENT：

DEPENDENCIES，TYPE

＊RATIOS：

DEPENDENCIES

＊REACTION RATE：

（无参数）

＊REBAR：

不支持

＊REBAR LAYER：

GEOMETRY，ORIENTATION

＊REFLECTION：

TYPE

＊RELEASE：

不支持

＊RESPONSE SPECTRUM：

COMP，SUM

＊RESTART：

FREQUENCY，NUMBER INTERVAL，OVERLAY，TIME MARKS，WRITE

＊RETAINED NODAL DOFS：

SORTED（所有值，除了 YES）

＊RIGID BODY：

ANALYTICAL SURFACE，ELSET，ISOTHERMAL，PIN NSET，POSITION，REF NODE，TIE NSET

＊RIGID SURFACE：

不支持

＊ROTARY INERTIA：

ALPHA，COMPOSITE，ELSET，ORIENTATION

＊SECTION CONTROLS：

DISTORTION CONTROL, ELEMENT DELETION, HOURGLASS, KINEMATIC SPLIT, LENGTH RATIO, MAX DEGRADATION, NAME, SECOND ORDER ACCURACY, VISCOSITY, WEIGHT FACTOR

＊SECTION FILE：

不支持

＊SECTION ORIGIN：

不支持

＊SECTION POINTS：

（无参数）

＊SECTION PRINT：

不支持

＊SELECT CYCLIC SYMMETRY MODES：

NMAX，NMIN

＊SELECT EIGENMODES：

DEFINITION，GENERATE

＊SFILM：

AMPLITUDE，FILM AMPLITUDE，OP

＊SFLOW：

不支持

＊SHEAR CENTER：

（无参数）

＊SHEAR FAILURE：

不支持

＊SHEAR RETENTION：

DEPENDENCIES

＊SHEAR TEST DATA：

SHRINF

＊SHELL GENERAL SECTION：

BENDING ONLY, COMPOSITE, CONTROLS, DENSITY, DEPENDENCIES, ELSET, LAYUP, MATERIAL, MEMBRANE ONLY, NODAL THICKNESS, OFFSET, ORIENTATION, POISSON, SHELL THICKNESS, SMEAR ALL LAYERS, STACK DIRECTION, SYMMETRIC, THICKNESS MODULUS, ZERO

＊SHELL SECTION：

COMPOSITE, CONTROLS, DENSITY, ELSET, LAYUP, MATERIAL, NODAL THICK-

NESS，OFFSET，ORIENTATION，POISSON（所有值，除了 ELASTIC，MATERIAL），SECTION INTEGRATION，SHELL THICKNESS，STACK DIRECTION，SYMMETRIC，TEMPERATURE，THICKNESS MODULUS

*SHELL TO SOLID COUPLING：

CONSTRAINT NAME，INFLUENCE DISTANCE，POSITION TOLERANCE

*SIMPEDANCE：

NONREFLECTING，OP，PROPERTY

*SIMPLE SHEAR TEST DATA：

（无参数）

*SLIDE LINE：

不支持

*SLOAD：

AMPLITUDE，OP

*SOFTENING REGULARIZATION：

DEPENDENCIES

*SOILS：

ALLSDTOL，CETOL，CONSOLIDATION，CONTINUE，CREEP，END，FACTOR，STABILIZE，UTOL

*SOLID SECTION：

COMPOSITE，CONTROLS，ELSET，LAYUP，MATERIAL，ORIENTATION，REF NODE，STACK DIRECTION，SYMMETRIC

*SOLUBILITY：

DEPENDENCIES

*SOLUTION TECHNIQUE：

REFORM KERNEL，TYPE

*SOLVER CONTROLS：

不支持

*SORPTION：

LAW，TYPE

*SPECIFIC HEAT：

DEPENDENCIES

*SPECTRUM：

ABSOLUTE，AMPLITUDE，CREATE，DAMPING GENERATE，EVENT TYPE，G，NAME，RELATIVE，TIME INCREMENT，TYPE

*SPH SURFACE BEHAVIOR：

不支持

*SPRING：

ELSET，ORIENTATION，RTOL

*SRADIATE：

AMPLITUDE，OP

＊STATIC：

ADIABATIC，ALLSDTOL，CONTINUE，DIRECT，FACTOR，FULLY PLASTIC，LONG TERM，RIKS，STABILIZE

＊STEADY STATE CRITERIA：

不支持

＊STEADY STATE DETECTION：

不支持

＊STEADY STATE DYNAMICS：

DAMPING CHANGE，DIRECT，FREQUENCY SCALE，FRICTION DAMPING，INTERVAL，REAL ONLY，STIFFNESS CHANGE，SUBSPACE PROJECTION

＊STEADY STATE TRANSPORT：

不支持

＊STEP：

AMPLITUDE，CONVERT SDI，EXTRAPOLATION，INC，NAME，NLGEOM，PERTURBATION，SOLVER，UNSYMM

＊SUBCYCLING：

不支持

＊SUBMODEL：

ABSOLUTE EXTERIOR TOLERANCE，EXTERIOR TOLERANCE，GLOBAL ELSET，SHELL THICKNESS，SHELL TO SOLID，TYPE

＊SUBSTRUCTURE COPY：

不支持

＊SUBSTRUCTURE DAMPING：

不支持

＊SUBSTRUCTURE DAMPING CONTROLS：

不支持

＊SUBSTRUCTURE DELETE：

不支持

＊SUBSTRUCTURE DIRECTORY：

不支持

＊SUBSTRUCTURE GENERATE：

ELSET，GRAVITY LOAD，MASS MATRIX，NSET，OVERWRITE，PROPERTY EVALUATION，RECOVERY MATRIX，STRUCTURAL DAMPING MATRIX，TYPE，VISCOUS DAMPING MATRIX

＊SUBSTRUCTURE LOAD CASE：

NAME

＊SUBSTRUCTURE MATRIX OUTPUT：

不支持

＊SUBSTRUCTURE MODAL DAMPING：

不支持

＊SUBSTRUCTURE PATH：

ENTER ELEMENT，LEAVE

＊SUBSTRUCTURE PROPERTY：

ELSET

＊SURFACE：

COMBINE，CROP，FILLET RADIUS，INTERNAL，NAME，PROPERTY，TYPE（所有值，除了 USER）

＊SURFACE BEHAVIOR：

AUGMENTED　LAGRANGE，　DIRECT，　NO　SEPARATION，　PENALTY，PRESSURE-OVERCLOSURE

＊SURFACE FLAW：

不支持

＊SURFACE INTERACTION：

NAME，PAD THICKNESS

＊SURFACE OUTPUT：

不支持

＊SURFACE PROPERTY：

NAME

＊SURFACE PROPERTY ASSIGNMENT：

PROPERTY（所有值，除了 GEOMETRIC CORRECTION）

＊SURFACE SECTION：

DENSITY，ELSET

＊SURFACE SMOOTHING：

不支持

＊SWELLING：

DEPENDENCIES，LAW

＊SYMMETRIC MODEL GENERATION：

不支持

＊SYMMETRIC RESULTS TRANSFER：

不支持

＊SYSTEM：

（无参数）

＊TEMPERATURE：

ABSOLUTE　EXTERIOR　TOLERANCE，　AMPLITUDE，　BINC，　BSTEP，　EINC，　ESTEP，EXTERIOR TOLERANCE，FILE，INPUT，INTERPOLATE，MIDSIDE，OP，USER

＊TENSILE FAILURE：

不支持

* TENSION CUTOFF：

DEPENDENCIES

* TENSION STIFFENING：

DEPENDENCIES，TYPE

* THERMAL EXPANSION：

不支持

* TIE：

ADJUST，CONSTRAINT RATIO，CYCLIC SYMMETRY，NAME，NO ROTATION，NO THICKNESS，POSITION TOLERANCE，TYPE

* TIME POINTS：

GENERATE，NAME

* TORQUE：

不支持

* TORQUE PRINT：

不支持

* TRACER PARTICLE：

不支持

* TRANSFORM：

NSET，TYPE

* TRANSPORT EQUATION SOLVER：

CONVERGENCE，DIAGNOSTICS

* TRANSPORT VELOCITY：

不支持

* TRANSVERSE SHEAR STIFFNESS：

（无参数）

* TRIAXIAL TEST DATA：

A，B，PT

* TRS：

DEFINITION

* TURBULENCE MODEL：

TYPE

* UEL PROPERTY：

不支持

* UNDEX CHARGE PROPERTY：

（无参数）

* UNIAXIAL：

不支持

* UNIAXIAL TEST DATA：

DEPENDENCIES，DIRECTION，SMOOTH

＊UNLOADING DATA：

不支持

＊USER DEFINED FIELD：

（无参数）

＊USER ELEMENT：

不支持

＊USER MATERIAL：

CONSTANTS，TYPE，UNSYMM

＊USER OUTPUT VARIABLES：

（无参数）

＊VARIABLE MASS SCALING：

CROSS SECTION NODES，DT，ELSET，EXTRUDED LENGTH，FEED RATE，FRE-QUENCY，NUMBER INTERVAL，TYPE

＊VIEW FACTOR OUTPUT：

不支持

＊VISCO：

ALLSDTOL，CETOL，CONTINUE，CREEP，FACTOR，STABILIZE

＊VISCOELASTIC：

ERRTOL，FREQUENCY，NMAX，PRELOAD，TIME，TYPE

＊VISCOSITY：

DEFINITION（所有值，除了 CARREAU-YASUDA，CROSS，ELLIS-METER，HERSCHEL-BULKLEY，POWELL-EYRING，POWER LAW，TABULAR），DEPENDENCIES

＊VISCOUS：

DEPENDENCIES，LAW

＊VOID NUCLEATION：

DEPENDENCIES

＊VOLUMETRIC TEST DATA：

DEPENDENCIES，SMOOTH，VOLINF

＊WAVE：

不支持

＊WIND：

不支持

附录 B 单元类型

Abaqus 使用特殊的单元类型来指定模型特征，如不属于网格的分析刚性面。这些单元类型会出现在输出数据库中。在查询模型或者基于单元类型创建显示组时，用户可以在显示模块中查看它们。表 B-1 列出了 Abaqus 生成的单元类型。

表 B-1 输出数据库中的特殊单元类型

ARSC	分析型刚性面（圆柱面）
ARSR	分析型刚性面（旋转面）
ARSSE	分析型刚性面（拉伸面）
ARSSS	分析型刚性面（分割面）
LSURF1	二维面上的 2 节点线
LSURF2	轴对称面上的 2 节点线
LSURF3	三维面上的 3 节点线
LSURF4	二维面上的 3 节点线
LSURF5	轴对称面上的 3 节点线
LSURF6	二次三角形面
PSURF1	二维面上的节点（点）
PSURF2	轴对称面上的节点
PSURF3	三维面上的节点
QSURF1	三维面上的 4 节点面片
QSURF2	三维面上的 8 节点面片
QSURF3	三维面上的 9 节点面片
RNODE2D	参考节点（二维的）
RNODE3D	参考节点（三维的）
TSURF1	三维面上的 3 节点面片
TSURF1	三维面上的 6 节点面片

附录 C 图形符号

Abaqus/CAE 在显示模块中使用特殊的图形符号来表示指定的条件、相互作用、约束、连接器、特殊工程特征，以及弹簧和阻尼器单元、参考节点和追踪粒子。

C.1 用来表示指定条件的符号

表 C-1、表 C-2 和表 C-3 分别列出了 Abaqus/CAE 用来分别表示载荷、边界条件和预定义场的特殊图形符号。有关符号大小和位置的信息，见 16.5 节 "理解表示指定条件的符号"。有关控制这些符号显示的信息，见 76.15 节 "控制属性显示"。

表 C-1 载荷符号类型和颜色

载荷种类	载荷类型	符号	颜色
机械	集中力	箭头	黄色
	力矩	箭头	紫色
	压力	箭头	粉色
	壳边拉伸	箭头	粉色
	壳边力矩	箭头	紫色
	面拉伸	箭头	粉色
	管压力	箭头	粉色
	体力	箭头	黄色
	管线	箭头	黄色
	重力	箭头	黄色
	螺栓载荷	箭头	黄色
	广义的平面应变	箭头	黄色
	转动的体力	箭头	绿色
	连接器力	箭头	黄色
	连接器力矩	箭头	紫色
	惯性释放	具有箭头的球	绿色
热	面热通量	箭头	绿色
	体热通量	方形	黄色
	集中的热通量	方形	黄色

（续）

载荷种类	载荷类型	符号	颜色
声学	入射体积加速度	方形	黄色
流体	集中的孔隙流体流动	方形	黄色
	面孔隙流体流动	箭头	蓝色
	流体参考压力	球形	粉色
	渗透拖拽体力	方形	绿色
电/磁	集中电流	方形	黄色
	面电流	方形	绿色
	体电流	圆形	绿色
	面电流密度	箭头	黄色
	体电流密度	箭头	绿色
	集中电荷	方形	黄色
	面电荷	方形	绿色
	体电荷	圆形	绿色
质量扩散	浓度差通量	方形	白色
	面浓度通量	箭头	黄色
	体浓度通量	圆形	黄色

表 C-2　边界条件符号类型和颜色

边界条件种类	边界条件类型	符号	颜色
机械	对称的/反对称的/端部固定的	箭头	施加到 1~3 自由度的分量为黄色 施加到 4~6 自由度的分量为蓝色
	位移/转动	箭头	施加到 1~3 自由度的分量为黄色 施加到 4~6 自由度的分量为蓝色
	速度/角加速度	箭头	施加到 1~3 自由度的分量为沙褐色 施加到 4~6 自由度的分量为粉红色
	加速度/角加速度	箭头	施加到 1~3 自由度的分量为黄色 施加到 4~6 自由度的分量为蓝色
	连接器位移	箭头	施加到 1~3 自由度的分量为黄色 施加到 4~6 自由度的分量为蓝色
	连接器速度	箭头	施加到 1~3 自由度的分量为沙褐色 施加到 4~6 自由度的分量为粉红色
	保留节点自由度（在 Substructure generation 步中定义时）	箭头	蓝色
	保留节点自由度（在子结构使用中）	叉	蓝色

（续）

边界条件种类	边界条件类型	符号	颜色
流体	流体入口/出口	方形	绿色
		箭头，如果指定了速度	绿色
	流体壁条件	圆形	黄色
		箭头，如果指定了速度	黄色
电/磁	电势	方形	黄色
	磁矢势	箭头	绿色
其他	温度	方形	黄色
	孔隙压力	方形	黄色
	流体腔压力	圆形	黄色
	质量集中	方形	黄色
	声压力	方形	黄色
	连接器材料流动	方形	黄色
	欧拉边界条件	箭头	绿色
	欧拉网格运动	方形	黄色
	子模型边界条件	方形	黄色
	子模型载荷	圆形	黄色

表 C-3 预定义场符号类型和颜色

预定义场种类	预定义场类型	符号	颜色
机械	平动速度/转动速度	箭头	沙褐色
	应力硬化/自重应力	圆形	蓝色
	硬化	圆形	品红色
流体	流体密度	菱形	绿色
	流体热能	方形	红色
	流体湍流	圆形	黄色
	流体速度	箭头	粉色
其他	温度	方形	黄色
	材料赋予	圆形	沙褐色
	初始状态	圆形	黄色
	饱和度	方形	绿色
	孔隙比	方形	沙褐色
	孔隙压力	方形	粉色
	流体腔压力	菱形	绿色

C.2　用来表示相互作用、约束和连接器的符号

表 C-4、表 C-5 和表 C-6 分别列出了 Abaqus/CAE 用来表示相互作用、约束和连接器的特殊图形符号。有关符号大小和位置的信息，见 15.10 节 "理解表示相互作用、约束和连接器的符号"。有关控制这些符号显示的信息，见 76.15 节 "控制属性显示"。

表 C-4　相互作用符号类型和颜色

相互作用	符号	颜色
面-面接触	方形	黄色
自接触	方形	黄色
流体腔	填充的圆形（腔点）	绿色
	方形（腔面）	绿色
流体交换	圆形（大）	黄色
模型变换	方形	黄色
周期对称	方形	黄色
弹性基础	方形	黄色
空腔辐射	方形	黄色
作动器/传感器	方形	黄色
Standard-Explicit 协同仿真	填充的圆形	品红色
流体-结构协同仿真	填充的圆形	绿色
入射波	方形	黄色
	球体（源点）	黄色
	填充的圆形（对峙点）	黄色
声阻抗	方形	黄色
面的膜条件	方形	黄色
集中的膜条件	方形	黄色
面辐射	方形	黄色
到环境的集中辐射	方形	黄色
压力渗透（二维）	箭头	绿色
	方形（渗透区域）	绿色
压力渗透（三维）	填充的三角形	绿色
	方形（渗透区域）	绿色

表 C-5　约束符号类型和颜色

约束	符号	颜色
绑定	圆形	黄色
刚体	圆形	黄色
耦合	圆形	粉色

（续）

约束	符号	颜色
耦合	线	灰色
MPC 约束	圆形	绿色
	线	绿色
壳-实体耦合	圆形	黄色
嵌入的区域	圆形	黄色
方程	圆形	黄色

表 C-6　连接器符号和颜色

连接器符号	颜色
方形（线框的第一个点）	橘色
三角形（线框的第二个点）	黄色
方向三角形图标（如果不是整体坐标系）	橘色
连接类型标签	橘色
连接器截面赋予标签	橘色

C.3　用来表示特殊工程特征的符号（表 C-7）

表 C-7　工程特征符号类型和颜色

工程特征	类型	符号	颜色
裂纹	裂纹前端	叉	绿色
紧固件	装配的（仅连接点）	方形	浅绿色
	基于点的（仅定位点）	方形	绿色
	离散的	圆形	绿色
		线	绿色
惯性	点质量/惯性	填充的方形	绿色
	热容	填充的方形	绿色
	非结构质量	填充的方形	绿色
弹簧/阻尼器	连接两个点	具有连接线的球体	品红色
		标签（弹簧、阻尼器或者弹簧+阻尼器）	品红色
		方形三角形图标（如果不是整体坐标系）	品红色
	连接点到地	球体	品红色
		标签（弹簧、阻尼器或者弹簧+阻尼器）	品红色
		方形三角形图标（如果不是整体坐标系）	品红色

（续）

工程特征	类型	符号	颜色
拓扑和形状优化	设计区域	菱形	绿色
	几何约束	圆形	品红色
	停止条件	方形	黄色

C.4　显示模块中使用的符号

　　表 C-8 列出了显示模块使用的特殊图形符号。当生成模型的未变形图、变形图、云图或者符号图包含任何这些构件时，将显示这些特殊的符号。有关定制这些符号的颜色和大小的信息，分别见 77.5 节"在显示模块中着色所有的几何形体"，以及 55.10 节"控制模型实体的显示"。

表 C-8　显示模块使用的特殊图形符号

⊢▮⊣	**2 节点阻尼器单元：** 　　显示模块使用该符号来显示 2 节点阻尼器单元。用户可以通过为模型中的所有曲线边和面选择 Extra coarse 细化，来在此符号的位置处显示一条直线。更多信息见 55.12.3 节"细化曲边和曲面"
⌇⌇⌇	**2 节点弹簧单元：** 　　显示模块使用该符号来显示 2 节点弹簧单元。用户可以使用细化曲边和曲面的选项，来定制此符号中的曲线外观。当用户为模型中的所有曲线边和面选择 Extra coarse 细化时，显示模块 2 节点弹簧单元将显示成一条直线。更多信息见 55.12.3 节"细化曲边和曲面"
✕	**参考节点：** 　　显示模块将刚性面的参考节点显示成一个叉。用户不能定制此符号的形状
⊠	**追踪粒子：** 　　显示模块将追踪粒子显示成一个方形中的叉。用户不能定制此符号的形状

　　除了上面列出的显示模块用来显示模型构件的特殊符号，用户还可以选择显示表示结果、模型对象（边界条件、连接器、坐标系和点单元）和节点位置的符号。更多信息见以下章节：
- 第 45 章"将分析结果显示成符号"
- 55.10 节"控制模型实体的显示"
- 55.11 节"在显示模块中控制约束的显示"
- 55.5.5 节"定制节点符号"

附录 D　可以使用的单元和输出变量

显示模块支持绝大部分的 Abaqus 单元，但具有以下限制：

- 垫片单元不支持用户定义的法向。
- 总是在 $\theta = 0°$ 的平面中显示应用到反对称-轴对称模型的滑线单元，而不管为单元指定的 θ。
- CAXA 单元的扫掠云图可以包括不表示节点处当前状态的颜色。使用两个傅里叶模态可以改善外观，但为了获得最佳效果，积分点值使用 Report→Field Output。

对于 Abaqus/CAE 网格划分模块中支持单元的描述，见 17.5.2 节 "哪些类型的单元必须在网格划分模块之外生成？"。

表 D-1 和表 D-2 列出了显示模块或者输出数据库不支持的输出变量。

表 D-1　Abaqus/Standard 模块生成的不被显示模块或者输出数据库支持的变量

CHRGS	分布电荷的当前值
CONF	混凝土材料点处的裂纹数量
CRACK	混凝土中裂纹的单位法向
CS11	杆垫片和三维线垫片单元的平均接触压力
DG，DGij	变形梯度
DGP，DGPn	主拉伸
ECURS	分布电流的当前值
FILM	*FILM 条件的当前值
FLUXS	分布（热或者集中）通量的当前值
FOUND	基础压力的当前值
GPU，GPUn	模态分析广义位移的相角
GPV，GPVn	模态分析广义速度的相角
GPA，GPAn	模态分析广义加速度的相角
LOADS	分布载荷的当前值
MAXSS	截面上的最大轴应力
PHCHG	稳态动力学分析的反应电荷大小和相角
PHE，PHEij	稳态动力学分析的应变大小和相角
PHEPG，PHEPGn	稳态动力学分析的电势梯度向量大小和相角
PHEFL，PHEFLn	稳态动力学分析的电流向量大小和相角

（续）

PHMFL	稳态动力学分析的质量流量大小和相角
PHMFT	稳态动力学分析的总质量流量大小和相角
PHPOT	稳态动力学分析的电势大小和相角
PHS，PHSij	稳态动力学分析的应力大小和相角
PPOR	稳态动力学分析的流体、孔隙或者声压大小和相角
PRF，PRFn，PRMn	稳态动力学分析的反作用力大小和反作用力矩大小，以及相角
PTU，PTUn，PTURn	基于模态的稳态动力学分析的总位移和转动大小，以及相角
PU，PUn，PURn	稳态动力学分析的位移和转动大小，以及相角
RAD	＊RADIATE 的当前值
SJP	节点处的应变跳变（使用云图平均选项来得到此变量）
SOAREA	所定义截面的面积
SOCF	截面中总力的中心
SOD	穿过截面的总质量通量
SOE	穿过截面的总通量
SOF	截面中的总力
SOH	穿过截面的总热通量
SOM	截面中的总力矩
SOP	穿过截面的总孔隙流体体积通量
SS，SSn	ITS 单元的子应力
SSAVGn	平均壳截面应力分量 n
TPFL	离开从面的总孔隙流体体积通量
TPTL	时间积分的 TPFL
稳态动力学分析的连接器输出	
用户单元的单元输出	

表 D-2　Abaqus/Explicit 模块生成的不被显示模块或者输出数据库支持的变量

BONDSTAT	节点的点焊连接状态
BONDLOAD	节点的点焊连接载荷
CKE，CKEij	整体方向上的开裂应变
CKEMAG	开裂应变大小
CKLE，CKLEij	局部裂纹方向上的开裂应变
CKLS，CKLSij	局部裂纹方向上的开裂应力
CKSTAT	每一条裂纹的裂纹状态
CRACK	裂纹方向
EIHEDEN	内部热应变密度
ESEDEN	总弹性应变能密度
SSAVGn	平均膜应力或者横向剪切应力分量 n